RaumFragen: Stadt – Region – Landschaft

Reihe herausgegeben von
O. Kühne, Saarbrücken, Deutschland
S. Kinder, Tübingen, Deutschland
O. Schnur, Berlin, Deutschland

Im Zuge des „spatial turns" der Sozial- und Geisteswissenschaften hat sich die Zahl der wissenschaftlichen Forschungen in diesem Bereich deutlich erhöht. Mit der Reihe „RaumFragen: Stadt – Region – Landschaft" wird Wissenschaftlerinnen und Wissenschaftlern ein Forum angeboten, innovative Ansätze der Anthropogeographie und sozialwissenschaftlichen Raumforschung zu präsentieren. Die Reihe orientiert sich an grundsätzlichen Fragen des gesellschaftlichen Raumverständnisses. Dabei ist es das Ziel, unterschiedliche Theorieansätze der anthropogeographischen und sozialwissenschaftlichen Stadt- und Regionalforschung zu integrieren. Räumliche Bezüge sollen dabei insbesondere auf mikro- und mesoskaliger Ebene liegen. Die Reihe umfasst theoretische sowie theoriegeleitete empirische Arbeiten. Dazu gehören Monographien und Sammelbände, aber auch Einführungen in Teilaspekte der stadt- und regionalbezogenen geographischen und sozialwissenschaftlichen Forschung. Ergänzend werden auch Tagungsbände und Qualifikationsarbeiten (Dissertationen, Habilitationsschriften) publiziert.

Reihe herausgegeben von
Prof. Dr. Dr. Olaf Kühne, Universität Tübingen
Prof. Dr. Sebastian Kinder, Universität Tübingen
PD Dr. Olaf Schnur, Berlin

Weitere Bände in der Reihe http://www.springer.com/series/10584

Olaf Kühne · Florian Weber
(Hrsg.)

Bausteine der Energiewende

Herausgeber
Olaf Kühne
Tübingen, Deutschland

Florian Weber
Tübingen, Deutschland

RaumFragen: Stadt – Region – Landschaft
ISBN 978-3-658-19508-3   ISBN 978-3-658-19509-0 (eBook)
https://doi.org/10.1007/978-3-658-19509-0

Die Deutsche Nationalbibliothek verzeichnet diese Publikation in der Deutschen Nationalbibliografie; detaillierte bibliografische Daten sind im Internet über http://dnb.d-nb.de abrufbar.

Springer VS
© Springer Fachmedien Wiesbaden GmbH 2018
Das Werk einschließlich aller seiner Teile ist urheberrechtlich geschützt. Jede Verwertung, die nicht ausdrücklich vom Urheberrechtsgesetz zugelassen ist, bedarf der vorherigen Zustimmung des Verlags. Das gilt insbesondere für Vervielfältigungen, Bearbeitungen, Übersetzungen, Mikroverfilmungen und die Einspeicherung und Verarbeitung in elektronischen Systemen.
Die Wiedergabe von Gebrauchsnamen, Handelsnamen, Warenbezeichnungen usw. in diesem Werk berechtigt auch ohne besondere Kennzeichnung nicht zu der Annahme, dass solche Namen im Sinne der Warenzeichen- und Markenschutz-Gesetzgebung als frei zu betrachten wären und daher von jedermann benutzt werden dürften.
Der Verlag, die Autoren und die Herausgeber gehen davon aus, dass die Angaben und Informationen in diesem Werk zum Zeitpunkt der Veröffentlichung vollständig und korrekt sind. Weder der Verlag noch die Autoren oder die Herausgeber übernehmen, ausdrücklich oder implizit, Gewähr für den Inhalt des Werkes, etwaige Fehler oder Äußerungen. Der Verlag bleibt im Hinblick auf geografische Zuordnungen und Gebietsbezeichnungen in veröffentlichten Karten und Institutionsadressen neutral.

Gedruckt auf säurefreiem und chlorfrei gebleichtem Papier

Springer VS ist Teil von Springer Nature
Die eingetragene Gesellschaft ist Springer Fachmedien Wiesbaden GmbH
Die Anschrift der Gesellschaft ist: Abraham-Lincoln-Str. 46, 65189 Wiesbaden, Germany

Inhalt

Einführung

Bausteine der Energiewende – Einführung, Übersicht und Ausblick 3
Olaf Kühne und Florian Weber

‚Energiewende': Von internationalen Klimaabkommen
bis hin zum deutschen Erneuerbaren-Energien-Gesetz 21
Sandra Hook

Theoretische und konzeptionelle Perspektiven auf die Energiewende

Ethische Aspekte der Energiewende 57
Karsten Berr

Die räumliche Governance der Energiewende:
Eine Systematisierung der relevanten Governance-Formen 75
Ludger Gailing

Streifzug mit Michel Foucault durch die Landschaften der Energiewende:
Zwischen Government, Governance und Gouvernementalität 91
Markus Leibenath und Gerd Lintz

Energiewende als Herausforderung für die Stadtentwicklungspolitik –
eine diskurs- und gouvernementalitätstheoretische Perspektive 109
Cindy Sturm und Annika Mattissek

Vertrauen, Risiko und komplexe Systeme: das Beispiel zukünftiger
Energieversorgung 129
Christian Büscher und Patrick Sumpf

‚Neue Landschaftskonflikte' – Überlegungen zu den physischen
Manifestationen der Energiewende auf der Grundlage der Konflikttheorie
Ralf Dahrendorfs 163
Olaf Kühne

Von der Theorie zur Praxis – Konflikte denken mit Chantal Mouffe 187
Florian Weber

Zwischen ‚Windwahn', Interessenvertretung und Verantwortung:
Bürger*innenbeteiligung am Beispiel Windkraft im Spiegel
von Neocartography und Spatial Citizenship 207
Denise Könen, Inga Gryl und Jana Pokraka

Die Energiewende als Praktik 231
Fabian Faller

Politische und strukturelle Herausforderungen im Zuge von Klimaschutz und Energiewende

Governance der EU Energie(außen)politik und ihr Beitrag
zur Energiewende 249
Franziska Sielker, Kristina Kurze und Daniel Göler

Klimaskeptiker im Aufwind. Wie aus einem Rand-
ein breiteres Gesellschaftsphänomen wird 271
Achim Brunnengräber

Transformation des Stromversorgungssystems zwischen Planung
und Steuerung 293
Jörg Fromme

Ewigkeitskosten nach dem Ausstieg aus der Steinkohleförderung
in Deutschland 315
Christoph Hartmann

Energiewende und Naturschutz – Eine Schicksalsfrage
auch für Rotmilane 331
Christoph Moning

Die Energiewende als Basis für eine zukunftsorientierte Regionalentwicklung
in ländlichen Räumen 345
Hans-Jörg Domhardt, Swantje Grotheer und Julia Wohland

Die Energiewende und ihr Einzug in saarländische Lehrwerke
für Gymnasien: eine Erfolgsgeschichte? 369
Dominique Fontaine

Energiewende im Quartier – Ein Ansatz im Reallabor 385
Geraldine Quénéhervé, Jeannine Tischler und Volker Hochschild

Energiekonflikte: Ästhetik, Planung, Steuerung und praktischer Umgang

Ästhetik der neuen Energielandschaften – oder:
„Was Schönheit ist, das weiß ich nicht" 409
Simone Linke

Ästhetik und Akzeptanz. Welche Geschichten könnten
Energielandschaften erzählen? 431
Stefan Schweiger, Jan-Hendrik Kamlage und Steven Engler

Aspekte der Qualität. Spezielle Szenarien und Bewertungsverfahren
zur Entscheidung über die Realisierung von Anlagen für die Gewinnung
erneuerbarer Energie 447
Marcus Steierwald und Wolfgang Weimer-Jehle

Ikonologie des Protests – Der Stromnetzausbau im Darstellungsmodus
seiner Kritiker(innen) 469
Corinna Jenal

Partizipative Methoden der Landschafts(bild)bewertung –
Was soll das bringen? 489
Boris Stemmer und Lucas Kaußen

Energiekonflikte erkennen und nutzen 509
Sören Becker und Matthias Naumann

Erneuerbare Energie und ,intakte' Landschaft: Wie Naturtourismus
und Energiewende zusammenpassen 523
Erik Aschenbrand und Christina Grebe

Frühzeitige Planungskommunikation – ein Schlüssel
zur Konfliktbewältigung bei der Energiewende? 539
Kerstin Langer

GIS – Das richtige Programm für die Energiewende 557
Mark Vetter

Unter Strom: praktische Herausforderungen

Schwefelhexafluorid: Ein Gas zwischen technischer Exzellenz
und Rekord-GWP 573
Jörg Bausch

Von der Schwierigkeit, nicht nur im Kopf umzuparken –
Ein Selbstversuch zur Elektromobilität 587
Peter Radgen

Erdverkabelung und Partizipation als mögliche Lösungswege
zur weiteren Ausgestaltung des Stromnetzausbaus?
Eine Analyse anhand zweier Fallstudien 609
Tobias Sontheim und Florian Weber

**Der Ausbau der Windenergie: planerische Grundlagen,
Herausforderungen und Potenziale**

Bürgerinitiativen gegen Windkraftanlagen und der Aufschwung
rechtspopulistischer Bewegungen 633
Eva Eichenauer, Fritz Reusswig, Lutz Meyer-Ohlendorf und Wiebke Lass

Wandel und gesellschaftliche Resonanz – Diskurse um Landschaft
und Partizipation beim Windkraftausbau 653
Albert Roßmeier, Florian Weber und Olaf Kühne

Daher weht der Wind! Beleuchtung der Diskussionsprozesse
ausgewählter Windkraftplanungen in Baden-Württemberg 681
Gottfried Hage und Lena Schuster

Warum plant Ihr eigentlich noch? – Die Energiewende
in der Region Heilbronn-Franken 701
Klaus Mandel

Wie die Energiewende den Wald neu entdeckt hat 715
Anne Kress

Windkraft und Naturschutz 749
Dieter Dorda

Einführung

Bausteine der Energiewende – Einführung, Übersicht und Ausblick

Olaf Kühne und Florian Weber

Abstract

Die ‚Energiewende' – eine der großen politischen, planerischen und gesellschaftlichen Herausforderungen der letzten Jahre und perspektivisch eine der nächsten Jahrzehnte. Mit dem Ausstieg aus der Kernkraft bis zum Jahr 2022 wird in der Bundesrepublik Deutschland ein Weg eingeschlagen, der das bestehende Energieversorgungssystem deutlich verändert – von derzeit noch eher zentral zu dezentral. Erneuerbare Energien sind in starkem Maße auszubauen, bestehende Übertragungsnetze anzupassen. Mit diesem Projekt gehen komplexe und vielfältige planerische, technische, ethische, moralische, praktische Fragen einher. Der vorliegende Sammelband wendet sich aus einer überwiegend sozialwissenschaftlich-geographischen Grundperspektive aktuellen ‚Bausteinen der Energiewende' zu und fokussiert dabei unter anderem auf theorieorientierte Zugangsweisen, strukturelle Herausforderungen, planerische Grundlagen, Ausprägungen von Energiekonflikten und praktische Konkretisierungen – mit spannenden und in Teilen unerwarteten Ergebnissen und Erfahrungen. Der Einführungsbeitrag bietet einen Einblick in den Aufbau des Sammelbandes, zentrale Inhalte und einen Ausblick auf künftige Herausforderungen – wissenschaftlich und praktisch – im Zuge der Energiewende.

Keywords

Energiewende, Europa, Deutschland, erneuerbare Energien, theoretische Zugänge, praktische Einblicke

1 Einführung: Bausteine der Energiewende

Im März 2011 geriet nach einem Erdbeben und einem Tsunami das japanische Kernkraftwerk Fukushima Daiichi außer Kontrolle. Beeindruckt von den Ausmaßen vor Ort, wurde durch die deutsche Bundesregierung ein zentraler Richtungswechsel in der Energiepolitik vollzogen (im Überblick bspw. Bruns 2016; Gochermann

2016; Maubach 2014). Zwar war bereits unter der ersten Bundesregierung aus SPD und Bündnis '90/Die Grünen im Jahr 2000 der Ausstieg aus der Kernenergienutzung beschlossen worden, doch wurde unter der Regierung aus CDU/CSU und FDP zehn Jahre später zunächst eine Laufzeitverlängerung für deutsche Kernkraftwerke beschlossen – der ‚Ausstieg vom Ausstieg'. Kurz nach der Reaktorkatastrophe wurde erst ein dreimonatiges Moratorium für ältere deutsche Kernkraftwerke beschlossen. Im Juni 2011 fiel schließlich der Beschluss, bis zum Jahr 2022 den umfassenden Ausstieg aus der Kernkraft in Deutschland zu vollziehen. Da mit einem japanischen Kernkraftwerk im Gegensatz zu Tschernobyl eines der ‚westlichen Welt' außer Kontrolle geraten war, wurde eine veränderte Risikobewertung vorgenommen – das Argument, ein Super-GAU wie in der ehemaligen UdSSR sei ‚bei uns' ausgeschlossen (u. a. Gochermann 2016, S. 5–6), ‚griff' nicht mehr. Daraus ergeben sich weitreichende Auswirkungen auf die deutsche Energieversorgung – und damit gesamtgesellschaftliche Herausforderungen.

Zunehmend wurde und wird von der ‚Energiewende' gesprochen, die nun vorangebracht werden soll, um „unsere Energieversorgung sicherer, umweltfreundlicher" und gleichzeitig weiterhin „bezahlbar" zu machen (BMWi 2016b, S. 2). In der Rückschau findet sich aber bereits im Jahr 1980 eine Veröffentlichung des Öko-Instituts e. V. mit dem Titel ‚Energie-Wende. Wachstum und Wohlstand ohne Erdöl und Uran' (Öko-Institut e. V. 1980; vgl. auch Sturm und Mattissek 2018 in diesem Band), in dem neben weiteren Forderungen auf Energieeinsparungen, einen Verzicht auf fossile Energieträger und Kernenergie sowie die Nutzung von Sonnenenergie verwiesen wurde (hierzu auch Gochermann 2016, S. 25–26; Maubach 2014, S. 29–32). Gänzlich ‚neu' sind Zielsetzungen damit keineswegs, allerdings sollen vorherige Szenarien nun ‚in die Tat' umgesetzt werden.

Eine grundlegende ‚Energiewende' vollzieht sich im Strombereich bereits seit Beginn der 1990er Jahre. 1991 wurde mit dem ‚Stromeinspeisungsgesetz' die Zuführung erneuerbarer Energien in das deutsche Stromnetz gesetzlich geregelt und so eine Grundlage gewisser Verlässlichkeit als Anreiz für einen Ausbau ‚der Erneuerbaren' gelegt (Gochermann 2016, S. 26–27; Maubach 2014, S. 51). Die größere Dynamik geht allerdings vom ‚Erneuerbare-Energien-Gesetz' (EEG) aus, das das angeführte Gesetz im Jahr 2000 ablöste und das Ziel formulierte „im Interesse des Klima- und Umweltschutzes eine nachhaltige Entwicklung der Energieversorgung zu ermöglichen und den Beitrag Erneuerbarer Energien an der Stromversorgung deutlich zu erhöhen, um […] den Anteil erneuerbarer Energien am gesamten Energieverbrauch bis zum Jahr 2010 mindestens zu verdoppeln" (EEG 2000, S. 305). Im Jahr 1991 lag der Anteil der Erneuerbaren an der Bruttostromerzeugung in Deutschland gerade einmal bei 3,2 Prozent, zehn Jahre später waren 6,6 Prozent erreicht (vgl. Abbildung 1). Das erste EEG-Ziel fällt damit im Vergleich zu heutigen Zielsetzungen noch eher bescheiden aus. In den letzten Jahren wurden verschiedene Anpassungen am Gesetz vorgenommen (aktueller Stand EEG 2017) und damit jeweils unterschiedliche (finanzielle) Anreize zum Ausbau sowie gleichzeitig zur Steuerung des Zuwachses von Windkraft,

Abbildung 1 Bruttostromerzeugung in Deutschland nach Energieträgern seit 1991 im Zweijahresrhythmus dargestellt

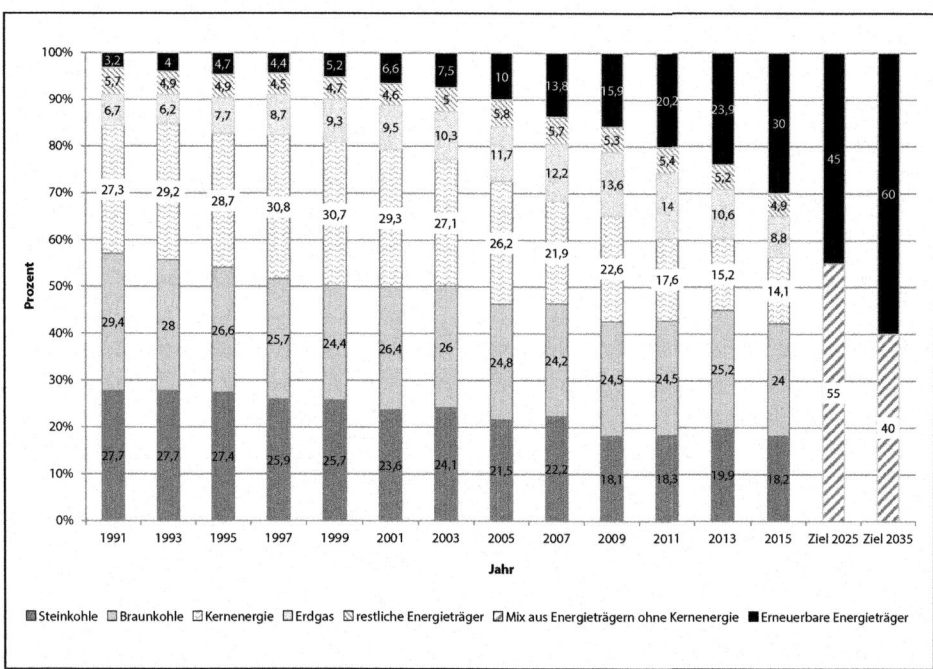

Quelle: Eigene Darstellung auf Basis von AG Energiebilanzen (2015) und BMWi (2016a), ähnlich veröffentlicht in Weber et al. (2017, S. 221)

Photovoltaik, Wasserkraft, Biomasse und Geothermie geschaffen (dazu auch Gailing 2015; Gailing und Röhring 2015, S. 36; Otto und Leibenath 2013, S. 65). Mit dem EEG 2017 wird auf mehr ‚Wettbewerb' gesetzt, indem über Ausschreibungen diejenigen eine Förderung erhalten, die am wenigsten staatliche Unterstützung reklamieren. Im Jahr 2011 nahmen erneuerbare Energien 20,2 Prozent am Strommix ein, 2015 bereits 30 Prozent. Für 2025 wird ein Anteil am Bruttostromverbrauch von 40–45 Prozent, für 2035 bereits von 55–60 Prozent angestrebt (BMWi 2016a, S. 6; Abbildung 1). Auch wenn bis 2018 die Steinkohleförderung in Deutschland beendet werden soll (Hartmann 2018), heißt dies aufgrund von Importen nicht, dass Steinkohle aus dem Energiemix verschwände. Stein- und Braunkohle bleiben weiterhin relevant, auch wenn deren Anteil perspektivisch sinken soll. Der Anteil der Kernkraft hat sich seit 1991 im Verhältnis bereits ungefähr halbiert und soll bis Ende 2022 aus dem deutschen Energiemix verschwunden sein.

Der Ausbau erneuerbarer Energien zur Stromversorgung stellt nur einen Teil einer umfassender gedachten ‚Energiewende' dar – das Standbein einer ‚Stromwende'. In den Bereichen Wärme und Mobilität – hier allen voran Straßenverkehr – sind auch weitreichende Veränderungen angestrebt, wobei erneuerbare Anteile bisher eher gering ausfallen: Im Wärmebereich – Heizung, Warmwasser und Wärme für industrielle Prozesse –, der mit mehr als der Hälfte des gesamten deutschen Energieverbrauchs den zentralen Verbrauchssektor bildet (Gochermann 2016, S. 64), sollen bis zum Jahr 2020 insgesamt 14 Prozent erreicht werden, wobei 2017 bereits 13,3 Prozent gedeckt werden (BMWi 2017, S. 4). Im Bereich Verkehr ergeben sich zwar Effizienzsteigerungen, gleichzeitig hat dieser quantitativ aber auch zugenommen, was eine Reduktion des Energieverbrauchs zur Herausforderung werden lässt (Gochermann 2016, S. 64–65). Eng mit allen Bereichen verwoben sind wiederum Klimaschutzziele, wachsende Energieeffizienz und Energieeinsparungen – und dies auch in Verbindung mit der europäischen Ebene (BMWi 2016b, S. 5, 10–11; Maubach 2014, S. 251–254; Sielker et al. 2018). Aktuelle politische Ziele lassen sich wie folgt konturieren: „Bis 2050 sollen die Treibhausgasemissionen um mindestens 80 bis 95 Prozent gegenüber 1990 sinken, der Anteil der erneuerbaren Energien auf 60 Prozent am Endenergieverbrauch steigen und der Primärenergieverbrauch um 50 Prozent gegenüber 2008 sinken." (BMUB 2017, S. 6). Energieversorgung soll folglich aus politischer Perspektive „umweltfreundlich und weitgehend klimaneutral" werden (BMWi 2017, S. 4). Mit regionalen und kommunalen Klimaschutzkonzeptionen ergeben sich Konkretisierungen auf den entsprechenden Ebenen (siehe u. a. Quénéhervé et al. 2018; Sturm und Mattissek 2018).

Und schließlich wird im Hinblick auf den Ausbau erneuerbarer Energien und das Abschalten der deutschen Kernkraftwerke eine Anpassung des bestehenden Übertragungsnetzes als erforderlich erachtet. Die Energieversorgung wandelt sich von tendenziell eher zentralen Strukturen mit Großkraftwerken hin zu einer kleinteiligen, dezentralen Versorgung. Der Ausbau erneuerbarer Energien geschieht mit einem deutlichen Zuwachs von Windkraft im Norden Deutschlands, was den Transport in den verbrauchsstarken Süden bedinge (Beckmann et al. 2013; Gailing und Röhring 2015; IRS 2013). Bereits vor der Entscheidung zum Kernkraftausstieg im Jahr 2011 wurden Netzanpassungsmaßnahmen begonnen (hierzu u. a. Neukirch 2014; Riegel und Brandt 2015; Weber et al. 2017). Kernstück hierzu bildet das 2009 verabschiedete Energieleitungsausbaugesetz (EnLAG), das 22 Vorhaben, sechs davon als Erdkabel-Pilotvorhaben, listet und dem Ausbau der Erneuerbaren Rechnung trägt. Die Vorhaben fallen in die Zuständigkeit der Länder und umfassen eine aktuelle Gesamtlänge von etwa 1 800 Kilometern. Vor dem Hintergrund des Kernkraftausstiegs wurde ein weitergehender Ausbaubedarf konstatiert. Mit dem Netzausbaubeschleunigungsgesetz (NABEG) wurde 2011 die Prozesssteuerung für länderübergreifende Vorhaben in die Zuständigkeit des Bundes übertragen: Bundesfachplanung und Planfeststellung obliegen der Bundesnetzagentur (Bundesnetzagentur 2017c, o. S.; NABEG 2011). Weiteres gesetzliches Kernstück bildet das im Juli 2013 initiierte und im Dezember 2015 angepasste Bundesbedarfsplangesetz (BBPlG), das mit Stand Mai 2017 insgesamt 43 Vorhaben umfasst, davon 16 als länderübergreifende, acht in Höchstspannungsgleichstromübertragung (HGÜ), hierbei fünf vorrangig in Erdverkabelung (Bundesgesetzblatt 2015). Es wird von etwa 6100 Leitungskilometern ausgegangen, was die ‚raumbezogene Relevanz' verdeutlicht (Bundesnetzagentur 2017a, o. S.). Sowohl die Vorhaben aus dem EnLAG als auch die aus dem BBPlG zielen darauf ab, Netzengpässe zu beseitigen, Versorgungssicherheit zu gewährleisten und eine verbesserte Einbindung in transeuropäische Übertragungsnetze zu erreichen (Gailing und Röhring 2015, S. 40; zur Europäisierung der Strompolitik auch Monstadt 2007).

Mit den bisherigen Ausführungen wurde in erster Linie auf die politischen Zielsetzungen geschaut: *Was* soll *bis wann* erreicht werden? Angeklungen ist damit gleichzeitig, dass hohe technische Herausforderungen bestehen: Anlagen zur Erzeugung erneuerbarer Energien sollen leistungsfähiger werden, Energieeinsparungen durch Effizienzerhöhungen, aber auch durch verändertes Konsument(inn)en-Verhalten erreicht, Mobilität mit Elektrofahrzeugen und gegebenenfalls anderen neuen Technologien umgestaltet werden (Brauner 2016; Osterhage 2015; Radgen 2018). Neue Stromtrassen sollen in Teilen in Höchstspannungs-Gleichstrom-Übertragungstechnik (Ultranet, SuedLink, SuedOstLink) – sowohl als Freileitungen als auch in Erdverkabelung – realisiert werden (zur Technik bspw. Bundesnetzagentur 2017b; Schmitt 2016) – eine Technik, die in Deutschland neu zum Einsatz kommen wird. Noch immer unzureichend geklärt sind auch die Fragen nach Speichertechnologien und der Endlagerung radioaktiver Abfälle (Gochermann 2016, S. 32–33, 153–162).

Mit dem Verweis auf die Konsument(inn)en wurde darüber hinaus neben Politik und Technik bereits ein weiterer entscheidender Bereich angerissen: Wie gehen wir als Bundesbürger(innen) mit der ‚Energiewende' um? Auf der einen Seite zeigen Umfragen weiterhin eine grundsätzlich hohe Zustimmung zur initiierten Energiewende. In einer Befragung von TNS Emnid im Auftrag der Agentur für Erneuerbare Energien vom September 2016 schätzten 93 Prozent der Befragten den ‚weiteren Ausbau der Erneuerbaren Energien' als ‚wichtig bis außerordentlich wichtig' ein. Immerhin 62 Prozent befürworten Anlagen für erneuerbare Energien am eigenen Wohnort, wobei Solarparks in der Zustimmung vor Windkraft- und Biomasseanlagen liegen. Sind solche Anlagen bereits ‚vor Ort' vorhanden, steigt wiederum die Zustimmung deutlich (Agentur für Erneuerbare Energien 2016, o. S.). Die ‚Umweltbewusstseinsstudie' kommt zu einer ebenfalls sehr hohen prinzipiellen Befürwortung von insgesamt 90 Prozent seitens der Befragten (BMUB und UBA 2017, S. 31). Auf der anderen Seite sprechen wachsende Bürgerproteste, insbesondere auf lokaler Ebene, eine andere Sprache. Bürgerinitiativen gegen verschiedenste Formen erneuerbarer Energieproduktion, vor allem gegen Windkraft, ebenso im Zuge des Stromnetzausbaus, sprießen – metaphorisch – wie Pilze aus dem Boden (siehe u. a. Becker et al. 2012; Hoeft et al. 2017; Marg et al. 2013; Neukirch 2014; Weber et al. 2017). Zwar engagieren sich Bürger(innen) unter anderem in Bürgerenergiegenossenschaften aktiv für die Umsetzung der Energiewende (bspw. dazu George 2012; Klemisch 2014; Kölsche 2015; Müller et al. 2015; Radtke 2016), doch drängen derzeit Widerstände eher in den Mittelpunkt der Betrachtung. Besondere Aufmerksamkeit erlangten überregional im Jahr 2015 Proteste gegen die Gleichstrompassage Süd-Ost in Bayern, in deren Zuge die bayerische Staatsregierung von Forderungen nach einem noch stärkeren Ausbau der Übertragungsnetze in eine grundlegende Ablehnungshaltung verfiel und nach zwischenzeitlichem Vorschlag einer Verlagerung der Trasse nach Baden-Württemberg nun Erdverkabelungen favorisiert (dazu Kühne et al. 2016; Weber et al. 2016). Der Widerstand auf Seiten von Bürgerinitiativen ist allerdings geblieben (dazu Weber 2018). Beeinflusst von den Ereignissen in Fukushima steckte sich die rheinland-pfälzische Landesregierung aus SPD und Bündnis '90/Die Grünen das ambitionierte Ziel, bis 2030 die Stromversorgung bilanziell aus erneuerbaren Energien zu decken (MWKEL 2014, S. 9). In der Legislaturperiode 2011–2016 wurde der Ausbau der ‚Erneuerbaren' auf Drängen der Grünen massiv vorangetrieben. Der Ausgang der Landtagswahl in Rheinland-Pfalz im Jahre 2016 wird vor diesem Hintergrund durchaus auch als ‚Abstrafen' der Grünen gesehen, die von 15,4 Prozent auf 5,3 Prozent ‚abrutschten'[1]. Unter der neuen rot-gelb-grünen Landesregierung wird nun gerade mit dem Ausbau der Windkraft restriktiver umgegangen. Bürger(innen), insbesondere organisiert in Bürgerinitiativen, verschaffen sich in Teilen lautstark Gehör und kritisieren die weitreichenden und schnellen Ausbaupläne[2]. ‚Akzeptanz' der Energiewende einschließlich Netzausbau hat sich entsprechend auch zu einem zentralen wissenschaftlichen Thema entwickelt (siehe u. a. Gailing und Leibenath 2013; Hoeft et al. 2017; Hübner 2012; Hübner und Hahn 2013; Kühne und Weber 2015b, 2017; Leibenath und Otto 2013; Marg et al. 2013; Pohl et al. 2014; Stegert und Klagge 2015; Weber et al. 2017). Fragen nach Entwicklungen, Beweggründen ebenso wie praxisorientierte Hinweise zu ‚guter' oder ‚besserer' Bürgerbeteiligung beziehungsweise zum Nutzen von ‚Energiekonflikten' (Becker und Naumann 2016) rücken in den Fokus.

Mit den einführenden Bemerkungen zur ‚Energiewende' wurden bereits vielfältige Aspekte und Fragen angerissen, die innerhalb des Sammelbandes mit einem geographisch-sozialwissenschaftlichen Fokus thematisiert werden (zur Energiewende aus wirtschaftssoziologischer Sicht siehe Giacovelli 2017, aus politikwissenschaftlicher Perspektive bspw. Grasselt 2016). Wie bei unserem Sammelband ‚Bausteine der Regionalentwicklung' (Kühne und Weber 2015a) verfolgen wir das Ziel, ganz unterschiedliche Facetten zu beleuchten und in Beziehung zu setzen. Das Bild von Bausteinen erweist sich aus unserer Sicht auch zur Energiewende als sehr treffend, da sich diese für verschiedene Ebenen, Komplexe, Bereiche aneinanderfügen und so einen Gesamteindruck vermitteln, wie nachfolgend hervorgehoben wird.

---

1 Vgl. http://www.wahlen.rlp.de/ltw/wahlen/2016/index.html (Zugegriffen: 02. 08. 2017).
2 Siehe Koalitionsvertrag https://www.rlp.de/fileadmin/rlp-stk/pdf-Dateien/Koalitionsvertrag_RLP.pdf (Zugegriffen: 02. 08. 2017).

2 Themenschwerpunkte und Ausrichtung des Sammelbandes

Gefolgt von unserem Einführungsbeitrag gibt Sandra Hook einen Überblick über zentrale Entwicklungen der letzten Jahre und Jahrzehnte – von internationalen Klimaabkommen bis zu Auswirkungen des Erneuerbare-Energien-Gesetzes in Deutschland (Hook 2018). Auf diese Weise entsteht ein gewisser ‚Hintergrund' zur vereinfachten Einordnung der weiteren Beiträge.

Danach wird mit theoretischen und konzeptionellen Perspektiven auf die ‚Energiewende' geblickt, wobei hier vielfältige Zugänge gewählt werden, die Unterschiedliches ‚scharf' stellen und gleichzeitig in Beziehung gesetzt werden können. Zunächst werden ethische Aspekte einer Energiewende fokussiert (Berr 2018), gefolgt von Fragen um Governance, Government und Gouvernementalität, sowohl eher allgemein (Gailing 2018; Leibenath und Lintz 2018) als auch konkretisiert mit Fokus auf Stadtentwicklungspolitik in Dresden und Münster (Sturm und Mattissek 2018). Büscher und Sumpf (2018) nähern sich mit Blick auf die zukünftige Energieversorgung den Feldern Vertrauen und Risiko an. Wie Konflikte theoretisch-konzeptionell, aber auch praktisch gedacht werden können, wird mit Rückgriff auf Ralf Dahrendorf (Kühne 2018a) sowie Chantal Mouffe (Weber 2018) eingeordnet. Schließlich rücken Analysen aus der Perspektive von Neocartography und Spatial Citizenship (Könen et al. 2018) sowie Praxistheorie (Faller 2018) in den Mittelpunkt.

Im nächsten großen Themenblock werden politische und strukturelle Herausforderungen im Zuge von Klimaschutz und Energiewende beleuchtet. Nach Fragen um EU-Governance und Energiewende (Sielker et al. 2018) und einer Auseinandersetzung mit Klimaskeptikern (Brunnengräber 2018) werden planungs- und steuerungsbezogene Zusammenhänge über mehrere administrative Ebenen hinweg (Fromme 2018) sowie Entwicklungen im Zuge des Ausstiegs aus der Steinkohleförderung, speziell im Saarland (Hartmann 2018), dargestellt. Welche Herausforderungen Energiewende und Naturschutz mit sich bringen, untersucht im Anschluss Christoph Moning (2018), gefolgt von einem Beitrag von Hans-Jörg Domhardt et al. (2018), der Energiewende und Regionalentwicklung in ländlichen Räumen in Beziehung setzt. Ebenfalls konkretisierte Fragen der Energiewende-Implementierung rücken schließlich mit einem Blick auf saarländische Lehrwerke für Gymnasien (Fontaine 2018) und dem Reallabor Tübingen zur Umsetzung von Energiewende und Klimaschutz auf Quartiersebene (Quénéhervé et al. 2018) ins Zentrum der Betrachtung.

Der sich anschließende Schwerpunkt ist Energiekonflikten zwischen Ästhetik, Planung, Steuerung und praktischem Umgang gewidmet. Zunächst wird auf grundlegende ästhetische Aspekte von neuen Energielandschaften (Linke 2018; Schweiger et al. 2018; Steierwald und Weimer-Jehle 2018) eingegangen, bevor stärker konfliktbezogen die Visualität von Protest durch Bürgerinitiativen (Jenal 2018), ‚Chancen und Risiken' von partizipativen Methoden zum ‚Landschaftsbild' (Stemmer und Kaußen 2018) und der ‚Nutzen' von ‚Energiekonflikten' (Becker und Naumann 2018) Betrachtung finden. Inwiefern erneuerbare Energien und Tourismus vereinbar scheinen, wird von Aschenbrand und Grebe (2018) anhand empirischer Forschungsergebnisse verdeutlicht. Wie Planung, Kommunikation und Umsetzung wiederum in Verbindung stehen beziehungsweise verbunden werden könn(t)en, wird praxisbezogen mit Ausrichtungen auf Planungskommunikation (Langer 2018) und GIS (Vetter 2018) gezeigt.

Des Weiteren werden praktische Herausforderungen von politischen Vorgaben differenziert. Jörg Bausch (2018) untersucht mit naturwissenschaftlicher Ausrichtung Probleme und insbesondere Chancen von Schwefelhexafluorid in Verbindung mit Anforderungen an den Klimaschutz. Mit welchen ganz konkreten Überlegungen Nutzer(innen) von Elektroautomobilen konfrontiert sein können, wird im Beitrag von Peter Radgen (2018) eindrücklich deutlich. Danach werden ‚praktische Herausforderungen' im Zuge des Stromnetzausbaus mit Einschätzungen zu Erdverkabelungen und Partizipationsmöglichkeiten von Bürgerinitiativen beleuchtet (Sontheim und Weber 2018).

Im letzten Block werden planerische Grundlagen, Herausforderungen und Potenziale des Ausbaus der Windenergie ausdifferenziert. In den ersten beiden Artikeln werden Aushandlungsprozesse um den Windkraftausbau, zunächst in Verbindung mit dem Aufschwung rechtspopulistischer Bewegungen (Eichenauer et al. 2018), dann genereller mit Bezug auf Zielsetzungen von Bürgerinitiativen (Roßmeier et al. 2018) analysiert. Mit welchen konkreten Herausforderungen Planung im Zuge des Windkraftausbaus in Baden-Württemberg konfrontiert war und ist, wird durch die beiden Beiträge von Hage und Schuster (2018) sowie Mandel (2018) deutlich. Wie wenig es wiederum die *eine* Einschätzung zu Veränderungen im Zuge der Energiewende und des Ausbaus erneuerbarer Energien geben kann, illustriert das Thema Windkraft im Wald: einerseits als Chance (Kress 2018), andererseits als ‚Naturgefährdung' (Dorda 2018) zu deuten.

3 Ausblick

Der vorliegende Band zeigt – durchaus exemplarisch ‚bausteinartig' und nicht umfassend wie ein Handbuch – unterschiedliche Dimensionen und Zugänge zum Thema Energiewende und ihren physisch-räumlichen Manifestationen. Deutlich wird dabei auch, dass die Thematik wissenschaftstheoretisch einerseits mit einer positivistischen Grundperspektive, andererseits mit unterschiedlichen konstruktivistischen Ansätzen beleuchtet wird (Chilla et al. 2015; Chilla et al. 2016; Kühne 2018b). Die gerade in der (Kultur)Landschaftsforschung weit verbreitete essentialistische Sichtweise findet in den hier präsentierten Forschungsergebnissen nur in Ansätzen Niederschlag. Hinsichtlich der gesellschaftlichen Kommunikationsprozesse zur Energiewende und ihren physischen Manifestationen haben konstruktivistische Perspektiven ein großes Potenzial. Dies gilt hinsichtlich der Frage der hinter der Energiewende liegenden Machtprozesse, für die ein großes künftiges Forschungspotenzial besteht, insbesondere für die physisch-räumliche Konkretisierung politischen Willens durch die raumbezogene Planung. Diese (sensiblen) Fragen blieben im Planungskontext – infolge der stark positivistisch ausgerichteten Planungsforschung – bislang wenig berücksichtigt (von einigen Ausnahmen abgesehen Berr 2017; Burckhardt 2004; Kühne 2008). Gerade bei Fragen der Akzeptanz der Energiewende und ihren physischen Manifestationen wird eine konstruktivistische Sichtweise besonders wertvoll, da sich mit dieser die spezifischen Kommunikationslogiken und Konfliktgenesen nachzeichnen lassen. In einen ‚pragmatisch' ausgerichteten Konstruktivismus lassen sich auch positivistisch generierte Ergebnisse ‚einhängen', im Sinne einer spezifischen Interpretation von Welt. Gerade die Energiewende zeigt die enge Koppelung technischer Entwicklungen, politischer Kalküle, wirtschaftlicher Interessen, planerischer Zugänge mit unterschiedlichen Gesellschaftsteilen. Die dazwischen entstehenden Resonanzen erweisen sich selten als linear, sondern vielfach eher als komplex und von vielen schwer vorhersehbaren Rückkoppelungen geprägt. Die in diesem Buch versammelten Forschungsergebnisse zeigen dabei einerseits Gemeinsamkeiten von Deutungsmustern von Befürworter(inne)n zum einen und Gegner(inne)n der Energiewende bzw. ihren physischen Repräsentanten zum anderen, andererseits aber auch die zum Teil regionale bis lokale Differenziertheit der Opposition gegen die Energiewende und ihre physischen Repräsentanten. Diese Differenziertheit stellt in besonderer Weise für die Planung eine Herausforderung dar, verdeutlicht aber auch den umfangreichen Forschungsbedarf an regionalen und lokalen Studien.

Der Forschungsbedarf beschränkt sich dabei nicht auf die Akzeptanz der Errichtung der Anlagen zur Gewinnung regenerativer Energien sowie deren Leitung, sondern besteht auch in Bezug auf deren Nutzung, wie anhand des Beispiels der E-Mobilität gezeigt wurde. Neben technischen Innovationen in Bezug auf die Reichweite und die Ladegeschwindigkeit werden in diesem Kontext auch Fragen der räumlichen Organisation der Gesellschaft aktualisiert. Einerseits bedeutet das Pendeln zum Arbeits- bzw. Ausbildungsplatz stets ein Verbrauch von Energie, andererseits bedeutet es auch ein Abbremsen der Immobilienpreissteigerung in den urbanen Kernräumen – eine Entwicklung, die sich durch eine verstärkte Nutzung moderner Informationstechnologien hinsichtlich e-Learning und Telearbeit abschwächen ließe, aber in allen Fällen eine Herausforderung für die räumliche Planung darstellt. Mit den sich anschließenden Beiträgen rücken vielfältige Aspekte in den Fokus, vieles gilt es darüber hinaus im Hinblick auf die unterschiedlichen gesellschaftlichen, politischen, planerischen und praktischen Umbrüche in den kommenden Jahren weitergehend auszuleuchten.

Literatur

AG Energiebilanzen. (2015). Bruttostromerzeugung in Deutschland ab 1990 nach Energieträgern. http://www.ag-energiebilanzen.de/index.php?article_id=29&fileName=20151211_brd_stromerzeugung1990-2015.pdf. Zugegriffen 07.03.2016.

Agentur für Erneuerbare Energien. (2016). Repräsentative Umfrage: Weiterhin Rückenwind für Erneuerbare Energien. https://www.unendlich-viel-energie.de/presse/pressemitteilungen/repraesentative-umfrage-weiterhin-rueckenwind-fuer-erneuerbare-energien. Zugegriffen 08.05.2017.

Aschenbrand, E. & Grebe, C. (2018). Erneuerbare Energie und ‚intakte Landschaft' Landschaft: Wie Naturtourismus und Energiewende zusammenpassen. In O. Kühne & F. Weber (Hrsg.), *Bausteine der Energiewende* (S. 523–538). Wiesbaden: Springer VS.

Bausch, J. (2018). Schwefelhexafluorid: Ein Gas zwischen technischer Exzellenz und Rekord-GWP. In O. Kühne & F. Weber (Hrsg.), *Bausteine der Energiewende* (S. 573–586). Wiesbaden: Springer VS.

Becker, S. & Naumann, M. (2016). Energiekonflikte nutzen. Wie die Energiewende vor Ort gelingen kann. http://transformation-des-energiesystems.de/sites/default/files/EnerLOG_Broschuere_Energiekonflikte_nutzen.pdf. Zugegriffen 01.02.2017.

Becker, S. & Naumann, M. (2018). Energiekonflikte erkennen und nutzen. In O. Kühne & F. Weber (Hrsg.), *Bausteine der Energiewende* (S. 509–522). Wiesbaden: Springer VS.

Becker, S., Gailing, L. & Naumann, M. (2012). Neue Energielandschaften – neue Akteurslandschaften. Eine Bestandsaufnahme im Land Brandenburg. http://www.rosalux.de/fileadmin/rls_uploads/pdfs/Studien/Studien_Energielandschaften_150dpi.pdf. Zugegriffen 12.07.2017.

Beckmann, K. J., Gailing, L., Hülz, M., Kemming, H., Leibenath, M., Libbe, J. & Stefansky, A. (2013). Räumliche Implikationen der Energiewende. Positionspapier. Difu-Papers. https://shop.arl-net.de/media/direct/pdf/_difu-paper-positionspapier-r11.pdf. Zugegriffen 28.06.2017.

Berr, K. (Hrsg.). (2017). *Architektur- und Planungsethik. Zugänge, Perspektiven, Standpunkte*. Wiesbaden: Springer VS.

Berr, K. (2018). Ethische Aspekte der Energiewende. In O. Kühne & F. Weber (Hrsg.), *Bausteine der Energiewende* (S. 57–74). Wiesbaden: Springer VS.

BMUB. (2017). Klimaschutz in Zahlen. Fakten, Trends und Impulse deutscher Klimapolitik. Ausgabe 2017. http://www.bmub.bund.de/fileadmin/Daten_BMU/Pools/Broschueren/klimaschutz_in_zahlen_2017_bf.pdf. Zugegriffen 12.07.2017.

BMUB & UBA (Hrsg.). (2017). *Umweltbewusstsein in Deutschland 2016. Ergebnisse einer repräsentativen Bevölkerungsumfrage*. Berlin: Selbstverlag.

BMWi. (2015). Erneuerbare Energien in Zahlen. Nationale und internationale Entwicklung im Jahr 2014. https://www.bmwi.de/BMWi/Redaktion/PDF/E/erneuerbare-energien-in-zahlen-2014,property=pdf,bereich=bmwi2012,sprache=de,rwb=true.pdf. Zugegriffen 07.03.2016.

BMWi. (2016a). Erneuerbare Energien in Zahlen. Nationale und internationale Entwicklung im Jahr 2015. https://www.bmwi.de/BMWi/Redaktion/PDF/E/erneuerbare-energien-in-zahlen,property=pdf,bereich=bmwi2012,sprache=de,rwb=true.pdf. Zugegriffen 13. 01. 2017.

BMWi. (2016b). Zentrale Vorhaben Energiewende für die 18. Legislaturperiode (2. Fortschreibung der 10-Punkte-Energie-Agenda des BMWi, Januar 2016). https://www.bmwi.de/Redaktion/DE/Downloads/0-9/10-punkte-energie-agenda-zweite-fortschreibung.pdf?__blob=publicationFile&v=9. Zugegriffen 12. 07. 2017.

BMWi. (2017). Die Energiewende: unsere Erfolgsgeschichte. https://www.bmwi.de/Redaktion/DE/Publikationen/Energie/energiewende-beileger.pdf?__blob=publicationFile&v=25. Zugegriffen 12. 07. 2017.

Brauner, G. (2016). *Energiesysteme: regenerativ und dezentral. Strategien für die Energiewende*. Wiesbaden: Springer Vieweg.

Brunnengräber, A. (2018). Klimaskeptiker im Aufwand. Wie aus einem Rand- ein breiteres Gesellschaftsphänomen wird. In O. Kühne & F. Weber (Hrsg.), *Bausteine der Energiewende* (S. 271–292). Wiesbaden: Springer VS.

Bruns, A. (2016). Die deutsche Energiewende – Beispiel für eine fundamentale Transition. *Geographische Rundschau* 68 (11), 4–11.

Bundesgesetzblatt. (2015). Gesetz zur Änderung von Bestimmungen des Rechts des Energieleitungsbaus. Vom 21. Dezember 2015. http://www.bmwi.de/Redaktion/DE/Downloads/Gesetz/gesetz-zur-aenderung-von-bestimmungen-des-rechts-des-energieleitungsbaus.pdf?__blob=publicationFile&v=6. Zugegriffen 22. 02. 2017.

Bundesnetzagentur. (2017a). Bundesbedarfsplan (2015). https://www.netzausbau.de/bedarfsermittlung/2024/bundesbedarfsplan/de.html. Zugegriffen 24. 05. 2017.

Bundesnetzagentur. (2017b). Fragen & Antworten zum Netzausbau. https://www.netzausbau.de/SharedDocs/Downloads/DE/Publikationen/FAQ.pdf?__blob=publicationFile. Zugegriffen 19. 05. 2017.

Bundesnetzagentur. (2017c). Netzausbaubeschleunigungsgesetz Übertragungsnetz (NABEG). http://www.netzausbau.de/wissenswertes/recht/nabeg/de.html. Zugegriffen 24. 05. 2017.

Burckhardt, L. (2004). *Wer plant die Planung? Architektur, Politik und Mensch*. Berlin: Martin Schmitz Verlag.

Büscher, C. & Sumpf, P. (2018). Vertrauen, Risiko und komplexe Systeme: das Beispiel zukünftiger Energieversorgung. In O. Kühne & F. Weber (Hrsg.), *Bausteine der Energiewende* (S. 129–161). Wiesbaden: Springer VS.

Chilla, T., Kühne, O., Weber, F. & Weber, F. (2015). „Neopragmatische" Argumente zur Vereinbarkeit von konzeptioneller Diskussion und Praxis der Regionalentwicklung. In O. Kühne & F. Weber (Hrsg.), *Bausteine der Regionalentwicklung* (S. 13–24). Wiesbaden: Springer VS.

Chilla, T., Kühne, O. & Neufeld, M. (2016). *Regionalentwicklung*. Stuttgart: Ulmer.

Domhardt, H.-J., Grotheer, S. & Wohland, J. (2018). Die Energiewende als Basis für eine zukunftsorientierte Regionalentwicklung in ländlichen Räumen. In O. Kühne & F. Weber (Hrsg.), *Bausteine der Energiewende* (S. 345–368). Wiesbaden: Springer VS.

Dorda, D. (2018). Windkraft und Naturschutz. In O. Kühne & F. Weber (Hrsg.), *Bausteine der Energiewende* (S. 749–772). Wiesbaden: Springer VS.

EEG. (2000). Gesetz für den Vorrang Erneuerbarer Energien (Erneuerbare-Energien-Gesetz – EEG) sowie zur Änderung des Energiewirtschaftsgesetzes und des Mineralölsteuergesetzes. Bundesgesetzblatt Jahrgang 2000 Teil I Nr. 13 (S. 305–309). http://www.gesetze-im-internet.de/bundesrecht/eeg/gesamt.pdf. Zugegriffen 24. 05. 2017.

EEG. (2017). Gesetz für den Ausbau erneuerbarer Energien (Erneuerbare-Energien-Gesetz – EEG 2017). http://www.gesetze-im-internet.de/eeg_2014/BJNR106610014.html. Zugegriffen 24. 05. 2017.

Eichenauer, E., Reusswig, F., Meyer-Ohlendorf, L. & Lass, W. (2018). Bürgerinitiativen gegen Windkraftanlagen und der Aufschwung rechtspopulistischer Bewegungen. In O. Kühne & F. Weber (Hrsg.), *Bausteine der Energiewende* (S. 633–651). Wiesbaden: Springer VS.

Faller, F. (2018). Die Energiewende als Praktik. In O. Kühne & F. Weber (Hrsg.), *Bausteine der Energiewende* (S. 231–246). Wiesbaden: Springer VS.

Fontaine, D. (2018). Die Energiewende und ihr Einzug in saarländische Lehrwerke für Gymnasien: eine Erfolgsgeschichte? In O. Kühne & F. Weber (Hrsg.), *Bausteine der Energiewende* (S. 369–383). Wiesbaden: Springer VS.

Fromme, J. (2018). Transformation des Stromversorgungssystems zwischen Planung und Steuerung. In O. Kühne & F. Weber (Hrsg.), *Bausteine der Energiewende* (S. 293–314). Wiesbaden: Springer VS.

Gailing, L. (2015). Energiewende als Mehrebenen-Governance. *ARL-Nachrichten 45* (2), 7–10.

Gailing, L. (2018). Die räumliche Governance der Energiewende: Eine Systematisierung der relevanten Governance-Formen. In O. Kühne & F. Weber (Hrsg.), *Bausteine der Energiewende* (S. 75–90). Wiesbaden: Springer VS.

Gailing, L. & Leibenath, M. (Hrsg.). (2013). *Neue Energielandschaften – Neue Perspektiven der Landschaftsforschung*. Wiesbaden: Springer VS.

Gailing, L. & Röhring, A. (2015). Was ist dezentral an der Energiewende? Infrastrukturen erneuerbarer Energien als Herausforderungen und Chancen für ländliche Räume. *Raumforschung und Raumordnung 73* (1), 31–43.

George, W. (2012). Vorteile von Genossenschaftslösungen in der Energiewende. *Informationen zur Raumentwicklung* (9/10), 503–513.

Giacovelli, S. (Hrsg.). (2017). *Die Energiewende aus wirtschaftssoziologischer Sicht. Theoretische Konzepte und empirische Zugänge*. Wiesbaden: Springer VS.

Gochermann, J. (2016). *Expedition Energiewende*. Wiesbaden: Springer Spektrum.

Grasselt, N. (2016). *Die Entzauberung der Energiewende. Politik- und Diskurswandel unter schwarz-gelben Argumentationsmustern* (Studien der NRW School of Governance). Wiesbaden: Springer VS.

Hage, G. & Schuster, L. (2018). Daher weht der Wind! Beleuchtung der Diskussionsprozesse ausgewählter Windkraftplanungen in Baden-Württemberg. In O. Kühne & F. Weber (Hrsg.), *Bausteine der Energiewende* (S. 681–700). Wiesbaden: Springer VS.

Hartmann, C. (2018). Ewigkeitskosten nach dem Ausstieg aus der Steinkohleförderung in Deutschland. In O. Kühne & F. Weber (Hrsg.), *Bausteine der Energiewende* (S. 315–330). Wiesbaden: Springer VS.

Hoeft, C., Messinger-Zimmer, S. & Zilles, J. (Hrsg.). (2017). *Bürgerproteste in Zeiten der Energiewende. Lokale Konflikte um Windkraft, Stromtrassen und Fracking.* Bielefeld: Transcript.

Hook, S. (2018). ‚Energiewende': Von internationalen Klimaabkommen bis hin zum deutschen Erneuerbaren-Energien-Gesetz. In O. Kühne & F. Weber (Hrsg.), *Bausteine der Energiewende* (S. 21–54). Wiesbaden: Springer VS.

Hübner, G. (2012). Die Akzeptanz von erneuerbaren Energien. Einstellungen und Wirkungen. In F. Ekardt, B. Hennig & H. Unnerstall (Hrsg.), *Erneuerbare Energien. Ambivalenzen, Governance, Rechtsfragen* (Beiträge zur Sozialwissenschaftlichen Nachhaltigkeitsforschung, Bd. 1, S. 117–137). Marburg: Metropolis-Verlag.

Hübner, G. & Hahn, C. (2013). *Akzeptanz des Stromnetzausbaus in Schleswig-Holstein. Abschlussbericht zum Forschungsprojekt.* Halle.

IRS. (2013). Die räumliche Gestaltung der Energiewende zwischen Zentralität und Dezentralität. Working Paper NR. 51. http://www.irs-net.de/download/wp_energiewende_raum_zentral_dezentral.pdf. Zugegriffen 09.11.2014.

Jenal, C. (2018). Ikonologie des Protests – Der Stromnetzausbau im Darstellungsmodus seiner Kritiker(innen). In O. Kühne & F. Weber (Hrsg.), *Bausteine der Energiewende* (S. 469–487). Wiesbaden: Springer VS.

Klemisch, H. (2014). Energiegenossenschaften als regionale Antwort auf den Klimawandel. In C. Schröder & H. Walk (Hrsg.), *Genossenschaften und Klimaschutz. Akteure für zukunftsfähige, solidarische Städte* (S. 149–166). Wiesbaden: Springer VS.

Kölsche, C. (2015). Herausforderungen der Energiewende: Zur Konstruktion von ‚Energieregionen'. In O. Kühne & F. Weber (Hrsg.), *Bausteine der Regionalentwicklung* (S. 137–148). Wiesbaden: Springer VS.

Könen, D., Gryl, I. & Pokraka, J. (2018). Zwischen ‚Windwahn', Interessenvertretung und Verantwortung: Bürger*innenbeteiligung am Beispiel Windkraft im Spiegel von Neocartography und Spatial Citizenship. In O. Kühne & F. Weber (Hrsg.), *Bausteine der Energiewende* (S. 207–230). Wiesbaden: Springer VS.

Kress, A. (2018). Wie die Energiewende den Wald neu entdeckt hat. In O. Kühne & F. Weber (Hrsg.), *Bausteine der Energiewende* (S. 715–747). Wiesbaden: Springer VS.

Kühne, O. (2008). *Distinktion – Macht – Landschaft. Zur sozialen Definition von Landschaft.* Wiesbaden: VS Verlag für Sozialwissenschaften.

Kühne, O. (2018a). ‚Neue Landschaftskonflikte' – Überlegungen zu den physischen Manifestationen der Energiewende auf der Grundlage der Konflikttheorie Ralf Dahrendorfs. In O. Kühne & F. Weber (Hrsg.), *Bausteine der Energiewende* (S. 163–186). Wiesbaden: Springer VS.

Kühne, O. (2018b). *Landschaftstheorie und Landschaftspraxis. Eine Einführung aus sozialkonstruktivistischer Perspektive*. Wiesbaden: Springer VS (Zweite Auflage).

Kühne, O. & Weber, F. (Hrsg.). (2015a). *Bausteine der Regionalentwicklung*. Wiesbaden: Springer VS.

Kühne, O. & Weber, F. (2015b). Der Energienetzausbau in Internetvideos – eine quantitativ ausgerichtete diskurstheoretisch orientierte Analyse. In S. Kost & A. Schönwald (Hrsg.), *Landschaftswandel – Wandel von Machtstrukturen* (S. 113–126). Wiesbaden: Springer VS.

Kühne, O. & Weber, F. (2017). Conflicts and negotiation processes in the course of power grid extension in Germany. *Landscape Research online first*, 1–13. http://www.tandfonline.com/doi/full/10.1080/01426397.2017.1300639. Zugegriffen 30.03.2017.

Kühne, O., Weber, F. & Jenal, C. (2016). Der Stromnetzausbau in Deutschland: Formen und Argumente des Widerstands. *Geographie aktuell und Schule 38* (222), 4–14.

Langer, K. (2018). Frühzeitige Planungskommunikation – ein Schlüssel zur Konfliktbewältigung bei der Energiewende? In O. Kühne & F. Weber (Hrsg.), *Bausteine der Energiewende* (S. 539–556). Wiesbaden: Springer VS.

Leibenath, M. & Lintz, G. (2018). Streifzug mit Michel Foucault durch die Landschaften der Energiewende: Zwischen Government, Governance und Gouvernementalität. In O. Kühne & F. Weber (Hrsg.), *Bausteine der Energiewende* (S. 91–107). Wiesbaden: Springer VS.

Leibenath, M. & Otto, A. (2013). Windräder in Wolfhagen – eine Fallstudie zur diskursiven Konstituierung von Landschaften. In M. Leibenath, S. Heiland, H. Kilper & S. Tzschaschel (Hrsg.), *Wie werden Landschaften gemacht? Sozialwissenschaftliche Perspektiven auf die Konstituierung von Kulturlandschaften* (S. 205–236). Bielefeld: Transcript.

Linke, S. (2018). Ästhetik der neuen Energielandschaften – oder: „Was Schönheit ist, das weiß ich nicht". In O. Kühne & F. Weber (Hrsg.), *Bausteine der Energiewende* (S. 409–429). Wiesbaden: Springer VS.

Mandel, K. (2018). Warum plant Ihr eigentlich noch? – Die Energiewende in der Region Heilbronn-Franken. In O. Kühne & F. Weber (Hrsg.), *Bausteine der Energiewende* (S. 701–713). Wiesbaden: Springer VS.

Marg, S., Hermann, C., Hambauer, V. & Becké, A. B. (2013). „Wenn man was für die Natur machen will, stellt man da keine Masten hin". Bürgerproteste gegen Bauprojekte im Zuge der Energiewende. In F. Walter, S. Marg, L. Geiges & F. Butzlaff (Hrsg.), *Die neue Macht der Bürger. Was motiviert die Protestbewegungen? BP-Gesellschaftsstudie* (S. 94–138). Reinbek bei Hamburg: Rowohlt.

Maubach, K.-D. (2014). *Energiewende. Wege zu einer bezahlbaren Energieversorgung*. Wiesbaden: Springer VS (2. Auflage).

Moning, C. (2018). Energiewende und Naturschutz – Eine Schicksalsfrage auch für Rotmilane. In O. Kühne & F. Weber (Hrsg.), *Bausteine der Energiewende* (S. 331–344). Wiesbaden: Springer VS.

Monstadt, J. (2007). Energiepolitik und Territorialität: Regionalisierung und Europäisierung der Stromversorgung und die räumliche Redimensionierung der Energiepolitik. In D. Gust (Hrsg.), *Wandel der Stromversorgung und räumliche Politik. Forschungs- und Sitzungsberichte der ARL 227* (S. 186–216). Hannover: ARL.

Müller, J. R., Dorniok, D., Flieger, B., Holstenkamp, L., Mey, F. & Radtke, J. (2015). Energiegenossenschaften – das Erfolgsmodell braucht neue Dynamik. *GAIA – Ecological Perspectives for Science and Society 24* (2), 96–101. doi:10.14512/gaia.24.2.7

MWKEL. (2014). Energiewende in Rheinland-Pfalz. https://mueef.rlp.de/fileadmin/mulewf/Publikationen/Energiewende_RLP_deutsch.pdf. Zugegriffen 12. 07. 2017.

NABEG. (2011). Netzausbaubeschleunigungsgesetz Übertragungsnetz (NABEG). http://www.gesetze-im-internet.de/nabeg/BJNR169010011.html. Zugegriffen 24. 05. 2017.

Neukirch, M. (2014). Konflikte um den Ausbau der Stromnetze. Status und Entwicklung heterogener Protestkonstellationen. SOI Discussion Paper 2014-01. http://www.uni-stuttgart.de/soz/oi/publikationen/soi_2014_1_Neukirch_Konflikte_um_den_Ausbau_der_Stromnetze.pdf. Zugegriffen 09. 05. 2016.

Öko-Institut e. V. (1980). *Energie-Wende. Wachstum und Wohlstand ohne Erdöl und Uran*. Freiburg: Dreisam Verlag.

Osterhage, W. (2015). *Die Energiewende: Potenziale bei der Energiegewinnung. Eine allgemeinverständliche Einführung* (Essentials). Wiesbaden: Springer Spektrum.

Otto, A. & Leibenath, M. (2013). Windenergielandschaften als Konfliktfeld. Landschaftskonzepte, Argumentationsmuster und Diskurskoalitionen. In L. Gailing & M. Leibenath (Hrsg.), *Neue Energielandschaften – Neue Perspektiven der Landschaftsforschung* (S. 65–75). Wiesbaden: Springer VS.

Pohl, J., Gabriel, J. & Hübner, G. (2014). Untersuchung der Beeinträchtigung von Anwohnern durch Geräuschemissionen von Windenergieanlagen und Ableitung übertragbarer Interventionsstrategien zur Verminderung dieser. Abschlussbericht. https://www.dbu.de/OPAC/ab/DBU-Abschlussbericht-AZ-28754.pdf. Zugegriffen 10. 03. 2016.

Quénéhervé, G., Tischler, J. & Hochschild, V. (2018). Energiewende im Quartier – Ein Ansatz im Reallabor. In O. Kühne & F. Weber (Hrsg.), *Bausteine der Energiewende* (S. 385–405). Wiesbaden: Springer VS.

Radgen, P. (2018). Von der Schwierigkeit, nicht nur im Kopf umzuparken – Ein Selbstversuch zur Elektromobilität. In O. Kühne & F. Weber (Hrsg.), *Bausteine der Energiewende* (S. 587–607). Wiesbaden: Springer VS.

Radtke, J. (2016). *Bürgerenergie in Deutschland. Partizipation zwischen Gemeinwohl und Rendite* (VS Research: Energiepolitik und Klimaschutz). Wiesbaden: Springer VS.

Riegel, C. & Brandt, T. (2015). Eile mit Weile – Aktuelle Entwicklungen beim Netzausbau. *ARL-Nachrichten 45* (2), 10–16.

Roßmeier, A., Weber, F. & Kühne, O. (2018). Wandel und gesellschaftliche Resonanz – Diskurse um Landschaft und Partizipation beim Windkraftausbau. In O. Kühne & F. Weber (Hrsg.), *Bausteine der Energiewende* (S. 653–679). Wiesbaden: Springer VS.

Schmitt, T. (2016). Die Debatten um neue Stromtrassen als Symptomkonflikte der Energiewende. *Geographische Rundschau 68* (11), 18–25.

Schweiger, S., Kamlage, J.-H. & Engler, S. (2018). Ästhetik und Akzeptanz. Welche Geschichten könnten Energielandschaften erzählen? In O. Kühne & F. Weber (Hrsg.), *Bausteine der Energiewende* (S. 431–445). Wiesbaden: Springer VS.

Sielker, F., Kurze, K. & Göler, D. (2018). Governance der EU Energie(außen)politik und ihr Beitrag zur Energiewende. In O. Kühne & F. Weber (Hrsg.), *Bausteine der Energiewende* (S. 249–269). Wiesbaden: Springer VS.

Sontheim, T. & Weber, F. (2018). Erdverkabelung und Partizipation als mögliche Lösungswege zur weiteren Ausgestaltung des Stromnetzausbaus? Eine Analyse anhand zweier Fallstudien. In O. Kühne & F. Weber (Hrsg.), *Bausteine der Energiewende* (S. 609–630). Wiesbaden: Springer VS.

Stegert, P. & Klagge, B. (2015). Akzeptanzsteigerung durch Bürgerbeteiligung beim Übertragungsnetzausbau? Theoretische Überlegungen und empirische Befunde. *Geographische Zeitschrift 103* (3), 171–190.

Steierwald, M. & Weimer-Jehle, W. (2018). Aspekte der Qualität. Spezielle Szenarien und Bewertungsverfahren zur Entscheidung über die Realisierung von Anlagen für die Gewinnung erneuerbarer Energie. In O. Kühne & F. Weber (Hrsg.), *Bausteine der Energiewende* (S. 447–468). Wiesbaden: Springer VS.

Stemmer, B. & Kaußen, L. (2018). Partizipative Methoden der Landschafts(bild)bewertung – Was soll das bringen? In O. Kühne & F. Weber (Hrsg.), *Bausteine der Energiewende* (S. 489–507). Wiesbaden: Springer VS.

Sturm, C. & Mattissek, A. (2018). Energiewende als Herausforderung für die Stadtentwicklungspolitik – eine diskurs- und gouvernementalitätstheoretische Perspektive. In O. Kühne & F. Weber (Hrsg.), *Bausteine der Energiewende* (S. 109–128). Wiesbaden: Springer VS.

Vetter, M. (2018). GIS – Das richtige Programm für die Energiewende. In O. Kühne & F. Weber (Hrsg.), *Bausteine der Energiewende* (S. 557–569). Wiesbaden: Springer VS.

Weber, F. (2018). Von der Theorie zur Praxis – Konflikte denken mit Chantal Mouffe. In O. Kühne & F. Weber (Hrsg.), *Bausteine der Energiewende* (S. 187–206). Wiesbaden: Springer VS.

Weber, F., Kühne, O., Jenal, C., Sanio, T., Langer, K. & Igel, M. (2016). Analyse des öffentlichen Diskurses zu gesundheitlichen Auswirkungen von Hochspannungsleitungen – Handlungsempfehlungen für die strahlenschutzbezogene Kommunikation beim Stromnetzausbau. Ressortforschungsbericht. https://doris.bfs.de/jspui/bitstream/urn:nbn:de:0221-2016050414038/3/BfS_2016_3614S80008.pdf. Zugegriffen 12.07.2017.

Weber, F., Roßmeier, A., Jenal, C. & Kühne, O. (2017). Landschaftswandel als Konflikt. Ein Vergleich von Argumentationsmustern beim Windkraft- und beim Stromnetzausbau aus diskurstheoretischer Perspektive. In O. Kühne, H. Megerle & F. Weber (Hrsg.), *Landschaftsästhetik und Landschaftswandel* (S. 215–244). Wiesbaden: Springer VS.

Olaf Kühne studierte Geographie, Neuere Geschichte, Volkswirtschaftslehre und Geologie an der Universität des Saarlandes und promovierte in Geographie und Soziologie an der Universität des Saarlandes und der Fernuniversität Hagen. Nach Tätigkeiten in verschiedenen saarländischen Landesbehörden und an der Universität des Saarlandes war er zwischen 2013 und 2016 Professor für Ländliche Entwicklung/Regionalmanagement an der Hochschule Weihenstephan-Triesdorf und außerplanmäßiger Professor für Geographie an der Universität des Saarlandes in Saarbrücken. Seit Oktober 2016 forscht und lehrt er als Professor für Stadt- und Regionalentwicklung an der Eberhard Karls Universität Tübingen. Seine Forschungsschwerpunkte umfassen Landschafts- und Diskurstheorie, soziale Akzeptanz von Landschaftsveränderungen, Nachhaltige Entwicklung, Transformationsprozesse in Ostmittel- und Osteuropa, Regionalentwicklung sowie Stadt- und Landschaftsökologie.

Florian Weber studierte Geographie, Betriebswirtschaftslehre, Soziologie und Publizistik an der Johannes Gutenberg-Universität Mainz. An der Friedrich-Alexander-Universität Erlangen-Nürnberg promovierte er zu einem Vergleich deutsch-französischer quartiersbezogener Stadtpolitiken aus diskurstheoretischer Perspektive. Von 2012 bis 2013 war Florian Weber als Projektmanager in der Regionalentwicklung in Würzburg beschäftigt. Anschließend arbeitete er an der TU Kaiserslautern innerhalb der grenzüberschreitenden Zusammenarbeit im Rahmen der Universität der Großregion und als wissenschaftlicher Mitarbeiter und Projektkoordinator an der Hochschule Weihenstephan-Triesdorf. Seit Oktober 2016 ist er als Akademischer Rat an der Eberhard Karls Universität Tübingen tätig. Seine Forschungsschwerpunkte liegen in der Diskurs- und Landschaftsforschung, erneuerbaren Energien sowie quartiersbezogenen Stadtpolitiken und Stadtentwicklungsprozessen im internationalen Vergleich.

‚Energiewende': Von internationalen Klimaabkommen bis hin zum deutschen Erneuerbaren-Energien-Gesetz

Sandra Hook

Abstract

Während Klima die ‚Mutter' aller Standortfaktoren für das Leben auf der Erde ist, ist Klimaschutz mittlerweile eines der wenigen verbindenden Interessen der Weltgemeinschaft. Das war nicht immer so, denn trotz vermehrter internationaler Klimaschutzbemühungen seit den 70er Jahren des letzten Jahrhunderts haben verbindliche Abkommen, mit Durchgriff auf die nationalen Ebenen, sehr lange auf sich warten lassen bzw. wurden recht zögerlich umgesetzt. Kernstück der internationalen Klimaschutzbemühungen ist die Energiewirtschaft bzw. deren Dekarbonisierung. Dies soll zum einen durch Einsparungen und hier v. a. durch Effizienzgewinne bewerkstelligt werden, zum anderen durch einen konsequenten Umbau der Erzeugungskapazitäten von vorwiegend fossil auf erneuerbar. Adressiert werden hierbei alle Energiebereiche, wobei die Umsetzungsraten bei Mobilität und Wärme sich eher im unteren, einstelligen Prozentbereich bewegen – so auch in Deutschland, dem international als Vorreiter der ‚Energiewende' geltenden Industrieland. Auch hier ist es lediglich der Strombereich, der mit Ausbauraten von mehr als 30 Prozent aufwarten kann. Ein besonderes Augenmerk gilt folgerichtig dem nationalen Gesetzeswerk für den Strombereich, dem Erneuerbaren-Energien-Gesetz. Seine Geschichte wird bis zu den Zielvereinbarungen von Paris bzw. Marrakesch dargelegt. Sie endet bei aktuellen Veränderungen, welche eine erhebliche Verfehlung der dort vereinbarten Klimaschutzziele erwarten lassen.

Keywords

Klimaschutz, Energiewende, EEG, physische Wälzung, Merit Order, Strombörse, Treibhausgasemissionen, Energiewirtschaft, Emissionshandel

1 Einleitung: German Energiewende

Der Begriff ‚German Energiewende' ist mittlerweile von internationaler Bedeutung, denn hinter ihm steht die während der letzten 200 Jahre vom Menschen verursachte Klimaveränderung und ihre tiefgreifenden und nachhaltigen Folgen für die Lebensbedingungen auf der Erde. Das Klima als die ‚Mutter' aller Standortfaktoren für das Ökosystem Erde, dessen Wirkungsweise an Komplexität kaum zu überbieten ist und keinerlei Landesgrenzen sowie wenige geographische respektiert, beschäftigt demnach zu Recht die Weltpolitik. Der Zusammenhang zwischen der Konzentration an Treibhausgasen in der Atmosphäre und steigenden Jahresmitteltemperaturen gilt mittlerweile als wissenschaftlicher Konsens (z. B. IPCC 2017, DWD 2016, UBA 2016). Ebenso sicher kann der wachsende Ausstoß dieser Gase unumstößlich menschlichen Aktivitäten zugeordnet (z. B. IPCC 2017, BPB 2016, Schellnhuber 2015; hierzu auch Brunnengräber 2018 in diesem Band) werden. Das Anliegen der Energiewende ist es deshalb – international wie national – eine der größten Quellen dieser anthropogen verursachten Treibhausgaszunahme auszuschalten und von einer fossil geprägten Energiewirtschaft auf eine solche umzusteigen, die erneuerbare Energieträger nutzt (zu Herausforderungen siehe u. a. auch Büscher und Sumpf 2018; Fromme 2018; Mandel 2018 in diesem Band).

2 Klima und Klimaschutz

2.1 Einführende Bemerkungen

Seit dem Beginn der Industrialisierung ist die globale Jahresmitteltemperatur um fast ein Grad gestiegen. Klimaveränderungen sind für die Erde nichts Neues, das Tempo der neuesten Erwärmung allerdings schon: ein Grad in weniger als 200 Jahren ist neuer Rekord (vgl. Abb. 1).

Das Klima ist der bestimmende Faktor für die Lebensbedingungen auf der Erde und hat entscheidenden Einfluss darauf, welche Arten sich in welchen Regionen auf ‚unserem' Planeten ansiedeln und leben können (vgl. z. B. Sommer 2015, BfN 2006, Schroeder 1998, Walter 1990, Cox und Moore 1987, Illies 1972, de Lattin 1967). Eindrücklichstes Beispiel ist hierbei das Aussterben der Dinosaurier, welches gemeinhin mit einem massiven Klimawandel erklärt wird – ein wichtiger Grund genau hinzuschauen und akribisch zu beobachten, wie sich das Klima entwickelt. Hierfür hat das Umweltprogramm der Vereinten Nationen (UNEP) zusammen mit der Weltorganisation für Meteorologie (WMO) 1988 das *Intergovernmental Panel on Climate Change (IPCC)* gegründet, im Deutschen unter dem Begriff *Weltklimarat* geführt. Diese zwischenstaatliche Institution führt Wissen zum Klimawandel zusammen und erstellt Prognosen sowie Szenarien für die Zukunft, welche als Basis für politisches Handeln dienen sollen.

Abbildung 1 Entwicklung der Temperaturen und Meeresspiegel von 20 000 v. Chr. bis 2015

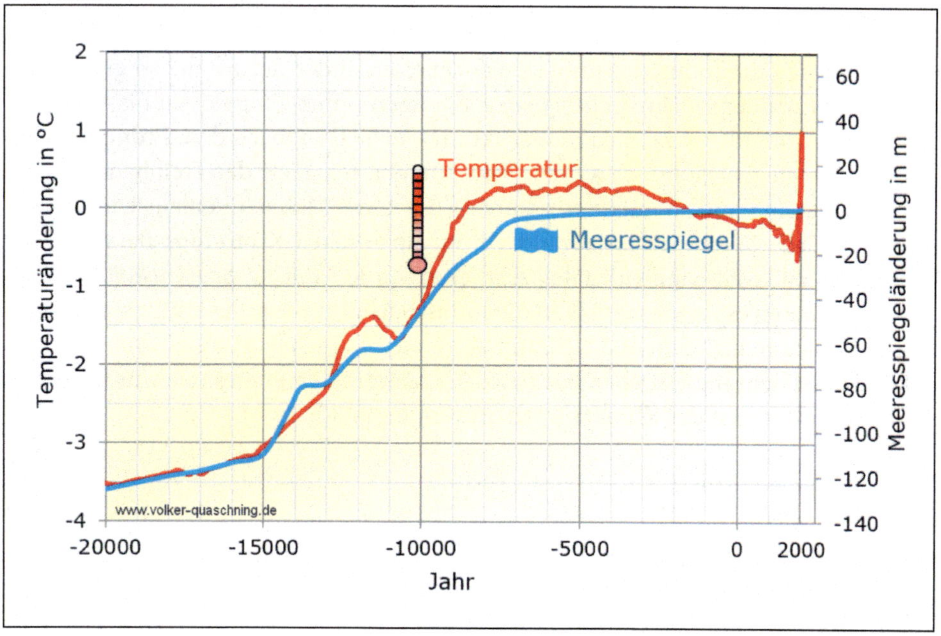

Quelle: Quaschning 2017

Fast genau zehn Jahre nach Einrichtung des IPCC richteten das Bundesministerium für Umwelt, Naturschutz, Bau und Reaktorsicherheit (BMUB) und das Bundesministerium für Bildung und Forschung (BMBF) die *Deutsche IPCC-Koordinierungsstelle* beim Deutschen Zentrum für Luft- und Raumfahrt (DLR) in Bonn ein. Die Koordinierungsstelle sollte vor allem den Wissenstransfer zwischen Klimaforschung und Klimapolitik erleichtern (vgl. DLR 2016). Als zentrales Instrument internationaler und überstaatlicher Klimaschutzbemühungen wurden *Weltklimakonferenzen* einberufen. Bis zum Jahre 1992 fanden diese jedoch eher unregelmäßig statt.

2.2 Internationale Klimakonferenzen 1 – Von Rio nach Kopenhagen

Mit dem sogenannten ‚Erd-Gipfel' in Rio de Janeiro 1992 und der Unterzeichnung *der United Nations Framework Convention on Climate Change (UNFCCC)* oder, zu Deutsch, *Klimarahmenkonvention (KRK)* änderte sich der bis dato eher willkürliche Rhythmus der Klimakonferenzen. Nach Ratifizierung der KRK durch 150 Staaten trat sie 1994 in Kraft, und seitdem folgten jährlich internationale *Konferenzen der Vertragsparteien (Conference of the Parties – COP)* mit der Suche nach gemeinsamen Lösungen zum Schutz des Klimas und zu Anpassungen an den Klimawandel.

Sehr früh im Prozess der internationalen Klimaverhandlungen wurde auf die *Energiewirtschaft*[1] *als zentrales Handlungsfeld* zur Treibhausgasemission fokussiert und es wurden entsprechende Zielvorgaben entwickelt. Bereits in Rio de Janeiro verpflichteten sich die Industrie- und Transformationsländer dazu – die so genannten Entwicklungsländer waren zunächst ausgenommen – ihre Emissionen bis zum Jahr 2000 auf den Stand von 1990 zu reduzieren. Die erste COP nach dem Erdgipfel, 1995 in Berlin, zeigte gleich auf, dass die in Rio vereinbarten Ziele der Treibhausgasreduzierung zu gering und zu unkonkret waren – es fehlten Maßnahmen zur Umsetzung. Allerdings dauerte es noch bis zur 3. COP im japanischen Kyoto 1997, dass ein konkreter Ziel- und Maßnahmenkatalog erarbeitet wurde – das *Kyoto-Protokoll*.

Wieder waren es im Wesentlichen die Industrieländer, die sich verpflichteten, ihre Emissionen zu reduzieren, und zwar mit konkreten Vorgaben. Basisjahr für diese Reduktionsverpflichtung war ebenfalls 1990. Als relevante Treibhausgase wurden sechs definiert (Sekretariat der Klimarahmenkonvention 1998):

- Kohlendioxid (CO_2)
- Methan (CH_4)
- Distickoxid (N_2O) (Lachgas)
- wasserstoffhaltige Fluorkohlenwasserstoffe (FKW)
- perfluorierte Fluorkohlenwasserstoffe (PFC)
- Schwefelhexafluorid (SF_6).

Normiert wurde allerdings der Einfachheit halber auf CO_2 als Standardgröße, so dass die anderen Treibhausgase in CO_2-Äquivalente umgerechnet werden (Beispiel 1 Teilchen CH_4 = 21 Teilchen CO_2-Äquivalente).

Als Vertragszeitraum für die Kyoto-Vereinbarung wurden die Jahre 2008 bis 2012 festgelegt. In diesem Zeitraum sollten die Treibhausgasemissionen um insgesamt 5,2 Prozent reduziert werden. Diese Verpflichtungen sollten ausreichen, um die weltweite Jahresmitteltemperatur um nicht mehr als zwei Grad Celsius ansteigen zu lassen – im Vergleich zu vor der Industrialisierung (bis 1850). Diese Vorgabe etablierte sich als das sogenannte *2 Grad-Ziel* – eine Klimaveränderung, von der man glaubte, dass sie zwar gravierende Folgen für das Leben auf der Erde haben würde, allerdings keine verheerenden. Während sich die Europäische Union als Staatenverbund verpflichtete, ihre Treibhausgasemissionen sogar um 8 Prozent im Vertragszeitraum zu reduzieren (unterschiedlich auf die Mitgliedsstaaten verteilt), nahmen einige Hauptemittenten nicht einmal ihre 5,2 Prozent Verpflichtung an.

---

1 Energiewirtschaft umfasst alle Einrichtungen und Handlungen, die das Ziel verfolgen, die Versorgung von Privathaushalten und Betrieben aller Art mit Energieträgern sicherzustellen. Sie ist ein komplexer Wirtschaftszweig im Spannungsfeld von Ressourcenbeschaffung, Umwandlung und Verteilung von Energie.

Allen voran waren dies die USA, welche im März 2003 sogar durch den damals amtierenden Präsidenten George W. Bush ihre Unterzeichnung des ursprünglichen Abkommens durch Bill Clinton widerriefen (vgl. Oppel und Nolte 2008). Dies führte dazu, dass die notwendige Anzahl an Staaten zur Ratifizierung des Kyoto-Protokolls (55 jener Industrieländer, die im Jahr 1990 für 55 Prozent des weltweiten Ausstoßes von Treibhausgasen verantwortlich waren) lange nicht erreicht wurde. Rechtskraft erreichte es erst im November 2004, mit dem formellen Beitritt Russlands.

Zur Erreichung der konkreten Reduktionsziele wurden im Kyoto-Protokoll bestimmte Instrumente festgeschrieben. Das wohl bekannteste und potenteste dieser sogenannten *flexiblen Instrumente oder Mechanismen* ist der *Emissionshandel*. Er beschreibt nichts anderes als den An- und Verkauf von Emissionszertifikaten, normiert auf CO_2, bei einem festgelegten Ausstoßvolumen (cap). Über den Emissionshandel wird demnach CO_2 bepreist. Wer CO_2 einspart, kann die überflüssigen Zertifikate verkaufen. Die Zertifikate werden nach und nach verknappt, sodass sie immer teurer werden.

In der Praxis wird einem Unternehmen für seine Produktion ein bestimmtes Kontingent an CO_2-Zertifikaten kostenfrei zugeteilt. Übersteigt die CO_2-Produktion die Anzahl der frei zugeteilten Zertifikate, müssen welche hinzugekauft werden. In diesem Fall greifen die Verpflichtungen des Kyoto-Protokolls: Aufgrund der Reduktionsziele für jedes Land soll nicht in Zertifikate, sondern in Effizienzmaßnahmen investiert werden, um weniger CO_2 auszustoßen. Da immer ein gewisser Grundstock an Zertifikaten vorhanden ist, können die durch Effizienzmaßnahmen eingesparten Zertifikate an Unternehmen verkauft werden, die keine Effizienzmaßnahmen umgesetzt haben.

In den ersten Runden des Emissionshandels ist es durchaus möglich, dass es für viele Unternehmen zunächst günstiger ist, Zertifikate zu kaufen als in eine Emissionsreduzierung und damit in Klimaschutz zu investieren. Um sicher zu stellen, dass sich dieser Trend umkehrt, werden die frei zugeteilten Zertifikate nach und nach verknappt, sodass die freiwerdenden (die ‚Eingesparten') immer mehr an Wert gewinnen (Angebot und Nachfrage).

Überträgt man dieses Prinzip Emissionshandel auf die Energiewirtschaft – den Fokus der internationalen Klimaschutzbemühungen – erhalten die fossilen Energieträger nicht nur einen Brennstoffpreis, sondern über ihren CO_2-Ausstoß zusätzlich einen Zertifikatepreis. Kommen in der Energiewirtschaft nun mehr und mehr regenerative Techniken zum Einsatz, die keine bzw. wenige Brennstoffe benötigen, profitieren die Unternehmen von Brennstoffersparnissen plus Gewinnen aus dem Emissionshandel.

Exkurs Strommarkt Deutschland

Im Bereich der Energiewirtschaft ist es vor allem die Stromproduktion, welche das meiste CO_2 emittiert (in Deutschland mehr als 80 %, vgl. z. B. UBA 2017), so dass eine Dekarbonisierung der Stromproduktion für den Klimaschutz bisher an erster Stelle steht. Für den Handel bzw. die Preisermittlung des Stroms gibt es in Deutschland einen zentralen Handelsplatz, die Strombörse. Auch wenn hier nur 20–25 % des Handelsvolumens an Strom verkauft wird, legt sie den Preis an allen anderen Handelsplätzen fest. Der Großteil des Stromhandels in Deutschland findet über bilaterale Verträge (Erzeuger und Großverbraucher bzw. Stromhändler), meist 5–6 Jahre im Voraus, statt. Man spricht hier vom sogenannten ‚Over the Counter'-Handel (OTC).

An der deutschen Strombörse werden die Kraftwerke mit ihren Strommengen nach dem Preis ihrer benötigten Roh- bzw. Brennstoffe plus dem aktuellen Preis für CO_2 gelistet (= Grenzkosten). Die Einsatzreihenfolge der Kraftwerke zur Deckung des Strombedarfs (Merit Order) beginnt also mit dem Kraftwerk, welches die geringsten Grenzkosten hat (Beispiel Abb. 3). Bisher ist es so, dass die niedrigsten Rohstoffkosten auf die CO_2-lastigsten Energieträger entfallen, nämlich die Kohle (vgl. Abb. 2).

Die höchsten Rohstoffkosten hat das CO_2-freundliche Erdgas, weshalb es unter dem Paradigma der Merit Order, in dem nur die Grenzkosten zählen, wenig zum Einsatz kommt. Aber wenn es zum Einsatz kommt, zu sogenannten Spitzenlastzeiten, steigen die Gewinne der günstiger produzierenden Kraftwerke überproportional an. Denn vergütet wird – wie in Abb. 3 ersichtlich – nach dem Preis des Kraftwerks, welches als letztes produzieren muss, um die Nachfrage zu decken.

Abbildung 2 CO_2 Ausstoß in Tonnen pro Terra Joule

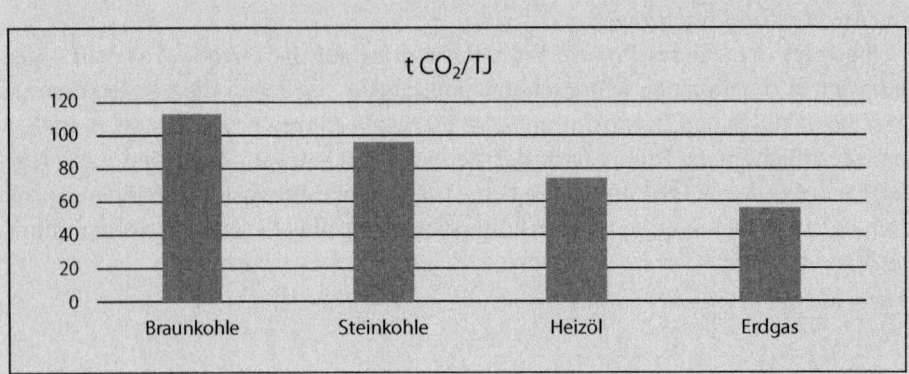

Quelle: Eigene Darstellung nach UBA 2016

Abbildung 3 Merit Order ohne erneuerbare Energien, Erdgas am Ende der Nachfragekurve

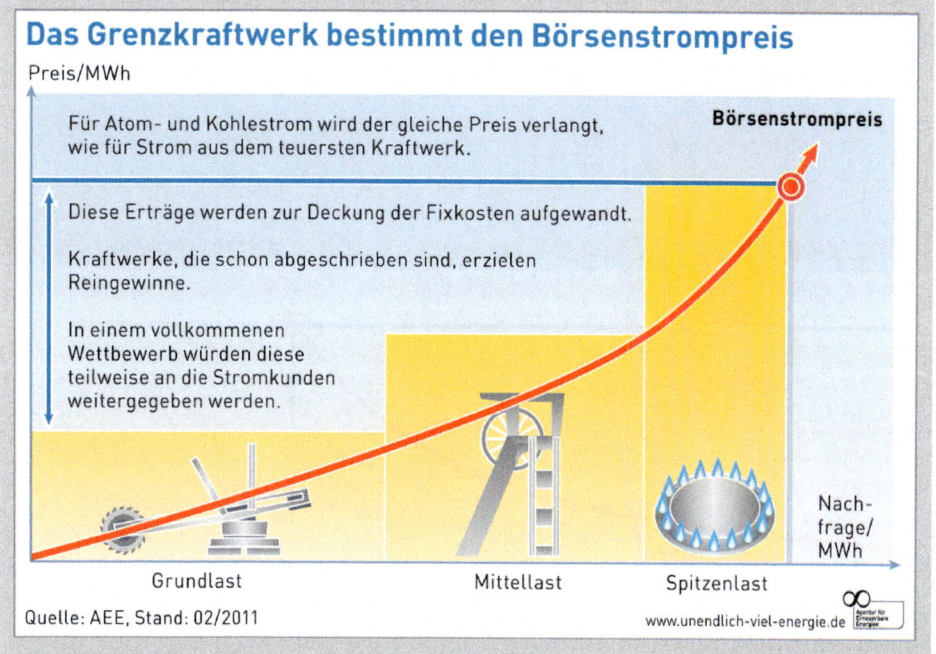

Das Grenzkraftwerk bestimmt den Börsenstrompreis

Preis/MWh

Für Atom- und Kohlestrom wird der gleiche Preis verlangt, wie für Strom aus dem teuersten Kraftwerk.

Börsenstrompreis

Diese Erträge werden zur Deckung der Fixkosten aufgewandt.

Kraftwerke, die schon abgeschrieben sind, erzielen Reingewinne.

In einem vollkommenen Wettbewerb würden diese teilweise an die Stromkunden weitergegeben werden.

Grundlast — Mittellast — Spitzenlast

Nachfrage/MWh

Quelle: AEE, Stand: 02/2011
www.unendlich-viel-energie.de

Quelle: AEE 2017a

Dies verschärft sich sogar durch den noch vorrangigen Vertrieb von Strom aus erneuerbaren Energien an der Strombörse. Da die erneuerbaren Energieträger kaum Rohstoff- und CO_2-Kosten haben und zusätzlich noch Priorität an der Strombörse genießen, stehen sie in der Merit Order-Logik ganz zu Beginn und drängen demnach die Gaskraftwerke aus der Nachfragekurve.

In den Abbildungen 3 und 4 offenbart sich demnach die durchschlagende Veränderung, welche in der Stromerzeugung allein durch die konsequente Anwendung der Bepreisung von CO_2 über den bereits im Kyoto-Protokoll entwickelten Mechanismus ‚Emissionshandel' möglich wäre, denn dann würde sich der Rohstoffpreis um den CO_2 Preis erhöhen. Die Verschiebung von der CO_2-lastigen hin zur CO_2 armen Erzeugung und somit zu einer relevanten Reduzierung der Treibhausgasemissionen, würde dadurch stattfinden. Angewendet beispielsweise auf die heutige Preissituation an der deutschen Strombörse würde das die Merit Order komplett neu sortieren.

Abbildung 4 Merit Order mit erneuerbaren Energien, Erdgas außerhalb der Nachfragekurve

Der strompreisdämpfende Effekt der Erneuerbaren Energien (Merit-Order-Effekt) senkt den Börsenstrompreis

Preis/MWh

Merit-Order-Effekt

Börsenstrompreis

Strom aus Erneuerbaren Energien Grenzkosten = 0

Nachfrage/MWh

Quelle: AEE, Stand: 02/2011

www.unendlich-viel-energie.de

Quelle: AEE 2017b

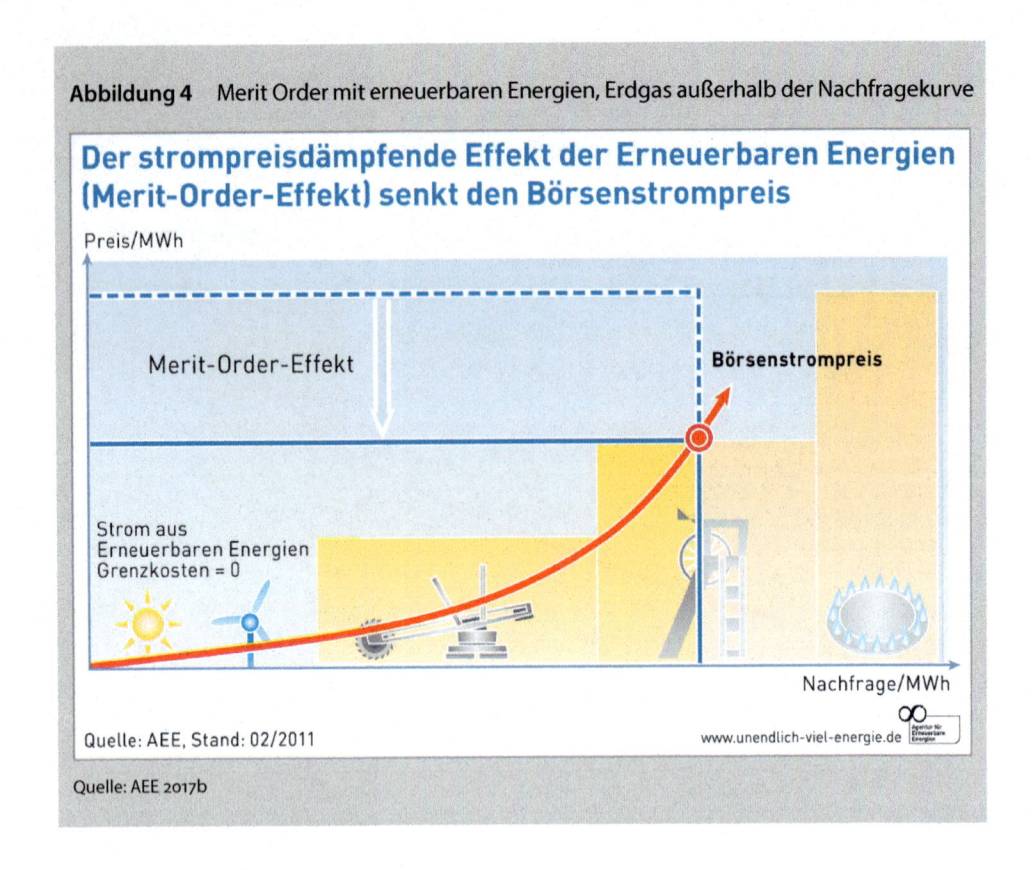

Neben dem Emissionshandel wurden zwei weitere Mechanismen festgelegt. Diese beziehen sich nicht auf die Umsetzung von CO_2-Reduzierungen am eigenen Standort, sondern auf die Durchführung von Klimaschutzprojekten in bzw. mit anderen Vertragsstaaten (‚Joint Implementation') oder Entwicklungsländern (‚Clean Development Mechanism'). Durch letztere soll in Entwicklungsländern eine nachhaltige Energieversorgung aufgebaut werden. Die CO_2-Minderungen werden den durchführenden Staaten zugerechnet und nicht den Standortstaaten.

Der langwierige Kyoto-Prozess und dessen weitreichende Verpflichtungen entfalteten leider wenig Wirkung. Statt zu einer Reduktion des CO_2-Ausstoßes kam es zwischen 1990 und 2015 zu einem Anstieg von 22 Milliarden Tonnen. Viele Unterzeichnerstaaten blieben weit hinter ihren gesetzten Zielen zurück. Trotz mehrerer Klimakonferenzen mit dem Auftrag ein Nachfolgeabkommen zum Kyoto-Protokoll zu erarbeiten (insbesondere COP 15 in Kopenhagen), gelang es bis zum Ende der ersten Verpflichtungsperiode im Jahr 2012 nicht, zu einer neuen und wirkungsvolleren Übereinkunft zu kommen.

2.3 Internationale Klimakonferenzen 2 – Von Doha nach Marrakesch

Als Folge der missglückten Verhandlungen zu einem neuen Abkommen in Kopenhagen wurde das Kyoto-Protokoll 2012 auf der COP 18 in Doha/Katar bis 2020 fortgeschrieben. In diesem Rahmen verpflichteten sich die Industrieländer, ihre Emissionen um insgesamt 18 Prozent gegenüber 1990 zu reduzieren. Ab 2020 sollte dann ein internationales Klimaabkommen in Kraft treten, das für *alle* Länder rechtsverbindliche Ziele festschreibt. Allerdings stiegen mit Neuseeland, Japan und Russland drei wichtige Industrieländer für die zweite Verpflichtungsperiode aus, so dass sich die CO_2-Emissionen der Teilnehmerstaaten auf nicht einmal 15 Prozent der globalen Emissionen beliefen (ursprünglich sollten es 55 Prozent sein).

Nachdem seit In-Kraft-treten der ersten Verpflichtungsperiode des Kyoto-Protokolls über ein weitreichenderes Abkommen erfolglos verhandelt wurde, kam es 2015 in *Paris (COP 21)* überraschend zu einer umfassenden Einigung der über 150 teilnehmenden Staats- und Regierungschefs: Erstmalig definierten fast alle Staaten nationale Klimaschutzziele, nicht nur wie in der Kyoto-Logik die Industrieländer. Darüber hinaus bekannten sie sich zu dem Ziel, die Erderwärmung auf ‚deutlich unter' zwei Grad Celsius bzw. möglichst auf 1,5 Grad Celsius zu begrenzen. Zusätzlich terminierte das Abkommen die Dekarbonisierung – auch über die Energiewirtschaft hinaus – auf die zweite Hälfte des 21. Jahrhunderts (Bundesrat 2016).

Mit der Ratifizierung des Paris-Abkommens *verpflichteten sich die Staaten völkerrechtlich*, Maßnahmen zur Erreichung dieser Ziele zu ergreifen. Auch wenn die nationalen Klimaschutzziele bzw. -beiträge *(Intended nationally determined contribution, INDC)* von den Staaten selbst definiert werden, sind diese nicht mehr starr für den Vertragszeitraum festgesetzt. Sie werden nach dem ‚Progressionsprinzip' alle fünf Jahre fortgeschrieben. Fast alle Mitgliedstaaten hatten ihren ersten INDC bereits in Paris bestimmt, welcher 2018 im Hinblick auf die internationalen Zielsetzungen überprüft und ggf. angepasst werden soll. Ab 2020 müssen sie dann alle fünf Jahre neue Klimaschutzpläne vorlegen, die ehrgeizigere Reduktionsziele definieren. Um die Überprüfung des einzelnen bzw. gemeinsamen Fortschrittes zu ermöglichen, verpflichteten sich die Staaten zu einem verbesserten Berichtswesen für die Bestandsaufnahme (Stocktake). Überwacht und unterstützt wird dieser Prozess von einem eigens eingerichteten Komitee, ähnlich den Ratingagenturen im Finanzmarkt. Auch wenn es für die Berichtspflichten und Zielsetzungen formal keine Trennung in Industrie- und Entwicklungsländer mehr gibt, wurde festgeschrieben, dass die Entwicklungsländer beim Klimaschutz und bei der Anpassung an den Klimawandel unterstützt werden. Diese Unterstützung soll sowohl finanzieller Art sein als auch durch Wissens- und Technologietransfer stattfinden.

Der Weltklimavertrag von Paris wurde innerhalb weniger Monate ratifiziert. Bis zur folgenden Klimakonferenz *2016* in *Marrakesch (COP 22)* wurden bereits nationale Klimaschutzpläne erarbeitet und vorgestellt, zuerst der von Bundesumweltministerin Barbara Hendricks. Außerdem schloss die 22. Klimakonferenz mit dem Bekenntnis der 48 besonders vom Klimawandel betroffenen Länder *(Climate Vunerable Forum, CVF)* zu einem schnellstmöglichen Umstieg auf 100 % Erneuerbare Energien. Allerdings ist die Rückkehr zur Leugnung des Klimawandels in den USA durch die Trump Regierung und zur privilegierten Förderung und Nutzung fossiler Rohstoffe eine Besorgnis erregende Gegenbewegung zu diesem positiven Welttrend.

3 Umsetzung auf EU-Ebene

Der Umbruch in der Energiewirtschaft und mit ihm der verstärkte Ausbau erneuerbarer Energien erhielt im Zuge des Kyoto-Prozesses ebenfalls einen EU-Rechtsrahmen. Diesen Rahmen zur Umsetzung der Kyoto-Vereinbarungen bildet im Wesentlichen das *Europäische Programm für den Klimaschutz (ECCP),* welches im Jahre 2000 gestartet und 2002 von allen EU-Staaten ratifiziert wurde. Hieraus entstand 2007 unter deutschem Vorsitz im EU Rat das *Klima- und Energiepaket.* Es beinhaltete einen Fahrplan (Roadmap) mit folgender Zieltrias, zunächst bis *2020* (vgl. Generaldirektion Kommunikation der Europäischen Kommission 2016):

- Treibhausgasemissionen gegenüber den Werten von 1990 um mindestens 20 % senken,
- Anteil des Energieverbrauchs aus erneuerbaren Energien um 20 % steigern,
- Energieeffizienz so verbessern, dass der Primärenergieverbrauch 20 % unter den prognostizierten Werten liegt.

Im Oktober 2014 wurde diese 20-20-20-Zielsetzung mit folgenden Werten bis *2030* fortgeschrieben:

- Verringerung der Treibhausgasemissionen um mindestens 40 % gegenüber dem Stand von 1990,
- Erhöhung des Anteils erneuerbarer Energien am Gesamtenergieverbrauch auf mindestens 27 %,
- Steigerung der Energieeffizienz um mindestens 27 %.

Weitergeführt bis *2050* bedeutet dies, dass die EU ihre Treibhausgasemissionen gegenüber den Werten von 1990 um 80–95 Prozent reduziert. Von den hierzu angewandten Umsetzungsmaßnahmen ist die zentrale das *EU-Emissionshandelssystem (EHS)* von 2005, also eine Anpassung des flexiblen Kyoto-Protokoll-Mechanismus auf EU- bzw. nationaler Ebene. Das europäische System beteiligt die energieintensive Industrie (wie Stromerzeugung, Stahl, Zement) sowie den innereuropäischen Luftverkehr, welche rund 45 % des Treibhausgasaufkommens in der EU abdecken. Die Ausstoßgrenze (cap vgl. Kapitel 2.1) wird jährlich gesenkt, also müssen die Unternehmen regelmäßig CO_2 einsparen. Viele Industriezweige erhalten eine bestimmte Anzahl von

Zertifikaten kostenlos und müssen erst nach und nach Einsparungen und Effizienzgewinne erarbeiten. So sollen von diesen Branchen bis 2020 im Vergleich zum Inkrafttreten der Maßnahme in 2005 rund 21 % Emissionen eingespart werden, bis 2030 sogar 43 %. Auf die nicht am EHS beteiligten Branchen entfallen Minderungsziele von 10 Prozent bis 2020 und 30 Prozent bis 2030. Die Minderungslasten sind auch hier nicht gleichmäßig auf die Mitgliedsstaaten verteilt (vgl. hierzu auch Sielker et al. 2018 in diesem Band).

Eine weitere Maßnahme zur Realisierung der Minderungsziele ist die *Energieeffizienzrichtlinie* von 2012. Sie verpflichtet die Mitgliedsstaaten dazu, die Energieeffizienz auf allen Ebenen des Energiesektors – also Erzeugung, Versorgung und Verbrauch – zu erhöhen. Hierfür sollen die EU-Zielsetzungen in nationales Recht überführt werden, um auf dieser Ebene Energieeffizienzziele festzusetzen und einen Aktionsplan vorzulegen. Dieses Vorgehen gilt ebenfalls für den Bereich der Gebäude. Die *Gesamtenergieeffizienz-Richtlinie* 2002 bzw. später *Gebäudeeffizienz-Richtlinie* greift für staatliche Neubauten ab 2019 und im privaten Bereich ab 2021. Dann müssen alle *neuen Gebäude* in der EU dem Niedrigstenergiegebäude-Standard entsprechen. Für den *Gebäudebestand* ist dies nicht verpflichtend vorgeschrieben. Die Richtlinie verpflichtet die Mitgliedsstaaten aber zur Erarbeitung nationaler Pläne um die Anzahl an Niedrigstenergiegebäuden auch im Bestand zu erhöhen (vgl. BMUB 2016).

Des Weiteren wurde 2009 die *Erneuerbare-Energien-Richtlinie* auf den Weg gebracht (vgl. auch Kühne und Weber 2018 in diesem Band). Sie ersetzt die bisherigen Richtlinien für Strom und Biokraftstoffe[2] und richtet sich zudem an den dritten Energiebereich, die Wärme. Die Erneuerbare-Energien-Richtlinie bestimmt, in welchem Maße die einzelnen Mitgliedsstaaten den Anteil der erneuerbaren Energien an ihrem Endenergieverbrauch ausbauen müssen. Dies ergibt sich auf Basis des Bruttoinlandprodukts pro Kopf. Extra Beachtung erhält hier der Verkehrssektor durch die Festlegung, dass bis 2020 zehn Prozent des Endenergieverbrauchs aus erneuerbaren Energien stammen müssen (vgl. BMWi 2016).

Zusätzlich gibt es eine umfassende Forschungsförderung, zum einen durch die *NER300 Initiative* zur Finanzierung von Demonstrationsprojekten im Bereich CO_2-Abscheidung und -Speicherung sowie von innovativen Technologien im Bereich erneuerbare Energien[3], zum anderen durch das *HORIZONT 2020 Programm*[4], dem Nachfolger des *7. EU-Forschungsrahmenprogramm*.

---

2 Strom-Richtlinie 2001/77/EG und Biokraftstoff-Richtlinie 2003/30/EG
3 http://ec.europa.eu/clima/policies/lowcarbon/ner300_de. Zugegriffen: 29. November 2016.
4 http://www.horizont2020.de/index.htm. Zugegriffen: 29. November 2016.

4 Umsetzung in deutsches Recht

Deutschland ist innerhalb der EU Hauptemittent von CO_2 und spielt somit eine besondere Rolle, wenn es um die Erreichung der Reduktionsziele geht. Die Umsetzung der europäischen Energie-Effizienz-Richtlinie findet zum einen durch *die Teilnahme am EHS* statt, zum anderen für die nicht vom EHS betroffenen Sektoren durch den *Nationalen Aktionsplan Energieeffizienz (NAPE)*. Dieser entfaltet seit 2015 als Teil des *Aktionsprogramms Klimaschutz 2020* vom Dezember 2014 Wirksamkeit für die deutsche Industrie (vgl. BMWi 2014). Die Identifizierung von Effizienzpotentialen in Unternehmen wird über die verpflichtende Einführung von Energiemanagement-Systemen bzw. über die Durchführung von Energieaudits gefordert. Als Pönale gilt eine Einschränkung bei der Befreiung von Umlagen beim Strombezug. Diese Befreiungen machen für die Industrie einen maßgeblichen Anteil am Strompreis aus, wie Abbildung 5 im Vergleich zur Entwicklung bei den Haushaltskunden zeigt.

Abbildung 5 Strompreisentwicklung und Bestandteile für Haushalte und Industrie – mit unterschiedlichen Verbräuchen und Privilegierungen

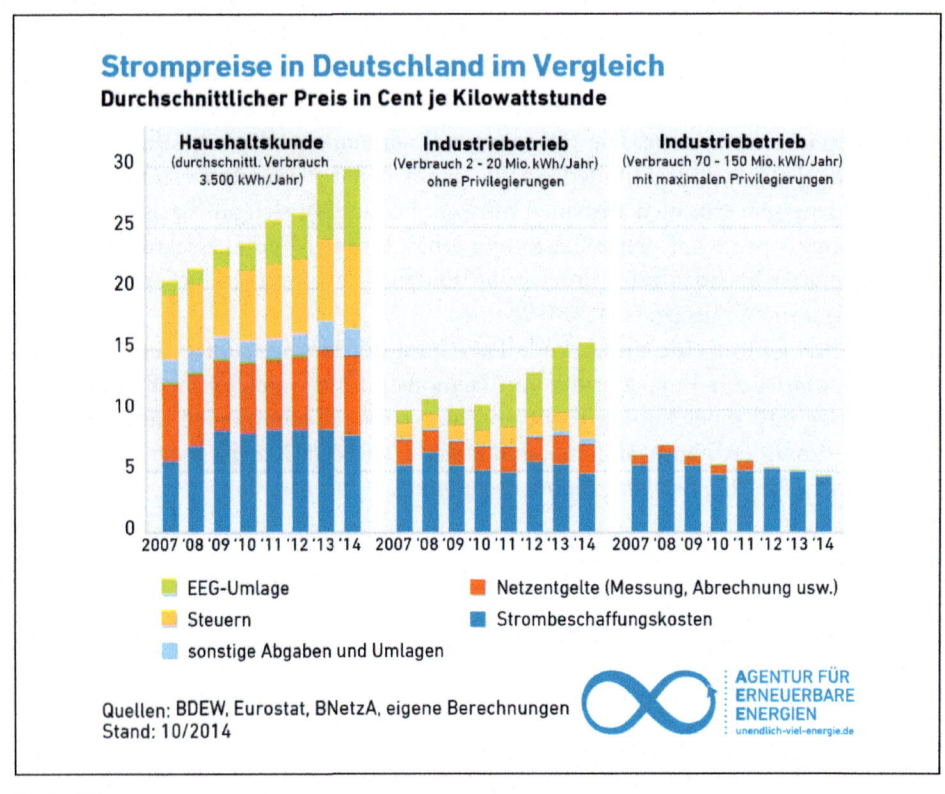

Quelle: AEE 2017c

Analog zum EU Recht adressiert der *Gebäudebereich auch* auf nationaler Ebene hauptsächlich Neubauten. Das deutsche Gesetzeswerk hierzu ist das aus den 1970er Jahren stammende *Energieeinsparungsgesetz*, auf welchem die zentrale Umsetzungsmaßnahme, die *Energieeinsparverordnung (EnEV)* von 2002, fußt. Sie legt eine schrittweise Reduktion des Primärenergiebedarfs fest, sowie darüber hinaus Sanierungsanforderungen und die Erstellung von Energieausweisen.

Der Ausbau der erneuerbaren Energien wurde in Deutschland für alle Energiebereiche nationalstaatlich in drei maßgeblichen Gesetzeswerken geregelt:

- Biokraftstoffquotengesetz (BioKraftQuG) in der Mobilität (BMJV 2014c)
- Erneuerbaren-Energien-Wärme-Gesetz (EEWärmeG) für die Wärme (BMJV 2014b)
- Erneuerbaren-Energien-Gesetz (EEG) für den Strom (BMJV 2014a).

Das *BioKraftQuG* legt die Beimischungsquote von Biokraftstoffen (Bioethanol und Biodiesel) zu den fossilen Kraftstoffen Benzin und Diesel fest. In 2017 ist diese von 3,5 auf 4 Prozent angestiegen und soll ab 2020 7 Prozent betragen. Die Bioethanol und Biodiesel enthaltenden Kraftstoffe sind für den Endverbraucher dabei etwas günstiger als die rein fossilen Kraftstoffe. Bis 2003 wurden reine Biokraftstoffe, insbesondere Pflanzenöle, zudem mit reduziertem Mehrwertsteuersatz von Lebensmitteln ‚gefördert'. Allerdings konnten die wenigsten Fahrzeuge reines Pflanzenöl ohne eine Motoranpassung verwenden. Einzelne Bundesländer wie z. B. das Saarland förderten diese Anpassung bis 2002 im Rahmen von föderalen Klimaschutzpaketen. Seit 2015 kommen zur Unterstützung der Energiewende im Mobilitätsbereich auch erste zaghafte, gesetzlich verankerte Fördermöglichkeiten zur Elektromobilität (z. B. Kaufprämie und teilweise privilegierte Nutzung von Busspuren und Parkplätzen) hinzu (siehe auch Radgen 2018 in diesem Band).

Das *EEWärmeG* zur Steigerung des erneuerbaren Energieanteils im Bereich der Wärme richtet sich an den Baubereich. Neubauten mit einer Nutzfläche von mehr als 50 m² müssen ihren Wärme- oder Kälte-Energiebedarf zum Teil aus erneuerbaren Energien decken. Das Gesetz wird föderal unterschiedlich ausgelegt, so dass die Zielerreichungsmöglichkeiten von Bundesland zu Bundesland variieren. Eine besonders strenge Auslegung erhält das Bundesgesetz in Baden-Württemberg. Hier werden auch Bestandsgebäude adressiert, welche im restlichen Bundesgebiet außen vor bleiben. Flankiert wird das EEWärmeG durch unterschiedliche Marktanreizprogramme für erneuerbare Energieanlagen zur Wärmebereitstellung. Mit der Fokussierung des EEWärmeG auf den Neubau sind allerdings nur 0,6 Prozent des Gebäudebestandes pro Jahr in Deutschland betroffen (vgl. UBA 2014).

Während beiden Gesetzeswerke für den *Mobilitäts- und Wärmebereich* Anreize über finanzielle Einsparungsmöglichkeiten eröffnen, schafft das *EEG* durch eine gesetzlich garantierte Abnahme und Vergütung des erneuerbaren Energie-Stroms eine Verdienstmöglichkeit. Dieses Prinzip setzt offensichtlich – trotz hoher Investitionen –

Abbildung 6   Anteil der erneuerbaren Energien am Endenergieverbrauch

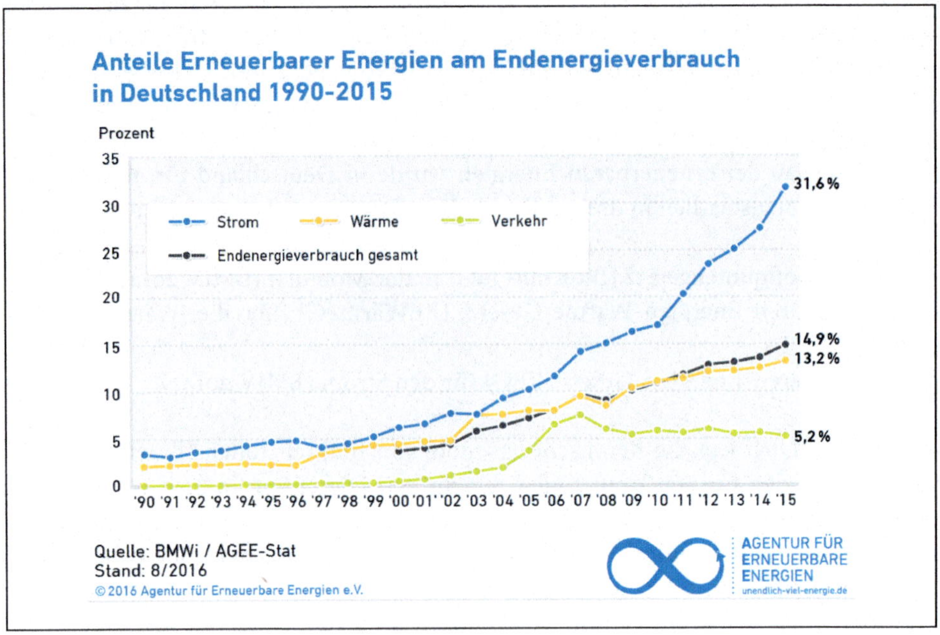

Quelle: AEE 2017d

den größeren Umsetzungsanreiz: Die Ausbauzahlen im Strombereich liegen weit über denen von Mobilität und Wärme (vgl. Abb. 6).

Es lohnt sich also, das EEG als Erfolgsrezept für den Ausbau der erneuerbaren Energien näher zu beleuchten. Vorgänger des EEG war das *Stromeinspeisegesetz* von 1991, dessen zentrale Leistung darin bestand, zum ersten Mal seit der Elektrifizierung Deutschlands Ende des 19. Jahrhunderts den ‚Exklusivclub Stromnetz' aufzuheben. Exklusivclub Stromnetz deshalb, da bis dato das Übertragungsnetz für Erzeugungsanlagen, die nicht von den vier Versorgern (ENBW, RWE, Vattenfall und EON) betrieben wurden, tabu war. Zwar bestand die Möglichkeit, als Anlagenbetreiber von erneuerbaren Energien die Netzbetreiber (und gleichzeitig Energieerzeuger) um einen Anschluss zu bitten und einen Tarif zu verhandeln; ein Anrecht darauf gab es jedoch nicht. Die meisten Anlagen mussten sich demnach über den Eigenverbrauch des erzeugten Stromes finanzieren und sind dementsprechend klein ausgefallen. Vor Einführung des Stromeinspeisegesetzes war der Bestand erneuerbarer Energieanlagen konstant niedrig. Dies änderte sich nun zunehmend durch Anwendung des Gesetzes (vgl. Abb. 7). Es bestimmte nicht nur, dass erneuerbare Energieanlagen an das Netz angeschlossen werden mussten, sondern auch, dass der von ihnen produzierte Strom eine festgelegte Vergütung bekommen sollte. Die Vergütung war für alle Technologien gleich und betrug 16,61 Pf/kWh.

Abbildung 7   Strom aus Erneuerbaren Energien in Deutschland 1990–2013

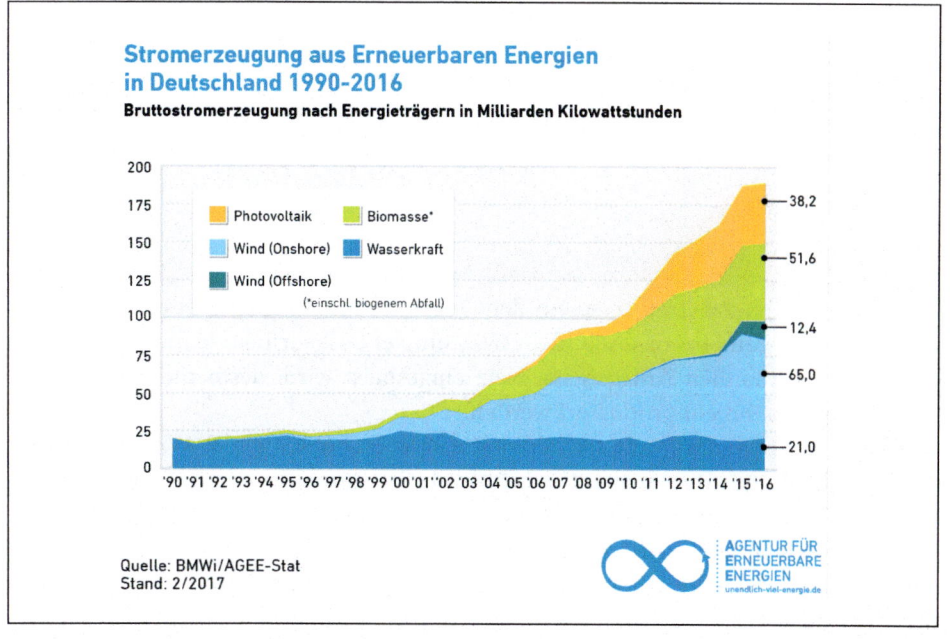

Stromerzeugung aus Erneuerbaren Energien in Deutschland 1990-2016
Bruttostromerzeugung nach Energieträgern in Milliarden Kilowattstunden

- Photovoltaik
- Biomasse*
- Wind (Onshore)
- Wasserkraft
- Wind (Offshore)

(*einschl. biogenem Abfall)

- 38,2
- 51,6
- 12,4
- 65,0
- 21,0

Quelle: BMWi/AGEE-Stat
Stand: 2/2017

AGENTUR FÜR ERNEUERBARE ENERGIEN
unendlich-viel-energie.de

Quelle: AEE 2014a

Kurz nach Einführung des Stromeinspeisegesetzes erfolgte im Zuge des ‚Unbundeling' zur Liberalisierung und Harmonisierung des Energiebinnenmarkts der EU[5] im Strommarkt eine Trennung zwischen Erzeugungs- und Übertragungskapazitäten, also zwischen Energieerzeugern und Netzbetreibern. Außerdem wurde zur Kontrolle dieses neuen Zusammenspiels die *Bundesnetzagentur* eingerichtet.

An Dynamik gewann der Ausbau allerdings erst im Jahr 2000 mit in Kraft treten des *EEG*. Dessen in Kraft treten wurde wie folgt begründet (§ 1 EEG 2000): „Ziel dieses Gesetzes ist es, im Interesse des Klima- und Umweltschutzes eine nachhaltige Entwicklung der Energieversorgung zu ermöglichen und den Beitrag Erneuerbarer Energien an der Stromversorgung deutlich zu erhöhen, um entsprechend den Zielen der Europäischen Union und der Bundesrepublik Deutschland den Anteil Erneuerbarer Energien am gesamten Energieverbrauch bis zum Jahr 2010 mindestens zu verdoppeln" (Deutscher Bundestag 2000, S. 3).

Es sollte also rasch ein Umbau der deutschen Stromversorgung stattfinden, erneuerbarer Strom sollte fossilen und nuklearen zunehmend verdrängen. Deshalb legte das EEG einen *vorrangigen Anschluss* von Erneuerbaren-Energien-Anlagen, die *vorrangige Abnahme, Übertragung, Verteilung* und *Vergütung* dieses Stroms durch die

---

5   1. EU Legislativpaket zum Energiebinnenmarkt, 1996, Richtlinie 96/92/EG

Tabelle 1 Beispiel für Degression Wind an Land bis 2012 bis 2015, −1,5 % jährlich, plus Wegfall eines bisher gezahlten Bonus in 2015

Jahr der Inbetriebnahme	2012	2013	2014	2015
Cent/kWh	9,41	9,27	9,13	8,53

Quelle: Eigene Darstellung

(Übertragungs-)Netzbetreiber sowie den *bundesweiten Ausgleich* des abgenommenen und vergüteten Stroms fest. Oder etwas simpler ausgedrückt: Je mehr Strom aus Erneuerbaren-Energien-Anlagen ins Netz eingespeist wird, desto mehr konventioneller Strom muss nicht produziert werden.

Die *Einspeisevergütung* unterschied sich je nach Technologie, z. B. Wind für 17,8 bis 12,1 Pf/kWh oder für Photovoltaik 99,0 Pf/kWh. Sie wurde für zwanzig Jahre ab Inbetriebnahme der Anlage garantiert. Allerdings sank diese Vergütung für Neuanlagen jährlich um einen gewissen Satz (Degression), da man davon ausging, die Anlagentechnik würde durch zunehmende Produktionszahlen und technischen Fortschritt zügig günstiger (vgl. Tabelle 1). Da für den Betrieb der meisten Erneuerbaren-Energien-Anlagen im Strombereich keine Brennstoffe anfallen, handelt es sich bei den Investitionskosten fast ausschließlich um Technikkosten. Durch die Degression wurde somit die Lernkurve dieser Techniken in Wert gesetzt.

Die Mehrkosten für den erneuerbaren Energien-Strom im Vergleich zum konventionellen Strom sollten zudem nicht aus dem Staatshaushalt und somit aus Steuermitteln (echte Subvention) finanziert werden, da sie ansonsten mit jedem Bundeshaushalt hätten neu verhandelt werden müssen. So wurde festgelegt, dass die ‚Differenzkosten' zwischen dem ermittelten Strompreis an der Börse und der jeweiligen gesetzlich garantierten Einspeisevergütung für erneuerbare Energien auf die Endverbraucher(innen) umgelegt wird, mittels der sogenannten *EEG-Umlage*. Diese wurde und wird jedes Jahr von der Bundesnetzagentur ermittelt und aus einem eigens dafür angelegten Konto bezahlt.

Vor allem Privatpersonen sowie Stadtwerke und andere kleine bis mittelständische Unternehmen investierten sehr schnell in diese noch jungen Technologien. Die großen Energieerzeuger hielten sich – wie in Abb. 8 dargestellt – mit Investitionen eher zurück.

Auf Grundlage des EEGs wurden bundesweit Ausbau- und CO_2-Einsparungsziele erreicht und übertroffen – eine Zeit lang. Abbildung 9 zeigt den positiven Trend der CO_2 Einsparungen, der etwa bis 2009 anhält, sich dann aber durch die Zunahme der Braunkohlefeuerung, trotz ansteigender Erneuerbaren Zahlen, wieder beginnt umzukehren.

Energiewende 37

Abbildung 8   Eigentumsverhältnisse bei erneuerbaren Energieanlagen, Stand 2012

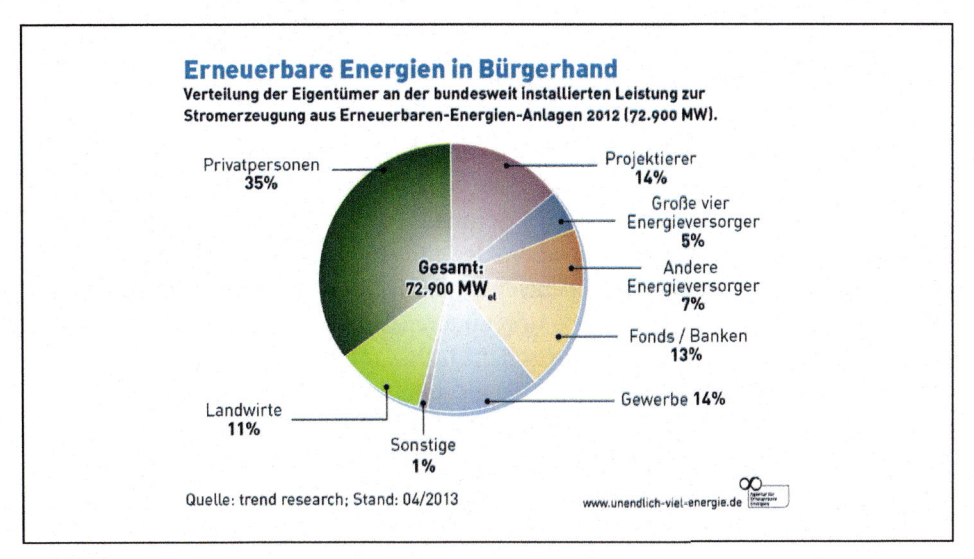

Erneuerbare Energien in Bürgerhand
Verteilung der Eigentümer an der bundesweit installierten Leistung zur Stromerzeugung aus Erneuerbaren-Energien-Anlagen 2012 (72.900 MW).

- Privatpersonen 35%
- Projektierer 14%
- Große vier Energieversorger 5%
- Andere Energieversorger 7%
- Fonds / Banken 13%
- Gewerbe 14%
- Sonstige 1%
- Landwirte 11%

Gesamt: 72.900 MW$_{el}$

Quelle: trend research; Stand: 04/2013
www.unendlich-viel-energie.de

Quelle: AEE 2017e

Abbildung 9   Stromerzeugung aus fossilen und erneuerbaren Energien in Deutschland

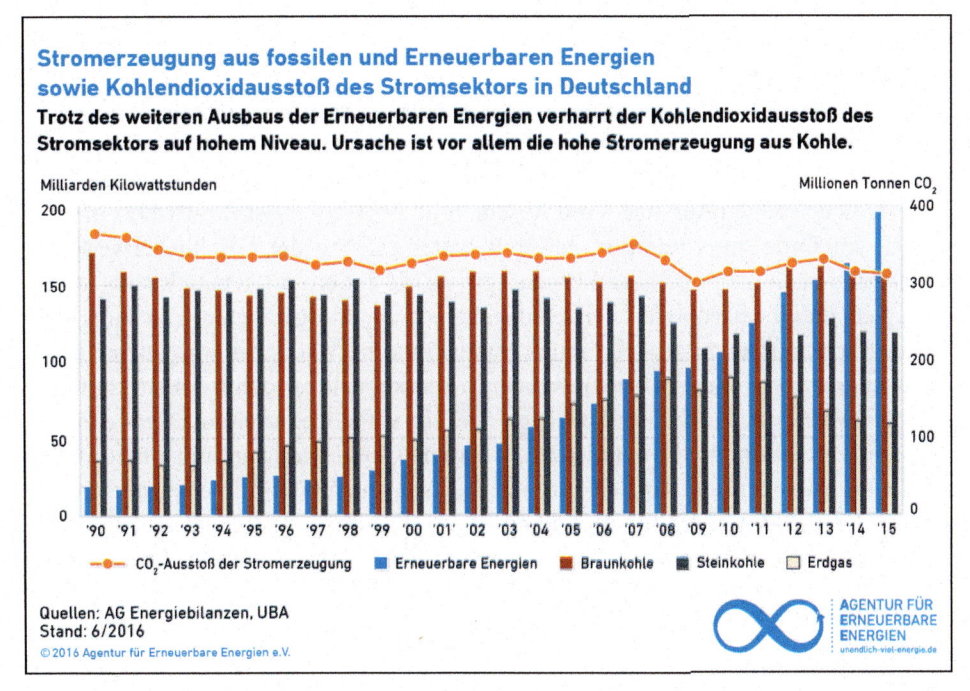

Stromerzeugung aus fossilen und Erneuerbaren Energien sowie Kohlendioxidausstoß des Stromsektors in Deutschland

Trotz des weiteren Ausbaus der Erneuerbaren Energien verharrt der Kohlendioxidausstoß des Stromsektors auf hohem Niveau. Ursache ist vor allem die hohe Stromerzeugung aus Kohle.

CO_2-Ausstoß der Stromerzeugung — Erneuerbare Energien — Braunkohle — Steinkohle — Erdgas

Quellen: AG Energiebilanzen, UBA
Stand: 6/2016
© 2016 Agentur für Erneuerbare Energien e.V.

AGENTUR FÜR ERNEUERBARE ENERGIEN
unendlich-viel-energie.de

Quelle: AEE 2017f

5 Anwendung und Wirksamkeit der deutschen Klimaschutzinstrumente

5.1 Klimaschutzpolitik in Deutschland – einführende Bemerkungen

Als Hauptemittent von CO_2 in der EU hatte sich Deutschland in der *ersten Verpflichtungsperiode des Kyoto-Protokolls von 2009 bis 2012* eine Reduzierung seiner Treibhausgasemissionen um 21 Prozent vorgenommen. Diese wurde in 2012 mit 23,6 Prozent sogar übererfüllt. Dies ist zum einem der günstigen Wahl von 1990 als Basisjahr zu verdanken, welches durch die deutsche Wiedervereinigung ein großes CO_2-Reduktionspotenzial mit sich brachte[6], zum anderen aber auch durch einen radikalen Umbruch im Bereich der Energiewirtschaft, insbesondere in der Stromproduktion. Deutschland verfügte im Gegensatz zu vielen anderen EU-Staaten bereits vor der Fokussierung auf Energiewirtschaft und einer Normierung auf CO_2 im Zuge des Kyoto-Prozesses über eine sehr starke *Decarbonisierungs- und v. a. Anti-Atom-Bewegung*. Bereits 1980 prägte das Ökoinstitut e. V. mit seiner Veröffentlichung „Energiewende – Wachstum und Wohlstand ohne Erdöl und Uran" den Begriff ‚*Energiewende*' als Umstieg auf eine regenerative Energiewirtschaft. Dieser etablierte sich fast dreißig Jahre später durch den ‚Super-GAU' in Fukushima 2011, als die deutsche Klimaschutzmaßnahme schlechthin. Vor diesem tragischen Unfall stand Deutschland energiepolitisch bei einem Ausstieg aus dem 2000 vereinbarten Atomausstieg. Der damalige Bundeswirtschaftsminister Rainer Brüderle nannte die Kernenergie sogar ‚heimische Energie' und deklarierte sie darüber hinaus als CO_2-neutral. Und das trotz 100 prozentiger Importabhängigkeit sowie energieintensiver fossiler Gewinnung und Entsorgung.

Kernenergie wurde als angebliche Klimaretterin Bestandteil der deutschen Klimaschutzpolitik – entgegen allen öffentlichen Widerstandes. Große Enttäuschung machte sich bei den jahrzehntelangen Gegner(inne)n breit, welche sich angesichts des festgeschriebenen Ausstieges mit Abschaltung des letzten Kernkraftwerks in 2022 endlich am Ende ihres Kampfes gewähnt hatten. Neben der fälschlicherweise zugeschriebenen CO_2-Freiheit der Kernenergie wurde zudem quasi eine Risikofreiheit propagiert und Tschernobyl als eine Ausnahmeerscheinung abgetan – bis zur Havarie des Kernkraftwerks im japanischen Fukushima im März 2011 (vgl. auch Kühne und Weber 2018 in diesem Band). Kanzlerin Merkel galt bis dahin als strikte Kernkraftbefürworterin. Doch hier verhängte sie ein sofortiges dreimonatiges *Moratorium* zur Diskussion um die kürzlich beschlossene Laufzeitverlängerung und ordnete eine Sicherheitsprüfung aller Reaktoren in Deutschland an. Für diese wurden die sieben ältesten Reaktoren mit Inbetriebnahme vor 1980 vom Netz genommen, während die jüngeren im laufenden Betrieb überprüft wurden. Zudem etablierte die Kanzlerin

---

6 „Allein fast 19 % CO_2-Reduzierung bis 2003 durch technischen Fortschritt nach Wiedervereinigung" (Völker-Lehmkuhl 2005, S. 9).

in ihren nachfolgenden Pressemeldungen und Ansprachen den Begriff Energiewende als kurzfristigen Ausstieg aus der Kernenergie und mittelfristigen Ausstieg aus der fossilen Energiewirtschaft. Mit ihrer Regierungserklärung im deutschen Bundestag am 09.06.2011 wurden die Atom-Ausstiegspläne (erneut) festgelegt. Es folgte ein Boom beim Ausbau der Erneuerbaren Energien (vgl. Abb. 6 und 7), während die anderen Elemente Energiesparen und Energieeffizienz politisch und in der Öffentlichkeit relativ unbeachtet blieben.

Leider entfaltet(e) in Deutschland der EHS auf Grund des Überschusses an Zertifikaten und des daraus resultierenden niedrigen Preises keine Wirksamkeit (Abb. 10). So blieb und bleibt die Braunkohle mit ihren niedrigen Grenzkosten unschlagbar billig (vgl. Exkurs Strommarkt Deutschland) und verfügbar.

Abbildung 10 Überschuss an CO_2-Zertifikaten im Europäischen Emissionshandelssystem

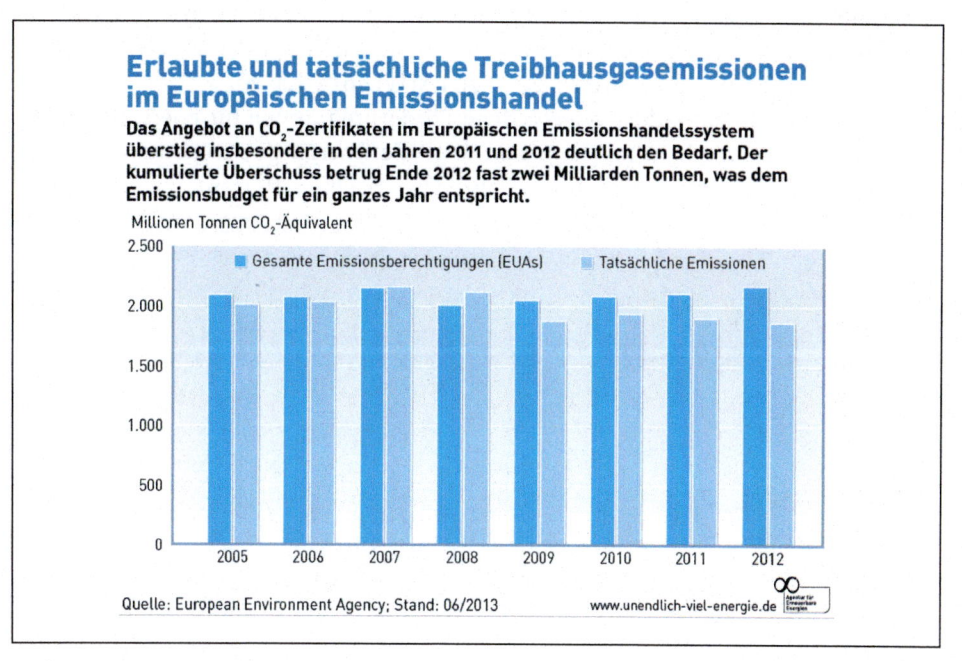

Quelle: AEE 2017g

5.2 Maßnahmen zur Energieeffizienz: Nationaler Aktionsplan Energieeffizienz

Der *Nationale Aktionsplan Energieeffizienz (NAPE),* welcher die Sektoren außerhalb der vom EHS betroffenen adressiert, entfaltet seit 2015 mit der Pflicht zur Einführung eines Energiemanagementsystems bzw. Durchführung eines Energieaudits Wirkung. Allerdings geschieht die Umsetzung der identifizierten Maßnahmen in den einzelnen Betrieben bisher verhalten. Die finanziellen Anreize werden insbesondere durch die *‚besondere Ausgleichsregelung' (BesAR)* im Erneuerbaren-Energien-Gesetz konterkariert. Hier handelt es sich um eine (teilweise) Befreiung von der EEG-Umlage. Ursprünglich war diese Regelung für die energieintensive Industrie gedacht. Von der EEG-Umlage werden Unternehmen befreit, die entweder in einem scharfen internationalen Wettbewerb stehen oder bei denen der Strompreis einen hohen Anteil an ihren Produktionskosten ausmacht. Faktisch wird dieser Tatbestand durch die geringe Schwelle des definierten Stromverbrauchs von ab einer Gigawattstunde im Jahr von vielen Unternehmen genutzt, auf die beide Bedingungen nicht zutreffen. Die Zahl der von der Umlage befreiten Unternehmen steigt kontinuierlich an, so z. B. zwischen 2014 und 2015 von 2098 auf 2154 (Fraunhofer ISI und Ecofys 2015). Und für viele Unternehmen bleibt es bei 6,88ct pro kWh EEG-Umlage auch in 2017 wirtschaftlich attraktiv, Effizienzinvestitionen, durch welche sie unter den Schwellenwert für die Befreiung fallen würden, zu vermeiden.

Folgerichtig lässt sich dem vierten Monitoringbericht zur Energiewende von 2016 entnehmen, dass die durchschnittliche Steigerung der Energieeffizienz zwischen 2008 und 2014 mit 1,6 Prozent unter dem im Energiekonzept der Bundesregierung vorgesehenen Wert von 2,1 Prozent liegt (vgl. BMWi 2015, Tab. 2).

Der NAPE sieht außerdem verschiedene Förderprogramme für energetische Gebäudesanierung vor. Allerdings liegt auch hier die Energieeffizienzreduktion unter ihrem Zielwert. Sie stagniert seit einigen Jahren bei ca. einem Prozent (vgl. UBA 2014).

Tabelle 2 Deutsche Klimaschutzziele

Deutsche Ziele bis 2020 (Basis 1990)		Stand 2014
Treibhausgasemissionen		
Rückgang der Treibhausgasemissionen	40 %	27,0 %
Erneuerbare Energien		
Anteil erneuerbare Energien am Endenergieverbrauch	18 %	13,5 %
Anteil erneuerbare Energien am Stromverbrauch	> 35 %	27,4 %
Anteil erneuerbare Energien am Wärmeverbrauch	14 %	12,0 %
Effizienz		
Reduktion des Primärenergiebedarfs (Basis 2008)	20 %	8,7 %
Steigerung der Endenergieproduktivität	jährlich 2,1 %	jährlich 1,6 %
Reduktion des Stromverbrauchs	10 %	4,6 %
Anteil Kraft-Wärme-Kopplung an der Stromerzeugung	25 %	
Gebäude		
Jährliche Sanierungsquote	2 %	ca. 1 %
Reduktion Wärmeverbrauch	20 %	12,4 %
Mobilität		
Reduktion Endenergieverbrauch Verkehr (Basis 2005)	10 %	
Anzahl Elektrofahrzeuge	1 Million	ca. 12 000
Anteil erneuerbarer Energien am Treibstoffverbrauch	10 %	5,6 %

Quelle: Eigene Darstellung nach BMWI 2015, Regionalverband FrankfurtRheinMain 2016, UBA 2014

5.3 Maßnahmen zum Ausbau erneuerbarer Energien

Der Ausbau erneuerbarer Energien bildet das Herzstück der deutschen Klimaschutzpolitik. Denn ähnlich der zeitlich sehr großzügigen Umsetzung und Konkretisierung von Energiespar- und Energieeffizienzmaßnahmen auf EU-Ebene wirkt sich dies auch auf die Umsetzung in Deutschland aus. Der Strombereich ist in Deutschland über das übliche EU-Niveau hinaus wichtig, da hier die Produktion aus Braunkohle – als einzig verbleibender fossiler Reserve[7] – die Stromproduktion dominiert und für einen sehr hohen CO_2-Ausstoß sorgt (vgl. Abb. 2 und 9)

---

[7] Reserven sind der Teil bekannter und zuverlässig geschätzter Ressourcen, die nach heutigem Stand der Technik, wirtschaftlich abgebaut werden können.

Das EEG wurde – wie ursprünglich vorgesehen – mehrfach evaluiert, und es wurden Rahmenbedingungen und Fördersätze verändert. Ein ganz entscheidender Eingriff ging mit der Evaluation 2009 einher. In diesem Jahr wurde die sogenannte *physische Wälzung* – die Echtzeitübermittlung des erneuerbaren Energie-Stroms an die Energieversorger – aufgehoben (vgl. dazu auch Abb. 11). An ihre Stelle trat die *Verordnung zur Weiterentwicklung des bundesweiten Ausgleichsmechanismus (AusglMechV)*. Bis dahin waren die Unternehmen verpflichtet, den eingespeisten erneuerbaren Energie-Strom in ihr Vertriebsportfolio zu integrieren. Die Mehrkosten bekamen sie aus dem EEG-Umlagekonto erstattet. Mit der Abschaffung der physischen Wälzung nahm man den Energieversorgern zwar das Risiko der schwankenden Einspeisungen (v. a. aus den fluktuierenden Erneuerbaren Sonne und Wind), aber auch die Chance, den erneuerbaren Energie-Strom unmittelbar als Grünstrom mit möglichem Mehrertrag zu vermarkten. Einige wenige Anbieter(innen) taten dies weiterhin über das sogenannte *Grünstromprivileg* und konnten damit ihren Kund(innen) einen Teil der EEG-Umlage einsparen und den erneuerbaren Energie-Strom preislich attraktiver machen. Der Vertrieb des EEG-Stroms wurde nun nach AusglMechV und durch die Übertragungsnetzbetreiber an der Strombörse abgewickelt, welche sich diese Dienstleistung aus dem EEG-Umlagekonto vergüteten.

Das steigende Angebot von erneuerbarem Strom an der Börse führte durch die Anwendung des Merit Order-Prinzips zu einem Preisverfall, denn die teuren Kraft-

Abbildung 11 Entwicklung EEG-Umlage und Strommenge vor und nach Änderung des Wälzungsmechanismus in 2009

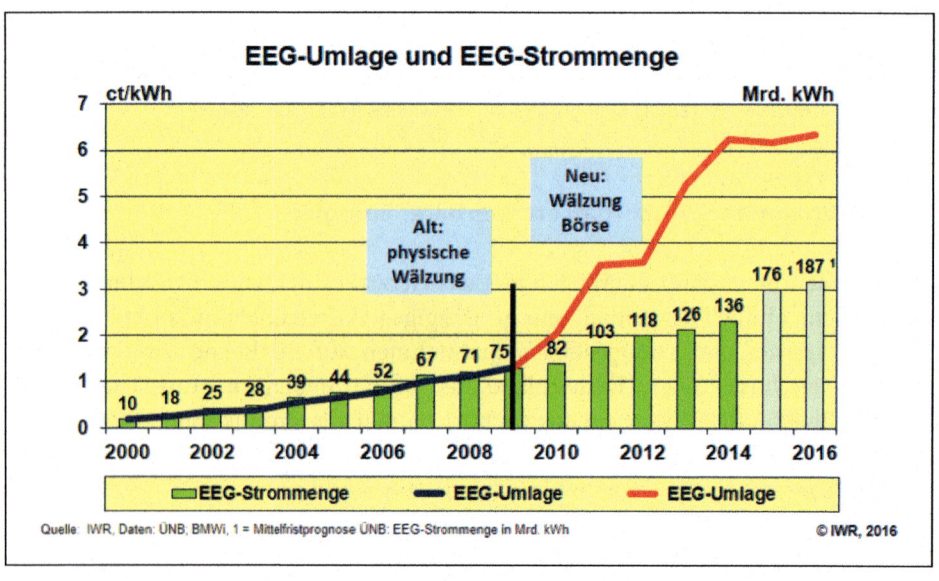

Quelle: IWR 2014

werke wurden, wie bereits beschrieben (vgl. Exkurs zum Strommarkt), immer weniger nachgefragt. Als Folge stieg die EEG-Umlage an, da sie die Differenz zwischen Einspeisevergütung und Einkaufspreis an der Börse darstellt. Der Kreislauf, der sich dadurch ergibt, lautet wie folgt: *Je mehr erneuerbarer Energie-Strom an der Börse eingestellt wird, desto geringer ist der Börsenpreis.* Davon profitieren Versorger*innen und große Industriebetriebe, die direkt an der Strombörse einkaufen können. Darüber hinaus sind viele Industriebetriebe von der EEG-Umlage befreit. Der Strompreis für die Endverbraucher*innen steigt allerdings durch die erhöhte Umlage und die Tatsache, dass sie nicht direkt an der Strombörse einkaufen können. Erneuerbare Energieträger aus Sonne und Wind schwanken naturgemäß und müssen daher von Kraftwerken flankiert werden, die ihre Leistung schnell hoch- und runterfahren können, wie beispielsweise hocheffiziente Gaskraftwerke. Wie bereits im Exkurs zum deutschen Strommarkt beschrieben, wurden Gaskraftwerke aber auf Grund höherer Brennstoffkosten und niedriger CO_2-Preise zu Gunsten billiger Braunkohlekraftwerke in den letzten Jahren wenig betrieben. Auch die bestehenden Biogasanlagen, die Ähnliches leisten könnten wie die Gaskraftwerke, laufen noch nicht in ausreichendem Maße im flexiblen Modus. Diese Entwicklung geht zu Lasten des nationalen CO_2-Ausstoßes.

Es blieb jedoch nicht bei der deutlich steigenden EEG-Umlage nur durch den fallenden Börsenstrompreis, des Weiteren kamen die bereits genannten Industrie-Privilegien (durch *BesAR*), sowie Liquiditätsreserven[8] und andere zusätzliche Posten (vgl. Abbildung 12a und b) hinzu. Wie die Abbildungen 11 und 12b zeigen, bleibt trotz starken Zubaus in den Jahren ab 2009 der Anstieg der EEG-Umlage nach dem Prinzip der physischen Wälzung moderat und die Vergütungshöhen verändern sich im Zuge der Degression kontinuierlich nach unten (v. a. für Wind und Photovoltaik). Mit dem Wechsel in der Berechnung der Umlage durch die AusglMechV steigt die Umlage kontinuierlich, so dass sie sich nicht mehr als Indikator für die Kosteneffizienz der erneuerbaren Energien eignet. Allein die Befreiung der als ‚energieintensive Industrie' definierten Verbraucher*innen von der EEG-Umlage macht 2013 25 Prozent der EEG-Umlage für die nicht privilegierten Verbraucher aus.

Die sprunghafte Erhöhung der EEG-Umlage für die Endverbraucher*innen wurde als Legitimation für die Evaluierung des *EEG 2012* benutzt. Im Photovoltaikbereich kam es zu einer vorgezogenen Absenkung der Fördersätze und einer Verschlechterung der Förderbedingungen. Besonders drastisch wirkte sich der Wegfall der Förderberechtigung für die Freiflächenanlagen auf Äckern aus. Durch die *rückwirkend* in Kraft gesetzten Änderungen gingen zahlreiche getätigte Investitionen verloren. Zudem wurde der Ausbau der Photovoltaik mit einem sogenannten ‚*atmenden*

---

8   Von den Übertragungsnetzbetreibern gebildete Rücklagen, welche Schwankungen auf dem EEG-Umlagekonto abfedern sollen. Diese möglichen Schwankungen ergeben aus Abweichungen zwischen der Prognose und der tatsächlichen Einspeisung aus Erneuerbaren.

Abbildung 12 oben: Einflüsse auf die EEG-Umlage 2013; unten: Entwicklung der EEG-Umlage 2012–2014

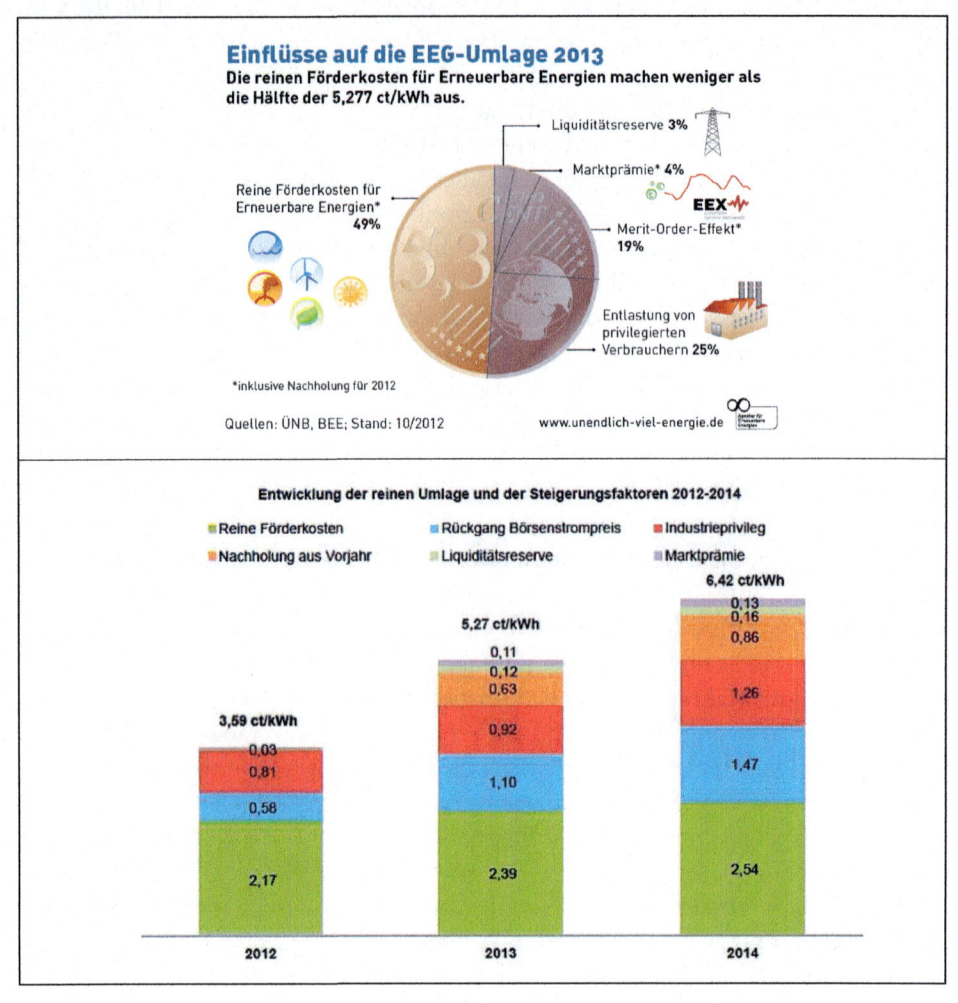

Quellen: oben: AEE 2014b; unten: BEE 2014

Deckel' versehen, welcher den Ausbau nicht nur begrenzte, sondern die Degression der Fördersätze zusätzlich beschleunigte (Tab. 3).

In der Folge brach der Photovoltaik-Sektor in Deutschland nach und nach ein, verbunden mit einem enormen Verlust an Arbeitsplätzen[9]. Der Anstieg der EEG-Umlage blieb hingegen ungebremst. Die Befreiungen der Industrie nahmen sprung-

---

9   Nach Angaben des Bundesverbandes Windenergie e. V., basierend auf Lehr et al. 2015, Verlust an 70 000 Arbeitsplätzen in Deutschland.

Tabelle 3 Beispiel Atmender Deckel Photovoltaik Oktober 2014

Vergütungssätze Cent/kWh – Feste Einspeisevergütung (Kleinanlagen bis einschl. 500 kWp):

Inbetriebnahme	Dachanlagen			Anlagen auf Nichtwohngebäuden im Außenbereich und Anlagen auf Freiflächen bis 500 kWp
	bis 10 kWp	bis 40 kWp	bis 500 kWp	
ab 01.08.2014	12,75	12,40	11,09	8,83
Degression			0,50 %	
ab 01.09.2014	12,686250	12,338000	11,034550	8,785850
Rundung	12,69	12,34	11,03	8,79
Degression			0,25 %	
ab 01.10.2014	12,654534	12,307155	11,006964	8,763885
Rundung	12,65	12,31	11,01	8,76
Degression			0,25 %	
ab 01.11.2014	12,622898	12,276387	10,979446	8,741976
Rundung	12,62	12,28	10,98	8,74
Degression			0,25 %	
ab 01.12.2014	12,591341	12,245696	10,951998	8,720121
Rundung	12,59	12,25	10,95	8,72

Quelle: Eigene Darstellung nachnach BNetzA 2017

haft zu, da unter anderem die Beantragungsgrenze von 10 GWh/a auf 1 GWh/a gesenkt wurde.

Allerdings bekamen die Betreiber*innen von Erneuerbaren Energie-Anlagen mit dem EEG 2012 die Möglichkeit, ihren Strom selbst an der Börse zu vermarkten. Die Differenz ihrer Erlöse zur garantierten Einspeisevergütung wurde über die sogenannte *gleitende Marktprämie* gezahlt. Die Vermarktung des EEG-Stroms geschah also nicht mehr nur ausschließlich durch die Übertragungsnetzbetreiber, sondern meist über dritte Vermarkter (Direktvermarkter), deren Kosten zunächst noch durch einen halben Cent pro kWh über die sogenannte *Managementprämie* gedeckt werden sollten.

Bereits 2013 wurde das EEG erneut evaluiert und trat in seiner veränderten Form *2014* in Kraft. Wieder sollte es Ziel sein, die Kosten für nicht privilegierten Endverbraucher*innen zu senken. Darüber hinaus galt es, einen Angriff *der EU-Wettbewerbskommission* auf das EEG abzuwehren. Dieses war durch die weitreichenden Befreiungen der Industrie von der EEG-Umlage unter die Brüsseler Lupe geraten. Mit Bezug auf die EU-Kommission wurden Eingriffe bis in das Grundprinzip des EEG vorgenommen, u. a. eine *verpflichtende Direktvermarktung* anstatt Abnahmegarantie und Einspeisevergütung. Eine weitere einschneidende Veränderung war die Belastung des *Eigenstromverbrauchs* mit der EEG-Umlage, außer für konventionelle Kraftwerke und Kleinstverbraucher*innen (bis zu 10 kW installierte Leistung). Darüber hinaus wurde das *Grünstromprivileg ersatzlos gestrichen, Ausbaupfad und atmender Deckel* auch für die Windenergie an Land festgeschrieben sowie der Biogasausbau auf 100MW beschränkt. Die Industriebefreiungen wurden durch das EEG 2014 nicht eingeschränkt, sondern ausgeweitet. Darüber hinaus bereitete das EEG 2014 einen weiteren tiefgreifenden Systemwechsel vor: den Wechsel vom Vergütungsmodell hin zur *Ausschreibungspflicht* für Windenergie- und Photovoltaikfreiflächenanlagen. Eine fixe Vergütung bekommt nur noch gewährt, wer zuvor eine Ausschreibung gewonnen hat. Hiermit soll der günstigste Preis ermittelt werden, beschränkt durch das festgelegte Ausbauvolumen. Ziel dieser geplanten Regelung ist es, Kostensenkungspotentiale effizient zu heben, auch wenn vergleichbare Modelle in anderen EU-Staaten in der Regel zu einer Verlangsamung und Verteuerung des Ausbaus geführt haben und die Beteiligung kleinerer Akteure quasi unterbunden wurde (vgl. Bundesverband Windenergie e. V. 2014).

Mit der Evaluierung 2016 und dem Inkrafttreten der Änderungen in *2017* wurden Ausbauvolumina für Photovoltaik und Windenergie festgelegt, welche vor allem für die Windenergie eine Halbierung des Zubauvolumens der letzten Jahre bedeutet. Begründet wurde dieser Einschnitt mit dem Fehlen von Netzkapazitäten bzw. dem zu langsamen Ausbau der Übertragungsnetze. Allerdings sieht der *Netzausbauplan der Bundesnetzagentur* auch eine Kapazität vor, welche bei konsequenter Umstellung auf erneuerbare Energien nicht notwendig ist. Er fällt so üppig aus, weil neben der Verteilung des erneuerbaren Energie-Stroms ebenfalls der Abtransport des Stroms aus den Braunkohlerevieren ermöglicht werden soll (vgl. Jarass und Obermair 2012, Kempfert 2013, Kreuzfeldt 2014). Die momentane Auslegung des Netzausbauplans sorgt dafür, dass selbst bei maximaler Wind- und Sonnenstromeinspeisung die konventionellen Kraftwerke auf Volllast produzieren können (vgl. Weber et al. 2016). Dieses parallele System, welches dem Grundgedanken der Energiewende – konventionellen Strom durch erneuerbaren zu ersetzen – widerspricht, sorgt seit einigen Jahren bereits für Netzengpässe und dafür, dass Deutschland zu einem großen Stromexporteur innerhalb der EU geworden ist – teilweise zu Dumping- bzw. Negativpreisen. Dies verkraftet weder das deutsche Stromnetz noch das der Nachbarländer besonders gut. In vielen Teilen des Netzes, insbesondere in Gebieten mit hohem erneuerbaren Energienanteil, kommt es auf Grund dieser Doppel-Einspeisung zu Netzengpässen und zunehmender Abregelung der erneuerbaren Kapazitäten. Hinzu kommt, dass trotz steigender Netzentgelte bei den Investitionen ins deutsche Stromnetz in den letzten Jahren deutlich gespart wurde (siehe Abb. 13) und eine prinzipielle Ertüchtigung ansteht, die unabhängig von der Energiewende notwendig ist.

Der Ausbau der Erneuerbaren Energien im Strombereich wurde mit In-Kraft-treten des EEG 2017 für alle Techniken begrenzt. Vergleicht man den angestrebten Ausbau mit den Ausbau- bzw. CO_2-Minderungszielen der internationalen Klimaverein-

Abbildung 13 Netzinvestitionen der deutschen Stromversorger

Netzinvestitionen der deutschen Stromversorger
Milliarden Euro

Jahr	1991	1993	1995	1997	1999	2001	2003	2005	2007	2009	2011*
Mrd. €	2,7	4,0	3,6	3,0	2,4	2,2	1,7	2,0	2,4	3,1	3,6

*2011: Planungsstand der Unternehmen Frühjahr 2009
Quellen: BDEW, BNetzA
Stand: 12/2010

Quelle: AEE 2014c

barungen, weichen diese nicht unwesentlich voneinander ab. Denn hierfür ist nach Quaschning (2016) und anderen[10] eine zügige Decarbonisierung des Energiesektors bis 2040 notwendig. Allerdings rechnen auch viele mittlerweile mit einer Erhöhung des Strombedarfs durch Sektorenkopplung, also die Übernahme von Energiebereitstellung im Bereich Wärme und Mobilität durch den Strombereich. Um dieses Ziel erreichen zu können, müsste sich z. B. bei Quaschning (2016) das Ausbautempo der erneuerbaren Energien um den Faktor vier bis fünf steigern (Abb. 14).

Während die Bundesregierung, die bei einer ersten Überprüfung zur Umsetzung des Aktionsprogramms Klimaschutz 2020, zur Erkenntnis kam, dass die Minderungsziele des Pariser Abkommens erreicht würden, ist das Umweltbundesamt ebenfalls kritisch. „Eine erste Schätzung des UBA zeigte für das Jahr 2015 jedoch wieder einen leichten Anstieg der Treibhausgas-Emissionen […]. Somit bleiben nunmehr fünf Jahre, um die Emissionen von 27 % auf den Zielwert in Höhe von 40 % in 2020 zu senken. Nach derzeitigem Stand ist die Zielerreichung nicht gesichert" (UBA 2016a und b).

---

10 Z. B. Fraunhofer IWES/IBP (2017); Nitsch (2016); Wuppertal Institut (2015)

Abbildung 14 Erreichung des 1,5 Grad Ziels und die benötigte Geschwindigkeit beim Ausbau

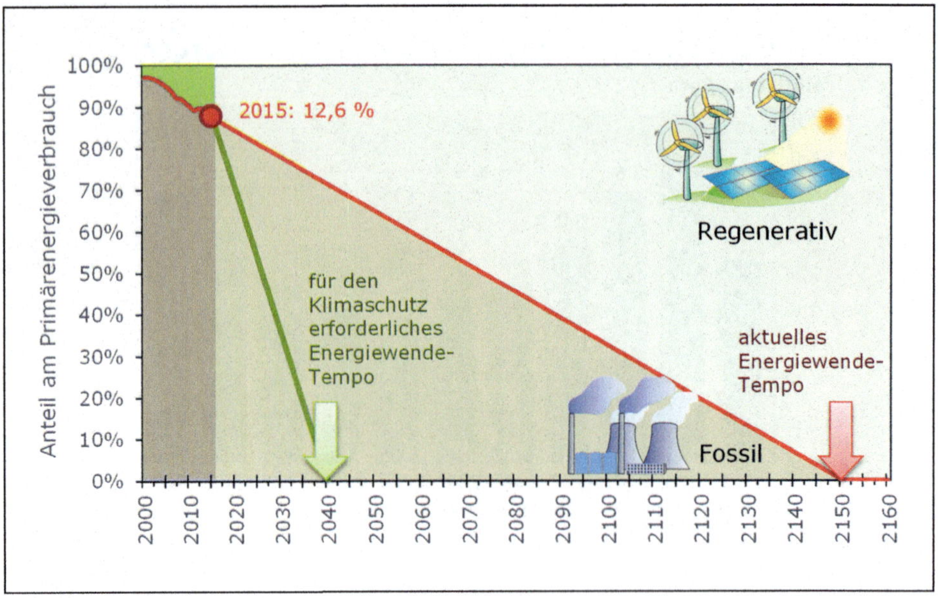

Quelle: Quaschning 2016, S. 6

6 Fazit und Ausblick

Auf Grund der Dringlichkeit beim Thema Klimaschutz überrascht der zähe Lösungs- bzw. Maßnahmenprozess auf allen Ebenen. Zentraler Fokus aller Bemühungen ist die Energiewirtschaft und die daraus resultierenden Treibhausgasemissionen. Die Verteilung der großen Emittenten, der Industrieländer, weicht nicht unwesentlich von der ab, die bereits umfangreich vom Klimawandel betroffen sind, nämlich hauptsächlich die Entwicklungsländer. Allerdings hat sich die Weltgemeinschaft im Dezember 2015 mit dem Pariser Abkommen nun völkerrechtlich verpflichtet, den Ausstoß der Treibhausgase dahingehend zu reduzieren, dass der Anstieg der Jahresmitteltemperaturen deutlich unter zwei Grad Celsius bleibt. Jedes Land erstellt Klimaschutzpläne zur Umsetzung der Ziele, welche nicht starr sind, sondern kontinuierlich progressiv fortgeschrieben werden. Ein unabhängiges, überstaatliches Gremium kontrolliert die Fortschritte. Entwicklungsländer werden bei der Erreichung der Zielerfüllung maßgeblich unterstützt. Dass auf Grund dieses weitreichenden internationalen Commitments, die EU und letztendlich auch die deutschen Zielsetzungen zum Ausbau der Erneuerbaren und Erhöhung der Energieeffizienz, nicht nach oben korrigiert werden, bleibt ungeklärt. Im Gegenteil: Die Verfehlung der Energieziele wird in Deutschland billigend hingenommen, der Zubau wird begrenzt und Auflagen – v. a. im Baubereich oder Mobilitätssektor – werden nach wie vor nicht überprüft. Ob die ‚German Energiewende' im Nachgang zur COP 23 in Bonn Ende 2017 wieder an Fahrt gewinnt, wird sich zeigen müssen. Dass die Voraussetzungen zu einem Umstieg auf erneuerbare Energien mehr als gegeben sind, werden auch die nachfolgenden Beiträge zeigen – obschon der Komplexität bei der Umsetzung einer dezentralen Energiewende.

Literatur

AEE – Agentur für Erneuerbare Energien (2014a). Strom aus Erneuerbaren Energien in Deutschland 1990–2013. http://unendlich-viel-energie.de/mediathek/grafiken/entwicklung-der-stromerzeugung-aus-erneuerbaren-energien. Zugegriffen: 20. Oktober 2014.

AEE – Agentur für Erneuerbare Energien (2014b). Einflüsse auf die EEG-Umlage 2013. http://unendlich-viel-energie.de/mediathek/grafiken/entwicklung-der-stromerzeugung-aus-erneuerbaren-energien. Zugegriffen: 20. Oktober 2014.

AEE – Agentur für Erneuerbare Energien (2014c). Netzinvestitionen der deutschen Stromversorger. http://unendlich-viel-energie.de/mediathek/grafiken/entwicklung-der-stromerzeugung-aus-erneuerbaren-energien. Zugegriffen: 20. Oktober 2014.

AEE – Agentur für Erneuerbare Energien (2017a). Merit Order ohne erneuerbare Energien, Erdgas am Ende der Nachfragekurve. https://www.unendlich-viel-energie.de/media/image/4895.AEE_Merit-Order-Effekt_Feb11.jpg. Zugegriffen 03.04.2017.

AEE – Agentur für Erneuerbare Energien (2017b). Merit Order mit Erneuerbaren Energien, Erdgas außerhalb der Nachfragekurve. https://www.unendlich-viel-energie.de/media/image/4893.AEE_Entstehung_Boersenstrompreis_Feb11.jpg. Zugegriffen 03.04.2017.

AEE – Agentur für Erneuerbare Energien (2017c). Strompreisentwicklung und Bestandteile für Haushalte, Gewerbe und Industrie. https://www.unendlich-viel-energie.de/mediathek/grafiken/entwicklung-der-strompreise-von-haushalten-und-industrie. Zugegriffen: 14. Januar 2017.

AEE – Agentur für Erneuerbare Energien (2017d). Anteil der erneuerbaren Energien am Endenergieverbrauch. https://www.unendlich-viel-energie.de/media/image/7151.EE-Anteile-Energieverbrauch_Aug16.jpg. Zugegriffen: 03.04.2017.

AEE – Agentur für Erneuerbare Energien (2017e). Eigentumsverhältnisse bei Erneuerbaren Energieanlagen, Stand 2012. https://www.unendlich-viel-energie.de/media/image/1120.AEE_Erneuerbare_Energien_in_Buergerhand_2012_apr13.jpg. Zugegriffen: 13. Februar 2017.

AEE – Agentur für Erneuerbare Energien (2017f). Stromerzeugung aus fossilen und erneuerbaren Energien in Deutschland. https://www.unendlich-viel-energie.de/media/image/6386.AEE_CO2-Emissionen_Strommix_jun16.jpg. Zugegriffen: 20. Februar 2017.

AEE – Agentur für Erneuerbare Energien (2017g). Überschuss an CO_2-Zertifikaten im Europäischen Emissionshandelssystem. https://www.unendlich-viel-energie.de/mediathek/grafiken/grafik-dossier-klimaschutz. Zugegriffen: 14. Januar 2017.

BEE – Bundesverband Erneuerbare Energien (2014). Entwicklung der EEG-Umlage 2012–2014. http://www.bee-ev.de/_downloads/publikationen/positionen/2013/20131015_BEE-Hintergrund_EEG-Umlage-2014.pdf, S. 5. Zugegriffen: 27. Oktober 2014.

BfN – Bundesamt für Naturschutz (2006). Biologische Vielfalt und Klimawandel – Gefahren, Chancen, Handlungsoptionen – BfN Skript 148, 2006. Bonn – Bad Godesberg.

BMUB – Bundesministerium für Umwelt, Naturschutz, Bau und Reaktorsicherheit (2016): EU Klimapolitik. http://www.bmub.bund.de/themen/klima-energie/klimaschutz/eu-klimapolitik/. Zugegriffen: 12. Dezember 2016.

BMWi – Bundesministerium für Wirtschaft und Energie (Hrsg.) (2015). Vierter Monitoring-Bericht „Energie der Zukunft" (Langfassung). Berlin.

BMWi – Bundesministerium für Wirtschaft und Energie (2016). EU-Richtlinie für erneuerbare Energien. http://www.erneuerbare-energien.de/EE/Navigation/DE/Recht-Politik/EU_Richtlinie_fuer_EE/eu_richtlinie_fuer_erneuerbare_energien.html. Zugegriffen: 12. Dezember 2016.

BMWi – Bundesministerium für Wirtschaft und Energie (2014). Nationaler Aktionsplan Energieeffizienz. https://www.bmwi.de/Redaktion/DE/Publikationen/Energie/nationaler-aktionsplan-energieeffizienz-nape.pdf?__blob=publicationFile&v=6. Zugegriffen: 12. Dezember 2016.

BNetzA – Bundesnetzagentur (2017). Bestimmung der Fördersätze für Photovoltaikanlagen § 31 EEG 2014. https://www.bundesnetzagentur.de/SharedDocs/Downloads/DE/Sachgebiete/Energie/Unternehmen_Institutionen/ErneuerbareEnergien/Photovoltaik/ArchivDatenMeldgn/DegressionsVergSaetze_10_2014-12_2014.xls?__blob=publicationFile&v=1. Zugegriffen: 14. März 2017.

BMJV – Bundesministeriums der Justiz und für Verbraucherschutz (Hrsg.) (2014a): Erneuerbare-Energien-Gesetz vom 21. Juli 2014 (BGBl. I S. 1066), das durch Artikel 24 Absatz 29 des Gesetzes vom 23. Juni 2017 (BGBl. I S. 1693) geändert worden ist. https://www.gesetze-im-internet.de/eeg_2014/EEG_2017.pdf. Zugegriffen 21. Juli 2017. Berlin.

BMJV – Bundesministeriums der Justiz und für Verbraucherschutz (Hrsg.) (2014b): Erneuerbare-Energien-Wärmegesetz vom 7. August 2008 (BGBl. I S. 1658), das zuletzt durch Artikel 9 des Gesetzes vom 20. Oktober 2015 (BGBl. I S. 1722) geändert worden ist. http://www.gesetze-im-internet.de/eew_rmeg/EEW%C3%A4rmeG.pdf. Zugegriffen: 21. Juli 2017.

BMJV – Bundesministeriums der Justiz und für Verbraucherschutz (Hrsg.) (2014c): Gesetz zur Einführung einer Biokraftstoffquote durch Änderung des Bundes-Immissionsschutzgesetzes und zur Änderung energie- und stromsteuerrechtlicher Vorschriften (Biokraftstoffquotengesetz – BioKraftQuG. https://www.bgbl.de/xaver/bgbl/start.xav?start=%2F%2F*%5B%40attr_id%3D%27bgbl106s3180.pdf%27%5D#__bgbl__%2F%2F*%5B%40attr_id%3D%27bgbl106s3180.pdf%27%5D__1500656794928. Zugegriffen 21. Juli 2017. BPB – Bundeszentrale für Politische Bildung (2017): Klimawandel. http://www.bpb.de/gesellschaft/umwelt/klimawandel/. Zugegriffen 12. Juli 2017.

Brunnengräber, A. (2018). Klimaskeptiker im Aufwind. Wie aus einem Rand- ein breiteres Gesellschaftsphänomen wird. In O. Kühne & F. Weber (Hrsg.), *Bausteine der Energiewende* (S. 271–292). Wiesbaden: Springer VS.

Bundesrat (2016). Entwurf eines Gesetzes zu dem Übereinkommen von Paris vom 12. Dezember 2015. Drucksache 427/16 12.08.16. https://www.bundesrat.de/SharedDocs/drucksachen/2016/0401-0500/427-16.pdf?__blob=publicationFile&v=1. Zugegriffen 21. Juli 2017.

Büscher, C., & Sumpf, P. (2018). Vertrauen, Risiko und komplexe Systeme: das Beispiel zukünftiger Energieversorgung. In O. Kühne & F. Weber (Hrsg.), *Bausteine der Energiewende* (S. 129–161). Wiesbaden: Springer VS.

BWE – Bundesverband Windenergie e.V. (Hrsg.) (2014). Ausschreibungsmodelle Wind onshore: Erfahrungen im Ausland. Saarbrücken: IZES gGmbH.

Cox, B.C., & Moore, P.D. (1987). *Einführung in die Biogeographie*. Stuttgart: G. Fischer/UTB.

de Lattin, G. (1976). *Grundriss der Zoogeographie*. Jena: Fischer.

DLR – Deutsches Zentrums für Luft- und Raumfahrt (Hrsg.) (2016). Die Deutsche IPCC-Koordinierungsstelle. http://www.de-ipcc.de/. Zugegriffen: 14. November 2016.

Deutscher Bundestag (2000). Entwurf eines Gesetzes zur Förderung der Stromerzeugung aus erneuerbaren Energien (Erneuerbare-Energien-Gesetz – EEG) sowie zur Änderung des Mineralölsteuergesetzes. Drucksache 14/2776. 14. Wahlperiode 23.02.2000. Bonn: Bundesanzeiger Verlagsgesellschaft mbH.

DWD – Deutscher Wetterdienst (2016). http://www.dwd.de/DE/klimaumwelt/klimawandel/ueberblick/ueberblick_node.html. Zugegriffen 13. November 2016.

Fraunhofer ISI und Ecofys (2015). Stromkosten der energieintensiven Industrie. Ein internationaler Vergleich – Zusammenfassung der Ergebnisse. Studie im Auftrag des Bundeswirtschaftsministeriums. Berlin.

Fraunhofer IWES/IBP (2017). Wärmewende 2030. Schlüsseltechnologien zur Erreichung der mittel- und langfristigen Klimaschutzziele im Gebäudesektor. Studie im Auftrag von Agora Energiewende.

Fromme, J. (2018). Transformation des Stromversorgungssystems zwischen Planung und Steuerung. In O. Kühne & F. Weber (Hrsg.), *Bausteine der Energiewende* (S. 293–314). Wiesbaden: Springer VS.

Generaldirektion Kommunikation der Europäischen Kommission (2016). Klimapolitik. Zielvorgaben – Triebfeder für grünes Wachstum. https://europa.eu/european-union/topics/climate-action_de. Zugegriffen: 20. November 2016.

Illies, J. (1972). *Tiergeographie*. Braunschweig: Georg Westermann Verlag.

IPCC – Intergovernmental Panel on Climate Change (2017): http://ipcc.ch/report/graphics/index.php?t=Assessment%20Reports&r=AR4%20-%20Synthesis%20Report&f=Chapter%202. Zugegriffen 06. März 2017.

IWR – Internationales Wirtschaftsforum Regenerative Energien (2014). *Entwicklung EEG-Umlage und Strommenge vor und nach Änderung des Wälzungsmechanismus in 2009*. http://www.iwr-institut.de/de/presse/presseinfos-energiewende/erneuerbare-energien-werden-subventioniert-staat-zahlt-keinen-cent. Zugegriffen: 27. Oktober 2014.

Jarass, L. & Obermair, G. M. (2012). *Welchen Netzumbau erfordert die Energiewende? Unter Berücksichtigung des Netzentwicklungsplans 2012*. Münster: MV-Verlag.

Kempfert, C. (2013). *Kampf um Strom – Mythen, Macht und Monopole*. Hamburg: Murmann.

Kreutzfeldt, M. (2014). *Das Strompreis-Komplott. Warum die Energiekosten wirklich steigen und wer dafür bezahlt*. München: Knaur.

Kühne, O., & Weber, F. (2018). Bausteine der Energiewende – Einführung, Übersicht und Ausblick. In O. Kühne & F. Weber (Hrsg.), *Bausteine der Energiewende* (S. 3–19). Wiesbaden: Springer VS.

Lehr, U., Edler, D., O'Sullivan, M., Peter, F., Bickel, P., Ulrich, P., Lutz, C., Thobe, I., Simon, S., Naegler, T., Pfenning, U., & Sakowski, F. (2015). Beschäftigung durch erneuerbare Energien in Deutschland: Ausbau und Betrieb heute und morgen. Studie im Auftrag des Bundesministeriums für Wirtschaft und Energie, Osnabrück, Berlin, Stuttgart.

Mandel, K. (2018). Warum plant Ihr eigentlich noch? – Die Energiewende in der Region Heilbronn-Franken. In O. Kühne & F. Weber (Hrsg.), *Bausteine der Energiewende* (S. 701–713). Wiesbaden: Springer VS.

Nitsch, J. (2016). Kurzstudie für den BEE: „Die Energiewende nach COP 21 – Aktuelle Szenarien der deutschen Energieversorgung".

Oppel, J. & Nolte, A. (2008). *Klimawandel: Eine Herausforderung für die Wirtschaft, Handlungsoptionen für Industrieunternehmen in Deutschland*. Hamburg: Diplomica Verlag.

Quaschning, V. (2016). *Sektorkopplung durch die Energiewende. Anforderungen an den Ausbau erneuerbarer Energien zum Erreichen der Pariser Klimaschutzziele unter Berücksichtigung der Sektorkopplung*. Berlin: Hochschule für Technik und Wirtschaft.

Quaschning, V. (2017). *Entwicklung der Temperaturen und Meeresspiegel von 20 000 v. Chr. bis 2015*. http://www.volker-quaschning.de/grafiken/2017-01_Historische-Temperaturen/index.php. Zugegriffen 13. März 2017.

Radgen, P. (2018). Von der Schwierigkeit, nicht nur im Kopf umzuparken – Ein Selbstversuch zur Elektromobilität. In O. Kühne & F. Weber (Hrsg.), *Bausteine der Energiewende* (S. 587–607). Wiesbaden: Springer VS.

Regionalverband FrankfurtRheinMain (2016). *Klima-Energie-Portal. Rahmenbedingungen für Deutschland*. http://klimaenergie-frm.de/Klima-Energie-Wissen/Politische-Rahmenbedingungen/Rahmenbedingungen-in-Deutschland. Zugegriffen: 14. Dezember 2016.

Sekretariat der Klimarahmenkonvention (Hrsg.) (1998). Das Protokoll von Kyoto zum Rahmenübereinkommen der Vereinten Nationen über Klimaänderungen. Bonn.

Schellnhuber, H. J. (2015). „Selbstverbrennung – Die fatale Dreiecksbeziehung zwischen Klima, Mensch und Kohlenstoff", C. Bertelsmann.

Schroeder, F.-G. (1998). *Lehrbuch der Pflanzengeographie*. Wiesbaden: Quelle & Meyer.
Sielker, F., Kurze, K., & Göler, D. (2018). Governance der EU Energie(außen)politik und ihr Beitrag zur Energiewende. In O. Kühne & F. Weber (Hrsg.), *Bausteine der Energiewende* (S. 249–269). Wiesbaden: Springer VS.
Sommer, R. S. (2015). Paläoklima: Knochen weisen den Weg. Tierausbreitungen am Ende der Eiszeit. *Biologie in unserer Zeit 45*, 186–193.
UBA – Umweltbundesamt (2014). Hintergrund/Oktober 2014 Der Weg zum klimaneutralen Gebäudebestand. Dessau-Roßlau.
UBA – Umweltbundesamt (2016a). Klimaschutzziele Deutschlands. https://www.umweltbundesamt.de/daten/klimawandel/klimaschutzziele-deutschlands#textpart-5. Zugegriffen: 10. März 2017.
UBA – Umweltbundesamt (Hrsg.) (2016). CO2-Emissionsfaktoren für fossile Brennstoffe. CLIMATE CHANGE 27/2016. Dessau-Roßlau.
UBA – Umweltbundesamt (Hrsg.) (2016b). UBA Position zum Klimaschutzplan 2050 der Bundesregierung – Beitrag zur Diskussion im Rahmen des Erstellungsprozesses. Dessau-Roßlau.
UBA – Umweltbundesamt (Hrsg.) (2017). Klimaschutz im Stromsektor 2030 – Vergleich von Instrumenten zur Emissionsminderung. Dessau-Roßlau.
Völker-Lehmkuhl, K. (2005). *Praxis der Bilanzierung und Besteuerung von CO₂-Emissionsrechten: Grundlagen, Risiken, Fallstudie*. Berlin: Erich Schmidt Verlag.
Walter, H. (1990). *Vegetation und Klimazonen*. 6. Aufl. – Stuttgart: E. Ulmer/UTB.
Weber, F., Kühne, O., Jenal, C., Sanio, T., Langer, K., & Igel, M. (2016). Analyse des öffentlichen Diskurses zu gesundheitlichen Auswirkungen von Hochspannungsleitungen – Handlungsempfehlungen für die strahlenschutzbezogene Kommunikation beim Stromnetzausbau – Vorhaben 3614S80008.
Wuppertal Institut für Klima, Umwelt, Energie (Hrsg.) (2015). *Wege zu einer weitgehenden Dekarbonisierung Deutschlands*. DE 2015 Report.

Sandra Hook studierte (Bio-)Geographie in Saarbrücken und Wollongong (Australien), und schloss dies 2000 als Diplom Geographin ab. Als Stipendiatin des DAAD folgte 2001 ein Masters of the Built Environment (Sustainable Development) an der University of New South Wales in Sydney. Direkt im Anschluss begann sie ein Doktorandenstipendium der DFG an der Universität Freiburg und schloss als Dr. rer. nat. 2006 ab. Neben ihrer Arbeit als politische Referentin im Bereich Erneuerbare Energien hat sie Lehraufträge an unterschiedlichen Hochschulen in Hessen und Baden-Württemberg, vorwiegend im Bereich regenerative Energiewirtschaft. Als Vizepräsidentin sowie als Mitglied des Wissenschaftlichen Beirates des Bundesverbandes Windenergie e. V., trägt Hook ihr Branchenwissen und ihre Forschungsinteressen direkt in die bundespolitische Landschaft. Als Mitglied des Frauennetzwerk Women of Windenergy, macht sie sich zudem für Karrierechancen von Frauen stark. Im Zentrum ihrer Arbeits- und Forschungsinteressen stehen Nachhaltigkeitsthemen, wie etwa die Akzeptanz Erneuerbarer Energien, die Verbindung Ökologie und Ökonomie sowie Ernährung und Landwirtschaft. Privat spielen Vierbeiner und Zweiräder eine große Rolle, sowie Volleyball und Kochlöffel.

Theoretische und konzeptionelle Perspektiven auf die Energiewende

Ethische Aspekte der Energiewende

Karsten Berr

Abstract

Die Energiewende geht einher mit bereits erfolgenden oder bevorstehenden starken Eingriffen in die bebaute und unbebaute Umwelt. Insofern steht dieses politische Projekt auch vor ethischen Herausforderungen. In der Alltagspraxis verfolgen Akteure unthematisch Prinzipien, die insgesamt dem Erhalt der Lebens- und Handlungsbedingungen freier und moralfähiger Individuen dienen. Die drei allgemeinen Prinzipien der Schonung der Natur und Kultur, der sozialen Zumutbarkeit und der Anschlussfähigkeit an die Freiheit von Personen konkretisieren sich in den Handlungsbereichen der Energiewende. Sie sind als *formale* Bedingungen der Freiheit und Moralfähigkeit der Individuen zu verstehen, die es Akteuren ermöglichen, sich zu gegebenen Inhalten moralischer Orientierungen, Konflikte und Dilemmata reflexiv abwägend ins Verhältnis zu setzen. Diese Prinzipien sollten aber auch verstanden werden als Testkriterien für eine Rationalitätsprüfung individueller oder politischer Orientierungen und Entscheidungen im Rahmen einer transitiven Handlungsorientierung. Freilich stößt die Umsetzung ethischer Belange in der Praxis auf Schwierigkeiten und Probleme, insbesondere auf den Wertepluralismus, auf die Durchsetzungsproblematik und auf das Problem unsicheren Wissens.

Keywords

Energieethik, Prinzipien der Bedingungserhaltung, Wertepluralismus, unsicheres Wissen

1 Einführung

Die Umsetzung der Energiewende führt zu starken Eingriffen in die bebaute und unbebaute Umwelt. Die Ersetzung der Kernkraft und der fossilen Energieträger (Kohle, Erdöl, Gas) durch erneuerbare Energien kann nur durch den flächenintensiven Bau entsprechender Energieumwandlungsanlagen ermöglicht werden, die erneuerbare ‚Primärenergie' wie Wind, Biomasse, Sonnenenergie, Erdwärme, Gefälleunterschiede in Fließgewässern oder den Gezeitenunterschied der Nordsee in für den Menschen nutzbare „Endenergie" (Droste-Franke und Kamp 2013, S. 269) umwandeln. Die ohnehin gegebene Konfliktträchtigkeit menschlicher Eingriffe in Natur und Landschaft wird dadurch zusätzlich erhöht (hierzu auch Becker und Naumann 2018, Könen et al. 2018, Kühne 2018, Roßmeier et al. 2018, Weber 2018 in diesem Band). Denn es liegt auf der Hand, dass die *Umsetzung* der Energiewende zu weitreichenden politischen Weichenstellungen in Produktion, Konsumverhalten und – was die Wirkung auf Raum und Landschaft anbelangt – im Gebäude-, Straßen- und Landschaftsbau sowie in der Stadt-, Verkehrs-, Regional-, Landschafts- und Raumplanung führen müssen.

Energieversorgung gehört inzwischen zu den unabdingbaren Gütern eines „guten Lebens" (vgl. Grunwald und Kopfmüller 2012, S. 126). Zudem sind die individuellen und kollektiven Vorstellungen eines „guten Lebens" und das gegenwärtige Energiesystem in eine kulturelle, wirtschaftliche und soziale Entwicklung eingebettet, die zu einer Produktivitäts-, Wohlstands- und Energieverbrauchssteigerung geführt hat (vgl. Droste-Franke und Kamp 2013, S. 269), die fest mit den gegenwärtigen politischen und Gesellschaftsstrukturen mit typischen „Produktions- und Konsummustern" (Grunwald und Kopfmüller 2012, S. 126), Gewohnheiten im Gebrauch von Energie, „Landnutzungssystemen" (Küster 2016, S. 12), Lebensstilen und sozial konstruierten Gesellschafts-, Natur- und Weltbildern (vgl. Kühne 2013) verbunden ist. Die *Umsetzung* der Energiewende kann nicht umhin, sich diesen politischen, kulturellen und sozialen Tatsachen zu stellen und ihnen Rechnung zu tragen – wenn sie denn Aussicht auf Erfolg haben will. Das betrifft natürlich auch *ethische* Aspekte der Energiewende. Im Folgenden werden einige dieser Aspekte aus alltagsweltlichen Handlungs-Kontexten rekonstruiert und in einen Zusammenhang mit allgemeinen und für die Handlungsbereiche der Energiewende konkretisierten Prinzipien eines Erhalts der Lebens- und Handlungsbedingungen von Akteuren gebracht. Abschließend werden einige Schwierigkeiten benannt, ethische Belange nach ihrer wissenschaftlichen Thematisierung in der Alltagspraxis umzusetzen.

2   Moral und Ethik

Für eine Thematisierung ethischer Aspekte der Energiewende ist die grundlegende Unterscheidung zwischen Moral und Ethik leitend. Obwohl beide Begriffe alltagssprachlich häufig synonym verwendet werden, bezeichnen sie sachlich aus philosophischer Perspektive doch einen Unterschied. Mit den Ausdrücken *Moral* oder *Sitte* (gr. éthos; lat. mos, moris) sind die in einer Gruppe, Gemeinschaft, Praxis oder Gesellschaft gewachsenen und allgemein geteilten Üblichkeiten, Gepflogenheiten, Traditionen, Konventionen, Werte, Normen und Regeln gemeint, die sich in entsprechenden ‚Regelsystemen' (Gethmann 2013) niederschlagen. Von Odo Marquard stammt die passende Formulierung, Moral sei das „Ensemble der Üblichkeiten", sofern unter

Üblichkeiten „Normen ohne transfaktische Legitimation" (Marquard 1979, S. 333) zu verstehen seien. Moralische Normen sind demnach sozial bewährte und situativ legitimierte Handlungs- oder Handlungsorientierungsüblichkeiten, „die in Form eines mehr oder minder kohärenten, in sich gegliederten Musters von einem einzelnen Handelnden oder von einer sozialen Gruppe als verbindliche Orientierungsinstanz guten und richtigen Handelns betrachtet wird" (Honnefelder 2011, S. 508). Diese mit Moral verbundenen Regeln gelten unthematisch solange, bis aufkommende Störungen in Gestalt von Konflikten, Streit, Meinungsverschiedenheiten oder neuartigen Situationen, in denen die vertraute Alltagsmoral nicht länger Handlungsorientierung stiften kann, die moralischen Selbstverständlichkeiten problematisieren und die jeweiligen Akteure zur Thematisierung und Rechtfertigung ihrer in Anspruch genommenen Werte, Normen, Überzeugungen und damit ihres Handelns veranlasst werden.

Der mit solchen Handlungsstörungen und Regel-Problematisierungen einhergehende Verlust der Üblichkeitsselbstverständlichkeiten stellt die Akteure unweigerlich vor die Frage, welche Regeln in solchen Situationen denn nun *gelten* können sollen (vgl. Berger und Luckmann 1966). Mit dieser Frage ist der Bereich der *Ethik* betreten. Ethische Reflexion findet demnach auch schon in Alltagssituationen statt. Der Unterschied zwischen einer solchen Alltags-Ethik und einer wissenschaftlichen Ethik besteht im Systematisierungs- und Theorieanspruch, den letztere erheben und erfüllen muss. Im Gegensatz zur Moral, die im Rahmen des ‚Üblichen' das Handeln von Akteuren orientiert, ist Ethik die gezielte theoretisch-wissenschaftliche Reflexion auf den Geltungs*anspruch* der Moral.

3 Grundsätzliche Abgrenzungs- und Anwendungsschwierigkeiten

Die Thematisierung ethischer Aspekte der Energiewende ließe sich in das seit Jahrzehnten verfolgte philosophische Projekt einer ‚Angewandten Ethik' (vgl. Ach et al. 2008, Bayertz 1991, 2008, Düwell 2011, Düwell et al. 2011, Stoecker et al. 2011) einreihen, deren Einteilungsprinzip der bereichsspezifischen Thematisierung ethischer Aspekte in unterschiedlichen Lebens- und Handlungsbereichen folgt und inzwischen in entsprechenden ‚Bereichsethiken' (einschlägig: Nida-Rümelin 2005) wie beispielsweise der Umwelt- oder Naturethik, Wirtschaftsethik oder Technikethik etabliert ist. Mit Blick auf die politischen, sozialen, kulturellen, technischen und nicht zuletzt ethischen Herausforderungen der Energiewende mag im Rahmen dieser Entwicklung der Anspruch naheliegen, einen weiteren Bereich Angewandter Ethik zu erschließen: nämlich eine ‚Energieethik' (vgl. z. B. Feldhaus 1995, Schäfer 2008).

Allerdings ist diese begriffliche Verknüpfung Angewandter Ethik mit abgegrenzten Handlungsbereichen mit einigen grundsätzlichen Problemen behaftet, auf die zuletzt Christoph Hubig (2015) ausdrücklich aufmerksam gemacht hat. Das erste Problem besteht in der *extensionalen* Abgrenzung nach „Bezugsbereichen" (Hubig 2015, S. 84). Ist eine ‚Energieethik' eher unter umweltethischen Aspekten der Schonung und Bewahrung der menschlichen Lebensgrundlagen (Schonung der Energie-Ressourcen, Klimastabilität, Endlagerung nuklearer Abfälle), nach Maßgabe technikethischer Fragen nach der Verantwortbarkeit technischer Großanlagen (Atomkraftwerke, Fracking, Kohlekraftwerke etc.) oder unter dem wirtschaftsethischen Gesichtspunkt eines vernünftigen Umgangs mit knappen Gütern, wie die fossilen Ressourcen sie darstellen, zu betrachten? Und wie sind dann diese bereichsspezifischen Aspekte innerhalb einer Energieethik zielführend aufeinander zu beziehen oder gar zu integrieren? Wenn es richtig ist, dass eine Bereichsethik in der Regel einer „Bezugsdisziplin bedarf, die ihr ein fundiertes empirisches Wissen über das jeweilige Handlungsfeld zur Verfügung stellt" (Oermann und Weinert 2014, S. 67), welche Disziplin sollte das dann sein: Die Klimaforschung, die Energieforschung, die Ökonomie oder welche andere natur-, sozial- oder geisteswissenschaftliche Disziplin?

Das zweite Problem besteht in der *intensionalen* Abgrenzung nach „Problemlagen" (Hubig 2015, S. 84). Ist die Frage beispielsweise, ob die Energiewende ‚sozial gerecht' (Heindl et al. 2014) sei, nicht zugleich eine Frage der Sozialethik (Begründungsszenarien wie der ‚Schleier des Nichtwissens' (Rawls 1975 [1971]) für Verteilungsgerechtigkeit und Gleichheitsbedingungen), der Wirtschaftsethik (‚gerechte Preise', Rahmenordnungen des Wirtschaftens) und der Politischen Ethik (die Frage nach den staatlichen Sicherungsmaßnahmen eines guten Lebens)?

Schließlich ist das Konzept ‚Anwendung' selbst schon mit Schwierigkeiten behaftet. Bei der Anwendung von allgemeinen Normen auf individuelle konkrete Situationen ergibt sich die so genannte ‚Applikationsaporie': Die „kategoriale Heterogenität" von allgemeinen Normen und „singuläre[n] Situationen und Handlungen" verhindert es, beide Bereiche „zur Deckung zu bringen", weshalb „höchstens Näherungslösungen gelingen" können (Wieland 1989, S. 14; vgl. auch Hubig 1995, S. 65–69). Anwendung lässt sich daher nicht auf logische Subsumtion reduzieren, sondern enthält „stets ein produktives Element" (Bayertz 1991, S. 14 f.), da „die Beurteilung eines Falles den Maßstab des Allgemeinen, nach dem sie geschieht, nicht einfach anwendet, sondern selbst mitbestimmt, ergänzt und berichtigt" (Gadamer 1975, S. 36). ‚Anwendung' besteht nicht lediglich darin, „normative Prinzipien auf Falltypen oder Einzelfälle anzuwenden" (Thurnherr 1998, S. 99), also in einer deduktiven ‚Top-down'-Strategie empirische Fälle unter allgemeine Gesetze zu subsumieren (vgl. Bayertz 2008, S. 170). Dann aber stellt sich die grundsätzliche Frage, „wie die Praxis ihre adäquate Theorie zu finden vermag" (Thurnherr 2004, S. 39). Welche ethische Theorie oder welches ethische Prinzip wäre also einer ‚Energieethik' angemessen?

4 Prinzipien einer ‚Energieethik'

Ein Zugang zur Beantwortung dieser Frage lässt sich gewinnen, wenn beachtet wird, dass Moral und Sitte (éthos) etwas Allgemein-Menschliches sind und wie Sprache oder Recht nicht als *Allgemeines,* sondern *nur* in *konkreter* Gestalt und Formierung bestehen und fasslich werden können: beispielsweise das Recht in unterschiedlichen Rechtsordnungen und die Moral in unterschiedlichen Traditionen und Ausprägungen. Allgemeines hat keine vom Besonderen unabhängige Daseinsweise. So ist auch jedwede Moral eine „Konkretion" des „Allgemein-Menschlichen" (Kluxen 1997, S. 46). Das heißt, es können verschiedene solcher Konkretionen bestehen, die nicht in jedem Lebens- und Handlungsbereich das gleiche bedeuten, sondern sich als spezifische, so und nicht anders bewährte Handlungsüblichkeiten und Handlungserfordernisse zur Geltung bringen. Ausgangspunkt der Suche nach den fraglichen Prinzipien kann daher nur die Alltagspraxis mit ihren Moralen sein. Für die Handlungsbereiche der Energiewende samt ihren Problemlagen sind demnach diese spezifischen Konkretionen, die sich von anderen Konkretionen in anderen Bereichen unterscheiden, zu rekonstruieren.

Diese Rekonstruktion lässt sich am *Leitfaden* einer anderen Form des Allgemein-Menschlichen durchführen. Jürgen Habermas unterscheidet in formaler Anlehnung an Poppers ‚Drei-Welten-These' (Popper 1973) drei grundlegende Beziehungen eines handelnden Subjekts zur Welt: „Weltbezüge" auf eine „objektive Welt", auf eine „soziale Welt" und auf eine „subjektive Welt" (1995, S. 439). Mit Donald Davidson lassen sich folglich drei Weltverhältnisse unterscheiden: ein objektives, ein intersubjektives und ein subjektives (2004). Letztlich handelt es sich bei diesen Weltbezügen um allgemein-menschliche Grundfragen erstens nach der uns umgebenden objektiven Wirklichkeit, zweitens nach unseren Mitmenschen und ihren Beziehungen untereinander und zu uns selbst und drittens nach uns selbst und unseren Fähigkeiten und unseren Beziehungen zur objektiven Wirklichkeit und unseren Mitmenschen.

Diese drei Grundfragen spezifizieren sich in der Moral je nach Bereich anders (vgl. z. B. zur Architektur- und Planungsethik Berr 2017), wenn man davon ausgeht, dass die „öffentlichen Handlungsoptionen" in den Handlungs- und Entscheidungsbereichen der Energiewende „eine gezielte Präzisierung und Weiterentwicklung der moralischen Prinzipien erfordern", die es ja bereits in der Alltagspraxis gibt und daher einer „inhaltlichen Fortschreibung" (Bayertz 1991, S. 36) bedürfen. Im Bereich der Energiewende sind sie dementsprechend auf unterschiedliche Weise thematisiert worden.

Um diese Thematisierung identifizieren zu können, ist ein weiterer Hinweis von Hubig (2015) zu berücksichtigen. Noch *vor* einer *Anwendung* der Ethik ist Hubig zufolge der *Erhalt der Bedingungen* der Möglichkeit einer *zuerst* reflexiven und *danach* transitiven Handlungs-Orientierung zu gewährleisten. *Vor* einer Anwendung „allgemeinethische[r] Imperative bzw. ein[es] entsprechend begründete[n] Recht[s]" auf Handlungs-Bereiche sei es erforderlich, dass für Akteure „*vorab ein Sich-Orientieren* über die Qualität der Ziele und Realisierungsoptionen möglich war und stattgefunden hat" – eine „reflexive Orientierung" also im Gegensatz zu einer „transitiven Orientierung" (Hubig 2015, S. 92), die „Orientierung *geben*" (Hubig 2015, S. 96) will. Bevor also Akteure energieethische Orientierungsangebote annehmen können, müssen sie in der Lage sein, sich selbst zu orientieren, was aber eine ethische

Orientierungsfähigkeit, mithin die Fähigkeit zu ethischer Reflexion überhaupt voraussetzt. Hubig bestimmt folgerichtig entsprechende Bereichsethiken als „Ethiken einer Ermöglichung der Anwendung moralischer Prinzipien und Normen" (Hubig 2015, S. 88). Dieser Anwendungsbezug bedeutet im Sinne des „Prinzips der Bedingungserhaltung" (Kornwachs 2000) bzw. des „Prinzip[s] eines Erhaltes der Handlungsbedingungen" (Hubig 2015, S. 96), den *Erhalt der Bedingungen freien Handelns* in einer freiheitlich-demokratischen und deliberativen Demokratie als Ziel anzusetzen. Eine ‚Energieethik' in diesem Sinne hätte sich demnach dafür einzusetzen, diese Bedingungen freien moralischen Entscheidens und Handelns in den Handlungs-, Entscheidungs- und Gebrauchsbereichen der Energiewende dauerhaft zu erhalten. Die Beachtung dieser Prinzipien der Bedingungserhaltung ermöglichen meines Erachtens zum einen die von Hubig geforderte ‚reflexive Orientierung', sie können aber auch als regulative Prinzipien einer ‚transitiven Orientierung' dienen – worauf noch zurückzukommen sein wird.

Wenn demnach *vor* einer transitiven Orientierungsstiftung der Erhalt der ‚reflexiven Orientierung' zu gewährleisten ist, lautet die Frage, welche Handlungsbedingungen grundsätzlich und welche in den Handlungsbereichen der Energiewende zu erhalten sind. Mein Vorschlag lautet, dass *grundsätzlich* im Rahmen der genannten Grundfragen erstens der Erhalt der natürlichen und kulturellen Bedingungen menschlicher Existenz, zweitens der Erhalt der freiheitlichen Bedingungen sozialer Kommunikation, Interaktion und Kooperation und drittens der Erhalt der persönlichen Bedingungen individueller Handlungs-, Reflexions- und Moralitätsfähigkeit sicherzustellen ist. Das erste Prinzip zielt grundsätzlich auf Schonung äußerer und innerer Natur sowie kultureller Errungenschaften, das zweite auf die soziale Zumutbarkeit technischer und politischer Maßnahmen, das dritte auf die Anschlussfähigkeit technischer und politischer Maßnahmen an die Freiheit von Personen.

Diese sehr allgemeinen Erhaltungsprinzipien sind freilich für die Handlungs-, Entscheidungs- und Gebrauchsbereiche der *Energiewende* zu *spezifizieren*. Von Kopfmüller et al. (2001) stammt ein Konzept, das drei ‚generelle Ziele nachhaltiger Entwicklung' formuliert: erstens die „Sicherung der menschlichen Existenz", zweitens die „Erhaltung des gesellschaftlichen Produktivitätspotentials", drittens die „Bewahrung der Entwicklungs- und Handlungsmöglichkeiten der Gesellschaft" (zit. nach Grunwald und Kopfmüller 2012, S. 62). Weitere Regeln zu „gesellschaftlichen Rahmenbedingungen" fordern etwa „Resonanzfähigkeit" oder „Reflexivität der Gesellschaft", den Erhalt der „Handlungsbedingungen" und der „Steuerungsfähigkeit" (zit. nach Grunwald und Kopfmüller 2012, S. 62 f.).

Dieses Beispiel soll zum einen demonstrieren, dass ‚Nachhaltigkeit' – als Prinzip verstanden – eine spezifische Version des Prinzips der Bedingungserhaltung ist. Erkennt man mit Joachim Radkau (2000, S. 164 ff.) die „Wurzeln des Nachhaltigkeitsgebots" in der „elementaren Notwendigkeit und damit selbstverständlichen Norm der ‚alten Bauernwirtschaft', die Wirtschafts- und Lebensgrundlage für Kinder und Kindeskinder zu erhalten" (von Detten 2013, S. 113), dann erweist sich die bekannte und allgemein akzeptierte Nachhaltigkeitsdefinition der Brundtland-Kommission als Explikation oder Thematisierung impliziter oder unthematischer lebensweltlicher Moral. Anzumerken ist freilich auch, dass die Durchführung dieser „alten Bauernwirtschaft" nicht zwangsläufig zu ‚Nachhaltigkeit' im heute begrifflich explizierten und präzisierten Sinne führte, weil unbeabsichtigte Folgen wie Nebenfolgen nicht eigens reflektiert wurden oder in den Blick gerieten. Die ethische Thematisierung moralischer Üblichkeiten bedarf einer „distanzierende[n] Entfremdung" (Plessner 2009 [1948], S. 171), wie sie seit den 1960er und 1970er Jahren durch die ‚Umweltkrise' befördert wurde, um *„mit anderen Augen"* (Plessner 2009 [1948], S. 169) als eine „unerläßliche Voraussetzung allen echten Verstehens" (Plessner 2009 [1948], S. 170) das bislang Vertraute zu betrachten und dann tatsächlich verstehen, kritisieren und auf seinen sachlichen Gehalt hin befragen und bestimmen zu können (vgl. auch Büscher und Sumpf 2018 in diesem Band). Zum anderen mag dieses Beispiel immerhin nahelegen, dass die gesuchten Prinzipien einer ‚Energieethik' sich tatsächlich als Konkretion bzw. als „Präzisierung und Weiterentwicklung" (Bayertz 1991, S. 36) der drei genannten allgemeinen moralischen Prinzipien der Bedingungserhaltung auffassen und identifizieren lassen. Die ‚Anwendung' dieser allgemeinen Prinzipien auf die Handlungsbereiche der Energiewende führt dann zu den die Prinzipien präzisierenden Fragen, *worin* in diesen Handlungsbereichen etwa die ‚Schonung' von Natur, *worin* die ‚Zumutbarkeit' und die ‚Anschlussfähigkeit' technischer und politischer Maßnahmen genau besteht.

Der ethische Aspekt der *Schonung* der Natur wurde intensiv seit den 1970er Jahren in der Natur- oder Umweltethik behandelt und diskutiert (vgl. exemplarisch: Birnbacher 1986, Eser und Potthast 1999, Körner et al. 2003, Krebs 1997, Ott 2010, Potthast 2011, von der Pfordten 1996). Im Rahmen der Diskussionen um die Energiewende konkretisiert sich dieser Aspekt zur Forderung nach Ressourcenschonung fossiler Energieträger, aber auch in den Bemühungen um sauberes Wasser, sauberere Luft, saubere Böden, intakte Wälder, Seen, Flüsse sowie gesunde Nahrungsmittel etc. (hierzu angewandt Dorda 2018, Kress 2018, Moning 2018 in diesem Band). Des Weiteren geht es um Ressourcen- und Klimaschutz, das heißt, um die Verminderung klimaschädlicher Treibhausgase, in der jüngeren Vergangenheit auch um den Kampf gegen ‚sauren Regen' und Verklappungen umweltschädigender Stoffe in Flüsse, Seen und Meere. Hier kreiste und kreist die Diskussion auch darum, ob diese Schonungsweisen letztlich mehr dem Schutz des Menschen (‚Anthropozentrismus') oder dem Schutz der Natur (‚Physiozentrismus') dienen oder dienen sollen (vgl. Krebs 1997). Daher ist es auch schwierig zu entscheiden, ob es sich bei einigen Aspekten um die Schonung oder den Schutz von Natur oder von kulturellen Errungenschaften handelt. Zielt die Für- und Vorsorge für die Gesundheit, für eine saubere Umwelt und für gesunde Nahrungsmittel auf etwas Natürliches oder auf ein kulturelles Konstrukt?

Der ethische Aspekt der *Zumutbarkeit* oder Akzeptabilität technischer und politischer Maßnahmen im Zuge der Energiewende zeigt sich konkret in den weitläufigen Diskussionen um intra- und intergenerationale Gerechtigkeit klimapolitischer

Weichenstellungen, um eine „sichere und gerechte Versorgung" (Droste-Franke und Kamp 2013, S. 269), um nationale und internationale Verantwortung wirtschaftlicher und politischer Akteure, aber auch in der Frage nicht nur nach der Schonung und dem Schutz, sondern auch nach der *Bereitstellung* von Gütern wie etwa Gesundheit, Energie, Energiedienstleistungen oder Grundversorgungsleistungen. Solche Diskussionen wurden und werden auch in der Technik-, Umwelt-, Wirtschafts- und Nachhaltigkeitsethik sowie in unterschiedlichen Gerechtigkeitsdiskursen geführt.

Der ethische Aspekt der *Anschlussfähigkeit* technischer und politischer Maßnahmen im Zuge der Energiewende zeigt sich konkret in der Frage, wie die Gebrauchs- oder Konsumfreiheit der Energienutzer(innen) gewahrt, wie die Partizipationsmöglichkeiten der Bürger an energiepolitischen Entscheidungen gestärkt und wie das faktische Bedürfnis der Verbraucher(innen) und Nutzer(innen) nach Energie und Energiedienstleistungen befriedigt und gewährleistet werden kann, ohne in expertokratische Bevormundung oder in Aktionismus zu verfallen. Mit der Forderung nach Anschlussfähigkeit ist demnach der Erhalt der Bedingungen der Gebrauchsfreiheit der Energie-Nutzer(innen) als freie und damit auch moralfähige Personen angesprochen. Das betrifft zum einen die Freiheit, überhaupt Energieformen *wählen* zu können und den Verbrauch *selbstbestimmt* zu vollziehen. Deswegen kann man beispielsweise „nicht beliebig an der Preisspirale drehen", da etwa Strom nicht nur Energie für Haushaltsgeräte oder technische Infrastrukturen aller Art, „sondern auch Informationen, soziale Teilhabe etc." (Gethmann 2013, S. 52) bedeutet. Zum anderen bedeutet dies, dass die Fähigkeit der Energienutzer(innen) gewährleistet werden sollte, über ihr eigenes Energiekonsumverhalten Rechenschaft ablegen zu können. Das ist aber nur dann möglich, wenn dem Pluralismus der Überzeugungen, Wertorientierungen, Geschmackspräferenzen und Weltanschauungen der Akteure Rechnung getragen werden kann. Auch diese Forderung entspricht dem ‚Prinzip der Bedingungserhaltung', weil Akteure in Kenntnis der Differenziertheit und Komplexität ihrer eigenen Überzeugungen, aber auch der ihrer Konfliktgegner(innen), ihre freiheitlichen Orientierungs-, Handlungs- und Entscheidungsbedingungen verbessern können, um an demokratischen Aushandlungsprozessen bewusster teilzunehmen.

5 Aufgaben und Umsetzungsprobleme einer ‚Energieethik'

Die bisherigen Ausführungen mögen deutlich gemacht haben, dass der Ausgangspunkt der Überlegungen zu ethischen Aspekten der Energiewende die Lebens- bzw. Alltagswelt mit ihren Handlungsbereichen und deren moralischen Üblichkeiten ist. Diese moralische Alltagspraxis orientiert sich weitgehend und bis auf Störungen und Konflikte an bewährten impliziten, vortheoretischen und unthematischen Regeln im Umgang mit Natur, mit sozialen Interdependenzen zwischen Akteuren, Institutionen und Organisationen sowie individuellen Akteuren in ihrem Freiheitsanspruch. Ethik als Reflexionsinstanz hat diese bereits in der sittlichen Praxis gegebenen und weitgehend bewährten Regeln *aufzugreifen,* als Prinzipien zu explizieren und deren Funktion für eine Ermöglichung gelingender „reflexive[r] Orientierung" (Hubig 2015, S. 93) individueller und kollektiver Akteure und für ein praktikables Konfliktregelungsverfahren (vgl. Dahrendorf 1972; zu Dahrendorfs Konflikttheorie vgl. Kühne 2017 sowie 2018 in diesem Band), „Dissensmanagement" (Hubig 2007, S. 147 ff.) oder „Konfliktregulierungs-Management" (Gethmann 2013, S. 51) in der Alltags-Praxis zu operationalisieren.

Es mag auch deutlich geworden sein, dass diese Prinzipien der Bedingungserhaltung nicht als „moralische Supernorm[en]" (Thurnherr 1998, S. 93) oder als „inhaltliche Prinzipien" (Oermann und Weinert 2014, S. 67) zu verstehen, sondern als *formale* Bedingungen der Freiheit und Moralfähigkeit der Individuen zu entfalten sind, die es Akteuren allererst ermöglichen, zu den gegebenen Inhalten moralischer Orientierungen, Konflikte und Dilemmata *reflexiv* abwägend Stellung zu beziehen. Diese Prinzipien sollten aber zugleich auch verstanden werden als Testkriterien für eine Rationalitätsprüfung individueller oder politischer *transitiver* Orientierungen und Entscheidungen – hier im Rahmen der Energiewende. Vorbild für dieses Verständnis mag beispielsweise der Kant'sche Kategorische Imperativ als Verallgemeinerungs- und damit Vernünftigkeitstest für subjektive Maximen oder Kants ‚ursprünglicher Vertrag' als entsprechender Test für gesellschaftliche Institutionen oder staatliche Gebilde sein.

Es sollte auch nicht überraschen, dass schon die Bestimmung und erst Recht die Umsetzung ethischer Belange in der Praxis auf Schwierigkeiten und Probleme stoßen. Im Folgenden sei daher kursorisch auf drei wichtige Schwierigkeiten hingewiesen, auf den Wertepluralismus, auf die Durchsetzungsproblematik und auf das Problem unsicheren Wissens.

5.1 Wertepluralismus

Der aktuelle Wertepluralismus (Hubig 2001) zeigt sich insbesondere als Konflikt zwischen den *Werthaltungen* der Akteure. Dann allerdings ist es erforderlich, die vortheoretischen und unthematisch verinnerlichten und befolgten Werthaltungen, moralischen Überzeugungen und Orientierungen der Akteure der Energiewende grundlegend zu eruieren. Erst von einer solchen „Klärung der Moralvorstellungen" (Thurnherr 2004, S. 44) aus können beispielsweise Verantwortungszuschreibungen an individuelle Akteure, Kollektive oder Institutionen *zweckmäßig* adressiert werden, ohne ins Leere zu laufen oder die Adressaten schlichtweg zu überfordern und damit gesellschaftliche Relevanz (vgl. Quante 2008, S. 138) von vornherein zu verspielen.

Aus Wert-*Haltungen* entspringen im Übrigen auch Wert-*Zuschreibungen* an Energieumwandlungsanlagen oder an die Energiewende als politisches Projekt. Problematisch ist hierbei insbesondere die vortheoretische Verquickung moralischer, evaluativer, ästhetischer und wahrheitsbeanspruchender Urteile in individuellen oder gruppenspezifischen Überzeugungs- und Deutungssystemen. Das als ‚schön' und ‚gut' Empfundene wird zugleich als ‚wahr' befunden und damit aus der vermeintlichen Position eines ‚richtigen' oder ‚besseren' Wissens gegen Kritik immunisiert. Das führt leicht zu dogmatischen Positionen – die eigenen Werthaltungen können dann unbewusst und undurchschaut oder auch bewusst und strategisch zum absoluten Maßstab erhoben werden.

5.2 Durchsetzungsproblematik

Die von Wieland (1989) thematisierte ‚Motivationsaporie' als zweite Aporie praktischer Vernunft thematisiert das altbekannte und für angestrebte Umsetzungen äußerst missliche ‚Akrasia'-Problem (vgl. Seebaß 2005) – dass nämlich Normen und Einsichten keineswegs zwangsläufig ein entsprechendes Handeln motivieren: „Normen determinieren nicht ihre Befolgung. Einsicht motiviert nicht hinreichend zum entsprechenden Handeln" (Ott 1996, S. 62). Gerade mit Blick auf das „Umweltverhalten" (Theobald 2008, S. 248) und damit auch auf die ethischen Aspekte der Energiewende stellt dieses ‚Akrasia'-Problem eine gravierende Schwierigkeit dar, allgemein formuliert: „die Unzulänglichkeit einer an das Individuum adressierten Ethik selbst. Umweltprobleme – und insbesondere solche globalen Ausmaßes – können nämlich *nicht individuell zugerechnet werden*" (Theobald 2008, S. 255). Moderne Gesellschaften sind funktional in unterschiedliche Subsysteme mit je eigener Handlungslogik ausdifferenziert. Die für die Energiewende relevanten individuellen Handlungen lassen sich demnach nicht isoliert betrachten und verantwortungsethisch zurechnen. Die damit verbundenen Umweltprobleme ergeben sich nur „als emergente Effekte aus dem spontanen Zusammenwirken einer Gesamtheit von Individuen" (Theobald 2008, S. 255), also als Ergebnisse *kollektiven* Handelns. Angesichts der gegenwärtigen sozialen und politischen Verhältnisse bedarf es sicherlich eines institutionenethischen Zugangs, der „sich nicht auf Programme individueller Verhaltensänderung stützt, sondern auf die Etablierung eines institutionellen Rahmenwerkes, d. h. auf die Implementierung sanktionsbewehrter handlungskoordinierender Regeln" (Kersting 2008, S. 15). Im Sinne sozialer Institutionen wie beispielsweise das Recht oder der Markt, die als ein „objektiv festgelegtes System sozialer Handlungen" (Schelsky 1980, S. 215) bestimmt werden können oder sich im Sinne Hegels (1993 [1821]) als „objektivierten Sinn" bzw. „objektiven Geist" (Schelsky 1980, S. 215) begreifen lassen, dient ein solches ‚institutionelles Rahmenwerk' insbesondere der ‚Entlastung' (Gehlen 2004) der Akteure vom Entscheidungsdruck durch explizit formulierte Regeln und Rollen sowie der überindividuellen ‚Stabilisierung' der Verantwortungszuschreibung und -übernahme (vgl. Gutmann und Quante 2016).

Die von Wieland (1989) thematisierte ‚Institutionsaporie' trägt genau dieser Situation Rechnung, erinnert sie doch an die schon von Hegel (1993 [1821]) thematisierte Erfahrung, dass individuelle Handlungen nicht isoliert von anderen Handlungen und von ihrer Einbettung in Institutionen und Organisationen betrachtet oder vollzogen werden können. In einer komplexen demokratischen Gesellschaft mit vielfach institutionell oder unpersönlich organisierten Kooperationsbeziehungen genügt es nicht, an das moralische Gewissen einzelner verantwortungsrelevanter Akteure zu appellieren. Solche Appelle müssen folgenlos verhallen, da die Verantwortlichen der Energiewende weitgehend im öffentlichen Raum agieren und dessen ‚Spielregeln' unterworfen sind. Ethische Belange müssen demnach im Rahmen ordnungspolitischer und anreizethischer Regelungen in die Teilsysteme der Gesellschaft implementiert werden, um überhaupt wirksam werden zu können.

Solche Verrechtlichungs- oder Compliance-Strategien im Sinne externer moralischer Steuerung *ersetzen* allerdings keineswegs die Individualmoral, da schon die bloße Befolgung von Gesetzen und Normen nicht nur über positive und negative Anreize gewährleistet werden kann, sondern Gesetze und ethische Prinzipien oder Normen „in der Gesellschaft breite Unterstützung durch Überzeugung und Selbstbindungsbereitschaft" (Löb 2008, S. 181) benötigen. Diese Notwendigkeit der sittlichen Verankerung von Normen und Werten in der Gesellschaft und in den Motivationen ihrer Mitglieder ist etwa im sogenannten ‚Böckenförde-Diktum' (Böckenförde 1976) angesprochen. Somit hängt die institutionenethische Implementierung der Moral in die Rahmenordnungen der Energiewende von moralfähigen und moralwilligen Individuen ab: „Es ist also letztlich doch das Individuum, das entscheidet" (Theobald 2008, S. 260). So wie individuelles autonomes und zurechenbares Handeln immer schon durch soziale Verhältnisse und Institutionen bestimmt, gesichert und garantiert wird, so sind Institutionen ohne moralfähige, autonom handelnde Individuen, denen Rechte, Pflichten, Verantwortung, Tugenden, Intentionen und charakterliche Fähigkeiten zugesprochen werden können, weder denkbar noch real möglich. Individual- und institutionenethischer Ansatz sollten daher als grundlegende ‚Dimensionen' oder ‚Perspektiven' menschlichen Handelns betrachtet werden, die „weder aufeinander reduzierbar noch eliminierbar sind" (Gutmann und Quante 2016).

5.3 Unsicheres Wissen

Die mit der Energiewende verbundenen, teils weit in die Zukunft reichenden politischen Entscheidungen und einzuleitenden oder antizipierten technischen Entwicklungen verweisen auf ein ethisches Problem, das mit dem Unterschied zwischen Wissen und Handeln zusammenhängt. Der Ausgriff auf die Zukunft ist allerdings mit gravierenden Schwierigkeiten verbunden. Das *Zukünftige* zeichnet sich generell durch eine nicht zu unterschätzende Besonderheit aus: Im Gegensatz zur Vergangenheit, die günstigstenfalls empirisch gewusst, aber nicht verändert werden kann, ist Zukünftiges zwar günstigstenfalls beeinfluss- und veränderbar, aber es gibt von ihr kein gesichertes Wissen (Janich 2015, S. 223). Karl Popper formulierte diesen Sachverhalt so: *„Wenn es so etwas wie ein wachsendes menschliches Wissen gibt, dann kön-*

nen wir nicht heute das vorwegnehmen, was wir erst morgen wissen werden" (Popper 1987 [1957], S. XII). In Anknüpfung an Popper hat Ralf Dahrendorf ebenfalls auf die Schwierigkeiten hingewiesen, Zukunft antizipierend zu entwerfen: „Wann immer wir die Zukunft entwerfen – und die Zukunft zu entwerfen ist vielleicht eine der großen menschlichen Aufgaben –, machen wir einen Versuch, der auch ein Irrtum sein kann" (Dahrendorf 1983, S. 61; vgl. Kühne 2017, S. 111). Das für die Zukunft Erwünschte oder Angezielte oder auch das bereits politisch Beschlossene garantiert keineswegs die Umsetzung in der Wirklichkeit, da über Randbedingungen und mögliche Nebenfolgen kein gesichertes Wissen besteht und bestehen kann. Die Liste bekannter Irrtümer in der ‚Geschichte der Zukunft' (vgl. Radkau 2017) oder von „Umwelt-Großalarmen" (Gethmann 2009a, S. 1) ist lang – man denke nur an die berühmte These vom unaufhaltsamen Waldsterben in den 1970er Jahren (vgl. Küster 2005, S. 148).

Angesichts der „zahlreichen ökologischen Hiobsbotschaften und Schreckensszenarien der Klimawandelpropheten" (Kersting 2008, S. 10 f.) ist daher kritisch nachzufragen, ob es zielführend und moralisch gerechtfertigt ist, „aus Entsetzen über die Zukunftsszenarien mancher Klimaforscher in einen hysterischen Aktionismus auszubrechen" (Gethmann 2009a, S. 3) und „auf Grund von mehr oder weniger wahrscheinlichen Hypothesen sehr stark in die soziale und individuelle Sphäre zu intervenieren" (Gethmann 2009b, S. 75). Hier wären etwa steigende Kosten der erneuerbaren Energien für Geringverdiener(innen), steuerliche Belastungen für klimagefährdende Produkte, raumzehrende Energieumwandlungsanlagen sowie kaschierte ökonomische Interessen unter dem Deckmantel der Nachhaltigkeit und des Naturschutzes zu nennen. Mit Blick auf die aktuelle Klimapolitik und das ‚Klima' als „statistischer Begriff" (Grunwald und Kopfmüller 2012, S. 136) kann daher die rhetorische Frage gestellt (Gethmann 2009a) werden: ‚Untersteht alle Forschung dem Prinzip des Fallibilismus, nur die Klimaforschung nicht?' Freilich steht die Klimapolitik – wie alle Politik – vor dem grundsätzlichen Problem, dass Praktiker(innen) auch auf der Basis hypothetischen und durchaus unsicheren Wissens handeln müssen, ohne allzu lange theoretisieren zu können.

Zwischen Theorie (bzw. Wissenschaft) und Praxis zeigt sich grundsätzlich „ein unaufhebbarer Gegensatz": „Die Wissenschaft ist wesenhaft unabgeschlossen – die Praxis verlangt Entscheidungen im Augenblick" (Gadamer 1987 [1972], S. 245). Dadurch müssen die empirischen Wissenschaften letztlich im Hypothetischen und Falliblen verbleiben. Die Praxis hingegen verlangt zwar nach Wissen, sei aber unausgesetzt „genötigt, das jeweils verfügbare Wissen wie ein Abgeschlossenes und Gewisses zu behandeln" (Gadamer 1987 [1972], S. 245), wodurch sie unweigerlich eine Tendenz zum Kategorischen aufweisen muss. Odo Marquard sprach sinngemäß davon, „das Prinzipielle" (Theorie, Wissenschaft) sei „lang" und das „Leben" (Praxis, Lebensformen) sei „kurz" (1981, S. 18). Ähnlich formuliert Ralf Dahrendorf diesen Zusammenhang (vgl. hierzu ausführlich: Kühne 2017, S. 15 ff.): „[D]ie Praxis kann nicht warten und die Theorie nicht hasten" (Dahrendorf 1987, S. 22). Appliziert man diese Gegensätzlichkeit auf die von Wissen und Handeln, dann ist „das Wissen immer hypothetisch, das Handeln aber kategorisch" (Gethmann 2009a, S. 2). Praktiker(innen) müssen handeln, ohne allzu lange theoretisieren zu können, auch auf der Basis hypothetischen und durchaus unsicheren Wissens. Theoretiker(innen) dagegen sind weitgehend vom Handlungsdruck entlastet und können und müssen im Hypothetischen verbleiben.

Wenn das so ist, stellt sich freilich die Frage, wie mit dieser Situation so umzugehen ist, dass im Rahmen der Energiewende nicht unnötiger- und unverhältnismäßigerweise in das Leben der Menschen eingegriffen wird. So könnte es beispielsweise vielversprechend sein, an Poppers „Stückwerk-Technik" (Popper 1987 [1957], S. 51) anzuknüpfen. Dieses Vorgehen wird versuchen, etwa Ziele der Energiewende und der Klimapolitik „schrittweise durch kleine Eingriffe zu erreichen, die sich dauernd verbessern lassen" (Popper 1987 [1957], S. 53). Einer der wenigen Autoren, die diese Anknüpfung an Popper ausdrücklich fordern, ist Carl Friedrich Gethmann. Gethmann plädiert daher für ein Verfahren, „das tastend und schrittweise vorgeht, das jeweils angepasst an den augenblicklichen Wissensstand weitere Maßnahmen ergreift und so angelegt ist, dass große vorsorgliche Interventionen etwa in das wirtschaftliche Leben der Menschen möglichst weitgehend und möglichst lange reversibel gehalten werden" (2009a, S. 3).

6 Fazit

Die Energiewende ist ein ambitioniertes politisches Projekt, das stark in die bebaute und unbebaute Umwelt sowie tief in viele Lebens- und Handlungsbereiche der Menschen in ihrem alltäglichen Leben und dessen Orientierungs- und Handlungsüblichkeiten eingreift. Diese Eingriffe sind daher nicht nur vorab wissenschaftlich zu begründen und politisch zu legitimieren, sondern auch ethisch zu hinterfragen und entsprechend zu rechtfertigen. Eine ‚Energieethik' hat vorab die vorrangige Aufgabe, unthematisch in der sittlichen Alltagspraxis gewachsene und bewährte regelhafte Handlungsorientierungen als Handlungsorientierungs-Prinzipien zu explizieren, um mit diesen Prinzipien sowohl die Freiheit und moralische Urteilsfähigkeit der Akteure als Voraussetzung ‚reflexiver Orientierung' zu ermöglichen als auch evaluative und normative Testkriterien für ‚transitive' Orientierungen und Entscheidungen anzubieten. Des Weiteren sind die theoretischen und praktischen Schwierigkeiten, die mit dem Wertepluralismus, mit der unterschiedlichen Handlungslogik gesellschaftlicher Bereiche und mit dem unsicheren Wissen über Zukünftiges verbunden sind, in ihrer ethischen Relevanz ernst zu nehmen und dementsprechend in der Umsetzung pragmatisch zu berücksichtigen. In der Zweistufigkeit der Ermöglichung ‚reflexiver' und ‚transitiver' Orientierung könnte eine ‚Energieethik' einen respektablen Beitrag leisten zur Ermöglichung, Förderung und Regelung unhintergehbar konflikthafter, aber notwendiger demokratischer Aushandlungsprozesse in den Lebens- und Handlungsbereichen, die von den Eingriffen der Energiewende betroffen sind.

Literatur

Ach, J. S., Bayertz, K. & Siep, L. (Hrsg.) (2008). *Grundkurs Ethik. Band II: Anwendungen*. Paderborn: mentis.

Bayertz, K. (1991). *Praktische Philosophie. Grundorientierungen angewandter Ethik*. Reinbek: Rowohlt.

Bayertz, K. (2008). Was ist angewandte Ethik? In J. S. Ach, K. Bayertz & L. Siep (Hrsg.), *Grundkurs Ethik. Band I: Grundlagen* (S. 165–179). Paderborn: mentis.

Becker, S. & Naumann, M. (2018). Energiekonflikte erkennen und nutzen. In O. Kühne & F. Weber (Hrsg.), *Bausteine der Energiewende* (S. 509–522). Wiesbaden: Springer VS.

Berger, P. L. & Luckmann, T. (1966). *The Social Construction of Reality. A Treatise in the Sociology of Knowledge*. New York: Anchor books.

Berr, K. (2017). Zur Moral des Bauens, Wohnens und Gebauten. In K. Berr (Hrsg.), *Architektur- und Planungsethik. Zugänge, Perspektiven, Standpunkte* (S. 111–138). Wiesbaden: Springer VS.

Birnbacher, D. (1986). *Ökologie und Ethik*. Stuttgart: Reclam.

Böckenförde, W. (1976). *Staat Gesellschaft Freiheit. Studien zur Staatstheorie und zum Verfassungsrecht*. Frankfurt am Main: Suhrkamp.

Büscher, C. & Sumpf, P. (2018). Vertrauen, Risiko und komplexe Systeme: das Beispiel zukünftiger Energieversorgung. In O. Kühne & F. Weber (Hrsg.), *Bausteine der Energiewende* (S. 129–161). Wiesbaden: Springer VS.

Dahrendorf, R. (1972). *Konflikt und Freiheit. Auf dem Weg zur Dienstklassengesellschaft*. München: Piper & Co.

Dahrendorf, R. (1983). Gespräch mit Ralf Dahrendorf. In R. Dahrendorf, F. v. Hayek & F. Kreuzer, (Hrsg.), *Markt, Plan, Freiheit. Franz Kreuzer im Gespräch mit Friedrich von Hayek und Ralf Dahrendorf*. Wien: Deuticke.

Dahrendorf, R. (1987). *Fragmente eines neuen Liberalismus*. Stuttgart: DVA.

Davidson, D. (2004). *Subjektiv, intersubjektiv, objektiv*. Frankfurt am Main: Suhrkamp.

Dorda, D. (2018). Windkraft und Naturschutz. In O. Kühne & F. Weber (Hrsg.), *Bausteine der Energiewende* (S. 749–772). Wiesbaden: Springer VS.

Droste-Franke, B. & Kamp, G. (2013). [Artikel] „Energie. In A. Grunwald. Unter Mitarbeit von M. Simonidis-Puschmann (Hrsg.), *Handbuch Technikethik* (S. 269–274). Stuttgart, Weimar: Metzler.

Düwell, M. (2011). Einleitung zu „Angewandte oder bereichsspezifische Ethik". In M. Düwell, C. Hübenthal, M. Werner (Hrsg.), *Handbuch Ethik* (S. 243–247). Stuttgart: Metzler.

Düwell, M., Hübenthal, C. & Werner, M. (Hrsg.) (2011). *Handbuch Ethik*. Stuttgart/Weimar: Metzler.

Düwell, M., Hübenthal, C. & Werner, M. (2011). Einleitung. Ethik: Begriff – Geschichte – Theorie – Applikation. In M. Düwell, C. Hübenthal, M. Werner (Hrsg.), *Handbuch Ethik* (S. 1–23). Stuttgart: Metzler.

Eser, U. & Potthast T. (1999). *Naturschutzethik. Eine Einführung für die Praxis*. Baden-Baden: Nomos Verlagsgesellschaft.

Feldhaus, S. (1995). Energie-Ethik: zur ethischen Bewertung einer verantwortbaren Energieversorgung und zum Problem ihrer gesellschaftlichen Akzeptanz. In W. Fratzscher & K. Stephan (Hrsg.), *Abfallenergienutzung: technische, wirtschaftliche und soziale Aspekte* (S. 28–41). Berlin: Akademie Verlag.

Gadamer, H.-G. (1975). *Wahrheit und Methode. Grundzüge einer philosophischen Hermeneutik*. Tübingen: Mohr.

Gadamer, H.-G. (1987 [1972]). Theorie, Technik, Praxis (1972). In H.-G-Gadamer, *Gesammelte Werke, Bd. 4. Neuere Philosophie II. Probleme Gestalten* (S. 243–266). Tübingen: Mohr.Gehlen, A. (2004). *Moral und Hypermoral. Eine pluralistische Ethik*. Hrsg. von Karl Siegbert Rehberg. Frankfurt am Main: Klostermann.

Gethmann, C. F. (2009a). Untersteht alle Forschung dem Prinzip des Fallibilismus, nur die Klimaforschung nicht? Europäische Akademie zur Erforschung von Folgen wissenschaftlich-technischer Entwicklungen Bad Neuenahr-Ahrweiler (Hrsg.), Akademie-Brief Nr. 87, Februar 2009 (S. 1–3). https://www.ea-aw.de/fileadmin/downloads/Newsletter/NL_0087_022009.pdf. Zugegriffen: 12.01.2017.

Gethmann, C. F. (2009b). Philosophieren in der Krise. *Spektrum der Wissenschaft 8/2009*, 72–76.

Gethmann, C. F. (2013). Ethik und Energiewende: „Man kann nicht beliebig an der Preisspirale drehen". Zukunftsfragen Interview. Energiewirtschaftliche Tagesfragen. 63. Jg. (2013). Heft 6. http://www.et-energie-online.de/Portals/0/PDF/zukunftsfragen_2013_06_gethmann.pdf. Zugegriffen: 01. Juni 2017.

Grunwald, A. & Kopfmüller, J. (2012). *Nachhaltigkeit. Eine Einführung*. Frankfurt, New York: Campus.

Gutmann, T. & Quante, M. (2016). Individual-, Sozial- und Institutionenethik. In: I.-J. Werkner & K. Eberling (Hrsg.), *Handbuch Friedensethik* (S. 105–114). Wiesbden: Springer.

Habermas, J. (1995). *Theorie des kommunikativen Handelns. Bd. 1: Handlungsrationalität und gesellschaftliche Rationalisierung*. Frankfurt a. M.: Suhrkamp.

Hegel, G. W. F. (1993 [1821]). *Grundlinien der Philosophie des Rechts*. Frankfurt am Main: Suhrkamp.

Heindl, P., Schüßler, R. & Löschel, A. (2014). Ist die Energiewende sozial gerecht? Wirtschaftsdienst 2014/7, 508–514. http://archiv.wirtschaftsdienst.eu/jahr/2014/7/ist-die-energiewende-sozial-gerecht/. Zugegriffen: 01. Juni 2017.

Honnefelder, L. (2011). [Artikel] „Sittlichkeit/Ethos". In M. Düwell, C. Hübenthal, M. Werner (Hrsg.), *Handbuch Ethik* (S. 508–513). Stuttgart, Weimar: J. B. Metzler.

Hubig, C. (1995). *Technik- und Wissenschaftsethik. Ein Leitfaden*. Heidelberg, Berlin: Springer Verlag.

Hubig, C. (2001). Werte und Wertekonflikte. In H. Duddeck (Hrsg.), *Technik im Wertekonflikt* (S. 25–42). Wiesbaden: Springer VS.

Hubig, C. (2007). *Die Kunst des Möglichen II. Ethik der Technik als provisorische Moral.* Bielefeld: transcript.

Hubig, C. (2015). Von der Anwendung der Ethik zur Ethik der Anwendung. In G. Gamm & A. Hetzel (Hrsg.), *Ethik – wozu und wie weiter?* (S. 83–100). Bielefeld: transcript.

Janich, P. (2015). *Handwerk und Mundwerk. Über das Herstellen von Wissen.* München: C. H. Beck.

Kersting, W. (2008). Wirtschaftsethik? – Wirtschaftsethik! In W. Kersting (Hrsg.), *Moral und Kapital. Grundfragen der Wirtschafts- und Unternehmensethik* (S. 9–24). Paderborn: mentis.

Kluxen, W. (1997). Das Allgemeine und das Gemeinsame. Moralische Normen im konkreten Ethos. In W. Korff & P. Mikat (Hrsg.), *Wolfgang Kluxen. Moral – Vernunft – Natur. Beiträge zur Ethik* (S. 42–49). Paderborn u. a.: Ferdinand Schöningh.

Könen, D., Gryl, I. & Pokraka, J. (2018). Zwischen ‚Windwahn', Interessenvertretung und Verantwortung: Bürger*innenbeteiligung am Beispiel Windkraft im Spiegel von Neocartography und Spatial Citizenship. In O. Kühne & F. Weber (Hrsg.), *Bausteine der Energiewende* (S. 207–230). Wiesbaden: Springer VS.

Körner, S., Nagel, A. & Eisel, U. (2003). *Naturschutzbegründungen.* Bonn-Bad Godesberg: Bundesamt für Naturschutz.

Kopfmüller, J., Brandl, V., Jörissen, J., Paetau, M., Banse, G., Coenen, R. & Grunwald, A. (2001). *Nachhaltige Entwicklung integrativ betrachtet. Konstitutive Elemente, Regeln, Indikatoren.* Berlin: Edition Sigma.

Kornwachs, K. (2000). *Das Prinzip der Bedingungserhaltung. Eine ethische Studie.* Münster u. a.: Lit Verlag.

Krebs, A. (Hrsg.) (1997). *Naturethik. Grundtexte der gegenwärtigen tier- und ökoethischen Diskussion.* Frankfurt am Main: Suhrkamp.

Kress, A. (2018). Wie die Energiewende den Wald neu entdeckt hat. In O. Kühne & F. Weber (Hrsg.), *Bausteine der Energiewende* (S. 715–747). Wiesbaden: Springer VS.

Kühne, O. (2013). *Landschaftstheorie und Landschaftspraxis. Eine Einführung aus sozialkonstruktivistischer Perspektive.* Wiesbaden: Springer VS.

Kühne, O. (2017). *Zur Aktualität von Ralf Dahrendorf. Einführung in sein Werk.* Wiesbaden: Springer VS.

Kühne, O. (2018). ‚Neue Landschaftskonflikte' – Überlegungen zu den physischen Manifestationen der Energiewende auf der Grundlage der Konflikttheorie Ralf Dahrendorfs. In O. Kühne & F. Weber (Hrsg.), *Bausteine der Energiewende* (S. 163–186). Wiesbaden: Springer VS.

Küster, H. (2005). *Das ist Ökologie. Die biologischen Grundlagen unserer Existenz.* München: Beck.

Küster, H. (2016). Landschaft: abhängig von Natur, eingebunden in wirtschaftliche, politische und soziokulturelle Systeme. In K. Berr & H. Friesen (Hrsg.), *Stadt und Land. Zwischen Status quo und utopischem Ideal* (S. 9–18). Münster: mentis.

Löb, S. (2008). Ethik, Moral, Recht. In D. Fürst & F. Scholles (Hrsg.), *Handbuch Theorien und Methoden der Raum- und Umweltplanung* (S. 179–194). Dortmund: Rohn.

Marquard, O. (1979). Über die Unvermeidlichkeit von Üblichkeiten. In W. Oelmüller (Hrsg.), *Normen und Geschichte. Materialien zur Normendiskussion* (S. 332–342). Paderborn: UTB.

Marquard, O. (1981). *Abschied vom Prinzipiellen. Philosophische Studien*. Stuttgart: Reclam.

Moning, C. (2018). Energiewende und Naturschutz – Eine Schicksalsfrage auch für Rotmilane. In O. Kühne & F. Weber (Hrsg.), *Bausteine der Energiewende* (S. 331–344). Wiesbaden: Springer VS.

Nida-Rümelin, J. (Hrsg.). (2005). *Angewandte Ethik. Die Bereichsethiken und ihre theoretische Fundierung. Ein Handbuch*. Stuttgart: Kröner.

Oermann, N. O. & Weinert, A. (2014). Nachhaltigkeitsethik. In H. Heinrichs & G. Michelsen (Hrsg.), *Nachhaltigkeitswissenschaften* (S. 63–85). Berlin, Heidelberg: Springer-Verlag.

Ott, K. (1996). Strukturprobleme angewandter Ethik. In K. Ott (Hrsg.), *Vom Begründen zum Handeln. Aufsätze zur angewandten Ethik* (S. 51–85). Tübingen: Attempo Verlag.

Ott, K. (2010). *Umweltethik zur Einführung*. Hamburg: Junius.

Plessner, H. (2009 [1948]). Mit anderen Augen. In H. Plessner. *Mit anderen Augen. Aspekte einer philosophischen Anthropologie* (S. 164–182). Stuttgart: Reclam.

Popper, K. (1973). *Objektive Erkenntnis. Ein evolutionärer Entwurf*. Hamburg: Hoffmann und Campe.

Popper, K. (1987 [1957]). *Das Elend des Historizismus. Sechste, durchgesehene Auflage*. Tübingen: Mohr.

Potthast, T. (2011). [Artikel] „Umweltethik". In M. Düwell, C. Hübenthal, M. Werner (Hrsg.), *Handbuch Ethik* (S. 292–296). Stuttgart, Weimar: J. B. Metzler.

Quante, M. (2008). *Einführung in die allgemeine Ethik*. Darmstadt: WBG.

Radkau, J. (2000). *Natur und Macht. Eine Weltgeschichte der Umwelt*. München: Beck.

Radkau, J. (2017). *Geschichte der Zukunft. Prognosen, Visionen, Irrungen in Deutschland von 1945 bis heute*. München: Carl Hanser.

Rawls, J. (1975 [1971]). *Eine Theorie der Gerechtigkeit*. Frankfurt am Main: Suhrkamp.

Roßmeier, A., Weber, F. & Kühne, O. (2018). Wandel und gesellschaftliche Resonanz – Diskurse um Landschaft und Partizipation beim Windkraftausbau. In O. Kühne & F. Weber (Hrsg.), *Bausteine der Energiewende* (S. 653–679). Wiesbaden: Springer VS.

Schäfer, O. (2008). *Energieethik. Unterwegs in ein neues Energiezeitalter*. Bern: SEK.

Schelsky, H. (1980). Zur soziologischen Theorie der Institution. In H. Schelsky, *Die Soziologen und das Recht. Abhandlungen und Vorträge zur Soziologie von Recht, Institution und Planung* (S. 215–231). Opladen: Westdeutscher Verlag.

Seebaß, G. (2005). [Artikel] Akrasia. In J. Mittelstraß (Hrsg.), *Enzyklopädie Philosophie und Wissenschaftstheorie. 2. neubearbeitete und wesentlich ergänzte Aufl.* (S. 59–63). Stuttgart: Metzler.

Stoecker, R., Neuhäuser, C. & Raters, M.-L. (2011). Einleitung. In R. Stoecker, C. Neuhäuser, M.-L. Raters (Hrsg.), *Handbuch Angewandte Ethik* (S. 1–11). Stuttgart: Metzler.

Theobald, W. (2008). Wirtschaft und Umwelt – ein unlösbarer Konflikt? In W. Kersting (Hrsg.), *Moral und Kapital. Grundfragen der Wirtschafts- und Unternehmensethik* (S. 247–260). Paderborn: mentis.

Thurnherr, U. (1998). Angewandte Ethik. In A. Pieper (Hrsg.), *Philosophische Disziplinen. Ein Handbuch* (S. 92–114). Leipzig: Reclam.

Thurnherr, U. (2004). Zum Verhältnis von Theorie und Praxis bei der ethischen Urteilsbildung. In H. Friesen & K. Berr (Hrsg.), *Angewandte Ethik im Spannungsfeld von Begründung und Anwendung* (S. 35–49). Hamburg: Peter Lang.

Von der Pfordten, D. (1996). *Ökologische Ethik*. Reinbek: Rowohlt.

Von Detten, R. (2013): Einer für alles? Zur Karriere und zum Missbrauch des Nachhaltigkeitsbegriffs. In Sächsische Hans-Carl-von-Carlowitz Gesellschaft (Hrsg.), *Die Erfindung der Nachhaltigkeit. Leben, Werk und Wirkung des Hans Carl von Carlowitz* (S. 111–126). München: Oekom.

Weber, F. (2018). Von der Theorie zur Praxis – Konflikte denken mit Chantal Mouffe. In O. Kühne & F. Weber (Hrsg.), *Bausteine der Energiewende* (S. 187–206). Wiesbaden: Springer VS.

Wieland, W. (1989). *Aporien der praktischen Vernunft*. Frankfurt am Main: Klostermann.

Karsten Berr hat Philosophie, Soziologie und Landespflege studiert und ist derzeit an der Universität Vechta tätig. Seine Arbeitsschwerpunkte sind Theorie der Landschaft und der Landschaftsarchitektur, Angewandte Ethik, Architektur- und Planungsethik, Philosophie der ‚bewohnten Welt', Kulturphilosophie, Anthropologie.

Die räumliche Governance der Energiewende: Eine Systematisierung der relevanten Governance-Formen

Ludger Gailing

Abstract

Das Handlungsfeld der Gestaltung der Energiewende ist raumbezogen, weil es in eine komplexe Mehrebenen-Governance eingebunden ist und sich durch räumliche Differenzierungen auszeichnet. Der Beitrag nutzt das wissenschaftliche Konzept der Governance-Forschung, um eine systematische Übersicht über raumbezogene Governance-Formen der Energiewende vorzulegen. Dabei wird dem Anspruch des weiten politikwissenschaftlichen Verständnisses gefolgt, wonach unter ‚Governance' alle Formen kollektiver Handlungskoordination zu verstehen sind. Die Typologie umfasst die Governance des (ubiquitären) Institutionenrahmens, die Governance formeller flächen- und standortbezogener Institutionalisierung, die Governance der Konfliktlösung, die Governance der Organisations- und Gemeinschaftsbildung, die Governance der Konstituierung von Handlungsräumen, die Governance von Medien, politischen Symbolen und symbolischen Orten sowie die Governance der Konzeptentwicklung. Der Beitrag schließt mit einer kritischen Betrachtung der Governance-Forschung und mit entsprechenden Forschungsdesideraten.

Keywords

Governance, Regional Governance, Mehrebenen-Governance, Energiewende, Handlungsräume, Gouvernementalität, Institutionen, Konflikte, Gemeinschaftsbildung, politische Symbole

1 Einführung

Die politische und gesellschaftliche Gestaltung der Transformation des Energiesystems in Deutschland hin zu erneuerbaren Energien ist auf den ersten Blick kein ‚raumbezogenes' Handlungsfeld. So vollzieht sich der bisherige Ausbau erneuerbarer Energien für die Stromerzeugung in erster Linie auf der Basis der in ganz Deutschland wirksamen Anreizsteuerung des Erneuerbare-Energien-Gesetzes (EEG), nicht etwa auf einer lokalen oder regionalen Steuerung, die auf die Deckung des örtlichen Bedarfs gerichtet wäre.

Innerhalb der grundlegenden Ausgestaltung der Mehrebenen-Governance der Energiewende besteht zunächst ein grundsätzliches Primat der nationalen, teilweise auch der europäischen Handlungsebene (vgl. hierzu auch Sielker et al. 2018 in diesem Band). Fundamental war zunächst die EU-Politik für die Liberalisierung des Strommarktes, weil sie einen institutionellen Kontext für die deutsche Energiewende geboten hat, der zur Auflösung der einstigen Gebietsmonopole und der oligopolistischen Struktur der deutschen Stromkonzerne beigetragen hat. EU-Regelungen im Spannungsfeld zwischen Klima- und Energiepolitik auf der einen sowie Liberalisierungs- und Binnenmarktpolitik auf der anderen Seite (Monstadt 2004) rahmen die deutsche Energiepolitik. Gleichwohl behalten sich die Mitgliedsstaaten das Recht vor, über die Struktur ihrer Energieversorgung zu entscheiden (Gawel und Strunz 2016, S. 33).

Die Energiewende ist also ein nationales Vorhaben. Insbesondere das EEG erwies sich als das zentrale Politikinstrument zur Gestaltung der Energiewende. Es ermöglichte privaten Stromkonsumenten, sich als ‚Prosumenten' zu betätigen, die zugleich Strom konsumieren und produzieren; es bot Landwirten die Chance, sich zu Energiewirten entwickeln und löste einen Boom in der Gründung von Energiegenossenschaften und Bürgerwindparks aus. Zugleich wurde überregional tätigen Unternehmen und institutionellen Investoren ein Marktzugang in den Bereich der Stromproduktion aus erneuerbaren Energien ermöglicht.

Weil der Bund sein Gesetzgebungsrecht weitgehend ausnutzt, basiert die Energiewende in institutioneller Hinsicht im Wesentlichen auf Bundesrecht, dessen Handlungsorientierungen auch die dezentralen Prozesse der Energiewende prägen. Allerdings haben viele Bundesländer zugleich Spielräume genutzt: Sie haben Landesenergiekonzepte aufgestellt, Ziele zum Ausbau erneuerbarer Energien konkretisiert, Impulse für regionale Energiekonzepte gesetzt, Maßnahmen zur Erhöhung der Energieeffizienz entwickelt sowie ihre planungsrechtlichen Kompetenzen konkretisiert. Die Bundesländer nehmen eine intermediäre Rolle ein, formulieren räumlich konkretisierte Ziele und schaffen einen räumlich spezifischen Handlungsrahmen für lokale und regionale Akteure.

Klagge (2013, S. 10 ff.) hat in diesem Zusammenhang eine „Dualität" der Governance-Strukturen für erneuerbare Energien identifiziert und als zwei sich gegenüber stehende „Governance-Felder" beschrieben: auf der einen Seite die bundespolitische Koordination über energiewirtschaftliche Anreizstrukturen vor allem im Zuge der Einspeisevergütungen des EEG und auf der anderen Seite die Flächenplanung für Erneuerbare-Energien-Anlagen, die von Akteuren der lokalen und regionalen Ebene mit ihren raumplanerischen und genehmigungsrechtlichen Kompetenzen vorgenommen wird, die sich je nach Energieträger verfahrensmäßig deutlich voneinander unterscheiden. Im Hinblick auf ihre Raumbezogenheit sind diese beiden Governance-Felder sehr verschieden. Während die Bundespolitik für erneuerbare Energien über das EEG tendenziell ‚raumblind' agiert, haben raumplanerische Akteure oder Akteure in Genehmigungsverfahren viele räumliche Aspekte zu berücksichtigen, die mit dem Ausbau der Anlagen verbunden sind. Bei der Ausgestaltung der ‚Flächenplanung' kommt es aufgrund politischer Schwerpunktsetzungen für oder gegen eine beschleunigte Energiewende und/oder aufgrund der jeweiligen physisch-geographischen Voraussetzungen für den Ausbau der Wind- oder Solarenergie zu Differenzierungen zwischen den Bundesländern. Dies führt zu einer von Bundesland zu Bundesland unterschiedlichen Ausstattung mit Anlagen erneuerbarer Energieproduktion.

Diese räumlichen Differenzierungen setzen sich auf lokalen und regionalen Handlungsebenen fort. Neben dem rechtlichen Rahmen spielen hier auch die Akteurskonstellationen eine wichtige Rolle. Die Energiewende ist eine Aufgabe für eine Vielfalt an Akteuren mit unterschiedlichen raumbezogenen Perspektiven und Interessen. Hierzu gehören Landkreise, regionale Planungsstellen, Netzbetreiber, Energieversorgungsunternehmen, Energiegenossenschaften, Unternehmen im Bereich der ‚Erneuerbare-Energien-Wirtschaft', Energieagenturen, Stadtwerke, Beratungs- und Forschungseinrichtungen, die Vielzahl individueller Energieproduzenten und -verbraucher sowie Protestgruppen und Bürgerinitiativen gegen den Ausbau der erneuerbaren Energien oder begleitender Infrastrukturmaßnahmen – insbesondere gegen den Netzausbau (Canzler et al. 2016; Becker und Naumann 2017; Kühne und Weber 2017; hierzu auch Eichenauer et al. 2018; Sontheim und Weber 2018 in diesem Band).

Es kann also festgehalten werden: Die Energiewende ist tatsächlich ein raumbezogenes Handlungsfeld, nicht nur aufgrund der Tatsache, dass sie in eine komplexe Mehrebenen-Governance eingebunden ist, sondern auch, weil sozial-, politik- und physisch-räumliche Faktoren für eine differenzierte Umsetzung der Energiewende sorgen. Ziel dieses Beitrags ist es, die Besonderheiten der raumbezogenen Governance der Energiewende zu eruieren. Dies soll in zwei Schritten erfolgen: erstens soll die theoretisch-konzeptionelle Perspektive des Beitrags umrissen werden, indem der Begriff ‚Governance' als wissenschaftliches Konzept vorgestellt wird. Dieses Kapitel basiert auf der Auseinandersetzung des Autors mit der Governance-Literatur, die er im Rahmen seiner Dissertationsschrift vorgenommen hat (Gailing 2014). Mit dieser theoretisch-konzeptionelle Perspektive soll in einem zweiten Schritt eine systematische Übersicht über raumbezogene Governance-Formen der Energiewende herausgearbeitet werden. Die Auswertung im Sinne dieses Beitrags basiert auf einer Meta-Analyse der verschiedenen empirischen Erkenntnisse aus zwei Leitprojekten des Leibniz-Instituts für Raumbezogene Sozialforschung (Gailing und Moss 2016).

2 Governance

2.1 Wo kommt die Governance-Forschung her?

‚Governance' ist ein „umbrella concept" (Pierre und Peters 2003, S. 14) der Politik- und Sozialwissenschaften. Die Transaktionskosten- bzw. Institutionenökonomik nach Williamson (1979) führte ‚Governance' zunächst als Oberbegriff für Modi sozialer Handlungskoordination ein, indem sie hierarchische, marktliche und hybride Koordinationsmöglichkeiten für die Gestaltung vertraglicher Beziehungen innerhalb von Unternehmen thematisierte. So wie sich die Wirtschaftswissenschaft mit ihrer Governance-Forschung ein Stück weit von ihrer Marktzentrierung löste, emanzipierte sich die Politikwissenschaft im Kontext der Governance-Forschung von einer auf den Staat fokussierten Betrachtungsweise (allgemein auch Leibenath und Lintz 2018 in diesem Band).

Die Befassung mit dem Regieren in Mehrebenensystemen – bezeichnet als ‚Multilevel Governance' – ist hierfür ein Beispiel. Aus dem Zusammenspiel privater und öffentlicher Akteure auf verschiedenen Handlungsebenen ergeben sich komplexe Typen von Governance-Arrangements. Der Nationalstaat erscheint angesichts globalisierter bzw. regionalisierter Problemkonstellationen (Brunnengräber et al. 2004, S. 8) nur noch als eine Handlungsebene von vielen. Mehrebenen-Governance umschreibt einerseits die Strukturen und Prozesse, die transnationale, nationale oder regionale Akteure verbinden, andererseits aber auch das Zusammenwirken vertikaler und horizontaler Interdependenzen zwischen staatlichen und nichtstaatlichen Organisationen (Bache und Flinders 2004).

Im Kontext raumbezogener Forschungen wurde zudem der ‚Regional-Governance'-Ansatz entwickelt, der seinen Blick auf „neue regionale Selbststeuerungsformen, die auf netzwerkartiger Kooperation" (Fürst 2001, S. 377) basieren, richtete. ‚Regional Governance' diente auch als Modell für die politische Praxis auf regionaler Handlungsebene und als Synonym für ‚gute' Handlungskoordination. Es zeigt sich, dass eine solche ‚Governance'-Forschung oftmals normativ ausgerichtet war, weil sie ein bestimmtes Reformmodell staatlichen Handelns propagierte. In den vergangenen Jahren ist allerdings zunehmend erkennbar, dass die Governance-Forschung sich insgesamt von der Betonung bestimmter ‚guter' kooperativer Steuerungsformen löst und die Bandbreite kollektiver Handlungskoordination in ihren Fokus rückt (Diller 2016; Christopoulos et al. 2012).

2.2 Governance oder Government?

Angesichts veränderter Realitäten politischer Handlungskoordination im sogenannten kooperativen Staat sowie des Anspruches, mit dem Terminus ‚Governance' ein Reformvorhaben zu vertreten, wird ‚Governance' häufig als Gegenbegriff zur ‚hierarchischen Steuerung' verwendet. Dieser Interpretation folgend sind Governance und Government gegensätzliche Typen der Regelung gesellschaftlicher Handlungsfelder, wobei Government die hierarchische Tätigkeit einer Regierung und Governance netzwerkartige Strukturen des Zusammenwirkens staatlicher und privater Akteure meint (Mayntz 2005). Die Implikation dieses terminologischen Gebrauchs besteht häufig darin, dass Governance gegenüber Government „eine neuartige, irgendwie fortgeschrittene, reibungslose, voluntaristisch-einvernehmliche und freiheitlichere Weise der sozio-politischen Regelung" sei (Offe 2008, S. 63). Dieses enge Verständnis von Governance als Gegensatz zu hierarchischer Steuerung ist zumindest latent normativ. Das Gegensatzpaar ‚Governance vs. Government' erschien erforderlich, um die Kritik am hierarchischen Handeln des Nationalstaates auf den Punkt zu bringen und diesem neue Perspektiven des kooperativen Staatshandelns entgegenzusetzen, die mit dem Terminus ‚Governance' bezeichnet wurden.

2.3 Governance als kollektiver Umgang mit Komplexität

Die politikwissenschaftliche Terminologie hat sich dahingehend weiterentwickelt, dass die strikte Dichotomie ‚Governance vs. Government' als nicht mehr zeitgemäß und latent normativ abgelehnt wird. Hierarchische Steuerung und der hoheitlich handelnde (National-)Staat haben auch in den gewandelten Realitäten des kooperativen Staates und supranationaler Handlungsräume ihre Bedeutung bewahrt. Governance wird daher nun als Oberbegriff für alle Formen kollektiver Handlungskoordination interpretiert; Government als staatliche Hierarchie ist nur eine besondere Ausprägung von mehreren möglichen.

Dies ist als Resümee eines doppelten Wandlungsprozesses zu sehen: Die gesellschaftlichen Realitäten haben sich verändert und zugleich werden die veränderten Realitäten anders interpretiert. Die veränderte Realität betrifft Manifestationen der Anpassung des Staates an seine gesellschaftliche Umwelt. So haben die gesellschaftliche Differenzierung sowie das Entstehen politischer Handlungsräume jenseits des klassischen Nationalstaates auf regionaler, europäischer und globaler Ebene (Jessop 2002, S. 42) dazu geführt, dass „Governance with Government" und „Governance without Government" gegenüber „Governance by Government" an Bedeutung gewonnen haben (Zürn 2008, S. 563). Zeitgleich mit diesem Wandel der empirischen Wirklichkeit hat sich die Sichtweise auf Handlungskoordination verändert: Während die Steuerungstheorie ihren Blick vorwiegend auf das politisch-administrative System richtete und eine klare Trennung zwischen Steuerungssubjekt und -objekt kannte, verschwindet mit der Governance-Forschung diese Einschränkung sowie diese Differenzierung (Mayntz 2005). Die Governance-Perspektive distanziert sich von einer etatistischen Sichtweise der Gesellschaft, wie sie noch im Steuerungsdiskurs relevant war. In diesem Sinne kann auch hierarchisches Staatshandeln als ‚Governance' betrachtet werden – wie im Übrigen jede andere Form kollektiver Handlungskoordination.

Governance bedeutet Koordinieren mit dem Ziel des Managements von Interdependenzen zwischen in der Regel kollektiven Akteuren. Governance-Prozesse überschreiten die Grenzen von Staat und Gesellschaft, die in der politischen Praxis fließend geworden sind. ‚Governance' bietet also eine Betrachtungsweise – nicht aber eine neue Theorie – für die Analyse komplexer Strukturen kollektiven Handelns (Benz 2004, S. 25 ff.). Governance-Forschung ist sozusagen, ebenso wie die untersuchten Governance-Formen selbst, „the Art of Complexity" (Jessop 2002, S. 41).

Zusammenfassend kann festgehalten werden, dass Governance im weiten politikwissenschaftlichen Verständnis ein „generischer Grundlagenbegriff" (Blatter 2005, S. 121) ist, der alle Formen und Prozesse der Interdependenzbewältigung (Lange und Schimank 2004, S. 19) umfasst. Hierarchisches Handeln wird anders als beim engen und latent normativen Governance-Verständnis nicht ausgeblendet, sondern als wesentlicher Aspekt kollektiven Handelns interpretiert. Governance-Forschung kann sich auf bestimmte kollektive Handlungsfelder und/oder auf räumliche Handlungsebenen (lokal, regional, national, europäisch, global) beziehen.

3 Räumliche Governance-Formen der Energiewende

Mit der nun folgenden Typologisierung relevanter Governance-Formen des Handlungsfelds der raumbezogenen Governance der Energiewende soll an ein allgemeines Forschungsdesiderat der Governance-Forschung angeknüpft werden. In der Governance-Forschung besteht zwar kein Mangel an Typologien. Allerdings versuchen die meisten Autor(inn)en, fundamentale Modi der Handlungskoordination voneinander zu unterscheiden, die für alle gesellschaftlichen Teilbereiche Gültigkeit beanspruchen. So nennen Pierre und Peters (2003, S. 15 ff.) die grundlegenden Governance-Modi Hierarchie, Netzwerk und Markt. Dem steht eine Richtung der Governance-Forschung gegenüber, die nicht über alle Politikfelder hinweg verallgemeinerbare Aussagen anstrebt, sondern sich mit einzelnen, empirisch voneinander unterscheidbaren Themen befasst (Lange und Schimank 2004). Die hier entwickelte Typologie von Governance-Formen, die spezifisch für die raumbezogene Governance der Energiewende sind, entspricht der zweiten Logik. Sie hat zunächst nicht den Anspruch, auf andere gesellschaftliche Handlungsfelder übertragbar zu sein.

Die Typologie folgt dem Anspruch des weiten politikwissenschaftlichen Verständnisses, ‚Governance' für alle Formen kollektiver Handlungskoordination zu verwenden. Damit unterscheidet sie sich von jenen Ansätzen (Bäckstrand et al. 2010), die ‚neue' Governance-Formen der Kooperation, Partizipation oder Selbststeuerung adressieren. Im Sinne der Untersuchung von ‚Regional Governance'-Typologien, die Diller (2016) vorgenommen hat, lässt sie sich als Typologisierungsvorschlag der ‚zweiten Generation' verstehen; das bedeutet, dass sie von bestehenden Idealtypen abstrahiert und eher – auch unter Einbeziehung kognitiver oder materieller Aspekte – versucht, dem spezifischen Handlungsfeld der untersuchten Governance gerecht zu werden. Es werden also Governance-Formen angesprochen, von denen manche in der politikwissenschaftlichen Forschung eine eher untergeordnete Rolle spielen und die jeweils spezifische Kombinationen politisch-administrativen, zivilgesellschaftlichen und marktlichen Handelns darstellen. Im Folgenden werden die sieben Grundtypen der raumbezogenen Governance der Energiewende in heuristischer Weise vorgestellt.

3.1 Governance des ubiquitären Institutionenrahmens

Formelle handlungsleitende Regeln des Institutionenrahmens raumbezogener Governance der Energiewende haben ihren Ursprung im Wesentlichen im EEG. Dieser Institutionenrahmen mit seinen Anschluss- und Abnahmepflichten ist grundsätzlich deutschlandweit gleich. Er setzt Anreize für Investitionsentscheidungen und für den Betrieb von Anlagen zur Erzeugung von Strom aus erneuerbaren Energien. Der Institutionenrahmen und das relativ ubiquitäre Ressourcenaufkommen führen zur Errichtung von Anlagen unabhängig von der räumlichen Verteilung des Verbrauchs.

Allerdings ist das EEG als Bundesgesetz in die Koordination der Energiepolitik über verschiedene Handlungsebenen hinweg eingebunden (Ohlhorst 2015) und war über die Jahre hinweg auch teilweise deutlichen Veränderungen unterworfen, die sich auch auf raumspezifische Fragestellungen beziehen. So sind schrittweise flächennutzungsbezogene Orientierungen und Ausschlusskriterien eingeführt worden, die als Reaktionen auf unerwünschte Gesetzeswirkungen zu verstehen sind. Bei EEG-Reformen vertreten die Bundesländer auch die Interessen der (künftigen) Anlagenbetreiber in ihrem Territorium, das sich durch einen spezifischen Mix an Strom aus Wind, Sonne und Biomasse auszeichnet. Dem Schritt der formellen Institutionalisierungen gehen also jeweils Verhandlungen zwischen öffentlichen und privaten Akteuren mit ihren jeweiligen Interessen voraus.

3.2 Governance formeller flächen- und standortbezogener Institutionalisierung

Während der Rechtsrahmen des EEG den wirtschaftlichen Ausbau erneuerbarer Energien ermöglichen soll, bezieht sich die Governance der flächen- und standortbezogenen Institutionalisierung auf Planungs- und Genehmigungsprozesse, die je nach Energieträger und Infrastruktur sehr unterschiedlich ablaufen und in der Regel auf lokaler und regionale Ebene durchgeführt werden (Klagge 2013). Diese sind aber zugleich in einen Rechtsrahmen eingebunden, der bundesrechtlich, teilweise auch europarechtlich geprägt ist und zugleich von landespolitischen Rechtssetzungen, politischen Zielen und Verwaltungshandeln bestimmt wird. Bau- und planungsgesetzliche Regelungen, Immissionsschutzrecht, energiepolitische Zielstellungen und nicht zuletzt auch zahlreiche juristische Entscheidungen von Gerichten prägen das Handeln der zuständigen Planungs-, Bau- oder Genehmigungsbehörden. Eine systematische Übersicht über die unterschiedlichen Zuständigkeiten und Verfahrensformen bei Onshore-Windkraft, Biogasanlagen, größeren und kleineren Photovoltaikanlagen usw. in den verschiedenen Bundesländern würde den Rahmen dieses Beitrags sprengen.

In vielen Fällen geht der formellen Institutionalisierung ein marktliches Handeln voraus, indem investitionsvorbereitende Maßnahmen der (künftigen) Anlagenbetreiber erfolgen; dieses Handeln hat auch Auswirkungen auf die Bodenmärkte in ländlichen Räumen. Der Erwerb und der Handel mit Eigentumsrechten an Grund und Boden (und an den Infrastrukturen selbst) ist ein wesentlicher Aspekt der Governance der formellen standort- und flächenbezogenen Institutionalisierung. Die Frage, wem die Anlagen gehören und wer sich Nutzungsrechte gesichert hat, spielt eine wichtige Rolle für die Akzeptanz der Anlagen in ländlichen Räumen (Bues und Gailing 2016). Daneben hat die Errichtung von Infrastrukturen auch eine physisch-materielle Veränderung der Kulturlandschaft zur Folge, welche ebenfalls eine Rolle für die Wahrnehmung von und für Diskurse über erneuerbare Energien in den betroffenen Raumausschnitten spielt – und mithin die Akzeptanz der Anlagen beeinflusst. Auch durch die Einbindung der Anlagen in infrastrukturelle Netze entstehen Handlungserfordernisse, insbesondere zum Ausbau der Verteil- und der Übertragungsnetze. Diese sind wiederum mit eigenen spezifischen Verfahren der formellen Institutionalisierung und mit politisch-administrativem Handeln (etwa bei Planung und Genehmigung), marktlichem Handeln (von Seiten der Netzeigner) und zivilgesellschaftlichem Handeln (wenn es zu Konflikten um den Netzausbau kommt) verbunden.

3.3 Governance der Konfliktlösung

Die Praxis der raumbezogenen Governance der Energiewende in Deutschland zeigt, dass widerstreitende Interessen und Konflikte zwischen Akteuren um Flächen- und Standortentscheidungen häufig vorkommen (vgl. auch Becker und Naumann 2018 in diesem Band). Auf dezentralen Handlungsebenen in Kommunen und Regionen besteht zwar oftmals ein Konsens über den mannigfaltigen Nutzen und damit über die Gemeinwohlfähigkeit vieler Hauptziele der Energiewende. Klimaschutzargumente gehören zum Standardrepertoire; weitere Argumente betreffen lokale und regionale Wertschöpfung, Teilhabe und Beschäftigung. Die Gemeinwohlziele der Energiewende konkurrieren aber gleichzeitig mit anderen Zielen, beispielsweise des Landschaftsschutzes, der Sicherung von Biodiversität oder des Mangels an lokalem bzw. regionalem Profit, die Protestinitiativen thematisieren (Canzler et al. 2016, S. 143). Die zivilgesellschaftlichen Initiativen wenden unterschiedliche Governance-Formen an: Formen des Protestes, der verfahrensgerechten Inanspruchnahme von Partizipations- und Klagerechten oder auch der Bündnisbildung, um ihre Ansprüche in Politik und Verwaltung auf verschiedenen Handlungsebenen durchzusetzen. Oftmals geht es allerdings in den Konflikten um die Installation von neuen Erzeugungsanlagen oder die Realisierung einer neuen Stromtrasse um mehr als um das jeweilige Einzelvorhaben, das durch Bürgerinitiativen verhindert werden soll. Vielmehr spielen auch Fragen nach politischer und wirtschaftlicher Teilhabe eine Rolle (Becker et al. 2016).

Kooperation zwischen politisch-administrativen, wirtschaftlichen und zivilgesellschaftlichen Akteuren wird in der deutschen Energiewendedebatte gemeinhin als eine Bedingung einer nachhaltigen und konfliktreduzierten Transformation des Energiesystems betrachtet. Kooperative Governance gilt als „Mittel zur Konfliktreduktion und Akzeptanzbeschaffung" (Bauriedl 2016, S. 73). Dabei wird freilich übersehen, dass alle Governance-Modi – egal ob hierarchisches Staatshandeln, marktliches Handeln oder kooperatives Handeln – Konflikte lösen oder induzieren können. Energiekonflikte können sich nicht nur an konkreten Infrastrukturmaßnahmen entzünden, sondern auch an scheinbaren Lösungswegen. Neue Organisationsformen, wie etwa die Gründung von Energiegenossenschaften oder der Wandel hin zu kommunalen Eigentumsverhältnissen im Zuge von Rekommunalisierungen, können zur Lösung von Konflikten Beiträge leisten – sie können aber auch der Anlass für Konflikte sein.

3.4 Governance der Organisations- und Gemeinschaftsbildung

Governance-Formen, die dem Grundtyp der Organisations- und Gemeinschaftsbildung zuzuordnen sind, werden zunächst nicht in der Materialität von Flächen und Standorten wirksam, sondern in der Interaktion zwischen Menschen. Im Falle der raumbezogenen Gestaltung der Energiewende zielen sie aber letztlich auf die Umsetzung von anlagen- oder flächenbezogenen Projekten. Die projektbezogene Vernetzung von Einzelakteuren sowie kooperative Foren und Prozesse können gemeinschaftsbildend wirken, wenn kollektive Bekräftigungen einer gemeinsamen Identität formuliert oder Organisationen geschaffen werden. Die Veränderung der Akteurskonstellationen in Städten, Dörfern und Regionen im Zuge der Energiewende ist ein wesentlicher Aspekt der Energiewende. Neue Stadt- oder Regionalwerke, Bürgerwindparks, Bürgersolarparks, Bürgerenergiegenossenschaften und Bioenergiedörfer (Leibenath 2013; Moss et al. 2015) stehen für diesen Wandel.

Die Organisationsbildung kanalisiert verschiedene Ziele: man will die Energiewende vor Ort mitgestalten, Energieautonomie oder -demokratie erproben, Gemeinschaftsbildung gegen Konzerninteressen organisieren oder von der Energiewende materiell profitieren. Die Basis hierfür kann rein zivilgesellschaftliches Handeln sein;

in anderen Fällen kann sie von Netzwerken zwischen lokaler Wirtschaft, Politik und Zivilgesellschaft, von Unternehmensclustern oder von Forschungsprojekten mit partizipativem Anspruch ausgehen (Bauriedl 2016, S. 86). Auch staatliche oder kommunale Einrichtungen selbst sind manchmal an einer Organisations- und Gemeinschaftsbildung im Sinne der Ziele der Energiewende interessiert oder setzen sich für den Schutz der entsprechenden Modelle (z. B. im Rahmen der EEG-Förderung) ein. Insbesondere das Modell der „Bürgerenergie" steht für mehr als eine bloße Partizipation der Bevölkerung, weil mit ihr auch ein Empowerment der Akteure über Formen der Kooperation, des Interessenausgleichs und gemeinsamer Entscheidungsfindungsprozesse einhergeht (Radtke 2016, S. 77).

3.5 Governance der Konstituierung von Handlungsräumen

Während in vielen Regionen ein passiver Umgang mit den Möglichkeiten der Energiewende erkennbar ist, formieren sich anderswo raumbezogene Allianzen. Mit der Konstituierung von ‚Energieregionen' als Handlungsräume etabliert sich zwischen der kommunalen und der Landesebene eine neue skalare Ebene energiepolitischer Governance. Grundlage der Konstituierung von Handlungsräumen sind geteilte Motivationslagen, externe Förderung und/oder gegenseitige Nutzenerwartungen. Eine Energieregion ist ein „Handlungsraum für den Ausbau erneuerbarer Energien" (Keppler 2013, S. 49), in dem weitere Aspekte der Energiewende wie die Energieeinsparung eine Rolle spielen können.

Solche neuen Handlungsräume knüpfen in ihrem Zuschnitt oftmals an Landkreise an, können aber auch nur wenige Kommunen umfassen. Ihre Konstituierung kann sich *bottom-up* entwickeln oder aber *top-down* auf der Basis von staatlichen Impulsen. Beispiele waren die Förderinitiativen für 100ee-Regionen, für Bioenergie-Regionen oder für ‚Smart Energy Regions' durch Bundesministerien. Die Governance-Form der Konstituierung regionaler Handlungsräume ist in ihrem Erfolg aber in jedem Fall von der Initiative regionaler, insbesondere auch zivilgesellschaftlicher und unternehmerisch motivierter Akteure abhängig (Gailing und Röhring 2015). Die Handlungsräume bilden eine Klammer für Aktivitäten wie die Entwicklung von Energiekonzepten, Projektinvestitionen, Erfahrungs- und Informationsaustausch sowie die Erschließung von Partizipationsmöglichkeiten.

3.6 Governance von Medien, politischen Symbolen und symbolischen Orten

Die Governance von Medien und politischen Symbolen symbolisiert die Energiewende zunächst in nicht-materiellen Zeichen. Der ‚Ort', in dem die Governance wirksam wird, ist das jeweilige Medium. Politische Symbole zeichnen sich dadurch aus, dass ihre institutionellen Steuerungsleistungen bewusst zur Lenkung kollektiven Handelns eingesetzt werden. Die raumbezogene Governance der Energiewende zeichnet sich durch spezifische politische Symbole wie Logos, Labels oder propagierte Raumbilder aus. Bioenergieregionen, Bewegungen für die Rekommunalisierung von Energienetzen, Bürgerwindparks oder Bürgerinitiativen gegen den Netzausbau usw. verfügen oftmals über Logos, die ihre Intentionen zum Ausdruck bringen. Wenn geographische Namen mit Bezeichnungen wie ‚100ee-Region', ‚Bioenergiedorf', ‚Energieland' oder ‚Regionalwerk' verbunden werden, oder wenn Strom- und Wärmeprodukte mit Toponymen verbunden werden, so liegt ein ‚Labelling' vor. Um bei Steuerungsadressaten wirksam werden zu können, bedarf die Governance politischer Symbole einer Governance von vielfältigen Medien. Neben ihrer Vermittlungsfunktion kann Medien aber auch ein Eigenwert zukommen in dem Sinne, dass sie selbst zu einem politischen Symbol der Energiewende gemacht werden. Dies gilt etwa für die Homepages von Energiegenossenschaften oder Energieregionen. Dabei spielt der mediale Einsatz von Bildern eine wesentliche Rolle, mit denen ein bestimmtes hergebrachtes Raumbild geschützt oder ein neues Raumbild propagiert werden soll. Bürgerinitiativen im Widerstand gegen den Ausbau erneuerbarer Energien heben wertgeschätzte Landschaftsbilder wie Wälder oder Dorfansichten hervor (hierzu auch Roßmeier et al. 2018 in diesem Band). Für Projekte erneuerbarer Energien geht es dagegen um abstraktere Raumbilder, die auf Unabhängigkeit von größeren Raumeinheiten abzielen und auch zur symbolischen Inwertsetzung der entsprechenden Raumeinheit beitragen.

Besonders erfolgreich sind Formen der Governance von Medien und politischen Symbolen, wenn sie mit der Governance symbolischer Orte verbunden sind. Hierzu können Windparks, Solaranlagen oder Biogasanlagen zählen, die touristisch erschlossen oder über touristische Routen miteinander verbunden werden, aber auch andere Themenorte wie Energie-Kompetenzzentren, Energie-Kunstprojekte oder nach ästhetischen Kriterien gestaltete ‚Energielandschaften'. Auch der Protest gegen Anlagen erneuerbarer Energien oder den Netzausbau ist oftmals dann besonders erfolgreich, wenn er sich auf symbolische Orte wie den Schutz eines bestimmten Landschaftsraums konzentriert.

3.7 Governance der Konzeptentwicklung

Als ‚weiche' Typen formeller Institutionalisierungen dienen Policy-Dokumente wie Masterpläne, Entwicklungskonzepte oder Zielvereinbarungen der Politikformulierung. Im Zusammenhang mit der raumbezogenen Governance der Energiewende ist insbesondere der Typus des ‚Energiekonzepts' von Bedeutung. Dabei kann es sich ebenso um quartiers- oder dorfbezogene Konzepte wie auch um städtische, regionale oder landesweite Konzepte handeln. Ein wesentlicher Aspekt von Energiekonzepten ist die skalenbezogene Zusammenschau und Analyse der Datenbasis, da manche energiebezogenen Statistiken sich nicht auf den jeweils betrachteten Raumausschnitt beziehen. Die Policy-Dokumente dienen dann der Sicherung einer gemeinsamen und aktualisierten Wissensbasis, vor allem unter den beteiligten Expert(inn)en. Energiekonzepte gehen aber häufig darüber hinaus, indem Ziele des Ausbaus erneuerbarer Energien räumlich konkretisiert und indem notwendige Maßnahmen zur Zielerreichung und zur Einbindung relevanter Akteursgruppen definiert werden.

4 Ausblick

Die raumbezogenen Governance-Formen der Energiewende bauen in der Regel aufeinander auf. Sie sind allerdings in ihrer Gesamtheit nicht als ein holistisches Modell aufzufassen. Die Energiewende ist ein Transformationsprozess mit hoher Dynamik von politischen Zielen, technologischen Entwicklungen, individuellen Praktiken und gesellschaftlichen Veränderungen und führt daher auch zu einem Wandel der Governance-Formen und ihrer möglichen Kombinationen. Lokalen und regionalen Akteuren bleibt oftmals zumindest eine ‚Trial-and-error'-Strategie (Nadaï et al. 2015), ihre energiewirtschaftlichen und -politischen Interessen zu artikulieren und wahrzunehmen, die Unschärfen und fehlenden Prognostizierbarkeiten der Governance der Energiewende (Smith 2007) ernst zu nehmen und dabei die eigenen Handlungsspielräume zu nutzen und in raumbezogene Verfahren zu integrieren.

Für die weitere Governance-Forschung zur Energiewende erscheint es erforderlich, sich mit der allgemeinen Kritik an Governance-Forschung zu befassen. An erster Stelle sei hier der „Problemlösungsbias" (Mayntz 2005, S. 17) genannt: Ein Erkenntnisinteresse an Problemlösung führe zu der (impliziten) Unterstellung, dass es in der politischen Wirklichkeit immer um die Lösung kollektiver Probleme gehe, und zu dem funktionalistischen Fehlschluss, dass Organisationen im Interesse der Lösung kollektiver Probleme entstanden seien. Dies blendet Fragen nach der Problemdefinition, nach gesellschaftlichen Konflikten sowie nach Machtaspekten tendenziell aus. Damit ist der zweite Kritikpunkt angesprochen, nämlich eine „Blindheit für Macht- und Verteilungsfragen" (Offe 2008, S. 72). Macht wird – wenn überhaupt – als Mittel von Steuerung thematisiert, wenn sie durch hierarchische Formen des Regierens ausgeübt oder zumindest durch den ‚Schatten der Hierarchie' abgesichert wird. Besonders vielversprechend erscheint es, die Governance-Forschung mit Untersuchungen zur Gouvernementalität der Energiewende zu konfrontieren (dazu Leibenath und Lintz 2018 in diesem Band). Dies würde bedeuten, Macht als Fähigkeit aufzufassen, die anderen über Distanzen – zum Beispiel über Diskurse oder Institutionen – zum Handeln zu bringen und Einfluss auf die Selbstbeschreibungen und -wahrnehmungen der Subjekte zu nehmen.

Die vorgelegte Typologie der Governance-Formen bietet hier Ansätze für künftige Forschungen, indem beispielsweise gefragt werden kann, wie die Governance politischer Symbole in Energieregionen oder Bioenergiedörfern zu veränderten Subjektivierungen führt, inwieweit der Widerstand gegen Energieprojekte als Reaktion auf veränderte Raumbilder verstanden werden kann oder welche Machtwirkungen von Energiekonzepten mit ihren Statistiken, Zielen und Handlungsvorschlägen auf die Subjekte in einer Stadt oder eine Region ausgehen. Ansatzpunkte hierfür bieten etwa die Forschungen zu Gouvernementalitäten in der Klimapolitik (Bulkeley et al. 2016).

Literatur

Bache, I., & Flinders, M. (2004). Themes and Issues in Multi-level Governance. In I. Bache, & M. Flinders (Hrsg.), *Multi-level Governance* (S. 1–14). Oxford: Oxford University Press.

Bäckstrand, K., Khan, J., Kronsell, A., & Lövbrand, E. (Hrsg.) (2010). *Environmental politics and deliberative democracy: examining the promise of new modes of governance.* Cheltenham: Edward Elgar.

Bauriedl, S. (2016). Formen lokaler Governance für eine dezentrale Energiewende. *Geographische Zeitschrift* 104 (2), 72–91.

Becker, S., & Naumann, M. (2017). Rescaling Energy? Räumliche Neuordnungen in der deutschen Energiewende. *Geographica Helvetica* 72, 329–339.

Becker, S., & Naumann, M. (2018). Energiekonflikte erkennen und nutzen. In O. Kühne, & F. Weber (Hrsg.), *Bausteine der Energiewende* (S. 509–522). Wiesbaden: Springer VS.

Becker, S., Bues, A., & Naumann, M. (2016). Zur Analyse lokaler energiepolitischer Konflikte. Skizze eines Analysewerkzeugs. *Raumforschung und Raumordnung* 74 (1), 39–49.

Benz, A. (2004). Einleitung: Governance – Modebegriff oder nützliches sozialwissenschaftliches Konzept? In A. Benz (Hrsg.), *Governance – Regieren in komplexen Regelsystemen. Eine Einführung* (S. 11–28). Wiesbaden: VS Verlag.

Blatter, J. (2005). Metropolitan Governance in Deutschland: Normative, utilitaristische, kommunikative und dramaturgische Ansätze. *Swiss Political Science Review* 11 (1), 119–155.

Brunnengräber, A., Dietz, K., Hirschl, B., & Walk, H. (2004). *Interdisziplinarität in der Governance-Forschung.* Berlin: IÖW.

Bues, A., & Gailing, L. (2016). Energy Transitions and Power: Between Governmentality and Depoliticization. In L. Gailing, & T. Moss (Hrsg.), *Conceptualizing Germany's Energy Transition: Institutions, Materiality, Power, Space* (S. 69–91). London: Palgrave Macmillan.

Bulkeley, H., Paterson, M., & Stripple, J. (Hrsg.) (2016). *Towards a Cultural Politics of Climate Change: Devices, Desires and Dissent.* Cambridge: Cambridge University Press.

Canzler, W., Gailing, L., Grundmann, P., Schill, W.-P., Uhrlandt, D., & Rave, T. (2016). Auf dem Weg zum (de)zentralen Energiesystem? Ein interdisziplinärer Beitrag zu wesentlichen Debatten. *Vierteljahrshefte zur Wirtschaftsforschung* 85 (4), 127–159.

Christopoulos, S., Horvath, B., & Kull, M. (2012). Advancing the governance of cross-sectoral policies for sustainable development. A metagovernance perspective. *Public Administration and Development* 32 (3), 305–323.

Diller, C. (2016). Die „Zweite Generation". Zum Stand und zu den Perspektiven der theorie-basierten Regional-Governance-Forschung in Deutschland. *disP – The Planning Review* 52 (3), 16–31.

Eichenauer, E., Reusswig, F., Meyer-Ohlendorf, L., & Lass, W. (2018). Bürgerinitiativen gegen Windkraftanlagen und der Aufschwung rechtspopulistischer Bewegungen. In O. Kühne, & F. Weber (Hrsg.), *Bausteine der Energiewende* (S. 633–651). Wiesbaden: Springer VS.

Fürst, D. (2001). Regional governance – ein neues Paradigma der Regionalwissenschaften? *Raumforschung und Raumordnung* 59 (5-6), 370–380.

Gailing, L. (2014). *Kulturlandschaftspolitik: Die gesellschaftliche Konstituierung von Kulturlandschaft durch Institutionen und Governance.* Detmold: Rohn.

Gailing, L., & Moss, T. (Hrsg.) (2016). *Conceptualizing Germany's Energy Transition: Institutions, Materiality, Power, Space.* London: Palgrave Macmillan.

Gailing, L., & Röhring, A. (2015). Was ist dezentral an der Energiewende? Infrastrukturen erneuerbarer Energien als Herausforderungen und Chancen für ländliche Räume. *Raumforschung und Raumordnung*, 73 (1), 31–43.

Gawel, E., & Strunz, S. (2016). Dezentrale Energiepolitik – Eine fiskalföderalistische Perspektive für den deutschen Stromsektor. *Vierteljahrshefte zur Wirtschaftsforschung* 85 (4), 29–40.

Jessop, B. (2002). Governance and meta-governance in the face of complexity: on the roles of requisite variety, reflexive observation and romantic irony in participatory governance. In H. Heinelt, P. Getimis, G. Kafkalas, R. Smith, & E. Swyngedouw (Hrsg.), *Participatory governance in multi-level context: concepts and experience* (S. 33–58). Opladen: Leske + Budrich.

Keppler, D. (2013). *Handlungsmöglichkeiten regionaler Akteure beim Ausbau erneuerbarer Energien. Grenzen regionalwissenschaftlich fundierter Empfehlungen und Erweiterungsmöglichkeiten durch techniksoziologische Konzepte.* http://dx.doi.org/10.14279/depositonce-3579.

Klagge, B. (2013). Governance-Prozesse für Erneuerbare Energien – Akteure, Koordinations- und Steuerungsstrukturen. In B. Klagge, & C. Arbach (Hrsg.), *Governance-Prozesse für erneuerbare Energien* (S. 7–16). Hannover: Verlag der ARL.

Kühne, O., & Weber, F. (2017). Conflicts and negotiation processes in the course of power grid extension in Germany. *Landscape Research.* http://dx.doi.org/10.1080/01426397.2017.1300639.

Lange, S., & Schimank, U. (2004). Governance und gesellschaftliche Integration. In S. Lange, & U. Schimank (Hrsg.), *Governance und gesellschaftliche Integration* (S. 9–44). Wiesbaden: VS Verlag.

Leibenath, M. (2013). Energiewende und Landschafts-Governance: Empirische Befunde und theoretische Perspektiven. In L. Gailing, & M. Leibenath (Hrsg.), *Neue Energielandschaften – Neue Perspektiven der Landschaftsforschung* (S. 45–63). Wiesbaden: Springer VS.

Leibenath, M., & Lintz, G. (2018). Streifzug mit Michel Foucault durch die Landschaften der Energiewende: Zwischen Government, Governance und Gouvernementalität. In O. Kühne, & F. Weber (Hrsg.), *Bausteine der Energiewende* (S. 91–107). Wiesbaden: Springer VS.

Mayntz, R. (2005). Governance Theory als fortentwickelte Steuerungstheorie? In G. F. Schuppert (Hrsg.), *Governance-Forschung. Vergewisserung über Stand und Entwicklungslinien* (S. 11–20). Baden-Baden: Nomos.

Moss, T., Becker, S. & Naumann, M. (2015). Whose energy transition is it, anyway? Organization and ownership of the Energiewende in villages, cities and regions. *Local Environment* 20 (12), 1547–1563.

Nadaï, A., Labussière, O., Debourdeau, A., Régnier, Y., Cointe, B., & Dobigny, L. (2015). French policy localism: Surfing on ‚Positive Energie Territories' (Tepos). *Energy Policy* 78, 281–291.

Offe, C. (2008). Governance – ‚Empty signifier' oder sozialwissenschaftliches Forschungsprogramm? In G. F. Schuppert, & M. Zürn (Hrsg.), *Governance in einer sich wandelnden Welt* (S. 61–76). Wiesbaden: VS Verlag.

Ohlhorst, D. (2015). Germany's energy transition policy between national targets and decentralized responsibilities. *Journal of Integrative Environmental Sciences* 12 (4), 303–322.

Monstadt, J. (2004). *Die Modernisierung der Stromversorgung. Regionale Energie- und Klimapolitik im Liberalisierungs- und Privatisierungsprozess.* Wiesbaden: VS Verlag.

Pierre, J., & Peters, B. G. (2003). *Governance, Politics and the State.* New York: St. Martin's Press.

Radtke, J. (2016). Energiewende in der Verflechtungsfalle: Chancen und Grenzen von Partizipation und bürgerschaftlichem Engagement in der Energiewende. *Vierteljahrshefte zur Wirtschaftsforschung* 85 (4), 75–88.

Roßmeier, A., Weber, F., & Kühne, O. (2018). Wandel und gesellschaftliche Resonanz – Diskurse um Landschaft und Partizipation beim Windkraftausbau. In O. Kühne, & F. Weber (Hrsg.), *Bausteine der Energiewende* (S. 653–679). Wiesbaden: Springer VS.

Sielker, F., Kurze, K., & Göler, D. (2018). Governance der EU Energie(außen)politik und ihr Beitrag zur Energiewende. In O. Kühne, & F. Weber (Hrsg.), *Bausteine der Energiewende* (S. 249–269). Wiesbaden: Springer VS.

Smith, A., (2007). Emerging in between: the multi-level governance of renewable energy in the English regions. *Energy Policy* 35 (12), 6266–6280.

Sontheim, T., & Weber, F. (2018). Erdverkabelung und Partizipation als mögliche Lösungswege zur weiteren Ausgestaltung des Stromnetzausbaus? Eine Analyse anhand zweier Fallstudien. In O. Kühne, & F. Weber (Hrsg.), *Bausteine der Energiewende* (S. 609–630). Wiesbaden: Springer VS.

Williamson, O. E. (1979): Transaction-Cost Economics: The Governance of Contractual Relations. *Journal of Law and Economics* 22 (2), 233–261.

Zürn, M. (2008). Governance in einer sich wandelnden Welt – eine Zwischenbilanz. In G. F. Schuppert, & M. Zürn (Hrsg.), *Governance in einer sich wandelnden Welt* (S. 553–580). Wiesbaden: VS Verlag.

Ludger Gailing arbeitet als kommissarischer Abteilungsleiter der Forschungsabteilung ‚Institutionenwandel und regionale Gemeinschaftsgüter' am Leibniz-Institut für Raumbezogene Sozialforschung (IRS) in Erkner. Er studierte Raumplanung in Dortmund und Grenoble und ist seit 2003 am IRS beschäftigt. 2017 war er als Gastwissenschaftler an der University of Durham (UK) tätig. Seine Forschungen beschäftigen sich mit Geographien der Energiewende, mit der Analyse von Gouvernementalitäten und Governance-Formen in Bezug auf Kulturlandschaften und Infrastrukturen sowie mit dem institutionellen Wandel regionaler Steuerung. Dabei wendet er konzeptionelle Ansätze der Humangeographie sowie der Sozial- und Politikwissenschaften an und entwickelt sie gegenstandsbezogen weiter. Forschungsschwerpunkte umfassen die Energiewende und ihre Implikationen für lokale und regionale Energie-Governance, neue Energieräume sowie Konstruktion und Wandel von Kulturlandschaften.

Streifzug mit Michel Foucault durch die Landschaften der Energiewende: Zwischen Government, Governance und Gouvernementalität[1]

Markus Leibenath und Gerd Lintz

Abstract

Die Energiewende verändert Landschaften. Die Forschung dazu aus politikwissenschaftlicher und steuerungstheoretischer Sicht hat zugenommen, beschränkt sich jedoch oft auf monoperspektivische Ansätze. Ziel des Beitrags ist es deshalb, einen multiperspektivischen Ansatz bereitzustellen, um die Landschaften der Energiewende und ihre Entstehung umfassender zu analysieren und zu verstehen. Dabei greifen wir auf das so genannte Triple-G-Modell zurück, das Arts und Visseren-Hamakers (2012) vorgeschlagen haben. Der Name ‚Triple G' bezieht sich auf die drei Perspektiven Government, Governance und Gouvernementalität, die sich in den Kontext von Landschaftspolitik stellen lassen. Von besonderer Bedeutung sind dabei die Arbeiten von Michel Foucault. Sein Denken kommt in zweifacher Hinsicht zum Tragen: Erstens zeigen wir auf, welche Erkenntnisse zu den Landschaften der Energiewende aus einer Gouvernementalitäts-Perspektive und den beiden anderen Perspektiven zu gewinnen sind. Zweitens – und grundlegender – folgen wir Foucaults konstruktivistischer Forschungshaltung. Nachdem die Windenergielandschaften in Deutschland beispielhaft entsprechend den Perspektiven Government, Governance und Gouvernementalität analysiert wurden, vergleichen wir die Zugänge und identifizieren Schnittstellen.

Keywords

Windenergie, Entscheidungsprozesse, Regionalplanung, Planungstheorie, Gouvernementalität, Macht, Politikberatung.

---

[1] Bei diesem Beitrag handelt es sich um die gekürzte und überarbeitete Version eines Artikels, der 2017 unter der Überschrift *„Understanding ‚landscape governance': the case of wind energy landscapes in Germany"* in der Zeitschrift *„Landscape Research"* erschienen ist (Leibenath und Lintz 2017).

1 Energiewende, Landschaften und Foucault

Die Energiewende ist in Deutschland seit 2011 offizielles Regierungsprogramm (BMWi und BMU 2011). Begonnen hatte sie jedoch als ein subkulturelles, alternatives Projekt, dessen Ursprünge bis in die 70er und 80er Jahren des vorigen Jahrhunderts zurückreichen (Heinrich Böll Stiftung 2014; Quitzow et al. 2016; hierzu auch Kühne und Weber 2018 in diesem Band). Auch wenn ‚Energiewende' kein eindeutiger, klar umrissener Begriff ist, transportiert er einige konstante Grundanliegen: Ausstieg aus der zivilen Nutzung der Atomenergie, Verringerung des Energiebedarfs und verstärkte Nutzung erneuerbarer Energien. Letztere spielen bislang vor allem bei der Stromerzeugung eine immer größere Rolle, aber kaum im Verkehrsbereich oder bei der Wärmeversorgung. Deswegen stellt die deutsche Energiewende in ihrer bisherigen Ausprägung in erster Linie eine „Stromwende" (Canzler 2015, o. S.) dar.

Anlagen zur Erzeugung und Leitung elektrischer Energie aus erneuerbaren Quellen haben das physische Erscheinungsbild von Landschaften in den letzten Jahren teilweise drastisch verändert. Landschaften werden – fast schon im wörtlichen Sinne – „unter Strom" (Leibenath 2013c, S. 7) gesetzt und wandeln sich in neuartige Energielandschaften[2] (vgl. auch Hook 2018; Linke 2018; Sontheim und Weber 2018 in diesem Band). Dabei handelt es sich um Gebiete, die beispielsweise von Windenergie-, Biomasse- und Solaranlagen dominiert werden und 2010 bereits einen Anteil von gut 13 Prozent an der Gesamtfläche eingenommen haben (Schmidt et al. 2014, S. 27).

Was hat nun Michel Foucault, der 1984 verstorbene französische Philosoph, Psychologe und Soziologe, mit der deutschen Energiewende und ihren Landschaften zu tun? – Foucault hat sich mit so verschiedenartigen Feldern wie dem Bestrafungs- und Gefängniswesen, der Psychiatrie, Wirtschaftsordnungen und dem gesellschaftlichen Umgang mit Sexualität beschäftigt, aber unseres Wissens nach nicht mit dem Energiesektor und nur randlich mit Räumen oder Landschaften. Neben seinen empirischen Untersuchungen sind es jedoch vor allem Foucaults theoretisch-konzeptionelle Überlegungen, die heute noch als Inspirationsquelle dienen können. Auf den ersten Blick ist die Vielzahl von Konzepten und Begriffen, die Foucault geprägt und im Laufe seines Schaffens häufig umgedeutet und weiterentwickelt hat, verwirrend: Dispositiv, Diskurs, archäologische Methode, Führung, Selbsttechniken und etliche weitere (vgl. die Überblicksdarstellungen in Andersen 2003; Kleiner 2001; Strüver 2009; Winkel 2012).

Im Folgenden interessieren uns hauptsächlich Foucaults Ideen zu Fragen des Regierens und der Macht, und zwar insbesondere in Verbindung mit seinem Konzept der Gouvernementalität (Foucault 1979). Es geht uns jedoch nicht allein um Foucault.

---

2 Diese Energielandschaften sind nicht zwangsläufig „*landscapes of carbon-neutrality*" (Selman 2010, S. 151), weil der Kohlendioxidausstoß pro Kopf in Deutschland nach wie vor ein Vielfaches der Menge beträgt, die tolerierbar wäre, um die menschengemachte Erderwärmung zu verringern oder gar zu stoppen.

Ziel des Beitrags ist es vielmehr, einen multiperspektivischen Ansatz bereitzustellen, um die Landschaften der Energiewende und ihre Entstehung zu analysieren und zu verstehen. Dabei greifen wir auf das so genannte Triple-G-Modell zurück, das Arts und Visseren-Hamakers (2012) vorgeschlagen haben. Der Name ‚Triple G' bezieht sich auf die drei Perspektiven Government, Governance und Gouvernementalität. Grob gesagt handelt es sich um einen politikwissenschaftlichen, steuerungstheoretischen Zugang, der sich in den Kontext von Landschaftspolitik stellen lässt (Leibenath 2017; Leibenath und Lintz 2017). Foucaults Denken kommt dabei in zweifacher Hinsicht zum Tragen: Erstens zeigen wir auf, welche Erkenntnisse zu den Landschaften der Energiewende aus einer Gouvernementalitäts-Perspektive und den beiden anderen Perspektiven zu gewinnen sind. Zweitens – und grundlegender – folgen wir Foucaults konstruktivistischer Forschungshaltung. Demnach sind politische Probleme, Handlungslogiken, Akteur(inn)en und Landschaften nicht einfach ‚da', sondern bilden kontingente, also ‚gemachte' Phänomene, die stets vor dem Hintergrund konkreter zeitlich-räumlicher Rahmenbedingungen untersucht werden müssen. Welche Phänomene dabei in welcher Weise zu Tage treten und analysiert werden, hängt von der gewählten Perspektive und den beobachtenden Personen ab.[3]

Nach einer kurzen Einführung in das Triple-G-Modell (Kap. 2.1) stellen wir die Perspektiven Government, Governance und Gouvernementalität näher vor und veranschaulichen die jeweiligen Erkenntnismöglichkeiten mit Beispielen aus dem Bereich der Windenergienutzung in Deutschland (Kap. 2.2–2.4). Schließlich vergleichen wir die Zugänge und gehen auf mögliche Schnittstellen ein – Schnittstellen zwischen den drei Perspektiven sowie zwischen dieser Art von Forschung und der Politik- und Gesellschaftsberatung (Kap. 3).

2 Windenergielandschaften im Fokus von Government, Governance und Gouvernementalität

2.1 Das Triple-G-Modell

Wie in den anderen Beiträgen dieses Bandes deutlich wird, kommen bei der Energiewende unterschiedliche Steuerungsansätze und -formen zum Tragen: Gesetze und sonstige formale Institutionen, freiwillige Kooperationen und Netzwerke zwischen zivilgesellschaftlichen, staatlichen, privatwirtschaftlichen und weiteren Akteur(inn)en sowie eher subtile, aber deswegen nicht weniger machtvolle Formen der Beeinflussung, die unter anderem mit sprachlichen Rahmungen, vorherrschenden Rollenmustern und politischen Ideen zusammenhängen (hierzu auch Dorda 2018; Hook 2018; Mandel 2018; Moning 2018 in diesem Band). In der politischen Praxis sind die-

---

[3] Zu dieser und weiteren Prämissen konstruktivistischer, interpretativer Landschaftsforschung vgl. Leibenath (2013b).

Abbildung 1 Theoretische Perspektiven auf Landschafts-Governance

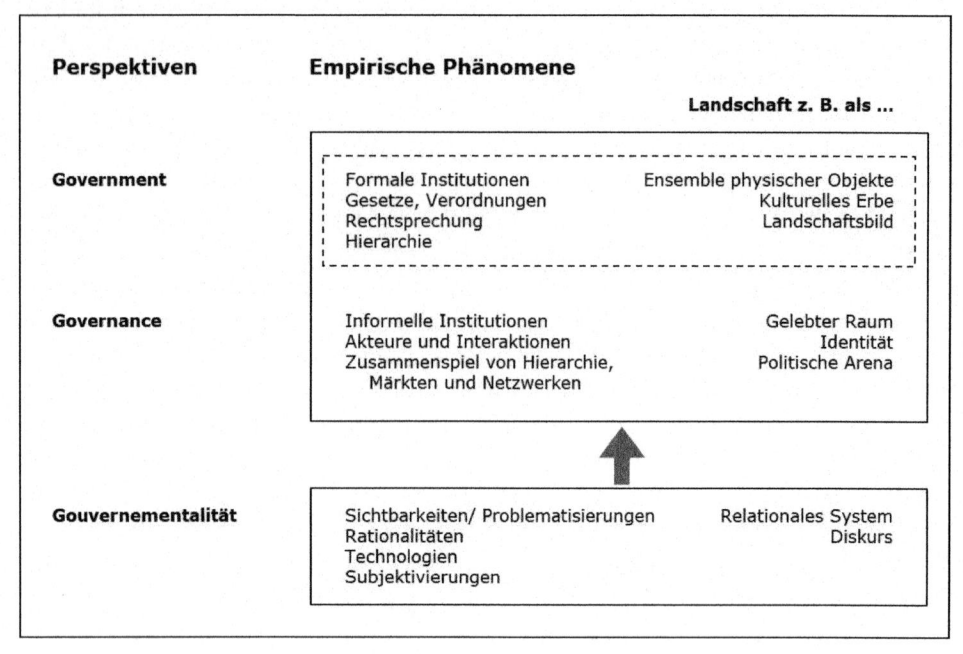

Perspektiven	Empirische Phänomene	
		Landschaft z. B. als ...
Government	Formale Institutionen Gesetze, Verordnungen Rechtsprechung Hierarchie	Ensemble physischer Objekte Kulturelles Erbe Landschaftsbild
Governance	Informelle Institutionen Akteure und Interaktionen Zusammenspiel von Hierarchie, Märkten und Netzwerken	Gelebter Raum Identität Politische Arena
Gouvernementalität	Sichtbarkeiten/ Problematisierungen Rationalitäten Technologien Subjektivierungen	Relationales System Diskurs

Quelle: Leibenath und Lintz 2017

se Mechanismen miteinander verbunden und wirken zusammen. Zu analytischen Zwecken kann es jedoch sinnvoll sein, die Betrachtungsebenen oder -richtungen zu unterscheiden, bevor wir in Kapitel 3 näher auf die Berührungspunkte und die Möglichkeiten einer Integration eingehen.

Ein nützliches heuristisches Werkzeug auf dem Weg zu solch einer differenzierten Betrachtung ist das Triple-G-Modell, das wir – ausgehend von Arts und Visseren-Hamakers (2012) – für unsere Zwecke adaptiert haben. In dem Modell wird zwischen den drei Perspektiven Government, Governance und Gouvernementalität unterschieden. Jede Perspektive rückt spezifische empirische Phänomene in den Vordergrund. Auch die Antworten auf die Frage, was Landschaften sind oder als was sie gesehen werden, gehen deutlich auseinander (s. Abb. 1).

In den folgenden drei Unterkapiteln erläutern wir die Perspektiven und zeigen, wie sie für die wissenschaftliche Auseinandersetzung mit den Landschaften der Energiewende fruchtbar gemacht werden können.

2.2 Die Government-Perspektive

Der Begriff Government wird oft als Negativfolie verwendet, gegenüber der das Konzept von Governance abgegrenzt wird (z. B. Rhodes 1997; Torfing et al. 2012, S. 2). Governance-Theoretiker sehen in Government eher ein bipolares Modell, in dem sich Zentralregierung und Regierte in einem hierarchischen Verhältnis gegenüber stehen (Griffin 2012, S. 210; Gualini 2010, S. 59). Macht gilt als zentralisiert und es können – sobald die Regierung gewählt ist – im Zuge des Regierens verschiedene Instrumente, zum Beispiel Ge- und Verbote, eingesetzt werden. Außerdem wird davon ausgegangen, dass keine weitreichenden Koordinationsprozesse zwischen Regierung und Regierten nötig sind. Stattdessen gelte es, Experten einzubeziehen, um die Qualität der Entscheidungen zu verbessern. Government richtet sich folglich primär auf staatliche Institutionen und staatliches Handeln (Jordan 2008, S. 21), das durch den formalen institutionellen Rahmen, also Verfassung und Gesetze, geprägt ist. Dies schließt Parlament und Rechtsprechung mit ein.

Aus dieser Perspektive werden Landschaften durch formale Institutionen konstituiert. Je nachdem, welche Regelungen in einer konkreten Situation relevant sind, können Landschaften verstanden werden

- als ein Ensemble physischer Objekte wie Boden, Pflanzen und Tiere (z. B. im Bundesnaturschutzgesetz)
- als ein Teil des kulturellen Erbes (z. B. in einem UVP-Leitfaden) oder
- als Landschaftsbild (z. B. im Gründungsdokument eines Nationalparks).

Auf diese Weise sind Landschaften weitgehend auf justiziable Definitionen eingeengt. Die entsprechende Beurteilung muss von Experten durchgeführt werden. Dadurch stehen Ansätze im Vordergrund, in denen Landschaften als etwas Objektives angesehen werden (Jones 1991, S. 241).

Im Zusammenhang mit dem Ausbau der Windenergie gibt es in Deutschland viele Beispiele dafür, dass Landschaften auf diese Weise konstituiert werden. Zwei seien hier kurz vorgestellt: das Baugesetzbuch (BauGB) und der Sächsische Landesentwicklungsplan (SMI 2013). Das BauGB beinhaltet das Ziel, das Landschaftsbild zu erhalten und zu entwickeln und eventuelle erhebliche Beeinträchtigungen auszugleichen. Deshalb ist das Bauen im so genannten Außenbereich nur dann erlaubt, wenn dem Vorhaben keine öffentlichen Belange entgegenstehen und es zu den privilegierten Vorhaben gemäß § 35 Abs. 1 BauGB gehört. Dies gilt unter anderem für Windenergieanlagen. Allerdings kann die Genehmigung versagt werden, wenn das Projekt „das Orts- und Landschaftsbild verunstaltet" (§ 35 Abs. 3 Nr. 5 BauGB). Oft entscheiden die Gerichte, ob ein Windpark eine solche Verunstaltung verursacht. Die Gerichtsurteile fußen auf vielen Kriterien wie etwa der Frage, ob ein Bauvorhaben aus ästhetischer Sicht grob unangemessen ist und ob es von einem für ästhetische Eindrücke offenen Betrachter als belastend empfunden werden würde (Scheidler 2010, S. 527).

Eine andere Möglichkeit, Windturbinen in bestimmten Gebieten zu konzentrieren, ergibt sich aus dem Planvorbehalt nach § 35 Abs. 3 Satz 3 BauGB. Demnach können Flächen für Windenergieanlagen im Flächennutzungsplan oder als Ziele der Raumordnung ausgewiesen werden, beispielsweise mithilfe von Vorrang- und Eignungsgebieten. Der sächsische Landesentwicklungsplan (SMI 2013) ist ein Beispiel dieser Form der gesetzlichen Raumordnung. Er ist bindend für Behörden und Planungsträger auf regionaler und gemeindlicher Ebene. Unter anderem enthält er die Vorgabe, genügend Vorrang- und Eignungsgebiete auszuweisen, um die Ziele des sächsischen Energie- und Klimaprogramms (SMWA und SMUL 2013) für den Windkraftausbau zu erreichen. Der Landesentwicklungsplan stuft Windenergieprojekte aber auch als „Eingriff" in die Landschaft ein (SMI 2013). Deshalb sieht der Plan vor, Windkraftanlagen in besonders schutzwürdigen Landschaften zu vermeiden und in solchen Landschaften zu konzentrieren, die weniger schützenswert oder bereits technogen vorbelastet sind (SMI 2013).

Sowohl im BauGB als auch im sächsischen Landesentwicklungsplan werden Landschaften somit als etwas Wertvolles und Schützenswertes betrachtet, soweit sie nicht schon wesentlich verunstaltet worden sind. In beiden Fällen wird nicht gefragt, wie Landschaften von Bewohnern oder Besuchern wahrgenommen werden. Im Vordergrund stehen vielmehr die Einschätzungen von Experten.

2.3 Die Governance-Perspektive

Während sich die Idee von Government auf vertikale Beziehungen und hierarchische Koordination zwischen Regierenden und Regierten bezieht, hebt Governance die Vielfalt politischer Akteure hervor, die auf vielfältige Weise miteinander interagieren (Torfing et al. 2012). Aus dieser Perspektive scheint sich die Unterscheidung zwischen Regierenden und Regierten aufzulösen, da Letztere immer stärker in die politische Entscheidungsfindung einbezogen werden (Kilper 2010, S. 11; hierzu auch Gailing 2018 in diesem Band). Governance-Forscher(innen) betonen die Existenz mehrerer politisch-administrativer Ebenen, aus denen Multilevel-Governance entsteht. Zugleich sind diese Ebenen in der Regel entlang von sektoralen Politikfeldern organisiert. Außerdem kann eine Vielzahl unterschiedlicher Typen von Akteur(inn)en beteiligt sein, etwa aus Zivilgesellschaft und Unternehmen. Im Zusammenhang mit Governance werden insbesondere informelle, nicht direkt durch Gesetze geregelte Interaktionen und Institutionen beachtet. Oft stehen freiwillige Kooperationen in Netzwerken und Win-Win-Situationen im Vordergrund, wobei Akteure miteinander verhandeln, die über eine gewisse Handlungsautonomie verfügen. Zumeist sind die Anreize für Kooperation jedoch niedrig, etwa im Falle schwieriger Konflikte. Dann kann die staatliche Regierung den Akteuren auch mit ihrer (verbleibenden) Macht drohen, bestimmte Lösungen durchzusetzen. Dieser „Schatten der Hierarchie"[4] (Jessop 2002, S. 56) befördert dann eine informelle Einigung.

Landschaften können einerseits Produkt und andererseits Auslöser oder Verstärker von Governance-Netzwerken sein (Fürst et al. 2008, S. 11-13). Landschaft ist dann das Produkt einer Kooperation, wenn verschiedene Akteure ein Netzwerk bilden, um beispielsweise landschaftsbasierten Tourismus zu fördern oder ein Infrastrukturprojekt zu verhindern, das die Landschaft beeinträchtigen würde. Umgekehrt können Landschaften zum Anlass werden, netzwerkartige Governance-Strukturen zu etablieren, etwa wenn die Akteure sich mit der Landschaft und ihrem ‚sense of place' (Muir 1999, S. 272) identifizieren.

Der Zusammenhang zwischen Windenergie, Raumplanung und Landschaft in Deutschland lässt sich auch aus der Governance-Perspektive analysieren. Es gibt zum Beispiel viele Kommunen und Regionen, die es sich zum Ziel gesetzt haben, ihre Energie zu 100 Prozent aus erneuerbaren Ressourcen, einschließlich Windenergie, zu gewinnen. Solche Initiativen beruhen in der Regel auf informellen Netzwerken von öffentlichen Behörden, Kraftwerksbetreibern, Bürgern und Unternehmen, oft ergänzt durch Planungsstellen, Verbände, Beratungsbüros, Wissenschaftler und Journalisten. Diese Formen von Governance sind meistens motiviert durch das Ziel, den Klimawandel zu stoppen, die Nutzung regenerativer Energien zu fördern und die regionale Wirtschaft zu unterstützen. Die Veränderung von Landschaften ist dabei ein mehr oder weniger unbeabsichtigter Nebeneffekt (Leibenath 2013a).

Bei einem anderen Typ von Governance-Netzwerk stehen hingegen Landschaften im Vordergrund: Anti-Windkraft-Initiativen, deren Mitglieder die durch Windkraftanlagen verursachten Landschaftsveränderungen beklagen. In der sächsischen Planungsregion Oberes Elbtal/Osterzgebirge beschrieben Windkraft-Gegner den potentiellen Standort einer Windfarm als „unsere wunderbare Landschaft", „unberührt", „eine der wenigen unzerschnittenen Räume mit wenig Verkehr", „einzig" und „Heimat". Vertreter mehrerer solcher Initiativen diskutierten auf Einladung der regionalen Planungsstelle in einer Arbeitsgruppe mit Windkraft-Befürwortern über die Kriterien, nach denen Vorrang- und Eignungsgebiete für Windkraft ausgewiesen werden sollen (Leibenath et al. 2016).

Es gibt auch Fälle, in denen noch expliziter um Landschaften gestritten wird und in denen die öffentliche Diskussion eine sehr große Rolle spielt. In der nordhessischen Stadt Wolfhagen charakterisierten die Gegner eines Windparks den potenziellen Standort in gleicher Weise wie die Windkraft-Gegner in Sachsen. Die Befürworter stellten jedoch explizit heraus, dass sie die betroffene Landschaft gerade nicht für schützenwert hielten: Sie sei ohnehin nur ein kommerzieller Forst, der vom letzten Wirbelsturm verwüstet wurde. So korrespondierte die Vorstellung von Landschaft mit der Haltung gegenüber dem Windkraftprojekt (Leibenath und Otto 2014).

---

4 Zitate aus fremdsprachigen Quellen haben wir ins Deutsche übersetzt.

Hervorzuheben bleibt mit Blick auf die genannten Beispiele, dass sich Governance innerhalb des formellen institutionellen Rahmens abspielt, der auf europäischer, Bundes- und Landesebene definiert wird. Insofern sind hier auch Strukturen von Multilevel-Governance angesprochen. Schließlich ist auf die Rolle der Gerichte hinzuweisen. Selbst bei informellen Kooperationen und Verhandlungen in Netzwerken kann Uneinigkeit zu Rechtsstreitigkeiten führen.

2.4 Die Gouvernementalitäts-Perspektive

Sowohl bei der Government- als auch der Governance-Perspektive wird davon ausgegangen, dass es mehr oder weniger dringliche Probleme gibt, die mit bestimmten Akteuren, Handlungsweisen und nicht zuletzt auch Landschaften zusammenhängen. Wenn man sich hingegen die Gouvernementalitäts-Perspektive zu eigen macht, werden diese Aspekte aus einem anderen Blickwinkel betrachtet und ihrer Selbstverständlichkeit entledigt. Gouvernementalitäts-Forscher(innen) sind bestrebt, die Entstehung, die Kontextgebundenheit und die Machteffekte politischer Problembeschreibungen, Rationalitäten und Technologien des Regierens sowie etablierter Akteursidentitäten und Landschaften offenzulegen und so der Kritik zugänglich zu machen.

Eine Problembeschreibung – oder Problematisierung – bewirkt, dass ein Phänomen überhaupt erst als Problem charakterisiert und zu einem Objekt des Regierens gemacht wird. Problematisierungen erzeugen Sichtbarkeit, indem sie bestimmte Aspekte hervorheben und andere in den Hintergrund treten lassen (Dean 2010; Hutter et al. 2014). Schaut man von dieser Warte auf Kontroversen um Windenergie und die entsprechenden Energielandschaften, so ist zu fragen, welche Problematisierungen hier im Spiel sind. Für manche Menschen besteht die Herausforderung darin, das vertraute Erscheinungsbild von Landschaften davor zu bewahren, durch ‚monströse Windräder verunstaltet' zu werden. Eng damit verzahnt ist zumeist das Anliegen, bestimmte Tierarten vor Beeinträchtigungen zu schützen. Protest gegen Windenergieanlagen kann sich jedoch auch aus dem Bewusstsein für Probleme unzureichender Selbstbestimmung und Beteiligung speisen. Im Gegensatz dazu stellen Befürworter von Windkraftanlagen häufig das Problem der Erderwärmung in den Vordergrund. Die kontinuierliche Veränderung von Kulturlandschaften betrachten sie als historische Konstante, in die sich Windkraftanlagen bruchlos einfügen. Mitarbeiter(innen) von Planungsbehörden wiederum beziehen sich häufig auf eine weitere Problematisierung. Für sie geht es darum, beispielsweise bei der Ausweisung von Vorrang- und Eignungsgebieten für die Windenergienutzung alle politischen und rechtlichen Vorgaben umzusetzen, um zu gerichtsfesten Planungsdokumenten zu gelangen.

Problematisierungen gehen Hand in Hand mit Rationalitäten des Regierens. Nach Dean (2010, S. 18 f.) sind damit Denkweisen gemeint, aus denen auf „möglichst klare, systematische und explizite Weise hervorgeht, […] wie die Dinge sind oder sein sollten". Dabei handelt es sich um „veränderliche diskursive Felder, innerhalb derer die Ausübung von Macht konzipiert wird – in Verbindung mit moralischen Begründungen für bestimmte Arten der Machtausübung durch diverse Instanzen [sowie] bestimmten Ideen davon, welche Formen, Gegenstände und Grenzen politischen Handelns geboten sind" (Rose und Miller 1992, S. 175). Im Hinblick auf Windenergielandschaften ist es interessant, die Rationalitäten des Planens und Entscheidens zu betrachten, die sich in Gesetzen, Leitfäden sowie konkreten Praktiken und Routinen niederschlagen. Konflikte um Windenergievorhaben können beispielsweise in beteiligungsorientierte Verfahren in Verbindung mit freiwilligen, netzwerkbasierten Ansätzen münden (Leibenath et al. 2016) oder aber in eher technokratische, expertenbasierte und formalisierte Verfahren.

Eine weitere zentrale Kategorie der Gouvernementalitäts-Forschung sind Subjektivierungen in Verbindung mit so genannten Technologien. Damit sind einerseits Technologien des Regierens gemeint, über die kollektiv geteilte Subjektpositionen oder Rollenmuster hervorgebracht und transportiert werden und denen sich das Individuum kaum entziehen kann. Und andererseits geht es um Technologien des Selbst, über die bestimmte Subjektpositionen individuell angeeignet und gelebt werden (Foucault 1988). Mit diesem analytischen Rüstzeug können Gouvernemenalitäts-Forscher(inne)n etwa die Wechselwirkungen zwischen Windenergielandschaften und Subjektivierungen eingehender untersuchen (vgl. auch Sturm und Mattissek 2018 in diesem Band). Auf Seiten der Gegner(innen) stehen Landschaften ohne Windräder oftmals in enger Verbindung mit Subjektivierungen wie der des heimatverbundenen, aber allgemein benachteiligten Bewohners ländlicher Gebiete oder denen des Vogelliebhabers, der Naturschutz-Aktivistin oder des Heimatvereins-Mitglieds. Dabei handelt es sich um diskursive Konstrukte[5], die Elemente wie das Erarbeiten von Stellungnahmen im Rahmen formaler Beteiligungsverfahren, das Erfassen von Rotmilan-Vorkommen oder das Kartieren historischer Landschaftsstrukturen beinhalten kann. Es gibt allerdings auch konkurrierende Subjektivierungen auf Seiten der Befürworter(innen), zum Beispiel die des umweltfreundlichen Unternehmers und der Energie-‚Prosumentin', die Anteile an einer Bürgerenergiegenossenschaft erwirbt.

Im Kontext der Gouvernementalitäts-Forschung bietet es sich an, mit einem reflexiv-konstruktivistischen Landschaftsbegriff (Gailing und Leibenath 2010) zu arbeiten und beispielsweise zu analysieren, welche Bedeutungen das Wort ‚Landschaft' in Zusammenhang mit Windenergie erhält, wie es durch sprachliche und nichtsprachliche Praktiken mit physischen Objekten in Verbindung gebracht wird und wie solche sozial konstruierten Landschaftskonzepte dazu beitragen, bestimmte soziale Praktiken zu privilegieren oder zu marginalisieren (Leibenath und Otto 2013a).

---

5 Zum Diskursbegriff s. Leibenath und Otto (2012) sowie den Beitrag von Sturm & Mattissek in diesem Band.

3   Schnittstellen

Wir haben gezeigt, wie die drei Perspektiven Government, Governance und Gouvernementalität jeweils unterschiedliche Phänomene in den Vordergrund rücken – oder besser gesagt: wie sie diese überhaupt erst hervorbringen. Während beispielsweise Landschaften für Vertreter(innen) der Government-Perspektive durch die jeweils maßgeblichen rechtlichen Bestimmungen konstituiert werden, stellen sie für Anhänger(innen) der Governance-Perspektive Räume dar, die identitätsstiftend wirken können und vor allem durch soziale Interaktionen definiert sind. Im Gegensatz dazu werden Landschaften in der Gouvernementalitäts-Forschung als bedeutungs- und machtgeladene Systeme von Beziehungen – oder kurz: als Diskurse – verstanden (Leibenath und Otto 2012, 2013b).

Jede der drei Perspektiven beleuchtet unterschiedliche Dimensionen politischer Macht. Die Government-Perspektive richtet sich auf zentralisierte Macht, das heißt auf die Macht staatlicher Stellen, verbunden mit rechtlich definierten Formen der Entscheidungsfindung. Bei dieser Betrachtungsweise ergibt sich Macht aus Gesetzen und Gerichtsurteilen. Sie bewirkt, dass jemand etwas tut, unabhängig davon, ob die Handlung seinem individuellen Interesse entspricht (vgl. die klassische Definition von Macht in Weber 1972 [1921/1922], S. 531). Bei Governance verlagert sich der Schwerpunkt hingegen auf dezentrale Strukturen verteilter Macht, also auf das Vorhandensein diverser Machtzentren jenseits des Staates. Dabei geht es nicht nur um Herrschaft oder Unterdrückung, sondern auch um produktive Macht, die die Formulierung gemeinsamer Ziele und gemeinsames Handeln ermöglicht (Arendt 1971 [1970]). Darüber hinaus können Governance-Forscher(innen) ihr Augenmerk auf die Macht richten, Themen zu setzen oder aber zu verhindern, dass sie auf die Agenda gelangen, sowie schließlich auf Verhandlungsmacht, die sich aus Ressourcen in Form von Sozialkapital, Geld, Wissen oder Personalkapazitäten speist (Bachrach und Baratz 1963; Birkland 2007; Griffin 2012). In der Gouvernementalitäts-Forschung wird Macht nicht nur als dezentralisiert, sondern als dispers und weitgehend entpersonalisiert betrachtet. Dies ist eine janusköpfige Macht, die gleichzeitig ermöglicht und beschränkt. Wenn sich eine Person beispielsweise mit der diskursiv produzierten Rolle der Bürgerin als umweltfreundlicher Unternehmerin und Energie-‚Prosumentin' identifiziert, so entfaltet sie damit ihre Persönlichkeit in einer bestimmten Weise, unterwirft sich aber auch dieser speziellen Identität und begibt sich alternativer Möglichkeiten (Tucker 2014).

Alle drei vorgestellten Perspektiven ermöglichen es in je spezifischer Weise, Landschaften der Energiewende zu analysieren, wobei sich die Potenziale der Politik- und Gesellschaftsberatung deutlich unterscheiden. Die an formalen Institutionen orientierte Government-Perspektive und auch die Governance-Perspektive bieten den Vorteil, ein Vokabular zu verwenden, das weitgehend dem von Politiker(inne)n und Planungspraktiker(inne)n entspricht. Das erleichtert es, Schnittstellen zwischen Wissenschaftler(inne)n und Praktiker(inne)n aufzubauen. Der Governance-Ansatz dient oft als Basis, um politische Akteure zu beraten und bestimmte Handlungsansätze zu propagieren, zum Beispiel die Einbeziehung der Zivilgesellschaft in landschafts- und energiebezogene Planungs- und Entscheidungsprozesse. Gouvernementalitäts-Forscher(inne)n stehen dagegen vor der Herausforderung, ihre Erkenntnisse in die Alltagssprache zu ‚übersetzen', um kritisches Reflektieren zu ermöglichen.[6] Dieses kann sich auf Rationalitäten des Regierens richten, auf Problematisierungen wie ‚Schutz schöner Landschaften vor Windrädern' oder ‚Erfüllung der Klimaschutz-Ziele', aber auch auf Technologien wie Bürgerbeteiligung durch ‚Citizen Science' (vgl. Könen et al. 2018 in diesem Band) und Rollenangebote wie Naturschützerin, Planer oder energiebewusste Bürgerin. Gouvernementalitäts-Forschung bietet allerdings keine normativen Anhaltspunkte, um konkrete Politik- oder Handlungsansätze zu propagieren.

Geht es unter dem Strich darum, die beschriebenen Perspektiven gegeneinander auszuspielen, etwa im Sinne der provokativ gemeinten Frage „Foucault statt Fürst?"[7] (Lintz 2017)? – Wir hielten das für wenig sinnvoll und schlagen stattdessen vor, inter- und transdisziplinäre Forschungsansätze zu entwickeln und nach Wegen zu suchen, verschiedene theoretische Perspektiven auf Landschaften der Energiewende zu integrieren. Auch wenn die hier diskutierten Ansätze auf divergierenden erkenntnistheoretischen Grundannahmen beruhen, gibt es potenzielle Synergien und Schnittstellen. Im Rahmen der Gouvernementalitäts-Forschung ist es beispielsweise schwierig, strategisches Handeln von Akteur(inn)en zu untersuchen, welches aber eine zentrale Kategorie im Kontext von Governance darstellt. Umgekehrt nehmen (Maßstabs-) Ebenen der politischen Entscheidungsfindung in der Governance-Forschung einen wichtigen Platz ein. Die Gouvernementalitäts-Forschung erlaubt es, diese Ebenen zu dekonstruieren und aufzuzeigen, dass sie nicht zwangsläufig oder naturgegeben sind. Eine weitere Schnittstelle besteht zwischen der Government-Perspektive und der damit einhergehenden Betrachtung formaler, rechtlicher Institutionen, zum Beispiel im Hinblick auf Landschaftsplanung und Energiepolitik, und netzwerkbasierten Ansätzen, die nur vor dem Hintergrund des rechtlichen Rahmens sinnvoll zu untersuchen sind. Eine gegenseitige Befruchtung erscheint auch mit Blick auf Fragen der Meta-Governance als sinnvoll und geboten. Dies lässt sich an einem Beispiel verdeutlichen: Netzwerkartige Governance-Formen sind oft weniger einzigartig, als es auf den ersten Blick scheinen mag, und weisen viele Gemeinsamkeiten auf. Dies gilt etwa für die zahlreichen ‚Gegenwind'-Bürgerinitiativen, deren Mitglieder sich für Landschaftsschutz engagieren, oder für all die Bürgerenergiegenossenschaften und Klimaallianzen, die in den letzten Jahren in vielen Teilen Deutschlands entstanden sind. Gouvernementalitäts-Forschung kann helfen, die ‚unsichtbare Hand' (oder besser: die diskursiv erzeugten Rationalitäten, Subjektivierungen usw.), auf die diese Akti-

---

6 Gleiches gilt für stärker diskurstheoretisch ausgerichtete Arbeiten (vgl. Leibenath und Otto 2012, 2013b; Weber und Kühne 2016)
7 Gemeint ist der deutsche Verwaltungs- und Planungswissenschaftler Dietrich Fürst, der unter anderem zu Regional Governance gearbeitet hat (z. B. Fürst 2001; Fürst et al. 2005).

vitäten zurückzuführen sind, herauszuarbeiten (Jessop 2002).[8] Schließlich bietet es sich auch und gerade im Hinblick auf die Landschaften der Energiewende an, integrative Konzepte wie den „*modes of governing approach*" zu nutzen, den Bulkeley et al. (2007) vorgeschlagen haben und der Rationalitäten und Technologien des Regierens mit Akteuren und Institutionen vereint. Auf diese Weise könnte es gelingen, spezifische Regimes oder Arrangements der Steuerung und Entwicklung von Energielandschaften zu ermitteln.

Literatur

Andersen, N. Å. (2003). *Discursive Analytical Strategies: Understanding Foucault, Koselleck, Laclau, Luhmann*. Bristol: The Policy Press.

Arendt, H. (1971 [1970]). *Macht und Gewalt (2., erweiterte Auflage)*. München: Piper.

Arts, B. & Visseren-Hamakers, I. (2012). Forest governance: a state of the art review. In Arts, B., Bommel, S. v., Ros-Tonen, M. A. F. & Verschoor, G. M. (Hrsg.), *Forest People Interfaces. Understanding Community Forestry and Biocultural Diversity*. (S. 241–257). Wageningen: Wageningen Academic Publishers.

Bachrach, P. & Baratz, M. S. (1963). Decisions and nondecisions: An analytical framework. *The American Political Science Review* 57, 632–642.

BauGB (= Baugesetzbuch in der Fassung der Bekanntmachung vom 23. September 2004 (BGBl. I S. 2414), das zuletzt durch Artikel 6 des Gesetzes vom 20. Oktober 2015 (BGBl. I S. 1722) geändert worden ist). http://www.gesetze-im-internet.de/bundesrecht/bbaug/gesamt.pdf (Zugegriffen: 16.02.2016). doi.

Birkland, T. A. (2007). Agenda setting in public policy. In Fischer, F., Miller, G. J. & Sidney, M. S. (Hrsg.), *Handbook of Public Policy Analysis. Theory, Politics, and Methods*. (S. 63–78). Boca Raton (FL), USA: CRC Press, Taylor & Francis Group.

BMWi & BMU (= Bundesministerium für Wirtschaft und Technologie & Bundesministerium für Umwelt Naturschutz und Reaktorsicherheit) (2011). *Das Energiekonzept der Bundesregierung 2010 und die Energiewende 2011*. http://www.bmu.de/files/pdfs/allgemein/application/pdf/energiekonzept_bundesregierung.pdf. (Zugegriffen: 07.09.2012).

Bulkeley, H., Watson, M. & Hudson, R. (2007). Modes of governing municipal waste. *Environment and Planning A* 39, 2733–2753. doi: 10.1068/a38269.

Canzler, W. (2015). Keine Energiewende ohne Verkehrswende. Chancen und Hindernisse einer postfossilen Mobilität. http://www.urania.de/keine-energiewende-ohne-verkehrswende-chancen-und-hindernisse-einer-postfossilen-mobilitaet (Zugegriffen: 31.05.2017).

Dean, M. (2010). *Governmentality [2nd Edition]*. London: Sage.

---

8 Ähnliches gilt beispielsweise für systemtheoretische Ansätze (vgl. Andersen 2003; Kühne 2014).

Dorda, D. (2018). Windkraft und Naturschutz. In O. Kühne & F. Weber (Hrsg.), *Bausteine der Energiewende* (S. 749–772). Wiesbaden: Springer VS.

Foucault, M. (1979). Governmentality. *Ideology & Consciousness* 5, 5–21.

Foucault, M. (1988). Technologies of the self. In Martin, L. H., Gutman, H. & Hutton, P. H. (Hrsg.), *Technologies of the Self: A Seminar with Michel Foucault.* (S. 16–49). Amherst: The University of Massachusetts Press.

Fürst, D. (2001). Regional Governance – ein neues Paradigma der Regionalwissenschaften? *Raumforschung und Raumordnung* 59, 370–380. doi: 10.1007/BF03183038.

Fürst, D., Gailing, L., Pollermann, K. & Röhring, A. (2008). Einführung. In Fürst, D., Gailing, L., Pollermann, K. & Röhring, A. (Hrsg.), *Kulturlandschaft als Handlungsraum: Institutionen und Governance im Umgang mit dem regionalen Gemeinschaftsgut Kulturlandschaft.* (S. 11–18). Dortmund: Rohn.

Fürst, D., Lahner, M. & Pollermann, K. (2005). Regional Governance bei Gemeinschaftsgütern des Ressourcenschutzes: das Beispiel Biosphärenreservate. *Raumforschung und Raumordnung* 2005, 330–339. doi: 10.1007/BF03183093.

Gailing, L. (2018). Die räumliche Governance der Energiewende: Eine Systematisierung der relevanten Governance-Formen. In O. Kühne & F. Weber (Hrsg.), *Bausteine der Energiewende* (S. 75–90). Wiesbaden: Springer VS.

Gailing, L. & Leibenath, M. (2010). Diskurse, Institutionen und Governance: Sozialwissenschaftliche Zugänge zum Untersuchungsgegenstand Kulturlandschaft. *Berichte zur deutschen Landeskunde* 84, 9–25.

Griffin, L. (2012). Where is Power in Governance? Why Geography Matters in the Theory of Governance. *Political Studies Review* 10, 208–220. doi: 10.1111/j.1478-9302.2012.00260.x.

Gualini, E. (2010). Governance, space and politics: exploring the governmentality of planning. In Hillier, J. & Healey, P. (Hrsg.), *The Ashgate Research Companion to Planning Theory: Conceptual Challenges for Spatial Planning.* (S. 57–85). Farnham, Burlington: Ashgate.

Heinrich Böll Stiftung (2014). Energy Transition. The German Energiewende. http://energytransition.de/ (Zugegriffen: 31. 05. 2017).

Hook, S. (2018). ‚Energiewende': Von internationalen Klimaabkommen bis hin zum deutschen Erneuerbaren-Energien-Gesetz. In O. Kühne & F. Weber (Hrsg.), *Bausteine der Energiewende* (S. 21–54). Wiesbaden: Springer VS.

Hutter, G., Leibenath, M. & Mattissek, A. (2014). Governing through resilience? Exploring flood protection in Dresden, Germany. *Social Sciences* 3, 272–287. doi: 10.3390/socsci3020272.

Jessop, B. (2002). Governance and meta-governance: on the roles of requisite variety, reflexive observation and romantic irony. In Heinelt, H., Getimis, P., Kafkalas, G., Smith, R. & Swyngedouw, E. (Hrsg.), *Participatory Governance in Multi-Level Context. Concepts and Experience.* (S. 33–58). Opladen: Leske + Budrich.

Jones, M. (1991). The elusive reality of landscape. Concepts and approaches in landscape research. *Norsk Geografisk Tidsskrift* 45, 229–244.

Jordan, A. (2008). The governance of sustainable develoment: taking stock and looking forwards. *Environment and Planning C: Government and Policy* 26, 17–33. doi: 10.1068/cav6.

Kilper, H. (2010). Governance und die soziale Konstruktion von Räumen. Eine Einführung. In Kilper, H. (Hrsg.), *Governance und Raum*. (S. 9–24). Baden-Baden: Nomos.

Kleiner, M. S. (2001). *Michel Foucault: Eine Einführung in sein Denken*. Frankfurt/M.: Campus.

Könen, D., Gryl, I. & Pokraka, J. (2018). Zwischen ‚Windwahn', Interessenvertretung und Verantwortung: Bürger*innenbeteiligung am Beispiel Windkraft im Spiegel von Neocartography und Spatial Citizenship. In O. Kühne & F. Weber (Hrsg.), *Bausteine der Energiewende* (S. 207–230). Wiesbaden: Springer VS.

Kühne, O. (2014). Das Konzept der Ökosystemdienstleistungen als Ausdruck ökologischer Kommunikation: Betrachtungen aus der Perspektive Luhmannscher Systemtheorie. *Naturschutz und Landschaftsplanung* 46, 17–22.

Kühne, O. & Weber, F. (2018). Bausteine der Energiewende – Einführung, Übersicht und Ausblick. In O. Kühne & F. Weber (Hrsg.), *Bausteine der Energiewende* (S. 3–19). Wiesbaden: Springer VS.

Leibenath, M. (2013a). Energiewende und Landschafts-Governance: Empirische Befunde und theoretische Perspektiven. In Gailing, L. & Leibenath, M. (Hrsg.), *Neue Energielandschaften – Neue Perspektiven der Landschaftsforschung.* (S. 45–63). Wiesbaden: Springer VS. doi: 10.1007/978-3-531-19795-1_4.

Leibenath, M. (2013b). Konstruktivistische, interpretative Landschaftsforschung: Prämissen und Perspektiven. In Leibenath, M., Heiland, S., Kilper, H. & Tzschaschel, S. (Hrsg.), *Wie werden Landschaften gemacht? – Sozialwissenschaftliche Perspektiven auf die Konstituierung von Kulturlandschaften.* (S. 7–37). Bielefeld: Transcript.

Leibenath, M. (2013c). Landschaften unter Strom. In Gailing, L. & Leibenath, M. (Hrsg.), *Neue Energielandschaften – Neue Perspektiven der Landschaftsforschung.* (S. 7–15). Wiesbaden: Springer VS.

Leibenath, M. (2017). Landschafts-Governance, Regionalplanung und Energiewende. *Nachrichten der ARL – Magazin der Akademie für Raumforschung und Landesplanung* 2016, 28–30.

Leibenath, M. & Lintz, G. (2017). Understanding ‚landscape governance': the case of wind energy landscapes in Germany. *Landscape Research* (online first). doi: 10.1080/01426397.2017.1306624.

Leibenath, M. & Otto, A. (2012). Diskursive Konstituierung von Kulturlandschaft am Beispiel politischer Windenergiediskurse in Deutschland. *Raumforschung und Raumordnung* 70, 119–131. doi: 10.1007/s13147-012-0148-0.

Leibenath, M. & Otto, A. (2013a). Local debates about ‚landscape' as viewed by German regional planners: Results of a representative survey in a discourse-analytical framework. *Land Use Policy* 32, 366– 374. doi: 10.1016/j.landusepol.2012.11.011.

Leibenath, M. & Otto, A. (2013b). Windräder in Wolfhagen – eine Fallstudie zur diskursiven Konstituierung von Landschaften. In Leibenath, M., Heiland, S., Kilper, H. & Tzschaschel, S. (Hrsg.), *Wie werden Landschaften gemacht? – Sozialwissenschaftliche Perspektiven auf die Konstituierung von Kulturlandschaften*. (S. 205–236). Bielefeld: Transcript.

Leibenath, M. & Otto, A. (2014). Competing wind energy discourses, contested landscapes. *Landscape Online* 38. http://www.landscapeonline.de/103097lo201438 (Zugegriffen: 09.05.2016). doi: 10.3097/LO.201438.

Leibenath, M., Wirth, P. & Lintz, G. (2016). Just a talking shop? – Informal participatory spatial planning for implementing state wind energy targets in Germany. *Utilities Policy* 41, 206–213. doi: 10.1016/j.jup.2016.02.008.

Linke, S. (2018). Ästhetik der neuen Energielandschaften – oder: „Was Schönheit ist, das weiß ich nicht". In O. Kühne & F. Weber (Hrsg.), *Bausteine der Energiewende* (S. 409–429). Wiesbaden: Springer VS.

Lintz, G. (2016). A Conceptual Framework for Analysing Inter-municipal Cooperation on the Environment. *Regional Studies* 5ß, 956–970. doi: 10.1080/00343404.2015.1020776.

Lintz, G. (2017). Foucault statt Fürst? Gedanken zu einem an Bedeutung gewinnenden Paradigma. *Raumforschung und Raumordnung – Spatial Research and Planning* 75, 319–325. doi: 10.1007/s13147-017-0490-3.

Mandel, K. (2018). Warum plant Ihr eigentlich noch? – Die Energiewende in der Region Heilbronn-Franken. In O. Kühne & F. Weber (Hrsg.), *Bausteine der Energiewende* (S. 701–713). Wiesbaden: Springer VS.

Moning, C. (2018). Energiewende und Naturschutz – Eine Schicksalsfrage auch für Rotmilane. In O. Kühne & F. Weber (Hrsg.), *Bausteine der Energiewende* (S. 331–344). Wiesbaden: Springer VS.

Muir, R. (1999). *Approaches to landscape*. Houndmills, London.

Quitzow, L., Canzler, W., Grundmann, P., Leibenath, M., Moss, T. & Rave, T. (2016). The German Energiewende – What's happening? Introducing the special issue. *Utilities Policy* 41, 163–171. doi: http://dx.doi.org/10.1016/j.jup.2016.03.002.

Rhodes, R. A. W. (1997). *Understanding Governance*. Buckingham: Open University Press.

Rose, N. & Miller, P. (1992). Political power beyond the state: Problematics of government. *The British Journal of Sociology* 43, 173–205. doi: 10.1111/j.1468-4446.2009.01247.x.

Scheidler, A. (2010). Verunstaltung des Landschaftsbildes durch Windkraftanlagen. *Natur und Recht* 32, 525–530. doi: 10.1007/s10357-010-1918-5.

Schmidt, C., Hofmann, M. & Dunkel, A. (2014). *Den Landschaftswandel gestalten! Potentiale der Landschafts- und Raumplanung zur modellhaften Entwicklung und Gestaltung von Kulturlandschaften vor dem Hintergrund aktueller Transformationsprozesse. Band 1: Bundesweite Übersichten* (2. Auflage). http://tu-dresden.de/die_tu_dresden/fakultaeten/fakultaet_architektur/ila/lp/Forschung/laufende%20Forschung/LaWa_gest_Bd1_2teAuflage_150dpi.pdf. (Zugegriffen: 06.01.2015).

Selman, P. (2010). Learning to love the landscapes of carbon-neutrality. *Landscape Research* 35, 157–171. doi: 10.1080/01426390903560414.

SMI (= Sächsisches Staatsministerium des Innern) (2013). *Landesentwicklungsplan 2013*. http://www.landesentwicklung.sachsen.de/download/Landesentwicklung/LEP_2013.pdf. (Zugegriffen: 28. 05. 2015).

SMWA & SMUL (= Sächsisches Staatsministerium für Wirtschaft Arbeit und Verkehr & Sächsisches Staatsministerium für Umwelt und Landwirtschaft) (2013). *Energie- und Klimaprogramm Sachsen 2012 vom 12. März 2013*. http://www.umwelt.sachsen.de/umwelt/download/Energie-_und_Klimaprogramm_Sachsen_2012.pdf. (Zugegriffen: 22. 02. 2016).

Sontheim, T. & Weber, F. (2018). Erdverkabelung und Partizipation als mögliche Lösungswege zur weiteren Ausgestaltung des Stromnetzausbaus? Eine Analyse anhand zweier Fallstudien. In O. Kühne & F. Weber (Hrsg.), *Bausteine der Energiewende* (S. 609–630). Wiesbaden: Springer VS.

Strüver, A. (2009). Grundlagen und zentrale Begriffe der Foucault'schen Diskurstheorie. In Glasze, G. & Mattissek, A. (Hrsg.), *Handbuch Diskurs und Raum. Theorien und Methoden für die Humangeographie sowie die sozial- und kulturwissenschaftliche Raumforschung.* (S. 61–81). Bielefeld: Transcript.

Sturm, C. & Mattissek, A. (2018). Energiewende als Herausforderung für die Stadtentwicklungspolitik – eine diskurs- und gouvernementalitätstheoretische Perspektive. In O. Kühne & F. Weber (Hrsg.), *Bausteine der Energiewende* (S. 109–128). Wiesbaden: Springer VS.

Torfing, J., Peters, B. G., Pierre, J. & Sørensen, E. (2012). *Interactive Governance: Advancing the Paradigm*. Oxford: Oxford University Press.

Tucker, K. (2014). Participation and subjectification in global governance: NGOs, acceptable subjectivities and the WTO. *Millennium – Journal of International Studies 42*, 376–396. doi: 10.1177/0305829813518257.

Weber, F. & Kühne, O. (2016). Räume unter Strom: Eine diskurstheoretische Analyse zu Aushandlungsprozessen im Zuge des Stromnetzausbaus. *Raumforschung und Raumordnung 74*, 323–338. doi: 10.1007/s13147-016-0417-4.

Weber, M. (1972 [1921/1922]). *Wirtschaft und Gesellschaft. Grundriss der verstehenden Soziologie (fünfte, revidierte Auflage, besorgt von Johannes Winckelmann)*. Tübingen: Mohr.

Winkel, G. (2012). Foucault in the forests—A review of the use of ‚Foucauldian' concepts in forest policy analysis. *Forest Policy and Economics 16*, 81–92. doi: 10.1016/j.forpol.2010.11.009.

Markus Leibenath arbeitet als Wissenschaftler im Leibniz-Institut für ökologische Raumentwicklung (IÖR) in Dresden. Schwerpunktmäßig beschäftigt er sich mit Planungs-, Entscheidungs- und Aushandlungsprozessen, in denen es um Landschaften, biologische Vielfalt oder Raumentwicklung geht. Seit 2016 leitet er das DFG-geförderte Projekt „Regieren mit ‚Ökosystemleistungen': Veränderungen von Problematisierungen und Rationalitäten des Regierens in der deutschen Naturschutz- und Landschaftspflegepolitik". 2015 hat er die Konferenz *„Energy Landscapes: Perception, Planning, Participation and Power"* federführend organisiert, die ebenfalls von der DFG unterstützt wurde. Er ist Mitherausgeber des 2013 erschienen Buchs „Neue Energielandschaften – Neue Perspektiven der Landschaftsforschung". Markus Leibenath lehrt als Privatdozent an der TU Berlin und gehört dem *Board of Directors* der *Landscape Research Group* an, die ihren Sitz in London hat.

Gerd Lintz ist Wissenschaftler am Leibniz-Institut für ökologische Raumentwicklung (IÖR) in Dresden. Er befasst sich mit ökologischer Stadt- und Regionalentwicklung aus politik- und planungswissenschaftlicher Perspektive. Seine Forschungsschwerpunkte liegen in den Bereichen Governance, Umweltpolitikintegration, regionale Kooperation sowie Regional- und Landschaftsplanung. Zuletzt stand dabei die Landschafts-Governance im Zusammenhang mit dem Ausbau der Windenergieerzeugung im Vordergrund. Gerd Lintz ist auch Mitinitiator und Koordinator des Forschungsnetzwerks der *Regional Studies Association* zum Thema ‚*Smart City-Regional Governance for Sustainability*'.

Energiewende als Herausforderung für die Stadtentwicklungspolitik – eine diskurs- und gouvernementalitätstheoretische Perspektive

Cindy Sturm und Annika Mattissek

Abstract

Städtische Energie- und Klimapolitik fällt in deutschen Städten, trotz einer Vielzahl von Vorgaben, Richtlinien und Gesetzen der Bundesregierung, sehr unterschiedlich aus: Nationale Ziele und Strategien werden nicht einfach übernommen, sondern im Kontext lokaler Aushandlungsprozesse neu verhandelt, transformiert und angepasst. In unserem Beitrag gehen wir anhand der Beispiele Münster und Dresden den Gründen für diese Differenzen nach. Wir argumentieren, dass diskurs- und gouvernementalitätstheoretische Ansätze helfen können, die Entstehung spezifischer, kontextabhängiger Energiepolitiken in Städten zu erklären. Aus einer solchen Perspektive lassen sich politische Entscheidungen als Positionierungen im Spannungsfeld unterschiedlicher Wissensordnungen analysieren, die sowohl Relevanz und Bedeutung von Energie und Klima als auch die Frage nach geeigneten Regulierungs- und Steuerungstechniken sehr unterschiedlich bewerten.[1]

Keywords

Diskurstheorie, Gouvernementalitätstheorie, Stadtentwicklung, Transformation, Energie- und Klimapolitik

1 Einleitung

Unter dem Eindruck zunehmender globaler Umwelt- und Energiekrisen einerseits und einer wachsenden Kritik an den Stadtentwicklungspraktiken der autogerechten Stadt andererseits rücken ökologische Aspekte seit den 1970er Jahren immer stärker in den Vordergrund städtischer Politiken. 1980 wird am Öko-Institut Freiburg erstmals von der „Energie-Wende" (Krause et al. 1980) gesprochen, 30 Jahre später be-

---

[1] Der Artikel basiert auf Ergebnissen, die im Rahmen eines DFG-Forschungsprojektes zu ‚Energiewende und Klimawandel in der Stadtentwicklung' erarbeitet wurden.

schreibt die Bundesregierung mit ihrem Energiekonzept „erstmalig den Weg in das Zeitalter der erneuerbaren Energien" (Bundesregierung 2010, S. 18). Sie formuliert zu diesem Zweck im Wesentlichen drei Strategien der Energiewende: Erstens soll als Alternative zur Kernkraft der Ausbau erneuerbarer Energien vorangetrieben werden. Zweitens richtet sich, vor allem in Bezug auf Gebäude- und Verkehrstechnik, ein Schwerpunkt auf die Verbesserung der Energieeffizienz. Drittens soll der Energieverbrauch generell reduziert werden (Bundesregierung 2010). Zudem hat sich Deutschland als Mitglied der Europäischen Union und Vertragsstaat des Kyoto-Protokolls verpflichtet, die vereinbarten internationalen Ziele in nationale Rechte und Strategien umzusetzen (BBSR 2001, S. 19; vgl. hierzu auch Kühne und Weber 2018 sowie Sielker et al. 2018 in diesem Band).

Für diese Umsetzung spielen Städte eine wesentliche Rolle, tragen sie doch in besonderem Maße zum Primärenergieverbrauch sowie zu den globalen Emissionen bei (UNEP und UN-HABITAT 2005) und viele der prognostizierten Auswirkungen des Klimawandels werden besonders hier deutlich werden (Überhitzung, Überschwemmungen, Stürme etc.). Vor diesem Hintergrund hat die Bundesregierung in den vergangenen Jahren ein ganzes Bündel an Gesetzen verabschiedet, zahlreiche Modellprojekte z. B. zur ‚energieeffizienten Stadtentwicklung' initiiert sowie Konzepte und Strategiepapiere formuliert, die ‚gute Beispiele' einer ‚energetischen' und ‚klimafreundlichen' Quartiersentwicklung aufzeigen. Ziel dieser Instrumente ist es, das Verhalten der Gesellschaft in Bezug auf energie- und klimarelevante Aspekte in praktisch allen städtischen Handlungsfeldern zu steuern (hierzu auch Quénéhervé et al. 2018 in diesem Band). Ein Blick in die Empirie zeigt jedoch, dass nationale Ziele und Strategien in städtischen Kontexten sehr unterschiedlich bewertet und aufgegriffen werden. So ist vordergründig zwar eine breite Unterstützung der Energiewende beobachtbar, gleichwohl werden politische Ideen vielfach nicht einfach eins zu eins übernommen, sondern hinsichtlich ihrer Bedeutung und Relevanz infrage gestellt, neu verhandelt und transformiert.

Mit unserem Beitrag greifen wir dies aus einer diskurs- und gouvernementalitätstheoretischen Perspektive auf und argumentieren, dass städtische Entscheidungen eingebettet sind in unterschiedliche Bewertungslogiken und Wissensordnungen um Energie und Klima, aber auch um die Frage, auf welche Art und Weise die Bevölkerung angeleitet bzw. regiert werden soll. Die unterschiedlichen Positionierungen von lokalen Entscheidungsträger*innen innerhalb von Diskurskonstellationen und Regierungstechnologien führen dementsprechend zu sehr unterschiedlichen Formen der energie- und klimapolitischen Stadtentwicklung.

In einem ersten Schritt skizzieren wir, wie sich die Problematisierung von Umwelt und Energie innerhalb des nationalen Stadtentwicklungsdiskurses in den vergangenen Jahren verändert hat und wie die Bundesregierung das Verhalten städtischer Entscheidungsträger*innen und Bürger*innen im Sinne der energie- und klimapolitischen Ziele anleitet. Daran anknüpfend zeigen wir im zweiten Schritt, welche Rolle Energie und Klima in den städtischen Politiken spielen, wie politische Akteur*innen ihre Handlungsmöglichkeiten diesbezüglich bewerten und durch welche diskursiven Referenzen sie ihre Sichtweisen begründen. Im dritten Schritt wird verdeutlicht, wie sich städtische Entscheidungsträger*innen gegenüber Regierungstechnologien positionieren und so zur Entstehung einer ‚eigenen‘, kontextspezifischen Energiepolitik beitragen.

2 Umweltfragen im Kontext des nationalen Stadtentwicklungsdiskurses

2.1 ‚Energie‘ und ihre ‚Bedeutungswende‘

Stadtentwicklungspolitische Ziele und damit einhergehende Vorstellungen darüber, was in der Stadtplanung als ‚prioritär‘ und ‚relevant‘ erachtet wird, können aus einer diskurstheoretischen Perspektive als Ergebnis diskursiver Aushandlungsprozesse verstanden werden. Der Begriff ‚Diskurs‘ bezeichnet in diesem Zusammenhang „überindividuelle Muster des Denkens, Sprechens, Sich-selbst-Begreifens und Handelns sowie die Prozesse, in denen bestimmte Vorstellungen und Handlungslogiken hergestellt und immer wieder verändert werden" (Glasze und Mattissek 2009, S. 12; vgl. auch Foucault 1973; zudem Weber 2018 in diesem Band). Mit anderen Worten: Diskurse stellen bestimmte Wissensordnungen und Bedeutungen her und erzeugen damit ein Feld des Sagbaren bzw. des Nicht-Sagbaren. Sie strukturieren die soziale Welt, indem sie hervorbringen, „was in einer bestimmten Gesellschaft zu einem bestimmten Zeitpunkt möglich, normal und richtig ist" (Dzudzek 2012, S. 21). Mit dieser Sichtweise wird der Blick zugleich dafür geöffnet, (Stadt-)Planung als einen zutiefst normativen und kontingenten Prozess zu begreifen, in dem sich gesellschaftliche Machtverhältnisse und Wissensordnungen widerspiegeln. Um herauszuarbeiten, wie sich die Bedeutung und Relevanz energie- und klimapolitischer Ziele in der Stadtentwicklung in den vergangenen 15 Jahren verändert haben, wurden zunächst 215 Dokumente des (ehemaligen) Bundesministeriums für Verkehr, Bau und Stadtentwicklung (BMVBS) mittels quantitativer und qualitativer Diskursanalyseverfahren ausgewertet.[2] Dabei wird sichtbar, dass sich der Umfang umweltrelevanter Themen in stadtentwicklungspolitischen Diskursen ebenso über die Zeit verändert wie die Art und Weise, *wie* über Umwelt und Energie gesprochen wird. So zeigen Analysen zur Häufigkeit und Verteilung unterschiedlicher Begriffe, dass Ende der 1990er/ Anfang der 2000er Jahre Wörter wie „Umwelt", „ökologisch" oder „Schadstoffe" do-

---

2 Für den Zeitraum 1997–2015 wurden folgende Dokumente ausgewertet: Berichte zur Stadtentwicklung (z. B. Nationalberichte, Berichte des Bundesamtes für Bauwesen und Raumordnung, Berichte der Bundesregierung), Dokumentationen (z. B. zu stadtentwicklungspolitischen Kongressen, Tagungen und Wettbewerben), Strategiepapiere und -konzepte sowie Handlungsleitfäden der Stadtentwicklung.

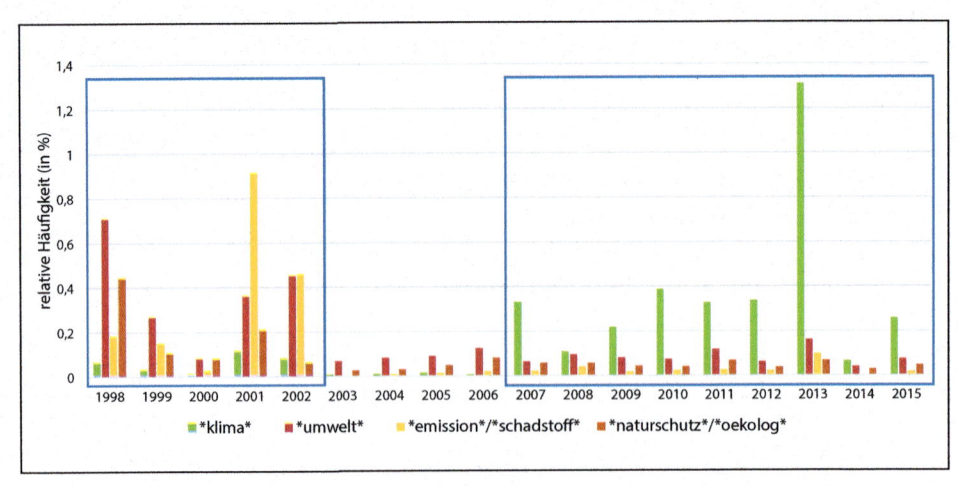

Abbildung 1 Auftreten unterschiedlicher Wortformen im nationalen Stadtentwicklungsdiskurs im zeitlichen Verlauf*

* Für die Auswertung wurden Begriffe, die einen bestimmten Wortstamm enthalten, zusammengefasst. D. h. *energie*, *klima* usw. stehen hier für alle Wörter, die den jeweiligen Wortstamm enthalten; die Sternchen symbolisieren mögliche Zeichen vor bzw. hinter dem Wortstamm. Die Anzahl der jeweiligen Wortstammgruppe wurde für das jeweilige Jahr in Relation zur Gesamtanzahl der Wörter aller Dokumente gesetzt.

Quelle: Eigene Erhebung und Darstellung

minieren (vgl. Abb. 1). Problematisiert werden vor allem die zunehmenden Belastungen durch Luftschadstoffe und ihre Auswirkungen auf das lokale Klima (BBR 1998, S. 34). Die Entlastung der lokalen Umwelt wird als „notwendige[r] Baustein eines städtebaulichen Selbstverständnisses" (BBR 2002, S. 3) deklariert und spätestens ab Beginn der 2000er Jahre wird explizit ein „schadstoffmindernde[r] Städtebau" (BMVBS 2001, S. 6) gefordert.

Nach einer Phase zwischen ca. 2003 und 2006, in der ökologische Themen nur eine untergeordnete Rolle spielen, beginnt sich die sprachliche Rahmung von Umweltthemen etwa um das Jahr 2007 zu verändern. Nicht mehr „Emissionen", „Umwelt" und „Ökologie", sondern der „Klimawandel" wird zu einem zentralen Begriff, auch im Kontext der Stadtentwicklung (vgl. Abb. 1). Zudem wird eine deutliche Dramatisierung sichtbar, die mit Verweis auf den vierten IPCC-Bericht (2007) begründet wird und sich in der zunehmenden Verwendung von Adjektiven wie „dringlich", „akut" oder „notwendig" zeigt. So wird z. B. von einem „akuten Handlungsauftrag zur Folgenbewältigung und Vorsorge" (BMVBS 2007, S. 7) gesprochen, denn „viele Raumnutzungen und -strukturen [werden] von den Folgen des Klimawandels betroffen sein" (ebd. 2007, S. 7).

Auch in den Debatten der Stadtentwicklung verändert sich der energiepolitische Fokus. Steht noch Anfang der 2000er Jahre das Einsparen des Energieverbrauchs bei der technischen Versorgung und Gestaltung von Gebäuden im Mittelpunkt, wird ab

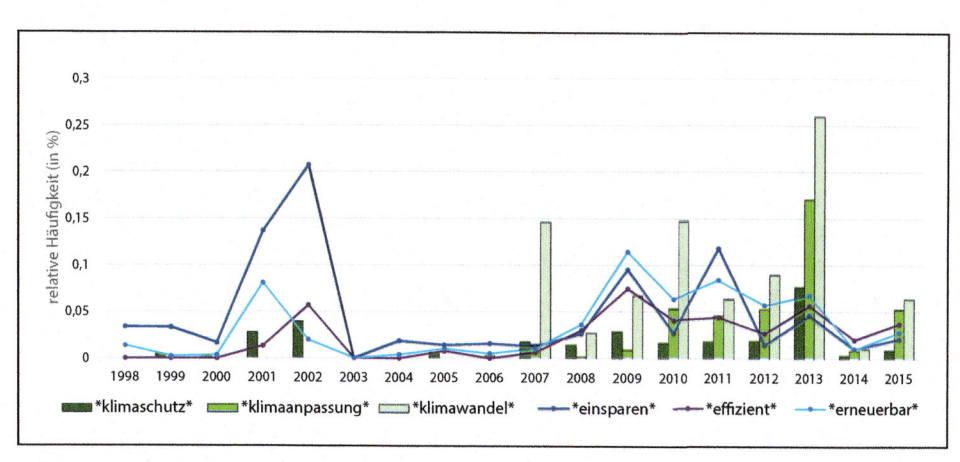

Abbildung 2 Differenzierung von Wortformen im nationalen Stadtentwicklungsdiskurs im zeitlichen Verlauf

Quelle: Eigene Erhebung und Darstellung

etwa 2008 der Steigerung der Energieeffizienz sowie dem Ausbau erneuerbarer Energien eine zunehmend größere Bedeutung beigemessen (vgl. Abb. 2).

Zugleich wird der Blick nicht mehr nur auf das einzelne Gebäude gerichtet, sondern auf das ganze Quartier bzw. die Stadt. „Energieeffiziente Stadtquartiere" (BMVBS 2011, S. 105 ff.) und eine „klimawandelgerechte Stadtentwicklung" (BMVBS 2009, S. 10) werden als neue Leitbilder diskutiert.

Diese kurzen Einblicke in Analysen nationaler Stadtentwicklungsdokumente zeigen, dass Energie thematisch in den nationalen Stadtentwicklungsdiskursen präsent ist. Während um die Jahrtausendwende Energiefragen vor allem im Kontext des ökologischen Bauens adressiert werden, erfolgt ab 2007 eine Verschiebung der diskursiven Rahmung in zweierlei Hinsicht: Zum einen stehen nicht mehr die lokalen Umweltbelange im Vordergrund, sondern der globale Klimawandel. Zum andern wird der Fokus von der Energieoptimierung von Gebäuden auf die grundsätzliche Gestaltung von energieeffizienten und klimawandelgerechten städtischen Räumen gerichtet.

2.2 Das ‚Regieren' von Energiepolitik in der Stadtentwicklung

Innerhalb der Diskurse um Stadtentwicklung adressiert die Bundesregierung explizit städtische Entscheidungsträger*innen, um die nationalen energie- und klimapolitischen Ziele in lokale Stadtentwicklungs- und Stadtplanungsstrategien zu implementieren. Das wirft die Frage auf, *wie* dabei das Verhalten der Akteur*innen gelenkt und gesteuert wird.

An dieser Stelle kommt der Begriff des Regierens nach Foucault ins Spiel, der eng mit der oben skizzierten diskurstheoretischen Perspektive verwandt ist, aber den Blick stärker auf unterschiedliche Formen der Machtausübung richtet. Regieren meint hier, anders als der Alltagssprachgebrauch, unterschiedliche Mechanismen des Führens von Menschen, nämlich „die Gesamtheit der Institutionen und Praktiken, mittels deren man die Menschen lenkt, von der Verwaltung bis zur Erziehung" (Foucault 2005, S. 115). Foucault führt damit eine neue Dimension in seine Machtanalyse ein, deren Mehrwert sich vor allem aus ihrer „Scharnierfunktion" zwischen unterschiedlichen Regierungstechnologien bzw. Formen der Machtausübung ergibt (Lemke 1997, S. 32). Diese „Scharnierfunktion" wirkt in zweierlei Hinsicht: Erstens verbindet das Konzept des Regierens Machtbeziehungen in Form von „strategic games" und „states of domination, which are what we ordinarily call power" (Foucault 1988, S. 19). Während erstere sehr allgemeine Versuche von Individuen bezeichnen, das Verhalten anderer zu lenken und zu bestimmen (Foucault 1985, S. 25), sind mit Herrschaftszuständen (states of domination) institutionalisierte und verfestigte Formen von Macht gemeint. Zweitens wird Macht mit Formen der Subjektivierung verknüpft, indem Foucault danach fragt, wie Herrschaftstechniken mit ‚Technologien des Selbst' verwoben sind (Lemke 1997, S. 32).

Foucault geht also davon aus, „dass die Formen der politischen Regierung eng verbunden sind mit den Prinzipien persönlichen Verhaltens und den Techniken der Selbstformierung" (Lemke 2008, S. 36). Selbsttechniken sind dabei nicht als Techniken zu verstehen, die durch Subjekte benutzt oder angewendet werden. Sie sind vielmehr als Prozesse der Subjektivierung, eben der Selbstformierung, zu verstehen. Dabei sind Regierungstechniken untrennbar mit Wissens- und Wahrheitsordnungen verknüpft und können damit als verfestigte oder sedimentierte Machtbeziehungen verstanden werden. Das heißt, es geht nicht nur um die Frage, mit welchen Regierungstechnologien Verhalten gesteuert wird, sondern vor allem darum, welchen Denkweisen bzw. Rationalitäten sie folgen und welche Wissensordnungen diesen zugrunde liegen. Foucault prägt dafür den Begriff der Gouvernementalität, der Regieren („gouverner") und Denkweise („mentalité") semantisch miteinander verbindet und, so Dean, „deals with how we think about governing, with the different rationalities or, as it has been sometimes phrased, ‚mentalities of government'" (Dean 2010, S. 25; vgl. auch Leibenath und Lintz 2018 in diesem Band). Damit wird betont, dass Macht wesentlich mehr als nur Zwang von oben ist, sondern ganz unterschiedliche Formen annehmen kann. So beschreibt Foucault im Zuge seiner Analysen neoliberaler Gesellschaften, wie der Staat „über seine traditionelle[n] Funktionen hinaus neue Aufgaben" (Lemke 2008, S. 55) übernimmt. Das heißt, er agiert nicht nur direkt durch seine Staatsapparate, sondern entwickelt auch gouvernementale, also „indirekte Techniken zur Führung und Leitung von Individuen" (2008, S. 55). Diese unterschiedlichen Formen der Regierung werden auch im Kontext der nationalen Energie- und Klimapolitik sichtbar, wo Formen der Fremdsteuerung und unterschiedliche gouvernementale Technologien zusammenwirken:

Formen der Fremdsteuerung sind z. B. Gesetze und Verordnungen, für die vor allem die gesetzgebenden Instanzen der europäischen und nationalen Ebenen (EU-Parlament, Bundestag) wichtig sind. Diese schaffen für städtische Akteur*innen und Bürger*innen den gesetzlichen Rahmen, der energie- und klimapolitische Mindeststandards definiert (z. B. europäische Energieeffizienz-Richtlinie, 2012/27/EU). Die Bundesregierung hat zudem eine Reihe von Gesetzen verabschiedet, die z. B. das Sanieren und Bauen von Gebäuden und den Vorrang erneuerbarer Energien regeln (u. a. Wärmeschutzverordnungen, EEG (2000), Kraft-Wärmekopplungsgesetz (2000)). Diese Technologien bieten nur wenig Handlungsspielräume. Ab etwa 2009 wird im nationalen stadtentwicklungspolitischen Diskurs stärker auf *gouvernementale Technologien* Bezug genommen, die auf die Verinnerlichung von Normen und Werten abzielen. Sie bedürfen keines formal-gesetzgebenden Rahmens und können daher sowohl auf unterschiedlichen politischen Entscheidungsebenen als auch von zivilgesellschaftlichen Akteur*innen formuliert werden. Im Wesentlichen lassen sich dabei drei Gruppen unterscheiden:

1) *Strategiepapiere, Konzepte und Handlungsleitfäden,* die energie- und klimapolitische Themen auf die Agenda setzen, eine normative Rahmung und Ziele der nationalen Stadtentwicklungspolitik formulieren und so als Orientierung für ‚richtiges' Handeln in der Stadtentwicklungspolitik und Planung dienen.
2) Die Bundesregierung hat zudem unterschiedliche finanzielle Anreize geschaffen, die durch den Gewinn von Preisen und Auszeichnungen einen möglichen Imagegewinn in Aussicht stellen. Hier spielt vor allem die Teilnahme an *Modellprojekten, Wettbewerben und Zertifizierungsverfahren* eine wichtige Rolle. Auch diese Technologien präsentieren ‚richtige' Handlungsmaßnahmen im Sinne der nationalen Ziele. Darüber hinaus hat die Bedeutung *finanzieller Förderungen* zugenommen. Dabei verknüpfen Instrumente wie die Städtebauförderung finanzielle Zuschüsse mit konkreten Forderungen wie z. B. dem Vorhandensein eines kommunalen Energie- und Klimaschutzkonzeptes.
3) Einen dritten Bereich stellt die Schaffung neuer *Rollen und Positionen* wie z. B. die der Energieberater*innen oder der Klima- und Ressourcenmanager*innen dar. Deren Aufgabe ist es, Bürger*innen ebenso wie städtische Entscheidungsträger*innen im Sinne einer postfossilen Gesellschaft zu beraten und die Umsetzung entsprechender Maßnahmen in den Städten zu koordinieren und zu überwachen.

Die Zunahme von gouvernementalen Technologien spiegelt gleichzeitig die Debatten um die Rolle des Staates allgemein und bei der Transformation der Energie- und Klimapolitik im Speziellen wider. Denn aufgrund „neue[r] Aufgaben und ein[em] ständig wachsende[n] Problemdruck, insbesondere in den Städten", wurde ein „Wechsel in der staatlichen Aufgabenerfüllung in Deutschland" (BMVBS 2004, S. 8) für nötig erachtet. Demzufolge soll der Staat in erster Linie als aktivierender und kooperativer Staat verstanden werden. Das heißt, neben seinem hoheitlichen Handeln wird vor allem der „Steuerung durch Kooperation [...] zwischen Bürgerinnen und Bürgern, Investoren und moderner Verwaltung" eine neue Bedeutung beigemessen (2004, S. 8). Damit ist eine zunehmende Verschiebung von Verantwortlichkeiten vom Staat zur Gesellschaft erkennbar, bei der einerseits Akteur*innen der Wirtschaft „wieder verstärkt für die Belange der Gesamtstadt" (2004, S. 8) sensibilisiert werden sollen. Andererseits wird auch Bürger*innen „eine aktive Rolle in der Kommune" (BMVBS 2013, S. 41) zugesprochen, um die gesellschaftlichen Herausforderungen zu bewältigen. Zudem werden städtische Entscheidungsträger*innen aufgefordert, nicht nur gesetzliche Vorgaben umzusetzen, sondern darüber hinaus aktiv ‚ihre' Zivilgesellschaft zu entsprechend ‚richtigem' Handeln anzuleiten (BMVBS 2010, S. 8).

3 Nationale Strategien der Energiepolitik in lokalen Kontexten am Beispiel von Münster und Dresden

Der Blick in einzelne Städte verdeutlicht nun, dass die nationalen energie- und klimapolitischen Strategien in konkreten Handlungspraktiken der Stadtentwicklung und -planung sehr unterschiedlich umgesetzt werden. Im Folgenden zeigen wir überblickshaft anhand von Diskursanalysen stadtentwicklungspolitischer Dokumente[3] und Interviews[4] in Münster und Dresden, welche Bedeutung dort jeweils Energie und Klima beigemessen wird bzw. welche Strategien als sinnvoll erachtet werden. Dabei wird u.a. sichtbar, dass die Frage, welche Handlungsspielräume städtische Akteur*innen wahrnehmen (vgl. 3.1), welche Zuschreibungen zu Städten jeweils dominieren (vgl. 3.2) und in welche historischen Entwicklungspfade Städte eingebettet sind (vgl. 3.3) eine wesentliche Rolle dafür spielen, wie sich städtische Entscheidungsträger*innen in Diskurskonstellationen und zwischen Regierungstechnologien positionieren. Wenngleich es dabei nicht ‚die' Dresdner oder ‚die' Münsteraner Sichtweise gibt, sondern diese heterogen und konflikthaft sind, richten wir den Fokus in unserem Beitrag vor allem auf die großen, hegemonialen Erzählungen beider Städte.

---

3   Im Rahmen des DFG-Projektes wurden für den Zeitraum von 1997–2015 folgende Dokumente ausgewertet: 656 Stadtratsbeschlussvorlagen in Dresden und 1 143 Stadtrats-Beschlussvorlagen in Münster mit unmittelbar baulichen und/oder umweltrelevanten Bezügen sowie Stadtentwicklungskonzepte und -berichte der beiden Städte.
4   In Dresden wurden 10 und in Münster 9 problemzentrierte Interviews mit Stadträten sowie mit Entscheidungsträger*innen der Verwaltung geführt. Die Interviews wurden transkribiert und qualitativ ausgewertet.

3.1 Politische Handlungsspielräume – „Wer wenn nicht wir" vs. „wir sollten es nicht übertreiben"

Kommunen können einen Beitrag zur Energiewende bzw. zum Klimaschutz und zur Klimaanpassung leisten – dem stimmen in beiden Städten die Befragten grundsätzlich zu. Die Wahrnehmungen der tatsächlichen Handlungsmöglichkeiten unterscheiden sich jedoch grundlegend.

In Dresden werden von den Entscheidungsträger*innen vor allem die Grenzen der eigenen Handlungsmöglichkeiten betont. Dabei führen die Interviewpartner*innen drei Aspekte an, die diesen beschränkten Einfluss begründen: Erstens wird in den Interviews die Umsetzung energie- und klimapolitischer Maßnahmen immer wieder in den Kontext der „finanzielle[n] Machbarkeit" (Stadtrat CDU Dresden, 19.10.16) gestellt. Dabei wird das „ökonomische[n] Kalkül" (ehem. Stadträtin Die Linke Dresden, 16.12.16) als handlungsleitend interpretiert, welches die Umsetzung energie- und klimapolitischer Maßnahmen einschränkt. Zweitens beschreiben die Interviewpartner*innen die Stadtgesellschaft als im Bereich Energie- und Klimapolitik wenig gesellschaftlich engagiert. Vielmehr dominiere demnach in der Bevölkerung die Auffassung: „Wir retten doch hier in Dresden nicht die Welt" (Leiter Umweltamt Dresden, 1.12.16). Diese Wahrnehmung der Haltung der Bevölkerung nehmen die politischen Akteur*innen zum Anlass, zwar „das [zu] tun, was wir können, aber wir sollten's auch nicht übertreiben und den Bürger an gewissen Stellen […] gängeln, wo's letzten Endes nix bringt" (Stadtrat CDU Dresden, 19.10.16). Diese geringe Priorität, die Energie- und Klimapolitik in der Stadtgesellschaft besitzt, wird mit Hilfe des dritten Aspektes erklärt: Klimaschutz wird generell als „schwer greifbar" (Leiterin Klimaschutzstab Dresden, 13.1.2017), „zu global" (ehem. Stadträtin Die Linke Dresden, 16.12.16) und als „was Aufgesetztes" (Leiter Umweltamt Dresden, 1.12.16) beschrieben. Das heißt, Klimaschutz wird zwar allgemein als relevant erachtet, aber es wird ohne „unmittelbaren Bezug zum aktuellen Leben der Bürger" (ebd.) und damit auch als nicht unmittelbar relevant für die Stadt Dresden erachtet. Stattdessen erscheint mit Blick auf die unmittelbaren Gestaltungsmöglichkeiten der Stadt „eigentlich das Thema Umweltschutz ehrlicher" (ehem. Stadträtin Die Linke Dresden, 16.12.16). Dies erklärt auch den stärkeren diskursiven Bezug in Stadtratsdebatten auf Umwelt denn auf Klima (vgl. Abb. 3).

Auch in Münster wird auf Aussagen verwiesen, die den Effekt kommunalen Handelns infrage stellen. So argumentiert die CDU in Münster, es gibt „auch solche Stimmen […], die sagen, was ändert sich am Weltklima, wenn wir jetzt auch noch mal noch 'ne Schippe draufpflegen? Fällt ja im Prinzip nicht auf" (Stadtrat CDU Münster, 3.11.16). Auch die Herausforderungen einer wachsenden Stadt und die damit verbundene Nachfrage nach preiswertem Wohnraum werden zunehmend als Druck auf die kommunalen energie- und klimapolitischen Handlungsspielräume wahrgenommen. Und obwohl Münster aus der Perspektive Dresdens eher wirtschaftlich stark erscheint, lässt das „deutliche Defizit" (Stadtrat SPD Münster, 10.11.16) im Haus-

Abbildung 3 Vergleich der Häufigkeit von Wortformen zu Energie-, Klima- und Umweltbegriffen im zeitlichen Verlauf

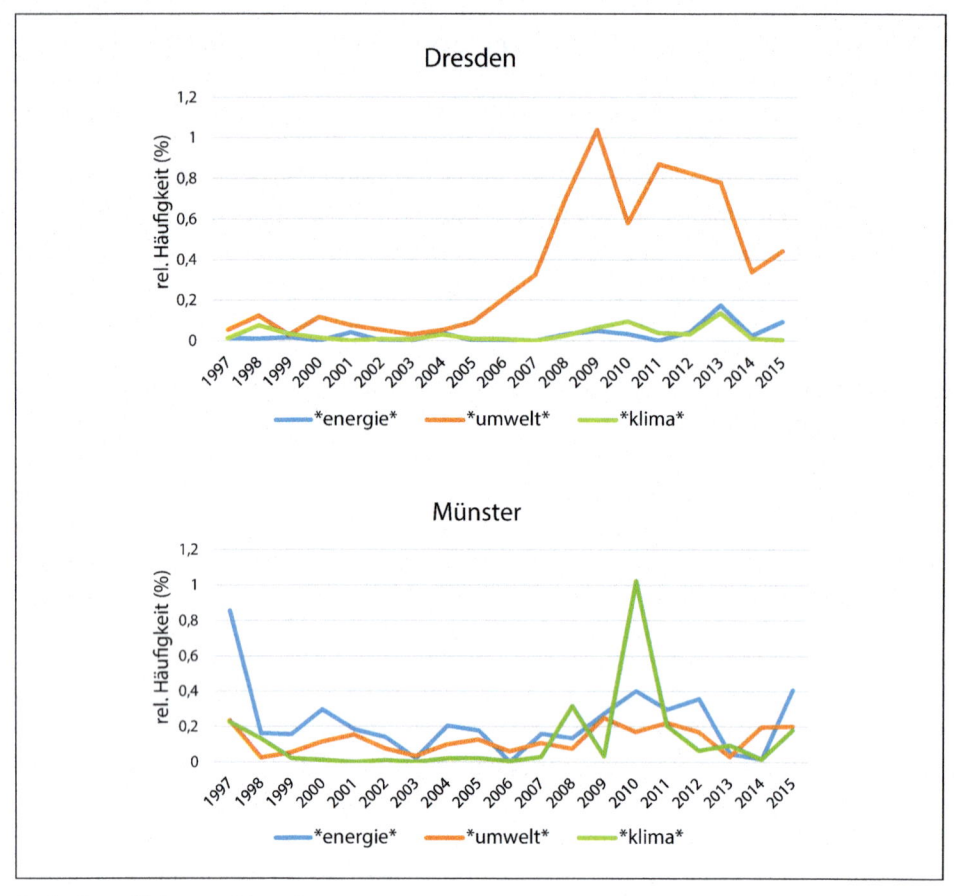

Quelle: Eigene Erhebung und Darstellung

halt ökonomische Schwierigkeiten erkennen, die auch in Münster Diskussionen hervorbringen, ob Klimaschutzmaßnahmen als freiwillige Leistungen überhaupt noch möglich sind. Doch trotzdem wird hier immer wieder die Notwendigkeit kommunalen Handelns betont – zum einen mit Verweis auf die zentrale Rolle der Städte für die Umsetzung nationaler Energie- und Klimaziele, zum anderen wird aufgrund der im Vergleich zu anderen Städten doch noch guten wirtschaftlichen Situation eine klare Verantwortung in Münster gesehen: „Wenn nicht 'ne Stadt wie Münster oder wenn nicht die Kommunen, die noch einigermaßen wirtschaftlich dastehen, im Wachstumsprozess sich befinden, ... wenn wir nicht vorangehen und sagen, komm, das packen wir an, wer soll's dann tun? Und die kleinen Schritte sind immer besser als Rückschritt oder gar keine" (Stadtrat CDU Münster, 3.11.17).

Es lässt sich festhalten, dass in beiden Städten (auch) Gründe gegen eine Prioritätensetzung im Bereich Energie- und Klimapolitik angeführt werden. In Dresden führt dies in der Tendenz zu Warnungen vor zu ambitionierten Zielen der Bundesregierung und Hinweisen auf die potenzielle Gefahr der Überforderung der Gesellschaft (Landeshauptstadt Dresden 2013, S. 19). In Münster wird dagegen die relative wirtschaftliche Stärke als Verpflichtung interpretiert, die nationalen Strategien lokal umzusetzen. An diese Befunde anschließend soll im Folgenden die Frage beantwortet werden, inwieweit umweltrelevante Politiken in Dresden und Münster Teil der städtischen Selbstdarstellungen sind.

3.2 Städtische Selbstdarstellungen – „Klimahauptstadt Münster" und „Grünes Dresden"

In den Geschichten und Narrativen städtischer Konzepte, Websites oder Imagefilme, in denen sich Dresden nach außen präsentiert, werden vor allem drei zentrale Vorstellungen von der Stadt sichtbar: Die Stadt Dresden ist eine „Kunst- und Kulturstadt", deren „unverwechselbare[n] Eigenarten" bewahrt werden sollen (Landeshauptstadt Dresden 2002, S. 7). Die Stadt ist einer der „führenden Wirtschaftsstandorte in Deutschland", eine „Exzellenzstadt" und ein „Spitzenstandort" (Landeshauptstadt Dresden 2008, 2011 und 2017a). Und Dresden ist eine grüne Stadt (Landeshauptstadt Dresden 2017b), deren zahlreiche Grün- und Freiflächen zur „hohe[n] Qualität der weichen Standortfaktoren" beitragen (Landeshauptstadt Dresden 2002, S. 61). Auch hier findet sich also der bereits oben identifizierte Nexus von Umweltthemen und wirtschaftlichen Interessen in Dresden wieder: Der Schutz der Umwelt und die Bewahrung des Landschaftsbildes werden explizit als Ziele ausgewiesen (Landeshauptstadt Dresden 2017c) und gleichzeitig mit ihrer Rolle als wirtschaftliche Standortfaktoren verknüpft. Daraus erklärt sich auch, warum der Fokus der Umweltpolitik in Dresden sehr stark im Stadtentwicklungskonzept der Stadt verankert ist und der – nicht unmittelbar an wirtschaftliche Interessen oder das Stadtimage gebundene – Klimaschutz erst ab 2016 zum Thema von Stadtentwicklung wird (Landeshauptstadt Dresden 2016, S. 29).

Diese eher auf die eigenen Belange fokussierte Imagepolitik und deren umweltpolitische Implikationen spiegeln sich auch in der Art und Weise, wie die Interviewpartner*innen die Stimmung der Stadtgesellschaft beschreiben: Bürger*innen werden insgesamt in Bezug auf Energiewende oder Klimawandel als wenig interessiert erlebt. Stattdessen wird das Bild einer Bevölkerung skizziert, die „sehr stark bei sich […] und viel selbstbezüglicher" (Stadtrat SPD Dresden, 18.10.16) als andere Städte und deshalb „ein bisschen langsamer [ist] bei der Hinwendung zu den globaleren Themen als […] andernorts" (ebd.).

Ganz gegensätzlich präsentiert sich Münster: Obwohl auch diese Stadt als Wirtschaftsstandort verstanden werden will, wird hier vor allem das Bild der grünen

Stadt, der „mehrfach ausgezeichnete[n] Klimahauptstadt" (Stadt Münster 2017, o. S.) und der Fahrradstadt sehr stark in den Vordergrund gerückt. Es wird die „Vorreiterstellung" Münsters als „eine der aktivsten Klimaschutzstädte Deutschlands" (Stadt Münster 2009, S. 3) betont, in der Klimaschutz „eine lange Tradition" (ebd. 2009, S. 3) hat. Auch in den Interviews wird dieses Bild aufgegriffen und hervorgehoben, dass Energie- und Klimafragen in stadtentwicklungspolitischen Diskursen „einen hohen Stellenwert bei vielen Themen" (Stadtrat SPD Münster, 10.11.16) haben.

Diese image- und umweltpolitische Schwerpunktsetzung wird mit einer breiten Rückendeckung und großem Engagement der Bevölkerung erklärt: So wird den Münsteraner Bürger*innen ein „erheblich über dem Durchschnitt liegende[s] Interesse und Engagement […] für Klimaschutz, für Umweltschutz, für Energiepolitik, überhaupt für kommunale Politik" (Stadtrat Bündnis 90/Die Grünen Münster, 8.11.16) attestiert. Die Mehrzahl der Interviewpartner*innen erzählt von einer Gesellschaft, die „von sich aus" daran interessiert ist und aktiv wird, „ohne dass es eines direkten Anstoßes von Seiten der Stadt und der Stadtverwaltung bedürfte" (ebd.).

Im Vergleich der beiden Städte zeigt sich, dass Energie und Klima in den jeweiligen Selbstbeschreibungen sehr unterschiedliche Rollen einnehmen. In Münster wird die Auseinandersetzung mit Energie- und Klimafragen als ‚Tradition' verstanden. Energie- und Klimapolitik sind zentrale Aspekte der Außendarstellungen der Stadt. In den Dresdner Debatten um Stadtentwicklung liegt der Fokus aufgrund der starken Betonung wirtschaftlicher Aspekte vor allem auf dem lokalen Umweltschutz. Energie- und Klimafragen nehmen dagegen einen untergeordneten Stellenwert ein.

3.3 Historische Entwicklungspfade – „Öko-Bewegungen" vs. „Geheime Umweltpolitik"

In den Begründungen der jeweiligen Sichtweisen verweisen die Interviewpartner*innen häufig auf die historischen Entwicklungspfade der Städte: In Dresden wird eine mögliche Ursache für die stärkere Bedeutung des Umweltschutzes in der katastrophalen Umweltpolitik der DDR gesehen. Infolge daraus resultierender massiver Umweltkrisen wurden die „Lebensgrundlagen" in den 1990er Jahren als „bedroht" (Stadtrat SPD, Dresden, 18.10.16) empfunden. Deshalb stand zunächst die Bewältigung dieser Krisen und der Schutz der Umwelt vor Ort an erster Stelle und die politischen Akteur*innen, so das Argument, waren „noch nicht so weit […], um dann den nächsten Schritt zu gehen und über den größeren Maßstab und Klimaschutz und Energiepolitik nachzudenken" (ebd.). Dieser Fokus auf lokale Umweltschutzmaßnahmen wird dabei aber nicht nur Dresden zugesprochen, sondern gilt vielmehr allgemein als „ostdeutsche Sichtweise" (ebd.) und lässt eine grundsätzliche Differenzierung zwischen ost- und westdeutscher Städten erkennen.

Münster wurde in den 1970er/1980er Jahren sehr stark beeinflusst durch die Entstehung unterschiedlicher sozialer Bewegungen, so z.B. die Anti-AKW- oder die

Öko-Bewegung. Das heute wahrgenommene gesellschaftliche Interesse an Energie- und Klimapolitik wird u. a. mit den Erfahrungen des Reaktorunglücks von Tschernobyl erklärt. Zahlreiche in dieser Zeit entstandene Energiewendegruppen schufen den Boden für eine breite gesellschaftliche Unterstützung der folgenden kommunalen Energie- und Klimapolitik und stärkten zudem die Bedeutung gesellschaftlichen Engagements: „Wir müssen auch selbst was machen" (Klenko Münster[5], 11.1.17) galt als Credo dieser Zeit und wird nach wie vor als selbstverständlich wahrgenommen. Bereits in den 1990er Jahren wurde die Koordinierungsstelle für Energie und Klima eingerichtet (ebd.). Der Beirat für Klimaschutz hat mit der Erarbeitung des ersten Klimaschutzkonzeptes im Auftrag der Stadt Münster eine entsprechende Handlungsgrundlage geschaffen.

4 Das ‚Regiertwerden' und ‚Regieren' kommunaler Entscheidungsträger

Städtische Akteur*innen werden zum einen durch europäische und nationale Steuerungstechnologien in ihrem Verhalten angeleitet (vgl. Kap. 3). Zum anderen steuern sie selbst das Verhalten von Bürger*innen und Unternehmen in vielfältiger Art und Weise. Mit Blick auf die Bewertung gouvernementaler Technologien zeigt sich im Folgenden, dass sich Entscheidungsträger*innen in Münster und Dresden sehr verschieden gegenüber Regierungstechnologien positionieren und damit auch unterschiedliche Handlungspraktiken der Stadtentwicklungspolitik entstehen: In beiden Städten werden *finanzielle Anreize* prinzipiell als sinnvoll bewertet, sollen aber auf keinen Fall zu einer ‚Dauerförderung' werden. Doch während es in Dresden solche Instrumente auf der städtischen Ebene nicht gibt, nutzt die Stadt Münster diese Art der Steuerung und hat mit der energiegerechten Altbauförderung ein eigenes kommunales Anreizinstrument geschaffen.

In Bezug auf Anreize durch *Wettbewerbe und Zertifizierungsverfahren* positionieren sich die Entscheidungsträger*innen in Münster und Dresden sehr verschieden: Die Stadt Dresden nimmt an der deutschlandweiten Kampagne des Stadtradelns teil ebenso wie an der europäischen Mobilitätswoche. Eigene kommunale Kampagnen oder energie- und klimapolitische Förderprogramme, die darüber hinaus explizit auf Handlungspraktiken der Bürger*innen abzielen, gibt es nicht. In den Interviews werden Meinungen sichtbar, die eine öffentlichkeitswirksamere Energie- und Klimapolitik und Wettbewerbe insofern als „sinnvolle" Technologien bewerten, als „dass sie eben zu Querdenken animieren und Mitarbeiter und Kolleginnen [...] fordern, dort eben konzeptionell zu arbeiten, was sie so [...] neben der Arbeit nicht tun würden" (ehem. Stadträtin Die Linke Dresden, 16.12.16). Dennoch dominiert insgesamt gegenüber den Wettbewerben und Zertifizierungsverfahren, die städtische Akteur*in-

---

5 Klenko = Koordinierungsstelle für Energie und Klima Münster

nen adressieren, eine deutlich zurückhaltende Einstellung, die sich sowohl auf den Prozess als auch auf die Effekte der Teilnahme beziehen: So werden generell die Möglichkeiten einer erfolgreichen Teilnahme als begrenzt bewertet, weil bislang keine Projekte entstanden sind, die überhaupt als erfolgsversprechend wahrgenommen werden. Zudem wird betont, dass damit „ein unglaublich hoher, zusätzlicher Arbeitsaufwand verbunden [ist], der in dieser Weise eben nur ganz, ganz schwer leistbar ist" (ebd.). Neben den fehlenden zeitlichen Ressourcen wird vor allem der geringe politische Wille problematisiert, der jedoch als grundlegend erachtet wird, um Wettbewerbe und Zertifizierungsverfahren sinnvoll für den Stadtentwicklungsprozess nutzen zu können (ebd.). Diese fehlende Unterstützung folgt der deutlichen Skepsis, derartige Technologien könnten tatsächlich städtische Akteure motivieren (Stadtrat CDU Dresden, 19.10.2016).

Die grundsätzliche Zurückhaltung im Umgang mit gouvernementalen Steuerungsformen wird auch an dieser Stelle mit Verweis auf die DDR-Geschichte und eine dort verwurzelte Skepsis gegenüber staatlichen Instrumenten begründet: „Wir müssen zur Kenntnis nehmen, dass nicht wenige Menschen in Ostdeutschland, in Dresden, kein sehr großes Vertrauen in die demokratischen Strukturen haben und auch kein sehr großes Vertrauen in die Politik insgesamt" (Stadtrat SPD Dresden, 18.10.2016.). Deshalb, so das Argument, haben „möglicherweise viele bei so, ich sag mal jetzt bewusst ‚Staatskampagnen‘, noch so ungute Verknüpfungen [...] zu der alten DDR-Zeit" (ebd.). Die DDR steht dabei für eine Zeit, in der gesellschaftliches Engagement weitestgehend unerwünscht war. Soziologische Studien (Rehberg et al. 2016; Rehberg 2010; Klose/Schmitz 2016) zeigen, dass sich der zunehmende Kontrollverlust des DDR-Regimes und die gleichzeitig steigende innere Überwachung der Bevölkerung negativ auf die Wahrnehmung staatlicher Institutionen ausgewirkt haben (Rehberg 2016, S. 32). Die daraus resultierende Distanzierung gegenüber dem Staat wurde nach der politischen Wende teilweise auch auf das parlamentarische System Deutschlands projiziert, ebenso wie auf andere, nicht-staatliche Formen der Steuerung und Einflussnahme (ebd. 2016, S. 32). Was dabei deutlich wird, ist, dass die historischen Entwicklungspfade nicht nur relevant sind für die Frage, welche Bedeutung Energie und Klima haben, sondern auch dafür, welche Formen des Regierens als ‚angemessen‘ erachtet werden.

Anstatt also im Sinne einer gouvernementalen Logik die Verantwortung stärker auf die Bevölkerung zu übertragen, verfolgen Akteur*innen in Dresden eine andere Strategie, um Energie- und Klimapolitik in die städtischen Strukturen zu implementieren. Wie bereits dargestellt, gelten Energie- und Klimafragen in der Dresdner Politik nicht als prioritär, weshalb die Umsetzung von Maßnahmen oft wenig Unterstützung fand. Deshalb haben zentrale Akteur*innen, z.B. im Umweltamt, ihre jeweiligen Handlungsräume als deutlich beschränkt wahrgenommen. Vor diesem Hintergrund wurden energie- und umweltpolitische Maßnahmen oft „einfach gemacht" (Leiter Umweltamt Dresden, 1.12.16), aber „nie groß an die Glocke" (ebd.) gehängt. So spielt Energie- und Klimapolitik in der Außendarstellung Dresdens zwar keine

Rolle, auch wurden keine kommunalen Steuerungsinstrumente geschaffen, um Bürger*innen in ihrem Verhalten entsprechend der nationalen energie- und klimapolitischen Normen zu steuern. Doch ist eine große Selbstverständlichkeit bei einzelnen Entscheidungsträger*innen beobachtbar, „still die Arbeit zu machen" (ebd.) und entsprechende Maßnahmen einfach umzusetzen: „Ich sage, wir machen Dienst an der Gemeinschaft. […] machen das für die Stadt. […] das muss ich nicht groß hier überall rumjubeln, wie toll wir da sind. […] es muss selbstverständlich sein, dass man das tut" (ebd.).

Vor diesem Hintergrund dominieren in Dresden Steuerungstechnologien, die hauptsächlich die Gestaltung der technischen Systemebene fokussieren. So gilt vor allem das kommunale Fernwärmenetz als besonders wertvoll. Indem zukünftig vermehrt erneuerbare Energien eingespeist werden, könnte es auf diese Weise „begrünt" werden, so Herr Korndörfer, der Leiter des Umweltamtes in Dresden (1.12.2016). Best Practice-Beispiele oder Kampagnen werden dagegen aufgrund ihrer geringen Wirkungskraft abgelehnt. Stattdessen betont Korndörfer, dass es aus seiner Sicht wichtig wäre, die Rahmenbedingungen gesamtgesellschaftlich zu ändern, um größere Projekte auf den Weg zu bringen und damit tatsächliche Fortschritte zu erreichen (Leiter Umweltamt Dresden, 1.12.2016). Die Wirkung der höheren Dämmstandards ebenso wie die Effekte der kommunalen Kampagnen in Münster schätzt er dagegen als zu gering ein.

Im Gegensatz zu Dresden spiegelt sich in Münster sehr deutlich das oben für die nationale Ebene skizzierte Verständnis eines kooperativen und aktivierenden Staates wider, denn im Mittelpunkt der kommunalen Energie- und Klimapolitik steht das Ziel, die Bürger*innen zu beteiligen und mitzunehmen. Das ‚sich Führen lassen' städtischer Akteur*innen lässt sich in Münster vor allem daran erkennen, dass die Stadt aktiv an unterschiedlichen Wettbewerben teilnimmt, wie z. B. zur Klimahauptstadt Deutschlands oder dem Zertifizierungsverfahren European Energy Award. Die Teilnahme an Wettbewerben wird als hilfreicher Anstoß für die städtische Verwaltung ebenso wie für die Politik bewertet, sich mit Energie- und Klimaschutz zu befassen. Preise werden dann als Zeichen der Bestätigung des eigenen Weges interpretiert (Stadtrat CDU, Münster, 3.11.16). Dennoch gibt es auch kritische Stimmen in Münster, die argumentieren, die Stadt beteilige sich zu viel und wird von der Zivilgesellschaft „teilweise eher belächelt" (Stadtrat SPD Münster, 10.11.16). Interessanterweise entscheiden jedoch die Akteur*innen in Münster nicht immer selbst über die Teilnahme von Wettbewerben, sondern werden auch maßgeblich durch die Bundesregierung beeinflusst. Diese fordert Städte wie Münster explizit auf, sich an Programmen und Wettbewerben zu beteiligen. Das heißt, Wettbewerbe und Zertifizierungen sind zwar gouvernementale Technologien, anhand derer städtischen Entscheidungsträger*innen der ‚richtige' Weg gezeigt werden soll. Doch besteht teilweise eine deutliche Erwartungshaltung der Bundesregierung an die Teilnahme der Städte, denn die ‚guten' Beispiele sollen zugleich auch den ‚Erfolg' des Weges der nationalen Energie- und Klimapolitik belegen.

Darüber hinaus initiiert die Stadt Münster aber auch eine Reihe von Anreizen, die sich auf Praktiken der Stadtbevölkerung richten. Dazu gehören z. B. kommunale Kampagnen, wie „Münster packt's. Der Bürgerpakt für Klimaschutz", „–40 + 20 = 2020" oder „Münsters Energiewende. Klimagerecht bauen & sanieren". Die Rolle der Stadt als „Motor" begreifend, werden damit nationale energie- und klimapolitische Werte an Unternehmen und Bürger*innen vermittelt mit dem Ziel, ihnen einen Anreiz zu bieten, um „mitzumachen und sich einzubringen" (Stadtrat Bündnis 90/Die Grüne Münster, 8.11.16).

5   Fazit

Der Beitrag hat gezeigt, dass Energie- und Klimafragen lokal sehr unterschiedlich hinsichtlich ihrer Relevanz und den angemessenen Wegen zu ihrer Umsetzung bewertet werden. Wenngleich es nicht *den* lokal spezifischen Diskurs gibt, sondern lokale Legitimationen und Argumentationen stets eingebunden sind in komplexe Kommunikationsprozesse, die über Stadt- und Landesgrenzen hinausgehen, zeigt unsere Analyse dennoch, dass Energie- und Klimapolitik durch hegemoniale, also machtvolle und dominierende Erzählungen, Selbstdarstellungen und Problematisierungen in einzelnen Städten beeinflusst wird.

Ausgehend von einer diskurs- und gouvernementalitätstheoretischen Perspektive haben wir in unserem Beitrag gezeigt, dass sich unsere Untersuchungsstädte auf zwei Ebenen maßgeblich unterscheiden: Erstens bezogen auf die Art und Weise, wie Energie- und Klimapolitik in der Stadt diskursiv verhandelt werden. Zweitens in Bezug auf die Frage, wie sich städtische Entscheidungsträger*innen gegenüber gouvernementalen Steuerungsformen positionieren und ob und in welcher Form sie selbst solche Anreize und Aktivierungen für die Stadtbevölkerung ins Leben rufen.

Beide Perspektiven sind gemeinsam in der Lage zu erklären, warum städtische Energie- und Klimapolitik sich so unterschiedlich gestaltet. Während die Analyse der städtischen Diskurse vor allem das ‚was' erklärt – also welche Inhalte aus welchen Gründen als legitimer Fokus von Stadtpolitik gesehen werden, widmet sich die Gouvernementalitätsanalyse stärker dem ‚wie' – d. h. der Frage, mit welchen Regierungstechnologien städtische Entscheidungsträger*innen geführt werden bzw. sich führen lassen und wie sie diese auf die Stadtbevölkerung anwenden.

Inhaltlich zeigt die Analyse, dass in Dresden aufgrund der Eigendarstellung als Kultur- und Wirtschaftsstandort eher lokale Umweltthemen im Mittelpunkt stehen. Das dominante Bild der Stadt Münster als Fahrrad- und Klimahauptstadt ist dabei sehr viel anschlussfähiger an die nationalen und globalen Themen der Energie- und Klimapolitik. Zudem wird deutlich, dass sich in Münster aus den Erfahrungen der Umweltbewegungen der 1980er Jahre ein großes Selbstverständnis gesellschaftlichen Engagements entwickelt hat, während in Dresden die Verantwortung für die Sicherstellung einer intakten Umwelt in erster Linie bei der Verwaltung verortet wird. Ein zentrales Begründungsmuster ist dabei die Referenz zur DDR-Geschichte. Diese wird auch bei der Untersuchung der Steuerungsformen zur Begründung der Skepsis gegenüber Kampagnen und Zertifizierungen ‚von oben' herangezogen. Entsprechend agieren in Dresden die Entscheidungsträger*innen eher unabhängig und hinter den Kulissen und richten den Fokus vor allem auf die Gestaltung technischer Systeme. Dagegen spielen in Münster der aktivierende Einbezug der Bevölkerung, die Förderung von Eigenverantwortung sowie die imagerelevante Teilnahme an Wettbewerben eine deutlich größere Rolle.

Insgesamt wird damit deutlich, dass die Bewertungen energie- und klimapolitischer Strategien eingebettet sind in kontextspezifische Rationalitäten und Deutungsmuster. Relevanz und Bedeutung von Energie und Klima werden dabei ebenso wie die Frage nach geeigneten Regulierungs- und Steuerungstechniken immer wieder neu verhandelt, transformiert und angepasst und lassen eine eigene städtische Energie- und Klimapolitik entstehen.

Literatur

BBR. (1998). *Gute Beispiele aus dem Experimentellen Wohnungs- und Städtebau I, Nr. 4.* Werkstatt: Praxis.

BBR. (2002). Schadstoffminderung im Städtebau: Handlungsrahmen und Planungshilfen, Nr. 1. http://www.bbsr.bund.de/BBSR/DE/Veroeffentlichungen/BMVBS/WP/1998_2006/2002_Heft1.html?nn=423872. Zugegriffen: 28. Juni 2017.

BBSR. (2001). Auf dem Weg zu einer nachhaltigen Siedlungsentwicklung. Nationalbericht der Bundesrepublik Deutschland. http://www.bbsr.bund.de/BBSR/DE/Veroeffentlichungen/BMVBS/Sonderveroeffentlichungen/2005undaelter/DL_Istanbul5.pdf;jsessionid=768449300A74D083A63F823D2D842091.live11292?__blob=publicationFile&v=6. Zugegriffen: 7. Juni 2017.

BMVBS. (2004). Nachhaltige Stadtentwicklung – Ein Gemeinschaftswerk. Städtebaulicher Bericht der Bundesregierung. http://www.bbsr.bund.de/BBSR/DE/FP/ExWoSt/Forschungsfelder/2005/InnovationenFamilieStadtquartiere/Veroeffenlichungen/DL_Bericht.pdf?__blob=publicationFile&v=3. Zugegriffen: 24. Juli 2017.

BMVBS. (2007). Raumentwicklungsstrategien zum Klimawandel. Dokumentation der Fachtagung am 30. Oktober 2007 im Umweltforum Berlin. http://www.bbsr.bund.de/BBSR/DE/Veroeffentlichungen/BMVBS/Sonderveroeffentlichungen/2007/KlimatagungDokumentation.html?nn=423722. Zugegriffen: 15. März 2017.

BMVBS. (2009). *Stadtentwicklungsbericht 2008. Neue urbane Lebens- und Handlungsräume. Stadtentwicklungspolitik in Deutschland, Band 1.* Berlin: Selbstverlag.

BMVBS. (2010). StadtKlima. Kommunale Strategien und Potenziale zum Klimawandel. ExWoSt-Informationen, Nr. 39/1. http://www.bbsr.bund.de/BBSR/DE/Veroeffentlichungen/ExWoSt/39/exwost39_1.pdf;jsessionid=AD5DED69683D4560179BC7BEBF8CE493.live2052?__blob=publicationFile&v=2. Zugegriffen: 15. März 2017.

BMVBS. (2011). Handlungsleitfaden zur Energetischen Stadterneuerung. http://www.bbsr.bund.de/BBSR/DE/Veroeffentlichungen/BMVBS/Sonderveroeffentlichungen/2011/DL_HandlungsleitfadenEE.pdf?__blob=publicationFile&v=2. Zugegriffen: 18. Juli 2017.

BMVBS. (2013). Kommunikationsinstrumente im Anpassungsprozess an den Klimawandel. Erfahrungen aus Beteiligungsprozessen in den StadtKlima-ExWoSt-Modellprojekten. BMVBS-Online-Publikation, Nr. 28/2013. http://www.bbsr.bund.de/BBSR/DE/Veroeffentlichungen/BMVBS/Online/2013/DL_ON282013.pdf?__blob=publicationFile&v=2. Zugegriffen: 24. Juli 2017.

BMVBS, & BBR. (2001). *Schadstoffminderung im Städtebau, Nr. 1/2001*. Werkstatt: Praxis.

Bundesregierung. (2010). Energiekonzept für eine umweltschonende, zuverlässige und bezahlbare Energieversorgung. http://www.bundesregierung.de/ContentArchiv/DE/Archiv17/_Anlagen/2012/02/energiekonzept-final.pdf?__blob=publicationFile&v=5. Zugegriffen: 18. Juli 2017.

Dean, M. (2010). *Governmentality*. 2. Aufl. London: Sage.

Dzudzek, I. (2012). *Hegemonie kultureller Vielfalt. Eine Genealogie kultur-räumlicher Repräsentationen der UNESCO*. Forum Politische Geographie 5. Berlin et al.: LIT Verlag.

Foucault, M. (1973). *Archäologie des Wissens*. Frankfurt am Main: Suhrkamp.

Foucault, M. (1985). Freiheit und Selbstsorge. Gespräch mit Michel Foucault am 20. Januar 1984. In H. Becker, A. Gomez-Müller & R. Fornet-Betancourt (Hrsg.), *Freiheit und Selbstsorge* (S. 7–28). Frankfurt am Main: Materialis.

Foucault, M. (1988). The ethic of care for the self as a practice of freedom. In J. Bernauer & D. Rasmussen (Hrsg.), *The Final Foucault* (S. 1–20). Boston: MIT-Press.

Foucault, M. (2005). *Analytik der Macht*. Frankfurt am Main: Suhrkamp.

Glasze, G., & Mattissek, A. (Hrsg.) (2009). *Handbuch Diskurs und Raum. Theorien und Methoden für die Humangeographie sowie die sozial- und kulturwissenschaftliche Raumforschung*. Bielefeld: transcript.

IPCC, Intergovernmental Panel On Climate Change. (2007). *Climate Change 2007. Synthesis Report*. Genf.

Klose, J. & Schmitz, W. (Hrsg.) (2016). *Freiheit, Angst und Provokation. Zum gesellschaftlichen Zusammenhalt in der postdiktatorischen Gesellschaft*. Dresden: Thelem.

Krause, F., Bossel, H., & Müller-Reißmann, K.-F. (1980). *Energie-Wende. Wachstum und Wohlstand ohne Erdöl und Uran. Ein Alternativ-Bericht des Öko-Instituts Freiburg*. Freiburg: Fischer S. Verlag

Kühne, O. & Weber, F. (2018). Bausteine der Energiewende – Einführung, Übersicht und Ausblick. In O. Kühne & F. Weber (Hrsg.), *Bausteine der Energiewende* (S. 3–19). Wiesbaden: Springer VS.

Landeshauptstadt Dresden. (2002). *Teil II. Integriertes Stadtentwicklungskonzept (INSEK) – Kurzfassung*. Dresden.

Landeshauptstadt Dresden. (2008). *Lebendige Geschichte – Urbane Stadtlandschaft. Dresden – Planungsleitbild Innenstadt 2008*. Dresden.

Landeshauptstadt Dresden. (2011). *Konzept zur Öffentlichkeitsarbeit in der Stadt-Umland-Region Dresden*. Zusammenfassung 14. 04. 2011. Dresden.

Landeshauptstadt Dresden. (2013). Integriertes Energie- und Klimaschutzkonzept. https://www.dresden.de/media/pdf/umwelt/klimaschutz/IEuKK_Dresden_2030_Endbericht_FINAL_20130620.pdf. Zugegriffen: 15. März 2017.

Landeshauptstadt Dresden. (2016). Zukunft Dresden 2025+. Integriertes Stadtentwicklungskonzept Dresden (INSEK). https://www.dresden.de/media/pdf/stadtplanung/stadtplanung/spa_insek_Broschuere_DD_2025_final_Internet_n.pdf. Zugegriffen: 22. Mai 2017.

Landeshauptstadt Dresden. (2017a). Dresden. Wirtschaft. Wirtschaftsstandort. https://www.dresden.de/de/wirtschaft/wirtschaftsstandort-dresden.php. Zugegriffen: 9. Juni 2017.

Landeshauptstadt Dresden. (2017b). Dresden. Stadtraum. Grünes Dresden. http://www.dresden.de/de/stadtraum/umwelt/gruenes-dresden.php. Zugegriffen: 9. Juni 2017.

Landeshauptstadt Dresden. (2017c). Dresden. Stadtraum. Umwelt. http://www.dresden.de/de/stadtraum/umwelt/umwelt.php. Zugegriffen: 9. Juni 2017.

Leibenath, M. & Lintz, G. (2018). Streifzug mit Michel Foucault durch die Landschaften der Energiewende: Zwischen Government, Governance und Gouvernementalität. In O. Kühne & F. Weber (Hrsg.), *Bausteine der Energiewende* (S. 91–107). Wiesbaden: Springer VS.

Lemke, T. (1997). *Eine Kritik der politischen Vernunft: Foucaults Analyse der modernen Gouvernementalität*. Berlin/Hamburg: Argument.

Lemke, T. (2008). *Gouvernementalität und Biopolitik*. 2. Auflage. Wiesbaden: VS Verlag für Sozialwissenschaften.

Quénéhervé, G., Tischler, J. & Hochschild, V. (2018). Energiewende im Quartier – Ein Ansatz im Reallabor. In O. Kühne & F. Weber (Hrsg.), *Bausteine der Energiewende* (S. 385–405). Wiesbaden: Springer VS.

Rehberg, K.-S. (2016). Dresden-Szenen. Eine einleitende Situationsbeschreibung. In: K.-S. Rehberg, F. Kunz & T. Schlinzig (Hrsg.), *PEGIDA. Rechtspopulismus zwischen Fremdenangst und „Wende"-Enttäuschung? Analysen im Überblick* (S. 15–52). Bielefeld: Transcript.

Rehberg, K.-S. (2010). Die DDR-Gesellschaft als multiple Projektionsfläche. Handlungsleitende Bedingungen in der „Konsensdiktatur" und ihre Folgen. In: J. Klose (Hrsg.), *wie schmeckte die DDR? Wege zu einer Kultur des Erinnerns* (S. 250–267). Leipzig: Evangelische Verlagsanstalt.

Rehberg, K.S., Kunz, F. & Schlinzig, T. (Hrsg.), *PEGIDA. Rechtspopulismus zwischen Fremdenangst und „Wende"-Enttäuschung? Analysen im Überblick*. Bielefeld: Transcript.

Sielker, F., Kurze, K. & Göler, D. (2018). Governance der EU Energie(außen)politik und ihr Beitrag zur Energiewende. In O. Kühne & F. Weber (Hrsg.), *Bausteine der Energiewende* (S. 249–269). Wiesbaden: Springer VS.

Stadt Münster. (2009). Klimaschutzkonzept 2020. https://www.ifeu.de/energie/pdf/Klimaschutzkonzept2020_Muenster.pdf. Zugegriffen: 15. März 2017.
Stadt Münster. (2017). Pressemitteilungen. Klimahauptstadt Münster lädt zur Klimakonferenz. https://www.muenster.de/stadt/presseservice/pressemeldungen/web/frontend/show/752402. Zugegriffen: 23. Juli 2017.
UNEP, & UN-HABITAT. (2005). *Climate Change: The Role of Cities: Involvement, influence, Implementation.* Paris/Nairobi.
Weber, F. (2018). Von der Theorie zur Praxis – Konflikte denken mit Chantal Mouffe. In O. Kühne & F. Weber (Hrsg.), *Bausteine der Energiewende* (S. 187–206). Wiesbaden: Springer VS.

Cindy Sturm ist wissenschaftliche Mitarbeiterin am Institut für Umweltsozialwissenschaften und Geographie der Universität Freiburg. Sie hat an der TU Dresden Geographie mit den Nebenfächern Soziologie und Politikwissenschaften studiert. Aktuell promoviert sie zum Thema ‚Umsetzung von Energie- und Klimapolitik in Deutschland im Bereich der Stadtentwicklungspolitik und -planung'.

Annika Mattissek ist seit April 2015 Professorin für Wirtschaftsgeographie und Nachhaltige Entwicklung an der Universität Freiburg. Sie hat in Heidelberg Geographie mit den Nebenfächern VWL und Mathematik studiert und ebenfalls in Heidelberg ihre Dissertation zum Thema ‚Die neoliberale Stadt. Diskursive Repräsentationen im Stadtmarketing deutscher Großstädte' abgeschlossen. Aktuelle Forschungsschwerpunkte liegen im Bereich der humangeographischen Gesellschaft-Umwelt-Forschung und der Politischen Geographie.

Vertrauen, Risiko und komplexe Systeme: das Beispiel zukünftiger Energieversorgung

Christian Büscher und Patrick Sumpf

Abstract

Wie in vielen anderen Bereichen des Lebens wie Altersvorsorge, Ausbildung, nachhaltiger Konsum u. v. m. werden auch in Fragen der Energieversorgung die Anforderungen des richtigen Entscheidens höher gesetzt. Vormals eine latente Infrastruktur, an der die allgemeine Bevölkerung nur als Publikum teilgenommen hat, entwickelt sich das deutsche und europäische Energiesystem in Richtung einer komplexen, dezentralen Erzeugungs- und Netzstruktur. Über kurz oder lang sollen auch große Teile der Bevölkerung eine – für sie neue – Leistungsrolle einnehmen. Die technischen Visionen sind verbreitet, innovative Lösungen werden entwickelt, Geschäftsmodelle werden ausprobiert, und Realexperimente finden statt, um die Vorstellung von ‚Smart Grids', ‚Smart Markets', ‚Smart Homes', ‚Smart Appliances' etc. zu realisieren. Für viele heißt dies, mit Entscheidungsdruck, Nichtwissen, Unsicherheit, also Risiko umzugehen. Die technischen Strukturen sind kompliziert. Leistungen können erst evaluiert werden, nachdem investiert wurde. Erfahrungen können nur langfristig gemacht werden. Auf jeden Fall ist ein ‚Sprung ins Ungewisse' notwendig – dazu muss Zuversicht und Vertrauen aufgebaut werden, so dass die erhofften Vorteile und Nutzen intelligenter Energietechnik auch eintreten, um die neue, aktive Rolle anzunehmen. Dieser Beitrag will die Prämissen zukünftiger sozio-technischer Realitäten exponieren und Argumente zusammentragen, die für eine neue ‚Architektur des Vertrauens' sprechen.

Keywords

Systemvertrauen, Unsicherheit, Akzeptanz, Energiesystem, Smart Grid, intelligente Netze

1 Einführung in die Problemstellung

Das Projekt der ‚Energiewende' wird kontrovers diskutiert und dabei häufig auf wenige Aspekte reduziert. Entweder werden technische Aspekte hervorgehoben, vornehmlich der Paradigmenwechsel in der Energietechnik (z. B. Wind, PV), oder es werden soziale Aspekte der Akzeptanz betont, wenn z. B. der Netzausbau in Deutschland auf Widerstand in der Bevölkerung stößt (acatech 2011; Schiffmann 2013; Schubert et al. 2015; Eichenauer et al. 2018; Weber 2018 in diesem Band). Demgegenüber wird eine aktuelle Entwicklung mit weitreichenden Konsequenzen oft mit weniger Nachdruck beachtet: die Weiterentwicklung der Energieversorgung in Richtung eines Smart Grid und Smart Market (BNetzA 2011), die maßgeblich durch den Einsatz elektronischer Datenverarbeitung, z. B. durch intelligente Messtechnik und Zwei-Wege-Kommunikation, geprägt sind (BMWi 2015). Diese soll im Bereich der Versorgung mit Elektrizität dem Umgang mit Kapazitäten (Lastmanagement und Netzausbau) und mit Mengen (Erzeugung und Verbrauch) eine höhere Effizienz verleihen (ebd.). Daraus folgt, dass Aspekte der Kommunikation zwischen und Handlungsbereitschaft von Akteuren[1] der Energiewirtschaft (z. B. auf Energiemärkten) und zunehmend privaten Verbrauchern (z. B. in virtuellen Kraftwerken) im zukünftigen Netz zentral stehen (Sumpf et al. 2014; Büscher und Sumpf 2015).

Die Einschränkung auf Fragen der Akzeptanz (Wüstenhagen et al. 2007; Kasperson und Ram 2013) ist vor diesem Hintergrund problematisch, weil damit zumeist nur Einstellungen gemeint sind, die aus einer Publikumsrolle erwachsen. Die allgemeine Bevölkerung partizipiert an den Leistungen des Energiesystems und beobachtet die Veränderungen in der Leistungserstellung – entweder als direkt Betroffene aktueller ‚Siting'-Entscheidungen, wie den Bau von Trassen, sowie steigender Kosten etc. oder als indirekt Betroffene hinsichtlich der Effekte auf den Wirtschaftsstandort Deutschland. Die Problematik ist aber eine andere, wenn die (zukünftige) aktive Beteiligung der allgemeinen Bevölkerung zur Leistungserstellung anvisiert ist. Damit beschränkt sich die Rolle einzelner Personen nicht mehr auf die eines Publikums, sondern erweitert sich in Richtung Leistungserstellung. Das Label für diese Rolle ist *Prosument, im Sinne eines Produzenten und Konsumenten*: „Der Verbraucher wird zum Prosumer und übernimmt einen aktiven Part in der [Energie-]Wertschöpfung", so vermutet Jochen Homann (2016, S. 10), Präsident der deutschen Bundesnetzagentur (hierzu auch Quénéhervé et al. 2018 in diesem Band).

Damit sind Anforderungen an Verhaltensänderungen, den Umgang mit neuen Technologien, und/oder Investitionen verbunden. Das heißt, einzelne Personen müssen Entscheidungen treffen, die mit Unsicherheit und Risiken behaftet sind: Verhaltensänderungen können ohne positive Effekte bleiben, neue Technologien können sich als nicht funktional herausstellen und Investitionen können zu Verlusten führen. Ähnliche Kontingenzlasten werden auch in Beziehungen zwischen Organisationen eine Rolle spielen, z. B. zwischen Unternehmen bzw. zwischen Unternehmen und Administration, wenn beispielsweise die Vermarktung von Flexibilität durch regelbare Lasten in der energieintensiven Produktion eine netzstabilisierende Funktion erhält.

---

1   Wenn wir im Folgenden von Akteuren sprechen, dann meinen wir eine Zurechnungsadresse, der „Handlungsfähigkeit und Folgenverantwortung im Kontext von Werten und Interessen" unterstellt werden kann (Japp 2006, S. 243).

Es ist zu erwarten, dass im Verlauf der Energiewende aufgrund der Erfahrung struktureller Komplexität und institutioneller Varietät die Unsicherheiten zwangsläufig erhöht werden, was Effekte auf individuelles und organisiertes Entscheiden haben wird. Dies zu begründen ist eine Hauptaufgabe dieses Artikels. Die andere ist die Analyse der Folgen dieser Entwicklung, nämlich die Anforderung auf Seiten der Entscheider, also Einzelpersonen und Organisationen, mit Unsicherheit und Risiko umzugehen. Die Kontrolle der Prozesse in der Energieversorgung wird vor große Herausforderungen gestellt und muss voraussichtlich in vielen Situationen durch Vertrauensleistungen ersetzt werden. Dabei spielen vielerlei Vertrauensbeziehungen eine Rolle, das heißt, es bedarf womöglich einer neuartigen „Vertrauensarchitektur", wie Torsten Strulik (2011, S. 246) sie für den Finanzsektor beschreibt.

Die Energiewende, in ihrer weiterführenden Form der intelligenten Systeme *(Smart Grids)*, ist dadurch auch auf Abstimmungsprozesse zwischen Ingenieuren, Informatikern, Ökonomen und Psychologen in diesem sozio-technischen Komplex angewiesen. Das technische Design und die Funktionalität zukünftiger Energiesysteme werden zunehmend durch soziale Fragen entschieden, die durch die Interaktion von unterschiedlichen Akteuren aufkommen, wie Mensch-Maschine-Interaktionen, interorganisationale Transaktionen oder Beziehungen zwischen der generellen Bevölkerung und Leistungsanbietern. Aufkommende Fragen richten sich auf Leistungserwartungen hinsichtlich der Sicherheit (Betrieb) und des Umgangs mit Daten *(data privacy)*, ‚Principal-Agent'-Beziehungen (autonome Systeme, künstliche Intelligenz) sowie die generelle Bereitschaft an Realexperimenten teilzunehmen. Das ist der Anlass, den Blick hin auf die Kommunikation und Koordination zwischen Leistungserstellern und dem Publikum zu lenken – und weniger auf Fragen der Akzeptanz von Infrastruktur.

An der Schnittstelle zur Kommunikation zwischen Akteuren kommt Vertrauen ins Spiel, da dieses als ‚sozialer Klebstoff' die Abstimmung zwischen den involvierten Parteien reguliert. Es soll im Folgenden insbesondere der Frage nachgegangen werden, inwieweit ein Bedarf an Vertrauen im Umgang mit Infrastrukturen und Systemen besteht. Daran schließen sich mehrere Unterfragen an:

- Wie lässt sich das Energiesystem beschreiben, und wozu braucht es überhaupt Systeme? Durch welche Binnendifferenzierung ist das Energiesystem gekennzeichnet?
- Was leistet Vertrauen? Was sind relevante Vertrauensbeziehungen im Energiesektor und zwischen welchen Ebenen der Vertrauenszuweisung können wir unterscheiden?

Für die Beschreibung der Veränderungen in der Energieversorgung bedienen wir uns der analytischen Heuristik, den Energiekomplex in sachlicher, sozialer und zeitlicher Hinsicht zu differenzieren, um jeweils spezifische Aspekte hervorzuheben, ohne die jeweils anderen zu vernachlässigen (Abschnitt 2.1). In *sachlicher* Hinsicht kommen dann Probleme der Komplexität durch die heterogenen Beziehungen technischer und sozialer Elemente zueinander in den Blick, die immer wieder aufs Neue die Kontrolle von Systemen, Netzwerken und *webs* in Frage stellen (2.2). In *sozialer* Hinsicht werden Probleme hoher Redundanz fest institutionalisierter Strukturen betrachtet, die durch erzwungene Varietät herausgefordert werden, indem die *Transition* von einem Energiesystem zu einem anderen bzw. die *Transformation* eines bestehenden Systems forciert wird (2.3.). In *zeitlicher* Hinsicht soll die Ereignishaftigkeit des Energiekomplexes in den Vordergrund gestellt und auf Probleme der Handlungsfähigkeit in intransparenten Situationen eingegangen werden, die durch die strukturellen und institutionellen Veränderungen an Bedeutung gewinnen (2.4).

Daran anschließend legen wir dar, dass Vertrauen Probleme löst, die nicht so sehr in der Sozialdimension gründen, wie z. B. in der Differenz von Entscheidern und Betroffenen (Abschnitt 3.1), sondern vielmehr in der Zeitdimension, also der Risikoübernahme durch Ingenieure, Unternehmer, Regulatoren und auch durch das Publikum (wir alle) aufgrund einer unbekannten und intransparenten Zukunft (3.2). Deshalb lautet die These: Für eine aktive Beteiligung an den Operationen der zukünftigen Energieversorgung ist so etwas wie *Systemvertrauen* (Luhmann 2000) notwendig. Und im Weiteren, in dieser Situation bedarf es multipler Ebenen und Adressen der Vertrauenszuweisung – ergo einer ‚Architektur des Vertrauens' (Abschnitt 3.3). Abschließend wird eine Zusammenfassung präsentiert sowie weiterführende Forschung diskutiert (Abschnitt 4).

2 Der Energiekomplex als System?

2.1 Sozio-technische Probleme

Den nachfolgenden Überlegungen liegt die Vorstellung von einem Energie-Komplex als einem systematischen Leistungszusammenhang zugrunde,

- an dem deterministische Techniksysteme und autonome Sozialsysteme beteiligt sind (struktureller Aspekt),
- deren Beziehungen über generalisierte kognitive und normative Erwartungen konditioniert werden (institutioneller Aspekt),
- um von Moment zu Moment sozio-technische Probleme – der Entropie und Kontingenz – zu lösen (operativer Aspekt).

Damit ist vorausgesetzt, dass für die Bereitstellung der allgemein erwarteten Leistung (nutzbare Energie) soziale und technische Realitäten miteinander in Einklang gebracht werden müssen. Wie das geschieht, soll an dem Vergleich von sozio-technischen Problemen in drei Dimensionen aufgezeigt werden: Erstens in der Sachdimension, die strukturelle Aspekte der Verknüpfung heterogener Elemente hervorhebt. Zweitens in der Sozialdimension, die institutionelle Aspekte generalisierter Erwartungen und deren Wandel hervorhebt. Drittens in der Zeitdimension, die operationale Aspekte der Handlungs- und Entscheidungsfähigkeit hervorhebt. Mit dieser Argumentation soll eine Distanz zu dem Begriff der sozio-technischen Systeme geschaffen werden, wie im Folgenden erläutert werden wird.

Generell wird das Konzept der sozio-technischen Einheiten (Systeme, Regime, Konstellationen) immer dann herangezogen, wenn Veränderungen technischer Variablen auch soziale Realitäten beeinflussen – und umgekehrt.[2] Es ist nicht zu hoch gegriffen, zu behaupten, dass in modernen Zeiten jede Organisation die Charakteristik einer sozio-technischen Einheit annimmt, sollen doch mit Hilfe von elektronischer Datenverarbeitung vornehmlich soziale Zielstellungen erreicht werden – die Reduzierung organisierter Komplexität, die Erhöhung der Transparenz im System und in der Umwelt sowie die Erhöhung der Produktivität (Büscher 2004, S. 49 ff.). Hinsichtlich der aktuellen Entwicklung der Energiewende leuchtet es ein, ebenfalls von sozio-technischen Entwicklungen zu sprechen. Es ist beim Thema Energie eben nicht alles allein eine Frage der Physik. Dennoch bereitet die Annahme Schwierigkeiten, bei der Bereitstellung, dem Transport, der Verteilung und dem Konsum (genauer: Entwertung) von Energie handelt es sich um die Leistungen eines sozio-technischen *Systems*. Zum Beispiel treten methodische Probleme der eindeutigen Zuordnung von Elementen (technischen und sozialen) zu einem solchen System auf, ebenso wie die der Grenzziehung (lokal, regional, kontinental). Dies kann an dieser Stelle nur angedeutet werden (siehe dazu ausführlich: Büscher und Schippl 2013). Die Heterogenität der Modelle, die in der Energieforschung zur Anwendung gelangen, bestätigt diesen Eindruck. Vielmehr schlagen wir vor, nach äquivalenten Problemen, die sich in der spezifischen Beziehung technischer und sozialer Tatbestände manifestieren, zu suchen und diese zu vergleichen.

Ein erster, sehr abstrakter, aber für unsere Zwecke sehr instruktiver Vergleich ergibt sich mit Bezug auf die Grundsätze der Thermodynamik. Jedem thermodynamischen System kann ein Entropiepotenzial zugeschrieben werden. Zu jedem Moment findet ein Energietransfer statt, der durch Temperaturdifferenzen initiiert wird und der stets im Ausgleich von der Energie eines Systems hin zur Umgebung (Umwelt) stattfindet. „Die Energie bleibt erhalten, die Temperatur gleicht sich aus" (Weizsäcker 1985, S. 251). Wenn wir heute von Primärenergie sprechen, dann meinen wir *Exergie*, also nutzbare Energie, die in jedem Fall nur mit einem Anteil von *Anergie*, also nicht nutzbarer Energie, zu haben ist. Ohne systemexterne Zugabe verlieren sich Temperatur- und Druckdifferenzen *irreversibel* in einem Äquilibrium mit der jewei-

---

2   Forscher haben den Begriff eingeführt, um ihren Beobachtungen der Kohleindustrie ein Label zu geben. Sie haben festgestellt, wie neue Techniken im Bergbau Veränderungen in der Organisation der Arbeitsgruppen und in der Folge Produktivitätsprobleme nach sich zogen (Trist und Bamforth 1951). Im Weiteren wurde der Begriff von Forschungen zur Genese und Kontrolle von großen Infrastruktursystemen in Anschlag gebracht (Hughes 1987; Mayntz 1993), was der Idee zu einiger Prominenz verhalf.

ligen Umgebung. Jede energietechnische Anstrengung zielt darauf ab, einen möglichst hohen Anteil von nutzbarer, in Wärme und Arbeit (als *Prozess*größen) wandelbarer Energie (als *Erhaltungs*größe) bereitzustellen (Wenterodt und Herwig 2014).

Äquivalent dazu hat die Kommunikationstheorie nach Claude E. Shannon das Problem des Informationsverlustes beschrieben. Es erhöht sich das Maß an Entropie, wenn strukturelle Orientierungen fehlen, z. B. das Maß an Redundanz im Gebrauch von Sprache (Shannon und Weaver 1963, S. 13), an denen sich unterschiedliche Beobachter in sozialen Situationen orientieren können. Ein zu hohes Maß an Mehrdeutigkeit verhindert die notwendige Verstehensleistung, sprich das In-Beziehung-Setzen einer Mitteilung zu einer Information, und damit entfällt potenziell die Anschlussfähigkeit als Voraussetzung für die Fortsetzung von Kommunikation. Informationen gehen im allgemeinen Rauschen unter (Krippendorff 2009, S. 616). Äquivalent zur Entropie kann hier der Begriff der *Kontingenz* eingeführt werden. Dieser besagt, dass Ereignisse weder unmöglich noch zwingend notwendig sind. Alle sozialen Systeme weisen ein Kontingenzpotenzial auf, also Freiheitsgrade in der Wahl möglicher Handlungen und Entscheidungen, das nur durch Strukturaufbau daran gehindert werden kann, sich gänzlich in Zufall, Chaos bzw. Willkür zu entfalten. Mithin muss der Kontingenz permanent entgegengearbeitet werden, um Beliebigkeit auszuschalten und kommunikative Engführungen einzuführen, die soziale Beziehungen erheblich vereinfachen (Luhmann 1984, S. 79). Abbildung 1 soll diesen Vergleich zusammenfassen.

Dieser Vergleich ist nicht allein aus theoretischer Neugier interessant, sondern soll einen Hinweis darauf geben, dass auch und gerade für die Bereitstellung von Energie kommunikative Prozesse der Organisation vonnöten sind, die wiederum ähnlichen operativen Gesetzmäßigkeiten unterliegen: *ereignisbasiert und zeitlich irreversibel*. Der Komplex der Energieversorgung operiert im Hier und Jetzt, um von Moment zu Moment eine Leistung bereitzustellen, die sogleich wieder entwertet wird. Soziale Systeme reproduzieren sich auch in der jeweiligen Gegenwart und müssen permanent für die Anschlussfähigkeit kommunikativer Ereignisse sorgen, um sich gegenüber einer komplexen Umwelt als Einheit behaupten zu können. Mit diesem Argument folgen wir den Spuren des *operativen* Konstruktivismus (Luhmann 1984, S. 28). Für die Energieversorgung der Zukunft lassen sich drei Grundprobleme identifizieren:

1) Es müssen technische und organisatorische Mittel gefunden werden, die eine Kontrolle der Bereitstellung, des Transports, der Verteilung und der Entwertung von Energie erlauben, trotz eines steigenden Maßes an organisierter Komplexität.
2) Es muss ein institutioneller Wandel erzwungen werden, bei gleichzeitig stabilen, generalisierten Erwartungen über geltendes Recht, Chancen und Risiken der Invention, Innovation und Investition. Hinzu kommen gültiges Wissen und technische Normen für unterschiedliche Akteure in Wissenschaft, Wirtschaft, Politik und Administration sowie Alle, die in Zukunft aktiv an der Leistungserstellung mitwirken sollen.

Abbildung 1 Äquivalente sozio-technische Problemstellungen nach thermodynamischen Grundsätzen

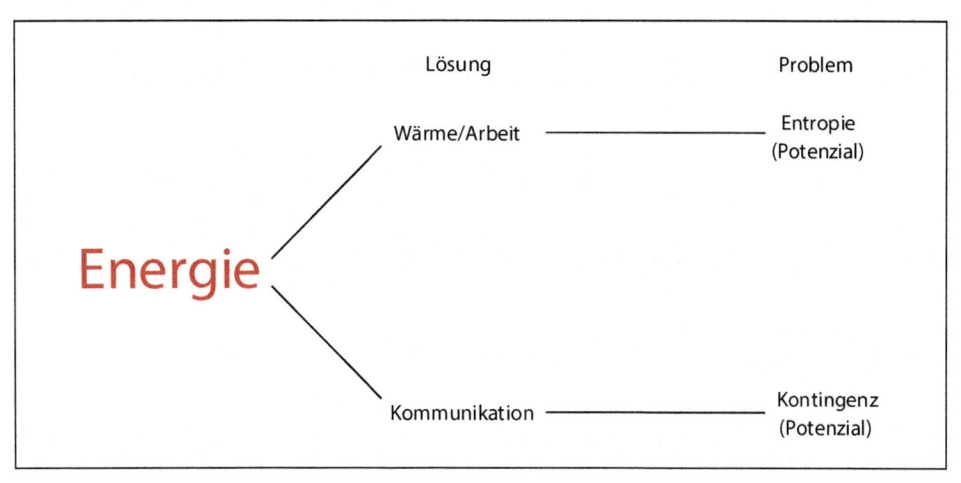

```
                    Lösung                          Problem

                 Wärme/Arbeit ─────────────── Entropie
                                              (Potenzial)
      Energie
                 Kommunikation ────────────── Kontingenz
                                              (Potenzial)
```

Quelle: Eigene Darstellung

3) Es muss Handlungsbereitschaft organisiert werden, sodass unterschiedliche Beteiligte bei der Leistungserstellung trotz eines steigenden Maßes an Intransparenz hinsichtlich gleichzeitig operierender, komplizierter technischer Infrastrukturen in die Lage versetzt werden, Entscheidungen unter Unsicherheit und Risiko zu treffen.

Allen drei Problemstellungen ist zu eigen, dass sie weder allein auf technische noch auf soziale Variablen zu reduzieren wären. Sie sind auch nicht endgültig lösbar, sondern bedürfen der permanenten Bearbeitung. In diesem Sinne sind sie historisch invariant, das heißt, prinzipiell haben sich diese Probleme seit der Einführung der ersten größeren Infrastrukturen nicht verändert, sondern allein die Möglichkeiten ihrer Bearbeitung und Lösung. Darauf soll im Folgenden genauer eingegangen werden.

2.2 Sachdimension: komplexe Strukturen und deren Kontrolle

Ein wesentliches Merkmal moderner Infrastrukturen ist die unüberschaubare Verknüpfung von technischen und sozialen Elementen zur Erfüllung eines Sachzwecks, sprich zur Herstellung einer intendierten Leistung. Für den Fall der Energieversorgung sind das die Bereitstellung, der Transport, die Verteilung von nutzbarer Exergie, die sich in Arbeit und Wärme wandeln lässt. Zu diesem Zweck werden technische Artefakte zur Produktion (einer Leistung) und zur Kontrolle in ein deterministisches Verhältnis zueinander arrangiert und isoliert. Die dadurch zu erreichende Simplifizierung komplexer Verhältnisse physikalischer, biologischer oder chemischer Art ermöglicht die Erwartbarkeit von Ereignissen.³ Funktional äquivalent dazu werden organisatorische Abläufe implementiert, um wiederum erwartbare Handlungen von Personen zu erreichen – in seinen Extremformen changierend von kleinteiligen Handgriffen tayloristischer Industrieproduktion bis hin zum, auf den ersten Blick, strukturlosen Dahintreiben zur Förderung von Kreativarbeit in hippen Start-Up-Unternehmen. Alle sozio-technischen Konstellationen werden zur Zweckerreichung eingesetzt, also zur Reduzierung von Komplexität in Natur und Gesellschaft.

Heute weiß man, dass diese Konstellationen selbst wiederum ein hohes Maß an organisierter Komplexität erreichen können, und zwar immer dann wenn viele heterogene Elemente miteinander in selbst wiederum sehr heterogene Beziehungen gesetzt werden.⁴ Die Abbildung aller relevanten technischen Anlagen und menschlichen Handlungen, die aktuell für die Versorgung mit Energie in einer spezifischen Region, z. B. Mitteleuropa, notwendig sind, ließe sich in kein handhabbares Format bringen – und diese wäre auch schon nicht mehr akkurat, sobald sie fertiggestellt würde. Deshalb müssen wir uns mit extremen Reduktionen begnügen, um dennoch ein Verständnis davon zu erlangen, was es braucht, damit Energie bereitgestellt wird, und was sich verändert im „Energiesystem der Zukunft".

An Mayntz (2009, S. 124) angelehnt, lassen sich vier relevante Dimensionen entlang der Unterscheidungen sozial/technisch und System/Umwelt differenzieren:

1) *Technisch systeminterne Determination der Produktion:* Zukünftige Energieinfrastrukturen müssen Anlagen zur Bereitstellung erneuerbarer Energie integrieren. Das bekannte Problem der Volatilität in der Verfügbarkeit von erneuerbarer Energie soll mit innovativen Vernetzungs- und Kommunikationstechniken abgefedert werden. Batteriespeicher werden in der Elektrizitätsversorgung eine Rolle spielen, ebenso wie ‚Intelligenz' in der Kontrolle *(smart metering)* und in der Vernetzung *(smart grids)*, sodass der Abgleich von Angebot und Nachfrage technisch in Echtzeit geschehen kann (Amin 2001; Amin und Wollenberg 2005; Peine 2008).

2) *Sozialsysteminterne Organisation der Produktion:* Durch die Hinzunahme von immer mehr Akteuren, die in neuen Arenen aufeinandertreffen, müssen daraufhin angepasste Koordinations- und Absicherungsmechanismen entwickelt werden (Künneke et al. 2010). Das trifft z. B. zu für regelbare Lasten in der energieintensiven Industrieproduktion zur Steigerung der Netzstabilität oder für die Inklusion der allgemeinen Bevölkerung in eine Leistungsrolle, z. B. durch *virtuelle Kraftwerke* (Dürr und Heyne 2017).

---

3 Selbst hochkomplizierte Anlagen wie zum Beispiel das CERN-Experiment im Kanton Genf (Schweiz) sollen planbare, wiederholbare Abläufe ermöglichen, hier Teilchen beschleunigen. Prinzipiell kann diese Apparatur als funktional äquivalent zu einem Toaster erachtet werden.
4 Siehe für eine bis heute nützliche Definition: La Porte (1975, S. 6).

3) *Technische Umwelt*: Die aktuell entstehenden Verknüpfungen mit ermöglichenden oder beeinflussenden Infrastrukturen – physisch als Netzwerkinstallationen, geografisch in Agglomerationen oder elektronisch in *webs* – verschärfen die Differenzierung von Expertenwissen und damit die Anforderungen an die Arbeit an Schnittstellen und an Operateure, sich auf andere zu verlassen (Roe und Schulman 2016, S. 62).
4) *Soziale Umwelt*: Neue Formen der Supervision wie Regulierung oder Governance der Systemoperationen werden auf systeminterne Prozesse einwirken und Anpassungen erfordern (und umgekehrt werden technisch/organisatorische Neuerungen Anpassungen in der Supervision erzwingen). Der Fall des ‚Unbundling' war ein prominentes Beispiel (Künneke 2008). Die Koordination durch Märkte wird permanent neu geregelt bzw. angepasst (EEG-Novellen u. a.).

Es ist zu erwarten, dass sich das Energiesystem ausdifferenziert in Subsysteme, die wiederum eine weitere Vernetzung erfahren. Hier können Analogien zu modernen Wissensinfrastrukturen gezogen werden. Amerikanische Wissenschaftler unter der Federführung von Paul Edwards haben in ihrer Studie zum Verständnis von Infrastrukturen herausgestellt, dass der Grad der Kontrolle von lokalen, technischen und organisatorischen Systemen über Netzwerke von Systemen und, im Weiteren, über Netzwerke von Netzwerken immer weiter abnimmt (Edwards et al. 2007).

Die Antwort von Ingenieurinnen und Technikerinnen ist standardmäßig mehr Technik: „Zur Erreichung der mit der Energiewende verbundenen Ziele müssen daher bereits heute die Weichen dafür gestellt werden, Anlagen sicher in das Energieversorgungsnetz integrieren zu können."[5] Smart-Meter-Gateways und intelligente Messsysteme sind die geläufigen Schlagworte, aber es finden sich auch weitergehende Visionen in Richtung ‚autonome Agenten', Systeme mit Selbstheilungsfähigkeiten oder künstlicher Intelligenz.

Technische Innovationen versprechen die Steigerung der Kapazität zur Informationsverarbeitung, der Transparenz der Prozesse und der Produktivität und Effizienz. Gleichzeitig werden auch die Anforderungen an den Umgang mit Daten und Informationen immens gesteigert (Datensicherheit, Privacy, Selektion von Information). Ebenso wird die Kompliziertheit/Komplexität des Systems erhöht – Einfachheit ist nur noch auf der Oberfläche (dem Interface) zu erzielen. Die hinter der Oberfläche ablaufenden Prozesse sind allenfalls noch von wenigen Experten und Expertinnen) zu durchschauen. Den Systemzusammenhang in seiner Gesamtheit als Energiekomplex können einzelne Personen sicherlich nicht mehr erfassen. Auch die Produktivität wird immer nur punktuell und inkrementell gesteigert, keinesfalls in Form einer linearen Entwicklung. Neue technische Elemente (Soft- oder Hardware) treffen auf

---

5   Siehe Drucksache 18/8218, Deutscher Bundestag, 18. Wahlperiode vom 25. 04. 2016 „Digitalisierung der Energiewende – Kosten, Kostenverteilung, Datenschutz und Datensicherheit hinsichtlich des Smart Meter-Rollouts" (S. 9).

alte Strukturen. Die Anpassung, Einbindung und die Einübung des Umgangs mit diesen sorgt für Reibungsverluste. Zur Aufrechterhaltung der Leistung ‚Energieversorgung' bedarf es der permanenten Justierung zwischen erwünschter Kompliziertheit/Komplexität und Kontrolle (Optimierung, Effizienz, Effektivität, Supervision), und das, ohne dass ein Zentralakteur dafür zur Verfügung stehen würde.

2.3 Sozialdimension: Institutionen und sozio-technischer Wandel

Energieversorgung ist selbst eine Institution – eine generalisierte Erwartungshaltung, dauerhaft, verlässlich und zur immer gleichen Qualität elektrische oder chemische Energie beziehen zu können. Diese Erwartung ist in vielen Teilen der sogenannten ‚Ersten Welt' soweit eingegraben, dass sie immer erst dann zum Vorschein kommt, wenn es zur Störung kommt. „Once here, effective infrastructures appear as timeless, un-thought, even natural features of contemporary life" (Jackson et al. 2007). Kaum jemand muss sich während der Nutzung (Entwertung) Gedanken über die Bedingungen der Herstellung dieser Leistung machen – es wird ein hohes Maß an Redundanz erlebt – solange, bis es zu Stör- oder Unfällen kommt – dann wird Varietät beobachtet. Das ändert sich nun mit dem Großprojekt der Energiewende. Die Bedingungen der Leistungserstellung sind ein öffentliches Thema geworden.[6] Groß angelegte Veränderungen in Richtung regenerative Energie verbreiten Zuversicht, aber auch Unsicherheit. Der französische Soziologe Henry Atlan hat die Unterscheidung von *Redundanz* und *Varietät* prominent gemacht, um auszudrücken, wie viele Informationen ein Beobachter braucht, um aus dem aktuellen Geschehen heraus zukünftige Ereignisse ableiten zu können.[7] In einem metaphorischen Sinne kann man auch fragen, was muss ich wissen, um eine Organisation zu ‚durchschauen'? Braucht es nur wenige Informationen, dann kann man von hoher Redundanz sprechen. Müssen viele Informationen verarbeitet werden, dann liegt ein hohes Maß an Varietät vor (Atlan 1974, S. 300).

Hohe Redundanz/niedrige Varietät

Aktuelle Forschungen, die sich mit der Transformation (Wandlung) oder der Transition (Übergang) von sozio-technischen Systemen beschäftigen, stellen die Frage nach dem ‚richtigen' Maß an Varietät bzw. nach den Bedingungen, um mehr Varietät einzuziehen, damit die Energieversorgung (aber auch Verkehr u. a.) sich in Richtung Nachhaltigkeit entwickelt. Als nicht nachhaltig wird die zentral organisierte,

---

6   Zur generalisierten Erwartungshaltung in den USA siehe (2009, S. 4511).
7   Angelehnt wiederum an dem eingangs formulierten Entropiegedanken und auf den Grundlagen mathematischer Kommunikationstheorien: Wie viele Fragen muss ich stellen, um das nächste Ereignis vorhersagen zu können? (Shannon und Weaver 1963).

durch einflussreiche, kapitalmächtige Unternehmen dominierte Situation der fossilen und atomaren Energieerzeugung angesehen. Eine Situation, die sich in Jahrzehnten nur unwesentlich verändert hat (hohe Redundanz) und die ohne den Druck von Veränderungen in der globalen Umwelt *(landscape)* und durch innovative Nischenlösungen und neuen Technologien auch unverändert aufrechterhalten geblieben wäre. Transition Research beschreibt sozio-technische Systeme als Netzwerk funktional äquivalenter technischer und sozialer Elemente, die sich durch die Aktivitäten der Beteiligten immer weiter zu einem stabilen Ganzen, dem Regime, verdichten (Geels 2004, S. 900 ff.).[8] Strukturaufbau und Prozesse der Institutionalisierung sind demnach Ergebnis vieler einzelner Aktivitäten und münden in der Herausbildung komplexer, adaptiver, dynamischer Systeme (de Haan und Rotmans 2011, S. 92). Die Reproduktion der Verhältnisse wird stets als selbstreferenziell beschrieben: „At root, socio-technical regimes are produced and *reproduced* by networks of state, civil society and market-based actors and institutions" (Smith et al. 2005, S. 1504; Herv. v. CB).

Damit wird dann auch die Stabilität dieser Konstellationen erklärt. Gemeinsam geteiltes Wissen, etablierte technologische Paradigmen, technische Normen, gültiges Recht, Interaktionen, etabliert über formelle (z. B. Verträge) oder informelle (z. B. Vertrauen) Beziehungen, schränken die Freiheitsgrade innerhalb eines sozio-technischen Feldes ein, und erlauben nur inkrementelle Veränderungen in eingeengten Entwicklungslinien. Das was in der Literatur dann als dominante sozio-technische Regime beschrieben wird, kann jeweils für einen Beobachter als Situation der Verlässlichkeit unter stabilen Bedingungen (hoher Redundanz und niedriger Varietät) charakterisiert werden.[9]

Die Kehrseite dieser Situation ist ihre Resistenz gegenüber Veränderungen: Geels (2014, S. 8 ff.) führt Fälle in Großbritannien an, in denen große Unternehmen (Atom, Kohle) politischen Einfluss ausüben, um ihre Existenz trotz mangelnder Wettbewerbsfähigkeit zu sichern; Diskurse hinsichtlich Problemdefinition, zukünftiger Lösungsansätze und Handlungsaufforderung bestimmen; technische Lösungen versprechen, die kurz vor dem Durchbruch stehen und die es erlauben, das herkömmliche sozio-technische Paradigma nicht aufgeben zu müssen; lang etablierte informelle Netzwerke aus gleichgesinnten technokratisch orientierten Mitgliedern pflegen und zur Verteidigung der eigenen Position ausnutzen. Sovacool (2009, S. 4511) beobachtet erstarrte Verhältnisse („congealed culture") in der US-amerikanischen Elektrizitätsversorgung und unterstellt, dass die Leistungsanbieter die Wahlmöglichkeiten der amerikanischen Kunden limitieren, sodass etablierte Verhaltensmuster verstetigt

---

8   Die Forschungen zu Transitionen/Transformationen folgen den Argumenten des methodologischen Individualismus, dass Makrophänomene durch die Aggregation einer Unmenge an Einzelhandlungen auf der Mikroebene erklärt werden können (Coleman 1986, S. 1312; Esser 2000, S. 18).
9   Um Missverständnissen vorzubeugen, muss darauf hingewiesen werden, dass es sich dabei weniger um eine empirisch erhebbare, sondern um eine kognitiv erlebbare Situationsbeschreibung handelt, die aber Effekte für die Handlungsbereitschaft aller Beteiligten, z. B. Investoren, hat. Dazu weiter unten mehr.

und erneuerbare Energieformen abgelehnt werden. Kungl (2015, S. 21) berichtet, dass die dominanten Akteure in Deutschland zunächst gesetzliche Vorgaben der Liberalisierung der Stromversorgung ausnutzen konnten, um sodann – zumindest eine Zeit lang – die Chancen der Herausforderer aus der Erneuerbare-Energie-Szene zu mindern, indem sie politischen Einfluss auszuüben versuchten.

Niedrige Redundanz/hohe Varietät

Die Forderung, Wissen zu verlernen, als *exnovation* (Gross und Mautz 2015, S. 3–4), die Resilienz stabiler Strukturen partiell zu zerstören (Strunz 2014, S. 157), Nischen gegenüber dominanten Regimen sowie Experimente (Loorbach 2010) zu fördern, Marktfehler als Einfallstore für politische Intervention zu nutzen (Weber und Rohracher 2012), all diese Vorschläge können als Versuch der Erhöhung von Varietät und Reduzierung von Redundanz bewertet werden. Unter welchen Bedingungen kann dies gelingen?

Es wird immer wieder die Rolle von ‚Nischen' hervorgehoben. Diese braucht es, um im Windschatten der etablierten Akteure und Netzwerke ein hohes Maß an Experimentierfreudigkeit zu entwickeln. Loorbach (2010) stellt sich einen Dreischritt vor:

1) Eine Neujustierung von *expectation statements* sozio-technischer Entwicklungen durch die Ausformulierung von Visionen inklusive Langzeitperspektive und kollektiv geteilter Ziele und Normen.
2) Taktische Neujustierungen durch die Etablierung alternativer wissenschaftlicher, politischer und wirtschaftlicher Agenden qua Versprechen innovativer Wissensgenese, Förderung und Rechtsschutz sowie Investitionen.
3) Operative Neujustierungen durch die Etablierung neuer Praktiken, die durch Realexperimente erprobt und angepasst werden sollen. Loorbachs Ansatz versucht demnach eine Form der Positivierung kontingenter gesellschaftlich-evolutionärer Prozesse. In diese Kategorie passen fast alle Arbeiten, die eine Governance von Transitionen/Transformationen im Sinn haben.[10]

Dabei wird oft unterschlagen, wie die Unsicherheit darüber verarbeitet werden kann, welche Visionen, welche Strategien zur Etablierung von welcher Agenda und welche Praktiken die richtigen und erfolgversprechenden sind. Das normative Integral ist ‚Nachhaltigkeit', die erfolgversprechende Strategie ist Offenheit, Lernbereitschaft, Reflexivität, Fehlerfreundlichkeit, etc. In dieser Situation muss ein hohes Maß an Nicht-

---

10 Beispielsweise fordern auch Weber und Rohracher, dass Politik die richtigen Visionen aufnehmen und in Leitlinien weiter ausformulieren soll, um den Transitionen eine Richtung zu verleihen (Weber und Rohracher 2012, S. 1042). Es hat nun einige Jahrzehnte gedauert, bis sich Visionen der Nachhaltigkeit, des Klimaschutzes oder der erneuerbaren Energie etabliert haben, also als fest institutionalisiertes, in jeder Situation mitgeführtes Thema.

wissen toleriert werden, was für alle Beteiligten eine Prüfung ihrer Risikobereitschaft bedeutet: „In this sense, there are good reasons for opposing experimental processes in the transition towards renewable energy" (Gross und Mautz 2015, S. 144).

Idealisierung: Hohe Redundanz und hohe Varietät – Wie die richtige Balance finden?

Der Wunsch nach einer gesteuerten und geplanten Energiewende wird allenthalben geäußert. Dabei ist die Gesetzgebung selbst ein Faktor für Varietät, obwohl deren vornehmliche Aufgabe die Stabilisierung von Erwartungen ist, die aber selbst immer wieder durch Novellen, z. B. durch die unterschiedlichen Fassungen des EEG, Anpassungen vornehmen will. Zu hohe Unsicherheit kann sich negativ auf die Innovationstätigkeit selbst auswirken, z. B. auf die vielen kleinen lokalen Initiativen (Fuchs 2014, S. 136), die zur Varietät der Situation beitragen. Diese Unsicherheit muss durch ein ganzes Set an sozialen Arrangements (Fiskalpolitik, Subventionen, Informationen etc.) wieder absorbiert werden (Carlsson und Stankiewicz 1991, S. 110).

Trotz politischer Zielvorgaben und regulatorischer Steuerungsmaßnahmen verläuft die Energiewende als ein experimenteller und nicht als ein geplanter und zentral gesteuerter Prozess. In unterschiedlichsten Bereichen des Energiesektors setzt die Entwicklung geeigneter technischer und sozialer Arrangements zur Integration erneuerbarer Energien neue Umgangsformen mit Ungewissheiten voraus. Diese werden in der Durchführung von Experimenten erprobt. Dabei handelt es sich nicht um abschließbare Laborexperimente, sondern um Realexperimente, die im laufenden Prozess der Energieversorgung und Energienutzung durchgeführt werden (auch Quénéhervé et al. 2018 in diesem Band). Teilweise vollziehen sich diese Experimente (wie z. B. bei den Versuchen mit Smart Grids/Smart Meters in dem Projekt „E-Energy"[11]) als kontrollierte und regional begrenzte Modellversuche. Zu diesen experimentellen Erprobungen gehören aber auch regionale Versuche autarker Energieversorgung, z. B. durch Bürgergenossenschaften, das Ausprobieren von neuen Markt- und Geschäftsmodellen durch neue Dienstleister und Stadtwerke, Wandlungen des individuellen Konsumverhaltens u. v. m.

Für jedes Experiment ist die Offenheit seines Ausgangs charakteristisch. Dementsprechend ist das Scheitern eines Experiments immer eine grundlegende Option und erzeugt seinerseits relevante Erkenntnisse. Da sich die Experimente der Energiewende aber im laufenden Systembetrieb vollziehen, müssen die Risiken (unerwünschten Folgen) eines Scheiterns abgemildert werden. Hierzu sind die Wechselwirkungen zwischen Systembetrieb und den Effekten der Experimente abzuschätzen. Die Verbindungen zwischen dem Systembetrieb und den Experimenten dürfen weder zu lose noch zu eng sein. Bei zu engen Kopplungen würden die Experimente den Systembetrieb stören. Bei zu losen Kopplungen würden die Experimente keine Erkenntnisse erbringen, die für den sich transformierenden Systembetrieb aussagekräftig sind.

---

11 Siehe dazu: B.A.U.M. Consult 2012.

2.4 Zeitdimension: Handlungsfähigkeit und Intransparenz

Unsicherheit speist sich aus der Unkenntnis der Folgen eigener Handlungen (Risiko) bzw. der Handlungen anderer (Gefahr), der Antizipation von Gewinn/Verlust und durch die sichtbare, nachvollziehbare Verantwortlichkeit für mögliche Konsequenzen des Entscheidens. Gerade in sozio-technischen Konstellationen wie der Energieversorgung, die strukturellem und institutionellem Wandel unterliegen, kommen Unsicherheitslasten zum Vorschein – und müssen bewältigt werden.

Die deutsche Energiewende bringt als eine ihrer weitreichenden Veränderungen eine stärkere Einbeziehung dezentraler Akteure mit sich – die Einspeisung aus erneuerbaren Energieträgern ist in den letzten fünf Jahren um ein Vielfaches gestiegen und soll weiterhin deutlich wachsen (Kühne und Weber 2018; Leibenath und Lintz 2018 in diesem Band). Die mit der Energiewende verbundenen Pläne des intelligenten Netzes (Smart Grid) und intelligenter Märkte (Smart Markets) stellen den Konsumenten eine aktive Rolle in Aussicht (BNetzA 2011; BMWi 2015). Prosumenten sollen nicht nur Strom effizienter nutzen, sondern auf neuen Märkten selbst generierten Strom anbieten. Vernetzt durch intelligente Stromzähler (Smart Meters) sollen Prosumenten helfen, Fluktuationen in der Bereitstellung erneuerbarer Energien abzufedern und zur Nachhaltigkeit des Gesamtsystems beizutragen. In einem solchen System des vernetzten ‚Internets der Energie' (Appelrath et al. 2012) werden Haushalte aufgewertet. Selbiges soll mit mittleren und großen Industriekunden als dezentrale Einheiten vorangetrieben werden, wenn es zu einer umfangreichen Verbrauchssteuerung (Demand-Side-Management) kommt.

Wovon allgemein ausgegangen wird, als nicht hinterfragte Prämisse, ist das Vorhandensein allgemeiner Handlungsfähigkeit in sozio-technischen Konstellationen: Operateure des Elektrizitätsnetzes, als Übertragungsnetzbetreiber und Verteilnetzbetreiber, entscheiden über die Zu- und Abschaltung von Kraftwerksleistungen. Und dies unter neuen Bedingungen volatiler Bereitstellung, also mehr heterogener Elemente im System. Laut Experten steigt die Frequenz der sogenannten ‚Redispatch-Maßnahmen', was durch gesetzgeberische Anpassungen im EnWG abgesichert werden muss (Franke 2014, S. 23 ff.). Unternehmen und Betreiber energietechnischer Anlagen entscheiden über Investitionen, Operation und Organisation zur Bereitstellung an unterschiedlichen Märkten gehandelter Leistungen. Prosumer entscheiden (in Zukunft) darüber, ob sie selbst produzierten Strom verkaufen, verbrauchen (entwerten) oder speichern (Dürr und Heyne 2017, S. 673). Alle diese Akteure müssen in unterschiedlichen Situationen mit Unsicherheit und Risiko umgehen.

Der allseitige Wunsch, intelligente Komponenten in die Stromversorgung einzubeziehen, soll Probleme der Volatilität in der Erzeugung und Nachfrage sowie der Netzstabilität lösen, schafft aber gleichzeitig Probleme der Interaktion:

1) Mensch-Maschine-Interaktionen, die in der Technikphilosophie gewöhnlich unter den Überschriften ‚Autonome Maschinen' und ‚Künstliche Intelligenz' (KI)

diskutiert werden, kommen in den Sinn. Wie bereits mehrfach angedeutet, sollen Nutzer in Zukunft stärker als aktive Teilnehmer in die Energieversorgung eingebunden werden. Dazu müssen sie Einblicke in die Funktionsweise von *smart devices* zur Messung und Steuerung der Energiemengen und Informationen zu dem Verbrauch aller Arten von Anwendungen *(appliances)* erhalten. Auch hier werden *apps* als Oberfläche zur Darstellung von Zahlenwerten eingeführt werden, die keinerlei Einblick in die Funktionsweisen, Mechanismen und Algorithmen der dahinterliegenden Realität sozio-technischer Komplexität erlauben. Zur Interpretation der dargebotenen aggregierten Daten müssen Nutzer Fähigkeiten erlangen, die es ihnen erlauben mikroökonomische Entscheidungen zum Energieverbrauch oder zum Kauf und Gebrauch von Applikationen zu treffen (Verbong et al. 2013, S. 121).

2) Zwischen Operateuren unterschiedlicher Systeme treten ähnliche Probleme auf: das Nichtwissen bezüglich der jeweils anderen, vernetzten Infrastruktur (Roe und Schulman 2016, S. 62); das Problem des esoterischen Wissens von Operateuren, die über die Intentionen des Designs hinaus Mittel und Wege finden, das besagte System sicher zu betreiben. Dafür ist Vertrauen eine wichtige Ressource: „That means designers, be they engineers, policy makers, or senior executives, must trust and facilitate the skills of control room operators to add the necessary resilience to the engineered foundations of high reliability" (Roe und Schulman 2016, S. 156).

3) Des Weiteren werden unter dem Stichwort ‚Flexibilitätsvermarktung durch regelbare Lasten' neue Beziehungen zwischen Unternehmen entstehen, wenn Lastmanagement durch Netzbetreiber möglicherweise durch eine direkte Steuerung der industriellen Produktion betrieben wird.

Die hier aufkommenden Fragen richten sich an Probleme der Zuverlässigkeit *(safety)* in der Aufrechterhaltung der Leistungserstellung und des Leistungsbezugs, der Sicherheit vor Unfällen oder Missbrauch, vor allem in dem wichtigen Themenbereich der Integrität der massenhaft zu erhebenden Daten *(privacy)*, und das Problem, inwieweit Nutzer unterstellen können, dass die eingesetzten Maschinen im Sinne des Nutzers agieren oder aber im Sinne der Hersteller und Vertreiber (Principal-Agent-Probleme in der Nutzung von innovativen intelligenten autonomen Systemen).

Die Norm rationaler Wahlhandlung (Elster 1994, S. 22) kann der Intransparenz sozio-technischer Konstellationen nur bedingt beikommen. Durch das enorme Komplexitätsgefälle zwischen symbolischer Oberfläche und organisatorisch-technischem Hintergrund und durch die Gleichzeitigkeit von technischen und sozialen Ereignissen kann nicht realistisch gewusst werden, welche Konsequenzen Handlungen und Entscheidungen im Einzelnen haben. In der Theorie ist es vorstellbar, dass zu viel Unsicherheit lähmt (Brunsson 1985, S. 50). Damit ist die Anforderung, Handlungsfähigkeit aufrechtzuerhalten, ein zentrales sozio-technisches Problem, das permanent – sozusagen ‚beiläufig' – durch die Operationen der beteiligten Systeme mitbearbeitet werden muss. Im Folgenden soll die Idee des ‚Systemvertrauens' (Luhmann 2000) in dieser Hinsicht besprochen werden.

3 Energiewende und Vertrauen

3.1 Entscheider und Betroffene

Drastische strukturelle Veränderungen (siehe 2.2) sowie institutionelle Neuordnungen (siehe 2.3) haben einen Effekt auf die Handlungsfähigkeit innerhalb organisierter Sozialsysteme, was Operateure, Investoren, Administratoren etc. betrifft, oder im Umgang mit sozio-technischen Konstellationen, was alle Anwenderinnen und Nutzerinnen betrifft. Dieser Effekt kann im Groben mit einem erhöhten Bedarf an Bewältigung von Unsicherheit und an Risikobereitschaft umschrieben werden (siehe 2.4). Wie mit Unsicherheit und Risiko umgegangen werden soll, das kann anhand von Prämissen des Programms der Energiewende herausgelesen werden. Das Programm selbst betont die Chancen der Energiewende und bedient sich einiger dominanter Ideologien von Fortschritt, Rationalität und Vernunft (BMWi/BMU 2011; BMWi 2015). Diese wissenschaftlich, ökonomisch und politisch geprägten Prämissen zu kritisieren ist nicht das Ziel dieses Artikels, wohl aber diese zu exponieren und hinsichtlich ihrer Konsequenzen genauer zu untersuchen.

1) Erwartungen an Vernunft: die Möglichkeit, dass große Bevölkerungsteile mit Hilfe von guten Argumenten die Motive Dritter als ihre eigenen übernehmen und daraufhin Akzeptanz entwickeln können. Das grundlegende Motiv für die Energiewende ist die Abwehr folgenschwerer gesellschaftlicher Probleme wie die Ressourcenknappheit (fossile Energieträger), der Umgang mit gefährlichen Technologien (Kernspaltung) und der Klimawandel – also vermeintlich alles Probleme, von denen alle gleichermaßen betroffen sind. Dahinter steckt die Annahme der Schaffung kongruenter Perspektiven auf das Geschehen: die Betroffenen der Energiewende stimmen möglicherweise mit den Entscheidern überein und verzichten daraufhin auf Widerstand, Protest oder Ausweichhandlungen.
2) Erwartungen an Prinzipien der rationalen Kalkulation (Homo Oeconomicus): die Möglichkeit, dass Akteure Zugang zu Märkten erlangen, auf denen sie an ökonomischen Kriterien ausgerichtet Entscheidungen treffen können, die zu ihrem Vorteil gereichen können, aber nicht müssen (Risiko, Chance) – im Gegensatz zu vormals festgelegten Situationen ohne Entscheidungsmöglichkeiten. Dahinter steckt die Unterstellung des rational handelnden Agenten, der Zeit und Aufwand investieren kann, um hinreichend Informationen zu erlangen und daraufhin eine für die eigenen Präferenzen optimale Entscheidung zu treffen (Elster 1994, S. 23). Bei dieser Annahme muss bekanntlich mit dem Problem gerechnet werden, dass

in vielen Fällen eine Vorleistung erbracht werden muss, ohne dass die Leistungen Anderer schon evaluiert werden können. In diesen Situationen muss oft auf Rationalität verzichtet und Risiken eingegangen werden (Japp 1992, S. 37).
3) Erwartungen an Fortschritt, Vereinfachung durch weitere Automatisierung: die Möglichkeit, dass ‚Intelligenz' in moderne Energieinfrastrukturen eingezogen werden kann, z. B. in *smart grids* und *smart markets* (BNetzA 2011; Grünwald 2014), um den effizienteren Umgang mit Kapazitäten und Volumina zu ermöglichen. Dadurch werden Entscheidungen übergeben an und Handlungen ersetzt durch Maschinen, Programmierung, Algorithmen. Die scharfe Differenz zwischen simpler Oberfläche und komplizierter Technologie generiert Intransparenz, die sich z. B. in *Principle-agent*-Problemen manifestieren. Nutzer von *smart technologies* müssen unterstellen, dass die Agenten in ihrem Sinne agieren hinsichtlich ökonomischer Vorteile, Zuverlässigkeit der Services und Sicherheit der Persönlichkeitsrechte.

Alle Prämissen des langfristigen Erfolgs der Energiewende oder des mittel-/kurzfristigen Vorteils der beteiligten bzw. betroffenen Akteure sind in der Gegenwart nicht zu überprüfen. Sie werden sich erst in der Zukunft manifestieren.

Diese zeitliche Differenz wird durch eine soziale Bifurkation begleitet: die unterschiedliche Perspektive der *Entscheider* und *Betroffenen* (Luhmann 1993). Die gesellschaftsweit angelegte Transformation der Energieversorgung provoziert zwei Perspektiven auf das Geschehen. Die Treiber der Transformation entscheiden, kalkulieren Kosten und Nutzen als Risiken und Chancen und kommunizieren das Ergebnis als zwingend notwendig oder gar als alternativlos: die Abschaltung von Kraftwerken, die Förderung von regenerativen Energieträgern oder die Einführung von intelligenten Technologien zur Erhöhung der Effektivität der Energieversorgung und der Netzstabilität. Die Betroffenen von diesen Entscheidungen stellen fest, dass sich Sicherheit verbürgende Infrastrukturen verändern und sie möglicherweise liebgewonnene Gewohnheiten aufgeben müssen. Betroffene verweisen auf die Gefahren der Transformation und sehen sich eher motiviert, die Notwendigkeit der Maßnahmen in Frage zu stellen. Kasperson und Ram beobachten für die USA eine generelle Erosion der Zuversicht *(confidence)* in die zuständige Administration, die marode Infrastruktur und die als ungerecht empfundene Marktsituation: „Who reaps the benefits, and who bears the risks and burdens?" (Kasperson und Ram 2013, S. 94).

Der Widerstand gegen die massenhafte Einführung von intelligenten Messgeräten *(smart meter)* in die niederländischen Haushalte kann als ein weiteres Indiz für Betroffenheit herhalten. Die Angst vor gesundheitlichen Schäden, dem Missbrauch von Daten, die durch *smart meter* erhoben werden, sowie der nicht erkennbare finanzielle Nutzen der Technik für private Haushalte haben zu erheblichen Diskussionen geführt (Cavoukian et al. 2010; Pearson 2011; AlAbdulkarim et al. 2012). Im Endeffekt wurde der entsprechende Gesetzestext dahingehend geändert, dass nicht mehr eine verpflichtende Akzeptanz, sondern nur noch eine freiwillige Akzeptanz (*„mandatory* *acceptance"* vs. „voluntary acceptance") abverlangt wurde (Hoenkamp und Huitema 2012, S. 2). Dieses paradoxe Konzept der Einforderung von Akzeptanz, und zwar freiwillig, ist typisch für die durch wissenschaftlich-technische Expertise getriebenen Politikprogramme. Genauso typisch ist auch der Widerstand dagegen. Nicht nur aufgrund der divergierenden Perspektiven, die sich zwingend ergeben – Entscheider und Betroffene –, sondern auch aufgrund eines weiteren Problems: Die Advokaten der Technologien haben kaum eine Chance, die allgemeinen Vorteile des Neuen authentisch zu kommunizieren, also glaubhaft darzulegen, dass nur die der Allgemeinheit zugutekommenden Ziele verfolgt werden.[12]

Diese Schwierigkeiten liegen auch auf Seiten der Betroffenen vor. Auch Betroffenheit unterliegt einem „irreduziblen Motivverdacht" (Japp 2010, S. 288). Betroffene müssen glaubhaft ihre Betroffenheit darstellen: die tatsächlich mögliche gesundheitliche Schädigung, Entwertung von Grundstücks- und Immobilienwerten, Verschandelung der Landschaft oder die Intrusion in die Privatsphäre etc. Der Verdacht, dass man sich nur aufregt, weil man selbst und nicht andere betroffen sind, muss zerstreut werden. Daraus entsteht die Tendenz, die Gefährdung aller (man selbst eingeschlossen) zu reklamieren und als Advokat aller Betroffenen aufzutreten. Dadurch wird auch die Tendenz, die eigene Perspektive gegenüber anderen zu imprägnieren, weiter verstärkt. In jedem Fall ist es für unsere Betrachtungen wichtig, die Differenz Entscheider/Betroffene im Weiteren mitzuführen. Die Bifurkation der Perspektive auf das Geschehen der ‚Energiewende' kann nicht einfach durch Informierung und Vermittlung von Wissen nivelliert werden. Durch den oben beschriebenen strukturellen und institutionellen Wandel wird eine Form der Intransparenz reproduziert, die alternative Mechanismen verlangt.

Es stellt sich die Frage, wie diese Ausprägungen der Betroffenheit die Motivation zur aktiven Teilnahme an der Energiewende prägen werden. Vernunftbasierte Akzeptanz, ökonomische Rationalität und der Verlass auf intelligente Maschinen müssen durch weitere soziale Mechanismen unterfüttert werden.

3.2 Vertrauen

Privatpersonen und organisierte Akteure müssen eine Haltung gewinnen gegenüber komplizierten Technologien, komplexen Netzstrukturen und intransparenten Arenen. Vertrauen ist dabei die zentrale Ressource zur Handlungsermöglichung und

---

12 Ein weiteres Beispiel ist die Einführung der Treibstoffsorte ‚E10'. Erst wurde den Aussagen der Automobilhersteller nicht vertraut, dass die Motoren keinen Schaden nehmen würden, wenn die Sorte E10 in den Tank gefüllt wird. Dann wurden sekundäre, globale Nebenfolgen der Nahrungsmittelknappheit als Argument der Verweigerung angeführt. Oder die geplante Gleichstromtrasse ‚SuedOstLink': Je dringlicher die Notwendigkeit des Trassenbaus dargestellt wurde, desto vehementer trat der Motivverdacht hervor, dass die eigentlichen Ziele verschwiegen werden, nämlich den Braunkohlestrom aus dem Osten Deutschlands in den Süden zu transportieren.

-koordination in einer neuartigen, unsicheren Umgebung: „Da man aber davon ausgehen muss, dass soziale Akteure nur in ganz wenigen Handlungsbereichen über genügend Wissensbestände verfügen *können* (das gilt selbst für Wissenschaftler und Ingenieure) ist Akzeptanz zum weit überwiegenden Teil auf Vertrauenseinstellungen zurückzuführen" (Kohring 2001, S. 93, kursiv original). Vertrauen ist notwendig, um hochgradig komplexe, wissensintensive und innovative Prozesse der Energiewende zu ermöglichen und voranzutreiben.

Wir verzichten an dieser Stelle auf eine weitreichende Diskussion darüber, was Vertrauen ist. Vielmehr soll die Leistung des sozialen Mechanismus Vertrauen hervorgehoben werden. Diese ist, und das wird nach dem Gesagten nicht überraschen, das Management von Kontingenz, Unsicherheit und Risiko. Immer dann, wenn die Ahnung hervorsteigt, dass die Dinge anders laufen könnten als geplant und erwünscht, dann muss mittelbar oder unmittelbar Vertrauen aktiviert werden. Schon David Hume hat scharfsinnig hervorgehoben, dass selbst der leicht einsehbare Vorteil, auf ein Versprechen wechselseitiger Hilfestellung einzugehen, mit Vertrauen unterfüttert werden muss. Und dies nicht aufgrund z. B. charakterlicher Eigenschaften der Beteiligten, sondern aufgrund der Zeitlichkeit der Vorgänge. Einer der Beteiligten muss in Vorleistung gehen und kann nicht *ex ante* überprüfen, ob das Versprechen des Anderen eingehalten wird: „Your corn is ripe to-day; mine will be so tomorrow" (Hume 1975, S. 520). Es sind also nicht allein die Freiheitsgrade der Anderen in der Sozialdimension, die in Interaktionen einen Vertrauensbedarf erzeugen (sowie die Unterstellung von charakterlichen Eigenschaften). Vielmehr verbirgt sich in der Zeitdimension das prinzipiell nicht auflösbare Problem der Kontingenz – es kann gutgehen, muss aber nicht, und wir können es vorher nicht wissen (Gambetta 2008, S. 217).

In Bezug auf unvertraute Technologie spielt Vertrauen stets eine handlungsermöglichende Rolle: die Angst vor Elektrizität, dem Fliegen, dem Autofahren oder einen Fahrstuhl zu betreten musste überwunden werden, damit sich ganze Infrastrukturen herausbilden konnten, die eine Leistung für alle Teile der Bevölkerung bereitstellen. Dabei ging es immer um die Überwindung einer Gefahrenwahrnehmung in einer Situation, in der negative Konsequenzen für Leib und Leben zu erwarten waren. Wenn aber die Zweifel hinreichend zerstreut werden konnten und man sich der Situation aussetzte, dann konnte man mit Erleichterungen rechnen, z. B. Beleuchtung durch elektrisches Licht, schnelleres und komfortableres Reisen oder den mühelosen Aufstieg in hohen Gebäuden.[13] Immer aber lässt sich trennen zwischen der Beobachtung des Vertrauensobjekts, hier Technik, und dem Akt der Nutzung, z. B. einen Aufzug zu betreten. Dies wird auch in der allgemeinen Vertrauensforschung getan. Vertrauen ist demnach weniger eine Voraussetzung für Handlungen, sondern vielmehr ihre Mani-

---

13 Nur die Vorführung einer neuartigen Bremsapparatur konnte Zuversicht in die Ungefährlichkeit von ‚Aufzügen' erzeugen, was dann im Weiteren erst ermöglichte, Hochhäuser zu bauen (Millbrooke 1993, S. 259; The Economist 2013, S. 69).

festation (Skinner et al. 2013, S. 3). Nur unter dieser Prämisse lässt sich überhaupt beobachten, ob jemand Vertrauen aufbringt bzw. zuschreibt. Wenn eine Person einer anderen Geld leiht und permanent nachfragt, ob sie das Geld auch wirklich zurückbekommt, dann ist die Handlung durch Risikobereitschaft (evtl. Zinsen) oder Hoffnung motiviert, es manifestiert sich aber kein Vertrauen. Diese Einsicht ist vor allem für empirische Forschung wichtig, denn Untersuchungsobjekte zu fragen, ob sie vertrauen, bedeutet eben noch nicht, dass diese Personen in Situationen der Unsicherheit tatsächlich vertrauensvoll handeln werden.

Vertrauen dient der Bereitstellung von Handlungspotenzial, das sich ohne nicht erschließt. Oder wie Torsten Strulik (2007, S. 249) es in seinen Untersuchungen zu Rating-Agenturen ausdrückt: „Certain dangers which cannot be removed but should not disrupt action are neutralized." Vertrauen ermöglicht es, mögliche Folgen der eigenen Handlungen auszublenden, die man in überschaubaren Situationen kennen kann – Freunden Geld verleihen: das Geld kommt nicht wieder –, aber in vielen Situationen nicht genau kennen kann – z.B. sich einer komplizierten ärztlichen Behandlung überlassen, die überraschende, unerfreuliche Nebenfolgen nach sich ziehen könnte. Wie Luhmann (2001, S. 148) es formuliert, wird Vertrauen gerade dann gebraucht, wenn der antizipierbare Schaden größer sein kann als der Nutzen. Deswegen werden verfügbare Informationen im Vertrauensfall überzogen bzw. überbewertet. Vertrauen ist selbstreferenziell, es ermöglicht initiale Handlungen, Probieren, Suchbewegungen, Auskundschaften, die zur weiteren Vertrauensbildung beitragen (Gambetta 2008, S. 232). Zum Aufbau von Vertrauen braucht es der Indikatoren, ob Vertrauenszuweisungen riskiert werden können oder nicht: „[…] Erfahrungen mit dem Vertrauensobjekt, Wissen um die Erfahrungen anderer mit dem Vertrauensobjekt, die Beobachtung anderer Vertrauenshandlungen gegenüber dem gleichen Vertrauensobjekt und Merkmale des Vertrauensobjekts selbst, die symbolisch für seine Vertrauenswürdigkeit stehen" (Kohring 2004, S. 113). Dieser Aspekt ist für unseren Fall von besonderem Interesse, da das Publikum der Energieversorgung außerhalb des Leistungsbezugs kaum Erfahrungen mit der Energieinfrastruktur machen konnte bzw. die neue ‚smarte' Struktur noch nicht implementiert wurde. Die neue Situation bedarf also auch neuer Bezugspunkte für Vertrauenszuweisungen. Darauf soll nun unter dem Label der Architektur des Vertrauens genauer eingegangen werden.

3.3 Architektur des Vertrauens

Wir müssen davon ausgehen, dass sich hinsichtlich der aktuell existierenden Energieinfrastruktur über Jahrzehnte hinweg eine Architektur des Vertrauens etabliert hat. Dies lässt sich anhand des Problems des *überzogenen Vertrauens* plausibilisieren. In den vorangegangenen Dekaden hat sich ein Geflecht aus Akteuren und Netzwerken institutionalisiert, das die Stabilität des Funktions- und Leistungszusammenhangs der Energieversorgung aufrechterhält und kontrolliert. *Darauf verlassen wir uns (fast) alle.*[14] Auch hier lassen sich Analogien zum Finanzmarktsystem herstellen. Mit Bezug auf Kontrollinstanzen auf den Finanzmärkten hat Susan Shapiro den Begriff der „guardians of trust" geprägt. Mit dem Verlass auf diese *guardians* geht die Gefahr einher, dass sich zu viele Akteure in zu vielen Situationen zu riskant verhalten. *Over-confidence* ist das Problem: Misstrauen wird unterdrückt, Vorsicht beiseitegeschoben (Shapiro 1987). Diese Beschreibung passt sicherlich auch zu dem heutigen Energiesystem. Wir verlassen uns komplett auf andere, das System ist eine abstrakte Vorstellung, die in unserem täglichen Lebensvollzug latent mitläuft. Nur, wie sieht es mit unseren Fähigkeiten aus, auch nur eine kurze Zeit ohne Energiedienstleistungen auszukommen?[15]

Die Theorie zu Vertrauen weist darauf hin, dass Vertrauen sich über die vermittelten (unspezifischen) oder unvermittelten (spezifischen) Erfahrungen mit Vertrauensobjekten entwickeln kann (Kohring 2004, S. 178 ff). Vertrauen spielt immer dann eine Rolle, wenn positive oder negative Folgen dem eigenen Handeln zugerechnet werden – entweder als Bestätigung oder Enttäuschung eigener Erwartungen. Werden die Folgen der Umwelt zugerechnet, handelt es sich eher um Zuversicht in den günstigen Verlauf eines Geschehens, das man selbst nicht beeinflussen kann (Luhmann 2001). Gerade gegenüber komplexen Systemen kommen beide Haltungen zum Tragen. Zum einen das Sich-Überlassen als Vertrauensakt und das Sich-verlassen-Müssen auf die Funktionsfähigkeit von Systemen: die konkrete Behandlungssituation und das System der klinischen Krankenbehandlung, die konkrete Bahnfahrt und das allgemeine Schienenverkehrssystem, der konkrete Aktienkauf und das globale Finanzmarktsystem usw.

Trotz der Abstraktheit von Systemen, von denen wir im modernen Leben abhängen, müssen sich Zugriffspunkte – Adressen – finden lassen, die Vertrauenszurechnungen erlauben. Luhmann (1984, S. 429 ff.) hat herausgearbeitet, wie Erwartungen unterschiedlich weitreichend und abstrakt generalisiert werden können. Wir können Erwartungen an konkrete *Personen* richten bzw. erwarten, was andere Personen von uns selbst erwarten (Elster 1979, S. 19). Wir können Erwartungen an *Rollen* ausrichten, die unser Verhalten gegenüber diesen ‚Rollenträgern' konditionieren, ebenso wie sie das Verhalten dieser selbst orientieren und einengen. Hier ist der Bezug auf konkrete Personen schon nicht mehr entscheidend – Erwartungen des richtigen Verhaltens werden auch an Unbekannte herangetragen, z. B. an das Personal der Polizei. Weiterhin können *Programme* wie Parteiprogramme, Geschäftsmodelle, Innovations- und Investitionsstrategien, Rechtsverfahren u. v. m. kognitive und normative Erwartungen kondensieren und festhalten, was als richtiges und erfolgversprechendes Handeln gelten solle (kognitiv: Risiko, Chance bzw. normativ: Sicherheit, Gefahr).

---

14 Als Ausnahme kann wahrscheinlich die soziale Bewegung der ‚Prepper' genannt werden, die sich auf ein Totalversagen öffentlicher Leistungen in den Bereichen Energie, Nahrungsmittel, Krankenbehandlung, Polizei, Gerichtsbarkeit etc. einstellen.
15 Siehe dazu Petermann et al. (2011).

Während Programme u. U. noch durch Organisationsgrenzen oder durch Funktionssystemgrenzen eine Limitierung in der Reichweite und der Wirkung erfahren, so können *Werte* einen noch höheren Grad der Generalisierung erreichen – die „letzterreichbare Ebene der Erwartungsfestlegung", wie Luhmann es formuliert, auf der Kriterien nicht für richtiges, sondern für moralisch bevorzugtes Handeln ausformuliert werden (Luhmann 1984, S. 443).

Diese Unterscheidung von Personen, Rollen, Programmen und Werten können wir uns zunutze machen, um Ebenen und Adressen der Erwartungsbildung in abstrakten Systemen zu identifizieren – zumindest theoretisch. Wichtig festzuhalten ist hier, dass sich die Adressierbarkeit von Erwartungen dabei nur auf Personen (und Organisationen) beziehen kann, nicht jedoch auf Rollen, Programme oder Werte. Letztere werden durch Personen oder Organisationen repräsentiert, also etwa wenn eine Partei Nachhaltigkeit verkörpert oder eine Person die Rolle eines Ingenieurs einnimmt etc. Rein empirisch kommen indes alle sozialen Beziehungen, die im Zuge der Leistungserstellung von Energie entstehen (und auch wieder vergehen), für die Betrachtung von Vertrauensadressierungen in Frage. Für den Energiekomplex können sich Vertrauens- bzw. Misstrauenszuweisungen auf bekannte Personen wie Nachbarn oder Freunde, auf unbekannte Experten, auf die fachlich spezialisierten Administrationen, auf die altbekannten Stadtwerke oder auf politische Institutionen wie Parlamente oder den ‚Rechtsstaat' u. v. m. beziehen.

Welche Personen kennt man im Allgemeinen, die sich mit ‚Energie' beschäftigen und auskennen? Wenn einem nicht zufällig Experten aus dem Feld der Energieversorgung nahestehen, dann sind es eher Personen die als „early adopters" – oder bereits als „early majority" (?) – (Rogers und Beal 1958) als vertrauenswürdige Quelle von Informationen dienen könnten. Der Nachbar, der eine PV-Anlage betreibt, die Freundin, die ein Elektrofahrzeug fährt, die öffentliche Person, die man schätzt und die sich für Nachhaltigkeit und erneuerbare Energie einsetzt, kommen in Frage.

Etwas weiter gefasst kommen Gruppen von Personen wie Genossenschaften, lokale Initiativen, Nachbarschaftsverbände in den Blick. Also alle sozialen Vergemeinschaftungen, die ein gemeinsames Ziel, eine Vision verfolgen – für den eigenen, aber durchaus auch für einen allgemeinen gesellschaftlichen Nutzen – und die auf der Angebots- und Nachfrageseite aktiv werden (Seyfang et al. 2013). Der Vorteil für die Vertrauensadressierung liegt in solchen Initiativen auf der Hand: Zum einen gibt es ein hohes Maß an Misstrauen gegenüber Großunternehmen und Politik, was zu einer ablehnenden Haltung gegenüber Großtechnologien zu führen scheint, bei gleichzeitig hoher Motivation, selbst aktiv zu werden (Scheer et al. 2017, S. 92). Lokale Initiativen bieten die Möglichkeit, überschaubare Technologien und soziale Interaktionen für die Zielerreichung zu nutzen. Ein jeder kann die anderen Mitglieder beobachten, ihr Engagement, ihre Fähigkeiten oder Zuverlässigkeit, und den Beitrag zur allgemeinen Leistungserstellung evaluieren (Seyfang et al. 2013, S. 983). Genossenschaftliche Personenverbände können als Vertrauensadresse und Bezugspunkt zu einem abstrakten Komplex wie der Energieversorgung herhalten. Damit ist sicherlich noch nichts über den Erfolg dieser Initiativen gesagt. Inwieweit Vertrauen aufrechterhalten bleiben kann, wenn diese Initiativen sehr viele Personen umfassen (Yildiz et al. 2015, S. 70), diese Frage bleibt offen. Die Adressabilität bleibt davon unberührt, da die reine Existenz der Kooperationen einen fortwährenden *access point* (Giddens 1990, S. 83) bereitstellt – vor allem auch für Misstrauen (Walker et al. 2010, S. 2662).

Schon in genossenschaftlichen Initiativen lassen sich Rollendifferenzierungen ausmachen, immer dann, wenn Personen sich durch besondere Fähigkeiten als Kommunikator, Mediator, Organisator, Motivator etc. auszeichnen. Auch unabhängig von persönlicher Bekanntheit oder persönlicher Interaktion können Rollen als eine mögliche Adresse für Vertrauenszuweisungen dienen, wenn

- Rollen als Stellvertreter für andere Mitglieder einer Organisation hergenommen werden,
- eine Vorstellung über die Rolle selbst und ihre Beziehung zu anderen Rollen z. B. in der Hierarchie einer Organisation ausgebildet ist und
- davon ausgegangen wird, dass Rollenträger in einem System der Kontrolle und Verantwortlichkeit eingebunden sind (Kramer 1999, S. 578).

Vertrauenszuweisungen gegenüber Experten mögen gelingen, wenn z. B. im Fall von Ingenieuren die den Rollen zugewiesenen Leistungen beobachtet werden, also funktionierende Technik wie Brücken, Flugzeuge, Tunnel oder eben die ununterbrochene Stromversorgung. Dabei kommt es nicht nur auf Vertrauenszuschreibungen von Laien in Richtung Experten an, sondern auch auf das Vertrauen von Expertise an der Schnittstelle zu anderen technischen Domänen: „What happens when knowledge requirements of an infrastructure's domain of competence are so intensive and demanding that its control operators can't realistically know the other infrastructures they are connected to with the same depth as they know their own systems?" (Roe und Schulman 2016, S. 62). Auch hier müssen sich Experten auf Experten verlassen, wozu häufig auch Vertrauen aktiviert werden muss.

Zur Bereitstellung der Leistung Energie werden zahlreiche Konditional- und Zweckprogramme bemüht. Die Energiewende kann man als politisches Zweckprogramm auffassen, in dem konkrete Ziele artikuliert werden: die systematische Ersetzung fossiler (und gleichzeitig: nuklearer) durch erneuerbare Energieträger.[16] Die Betroffenen dieser Zwecksetzung, die gesamte in Deutschland lebende Bevölkerung, verlassen sich weiterhin auf zahlreiche rechtliche Programme wie Technik-, Energie-, Umwelt-, Bundesimmisionsschutz- und Atomrecht. Hier wird nicht nur ein Ordnungsrahmen für Teilnehmer an Energiemärkten bereitgestellt, sondern auch der

---

16 Die Ziele reichen von „den Anteil Erneuerbarer Energien am gesamten Energieverbrauch bis zum Jahr 2010 mindestens zu verdoppeln" (Artikel 1 EEG § 1, 29. 03. 2000) bis hin zu „40 bis 45 Prozent bis zum Jahr 2025, 55 bis 60 Prozent bis zum Jahr 2035 und mindestens 80 Prozent bis zum Jahr 2050" in der aktuellen Fassung des Artikel 1 EEG 2017 § 1. (http://www.gesetze-im-internet.de/eeg_2014/__1.html).

Schutz der Allgemeinheit vor den Folgen des Technikeinsatzes geregelt (Büdenbender 2011, S. 604). Gleichzeitig hat die Einführung von Fördermaßnahmen durch das EEG zahlreiche privatwirtschaftliche Investitionsprogramme initiiert, die von Nischenentwicklungen bis hin zu großen wissenschaftlich-industriellen Clustern verschiedenen Akteuren eine operative Grundlage verschafft haben (Bruns et al. 2010).

Allein dieser stark verkürzte Aufriss der komplexen politischen, rechtlichen und ökonomischen Programmatik deutet an, dass die Zuweisung von Vertrauen vom konkreten, persönlichen Umgang in eine sehr diffuse und abstrakte Gemengelage abgleitet. Wo soll man hier Halt finden? Hinter den Programmen stehen zumeist organisierte Sozialsysteme als Initiatoren, Operateure und Entscheider: Regierungen in den Kommunen, Ländern oder auf Bundes- und Europaebene (Ohlhorst 2015); Ministerien und fachlich spezialisierte Administrationen wie die Bundesnetzagentur; große etablierte Industriekonzerne *(incumbents)*, die ihre Investitionen zu schützen suchen, oder kleinere bis mittlere Unternehmen *(challenger)*, die mit Hilfe neuer Technologien und Geschäftsmodelle in den Energiemarkt drängen. All diesen Organisationen könnte man Vertrauen (oder Misstrauen) zuweisen, z. B. aktiv durch politische Wahlen oder den Kauf/Nichtkauf von Anteilen – wenn man sie denn überhaupt kennt, etwas über ihre politischen, rechtlichen, technischen, ökonomischen Programme weiß, eine Haltung zu alledem entwickeln kann. Scheer et al. deuten an, dass Misstrauenszuweisungen vor allem in Richtung Großindustrie auch die Wahl zwischen verschiedenen Technologieoptionen bestimmen: hier tendenziell die Entscheidung gegen zentrale Großtechnologie und für dezentrale Kleinanlagen (Scheer et al. 2017, S. 92). Auch hier interessiert uns nicht, wie Vertrauen entsteht oder wie Vertrauen hergestellt werden könnte, sondern zunächst einmal nur, ob Organisationen und abstrakte Programme als Zurechnungspunkte für Vertrauen fungieren können.

Zu guter Letzt stellt sich die Frage nach Vertrauen in Werte, wenn wir im Luhmann'schen Schema bleiben wollen. Dazu können wir zunächst einmal nur festhalten, dass bestimmte Wertpräferenzen besondere Vertrauensleistungen erzwingen. Im Fall des abstrakten Wertes ‚Nachhaltigkeit' etwa muss darauf vertraut werden, dass gegenwärtiges Nichteinlösen von Opportunitäten auch von allen anderen so gehandhabt wird. Wenn der Eindruck entsteht, die eigene Zurückhaltung, nicht oder weniger zu konsumieren, verfehle durch die Ignoranz aller anderen seine Wirkung, dann wird die Kalkulation der Kosten der Vergeblichkeit (Wiesenthal 1994, S. 141) jede Bemühung ersticken, einen nachhaltigen Lebensstil zu pflegen. Dagegen haben eher konkrete Werte wie Sicherheit den Vorteil, dass für z. B. Anlagen- oder Servicesicherheit meistens klare Verantwortlichkeiten vorgesehen sind, sodass hier wieder stellvertretend für den bevorzugten Wert die Arbeit von Organisationen und deren Expertinnen als Vertrauensadresse herhalten könnte. Zu diesem Thema ist noch vieles offen.

Die folgende Synopsis soll einen zusammenfassenden Eindruck vermitteln, wer oder was symbolisch für einen Komplex wie die Energieversorgung stehen und generell für Vertrauenszuweisungen in einer Architektur des Vertrauens in Frage kommen könnte (Abbildung 2).

Abbildung 2

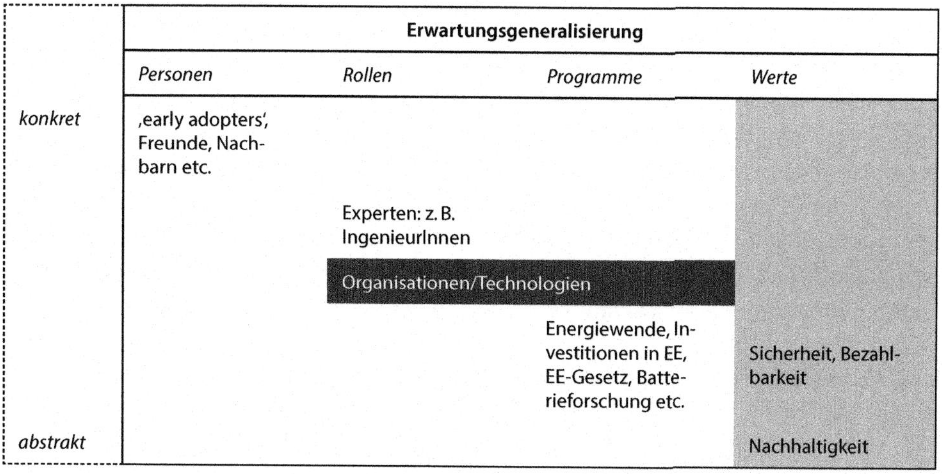

	Erwartungsgeneralisierung			
	Personen	Rollen	Programme	Werte
konkret	‚early adopters', Freunde, Nachbarn etc.			
		Experten: z. B. IngenieurInnen		
		Organisationen/Technologien		
			Energiewende, Investitionen in EE, EE-Gesetz, Batterieforschung etc.	Sicherheit, Bezahlbarkeit
abstrakt				Nachhaltigkeit

Quelle: Eigene Abbildung

Mit einer derartigen Architektur des Vertrauens ist zunächst einmal eine analytische Trennung gemeint zwischen access points einerseits und möglichen Adressen der Zurechnung von Misstrauen oder Vertrauen andererseits. Zu letzteren zählen insbesondere Personen und Organisationen, die bestimmte Rollen-, Programm- oder Werterwartungen verkörpern. Diese Erkenntnisse können für vertiefte theoretische und empirische Forschungen herangezogen werden.[17] Wenn wir im Weiteren der These nachgehen, dass eine solche Architektur die Vertrauensbeziehungen im Leistungskomplex ‚Energie' konditioniert, dann muss im Zuge der Energiewende gefragt werden: Inwieweit muss sich auch die Architektur anpassen? Wenn eine aktive Beteiligung der allgemeinen Bevölkerung gewünscht ist, um die Effizienz und Stabilität zu steigern, an wen können dann diese ihre Vertrauenszuweisungen richten? Wie kann im Energiesystem der Zukunft die zunehmende Intransparenz abgefedert werden, die durch immer kompliziertere technische Vernetzungen erzeugt wird? Diese und andere Fragen sind Gegenstand weiterer Forschungen.

---

17 Siehe dazu die Dissertationsschrift: Sumpf, Patrick, 2017: „System Trust – Identity, Expectation, Reassurance". Philosophische Fakultät, Universität Mannheim.

4 Schlussfolgerungen und Ausblick

Die Energiewende ist ein multidimensionales Transformationsprojekt, das in sachlicher (komplexe Strukturen und deren Kontrolle), sozialer (Institutionen und soziotechnischer Wandel) und zeitlicher Hinsicht (Handlungsfähigkeit und Intransparenz) die Anforderungen richtigen Entscheidens erhöht. Dies gilt sowohl für Einzelpersonen als auch organisierte Akteure des Energiesystems, die sich zur Umsetzung der Vision eines intelligenten Stromnetzes mit bestimmten, extern an sie herangetragenen Erwartungen konfrontiert sehen (Erwartungen an Vernunft, an Prinzipien der rationalen Kalkulation, an Fortschritt durch Automatisierung; siehe Abschnitt 3.1). Diese Prämissen – teilweise explizit, häufig implizit in Programmen zur Energiewende verankert – führen notwendigerweise zu neuartigen Verhaltensmustern und Rollendifferenzierungen im zukünftigen System. Die wohl prominenteste dieser Rollen ist jene des Prosumenten, der gleichzeitig Strom produziert und konsumiert, sowohl gewerblich als auch privat. Insbesondere bei Privatverbrauchern steigert diese Vision die Erwartung stärkerer Entscheidungslasten, denen Konsumenten im gegenwärtigen System weitgehend aus dem Weg gehen können. Aber auch Gewerbebetriebe sind als ‚Ansteuerungselemente' im intelligenten Netz zum Lastausgleich mit einer aktiveren Rolle vorgesehen. Wie gehen diese Akteure mit Risiko und Unsicherheit der neuartigen Rollenerwartungen um, insbesondere, wenn mit Vernunft, Rationalität oder Fortschritt nicht zwangsläufig gerechnet werden kann?

Dazu haben wir auf den Mechanismus des Vertrauens hingewiesen, der primär soziale Probleme in der Zeitdimension löst (gegenwärtig handlungsfähig sein im Angesicht intransparenter Zukunft), und dies permanent aufs Neue. Da Unsicherheit und Risiko der für Prosumenten neuartigen Handlungen weder durch besseres Wissen (Sachdimension), noch durch Vernunft oder Moral (Sozialdimension) aufgelöst werden können, entwickelt sich Vertrauen als Stifter von Handlungsfähigkeit zur treibenden Ressource. Dies gilt insbesondere in einem zukünftigen Umfeld, das von einem hohen Maß an Kommunikation und Koordination zwischen Privat- und Gewerbeakteuren geprägt sein könnte, um das *smart grid* zu realisieren (z.B. in virtuellen Kraftwerken, Steuerung der Nachfrageseite, lokale Energieverbünde, Zusammenschluss von Elektrofahrzeugen u. v. m.).

Schließlich weisen wir darauf hin, dass sich dieses Vertrauen nicht nur über Personenvertrauen manifestiert, sondern auch über Systemvertrauen (Luhmann 2000). Ein solches Vertrauen in ein abstraktes System wie die Energieversorgung kann durch die Differenzierung in Personen, Rollen, Programme und Werte als Horizonte der Erwartungsgeneralisierung plausibilisiert werden. Dabei lassen sich nur Personen (oder auch Organisationen) direkt adressieren, während Rollen, Programme und Werte durch diese repräsentiert werden. Es stellt sich die Frage, welchen Personen (z.B. Freunde), Rollen (z.B. Ingenieurinnen), Programmen (z.B. EE-Gesetz) oder Werten (z.B. Nachhaltigkeit), die wir mit dem Energiesystem assoziieren, wir in der Gegenwart und in der Zukunft Vertrauen zuschreiben können, um handlungsfähig zu bleiben.

Gleichwohl kann es nicht nur um Fragen der Vertrauenswürdigkeit und des ‚angemessenen' Vertrauens in bestimmte Akteure, Programme oder Funktionsbereiche gehen. Vertrauen, das in der Regel positiv konnotiert ist, ist nicht nur notwendig zur Generierung von Handlungsfähigkeit, sondern es erzeugt auch Risiken (Strulik 2011). Die ‚dunkle Seite' von Vertrauen (Skinner et al. 2013), wenn sie z. B. als blindes, einseitiges Vertrauen auftritt, muss gleichermaßen in den Blick von Forschern sowie politischen Entscheidungsträgern geraten. Erforderlich ist ein systemisches Gleichgewicht aus Vertrauen und Misstrauen gegenüber bestimmten Entwicklungstrends der Energiewende. Die Politik etwa könnte mit Hilfe von Indikatoren eine gewisse Sensorik aufbauen: wenn z. B. in Haushalten vermehrt *rebound effects* beobachtet werden, die durch misstrauisch motivierte Ausweichstrategien erzeugt werden, oder wenn Gewerbe- und Industriekunden verstärkt eigene Kraftwerke einsetzen, um eine möglichst hohe Autarkie zu erreichen. Die Erfassung und Auswertung solcher Art von vertrauensrelevanten Vorgängen könnte einer die Gesamtrationalität der Energiewende einnehmenden Perspektive dienlich sein.

Literatur

acatech (2011). *Akzeptanz von Technik und Infrastrukturen. Anmerkungen zu einem aktuellen gesellschaftlichem Problem*. München: Deutsche Akademie der Technikwissenschaften acatech.

AlAbdulkarim, L., Lukszo Z. & Fens T. (2012). Acceptance of Privacy-Sensitive Technologies: Smart Metering Case in The Netherlands. In *Third International Engineering Systems Symposium (CESUN)*. Delft http://cesun2012.tudelft.nl/images/5/5e/AlAbdulkarim.pdf. Zugegriffen: 17. November 2014.

Amin, M. (2001). Toward self-healing energy infrastructure systems. *IEEE Computer Applications in Power* 14: 20–28.

Amin, S. M. & Wollenberg, B. F. (2005). Toward a smart grid. *IEEE Power and Energy Magazine* 3: 34–41.

Appelrath, H. J., Kagermann, H. & Mayer, C. (2012). *Future Energy Grid: Migrationspfade ins Internet der Energie*. acatech. http://www.cleanenergy-exhibition.de/Vortraege/acatech_STUDIE_Future-Energy-Grid.pdf. Zugegriffen: 27. November 2012.

Atlan, H. (1974). On a Formal Definition of Organization. *Journal of Theoretical Biology* 45: 295–304.

B.A.U.M. Consult, (Hrsg.) (2012). Smart Energy made in Germany: Zwischenergebnisse der E-Energy-Modellprojekte auf dem Weg zum Internet der Energie.

BMWi (2015). *Baustein für die Energiewende: 7 Eckpunkte für das „Verordnungspaket Intelligente Netze"*. Berlin: Bundesministerium für Wirtschaft und Energie. http://www.bmwi.de/BMWi/Redaktion/PDF/E/eckpunkte-fuer-das-verordnungspaket-intelligente-netze,property=pdf,bereich=bmwi2012,sprache=de,rwb=true.pdf. Zugegriffen: 23. Juni 2016.

BMWi/BMU (2011). *The Federal Government's energy concept of 2010 and the transformation of the energy system of 2011*. Berlin: German Federal Ministry of Economics and Technology; Federal Ministry for the Environment, Nature Conservation and Nuclear Safety. http://www.bmub.bund.de/fileadmin/bmu-import/files/english/pdf/application/pdf/energiekonzept_bundesregierung_en.pdf. Zugegriffen: 17. Februar 2014.

BNetzA (2011). „Smart Grid" und „Smart Market". *Eckpunktepapier der Bundesnetzagentur zu den Aspekten des sich ändernden Energieversorgungssystems*. Bonn: Bundesnetzagentur.

Bruns, E., Ohlhorst, D., Wenzel, B. & Köppel J. (2010). *Erneuerbare Energien in Deutschland – Eine Biographie des Innovationsgeschehens*. Berlin: Technische Universität Berlin.

Brunsson, N. (1985). *The Irrational Organization. Irrationality as a Basis for Organizational Action and Change*. Chichester: Wiley.

Büdenbender, U. (2011). Energierecht. In *Handbuch des Technikrechts*, Hrsg. Martin Schulte und Rainer Schröder, 601–666. Heidelberg [u. a.]: Springer.

Büscher, C. (2004). *Handeln oder abwarten? Der organisatorische Umgang mit Unsicherheit im Fall der Jahr-2000-Problematik in der IT*. Wiesbaden: Deutscher Universitäts-Verlag.

Büscher, C. & Schippl, J. (2013). Die Transformation der Energieversorgung: Einheit und Differenz soziotechnischer Systeme. *TATuP* 22: 11–19.

Büscher, C. & Sumpf, P. (2015). „Trust" and „confidence" as socio-technical problems in the transformation of energy systems. *Energy, Sustainability and Society* 5:34: 1–13.

Carlsson, B. & Stankiewicz, R. (1991). On the nature, function and composition of technological systems. *Journal of Evolutionary Economics* 1: 93–118.

Cavoukian, A., Polonetsky, J. & Wolf, C. (2010). Smart Privacy for the Smart Grid: embedding privacy into the design of electricity conservation. *Identity in the Information Society* 3: 275–294.

Coleman, J. S. (1986). Social Theory, Social Research, and a Theory of Action. *American Journal of Sociology* 91: 1309–1335.

Dürr, T. & Heyne, J.-C. (2017). Virtuelle Kraftwerke für Smart Markets. In *Herausforderung Utility 4.0 – Wie sich die Energiewirtschaft im Zeitalter der Digitalisierung verändert*, Hrsg. Oliver D. Doleski, 653–681. Springer.

Edwards, P. N., Jackson, S. J., Bowker, G. C. & Knobel, C. P. (2007). *Understanding Infrastructure: Dynamics, Tensions, and Design*. Ann Arbor: DeepBlue.

Eichenauer, E., Reusswig, F., Meyer-Ohlendorf, L. & Lass, W. (2018). Bürgerinitiativen gegen Windkraftanlagen und der Aufschwung rechtspopulistischer Bewegungen. In O. Kühne & F. Weber (Hrsg.), *Bausteine der Energiewende* (S. 633–651). Wiesbaden: Springer VS.

Elster, J. (1979). *Ulysses and the Sirens. Studies in Rationality and Irrationality*. Cambridge: Cambridge University Press.

Elster, J. (1994). Rationality, Emotions, and Social Norms. *Synthese* 98: 21–49.

Esser, H. (2000). *Soziologie: Spezielle Grundlagen – Band 2: Die Konstruktion der Gesellschaft*. Frankfurt am Main: Campus.

Franke, P. (2014). Sicherheit der Energieversorgung: Herausforderungen für Übertragungsnetzbetreiber und Regulierungsbehörde. In *Versorgungssicherheit in der Energiewende – Anforderungen des Energie-, Umwelt- und Planungsrechts*, Hrsg. Kurt Faßbender und Wolfgang Köck, 19–38. Nomos.

Fuchs, G. (2014). Die Rolle lokaler Initiativen bei der Transformation des deutschen Energiesystems. *GAIA* 23: 135–136.

Gambetta, D. (2008). Can We Trust Trust? In *Trust. Making and Breaking Cooperative Relations*, Hrsg. Diego Gambetta, 213–237. Oxford [u. a.]: Basil Blackwell.

Geels, F. W. (2004). From Sectoral Systems of Innovation to Socio-technical Systems: Insights about Dynamics and Change from Sociology and Institutional Theory. *Research Policy* 33: 897–920.

Geels, F W. (2014). Regime Resistance against Low-Carbon Transitions: Introducing Politics and Power into the Multi-Level Perspective. *Theory, Culture & Society*. doi: 10.1177/0263276414531627.

Giddens, A. (1990). *The Consequences of Modernity*. Stanford: Stanford University Press.

Gross, M. & Mautz, R. (2015). *Renewable Energies*. London, New York: Routledge.

Grünwald, R. (2014). *Moderne Stromnetze als Schlüsselelement einer nachhaltigen Energieversorgung*. Berlin: Büro für Technikfolgen-Abschätzung am Deutschen Bundestag (TAB). http://www.tab-beim-bundestag.de/de/pdf/publikationen/berichte/TAB-Arbeitsbericht-ab162.pdf. Zugegriffen: 16. September 2015.

de Haan, J. & Rotmans, J. (2011). Patterns in transitions: Understanding complex chains of change. *Technological Forecasting and Social Change* 78: 90–102.

Hoenkamp, R. A. & Huitema, G. B. (2012). Good Standards for Smart Meters. In *European Energy Market (EEM), 2012 9th International Conference on the*, 1–6. http://ieeexplore.ieee.org/xpl/articleDetails.jsp?arnumber=6254820. Zugegriffen: 14. März 2014.

Homann, J. (2016). Digitalisierung der Wirtschaft. Chancen und Herausforderungen. http://www.bundesnetzagentur.de/DE/Allgemeines/Presse/Mediathek/Reden/FAQ ArchivReden2016/artikelForumZukunft_down.pdf?__blob=publicationFile&v=3. Zugegriffen: 22. Juni 2016.

Hughes, T. P. (1987). The Evolution of Large Technological Systems. In *The Social construction of technological systems: new directions in the sociology and history of technology*, Hrsg. Wiebe E. Bijker, Thomas Parke Hughes und Trevor J. Pinch, 51–82. Cambridge, MA: MIT Press.

Hume, D. (1975). *A Treatise of Human Nature*. 16. Aufl. London: Oxford University Press.

Jackson, S. J., Edwards, P. N., Bowker, G. C. & Knobel, C. P. (2007). Understanding infrastructure: History, heuristics and cyberinfrastructure policy. *First Monday* 12.

Japp, K. P. (1992). Selbstverstärkungseffekte riskanter Entscheidungen. Zur Unterscheidung von Rationalität und Risiko. *Zeitschrift für Soziologie* 21: 31–48.

Japp, K. P. (2006). Politische Akteure. *Soziale Systeme* 12: 222–246.

Japp, K. P. (2010). Risiko und Gefahr. Zum Problem authentischer Kommunikation. In *Ökologische Aufklärung. 25 Jahre „Ökologische Kommunikation"*, Hrsg. Christian Büscher und Klaus Peter Japp, 281–308. Wiesbaden: VS Verlag.

Kasperson, R. E. & Ram, B. J. (2013). The Public Acceptance of New Energy Technologies. *Daedalus* 142: 90–96.

Kohring, M. (2001). *Vertrauen in Medien – Vertrauen in Technologie*. Stuttgart: Akademie für Technikfolgenabschätzung in Baden-Württemberg. http://elib.uni-stuttgart.de/bitstream/11682/8694/1/AB196.pdf.

Kohring, M. (2004). *Vertrauen in Journalismus: Theorie und Empirie*. UVK Verlagsgesellschaft.

Kramer, R. M. (1999). TRUST AND DISTRUST IN ORGANIZATIONS: Emerging Perspectives, Enduring Questions. *Annual Review of Psychology* 50: 569–598.

Krippendorff, K. (2009). Mathematical Theory of Communication. *Encyclopedia of Communication Theory*.

Kungl, G. (2015). Stewards or sticklers for change? Incumbent energy providers and the politics of the German energy transition. *Energy Research & Social Science* 8: 13–23.

Kühne, O. & Weber, F. (2018). Bausteine der Energiewende – Einführung, Übersicht und Ausblick. In O. Kühne & F. Weber (Hrsg.), *Bausteine der Energiewende* (S. 3–19). Wiesbaden: Springer VS.

Künneke, R., Groenewegen, J. & Ménard, C. (2010). Aligning modes of organization with technology: Critical transactions in the reform of infrastructures. *Journal of Economic Behavior & Organization* 75: 494–505.

Künneke, R. W. (2008). Institutional Reform and Technological Practise: the Case of Electricity. *Industrial and Corporate Change* 17: 233–265.

La Porte, T. R. (1975). Organized Social Complexity: Explication of a Concept. In *Organized social complexity: challenge to politics and policy*, 3–39. Princeton, NJ: Princeton Univ. Press.

Leibenath, M. & Lintz, G. (2018). Streifzug mit Michel Foucault durch die Landschaften der Energiewende: Zwischen Government, Governance und Gouvernementalität. In O. Kühne & F. Weber (Hrsg.), *Bausteine der Energiewende* (S. 91–107). Wiesbaden: Springer VS.

Loorbach, D. (2010). Transition Management for Sustainable Development: A Prescriptive, Complexity-Based Governance Framework. *Governance* 23: 161–183.

Luhmann, N. (1984). *Soziale Systeme. Grundriß einer allgemeinen Theorie*. Frankfurt am Main: Suhrkamp.

Luhmann, N. (1993). Risiko und Gefahr. In *Riskante Technologien: Reflexion und Regulation*, Hrsg. Wolfgang Krohn und Georg Krücken, 138–185. Frankfurt am Main: Suhrkamp.

Luhmann, N. (2000). *Vertrauen: Ein Mechanismus der Reduktion sozialer Komplexität*. 4. Aufl. Stuttgart: Lucius & Lucius.

Luhmann, N. (2001). Vertrautheit, Zuversicht, Vertrauen: Probleme und Alternativen. In *Vertrauen: die Grundlage des sozialen Zusammenhalts*, Bd. 50, Theorie und Gesellschaft, Hrsg. Martin Hartmann und Claus Offe, 143–160. Frankfurt/Main [u. a.]: Campus.

Mayntz, R. (1993). Grosse technische Systeme und ihre gesellschaftstheoretische Bedeutung. *Kölner Zeitschrift für Soziologie und Sozialpsychologie* 45: 97–108.

Mayntz, R. (2009). The Changing Governance of Large Technical Infrastructure Systems. In *Über Governance. Institutionen und Prozesse politischer Regelung, Schriften aus dem Max-Planck-Institut für Gesellschaftsforschung, Band 62*, Hrsg. Renate Mayntz, 121–150. Frankfurt am Main: Campus.

Millbrooke, A. (1993). Technological Systems Compete at Otis: Hydraulic Versus Electric Elevators. In *Technological Competitiveness: Contemporary and Historical Perspectives on Electrical, Electronics, and Computer Industries*, Hrsg. William Aspray, 243–269.

Ohlhorst, D. (2015). Germany's energy transition policy between national targets and decentralized responsibilities. *Journal of Integrative Environmental Sciences* 12: 303–322.

Pearson, I. L. G. (2011). Smart grid cyber security for Europe. *Energy Policy* 39: 5211–5218.

Peine, A. (2008). Technological paradigms and complex technical systems – The case of Smart Homes. *Research Policy* 37: 508–529.

Petermann, T., Bradke, H., Lüllmann, A., Paetzsch, M. & Riehm, U. (2011). *Was bei einem Blackout geschieht: Folgen eines langandauernden und großflächigen Stromausfalls*. Berlin: edition sigma.

Roe, E. & Schulman, P. R. (2016). *Reliability and Risk: The Challenge of Managing Interconnected Infrastructures*. Stanford, California: Stanford University Press.

Rogers, E. M. & Beal, G. M. (1958). The Importance of Personal Influence in the Adoption of Technological Changes. *Social Forces* 36: 329–335.

Scheer, D., Konrad, W. & Wassermann, S. (2017). The good, the bad, and the ambivalent: A qualitative study of public perceptions towards energy technologies and portfolios in Germany. *Energy Policy* 100: 89–100.

Schiffmann, M. (2013). Mehr Bürgerbeteiligung, mehr Akzeptanz? Das psychologische Dilemma. *Energiewirtschaftliche Tagesfragen* 63. Jg.: 93–95.

Schubert, D. K. J., Meyer, T. & Möst, D. (2015). Die Transformation des deutschen Energiesystems aus der Perspektive der Bevölkerung. *Zeitschrift für Energiewirtschaft* 39 (1): 49–61.

Seyfang, G., Park, J. J. & Smith, A. (2013). A thousand flowers blooming? An examination of community energy in the UK. *Energy Policy* 61: 977–989.

Shannon, C. E. & Weaver, W. (1963). *The Mathematical Theory of Communication*. University of Illinois Press.

Shapiro, S. P. (1987). The Social Control of Impersonal Trust. *American Journal of Sociology* 93: 623–658.

Skinner, Denise, Graham Dietz, und Antoinette Weibel. 2013. The Dark Side of Trust: When Trust becomes a „Poisoned Chalice". *Organization* 21: 206–224.

Smith, A., Stirling, A, & Berkhout, F. (2005). The Governance of Sustainable Socio-technical Transitions. *Research Policy* 34: 1491–1510.

Sovacool, B. K. (2009). Rejecting renewables: The socio-technical impediments to renewable electricity in the United States. *Energy Policy* 37: 4500–4513.

Strulik, T. (2007). Rating Agencies, Ignorance and the Production of System Trust. In *Towards a Cognitive Mode in Global Finance. The Governance of a Knowledge-based Financial Systems,* Hrsg. Torsten Strulik und Helmut Willke, 239–258. Frankfurt am Main, New York: Campus.

Strulik, T. (2011). Vertrauen. Ein Ferment gesellschaftlicher Risikoproduktion. *Erwägen Wissen Ethik* 22: 239–251.

Strunz, S. (2014). The German Energy Transition as a Regime Shift. *Ecological Economics* 100: 150–158.

Sumpf, P., Büscher, C. & Orwat, C. (2014). Energy System Transformation – Governance of Trust? In *Technology Assessment and Policy Areas of Great Transitions. Proceedings from the PACITA 2013 Conference in Prague,* Hrsg. Tomas Michalek et al., 223–228. Prague: Technology Centre ASCR: INFORMATORIUM.

The Economist (2013). The Other Mile-high Club. *The Economist.* http://www.economist.com/news/science-and-technology/21579437-new-lightweight-lift-cable-will-let-buildings-soar-ever-upward-other. Zugegriffen: 29. Juli 2013.

Trist, E. L. & Bamforth, K. W. (1951). Some Social and Psychological Consequences of the Longwall Method of Coal-Getting. *Human Relations* 4: 3–38.

Verbong, G. P. J., Beemsterboer, S. & Sengers, F. (2013). Smart grids or smart users? Involving users in developing a low carbon electricity economy. *Energy Policy* 52: 117–125.

Von Weizsäcker, C. F. (1985). *Aufbau der Physik.* München/Wien: Carl Hanser Verlag.

Walker, G., Devine-Wright, P., Hunter, S., High, H. & Evans, B. (2010). Trust and community: Exploring the meanings, contexts and dynamics of community renewable energy. *Energy Policy* 38: 2655–2663.

Weber, F. (2018). Von der Theorie zur Praxis – Konflikte denken mit Chantal Mouffe. In O. Kühne & F. Weber (Hrsg.), *Bausteine der Energiewende* (S. 187–206). Wiesbaden: Springer VS.

Weber, K. M. & Rohracher, H. (2012). Legitimizing research, technology and innovation policies for transformative change: Combining insights from innovation systems and multi-level perspective in a comprehensive „failures" framework. Research Policy 41: 1037–1047.

Wenterodt, T. & Herwig, H. (2014). The Entropic Potential Concept: a New Way to Look at Energy Transfer Operations. *Entropy* 16: 2071–2084.

Wiesenthal, H. (1994). Lernchancen der Risikogesellschaft. Über gesellschaftliche Innovationspotentiale und die Grenzen der Risikosoziologie. *Leviathan* 22: 135–159.

Wüstenhagen, R., Wolsink, M. & Bürer, M. J. (2007). Social acceptance of renewable energy innovation: An introduction to the concept. *Energy Policy* 35: 2683–2691.

Yildiz, Ö. et al. (2015). Renewable energy cooperatives as gatekeepers or facilitators? Recent developments in Germany and a multidisciplinary research agenda. *Energy Research & Social Science* 6: 59–73.

Christian Büscher ist wissenschaftlicher Mitarbeiter am Institut für Technikfolgenabschätzung und Systemanalyse (ITAS), Karlsruher Institut für Technologie (KIT). Er studierte Soziologie an der Universität Bielefeld und in Edinburgh (UK). Anschließend promovierte er am Graduiertenkolleg „Technisierung und Gesellschaft" an der TU Darmstadt. Vor seiner Tätigkeit am ITAS war er am alpS – Zentrum für Naturgefahrenmanagement in Innsbruck (Österreich) und beim Verein Deutscher Ingenieure (VDI) – Technologiezentrum in Düsseldorf beschäftigt. Seine Forschungen konzentrieren sich aktuell auf gesellschaftstheoretische Fragen der Energiewende.

Patrick Sumpf ist wissenschaftlicher Mitarbeiter und Projektleiter am Institut für Technikfolgenabschätzung und Systemanalyse (ITAS), Karlsruher Institut für Technologie (KIT). Er studierte Politikwissenschaft (B. A.) und politische Kommunikation (M. A.) an der Universität Bielefeld und promoviert an der Philosophischen Fakultät der Universität Mannheim. Sein Forschungsinteresse ist fokussiert auf die Analyse von Vertrauensprozessen.

'Neue Landschaftskonflikte' – Überlegungen zu den physischen Manifestationen der Energiewende auf der Grundlage der Konflikttheorie Ralf Dahrendorfs

Olaf Kühne

Abstract

Im Zuge von Energiewende, Deindustrialisierung, Reurbanisierung etc. wandeln sich die Raumnutzungsansprüche. Ansprüche, die sich im physischen Raum manifestieren und so in Widerspruch zu landschaftlichen Seherwartungen geraten. Aufgrund dieser Widersprüche, die auf stereotyp- oder heitmatlich-normativen Vorstellungen von Landschaft fußen entstehen Konflikte um Landschaft. Die Landschaftskonflikte werden üblicherweise in der Tradition Talcott Parsons' oder Jürgen Habermas' als gesellschaftlich dysfunktional gedeutet oder im Kontext der Erwartung einer ‚Revolution' in Marxschen Sinne verstanden. In dem vorliegenden Beitrag wird jedoch in der Tradition Ralf Dahrendorfs Konflikt als produktiv verstanden, solange er gewaltlos bleibt und einer Regelung zugeführt werden kann. Diese Konfliktregelung wird jedoch dadurch erschwert, dass der Staat nicht als Verfahrensfreiheit garantierende Instanz auftritt, sondern selbst Konfliktpartei geworden ist.

Keywords

Landschaft, Raum, Konflikt, Dahrendorf, Landschaftstheorie, Konstruktivismus

1 Einleitung

Im Zuge von Energiewende, aber auch Deindustrialisierung, gewandelten Wohnpräferenzen, Abbauaktivitäten von Rohstoffen etc. kommt dem Thema ‚Landschaft' in der öffentlichen, politischen wie auch wissenschaftlichen Diskussion eine steigende Bedeutung zu. Rasche und deutlich sensorisch wahrnehmbare Veränderungen im physischen Raum fordern althergebrachte Verständnisse von ‚schöner' oder auch ‚erhabener' Landschaft heraus. Dabei stellt sich für eine sozialwissenschaftliche Landschaftsforschung die Frage, wie sich in welchem Kontext gesellschaftliche Konventionen des – auch normativen – Verständnisses von Landschaft gebildet, aktualisiert, vielleicht auch modifiziert haben. Forschungsfragen, die sich jedoch nur in Ansätzen mit traditionellen Verständnissen von Landschaft als einem ‚objektiv gegebenen physischen Gegenstand' (Positivismus) oder einem ‚Wesen', entstanden aus einer Jahrhunderte andauernden wechselseitigen Prägung von Kultur und Natur angemessen behandeln lassen, da sie mit ihnen nicht die Frage der Entstehung und Entwicklung gesellschaftlicher Konventionen zu landschaftlichen Verständnissen behandeln lassen (mehr zu den unterschiedlichen wissenschaftlichen Grundverständnissen in der Landschaftsforschung siehe Chilla 2005; Chilla et al. 2015; Chilla et al. 2016; Kühne 2013a, 2013c; Kühne und Weber 2016). So hat in den vergangenen drei Jahrzehnten in den sozialwissenschaftlich geprägten (Chilla et al. 2015) landschaftsbezogenen Wissenschaften zunehmend die Auffassung Verbreitung gefunden, Landschaft eben nicht mehr als einen objektiv gegebenen, physischen Gegenstand bzw. als ein eigenes Wesen zu verstehen, sondern vielmehr als eine soziale bzw. individuelle Konstruktion (siehe unter vielen Claßen 2016; Cosgrove 1984; Duncan 1990; Gailing und Leibenath 2012, 2015; Greider und Garkovich 1994; Hartz und Kühne 2009; Kühne 2006, 2008a, 2008b, 2013c; Schenk 2017; Stotten 2013; Weber 2015b), einem Verständnis, dem in diesem Aufsatz gefolgt wird.

Neben dem Thema Landschaft ist das Thema Konflikt – insbesondere in Bezug auf Landschaft – der zentrale Gegenstand des vorliegenden Artikels (hierzu auch Becker und Naumann 2018; Berr 2018; Weber 2018 in diesem Band), und zwar in Form des sozialen Konfliktes und nicht etwa des (häufiger thematisierten) politischen Konfliktes (wenn auch das Politische in soziale Konflikte hineinreicht, wie später auch zu zeigen sein wird). Soziologische Autoren werden zwar in den Raumwissenschaften zwar bisweilen intensiv, wenn auch sehr selektiv rezipiert, gilt beispielsweise Karl Marx, Pierre Bourdieu, Anthony Giddens, aber auch Berger und Luckmann wie auch Niklas Luhmann eine große Aufmerksamkeit, fanden andere Soziologen – trotz vorhandener Anschlussfähigkeit – keine oder nur eine geringe Aufmerksamkeit in den Raumwissenschaften. Dies gilt auch für Ralf Dahrendorf. Ralf Dahrendorf gilt in der Soziologie, einerseits mit seiner Rollen-, und andererseits mit seiner (hier besonders relevanten) Rollentheorie, als ‚Klassiker' des Faches (z. B. Kühne 2017; Niedenzu 2001). Raumkonflikte wurden bis dato tendenziell ‚kritisch' (etwa Belina und Michel Boris 2007) oder akteurszentriert (Reuber 1999) gerahmt (vgl. Kuckuck 2014). Der vorliegende Beitrag verfolgt einerseits das Ziel, die Potenziale der Dahrendorfschen Konflikttheorie für die Befassung mit räumlichen Konflikten aufzuzeigen, andererseits gilt es, räumliche Konflikte, hier der Energiewende, mit Hilfe dieser Theorie zu analysieren.

Der vorliegende Beitrag widmet sich zunächst einer knappen Einführung in die Konflikttheorie Ralf Dahrendorfs, daran anschließend erfolgt eine Befassung mit dem Begriff der Landschaft. Im Anschluss werden Raumkonflikte allgemein in Rückgriff auf die Konflikttheorie Ralf Dahrendorfs analysiert, bevor das spezielle Themenfeld der ‚neuen Landschaftskonflikte' im Kontext der Energiewende untersucht wird. Im Fazit werden neben der Diskussion der Ergebnisse der Analyse auch Potenziale und Weiterentwicklungsmöglichkeiten der Dahrendorfschen Konflikttheorie insbesondere in Bezug auf räumliche Konflikte eruiert.

2 Konflikttheorie nach Dahrendorf

Die von Ralf Dahrendorf konzipierte Konflikttheorie zielt auf intragesellschaftliche Konflikte. Damit unterscheidet sie sich von anthropologischen Konflikttheorien, die soziale Konflikte auf biologische oder psychische Prädispositionen von Einzelnen zurückzuführen trachten (wie etwa Konrad Lorenz, Irenäus Eibl-Eibesfeldt oder Sigmund Freud). Ralf Dahrendorf rückt (wie auch schon Karl Marx) die soziale Genese von sozialen Konflikte in das Zentrum seiner Überlegungen. Dabei fokussiert er insbesondere jene Konflikte zwischen Gesellschaftsteilmengen, zwischen denen Rangunterschiede bestehen. Die Konflikttheorie Dahrendorfs lässt sich dabei als „Herrschafts-Organisations-Theorie" (Niedenzu 2001, S. 176) beschreiben, schließlich ist sie einerseits auf einen, die in Konflikt liegenden Gesellschaftsteile verbindenden, Herrschaftskontext bezogen, andererseits setzt er die Organisiertheit der widerstreitenden Parteien voraus. Mit der Konflikttheorie von Ralf Dahrendorf lässt sich neben ‚klassischen' Konflikten, wie dem politisch konstitutiv konfliktären Verhältnis von Regierung zu Opposition, auch zur Untersuchung von Konflikten innerhalb und zwischen gesellschaftlicher Teilmengen anwenden, wie von Wohnungsbaugesellschaften zu Mieterverbänden (Dahrendorf 1972; Kühne 2017; Niedenzu 2001). Als Ursache für Konflikte sieht Dahrendorf (1957) den Antagonismus zwischen Kräften der Persistenz und der Progression (Bonacker 1996, S. 67).

Im Vergleich zu konkurrierenden Verständnissen von Konflikt (wie von Parsons oder auch Habermas) erkennt Ralf Dahrendorf in sozialen Konflikten Normalität und nicht zuletzt Produktivität (z.B Dahrendorf 1965, 1968b, 1972; hierzu auch Weber 2018 in diesem Band): „Der Gedanke mag unangenehm und störend sein, dass es Konflikt gibt, wo immer wir soziales Leben finden: er ist nichtsdestoweniger unumgänglich für unser Verständnis sozialer Probleme" (Dahrendorf 1968b, S. 261). Die Untersuchungen Dahrendorfs zum sozialen Wandel/sozialen Konflikten basieren auf vier Prämissen (Bonacker 1996; vgl. Dahrendorf 1965, 1969, 1972, 1994): Erstens, von der Ubiquität des *Wandels,* denn jede Gesellschaft unterliegt einem andauernden und allseits gegenwärtigen Wandel; zweitens, der Ubiquität des *Konflikts,* denn jede Gesellschaft kennt soziale Konflikte); drittens; der Ubiquität der *Produktivität,* denn jedes Gesellschaftsmitglied leistet einen Beitrag zur Veränderung der Gesellschaft; viertens, der Ubiquität der *Herrschaft,* denn jede Gesellschaft ist geprägt von gerichteten Machtverhältnissen, in denen Mitglieder der Gesellschaft über andere Mitglieder Macht ausüben (dabei folgt Dahrendorf dem Weberschen Machtbegriff, Macht als Chance zu verstehen, „innerhalb einer sozialen Beziehung den eigenen Willen auch gegen Widerstreben durchzusetzen, gleichviel worauf diese Chance beruht" (Weber 1976 [1922], S. 28).

Seine Konflikttheorie konzipiert Dahrendorf in partieller Ablehnung und partieller Zustimmung der seinerzeit dominanten soziologischen Theorien des Konfliktes: der von Karl Marx und von Talcott Parsons. So weist er das Stabilitätspostulat des Strukturfunktionalismus Talcott Parsons zurück (Dahrendorf 1968b und 1972, gleiches gilt auch für den Ansatz der Habermasschen Diskursethik), wobei er die Vorstellung der mehrfach differenzierten Gesellschaft teilt (dies betrifft insbesondere die Vorstellung, der Differenzierung der Gesellschaft in Funktionsbereiche). Im Gegensatz zum Strukturfunktionalismus, der Konflikte als gesellschaftlich dysfunktional beschreibt, folgt er Karl Marx in der Interpretation, gesellschaftliche Konflikte seinen (zumindest potenziell) gesellschaftlich produktiv. Dabei verlagert er den Antagonismus als Ursache gesellschaftlicher Konflikte, den Marx im Bereich ökonomischer Verhältnisse sah, wie schon vor ihm Max Weber, in den Bereich der Herrschaft (Bonacker 1996). Im Anschluss an Max Weber versteht er Herrschaft als das Verhältnis von Unter- und Überordnung von einzelnen Menschen, wie auch von sozialen Mengen. Im Gegensatz zu der allgemeineren Macht ist Herrschaft spezifischer: Sie beinhaltet keine absolute Kontrolle über andere, sondern „ist stets auf bestimmte Inhalte und angebbare Personen begrenzt" (Dahrendorf 1972, S. 33). Bei der Ausübung von Herrschaft werde von den Übergeordneten (ob als Einzelnen oder Mengen) gesellschaftlich erwartet, Kontrolle über das Verhalten des untergeordneten Teils der Gesellschaft auszuüben (beispielsweise in Form von Warnungen, Befehlen, Anordnungen bzw. Verboten). Die Erwartung der Ausübung von Herrschaft ist an die soziale Position und nicht an die Person geknüpft, die diese Position innehat. Aufgrund dieser Positionsgebundenheit entsteht ein „institutionalisiertes Verhältnis zwischen Einzelnen bzw. Mengen" (Dahrendorf 1972, S. 33). Die Verbindlichkeit der Vorschriften ist durchaus differenziert (von Kann-, über Soll-, zu Muss-Vorschriften), und das Zuwiderhandeln unterliegt entsprechend differenzierten Sanktionen, über die Effektivität von Herrschaft wacht „ein Rechtssystem (bzw. ein System quasi-rechtlicher Normen)" (Dahrendorf 1972, S. 33).

Konflikten wohnt – so Dahrendorf (z. B. 1957, 1972), stets der Streben nach und die Behinderung von Lebenschancen inne. Unter Lebenschancen versteht Ralf Dahrendorf (2007, S. 44) „zunächst Wahlchancen, Optionen. Sie verlangen zweierlei, Anrechte auf Teilnahme und ein Angebot von Tätigkeiten und Gütern zur Auswahl". Insbesondere bei großen Klassenkonflikten werden „die Möglichkeiten der Einen (der ‚Beherrschten', der ‚Abhängigen') durch die Entscheidungen Anderer (‚der Herrscher') entscheidend vorstrukturiert" (Niedenzu 2001, S. 178). In den sozial differenzierten Gesellschaften der Gegenwart verlieren jedoch die großen, die Gesellschaft spaltenden Klassenkonflikte zunehmend an Bedeutung. Sie werden durch diversifizierte Interessenkonflikte kleinerer gesellschaftlicher Teilmengen abgelöst. Entsprechend zielen diese Konflikte nicht mehr auf einen fundamentalen Umsturz des gesamten Gesellschaftssystems (wie es Marx postuliert hatte), doch auch in diesen Gesellschaften gibt es „soziale Gegensätze, die zu politischen Konflikten führen. Doch statt zunehmend gewaltsam und zerstörerisch zu werden, sind diese Konflikte von Organisationen und Institutionen gebändigt worden, durch die sie innerhalb der verfassungsmäßigen Ordnung Ausdruck finden können. Politische Parteien, Wahlen und Parlamente machen Konflikte ohne Revolution möglich" (Dahrendorf 1994, S. 162).

Soziale Konflikte entstehen und entfalten sich nicht unmittelbar, vielmehr lassen sich üblicherweise drei Phasen unterscheiden: die strukturelle Ausgangslage, die Bewusstwerdung latenter Interessen und schließlich die Phase ausgebildeter Interessen. In der Phase der Entstehung der strukturellen Ausgangslage entstehen Teilmengen in der Gesellschaft, die Dahrendorf als ‚Quasi-Gruppen' bezeichnet. Es handelt sich um soziale Aggregate, deren Träger soziale Positionen mit gleichen latenten Interessen innehaben (Dahrendorf 1972; Niedenzu 2001). Die Manifestwerdung dieser Interessen erfolgt in der zweiten Phase in Form der ‚Bewusstwerdung der latenten Interessen'. Hierbei entstehen die Konfliktgruppen. In der dritten Phase wird der Konflikt von zwei organisierten Konfliktparteien „mit sichtbarer eigener Identität" (Dahrendorf 1972, S. 36) getragen. Konflikte, seien – so Dahrendorf (1972) – stets durch zwei Parteien getragen, da sich in Konflikten alle potenziellen Konfliktparteien zu zwei dichotomen Lagern kulminierten, potenziell unterschiedliche Interessenslagen würden dann zu Binnenkonflikten innerhalb der einzelnen Lager transformiert (Dahrendorf 1972).

Aufgrund des Bewusstseins, dass Konflikte eine gesellschaftsdestabilisierende und blutige Wirkung entfalten können, befasst sich Dahrendorf mit der Frage, wie ein destruktives Ergebnis nicht nur vermieden werden kann, sondern Konflikte positiv zur gesellschaftlichen Entwicklung beitragen können. Dabei prüft er drei prinzipielle Möglichkeiten des Umgangs mit Konflikten (Dahrendorf 1972): Die erste Möglichkeit ist die *Unterdrückung von Konflikten,* die er nicht nur für unwirksam, sondern führ gefährlich hält. Weder der Konfliktgegenstand noch dessen Ursache würden so beseitigt. Im Gegenteil: Die Behinderung der Bildung und Manifestierung von Konfliktgruppen führe zur Steigerung der Virulenz des Konfliktes, was wiederum die Gefahr einer gewalttätigen Eruption bergen.

Die zweite Möglichkeit besteht in der *Lösung von Konflikten.* Da die Konfliktlösung die Beseitigung der sozialen Gegensätze bedeutete, hält Dahrendorf diese Option für nicht umsetzbar. Eine Konfliktlösung wäre mit einer Beseitigung gesellschaftlicher Unter- und Überordnungsverhältnisse verbunden. Diese hält er – wie weiter vorne dargestellt – jedoch für jede Gesellschaft immanent.

Damit kommt dem dritten Umgang mit Konflikten eine zentrale Bedeutung zu: Der *Regelung von Konflikten,* die auf vier Voraussetzungen basiert:

1) Die Konfliktgegensätze müssen als berechtigte Dimension der Normalität anerkannt werden, nicht etwa als ein normwidriger Zustand.
2) Die Konfliktregelung bezieht sich auf die Formen des Konfliktes, nicht auf dessen Ursachen.
3) Die Effizienz der Konfliktregelung ist von dem Grad der Organisiertheit der Konfliktparteien positiv beeinflussbar.

4) Der Erfolg der Konfliktregelung ist durch die Einhaltung von bestimmten Regeln abhängig. Zentral ist dabei die Gleichwertigbetrachtung und der Verzicht auf Bevorteilung einer Konfliktpartei.

Im Kontext des Ziels der friedlichen Regelung von Konflikten weitet Dahrendorf (1972, S. 44) die klassisch-liberalen Aufgabenzuschreibungen des Staates aus: „Möglicherweise liegt in der rationalen Bändigung sozialer Konflikte eine der zentralen Aufgaben der Politik".

Durch die Konfliktregelung verschwinden die Konflikte nicht, sie verlieren aber ihre potenzielle Destruktivität. Angesichts durch Regelungen Konflikte zu bändigen, damit sie für eine Weiterentwicklung der Gesellschaft genutzt werden können, favorisiert Dahrendorf (1972, S. 7) eine freie Gesellschaft: „Freie Gesellschaft ist gestatteter, ausgetragener, geregelter Konflikt, der schon durch diese Merkmale das Grundniveau der Lebenschancen höher ansetzt, als alle Spielarten der Unfreiheit es könnten". Damit weist Dahrendorf (1972, S. 44–45) der Demokratie eine dem Totalitarismus entgegengesetzte Bedeutung zu: „Der Totalitarismus beruht auf der (oft als ‚Lösung' ausgegebenen) Unterdrückung, die Demokratie auf der Regelung von Konflikten" (weiteres zur Konflikttheorie von Ralf Dahrendorf siehe z. B. Bonacker 1996; Kühne 2017; Lamla 2008; Niedenzu 2001.

Konflikte können – nach Dahrendorf (1972) – nach der ‚Intensität' und ‚Gewaltsamkeit' variieren. Intensität bezeichnet dabei die soziale Relevanz. Diese ergibt sich aus dem Umfang der Teilnahme potenziell vom Konflikt betroffener Quasi-Gruppen: „sie ist hoch, wenn für die Beteiligten viel davon abhängt, wenn also die Kosten der Niederlage hoch sind" (Dahrendorf 1972, S. 38; ähnl. Dahrendorf 1965). Der Grad der ‚Gewaltsamkeit' ist bei einer unverbindlich geführten Diskussion gering und kann sich bis zu Revolutionen und Weltkriegen ausweiten. Besonders großes Intensitäts- und Gewaltsamkeitspotenzial weisen mehrdimensionale Konflikte auf, also, wenn ökonomische, politische, kulturelle/religiöse, sozialgemeinschaftliche etc. Dimensionen kulminieren (wie bei dem von Dahrendorf häufig in diesem Kontext genannten Nordirlandkonflikt).

3 Die soziale Konstruktion von Landschaft und der Umgang mit unerwünschten Objekten – Desensualisierungsstrategien und inverse Landschaften

Der vorliegende Artikel folgt – wie bereits angemerkt – einem sozialkonstruktivistischen Ansatz. Die zentrale Aussage dieses Zugangs zu Landschaft liegt in der Erkenntnis, Landschaft werde auf Grundlage gesellschaftlicher Konventionen durch das Individuum durch Synthese unterschiedlicher physischer Objekte erzeugt und bewertet (detaillierter hierzu unter vielen Hokema 2013; Kühne 2013c; Kühne und Weber 2016; Linke 2017b; Stemmer 2016; Weber 2017). Dieser Ansatz geht auf Schütz

2004 [1932]) und Berger und Luckmann 1966) zurück. Diese sozialkonstruktivistische Perspektive ermöglicht eine theoretische Verknüpfung von materieller und immaterieller Welt theoretisch (zum Bedeutungsgewinn der Untersuchung von Materialitäten in der Geographie, siehe Kazig und Weichhart 2009; kritisch in diesem Kontext: Leibenath 2014).

Landschaftliche Deutungen sind in erheblichen Maße variabel (vgl. auch Linke 2018 in diesem Band). Dies betrifft sowohl kulturelle Aspekte (Bruns 2013), soziodemographische Unterschiede (Hokema 2015; Kühne 2006, 2014), Unterschiede in der landschaftbezogenen Bildung (Bruns und Kühne 2013; Hokema 2015; Kühne 2006, 2008a, 2008b), aber auch die Frage der Sozialisation von Landschaft im Kinder- und Jugendalter: Im Prozess der Sozialisation eignet sich der Einzelne gesellschaftliche Landschaftsdeutungen an, wobei er sie durchaus auch hinterfragen und modifizieren kann. Im diesem Prozess der ‚landschaftlichen Sozialisation' entstehen die ‚heimatliche Normallandschaft' und die ‚stereotype Landschaft' (Kühne 2006, 2008a, 2008b, 2013c): Die heimatliche Normallandschaft entsteht infolge der unmittelbaren sensorischen Befassung mit physischen Objekten im Wohnumfeld des Heranwachsenden, eine vermittelnde Funktion haben dabei Eltern, anderen Familienangehörige und Freunde der Familie, später treten Aushandlung in der Gleichaltrigengruppe hinzu. Hierbei handelt es sich um eine räumliche Deutung, die als unhinterfragt ‚normal' und stabil konstruiert wird. Die stereotype Landschaft hingegen entsteht durch Vermittlung stark idealisierter Vorstellungen von Landschaften – insbesondere durch mediale Repräsentation. Schulbücher, Bilderbücher, Bildbände, Prospekte, Spielfilme, Dokumentarfilme, Erzählungen von Reisen, Romane u.a. vermitteln Idealbilder von Landschaften. Beide, die heimatlich-normallandschaftliche und die stereotype Landschaft bilden die Grundlage des Abgleichs und der Bewertung mit als Landschaft konstruierten Zusammenschauen von physischen (aber auch medial repräsentierten) Objekten. Das Differenzschema ist dabei durchaus verschieden: Senorisch deutlich wahrnehmbare Veränderungen (bzw. die eine Befürchtung einer solchen Veränderung) dieser als Landschaft gedeuteten physischen Räume werden aus Perspektive der ‚heimatlichen Normallandschaft' als ‚Heimatverlust' abgelehnt. Eine Ablehnung aus Perspektive der ‚stereotypen Landschaft' entsteht lediglich dann, wenn diese Veränderungen den stereotypen Landschaftsdeutungsschemata zuwiderlaufen.

Bei Personen mit einem landschaftsbezogenen Studium (z.B. der Landschaftsarchitektur, Landschaftsplanung, Geographie, Landschaftsökologie etc.) findet sich darüber hinaus ein fachspezifisches Set an Deutungs- und Bewertungsmustern, das in Teilen deutlich von den heimatlich-normallandschaftlichen und stereotypen Deutungsmustern abweicht. Hierbei lassen sich deskriptive, analytische und normative Landschaftskonstrukte (vgl. Chilla et al. 2015; Kühne 2015a, 2015b), unterscheiden, ohne dass während des Studiums deutlich zwischen diesen unterschiedlichen Zugängen unterschieden würde. Das aktuell weitgehend hegemoniale Deutungs- und Bewertungsmuster ist jenes der ‚historisch gewachsenen Kulturlandschaft'. Dieses wird gegen alternative Raumentwicklungsnormen, wie etwa dem Sukzessionismus verteidigt, aber auch gegen nicht-expertenhafte Vorstellungen (der heimatlichen Normallandschaft und der stereotypen Landschaft) distinktiv abgegrenzt (genaueres siehe Kühne 2008a, 2008b; Tessin 2008; Wojtkiewicz und Heiland 2012). Dies bedeutet, dass mit der sozialen Definition von Landschaft stets auch Machtprozesse verbunden sind: Landschaftliche Normen sind das Ergebnis von Machtprozessen, denn nicht jeder hat gesellschaftlich die Möglichkeit zu bestimmen, was eine zu erstrebende Landschaft sei oder seine landschaftlichen Normen im physischen Raum zu manifestieren (näheres hierzu siehe Gailing 2015; Kühne 2008b; Kühne und Schönwald 2015; Schönwald 2015; Weber 2015a).

Unerwünschte Nebenfolgen von Machtbeziehungen bergen die Gefahr für ihren Verursacher, soziale Anerkennung zu verlieren, ein Verlust, der bis zu negativen Sanktionen führen kann. Mit dem Ziel, diese unerwünschten Nebenfolgen machtvermittelten Handelns zu minimieren, entwickelten moderne Gesellschaften Mechanismen des De-Sensualiserens (durch stoffliche Umwandlung) insbesondere von (unerwünschten) Nebenfolgen ihres Handelns (mehr zu dieser Strategie bei Kühne 2012, 2013a, 2013b). Für Abfall wurden Systeme der weitgehend visuell und olfaktorisch gering präsenten Beseitigung entwickelt, Entsorgungs- und Versorgungsleitungen in Gebäuden werden unter Putz gelegt, die logistischen Voraussetzungen für Konsum in Hochregallager fernab der Supermärkte und Shopping Malls errichtet, Anlagen der Energieerzeugung in wenig besiedelte oder ohnehin ‚industriell vorbelastete Räume' angesiedelt etc. So lässt sich De-Sensualisierung auch als Strategie des Versuchs der Verhinderung der Bewusstwerdung der latenten (Macht)Interessen deuten. Die Strategien der De-Sensualisierung sind dabei vielfältig: Sie reichen von der Verschleierung räumlicher Zusammenhänge (dies betrifft eigens den ‚ökologischen Fußabdruck' von individuellem und gesellschaftlichem Handel), über die Beschleunigung und Entschleunigung (entlang von Orten, denen mehr Aufmerksamkeit geschenkt werden soll, wird Geschwindigkeit stark verringert, wie in Fußgängerzonen, entlang von Orten, die beispielsweise den stereotypen Schönheitserwartungen widersprechen, wird die Geschwindigkeit gesteigert, oder sie werden völlig verborgen), bis hin zu einer scheinbaren Veralltäglichung (so werden Objekte – die symbolisch negativ konnotiert sind, etwa Gefängnisse – so gestaltet, dass sie in ihrer Umgebung kaum auffallen).

Die De-Sensualisierung von Funktionen und Strukturen, die stereotypen Landschaftsvorstellungen nicht entsprechen, dies gilt auch für Machtbeziehungen, die gängigen Moralvorstellungen widersprechen (vgl. Berr 2017), lässt sich als ein Spezialfall von ‚inverser Landschaft' verstehen (Kühne 2012, 2013b). Diese ‚inverse Landschaft' lässt sich als Ausdruck landschaftlicher Kontingenz begreifen, denn der Begriff bezeichnet eine Landschaft, die nicht besteht, aber möglich wäre. In der physischen Dimension bezieht sich dies auf jene möglichen Objekte, die sich physisch nicht manifestieren konnten, weil die ihnen zugrundeliegende soziale Verfügbarkeit von Macht gegenüber anderen Verfügbarkeiten von Macht nicht durchsetzungsfähig war (so z. B. in Bezug der Errichtung eines Wohnhauses gegenüber einer öffentlichen Parkanalage oder eines Windparks anstelle ackerbaulicher Nutzung/Erholungsnutzung). Darüber hinaus umfasst die ‚inverse Landschaft' auch eine sozial-konstruktive Dimension. Dabei handelt es sich um jene alternativen Deutungen von Landschaft, die diskurs- und subdiskursintern ausgeschlossen werden (zur Raumdiskursen siehe unter vielen: Glasze und Mattissek 2009; Kühne und Weber 2015; Leibenath und Otto 2012; Weber 2015b). So schließt der stark normativ geprägte Diskurs der ‚historisch gewachsenen Kulturlandschaft' etwa eine rationelle Landwirtschaft als wünschenswerte Landnutzung aus. Die inverse Landschaft lässt sich somit als ein Ausdruck von ‚Mindermacht' (Paris 2005) verstehen.

4 Konflikt und Raum/Landschaft

Wurden in den vergangenen beiden Abschnitten die Dahrendorfsche Konflikttheorie umrissen und knapp in das sozialkonstruktivistische Landschaftsverständnis, mit besonderem Bezug zu Machtmechanismen, eingeführt, widmet sich der folgende Abschnitt der Interpretation der Konflikthaftigkeit von Raum und Landschaft unter dem Blickwinkel der Dahrendorfschen Konflikttheorie. Dabei erfolgt zunächst eine Beschränkung auf grundsätzliche Zusammenhänge, eine Untersuchung aktueller Raum- und Landschaftskonflikte erfolgt im nächsten Abschnitt.

Der Fokus der Dahrendorfschen Befassung mit Konflikten lag insbesondere auf der Untersuchung ökonomischer Konflikte, also Interessenkonflikte um knappe Ressourcen. Diese Fokussierung ist angesichts eines Bemühens, der Theorie Marx' die Gewaltfixiertheit (da er davon ausging, wesentliche gesellschaftliche Veränderungen seien das Ergebnis von Revolutionen) zu nehmen, um die funktionale Bedeutung gewaltfreier und geregelter Konflikte hervorzuheben, um so den Strukturfunktionalismus Talcott Parsons' um eine evolutionäre Komponente zu erweitern, durchaus nachvollziehbar (vgl. Kühne 2017). Andere Dimensionen von Konflikten, etwa ästhetische, ethische/moralische oder wahrheitsbeanspruchende, wurden ebenso wenig thematisiert wie die Räumlichkeit zahlreicher Konflikte. In Bezug auf Räume lassen sich die in Abschnitt 2 dargestellten Prämissen Dahrendorfscher Konflikttheorie wie folgt fassen:

1) Die Ubiquität des Wandels: Wenn jede Gesellschaft einem andauernden und allseits gegenwärtigen Wandel unterliegt und in physische Räume gesellschaftliche Verhältnisse eingeschrieben werden, dann unterliegen auch physische Räume einem permanenten Wandel. Gleiches gilt für die gesellschaftlichen Konstruktionen von Raum und Landschaft.
2) Die Ubiquität des Konflikts: Wenn jede Gesellschaft soziale Konflikte kennt und sich diese in physischen Räumen bzw. gesellschaftlichen Konstruktionen davon äußern (können), dann kennen alle Gesellschaften Raumkonflikte.

3) Die Ubiquität der Produktivität: Wenn jedes Gesellschaftsmitglied einen Beitrag zur Veränderung der Gesellschaft leistet und es – bereits infolge seiner leiblichen Gebundenheit – raumwirksam ist, leistet jedes Mitglied der Gesellschaft auch einen Beitrag zur Veränderung von physischen Räumen, wie auch Vorstellungen davon.
4) Die Ubiquität der Herrschaft: Wenn jede Gesellschaft von gerichteten Machtverhältnissen geprägt ist, in denen Mitglieder der Gesellschaft über andere Mitglieder Macht ausüben und die Mitglieder der Gesellschaft raumwirksam sind, dann ist Raum/Landschaft ein Medium der Ausübung von Macht (sowohl in den physischen wie auch den gesellschaftlich-konstruktiven Ausprägungen).

Entsprechend dieser auf physische Räume und gesellschaftliche Konstruktionen ebendieser bezogenen Prämissen sozialer Konflikte kann also davon ausgegangen werden, dass raumbezogene Konflikte als Ausdruck des Wandels wie auch einer differenzierten Gesellschaft normal sind und durchaus produktiv sein können (so hat der Prozess der Urbanisierung und Verstädterung zahlreiche Kritiker ebendieser hervorgebracht, die urbanes Leben erleichtert haben, wie die Anlage von Parks und anderen Grünflächen; z. B. bei Kühne et al. 2016). Von einer Produktivität von Raumkonflikten kann dann ausgegangen werden, wenn diese nicht in Form blutiger Revolutionen ausgetragen werden, sondern sich diese Konflikte in geregelter Form und ohne Blutvergießen vollziehen (z. B. ein Stadtrat über die Anordnung von Raumnutzungen entscheidet und diese nicht in Form von Barrikadenkämpfen definiert werden). Räumliche Konflikte können ökonomisch begründet sein, müssen dies aber nicht, denn sie können auch politisch, sozialgemeinschaftlich oder kulturelle Gründe haben (d. h. Raumkonflikte können z. B. auch aus unterschiedlichen ästhetischen oder moralischen Interpretationen der Welt resultieren; vgl. unter vielen: Berr 2017; Kühne 2012; Linke 2017a). Dabei sind Raumkonflikte zumeist an das Verhältnis von Macht und ‚Mindermacht' (Paris 2005) geknüpft (d. h. es bestehen gesellschaftlich definiert, differenzierte Rechte, wer was auf welchen Flächen zu tun bzw. zu unterlassen hat). Relativ unspezifische Verhältnisse verräumlichter Macht können durch die Transformation von Macht in Herrschaft spezifiziert werden (so kann beispielsweise in einem Rechtsstaat eine mit Pistole ausgestattete Person, ein Stück Land zu seinem Eigentum erklären). Auch räumlich bestehen Kann-, Soll- und Muss-Vorschriften (als Eigentümer einer Streuobstwiese kann ich diese in Sukzession übergehen lassen, auch wenn ich die ‚historisch gewachsene Kulturlandschaft' erhalten soll (wie es etwa der Regionalplan vorsieht), ich muss aber zumindest einmal im Jahr die Fläche mulchen, wenn ich beispielsweise eine daran gekoppelte Förderung erhalte).

Bei einer zunehmenden Transformation von allgemeiner Macht in spezifische Herrschaft, in Form eines demokratischen Rechtsstaates, werden Raumkonflikte so gefasst, dass sie nicht mehr blutig ausgetragen werden (müssen), sondern so geregelt sind, dass das raumrelevant kodifizierte Recht juristisch und behördlich durchgesetzt werden kann, bei Änderungsabsichten gegenüber dem raumrelevant kodifizierten

Recht stehen Möglichkeiten der politischen Einflussnahme (von der Beteiligung an Wahlen über die Gründung einer Bürgerinitiative, der Mitgliedschaft in Parteien bis hin zur Inanspruchnahme des passiven Wahlrechtes) offen. Hier zeigt sich die (rechtstaatlich gefasste) Regelung von räumlichen Konflikten, wenn die Konfliktparteien anerkennen, dass die Position der Gegenseite ebenfalls als legitim begriffen werden kann und dass Konflikte um Räume (ob materiell oder diskursiv) keinen gesellschaftlich normwidrigen Zustand darstellen. Dies gilt insbesondere für materielle Räume, da hier die physische Manifestation von individueller/gesellschaftlicher Macht bzw. Herrschaft zumeist eine gewisse Exklusivität aufweisen: Wo ein Gebäude steht, besteht nur mit größerem administrativen (häufig auch politischen) und finanziellen (sowie häufig auch zeitlichen) Aufwand die Möglichkeit, z. B. eine Parkanlage zu errichten. Dies bedeutet auch: Räumliche Konflikte (dies gilt in besonderer Weise für den physischen Raum) lassen sich nicht lösen, da stets ‚inverse Landschaften' bestehen, d. h. gesellschaftliche Vorstellungen alternativer Raumnutzungen. Letztlich sind also die Konfliktursachen – also unterschiedliche Raumnutzungsansprüche von verschiedenen Individuen bis hin zu Organisationen und Institutionen – nicht zu beseitigen. Ähnliches gilt für die Unterdrückung von räumlichen Konflikten: Erheben zwei Konfliktparteien Nutzungsansprüche auf ein ‚Stück physischen Raum', ohne dass eine Möglichkeit der friedlichen Regelung des Konfliktes gegeben wäre, droht sich der Konflikt gewalttätig zu entladen (der häufig beschriebene und filmisch inszenierte Konflikt zwischen Nomaden- und ortsfesten bäuerlichen Kulturen illustriert dies). Bei der Regelung von Raumkonflikten ist letztlich die Existenz einer unabhängigen Instanz entscheidend, die über die Einhaltung der Konfliktregelungsverfahren wacht. Diese Aufgabe kommt dem Staat zu (dass dieser in Raumkonflikten, z. B. im Kontext der Energiewende dieser Aufgabe nur unzureichend nachkommt, wird im folgendem Abschnitt genauer thematisiert). Die Regelung räumlicher Konflikte wird dadurch erleichtert, wenn die konfligierenden Parteien in sich einen hohen Grad an Organisiertheit aufweisen, also auch in der Lage sind, bestimmte Personen zu bestimmen, die legitimiert sind, für die jeweilige Konfliktpartei zu sprechen. So erscheint es beispielsweise für einen Konflikt zwischen dem Schutz der Natur und der Expansion eines Unternehmens leichter, zu einer Regelung zu gelangen, wenn die Konfliktpartei des Schutzes der Natur durch einen Umweltverband repräsentiert wird, anstelle einer großen Menge Demonstranten.

Auch Brutalität und Intensität von Raum- bzw. Landschaftskonflikten können deutlich variieren: Von der Diskussion im Grünamt einer wohlhabenden Großstadt, ob die Frühjahrsbepflanzung der städtischen Blumenkübel primär durch rosa Tulpen oder (gelben) Narzissen zu gestalten sei (geringe Brutalität, geringe Intensität) über den Widerstand gegen ein atomares Zwischenlager (mittlere Brutalität, mittlere Intensität) bis im zum Zweiten Weltkrieg (hohe Brutalität, hohe Intensität) sind können diese reichen. Hinsichtlich der Untersuchung von Raum- bzw. Landschaftskonflikten lassen sich die Dahrendorfschen Dimensionen von Brutalität und Intensität um die Dimension der räumlichen Skalierung ergänzen: Konflikte können eine lokale, regionale, nationale, kontinentale und globale räumliche Dimension aufweisen. Ist der Konflikt um die Neugestaltung des Dorfplatzes lokal beschränkt, weist der Konflikt um die Errichtung eines Großschutzgebietes insbesondere eine regionale Dimension auf, eine primär nationale Dimension räumlicher Konflikte weist die Frage der Ausrichtung des nationalen Verkehrssystems auf, Konflikte um die Grundzüge der EU-Agrarpolitik werden in erster Linie auf der kontinentalen Skalierungsebene ausgerichtet, primär global (freilich mit Wirkungen in alle übrigen Maßstabsebenen) sind Konflikte um die Reduktion der Emission von Treibhausgasen ausgerichtet.

Raum- bzw. Landschaftskonflikte lassen sich in besonderer Weise als ‚Lebenschancen-Konflikte' deuten: Infolge der Tendenz zur Persistenz physisch-räumlicher Manifestationen gesellschaftlicher Machtverhältnisse im Allgemeinen und gesellschaftlicher Herrschaftsverhältnisse im Besonderen, sind diese physischen Manifeste in besonderer Weise geeignet, Lebenschancen zu steigern bzw. einzuschränken: Wird einer Person gesellschaftlich das Recht eingeräumt, ein Stück Land exklusiv zu nutzen, um beispielsweise ein Haus mit Garten darauf zu bauen, steigen seine Lebenschancen dadurch erheblich, weil sie hier beispielsweise alltagsästhetisch Wirksamkeit erfahren kann (siehe hierzu Kazig 2016, allgemeiner zu Landschaftsästhetik: Linke 2017a). Gleichzeitig werden jedoch die Lebenschancen der übrigen Menschen eingeschränkt, weil dieses Stück Land nicht mehr individuell oder gemeinschaftlich (z. B. für Grifffeste – zumindest nicht ohne Zustimmung des Eigentümers) angeeignet werden kann.

5 Neue Landschaftskonflikte

Nachdem im Vorangegangenen Grundzüge von Raum- und Landschaftskonflikten anhand der Dahrendorfschen Konflikttheorie erläutert wurden, erfolgt im Folgenden eine Untersuchung der ‚neuen Landschaftskonflikte' aus dieser Perspektive. ‚Neu' sind diese Konflikte, weil sie einerseits an neue (oder neu erscheinende) physische Kontexte gebunden sind, andererseits lassen sie sich als ‚neu' beschreiben, weil sie gesellschaftlichen Entwicklungen erwachsen, die etwa in der Mitte der 1960er Jahre ihren Ursprung haben.

Physische Räume und ihre Deutung und Bewertung als ‚Landschaft' unterliegen – wie dargestellt – einem rekursiven Verhältnis: In physische Räume werden normative Landschaftsvorstellungen manifestiert, in sozialen und individuellen Landschaftskonstrukten werden materielle Objekte zusammengeschaut und auf Grundlage stereotyper wie auch heimatlich-normallandschaftlicher Muster bewertet. Besondere Aktualität erhält das Thema ‚Landschaft', wenn rasche und prägnante Veränderungen des physischen Raumes stereotype und heimatlich-normallandschaftliche Zugänge herausfordern (vgl. Stemmer und Bruns 2017; Stemmer und Kaußen 2018). Dabei ist die Grundlage der Landschaftsbewertung nicht allein bei Laien stark von stereotypen

Vorstellungen geprägt, sondern auch die von Experten, wenn die Stereotypen hier auch anders begründet sind (z. B. ökologisch oder kulturhistorisch) und sich distinktiv vom ‚Laiengeschmack' absetzen (vgl. Burckhardt 2004; Hard 1977; Hokema 2013, 2015; Kühne 2008a; Tessin 2008).

Die verringerte Ambiquitätstoleranz (also die Fähigkeit, Widersprüche zu tolerieren) gesellschaftlicher Landschaftsvorstellungen gegenüber Veränderungen im physischen Raum kann mit modernen De-Sensualisierungsstrategien in Verbindung gebracht werden: Ist die De-Sensualisierung des ‚Unangenehmen' der Normalzustand der als Landschaft bezeichneten physischen Räume, sowohl in Bezug auf die heimatliche Normallandschaft als auch die stereotype Landschaft, dann werden kleinere Veränderungen des physischen Raumes (aus Perspektive der stereotypen Landschaft: jener Objekte, die nicht stereotypen Erwartungen entsprechen) bereits als unerwünscht deklariert. Besonders herausfordernd für diese Landschaftsdeutungs- und -bewertungsmuster sind Objekte, die sich aufgrund ihrer technisch erforderlichen Dimensionierung nicht de-sensualisieren lassen, wie beispielsweise Windkraftanlagen. Bei Objekten, bei denen eine (partielle) De-Sensualisierung möglich oder erhofft wird – wie etwa Stromnetze durch Erdverkabelung –, wird eine solche gefordert – und in Teilen umgesetzt. Diese Umsetzung erfolgt jenseits der Überlegungen zu technischer oder ökonomischer Sinnhaftigkeit. Die geringe Sensibilität gegenüber den Bedürfnissen und Logiken der jeweils anderen Konfliktpartei besteht allerdings nicht allein seitens der Kritiker der Veränderungen der physischen Grundlagen von Landschaft. So ist die Kommunikation der Befürworter (hier am Beispiel des Ausbaus von Stromnetzen) durch große Adressatenferne gekennzeichnet (kommuniziert wird über technische und wirtschaftliche Details, nicht jedoch über landschaftliche und heimatbezogene Bedürfnisse der Adressaten; Kühne und Weber 2015, 2017). Diese Art der Kommunikation (von beiden Seiten) deutet nicht allein auf eine ‚autopoietische' Befangenheit in der eigenen Selbstdeutungslogik (im Sinne von Luhmann 1986) hin, sie bedeutet häufig eine völlige Verweigerung der Anerkennung der Legitimität der Position der jeweiligen Gegenseite (vgl. Weber et al. 2016). An die Stelle einer solchen Anerkenntnis tritt eine Moralisierung der Positionen im Konflikt sowie Konflikten selbst: Konflikte werden als normwidriger und dysfunktionaler gesellschaftlicher Prozess gewertet (hier findet sich eine Parallelität zur Argumentation von Parsons und Habermas), in den Konflikten um die Energiewende erfolgt eine Moralisierung von: ‚moralische Verwerflichkeit der Heimatzerstörung' vs. ‚moralische Verwerflichkeit der Klimazerstörung für künftige Generationen' (zu Diskussionsprozessen um den Klimawandel siehe auch Brunngräber 2018 in diesem Band). Moralisierungen sind nicht nur deswegen ein riskantes Unterfangen, weil sie nicht mehr rücknehmbar sind und die Gegenseite ebenfalls zu Moralisierungen zwingen (Luhmann 1993), sondern auch, weil sie somit auch eine Konfliktregelung auf Sachebene bis zur Unmöglichkeit erschweren.

Die empirische Forschung zu Konflikten in Bezug auf Raumnutzungsänderungen zeigt deutliche Parallelen der zeitlichen Abfolgen von deren Ausprägung gemäß dem von Dahrendorf (1972) dargestellten Schema: So ergibt sich in Bezug auf Raumnutzungsänderungen (sofern diese als solche erkannt und als relevant eingestuft werden, dazu weiter hinten mehr) zunächst eine strukturelle Ausgangslage, die davon geprägt wird, dass bestimmte divergierende Raumnutzungsinteressen bestehen, wie die Errichtung von Windkraftanlagen, Stromtrassen oder der Erschließung eines Rohstoffvorkommens in Opposition zu den Kräften der Beharrung – hier der Erhaltung einer ‚stereotyp schönen Landschaft' oder der ‚heimatlichen Normallandschaft'.

Die Raum- und Landschaftskonflikte im Kontext der Energiewende (aber auch zahlreicher anderer räumlicher Konflikte, wie dem Abbau mineralischer Rohstoffe, vgl. z.B. Aschenbrand et al. 2017; Weber et al. 2017) weisen zumeist einerseits Rangunterschiede auf und werden von organisierten Konfliktparteien getragen. Die Rangunterschiede beziehen sich dabei einmal auf den Bezug von Teil gegen Ganzes (lokal vs. national) oder Bürger(Initiative) vs. Unternehmen/Staat, die Grad der Organisiertheit ist in beiden Fällen groß: Sind staatliche Einheiten und Unternehmen ohnehin stark (hierarchisch) organisiert, haben sich die den physischen Grundlagen von Landschaft widerstrebenden Kräfte ebenfalls stark organisiert, in Form von Bürgerinitiativen sowie deren Dachorganisationen, teilweise sogar mit parteipolitischer Unterstützung aus dem ‚bürgerlichen' Lager (FDP Niedersachsen 2015). Dies macht – unter Bezugnahme auf die Dahrendorfsche Konflikttheorie – ein wesentliches Dilemma der Landschaftskonflikte um die Energiewende deutlich: Geht Dahrendorf davon aus, dass es in (teil)gesellschaftlichen Konflikten eine Instanz gibt oder geben sollte, die über die Einhaltung der Verfahren der Konfliktregelung wacht, eine Funktion, die dem Staat zukommt, wird der Staat im Kontext der Energiewende (weil er sie selbst initiiert hat) selbst zur Konfliktpartei. Entsprechend wird ihm (bzw. seinen organisatorischen Untereinheiten, wie der Regionalplanung) stets Parteilichkeit unterstellt.

Hinsichtlich der Ausprägung von sozialen Landschafts- und Raumkonflikten hat die von Ralf Dahrendorf (1968a) in Deutschland wesentlich beeinflusste Bildungsexpansion eine doppelte Bedeutung: Erstens ist mit dieser die Stärkung der Organisationsfähigkeit der Konfliktparteien verbunden. Zweitens erfolgt mit der Bildungsexpansion eine Pluralisierung inverser Landschaften, dies ist einerseits dem allgemein gehobenen Bildungsniveau geschuldet (je höher der Bildungsgrad, desto vielfältiger sind auch Landschaftsvorstellungen; Kühne 2006), andererseits erfolgt auch mit der Zunahme der Zahl der mit Landschaft befassten Fachdisziplinen eine Zunahme der Perspektiven auf Landschaft (eine ähnliche Wirkung hat auch Zuwanderung, hier wandern Personen mit anderen raumbezogenen Vorstellungen zu; weiteres z.B. bei Bruns und Kühne 2015). Diese Entwicklungen sind prinzipiell mit einer Pluralisierung gesellschaftlicher Landschaftsvorstellungen verbunden, jedoch können sie auch eine Sehnsucht nach Einheitlichkeit auslösen, diese Einheitlichkeit wird wiederum im Prozess des Konfliktes hergestellt: Eine differenzierte Diskussion des Konfliktgegenstandes wird bei zunehmender diskursiver Schließung zugunsten einer Dichotomisierung unterdrückt.

Landschaftskonflikte um die Energiewende werden, insbesondere lokal und regional (ein Indikator hierfür ist die Kehrtwende der bayrischen Staatsregierung von pro zu contra Netzausbau), aber auch national, mit besonderer Intensität (aber moderater, eher verbaler Brutalität) geführt. Die Konflikte konzentrieren sich dabei in der Regel bis zu dem Zeitpunkt, zu dem die physischen Manifeste der Energiewende errichtet sind. Dies lässt sich einerseits anhand der großen Bedeutung physischer Objekte für die Erhaltung und Entwicklung von Lebenschancen verstehen, andererseits auch angesichts der hohen Persistenz materiellen Manifestationen der Energiewende, nachvollziehen. Als ‚schöne' oder ‚heimische' Landschaft gedeuteter Raum wird als Chance verstanden, eigenen Bedürfnissen dort nachzugehen, ob als Erholungsraum oder als Aussicht, die im Sinne eines quasi-privaten Anspruchs als eine Art ‚Freiluftgemälde' verstanden (was letztlich hinsichtlich der Entstehung des ästhetischen Landschaftsbegriffs auch nicht so abwegig ist, wie es zunächst erscheint, schließlich wurde ‚Landschaft' in Form von Gemälden erfunden und dann in den physischen Raum übertragen, siehe näheres z. B. Kühne 2015b). Infolge der Monetarisierung von ‚schöner Aussicht' oder ‚Zugang zu Erholungsflächen' kann mit der Einschränkung der Deutung eines Raumes gemäß den Vorstellungen ‚stereotyp schöner Landschaft' auch zur Befürchtung des Verlustes an Immobilienwerten einhergehen, schließlich bietet „Geld […] Lebenschancen. Wir können etwas damit anfangen. Es hat Bedeutung, ob wir es ausgeben oder nicht. Es bietet Möglichkeiten, Gelegenheiten" (Dahrendorf 1979, S. 49). Die rasche Implosion des Protestes nach Errichtung der physischen Objekte, deren Errichtung es zu verhindern galt, lässt sich zum einen auf die Persistenz-Erfahrung physischer Objekte zurückführen, zum anderen aber auch auf Resignation einer nicht erfahrenen Selbstwirksamkeit.

In der ‚heißen Phase' des Konfliktes wird dessen Regelung in zusätzlicher Weise erschwert: Raum-/Landschaftskonflikte erhalten in gewisser Weise gegenwärtig die Funktion eines Selbstzwecks: Sachfragen und damit der Wunsch nach einer Konfliktregelung (die selten in der Umsetzung von Maximalforderungen liegen kann) geraten in den Hintergrund (Walter et al. 2013; Weber et al. 2016): Die Teilnahme an Protestgruppen erfüllt bei den Beteiligten vielfach die Funktion der Erzeugung eines neuen Lebenssinns, Protest – und insbesondere Protestmanagement – wird zur Quelle von sozialer Anerkennung bei der ‚Bezugsgruppe' (Dahrendorf 1971 [1958]), also einer Gruppe, der die handelnde Person nicht zwingend angehört, deren Anerkennung sie aber erstrebt. Gegenstand und Auslöser des Protests tritt so in seiner Bedeutung zugunsten einer sozialen Bedeutung zurück. Entsprechend verringert sich die Bereitschaft der Konfliktparteien, die Voraussetzung für eine Konfliktregelung zu schaffen (siehe Fazit).

Das hohe Maß an ‚Diffusität' deskriptiver, analytischer und normativer Landschaftskonstrukte (vgl. Chilla et al. 2015; Kühne 2015b) behindert die Verwendung der (insbesondere ästhetischen) Kategorie der Landschaft als Rechtsbegriff: Zwischen Rechtssetzung und Rechtsdurchsetzung zeigt sich in Bezug auf das Ziel des Erhalts der ‚landschaftlichen Schönheit' im Bundesnaturschutzgesetz eine erhebliche Differenz. Diese Differenz wird insbesondere in Bezug auf die physischen Manifestationen der Energiewende manifest: Weder stereotype (dies gilt auch für die Vorstellungen von Experten) noch heimatlich-normallandschaftliche Landschaftsnormvorstellungen können zuverlässig gerichtsfest als Begründung gegen die Errichtung von Anlagen zur Erzeugung und Leitung von Strom aus regenerativen Quellen herangezogen werden (vgl. z. B. Weber und Jenal 2016). Es erfolgt insbesondere eine Bezugnahme auf den speziellen Artenschutz, obwohl die Grundlage des Engagements gerade von Bürgerinitiativen in der ‚Bewahrung von Heimat und schöner Landschaft' liegt. Die Rechtsnorm, die diese ‚landschaftliche Schönheit' schützen soll, erweist sich aber als weitgehend wirkungslos, da nicht oder nur schwer wissenschaftliche/rechtlich operationalisierbar. Dies wiederum führt zu einem Verlust des Vertrauens in rechtliche Normen und letztlich zur Erosion in das Vertrauen in den Rechtsstaat. Am Beispiel der mangelnden Operationalisierbarkeit von ‚Schönheit' (ähnliches gilt aber auch für ‚Erhabenheit' oder ‚Hässlichkeit') werden die Grenzen der Möglichkeit, einen Begriff der Alltagsästhetik (Kazig 2016) in ein ‚objektives' Bewertungsschema zu transformieren, deutlich.

6   Fazit

Gegenwärtige Raumkonflikte sind dadurch charakterisiert, dass in den impliziten Überzeugungssystemen der Akteure wie in expliziten Argumentationen strategische, ästhetische, moralische und wahrheitsbeanspruchende Überzeugungen und Argumente amalgamiert werden bzw. eine partielle Maskierung vorliegt (grundlegend hierzu auch Gailing 2018; Leibenath und Lintz 2018 in diesem Band). Dies erschwert die Regelung von Konflikten in besonderer Weise. Die Voraussetzungen einer Konfliktregelung, wie sie Dahrendorf vorschlägt, sind entsprechend – wenn überhaupt – in Ansätzen gegeben.

Also besonders problematisch lässt sich in diesem Kontext die Bedeutung des Staates in Bezug auf die ‚neuen Raum- und Landschaftskonflikte' deuten: Anstelle die Funktion einer die Regeln des Konfliktablaufes überwachenden (neutralen) Instanz einzunehmen, ist er auch Konfliktpartei (schließlich war die Energiewende zunächst ein politisches Projekt). Diese Entdifferenzierung ist letztlich mit seiner Delegitimation auf Seiten der Bürgerinitiativen verbunden, da bei Unwirksamkeit der eigenen Forderungen stets das Deutungsmuster der ‚Verschwörung von Staat und Wirtschaft', bei Wirksamkeit hingegen jenes des ‚Gallischen Dorfes' aktualisiert wird. Doch in einem weiteren Element wird die staatliche Legitimität unterminiert: Im Versagen des Staates, des Erhalts der von ihm im Bundesnaturschutzgesetz definierten Schutzes der ‚Schönheit' (im Sinne einer ‚sterotyp schönen Landschaft'), da dieser juristisch nicht operationalisierbar ist, wodurch das, worin die Handlungsmotivation der in Bürgerinitiativen zusammengeschlossenen Personen liegt, einer vorhandenen gesetzlichen Grundlage zum Trotz, nicht erhalten werden kann, und anstelle dessen

‚maskierte' Argumente wie die des speziellen Artenschutzes treten. In diesem Kontext lässt sich aus Perspektive der Dahrendorfschen Konflikttheorie von Staatsversagen gesprochen werden.

Aus der Perspektive des Ziels der Steigerung individueller ‚Lebenschancen' (in Zahl wie in Umfang Dahrendorf 1972) weist das Konstrukt der ‚Landschaft' mit seinen Rückbindungen an den physischen Raum erhebliche Potenziale auf: Hierzu ist es notwendig, alltagsästhetische Zugänge verstärkt zu ermöglichen. Dies impliziert aber auch, Definitionshoheiten über Landschaft kritisch zu hinterfragen, dies gilt in besonderer Weise für Experten, aber auch Bürger(initiativen), und Wissen über landschaftliche Zusammenhänge zu erweitern – und zwar auch hinsichtlich der auf Deskription und Analyse, in besonderer Weise auch in Bezug auf die Entstehung von landschaftlichen Normvorstellungen und landschaftsbezogenen Konflikten. Ein solcher Zugang ist dazu geeignet, die physischen Grundlagen von Landschaft eine zunehmend individuell-wertschätzende Zuwendung zuteilwerden zu lassen. Diese Zuwendung bedeutet eine Alternative zu der Transformation zu einem Medium teilweise stark ideologisierter Konflikte, die einer erschwerten Möglichkeit zur Regelung unterliegen. Letztlich liegt das Potenzial der Erweiterung persönlicher Lebenschancen nicht in der Dimension des Materiellen (physischer Raum ist nun einmal endlich), sondern in den Dimensionen individueller und sozialer Landschaftskonstrukte.

Die untersuchten Raumkonflikte sind dadurch geprägt, dass häufig weder die Position der anderen Konfliktpartei als berechtigt anerkannt wird, noch, dass der Wille besteht (dies betrifft insbesondere Bürgerinitiativen) sich diesseits von Maximalforderungen an Konfliktregelungen beteiligen zu wollen. Schließlich gilt den Konfliktparteien (insbesondere jener der Bürgerinitiativen) räumlicher Konflikt zunächst als normwidriger Zustand, da er sich an der Veränderung erwünschter Zustände entzündet, doch wandelt er sich, wie gezeigt, häufig zu einem erwünschten Zustand, da er Lebenssinn und soziale Anerkennung generiert. Hier vollzieht sich eine Psychologisierung des Konfliktes, die letztlich nicht Gegenstand der soziologischen Dahrendorfschen Konflikttheorie ist, hier erscheint eine Erweiterung/Weiterentwicklung nötig. Eine Voraussetzung für die Regelung von Konflikten ist jedoch (auch infolge der von Dahrendorf wesentlich mitbetriebenen Bildungsexpansion) erfüllt: Die Konfliktparteien sind in der Lage, sich zu strukturieren und zu organisieren, während die Definition und Einhaltung von Regeln nicht fraglos akzeptiert wird.

Insgesamt lässt sich feststellen, dass Ralf Dahrendorfs Konflikttheorie große Potenziale für die Analyse sozialer Raumkonflikte aufweist. Angesichts der – auch in diesem Band dargestellten – zahlreichen empirischen Befunde, erscheint die Dreistufigkeit der Konfliktentwicklung differenzierungswürdig, da einerseits zwischen der Phase der ‚Bewusstwerdung der latenten Interessen' und der Formierung zweier distinkter Konfliktparteien mit öffentlicher Wirkung ein weiter Übergang der Organisiertheit liegt. Auch im Anschluss an die Formierung distinkter Konfliktparteien lässt sich – bei nicht erfolgter Konfliktregelung – eine Eskalationsstufe der moralischen Entwertung und der Herabsetzung der Hemmschwelle der Anwendung von

Gewalt beschreiben. Ebenfalls integrieren ließe sich nach der ‚Abkühlung' des Konfliktes in eine neuerliche Latenzphase, in der wiederum neue Konfliktkonstellationen möglich werden. In Bezug auf räumliche Konflikte ist die bereits oben angeführte Erweiterung der Dimensionen von Intensität und Brutalität von Konflikten um die Dimension der räumlichen Maßstabsebene hilfreich. Mit der Dahrendorfschen Konflikttheorie liegt – freilich mit Erweiterungen – die Möglichkeit der Untersuchung sozialer Raumkonflikte, jenseits des Marxschen Revolutionismus, der Parsonsschen Stabilitätsnorm und des Habermasschen Harmoniegedankens, vor, eine Perspektive, die sich angesichts einer sich abzeichnenden Zunahme räumlicher Konflikte (sowohl in Zahl als auch Intensität und möglicherweise auch Brutalität) einen Bedeutungsgewinn in der sozialwissenschaftlichen Raumforschung verzeichnen könnte.

Literatur

Aschenbrand, E., Kühne, O. & Weber, F. (2017). Rohstoffgewinnung in Deutschland: Auseinandersetzungen und Konflikte. Eine Analyse aus sozialkonstruktivistischer Perspektive. *UmweltWirtschaftsForum*, online first. doi:10.1007/s00550-017-0438-7

Becker, S. & Naumann, M. (2018). Energiekonflikte erkennen und nutzen. In O. Kühne & F. Weber (Hrsg.), *Bausteine der Energiewende* (S. 509–522). Wiesbaden: Springer VS.

Belina, B. & Michel Boris (Hrsg.). (2007). *Raumproduktionen. Beiträge der Radical Geography. Eine Zwischenbilanz* (Raumproduktionen, Bd. 1, 1. Aufl.). Münster: Westfälisches Dampfboot.

Berger, P. L. & Luckmann, T. (1966). *The Social Construction of Reality. A Treatise in the Sociology of Knowledge*. New York: Anchor books.

Berr, K. (Hrsg.). (2017). *Architektur- und Planungsethik. Zugänge, Perspektiven, Standpunkte*. Wiesbaden: Springer VS.

Berr, K. (2018). Ethische Aspekte der Energiewende. In O. Kühne & F. Weber (Hrsg.), *Bausteine der Energiewende* (S. 57–74). Wiesbaden: Springer VS.

Bonacker, T. (1996). *Konflikttheorien. Eine sozialwissenschaftliche Einführung mit Quellen* (Friedens- und Konfliktforschung, Bd. 2). Opladen: Leske + Budrich.

Brunnengräber, A. (2018). Klimaskeptiker im Aufwand. Wie aus einem Rand- ein breiteres Gesellschaftsphänomen wird. In O. Kühne & F. Weber (Hrsg.), *Bausteine der Energiewende* (S. 271–292). Wiesbaden: Springer VS.

Bruns, D. (2013). Landschaft – ein internationaler Begriff? In D. Bruns & O. Kühne (Hrsg.), *Landschaften: Theorie, Praxis und internationale Bezüge* (S. 153–170). Schwerin: Oceano Verlag.

Bruns, D. & Kühne, O. (2013). Landschaft im Diskurs. Konstruktivistische Landschaftstheorie als Perspektive für künftigen Umgang mit Landschaft. *Naturschutz und Landschaftsplanung 45* (3), 83–88.

Bruns, D. & Kühne, O. (2015). Zur kulturell differenzierten Konstruktion von Räumen und Landschaften als Herausforderungen für die räumliche Planung im Kontext von Globalisierung. In B. Nienaber & U. Roos (Hrsg.), *Internationalisierung der Gesellschaft und die Auswirkungen auf die Raumentwicklung. Beispiele aus Hessen, Rheinland-Pfalz und dem Saarland* (Arbeitsberichte der ARL, Bd. 13, S. 18–29). Hannover: ARL, Akademie für Raumforschung und Landesplanung. https://shop.arl-net.de/media/direct/pdf/ab/ab_013/ab_013_gesamt.pdf. Zugegriffen 08.03.2017.

Burckhardt, L. (2004). *Wer plant die Planung? Architektur, Politik und Mensch.* Berlin: Martin Schmitz Verlag.

Chilla, T. (2005). ‚Stadt-Naturen' in der Diskursanalyse. Konzeptionelle Hintergründe und empirische Möglichkeiten. *Geographische Zeitschrift* 93 (3), 183–196.

Chilla, T., Kühne, O., Weber, F. & Weber, F. (2015). „Neopragmatische" Argumente zur Vereinbarkeit von konzeptioneller Diskussion und Praxis der Regionalentwicklung. In O. Kühne & F. Weber (Hrsg.), *Bausteine der Regionalentwicklung* (S. 13–24). Wiesbaden: Springer VS.

Chilla, T., Kühne, O. & Neufeld, M. (2016). *Regionalentwicklung.* Stuttgart: Ulmer.

Claßen, T. (2016). Landschaft. In U. Gebhard & T. Kistemann (Hrsg.), *Landschaft, Identität und Gesundheit. Zum Konzept der Therapeutischen Landschaften* (S. 31–44). Wiesbaden: Springer VS.

Cosgrove, D. E. (1984). *Social Formation and Symbolic Landscape.* London: University of Wisconsin Press.

Dahrendorf, R. (1957). *Soziale Klassen und Klassenkonflikt in der industriellen Gesellschaft.* Stuttgart: Enke.

Dahrendorf, R. (1965). *Industrie- und Betriebssoziologie.* Berlin: de Gruyter.

Dahrendorf, R. (1968a). *Bildung ist Bürgerrecht. Plädoyer für eine aktive Bildungspolitik.* Hamburg: Christian Wegner.

Dahrendorf, R. (1968b). *Pfade aus Utopia. Arbeiten zur Theorie und Methode der Soziologie.* München: Piper.

Dahrendorf, R. (1969). Zu einer Theorie des sozialen Konflikts [1958 erstveröffentlicht]. In W. Zapf (Hrsg.), *Theorien des sozialen Wandels* (S. 108–123). Köln: Kiepenheuer & Witsch.

Dahrendorf, R. (1971 [1958]). *Homo sociologicus. Ein Versuch zur Geschichte, Bedeutung und Kritik der Kategorie der sozialen Rolle.* Opladen: Westdeutscher Verlag.

Dahrendorf, R. (1972). *Konflikt und Freiheit. Auf dem Weg zur Dienstklassengesellschaft.* München: Piper.

Dahrendorf, R. (1979). Frieden durch Politk. In Volksbund Deutsche Kriegsgräberfürsorge Landesverband Baden-Württemberg (Hrsg.), *Rückblick für die Zukunft* (S. 11–22). Konstanz: Volksbund Deutsche Kriegsgräberfürsorge Landesverband Baden-Württemberg?

Dahrendorf, R. (1994). Die Zukunft des Nationalstaats. *Merkur Deutsche Zeitschrift für europäisches Denken* 48 (9/10), 751–761.

Dahrendorf, R. (2007). *Auf der Suche nach einer neuen Ordnung. Vorlesungen zur Politik der Freiheit im 21. Jahrhundert.* München: C. H. Beck.

Duncan, J. S. (1990). *The city as text: the politics of landscape interpretation in the Kandyan Kingdom.* Cambridge: Cambridge University Press.

FDP Niedersachsen. (2015). FDP Niedersachsen hilft Bürgerinitiativen gegen Windkraft bei der Vernetzung. http://www.fdp-nds.de/fdp-aktuell/news/news/fdp-niedersachsen-hilft-buergerinitiativen-gegen-windkraft-bei-der-vernetzung.html?tx_news_pi1%5Bcontroller%5D=News&tx_news_pi1%5Baction%5D=detail&cHash=5b3f5e933f266f13f42ae23b74efe15c. Zugegriffen 22. 03. 2017.

Gailing, L. (2015). Landschaft und produktive Macht. In S. Kost & A. Schönwald (Hrsg.), *Landschaftswandel – Wandel von Machtstrukturen* (S. 37–51). Wiesbaden: Springer VS.

Gailing, L. (2018). Die räumliche Governance der Energiewende: Eine Systematisierung der relevanten Governance-Formen. In O. Kühne & F. Weber (Hrsg.), *Bausteine der Energiewende* (S. 75–90). Wiesbaden: Springer VS.

Gailing, L. & Leibenath, M. (2012). Von der Schwierigkeit, „Landschaft" oder „Kulturlandschaft" allgemeingültig zu definieren. *Raumforschung und Raumordnung 70* (2), 95–106. doi:10.1007/s13147-011-0129-8

Gailing, L. & Leibenath, M. (2015). The Social Construction of Landscapes: Two Theoretical Lenses and Their Empirical Applications. *Landscape Research 40* (2), 123–138.

Glasze, G. & Mattissek, A. (2009). Diskursforschung in der Humangeographie: Konzeptionelle Grundlagen und empirische Operationalisierung. In G. Glasze & A. Mattissek (Hrsg.), *Handbuch Diskurs und Raum. Theorien und Methoden für die Humangeographie sowie die sozial- und kulturwissenschaftliche Raumforschung* (S. 11–59). Bielefeld: Transcript.

Greider, T. & Garkovich, L. (1994). Landscapes: The Social Construction of Nature and the Environment. *Rural Sociology 59* (1), 1–24.

Hard, G. (1977). Zu den Landschaftsbegriffen der Geographie. In A. Hartlieb von Wallthor & H. Quirin (Hrsg.), *„Landschaft" als interdisziplinäres Forschungsproblem. Vorträge und Diskussionen des Kolloquiums am 7./8. November 1975 in Münster* (S. 13–24). Münster: Aschendorff.

Hartz, A. & Kühne, O. (2009). Aesthetic approaches to active urban landscape planning. In A. van der Valk & T. van Dijk (Hrsg.), *Regional Planning for Open Space* (S. 249–278). London: Routledge.

Hokema, D. (2013). *Landschaft im Wandel? Zeitgenössische Landschaftsbegriffe in Wissenschaft, Planung und Alltag.* Wiesbaden: Springer VS.

Hokema, D. (2015). Landscape is Everywhere. The Construction of Landscape by US-American Laypersons. *Geographische Zeitschrift 103* (3), 151–170.

Kazig, R. (2016). Die Bedeutung von Alltagsästhetik im Kontext der Polarisierung und Hybridisierung von Städten. In F. Weber & O. Kühne (Hrsg.), *Fraktale Metropolen. Stadtentwicklung zwischen Devianz, Polarisierung und Hybridisierung* (S. 215–230). Wiesbaden: Springer VS.

Kazig, R. & Weichhart, P. (2009). Die Neuthematisierung der materiellen Welt in der Humangeographie. *Berichte zur deutschen Landeskunde 83* (2), 109–128.

Kuckuck, M. (2014). *Konflikte im Raum-Verständnis von gesellschaftlichen Diskursen durch Argumentation im Geographieunterricht.* Münster: MV-Verlag.

Kühne, O. (2006). *Landschaft in der Postmoderne. Das Beispiel des Saarlandes.* Wiesbaden: DUV.

Kühne, O. (2008a). Die Sozialisation von Landschaft – sozialkonstruktivistische Überlegungen, empirische Befunde und Konsequenzen für den Umgang mit dem Thema Landschaft in Geographie und räumlicher Planung. *Geographische Zeitschrift 96* (4), 189–206.

Kühne, O. (2008b). *Distinktion – Macht – Landschaft. Zur sozialen Definition von Landschaft.* Wiesbaden: VS Verlag für Sozialwissenschaften.

Kühne, O. (2012). *Stadt – Landschaft – Hybridität. Ästhetische Bezüge im postmodernen Los Angeles mit seinen modernen Persistenzen.* Wiesbaden: Springer VS.

Kühne, O. (2013a). Landschaft zwischen Objekthaftigkeit und Konstruktion – Überlegungen zur inversen Landschaft. In D. Bruns & O. Kühne (Hrsg.), *Landschaften: Theorie, Praxis und internationale Bezüge* (S. 181–193). Schwerin: Oceano Verlag.

Kühne, O. (2013b). Landschaftsästhetik und regenerative Energien – Grundüberlegungen zu De- und Re-Sensualisierungen und inversen Landschaften. In L. Gailing & M. Leibenath (Hrsg.), *Neue Energielandschaften – Neue Perspektiven der Landschaftsforschung* (S. 101–120). Wiesbaden: Springer VS.

Kühne, O. (2013c). *Landschaftstheorie und Landschaftspraxis. Eine Einführung aus sozialkonstruktivistischer Perspektive.* Wiesbaden: Springer VS.

Kühne, O. (2014). Die intergenerationell differenzierte Konstruktion von Landschaft. *Naturschutz und Landschaftsplanung 46* (10), 297–302.

Kühne, O. (2015a). Das studentische Verständnis von Landschaft Ergebnisse einer qualitativen und quantitativen Studie bei Studierenden der Fakultät Landschaftsarchitektur der Hochschule Weihenstephan-Triesdorf. *morphé. rural – suburban – urban* (1), 50–59. www.hswt.de/fkla-morphe. Zugegriffen 21. 03. 2017.

Kühne, O. (2015b). Historical developments: The Evolution of the Concept of Landscape in German Linguistic Areas. In D. Bruns, O. Kühne, A. Schönwald & S. Theile (Hrsg.), *Landscape Culture – Culturing landscapes. The Differentiated Construction of Landscapes* (S. 43–52). Wiesbaden: Springer VS.

Kühne, O. (2017). *Zur Aktualität von Ralf Dahrendorf. Einführung in sein Werk* (Aktuelle und klassische Sozial- und Kulturwissenschaftler|innen). Wiesbaden: Springer VS.

Kühne, O. & Schönwald, A. (2015). Identität, Heimat sowie In- und Exklusion: Aspekte der sozialen Konstruktion von Eigenem und Fremdem als Herausforderung des Migrationszeitalters. In B. Nienaber & U. Roos (Hrsg.), *Internationalisierung der Gesellschaft und die Auswirkungen auf die Raumentwicklung. Beispiele aus Hessen, Rheinland-Pfalz und dem Saarland* (Arbeitsberichte der ARL, Bd. 13, S. 100–110). Hannover: ARL, Akademie für Raumforschung und Landesplanung.

Kühne, O. & Weber, F. (2015). Der Energienetzausbau in Internetvideos – eine quantitativ ausgerichtete diskurstheoretisch orientierte Analyse. In S. Kost & A. Schönwald (Hrsg.), *Landschaftswandel – Wandel von Machtstrukturen* (S. 113–126). Wiesbaden: Springer VS.

Kühne, O. & Weber, F. (2016). Landschaft – eine Annäherung aus sozialkonstruktivistischer Perspektive. In Bund Heimat und Umwelt in Deutschland (BHU) (Hrsg.), *Konventionen zur Kulturlandschaft. Dokumentation des Workshops „Konventionen zur Kulturlandschaft – Wie können Konventionen in Europa das Landschaftsthema stärken" am 1. und 2. Juni 2015 in Aschaffenburg* (S. 7–14). Bonn: Selbstverlag.

Kühne, O. & Weber, F. (2017). Geographisches Problemlösen: das Beispiel des Raumkonfliktes um die Gewinnung mineralischer Rohstoffe. *Geographie aktuell und Schule* (225), 16–24.

Kühne, O., Weber, F. & Jenal, C. (2016). Der Stromnetzausbau in Deutschland: Formen und Argumente des Widerstands. *Geographie aktuell und Schule* 38 (222), 4–14.

Lamla, J. (2008). Die Konflikttheorie als Gesellschaftstheorie. In T. Bonacker (Hrsg.), *Sozialwissenschaftliche Konflikttheorien. Eine Einführung*. 4. Auflage (S. 207–248). Wiesbaden: VS Verlag für Sozialwissenschaften.

Leibenath, M. (2014). Landschaft im Diskurs: Welche Landschaft? Welcher Diskurs? Praktische Implikationen eines alternativen Entwurfs konstruktivistischer Landschaftsforschung. *Naturschutz und Landschaftsplanung* 46 (4), 124–129.

Leibenath, M. & Lintz, G. (2018). Streifzug mit Michel Foucault durch die Landschaften der Energiewende: Zwischen Government, Governance und Gouvernementalität. In O. Kühne & F. Weber (Hrsg.), *Bausteine der Energiewende* (S. 91–107). Wiesbaden: Springer VS.

Leibenath, M. & Otto, A. (2012). Diskursive Konstituierung von Kulturlandschaft am Beispiel politischer Windenergiediskurse in Deutschland. *Raumforschung und Raumordnung* 70 (2), 119–131.

Linke, S. (2017a). Ästhetik, Werte und Landschaft – eine Betrachtung zwischen philosophischen Grundlagen und aktueller Praxis der Landschaftsforschung. In O. Kühne, H. Megerle & F. Weber (Hrsg.), *Landschaftsästhetik und Landschaftswandel* (S. 23–40). Wiesbaden: Springer VS.

Linke, S. (2017b). Neue Landschaften und ästhetische Akzeptanzprobleme. In O. Kühne, H. Megerle & F. Weber (Hrsg.), *Landschaftsästhetik und Landschaftswandel* (S. 87–104). Wiesbaden: Springer VS.

Linke, S. (2018). Ästhetik der neuen Energielandschaften – oder: „Was Schönheit ist, das weiß ich nicht". In O. Kühne & F. Weber (Hrsg.), *Bausteine der Energiewende* (S. 409–429). Wiesbaden: Springer VS.

Luhmann, N. (1986). *Ökologische Kommunikation. Kann die moderne Gesellschaft sich auf ökologische Gefährdungen einstellen?* Opladen: Westdeutscher Verlag.

Luhmann, N. (1993). Die Moral des Risikos und das Risiko der Moral. In G. Bechmann (Hrsg.), *Risiko und Gesellschaft* (S. 327–338). Opladen: Springer.

Niedenzu, H.-J. (2001). Kapitel 8: Konflikttheorie: Ralf Dahrendorf. In J. Morel, E. Bauer, T. Maleghy, H.-J. Niedenzu, M. Preglau & H. Staubmann (Hrsg.), *Soziologische Theorie. Abriß ihrer Hauptvertreter* (7. Auflage, S. 171–189). München: R. Oldenbourg Verlag.

Paris, R. (2005). *Normale Macht. Soziologische Essays*. Konstanz: UVK-Verl.-Ges.

Reuber, P. (1999). *Raumbezogene politische Konflikte. Geographische Konfliktforschung am Beispiel von Gemeindegebietsreformen*. Stuttgart: Franz Steiner Verlag.

Schenk, W. (2017). Landschaft. In L. Kühnhardt & T. Mayer (Hrsg.), *Bonner Enzyklopädie der Globalität. Band 1 und Band 2* (S. 671–684). Wiesbaden: Springer VS.

Schönwald, A. (2015). Die Transformation von Altindustrielandschaften. In O. Kühne, K. Gawroński & J. Hernik (Hrsg.), *Transformation und Landschaft. Die Folgen sozialer Wandlungsprozesse auf Landschaft* (S. 63–73). Wiesbaden: Springer VS.

Schütz, A. (2004 [1932]. *Der sinnhafte Aufbau der sozialen Welt. Eine Einleitung in die verstehende Soziologie*. Konstanz.

Stemmer, B. (2016). *Kooperative Landschaftsbewertung in der räumlichen Planung. Sozialkonstruktivistische Analyse der Landschaftswahrnehmung der Öffentlichkeit*. Wiesbaden: Springer VS.

Stemmer, B. & Bruns, D. (2017). Kooperative Landschaftsbewertung in der räumlichen Planung – Planbare Schönheit? Partizipative Methoden, (Geo-)Soziale Medien. In O. Kühne, H. Megerle & F. Weber (Hrsg.), *Landschaftsästhetik und Landschaftswandel* (S. 283–302). Wiesbaden: Springer VS.

Stemmer, B. & Kaußen, L. (2018). Partizipative Methoden der Landschafts(bild)bewertung – Was soll das bringen? In O. Kühne & F. Weber (Hrsg.), *Bausteine der Energiewende* (S. 489–507). Wiesbaden: Springer VS.

Stotten, R. (2013). Kulturlandschaft gemeinsam verstehen – Praktische Beispiele der Landschaftssozialisation aus dem Schweizer Alpenraum. *Geographica Helvetica 68* (2), 117–127. doi:10.5194/gh-68-117-2013

Tessin, W. (2008). *Ästhetik des Angenehmen. Städtische Freiräume zwischen professioneller Ästhetik und Laiengeschmack*. Wiesbaden: VS Verlag für Sozialwissenschaften/GWV Fachverlage GmbH Wiesbaden.

Walter, F., Marg, S., Geiges, L. & Butzlaff, F. (Hrsg.). (2013). *Die neue Macht der Bürger. Was motiviert die Protestbewegungen? BP-Gesellschaftsstudie*. Reinbek bei Hamburg: Rowohlt.

Weber, M. (1976 [1922]. *Wirtschaft und Gesellschaft. Grundriß der verstehenden Soziologie*. Tübingen.

Weber, F. (2015a). Diskurs – Macht – Landschaft. Potenziale der Diskurs- und Hegemonietheorie von Ernesto Laclau und Chantal Mouffe für die Landschaftsforschung. In S. Kost & A. Schönwald (Hrsg.), *Landschaftswandel – Wandel von Machtstrukturen* (S. 97–112). Wiesbaden: Springer VS.

Weber, F. (2015b). Landschaft aus diskurstheoretischer Perspektive. Eine Einordnung und Perspektiven. *morphé. rural – suburban – urban* (1), 39–49. http://www.hswt.de/fileadmin/Dateien/Hochschule/Fakultaeten/LA/Dokumente/MORPHE/MORPHE-Band-01-Juni-2015.pdf. Zugegriffen 21. 03. 2017.

Weber, F. (2017). Landschaftsreflexionen am Golf von Neapel. *Déformation professionnelle, Meer-Stadtlandhybride und Atmosphäre*. In O. Kühne, H. Megerle & F. Weber (Hrsg.), *Landschaftsästhetik und Landschaftswandel* (S. 199–214). Wiesbaden: Springer VS.

Weber, F. (2018). Von der Theorie zur Praxis – Konflikte denken mit Chantal Mouffe. In O. Kühne & F. Weber (Hrsg.), *Bausteine der Energiewende* (S. 187–206). Wiesbaden: Springer VS.

Weber, F. & Jenal, C. (2016). Windkraft in Naturparken. Konflikte am Beispiel der Naturparke Soonwald-Nahe und Rhein-Westerwald. *Naturschutz und Landschaftsplanung* 48 (12), 377–382.

Weber, F., Kühne, O., Jenal, C., Sanio, T., Langer, K. & Igel, M. (2016). Analyse des öffentlichen Diskurses zu gesundheitlichen Auswirkungen von Hochspannungsleitungen – Handlungsempfehlungen für die strahlenschutzbezogene Kommunikation beim Stromnetzausbau. Ressortforschungsbericht. https://doris.bfs.de/jspui/bitstream/urn:nbn:de:0221-2016050414038/3/BfS_2016_3614S80008.pdf. Zugegriffen 12. 07. 2017.

Weber, F., Jenal, C. & Kühne, O. (2017). Die Gewinnung mineralischer Rohstoffe als landschaftsästhetische Herausforderung – Eine Annäherung aus sozialkonstruktivistischer Perspektive. In O. Kühne, H. Megerle & F. Weber (Hrsg.), *Landschaftsästhetik und Landschaftswandel* (S. 245–268). Wiesbaden: Springer VS.

Wojtkiewicz, W. & Heiland, S. (2012). Landschaftsverständnisse in der Landschaftsplanung. Eine semantische Analyse der Verwendung des Wortes „Landschaft" in kommunalen Landschaftsplänen. *Raumforschung und Raumordnung 70* (2), 133–145.

Olaf Kühne studierte Geographie, Neuere Geschichte, Volkswirtschaftslehre und Geologie an der Universität des Saarlandes und promovierte in Geographie und Soziologie an der Universität des Saarlandes und der Fernuniversität Hagen. Seine Habilitation für das Fach Geographie erfolgte an der Universität Mainz. Nach Tätigkeiten in verschiedenen saarländischen Landesbehörden und an der Universität des Saarlandes war er zwischen 2013 und 2016 Professor für Ländliche Entwicklung/Regionalmanagement an der Hochschule Weihenstephan-Triesdorf und außerplanmäßiger Professor für Geographie an der Universität des Saarlandes in Saarbrücken. Seit Oktober 2016 forscht und lehrt er als Professor für Stadt- und Regionalentwicklung an der Eberhard Karls Universität Tübingen. Seine Forschungsschwerpunkte umfassen Landschafts- und Diskurstheorie, soziale Akzeptanz von Landschaftsveränderungen, Nachhaltige Entwicklung, Transformationsprozesse in Ostmittel- und Osteuropa, Regionalentwicklung sowie Stadt- und Landschaftsökologie.

Von der Theorie zur Praxis – Konflikte denken mit Chantal Mouffe

Florian Weber

Abstract

Seit Mitte der 2000er Jahre haben poststrukturalistisch-diskurstheoretische Ansätze Einzug in geographische Forschungsarbeiten im deutschsprachigen Raum gefunden. Ein gewisses Instrumentarium hat sich zwischenzeitlich herausgebildet, auf das vielfach zurückgegriffen wird. Mit einem sprachwissenschaftlichen Hintergrund und einem komplexen theoretischen Konstrukt wurde die Diskurstheorie nach Ernesto Laclau und Chantal Mouffe bisher allerdings als eher weniger dazu geeignet angesehen, konkretisierte ‚Hinweise' für anwendungsorientierte Fragestellungen zu bieten. In einem Rückgriff auf Chantal Mouffes Überlegungen zu einem agonistischen Pluralismus bieten sich allerdings Chancen, eine Praxisorientierung zu ermöglichen und so zu einer Einordnung von Konflikten beizutragen, wie sie heute gerade im Zuge der Energiewende mit dem Ausbau von Windkraft und Übertragungsnetzen zu finden sind.

Keywords

Diskurstheorie, Agonistischer Pluralismus, Praxis, Energiewende, Windkraftausbau, Stromnetzausbau

1 Einführung: Von der poststrukturalistischen Diskurstheorie zur Praxisorientierung

1985 erschien mit ‚*Hegemony and Socialist Strategy. Towards a Radical Democratic Politics*' eine gemeinsame Veröffentlichung von Ernesto Laclau und Chantal Mouffe, die bis heute einen der zentralen Orientierungspunkte für poststrukturalistisch-diskurstheoretisch arbeitende Forscher(innen) bildet. Die beiden Wissenschaftler(innen) entwickelten darin einen theoriegeleiteten anti-essentialistisch konzipierten Zugang, um gesellschaftliche Veränderungsprozesse zu fokussieren. Chantal Mouffe (2014, S. 191–192) führt hierzu retrospektiv im Jahr 2014 aus: „Deshalb bestand unser

theoretisches Ziel darin, einen Ansatz zu entwickeln, der es erlaubte, die besonderen Eigenschaften von Bewegungen zu verstehen, die nicht auf Klassenunterschieden basierten und deshalb nicht einfach in Begriffen ökonomischer Ausbeutung verstanden werden konnten. Wir waren überzeugt, dass die sorgfältige Diskussion der Theorie des Politischen eine Antwort auf diese Probleme erforderte. Wir versuchten, solch eine Theorie zu liefern, indem wir zwei unterschiedliche theoretische Ansätze miteinander verknüpften: die Kritik des Essentialismus, die sich aus dem Poststrukturalismus, vertreten durch Barthes, Derrida, Lacan, Foucault (aber auch durch den amerikanischen Pragmatismus und Wittgenstein), ergab, und etliche wichtige Einsichten aus Gramscis Konzept der Hegemonie. Dieser theoretische Ansatz, den manche Autoren als Postmarxismus bezeichnen, wurde auch als Diskurstheorie bekannt."
Innerhalb der deutschsprachigen Geographie hat sich ab etwa Mitte der 2000er Jahre eine ‚Bewegung' verschiedener Forscher(innen) entwickelt, die sich ausführlich mit unterschiedlichen diskurstheoretischen Zugängen und dabei insbesondere auch dem in Anschluss an Laclau und Mouffe auseinandersetzen (hierzu insbesondere Glasze und Mattissek 2009c; Mattissek und Reuber 2004). Während letztere „politiktheoretische[-] Zusammenhänge[-] und philosophische[-] Beweise[-]" mehr als konkrete empirische Fallstudien umtrieben (Leibenath und Otto 2012, S. 123) und so auch wenig Hinweise zur konkreten empirischen Operationalisierbarkeit vorliegen, rückten bei ersteren Fragen nach Methoden in den Mittelpunkt, die an die theoretischen Vorgaben anschlussfähig sind (Glasze 2013; Glasze und Mattissek 2009c; Mattissek 2008; Weber 2013). Gleichzeitig ging damit eine Betonung des anti-essentialistischen Zugriffs einher, womit das analytisch-dekonstruierende Moment bestärkt wurde. Dies ließ eine beratende Funktion innerhalb ‚der Praxis' zugunsten bestimmter einzuschlagender Wege kaum möglich oder erstrebenswert erschienen, was von eher ‚außenstehenden' und kritisch beobachtenden Wissenschaftler(inne)n entsprechend bemängelt wurde (u. a. Berndt und Pütz 2007; Gebhardt et al. 2003; Glasze und Mattissek 2009b bzw. Arnold 2004; Ehlers 2005; Klüter 2005).

Mit dieser Fokussierung auf diskurs*theoretische* Forschungsarbeiten wurde allerdings ein zweiter Schwerpunkt des Werkes von 1985 in den Hintergrund gedrängt: Laclau und Mouffe zielten darauf ab, das ‚sozialistische Projekt' zu refomulieren, „um eine Antwort auf die Krise der kommunistisch und sozialistisch geprägten Linken zu geben" (Mouffe 2014, S. 191) – daher rührend, dass sie „eine tiefe theoretische und politische Unzufriedenheit gegenüber dem altgläubigen Marxismus"[1] empfunden hätten (Townshend 2004, S. 270). In einer späteren Veröffentlichung spricht Laclau (1990, S. 4) von einer „Dekonstruktion der Geschichte des Marxismus"[2] als Grundlage für ihre politisch-aktiven Zielsetzungen. Gemeinsam skizzieren sie den Zugang einer ‚radikalen und pluralen Demokratie', mit der die Produktivität von Aushandlungsprozessen und Konflikten betont und die aktive Forderung verbunden wird,

---

1 „a deep theoretical and political dissatisfaction with orthodox Marxism".
2 „deconstruction of the history of Marxism".

Zielsetzungen so anschlussfähig zu formulieren, dass diese im Sozialen Verankerung finden können. In späteren Veröffentlichungen greift Chantal Mouffe (2007a, 2010, 2014) diese Überlegungen auf und entwickelt sie zugunsten eines ‚agonistischen Pluralismus' weiter, der als konflikt*praktischer* Zugang interpretiert werden kann: Theoretische Vorgaben berücksichtigend und reflektierend erscheint es möglich, Hinweise zu anwendungsorientierten Fragestellungen zu bieten.

Der Artikel verfolgt vor diesem Hintergrund das Ziel, der Frage nachzugehen, welche Chancen Chantal Mouffes agonistischer Pluralismus ‚für die Praxis' bieten kann. In den Mittelpunkt rücken dabei empirisch Aushandlungsprozesse im Zuge der Energiewende. Im ersten Schritt werden mit einem kurzen Rekurs auf zentrale theoretische Begrifflichkeiten markante Diskursstränge zum Windkraft- und Stromnetzausbau beleuchtet. Im zweiten Schritt werden der Mouffe'sche Zugang hergeleitet und erste Perspektiven dargestellt, welche Potenziale sich für eine Praxisorientierung bei Windkraft- und Stromnetzausbau bieten können. Der Artikel schließt mit einem Fazit und einem Ausblick.

2 Diskurstheorie und Diskursanalysen zu Windkraft- und Stromnetzausbau in Deutschland

2.1 Einführung in diskurstheoretische Grundlagen nach Ernesto Laclau und Chantal Mouffe

Ernesto Laclau und Chantal Mouffe gehen in poststrukturalistischer Tradition davon aus, dass Gesellschaft auf keinem fixen und unumstößlichen Fundament ‚basiert', das dauerhaft vor Veränderungen abgesichert wäre. Für die beiden Wissenschaftler(innen) wird die Wandelbarkeit des Sozialen konstitutiv: Umstöße könnten sich grundsätzlich immer vollziehen. Gleichzeitig – als zweite Seite einer Medaille zu sehen – erscheinen viele Strukturen im Alltag fest und natürlich (Jørgensen und Phillips 2002, S. 39; Weber 2013, S. 50, 2016). Vor diesem Hintergrund ergibt sich der Diskursbegriff: „Jedweder Diskurs konstituiert sich als Versuch, das Feld der Diskursivität zu beherrschen, das Fließen der Differenzen aufzuhalten, ein Zentrum zu konstruieren." (Laclau und Mouffe 2015 [engl. Orig. 1985], S. 147). Es geht also genau darum, Verschiebungen und Veränderungen innerhalb des Systems sprachlicher Zeichen, das sich über Differenzen konstituiert, ‚einzufrieren', was aber nur temporär gelingen kann (ausführlich auch Glasze 2013; Glasze und Mattissek 2009a). Momente fügen sich in Diskursen in Äquivalenzketten um einen zentralen Knotenpunkt, einen leeren Signifikanten, an. Gleichzeitig vollzieht sich eine Abgrenzung von Elementen und dem, was der Diskurs *nicht* ist. Die antagonistische Grenzziehung ist konstitutiv, das heißt, das ‚Eigene' wird gerade auch darüber abgesichert, dass ein ‚Anderes' aktiv ausgeschlossen wird (Laclau 1993, 2007; Laclau und Mouffe 1985; Stäheli 1999; Weber 2015). Je stärker gewisse Setzungen ‚normal' erscheinen und damit deren Konstruktionscharakter in Vergessenheit gerät, umso machtvoller und damit hegemonialer kann ein Diskurs werden. Gleichzeitig sind auch hier Verschiebungen – Dislokationen – immer möglich: „Es gibt immer Alternativen, die von der herrschenden Hegemonie ausgeschlossen wurden. Diese Alternativen können jedoch jederzeit wieder ins Spiel gebracht werden." (Mouffe 2014, S. 194). Auch können sich Signifikanten auf unterschiedliche Forderungen beziehen – auf solche, die von „konkurrierenden Projekten" vorgebracht werden (Nonhoff 2010, S. 44; hierzu auch Lennon und Scott 2015, S. 3; Mattissek 2008, S. 88) – und so verschiedene Diskursstränge repräsentieren, wofür Laclau (2007, S. 153) den Begriff des ‚flottierenden Signifikanten' nutzt.

Diskurstheoretische Analysen beleuchten vor diesem Hintergrund, welche spezifischen Bedeutungen sich zu einem bestimmten Zeitpunkt als hegemonial herauskristallisieren, welche anderen Deutungsmöglichkeiten unterdrückt werden und wie sich gleichzeitig Veränderungen vollziehen oder andeuten (siehe hierzu ausführlicher bspw. Glasze und Mattissek 2009a; Weber 2015, 2016). Im Zuge der Energiewende gehen in Deutschland seit einigen Jahren markante Aushandlungsprozesse vonstatten, in denen sich bestimmte Positionen temporär verfestigen, gleichzeitig aber immer wieder auch aufbrechen, wie nachfolgend synthetisierend dargestellt wird (aus diskurstheoretischer Perspektive ausführlich u. a. Leibenath und Otto 2013; Otto und Leibenath 2013; Weber et al. 2017; Weber, Kühne et al. 2016).

2.2 Energiewende – Windkraftausbau – Stromnetzausbau

Die ‚Energiewende' hat sich in den letzten Jahren im gesamtgesellschaftlichen Diskurs zu einem zentralen Knotenpunkt herausgebildet. Zwar wurde bereits im Jahr 1980 durch das Öko-Institut e. V. ein mit dem Titel ‚Energiewende' versehenes Konzept vorgelegt, in dem unter anderem auf Energieeinsparungen und die Nutzung von Sonnenenergie verwiesen wurde (Öko-Institut e. V. 1980), und zudem mit der Förderung erneuerbarer Energien ab den 1990er Jahren, forciert ab den 2000er Jahren, eine ‚deutsche Energiewende' in die Wege geleitet, doch hat der Begriff noch einmal stärkere Verankerung mit der Reaktorkatastrophe von Fukushima im März 2011 erhalten. Seitdem wird hieran der Ausstieg aus der Kernkraft bis zum Jahr 2022 mit einem deutlichen Zuwachs erneuerbarer Energien *on-* und *offshore* geknüpft (hierzu auch Hook 2018; Kühne und Weber 2018; Sontheim und Weber 2018 in diesem Band).

In der medialen Berichterstattung – hier beispielhaft anhand von Inhalten der ersten 25 *Google*-Treffer, erfasst im Mai 2017, verdeutlicht, aber auch unter anderem auf *Süddeutsche Zeitung* und *Focus* übertragbar – wird das ‚Gelingen' der Energiewende zum einen mit dem Ausbau erneuerbarer Energien, zum anderen eng gekoppelt mit dem Stromnetzausbau verbunden. Eine Differenzierung nach zentralen Sprecherpositionen zeigt, dass in *Google*-Treffern zu ‚Windkraftausbau' die Förderung von Windkraft als zentralem ‚Standbein' der erneuerbaren Energien in hohem Maße grundlegend befürwortet beziehungsweise nicht infrage gestellt wird (52 %). Eine kritische Haltung wird nur in knapp einem Viertel der Treffer eingenommen (24 %). Ansonsten wird auf technische, gesundheitsbezogene oder planerische Aspekte fokussiert (24 %) Widerstand wird *zusammengenommen in allen Treffern* in etwas mehr als einem Drittel thematisiert (36 % aller Treffer), gleichzeitig wird verstärkt das ‚Ausbremsen' des Windkraftausbaus durch einen ‚schleppenden Netzausbau' kritisiert (24 % aller Treffer). Die Befürwortung kann entsprechend in Verbindung mit einer Äquivalenzkette aus ‚Energiewende', ‚Ausbau erneuerbarer Energien', ‚Förderung der Windenergie' als recht hegemonial verankert bezeichnet werden.

Auch in *Google*-Treffern zu ‚Stromnetzausbau' dominiert eine grundlegend befürwortende Position, meist in Verbindung mit stärkerer Umsetzung in Form von Erdverkabelungen anstatt Freileitungen (48 %). In nur einem Treffer wird der Netzausbau in bestehender Planungslage umfänglich abgelehnt (entspricht 4 %). Ansonsten werden ebenfalls in diesem Kontext technische, gesundheitsbezogene oder planerische Fragestellungen behandelt (48 %). Widerstand wird randständig *übergreifend* ohne tiefergehende Ausdifferenzierung in etwas mehr als einem Viertel aller Treffer (re)produziert (28 %). Die oben angeführte Äquivalenzkette erfährt medial eine Erweiterung um ‚Stromnetzausbau' als eng mit der Energiewende und dem Windkraftausbau gekoppelt. Die Begründung hierfür liegt in einer räumlichen Relationierung: „Ohne die geplanten drei großen Nord-Süd-Stromautobahnen kommt kein Windstrom vom Norden in den Süden Deutschlands" (*Google*-Treffer Netzausbau 11, ausführlich auch Kühne und Weber 2015).

Ohne dass medial die ‚Energiewende' als notwendige gesellschaftliche Entwicklung, verbunden mit Ausstieg aus ‚unsicherer Kernkraft' und erforderlichem ‚Klimaschutz', hinterfragt würde, werden kritische Positionen angeführt, wobei einerseits gewisse Relativierungen vorgenommen werden, andererseits auf zwischenzeitliche ‚Irrwege' verwiesen wird. Im Falle des Windkraftausbaus wird zum Beispiel angemerkt, dass Windkraftanlagen „seit Jahren die Gemüter [erhitzten]. Viele Anwohner protestieren dagegen, Betreiber profitieren vom Ausbau." (*Google*-Treffer Windkraft 03). Argumente der Kritik und der Befürwortung werden in Beziehung gesetzt. Beim Stromnetzausbau wird insbesondere auf den vorübergehend massiven Widerstand der bayerischen Staatsregierung gegen den Netzausbau verwiesen, den diese aber mit der Favorisierung von Erdkverkabelungen (Bundesgesetzblatt 2015; Bundesnetzagentur 2017, S. 10–12) wieder eingestellt habe – Dislokationen vollzogen sich. Allerdings bleibt dieser jenseits politischer Vertreter(innen) verankert: Beispielsweise der Bund Naturschutz Main-Spessart kritisiert „die Planung für die ‚Südlink'-Höchstspannungs-Trasse generell" beziehungsweise fragt rhetorisch: „Brauchen wir SuedLink und Sued-Ost-Trasse? Nein!" (*Google*-Treffer Netzausbau 18). Eingefordert wird hier eine dezentrale und regionale Energieversorgung, womit ‚Energiewende' zu einem flottierenden Signifikanten wird, der nicht durchgehend mit dem Stromnetzausbau verbunden ist. Der Netzausbau rückt in dieser Argumentationslinie in das diskursive Außen.

Die Energiewende als Konfliktfeld zeigt sich deutlicher, wenn Diskurse von Bürgerinitiativen einbezogen werden. Im Rahmen zweier Forschungsvorhaben im Auftrag des Bundesamtes für Naturschutz und des Bundesamtes für Strahlenschutz wurden mittels einer *Google*-Suche 270 Bewegungen gegen Windkraft und 90, aktualisiert im Jahr 2017 insgesamt 123, gegen den Netzausbau ermittelt und analysiert. Drei Viertel der Initiativen im Kontext des Windkraftausbaus zweifeln an der Sinnhaftigkeit der Windenergie, zwei Drittel kritisieren die Profitorientierung von Kommunen und Unternehmen, knapp die Hälfte übt recht generelle Kritik an der Energiewende. Planungsprozesse und Beteiligung werden von etwas mehr als einem Drittel der Initiativen als unzureichend bemängelt (vgl. Abbildung 1). ‚Windkraftausbau' rückt in das Außen eines bewahrenden Diskurses.

Eine Untermauerung der ablehnenden Haltung geschieht durch eine Äquivalenzierung zu Argumenten um ‚Naturschutz', ‚Landschaft und Heimat', ‚gesundheitliche Bedenken' und ‚ökonomische Aspekte' – hegemonial innerhalb der Websites der Bürgerinitiativen verankert (siehe Abbildung 2, ausführlich Roßmeier et al. 2018 in diesem Band).

Innerhalb der Bürgerinitiativen gegen den Netzausbau lehnt eine Mehrheit diesen recht grundlegend ab, wobei zwischen 2015 und 2017 deren Anteil von knapp drei Viertel auf etwas mehr als die Hälfte gesunken ist. Dagegen ist eine Favorisierung von Erdkabeln von knapp einem Viertel auf ein Drittel angestiegen (Abbildung 3). ‚Energiewende' und ‚Netzausbau' erscheinen teilweise dann anschlussfähig, wenn eine Umsetzung mittels Erdverkabelungen erfolgt.

Sowohl im Hinblick auf die gänzliche Ablehnung als auch das Votum für Erdkabel (siehe auch Sontheim und Weber 2018 in diesem Band) werden Argumente vorgebracht, die sich auf vergleichbare Weise beim Windkraftausbau finden lassen: Regelmäßig (re)produziert werden Kritikpunkte um ‚Landschaft und Heimat', ‚ökonomische Gründe', ‚gesundheitliche Bedenken' und ‚Naturschutz' (Abbildung 4). Recht grundlegend werden ebenfalls Planungs- und Beteiligungsprozesse als unzureichend bemängelt (ausführlich Kühne et al. 2016; Kühne und Weber 2017; Weber und Kühne 2016).

Zusammengefasst treffen deutlich divergierende Diskursstränge aufeinander: Auf der einen Seite wird die Energiewende zum zentralen Knotenpunkt, an den sich Ausbau erneuerbarer Energien, gerade Windkraft und – als hierfür zwingend erforderlich – Netzausbau anknüpfen. Legitimiert wird die Notwendigkeit durch das Außen des Diskurses: Kernkraft und Klimawandel. Auf der anderen Seite wird der weitere, forcierte Zuwachs von Windkraftanlagen kritisiert – beziehungsweise in Teilen wird sogar das Projekt Energiewende in Gänze als fehlgeleitet abgelehnt. ‚Landschaft', ‚Heimat', ‚Natur', ‚Gesundheit', ‚Tourismus' und ‚Grundstückswerte' sollen bewahrt und nicht ‚geopfert' werden. Entsprechende Argumentationsmuster werden auch regelmäßig von Gegner(inne)n des Stromnetzausbaus ins Spiel gebracht und so diskursiv verfestigt. Während verschiedene Initiativen Erdkabel statt Freileitungen und intensivere Beteiligung einfordern, widersetzen sich andere, tendenziell verstärkt im Süden

Abbildung 1 Grundlegendere Kritikpunkte am Windkraftausbau

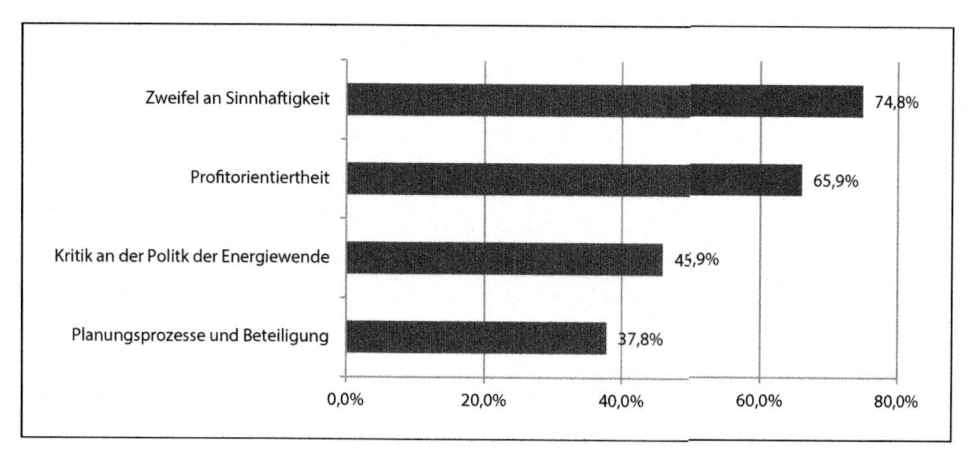

- Zweifel an Sinnhaftigkeit: 74,8%
- Profitorientiertheit: 65,9%
- Kritik an der Politk der Energiewende: 45,9%
- Planungsprozesse und Beteiligung: 37,8%

Quelle: Eigene Darstellung, Erhebung im Rahmen des BfN-Forschungsvorhabens.

Abbildung 2 ‚Inhaltsbezogenere' Kritikpunkte am Windkraftausbau

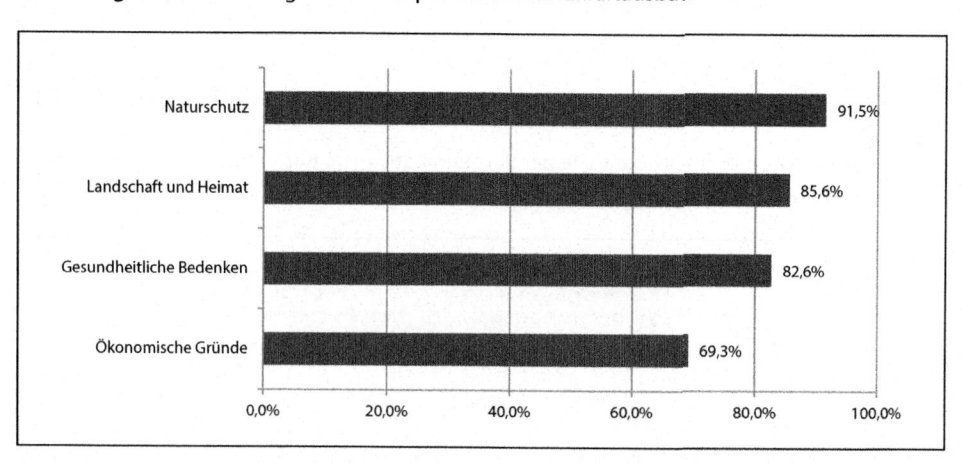

- Naturschutz: 91,5%
- Landschaft und Heimat: 85,6%
- Gesundheitliche Bedenken: 82,6%
- Ökonomische Gründe: 69,3%

Quelle: Eigene Darstellung, Erhebung im Rahmen des BfN-Forschungsvorhabens.

Abbildung 3 Ziele der Bürgerinitiativen im Kontext des Stromnetzausbaus (2017 im Vergleich zu 2015)

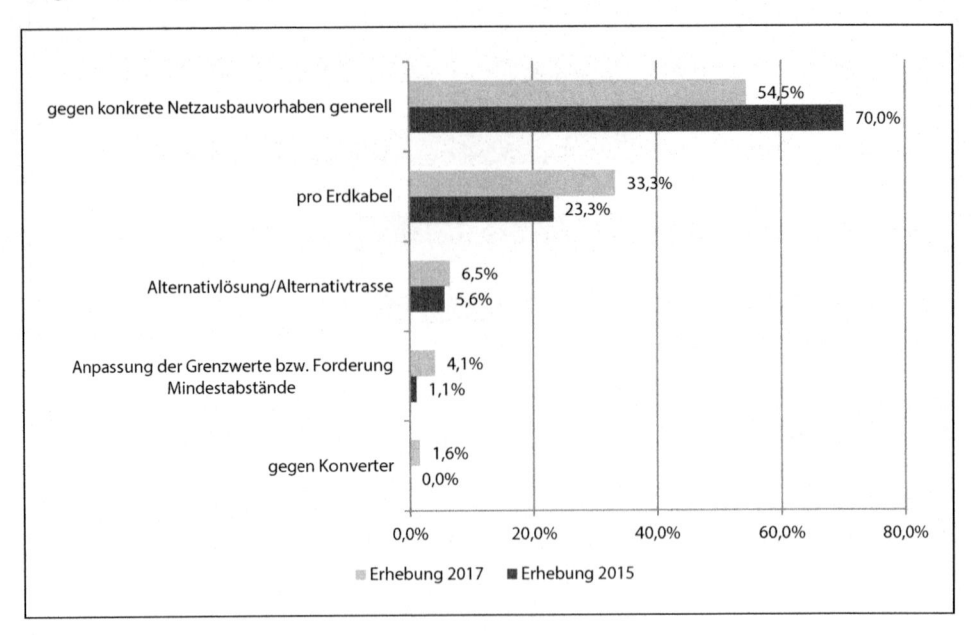

Ziel	Erhebung 2017	Erhebung 2015
gegen konkrete Netzausbauvorhaben generell	54,5%	70,0%
pro Erdkabel	33,3%	23,3%
Alternativlösung/Alternativtrasse	6,5%	5,6%
Anpassung der Grenzwerte bzw. Forderung Mindestabstände	4,1%	1,1%
gegen Konverter	1,6%	0,0%

Quelle: Eigene Erhebung und Darstellung.

Abbildung 4 Argumentationskontexte der Bürgerinitiativen im Kontext des Stromnetzausbaus (2017 im Vergleich zu 2015)

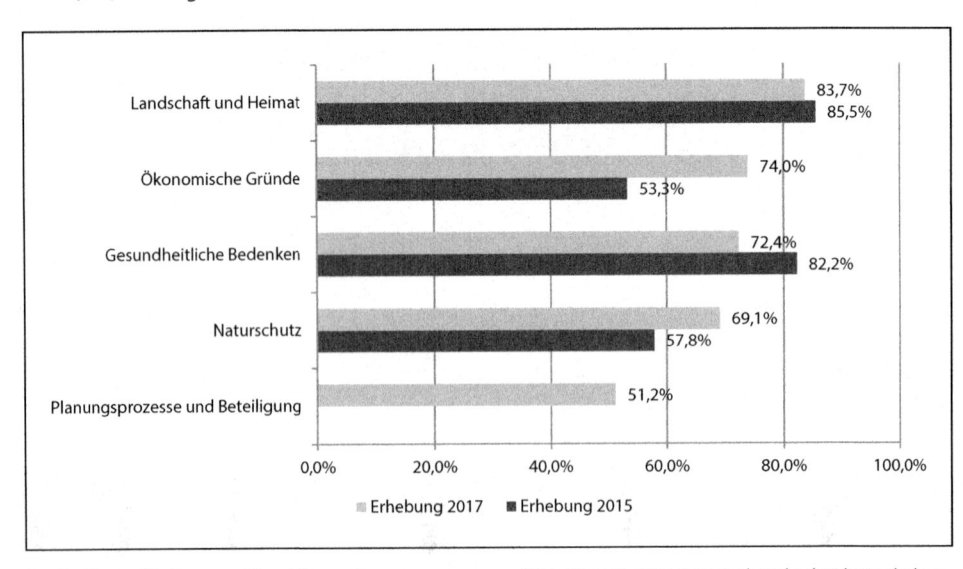

Kontext	Erhebung 2017	Erhebung 2015
Landschaft und Heimat	83,7%	85,5%
Ökonomische Gründe	74,0%	53,3%
Gesundheitliche Bedenken	72,4%	82,2%
Naturschutz	69,1%	57,8%
Planungsprozesse und Beteiligung	51,2%	—

Quelle: Eigene Erhebung und Darstellung. ‚Planungsprozesse und Beteiligung' waren 2015 noch nicht dezidiert erhoben worden.

Deutschlands, den Netzausbauplanungen und lehnen diese in Gänze ab (ausführlich Kühne et al. 2016; Weber, Jenal et al. 2016; Weber, Kühne et al. 2016). Insbesondere in Bayern wird von Netzausbau-Bürgerinitiativen zugunsten einer dezentralen und regionalen Energiewende votiert, die durch den Stromnetzausbau konterkariert würde. Gleichzeitig wird auch in Bayern Kritik an Windkraftplanungen geübt, womit kein ‚homogener' Diskurs besteht.

Welche Schlussfolgerungen können nun aus den diskurstheoretischen Ergebnissen in Bezug ‚auf die Praxis' gezogen werden, also den konkretisierten *Umgang* mit Konflikten? Welche Hinweise bietet hierzu der Ansatz eines agonistischen Pluralismus?

3 Ansatzpunkte einer Praxisorientierung

3.1 Ein konfliktpraktischer Zugang in Anschluss an Chantal Mouffe

Wie in der Einleitung bereits hervorgehoben, verfolgten Ernesto Laclau und Chantal Mouffe (2015 [engl. Orig. 1985]) von Anfang an neben einer wissenschaftlichen Fundierung eines diskurstheoretischen Zugriffs das politische Ziel, „neue Ansätze für politisches Handeln zu eröffnen" (Mattissek 2008, S. 69). „Konzepte für Konfliktanalysen" bieten unter anderem flottierende Signifikanten, Hegemonien und Antagonismen (Jørgensen und Phillips 2002, S. 50 [aus dem Englischen übersetzt]), doch wurde in geographischen Analysen bisher kaum (eine der Ausnahmen Stratford et al. 2003) auf konfliktpraktische Seiten der Überlegungen von Laclau und insbesondere Mouffe geblickt, auch wenn beispielsweise angeführt wird, dass „Handlungsspielräume in scheinbar eindeutigen Situationen" aufzuzeigen seien (Glasze und Mattissek 2009b, S. 44) oder „marginalisierten Positionen strategisch zur Sichtbarkeit" verholfen werden sollte (Dzudzek et al. 2012, S. 16).

Mit dem Vorhaben einer ‚radikalen und pluralen Demokratie' (Laclau und Mouffe 2015 [engl. Orig. 1985], S. 185–234) wird zunächst betont, dass „wesentliche Elemente dieser Demokratie nicht auf sicherem oder notwendigem Grund stehen" (Nonhoff 2010, S. 50) und ein ‚Streiten' um die Auslegung von ‚Demokratie' zum Normalfall werde (in Anschluss an Glasze und Mattissek 2009a, S. 168). Mit ‚radikal' wird darauf abgehoben, dass „egalitäre[-] Verhältnisse auf immer weitere Arenen des sozialen Lebens" ausgeweitet werden sollten (Marchart 2007, S. 109; auch Critchley und Marchart 2004, S. 4) – damit ‚Gleichheit'. ‚Plural' bezieht sich wiederum auf Gesellschaft als ein „offenes und diskursives Feld, das vielfältigen sozialen Identitäten Raum bietet"[3] (Kapoor 2002, S. 465), das heißt, vielfältigste und unterschiedlichste Forderungen sollten gesellschaftlich akzeptiert werden können – damit ‚Freiheit'. Sowohl ‚Freiheit' als auch ‚Gleichheit' werden zu hegemonialen Knotenpunkten, um deren

---

3 „society is an open and discursive field, giving way to multiple social identities".

Auslegung gerungen würde, die aber gesellschaftliche ‚Grundfeste' bilden. Hieraus leitet sich auch ab, dass Konflikte nichts ‚Anormales', sondern gerade etwas dezidiert ‚Konstitutives' darstellen: „Was jedoch weitestgehend noch immer nicht akzeptiert wird, ist die für die moderne Demokratie konstitutive Rolle des Pluralismus, eines Pluralismus, der die fortwährende Existenz von Konflikt, Spaltung und Antagonismus impliziert." (Laclau und Mouffe 2015 [engl. Orig. 1985], S. 23). Aus Konflikten können in dieser Lesart Veränderungen resultieren, die zu einer Ausweitung von Freiheit und Gleichheit beitragen könn(t)en. Auf ‚Praxisempfehlungen' übertragen, sollten Vorhaben sich darum bemühen, anschlussfähiger an andere Forderungen zu werden, um so ihre Chancen auf Durchsetzung ihrer Position zu erhöhen. Es ist die Etablierung von Äquivalenzbeziehungen, die als erforderlich angesehen wird (Laclau und Mouffe 2015 [engl. Orig. 1985], S. 228). Hier kann wiederum kaum nur *ein* Weg der mögliche sein, was den theoretischen Grundlagen folgt.

In Weiterführung der gemeinsam mit Laclau diskutierten Überlegungen (Critchley und Marchart 2004, S. 4; Glasze 2013, S. 94; Laclau und Mouffe 2015 [engl. Orig. 1985] entwickelte Mouffe die Konzeption eines ‚agonistischen Pluralismus', bei dem Konflikte noch stärker in den Fokus rücken (Mouffe 2007a, 2010, 2014) – ein Zugang, der von Kalyvas (2009, S. 35) als ‚pragmatisch' und weniger als ‚normativ' gegenüber anderen beschrieben wird (ausführlich beispielsweise Wenman 2013). Mouffe geht davon aus, dass ‚rationale Konsense' als politisches Ziel nicht haltbar und umsetzbar seien (Mouffe 2014, S. 91), da diese den Blick dafür verstellten, dass Antagonismen im Sozialen und Politischen nicht ausbleiben könnten (hierzu auch Stratford et al. 2003, S. 462). Konsens wird zu einem flüchtigen Zustand: „Wenn wir anerkennen, dass jeder Konsens als ein zeitweiliges Resultat einer provisorischen Hegemonie wirksam ist, als eine Stabilisierung von Macht, und auch, dass er immer eine Art von Ausschluss beinhaltet, beginnen wir Demokratiepolitik anders zu begreifen." (Mouffe 1999, S. 32; auch Wenman 2013, S. 195). Gleichzeitig könne Konsens nie hergestellt werden, so dass alle Positionen gleichermaßen Befriedigung fänden – gewisse Ausschlüsse vollzögen sich immer. Alle Forderungen gleichermaßen zu erfüllen, wird zu einer unerfüllbaren Utopie – Politik habe immer einen „konflikthaften Charakter" (Mouffe 2007b, S. 21). Vor diesem Hintergrund kommt Mouffe zu dem Schluss, dass Konflikte akzeptiert und legitimiert werden müssten – und nicht zu versuchen sei, sie zu negieren oder zu unterdrücken (Mouffe 2007a, S. 46). Noch weitergehend sind diese als produktiv und gewinnbringend für Gesellschaft anzusehen (eine markante Parallele und Anschlussfähigkeit an die Einordnung nach Ralf Dahrendorf – siehe hierzu ausführlich Kühne 2018 in diesem Band, zudem Kühne 2017). Um diese entsprechend zu nutzen, soll eine ‚vibrierende' öffentliche Sphäre geschaffen werden: „Statt des Versuches, Institutionen zu entwerfen, die alle widerstreitenden Interessen und Werte durch vermeintlich ‚unparteiische' Verfahren miteinander versöhnen, sollten demokratische Theoretiker und Politiker ihre Aufgabe in der Schaffung einer lebendigen ‚agonistischen' Sphäre des öffentlichen Wettstreits sehen, in der verschiedene hegemoniale politische Projekte miteinander konfrontiert werden könnten." (Mouffe 2007b, S. 9–10). Hiermit verbunden wird die Zielsetzung, verfestigte Antagonismen zu vermeiden und stattdessen einen agonistischen Pluralismus zu schaffen (Mouffe 2005, S. 5, 2014, S. 200). Dies bedeutet, dass sich in Aushandlungsprozessen unterschiedliche Seiten nicht als ‚Feinde', sondern als ‚legitime Gegner' gegenüberstehen, „die demokratische Grundregeln und -werte anerkennen" (Nonhoff 2010, S. 51). Mouffe formuliert hierzu, „dass der ‚andere' im Reich der Politik nicht als ein Feind betrachtet wird, den es zu zerstören gilt, sondern als ein ‚Gegner', d. h. als jemand, dessen Ideen wir bekämpfen, dessen Recht, seine Ideen zu verteidigen, wir aber nicht in Frage stellen." (Mouffe 2007a, S. 45), um „pointierte Alternativen und echte Gegnerschaften" zu ermöglichen (Nonhoff 2010, S. 51). Entscheidend wird also, dass Konflikte solch eine Ausprägung annehmen sollten, „die die politische Gemeinschaft nicht zerstört" – darüber erreicht, dass die „miteinander im Konflikt liegenden Parteien eine Art gemeinsamen Bandes" teilen (Mouffe 2007b, S. 29). Statt Konsens ist in dieser Denkrichtung ein „konfliktualer Konsens'" anzustreben (Mouffe 2007b, 43) beziehungsweise sind Kompromisse zu finden, die zu einer temporären Befriedung beitragen können (McGuirk 2001, S. 214) – immer aber berücksichtigend, dass Dissens ‚normal' ist. Eine gewisse ‚Toleranz', als durchaus normative Forderung, ist hierbei dem Anderen gegenüber erforderlich (White 2010, S. 115), was wiederum dem Grundfest der ‚Gleichheit' entspricht. Konkretisiert ergibt sich aus diesen Ausführungen heraus, Forderungen *gemeinsam zu artikulieren*, ohne dabei das Gegenüber als illegitim anzusehen. Mouffe (2014, S. 183) sieht in dem jüngsten „Bürgererwachen'", konstatiert für Europa und die USA, „eine sehr ermutigende Entwicklung, weil es einen Bruch mit dem postpolitischen Konsens darstellt", weist aber auch auf destruktive Potenziale hin, wenn „die repräsentativen Institutionen zum Ziel der Proteste" und so destabilisiert würden (Mouffe 2014, S. 184). Ihre Ausrichtungen gelte es herauszufordern, nicht aber ihr grundlegendes Bestehen. Zu einer Freund-Feind-Differenzierung komme es, „wenn wir anfangen, den Anderen, die uns bis dato lediglich als anders galten, zu unterstellen, sie stellten *unsere* Identität infrage und bedrohen *unsere* Existenz." (Mouffe 2014, S. 26). Daraus resultierten Antagonismen anstatt Agonismen. Vielfach vollzögen sich heute dabei auch Moralisierungen des Politischen und von Politik, was Gefahren für Aushandlungsprozesse mit sich bringe, also auch Freund-Feind-Schemata, die hegemonial würden und schwer aufzubrechen seien (Mouffe 2005, S. 5). Ein ‚respektvoller Umgang' wird angemahnt, als Teil von Freiheit und Gleichheit (Mouffe 2014, S. 36–37). In Richtung von bestehenden Institutionen lässt sich wiederum ableiten, dass Verfahrensweisen etabliert werden sollten, die unterschiedlichen Meinungen ‚Raum' bieten, Alternativen anbieten und auf diese Weise konflikthafte Konsense ermöglichen (Mouffe 2014, S. 12; auch Fritsch 2008, S. 176). Wenn alle Seiten sich auf ein gewisses Set an ‚demokratischen Spielregeln' jenseits von zerstörerisch ablehnenden Feindbildern einigen, können temporäre konflikthafte Konsense erreicht werden, die gleichzeitig aber auch immer wieder neuer Aushandlung unterworfen sein können – der Prämisse ‚Konflikte als produktiv' folgend. Von unverrückbaren Maximalforderungen ist damit gleichzeitig Abstand zu nehmen, da diese in einer radikalen und pluralen Demokratie keine dauerhafte Erfüllung erfahren können.

3.2 Konfliktpraxis Energiewende

Welche Perspektiven ergeben sich vor dem Hintergrund eines agonistischen Pluralismus für die Konfliktpraxis der Energiewende? Nachfolgend werden einige grundlegende Denkrichtungen einer Anwendungsorientierung hergeleitet – von der Produktivität von Aushandlungsprozessen ausgehend: „Wenn Energiekonflikte nur als Hemmnisse betrachtet werden, kann dies zu Blockaden führen und die Handlungsmöglichkeiten einschränken. […]. Energiekonflikte können also gestaltet und genutzt werden." (Becker und Naumann 2016, S. 18). Eine tiefergehende Betrachtung muss schließlich vom konkreten ‚Konflikteinzelfall' ausgehen, um der Komplexität von Konflikten Rechnung zu tragen.

Eine grundlegende Herausforderung besteht in der Herstellung eines konflikthaften Konsenses zur Bedarfsfrage: Sind die Energiewende und der Stromnetzausbau erforderlich und wenn ja, unter welchen Prämissen beziehungsweise Umsetzungsszenarien? Werden die Energiewende beziehungsweise konkretisiert der Ausbau von Windkraft nicht als erforderlich angesehen, kann kaum in detaillierte Fragen um Beteiligung oder inhaltsbezogene Kritikpunkte ‚eingestiegen' werden. Vergleichbar verhält es sich für den Stromnetzausbau: Werden neue Leitungstrassen gänzlich abgelehnt, werden beispielsweise veränderte Beteiligungsansätze nicht bewirken, den Bedarf anzuerkennen. Ein Zugang könnte also darin liegen, die Frage nach der Notwendigkeit darüber auszuhandeln, wie ‚Alternativszenarien' aussehen könnten. Was würde passieren, wenn Kernkraftwerke vom Netz gehen, ohne erneuerbare Energien auszubauen – was, wenn der Stromnetzausbau nicht vorangetrieben würde? Und welche Kosten und Folgekosten entstünden, wenn Kernkraftwerke auch in Deutschland weiterbetrieben würden? Könnten sich hier in hohem Maße geteilte Positionen herausbilden, wäre gegebenenfalls die derzeit diskutierte ‚Energiewende' auch politisch zu überdenken. Aktuell besteht allerdings weiterhin eine hohe Zustimmung zur Energiewende mit Windkraft- und Netzausbau (Agentur für Erneuerbare Energien 2016; BMUB und UBA 2017), womit über Wege nachgedacht werden müsste, diese Grundhaltung auch in Vorhaben ‚vor Ort' stärker einzubringen. Werden Projektierer, Bundesnetzagentur und Übertragungsnetzbetreiber im konkretisierten Verfahren als illegitim angesehen und so zum ‚Feind', geraten Planungsprozesse in eine ‚Sackgasse' (hierzu allgemeiner Kühne 2017; Weber 2017) – entsprechend den Überlegungen Mouffes (2014, S. 196), die – wie oben bereits angeführt – konstatiert, dass sich seit einigen Jahren eine „immanente Kritik bestehender Institutionen" (Mouffe 2014, S. 196) beobachten ließe und damit die Gefahr bestehe, dass diese nicht länger als legitime Partner beziehungsweise Gegner akzeptiert würden – wie in Teilen von Repräsentant(inn)en von Bürgerinitiativen. Moralisierungen können nicht helfen,

Konflikte produktiv aufzufassen – Freiheit und Gleichheit würden so eher konterkariert. Vielfach werden Aushandlungsprozesse zu „einem Kampf zwischen ‚richtig' und ‚falsch'" (Mouffe 2007b, S. 11–12; auch Mouffe 2014, S. 208–209) – wo liegt aber die Bewertungsgrundlage für eine ‚richtige Entwicklung'? Zusammenarbeit scheint derzeit für langfristig ausgerichtete Projekte wie bei der Energiewende in Teilen erschwert (vgl. auch Becker und Naumann 2016, S. 25).

Werden Windkraft- und Netzausbau grundsätzlich vor dem Hintergrund des Ausstiegs aus der Kernkraft und zu forcierendem Klimaschutz akzeptiert, können konflikthafte Konsense bei ‚Landschaft', ‚Naturschutz', ‚Gesundheit', ‚wirtschaftsbezogener Kritik', aber auch Beteiligung ausgehandelt werden. In Anschluss an die diskurstheoretischen Prämissen ist von unumstößlichen Positionen abzurücken, Alternativen sind zu reflektieren, Haltungen ‚des Gegenüber' aufzugreifen und zu diskutieren. Ängste und Sorgen sind politisch und planerisch ernst zu nehmen, auch wenn ‚Heimat' beispielsweise kein gesetzlich verankertes Kriterium ist. Da Betroffene häufig hierüber argumentieren, erscheint auf der einen Seite eine Auseinandersetzung erforderlich. Auf der anderen Seite stellen ‚Landschaft' und ‚Heimat', aber auch ‚Naturschutzvorgaben' soziale Konstrukte dar (Bruns und Kühne 2013; Chilla 2007; Kühne 2006; Weber 2015), die Veränderungsprozessen unterliegen. Entsprechende wissenschaftliche Betrachtungen könnten einer anwendungsorientierten Vermittlung – in Schulbüchern, Vorträgen, Diskussionsforen, Medien, Fotoausstellungen zu Landschaftswandel etc. – zugeführt werden, um so Wandlungsprozesse als ‚Normalfall' nachvollziehbarer zu machen. Hierauf müssten sich Bürger(innen) allerdings auch einlassen wollen. Weitergehende Forschung zu gesundheitsbezogenen Aspekten gilt es zu forcieren und nicht einfach auf ‚statistische Wahrscheinlichkeiten' zu rekurrieren. Gleichzeitig Behördenvertreter(innen) in öffentlichen Veranstaltungen zu diskreditieren, ist kaum mit den Grundfesten Gleichheit und Freiheit zu vereinen – Arten und Weisen, dem zu begegnen, müssen gefunden werden (beispielsweise Langer et al. 2016 und allgemeiner Becker und Naumann 2016, S. 20–21). Konflikthafte Konsense sind damit auf vielfältigen Ebenen, kleinteilig, aber auch gesamtgesellschaftlich, zum Projekt ‚Energiewende' anzustreben, von Gegner(inne)n und nicht Feind(inn)en auf allen Seiten ausgehend, und gleichzeitig immer einbeziehend, dass ‚endgültige Lösungen' nicht realisierbar sein werden – Dissens ist ‚normal', kann aber ‚positiv gemünzt' werden, wenn dazu der Wille besteht.

4   Fazit und Ausblick

‚Von der Theorie zur Praxis': Kann dies im Hinblick auf die Diskurstheorie von Ernesto Laclau und Chantal Mouffe gelingen? Aus meiner Sicht lässt sich diese Frage mit einem grundlegenden ‚ja' beantworten. Mit einem poststrukturalistisch-diskurstheoretisch informierten Zugriff ergibt sich für verschiedenste Themenfelder und gerade Konflikte ein Instrumentarium, das es erlaubt, Aushandlungsprozesse sowohl ‚im

‚Großen' als auch ‚im Kleinen sezierend' zu beleuchten. Welche Signifikanten fungieren als zentrale Knotenpunkte, welche Momente reihen sich in Äquivalenzketten aneinander und verfestigen so spezifische, temporär gültige ‚Wirklichkeiten'? Und was wird im Gegenzug aktiv ausgeschlossen, was damit in das diskursive Außen gedrängt? Die Diskurstheorie rückt neben aktuellen Verfestigungsprozessen gerade auch Veränderungen im Zeitverlauf sowie innere Brüche in den Fokus – ist also sensibel für Artikulationen und Dislokationen. Wie skizziert wurde, können so Konflikte im Zuge der Energiewende, beispielhaft verdeutlicht am Windkraft- und Stromnetzausbau, ‚auseinandergenommen' werden. Unterschiedliche Bruch- und Konfliktlinien wurden bereits bei kursorischer Betrachtung deutlich, die vertiefend ausdifferenziert werden können. Mit dem politisch-gesellschaftlichen Projekt ‚Energiewende' gehen erwartbare, aber zugleich unerwartete Diskursstränge einher, die mit Analysen eine ‚Einordnung' und Relationierung erfahren können.

Bisher wurde kaum der Versuch unternommen, nun diskurstheoretische Forschungsergebnisse für die ‚Praxis' nutzbar zu machen (gewisse Ausnahmen Leibenath 2014; Leibenath und Otto 2012; Weber, Kühne et al. 2016) – beziehungsweise es wird ‚einfach' konstatiert, dass „kaum Politikberatung" geleistet würde (Glasze 2013, S. 54). Sich wissenschaftlich darauf zu berufen, dass Gesellschaft auf keiner unumstößlichen Basis fuße und daher keine Empfehlungen abgeleitet werden können, erscheint zwar durchaus stringent argumentiert. Gleichzeitig lassen sich auch ‚Empfehlungen' entwickeln, wie einführend gezeigt wurde, die der temporären Bedeutungsfixierung und Wandelbarkeit von Welt Rechnung tragen. Darüber hinaus liegt mit dem agonistischen Pluralismus von Mouffe ein Zugriff vor, der in großen Teilen dem diskurstheoretischen Hintergrund folgt und für die Aushandlung konflikthafter Konsense plädiert – jenseits der Hoffnung auf dauerhafte Befriedung oder Fixierung von Gesellschaft. Es handelt sich mit Diskurstheorie und Agonismus nicht unbedingt um ‚einfache' Zugänge und Konzepte, doch lassen sie sich ‚verständlich herunterbrechen' und so auch für anwendungsbezogene Fragestellungen nutzbar machen. Zur Konkretisierung im Hinblick auf die ‚Regelung von Konflikten' bietet sich eine Verknüpfung zur Konflikttheorie Ralf Dahrendorfs (1969 [1958], 1972) an, dessen Implikationen (Kühne 2017; Kühne 2018 in diesem Band) an die Mouffes hoch anschlussfähig erscheinen und für konfliktpraktische Einordnungen fruchtbar gemacht werden könnten.

Literatur

Agentur für Erneuerbare Energien. (2016). Repräsentative Umfrage: Weiterhin Rückenwind für Erneuerbare Energien. https://www.unendlich-viel-energie.de/presse/pressemitteilungen/repraesentative-umfrage-weiterhin-rueckenwind-fuer-erneuerbare-energien. Zugegriffen 08. 05. 2017.

Arnold, H. (2004). Rezension zu Hans Gebhardt, Paul Reuber, Günter Wolkersdorfer (Hg.): Kulturgeographie. Aktuelle Ansätze und Entwicklungen. Heidelberg, Berlin 2003. *geographische revue 6* (2), 99–103.

Becker, S. & Naumann, M. (2016). Energiekonflikte nutzen. Wie die Energiewende vor Ort gelingen kann. http://transformation-des-energiesystems.de/sites/default/files/EnerLOG_Broschuere_Energiekonflikte_nutzen.pdf. Zugegriffen 01. 02. 2017.

Berndt, C. & Pütz, R. (Hrsg.). (2007). *Kulturelle Geographien. Zur Beschäftigung mit Raum und Ort nach dem Cultural Turn*. Bielefeld: Transcript.

BMUB & UBA (Hrsg.). (2017). *Umweltbewusstsein in Deutschland 2016. Ergebnisse einer repräsentativen Bevölkerungsumfrage*. Berlin: Selbstverlag.

Bruns, D. & Kühne, O. (2013). Landschaft im Diskurs. Konstruktivistische Landschaftstheorie als Perspektive für künftigen Umgang mit Landschaft. *Naturschutz und Landschaftsplanung 45* (3), 83–88.

Bundesgesetzblatt. (2015). Gesetz zur Änderung von Bestimmungen des Rechts des Energieleitungsbaus. Vom 21. Dezember 2015. http://www.bmwi.de/Redaktion/DE/Downloads/Gesetz/gesetz-zur-aenderung-von-bestimmungen-des-rechts-des-energieleitungsbaus.pdf?__blob=publicationFile&v=6. Zugegriffen 22. 02. 2017.

Bundesnetzagentur. (2017). Fragen & Antworten zum Netzausbau. https://www.netzausbau.de/SharedDocs/Downloads/DE/Publikationen/FAQ.pdf?__blob=publicationFile. Zugegriffen 19. 05. 2017.

Chilla, T. (2007). Zur politische Relevanz raumbezogener Konflikte. Das Beispiel der Naturschutzpolitik in der Europäischen Union. *Erdkunde 61* (1), 13–25.

Critchley, S. & Marchart, O. (2004). Introduction. In S. Critchley & O. Marchart (Hrsg.), *Laclau. A critical reader* (S. 1–13). London: Routledge.

Dahrendorf, R. (1969 [1958]). Zu einer Theorie des sozialen Konflikts. In W. Zapf (Hrsg.), *Theorien des sozialen Wandels* (S. 108–123). Köln: Kiepenheuer & Witsch.

Dahrendorf, R. (1972). *Konflikt und Freiheit. Auf dem Weg zur Dienstklassengesellschaft*. München: Piper.

Dzudzek, I., Kunze, C. & Wullweber, J. (2012). Einleitung: Poststrukturalistische Hegemonietheorien als Gesellschaftskritik. In I. Dzudzek, C. Kunze & J. Wullweber (Hrsg.), *Diskurs und Hegemonie. Gesellschaftskritische Perspektiven* (S. 7–28). Bielefeld: Transcript.

Ehlers, E. (2005). Deutsche Geographie – Geographie in Deutschland: wohin des Weges? Anmerkungen aus Anlass der Publikation des Buches „Kulturgeographie. Aktuelle Ansätze und Entwicklungen." Hrsg. v. Hans Gebhardt, Paul Reuber, Günter Wolkersdorfer. Heidelberg 2003. *Geographische Rundschau 57* (9), 51–56.

Fritsch, M. (2008). Antagonism and Democratic Citizenship (Schmitt, Mouffe, Derrida). *Research in Phenomenology 38* (2), 174–197. doi:10.1163/156916408X286950

Gebhardt, H., Reuber, P. & Wolkersdorfer, G. (Hrsg.). (2003). *Kulturgeographie. Aktuelle Ansätze und Entwicklungen* (Spektrum Lehrbuch). Heidelberg: Spektrum Akademischer Verlag.

Glasze, G. (2013). *Politische Räume. Die diskursive Konstitution eines „geokulturellen Raums" – die Frankophonie*. Bielefeld: Transcript.

Glasze, G. & Mattissek, A. (2009a). Die Hegemonie- und Diskurstheorie von Laclau und Mouffe. In G. Glasze & A. Mattissek (Hrsg.), *Handbuch Diskurs und Raum. Theorien und Methoden für die Humangeographie sowie die sozial- und kulturwissenschaftliche Raumforschung* (S. 153–179). Bielefeld: Transcript.

Glasze, G. & Mattissek, A. (2009b). Diskursforschung in der Humangeographie: Konzeptionelle Grundlagen und empirische Operationalisierung. In G. Glasze & A. Mattissek (Hrsg.), *Handbuch Diskurs und Raum. Theorien und Methoden für die Humangeographie sowie die sozial- und kulturwissenschaftliche Raumforschung* (S. 11–59). Bielefeld: Transcript.

Glasze, G. & Mattissek, A. (Hrsg.). (2009c). *Handbuch Diskurs und Raum. Theorien und Methoden für die Humangeographie sowie die sozial- und kulturwissenschaftliche Raumforschung*. Bielefeld: Transcript.

Hook, S. (2018). ‚Energiewende': Von internationalen Klimaabkommen bis hin zum deutschen Erneuerbaren-Energien-Gesetz. In O. Kühne & F. Weber (Hrsg.), *Bausteine der Energiewende* (S. 21–54). Wiesbaden: Springer VS.

Jørgensen, M. & Phillips, L. (2002). *Discourse Analysis as Theory and Method*. London: SAGE Publications.

Kalyvas, A. (2009). The Democratic Narcissus: The Agonism of the Ancients Compared to that of the (Post)Moderns. In A. Schaap (Hrsg.), *Law and Agonistic Politics* (S. 15–41). Farnham: Ashgate.

Kapoor, I. (2002). Deliberative Democracy or Agonistic Pluralism? The Relevance of the Habermas-Mouffe Debate for Third World Politics. *Alternatives 27* (4), 459–487. http://journals.sagepub.com/doi/pdf/10.1177/030437540202700403. Zugegriffen 13. 02. 2017.

Klüter, H. (2005). Geographie als Feuilleton. Anmerkungen zu dem Buch „Kulturgeographie. Aktuelle Ansätze und Entwicklungen". Hrsg: H. Gebhardt, P. Reuber, G. Wolkersdorfer. Heidelberg, Berlin 2003. *Berichte zur deutschen Landeskunde 79* (1), 125–136.

Kühne, O. (2006). *Landschaft in der Postmoderne. Das Beispiel des Saarlandes*. Wiesbaden: DUV.

Kühne, O. (2017). *Zur Aktualität von Ralf Dahrendorf. Einführung in sein Werk* (Aktuelle und klassische Sozial- und Kulturwissenschaftler|innen). Wiesbaden: Springer VS.

Kühne, O. (2018). ‚Neue Landschaftskonflikte' – Überlegungen zu den physischen Manifestationen der Energiewende auf der Grundlage der Konflikttheorie Ralf Dahrendorfs. In O. Kühne & F. Weber (Hrsg.), *Bausteine der Energiewende* (S. 163–186). Wiesbaden: Springer VS.

Kühne, O. & Weber, F. (2015). Der Energienetzausbau in Internetvideos – eine quantitativ ausgerichtete diskurstheoretisch orientierte Analyse. In S. Kost & A. Schönwald (Hrsg.), *Landschaftswandel – Wandel von Machtstrukturen* (S. 113–126). Wiesbaden: Springer VS.

Kühne, O. & Weber, F. (2017). Conflicts and negotiation processes in the course of power grid extension in Germany. *Landscape Research online first*, 1–13. http://www.tandfon line.com/doi/full/10.1080/01426397.2017.1300639. Zugegriffen 30.03.2017.

Kühne, O. & Weber, F. (2018). Bausteine der Energiewende – Einführung, Übersicht und Ausblick. In O. Kühne & F. Weber (Hrsg.), *Bausteine der Energiewende* (S. 3–19). Wiesbaden: Springer VS.

Kühne, O., Weber, F. & Jenal, C. (2016). Der Stromnetzausbau in Deutschland: Formen und Argumente des Widerstands. *Geographie aktuell und Schule 38* (222), 4–14.

Laclau, E. (1990). *New Reflections on the Revolution of our Time* (Phronesis). London: Verso.

Laclau, E. (1993). Discourse. In R. E. Goodin & P. Pettit (Hrsg.), *A companion to contemporary political philosophy* (S. 431–437). Oxford: Blackwell.

Laclau, E. (2007). *On Populist Reason*. London: Verso.

Laclau, E. & Mouffe, C. (1985). *Hegemony and Socialist Strategy. Towards a Radical Democratic Politics*. London: Verso.

Laclau, E. & Mouffe, C. (2015 [engl. Orig. 1985]). *Hegemonie und radikale Demokratie. Zur Dekonstruktion des Marxismus* (5., überarbeitete Auflage). Wien: Passagen Verlag.

Langer, K., Kühne, O., Weber, F., Jenal, C., Sanio, T. & Igel, M. (2016). *Analyse des öffentlichen Diskurses zu gesundheitlichen Auswirkungen von Hochspannungsleitungen – Handlungsempfehlungen für die strahlenschutzbezogene Kommunikation beim Stromnetzausbau. Werkzeugkasten*. Salzgitter: Handreichung, die per Mail beim Bundesamt für Strahlenschutz angefragt werden kann.

Leibenath, M. (2014). Landschaft im Diskurs: Welche Landschaft? Welcher Diskurs? Praktische Implikationen eines alternativen Entwurfs konstruktivistischer Landschaftsforschung. *Naturschutz und Landschaftsplanung 46* (4), 124–129.

Leibenath, M. & Otto, A. (2012). Diskursive Konstituierung von Kulturlandschaft am Beispiel politischer Windenergiediskurse in Deutschland. *Raumforschung und Raumordnung 70* (2), 119–131.

Leibenath, M. & Otto, A. (2013). Windräder in Wolfhagen – eine Fallstudie zur diskursiven Konstituierung von Landschaften. In M. Leibenath, S. Heiland, H. Kilper & S. Tzschaschel (Hrsg.), *Wie werden Landschaften gemacht? Sozialwissenschaftliche Perspektiven auf die Konstituierung von Kulturlandschaften* (S. 205–236). Bielefeld: Transcript.

Lennon, M. & Scott, M. (2015). Opportunity or Threat: Dissecting Tensions in a Post-Carbon Rural Transition. *Sociologia Ruralis* (online), 1–23. http://onlinelibrary.wiley.com /doi/10.1111/soru.12106/epdf. Zugegriffen 28.11.2016.

Marchart, O. (2007). Eine demokratische Gegenhegemonie – Zur neo-gramscianischen Demokratietheorie bei Laclau und Mouffe. In S. Buckel & A. Fischer-Lescano (Hrsg.), *Hegemonie gepanzert mit Zwang. Zivilgesellschaft und Politik im Staatsverständnis Antonio Gramscis* (Staatsverständnisse, Bd. 11, S. 105–120). Baden-Baden: Nomos.

Mattissek, A. (2008). *Die neoliberale Stadt. Diskursive Repräsentationen im Stadtmarketing deutscher Großstädte*. Bielefeld: Transcript.

Mattissek, A. & Reuber, P. (2004). Die Diskursanalyse als Methode in der Geographie – Ansätze und Potentiale. *Geographische Zeitschrift 92* (4), 227–242.

McGuirk, P. M. (2001). Situating communicative planning theory: context, power, and knowledge. *Environment and Planning A 33* (2), 195–217. doi:10.1068/a3355

Mouffe, C. (1999). Dekonstruktion, Pragmatismus und die Politik der Demokratie. In C. Mouffe (Hrsg.), *Dekonstruktion und Pragmatismus. Demokratie, Wahrheit und Vernunft* (S. 11–35). Wien: Passagen-Verlag.

Mouffe, C. (2005). *On The Political*. London: Routledge.

Mouffe, C. (2007a). Pluralismus, Dissens und demokratische Staatsbürgerschaft. In M. Nonhoff (Hrsg.), *Diskurs – radikale Demokratie – Hegemonie. Zum politischen Denken von Ernesto Laclau und Chantal Mouffe* (S. 41–53). Bielefeld: Transcript.

Mouffe, C. (2007b). *Über das Politische. Wider die kosmopolitische Illusion*. Frankfurt (Main): Suhrkamp.

Mouffe, C. (2010). *Das demokratische Paradox*. Wien: Turia + Kant.

Mouffe, C. (2014). *Agonistik. Die Welt politisch denken* (Bd. 2677). Berlin: Suhrkamp.

Nonhoff, M. (2010). Chantal Mouffe und Ernesto Laclau: Konflikivität und Dynamik des Politischen. In U. Bröckling & R. Feustel (Hrsg.), *Das Politische denken. Zeitgenössische Positionen* (S. 33–57). Bielefeld: Transcript.

Öko-Institut e. V. (1980). *Energie-Wende. Wachstum und Wohlstand ohne Erdöl und Uran*. Freiburg: Dreisam Verlag.

Otto, A. & Leibenath, M. (2013). Windenergielandschaften als Konfliktfeld. Landschaftskonzepte, Argumentationsmuster und Diskurskoalitionen. In L. Gailing & M. Leibenath (Hrsg.), *Neue Energielandschaften – Neue Perspektiven der Landschaftsforschung* (S. 65–75). Wiesbaden: Springer VS.

Roßmeier, A., Weber, F. & Kühne, O. (2018). Wandel und gesellschaftliche Resonanz – Diskurse um Landschaft und Partizipation beim Windkraftausbau. In O. Kühne & F. Weber (Hrsg.), *Bausteine der Energiewende* (S. 653–679). Wiesbaden: Springer VS.

Sontheim, T. & Weber, F. (2018). Erdverkabelung und Partizipation als mögliche Lösungswege zur weiteren Ausgestaltung des Stromnetzausbaus? Eine Analyse anhand zweier Fallstudien. In O. Kühne & F. Weber (Hrsg.), *Bausteine der Energiewende* (S. 609–630). Wiesbaden: Springer VS.

Stäheli, U. (1999). Die politische Theorie der Hegemonie: Ernesto Laclau und Chantal Mouffe. In A. Brocz & G. S. Schaal (Hrsg.), *Politische Theorien der Gegenwart*. (S. 141–166). Opladen.

Stratford, E., Armstrong, D. & Jaskolski, M. (2003). Relational spaces and the geopolitics of community participation in two Tasmanian local governments: a case for agonistic pluralism? *Transactions of the Institute of British Geographers* 28 (4), 461–472. doi:10.1111/j.0020-2754.2003.00104.x

Townshend, J. (2004). Laclau and Mouffe's Hegemonic Project: The Story So Far. *Political Studies* 52 (2), 269–288. doi:10.1111/j.1467-9248.2004.00479.x

Weber, F. (2013). *Soziale Stadt – Politique de la Ville – Politische Logiken. (Re-)Produktion kultureller Differenzierungen in quartiersbezogenen Stadtpolitiken in Deutschland und Frankreich.* Wiesbaden: Springer VS.

Weber, F. (2015). Diskurs – Macht – Landschaft. Potenziale der Diskurs- und Hegemonietheorie von Ernesto Laclau und Chantal Mouffe für die Landschaftsforschung. In S. Kost & A. Schönwald (Hrsg.), *Landschaftswandel – Wandel von Machtstrukturen* (S. 97–112). Wiesbaden: Springer VS.

Weber, F. (2016). The Potential of Discourse Theory for Landscape Research. *Dissertations of Cultural Landscape Commission* 31, 87–102. http://www.krajobraz.kulturowy.us.edu.pl/publikacje.artykuly/31/6.weber.pdf. Zugegriffen 14. 07. 2017.

Weber, F. (2017). „Dies- und jenseits" der Rohstoffgewinnung – Chancen und Grenzen von Aushandlungsprozessen. In Holemans GmbH (Hrsg.), *Stein im Brett. Gute Gründe für eine neue Kultur des Miteinanders am Niederrhein* (S. 47–60). Rees: Selbstverlag.

Weber, F. & Kühne, O. (2016). Räume unter Strom. Eine diskurstheoretische Analyse zu Aushandlungsprozessen im Zuge des Stromnetzausbaus. *Raumforschung und Raumordnung* 74 (4), 323–338. doi:10.1007/s13147-016-0417-4

Weber, F., Kühne, O., Jenal, C., Sanio, T., Langer, K. & Igel, M. (2016). Analyse des öffentlichen Diskurses zu gesundheitlichen Auswirkungen von Hochspannungsleitungen – Handlungsempfehlungen für die strahlenschutzbezogene Kommunikation beim Stromnetzausbau. Ressortforschungsbericht. https://doris.bfs.de/jspui/bitstream/urn:nbn:de:0221-2016050414038/3/BfS_2016_3614S80008.pdf. Zugegriffen 12. 07. 2017.

Weber, F., Jenal, C. & Kühne, O. (2016). Der Stromnetzausbau als konfliktträchtiges Terrain. The German power grid extension as a terrain of conflict. *UMID – Umwelt und Mensch-Informationsdienst* (1), 50–56. http://www.umweltbundesamt.de/sites/default/files/medien/378/publikationen/umid_01_2016_internet.pdf. Zugegriffen 20. 03. 2017.

Weber, F., Roßmeier, A., Jenal, C. & Kühne, O. (2017). Landschaftswandel als Konflikt. Ein Vergleich von Argumentationsmustern beim Windkraft- und beim Stromnetzausbau aus diskurstheoretischer Perspektive. In O. Kühne, H. Megerle & F. Weber (Hrsg.), *Landschaftsästhetik und Landschaftswandel* (S. 215–244). Wiesbaden: Springer VS.

Wenman, M. (2013). *Agonistic Democracy. Constituent Power in the Era of Globalisation.* Cambridge: Cambridge University Press.

White, J. (2010). Europe and the Common. *Political Studies* 58, 104–122. doi:10.1111/j.1467-9248.2009.00775.x

Florian Weber studierte Geographie, Betriebswirtschaftslehre, Soziologie und Publizistik an der Johannes Gutenberg-Universität Mainz. An der Friedrich-Alexander-Universität Erlangen-Nürnberg promovierte er zu einem Vergleich deutsch-französischer quartiersbezogener Stadtpolitiken aus diskurstheoretischer Perspektive. Von 2012 bis 2013 war Florian Weber als Projektmanager in der Regionalentwicklung in Würzburg beschäftigt. Anschließend arbeitete er an der TU Kaiserslautern innerhalb der grenzüberschreitenden Zusammenarbeit im Rahmen der Universität der Großregion und als wissenschaftlicher Mitarbeiter und Projektkoordinator an der Hochschule Weihenstephan-Triesdorf. Seit Oktober 2016 ist er als Akademischer Rat an der Eberhard Karls Universität Tübingen tätig. Seine Forschungsschwerpunkte liegen in der Diskurs- und Landschaftsforschung, erneuerbaren Energien sowie quartiersbezogenen Stadtpolitiken und Stadtentwicklungsprozessen im internationalen Vergleich.

Zwischen ‚Windwahn', Interessenvertretung und Verantwortung: Bürger*innenbeteiligung am Beispiel Windkraft im Spiegel von Neocartography und Spatial Citizenship

Denise Könen, Inga Gryl und Jana Pokraka

Abstract

Kartographische Visualisierungen sind ein machtvolles Mittel der Beteiligung an räumlichen Diskursen, weshalb sie auch von den Gegner*innen von Windkraftanlagen zur Kommunikation ihrer Interessen im Web2.0 eingesetzt werden. Der Bildungsansatz Spatial Citizenship scheint mit dieser Zielrichtung auf den ersten Blick kohärent zu sein. Dieser Aufsatz möchte aufzeigen, inwiefern sich Bildung für Spatial Citizenship hiervon dennoch unterscheidet und daher ein Bildungsdesiderat bleibt. Mittels theoretischer Forschung und kritischer Diskussion normativer Leitlinien von Bildung wird der Ansatz in relevanten Bereichen wie Bildung für Nachhaltige Entwicklung, Mündigkeit, Humanismus und Verantwortung konkretisiert. Als Quintessenz des Aufsatzes ist damit eine fundiertere Analyse des Dilemmas von Bürger*innenbewegungen im Rahmen der Energiewende möglich und es kann eine Option ihrer Ausgestaltung im Rahmen des Spatial Citizenship-Ansatzes eröffnet werden.

Keywords

Spatial Citizenship, Citizenship Education, Politische Bildung, Partizipation, Neogeography, Web2.0, Windkraft, Humanismus, Mündigkeit, Protest

1 Einleitung

Die Energiewende bringt Veränderungen mit sich, die trotz einer Orientierung an gewissen Standards von Nachhaltigkeit nicht für alle im gleichen Maße positive Auswirkungen haben, da Nachhaltigkeit nicht per se eine kurzfristige Win-Win-Situation ist (Danielzik und Flechtker 2010, S. 9 f.). Sie geht mit Handlungsspielräumen und einer Pluralität von Lösungsmöglichkeiten einher, die Platz für zahlreiche interessengeleitete und konträre Positionen bieten. Vor diesem Hintergrund rufen politische Programme und Entscheidungen zur Energiewende auch den Einspruch derjenigen auf den Plan, die sich benachteiligt sehen oder die mit Blick auf ihre durch die Rechtsordnung individuell gewährten Rechte, wie Eigentum oder körperliche Integrität in rechtlich relevanter Weise messbar benachteiligt sind. Es ist einem demokratischen System zu eigen, dass jene Gruppen, beispielsweise aus lokal betroffenen Anwohner*innen, sich Gehör verschaffen können und sollen (Johnson und Morris 2010, S. 90). Im Bereich der Windenergie etwa sind umfangreiche Proteste mit sich vernetzenden Bürger*inneninitiativen dahingehend anzutreffen, dass die messbaren, ökologischen, ästhetischen und gefühlten negativen Wirkungen von Windkraftanlagen (WKA) und Überlandleitungen von den in windreicheren Regionen lokalisierten Windanlagen zu den Verbraucher*innen thematisiert und als Argument gegen die Energiewende in der aktuell durch Staat und Wirtschaft geplanten Form angeführt werden (vgl. auch Dorda 2018; Eichenauer et al. 2018; Kühne 2018; Moning 2018; Weber 2018 in diesem Band). Diese Argumentation wird, wie die Web-Auftritte der Bürger*inneninitiativen zeigen, oftmals auch durch kartographische Visualisierungen im Sinne einer Neogeography (Goodchild 2009) bzw. Neocartography, also durch Lai*innen mit einfachen Mitteln des Web2.0 geschaffene kartographische Kommunikation, gestützt.

Der Bildungsansatz Spatial Citizenship (Gryl und Jekel 2012; Jekel et al. 2015) hat nun gerade zum Ziel, Lernende zu einer mündigen Beteiligung an raumplanerischen bzw. Raum-konstruierenden Diskursen mittels kartographischer Visualisierung zu befähigen. Bisherige Überlegungen haben jedoch gezeigt, dass nicht jede Web-Kartographie auch den Grundsätzen von Spatial Citizenship im Sinne von demokratischer Aushandlung und der Berücksichtigung grundlegender Menschenrechte entspricht (Pokraka et al. 2016, S. 84; Schulze et al. 2015, S. 10). Angesichts der durch bestimmte Karten initiierten faktischen *Nicht-Beteiligung* an der Energiewende durch eine bloße *Pseudo-Beteiligung* am Diskurs, die sich in der mangelnden Einflussnahme auf tatsächliche Entscheidung im Zusammenhang der Energiewende niederschlägt, und damit – zumindest im überwiegenden Maße – Nicht-Nachhaltigkeit der aufgezeigten Bürger*innenbeteiligung muss gefragt werden, inwiefern Spatial Citizenship hier als Bildungsansatz, der sich also gewissen normativen Ideen verpflichtet (von der Konzeption her einem humanistischen Bildungsideal; vgl. u. a. Zichy 2010), weiterer Konkretisierung entlang ethischer und moralischer Leitlinien bedarf. Dies ist notwendig, um die kartographisch gestützte Bürger*innenbeteiligung im Rahmen der Energiewende zu einer tatsächlich mündigen Partizipation im Sinne einer emanzipatorischen Citizenship Education (etwa im Sinne von Bennett et al. 2009, S. 112) zu machen, der sich der Spatial Citizenship-Ansatz bisher zumindest nominell verpflichtet.

Für diese Argumentation werden im vorliegenden Aufsatz eine bestehende Bürger*innenbewegung exemplarisch und kritisch auf den Mündigkeitsgehalt ihrer kartographisch kommunizierten Ansätze hin untersucht (2) und die sich dabei auftuenden Lücken im Spatial Citizenship-Ansatz (3), etwa hinsichtlich Nachhaltigkeit (4) und Verantwortung (5), durch theoretische Forschung adressiert. Ziel ist damit die

Vertiefung der Konzeption von Spatial Citizenship – angeregt durch die, u. a. im Rahmen Politischer Ökologie thematisierter, Komplexität der Energiewende – sowie ein Prüfen bzw. Entwerfen der Möglichkeiten der Bürger*innenbeteiligung im Feld der Windenergie.

2   Energiewende, Protest und deren kartographische Visualisierung am Beispiel von Windenergie

Bundesweit existieren unterschiedliche Ansätze des Engagements von Bürger*innen am Diskurs rund um die Planungsprozesse von Windkraftanlagen. Diese Ansätze erwachsen teils aus unabhängigen Bürger*inneninitiativen und -vereinen, werden aber auf der anderen Seite auch von öffentlichen Institutionen initiiert (Becker et al. 2016; Becker et al. 2012, S. 46 ff.; Kühne und Weber 2016, S. 207 f.; Roßmeier et al. 2018 in diesem Band). Hierbei ist es in beiden Fällen keine Seltenheit, mit kartographischen Darstellungen zur Beteiligung an den jeweiligen Projekten aufzurufen. Beide Herangehensweisen sollen im Folgenden anhand von Beispielen vorgestellt werden, um die Energiewende, ihre kartographische Rezeption und die dadurch gestützte Argumentation sowie zugrundeliegenden Diskurse näher zu beleuchten. Dabei ist festzustellen, dass die Intentionen staatlich-hegemonialer und privatbürgerlicher Energieinitiativen sich längst nicht mehr gegensätzlich zueinander positionieren, wie es beispielsweise in den Protesten der Anti-Atomkraft-Bewegung der 1970er der Fall war. Sowohl der Ausstieg der USA aus dem Pariser Klimaabkommen (vgl. UN 2015, o. S.) und die mindestens uneindeutige Haltung des gegenwärtigen US-Präsidenten Trump, wenn es um den anthropogenen Klimawandel geht (Carroll 2017, o. S.), als auch die Forderung des Berliner Kreises der CDU (Berliner Kreis in der Union 2017, o. S.) nach Zurückhaltung bzgl. des Ausbaus erneuerbarer Energien, sind Indikatoren einer Klientelpolitik, die Positionen von WKA-Gegner*innen sehr entgegen kommt.

Dies lässt sich u. a. dem ersten Beispiel einer Online-Initiative erkennen, die unter dem Titel ‚Windwahn' (Windwahn 2017a, o. S.) auf vermeintliche Missstände im Bereich der Windenergie aufmerksam machen möchte. Ziel der Plattform ist die Agitation gegen Windkraftanlagen, erneuerbare Energien im Allgemeinen und den anthropogenen Klimawandel sowie die Kommunikation von Vernetzungsmöglichkeiten mit lokalen Initiativen im gesamten Bundesgebiet. Die Beweggründe des Protestes seitens der Aktivist*innen gegen die Errichtung von WKA sind zwar heterogen, wobei sich die zentralen Argumente auf angebliche landschafts- und natur- bzw. gesundheitsschutzbezogene Aspekte beziehen. So verweist ‚Windwahn' beispielsweise in mehreren Artikeln auf die angebliche gesundheitliche Belastung durch Infraschall (Windwahn 2017b, o. S.), die Forschungsergebnisse der an dieser Stelle zitierten Studien sind aber in den meisten Fällen im Bereich der grauen Literatur angesiedelt und haben kein wissenschaftliches Review-Verfahren durchlaufen oder es wurden Auswirkungen von Infraschall auf nicht-menschliche Lebewesen (Meerschweinchen,

Katzen) getestet (vgl. Lichtenhan und Salt 2013). In diesem Zusammenhang hält das Bayerische Landesamt für Umwelt (LfU Bayern 2016, S. 8) fest, dass Auswirkungen akustisch nicht wahrnehmbarer Infraschallemissionen bisher nicht wissenschaftlich belegt werden konnten (vgl. Alves-Pereira und Branco 2006, S. 256). Nichtsdestotrotz nutzt ‚Windwahn' Publikationen zu Einzelfallstudien oder Erfahrungsberichte angeblich durch Windkraftanlagen Geschädigter (Windwahn 2017d, o. S.) zur Unterstützung eines populistischen Diskurses zum Zwecke der Emotionalisierung und Dramatisierung des Konflikts (vgl. Diehl 2012, o. S.).

Darüber hinaus weisen die Argumentationsmuster auf der Seite einen deutlichen Hang zu Verschwörungstheorien (Vorwürfe der „Gehirnwäsche" durch eine angebliche Staatsdoktrin im Zusammenhang mit Forschung und Berichterstattung zum anthropogenen Klimawandel (Windwahn 2017c, o. S.)) auf und bedienen sich oftmals subjektiv-ästhetischer Argumente hinsichtlich der wahrgenommenen (visuellen) ‚Zerstörung von Landschaft'. Daher erscheint es notwendig, die soziale Konstruktion des Landschaftsbegriffs (Kühne und Weber 2016, S. 9 f.; Linke 2018; Roßmeier et al. 2018 in diesem Band) und das Verlangen zur Erhaltung bzw. Wiederherstellung dieses Landschaftsideals zu analysieren: „Nicht in der Natur der Dinge, sondern in unserem Kopf ist die ‚Landschaft' zu suchen; sie ist ein Konstrukt, das einer Gesellschaft zur Wahrnehmung dient, die nicht mehr direkt vom Boden lebt. Diese Wahrnehmung kann gestaltend und entstellend auf die Außenwelt zurückwirken, wenn die Gesellschaft beginnt, ihr so gewonnenes Bild als Planung zu verwirklichen" (Burckhardt 1980, S. 19 in Kook 2009, S. 22).

Dementsprechend kann auch die zur Initiative gehörige Onlinekarte (Abb. 1), in welcher bundesweite Initiativen gegen WKA verzeichnet sind, bildlich als Form der sozialen Artikulation und Metapher des sozialen Raumes verstanden werden (Felgenhauer 2015, S. 71). Mithilfe der Darstellung der Fülle an Bürger*inneninitiativen entsteht die strategische Regionalisierung (Werlen 2007, S. 127 ff.) einer Überrepräsentation von WKA als „ordnende Konstruktion von räumlichen Objekten und räumlichen Verhältnissen, die durch Akte der Verbildlichung stabilisiert werden" sollen (Felgenhauer 2015, S. 71). Dabei ist die Art der kartographischen Darstellung in diesem Fall eher problematisch zu bewerten. Obwohl jede kartographische Darstellung eine soziale Konstruktion der*des Kartograph*in repräsentiert (Harley 1989) und auch eine ‚gute Karte' durch bewusste Auswahl und Darstellung des Karteninhalts „a multitude of little white lies" erzählt (Monmonier 1991, S. 25), hängt ihr Wert im Sinne ihrer Aussagekraft davon ab, inwiefern geographische Operationen angewandt wurden, um ihren Inhalt ersichtlich machen zu können (ebd.). Insgesamt scheinen die Ersteller*innen der Karte den „Verführungen der leuchtenden Farben von Computer-basierten [bzw. digitalen] Grafikprogrammen" (ebd., S. 22) erlegen zu sein, was im Ergebnis nicht zur Seriosität und Qualität der kartographischen Darstellung beiträgt. Letztlich genügt diese Karte damit bereits nicht dem Spatial Citizenship-Ansatz, weil sie nicht konkurrenzfähig, im Sinne der Nutzung tradierter, rezipierbarer Sehgewohnheiten, kommuniziert.

Abbildung 1 Karte mit dem Titel „Karte der Bürgerinitiativen in Deutschland" eingebunden auf windwahn.com

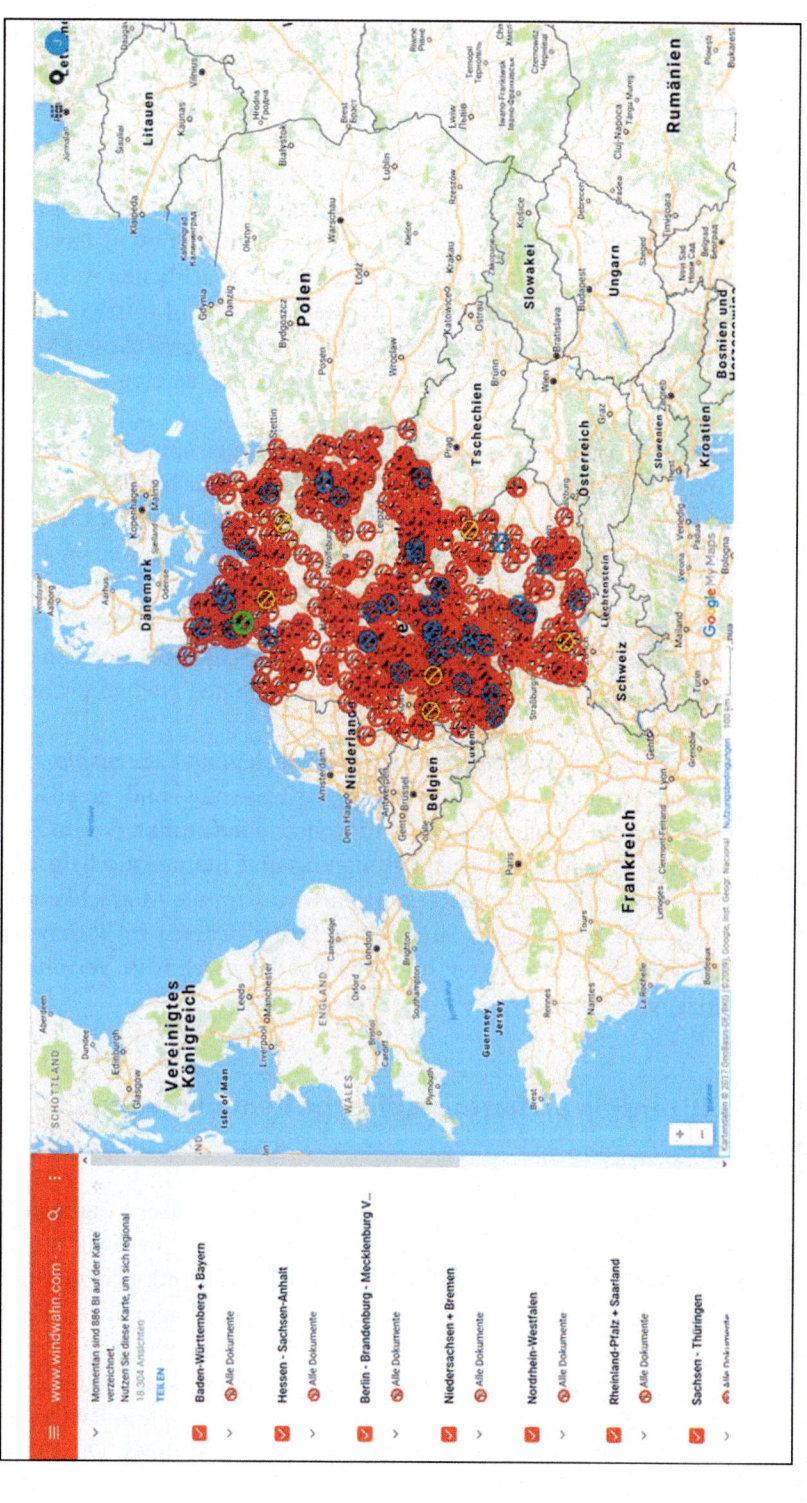

Quelle: Google Maps Screenshot, 16.06.2017

Die zweite Karte (Abb. 2) steht im Zusammenhang mit einem offiziellen Beteiligungsprojekt des Landes Schleswig-Holstein (BOB-SH 2016), welches darauf abzielt, ‚Vorranggebiete mit Ausschlusswirkung für die Windenergienutzung' auszuweisen und Bürger*innen über eine Onlineplattform Möglichkeiten der Stellungnahme zu bestimmten Vorranggebieten einzuräumen. Sie enthält zudem für jedes Gebiet die notwendigen Planungsdokumente mit Bewertungen der einzelnen Abwägungskriterien (ebd.). Obgleich eine Beteiligung der Öffentlichkeit in diesem Zusammenhang zunächst löblich erscheint, muss die Frage nach dem tatsächlichen Ausmaß der möglichen Partizipation gestellt werden. Auf Arnsteins *Ladder of Citizen Participation* (1969, S. 217 ff.) würde das Projekt, das einen klaren Top-Down-Ansatz verfolgt, allenfalls die Stufe der Beschwichtigung *(placation)* erreichen, da eine Kommunikation zwischen Beitragenden, aber auch von Seiten des Landes als Antwort auf Beiträge, nicht möglich bzw. vorgesehen ist und den Bürger*innen somit eine rein kommentierende Funktion zukommt (ebd.), deren Rezeption unklar bleibt (hierzu auch Stemmer und Kaußen 2018 in diesem Band). Hinzu kommt die Komplexität der Inhalte der Planungsdokumente, die Einflussmöglichkeiten auf einen kleinen Bereich von Interessierten reduziert, die (technisch) gut ausgebildet sind, was die Frage nach Möglichkeiten der Beteiligung marginalisierter Gruppen aufwirft (siehe hierzu vertiefend Kap. 4). Somit entspricht das Beteiligungsangebot Schleswig-Holsteins ebenfalls nicht den Anforderungen von Spatial Citizenship, da keine Beteiligung aller Bürger*innen im Sinne des Ansatzes gefördert wird.

Darüber hinaus ist fraglich, inwiefern beide Beispiele dem im Citizenship-Ansatz verhafteten Dilemma zwischen Interessenvertretung/Egoismus und gesellschaftlicher Verantwortung gerecht werden können und wollen; ein Konflikt, der im Zusammenhang mit mündiger gesellschaftlicher Beteiligung und humanistischem Gesellschaftsideal in den Kapiteln 4 und 5 weiter vertieft wird. Um die Möglichkeiten für das Kommunizieren und Handeln im Sinne eines Spatial Citizen im Rahmen des Windenergie-Diskurses zu identifizieren, soll zunächst der zugehörige Vermittlungsansatz Spatial Citizenship detaillierter vorgestellt werden.

3 Spatial Citizenship als kartographische Kommunikation von Protest

Der Ansatz Spatial Citizenship basiert auf der aktuellen Omnipräsenz digitaler Geomedien im Alltag, d. h. insbesondere einfacher digitaler Karten, die dank mobilem Internet und der Portabilität von Endgeräten nicht nur zunehmend jederzeit und an jedem Ort konsumiert werden, sondern die im Zuge der Neocartography auch durch jede*n selbst produziert und kommuniziert werden können. Nutzer*innen konsumieren, erheben, organisieren und (re-)präsentieren Daten auf ein- und derselben Plattform (Goodchild 2007, S. 212 ff.). Gesellschaftlicher Austausch und Partizipation können somit über Geomedien stattfinden (vgl. Jekel et al. 2015, S. 6). Der Öffnung

Zwischen 'Windwahn', Interessenvertretung und Verantwortung 213

Abbildung 2 Karte des Online-Beteiligungsplanes BOB-SH zum Sachthema Windenergie

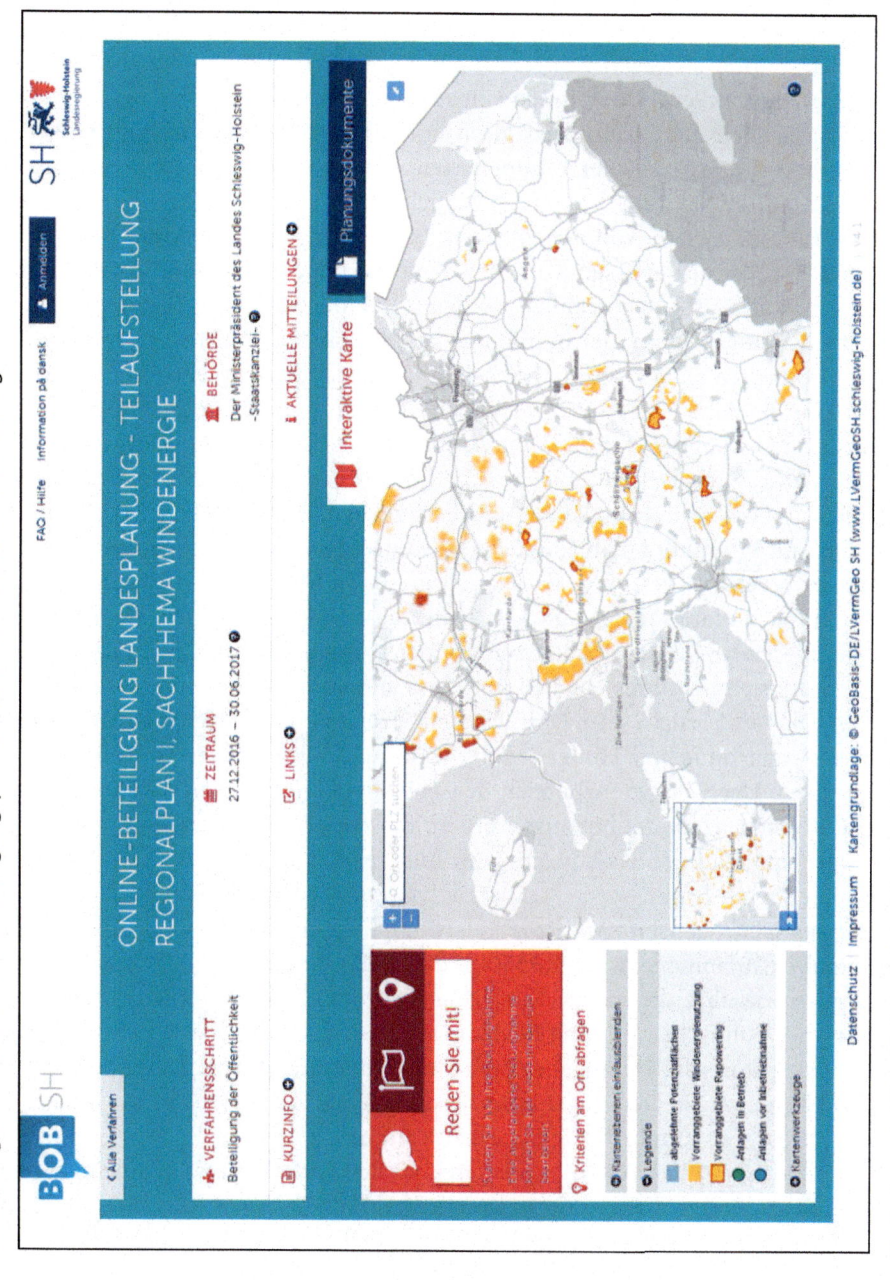

Quelle: Screenshot https://bolapla-sh.de/verfahren/992ab3d1-b56a-11e6-b452-005056 8a04d7/public/detail, 16.06.2017

dieser machtvollen Kommunikationsmittel für alle wird ein erhebliches Demokratisierungspotential zugeschrieben (Butler 2006, S. 777; Boulton 2010, S. 1). Spatial Citizenship will in diesem Zusammenhang über die Beteiligung an der Geomedien- bzw. Kartenproduktion (Mapping) zu einer mündigen Partizipation an gesellschaftlicher Raumdeutungen und Raumplanungsdiskursen, kurzum zu einer mündigen Raumaneignung (vgl. Daum 2006, S. 12 f.), befähigen. Auch im Konfliktfeld des Windkraft- und Stromnetzausbaus werden, wie oben dargestellt, digitale, auf Neocartography basierende Karten als machtvolle Informations- sowie Kommunikationsmittel auf Internetseiten diverser Akteur*innen eingebunden.

Um tatsächlich diese Kommunikation im Sinne eines Spatial Citizen tätigen zu können, bedarf es spezifischer Kompetenzen, die Gryl und Jekel (2012) vorgeschlagen und Schulze et al. (2015) in einem Modell ausformuliert haben. Dieses sollte in allen Bildungsbereichen, von der Primarstufe bis zum postsekundären Bereich, Gegenstand der Vermittlung sein, um den Anforderungen und Möglichkeiten einer geomedialen Gesellschaft gerecht zu werden (Gryl und Jekel 2012, S. 18 f.). Demnach verfügt ein Spatial Citizen, der in mündiger und verantwortungsvoller Weise mithilfe von Geomedien an zivilgesellschaftlichen Diskursen partizipiert, über Kompetenzen in den Bereichen *Technik & Methoden, Reflexion & Reflexivität* sowie im Bereich zur interessengeleiteten *Kommunikation & Partizipation* mit Geomedien (Gryl und Jekel 2012, S. 24 ff.; Jekel et al. 2015, S. 6 ff.). Die technisch-methodischen Kompetenzen umfassen die Fähigkeiten und Fertigkeiten, die eine aktive und adäquate Nutzung und Produktion von (digitalen) Geomedien verlangen (Schulze et al. 2015, S. 15). Der Bereich *Reflexion & Reflexivität* greift die Ideen der kritischen Kartographie (u. a. nach Harley 1989) auf. Das heißt, dass (digitale) Karten als machtvolle, sozial konstruierte Kommunikationsinstrumente angesehen werden (nach Lefebvre 1991), die hinsichtlich ihrer Quellen und ihrer Intention dekonstruiert werden müssen (vgl. Jekel et al. 2015, S. 7 f.). Des Weiteren bezieht sich Reflexivität auf den Prozess der Bewusstmachung bzw. Hinterfragung in Bezug auf den eigenen Umgang mit dem Geomedium. Der Kompetenzbereich der *Kommunikation & Partizipation* verweist auf die Kompetenzen, die benötigt werden, um die eigenen Interessen via Geomedien, vornehmlich über das Web2.0, zum Ausdruck zu bringen, zu verhandeln und zu argumentieren (ebd.).

Der Spatial Citizenship-Ansatz ist interdisziplinär zu verstehen, da er sich neben der räumlichen Domäne, widergespiegelt durch das Bewusstsein relationaler Raumkonzepte sowie über die soziale Konstruiertheit räumlicher Wirklichkeit, auch der Domäne der politischen Bildung bedient (Schulze et al. 2015, S. 15). Es wird hierbei eine emanzipatorische Herangehensweise vermittelt, die gesellschaftliche Rahmungen, wie hegemoniale Deutungsmuster und präsente Machtverhältnisse hinterfragt und zur (Neu-)Gestaltung bzw. Teilhabe aufruft (ebd.).

Den Gedanken, das Akteur*innen frei wählen, urteilen und handeln können, wird bereits unter dem Leitmotiv ‚praktische Vernunft' in Nussbaums (1999, S. 190 ff.) Fähigkeitenansatz (Capability Approach) mitgedacht, der ein Konzept zur Messung von Lebensqualität darstellt (Schmidhuber 2010, S. 150 f.). Während der Fähigkeitenansatz aber darauf abzielt, normativ definierte Fähigkeiten anzuwenden oder hoheitlich zu setzen, knüpft der Spatial Citizenship-Ansatz unter Rückbezug auf das Mündigkeitskriterium originär an die selbstautonome, individuelle Ausbildung von Kompetenzen an.

Die Parameter des Spatial Citizenship-Ansatzes verlaufen nicht entlang nationalstaatlicher Grenzen, sondern folgen meist fluiden Entitäten (beispielsweise Web-Communities) auf demokratischer Basis unter Achtung der UN-Menschenrechtskonventionen (Jekel et al. 2015, S. 6). Gerade diese Verbindung zwischen technologisch-repräsentativen, geographischen und politischen – auf Mündigkeit und Bürger*innenbewegung bezogenen – Komponenten macht Spatial Citizenship zu einem geeigneten Vermittlungs-, aber auch Analyseinstrument für die bürgerschaftlichen kartographischen Diskurse im Rahmen der Energiewende. Mit den Möglichkeiten und Grenzen des Spatial Citizenship-Ansatzes, dieser Aufgabe gerecht zu werden, wird sich das kommende Kapitel in Reflexion weiterer tangierender Ansätze beschäftigen.

4 Dilemma: Spatial Citizenship zwischen Interessen, Mündigkeit und Verantwortung

Die Energiewende generell und Windkraft im Speziellen sind Projekte, die unter dem Label der Nachhaltigkeit geführt werden und damit Gegenstand, Ankerbeispiel und Anwendungsfeld einer Bildung für Nachhaltige Entwicklung (BNE) sein können: Die Beispiele können zum Lernen über Nachhaltigkeit genutzt werden, ebenso wie das Handeln als Akteur*in in diesen Feldern eine Bildung im Bereich Nachhaltigkeit erfordert. Werden kartographische Kommunikationsmittel in diesen Feldern eingesetzt, muss der Spatial Citizenship-Ansatz mit Aspekten einer Bildung für nachhaltige Entwicklung verschnitten werden, wobei möglicherweise im Überschneidungsbereich der Ansätze zu füllende Leerstellen oder auch normative Konflikte auftauchen.

BNE als politisch – wie bereits in der entsprechenden UN-Dekade (2005–2014) und dem folgenden UNESCO-Weltaktionsprogramm (2015–2019) (BNE-Portal 2017) gezeigt – weithin akzeptierter und vielfach in nationalen Agenden implementierter Bildungsansatz strebt die Befähigung und positive Haltung zum nachhaltigen Handeln aller Bürger*innen an. Der dahinterliegende Nachhaltigkeitsbegriff zielt in einer Art „Dreieck der Nachhaltigkeit" (Bahr 2007, S. 11) auf einen Ausgleich der Felder Ökologie, Ökonomie und Soziales ab. Flankiert von technologischem Fortschritt sollen eine intergenerative und eine globale Gerechtigkeit erlangbar sein, bei der Ressourcen nicht zum Nachteil anderer – gegenwärtig oder in Zukunft lebender – verbraucht werden (Reuschenbach und Schockemöhle 2011, S. 3; BMBF 2002, S. 4, zit. nach Hauenschild und Bolscho 2013, S. 43). Im Rahmen der Vermittlung ist eine Gestaltungskompetenz (u. a. vorausschauendes Denken, interdisziplinäres Wissen, autonomes Handeln, Partizipation an gesellschaftlichen Entscheidungsprozessen (vgl. de Haan et al. 2008, S. 188; BNE-Portal 2017, o. S.) maßgeblich, die mindestens über die gestaltende Partizipation gesellschaftlicher Rahmungen einen interessanten Link zu Spatial Citizenship bietet. Inwiefern dieser Link jedoch tragfähig ist, zeigt eine Analyse nicht nur des pädagogischen Programms, sondern auch der politischen Agenda dahinter, die im Falle von BNE selbstverständlich deutlich erfolgreicher verfolgt wird. So möchte BNE Bürger*innen zu nachhaltigem Handeln erziehen und legitimiert dies – handlungstheoretisch korrekt – mit dem Beitrag der*des Einzelnen zu gesellschaftlichen Strukturen. Allerdings thematisiert BNE Adressat*innen vorrangig als Akteur*innen des Alltags, die Handlungen in ihrem alltäglichen Umfeld vornehmen. Selbstverständlich ist hier viel Potenzial für nachhaltiges Handeln (beispielsweise die Entscheidung für nachhaltigen Konsum) möglich. Doch andere Akteur*innen, die mit BNE selten explizit adressiert werden, und die spezifische Strukturen schaffen und festigen, sind in diesem Modell individueller alltäglicher Verantwortung, nicht aber politischer Verantwortung, schwer integrierbar. So wird der Widerspruch zwischen dem (pädagogisch intendierten) nachhaltigen Handeln von Bürger*innen und dem nicht nachhaltigen in einem Ungleichgewicht zugunsten des Feldes der Ökonomie, etwa auf staatlicher oder unternehmerischer Ebene, nicht aufgelöst (Hasse 2006, S. 37 ff.). BNE ist damit in Teilen auch eine Möglichkeit des Greenwashing (Emrich 2015, S. 26 ff.), das ökologisch sinnvolle (und ggf. nachhaltige) Aktivität in einigen Feldern initiiert, um von Inaktivität in anderen Segmenten abzulenken, und ist damit nicht vorbehaltlos an Spatial Citizenship und die Idee von mündigen Bürger*innen anschließbar. Dies wird insbesondere dadurch deutlich, dass das nicht gelöste Dilemma der individuell-alltäglichen Verantwortung und der Nicht-Verantwortung machtvoller Akteur*innen bei Vorhandensein von Reflexivität – wie in Spatial Citizenship gefordert – eher kontraproduktiv für die Ziele der BNE sein dürfte.

In Bezug auf das Beispiel der Bürger*innenbewegung zur Windenergie sind die Bürger*innen im Gegensatz zu den Zielen der BNE zunächst nicht als Gestalter*innen vorgesehen. Wie ausgeführt, können Plattformen der Top-Down-Beteiligung eher als pro-forma-Instrument der Zeugenschaft von Beteiligung denn als tatsächliche Option der Partizipation verstanden werden. Schlussendlich sind die Wünsche der Bürger*innen nicht nachhaltig hinsichtlich der Energiewende. Der Protest allerdings kristallisiert sich an den – tatsächlichen wie gefühlten – Nebenfolgen, von denen einige a) persönliche Interessen (Ästhetik, mögliche Gesundheit, Lebensqualität) und andere b) tatsächlich nicht-nachhaltige Nebenfolgen wie Gefahr für bedrohte Tierarten betreffen, wobei letztere freilich auch als weiteres Greenwashing-Argument genutzt werden können. Unter b) fallen im Übrigen auch Nebenfolgen im nicht-ökologischen Bereich wie der Abbau von Arbeitsplätzen im Braunkohletagebau, worin sich erneut das Dilemma der, nach obiger Definition, kaum möglichen Nachhaltigkeit in allen Feldern, zeigt, zumal die oftmals vorgeschlagene Rettung durch Technologie in der Komplexität der Nebenfolgen stets eine Utopie bleibt. Eine Bottom-Up-Beteiligung ergibt sich daraus, dass WKA in den Augen der Gegner*innen die negativen Auswirkungen auf die selbsternannt schwächsten Akteur*innen umlegen. Dass diese Strategie durchaus erfolgreich sein kann, zeigt die – der*dem Wähler*in und damit dem Wahlinteresse geschuldete – Entscheidung der Bundesregierung, Stromleitungen der Nord-Süd-Trasse kostenintensiv unter die Erde zu legen (Fittkau 2015, o. S.; Kühne et al. 2010, S. 4f.). Ein nicht-nachhaltiges Handeln kann daher, muss aber nicht, mit einem nicht-systemischen Verständnis einhergehen. Es kann auch aus der Erkenntnis der Unmöglichkeit der Nachhaltigkeit in allen Bereichen und dem Wunsch, eigene Interessen zu bedienen, entspringen.

Spatial Citizenship ermuntert explizit Akteur*innen, ihre eigenen Interessen zu kommunizieren (Jekel et al. 2015, S. 7). Sollte dies allerdings stets zu Ergebnissen führen, die eine deutlich negativere Bilanz im Sinne der Nachhaltigkeit (letztlich also Nicht-Nachhaltigkeit) nach sich ziehen, ist die Relevanz von Spatial Citizenship als Bildungsansatz für den Erhalt des Zusammenlebens in – freilich sich ändernden, gestaltbaren – Gesellschaften angegriffen. Daher sind tiefergehende Überlegungen nötig, dieses Dilemma zwischen eigener Freiheit und Verantwortung zu bearbeiten. Um einen stärkeren Einblick in die Divergenz von Interessen jenseits von einzelnen Akteur*innen zu haben, eignet sich die Politische Ökologie (Krings 2008, S. 6), die darstellt, dass konfligierende Interessen die ‚objektiv' nachhaltigste Lösung (eine vollkommen nachhaltige Lösung gibt es, wie erwähnt, nicht) oftmals verhindern. Im Exempel wird das Spiel der Interessent*innen und ihre Kommunikation durch die Schein-Beteiligung im Sinne der Top-Down-Beteiligung verfeinert, die wiederum deutlich mehr anderen Interessen dient als sie vorgibt. Politische Ökologie ist also ein exzellentes Analysetool, um die Akteur*innen in ihrer Nicht-Nachhaltigkeit und ihren divergenten Interessen vor dem Hintergrund der Utopie von Nachhaltigkeit zu verstehen. Dieser Ansatz ist damit eine zielführende Ergänzung von Spatial Citizenship im Rahmen der Kompetenz zur Reflexivität.

Allerdings fehlt Politischer Ökologie der verändernde, visionäre Charakter. Da Spatial Citizenship hier bisher lediglich an einer Interessenorientierung und aktivistischen Veränderungen gesellschaftlicher Rahmungen orientiert ist – verfeinert durch demokratische Prinzipien und universelle Menschenrechte – sind als Bildungsansatz, der im Sinne der Zielstellung von Bildung, die Gestaltung und Veränderung, nicht aber die Abschaffung von Gesellschaft ermöglichen soll, weitere Fragen nach Gemeinwohl und damit Verantwortung des Einzelnen zu klären. In seiner Interessengeleitetheit und den Grenzen der Nachhaltigkeit ist das Beispiel der Windenergie ein ideales, um jene Grenzen des Spatial Citizenship-Ansatzes auszuloten und durch theoretische Entwicklung voranzubringen. Dabei wird im Folgenden deutlich, dass viele bereits in Spatial Citizenship verortete Begriffe implizit hilfreiche Deutungen tragen, die an dieser Stelle expliziert werden sollen.

5 Theoretische Ansätze zum Füllen einer Leerstelle: Mündigkeit, Humanismus und Citizenship im Spiegel von Verantwortung

Um jene Leerstelle des Verantwortungsbegriffs in Spatial Citizenship in der interessengeleiteten Gestaltung zu füllen, werden im Folgenden a) Theorien zur Mündigkeit, b) zum humanistischen Weltbild und humanistischen Bildungsideal sowie c) Theorien zu Citizenship und Ansätze der Citizenship Education dementsprechend analysiert. a) und b) sind expliziter Bestandteil der Agenda des Spatial Citizenship-Ansatzes etwa im Sinne ‚mündiger Raumaneignung' (Jekel et al. 2010), während c) sogar Bestandteil des Namens ist und dieser Aspekt darüber hinaus in der gesellschaftlichen Rahmung des Ansatzes angelegt ist.

a) Mündigkeit

Der mündige Umgang mit Geomedien stellt einen maßgeblichen Bestandteil des Spatial Citizenship-Ansatzes dar. Mündigkeit deklariert für sich, ein – wenn nicht *das* – nominelle Erziehungsziel der schulischen Gegenwart zu sein (vgl. Detjen 2014, S. 211; Höffe 1996, S. 19). Alle weiteren Erziehungs- und Bildungsaufgaben sollen mit ihr konform gehen und verkörpern lediglich eine diesbezügliche Konkretisierung bzw. einen Anwendungsbezug innerhalb der Mündigkeit (vgl. Detjen 2014, S. 211).

Mündigkeit im bildungssprachlichen Kontext, welche auf einem Kant'schen Fundament fußt, versteht sich als Fähigkeit zur autonomen Lebensführung, die ein eigenverantwortliches Tun, Urteilen sowie Entscheiden inkludiert. Diese vollzieht sich jedoch nur durch den Rückgriff auf Sachwissen und auf die Bereitschaft, Verstand und Vernunft dem Gefühl überzuordnen (ebd.). Im Zentrum dieses Mündigkeitsbegriffs steht somit neben dem Freiheitsvermögen des handelnden Subjekts auch die dem Freiheitsvermögen inhärente Verantwortungspflicht (Speidel 2014, S. 69). Roth fasst dies als „sachlich, soziale und politische moralische Selbstbestimmung" zusammen, die für ihn die „Höchstform menschlicher Handlungsfähigkeit" (Roth 1976, S. 389) darstellt und welche lediglich – und das ist in diesem Kontext hervorzuheben – unter Einbezug des Sachverstandes (Sachkompetenz) sowie der sozialen Einsichtigkeit (Sozialkompetenz) zu erlangen ist (vgl. Roth 1976, S. 387 ff.). Sozio-moralisch mündiges Handeln vollzieht sich demnach entlang ethischer Prinzipien wie Freiheit, Gleichheit, Brüderlichkeit und Gerechtigkeit (ebd.). Mündig ist also nicht derjenige Mensch, der sich *nur* autonom verhält (vgl. Detjen 2014, S. 212). „Mündig ist derjenige, der sich verantwortlich zu entscheiden und hiernach zu handeln vermag" (ebd.). Im Zuge einer Erziehung zur Mündigkeit müssen nach Roth vier Barrieren (eigene Natur, äußere Natur, Mitmensch[en], moralische Prinzipien) überwunden werden, um als mündig handelnde Person angesehen zu werden (Roth 1976, S. 385 ff.). Die letztgenannten Barrieren konstatieren ausdrücklich den Sozialbezug sowie die „Auseinandersetzung mit den *moralischen Prinzipien* als Orientierungsanleitungen und

Handlungsanweisungen für das individuelle Handeln Sachen, Menschen und Gruppen gegenüber" (Roth 1976, S. 387).

Aregger definiert den Mündigkeitsbegriff über acht zu erwerbende Dimensionen (Selbst-, Sozial-, Wert-, Verantwortungs-, Erhaltungs-, Innovations-, Kultur-, Naturkompetenz) innerhalb der Erziehung und des Unterrichts (Aregger 1997, S. 79). Neben der Sozialkompetenz, welche sich in Gemeinschaftserziehung inkl. Konflikterziehung wiederfindet, können Werte- und Verantwortungskompetenz beschrieben werden als Vergegenwärtigung eigener und fremder Werte, um das eigene Verhalten vor sich und in Gemeinschaft(en) verantworten zu können (vgl. ebd.). Ferner seien mögliche Erziehungsschwerpunkte in den Bereichen Sachverständnis und sittliche Erziehung evtl. anhand moralischer Dilemmata zu setzen (vgl. ebd.). Demnach stellt (Mit-)Verantwortung gegenüber anderen Individuen eine Grundbedingung mündigen Handelns dar.

Da es aber stets um ein Handeln des Individuums geht, kann sich dessen Mündigkeit nicht in der Verantwortung gegenüber anderen erschöpfen. Dies knüpft an Adornos Mündigkeitsbegriff an, nach dem er in der unbedingten Autonomie – verstanden als Synonym für Mündigkeit und als „Kraft zur Reflexion, zur Selbstbestimmung, zum Nicht-Machen" (Adorno 1971a, S. 93) – „die einzig wahre Kraft" (ebd.) einer Erziehung (nach Auschwitz) sieht (vgl. Speidel 2014, S. 49). Ein an der Bildung orientiertes schulpädagogisches Handeln hat nach Adornos Diktum die Aufgabe, das Subjekt zu stärken und den Prozess der Mündigkeit, begriffen als „Herstellung des richtigen Bewusstseins" (Adorno 1971b, S. 107), zu fördern (vgl. Collmar 2004, S. 189). Adorno richtet den Fokus damit (zusätzlich) auf das selbstdenkende und -handelnde Individuum. Diese Wendung auf das Subjekt geht einher mit einer Abwehr der Macht des Kollektivs, da Adorno im völligen Gemeinschaftswesen die Bedrohung des Selbst bzw. des Mündigen sieht (Speidel 2014, S. 50). Mündigkeit determiniert nach Adorno folglich die persönliche Verantwortung vor dem selbstautonomen Verstand bzw. der Vernunft (vgl. Wille 2008, S. 211).

Der Umstand, dass Mündigkeit mit einer Verantwortung gegenüber anderen korrespondiert, hat zur Konsequenz, dass das oben aufgezeigte Beispiel der Online-Initiative ‚Windwahn' (Abb. 1), die gegen den Ausbau der Windkraftanlagen opponiert, augenscheinlich nicht im Rahmen von Mündigkeit und damit nicht im Rahmen des Spatial Citizenship-Ansatzes handelt, obwohl sie mithilfe von digitalen Karten an raumbezogenen Gestaltungsprozessen partizipiert. Das dargelegte bildungswissenschaftliche, philosophisch flankierte Verständnis von Mündigkeit ist ein soziales, auf gesellschaftliche Zusammenhänge und damit auf (Mit-)Verantwortung bezogenes. Reine dem Eigenwohl nützende Herangehensweisen bzw. das Vertreten rein egoistischer Interessen sind damit im Ausgangspunkt nicht mit Mündigkeit vereinbar. Wie die Anknüpfung der Mündigkeit an das Subjekt durch Adorno zeigt, kann der Aspekt der Mündigkeit jedoch nicht zu einer generellen Ablehnung egoistischer Minderheitsinteressen führen, da derartige Oppositionen einem demokratischen Diskurs immanent und für diesen schlicht konstituierend sind. Eine dem Mündigkeitsbegriff erwachsene Begrenzung erfahren egoistische Interessen jedoch dort, wo die Interessen anderer nicht nur unberücksichtigt bleiben, sondern in nicht hinzunehmender Weise zulasten des Kollektivs beeinträchtigt werden. Wenn die (sicherlich heterogenen) Ideen hinter ‚Windwahn', den Ausbau ‚vor der eigenen Haustür' abzulehnen, in Teilen soweit gehen, dass WKA andernorts toleriert und damit anderen Menschen bzw. Lebewesen zugemutet werden, dann erweisen sich diese entlang der *moralischen Prinzipien* (nach Roth) als nicht mündig.

b) Humanismus

Bisherige Ansätze, die Idee des Humanismus mit einer *Education for Spatial Citizenship* zusammen zu denken, fokussierten insbesondere auf das dem Ansatz inhärente humanistische Bildungsideal (Pokraka et al. 2017, S. 238) und auf den Konflikt zwischen demselben und neoliberalen Strategien von Bildungspolitik (vgl. Gryl und Naumann 2016, S. 19). Die Frage, die im Zusammenhang zwischen Humanismus, Spatial Citizenship und dem Widerstand gegen Windkraft beantwortet werden muss, lautet einerseits, ob und inwiefern sich ein humanistischer Gesellschaftsanspruch im Sinne von Spatial Citizenship und die Praxis der Anti-Windkraftaktivist*innen zusammendenken lassen. Andererseits muss auch das dem Spatial Citizenship-Ansatz immanente humanistische Ideal in Bezug auf die Kategorie Verantwortung im Spiel von Interesse vs. Gemeinwohl geprüft und möglicherweise konkretisiert werden.

Obwohl Straub (2012, S. 95) feststellt, dass *der* Humanismus per se nicht existiert, sondern zwischen unterschiedlichen Strömungen wie religiösem, dialektischem oder kritischem Humanismus unterschieden werden muss, definiert er drei Dimensionen des Humanismus: a) die „Anthropologische Bestimmung des Menschen", b) „Ethische & moralische Reflexionen" um Menschenwürde und -rechte und c) „Humanitäre Prinzipien für die menschliche Handlungspraxis" (ebd., S. 104). Den bisherigen Überlegungen der Zielstellung einer *Education for Spatial Citizenship* mit Ansätzen des Humanismus folgend, soll der Schwerpunkt der Betrachtung vor allem auf den beiden letztgenannten Aspekten liegen. Die Frage nach „[e]thischen [...] Reflexionen" wurde bisher im Ansatz vor allem in Bezug auf Menschenrechtskonventionen (UNGA 1948) im Spannungsfeld zwischen freier Meinungsäußerung bzw. Entfaltung der Persönlichkeit und der Verantwortung gegenüber dem Gemeinwohl thematisiert (vgl. Pokraka et al. 2016). Allerdings sollte vor dem Hintergrund der Anti-WKA-Proteste kritisch hinterfragt werden, worin genau die Pflichten der*des Einzelnen gegenüber der Gemeinschaft im Sinne der Menschenrechtskonventionen bestehen und ob nicht das Vertreten von Minderheiteninteressen, im Gegensatz zu einer ebenfalls möglichen Deutung der Durchsetzung von egoistischen Interessen, nicht vielmehr Ausdruck einer pluralistischen Gesellschaft ist, die Minderheitenrechte schätzt und schützt und somit einem humanistischen Gesellschaftsideal durchaus entspricht.

Die Abwägung, inwiefern Initiativen wie ‚Windwahn' „humanitären Prinzipien für die menschliche Handlungspraxis" (Straub 2012, S. 104) ent- bzw. widersprechen, erscheint in der Abwägung von Mündigkeit und Neoliberalismus allerdings schwieriger. Angelehnt an Foucaults „Kontrolldispositiv" (Foucault 2008 in ebd., S. 98) stellt Straub fest, dass das „Individuum [...] nicht zuletzt abhängig von jenen Institutionen und Personen, welche Selbstverwirklichung und Autonomie versprechen dürfen, verbürgen und vermitteln sollen, [bleibt]" (ebd., S. 98). Analog dazu konstatiert Marcuse ein dystopisches Bild der Gesellschaft „[that] manages all normal communication, validating or invalidating it in accordance with social requirements" (Marcuse 1964, S. 253). Dabei ist die Zielsetzung einer *Education for Spatial Citizenship* als emanzipatorischer Ansatz im Sinne von Habermas (1970) explizit nicht die Abkehr vom Pluralismus gesellschaftlicher Debatten oder die Verteidigung von Positionen zur Verfestigung institutioneller Machtpositionen oder staatlicher Interessen. Eine *Education for Spatial Citizenship* muss sich daher der normativen Setzungen von Schlagworten wie Mündigkeit und Selbstbestimmung bewusst sein (Pokraka und Gryl, im Druck) und den neoliberalen Kampfbegriff der „Wahlfreiheit (choice)" (Power 2009, S. 6) auch im Zusammenhang mit den Anti-WKA-Aktivist*innen und den offiziellen Beteiligungsprojekten im Bereich der erneuerbaren Energien (siehe Kapitel 2) kritisch dahingehend hinterfragen, welche Wahlmöglichkeiten für die*den Einzelne*n überhaupt bestehen und welche Auswirkungen die individuellen Wahlentscheidungen auf andere Mitglieder der Gesellschaft, insbesondere auf marginalisierte Gruppen haben, die ggf. in offiziellen Beteiligungsverfahren nicht gehört werden (Power 2009, S. 6). Das Ergebnis ist ein intersektionaler Humanismus, der feministische bzw. intersektionale Ansätze zur Ungleichheitsforschung (Crenshaw 1989) mitdenkt, die Spatial Citizenship bereits berücksichtigt (Pokraka 2016; Pokraka und Gryl, im Druck) und daraus einen humanistischen und zugleich am Interessenpluralismus orientierten Verantwortungsbegriff jenseits einer simplifizierten Umsetzung der Mehrheitsprinzips entwickelt. Für ‚Windwahn' würde dies bedeuten, sich mit ihrem Anliegen, abseits ihrer eigenen Plattform, innerhalb des pluralistischen gesellschaftlichen Diskurses zu erneuerbaren Energien zu positionieren und somit die Interessenvertretung, -kommunikation und -aushandlung Gleichgesinnter zu unterstützen und tatsächlich, wenn auch nur partiell, Einflussnahme auf die Gestaltung von politischen Entscheidungsprozessen zu nehmen.

c) Politische Bildung/Citizenship Education

Politische Bildung, Citizenship Education und generell Bildung sind entsprechend der politischen Grundidee der Vergesellschaftung des Menschen auf die Bildung von Individuen für eine Gesellschaft ausgerichtet, wobei je nach angestrebtem Gesellschaftssystem verschiedene Ausrichtungen anzutreffen sind. Die folgende Betrachtung fokussiert die Untersuchung entsprechend der Ausrichtung des Spatial Citizenship-Ansatzes und der Verortung der Thematik der Energiewende auf demokratische Systeme. Dennoch ist auch hier das generelle Problem der Ausrichtung zwischen einer*einem folgsamen, systemerhaltenden Bürger*in (die*der ggf. innerhalb des Systems kreativ ist) und der*dem kritischen, kreativen, systemändernden Bürger*in zu benennen (Johnson und Morris 2010, S. 78), das jedoch u. a. von DeLeon als Notwendigkeit in die letztere Richtung beschieden wird, „viewing education as a political, [...] using education to engender social change and to empower educational actors" (2006, S. 2). Die Komplexität der Aushandlung verschiedener Dimensionen reißt Nyers zwischen „unity and plurality, inside and outside, communal and plural, self and other, space and time" (2007, S. 3) an.

Spatial Citizenship bezieht sich explizit auf eine emanzipatorische, aktivistische Gestaltung von Citizenship (u. a. angelehnt an Bennett et al. 2009, S. 112), in der vorgegebene Rahmungen unter Beachtung der bereits genannten Grenzen – Menschenrechte und Prinzipien der demokratischen Verhandlung – geändert werden können. Demokratisierung und Beteiligung werden also insbesondere verstanden als Interessenkommunikation und -aushandlung. Tatsächlich sieht die politische Bildung das Kontroversitätsprinzip seit Langem als relevant und in einer komplexen Welt als umso bedeutungsvoller an: „Tragfähige Konsense können [...] nur über konfliktreiche Auseinandersetzungen erreicht werden" (Reinhardt 2005, S. 365; zur Konfliktthematik auch Becker und Naumann 2018; Kühne 2018; Weber 2018 in diesem Band).

Daher kann ein paternalistisches und übergriffiges Vorgreifen der Interessen anderer – trotz „intellectual empathy" (Paul 1993, o. S.) als Bestandteil politischer Bildung – nicht Zielstellung von Spatial Citizenship und seiner diesbezüglich gestalteten Beteiligung sein, weil die postmoderne Komplexität der Moral (Reinhardt 2005, S. 365) (unter Achtung gemeinsamer moralischer Standards wie den Menschenrechten) eine unendliche Zahl immer neu und aus vielfältigen Perspektiven zu bewertenden Situationen offeriert. Wohl aber ist eine Berücksichtigung der Rechte von Minderheiten in der Demokratie – vgl. die Betrachtungen zur Intersektionalität oben – und das Ziel der Reduktion von Ungerechtigkeit und Ungleichheit (Johnson & Morris 2010, S. 81 f.) davon unangetastet und sollte auch Zielstellung einer Kommunikation innerhalb von Spatial Citizenship sein. Auch deswegen ist neben der Kontroverse auch Aushandlung und schlussendlich Kollaboration nötig (Hatcher 2007, S. 9).

Die entsprechenden Citizenship-Modelle, die diesen hohen Anforderungen gerecht werden, werden oftmals gegen klassische Modelle kontrastiert: McLaughlin (1992, S. 245) unterscheidet zwischen „minimal citizenship" (obrigkeitshörig und pflichtbewusst) und „maximal citizenship" (kritisch und gestaltend). Westheimer und Khane konkretisieren dies in drei Stufen: „personally responsible citizen" („acts responsibly"), „participatory citizen" („participates in society from an individualistic perspective"), and „justice-oriented citizen" („motivated to change society [...] [and] concerned for justice") (2004, S. 240), wobei letztere den hier gesuchten Verantwortungsbegriff weg von der oberflächlichen Lesart von Verantwortung, weg von der rein subjektiven Interessenvertretung hin zu einem vom Gerechtigkeitsbegriff geprägten Veränderungswillen der Gesellschaft bringt. Dieses Modell weist einige Parallelitäten zum Erkenntnisinteresse bei Habermas auf, auf das sich Gryl et al. unter Nennung der drei Stufen – technologisch, partizipativ und emanzipatorisch – und expliziten Inwertsetzung der letzteren beziehen (2010, S. 5). Etwas komplexer als diese beiden Vorgehensweisen lösen allerdings Johnson und Morris die Problematik zwischen Eigeninteresse und Verantwortung/Gerechtigkeit auf, indem sie unter anderem folgende Orientierungen und Befähigungen formulieren „speaking with one's own voice", „responsible towards self and others", „concern for social justice and consideration of self-worth", „informed, responsible and ethical action and reflection", „acts against injustice and oppression" (2010, S. 90), die eine gewisse Balance erfordern.

Die Balance zwischen Eigeninteresse und den Interessen anderer mache es nach Paul unter Umständen sogar nötig, auch gelegentlich „intellectual arrogance" (1993, o. S.) walten zu lassen, im Sinne von „avoid looking at the evidence too closely" (ebd.), um überhaupt eigene Interessen zur Sprache zu bringen. Allerdings dürfen damit nicht Zynismus, intellektuelle Faulheit und Simplifikation (ebd.) einhergehen – und nicht Populismus. Es bedarf im Rahmen von „responsible citizenship" generell „intellectual (epistemological) humility [i. e. von Reflexivität hinsichtlich des eigenen Wissens], courage, integrity, perseverance, empathy, and fair-mindedness" (ebd.).

Das beständige Abwägen zwischen eigenen Interessen und der Verantwortung gegenüber der Gemeinschaft und ihrer vielfältigen Gruppierungen, das Bewusstsein der unperfekten Lösungen, der bestehenden Ungerechtigkeiten, aber auch der Möglichkeiten der Reduktion dieser (jedoch nicht der Abschaffung), der Umgang mit Komplexität sowie die Offenheit für immer neue Perspektiven in der Mehrdeutigkeit der Postmoderne sind also Leitlinien, die einer aktuellen Citizenship Education eigen sind und für Spatial Citizenship und das hier zu behandelnde Problem der kartographischen Interessenkommunikation im Diskurs der Energiewende herangezogen werden müssen. Dies bedeutet, bezogen auf den Fall ‚Windwahn' vor allem, dass stellenweise die intellektuelle Integrität der Kommunikation als unzureichend eingestuft werden und die Frage einer abwägenden Diskussion jenseits von Populismus gestellt werden muss.

6 Fazit

Der vorliegende Beitrag hat anhand zweier Beispiele gesellschaftlicher Aushandlungsprozesse im Rahmen von erneuerbaren Energien, in diesem Fall Windkraftanlagen, gezeigt, wie eng gesellschaftspolitische Diskurse rund um den anthropogenen Klimawandel mit dem Dilemma zwischen durch Eigeninteressen geleitetem Handeln und der Abwägung des Gemeinwohls verknüpft sind. Hierbei stellt das Konzept Spatial Citizenship im Sinne des mündigen, geomedialen gesellschaftlichen Austauschs eine gewinnbringende Basis für Reflexionen der vorliegenden Diskurse dar, die im Zusammenhang des untersuchten Feldes um notwendige Ansätze ergänzt, expliziert und letztlich weiterentwickelt wurde.

Vor dem Hintergrund der dem Spatial Citizenship-Ansatz immanenten Prämisse der Notwendigkeit der Kommunikation eigener Interessen unter gleichzeitiger Beachtung des konstruktiven gesellschaftlichen Zusammenlebens wurde der Ansatz gewinnbringend um Anleihen aus der Politischen Ökologie erweitert. Mit dieser dienlichen Anreicherung wird das Erfordernis für ein Bewusstsein über konfligierende Interessen, die hemmend für ökologisch nachhaltige Lösungen sind, deutlich. Dadurch wird die in Spatial Citizenship verortete Reflexivität im Hinblick auf gesellschaftliche Verantwortung unterschiedlicher Akteur*innen gestärkt. Vor allem in der Reflektion der Anti-Windkraftaktivist*innen sind hiermit auch notwendige Vertiefungen der Konzepte Mündigkeit und Humanismus verbunden. Es hat sich gezeigt, dass Pluralität im Sinne eines humanistischen Gesellschaftsideals Bedeutung trägt und es im Sinne von Spatial Citizenship wichtig ist, auch Minderheitenpositionen einzunehmen und zu kommunizieren. Diese werden von ‚Windwahn' allerdings nur vermeintlich eingenommen, da sie unlängst – gespiegelt durch populistische Diskurse in der Bundes- und Weltpolitik – beginnen, energiepolitische Diskurse zu beeinflussen. Daher sind intersektionale Perspektiven und Ansätze innerhalb eines Spatial Citizenship-Ansatzes für die Debatte und Anti-WKA-Proteste gewinnbringend, die im Gegensatz zu BNE nicht auf einer individuellen, handlungstheoretischen und in Bezug auf Nachhaltigkeit eigenverantwortlichen Ebene verbleiben (so etwa im Rahmen von bloß ästhetisch-naturschützendem Greenwashing unter Ausblendung anderer Gesellschaftsprobleme), sondern weitere relevante Kategorien und politische sowie ökonomische Wirkmechanismen einbeziehen und reflektieren. Dabei ist es, ebenfalls im Sinne von Spatial Citizenship, notwendig, sich auf Basis eines emanzipatorischen, durch Bildung geprägten Citizenship-Verständnisses in den breiten gesellschaftlichen Diskurs mit sachlicher Argumentation einzubringen und auf populistische Anleihen zu verzichten. Nur auf diese Weise kann dem Ziel, gesellschaftlicher Kollaboration in der Energiewende, tatsächlich näher gekommen werden.

Literatur

Adorno, T. W. [1966] (1971a). Erziehung nach Auschwitz. In G. Kadelbach (Hrsg.), *Theodor W. Adorno. Erziehung zur Mündigkeit – Vorträge und Gespräche mit Hellmut Becker 1959–1969* (S. 88–104). Frankfurt a. M.: Suhrkamp.

Adorno, T. W. [1966] (1971b). Erziehung – wozu? In G. Kadelbach (Hrsg.), *Theodor W. Adorno. Erziehung zur Mündigkeit – Vorträge und Gespräche mit Hellmut Becker 1959–1969* (S. 105–119). Frankfurt a. M.: Suhrkamp.

Alves-Pereira, M., & Castelo Branco, N. A. A. (2006). Vibroacoustic disease: Biological effects of infrasound and low-frequency noise explained by mechanotransduction cellular signalling. *Progress in Biophysics and Molecular Biology 93 (1-3)*, 256–279.

Aregger, K. (1997). *Erzieherische Leitbilder und Mündigkeit*. Aarau, Frankfurt a. M., Salzburg: Sauerländer.

Arnstein, S. R. (1969). A Ladder of Citizen Participation. *Journal of the American Planning Association 35 (4)*, 216–224.

Bahr, M. (2007). Bildung für nachhaltige Entwicklung – ein Handlungsfeld (auch) für den Geographieunterricht?! *Praxis Geographie 37 (9)*, 10–12.

Bayerisches Landesamt für Umwelt (LfU Bayern, Hrsg.) (2016). Windenergieanlagen – beeinträchtigt Infraschall die Gesundheit? https://www.lfu.bayern.de/buerger/doc/uw_117_windkraftanlagen_infraschall_gesundheit.pdf. Zugegriffen: 14. Juni 2017.

Becker, S. & Naumann, M. (2018). Energiekonflikte erkennen und nutzen. In O. Kühne & F. Weber (Hrsg.), *Bausteine der Energiewende* (S. 509–522). Wiesbaden: Springer VS.

Becker, S., Bues, A., & Naumann, M. (2016). Zur Analyse lokaler energiepolitischer Konflikte. Skizze eines Analysewerkzeugs. *Raumforschung und Raumordnung*. doi:10.1007/s13147-016-0380-0

Becker, S., Gailing, L., & Naumann, M. (2012). *Neue Energielandschaften – Neue Akteurslandschaften. Eine Bestandsaufnahme im Land Brandenburg*. Berlin: Rosa-Luxemburg-Stiftung.

Bennett, W. L., Wells, C., & Rank, A. (2009). Young citizens and civic learning: Two paradigms of citizenship in the digital age. *Citizenship Studies 13 (2)*, 105–120.

Berliner Kreis in der Union (2017). Klima- und energiepolitische Forderungen des Berliner Kreises. Pressemitteilung. http://berliner-kreis.info/pressemitteilungen. Zugegriffen: 14. Juni 2017.

BNE-Portal (2017). Das Weltaktionsprogramm in Deutschland. http://www.bne-portal.de/de/bundesweit/weltaktionsprogramm-deutschland. Zugegriffen: 14. Juni 2017.

BOB-SH (2016). Online Beteiligung Landesplanung – Teilaufstellung Regionalplan I, Sachthema Windenergie. https://bolapla-sh.de/verfahren/992ab3d1-b56a-11e6-b452-0050568a04d7/public/detail. Zugegriffen: 14. Juni 2017.

Boulton, A. (2010). Just maps: Google's democratic map-making community? *Carthographica 45 (1)*, 1–4.

Burckhardt, L. (1980). *Warum ist Landschaft schön? Die Spaziergangswissenschaft*. Kassel: Martin Schmitz.

Butler, D. (2006). Virtual globes: The web-wide world. *Nature*. doi:10.1038/439776a

Carroll, L. (2017). Does Donald Trump believe in man-made climate change? http://www.politifact.com/truth-o-meter/article/2017/jun/05/does-donald-trump-believe-man-made-climate-change/. Zugegriffen: 14. Juni 2017.

Collmar, N. (2004). *Schulpädagogik und Religionspädagogik. Handlungstheoretische Analysen von Schule und Religionsunterricht*. Göttingen: Vandenhoeck & Ruprecht.

Crenshaw K. (1989). Demarginalizing the intersection of race and sex: A black feminist critique of antidiscrimination doctrine, feminist theory and antiracist policy. *University of Chicago Legal Forum 1(8)*, 139–167.

Danielzik, C.-M., & Flechtker, B. (2012). Wer mit Zweitens anfängt. Bildung für nachhaltige Entwicklung kann Machtwissen tradieren. *iz3w 329*, 8–10.

Daum, E. (2006). Raumaneignung – Grundkonzeption und unterrichtspraktische Relevanz. *GW-Unterricht 103*, 7–16.

De Haan, G., Kamp, G., Lerch, A., Martignon, L., Müller-Christ, G., & Nutzinger, H. G. (2008). *Nachhaltigkeit und Gerechtigkeit. Grundlagen und schulpraktische Konsequenzen*. Berlin, Heidelberg: Springer VS.

DeLeon, A. P. (2006). Time for action now! *Journal for Critical Education Policy Studies 4 (2)*, 72–94.

Detjen, J. (2014). *Politische Bildung. Geschichte und Gegenwart in Deutschland*. München: Oldenbourg.

Diehl, P. (2012). Populismus und Massenmedien. Bundeszentrale für politische Bildung. http://www.bpb.de/apuz/75854/populismus-und-massenmedien?p=all. Zugegriffen: 14. Juni 2017.

Dorda, D. (2018). Windkraft und Naturschutz. In O. Kühne & F. Weber (Hrsg.), *Bausteine der Energiewende* (S. 749–772). Wiesbaden: Springer VS.

Eichenauer, E., Reusswig, F., Meyer-Ohlendorf, L. & Lass, W. (2018). Bürgerinitiativen gegen Windkraftanlagen und der Aufschwung rechtspopulistischer Bewegungen. In O. Kühne & F. Weber (Hrsg.), *Bausteine der Energiewende* (S. 633–651). Wiesbaden: Springer VS.

Emrich, C. (2015). *Nachhaltigkeits-Marketing-Management. Konzept, Strategien, Beispiele*. Berlin, Boston: De Gryter Oldenbourg.

Felgenhauer, T. (2015). Die visuelle Konstruktion gesellschaftlicher Räumlichkeit. In A. Schlottmann & J. Miggelbrink (Hrsg.), *Visuelle Geographien. Zur Produktion, Aneignung und Vermittlung von RaumBildern* (S. 67–83). Bielefeld: Transcript.

Fittkau, L. (2015). Die Kabel kommen unter die Erde. http://www.deutschlandfunk.de/diskussion-um-suedlink-die-kabel-kommen-unter-die-erde.724.de.html?dram:article_id=338931. Zugegriffen: 14. Juni 2017.

Foucault, M. (2008). *Der Wille zum Wissen. Bd. 1: Sexualität und Wahrheit*. Frankfurt a. M.: Suhrkamp.

Garske, P. (2013). Intersektionalität als Herrschaftskritik? Die Kategorie ‚Klasse' und das gesellschaftskritische Potential der Intersektionalitätsdebatte. In V. Kallenberg, J. Meyer & J. M. Müller (Hrsg.), *Intersectionality und Kritik. Neuer Perspektiven für alte Fragen* (S. 245–263).Wiesbaden: Springer VS.

Goodchild, M. (2009). NeoGeography and the nature of geographic expertise. *Journal of Location Based Services 3 (2)*, 82–96.

Goodchild, M. (2007). Citizens as sensors. The world of volunteered geography. *GeoJournal 69 (4)*, 211–221.

Gryl, I., & Jekel, T. (2012). Re-centering geoinformation in secondary education: Towards a spatial citizenship approach. *Cartographica 47 (1)*, 18–28.

Gryl, I., & Naumann, J. (2016). Mündigkeit im Zeitalter des ökonomischen Selbst? Blinde Flecken des Geographielernens bildungstheoretisch durchdacht. *GW-Unterricht*. doi:10.1553/gw-unterricht141s19

Gryl, I., Jekel, T., & Donert, K. (2010). GI and spatial citizenship. In T. Jekel, K. Donert, A. Koller & R. Vogler (Hrsg.), *Learning with Geoinformation V* (S. 2–11). Berlin: Wichmann.

Habermas, J. (1970). *Erkenntnis und Interesse*. Frankfurt a. M.: Suhrkamp.

Harley, J. B. (1989). Deconstructing the map. *Cartographica 26 (2)*, 1–20.

Hasse, J. (2006). Bildung für Nachhaltigkeit statt Umweltbildung? Starke Rhetorik – schwache Perspektiven. In B. Hiller & M. Lange (Hrsg.), *Bildung für nachhaltige Entwicklung. Perspektiven für die Umweltbildung* (S. 29–43). Münster: Zentrum für Umweltforschung.

Hatcher, R. (2007). ‚Yes, but How Do We Get There?' Alternative visions and the problem of strategy. *Journal for Critical Education Policy Studies 5 (2)*, 78–109.

Hauenschild, K., & Bolscho, D. (2013). *Bildung für nachhaltige Entwicklung in der Schule. Ein Studienbuch*. Frankfurt a. M.: Peter Lang.

Höffe, O. (1996). Moral und Erziehung. Zur philosophischen Begründung in der Moderne. In C. Gestrich (Hrsg.), *Ethik ohne Religion?* (S. 16–27). Berlin: Wichern-Verlag.

Jekel, T., Gryl, I., & Oberrauch, A. (2015). Education for Spatial Citizenship. Versuch einer Einordnung. *GW-Unterricht 137*, 5–13.

Jekel, T., Gryl I., & Donert, K. (2010). Spatial Citizenship. Beiträge von Geoinformation zu einer mündigen Raumaneignung. *Geographie und Schule 32 (186)*, 39–45.

Johnson, L., & Morris, P. (2010). Towards a framework for critical citizenship education. *Curriculum Journal 21 (1)*, 77–96.

Kook, K. (2009). *Landschaft als soziale Konstruktion. Raumwahrnehmung und Imagination am Kaiserstuhl*. Dissertation, Albert-Ludwigs-Universität Freiburg. Freiburg: Albert-Ludwigs-Universität.

Krings T. (2008). Politische Ökologie – Grundlagen und Arbeitsfelder eines geographischen Ansatzes zur Mensch-Umweltforschung. *Geographische Rundschau 60 (12)*, 4–9.

Kühne, O. (2018). „Neue Landschaftskonflikte" – Überlegungen zu den physischen Manifestationen der Energiewende auf der Grundlage der Konflikttheorie Ralf Dahrendorfs. In O. Kühne & F. Weber (Hrsg.), *Bausteine der Energiewende* (S. 163–186). Wiesbaden: Springer VS.

Kühne, O., & Weber, F. (2016). Landschaft – eine Annäherung aus sozialkonstruktivistischer Perspektive. In Bund Heimat und Umwelt in Deutschland (BHU) (Hrsg.), *Konventionen zur Kulturlandschaft. Dokumentation des Workshops „Konventionen zur Kulturlandschaft – Wie können Konventionen in Europa das Landschaftsthema stärken" am 1. und 2. Juni 2015 in Aschaffenburg* (S. 7–14). Bonn: Selbstverlag.

Kühne, O., & Weber, F. (2016). Zur sozialen Akzeptanz der Energiewende, *UmweltWirtschaftsForum*. doi:10.1007/s00550-016-0415-6

Kühne, O., Weber, F., & Jenal, C. (2016). Der Stromnetzausbau in Deutschland: Formen und Argumente des Widerstands. *Geographie aktuell und Schule 222 (38)*, 4–15.

Lefebvre, H. (1991). *The Production of Space*. Oxford: Blackwell.

Lichtenhan, J., & Salt, A. (2013). Amplitude modulation of audible sounds by non-audible sounds: Understanding the effects of wind turbine noise. *The Journal of the Acoustical Society of America 19*, 1–9.

Linke, S. (2018). Ästhetik der neuen Energielandschaften – oder: „Was Schönheit ist, das weiß ich nicht". In O. Kühne & F. Weber (Hrsg.), *Bausteine der Energiewende* (S. 409–429). Wiesbaden: Springer VS.

Marcuse, H. (1964). *One-dimensional man. Studies in the ideology of advanced industrial society*. London: Routledge.

McLaughlin, T. H. (1992). Citizenship, diversity, and education. A philosophical perspective. *Journal of Moral Education 21 (3)*, 235–250.

Moning, C. (2018). Energiewende und Naturschutz – Eine Schicksalsfrage auch für Rotmilane. In O. Kühne & F. Weber (Hrsg.), *Bausteine der Energiewende* (S. 331–344). Wiesbaden: Springer VS.

Monmonier, M. S. (1991). *How to lie with maps*. Chicago, London: University of Chicago Press.

Nussbaum, M. C. (1999). Menschliche Fähigkeiten, weibliche Fähigkeiten. In H. Pauer-Studer (Hrsg.), *Gerechtigkeit oder das gute Leben. Gender Studies* (S. 176–226). Frankfurt a. M.: Suhrkamp.

Nyers, P. (2007). Introduction: Why citizenship studies. *Citizenship Studies 11 (1)*, 1–4.

Paul, R. (1993). Critical thinking, moral integrity and citizenship. http://www.criticalthinking.org/pages/critical-thinking-moral-integrity-and-citizenship-teaching-for-the-intellectual-virtues/487. Zugegriffen: 15. Juni 2017.

Pokraka, J. (2016). Spatial citizenship for all? Impulses from an intersectionality approach. *GI_Forum 2016 (1)*. doi:10.1553/giscience2016_01_s262

Pokraka, J., & Gryl, I. (im Druck). KinderSpielRäume. Kinder als Spatial Citizens im Spiegel von Intersektionalität, Medialität und Mündigkeit. *Zdg*.

Pokraka, J., Gryl, I., Schulze, U., Kanwischer, D., & Jekel, T. (2017). Promoting learning and teaching with geospatial technologies using the spatial citizenship approach. In L. Leite, L. Dourado, A. S. Afonso & S. Morgado (Hrsg.), *Contextualizing Teaching to Improve Learning. The Case of Science and Geography* (S. 223–244). Hauppage, New York: Nova Science Publishers.

Pokraka, J., Könen, D., Gryl, I., & Jekel, T. (2016). Raum und Gesellschaft: Spatial Citizenship als Integration von Medien-, geographischer und politischer Bildung. In M. Kuckuck & A. Budke (Hrsg.), *Politische Bildung im Geographieunterricht* (S. 77–87). Stuttgart: Franz Steiner.

Power, N. (2009). *One-dimensional woman*. Winchester, Washington: Zero Books.

Reinhardt, S. (2005). Moralisches Lernen. In W. Sander (Hrsg.), *Handbuch politische Bildung* (S. 363–378). Schwalbach/Ts.: Wochenschau-Verlag.

Reuschenbach, M., & Schockemöhle, J. (2011). Bildung für nachhaltige Entwicklung. Leitbilder für den Geographieunterricht. *Geographie heute 32 (295)*, 2–10.

Roßmeier, A., Weber, F. & Kühne, O. (2018). Wandel und gesellschaftliche Resonanz – Diskurse um Landschaft und Partizipation beim Windkraftausbau. In O. Kühne & F. Weber (Hrsg.), *Bausteine der Energiewende* (S. 653–679). Wiesbaden: Springer VS.

Roth, H. (1976). *Pädagogische Anthropologie. Bd. 2: Entwicklung und Erziehung: Grundlagen einer Entwicklungspädagogik.* Hannover: Schroedel.

Schmidhuber, M. (2010). Ist Martha Nussbaums Konzeption des guten Lebens interkulturell brauchbar? Einige interkulturelle Aspekte des Fähigkeitenansatzes. *Polylog 23*, 101–113.

Schulze, U., Gryl, I., & Kanwischer, D. (2015). Spatial Citizenship – Zur Entwicklung eines Kompetenzstrukturmodells für eine fächerübergreifende Lehrerfortbildung. *ZGD 43 (2)*, 139–164.

Speidel, M. (2014). *Erziehung zur Mündigkeit und Kants Idee von Freiheit.* Frankfurt a. M.: Peter Lang.

Stemmer, B. & Kaußen, L. (2018). Partizipative Methoden der Landschafts(bild)bewertung – Was soll das bringen? In O. Kühne & F. Weber (Hrsg.), *Bausteine der Energiewende* (S. 489–507). Wiesbaden: Springer VS.

Straub, J. (2012). Personale Identität als Politikum. Notizen zur theoretischen und politischen Bedeutung eines psychologischen Grundbegriffs. In B. Henry & A. Pirni (Hrsg.), *Der asymmetrische Westen. Zur Pragmatik der Koexistenz pluralistischer Gesellschaften* (S. 41–80). Bielefeld: Transcript.

UNESCO Weltaktionsprogramm (o. J.). Einstieg. Bildung für nachhaltige Entwicklung. http://www.bne-portal.de/de/einstieg. Zugegriffen: 02. Mai 2017.

United Nations (UN) (2015). Paris Agreement. http://unfccc.int/paris_agreement/items/9485.php. Zugegriffen: 14. Juni 2017.

Generalversammlung der Vereinten Nationen (UNGA) (1948). Allgemeine Erklärung der Menschenrechte. http://www.un.org/depts/german/menschenrechte/aemr.pdf. Zugegriffen: 14. Juni 2017.

Weber, F. (2018). Von der Theorie zur Praxis – Konflikte denken mit Chantal Mouffe. In O. Kühne & F. Weber (Hrsg.), *Bausteine der Energiewende* (S. 187–206). Wiesbaden: Springer VS.

Werlen, B. (2007). *Sozialgeographie alltäglicher Regionalisierungen. Bd. 2: Globalisierung, Region und Regionalisierung.* Stuttgart: Franz Steiner.

Westheimer, J., & Khane, J. (2004). What kind of citizen? The politics of education and democracy. In K. Mündel & D. Schugurensky (Hrsg.), *Lifelong Citizenship Learning, Participatory and Social Change* (S. 67–79). Toronto: Tranformative Learning Centre, University of Toronto.

Wille, E. (2008). *Autonomie für die Schule. Begründungsmodelle, Argumentationsfiguren, Realisierungsprobleme und schulfachliche Bewertungen.* Hamburg: Igel.

Windwahn (2017a). Windwahn Startseite. http://www.windwahn.com/. Zugegriffen: 14. Juni 2017.

Windwahn (2017b). Schlagwort: Infraschall. http://www.windwahn.com/tag/infraschall/. Zugegriffen: 14. Juni 2017.

Windwahn (2017c). Erfahrungsberichte von Schallopfern. http://www.opfer.windwahn.de/ Zugegriffen: 14. Juni 2017.
Windwahn (2017d). Aufklärung gegen Gehirnwäsche und Staatsdoktrin. http://www.windwahn.com/2017/05/27/aufklaerung-gegen-gehirnwaesche-und-staatsdoktrin/. Zugegriffen: 14. Juni 2017.
Zichy, M. (2010). Das humanistische Bildungsideal. In M. Schmidhuber (Hrsg.), *Formen der Bildung. Einblicke und Perspektiven* (S. 29–42). Frankfurt a. M.: Peter Lang.

Denise Könen ist wissenschaftliche Mitarbeiterin an der Universität Duisburg-Essen und geht im Rahmen ihrer Dissertation der Frage nach, inwieweit urbane Erlebnispädagogik förderlich für eine mündige Partizipation von Kindern an gesellschaftlichen Gestaltungsprozessen sein kann.

Inga Gryl ist Professorin für Didaktik des Sachunterrichts mit dem Schwerpunkt Sozialwissenschaften an der Universität Duisburg-Essen. Sie beforscht die Rahmenbedingungen der Befähigung zu Mündigkeit und Partizipation in Raumaneignung und Alltagshandeln sowie Reflexion, Reflexivität und Innovativität in Bildungskontexten.

Jana Pokraka ist wissenschaftliche Mitarbeiterin an der Universität Duisburg-Essen und forscht im Zusammenhang ihres Promotionsvorhabens zu Prozessen des Sichtbarmachens und Bewusstwerdens kindlicher, intersektionaler räumlicher Exklusionsprozesse im Zusammenhang mit Möglichkeiten der mündigen Raumaneignung im Sinne einer *Education for Spatial Citizenship*.

Die Energiewende als Praktik

Fabian Faller

Abstract

Der Beitrag behandelt Praktiken der Energiewende am Beispiel der Strom- und Wärmeerzeugung aus Biomasse. Dazu gehören beispielsweise die Anlagenplanung und -finanzierung, die Ressourcenbeschaffung, Instandhaltungs- und Büroarbeit oder verschiedene Formen des Fortbildens. Die Analyse dieser und weiterer Praktiken ermöglicht ein vertieftes Verständnis über die Entwicklung struktureller Kontexte der Energiewende und wie sich deren praktische Bedeutung im Lauf der Zeit verändert. Solche Kontexte umfassen beispielsweise das Vorhandensein sozialer Netzwerke oder formaler Regularien des Biogasregimes. Insgesamt liefert der Beitrag damit einerseits regionale Einblicke in die Entstehung und Veränderung der Energiewende als raumzeitlicher Prozess. Andererseits wird ein neues konzeptionelles Verständnis sozio-technischer Transformationen angeboten, das Praktiken in den Mittelpunkt der Analyse setzt.

Keywords

Praktiken, Kontexte, Praktikentheorie, Energiewende, Transformationsforschung, Biogas, Fallstudie, empirischer Individualismus, Luxemburg, Rheinland-Pfalz

1 Einleitung

Durch den Ausbau erneuerbarer Energien schreitet die Energiewende beständig voran. Dieser Ausbau findet ‚in der Fläche' statt und vor allem in ländlichen Gebieten. Dort sind es einige wenige Akteure, die mit den Anlagen zu tun haben, wie Betreiber, Anlagenhersteller, Wartungsunternehmen, Anwohner(innen), Planer(innen) oder Politiker(innen). Bisher ist aber wenig darüber bekannt, wie sich im Laufe der Zeit durch Praktiken dieser Akteure ‚Energieregionen' bilden. Dieses ‚energetische Regionalisieren' untersucht dieser Beitrag am Beispiel der Biogaserzeugung.

Das empirische Interesse richtet sich dabei an die räumliche Dimension der Energiewende, insbesondere welche Bedeutung die Geographie für Erzeuger(innen) von erneuerbaren Energieanlagen hat. Dabei wird genaueres Augenmerk auf die landwirtschaftliche Biogaserzeugung gelegt, also die Erzeugung von Strom und Wärme durch Fermentation organischer Substanzen wie Mais, Gülle oder ‚Biomüll'. Ein Fokus auf diese Energieform ist vor dem Hintergrund der Prozesskette der Energieerzeugung interessant – bei Biogasanlagen liegt diese in der Regel in der Hand eines einzelnen Akteurs, dem/der Landwirt(in)[1] (Arbach 2013, S. 60; Hauff et al. 2008, S. 15). Er konfiguriert und betreibt seine Anlage, baut Rohstoffe an, erzeugt die Energie, nutzt sie selbst oder vermarktet sie. Bei anderen erneuerbaren Energien ist dies sehr selten der Fall. Damit stellt die Biogaserzeugung die erneuerbare Energieform dar, bei der die individuellen Betreiber der Anlage in vielfältige räumliche Praktiken verwickelt sind. Anhand einer Fallstudie aus Luxemburg und dem westlichen Rheinland-Pfalz wird dies genauer beleuchtet.

Der theoretisch-konzeptuelle Beitrag liegt im Angebot eines besseren Verständnisses der räumlichen Aspekte von Transformationsprozessen, wie bereits Faller (2016a) und Röhring (2016) es anstoßen (in weiteren Perspektiven auch Kühne 2018; Leibenath und Lintz 2018; Sturm und Mattissek 2018; Weber 2018 in diesem Band). Es wird eine sozial-konstruktivistische Sicht auf Raum angelegt: Raum ist nicht da, er wird von Akteuren konstituiert. Raum ist also Ergebnis sozialer Praktiken – und auch Bedingung (Harvey 1996, Werlen 1996). Dabei rücken Praktiken von Transformationen und deren räumliche Dimension in den Mittelpunkt. Zudem deuten Transformationen immer auf eine zeitliche Dimension hin. So adressiert der Beitrag auch, wie sich im Verlauf der Zeit Praktiken verändern und dadurch eine Transformation gestalten – am Beispiel der Energiewende und der Biogaserzeugung.

Der Beitrag geht zwei forschungsleitenden Fragen nach: (1) Welche strukturellen Kontexte der Energiewende, im Besonderen der Bioenergieerzeugung, werden in bestimmten räumlichen Zusammenhängen hervorgebracht? (2) Wie verändert sich der Einfluss dieser Kontexte im zeitlichen Verlauf und damit deren praktische Bedeutung? Um diese Fragen zu beantworten, wird zuerst ein theoretischer Rahmen geschaffen, dann kurz die gewählte Methodik erläutert und anschließend wesentliche Teile einer andernorts ausführlich dokumentierten Untersuchung (Faller 2016b) dargestellt. Daran schließt sich die Diskussion struktureller Kontexte an. Der Beitrag schließt mit einem Fazit.

---

1 Wenn im vorliegenden Beitrag von Akteur, Erzeuger, Landwirt oder ähnlichen Personen (im Plural Gruppen) gesprochen wird, wird damit auf das Genus des Wortes Bezug genommen und keinesfalls auf den Sexus. Damit schließen die Begriffe alle denkbaren Geschlechter mit ein.

2 Theoretisch-konzeptueller Ansatz

Um die Energiewende als Praktik zu begreifen, ist ein konzeptueller Ansatz erforderlich, der einerseits die Prozesse der Energiewende und andererseits Praktiken konsequent einbindet. Dabei haben sich in der Energiewendeforschung insbesondere die *transition studies* als Ansatz etabliert, um langfristige Transformationsprozesse sozio-technischer Systeme zu analysieren. Diese Systeme bestehen aus Akteursnetzwerken, formalen, normativen und kognitiven Regeln, physisch-materiellen sowie technischen Elementen. Wesentlich für deren Wandel sind technische Innovationen, die durch den Austausch von Wissen in sozialen Netzwerken ausgelöst werden (Geels 2002; Verbong und Geels 2007; Seiwald 2014). In den Forschungsfokus rücken zunehmend die langfristige Änderung von Routinen und Normen sowie deren Bedeutung für sozio-technische Transformationen. In jüngerer Zeit ist auch die räumliche Dimension von Transformationen[2] zum Gegenstand der Forschung geworden, auf welche Weise spezifische räumliche Kontexte für Innovationen und deren Ausbreitung bedeutsam werden (Coenen und Truffer 2012; Binz et al. 2014; Faller 2016a). Dabei wird hervorgehoben, dass jeglicher Transformationsprozess ein Ergebnis von reproduktiven und rekonfigurierender Aktionen ist. Diese Aktionen werden dabei von den eingangs genannten Akteuren durchgeführt, die die bestehenden Konfigurationen und Institutionen der Energiewende reflektieren – allerdings je individuell unterschiedlich (Jørgensen 2012, S. 997). Für eine sinnvolle Analyse bedeutet dies, das individuelle Perspektiven herauszuarbeiten sind. Den Forschungsfokus auf Praktiken individueller Akteure zu richten, unterstützt dieses Ansinnen konsequent (Späth/Rohracher 2010; Jørgensen 2012), also Praktikentheorien in die Transformationsforschung einzubinden und damit den Akteur als Individuum aufzufassen.

Praktikentheorien fokussieren Akteure und deren Sagen und Tun, durch die sie Gesellschaft konstituieren (Reckwitz 2002). Praktiken, wie beispielsweise im Kontext der Biogaserzeugung das Bauen oder Instandhalten einer Anlage, bestehen aus verschiedenen Elementen (Schatzki 2002; Shove et al. 2012): (1) Materialität, also physisch-materielle Komponenten wie Technik oder Gegenstände, alles, was man anfassen kann; (2) Kompetenzen, also Fähigkeiten, Wissen und Techniken mit etwas umzugehen und (3) Bedeutungen, also symbolische Werte und Normen. Durch Kombinationen und Rekombinationen dieser Elemente entstehen und verändern sich Praktiken. Damit bilden Praktiken die Grundlage für die Stabilität und Wandel gesellschaftlicher Prozesse. Diese Prozesse, wie beispielsweise die Energiewende, sind zugleich die Mechanismen für die Produktion gesellschaftlicher Raumverhältnisse und das alltägliche Geographie-Machen (Werlen 2007, 2010): Analytisch werden hier Praktiken „unter besonderer Berücksichtigung der räumlichen Bedingungen der materiellen Medien des Handelns, ihrer sozialen Interpretation und Bedeutung für das

---

2 Dieser Beitrag setzt das Englische *transition* dem Deutschen *Transformation* gleich.

gesellschaftliche Leben" (Werlen 2007, S. 66) fokussiert. Innerhalb der Transformationsforschung wird mit dieser Perspektive bisher vor allem das Alltagsleben im Konsumentenverhalten untersucht (bspw. McMeekin und Southerton 2012; Shove und Walker 2010), doch erste Beiträge diskutieren auch die Produzentenseite (bspw. Faller 2016a). Das bedeutet, dass es möglich wird, Transformationen wie die Energiewende als Resultat von Praktiken zu begreifen und gleichermaßen deren Geographien und Hervorbringungen von Räumen herauszuarbeiten, also die Kontexte zu beleuchten.

Für den vorliegenden Beitrag wird das ‚energetische Regionalisieren' (Faller 2016b) als Praktik beleuchtet, das grundlegend für die Konstitution der Wirtschaft im Kontext der Energiewende und ihrer Geographie ist. Für das energetische Regionalisieren sind vier Praktikenphänomene analytischer Gegenstand, die sich aus den oben genannten Kategorien ableiten: (1) physisch-materielle Komponenten, (2) individuelle Wissensbestände, (3) spezifische Praxisfelder und (4) gesellschaftliche Kontexte. Physisch-materielle Komponenten beinhalten im Energiekontext in Anlehnung an die *transition studies* beispielsweise Leitungsinfrastruktur, Anlagen zur Energieerzeug oder die natürliche Umwelt, also tangible Elemente. Individuelle Wissensbestände beziehen sich auf praktisches Wissen, also *knowing in practice* (Faulconbridge 2006). Erst durch dieses Wissen können Individuen spezifische Strukturen (Giddens 1984) sowie Gegenstände und Emotionen (Schatzki 2002) begreifen und nutzbar machen. Auch in den *transition studies* ist Wissen zentral, wobei hier insbesondere seine Erzeugung *(learning by doing, by using, by interacting)* und Diffusion im Fokus stehen. Gesellschaftliche Kontexte beinhalten nach Schatzki (2002) symbolische Werte und Normen, die strukturell Bedeutung für die Individuen entfalten und zwar über Rückbindung in Routinen eines spezifischen Praxisfelds. Diese Differenzierung von Werten und Normen sowie Routinen ist analytisch sinnvoll, da sie eine Unterscheidung zwischen dem Praxisfeld einer Praktik und dem gesellschaftlichen Rahmen, in den sie eingebettet ist, ermöglicht. Dies wird auch in den *transition studies* ähnlich konzipiert. Dort sind Werte übergeordnete kulturell-normative Wertvorstellungen, die Megatrend genannt werden. Normen und Routinen werden als Regeln und Normen (formal, normativ und kognitiv) eines sozio-technischen Regimes aufgefasst (bspw. sektorale Politiken, industrielle Netzwerke, etablierte Nutzerpraktiken). Im vorliegenden Konzept werden Routinen als Bestandteil des spezifischen Praxisfelds verstanden, Werte als Element des gesellschaftlichen Kontext aufgefasst und Normen, je nach Bezug, dem spezifischen Praxisfeld oder dem gesellschaftlichen Kontext zugeordnet.

Durch das energetische Regionalisieren setzen Individuen die vier Praktikenphänomene zueinander in Beziehung. Vor dem Hintergrund gesellschaftlicher Kontexte schreiben sie den Praxisfeldern Bedeutungen und Sinn als Erfahrungskontext und Deutungsmuster zu, setzten sie in Beziehung zu physisch-materiellen Komponenten und formen damit individuelle Wissensbestände. So konstituieren sie ihre individuellen Transformationsräume. Im zeitlichen Verlauf verändern sich die individuellen Erfahrungskontexte und Deutungsmuster und damit auch diese Transformationsräume. Nach Feldman (2000) sind für diesen evolutionären und transformativen Charakter von Praktiken und Räumen alternative Praktiken entscheidend.

Alternative Praktiken entstehen durch Praxisinnovationen oder durch Neukombinationen einzelner Elemente verschiedener Routinen. Es können entweder einzelne Elemente einer Praktik verändert oder neue Praktikenelemente in bestehende Praktiken integriert werden. Dadurch werden Praktiken erzeugt, die besser dazu geeignet sein sollen, eine Situation in ihrem spezifischen – auch geographischen – Kontext zu bewältigen. Auch nach Reckwitz (2002, S. 255) entfaltet sich das transformative Potenzial der Praktiken in diesen alltäglichen Rekombinationen des „Anders Machen". Transformationen können also als Ergebnis des Wandels von Praktiken verstanden werden.

Ausgehend von diesen konzeptuellen Überlegungen über Praktiken der Energiewende wird im Folgenden eine empirische Untersuchung vorgestellt, die sich mit dem energetischen Regionalisieren befasst.

3   Methodisches Vorgehen und Untersuchungsgebiet

Individuen kommt die entscheidende Rolle beim energetischen Regionalisieren zu. Methodologisch baut dies auf dem empirischen Individualismus auf (Baurmann 2000, S. 2). Dieser besagt, dass einzelne Handlungen an empirisch gegebene individuelle Präferenzen anknüpfen. Da Akteure im zeitlichen Verlauf ihre Präferenzen ändern können, unterliegen auch die Praxisphänomene und deren Beziehungen einer Dynamik (Shove/Walker 2010, S. 473). Aufschluss über diese Veränderung kann gewonnen werden, indem die Akteure nach ihren Wahrnehmungen und Deutungsmustern ihres Sagens und Tuns befragt werden, um ihre Argumente zu analysieren und damit Praktiken der Energiewende, respektive Praktiken der Biogaserzeugung, aufzudecken.

Das Untersuchungsgebiet liegt in Luxemburg und dem westliche Rheinland-Pfalz, da dort eine besonders hohe Konzentration an Anlagen festzustellen ist. Zudem kann durch die Betrachtung unterschiedlicher, aber benachbarter nationaler Kontexte deren Bedeutung – also beispielsweise der rechtliche oder sozioökonomische Rahmen – herausgearbeitet werden und damit auf wesentliche Kontextelemente geachtet werden. Empirische Grundlage sind 36 leitfadengestützte, problemzentrierte Interviews, davon 20 mit rheinland-pfälzischen und 11 mit luxemburgischen Betreibern von Biogasanlagen, je einem Vertreter der öffentlichen Verwaltung, einem Investor, der in beiden Gebieten tätig ist und je einem Energieversorgungsunternehmen und einer Interessenvertretung aus Luxemburg. Die Interviews wurden 2012 und 2013 geführt. Ziel der empirischen Arbeit ist es, Aufschluss über Praktikenpräferenzen, Routinen, alternative Praktiken, Wahrnehmungen und Deutungsmuster zu gewinnen.

Durch das gewählte methodische Vorgehen können zum einen der konzeptuelle Mehrwert einer praktikenorientierten Transformationsforschung dargelegt wer-

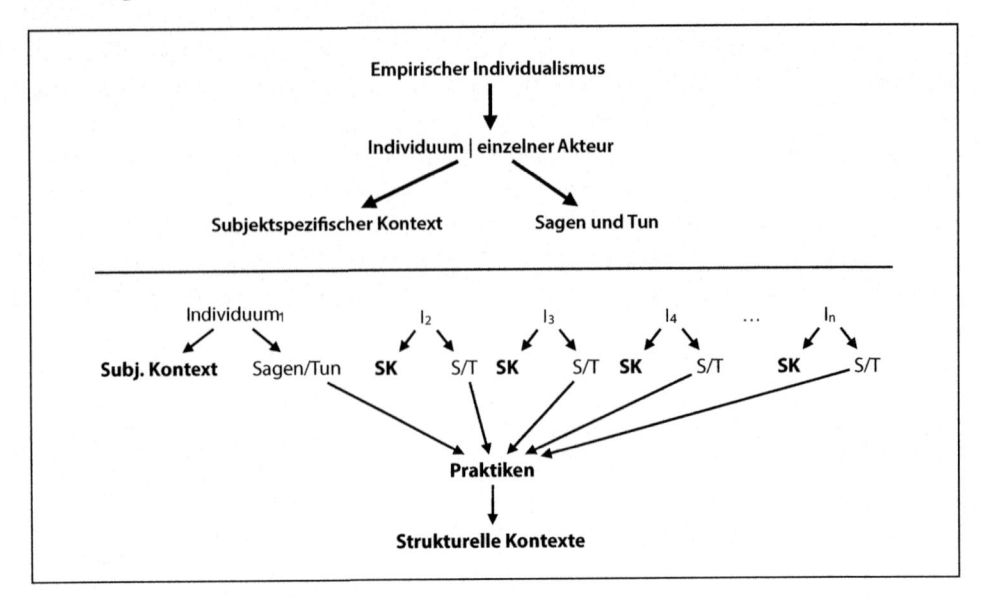

Abbildung 1 Von Individuen zu Praktiken und Kontexten

```
                    Empirischer Individualismus
                              ↓
                    Individuum | einzelner Akteur
                         ↙           ↘
          Subjektspezifischer Kontext    Sagen und Tun
    ─────────────────────────────────────────────────────
           Individuum₁      I₂       I₃       I₄    ...   Iₙ
               ↙ ↘        ↙ ↘     ↙ ↘     ↙ ↘         ↙ ↘
   Subj. Kontext  Sagen/Tun  SK  S/T  SK  S/T  SK  S/T   SK   S/T
                                    ↘  ↓  ↙
                                    Praktiken
                                        ↓
                                Strukturelle Kontexte
```

Eigene Darstellung

den und zum anderen die Entwicklung von Praktiken der Biogaserzeugung besser verstanden und damit räumliche Transformationsprozesse herausgearbeitet werden. Diese Transformationsprozesse liegen, wie erläutert, in Änderungen von Praktiken und strukturellen Kontexten. Abbildung 1 illustriert, wie der empirische Individualismus über den strikten Fokus auf Individuen genau dies ermöglicht: individuelle, subjektspezifische Kontexte können vom Sagen und Tun Einzelner unterschieden werden. Aus diesem Sagen und Tun einzelner kann auf gemeinsame Praktiken geschlossen werden, für die wiederum strukturelle Kontexte herausgearbeitet werden können.

4 Praktiken der Biogaserzeugung am Beispiel westliches Rheinland-Pfalz und Luxemburg

Welche Praktiken der Biogaserzeugung gibt es und wie ändern sie sich? Was sagt uns das über den Transformationsprozess, wie ändern sich also auch strukturelle Kontexte der Energiewende? Im Folgenden werden zentrale Resultate der empirischen Forschung vorgestellt, die die Praktiken der Biogaserzeugung aufdecken und dabei auf unterschiedliche räumliche Dimensionen, das Raum-Zeit-Gefüge und somit wesentliche strukturelle Kontexte der Energiewende hinweisen. Auf die Bedeutung der zeitlichen Veränderung wird dabei an einigen Stellen verweisen.

4.1 Zentrale Praktiken

Als zentrale Praktiken der Biogaserzeugung zeigen sich die Konfiguration und der Betrieb der Anlage. Die Konfiguration umfasst alle Tätigkeiten, die vor dem Betrieb anfallen. Dazu gehören insbesondere die Auseinandersetzung mit verschiedenen Biogastechniken, die Besichtigung anderer Anlagen und das Aushandeln von Finanzierungsverträgen. Der Betrieb wiederum ist maßgeblich gekennzeichnet von Ressourcenbeschaffung und -einsatz, Instandhaltung und der alltäglichen Auseinandersetzung mit der Anlage, der Lektüre von Fachpresse, dem Besuchen von Fachausstellungen und Messen sowie der Zusammenarbeit mit Dienstleistern. An anderer Stelle (Faller 2016a, S. 205 ff.) sind die damit verbundenen Wissensbestände und Routinen sowie deren Veränderung ausführlich dokumentiert. Was darüber hinaus auffällt ist, dass alternative Praktiken insbesondere in der Anfangsphase des Biogassektors eine große Bedeutung innehatten. Zu der Zeit existierten wenige routinierte Praktiken, sie galt es erst zu erschaffen und dann an die praktischen Bedürfnisse anzupassen, bis sie für die Individuen als (routinierte) Praktiken Sinn ergaben.

Zusammengefasst ergibt sich aus den Interviews ein deutliches Bild. Für die Konfiguration der Anlage sind allem voran persönliche Einstellungen sowie politische Regulierung wichtig. Für den alltäglichen Betrieb der Anlage sind Klima, Topographie, und technische Elemente bedeutsam. Zudem werden nachbarschaftliche Beziehungen für das eigene Sagen und Tun mobilisiert. Für Betrieb und Konfiguration sind Akzeptanz und Wirtschaftlichkeit sowie Flächenverfügbarkeit bedeutsam. Routinen sowie Werte und Normen spiegeln sich vor allem in der Ausgestaltung des Akteursnetzwerks wieder.

4.2 Praktikenelemente

Dabei umfassen die Praktiken verschiedene Praktikenelemente, deren Wechselspiel damit entscheidend für die Konstitution der Transformationsräume ist. Verschiedene Praktikenelemente haben im zeitlichen Verlauf zudem unterschiedliche Bedeutung. Abbildung 2 gibt, aufgeteilt nach Praxisphänomenen, einen Überblick über die von den Betreibern angeführten Praktikenelemente. Beispielhaft werden wir uns eingehend mit individuellen Wissensbestände beschäftigen und danach einen summarischen Blick auf alle Elemente werfen.

Die von den Betreibern vorgebrachten Elemente individueller Wissensbestände (Branchenkenntnis, gezielte Anlagenbesichtigungen, Messebesuche und Fachliteratur und technologische Begeisterung) erfuhren über die Zeit eine deutliche Bedeutungsänderung.

Branchenkenntnis ist das individuelle Wissen der Betreiber über die Biogasbranche, das insbesondere aus übertragenen Erfahrungen von Bekannten sowie der Aufnahme von Wissen aus sozialen Netzwerken wie Verbänden sowie den Medien resul-

Abbildung 2 Praxislemente der Bioenergieerzeugung

Physisch-materielle Komponenten Verfügbarkeit von Ressourcen, Technologien	**Gesellschaftliche Kontexte** Milchquote, Marktpreise Agrarprodukte, Kreislaufwirtschaft, Energieerzeugung, Hoffolge, Nachbarschaft
Individuelle Wissensbestände Branchenkenntnis, gezielte Anlagenbesichtigungen, Messebesuche und Fachliteratur, technologische Begeisterung	**Praxisfeld** Wertschöpfung, Güllenutzung und -veredelung, Diversifizierung, Einkommen, Energie zur Selbstversorgung, Wärmenutzung, Einspeisevergütung & Subventionen, Politik & staatliche Verwaltung, Genehmigungsverfahren, Externe Beratung, Finanzierung & Banken, Verbände & Vereine

Quelle: Eigene Darstellung

tiert. Bis 2001 war Betreibern der persönliche Kontakt wichtig. Da sich die Technik noch in einem relativ frühen Entwicklungsstadium befand, sprechen die Befragten nicht von einer Branche. Einer besuchte 1998 die Hauptversammlung des Fachverbands Biogas und sah sich dort neben etwa 120 weiteren Teilnehmern als einer der aktiven Pioniere im Biogasbereich. Bis 2008 wurden nachbarschaftliche Kontakte immer bedeutsamer. Und ab Ende der 2000er Jahre ergänzte schließlich der Austausch im Fachverband oder bei den Kreisbauern immer stärker den rein bilateralen Austausch.

Gezielte Anlagenbesichtigungen sind individuelle oder kollektive Fahrten zu bestehenden Biogasanlagen, um Wissen über Funktionsweisen sowie die Branche insgesamt zu gewinnen. Dabei spielten insbesondere bis Anfang der 2000er Jahre alternative Praktiken eine herausragende Rolle, um erste Routinen zu entwickeln. Im Untersuchungsgebiet gab es bis Mitte der 1990er Jahre keine Anlagen, was beispielsweise gezielte Anlagenbesichtigungen in größerer Entfernung erforderte. Die erste wurde im Jahr 2000 von einem Betreiber organisiert. Bis dahin hatten im landwirtschaftlichen Betrieb weitere Studienfahrten keine Rolle gespielt. Dadurch konnten nötige Wissensbestände und Erfahrungen von außen eingebracht werden. Aus dieser ersten Fahrt entwickelte sich zudem eine intensive Besichtigungstätigkeit, die bereits nach drei Jahren für viele heutige Betreiber mit zum wesentlichen Anstoß ihrer eigenen Biogaspraktiken wurde. Die Bedeutungszunahme gezielter Anlagenbesichtigungen Anfang der 2000er Jahre ist vor allem spezifischen technologischen Anforderungen geschuldet. Drei Interviewte wollten Gaseinspeiseanlagen errichten und fuhren daher zu existierenden Anlagen in Schweden: „da war überall die Einspeisung schon mehr als ein Jahrzehnt". Zwei andere Interviewpartner waren an Pelletierungsanlagen interessiert und organisierten Fahrten zu eben solchen. Durch die auch dadurch bedingte zunehmende Zahl aktiver Biogasanlagen im Untersuchungsgebiet wurden die Fahrten aber spätestens ab Mitte der 2000er Jahre obsolet. Denn in der alltäglichen Auseinandersetzung mit der Biogasanlage waren neue Möglichkeiten des *learning by doing* vor Ort entstanden.

Messebesuche und die Lektüre von Fachliteratur dienen dem gleichen Zweck. Um die Jahrtausendwende erschienen erste Berichte über Biogaserzeugung. Ab der zweiten Hälfte der 2000er Jahre gab es bei Branchentreffen (Eurotier oder Agritechnika) zunehmend Material über Biogaserzeugung. Ein Vergleich der jüngeren Vergangenheit der größten Biogasmesse zeigt, dass sowohl die Anzahl der Aussteller als auch der Besucher sowie die Ausstellungsfläche beständig wachsen. In den Interviews wurde zudem angeführt, dass auch in traditionell landwirtschaftlichen Fachzeitschriften das Themenfeld Bioenergie zunehmend an Bedeutung gewann, sogar Sonderausgaben aufgelegt wurden. Die Möglichkeit zur Wissensdiffusion in nicht-alltäglichen und nicht-persönlichen Situationen nimmt also einen stetig größeren Stellenwert ein. Es wird deutlich, dass sich die Formen der Wissensaneignung und Interaktion der befragten Betreiber wandelte: von gezielten, gemeinsam organisierten Aktionen im Bekanntenkreis hin zu professionellen, zentralisierten Branchentreffen.

Technologische Begeisterung, in den Worten eines Befragten „die Neugier und das Probieren und das Machen", spiegelt gleichermaßen auch die Selbstwahrnehmung eigener Fähigkeiten wider. Insbesondere Betreiber, die vor 2001 ihre Anlagen konfigurierten, weisen auf ihre technologische Begeisterung und Neugier hin. Beispielsweise sagte einer: „Das war das Erste, was ich gesehen habe, dieser Motor mit Stromaggregat und wie das technisch gelöst ist. Und da habe ich gesagt: Das ist es!" Und hinsichtlich der Selbstwahrnehmung äußerte ein anderer: „Ich bin ein absolut technisch versierter Mensch und habe mich dafür ziemlich schnell interessiert." Nach 2001 hat dieser Aspekt aber vollkommen an Bedeutung verloren.

In der Gesamtschau auf die Praktikenelemente der Biogaserzeugung im Untersuchungsgebiet (siehe Abbildung 2) ergibt sich ein differenziertes Bild der Transformation. So ist die technologische Begeisterung heute weitgehend unbedeutend, was auch auf die zunehmende Bedeutung externer Technikberater zurückzuführen ist. Einzelnen Akteuren kommt in der Entstehungsphase des Biogassektors im Untersuchungsraum eine große Bedeutung zu: einerseits die ersten Anlagenbetreiber als Pioniere und andererseits einzelne Unternehmer als spezialisierte Berater, die die Wissensdiffusion im Biogassektor wesentlich voranbrachten. Mit zunehmender Bedeutung dieser Berater sank zugleich die Bedeutung kollektiver Wissensaneignung, wohingegen der Wissensaustausch in nicht-alltäglichen und nicht-persönlichen Situationen immer wichtiger wurde. Auch Vereine hatten anfangs eine große Bedeutung für die Wissensaneignung und -diffusion, sind heute aber nahezu irrelevant und fokussieren ihre Arbeit stärker auf politische Lobbyarbeit. Der Aspekt Kreislaufwirtschaft stand in der Anfangszeit des Biogassektors im Untersuchungsgebiet mit hoher Ressourceneffizienz im Zusammenhang, als vorrangig ökologische Abwägung. Heutzutage steht er für ökonomische Überlegungen und höhere finanzielle Erträge. Die Möglichkeit zur Energieversorgung beizutragen war bis in die frühen 2000er Jahre vor allem Ausdruck technologischer Faszination und nachhaltiger Nutzung von Ressourcen, die bis dahin nicht als solche aufgefasst wurden. Seit Ende der 2000er Jahre wird auch dies ausschließlich mit Einkommensgenerierung assoziiert. Seit 2005 wird deutlich, dass Einspeisevergütung und Bonuszahlungen für zahlreiche Betreiber der absolut wichtigste Aspekt der Konfiguration und der Rekonfiguration darstellen. Dabei gibt es teilweise tagesgenaue Abwägungen: abhängig von Stichtagen der Novellierungen werden Einspeiseziele optimiert und Anlage ans Netz angeschlossen. Auch die Nutzung von Rohstoffen und Wärme sowie die Diversifizierung und die Gülleveredelung waren anfangs auf Effizienz oder Betriebssicherheit ausgerichtet. Heute werden sie im Kontext der Einkommensgenerierung erwähnt. Und auch die Bedeutung der Finanzierung nahm im Lauf der Zeit stark zu. Ein weiterer Zusammenhang ergibt sich zwischen den Agrarmarktpreisen, dem physisch-materiellen Kontext und dem politischen Rahmen: Einspeiseregularien und Bonuszahlungen führten zu einer höheren Nachfrage nach geförderten Ressourcen, wodurch sich Preissteigerungen ergaben. So sind insgesamt finanzielle Aspekte im Lauf der Zeit immer wichtiger geworden und dominieren heutzutage die Überlegungen sämtlicher Betreiber.

4.3 Praktikenkontexte

Die verschiedenen Praktiken der Biogaserzeugung samt ihren Elementen deuten auf diverse Kontexte hin, die für die Biogaserzeugung im Untersuchungsgebiet wesentlich waren. Hier werden subjektspezifische und strukturelle Kontexte unterschieden (Tabelle 1, siehe auch Faller 2016b, S. 208 f.).

Subjektspezifische Kontexte sind bei jedem Betreiber anders und unterliegen damit auch je spezifischen temporären Veränderungen, meist abhängig vom Einstieg des Einzelnen in die Biogasbranche. Das individuelle Erfahrungswissen stellt einen positiven Faktor für den Umgang mit neuen Praktiken dar. Energierelevantes Vorwissen, zum Beispiel durch Erfahrungen mit Windrädern, gehört dazu. Eng damit verbunden sind landwirtschaftliche Kontexte der Befragten, die für individuelle Interpretationsmuster und kognitive Voraussetzungen prägend sein können (Jones und Murphy 2010). Die schwankenden Weltmarktpreise für Agrarprodukte können beispielsweise einen Landwirt dazu veranlassen, seinen Betrieb zu diversifizieren, wobei er sich gezielt für Biogas und gegen einen neuen Stall entscheidet. Das praktische Wissen resultiert aus dem alltäglichen Umgang mit der eigenen Biogasanlage, die dadurch zum Kontext der Routinenbildung wird, zur physisch-materiellen Komponente der alltäglichen Auseinandersetzung mit benötigtem Knowhow und somit dem Aufbau praktischen Wissens (Reckwitz 2002).

Strukturelle Kontexte liegen auf aggregierter empirischer Ebene vor. Erstens stellt sich die Verfügbarkeit von Wissen als strukturrelevant dar. Der Zugang zu Wissen, dessen Aneignung und auch Verbreitung haben grundlegenden Einfluss auf die Praktiken der Betreiber. Beispielsweise konnten zahlreiche Betreiber durch ein von einem

Tabelle 1 Wesentliche Praktikenkontexte der Biogaserzeugung

Subjektspezifische Kontexte	Strukturelle Kontexte
Individuelles Erfahrungswissen	Verfügbarkeit von Wissensbeständen
Kognitive Voraussetzungen	Netzwerke des Biogassektors
Praktisches Wissen	Nationalstaatliche Rahmenwerke

Quelle: Eigene Darstellung

großen Energieversorgungsunternehmen angestoßenes *Smart-Grid*-Projekt neue Wissensbestände und auch soziale Netzwerke aufbauen. Einerseits strahlte das Projekt eine Anziehungskraft aus: Politiker waren interessiert, informierten sich über das Projekt und die wesentliche Säule Biogaserzeugung und wurden so auch für die Beteiligten zugänglich; Studierendengruppen und Forscherteams begleiteten das Projekt und gaben Rückmeldung, von denen die Beteiligten profitieren konnten. Andererseits trug es zur Wissensgenerierung bei: Das Energieversorgungsunternehmen teilte seine Expertise in Betrieb und Management einer komplexen Anlage. Diese Wissensbestände wurden dann auf Branchentreffen im Untersuchungsgebiet auch an nicht unmittelbar beteiligte Anlagenbetreiber weitergegeben. Somit wurde das Wissen strukturell verfügbar und war für viele Befragte hilfreich.

Eng damit verbunden sind zweitens soziale Netzwerke des Biogassektors. Die Betreiber verdeutlichen, dass der persönliche Austausch mit anderen Betreibern oder in Vereinen wichtig für den alltäglichen Betrieb der Anlage ist. Individuelle Wissensbestände der Beteiligten in Form des *knowing in practice* sind dabei wesentlich. Die Zusammenarbeit mit unterstützenden Unternehmen und Beratern ist für die Betreiber insbesondere bei der Konfiguration (v. a. bei Planung, Bau und Technologieauswahl), aber auch bei Wartungsarbeiten von großer Bedeutung. Politiker und Verwaltungsangestellte werden nicht als direkte Partner begriffen, sondern als Adressaten der Lobbyarbeit in ihrer Rolle für Regulierung und Kontrolle angesehen. Die Bewertungen anderer Akteure hängen dabei wesentlich von individuellen Wissensbeständen und Erwartungen ab. Aus den unterschiedlichen Rollenzuschreibungen ergeben sich auch unterschiedliche Verantwortlichkeiten und Kompetenzen für verschiedene Praktiken: persönliche Kontakte für den alltäglichen Betrieb, Vereine für politische Arbeit und Dienstleister für komplizierte (Wartungs-)Arbeiten. Die intensive Zusammenarbeit mit externen Unternehmen schränkt die individuelle Handlungsfähigkeiten einerseits ein, eröffnet andererseits aber eine Vergrößerung des Netzwerks und damit neue Formen des Austauschs und der Interaktion im persönlichen *face-to-face*-Kontakt. Diese größeren Netzwerke begünstigen die Herausbildung und Verbreitung von Routine. Bis Mitte der 1990er Jahre waren vor allem Branchenpioniere für neu in den Markt eintretende Akteure wichtig. Danach wurden strukturelle Beziehungen unter Betreibern zunehmend wichtig. Hierbei spielten Kontakte mit privaten (Planung, Wartung, etc.) wie auch staatlichen Dienstleistern (z. B. das Dienstleistungszentrum ländlicher Raum Eifel, das Landwirte zur Investitionsförderung berät und diverse biogasbezogene Weiterbildungen anbietet) dann eine immer größere Rolle.

Nationalstaatliche Rahmenwerke sind die dritte Dimension struktureller Kontexte. Dabei spielt das Erneuerbare Energien Gesetz (EEG) eine wesentliche Rolle, insbesondere die Einspeisevergütung und der Nachwachsende-Rohstoffe- sowie der Güllebonus. Mit diesen Investitionsanreizen einher gehen Einflüsse auf die Ressourcenwahl (vorrangig Mais und Gülle) und wachsende Dokumentationspflichten sowie Bürotätigkeiten. Die Betreiber binden die nationalstaatlichen Rahmenwerke in ihren Praktiken rück, als Anschub oder Verhinderung bestimmter Praktiken. Somit reguliert dieser Kontext unmittelbar Handlungsräume der Individuen. Zugleich eröffnet dieser Kontext neue Handlungsräume, indem er Eigeninitiative und alternative Praktiken ermöglicht. Diese entwickeln sich durch Aushandlung der Betreiber, die sich in ihren neuen Praktiken auf nationalstaatliche Rahmenwerke beziehen. So wurden beispielsweise in Luxemburg Aufzeichnungspflichten durch alternative Praktiken der Betreiber maßgeblich verändert. Ein Betreiber entwickelte ein eigenes Aufzeichnungssystem, was anstelle separater Lieferscheine eine Tabelle mit Einzellieferungen vorsah. Die Aufsichtsbehörde gab sich damit zufrieden, was er anderen Betreibern mitteilte und so etablierte sich diese Praktik.

Die verschiedenen Kontexte drücken sich in den Praktiken der Betreiber aus, wirken auf diese ein und werden durch diese verändert. Werden also durch Praktiken der Energiewende Kontexte durch individuelle Wissensbestände neu gedeutet oder werden strukturelle Kontexte in ein Praxisfeld eingebunden, findet eine Transformation statt. Praktiken sind also „gleichermaßen Ausdruck und Bedingung der Transformation" (Faller 2016b, S. 209). Auffällig ist, dass im Untersuchungsgebiet die strukturelle Dimension der Biogaserzeugung kontinuierlich an Bedeutung gewann und subjektive Kontexte zunehmend in deren Zusammenhänge gestellt werden. Während anfänglich individuelle Dispositionen der Betreiber und das Sagen und Tun Einzelner große Bedeutung hatten, sind heute routinierte Praktiken und strukturelle Kontexte auch für Neueinsteiger entscheidend.

5   Fazit

Die Fokussierung auf Praktiken und Individuen ermöglicht, Regionalisierungen, deren zeitliche Veränderung sowie deren Bedeutung für die Entstehung des Biogassektors zu beleuchten und damit strukturelle Kontexte aufzudecken. Regionalisierungen sind das Ergebnis des energetischen Regionalisierens. Regionalisieren ist die Praktik, die ‚Raum' macht und Transformationen widerspiegelt sowie konstituiert. Durch energetisches Regionalisieren (re)produzieren und transformieren die Betreiber den gesamten Biogassektor. Sie setzen physisch-materielle Komponenten, individuelle

Wissensbestände, spezifische Praxisfelder und gesellschaftliche Kontexte zueinander in Beziehung und bilden und verändern damit Routinen und Netzwerke. Diese binden sie in ihren Praktiken rück. So stabilisieren und transformieren sie durch ihre Praktiken der Energiewende die Kontexte, ihr Umfeld – sie Regionalisieren.

Regionalisieren unterliegt im zeitlichen Verlauf einem Wandel, der sich in Änderungen von Praktikenelementen und deren Beziehungen ausdrückt (Werlen 2007, 2010). Die Bedeutung der Praktikenelemente und derer Beziehungen verändern sich im Laufe der Zeit (Schatzki 2002; Shove et al. 2012), was auf die Entwicklung und Transformation eines gesellschaftlichen Bereichs wie der Energiewende oder im vorliegenden Beispiel des Biogassektors hinweist. Diese Transformation entsteht durch das Erzeugen eines Beziehungsverhältnisses der Praxisphänomene und derer Elemente, die sich in Praktiken der Biogaserzeugung ausdrücken.

Die Analyse dieser Praktiken ermöglicht es schlussendlich, subjektspezifische und strukturelle Kontexte herauszuarbeiten, die aus individuellen Wissensbeständen und Deutungsmustern die Praktiken beeinflussen. Wesentliche subjektspezifische Kontexte sind das individuelle Erfahrungswissen, die kognitiven Voraussetzungen und das praktische Wissen der einzelnen Betreiber, die individuell verschieden sind und insbesondere einen bestärkenden Faktor für den Umgang mit etablierten wie neuen Praktiken darstellt. Strukturelle Kontexte sind gewissermaßen das Abbild der ‚Geographie der Energiewende'. Der Zugang zu Wissen und dessen Aneignung wie Verbreitung prägen Praktiken der Energiewende maßgeblich. Dafür spielen soziale Netzwerke eine wichtige Rolle, in denen Austausch vonstattengeht (Geels 2002; Verbong/Geels 2007; Seiwald 2014) und auch neue, alternative Handlungsmöglichkeiten eruiert und ausgetauscht werden. Damit tragen sie zur Entstehung und Verbreitung routinierter Praktiken bei, die sich räumlich ausbreiten, indem sie im Sagen und Tun anderer Erzeuger und letztendlich in Praktiken der Biogaserzeugung rückgebunden werden. Schließlich haben nationalstaatliche Rahmenwerke wie das EEG großen Einfluss auf Praktiken, da sie Handlungsräume eingrenzen und auch eröffnen (allgemein Hook 2018 in diesem Band). Es hat sich gezeigt, dass im Lauf der Zeit strukturelle Praktikenkontexte erheblich an Bedeutung gewinnen. Und eng damit einher geht die heute überragende Bedeutung ökonomisch-finanzieller Abwägungen, die andere Aspekte wie Ökologie oder individuelle Faszination weit in den Hintergrund gerückt haben.

Dieser Beitrag zeigt die fundamentale Bedeutung eines tiefen Verständnisses von Praktiken der Energiewende auf, um die Energiewende als Prozess, als Transformation besser zu verstehen. Durch den Fokus auf Praktiken wird nämlich wirklich kontextspezifische Forschung ermöglicht, denn wir können herausarbeiten, auf welche Weise Geographie – als Kontext – für Individuen im Verlauf der Zeit unterschiedliche Bedeutungen hat. Zudem wird deutlich, wie durch eine konsequente Fokussierung auf Individuen Aufschluss über gesellschaftliche Prozesse gewonnen werden kann und damit entscheidende Kontexte für Transformationen herausgearbeitet werden können.

Literatur

Arbach, C. (2013). Biogaserzeugung in Nordwestdeutschland: Akteure und regionale Wertschöpfung. In B. Klagge & C. Arbach (Hrsg.), *Governance-Prozesse für erneuerbare Energien* (S. 56–68). Hannover: ARL.

Baurmann, M. (2000). Die Einheit von Ethik und Sozialwissenschaften. In H. Schwengel (Hrsg.), *Grenzenlose Gesellschaft. Kongressband des 29. Kongresses der Deutschen Gesellschaft für Soziologie* (o. S.). Opladen: Leske und Budrich.

Binz, C., Truffer, B, & Coenen, L. (2014). Why space matters in technological innovation systems Mapping global knowledge dynamics of membrane bioreactor technology. *Research Policy* 43, 138–155.

Coenen, L., & Truffer, B. (2012). Places and Spaces of Sustainability Transitions: Geographical Contributions to an Emerging Research and Policy Field. *European Planning Studies* 20/3, 367–374.

Faller, F. (2016a). Räumliche Praktiken der Energiewende am Beispiel der Biogaserzeugung in Rheinland-Pfalz. *Raumforschung und Raumordnung* 74/3, 199–211.

Faller, F. (2016b). *Energetisches Regionalisieren. Transformationspraktiken der Energiewende am Beispiel der Biogaserzeugung*. Frankfurt/Main: Peter Lang.

Faulconbridge, J. (2006). Stretching tacit knowledge beyond a local fix? Global spaces of learning in advertising professional service firms. *Journal of Economic Geography* 6/4, 514–540.

Felgenhauer, T. (2011). Geographische Paradigmen als alltägliche Deutungsmuster. *Berichte zur deutschen Länderkunde* 85/4, 323–340.

Feldman, M. (2000). Organizational routines as a source of continuous change. *Organization Science* 11, 611–629.

Geels, F. (2002). Technological transitions as evolutionary reconfiguration processes: a multi-level perspective and a case-study. *Research Policy* 31, 1257–1274.

Giddens, A. (1984). *The constitution of society*. Berkeley: University of California Press.

Harvey, D. (1996). *Justice, Nature, & the Geographies of Difference*. Oxford: Blackwell.

Hauff, J., Haag, W., & Zywietz, D. (Hrsg.). (2008). *Bioenergie und dezentrale Energieversorgung. Chancen in Deutschland und Europa*. Frankfurt (Main): DLG Verlag.

Hook, S. (2018). ‚Energiewende': Von internationalen Klimaabkommen bis hin zum deutschen Erneuerbaren-Energien-Gesetz. In O. Kühne & F. Weber (Hrsg.), *Bausteine der Energiewende* (S. 21–54). Wiesbaden: Springer VS.

Jones, A., & Murphy, J. (2010). Theorizing practice in economic geography: Foundations, challenges, and possibilities. *Progress in Human Geography* 35/3, 366–392.

Jørgensen, U. (2012). Mapping and navigating transitions – The multi-level perspective compared with arenas of development. *Research Policy* 41/6, 996–1010.

Kühne, O. (2018). ‚Neue Landschaftskonflikte' – Überlegungen zu den physischen Manifestationen der Energiewende auf der Grundlage der Konflikttheorie Ralf Dahrendorfs. In O. Kühne & F. Weber (Hrsg.), *Bausteine der Energiewende* (S. 163–186). Wiesbaden: Springer VS.

Leibenath, M. & Lintz, G. (2018). Streifzug mit Michel Foucault durch die Landschaften der Energiewende: Zwischen Government, Governance und Gouvernementalität. In O. Kühne & F. Weber (Hrsg.), *Bausteine der Energiewende* (S. 91–107). Wiesbaden: Springer VS.

McMeekin, A., & Southerton, D. (2012). Sustainability transitions and final consumption: practices and socio-technical systems. *Technology Analysis & Strategic Management* 24/4, 345–361.

Reckwitz, A. (2002): Toward a Theory of Social Practices: A Development in Culturalist Theorizing. *European Journal of Social Theory* 5/2, 243–263.

Röhring, A. (2016): Die Konstituierung dezentraler Handlungsräume erneuerbarer Energien – Chancen und Herausforderungen für die Kreation neuer Entwicklungspfade. *Vierteljahrshefte zur Wirtschaftsforschung* 85/4, 103–113.

Schatzki, T. (2002). *The site of the social: a philosophical account of the constitution of social life and change*. University Park: Penn State University Press.

Seiwald, M. (2014). The (up)scaling of renewable energy technologies: experiences from the Austrian biomass district heating niche. *Moravian Geographical Reports* 22/2, 44–54.

Shove, E., Pantzar, M., & Watson, M. (2012). *The dynamics of social practice*. London/Thousand Oaks/New Delhi: SAGE Publications.

Shove, E., & Walker, G. (2010). Governing transitions in the sustainability of everyday life. *Research Policy* 39/4, 471–476.

Späth, P., & Rohracher, H. (2010). ‚Energy regions': The transformative power of regional discourses on socio-technical futures. *Research Policy* 39/4, 449–458.

Sturm, C. & Mattissek, A. (2018). Energiewende als Herausforderung für die Stadtentwicklungspolitik – eine diskurs- und gouvernementalitätstheoretische Perspektive. In O. Kühne & F. Weber (Hrsg.), *Bausteine der Energiewende* (S. 109–128). Wiesbaden: Springer VS.

Toulmin, S. (1996). *Der Gebrauch von Argumenten*. Weinheim: Beltz.

Verbong, G., & Geels, F. (2007). The ongoing energy transition: Lessons from a socio-technical, multi-level analysis of the Dutch electricity system (1960–2004). *Energy Policy* 35, 1025–1037.

Weber, F. (2018). Von der Theorie zur Praxis – Konflikte denken mit Chantal Mouffe. In O. Kühne & F. Weber (Hrsg.), *Bausteine der Energiewende* (S. 187–206). Wiesbaden: Springer VS.

Werlen, B. (1999). *Sozialgeographie alltäglicher Regionalisierungen Band 1: Zur Ontologie von Gesellschaft und Raum*. Stuttgart: Franz Steiner Verlag.

Werlen, B. (2007). *Sozialgeographie alltäglicher Regionalisierungen Band 2: Globalisierung, Region und Regionalisierung*. Stuttgart: Franz Steiner Verlag.

Werlen, B. (2010). *Gesellschaftliche Räumlichkeit 1. Orte der Geographie*. Stuttgart: Franz Steiner Verlag.

Fabian Faller ist am Geographischen Institut der Universität Kiel tätig. Zuvor schloss er seine wirtschaftsgeographische Promotion am Institut für Geographie und Raumplanung der Universität Luxemburg ab. Darin untersuchte er räumliche Praktiken der Energiewende und konzipierte Transformationen als Wandel von Praktiken. Er diskutierte insbesondere den Mehrwert von Praktikentheorien für die sozio-technische Transformationsforschung. Heute lehrt und forscht er in der Arbeitsgruppe Wirtschaftsgeographie in Kiel insbesondere über umweltorientierte Fragestellungen, regionale Transformationsprozesse – wie die Energiewende – und neue theoretisch-konzeptuelle Perspektiven. Der Wandel hin zu regionalen ‚grünen' Wirtschaftsstrukturen ist dabei sein Kernthema.

Politische und strukturelle Herausforderungen im Zuge von Klimaschutz und Energiewende

Governance der EU Energie(außen)politik und ihr Beitrag zur Energiewende

Franziska Sielker, Kristina Kurze und Daniel Göler

Abstract

Seit dem Vertrag von Lissabon (2009) hat die EU eine primärrechtlich verankerte Gestaltungsaufgabe in der Energie- und Klimapolitik. In diesem Kontext strebt die EU an, den Energiebinnenmarkt nachhaltig zu transformieren und zugleich ihre energiepolitischen Normen und Regeln auch in Drittstaaten zu etablieren. Der Beitrag analysiert am Beispiel der Energie(außen)politik der EU in der Donauregion, wie die Europäische Union die Nachhaltigkeitsziele in der Energiepolitik jenseits ihrer Grenzen umzusetzen versucht. Dabei werden am Beispiel der von der EU initiierten Energiegemeinschaft ein hierarchischer und am Beispiel der EU-Strategie für den Donauraum ein nicht-hierarchischer Governance-Ansatz auf ihren Beitrag zur Energiewende hin analysiert. Der Artikel kommt zu dem Schluss, dass sich die beiden Ansätze in der Donauregion ergänzen. Die besondere regionale Konstellation an der EU-Außengrenze, als eine Region mit zentralen transeuropäischen Energieleitungen und diversen Energiezielen, stellt die Kooperation im Energiesektor vor besondere Herausforderungen. Während der hierarchische Ansatz verbindliche energiepolitische Rahmenbedingungen setzt, Ziele benennt und eine vertragliche Basis für die Kooperation schafft, legt der nicht-hierarchische Ansatz die Basis für gemeinsame Umsetzungsaktivitäten.

Keywords

EU-Energiepolitik, EU-Donauraumstrategie, Energiegemeinschaft, Makroregionale Strategien, Sektorpolitiken, EU External Governance

1 Einleitung

Eine sichere und bezahlbare Energieversorgung mit den Notwendigkeiten des Klima- und Umweltschutzes in Einklang zu bringen, stellt eine der großen Herausforderungen unserer Zeit dar. Die hierfür wichtige internationale Kooperation im Bereich der Energie- und Klimapolitik schreitet nur sehr schleppend voran und ist selbst vor massiven Rückschlägen nicht gefeit, wie die Aufkündigung des Pariser-Klimaabkommens durch die Trump-Administration zeigt (vgl. Trump 2017). Ein Rekurs auf nationale Maßnahmen ist jedoch angesichts der komplexen, grenzüberschreitenden Abhängigkeiten in der Energieversorgung sowie der transnationalen Dimension vieler Umweltprobleme gerade in Europa nicht zielführend. Vor diesem Hintergrund gewinnen regionale Lösungsansätze an Bedeutung, wobei die Europäische Union (EU) eine zunehmend wichtige Rolle als treibende Kraft in der europäischen Energiepolitik einnimmt (vgl. Kurze 2018). Mit dem Energie- und Klimapaket, das im Dezember 2008 verabschiedet wurde, hat sich die EU erstmals verbindliche Ziele zur Reduktion von Treibhausgasen und zum Ausbau erneuerbarer Energien gesetzt, die nun für das Jahr 2030 aktualisiert und spezifiziert werden. Seit dem Vertrag von Lissabon (2009) hat die EU zudem auch eine primärrechtlich verankerte Gestaltungsaufgabe in der Energie- und Klimapolitik. Nicht nur sollen die Energiesysteme der Mitgliedstaaten im Kontext des Energiebinnenmarktes nachhaltig transformiert werden. Die EU strebt auch an, ihre energiepolitischen Normen und Regeln in Drittstaaten soweit wie möglich zu etablieren (vgl. auch Fromme 2018 in diesem Band).

Das grundsätzliche Bestreben der EU, Normen und Regeln gerade auch in die Nachbarschaft zu exportieren, wird in der Literatur als External Governance bezeichnet und meist als Alternative zur erfolgreichen, jedoch begrenzten Erweiterungspolitik der EU diskutiert. „It is this extension of internal rules and policies beyond formal membership that the notion of external governance seeks to capture" (Lavenex und Schimmelfennig 2009, S. 791). Dabei wird in den letzten Jahren einerseits verstärkt untersucht, inwiefern die vorherrschenden lokalen Rahmenbedingungen in den jeweiligen Empfängerländern und -regionen den erfolgreichen Normen- und Regelexport beeinflussen (vgl. u. a. Börzel und Risse 2012). Andererseits wird in Anlehnung an die Governance-Forschung (Benz und Dose 2010; Zürn 2008; Göhler 2010), welche unter Governance „das Gesamt aller nebeneinander bestehenden Formen der kollektiven Regelung gesellschaftlicher Sachverhalte: von der institutionalisierten zivilgesellschaftlichen Selbstregelung über verschiedene Formen des Zusammenwirkens staatlicher und privater Akteure bis hin zu hoheitlichem Handeln staatlicher Akteure" (Mayntz 2004) versteht, danach gefragt, über welche Regelungsstrukturen und Modi der sozialen Handlungskoordination die EU ihre Normen und Regeln aktiv verbreiten kann. In der Governance-Forschung wird dabei zunächst einmal grundsätzlich zwischen hierarchischen und nicht-hierarchischen Regelungsstrukturen und Formen der Handlungskoordination unterschieden (vgl. Börzel 2014, S. 2 und 4), wobei als zentrale Elemente der Hierarchie zum einen die Möglichkeit gesehen wird, dass Akteure auch gegen ihren Willen an die erzielte Einigung gebunden werden können und zum anderen, dass die Umsetzung der erzielten Einigung mittels hoheitlicher Weisung erfolgt und „in der Regel durch Institutionen (Recht) legitimiert" ist (Börzel 2014, S. 4). Nicht-hierarchische Regelungsstrukturen basieren demgegenüber auf dem Grundsatz, dass „kein Akteur durch die erzielte Einigung gegen seinen Willen gebunden werden kann" (Börzel 2014, S. 4). Diese grundsätzliche Unterscheidung zwischen Hierarchie und Nicht-Hierarchie stellt entsprechend auch eine zentrale Kategorisierung in der External Governance-Forschung zur Erfassung der Formen bzw. Mechanismen dar, mittels derer die EU die Etablierung von Normen und Regeln auch jenseits ihrer geographischen Grenzen fördert (vgl. Lavenex 2014, S. 889).

Entsprechend dieser Gegenüberstellung wird am Beispiel der Energie(außen)politik der EU deutlich gemacht, wie die Europäische Union bestimmte energiepolitische Ziele jenseits ihrer Grenzen umzusetzen versucht. Dabei werden exemplarisch zwei Kooperationsformen beleuchtet, die jeweils als Beispiel für einen hierarchischen und einen nicht-hierarchischen Ansatz gesehen werden können. Konkret sind dies die von der EU initiierte Energiegemeinschaft und die EU-Donauraumstrategie (EUSDR), die zunächst in ihren Grundansätzen und ihrer Funktionslogik in Abschnitt 2.1 und 2.2 vorgestellt werden. Hieran anschließend wird dann konkret untersucht, wie mittels dieser Ansätze ein Beitrag zur Förderung der Energiewende geleistet wird (Abschnitt 3.1 und 3.2). Die EU verfolgt dabei in erster Linie die umfassende Dekarbonisierung des Energiesystems, was sich insbesondere in der Förderung erneuerbarer Energien zeigt, aber auch die weitere Nutzung der Kernenergie nicht prinzipiell ausschließt (vgl. u. a. Europäische Kommission 2011; vgl. auch Kögl und Kurze 2013; Kurze 2018). Im Fazit wird dann in einer vergleichenden Perspektive aufgezeigt, inwiefern sich diese beiden Governance-Ansätze in der Energiepolitik ergänzen, um so den Beitrag regionaler Energiekooperation für die Realisierung der Energiewende in Europa genauer bestimmen zu können.

2 Energie-Governance im Donauraum

In der folgenden Analyse konzentrieren wir uns auf zwei regionale Kooperationsformate, in denen energiepolitische Herausforderungen eine zentrale Rolle spielen und die beide einen geographischen Schwerpunkt im Donauraum aufweisen. Die Donauregion ist aus zwei Gründen eine geeignete Untersuchungsregion, um das Zusammenspiel dieser Steuerungsformen zu analysieren: Erstens überlagern sich die Perimeter der EUSDR und der Energiegemeinschaft. Zweitens beziehen beide Governanceformen explizit die Kooperation mit Drittstaaten ein (vgl. Abbildung 1).

Aus der hier eingenommenen Governance-Perspektive sind diese beiden Initiativen der EU von besonderem Interesse, da sie unterschiedliche Governance-Modi zum Normen- und Regeltransfer nutzen: Die Energiegemeinschaft steht hier als Beispiel für ein primär hierarchisches Regieren, insbesondere mittels verbindlicher Rechtsetzung (vgl. Lavenex 2014), die EU-Donauraumstrategie (EUSDR) für ein Beispiel der ‚soft governance' (Allmendinger et al. 2014; Sielker 2017), in dem Mechanismen wie Lernen, Sozialisierung und Überzeugungsprozesse potenziell eine hervorgehobene Rolle spielen (vgl. Lavenex 2014). Im Folgenden wird zunächst genauer auf die unterschiedlichen Governance-Modi und Strukturen der Energiegemeinschaft (2.1) und

Abbildung 1 Perimeter der Energiegemeinschaft und der EU-Donauraumstrategie

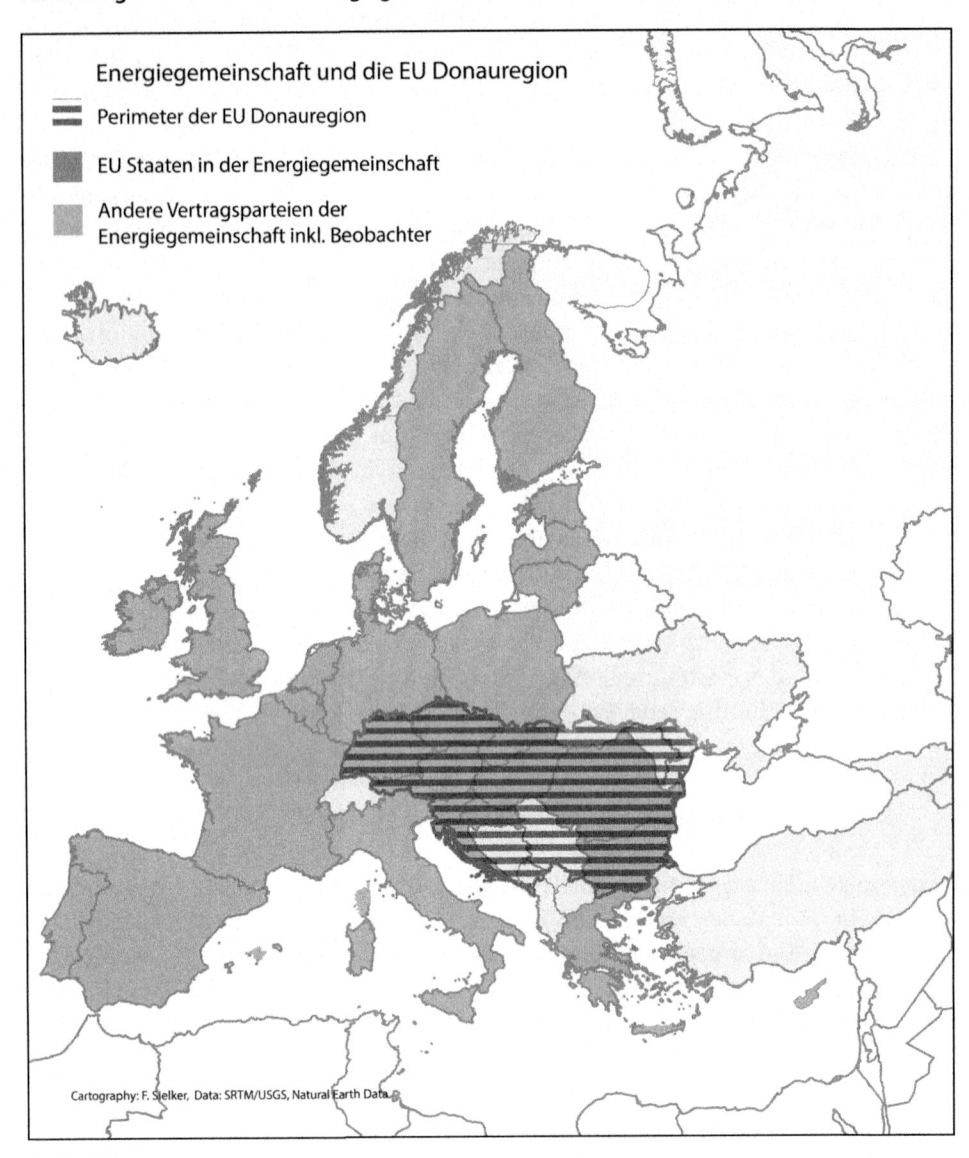

Energiegemeinschaft und die EU Donauregion
- Perimeter der EU Donauregion
- EU Staaten in der Energiegemeinschaft
- Andere Vertragsparteien der Energiegemeinschaft inkl. Beobachter

Cartography: F. Sielker, Data: SRTM/USGS, Natural Earth Data

Quelle: Sielker 2017.

der EU-Donauraumstrategie (2.2.) sowie dann auch auf deren jeweiligen Beitrag zur Energiewende (Abschnitte 3.1. und 3.2) eingegangen.

2.1 Die Energiegemeinschaft: Entstehung und institutioneller Aufbau

Die seit 2006 bestehende Energiegemeinschaft hat das übergeordnete Ziel, weite Teile der energiepolitischen Regelungen der EU auf bestimmte Drittstaaten auszuweiten und diese somit möglichst weitgehend in den europäischen Energiebinnenmarkt zu integrieren. Zurzeit gehören ihr neben der EU alle Staaten des westlichen Balkans (inklusive Kosovo), die Republik Moldau, die Ukraine und Georgien an. Armenien, die Türkei und Norwegen haben Beobachterstatus. Die Besonderheit der Energiegemeinschaft kann darin gesehen werden, dass der Export der EU-internen Normen nicht im Rahmen bilateraler Abkommen erfolgt, sondern durch die Schaffung einer neuen internationalen Organisation, die über einen hohen und ausdifferenzierten Institutionalisierungsgrad verfügt (vgl. Göler und Kurze 2009, 2011)[1]. So besitzt die Energiegemeinschaft einen Ministerrat, eine ständige hochrangige Gruppe, einen Regulierungsausschuss, ein Sekretariat, ein parlamentarisches Plenum sowie vier Foren für den Elektrizitäts-, Öl- und Gassektor sowie ein Forum für Soziales. Wichtigstes Organ der Energiegemeinschaft ist der Ministerrat, der die allgemeinen Leitlinien festlegt, konkrete Maßnahmen trifft und Verfahrensakte verabschiedet. Nach Art. 100 des Vertrages zur Gründung der Energiegemeinschaft ist er auch für die meisten Änderungen des Vertrages selbst zuständig. Zusammengesetzt ist der Ministerrat aus zwei Vertretern der Europäischen Kommission und je einem Vertreter der anderen Vertragsparteien, der Vorsitz wird im Rotationsverfahren wahrgenommen (vgl. VGEG, Art. 47–51). Ferner können alle EU-Mitgliedstaaten einen Vertreter ohne Stimmrecht entsenden. Vorbereitet wird die Arbeit des Ministerrates durch eine ständige hochrangige Gruppe, die sich analog zum Ministerrat zusammensetzt. Daneben ist die ständige hochrangige Gruppe für technische Unterstützungsmaßnahmen verantwortlich, evaluiert die Fortschritte bei der Verwirklichung der Energiegemeinschaft und trifft Maßnahmen, die ihr vom Ministerrat übertragen wurden (vgl. VGEG, Art. 53).

Der Regulierungsausschuss (vgl. VGEG, Titel V, Kapitel III), der dauerhaft in Athen tagt, hat die Aufgabe, bei Streitfällen zwischen nationalen Regulierungsbehörden Empfehlungen abzugeben. Ferner berät er den Ministerrat und die ständige hochrangige Gruppe in gesetzlichen, technischen und regulatorischen Fragen, nimmt Verfahrensakte an und trifft Maßnahmen, zu denen er vom Ministerrat befugt wurde. In letzter Konsequenz kann der Regulierungsausschuss den Ministerrat ersuchen, die Verletzung von Vertragspflichten durch eine Partei festzustellen, was

---

[1] Diesen Beiträgen sind auch Teile der folgenden Kapitel entnommen.

bis zur Außerkraftsetzung bestimmter Rechte dieser Vertragspartei führen kann (vgl. VGEG, Art. 91–92). Neben Ministerrat, hochrangiger Gruppe und Regulierungsausschuss verfügt die Energiegemeinschaft noch über die vier genannten Foren, die sich aus Vertretern der Industrie, Regulierungsbehörden und Verbrauchern zusammensetzen (vgl. VGEG, Titel V, Kapitel IV). Das in Wien angesiedelte Sekretariat der Energiegemeinschaft leistet schließlich allen anderen Organen administrative Unterstützung und prüft die Einhaltung der eingegangenen Verpflichtungen (vgl. VGEG, Titel V, Kapitel V). Damit übernimmt es die Rolle der Hüterin des Vertrages. Im Jahr 2015 wurden diese Institutionen noch durch die Etablierung eines parlamentarischen Plenums (vgl. Procedural Act 2015) ergänzt, das aus je zwei Vertretern der Vertragsparteien und 16 Vertretern des Europäischen Parlaments besteht. Auch wenn dieses Plenum nur beratenden Charakter hat, ist mit seiner Einrichtung doch der Einstieg in eine parlamentarische Komponente der Energiegemeinschaft erfolgt. Diese komplexe institutionelle Struktur veranschaulicht, dass es sich bei der Energiegemeinschaft nicht bloß um einen internationalen Vertrag zwischen der Europäischen Union und einzelnen Nachbarländern zu Energiefragen handelt, sondern um die Gründung einer internationalen Organisation mit festen Strukturen und Verfahrensabläufen, die darauf abzielt, durch die Verabschiedung verbindlicher Rechtsakte einen auf Dauer angelegten Regulierungsrahmen zu schaffen (vgl. Göler und Kurze 2009).

Das hohe Maß an Institutionalisierung der Energiegemeinschaft zeigt sich auch bei den komplexen Beschlussfassungsregeln. So kennt die Energiegemeinschaft Beschlüsse, die in allen Teilen für diejenigen, an die sich der Beschluss richtet, verbindlich sind, und Empfehlungen, um deren Umsetzung sich die Parteien bemühen müssen (vgl. VGEG, Art. 76). Bei allen Abstimmungen im Ministerrat, der ständigen hochrangigen Gruppe und des Regulierungsausschusses verfügt jede Partei über eine Stimme (vgl. VGEG, Art. 77), wobei die besondere Integrationstiefe der Energiegemeinschaft darin zum Ausdruck kommt, dass Entscheidungen in bestimmten Bereichen auch mit Mehrheit getroffen werden können. Die konkreten Quoren hängen hierbei von den Sachmaterien ab: Maßnahmen im Bereich des gemeinsamen Besitzstandes werden mit einfacher Mehrheit getroffen; allerdings besitzt hier die Europäische Kommission ein Initiativmonopol und kann ihre Vorschläge auch jederzeit wieder zurückziehen, was ihr ein faktisches Vetorecht einräumt. Maßnahmen bezüglich der Mechanismen für den Netzenergiebinnenmarkt können in Ministerrat, ständiger hochrangiger Gruppe und Regulierungsausschuss mit Zweidrittelmehrheit entschieden werden; darunter muss sich die Zustimmung der Europäischen Kommission befinden. Maßnahmen zur Schaffung eines einheitlichen Energiemarktes (hierunter fallen Maßnahmen zur Schaffung eines einheitlichen Energiebinnenmarktes für Netzenergien, Maßnahmen zur Energie-Außenhandelspolitik und zur gegenseitigen Unterstützung bei Unterbrechung der Energieversorgung) können hingegen nur einstimmig getroffen werden.

Für die Frage der Implementierung energiepolitischer Regelungen in Drittstaaten bringen die vorgenannten institutionellen und prozeduralen Aspekte – die sich in ein hierarchisches Governance-Modell einordnen lassen – einerseits den Vorteil mit sich, neue Regelungen wesentlich unkomplizierter vereinbaren zu können. Denn anstelle bilateraler Aushandlungsprozesse besteht hier die Möglichkeit der (Mehrheits-) Entscheidung in einem festgefügten institutionellen Rahmen. Andererseits sieht die Energiegemeinschaft klare Verfahren zur Implementationskontrolle und entsprechende Verfahren bei Regelverstößen inklusive der Möglichkeit der Verhängung von Sanktionen vor. Ebenfalls nicht zu unterschätzen ist der Aspekt, dass das institutionelle Arrangement der Energiegemeinschaft auf eine umfassende Einbeziehung der beteiligten Drittstaaten ausgelegt ist und diesen Raum und Verfahrensmöglichkeiten zur Vertretung ihrer eigenen Interessen ermöglicht.

Insgesamt ist mit der Energiegemeinschaft damit ein institutioneller Rahmen geschaffen worden, der sowohl im Hinblick auf die Governance-Strukturen als auch hinsichtlich der Modi der sozialen Handlungskoordinierung als hierarchisch gekennzeichnet werden kann. Die von der Energiegemeinschaft beschlossenen Rechtsakte sind hierbei für die beteiligten Vertragsparteien verbindlich und unterliegen einer Implementationskontrolle. Durch eine zurzeit im Diskussionsprozess befindliche Vertragsänderung würde die Verbindlichkeit von Teilen des Energiegemeinschaftsrechts nochmals deutlich erhöht. Denn ein Vorschlag des Sekretariats, der im Oktober 2016 im Ministerrat beraten wurde und im Herbst 2017 zu Abstimmung steht, sieht vor, dass „a Decision incorporating a Regulation adopted by the European Union shall be binding in its entirety and directly applicable in all Contracting Parties it addresses" (Energy Community Secretariat 2016b, S. 5). Diese Vertragsänderung wäre hinsichtlich der Governance-Modi insoweit bemerkenswert, als nun erstmals die unmittelbare Wirksamkeit des ‚Energiegemeinschaftsrechts' in Mitgliedstaaten (bzw. bei den Vertragsparteien) eingeführt und damit faktisch auch die Höherrangigkeit des Energiegemeinschaftsrechts gegenüber nationalem Recht eingefügt würde.

Neben diesen hierarchischen Ansätzen, die einen legislativ-institutionellen Rahmen setzen, haben sich im Laufe der europäischen Zusammenarbeit verschiedene Formen der Kooperation entwickelt. Im Rahmen der territorialen Zusammenarbeit haben sich hier auch nicht-hierarchische Ansätze durchgesetzt. Eines der neuesten Governance-Elemente im Mehrebenensystem der EU, welches Drittstaaten explizit einbezieht, sind die makroregionalen Strategien.

2.2 Die EU-Donauraumstrategie: Entwicklung, Governance und Themen

Die makroregionalen Strategien der EU stellen ein neues Kooperationsformat dar, in welchem Staaten und Regionen für Teilregionen Europas mit gleichen Herausforderungen eine Strategie entwickeln (vgl. Samecki 2009; EU Kommission 2013). Zunächst für den Ostseeraum entwickelt, basiert das Konzept der makroregionalen Strategien auf der Idee der so genannten drei Neins: Es sollen keine neuen EU-Institutionen, Gesetze oder Finanzen für Makroregionen entstehen. Ziel ist es hierbei, die bestehenden Akteure, Regularien und Fördermöglichkeiten unter dem Dach der EU Strategie für den Donauraum (EUSDR) besser zu koordinieren (vgl. EU Kommission 2013). In 2017 gibt es nunmehr vier makroregionale Strategien für den Ostseeraum (2009), für die Donauregion (2011), für die Adriatisch und Ionische Region (2014) sowie für den Alpenraum (2015).

Vor dem Hintergrund der Dynamik im Ostseeraum und einem mehrmonatigen Stillstand der Schiffahrt auf der Donau in Folge von Niedrigwasser trieben Österreich und Rumänien 2008 eine ähnliche Initiative zur Entwicklung einer makroregionalen Strategie voran. Die Regierungschefs schrieben einen Brief an den Präsidenten der Kommission José Barroso, um einen Impuls für den Donauraum zu setzen. Das Land Baden-Württemberg unterstützte diese Initiative umgehend (vgl. Sielker 2012; vgl. auch Stratenschulte und Setzen 2011). Im Jahr 2009 beauftragte der Europäische Rat sodann die EU-Kommission, eine solche Strategie zu entwickeln. Die EU-Kommission koordinierte einen großangelegten Konsultationsprozess und präsentierte im Dezember 2010 einen ersten Entwurf. Dieser wurde im Juni 2011 verabschiedet. Seither kooperieren die zehn Donauanrainerstaaten (Deutschland, Österreich, Slowakei, Ungarn, Kroatien, Serbien, Rumänien, Bulgarien, Republik Moldau, Ukraine) sowie die vier Länder des erweiterten Wassereinzugsgebietes (Tschechische Republik, Slowenien, Montenegro, Bosnien-Herzegowina) in insgesamt 12 Prioritätsbereichen.

Die Prioritätsbereiche stellen den thematischen Fokus der Kooperation dar. Neben Themen wie Transport, Bildung, Sicherheit, Biodiversität oder Wasser ist der Prioritätsbereich 2 dem Thema Energie gewidmet. Koordiniert durch Ungarn und die Tschechische Republik ist das übergeordnete Ziel, nachhaltige Energie zu fördern („to encourage more sustainable energy") (vgl. Website Danube-Region 2017a). Die drei konkreteren Ziele sind folgende: (1) Unterstützung zur Erreichung der nationalen Klima- und Energieziele für 2030, (2) Reduzierung der Engpässe zur Erreichung der Ziele der Energiegemeinschaft sowie (3) die bessere Verbindung der Vielzahl an Aktivitäten und Akteuren (vgl. Website Danube-Region 2017b). Die Formulierungen dieser inhaltlichen Ziele geben bereits Aufschluss über die Reichweite der inhaltlichen Ambitionen. Es geht vor allem darum, durch diese Kooperation zur Erreichung von Zielen beizutragen, die in anderen politischen Formaten wie der hier behandelten Energiegemeinschaft gesetzt wurden. Dies soll durch die Koordinierung und Unterstützung von Aktivitäten in der Donauregion erreicht werden.

Die Governance-Struktur der EUSDR zeigt sich im Wesentlichen zweigeteilt (vgl. Sielker 2012; Chilla und Sielker 2016). Die koordinierende, übergeordnete Ebene setzt sich zusammen aus Vertretern der EU Kommission, den Nationalen Koordinatoren, dem Forum der Prioritätsbereichskoordinatoren und dem Donaustrategiepunkt (Danube Strategy Point, bis 2017) sowie dem jährlichen Forum. Die Nationalen Koordinatoren sind die Ländervertreter, die in einem intergouvernementalen Gremium die zentralen Entscheidungen zur Weiterentwicklung der Strategie treffen. Dies beinhaltet beispielsweise die Entscheidung darüber, welches Land den Donaustrategiepunkt nach dem Rückzug Baden-Württembergs[2] koordinieren wird. Der Donaustrategiepunkt ist als technische Unterstützung für die Prioritätsbereichskoordinatoren und die EU-Kommission eingesetzt worden. Zu den Aufgaben gehören unter anderem das Monitoring der Strategie und ihrer Implementierung sowie die Öffentlichkeits- und Informationsarbeit.

Die Prioritätsbereiche stellen den Rahmen für die Umsetzungsaktivitäten der Strategie dar. Die Prioritätsbereichskoordinatoren sind gewissermaßen Gesicht und Schaltstelle für die Organisation der 12 thematischen Bereiche. Sie sind verantwortlich für die inhaltliche und organisatorische Vorbereitung der Treffen der nationalen Vertreter in den zwölf Lenkungsgruppen der Prioritätsbereichskoordinatoren. Diese Lenkungsgruppen stellen das politisch-administrative Gremium und somit das Kernelement der Prioritätsbereiche dar. Die durch die Staaten entsendeten Vertreter treffen sich in einem halbjährlichen Rhythmus. Zumeist sind dies Referenten, die durch die nationalen Ministerien entsendet werden. Die Lenkungsgruppe kann sodann Beobachter einladen, die vor allem eine beratende Funktion einnehmen oder aber Arbeitsgruppen einsetzen, die sich der Bearbeitung aktueller Fragestellungen widmen. Die Aktivitäten der Lenkungsgruppen umfassen die Entwicklung gemeinsamer Ziele, die Sammlung von Informationen und Aktivitäten in der Region, die Entscheidungen zur Unterstützung von Projekten sowie die Beauftragung von Studien. Im Prioritätsbereich 2 Energie umfasst dies vor allem Studien zur Situation der Netze, Energieträger und des regionalen Energiemarktes (vgl. Website Danube-Region 2017c).

Makroregionen werden in der Planungsliteratur als ‚soft spaces' beschrieben (Allmendinger et al. 2014; Stead 2011; Sielker und Chilla 2014; Sielker 2017). Dieses Konzept beschreibt die Dynamik von sich überlagernden administrativ-juristischen Räumen mit Netzwerkräumen (vgl. Allmendinger und Haughton 2009). ‚Soft spaces' können sowohl zeitlich begrenzte sowie räumlich und thematisch flexible Initiativen beschreiben, in denen zum Teil wechselnde Akteure in mehr oder minder institutionalisierter Form kooperieren. Die Beschreibung von Makroregionen als ‚soft spaces' geht mit der Einschätzung der Autoren einher, dass dieses neue Kooperationsinstrument in der EU mit seiner umfangreichen Governancestruktur in die nichthierarchischen Governance-Modi einzuordnen ist.

Im Hinblick auf die Kompetenzen, die institutionelle Reichweite, das prozedurale Vorgehen, die Aktivitäten und die Entscheidungskompetenzen stellen makroregionale Strategien eine Form der ‚soft governance' dar. Grundsätzlich stellen die Inhalte und Entscheidungen der makroregionalen Strategie einen gemeinsam gesetzten Orien-

---

2   Das Land Baden-Württemberg hat bis 2017 den Donaustrategiepunkt in der Landesvertretung in Brüssel geleitet. Nach einer anfänglichen Finanzierung durch EU Mittel, haben die Nationalen Koordinatoren nun eine Finanzierung des Donaustrategiepunkt als INTERREG Projekt durch das transnationale Programme für den Donauraum angedacht. Auf Grund von Aufgabenverlagerungen der Ministerien in Folge der Landtagswahlen in Baden-Wüttemberg und durch das bevorstehende veränderte Prozedere hat sich das Land Baden-Württemberg mit Wirkung zum September 2017 aus dem Engagement zurückgezogen.

tierungsrahmen dar. Dieser Rahmen hat keinerlei verbindliche Wirkung für weitere legislative Entscheidungen oder finanzielle Förderungen. Die EU-Förderprogramme, beispielsweise im Rahmen des Europäischen Fonds für regionale Entwicklung, sind durch ihre Regularien jedoch angehalten, die Ziele der Strategie zu berücksichtigen und zu deren Erreichung beizutragen. Die Lenkungsgruppen können versuchen, die Argumente und Themen in den politischen Prozess einzuspeisen und so durch Deklarationen oder Meinungspapiere die Diskussionen auf europäischer Ebene mit zu steuern. Mit der Institutionalisierung der Lenkungsgruppen ergab sich zunächst die Möglichkeit, sich einen Überblick über die Aktivitäten im Donauraum zu verschaffen. Zudem wurden in der Lenkungsgruppe sodann die auf nationaler Ebene relevanten Energiefragen zusammengetragen und die gemeinsamen Interessen für die transnationale Kooperation in der Donauregion identifiziert. Die Lenkungsgruppen setzen weiterhin Arbeitsgruppen ein. In diesen werden bestimmte Fragestellungen und potentielle Lösungen und Projektvorbereitungen unter Einbezug von Expert(inn)en und Akteuren aus der Region angegangen. Im Prioritätsbereich Energie stehen vor allem Studien und Konzeptentwicklungen, beispielsweise zur Geothermieentwicklung, sowie die Organisation gemeinsamer Workshops zu Themen der zukünftigen Energieversorgung im Mittelpunkt. Beispielhaft sei ein für 2017 angesetzter Workshop zum Thema Förderungsmöglichkeiten für Energieprojekte genannt.

Die Entscheidungsfindung in den Gremien ist auf Konsens angelegt. Für die Entscheidungen innerhalb der übergeordneten Ebene sind je nachdem die Nationalen Koordinatoren oder die Prioritätsbereichskoordinatoren zuständig. Die Vertreter der Europäischen Kommission nehmen eine beratende Rolle ein. Auf der Umsetzungsebene arbeiten die Prioritätsbereiche in den Lenkungsgruppen in der Regel auf Basis des Konsensprinzips. Die Beobachter nehmen beratende Funktion ohne Stimmrecht ein. Die nationalen Vertreter sind angehalten, die gemeinsam gesetzten Ziele in den nationalen Kontexten zu berücksichtigen und in der Lenkungsgruppe über diese Aktivitäten zu berichten. Die Rolle der EU-Drittstaaten und Mitgliedsländer ist gleichgestellt. Sollten Länder sich an den Aktivitäten der EUSDR nicht beteiligen, gibt es keine Sanktionsmöglichkeiten. Es gilt das Freiwilligkeitsprinzip.

Insgesamt ist mit der EU-Donauraumstrategie ein Handlungsrahmen geschaffen worden, der sowohl im Hinblick auf die Governance-Strukturen als auch die Modi einer nicht-hierarchischen Steuerungsform zuzuordnen ist. Im Themenbereich Energie geht es zunächst darum, eine umfangreiche Wissensbasis zu schaffen. Hierzu gehört auf der einen Seite die Erstellung eines Überblicks über die nationalen, energiepolitischen Zielvorstellungen für eine nachhaltige Energieentwicklung. Ein Ergebnis dieses Prozesses ist der Austausch über die unterschiedlichen Vorstellungen nachhaltiger Energieentwicklung. Eine besondere Rolle im Rahmen der EUSDR spielt der Ausbau erneuerbarer Energien. Auf der anderen Seite haben Länder der Donauregion im Rahmen der Lenkungsgruppe Informationen zu Teilaspekten des Energiemarktes und seiner Organisation zusammengetragen. Beispielhaft genannt seien hier ein Gas-Marktmodell für die Donauregion, eine Analyse der Speicherpotentiale sowie eine

Analyse zur Entwicklung eines ‚smart grids' in den Donauländern. Ein intelligentes Netz soll unter anderem die Einspeisung erneuerbarer Energien und die Kommunikation über Landesgrenzen hinweg erleichtern. Nach der Schaffung dieser Grundlage und der Identifizierung gemeinsamer Interessen und Themen stehen nun vermehrt die Potentiale zur Förderung von konkreten Umsetzungsaktivitäten im Vordergrund.

Die EUSDR zielt darauf ab durch lose Koordination energiepolitische Themen im Donauraum zu bespielen, wohingegen die Energiegemeinschaft einen institutionalisierten Rahmen schafft. Aufbauend auf der vorangegangenen Vorstellung der beiden Ansätze und ihrer Funktionsweise zielt das folgende Kapital darauf ab, den Beitrag der beiden Initiativen zur Umsetzung einer am Klimaschutz orientierten Energiewende zu diskutieren.

3 Beitrag hierarchischer und nicht-hierarchischer Governance zur Energiewende

3.1 Beitrag der Energiegemeinschaft zur Energiewende

Inhaltlich umfasst die Energiegemeinschaft neun Arbeitsbereiche (Elektrizität, Gas, Öl, Versorgungssicherheit, erneuerbare Energien, Effizienz, Umwelt, Wettbewerb und Energiestatistik), zu denen verbindliche Rechtsakte verabschiedet werden und die damit den Energiegemeinschafts-Acquis bilden. Ein wesentlicher Teil der energiepolitischen Aktivitäten und Herausforderungen dreht sich jedoch auch elf Jahre nach der Gründung der Energiegemeinschaft primär um die Durchsetzung von Marktnormen im Energiesektor – die Integration der Energiemärkte wird vom Sekretariat sogar als „the Energy Community's most noble objective" (Implementation Report 2016, S. 9) bezeichnet. Dennoch lässt sich in der Energiegemeinschaft (zumindest seitens des Sekretariats) nicht zuletzt angesichts des von den Vertragsparteien ebenfalls unterzeichneten Pariser Klimaabkommens ein Wandel in der politischen Ausrichtung erkennen. So heißt es im Vorwort des aktuellen Implementationsberichts: „This [die Unterzeichnung des Paris-Abkommens] heralds an era also for the Energy Community in which energy sector reform and integration will have to serve the fight against climate change just as well as improving the efficiency and transparency of market operation. We are deeply convinced that in this dawning era, an Energy Community without a strong focus on sustainability is an anachronism" (Energy Community Secretariat 2016a, S. 9).

Der Beitrag der Energiegemeinschaft zur Energiewende soll hier nun am konkreten Beispiel des Ausbaus erneuerbarer Energien aufgezeigt werden, wobei EU-interne energiepolitische Entwicklungen als Referenzpunkt dienen. Für die EU-Energiepolitik in diesem Bereich lässt sich festhalten, dass die Förderung erneuerbarer Energien spätestens seit den 1990er Jahren eine zentrale Rolle spielt, was sich in zahlreichen EU-finanzierten Förder- und Forschungsprogrammen manifestiert. Zudem wurde

2001 die Richtlinie 2001/77/EG zur Förderung der Stromerzeugung aus erneuerbaren Energiequellen im Elektrizitätsbinnenmarkt erlassen. Diese enthielt jedoch lediglich indikative Ziele für den Ausbau erneuerbarer Energien in den EU-Mitgliedsstaaten.

Der politische Durchbruch auf europäischer Ebene kann daher in der Richtlinie für erneuerbare Energien (Richtlinie 2009/28/EG, kurz: EE-Richtlinie) gesehen werden, die als Teil des Energie- und Klimapakets erstmals ein verbindliches EU-Gesamtziel sowie verbindliche nationale Ausbauziele festschreibt. Insgesamt wird bis 2020 ein Anteil von 20 % erneuerbarer Energien am gesamten Endenergieverbrauch der EU sowie ein Mindestanteil von 10 % im Verkehrssektor eingefordert (vgl. Website Europäische Kommission, 2017). Der wesentliche Vertiefungsschritt liegt hier jedoch nicht allein in der Höhe der Ausbauziele, sondern vielmehr in ihrer rechtlichen Verbindlichkeit. Diese Vertiefung der energiepolitischen Integration auf europäischer Ebene wurde dann auch im Rahmen der Energiegemeinschaft und damit jenseits der EU vollzogen.

Im Vertrag zur Gründung der Energiegemeinschaft wird die Förderung von erneuerbaren Energien in Artikel 2 (d) als eine Kernaufgabe der Gemeinschaft herausgestellt. Nach Artikel 35 des Vertrages kann die Energiegemeinschaft somit Maßnahmen ergreifen, „to foster development in the areas of renewable energy and energy efficiency, taking account of their advantages for security of supply, environment protection, social cohesion and regional development." Konkret wurden zudem die bei Vertragsunterzeichnung geltenden Richtlinie 2001/77/EG sowie die Richtlinie 2003/30/EG zur Förderung der Verwendung von Biokraftstoffen oder anderen erneuerbaren Kraftstoffen im Verkehrssektor unter Kapitel V Artikel 20 des Vertrags in den grundlegenden Besitzstand der Energiegemeinschaft aufgenommen. Die Vertragsparteien verpflichten sich demnach, diese Richtlinien umzusetzen bzw. auch potenziell neue Entwicklungen in der EU in diesem Politikbereich zu berücksichtigen. Angesichts der oben skizzierten Vertiefung in der EU-Energiepolitik – hin zu verbindlichen Zielen – wurde in verschiedenen Gremien der Energiegemeinschaft seit Anfang 2009 darüber beraten, ob und wie die neue EE-Richtlinie auch von den Vertragsparteien umgesetzt werden könnte. So wurde etwa speziell eine Task-Force gegründet, die bereits seit Januar 2009 im Einsatz war, um die Umsetzung der EE-Richtlinie auf operativer Ebene zu diskutieren und vorzubereiten. Dieses Gremium beschäftigte sich im Austausch mit Energieexperten aus der EU sowie den Ländern der Energiegemeinschaft insbesondere mit der Methodologie zur Berechnung der nationalen Ziele für das Jahr 2020.

Die teils problematische Datenlage führte etwa dazu, dass zur Berechnung nicht wie für die EU-Mitgliedsländer das Jahr 2005 als Basisjahr gewählt wurde, sondern das Jahr 2009. An diesem kleinen technischen Detail, das jedoch wesentliche Auswirkungen für die Festlegung der verbindlichen Ziele hatte, wird deutlich, dass im Rahmen der Energiegemeinschaft Abstimmungs- und Anpassungsprozesse vollzogen werden, und die jeweiligen EU-Normen nicht automatisch exportiert oder eins-zueins umgesetzt werden müssen. Zudem wurde nicht zuletzt aufgrund dieser besonderen Herausforderungen im Hinblick auf die Transparenz von Daten und Energiestatistiken, die als Grundlage für die gemeinsame Politikformulierung sowie das Monitoring wesentlich sind, auch der Acquis der Energiegemeinschaft in diesem Gebiet im Jahr 2012 erweitert (vgl. Energy Community Secretariat 2015, S. 2).

Neben der Task Force wurde die Umsetzung der EE-Richtlinie im September 2010 mit einer Empfehlung des Ministerrats der Energiegemeinschaft (2010/01/MC-EnC) vorangetrieben, nach der die Politik der Energiegemeinschaft im Bereich der erneuerbaren Energien sich bereits auf die neuen Ziele bis 2020 ausrichten sollte. Auch wurden die Vertragsparteien aufgefordert, vor diesem Hintergrund Nationale Aktionspläne bis Juni 2011 einzureichen. Mit dem Beschluss D/2012/04MC-EnC des Ministerrats der Energiegemeinschaft wurden die beiden bestehenden Richtlinien (2001/77/EG, 2003/30/EG) aufgehoben und durch die EE-Richtlinie rechtswirksam ersetzt. Zudem wurde der Energiegemeinschaftsvertrag entsprechend geändert. Der Beschluss wurde vom Ministerrat im Oktober 2012 angenommen. Bis auf wenige formale Änderungen in den Formulierungen (statt Mitgliedsländern wird in allen Dokumenten und Gesetzen der Energiegemeinschaft konsequent von Vertragsparteien gesprochen, alle in der EU-Richtlinie genannten Aufgaben der Kommission werden vom Sekretariat erfüllt etc.) ist die EE-Richtlinie inhaltlich in den wesentlichen Punkten übernommen worden. Dies bedeutet insbesondere, dass verbindliche nationale Ziele für den Anteil erneuerbarer Energien bis zum Jahr 2020 festgeschrieben wurden (vgl. Hook 2018; Kühne und Weber 2018 in diesem Band). Ein Gesamtziel auf Ebene der Energiegemeinschaft besteht derzeit nicht (vgl. Energy Community Secretariat 2015, S. 1).

Wie auch in der EU-Richtlinie sieht die EE-Richtlinie der Energiegemeinschaft verbindliche Berichtspflichten vor, nach der die Vertragsparteien in nationalen Aktionsplänen und regelmäßigen Fortschrittsberichten offenlegen, wie sie die jeweiligen Ausbauziele erreichen wollen. Letztere dienen v. a. dazu zu überprüfen, inwiefern die gesetzten Zwischenziele erreicht werden und damit langfristig auch die Realisierung der 2020-Ziele. Bis Juni 2013 sollten die umfassenden nationalen Aktionspläne eingereicht werden. Bis auf fünf Parteien wurde diese Berichtspflicht auch von allen Vertragspartnern erfüllt. Die fehlenden Aktionspläne aus Albanien, der Ukraine, Bosnien und Herzegowina, Mazedonien und Montenegro wurden mittlerweile eingereicht, jedoch erst nachdem das Sekretariat der Energiegemeinschaft ein Vertragsverletzungsverfahren im Februar 2014 eingeleitet hatte, welches in letzter Konsequenz auch den Stimmentzug zur Folge haben kann (vgl. VGEG, Art. 92).

Auch wenn nun alle Aktionspläne vorliegen, worin sich auch die Wirksamkeit eines institutionalisierten Streitschlichtungsverfahrens zeigt, wird im letzten ausführlichen Fortschrittsbericht des Sekretariats vom Oktober 2015 speziell für den Bereich der erneuerbaren Energien hervorgehoben, dass weiterhin große Umsetzungslücken bestehen und keine der Vertragsparteien die EE-Richtlinie vollumfänglich in nationales Recht überführt habe (vgl. Energy Community Secretariat 2015, S. 25). Nach dieser Einschätzung werden die Vertragsparteien die Ziele bis 2020 demnach nicht erreichen können (Energy Community Secretariat 2015, S. 25). Um dieser Problematik entgegenzuwirken, wurde in Anlehnung an die bis 2012 bestehende Task Force nun eine Koordinierungsgruppe zur Umsetzung der EE-Richtlinie eingerichtet, die sich insbesondere mit den vielen technischen und regulativen Problemstellungen auseinandersetzt. Im jüngsten Gesamt-Implementationsbericht vom September 2016 wird nun durchaus auch auf erste Fortschritte in der Umsetzung des EE-Acquis hingewiesen (vgl. Energy Community Secretariat 2016a, S 13 und S. 118). Dennoch überwiegen auch hier deutlich die Verweise auf die Umsetzungsdefizite in den meisten Ländern der Energiegemeinschaft. In der Umsetzungsphase – in der sich zahlreiche konkrete und sehr spezifische Probleme stellen – könnten auch Angebote und Plattformen der EU-Donauraumstrategie zusätzliche Möglichkeiten eröffnen, best-practices auszutauschen und Projekte zur Förderung von erneuerbaren Energien voranzutreiben.

3.2 Beitrag der EU-Donauraumstrategie zur Energiewende

Die Energiegemeinschaft schafft einen übergeordneten, verbindlichen Rahmen der sich auf die Vertragspartner (s. Abbildung 1) bezieht. Die Umsetzung dieser gemeinsamen Ziele erfolgt dabei auch über nationale Initiativen oder über transnationale Kooperationen, wie beispielsweise der EUSDR.

Der Prioritätsbereich 2 Energie hat sich zum Ziel gesetzt, eine nachhaltigere Energienutzung im Donauraum zu fördern. Konkret bedeutet dies, dass die Donauländer durch die Aktivitäten in der EUSDR die Erreichung der nationalen Klima- und Energieziele für 2030 fördern, die Engpässe auf dem Weg der Erreichung der Ziele der Energiegemeinschaft reduzieren, die Vielzahl an Aktivitäten besser koordinieren sowie durch neue ergänzen möchten. Die EUSDR ordnet sich folglich mit ihren Aktivitäten in die übergeordneten und bereits politisch abgestimmten Ziele ein. Sie möchte die Erreichung dieser Ziele in der Region ‚erleichtern' (vgl. Website Danube-Region 2017b). Diese Begrifflichkeit zeigt, dass die Makroregion mit ihrer Governance-Struktur eine koordinierende Funktion für den Donauraum anstrebt.

Inhaltlich umfassen die bestehenden Studien und Konzepte die folgenden Themen:

- Gasmarkt und Speichermöglichkeiten für Gas
- Biomasse, Bioenergie Produktion und nachhaltiges Waldmanagement
- Geothermie
- Energieeffizienz öffentlicher Gebäude
- Intelligente Netze (‚smart grids')
- Erneuerbare Energien-Markt und sein Monitoring
- Nutzung der EE-Richtlinie in der Donauregion
- Versorgungsqualität
- Zukunft der Energieregion (vgl. Website Danube-Region 2017b).

Für diese thematischen Fokussierungen ermöglichen die im Rahmen der EUSDR entstandenen Studien erstens die Identifizierung der gemeinsamen Interessen, zweitens die Aufarbeitung von Engpässen, beispielsweise in der vorhandenen Infrastruktur, und drittens die Sensibilisierung für die Herausforderungen der potenziellen Handlungsräume.

Die ungarische Präsidentschaft in der EUSDR hat im Jahr 2017 das Thema der Energie in den Fokus gerückt. So widmet sich das im Oktober 2017 stattfindende Jahresforum zur EUSDR im Besonderen Fragen der Energiesicherheit. Die Relevanz und der Themenschwerpunkt der Energiesicherheit wird beispielsweise auch beim Treffen der Außenminister(innen) der Donauländer erkennbar. Hiermit wird gewissermaßen ein neues Forum geschaffen, welches der Umsetzungsebene der EUSDR ermöglicht, das Thema der Energiesicherheit auf der politischen Tagesordnung zu wahren.

Die in der EUSDR adressierten Themen sind überwiegend in den Kontext einer nachhaltigen Energienutzung einzuordnen. Mit dem Fokus auf Energieeffizienz oder Nutzung erneuerbarer Energieträger wie Biomasse oder Geothermie zeigt sich ein überwiegend an Zielen der Nachhaltigkeit ausgerichteter Aktivitätsradius. So orientiert sich der Prioritätsbereich explizit an den übergeordneten politischen Zielen der Energiegemeinschaft. Der Beitrag der EUSDR im Besonderen mit ihrer Governance-Struktur der Lenkungsgruppe ermöglicht es nun, in Teilbereichen eine fundierte Wissensbasis zu erarbeiten, auf welcher gemeinsame grenzüberschreitende Projekte entwickelt werden können. Es werden keine neuen energiepolitischen Ziele erarbeitet. Die Aktivitäten sind als Beitrag zu den übergeordneten politischen Initiativen und ihren Zielen zu verstehen, im Besonderen zu den Zielen der Energiegemeinschaft. Dies wird durch die drei übergeordneten Ziele der EUSDR veranschaulicht (vgl. Absatz 2.2). Ebenso bietet die EUSDR die Möglichkeit, eine Übersicht der regionalen Ausgangsvoraussetzungen und Praktiken zu gewinnen. Eine Studie zur Frage der intelligenten Netze in der Donauregion hat beispielsweise die nachhaltige Energieproduktion und den Energiekonsum zusammengefasst und mit den Herausforderungen der Netzkapazitäten in Bezug gesetzt (vgl. Regional Centre for Energy Policy Research & PA 2 2011). Eine andere Studie zeigt die Auswirkungen des Gasflusses in eine Hauptrichtung über Grenzen. Sprich Gas fließt über Grenzen ausschließlich in eine Richtung, im Besonderen an den Außengrenzen. Der weitere Ausbau des Energienetzes im Nord-Südkorridor kann zu einer höheren Energiesicherheit und Gasversorgungssicherheit führen und damit die Einspeisung von Energie aus erneuerbaren Ressourcen erleichtern. Die Studie stellt im Besonderen heraus, dass es politisch gesetzter Anreize bedarf, um sogenannte ‚reverse flows' oder ‚backhauls', also Rücktransporte und die Anbindung an übergeordnete Netzknoten für Pipelines, zu ermöglichen. Dies ist gerade im Donauraum von Interesse, da ein Rücktransport an Drittstaaten rechtlich nicht vorgesehen ist (vgl. REKK & PA 2 2012, S. 22).

Die EUSDR kann vor dem Hintergrund dieser Informationsgrundlage sodann eine doppelte Funktion einnehmen: Einerseits können Projekte und konkrete Implementierungsaktivitäten unterstützt werden. Beispielsweise können potentielle Projektträger identifiziert und in Kontakt gebracht werden. Weiterhin können die Entwicklung von notwendigen Projekten, die eine effizientere Nutzung der Connecting Europe Facility als Förderinstrument für die Transnationalen Europäischen Netze – Energie (TEN-E) für die energiepolitischen Ziele ermöglichen, begleitet werden. Andererseits kann der Prioritätsbereich mit der Lenkungsgruppe als Schaltstelle fungieren, über welche diese Informationen in den übergeordneten politischen Prozess eingespeist werden, im Besonderen auch in den der Energiegemeinschaft. Der starke Fokus auf Themen der nachhaltigen Energieproduktion und -nutzung kann sodann zu einer politischen Sensibilisierung und verstärkten Orientierung der Energiepolitik an Nachhaltigkeitszielen in den Debatten und Agenden führen.

4 Fazit

Ausgangspunkt des Artikels war es, am Beispiel der Energie(außen)politik der EU aufzuzeigen, wie die Europäische Union versucht, energiepolitische Ziele über die eigenen Grenzen hinaus umzusetzen. Gerade auch an den Grenzen der EU kann durch verschiedene Kooperationsformate die Entwicklung gemeinsamer energiepolitischer Ziele vorangetrieben werden. Die EU nutzt hierbei sowohl hierarchische als auch nicht-hierarchische Governance-Ansätze. Der Artikel fragt vor diesem Hintergrund danach, welchen Beitrag die regionalen Energiekooperationen für die Realisierung der Energiewende in Europa haben, und inwiefern sich diese Governance-Ansätze, vielleicht auch gerade an den Grenzen der EU, ergänzen oder beeinflussen können

Am Beispiel der Energiegemeinschaft und der makroregionalen Kooperation im Donauraum wurden zunächst die Funktionsweise und die Wirkungsmechanismen hierarchischer und nicht-hierarchischer Kooperationsformate vorgestellt. Dabei ist deutlich geworden, dass sich die beiden Ansätze in der Donauregion ergänzen. Während der hierarchische Ansatz einen verbindlichen energiepolitischen Rahmen schafft, Ziele benennt und auch deren Implementierung überwacht, bietet der nicht-hierarchische Ansatz eine Möglichkeit, in einer transnationalen Koordinierung die Basis für gemeinsame Umsetzungsaktivitäten zu schaffen. Die besondere regionale Konstellation an der EU-Außengrenze, als eine Region mit zentralen transeuropäischen Energieleitungen und diversen Energiezielen, stellt die Kooperation im Energiesektor vor besondere Herausforderungen. Die Existenz von zugleich einem nicht-hierarchischen Ansatz und einem hierarchischen Ansatz ermöglicht, Kommunikation und Kooperation auf verschiedenen Ebenen des Multi-level Governance-Systems voranzutreiben und zu koordinieren. Der Prioritätsbereich Energie der Donauraumstrategie kann mit seiner Lenkungsgruppe, den Studien und Workshops dazu beitragen, die Herausforderungen der Kooperation im Besonderen an den (Außen-)Grenzen zu identifizieren und sodann in den politischen Prozess einzuspeisen. Grundsätzlich ergibt sich für die EU die Möglichkeit, die Themen der Energiewende in einem politisch verbindlichen Format zu positionieren sowie in einem umsetzungsorientierteren Kontext voranzutreiben. Durch die EUSDR kann eine politische Sensibilisierung auf der Ebene der umsetzenden Akteure und der nationalen Ministerien gefördert werden, während die Energiegemeinschaft zugleich zur politischen Sensibilisierung auf formaler Ebene beiträgt und somit langfristige gemeinsame Ziele vorbereitet. Gerade in einem politisch, wirtschaftlich und administrativ so heterogenen Raum wie dem Donauraum können diese beiden Kooperationsformen einen unterschiedlichen prozeduralen und inhaltlichen Beitrag zur Koordinierung energiepolitischer Fragestellungen leisten. Die EUSDR hat eine vorbereitende Funktion und bietet Raum für Diskussionen im Donauraum, während die Energiegemeinschaft einen verbindlichen Rahmen schafft.

Zusammenfassend sind mit der EUSDR und der Energiegemeinschaft zwei Kooperationsformate präsentiert worden, die durch die europäische Ebene und die Nationalstaaten initiiert wurden und welche zugleich die Kooperation mit Drittstaaten fördern. Im Vergleich übernimmt die Energiegemeinschaft dabei die Funktion einer harten Steuerungsform und damit der Rahmensetzung. Als internationale Organisation mit vertraglich festgelegten Entscheidungskompetenzen stellt sie eine Möglichkeit dar, Regeln für den Energiebinnenmarkt sowie für den Ausbau der erneuerbaren Energien zu schaffen und so auch die Energiewende zu fördern. Mit ihrem politischen ‚Übergewicht' kann die EU dabei energiepolitische Ziele auch in Drittstaaten etablieren. Die makroregionale Strategie für den Donauraum als sanfte Steuerungsform trägt hingegen dazu bei, Möglichkeitsräume der Implementierung in einem geographischen Raum zu fördern. Hierzu gehören vorwiegend Fragen der Infrastrukturentwicklung und durch die gemeinsamen Aktivitäten und Workshops eine Sensibilisierung für Nachhaltigkeitsstrategien und erneuerbare Energien. Die Aktivitäten hängen jedoch vom Engagement der beteiligten Staaten und der Möglichkeit Kompromisse zu finden ab. Beide Steuerungsformen tragen auf ihre Weise zu einer Schritt für Schritt Veränderung des ‚*mindsets*' der Akteure sowie zur Umsetzung konkreter Projekte bei.

Die direkte Verbindung zwischen den beiden Kooperationsformaten zeigt sich vorrangig darin, dass die Donauraumstrategie die Ziele der Energiegemeinschaft auch zu den ihren macht. Zugleich könnte die Verbindung, beispielsweise durch einen konkreteren Bezug zu den nationalen Aktionsplänen, noch expliziter gemacht werden. Die Aktivitäten in der EUSDR sind abhängig von der Initiative einzelner Akteure, sowie von Interessensgruppen. Eine stärkere strategische Einbettung der transnationalen Aktivitäten in die nationalen Aktionspläne könnte die Komplementarität weiter unterstützen. Insgesamt ist mit beiden Ansätzen im Donauraum ein Rahmen geschaffen worden, der es der EU ermöglicht, auf unterschiedlichen Wegen und mit unterschiedlichen Instrumenten die Energiewende über die Grenzen der EU hinaus voranzubringen.

Literatur

Allmendinger, P., & Haughton, G. (2009). Soft spaces, fuzzy boundaries and metagovernance: The new spatial planning in the Thames Gateway. *Environment and Planning A* 41 (3), 617–633.

Allmendinger, P., Chilla, T., & Sielker, F. (2014). Europeanizing territoriality – towards soft spaces. *Environment and Planning A* 46 (11), 2703–2717.

Benz, A., & Dose, N. (Hrsg.) (2010). Governance – Regieren in komplexen Regelsystemen: Eine Einführung, Wiesbaden: VS Verlag für Sozialwissenschaften.

Börzel, T. & Risse, T. (2012). From Europeanisation to Diffusion: Introduction. *West European Politics* 1, 1–19.

Börzel, T. (2014). Was ist Governance? *Passauer Jean-Monnet-Papiere 02/2014*. http://www.phil.uni-passau.de/fileadmin/dokumente/lehrstuehle/goeler/Passauer_Jean-Monnet_Paper/PJMP_2014_2_Boerzel.pdf. Zugegriffen: 11. 07. 2017.

Chilla, T., & Sielker, F. (2016). *Measuring the added-value of the EUSDR – challenges and opportunities*. Input Paper for DG Regio and Danube Strategy Point, Brussels. Online verfügbart unter: http://www.danube-region.eu/attachments/article/616586/Chilla_Sielker_Discussion%20paper_EUSDR.pdf. Zugegriffen: 01. 06. 2017.

Energy Community Secretariat (2015). Report of the Secretariat to the Ministerial Council on the Progress in the Promotion of Renewable Energy in the Energy Community. https://www.energy-community.org/dam/jcr:1a284fb2-c363-40ba-86fa-00fa8f2b5895/RECG112016_ECS.%20Implementation.pdf. Zugegriffen: 11. 07. 2017.

Energy Community Secretariat (2016a). Annual Implementation Report 2015/2016, 1. 9. 2016. http://heyzine.com/files/uploaded/47e55aee7d4944e7418cecba135e9e66ddcc7342.pdf. Zugegriffen: 11. 07. 2017.

Energy Community Secretariat (2016b). Proposed Treaty Changes. https://www.energy-community.org/portal/page/portal/ENC_HOME/DOCS/4266450/39C942F9D9702ABEE053C92FA8C04259.pdf. Zugegriffen: 11. 07. 2017.

Energy Community (2005). Treaty establishing Energy Community (Vertrag zur Gründung der Energiegemeinschaft) https://www.energy-community.org/legal/treaty.html. Zugegriffen: 11. 7. 2017.

Europäische Kommission (2013). *Report from the Commission to the European Parliament, the Council, the European Economic and Social Committee and the Committee of the Regions concerning the added value of macro-regional strategies*, COM (2013) 468 final. Brüssel.

Europäische Kommission (2011). *Energiefahrplan 2050*, KOM (2011) 885 endgültig, Brüssel.

Europäische Kommission (2016): *Report on the implementation of EU macro-regional strategies*. Brüssel. Online verfügbar unter: http://ec.europa.eu/regional_policy/en/information/publications/reports/2016/report-on-the-implementation-of-eu-macro-regional-strategies Zugegriffen: 01. 06. 2015.

Fromme, J. (2018). Transformation des Stromversorgungssystems zwischen Planung und Steuerung. In O. Kühne & F. Weber (Hrsg.), *Bausteine der Energiewende* (S. 293–314). Wiesbaden: Springer VS.

Göhler, G. (2010). Neue Perspektiven politischer Steuerung. *Aus Politik und Zeitgeschichte* 2-3, S. 34–40.

Göler, D., & Kurze, K. (2009). Die EU als transnationaler Polity-Shaper: Über die Schaffung sektoraler Governance-Strukturen am Beispiel der Energiegemeinschaft. *Österreichische Zeitschrift für Politikwissenschaft* 4, 423–436.

Göler, D., & Kurze, K. (2011). Constructing Networks of Trust? The Case of the Energy Community in Southeast Europe. *Security and Peace* 29 (3), 149–155.

Hook, S. (2018). ‚Energiewende': Von internationalen Klimaabkommen bis hin zum deutschen Erneuerbaren-Energien-Gesetz. In O. Kühne & F. Weber (Hrsg.), *Bausteine der Energiewende* (S. 21–54). Wiesbaden: Springer VS.

Kögl, I., & Kurze, K. (2013): Sustainable development: A floating signifier in the EU's energy policy discourse? In: P. Barnes & T. C. Hoerber (Hrsg.), *Sustainable Development and Governance in Europe: The evolution of the discourse on sustainability* (S. 61–74), London: Routledge.

Kühne, O. & Weber, F. (2018). Bausteine der Energiewende – Einführung, Übersicht und Ausblick. In O. Kühne & F. Weber (Hrsg.), *Bausteine der Energiewende* (S. 3–19). Wiesbaden: Springer VS.

Kurze, K. (2018, im Erscheinen). *Die Etablierung der Energiepolitik für Europa. Policy-Making in der Europäischen Union aus konstruktivistisch-diskursiver Perspektive*. Wiesbaden: Springer VS.

Lavenex, S., & Schimmelfennig, F. (2009). EU Rules beyond EU Borders: Theorizing External Governance in European Politcs. *Journal of European Public Policy* 16 (6), 791–812.

Lavenex, S. (2014). The power of functionalist extension: how EU rules travel. *Journal of European Public Policy* 21(6), 885–903.

Mayntz, R. (2004). Governance Theory als fortentwickelte Steuerungstheorie? MPIfG Working Paper 04/1.

Regional Centre for Energy Policy Research & PA 2 (2011). *The Danube Region Smart Grid. An Assessment Report*. Online verfügbar unter: https://www.danube-energy.eu/files/117 Zugegriffen: 01.06.2015.

Regional Centre for Energy Policy Research & PA 2 (2012). *The Danube Region Gas Market Model. Identifying Natural Gas Infrastructure Priorities for the Region*. Online verfügbar unter: https://www.danube-energy.eu/uploads/files/publications/Danube_Region_Gas_Market_Model.pdf Zugegriffen: 01.06.2015.

Procedural Act 2015/05/MC-EnC.

Trump, D. (2017). Statement by President Trump on the Paris Climate Accord. https://www.whitehouse.gov/the-press-office/2017/06/01/statement-president-trump-paris-climate-accord. Zugegriffen: 11.7.2017.

Samecki, P. (2009). *Macro-regional strategies in the European Union. A Discussion Paper,* praesentiert in Stockholm am 18. Dezember 2009. Online verfügbar unter: http://ec.europa.eu/regional_policy/archive/cooperation/baltic/pdf/macroregional_strategies_2009.pdf. Zugegriffen: 01.06.2015.

Sielker, F. (2012). *Makroregionale Strategien der EU und Soft Spaces. Perspektiven an der Donau.* TU Dortmund, Fakultät Raumplanung. Online verfügbar unter: http://hdl.handle.net/2003/29755. Zugegriffen: 01.06.2017.

Sielker, F., & Chilla, T. (2015). Regionen als ‚Soft Spaces'? – Das neue EU-Instrument der makroregionalen Strategien. In O. Kühne & F. Weber (Hrsg.), *Bausteine der Regionalentwicklung* (S. 41–54). Wiesbaden: Springer VS.

Sielker, F. (2017). *Macro-regional integration – new scales, spaces and governance for Europe?* Dissertation, FAU Erlangen-Nürnberg, Institut für Geographie. Online verfügbar unter: https://opus4.kobv.de/opus4-fau/frontdoor/index/index/docId/8517. Zugegriffen: 01.06.2017.

Stead, D. (2011). Policy & Planning Brief. In: *Planning Theory & Practice* (12 (1), 163–167.

Stratenschulte, E. D., & Setzen, F. (Hrsg) (2011). Der europäische Fluss: Die Donau und ihre Regionen als Strategieraum. Europa-Analysen-Schriften der Europäischen Akademie Berlin, 2. Berlin.

Website Europäische Kommission. (2017). 2020 Energy Strategy https://ec.europa.eu/energy/en/topics/energy-strategy-and-energy-union/2020-energy-strategy Zugegriffen: 28.07.2017.

Website Danube-Region. (2017a). EUSDR – About us http://www.danube-energy.eu/about-us Zugegriffen: 01.06.2017.

Website Danube-Region. (2017b). EUSDR – Our targets https://www.danube-region.eu/about/our-targets Zugegriffen: 01.06.2017.

Website Danube-Region. (2017c). EUSDR – Publications https://www.danube-energy.eu/publications Zugegriffen: 01.06.2017.

Zürn, M. (2008). Governance in einer sich wandelnden Welt – eine Zwischenbilanz. In G. Schuppert & M. Zürn (Hrsg.), *Governance in einer sich wandelnden Welt* (S. 553–580). Wiesbaden: VS Verlag für Sozialwissenschaften.

Franziska Sielker ist Post-doc an der University of Cambridge, wo sie als British Academy Newton International Fellow am Department of Land Economy die regionale Implementierung von EU Sektorpolitiken analysiert. Zuvor hat Sie Ihre Dissertation zum Thema ‚*Macro-regional integration – new scales, spaces and governance for Europe?*' am Institut für Geographie der Universität Erlangen-Nürnberg verfasst sowie ihren Abschluss an der TU Dortmund im Fach Raumplanung gemacht.

Kristina Kurze ist wissenschaftliche Mitarbeiterin am Lehrstuhl für Internationale Beziehungen der Georg-August-Universität Göttingen. In ihrer Forschung beschäftigt sie sich mit regionaler Kooperation sowie mit internen und externen Dimensionen der europäischen Energie- und Klimapolitik. Ihre Dissertation zeigt die Entstehung und Etablierung der Energiepolitik für Europa aus konstruktivistisch-diskursiver Perspektive auf.

Daniel Göler ist Inhaber des Jean-Monnet-Lehrstuhls für Europäische Politik an der Universität Passau. Seine Forschungsschwerpunkte sind institutionelle Reformfragen der EU sowie die Gemeinsame Außen- und Sicherheitspolitik.

Klimaskeptiker im Aufwind

Wie aus einem Rand- ein breiteres Gesellschaftsphänomen wird[1]

Achim Brunnengräber

Abstract

Den vielen Klimaschützer(inne)n aus der Gesellschaft, den Parteien oder den Regierungen steht die kleine Gruppe gegenüber, die den Klimawandel leugnet oder skeptisch sieht. Ist diese Beobachtung richtig? In diesem Beitrag soll eine differenziertere Interpretationsschablone angeboten werden, die den neuen Klimaskeptizismus weiter fasst. Die Erstarkung der Klimaskeptiker und die Diffusion ihrer Positionen in die Gesellschaft ist Ausdruck der sich zuspitzenden Verteilungskämpfe zwischen den Akteur(inn)en der Öl-, Kohle- und Gas-Branche (graue Akteursgruppe) auf der einen und der Branche der erneuerbaren Energien (grüne Akteursgruppe) auf der anderen Seite. Die einen wollen gut organisiert und mit Nachdruck verhindern, dass der auf Öl gebaute (westliche) *way of life* in Frage gestellt wird, die anderen wollen eine klimaverträgliche und nachhaltige Wirtschafts- und Konsumweise. Doch innerhalb der beiden Gruppierungen sind bereits erhebliche Umstrukturierungen im Gange, so dass eine komplexe und schwer überschaubare Interessen- und Gemengelage entstanden ist.

Keywords

Klimapolitik, Energiepolitik, Klimawandel, Klimaleugner, Klimaskeptiker, Energiewende, erneuerbare Energien

---

[1] Für ihre hilfreichen Anmerkungen zu einer Vorversion dieses Beitrags danke ich Dörte Themann und Kristin Nicolaus. Der Beitrag ist eigens für diesen Band verfasst worden, baut aber auf Ergebnissen auf, die im Rahmen der folgenden Studie erzielt wurden: Brunnengräber, Achim (2013): Klimaskeptiker in Deutschland und ihr Kampf gegen die Energiewende, in: FFU-Report 3/2013, Berlin. Siehe: http://www.polsoz.fu-berlin.de/polwiss/forschung/systeme/ffu/aktuelle-publikationen/13-brunnengraeber-klimaskeptiker-ffureport/index.html (Zugegriffen: 20. Juli 2017).

1 Einleitung

Angstmacherei, Katastrophismus oder eine große Lüge wird denjenigen vorgeworfen, die den anthropogenen Klimawandel[2] untersuchen, problematisieren, skandalisieren und letztlich abzumildern versuchen. Die Folgen des Klimawandels werden verharmlost und Gegenstrategien nicht für nötig erachtet. Menschen, die dieser Überzeugung sind, werden als Klimaleugner, Klimaskeptiker[3] oder „Klimakrieger"[4] bezeichnet. Sie stellen den von Menschen verursachten Klimawandel oder die daraus gezogenen Schlussfolgerungen in Frage. Von bezahlten Lobbyisten, Stiftungen und *think tanks*, die der Öl-, Gas- oder Kohleindustrie nahestehen, wird die Botschaft übermittelt, dass die wissenschaftliche wie politische Beschäftigung mit dem Klimawandel vor allem eine Erfindung des ökologisch orientierten Establishments sei. Aber stimmt diese Beobachtung überhaupt? Mehren sich die Anzeichen dafür, dass Klimaskeptiker in Deutschland und anderswo an politischem Terrain und Aufmerksamkeit gewinnen? Geht es den Klimaskeptikern überhaupt um die Infragestellung des von Menschen verursachten Klimawandels? Wird nicht viel mehr Kritik an den politischen Instrumenten vorgetragen, die gegen den Klimawandel entwickelt wurden? Sind *Klimaleugner* dann aber nicht eher *Klimapolitikskeptiker oder Klimainstrumentenskeptiker*? Oder steht die Verhinderung der Energiewende im Vordergrund?

In diesem Beitrag wird die einfache Gegenüberstellung von Klimaskeptikern und Klimaschützer(inne)n problematisiert. Dafür wird eine differenzierte Interpretationsschablone für den Aufwind der Klimaskeptiker entwickelt. Es wird die These vertreten, dass das Erstarken der Klimaskeptiker und die Diffusion ihrer Positionen in die Gesellschaft Ausdruck der sich zuspitzenden Verteilungskämpfe zwischen den Akteur(inn)en der Öl-, Kohle- und Gas-Branche (graue Akteursgruppe) auf der einen und der Branche der erneuerbaren Energien (grüne Akteursgruppe) auf der anderen Seite ist. Die einen wollen gut organisiert und mit Nachdruck verhindern, dass der auf Öl gebaute (westliche) *way of life* in Frage gestellt wird, die anderen wollen eine klimaverträgliche und nachhaltige Wirtschafts- und Konsumweise. Doch innerhalb der beiden Gruppierungen sind bereits erhebliche Umstrukturierungen im Gange. Die Interessenslagen und die Zielausrichtungen der Akteursgruppen sind umkämpft. Der heute berühmteste Klimaskeptiker, US-Präsident Donald Trump, gibt vor allem der grauen Akteursgruppe neue Hoffnung. Die sozial-ökologischen wie wirtschaftli-

---

2 Wenn in diesem Beitrag von Klimawandel gesprochen wird, ist immer der von Menschen verursachte Klimawandel gemeint, der sich seit der industriellen Revolution vor rund 250 Jahren wissenschaftlich nachweisen lässt (IPCC 1995, 2013).
3 In dieser Studie wird auf die Schreibweise „Klimaskeptiker(innen)" verzichtet. Es wäre auch unverhältnismäßig: Klimaskeptizismus in Deutschland scheint ein weitgehend männliches Phänomen zu sein.
4 Siehe das Dossier in der Wochenzeitung *Die Zeit* vom 22.11.2012. http://www.zeit.de/2012/48/Klimawandel-Marc-Morano-Lobby-Klimaskeptiker (Zugegriffen: 17. Juli 2017).

chen Erfolge der erneuerbaren Energien unterstützen die grüne Akteursgruppe, die sich für die Wende zu einer nachhaltigen Energieversorgung einsetzen.

In seiner Verteidigung der Interessen der grauen Akteursgruppe steht Klimaskeptiker Trump aber nicht alleine da, wenngleich sich die Argumentation nicht immer auf die populistische Leugnung des Klimawandels stützt. Klimaleugner und -skeptiker, die den vom Menschen gemachten Klimawandel als Unwahrheit ansehen, seine Auswirkungen stark relativieren oder die Klimapolitik in Frage stellen, scheinen in dieser Atmosphäre ungewollte Unterstützung von anderen – und viel machtvolleren – Akteuren zu bekommen: den Regierungen und Parteien aus zahlreichen Ländern. Die politische Gemengelage ist jedenfalls weitaus komplexer, als es das bipolare Bild von grauen und grünen Akteursgruppen vermuten lässt.[5] Insofern ist es notwendig, sich das Phänomen der Klimaskeptiker etwas genauer anzusehen. Vor allem ist zu klären, ob Klimaskeptiker letztlich einen Einfluss auf die Dynamik der Energiewende haben. Ob ein direkter Einfluss auf die öffentliche Meinung oder gar auf politische Entscheidungen besteht, ist jedoch schwer zu belegen. Was allerdings geleistet werden kann, ist eine Sondierung, um das Phänomen der Klimaskeptiker besser verstehen zu können. Dafür sollen dessen Entwicklungstendenzen aufgezeigt, das Akteursumfeld mit seinen Netzwerkstrukturen umrissen sowie die Argumente, Motive und Ziele der Klimaskeptiker herausgearbeitet werden.

2 Klimaskeptizismus in Deutschland

Wie ist die Lage in der Bundesrepublik Deutschland? In der deutschen wie der EU-weiten Öffentlichkeit besteht weitreichendes Einverständnis darüber, dass gegen den Klimawandel etwas unternommen werden muss: „91 % der Bevölkerung betrachten den Klimawandel als ‚ernstes' Problem, davon 69 % als ‚sehr ernstes' und 22 % als ‚relativ ernstes' Problem".[6] Die Erhebungen des Eurobarometers belegen regelmäßig, dass es sich dabei um eine ganz zentrale politische Herausforderung der Zukunft handelt. Der Grundstock für diese breite Überzeugung wurde bereits durch die Enquete-Kommission des Deutschen Bundestages „Mehr Zukunft für die Erde. Nachhaltige Energiepolitik für dauerhaften Klimaschutz" (Enquete-Kommission 1995) gelegt. Der damalige parteiübergreifende Konsens immunisierte quasi lange den öffentlichen Raum gegen klimakritische Stimmen und hat die Opposition weithin delegitimiert. Doch dieser Konsens ist längst brüchig geworden.

In Deutschland gibt es eine fast unüberschaubare Anzahl von Initiativen, welche die in der Gesellschaft noch wenig verankerte Energiewende mit allen möglichen

---

[5] Für eine Übersicht zu den Argumenten, die gegen den anthropogenen Treibhauseffekt vorgebracht werden, siehe: http://www.klimaskeptiker.info/index.php?seite=linkliste.php, dagegen wird hier argumentiert: https://scilogs.spektrum.de/klimalounge/ (Zugegriffen: 20. Juli 2017).
[6] Siehe: https://ec.europa.eu/clima/citizens/support_de (Zugegriffen: 20. Juli 2017).

Mitteln zu verunglimpfen und zu verhindern versuchen (vgl. etwa Keil 2012). Immer wieder wird auch öffentlich und lautstark argumentiert, dass ein internationales Abkommen wie das Kyoto-Protokoll (1997) oder das Klimaabkommen von Paris (2015) mit dem Ende von Wirtschaftswachstum und Wohlstand gleichzusetzen seien. Gleiche Argumente werden gegen die Energiewende vorgebracht. Hohe Kosten und Arbeitsplatzverluste in der fossilen Energiebranche, die eine ernsthaft betriebene Energiewende zwangsläufig mit sich bringen wird, wenn sie Erfolg haben will, kann die öffentliche Meinung auch wieder umstimmen (FNSB 2012). Beide Debattenstränge, der zum Klimaschutz ebenso wie der zur Energiewende, lassen sich also zusammenführen. Darüber hinaus lässt sich die Energiewende aber auch so deuten, dass sie unabhängig von klimapolitischen Überlegungen erforderlich wird. Diese Position wird pointiert von Bundeskanzlerin Angela Merkel beim Symposium des Wissenschaftlichen Beirats Globale Umweltveränderungen (WBGU) 2012 folgendermaßen formuliert:

> „Ich nenne immer Klimawandel und Ressourceneffizienz oder Endlichkeit der Ressourcen in einem Zusammenhang, weil ich keine Lust habe, mich immer mit den Zweiflern auseinanderzusetzen, ob der Klimawandel nun wirklich so schwerwiegend sein wird und so stark stattfinden wird. Allein die Tatsache, dass wir in Richtung neun Milliarden Menschen auf der Welt zugehen, zeigt uns, dass auch diejenigen, die an den Klimawandel nicht glauben, umdenken müssen. Damit hier kein Zweifel aufkommt: Ich gehöre zu denen, die glauben, dass etwas mit dem Klima passiert. Aber damit wir nicht über das Ob so lange Zeit verlieren, sage ich einfach: Wer nicht daran glauben mag, wer immer wieder die Zweifel sät, wer die Unsicherheiten in den Vordergrund stellt, sollte sich einfach daran erinnern, dass wir in Richtung neun Milliarden Menschen auf der Welt zusteuern, und er soll sich die Geschwindigkeit des Verbrauchs fossiler Ressourcen anschauen. Dann kommt er zu dem gleichen Ergebnis, dass nämlich derjenige gut daran ist, der sich unabhängig davon macht, Energie auf die herkömmliche Art und Weise zu erzeugen. Deshalb sind eine andere Energieversorgung, also durch erneuerbare Energien, und ein effizienterer Umgang mit der Energie und mit den Ressourcen die beiden Schlüsselfaktoren." (zitiert nach Brunnengräber 2013, S. 3 f.).

Damit wäre das Phänomen der Klimaskeptiker zu vernachlässigen und dieser Beitrag könnte ad acta gelegt werden. Auch die Einschätzung der früheren Klimareferentin beim WWF Deutschland, Regine Günther (heute Umweltsenatorin in Berlin) hätte diesen Schluss unterstützt: Sie hielt die klimaskeptischen Akteure 2012 noch für „wirre Splittergruppen", die gar keine politische Botschaft hätten.[7] Andere sahen darin jedoch ein breiteres gesellschaftliches Phänomen: „Die Stimmen der Skeptiker, die den menschlichen Einfluss auf das Klima abstreiten oder als unproblematisch erachten,

---

7 Siehe: http://www.wwf.de/themen-projekte/klima-energie/wissenschaftliche-debatte-statt-glaubenskrieg/ (Zugegriffen: 20. Juli 2017).

waren und sind stets zu hören" (Volken 2010, S. 1; Hornschuh 2008, S. 151). Die Kritik nimmt scheinbar in dem Maße zu, wie die Konturen der Energiewende sichtbar werden. Diese Kritik ist allerdings, wie später noch zu zeigen sein wird, nicht immer klimaskeptisch begründet.

Zugleich ist unverkennbar, dass sich eine Vielzahl klimaskeptischer Akteure in die energie- und klimapolitischen Debatten in Deutschland einzumischen versucht. Dazu zählt etwa Harry G. Olson, der „20 Klimalügen" (2009) auflistet und zugleich deren „einfache Widerlegung durch die Wirklichkeit" präsentiert. Auch die Bundesinitiative für eine vernünftige Energiepolitik (kurz: Vernunftkraft) gehört dazu, die sich insbesondere gegen den Ausbau der „volkswirtschaftlich sinnlosen Windindustrieanlagen" und das Erneuerbare Energien Gesetz (EEG) ausspricht.[8] Einer der renommiertesten Vertreter klimaskeptischer Positionen ist sicher Fritz Vahrenholt. Er war der Vorsitzende des Aufsichtsrates der RWE-Tochter Innogy GmbH und ist seit 2012 Alleinvorstand der Wildtier Stiftung. Die Stiftung stellt die Windenergie, die aus reinen Profitgründen ausgebaut werde, als Gefahr für zahlreiche Wildtiere dar[9]. Vahrenholt kritisiert das Intergovernmental Panel on Climate Change (IPCC), das „mit aller Macht gegen die neu hinzugekommenen Klima-Erwärmer Sonne, Pazifik und Ruß" ankämpfen würde, und ist der Auffassung, dass „die Erderwärmung gestoppt" sei.[10] Zu den Klimaskeptikern in Deutschland gehört auch das Europäische Institut für Klima und Energie (EIKE). Es wurde 2007 mit Sitz in Jena vom Verleger und jetzigen Präsidenten Holger Thuß (Historiker und CDU Lokalpolitiker aus Jena) gegründet. Auf den Seiten von EIKE heißt es:

> „EIKE (Europäisches Institut für Klima und Energie e. V.) ist ein Zusammenschluss einer wachsenden Zahl von Natur, Geistes- und Wirtschaftswissenschaftlern, Ingenieuren, Publizisten und Politikern, die die Behauptung eines ‚menschengemachten Klimawandels' als naturwissenschaftlich nicht begründbar und daher als Schwindel gegenüber der Bevölkerung ansehen. EIKE lehnt folglich jegliche ‚Klimapolitik' als einen Vorwand ab, Wirtschaft und Bevölkerung zu bevormunden und das Volk durch Abgaben zu belasten".[11]

Bei EIKE handelt es sich nicht um ein Forschungsinstitut, sondern um einen in Jena eingetragenen Verein. EIKE selbst hat keine wissenschaftlichen Mitarbeiter, dafür aber einen 12-köpfigen (ausschließlich von Männern besetzten) Beirat (Stand 17. Juli 2017), der sich in den letzten vier Jahren halbiert hat. Zahlreiche Beiratsmitglieder sind verstorben.[12] Der Beirat soll dazu beitragen, dass sich die Bildungsinhalte von

---

8   Siehe: http://www.vernunftkraft.de (Zugegriffen: 17. Juli 2017).
9   Siehe: https://www.deutschewildtierstiftung.de/naturschutz/windenergie-und-artenschutz (Zugegriffen: 17. Juli 2017).
10 Siehe: http://www.bild.de/politik/inland/globale-erwaermung/seit-12-jahren-ist-erderwaermung-gestoppt-22486408.bild.html (Zugegriffen: 23. Juli 2017).
11 Siehe: https://www.eike-klima-energie.eu/ueber-uns/ (Zugegriffen: 17. Juli 2017).
12 Siehe: https://www.eike-klima-energie.eu/ueber-uns/fachbeirat/ (Zugegriffen: 20. Juli 2017).

EIKE stets an den neuesten wissenschaftlichen Erkenntnissen orientieren können. Das Motto von EIKE ist „Nicht das Klima ist bedroht, sondern unsere Freiheit!".[13] Die Liste solcher und ähnlicher Akteure und Positionen wird später in diesem Beitrag noch etwas systematischer ausgeführt. Ist damit aber eine breitere gesellschaftliche Entwicklung verbunden? Um die Frage beantworten zu können, muss das Phänomen zunächst begrifflich genauer erfasst werden.

3 Klassifizierung der Klimaskeptiker

Die Begriffe Klimaleugner oder Klimaskeptiker sind zunächst nur Zuschreibungen, die bei genauer Betrachtung ganz unterschiedliche Facetten umfassen. In einer ersten und allgemeinen Annäherung bestreiten Klimaleugner, dass es einen menschenverursachten (d. h. anthropogenen) Klimawandel gibt (Vahrenholt und Lüning 2012), während Klimaskeptiker daran Zweifel äußern. Andere Klimaskeptiker erkennen den menschenverursachten Klimawandel durchaus als wissenschaftlich erwiesenen Tatbestand an, lehnen allerdings den damit verbundenen (medialen) Katastrophismus oder die Klimahysterie ab. Die Reaktionen auf den Klimawandel werden als überzogen oder als unverhältnismäßig dargestellt. Viele nehmen die Position ein, dass es dringendere, unmittelbarere (Welt-)Probleme gebe, die bewältigt werden müssten, als den Klimawandel. Oder es wird gegen teuren Klimaschutz und für die Erforschung anderer Energietechnologien argumentiert (Lomborg 2009). Wieder andere Klimaskeptiker wenden sich, wie oben schon erwähnt wurde, gegen die Wissenschaft über das Klima. Insofern erscheint es sinnvoll, die Klimaleugner und Klimaskeptiker entsprechend ihrer Argumente differenziert zu betrachten und analytisch in Unterkategorien einzuordnen.[14] Für das *politische* Phänomen der Klimaskeptiker scheinen vor allem die nachfolgenden drei Klassifizierungen aufschlussreich, wobei sich später noch zeigen wird, dass sich die Zuordnungen vor dem Hintergrund der politischen Praxis nicht ganz so einfach treffen lassen.

3.1 Klimaleugner und (Klima-)Wissenschaftsskeptiker

Klimaleugner oder (Klima-)Wissenschaftsskeptiker[15] erkennen die Ergebnisse des wissenschaftlichen Beratergremiums der internationalen Klimapolitik, des Intergovernmental Panel on Climate Change (IPCC), sowie vieler anderer wissenschaftlicher

---

13 Siehe: http://www.eike-klima-energie.eu (Zugegriffen: 23. Juli 2017).
14 Zu den verschiedenen Argumentationssträngen siehe auch: https://www.klimafakten.de/behauptungen (Zugegriffen: 18. Juli 2017).
15 Ausdrücklich ist darauf hinzuweisen, dass ein gesundes Maß an Skeptizismus essenziell für jeden wissenschaftlichen Fortschritt und Erkenntnisprozess ist. Der Zweifel gehört zum Prinzip des menschlichen Denkens und zur Möglichkeit, zu nachweisbaren Erkenntnissen zu gelangen. Ohne

Einrichtungen der Klimaforschung nicht an. Ein Temperaturanstieg wird entweder als *gänzlich falsche Beobachtung* (dann kann begrifflich präziser von Klima*wandel*leugnern gesprochen werden) oder als *natürliches Phänomen* angesehen. Die Grundannahme der Letztgenannten ist, dass sich Phasen der Erwärmung und der Abkühlung im Zeitverlauf der Erdgeschichte schon immer abgewechselt haben. Die ursächlichen Gründe dafür werden jedoch nicht auf den Menschen zurückgeführt. In beiden Gruppen gibt es Verschwörungstheoretiker, die unterstellen, dass der Klimawandel nur als Problem dargestellt wird, um an üppige Forschungsgelder zu gelangen oder auch den Menschen der Freiheit zu berauben. Larry Bell sieht in seinem Buch „Climate of Corruption" im Klimawandel ein Trojanisches Pferd, mit dessen Hilfe der Kapitalismus zerstört und der Öko-Sozialismus aufgebaut werden soll (Bell 2011).

Klimaleugner bzw. Klima*wandel*leugner lassen sich auch als (Klima-)Wissenschaftsskeptiker charakterisieren. Sie wenden sich nicht grundsätzlich gegen wissenschaftliche Erkenntnisse. Die Wissenschaftsskeptiker trauen allerdings den wissenschaftlichen Ergebnissen zum Klimawandel nicht oder sprechen diesen Ergebnissen ihren Wahrheitsgehalt ab. Bei den Wissenschaftsskeptikern werden insbesondere die Modelle, die Statistiken oder das methodische Vorgehen des IPCC und anderer Einrichtungen der Klimaforschung angezweifelt. Insbesondere die globalen Klimasimulationen werden kritisiert: Das sei „die fast vollständige Vernachlässigung der Wirklichkeit". Es werde „Eine Welt gerettet, die nur im Modell existiert", so der Ethnologe Werner Krauss (Spiegel Online vom 13.12.2012[16]).

Das unterschiedliche *framing* wird auch deshalb möglich, weil der Gegner Klimawandel diffus bleibt. Die Klimaforschung ist mit der komplexen Wechselwirkung von Sozial- und Ökosystemen konfrontiert, deren Untersuchung einmal hohe Anforderungen an die Wissenschaft stellt und zum anderen mit erheblichen Unsicherheiten verbunden ist. Das lässt Raum für soziale Konstruktionen, die auch von Wissenschaftler(inne)n des IPCC angeregt werden; beispielsweise wenn die Atmosphäre als schützenswertes Gemeinschaftsgut bezeichnet wird, was wiederum eine Herausforderung für die internationale Staatengemeinschaft darstellen würde. Durch solche Schlussfolgerungen bzw. Empfehlungen, die sich nicht zwingend aus naturwissenschaftlichen Erkenntnissen ableiten lassen, sorgt die Klimawissenschaft selbst da-

---

Zweifel und kritische Einwände, der Hinterfragung von empirischen Daten, von Modellen oder Formeln und der Überprüfung von vermeintlich gesicherten Wissensbeständen, sprich dem reflexiven Umgang mit Wissen, ist Wissenschaft nicht vorstellbar. Allerdings sollte die Kritik sachlich, stichhaltig und wissenschaftlich fundiert sein. Genau das scheint allerdings nicht immer der Fall zu sein. Die deutsche klimaskeptische Debatte über den Klimawandel sei nicht durch eine gesunde Skepsis, sondern durch eine absolute Verneinung und Ablehnung jeglicher Daten zum anthropogenen, d. h. vom Menschen verursachten Klimawandel geprägt, so Germanwatch in einem Hintergrundpapier zum Thema (vgl. Bals et al. 2008).

16 Siehe: http://www.spiegel.de/wissenschaft/natur/gescheiterte-uno-konferenzen-forscher-wollen-klimagipfel-abschaffen-a-872633.html; http://wkrauss.eu/dokumente/PDFfiles/2015_KlimaCampus_-_Ethnologe_erforscht_die_Klimaforschung_-_Wissen_-_Hamburger_Abendblatt.pdf (Zugegriffen: 23. Juli 2017).

für, dass sie als politischer Akteur wahrgenommen wird. Fritz Vahrenholt schreibt demgemäß, er habe die Erfahrung gemacht, „dass der Weltklimarat IPCC eher ein politisches als ein wissenschaftliches Gremium ist" (Spiegel 6/2012, S. 135). Die vermeintlich neutrale bzw. objektive Wissensproduktion wird demzufolge außerhalb des angeblich politisch belasteten IPCC gesehen.

3.2 Klimapolitik- und Klimainstrumentenskeptiker

Klimapolitik- und Klimainstrumentenskeptiker – nachfolgend zusammengefasst Klima*politik*skeptiker genannt – vertreten die Auffassung, dass die bisherigen politischen Antworten und Maßnahmen zur Bekämpfung des Klimawandels nicht die richtigen sind. Sie leugnen den Klimawandel nicht unbedingt, kritisieren aber die Instrumente des Kyoto-Protokolls wie den Emissionshandel oder den Mechanismus für eine saubere Entwicklung, die Unverbindlichkeit des Pariser Klimaabkommens oder die zu starke, kostenintensive Eingriffstiefe der Energiewende in Deutschland. Viele Wissenschaftler(innen) wenden sich gegen den Mainstream aus Wissenschaft, Politik und auch Zivilgesellschaft, der den marktzentrierten Instrumenten vertraut; die nach der Ratifizierung des Kyoto-Protokolls aber nur mit mäßigem Erfolg implementiert wurden. Von ihnen werden andere Lösungsansätze, wie etwa ordnungspolitische Maßnahmen oder der Ausbau der erneuerbaren Energien vorgeschlagen, die zügig ergriffen werden sollen (siehe etwa die Beiträge in Altvater und Brunnengräber 2008; auch Forsyth 2012, S. 20). Vor allem nach den enttäuschenden Klimakonferenzen von Kopenhagen, Cancún, Durban oder Doha wuchs insgesamt die kritische Haltung gegenüber der internationalen Klimapolitik. Auf Spiegel Online war zu lesen „Wirkungslose Uno-Konferenzen: Forscher fordern Ende der Weltklimagipfel" (Der Spiegel vom 13. 12. 2012). Diese Form des Skeptizismus ist also weit verbreitet, der anthropogene Klimawandel wird dabei nicht immer in Frage gestellt.

3.3 Gegner der Energiewende

Von diesen Klimapolitik- bzw. Klimainstrumentenskeptikern, die sich auf die Instrumente der internationalen Klimapolitik beziehen, unterscheiden sich jene, die die Energiewende auf nationaler Ebene bekämpfen, den anthropogenen Klimawandel aber deshalb nicht zwangsläufig in Frage stellen. So vertritt etwa der Ökonom Hans-Werner Sinn, dass das EEG ersatzlos abzuschaffen sei.[17] Befürchtet werden (unnötige) Nachteile oder erhöhte Kosten für den Industriestandort Deutschland, die hier ansässigen Unternehmen und für die Verbraucher(innen). Die finanziellen Mittel

---

17 Die Gründe dafür legt er 2016 bei einem Vortrag auf einem Symposium von Vernunftkraft dar. Siehe: http://www.vernunftkraft.de/symposium/ (Zugegriffen: 25. Juli 2017).

sollen nicht für teure Gegen-, sondern für kostengünstige Anpassungsmaßnahmen verwendet werden. Anpassungsmaßnahmen haben den Vorteil, dass sie auf infrastrukturellen, technologischen oder die Forschung fördernde Maßnahmen beruhen, und insofern positive Effekte auf Volkswirtschaften haben.[18]

3.4 Zusammenschau

Das Phänomen Klimaleugner und Klimaskeptiker lässt sich entsprechend der vorhergehenden Klassifizierungen wie in Tabelle 1 gezeigt darstellen.

Die Tabelle ist weder vollständig, noch schafft sie klare Verhältnisse. So sind unter den Klimaleugnern oft Gegner der Energiewende und viele Gegner der Energiewende erkennen den Klimawandel durchaus als wissenschaftlich erwiesenen Sachverhalt an. Die Tabelle zeigt aber einige der Facetten auf, die mit dem Phänomen Klimaleugner und Klimaskeptiker verbunden sind. Darauf wird später noch einmal zurückzukommen sein. Freilich sind auch noch andere Klassifizierungen möglich, wie sie etwa von Tim Nuthall vorgeschlagen werden: Er unterteilt das Phänomen in ideologische Skeptiker, bezahlte Skeptiker und unzufriedene Skeptiker (Nuthall 2011).

Tabelle 1 Klimaleugner und Klimaskeptiker

	Klimaleugner/Klimawissenschaftsskeptiker	Klimapolitik-/Klimainstrumentenskeptiker	Gegner der Energiewende
Argumentationslogik	• wiss. Ergebnisse sind falsch/unwahr • politische Entscheidungen basieren auf falschen wiss. Prämissen • menschliches Handeln wird eingeschränkt • der Klimawandel dient dazu, Finanzmittel zu akquirieren	• marktwirtschaftliche Instrumente sind der falsche Ansatz • die Klimapolitik setzt nicht an den Ursachen des Problems an • schnelles Handeln erforderlich	• der Industriestandort Deutschland ist gefährdet • der westliche *way of life* ist nicht verhandelbar • Klimaschutz ist zu teuer • Arbeitsplätze – etwa bei der Kohleverstromung – müssen geschützt werden • Anpassungsmaßnahmen sind kostengünstiger
Ziele	• Maßnahmen gegen Klimawandel verhindern • Individuelle Freiheit bewahren	• ordnungspolitische Maßnahmen ergreifen • Ausbau der erneuerbaren Energien	• den Energieträger Kohle weiter nutzen • Ausbau der Atomenergie • keine Förderung für die E-Mobilität

Quelle: Eigene Darstellung

---

[18] Siehe zu dieser Debatte auch das Gutachten des Wissenschaftlichen Beirats beim Bundesministerium für Finanzen „Klimapolitik zwischen Emissionsvermeidung und Anpassung" (BMF-Beirat 2010) und für einen Überblick zur Debatte: http://www.nachhaltigkeitsrat.de/index.php?id=5269 (Zugegriffen: 23 Juli 2017).

Ideologische Skeptiker warnen vor der Ökodiktatur (etwa Vahrenholt in Der Spiegel 6/2012, S. 137) oder sehen die Umweltbewegungen als kommunistisch motivierte Zusammenschlüsse an. Bezahlte Skeptiker – etwa Lobbyisten in Brüssel – müssen im Geheimen den Klimawandel nicht unbedingt anzweifeln oder gänzlich verneinen, aber bei ihrer Lobbytätigkeit die damit verbundenen Argumente vertreten. Die unzufriedenen Skeptiker fühlen sich von der politischen Klasse ignoriert oder sozial benachteiligt. Es gibt unter Klimaskeptikern also eine Reihe ganz unterschiedlicher Motive und Interessen, denen nun genauer nachgegangen werden soll.

4 Akteure und ihre politischen Motive

Klimaleugner und Klimaskeptiker finden sich in der Wissenschaft, den Medien, der Politik, der Zivilgesellschaft oder auch im Bildungsbereich.[19] So gehören zu den Unzufriedenen unter den Klimaskeptikern diejenigen, die sich aus der Wissenschaftsgemeinschaft ausgeschlossen fühlen oder noch dazu gehören, und sich über die Kritik an der etablierten Klimaforschung ein neues Renommee erhoffen. Oder Rentner – meist ehemalige Naturwissenschaftler – bringen sich in die Debatte ein. Eckhard Fuhr charakterisiert diese Personen auf der Webseite WeltN24 als „lauter publizistisch marginalisierte Nobodys wie Christian Bartsch, Matthias Horx, Wolf Lotter, Dirk Maxeiner, Josef Reicholf und Wolfram Weimer", die „das Feldzeichen des Zweifels gegen das Imperium der Klimahysterie hoch zu halten" versuchen.[20] Doch gibt es neben diesen Namen auch organisierte Gruppen und Initiativen, die den Klimawandel leugnen oder kritisch sehen? Nachfolgend wird in der Energiewirtschaft, in Parteien und in den Medien nach solchen Initiativen Ausschau gehalten.

4.1 Akteure der Energie- und energieintensiven Wirtschaft

Die Kernthese von Vahrenholt und Lüning (2012) „Die Sonne gibt uns Zeit" unterstützte lange Zeit die Energiepolitik von RWE, einem Konzern, der für die Energiewende schlecht gewappnet ist. Zwar heißt es bei RWE, das Buch Vahrenholts sei „eine Privatangelegenheit" des Managers (Die Zeit vom 09.02.2012), doch auch die Empfehlungen des Buches, die Offshore-Windkraft und das umstrittene Schiefergas auszubauen, war passgenau auf die RWE-Strategie zugeschnitten (ebd.). 2016 wurde von RWE dann das Tochterunternehmen Innogy gegründet, in dem das Geschäft mit den

---

19 Das Heartland Institute hat Berater finanziert, damit alternative Lehrpläne erstellt werden, in denen der Klimawandel als nicht erwiesen dargestellt wird, berichtete die Wochenzeitung Die Zeit vom 22.11.2012.
20 Siehe: https://www.welt.de/wissenschaft/article1160157/Der-heilige-Krieg-der-Klimaskeptiker.html (Zugegriffen: 20. Juli 2017).

erneuerbaren Energien, Netzen und dem Vertrieb gebündelt wurden. Heute warnt Fritz Vahrenholt in seiner Funktion als Alleinvorstand der Deutschen Wildtier Stiftung[21] vor den Folgen des zunehmenden Anbaus von Energiepflanzen und Windkrafträdern für die Wildtiere. „Sie brauchen eine starke Lobby, um nicht bei der intensiven, insbesondere energetischen Nutzung der landwirtschaftlichen Flächen an den Rand gedrückt zu werden". Dieses Zitat findet sich auf der Seite „Die Achse des Guten", die sich unter anderem durch ihre „klimakritischen Einlassungen" (FAZ) auszeichnet.[22] Damit decken sich beispielsweise Positionen von Jäger(inne)n, die den Bestand der Wildtiere erhalten wollen und in bestimmten Gegenden Windkraftanalgen ablehnen[23], mit denjenigen der Gegner, die die Windkraft grundsätzlich ablehnen. Auch Natur- und Tierschützer(innen) sind durch solche Aussagen adressiert. Die Interessenlage wird dadurch jedoch schnell unübersichtlich, zumal eine Verknüpfung mit dem Klimawandel in den Auseinandersetzungen nicht zwingend ist. Das Beispiel zeigt einerseits, dass individuelle Verstrickungen zwischen den verschiedenen Akteursgruppen bestehen und andererseits, dass es schwierig ist, direkte Kooperationen zwischen der grauen Akteursgruppe und den Klimaskeptikern nachzuweisen.

Die dahinterstehende Strategie ist womöglich aus den USA übernommen. Dort hat Greenpeace erst nach mühevollen Recherchen nachweisen können, dass die ExxonMobil Foundation, die Southern Company, das American Petroleum Institute und die Charles G. Koch Foundation den Wissenschaftler und bekannten Klimaskeptiker Dr. Willie Soon über 10 Jahre hinweg finanziell unterstützten. Er soll mehr als eine Million Dollar von Gas- und Ölfirmen sowie von deren Lobbyorganisationen empfangen haben.[24] Auch eine Finanzierung der europäischen Klimaskeptiker, darunter acht europäische Denkfabriken, findet statt, wird allerdings von LobbyControl als intransparent bezeichnet (siehe auch CEO 2010).[25] Nicht grundlos ist in den USA, wird nach den klimaskeptischen Netzwerkstrukturen gefragt, die unmittelbare Antwort: „follow the money".[26]

Sind auch die Klimaskeptiker in Deutschland ein Sprachrohr mächtiger Konzerne oder eng mit diesen verbunden? Es wird anscheinend sehr darauf geachtet, dass

---

21 Siehe: http://www.deutschewildtierstiftung.de/de/wildtier-nachrichten/news/prof_dr_fritz_vahren holt_wird_alleinvorstand_der_deutschen_wildtier_stiftung-1/browse/2/ (Zugegriffen: 20. Juli 2017).
22 http://www.achgut.com/dadgdx/index.php/dadgd/article/vahrenholts_neue_herausforderung/ (Zugegriffen: 20. Juli 2017).
23 Siehe: http://www.outfox-world.de/news/verbaende-setzen-sich-gemeinsam-fuer-greifvoegel-ein. html oder https://www.jagdverband.de/content/keine-windkraft-auf-kosten-der-artenvielfalt (Zugegriffen: 20. Juli 2017).
24 Siehe: https://www.greenpeace.de/themen/klimawandel/us-konzerne-spenden-klimaskeptiker und http://www.greenpeace.org/usa/global-warming/climate-deniers/koch-industries/dr-willie-soon-a-career-fueled-by-big-oil-and-coal/ (Zugegriffen: 25. Juli 2017).
25 Siehe: https://www.lobbycontrol.de/2010/12/intransparente-finanzierung-der-europaischen-klima skeptiker/ (Zugegriffen: 20. Juli 2017).
26 Nach vorsichtigen Schätzungen investierte die Öl- und Gasindustrie alleine in den Jahren 1997 bis 2004 rund 420 Mio. Dollar, um Zweifel am Klimawandel zu streuen (Die Zeit vom 22.12.2012).

dieser Schluss nicht gezogen wird. Ausnahmen bestätigen aber die Regel: Von einigen Institutionen in Deutschland wird die Energiewende vehement abgelehnt, wie etwa von der Initiative Neue Soziale Marktwirtschaft. Auf deren Webseite ist im September 2012 zu lesen: „Das EEG kostet Milliarden – und bringt nichts für's Klima".[27] Sie beruft sich dabei auf eine Studie des Wirtschaftsforschungsinstituts RWI „Marktwirtschaftliche Energiewende" (2012).[28] Die Botschaft dieser Studie: die Energiewende gehe billiger und besser mit mehr Wettbewerb zwischen den Energieträgern. Bereits drei Jahre zuvor wurde in den „RWI Positionen 40" ähnlich argumentiert: „Eine unbequeme Wahrheit – Die frappierend hohen Kosten der Förderung von Solarstrom durch das Erneuerbare-Energien-Gesetz".[29] Hieraus wird deutlich, dass die Gegnerschaft gegen die Energiewende eine Schnittmenge mit Klimaskeptikern und Klimaleugnern darstellt, in der die hohen Kosten durch staatliche Eingriffe, die Entmächtigung der Bürger(innen) oder die Überregulierung des Marktes herausgestellt werden.

4.2 Parteipolitische Akteure aus CDU, FDP und AfD

Klimaskeptizismus findet sich in vielen der etablierten Parteien. Diesem Sachverhalt trägt EIKE Rechnung, wenn das Institut seine parteiübergreifende Ausrichtung betont. Unter den parteipolitischen Klimaskeptikern fanden sich die deutlichsten Aussagen über die möglichen Fehlsteuerungen durch ungerechtfertigte klimapolitische Maßnahmen zunächst in der FDP und der CDU. 2011 stellte der damalige Wirtschaftsminister Rainer Brüderle bei Dussmann ein Buch von Günter Ederer vor.[30] Ederer fragt darin, warum wir uns bei allen großen Themen, sei es Arbeitslosigkeit, Klimawandel oder Staatsverschuldung, immer auf den Staat verlassen. Nicht das Klima sei schuld, sondern die Politiker(innen), die Gesetze machen, um das Klima zu schützen. Diese Auffassung vertrat auch der US-amerikanische Klimaskeptiker Fred Singer 2010 auf einem von der FDP im Bundestag initiierten Diskussionsabend zu den Auswirkungen des Klimaschutzes. Themen: „Hat die Vermeidung von CO_2 einen Einfluss auf das Klima? Wie sinnvoll ist die geplante Erhöhung der Ökosteuer?". Dabei spricht sich Paul Friedhoff nicht gegen den Klimawandel aus, sondern stellt die Frage, ob dieser wirklich vom Menschen verursacht sei. In der Financial Times Deutschland hieß es zu diesem Treffen: „Die Stühle sind alle besetzt, meist sind es

---

27 Siehe: http://www.insm.de/insm/kampagne/energiewende/eeg-stoppen-energiewende-machen.html (Zugegriffen: 23. Juli 2017).
28 Siehe: http://www.rwi-essen.de/media/content/pages/publikationen/rwi-projektberichte/PB_Marktwirtschaftliche-Energiewende.pdf (Zugegriffen: 23. Juli 2017).
29 http://www.rwi-essen.de/publikationen/rwi-positionen/232/ (Zugegriffen: 25. Juli 2017).
30 Siehe: http://www.klimaretter.info/politik/nachricht/8163-bruederle-hofiert-klimaskeptiker (Zugegriffen: 23. Juli 2017).

Männer in dunklen Anzügen, einige Abgeordnete der FDP, Umwelt-, Wirtschafts- und Finanzpolitiker, dazu Wissenschaftler und Manager".[31]

Die umweltpolitische Sprecherin der CDU/CSU Fraktion im Bundestag, Marie-Luise Dött, sagte anschließend, dass sie Singers Thesen „sehr, sehr einleuchtend" fand und bezeichnete die Politik von Klima-Kanzlerin Merkel als „Ersatzreligion". Später spricht sie sich allerdings für die Energiewende als „gesamtgesellschaftliches Projekt" aus, wenngleich die Kosten hoch und die Herausforderungen für die Wirtschaft groß sein würden.[32] MdB Arnold Vaatz sieht in der Energiewende eine „energiepolitische Sackgasse", sie verursache eine „Gleichschaltung der Gesellschaft ..., die zwar mit den Formen von Gleichschaltung wie dies aus der Geschichte der europäischen Diktaturen kennen, nicht identisch ist, jedoch ganz ähnliche Züge aufweist".[33] Georg Etscheit, der Autor eines Beitrags für Zeit online, fragte sich, ob sich darin ein wachsender unionsinterner Unmut über Angela Merkels pragmatische Politik, im besonderen Fall ihre vorsichtige Öffnung hin zu den Grünen, manifestiere (Zeit online, 17. September 2010).

Unionsinterner Unmut artikuliert sich auch im „Berliner Kreis in der Union e. V.", in dem sich Bundes- und Landespolitiker von CDU und CSU zusammengeschlossen haben. Er stellte sich 2012 der Öffentlichkeit vor. In seinen klima- und energiepolitischen Forderungen geht dieser Zusammenschluss davon aus, dass sich das Klima schon immer verändert hat. Der IPCC wird kritisiert, weil seine Arbeit nicht so wissenschaftlich ist, wie es für ein solches Gremium notwendig sei. Von aggressiven Maßnahmen zur Treibhausgasminderung wird abgeraten, stattdessen werden Anpassungsmaßnahmen empfohlen.[34] Im Juni 2017, zwei Tage nachdem US-Präsident Donald Trump den Austritt der USA aus dem Pariser Klimaschutzvertrag angekündigt hatte, wurde von dem Bündnis eine Kehrtwende bei der deutschen Klimapolitik gefordert. In einem Papier, das u. a. von Philipp Lengsfeld und Sylvia Pantel verfasst wurde, bestritt der Kreis eine „solitäre Rolle des Treibhauseffektes", kritisierte den IPCC als „Weltrettungszirkus" und forderte die Aufgabe des Zwei-Grad-Ziels,

---

31 Siehe: https://www.photovoltaikforum.com/energiepolitik-energiewende-f90/umweltpol-sprecherin-v-cdu-csu-ist-klima-revisioni-t54268.html (Zugegriffen: 25. Juli 2017). Der umweltpolitische Sprecher der FDP-Bundestagsfraktion, Michael Kauch, distanziert sich von den bei dieser Konferenz vertretenen, klimaskeptischen Positionen. „Es ist notwendig, die Klimaschutzziele zu verfolgen" (taz 29. 09. 2012).
32 Zeit Online beruft sich dabei auf die Financial Times Deutschland. Im Originaltext heißt es: „Klimaschutz (…) sei eine ‚Ersatzreligion'. Diejenigen, die es wagten, daran zu zweifeln, „können geächtet werden, die müssen eventuell auch beichten, die müssen dann ins Fegefeuer oder kommen sogar in die Hölle, wenn sie ganz schlimm sind" (http://www.zeit.de/politik/deutschland/2010-09/klimawandel-cdu-doett. Zu ihren klimafreundlicheren Positionen siehe http://www.marie-luise-doett.de/umwelt.html (Zugegriffen: 20. Juli 2017).
33 Siehe: http://www.eike-klima-energie.eu/news-cache/mdb-arnold-vaatz-ueber-die-energiewende-ihre-gruende-und-folgen (Zugegriffen: 20. Juli 2017).
34 Siehe: http://berliner-kreis.info/klima-und-energiepolitik (Zugegriffen: 20. Juli 2017).

das auf der UN-Klimakonferenz in Paris 2015 vereinbart wurde.[35] Es hat sich also bestätigt, was die Financial Times Deutschland schon 2010 so formulierte: „Es gibt sie, die Skeptiker des menschengemachten Klimawandels – nicht nur in der Tea-Party-Bewegung in den USA, sondern auch in der Koalition der Klimakanzlerin Merkel" (ftd, 16.09.2010).

In der FDP hat Holger Krahmer, der 2004 bis 2014 im Europaparlament war, 2012 eine „Alternative Klimakonferenz" organisiert, um gegen die „medial geschürte Klimahysterie" und den „grünen Aktionismus" zu Felde zu ziehen.[36] Die „Öko-Bürokraten" würden mit immer neuen, überzogenen Forderungen und Umweltstandards aufwarten. „Schon heute sind die Regulierungskosten in allen Bereichen der Volkswirtschaft spürbar. Sie erhöhen die Kosten der Energieerzeugung und bedrohen vor allem Industriearbeitsplätze". „Im Dienste des Klimaschutzes ist offenbar jedes Mittel recht, koste was es wolle". In der Broschüre „Inconvenient truth about Europe's Climate Policy" werden seine Argumente herausgearbeitet und seine Grundposition dargelegt: „What is obvious, however, is just how little we really know about the highly complex system of our climate" (Krahmer 2010).

Der 2017 wiedergewählte FDP-Parteichef in Sachsen, Holger Zastrow, meint bei dieser Konferenz, „die ‚veröffentlichte Meinung' sei allzu ‚ökologistisch' geprägt, als Liberaler müsse man den ‚Ökobürokraten', die ‚Zukunftsängste schüren' und ‚mit immer neuen, überzogenen Forderungen aufwarten', ‚Fakten, Sachverstand und Vernunft entgegensetzen'. Und zwar am besten in Sachsen – dem ‚Land der Ingenieure', das ‚für seine Technikbegeisterung und seinen Erfindergeist bekannt' sei."[37] Aus Kreisen der FDP wurden verschiedene klimaskeptische Aktivitäten organisiert. Vor dem Klimagipfel 2009 in Kopenhagen fand die Konferenz mit dem Titel „Updates zur Klimaforschung" statt. Vor allem Skeptikern und Leugnern der Erderwärmung wurde ein Podium geboten, wie das Online-Magazin „Wir Klimaretter" berichtet. Eine ähnliche Veranstaltung fand unmittelbar nach der UN-Klimakonferenz Ende 2015 in Köln statt[38], an der u.a. EIKE und das Heartland Institute beteiligt waren. Einladender war in beiden Fällen das Institut für Unternehmerische Freiheit (iuF) der FDP-nahen Friedrich-Naumann-Stiftung. Auf deren Homepage werden als Kooperationspartner(innen) genannt: das EIKE, das Committee for a Constructive Tomorrow (CFACT), das Haus der Zukunft, das Liberale Institut der Stiftung für die Freiheit

---

35 Siehe: https://www.tagesschau.de/inland/konservative-cdu-klimawandel-101.html; http://www.klimaretter.info/politik/nachricht/23221-rechter-unions-fluegel-folgt-trumps-klimakurs (Zugegriffen: 20. Juli 2017).

36 Siehe: http://www.klimaretter.info/politik/hintergrund/11464-sachsens-fdp-bietet-klimaqskepsisq (Zugegriffen: 20. Juli 2017).

37 Siehe: http://www.klimaretter.info/politik/hintergrund/11464-sachsens-fdp-bietet-klimaqskepsisq (Zugegriffen: 20. Juli 2017).

38 Siehe: http://www.unternehmerische-freiheit.de/veranstaltungen/2504.php (Zugegriffen: 20. Juli 2017).

und der Bund Freiheit der Wissenschaft.[39] CFACT, ein konservativer *think tank* aus Washington, hat nach Angaben des amerikanischen Projekts Sourcewatch u. a. Spenden von den Ölkonzernen Chevron und ExxonMobil erhalten. Zu den geladenen Referent(inn)en zählte bei der erstgenannten Konferenz u. a. der umstrittene Klimaleugner Fred Singer.[40]

In jüngerer Zeit haben klimaskeptische Positionen auch durch die Alternative für Deutschland (AfD) einige Bedeutung erlangt (hierzu auch Eichenauer et al. 2018 in diesem Band). In dem auf dem Bundesparteitag im April 2017 in Köln beschlossenen Programm sieht die AfD die Erkenntnisse des IPCC als ideologisch und nicht gesichert an, die Strategie der Dekarbonisierung der Bundesregierung wird abgelehnt, ebenso der Klimaschutzplan 2050. Die Bundesregierung solle jede Unterstützung von Klimaschutz-Organisationen einstellen, das Erneuerbare Energien Gesetz (EEG) wird als völlig überteuertes Instrumentarium angesehen und soll abgeschafft werden, der Ausbau der Windkraft wird als Irrweg bezeichnet.[41] Eine der bekanntesten Persönlichkeiten der AfD, Beatrix von Storch, ist Mitglied des Europäischen Parlaments und seit April 2016 Mitglied der EU-skeptischen, rechtspopulistischen *Fraktion Europa der Freiheit und der direkten Demokratie* (EFDD). Sie lehnt das EEG ab, was wiederum von EIKE aufgegriffen wird.[42] Auf dem Blog ihres Mannes, Sven von Storch, kommt Michael Limburg zu Wort, der den Konsens unter den Klimawissenschaftler(inne)n in Frage stellt.[43] Limburg ist Vizepräsident von EIKE und veröffentlicht regelmäßig Artikel auf der Homepage des Vereins. Dort wird die AfD und deren Wahlprogramm verteidigt.[44] Die Verbindungen zwischen AfD und EIKE sind also offensichtlich.

4.3 Die Medien und ihre Vertreter

Der oben schon erwähnte Günter Ederer ist eine der bekanntesten Persönlichkeiten der deutschsprachigen Klimaskeptiker im Bereich Journalismus (Ederer 2013). Er veröffentlicht regelmäßig auf der „Achse des Guten", wo er etwa über das „Wolkenkuckucksheim aus Solar- und Windenergie" schreibt.[45] Auch die Journalisten und In-

---

39 Siehe: http://iuf-berlin.org/veranstaltungen/2427.php (Zugegriffen: 20. Juli 2017).
40 Siehe: http://www.lobbycontrol.de/blog/index.php/2009/12/klimaskeptiker-aktion-zu-atomlobbyist-und-andere-lobby-neuigkeiten (Zugegriffen: 20. Juli 2017).
41 https://www.afd.de/wp-content/uploads/sites/111/2017/06/2017-06-01_AfD-Bundestagswahlprogramm_Onlinefassung.pdf (Zugegriffen: 20. Juli 2017).
42 Siehe: https://www.eike-klima-energie.eu/2013/08/21/berliner-afd-kandidatin-beatrix-von-storch-fordert-das-eeg-muss-weg/ (Zugegriffen: 20. Juli 2017).
43 http://www.freiewelt.net/blog/was-stimmt-nicht-mit-der-behauptung-97-aller-klimawissenschaftler-stimmen-hinsichtlich-agw-ueberein-10071305/ (Zugegriffen: 20. Juli 2017).
44 Siehe: https://www.eike-klima-energie.eu/?s=AfD (Zugegriffen: 20. Juli 2017).
45 Siehe: http://www.achgut.com/autor/ederer (Zugegriffen: 20. Juli 2017).

dustrielobbyisten Dirk Maxeiner und Michael Miersch („Der Ökologismus frisst ihre Kinder"[46]) oder Ulli Kulke („Klimapanik im Schatten der Energiewende"[47], ebenfalls „Achse des Guten") haben sich als Klimaskeptiker eine Marktlücke erschlossen. Vor allem die beiden Bücher „Öko-Optimismus" (1996), das sich auf die „Spuren grüner Denkblockaden begibt", und das „Lexikon der Öko-Irrtümer" (1999), in dem „die gängigen Behauptungen sachlich überprüft und hartnäckig die Frage gestellt wird: stimmt das überhaupt?"[48] weisen Maxeiner und Miersch als Klimaskeptiker aus.

Derart klimaskeptische Stimmen lassen sich also nicht nur in vermeintlichen Boulevardblättern finden, sondern werden in den meisten deutschen Zeitungen wiedergegeben. Klimaskeptische Positionen erlangen schließlich auch vermehrte Aufmerksamkeit durch Auftritte im Fernsehen (auch in öffentlich-rechtlichen Sendern), auf youtube und durch Interviews sowie durch Beiträge in deutschen Tages- und Wochenzeitungen (Der Spiegel, Die Welt, RTL[49], Cicero, ntv …). Diesen hat der Klimaforscher Stefan Rahmstorf den Vorwurf der ungefilterten Darstellung und Benennung von „Experten" gemacht sowie eine mangelnde Qualitätskontrolle vorgeworfen (vgl. Rahmstorf 2007, 2007a, S. 900). Die Logik des Mediensystems eröffnet den Klimaskeptikern Handlungsräume, weil das Aufzeigen von Konfliktlinien einen Nachrichtenwert darstellt. Der breite gesellschaftliche bzw. wissenschaftliche Konsens, dass es zum Klimaschutz bzw. den vorherrschenden Strategien im Umgang mit dem Klimawandel keine Alternative gibt, verschafft gegenläufigen Positionen großes, mediales Gehör. Dabei spielt die Anzahl der Wissenschaftler(innen), die sich klimaskeptisch äußern, nicht unbedingt die zentrale Rolle. Polarisierungen im Mediengeschäft führen dazu, dass in vielen Beiträgen oder auch Talkshows hunderten Fürsprecher(innen) des Klimaschutzes oder renommierten Wissenschaftler(inne)n und einer Handvoll Skeptiker gleich viel Raum und Zeit eingeräumt wird: *Audiatur et alter pars* – gehört werde auch der andere Teil. Boykoff und Boykoff bezeichnen dies in ihrer Studie zur US-amerikanischen Medienberichterstattung über den Klimawandel als „Journalistic norm of Balance" (2004).

Die Forderung nach einer besseren Qualitätskontrolle durch die Medien im Umgang mit den Klimaskeptikern, wie sie Stefan Rahmstorf im Jahr 2007 erhob, könnte aber dennoch nachhaltig gewesen sein. Klimaskeptische Positionen werden seither in den Qualitätsmedien kaum unkommentiert bzw. -überprüft wiedergegeben. Auch das klimaskeptische Parteiprogramm der AfD ging in der Gesamtberichterstattung

---

46 Siehe: http://www.achgut.com/artikel/der_oekologismus_frisst_seine_kinder (Zugegriffen: 25. Juli 2017).
47 Siehe: https://www.welt.de/debatte/kommentare/article112352158/Klimapanik-im-Schatten-der-Energiewende.html, ebenso den Blog http://donnerunddoria.welt.de (Zugegriffen: 23. Juli 2017).
48 Siehe: http://www.dirk-maxeiner.de/vita/ (Zugegriffen: 23. Juli 2017).
49 Beispielsweise hat RTL den Film „Der Klimaschwindel" ausgestrahlt, in dem der Klimawandel nicht auf menschlichen Einfluss, sondern auf die Sonnenaktivitäten zurückgeführt wird. Siehe: http://de.wikipedia.org/wiki/The_Great_Global_Warming_Swindle (Zugegriffen: 23. Juli 2017).

und den parteiinternen Querelen eher unter. Die Folge: Klimaskeptische Positionen werden verstärkt über das Internet, über Blogs und Mails verbreitet. „Ganz neue Öffentlichkeiten entstehen, die in keine vorgefertigten Kategorien passen", eine neue „Kampfzone" wie Krauss (2012: S. 85) herausstellt.[50] Ein Beispiel: Kurz vor dem Klimagipfel 2009 in Kopenhagen ereignete sich die sogenannte *Climategate,* ein Hackerangriff auf das Klimaforschungszentrum der University of East Anglia. Die Öffentlichkeit erhielt Einsicht in über 1000 E-Mails und rund 4500 Dokumente, woraufhin Klimaskeptiker den Vorwurf erhoben, dass Daten geheim gehalten und manipuliert worden seien. Dies wurde zwar später durch sieben verschiedene, unabhängige Untersuchungskommissionen entkräftet, steht aber als Beispiel dafür, welche Strategien das Internet – auch für Klimaskeptiker – ermöglicht. Und noch eine Beobachtung ist interessant. Nach dem Motto, dass es keine schlechten Schlagzeilen gibt *(bad news is good news),* finden sich auf den Seiten der Klimaskeptiker oft Zitatensammlungen aus den renommierten Tages- und Wochenzeitungen. So wird einmal die eigene gesellschaftliche Relevanz betont und zum anderen, dass sich Klimaskeptiker ihren Kritiker(inne)n offensiv stellen.

4.4 Verbindungen und Netzwerke

Die Klimaskeptiker in Deutschland können als lose verbundenes Geflecht aus Vereinen, bloggenden Amateur-Klimatologen, (meist emeritierten) Professoren, einer handvoll Lobbyisten, Politikern und Hobbyforschern sowie Journalisten bezeichnet werden, die sich in Nischen eingerichtet haben. Es ist letztlich schwierig, ein klares Netzwerk der Klimaskeptiker zu zeichnen, wenngleich durchaus nationale und internationale Kooperationen bestehen. Es bestehen zudem Arbeitskontakte, die durch gegenseitige Einladung zu Konferenzen und Tagungen gepflegt werden. Kontakte existieren auch zur Global Warming Policy Foundation (GWPF) in Großbritannien, die wiederum mit dem Heartland Institute in den USA kooperiert. Und mit Fred Singer bestehen schließlich auch Kontakte zum Nongovernmental International Panel on Climate Change (NIPCC).[51] Es haben sich darüber hinaus „Zitierkartelle" gebildet – etwa in den verschiedenen Blogs, in denen immer wieder aufeinander verwiesen wird. Allerdings bleibt der Organisationsgrad insgesamt eher gering. Neuere Veröffentlichungen, denen größere Aufmerksamkeit geschenkt wird, sind Fehlanzeige. Es haben sich außerdem kaum – mit Ausnahme der AfD, des Berliner Kreises oder von Vernunftkraft – neue Akteure oder Netzwerkstrukturen gebildet, so dass deren politischer Einfluss auf die Regierungspolitik als eher schwach einzuschätzen

---

50 Dort finden sich auch Kurzbeschreibungen zu den folgenden Blogs: ETH Klimablog, Klimalounge, Die Klimazwiebel, Primaklima, EIKE, ScienceSkeptical Blog und NoTricksZone (S. 85–87).
51 Siehe: http://climatechangereconsidered.org/about-nipcc/ (Zugegriffen: 26. Juli 2017).

ist.⁵² Jedenfalls werden Klimaskeptiker in Deutschland heute weniger noch als in den 2000er Jahren als Problem wahrgenommen (vgl. Hornschuh 2008, S. 149). Anders sieht es aus, wenn sich solche Initiativen vor Ort und regional etwa gegen die Windenergie oder die erneuerbaren Energien engagieren. Sind aber deshalb die Klimaskeptiker im Aufwind? Die bisherige Analyse legt nahe, dass Klimaskeptizismus ein Rand- und kein breites Gesellschaftsphänomen darstellt (vgl. auch Eichenauer et al. 2018; Hook 2018; Kühne und Weber 2018 in diesem Band).

5 Ergebnis: Klimaskeptiker auf Erfolgskurs?

Eine andere Bewertung erfährt das Phänomen Klimaleugner und Klimaskeptiker allerdings, wenn es in den Kontext weiterer, tiefgehender energiepolitischer Veränderungen gestellt wird (Brunnengräber 2017). Zunächst ist die Verknüpfung von Klimaskeptizismus mit anderen Themen wie der Energiewende, der entgegengetreten werden müsse, oder der Entmündigung der Bürger(innen), deutlich zu erkennen. Es wird auch weiterhin vor der Gefahr der „Grünen Revolution" oder der „Öko-Diktatur" gewarnt. Strategie ist es, den öffentlichen Diskurs zu verändern, indem Zweifel gesät und Deutungsmuster verschoben werden. Populistische Argumentationen und *fake news* sind dafür probate Mittel. Auch das Ziel der Freiheit vor einer staatlichen Überregulierung und einem zu viel an staatlicher Kontrolle wird weiterhin von Klimaskeptikern bemüht. Diese Akteure, deren Positionen schließlich auch Eingang in das Parteiprogramm der AfD fanden, finden aber – wie oben schon gesagt wurde – (bisher noch) kaum größere politische Beachtung. Allerdings hat sich das gesellschaftliche Umfeld für die Energiepolitik und den Klimaschutz so stark verändert, dass viele Positionen der Klimaskeptiker hoffähig werden.

Unterstützung bekommt der Klimaskeptizismus nämlich von anderer, mächtiger Seite. Gerade jene Akteure, die in Paris an einem gemeinsamen Abkommen gefeilt und dieses auch beschlossen haben, werden klimapolitik- und klimainstrumentenskeptischer. Dabei ist zu beachten, dass die internationale Klimapolitik bereits früher von den Regierungen aus den USA, aus Kanada oder Australien kritisiert wurde. Die gescheiterte UN-Klimakonferenz 2009 in Kopenhagen steht heute als Symbol dafür, dass nationale Regierungen nach wie vor multilaterale Absprachen verhindern können, wenn deren Interessen diesen entgegenstehen. Das setzte sich auch beim UN-Klimagipfel 2015 in Paris fort, bei dem ein Abkommen verabschiedet wurde, dass weder klare Instrumente benennt noch Sanktionen vorsieht. Noch ungeschönter hat sich der Zustand der internationalen Klimapolitik beim G20-Gipfel 2017 in Hamburg manifestiert. Wiederum war es ein US-Präsident, der verkündete, dass Klima-

---

52 Auch gute Kenner(innen) der Szene sind der Meinung, dass „Mapping these networks of contrarians is painstaking work" (Brunnengräber 2013: aus einem anonym geführten Interview, 09. Dezember 2012).

abkommen den nationalen Interessen widersprechen. Nichts anderes verkündete schon US-Präsident George W. Bush (2001–2009), der vor Wettbewerbsnachteilen und gewaltigen Kosten für amerikanische Familien warnte. Doch Trumps Ablehnung stößt heute auf breite Unterstützung. Auch Russland, die Türkei, Polen und Ungarn wollen die Klimapolitik ihres Landes auf den Prüfstand stellen. In Deutschland, dem einstigen Vorreiter in der Klimapolitik, wird die Energiewende ausgebremst: die Regierung dämpft beim Kohleausstieg zu hohe Erwartungen, der Ausbau der erneuerbaren Energien wird gedeckelt und vom Emissionshandel werden auch weiterhin die stromintensiven Branchen verschont. Derweil sind die Treibhausgasemissionen in Deutschland von 2015 auf 2016 wieder um 4. Mio. Tonnen angestiegen. Ein anhaltender Trend zur Emissionsminderung ist nicht zu erkennen; sie verharren seit 2007 auf hohem Niveau.

Es werden weiterhin Milliarden in neue Infrastrukturen wie Pipelines oder Häfen investiert, mit denen Erdöl, Kohle, Gas und Erdgas gefördert, transportiert oder genutzt werden können. Der Erhalt der alten Industriebranchen aus Stahl-, Zement oder Automobilindustrie wird zum Regierungsprogramm, um die nationale Wettbewerbsfähigkeit zu erhalten und auszubauen. Die Automobilindustrie verteidigt mit partei- und regierungspolitischer Flankierung ihre mit Benzin und Diesel befeuerten Antriebsaggregate gegen die Konkurrenz, die mit dem Ausbau der E-Mobilität droht (zu praktischen Herausforderungen siehe Radgen 2018 in diesem Band). Die graue Akteursgruppe, insbesondere diejenige aus der energieintensiven Wirtschaft, ist vor diesem Hintergrund für klimaskeptische Argumente mehr als empfänglich. Sie will die Abkehr vom alten, auf fossilen und nuklearen Energien beruhenden Energiepfad erschweren und verzögern. Doch so eindeutig sind die Konfliktlinien nicht mehr zu ziehen. Denn eben jene Akteure rufen dem US-Präsidenten Trump zu, das Pariser Abkommen nicht zu verlassen, weil es Planungssicherheit verspricht und in die Zukunft gerichtet ist. In ganzseitigen Annoncen legen die Konzerne Mitte 2017 dar, warum der Klimawandel Risiken in sich birgt und die Konzerne vom Abkommen profitieren.[53]

Das Phänomen der Klimaleugner und Klimaskeptiker ist also nicht ohne weiteres eingrenzbar. Die einfache Gegenüberstellung von Klimaleugnern und Klimaschützern entspricht nicht den Veränderungen, die sich in der Klima- und Energiepolitik vollziehen. Deutlich wird vielmehr, dass die Energiewende und somit auch der Klimaschutz politisch bekämpft werden. Damit verändert sich auch das Phänomen des Klimaskeptizismus, wie es hier in seinen verschiedenen Facetten erfasst wurde. Er wird zu einem breiteren Gesellschaftsphänomen, das ganz unterschiedliche Motivlagen, Interessen, Meinungen, Strategien und Institutionen umfasst. Zugespitzt könnte auch formuliert werden, dass die Klimapolitik fragmentiert und ein Konsens hinsichtlich seiner Problemwahrnehmung und der daraus geschlussfolgerten

---

53 Siehe: http://www.spiegel.de/wirtschaft/unternehmen/klimapolitik-us-konzerne-warnen-donald-trump-vor-kehrtwende-a-1150339.html (Zugegriffen: 25. Juli 2017).

Bearbeitungsformen heute politisch nicht mehr zu erreichen ist. Denn die Energiewende zeigt, dass harte Interessen verteidigt werden. Die Klimaleugner und Klimaskeptiker befinden sich dadurch in einer ambivalenten Situation: Ihre Ziele wie etwa die Verhinderung der Energiewende, werden – zumindest im Ansatz – nun auch von mächtigen Akteuren wie von Parteien oder Regierungen stärker unterstützt, die über eine größere Durchsetzungskraft verfügen. All dies trägt dazu bei, dass sich die Positionen der Klimaskeptiker in den Auseinandersetzungen zwischen der grauen und der grünen Akteursgruppe verlieren.

Es wurde auch deutlich, dass sich Klimapolitik nicht als eigenständiges Politikfeld *framen* und sich nicht mit wenigen internationalen, marktwirtschaftlichen Instrumenten bearbeiten lässt: Zu einer anspruchsvollen Klimapolitik gehört die Abkehr vom fossilen Energieregime ebenso wie die Verkehrswende oder ein nachhaltiges Konsumverhalten. Klimaschutz wird daher mit tiefreichenden gesellschaftlichen Veränderungen einhergehen und Gewinner ebenso wie Verlierer hervorbringen. Ohne soziale Auseinandersetzungen in den unterschiedlichsten Branchen und gesellschaftlichen Bereichen ist Klimaschutz also nicht zu haben. Die Energieökonomin Claudia Kemfert bringt es drastisch auf den Punkt. „Es herrscht Krieg um Energie".[54] Klimaleugner, Klimawissenschafts-, Klimapolitik- und Klimainstrumentenskeptiker wird es in dieser Gemengelage auch weiterhin geben.

Literatur

Altvater, E., & Brunnengräber, A. (Hrsg.), (2008). *After Cancún: Climate Governance or Climate Conflicts.* Wiesbaden: VS Verlag für Sozialwissenschaften, VS Research Energiepolitik und Klimaschutz.

Bals, C., Kier, G., & Treber, M. (2008). „Klimaskeptiker" und ihre Argumente. Eine Kurzeinführung mit Literaturhinweisen. Germanwatch Hintergrundpapier, Juli 2008. http://germanwatch.org/klima/skeptiker.pdf. Zugegriffen: 23. Juli 2017.

Bell, L. (2011). *Climate of Corruption, Politics and Power Behind The Global Warming Hoax.* Austin: Greenleaf Book.

BMF-Beirat (Januar 2010). Klimapolitik zwischen Emissionsvermeidung und Anpassung. Berlin. (Gutachten des Wissenschaftlichen Beirats beim Bundesministerium der Finanzen). http://www.bundesfinanzministerium.de/Content/DE/Standardartikel/Ministerium/Geschaeftsbereich/Wissenschaftlicher_Beirat/Gutachten_und_Stellungnahmen/Ausgewaehlte_Texte/0903111a3002.pdf?__blob=publicationFile&v=3. Zugegriffen: 23 Juli 2017.

Boykoff, M., & Boykoff, J. (2004). Balance as Bias: global warming and the US prestige press. *Global Environmental Change 14,* 125–136.

---

54 http://www.klimaretter.info/protest/hintergrund/23050-es-herrscht-krieg-um-energie (Zugegriffen: 20. Juli 2017).

Brunnengräber, A. (2013). Klimaskeptiker in Deutschland und ihr Kampf gegen die Energiewende. *FFU-Report 3/2013*, Berlin. http://edocs.fu-berlin.de/docs/receive/FU DOCS_document_000000017134. Zugegriffen: 25. Juli 2017.

Brunnengräber, A. (2017). Die Vereinten Nationen in der Post-Governance-Ära. Internationale Umweltpolitik, neue Welt(un)ordnung und multiple Krisen. In K.-W. Brand (Hrsg.), *Die sozial-ökologische Transformation der Welt. Ein Handbuch*. Frankfurt/New York: Campus (im Erscheinen).

CEO (2010). Concealing their sources – who funds Europe's climate change deniers? Corporate Europe Observatory. https://www.corporateeurope.org/sites/default/files/sites/default/files/files/article/funding_climate_deniers.pdf. Zugegriffen: 25. Juli 2017.

Ederer, G. (2013). *Träum weiter, Deutschland! Politisch korrekt gegen die Wand*. München: Wilhelm Heyne.

Eichenauer, E., Reusswig, F., Meyer-Ohlendorf, L., & Lass, W. (2018). Bürgerinitiativen gegen Windkraftanlagen und der Aufschwung rechtspopulistischer Bewegungen. In O. Kühne & F. Weber (Hrsg.), *Bausteine der Energiewende* (S. 633–651). Wiesbaden: Springer VS.

Enquete-Kommission (1995). *Mehr Zukunft für die Erde. Nachhaltige Energiepolitik für dauerhaften Klimaschutz*. Schlußbericht der Enquete-Kommission „Schutz der Erdatmosphäre" des 12. Deutschen Bundestages. Bonn: Economica.

FNSB (2012). Kampf um die Köpfe. Der Meinungskampf um die Klimapolitik (Themenschwerpunkt). *Forschungsjournal NSB 2*.

Forsyth, T. (2012). Politicizing Environmental Science Does Not Mean Denying Climate Science Nor Endorsing It Without Question. *Global Environmental Politics 12*, 18–23.

Hook, S. (2018). ‚Energiewende': Von internationalen Klimaabkommen bis hin zum deutschen Erneuerbaren-Energien-Gesetz. In O. Kühne & F. Weber (Hrsg.), *Bausteine der Energiewende* (S. 21–54). Wiesbaden: Springer VS.

Hornschuh, T. (2008). Skeptische Kommunikation in der Klimadebatte. In P. Weingart, A. Engels, & P. Pansegrau (Hrsg.), *Von der Hypothese zur Katastrophe. Der anthropogene Klimawandel im Diskurs zwischen Wissenschaft, Politik und Massenmedien* (S. 141–153). Opladen und Farmington Hills: Verlag Barbara Budrich.

IPCC (1995). *The Science of Climate Change. Second Assessment Report*. Geneva: IPCC.

IPCC (2013). *The Physical Science Basis. Fifth Assessment Report*. Geneva: IPCC.

Keil, G. (2012). *Die Energiewende ist schon gescheitert*. Jena: TvR Medienverlag.

Krahmer, H. (2010). Inconvenient Truths About Climate Policy. In H. Krahmer (Hrsg.), *Inconvenient Truths About Europe's Climate Policy. Suggestions for new Liberal Approaches* (S. 7–10). Alliance of Liberals and Democrats for Europe. www.holger-krahmer.de/tl_files/userdata/images/publikationen/HK-(Klimabroschur-englisch)-2010.pdf. Zugegriffen: 23. Juli 2017.

Krauss, W. (2012). Ausweitung der Kampfzone: Die Klima-Blogosphäre. *Forschungsjournal NSB 2*, 83–88.

Kühne, O., & Weber, F. (2018). Bausteine der Energiewende – Einführung, Übersicht und Ausblick. In O. Kühne & F. Weber (Hrsg.), *Bausteine der Energiewende* (S. 3–19). Wiesbaden: Springer VS.

Lomborg, B. (2009). *Cool it!: warum wir trotz Klimawandels einen kühlen Kopf bewahren sollten*. München: Pantheon.

Maxeiner, D., & Miersch, M. (1996). *Öko-Optimismus*. Düsseldorf: Metropolitan.

Maxeiner, D., & Miersch, M. (1999). *Lexikon der Öko-Irrtümer*. Frankfurt am Main: Eichborn.

Nuthall, T. (2011). How strong is the impact of climate change scepticism in the EU? Vortrag beim Fachgespräch „Das Interesse am Zweifel – die Strategien der sogenannten Klimaskeptiker" am 10. Juni 2011 im Deutschen Bundestag. www.gruene-bundestag.de/fileadmin/media/gruenebundestag_de/themen_az/klimaschutz/fachgespraech_klimaskeptiker_vortrag_tim.pdf. Zugegriffen: 23. Juli 2017.

Olson, H. G. (2009). *Handbuch der Klimalügen: Eine Dokumentation nachhaltiger Lügen zur Rettung der Welt, verbreitet durch das Kartell der Klimaforscher und ihre einfache Widerlegung durch die Wirklichkeit*. Jena: TvR Medienverlag.

Radgen, P. (2018). Von der Schwierigkeit, nicht nur im Kopf umzuparken – Ein Selbstversuch zur Elektromobilität. In O. Kühne & F. Weber (Hrsg.), *Bausteine der Energiewende* (S. 587–607). Wiesbaden: Springer VS.

Rahmstorf, S. (2007). Alles nur Klimahysterie? Wie Klimaskeptiker die Öffentlichkeit verschaukeln. *Wissenswelten Schwerpunkt „Klimawandel" – Klimaskeptiker*, 895–913.

Rahmstorf, S. (2007a). Deutsche Medien betreiben Desinformation. *Frankfurter Allgemeine Zeitung* 31.08.2007.

Vahrenholt, F., & Lüning, S. (2012). *Die kalte Sonne. Warum die Klimakatastrophe nicht stattfindet*. Hamburg: Hoffman und Campe.

Volken, E. (2010). Die Argumente der Klimaskeptiker. *ScNat ProClim- Forum for Climate and Global Change. Forum of the Swiss Academy of Science*. Climate Press, Nr. 29, November 2010, 1–8. http://proclimweb.scnat.ch/portal/ressources/1501.pdf. Zugegriffen: 23. Juli 2017.

Achim Brunnengräber, geb. 1963 in Lorsch/Hessen, ist Privatdozent an der FU Berlin, Fachbereich Politik- und Sozialwissenschaften. Er forscht und lehrt zur internationalen Umwelt-, Energie- und Klimapolitik, zu sozial-ökologischen Transformationsprozessen, der politischen Ökonomie der E-Mobilität, zu Global und Multi Level Governance sowie zu NGOs und sozialen Bewegungen.

Transformation des Stromversorgungssystems zwischen Planung und Steuerung

Jörg Fromme

Abstract

Die Energiewende setzt eine umfassende Transformation des Stromversorgungssystems voraus. Dies erfordert eine langfristig orientierte Planung und Steuerung, die alle politischen Ebenen und räumlichen Maßstabsbereiche erfasst. Im vorliegenden Beitrag werden die Planungs- und Steuerungsaufgaben sowie -ansätze einerseits auf die Energiepolitik und andererseits auf die räumliche Planung bezogen betrachtet. Berücksichtigt werden dabei außerdem Kompetenzverteilungen in Mehrebenenstrukturen im Hinblick auf die räumlichen Dimensionen bei der Problemerfassung und der Reichweite von Steuerungseingriffen. Ein Ausblick bezieht auch Chancen für die Energiewende-Governance in Deutschland mit ein, die neuere gesetzgeberische Initiativen der EU-Kommission in Teilaspekten möglicherweise bieten können.

Keywords

Energiewende, Transformation, Planung, Steuerung; Energiepolitik, Raumplanung, Mehrebenensystem

1 Einleitung

In den letzten Jahren wird in der Raumwissenschaft vermehrt die räumliche Steuerung und Planung der Energiewende diskutiert. Einen Schwerpunkt bildet dabei aktuell der Koordinationsbedarf zwischen Übertragungsnetzplanung und -netznutzung, Letzteres namentlich bezogen auf den Ausbau der Nutzung Erneuerbarer Energien (EE) zur Stromerzeugung (dazu ARL 2011, ARL 2013, ARL 2015, Beirat für Raumentwicklung 2015, Bruns et al. 2016, Fromme 2016, Hermes 2014, Monopolkommission 2015 und Rave 2016). Der vorliegende Beitrag befasst sich daran anknüpfend mit der Energiewende als politisch-administrative Gestaltungsaufgabe in einem Spannungsfeld zwischen Planung und Steuerung. Fokussiert wird dabei auf die räumliche Entwicklung des Stromversorgungssystems unter Transformationsbedingungen.

Die diesem Beitrag zugrunde gelegten Planungs- und Steuerungsbegriffe sind in Anlehnung an Klagge (2013, S. 8 ff.) dualistisch angelegt. Analytisch getrennt wird die strategisch orientierte energiepolitische Planung einerseits von der raumkonkret steuernden und letztlich auf die Zulassung von Einzelvorhaben ausgerichteten Raumplanung andererseits, zu der die räumliche Gesamtplanung ebenso gehört wie die raumbezogene Fachplanung. Korrespondierend dazu werden energiefachpolitische und raumplanerische Steuerungsansätze unterschieden.

Mit diesem analytischen Zugang sind zugleich auch unterschiedliche Verortungen im politisch-administrativen System verbunden. Zu unterscheiden sind Planungen bzw. Steuerungseingriffe der Regierung oder der Legislative von gesetzesabhängiger Verwaltungstätigkeit, die im Mehrebenensystem der Energiepolitik oder der räumlichen Planung auf ganz unterschiedliche Weise kompetenzrechtlich verankert sind. Aufgrund der stark ausgeprägten Vernetzung und Unteilbarkeit des Stromversorgungssystems (Löschel et al. 2016, S. 75) – bestehend aus Stromerzeugungs-, Stromspeicherungs-, Transport- und Verteilungsinfrastruktur – ist die räumliche Steuerungsebene von entscheidender Bedeutung für die Reichweite und die Wirksamkeit gezielter politisch-planerischer Eingriffe.

Eine Betrachtung speziell des Stromsektors erscheint deshalb als sinnvoll, weil sich die räumlichen Konflikte der Energiewende offenbar ganz überwiegend auf den Ausbau der Stromversorgungsinfrastrukturen konzentrieren. Elektrische Energie und der ‚regenerative Stromerzeugungssektor' gelten zudem als ‚tragende Säule der zukünftigen Energieversorgung' und sollen zukünftig vermehrt auch zur Bedarfsdeckung im Bereich der Wärmeversorgung und im Verkehrssektor beitragen, um eine weitgehende oder gar vollständige Dekarbonisierung des Energiesektors erreichen zu können (hierzu auch Hook 2018 in diesem Band). Deshalb gilt eine mittel- bis langfristig deutliche Zunahme des Strombedarfs als wahrscheinlich (Gerhardt et al. 2015, S. 25). Zudem ist der fortschreitende EE-Ausbau nicht nur aus Klimaschutzgründen, sondern auch aus industriepolitischer Sicht von großem Interesse (Europäische Kommission 2017b, S. 2). Insbesondere mit dem energiepolitisch auf EU-Ebene stark unterstützten Leitbild des „Supersmartgrids" (Kistner 2014) ist eine sehr breite Palette von Herausforderungen für Forschung und Entwicklung verbunden, die sich von kleinskaligen Lösungen wie dem Aufbau von „Energieinformationssystemen" bzw. dem „Internet der Energie" bis hin zu „Stromautobahnen" und mehrpunktfähigen Hochspannungsgleichstromübertragungsnetzen im transkontinentalen Maßstab erstrecken (FOSG 2016).

Im vorliegenden Beitrag werden zunächst raumbezogene Planungs- und Steuerungszugänge im Zusammenhang mit dem Ausbau der energietechnischen Infrastruktur der Stromversorgung systematisiert (vgl. Kapitel 2). Kapitel 3 vergleicht dann die Mehrebenensysteme der Energiepolitik und der räumlichen Gesamtplanung unter dem Aspekt der jeweiligen ebenenspezifischen institutionellen Ausstattung und

Handlungsschwerpunkte. Der Beitrag schließt mit einer Synthese und einem Ausblick unter Berücksichtigung aktueller Impulse der europäischen Energiepolitik mit interessanten Implikationen für die Planung und Steuerung der Energiewende in Deutschland (vgl. Kapitel 4).

2 Raumwirksame Transformationsplanung und -steuerung im Elektrizitätssektor – Aufgaben und Instrumente

In diesem Kapitel sollen zunächst die Planungsaufgaben und raumwirksamen Steuerungsansätze im Zusammenhang mit der Transformation des Stromversorgungssystems systematisiert werden.

Gegenstand von Kapitel 2.1 ist die energiepolitische Planung mit ihrer Ausrichtung auf die Transformation des Stromversorgungssystems. Die bei der Umsetzung von energiepolitischen Programmen prinzipiell zu bewältigenden raumbezogenen Planungsaufgaben sind anhand des kaskadenförmigen Aufbaus des Fachplanungsinstrumentariums für den Übertragungsnetzausbau besonders gut ablesbar. Sie sind daher Gegenstand einer modellhaften Darstellung in Kapitel 2.2.

Im Kontrast dazu werden in Kapitel 2.3 Ansatzpunkte für die Ausbausteuerung und die raumstrukturelle Entwicklung der Stromerzeugung, der Stromversorgung, des Stromverbrauchs und der Speicherung herausgearbeitet, die im Folgenden mit den Sammelbegriffen Netznutzung bzw. „Netznutzungssinfrastruktur" erfasst werden.

2.1 Energiewendeprogramme als Ausdruck politisch-strategischer Planung

In Deutschland ist die Energiewende auf allen Ebenen Gegenstand der politischen Planung und Steuerung. Output des Planungsprozesses ist auf konzeptioneller Ebene eine langfristig orientierte und alle energiepolitischen Handlungsfelder integrierende Energiewende-Programmatik, die gleichzeitig als Leitfaden für die Prozesssteuerung und als Kommunikationsinstrument dienen soll (Bundesministerium für Wirtschaft und Energie (BMWi) 2016). Dies korrespondiert insoweit mit dem Begriff der „Programmplanung" (Köck 2012, S. 1416).

Energieprogramme beziehen sich in Deutschland primär auf energiepolitische Ziele gemäß § 1 EnWG und auf entsprechende Umsetzungsmaßnahmen. Grundlage der Programmatik ist i.d.R. ein modellgestützter Optimierungsansatz unter maßgeblicher Berücksichtigung volkswirtschaftlicher Effizienzkriterien. Sie ist aber oft auch stark von entweder industrie- oder strukturpolitischen Interessen geprägt, die dann maßgeblich für die Unterstützung und Instrumentalisierung entsprechender Strategien sind.

Zwar enthalten Energie- und Klimaschutzprogramme üblicherweise Zukunftsbilder zum Strom-Erzeugungsmix, zum Stromverbrauch und zum Teil auch zur Speicherung. Sie erfüllen also bezogen darauf bereits eine bedarfsplanerische Teilfunktion für den Infrastrukturausbau (BMVBS 2011, S. 30 f.). Jedoch enthalten sich die Plangeber i. d. R. jeglicher räumlichen Konkretisierung dieser Programmatik, auch wenn bestimmte räumliche Leitbilder, die meist aus ökonomischen Effizienzkriterien abgeleitet werden, durchaus handlungsleitend sind (z. B. Fürstenwerth et al. 2013). Die fehlende räumliche Konkretisierung ergibt sich bereits daraus, dass die Programmplanung anders als die Raumplanung nicht auf Regelungen zur Zulässigkeit von Vorhaben ausgerichtet ist. Sie verzichtet vielmehr auf jeglichen Regelungsanspruch gegenüber einzelnen Bauvorhaben. Programmpläne steuern Planadressaten (zunächst) „nicht durch bindende Festlegungen, sondern auf indirekte Weise, insbesondere durch die Koppelung von Entwicklungskonzepten und Förderpolitiken, durch die ausdrückliche oder implizite Ankündigung regelnder Entscheidungen oder durch die indikativen Gehalte des Plans". Im Ergebnis liegt „die Steuerungsleistung sowohl in der Vorbereitung eigener Regelungen (Gesetze, regelnde Pläne) und Lenkungskonzepte (Förderungen resp. finanzielle Belastungen planwidriger Aktivitäten) als auch in der Beeinflussung der Entscheidungen Dritter" (Köck 2012, 1435 ff.).

Die Programmplanung unterliegt keinerlei formellen Vorgaben. Dementsprechend sind Programmpläne weder kontinuierlich in aktualisierter Form, noch zeitgleich oder auf allen politisch-administrativen Ebenen flächendeckend verfügbar und zudem hinsichtlich Form, Gegenstand oder sachlich-methodischer Herleitung bzw. Begründung i. d. R. kaum untereinander vergleichbar. Hermes stellt bezugnehmend auf die Bundesebene fest, dass für energiepolitische Zielaussagen „von der Koalitionsvereinbarung über öffentliche Äußerungen zuständiger Minister bis hin zu Regierungserklärungen des Bundeskanzlers verschiedene Quellen in Betracht gezogen werden" können (Hermes 2014, S. 263).

Aufgrund der fehlenden formalen Anforderungen an die Programmplanung ist jegliche Programmatik „unter vereinfachten Voraussetzungen veränderbar oder verwerfbar (Konzeptwechsel), ohne dass daraus ohne weiteres Gewährleistungsansprüche erwachsen" (Köck 2012, S. 1436). Diese Flexibilität erlaubt es, durch ständige konzeptionelle Anpassungen ein „strategisches Kontinuum" (Raschke und Tils 2013, S. 126) zu erzeugen.

Eine weitere wichtige Konsequenz der fehlenden Formalisierung ist auch, dass die Programmplanung nicht der Pflicht zur Abwägung oder Öffentlichkeitsbeteiligung unterliegt und insoweit auch keine formellen Verpflichtungen bestehen, Abwägungsmaterial z. B. im Wege einer strategischen Umweltprüfung oder gar einer Raumverträglichkeitsprüfung bereitzustellen, obwohl programmatische Entscheidungen zum Teil weitreichende Konsequenzen für die Infrastrukturentwicklung haben und zudem in Fachplanungsverfahren i. d. R. nicht mehr zur Disposition stehen (Fromme 2016, S. 236 ff.).

2.2 Planungskaskade des deutschen Übertragungsnetzausbaus

Die Mitte der 1990er Jahre begonnene Liberalisierung setzt für in Deutschland ursprünglich als Gebietsmonopole organisierten und vertikal integrierten Stromversorgungsunternehmen eine deutliche Trennung der Netzwirtschaft von den übrigen Wertschöpfungsstufen der Elektrizitätswirtschaft voraus. Da die Netzwirtschaft seither als natürlicher Monopolbereich gilt und von den übrigen Wertschöpfungsstufen entflochten wurde, muss die bedarfsgerechte Sicherung der zukünftig erforderlichen Netzdienstleistungen durch vorausschauende staatliche Regulierung gewährleistet werden. Diese erstreckt sich auch auf die Netzausbauplanung, für die im Zuge des so genannten ‚Energiewendepakets' im Juli 2011 das formelle Planungsinstrumentarium für die Ebene der Übertragungsnetze erweitert worden ist. Für die Verteilnetze ist ein vergleichbares Instrumentarium bislang nicht implementiert.

Die Planung des Übertragungsnetzausbaus vollzieht sich in einer Kaskade formeller Verfahren. Die behördliche Bedarfsplanung schließt unmittelbar an die energiepolitische Programmplanung bzw. -implementierung an. Sie orientiert sich nach Maßgabe des § 12a EnWG an den energiepolitischen Zielen und an den bestehenden einschlägigen gesetzlichen Rahmenbedingungen, soweit diese die zukünftige Netznutzung steuern, und übersetzt sie in ein kontinuierlich zu aktualisierendes Ausbauprogramm für das gesamte Übertragungsnetz. Obwohl sie vorhabenübergreifend angelegt ist, trifft sie dennoch ‚Vorhabenentscheidungen' (Köck 2016, S. 581) mit allerdings noch recht abstraktem Inhalt, dafür aber hoher Verbindlichkeit für die nachfolgenden Planungsstufen. Es handelt sich um eine raumbezogene Fachplanung, da die Leitungsbauvorhaben im Hinblick auf die Bestimmung der miteinander zu verbindenden Netzknotenpaare räumlich konkret fixiert sind. Die Bedarfsplanung für den Übertragungsnetzausbau verknüpft dementsprechend Elemente der Bedarfsprüfung und Bedarfsermittlung mit der Verwirklichungsplanung (Köck 2016, S. 581f.).

Im Rahmen der Bundesfachplanungs- bzw. der Raumordnungsverfahren werden darauf aufbauend anschließend für jedes einzelne der bedarfsplanerisch festgestellten Leitungsbauvorhaben Grobtrassen hauptsächlich nach Maßgabe der Raumverträglichkeit der Trassenführung ermittelt. Diese Planungsstufe entspricht funktional der Raumordnungsplanung.

Das abschließende Planfeststellungsverfahren dient zugleich der unter Beachtung der in der Bundesfachplanung ermittelten Grobtrasse der Feintrassierung und der verbindlichen Vorhabenzulassung für jedes einzelne Leitungsbauvorhaben. Funktional entspricht sie insoweit einerseits der Bebauungsplanung und der Anlagengenehmigung andererseits.

2.3 Räumliche Planung und Steuerung der Netznutzung

Anders als für die Netzausbauvorhaben gibt es für Netznutzungsinfrastrukturvorhaben kein formelles Bedarfsplanungsinstrumentarium. Die Aufgaben der einzelfallbezogenen Bedarfsprüfung und materiellen Vorhabenplanung bleiben diesbezüglich dem betriebswirtschaftlichen Kalkül energiewirtschaftlicher Akteure überlassen. Zur Wahrnehmung der staatlichen Gewährleistungsaufgabe für die Stromversorgung und zur Implementation energie- und klimaschutzpolitischer Programme werden jedoch ordnungsrechtliche oder finanzielle Anreizinstrumente zur Beeinflussung des Energiemixes ebenso wie zur Markt- und Netzregulierung eingesetzt, die durchaus beträchtliche räumliche Steuerungswirkungen entfalten können. Die räumliche Gesamtplanung steuert die Allokation energietechnischer Vorhaben dagegen weitgehend unter überfachlichen Gesichtspunkten, ist aber dennoch nicht immun gegen sektorale Einflüsse. Dies gilt insbesondere dann, wenn diese sich im Planungsrecht niederschlagen, wie dies z. B. bei der Privilegierung von Außenbereichsvorhaben gemäß § 35 BauGB der Fall ist.

2.3.1 Energiefachrechtliche Steuerung

Instrumente zur Beeinflussung des Technologie- und Energiemixes der Netznutzungsinfrastruktur zielen entweder auf die Unterdrückung oder die Förderung einzelner Technologiepfade. Die räumliche Steuerungswirkung von Maßnahmen, die dazu dienen, unerwünschte Technologiepfade abzuschneiden, wie in Deutschland z. B. im Fall des Atomausstiegs, hängt von der räumlichen Verteilung des von der Maßnahme betroffenen Anlagenbestands ab.

Eine räumliche Steuerungswirkung fördernder Maßnahmen ergibt sich zunächst aufgrund der räumlich ungleichen Verteilung der Standortgunst für den Betrieb der begünstigten Anlagen. Bei technologieoffener Instrumentierung von Fördermaßnahmen, die sich ausschließlich z. B. an dem Klimaschutzbeitrag der begünstigten Maßnahmen ausrichtet, entscheidet zusätzlich die Wettbewerbsfähigkeit konkurrierender Technologien über die räumliche Struktur der Anreizwirkung. Zusätzlich hat die räumliche Abgrenzung des Kreises der Anspruchsberechtigten einen erheblichen Einfluss. Auch eine bewusste räumliche differenzierende Gestaltung der Förderinstrumente ist denkbar, wird aber mit Hinweis auf Effizienzgründe meist eher vermieden.

Die Regulierung der Strommärkte betrifft Aspekte wie die sachlich-funktionale Abgrenzung von Teilmärkten (z. B. für Regelenergie) zueinander, die Preisbildung auf diesen Teilmärkten, die Präqualifikation für den Marktzutritt sowie die Größe, die Abgrenzung sowie die Kopplung oder Teilung von Marktgebieten (König 2013). Darüber hinaus erfordert der liberalisierte Strommarkt eine Regulierung der Netzwirtschaft. Insbesondere die Netzentgeltregulierung entfaltet eine implizite räumliche Steuerungswirkung. Unter diesem Gesichtspunkt ist zunächst die Entfernungsabhängigkeit der Netzentgeltgestaltung relevant. Ein weiterer Aspekt ist die Verteilung der Kosten auf die Stromeinspeisung oder die Stromentnahme sowie entweder ausschließlich auf Netznutzer mit Anschluss an das Netz, für das Kosten entstehen oder auf die Gesamtheit aller Netznutzer. Die genannten Stellschrauben der Markt- und Netzentgeltregulierung wirken sich auf die raumzeitliche Struktur der Netznutzung aus und beeinflussen damit längerfristig indirekt auch Standortentscheidungen der Netznutzer (Rave 2016, S. 97 ff. und Monopolkommission 2015, S. 97 ff.).

2.3.2 Raumplanerische Steuerung

Während die Bundesbedarfsplanung an „die mittel- und langfristigen energiepolitischen Ziele der Bundesregierung" und damit an die Programmplanung gebunden ist (§ 12a EnWG), fehlt eine solche Bindung für die räumliche Gesamtplanung. Für die Raumplanung ist jedoch der Nachweis der Erforderlichkeit des Eingriffs zwingende Voraussetzung, soweit Raumpläne abschließende und außenverbindliche Raumnutzungsentscheidungen treffen. Die Planrechtfertigung ergibt sich bereits dann, wenn die konzeptionellen Ziele des Plangebers ohne eine solche Planung nicht erreichbar sind (Köck 2016, S. 583).

Für die Steuerung energiebezogener Vorhaben geben Energie- und Klimaschutzkonzepte diesbezüglich eine Orientierung. Damit Energiekonzepte diese Orientierungsfunktion erfüllen können, müssen sie allerdings zunächst „in die Sprache der Raumplanung (z. B. Planzeichen; Ziel- bzw. Grundsatzcharakter)" „übersetzbar" sein (Bruns et al. 2016, S. 267). I. d. R. fehlt es – wie bereits oben dargestellt – an der erforderlichen räumlichen Konkretisierung der Programmatik. Insoweit müssen daraus zunächst flächen- oder gebietskonkrete Nutzungskonzeptionen abgeleitet werden. Zudem steuert die räumliche Gesamtplanung „in erster Linie unter dem Aspekt der Konfliktvermeidung mit anderen Nutzungen und Schutzanforderungen" (Bruns et al. 2016, S. 120 f.). In der Abwägung können Belange des Klimaschutzes oder der Nutzung Erneuerbarer Energien unterliegen, da ihnen kein von vornherein höheres Gewicht zukommt.

Schließlich müssen die planerisch gesicherten Flächen aus einzelwirtschaftlicher Sicht hinreichend attraktiv sein und sich im Standortwettbewerb behaupten können. Die räumliche Gesamtplanung ist in ihren Bemühungen, „über die Flächenbereitstellung hinaus" „die Realisierung von Vorhaben oder Nutzungen an den dafür ausgewiesenen Flächen im Sinne einer ‚Planumsetzung' zu forcieren," „von unternehmerischen Entscheidungen" und „günstige(n) Investitionsbedingungen" abhängig (Bruns et al. 2016, S. 263).

2.3.3 Steuerung der Netznutzung im Zuge der Netzausbaubedarfsplanung

Die in Kapitel 2.3.1 legislativen energiepolitischen Steuerungsoptionen werden heute i. d. R. auf der Grundlage von modellgestützten und methodisch ausgefeilten Energie- und Klimaschutzszenarien diskutiert. Modellrechnungen und Szenarien dienen der Energiepolitik dazu, die Ergebnisse von Marktprozessen zu antizipieren und vor diesem Hintergrund potenzielle marktsteuernde bzw. netzregulierende staatliche Eingriffe in ihrer Wirkung zu antizipieren, zu bewerten und zu begründen (Dieckhoff 2009, S. 52). Zudem erfüllen Energieszenarien wichtige kommunikative Funktionen z. B. in der Vorbereitungsphase einer Gesetzesinitiative.

Eine vergleichbare Methodik kommt auch in Szenariorahmen- bzw. Netzentwicklungsplanverfahren und damit im Zuge der Bedarfsermittlung für den Übertragungsnetzausbau zur Anwendung. Dort werden Szenarien entwickelt, die ein raumzeitlich differenziertes Zukunftsbild der Netznutzung liefern, das eine Mischung aus Zielprojektion und Marktprognose darstellt (Fromme 2016, S. 237).

Gleichzeitig gibt die Bedarfsplanung inzwischen regelmäßig Anlass, die energiepolitische Programmatik bzw. die implementierten energiepolitischen Maßnahmen auf Regierungsebene in ihren netzplanungsrelevanten Bezügen zu überprüfen und ggf. anzupassen (Fromme 2016, S. 237 f.). Wichtig in diesem Zusammenhang ist insbesondere, dass mit den Netznutzungsszenarien kontinuierlich erneuerte räumlich differenzierte Bilder der zukünftigen Stromerzeugungs-, Verbrauchs- und Speicherlandschaft entstehen, die Visionen und Leitbilder transparenter als bislang in der Energiepolitik üblich transportieren und zugleich einer breiten (Fach-)Öffentlichkeit und damit auch einem Diskussionsprozess zugänglich machen.

3 Mehrebenenstrukturen der Energiepolitik und der Raumplanung

Nachdem zuvor die raumbezogenen Planungs- und Steuerungsaufgaben im Zusammenhang mit der Transformation des Stromversorgungssystems anhand eines Stufenmodells angelehnt an das Instrumentarium für den Ausbau der Übertragungsnetze dargestellt worden ist, sollen nun die spezifischen Steuerungskompetenzen bezogen auf die Mehrebenenstrukturen der Energiepolitik einerseits (Kapitel 3.1) und denjenigen der räumlichen Gesamtplanung (Kapitel 3.2) andererseits beleuchtet werden.

3.1 Mehrebenenstruktur der Energiepolitik

Energiepolitisch gewinnt die EU-Kommission zunehmend an Einfluss (auch Sielker et al. 2018 in diesem Band). Bis zum Inkrafttreten des Vertrags von Lissabon war die Binnenmarktkompetenz die hauptsächliche Grundlage für energiepolitische Regelungen der EU. Daneben ermöglichte die Umweltkompetenz klimaschutzbezogene Maßnahmen auf EU-Ebene. Ein weiterer Zugang ergab sich aus der EU-Kompetenz für transeuropäische Netze (TEN, Dross und Bovet 2014, S. 431). Diese Kompetenztitel haben auch unter den neuen Verträgen Bestand.

Zu den zwischen EU und Mitgliedstaaten geteilten Zuständigkeiten gehören die Umwelt- und TEN- und außerdem auch die mit Art. 194 AEUV neu geschaffene Energie-Kompetenz. Die geteilte Zuständigkeit erlaubt es den Mitgliedstaaten, ihre Kompetenz wahrzunehmen, „sofern und soweit die Union ihre Zuständigkeit nicht ausgeübt hat" (Art. 2 Abs. AEUV).

Die Kompetenz für die „Festlegung der für das Funktionieren des Binnenmarkts erforderlichen Wettbewerbsregeln" gehört gemäß Art. 3 Abs. 1 b AEUV zu den wenigen, die die EU nicht mit den Mitgliedstaaten teilen muss. Unter diesen Voraussetzungen können die Mitgliedstaaten verpflichtet werden, „nationale Regulierungsmuster an oft sehr detaillierte Vorgaben rechtlich verbindlicher europäischer Richtlinien oder Verordnungen anzupassen" (Eising und Lenschow 2007, S. 332).

Allerdings enthält Art. 194 Abs. 2 AEUV zugleich auch eine Souveränitätsklausel, die es jedem Mitgliedstaat erlaubt, „die Bedingungen für die Nutzung seiner Energieressourcen, seine Wahl zwischen verschiedenen Energiequellen und die allgemeine Struktur seiner Energieversorgung zu bestimmen". Demnach erfordern alle energiepolitischen Entscheidungen der EU, „die sich erheblich auf den besonders wichtigen Bereich der Wahl zwischen verschiedenen Energiequellen, die Art und Weise der Energieversorgung oder auf die allgemeine Struktur der Energieversorgung auswirken", Einstimmigkeit unter den Mitgliedstaaten (Dross und Bovet 2014, S. 431). Die TEN-Kompetenz erlaubt es der Union, Leitlinien für den Netzausbau festzulegen, nicht aber, selbst netzplanerisch tätig zu werden.

Offensichtlich ergibt sich aus dieser Kompetenzordnung ein Spannungsverhältnis. Der mitgliedstaatliche Souveränitätsanspruch lässt sich kaum vereinbaren mit einem von der EU-Energiepolitik angestrebten „vollständig liberalisierten, diskriminierungsfreien Energiebinnenmarkt – also einem reinen Strommengenmarkt, in dem die Energieträgerwahl den Marktkräften überlassen wird und es keine Wettbewerbsverzerrungen zwischen den Mitgliedstaaten" gibt (SRU 2013, S. 128). In einem solchen (idealtypischen) Binnenmarkt ist es den Mitgliedstaaten prinzipiell verwehrt, „die einheimische Energieerzeugung vor ausländischer Konkurrenz zu schützen" (Rave 2016, S. 51). Demzufolge beschränkt sich „das Recht der Mitgliedstaaten, über den eigenen Energiemix zu entscheiden", „auf die Möglichkeit, die Bedingungen für die Produktion verschiedener Energiequellen zur Stromerzeugung im Inland festzulegen." Dagegen muss es unter dem Regime eines europäischen Binnenmarkts „den Wettbewerbskräften überlassen bleiben", „ob sich die im Inland festgelegten Bedingungen für die Nutzung verschiedener Energieressourcen in einem Wettbewerbsmarkt durchsetzen" (Feld et al. 2014, S. 13).

Auf dem (weiten) Weg zur angestrebten Vollendung des Energie-Binnenmarkts können sich das Souveränitätsrecht der Mitgliedstaaten bzgl. ihres Energiemix ebenso wie die auf EU-Ebene schwach ausgeprägten Steuerungsmöglichkeiten hinsichtlich des Netzausbaus als erhebliche Hemmnisse erweisen, weil dieser Binnenmarkt u. a. die Harmonisierung der mitgliedstaatlichen Förderregeln für die EE-Stromerzeugung ebenso wie einen transeuropäischen Stromnetzausbau zwingend voraussetzt.

In Deutschland unterliegt die Gesetzgebung für das Recht der Wirtschaft und der Luftreinhaltung gemäß Art. 74 Abs. 1 Nr. 11 und Nr. 24 GG der konkurrierenden Gesetzgebung des Bundes und der Länder. Die Luftreinhaltungskompetenz bezieht sich auch auf den allgemeinen Klimaschutz, während die Wirtschaftskompetenz ausdrücklich auch die Energiewirtschaft mit abdeckt. Zum Energiewirtschaftsrecht gehört z. B. das Energiewirtschaftsgesetz (EnWG), das Fragen des Stromnetzausbaus, der Netzregulierung und der Marktorganisation betrifft.

Für den Bereich der Wirtschaft hat gemäß Art. 72 Abs. 2 GG der Bund das Gesetzgebungsrecht, „wenn und soweit die Herstellung gleichwertiger Lebensverhältnisse im Bundesgebiet oder die Wahrung der Rechts- oder Wirtschaftseinheit im gesamtstaatlichen Interesse eine bundesgesetzliche Regelung erforderlich macht." Diese Voraussetzung dürfte für den ganz überwiegenden Teil der auf die Elektrizitätswirtschaft bezogenen gesetzlichen Regelungsbedürfnisse angesichts der nahezu vollumfänglichen Leitungsgebundenheit, Vernetzung und Systemintegration im Stromsektor erfüllt sein (Deutscher Bundestag 2016b, S. 56 f.).

Für das EEG z. B. stützt sich der Bundesgesetzgeber ausschließlich auf die Luftreinhaltungs- bzw. Klimaschutzkompetenz (Deutscher Bundestag 2016a, S. 156) und es gelten uneingeschränkt die Prinzipen der konkurrierenden Gesetzgebung. Konkurrierende Gesetzgebung bedeutet, dass die Bundesländer Gesetze erlassen können, solange und soweit der Bund von seiner Gesetzgebungskompetenz keinen Gebrauch gemacht hat. Demzufolge entfalten Bundesgesetze für den betroffenen Regelungsbereich eine Sperrwirkung für eigene gesetzliche Regelungen der Bundesländer, sofern das Bundesgesetz den betreffenden Sachverhalt abschließend regelt. Eine Sperrwirkung besteht auch dann, wenn der Bund bestimmte Sachverhalte bewusst nicht geregelt hat (Schink 2012, S. 10 f.).

Tatsächlich hat der Bund von seiner Gesetzgebungskompetenz sowohl im Energiewirtschafts- als auch im Energieumweltrecht sehr weitgehend Gebrauch gemacht. Zwar haben viele Bundesländer mittlerweile eigene Energie- oder Klimaschutzgesetze erlassen. Diese beziehen sich jedoch entweder auf die Wärmeversorgung, weil im Stromsektor aufgrund der länderübergreifenden Vernetzung wenig Spielraum für landesrechtliche Regelungen gesehen wird (Schmidtchen 2014, S. 74, 210). Oder die landesgesetzlichen Regelungen formulieren zwar übergreifende landeseigene Klimaschutzziele, delegieren aber deren Umsetzung an die Raumordnung (Schmidtchen 2014, S. 201) (vgl. Kapitel 3.2).

Einen weiteren Umsetzungsbeitrag sieht die Landespolitik vielfach darin, bundesrechtliche Regelungen im Landesinteresse zu beeinflussen bzw. über den Bundesrat eigene Gesetzesinitiativen auf den Weg zu bringen (MKULN 2015, S. 14, HMUKV 2017, S. 23 und Rave 2016, S. 64).

Kommunen können über Satzungen außenverbindliche Regelungen treffen. Über das Bauplanungsrecht stehen der Kommune bodenrechtliche Instrumente zur raumplanerischen Flächensicherung und zur städtebaulichen Entwicklung von Bauvorhaben oder des Bestands zur Verfügung. Im eigentlichen Sinne energiefachrechtliche kommunale Satzungsbefugnisse sind jedoch kaum implementiert; sie beschränken sich in dem vorgegebenen gesetzlichen Rahmen zudem auf den Wärmeversorgungssektor (BMVBS 2011, S. 39).

Die EU und der Bund adressieren mit ihren energiefachrechtlichen Steuerungsinstrumenten Marktakteure wie Anlagen- und Netzbetreiber, Investoren oder Verbraucher unmittelbar, ohne im Gesetzesvollzug weitere politisch-administrative Entscheidungsebenen als Intermediäre zu involvieren (Rave 2016, S. 65). Vor diesem Hintergrund überrascht es nicht, dass Kommunen keine energiefachlichen Pflichtaufgaben wahrnehmen und es an einer entsprechenden Verwaltungsstruktur fehlt, über die Kommunen oder Kommunalverbände in die Umsetzung von Bundesgesetzen mit Energie- oder Klimaschutzbezug eingebunden wären.

Daraus folgt, dass Kommunen und Planungsregionen zur Umsetzung eigener Energie- und Klimaschutzprogramme auf das Instrumentarium des Bauplanungsrechts angewiesen sind, wenn sie über die energetische bzw. klimagerechte Optimierung der eigenen Liegenschaften oder eigene energiewirtschaftliche Aktivitäten hinausgehend das Handeln Dritter gezielt im Sinne der Energiewende durch hoheitliche Maßnahmen beeinflussen wollen.

Ergänzend dazu ist ein zentrales Handlungsfeld für die Energie- und Klimaschutzpolitik auf allen Ebenen außerdem die Information, Motivation und Aktivierung z. B. von Unternehmen oder privaten Haushalten. Als Multiplikatoren dienen u. a. Energieagenturen, die mittlerweile nahezu flächendeckend in Deutschland etabliert sind (eaD 2017) oder kommunale Versorgungsunternehmen. Inwieweit entsprechende Maßnahmen auf fruchtbaren Boden fallen, wird jedoch wiederum von energierechtlichen Rahmenbedingungen auf Bundesebene beeinflusst.

3.2 Mehrebenenstruktur der Raumplanung

Anders als für die Energiepolitik verfügt die EU über keine eigenen Kompetenzen im Bereich der Raumordnung (Schmidtchen 2014, S. 85 und BBSR 2012, S. 127). Allerdings hat die EU dennoch bereits früh Maßnahmen mit dem Ziel einer Vereinheitlichung und stärkeren instrumentellen Einbindung der Raumordnung ergriffen (Erbguth 2011, S. 360). Aktivitäten zur Vereinheitlichung des Raumordnungsrechts für maritime Räume z. B. stützen sich auf die Fischerei-, Seeschifffahrt-, Umwelt- und Energiekompetenztitel (Richtlinie 2014/89/EU).

Die EU kann zudem Einfluss auf die Raumentwicklung in den Mitgliedstaaten über die Mitgestaltung von Förderprogrammen und die Verteilung von Fördermitteln ausüben. Gemäß Art. 4 Abs. 2 lit c AEUV teilt sich die EU mit den Mitgliedstaaten die Kompetenz für „den wirtschaftlichen, sozialen und territorialen Zusammenhalt". Damit sind im Wesentlichen strukturpolitische Aufgaben bzw. eine Kompetenz zur „Raumentwicklungspolitik" (BBSR 2012, S. 127) umschrieben. Inwieweit in diesem Zusammenhang Steuerungsmöglichkeiten bestehen, die in einem nennenswerten Ausmaß die Entwicklung des Stromsektors beeinflussen können, kann hier nicht vertieft werden.

In Deutschland verknüpft das Raumplanungssystem entwicklungs- und ordnungsplanerische Aspekte und fasst sie unter dem Sammelbegriff der räumlichen Gesamtplanung zusammen. Nach Spannowsky (2012, S. 26) basiert die Raumordnungsplanung in Deutschland „auf dem Prinzip [...] fortschreitender Konkretisierung" der aus § 1 Abs. 1 ROG folgenden Anforderungen „innerhalb des gestuften föderalen Planungssystems". Seit der Novelle des Raumordnungsgesetzes (ROG) von 2008 besteht gemäß § 17 die Option, dass das für Raumordnung zuständige Bundesministerium

- Raumordnungspläne für das Bundesgebiet zur Konkretisierung einzelner gesetzlicher Grundsätze der Raumordnung nach § 2 Abs. 2 ROG (s. g. „Grundsätzepläne", § 17 Abs. 1 ROG),
- „Raumordnungspläne für das Bundesgebiet mit Festlegungen zu länderübergreifenden Standortkonzepten für See- und Binnenhäfen sowie für Flughäfen" (§ 17 Abs. 2 ROG) und
- Raumordnungspläne für die deutsche „ausschließliche Wirtschaftszone" (AWZ) mit „Festlegungen zur wirtschaftlichen und wissenschaftlichen Nutzung, zur Gewährleistung der Sicherheit und Leichtigkeit des Verkehrs sowie zum Schutz der Meeresumwelt" (Abs. 3) erstellt.

Dabei bieten die Raumordnungspläne nach § 17 Abs. 1 und 3 ROG das Potenzial, einen unmittelbaren Beitrag zur räumlichen Steuerung von Ausbauvorhaben der energietechnischen Infrastruktur zu leisten. Der potenzielle Energie- oder Klimaschutzbezug ergibt sich aus den gesetzlichen Grundsätzen des § 2 Abs. 2 Nr. 4 und Nr. 6 ROG, wonach „den räumlichen Erfordernissen für eine kostengünstige, sichere und umweltverträgliche Energieversorgung einschließlich des Ausbaus von Energienetzen" (Nr. 4) sowie „den räumlichen Erfordernissen des Klimaschutzes [...] Rechnung zu tragen" ist, wobei „die räumlichen Voraussetzungen für den Ausbau der erneuerbaren Energien" sowie „für eine sparsame Energienutzung [...] zu schaffen" sind (Nr. 6). Der Energie- und Klimaschutzbezug der Raumordnung in der AWZ ergibt sich daraus, dass dort sowohl der Ausbau der (wirtschaftlichen oder wissenschaftlichen) Offshore-Windenergienutzung seinen Schwerpunkt hat als auch Raumansprüche für die Verlegung von Energieleitungen bestehen.

Da der Plan nach § 17 Abs. 1 ROG lediglich Festlegungen in Form von planerischen Grundsätzen der Raumordnung enthalten darf, kann er gegenüber den Bundesländern eine nur schwache Bindungswirkung entfalten. Er ist lediglich als Serviceleistung für die Länder gedacht, hat den Charakter eines Fachgutachtens (Runkel 2010, Rn 2 f.) und könnte z. B. „mengenmäßige Ausweisungen" – im Hinblick auf den Ausbau der EE-Nutzung in den einzelnen Ländern – lediglich als „Richt- oder Orientierungswerte" treffen (Erbguth 2013, S. 5).

Während seit 2009 Raumordnungspläne – wohl auch aufgrund der diesbezüglich verpflichtenden Regelung des § 17 Abs. 3 ROG – für die AWZ in Nord- und Ostsee bestehen, hat der Bund von der Möglichkeit, für den Gesamtraum der Bundesrepublik einzelne Grundsätze der Raumordnung zu konkretisieren, bislang noch keinen Gebrauch gemacht. Köck gelangt ebenso wie Schmidtchen (2014, S. 126) zu der Auffassung, dass „die Raumordnungsplanung des Bundes [...] trotz ihrer expliziten gesetzlichen Ausgestaltung in den §§ 17 ff. ROG nach wie vor nur eine untergeordnete Rolle" spielt (Köck 2012, S. 1426). Noch weiter geht Durner, der mit Blick auf die Praxis der Bundesraumordnung seit den 1970er Jahren und auf die Novellierungsgesetzgebung von 2008 der Bundesraumordnung „nahezu keine reale Steuerungskraft" zubilligt. Sie bilde ein insgesamt stumpfes Schwert, das dem auf Bundesebene bestehenden räumlichen Koordinationsbedarf nicht gerecht" werde. Das Fehlen verbindlicher Raumordnungsvorgaben des Bundes und die Möglichkeiten zur Umgehung raumordnerischer Vorgaben" führten „zu einer Marginalisierung der (Bundes-) Raumordnung insgesamt" (Durner 2009, S. 375).

Der „Beirat für Raumordnung" hat vorgeschlagen, die Bundesraumordnung dadurch zu stärken, dass der in § 17 Abs. 1 ROG vorgesehene Plan „um die Möglichkeit der Vorgabe von Zielen der Raumordnung ergänzt" wird (Beirat für Raumentwicklung 2015, S. 6). Aller Voraussicht nach würde auf Bundesebene die Raumordnungsplanung unter dem Vorzeichen des Klimaschutzes und der Energiewende am ehesten für eine Mengensteuerung des EE-Ausbaus genutzt werden (ARL 2011, S. 2 f. und S. 5, ARL 2013, S. 2 und ARL 2015, S. 6 und BMVBS 2011, S. 175).

Offenbar bestehen jedoch systematische rechtliche, zumindest aber beträchtliche politische Hürden gegenüber der Verwirklichung eines solchen Vorschlags. Wenngleich „das Instrument der Ziele der Raumordnung [...] sowohl in der hochstufigen als auch in der regionalen Landesplanung umfassend eingesetzt" wird (Köck 2012, S. 1428) wäre es angewandt auf Bundesebene wahrscheinlich entweder im Konfliktfall rechtlich angreifbar oder würde in der Vorbereitung einen unverhältnismäßig hohen Erhebungs- und Abstimmungsaufwand erfordern (dazu auch Schmidtchen 2014, S. 143 ff.), zumal dabei regelmäßig nicht nur die Bundesländer, sondern auch die einschlägigen Fachressorts auf Bundesebene zu beteiligen wären (§ 17 Abs. 1 bis 3 ROG).

In der praktischen Anwendung kann es sich als schwierig erweisen, das Spannungsverhältnis aufzulösen, das sich bei der Auslegung der Bestimmungen des § 7 Abs. 2 S. 1 ROG ergibt. Einerseits sind „bei der Aufstellung der Raumordnungspläne die öffentlichen und privaten Belange", lediglich soweit, wie „sie auf der jeweiligen Planungsebene erkennbar und von Bedeutung sind, gegeneinander und untereinander abzuwägen". Andererseits ist aber „bei der Festlegung von Zielen der Raumordnung abschließend abzuwägen" (Gatz 2012, S. 1, Schink 2012, S. 16).

Die Grenzen einer Mengensteuerung für den EE-Ausbau durch die Raumordnung über Ziele der Raumordnung zeigen sich schon auf Landesebene. Die Staatskanzlei Nordrhein-Westfalen hatte ursprünglich im neu aufzustellenden Landesentwicklungsplan gemäß Entwurfsstand 2013 für die Regionalplanung regionsspezifische Mindestflächengrößen für Vorranggebiete zur Windenergienutzung als Ziel der Raumordnung festlegen wollen. Sie hatte ihre Flächenvorgaben aus einer landesweiten Potenzialstudie (LANUV 2013) abgeleitet. Nach Durchführung erster Beteiligungsrunden ist dann der Entwurf angepasst worden. Die ursprünglich vorgesehenen zielförmigen und damit verbindlichen Flächenvorgaben für die Planungsregionen wurden stattdessen nur noch als Grundsatz formuliert (Staatskanzlei NRW 2015, S. 4; zu Baden-Württemberg siehe Hage und Schuster 2018 sowie Mandel 2018 in diesem Band).

Dieser Entscheidung war eine intensive Debatte vorausgegangen. In seiner Stellungnahme begründet der Deutsche Städtetag seine Kritik an den zielförmigen Flächenvorgaben detailliert mit Hinweis auf Abwägungsdefizite. Zwar sei im LEP-Entwurf „der Umfang der Flächen, die als Vorranggebiete für die Windenergienutzung in den sechs Planungsregionen festgelegt werden sollen, eindeutig bestimmt." Im Rahmen der Potentialstudie seien „aber eine Vielzahl von für die Planung relevante Kriterien nicht geprüft worden." Als nicht berücksichtigt benennt der Deutsche Städtetag militärische Flächen, Bau-, Boden- und Naturdenkmale, artenschutzrechtliche Restriktionen, Fledermausvorkommen, regionale Grünzüge und Landschaftsschutzgebiete, Prozessschutzflächen im Wald sowie Auswirkungen auf das Landschaftsbild (Städtetag NRW et al. 2014, S. 25 f.). Diese Abwägungsdefizite beruhen offenbar auf fehlenden landesweiten Daten.

Das nordrhein-westfälische Fallbeispiel zeigt die Probleme einer verbindlichen hochstufigen Raumordnungsplanung eindrücklich auf. Bereits auf Landesebene kann die Ermittlung des erforderlichen Abwägungsmaterials mit einem unzumutbar hohen Aufwand verbunden sein. Insofern agiert gerade die hochstufige Raumordnung regelmäßig in einem Spannungsfeld zwischen Überforderung und einem (zu) geringem Steuerungsanspruch. Insofern scheint die in Beckmann et al. (2013, S. 17) vorgeschlagene ebenübergreifende Vertragslösung einen gangbaren Ausweg zu bieten. Problematisch dabei erscheint lediglich, dass Verhandlungen oft bestenfalls eine Einigung auf den kleinsten gemeinsamen Nenner erlauben, falls nicht ein Verhandlungspartner sich aufgrund seiner überlegenen Machtposition durchsetzen kann (Mayntz 2008, S. 54).

Eine weitere Einschränkung des Steuerungspotenzials der Raumordnung ergibt sich daraus, dass sie lediglich für raumbedeutsame Vorhaben überhaupt wirksam wird. Maßgeblich zur Bestimmung dieser Wirksamkeitsschwelle sind sowohl die bauliche Größe der geplanten Anlagen, deren räumliche Konzentration sowie außerdem auch die Empfindlichkeit des Planungsraums gegenüber dem gegenständlichen Vorhaben (Kindler und Lau 2011, S. 1415). Vor diesem Hintergrund sind Vorhaben wie z. B. der Bau von „PTG-Stromwandlungsanlagen, Ladeinfrastrukturen für Elektroautos, Batteriespeicher", gebäudegebundene Photovoltaikanlagen, kleine Biomasseumwandlungs- oder sonstige kleinere Kraft-Wärme-Kopplungsanlagen etc. kein Steuerungsgegenstand. Daher ist die faktische Regelungsdichte in Bezug zu den umfassenden und energiesystembezogenen Ansätzen von Energie- und Klimaschutzkonzepten sehr begrenzt (Bruns et al. 2016, S. 262 f.). Maßgebend ist dabei, dass ausgerechnet Vorhaben zur Errichtung kleiner Anlagen, denen angesichts der mit der Energiewende verknüpften Dezentralisierung eine zunehmende Bedeutung zugesprochen wird, durch das Raster der Raumbedeutsamkeit fallen (Wickel 2009, S. 130).

Ihre bezogen auf energiebezogene Vorhaben mit Abstand höchste faktische Bedeutung erlangt die Raumordnung für die Steuerung der im Außenbereich privilegierten Windenergienutzung auf Ebene der Landes- und Regionalplanung. Diese Sonderstellung leitet sich aus dem Planvorbehalt gemäß § 35 Abs. 3 S. 3 BauGB ab, der der Raumordnung über zielförmige Festlegungen ausnahmsweise einen quasi bodenrechtlichen Durchgriff auf einzelne privilegierte Außenbereichsvorhaben erlaubt. Die Privilegierung gilt im Unterschied zur ebenfalls außenbereichsprivilegierten Bioenergienutzung uneingeschränkt für alle raumbedeutsamen Windenergievorhaben im gesamten Außenbereich (Bruns et al. 2016, S. 41).

Auf der Ebene der Landesplanung bzw. der Landesplanungsgesetzgebung kann der für die Windenergienutzung zu sichernde Flächenumfang über die verbindliche Vorgabe der in der Regionalplanung nutzbaren Gebietskategorien in Anlehnung an § 8 Abs. 7 ROG sowie über Windenergieerlasse beeinflusst werden. Auf Ebene der Regionalplanung lässt sich insbesondere über das Instrument des Vorranggebiets mit der Wirkung eines Eignungsgebiets innerhalb einer Planungsregion die Flächennutzung für die Windenergie abschließend regeln, so dass der kommunalen Bauleitplanung allenfalls noch planerische Konkretisierungsmöglichkeiten im Hinblick auf die kleinräumige Standortfeinsteuerung verbleiben (Bruns et al. 2016, S. 43 f.).

Im Unterschied zur Raumordnung kann die städtebauliche Planung nahezu jeden Vorhabentyp planerisch im Hinblick auf die Bodennutzung steuern. Dazu bietet sowohl das allgemeine als auch das besondere Städtebaurecht vielfältige Instrumente. Zudem wirkt die Bebauungsplanung unmittelbar außenverbindlich auch für private Vorhabenträger(innen). Dies gilt darüber hinaus für die Konzentrationszonendarstellung für die Windenergienutzung im Flächennutzungsplan entsprechend.

Im Ergebnis lässt sich feststellen, dass auf der kommunalen Ebene die raumplanerischen Steuerungsmöglichkeiten von Vorhaben im Energiesektor am stärksten ausgeprägt sind und zugleich auch gegenüber privaten Vorhabenträger(innen) ein hohes Maß an Verbindlichkeit zeigen. Auch kann die Landes- und Regionalplanung die Windenergienutzung mit hoher Verbindlichkeit räumlich steuern. Die effektiven raumordnerischen Steuerungsmöglichkeiten sind unter den derzeitigen Bedingungen für die Bundesebene vernachlässigbar gering. Für eine räumliche Steuerung der Stromversorgungsinfrastrukturen sind aber oft eher großräumige Standortverteilungsmuster von Bedeutung, die gerade auf kommunaler und regionaler Ebene nicht und auf Landesebene nur eingeschränkt in den Blick genommen werden.

Das Stromversorgungssystem basiert auf einer großräumigen Vernetzung aller Systemelemente, die sich gegenseitig beeinflussen. So resultiert z. B. der Ausbaubedarf im Übertragungsnetz aus der raumzeitlichen Struktur der Netznutzung im überregionalen Maßstab. Wenn also sämtliche Infrastrukturen im Einzelnen in ihrer jeweiligen unmittelbaren Standortumgebung raumwirksam werden und nur unter diesem Aspekt durch Planungsakteure vor Ort gesteuert werden können, hat dieser auf kleinräumiger Ebene räumlich steuernde Zugriff in der Summe zwar auch im gesamten Stromversorgungssystem spürbare Auswirkungen. Es fehlt aber ein geeignetes raumordnerisches Instrumentarium zur Analyse, Bewertung und Koordination der Gesamtheit kleinräumiger Steuerungsimpulse im Hinblick auf deren raumrelevanten Rückwirkungen auf der Systemebene.

4   Fazit und Ausblick

Wie gezeigt wurde, kann die räumliche Gesamtplanung vor allem auf die räumliche Allokation energietechnischer Infrastruktur auf kommunaler bzw. regionaler und Bundeslandebene gezielt Einfluss nehmen. Die großräumige Verteilung dagegen ergibt sich im Wesentlichen aus energiepolitisch motivierten marktregulativen Eingriffen, die wiederum stark von den Zielen und Leitbildern der Liberalisierung und europäischen Binnenmarktintegration beeinflusst sind.

Somit ergänzen sich diese beiden Einflusssphären in ihren raumbezogenen Wirkungen, ohne dass horizontal oder vertikal eine Abstimmung stattfindet. Was außerdem fehlt, ist ein räumliches und integratives Gesamtkonzept für die Transformation des Stromversorgungssystems. Ebenso fehlt ein Planungsverfahren auf der Ebene der Programmplanung, in dessen Rahmen Beteiligungsprozesse möglich wären oder die Umwelt- oder Raumverträglichkeit der Konzepte geprüft werden können.

Die Europäische Kommission hat im November 2016 unter dem Titel ‚Saubere Energie für alle Europäer' ein sehr umfangreiches Gesetzespaket, das s. g. ‚Winterpaket', vorgelegt, mit dem das fachrechtliche Instrumentarium erheblich geschärft werden soll. (Mindestens) zwei dieser vorgeschlagenen Instrumente könnten auch für die Governance der Energiewende in Deutschland im hier diskutierten Zusammenhang von erheblicher Bedeutung sein.

Zunächst schlägt die Kommission eine Verordnung vor, mit der die Mitgliedstaaten verpflichtet werden sollen, bezogen auf Zehnjahreszeiträume und nach einheitlichem, durch die Verordnung vorgegebenem Muster s. g. „integrierte nationale Energie- und Klimapläne zu erstellen", die nationale Ziele sowie „Strategien und Maßnahmen zur Verwirklichung dieser Ziele" enthalten und „sich auf Analysen stützen" sollen. Dabei soll sich das Augenmerk bezogen auf den Zeitraum bis 2030 besonders auf die europaweit verbindlichen „Zielvorgaben für die Reduzierung von Treibhausgasemissionen, erneuerbare Energien, Energieeffizienz und den Stromverbund bis 2030" (Europäischer Rat 2014, S. 2 ff.) richten. Die Kommission empfiehlt den Mitgliedstaaten darüber hinaus, sicherzustellen, „dass die Öffentlichkeit frühzeitig wirksame Möglichkeiten zur Mitwirkung bei der Erstellung der integrierten nationalen Energie- und Klimapläne erhält und zu diesen konsultiert wird, und zwar „ggf. im Einklang mit den Bestimmungen der Richtlinie 2001/42/EG24" (Europäische Kommission 2016, S. 11 und 18).

Sollte die EU-Kommission sich mit ihrem Vorschlag durchsetzen, würde die bisherige informelle energiepolitische Programmplanung des Bundes deutlich stärker formalisiert. Damit böten sich bessere Ansatzpunkte für eine Verzahnung mit der Netzausbaubedarfsplanung sowie für eine ganzheitlich integrierte Steuerung der Transformation im Stromsektor. Falls die Programmplanung in Deutschland mit einer SUP-Pflicht verknüpft werden würde, würde dies zudem zu einer Alternativenprüfung verpflichten. Dies böte dann auch bessere Anknüpfungspunkte für eine Abstimmung mit etwaigen raumordnerischen Konzeptvorstellungen auf Bundesebene.

Interessant ist in diesem Zusammenhang ebenfalls der Vorschlag der EU-Kommission zum Erlass einer neugefassten Binnenmarktrichtlinie Strom, in deren Rahmen gemäß Art 32 Abs. 2 des Entwurfs die Verpflichtung für Verteilnetzbetreiber enthalten sein soll, alle zwei Jahre Netzentwicklungspläne zu erstellen und der Regulierungsbehörde vorzulegen (Europäische Kommission 2017a). Falls die Kommission sich mit diesem Vorschlag ebenfalls durchsetzt, müssten die Netzentwicklungspläne ebenso wie die ihnen zugrunde gelegten Netznutzungsszenarien ebenenübergreifend aufeinander abgestimmt werden. Dies könnte bezogen auf Deutschland u. U. dazu beitragen, die Energieprogramme der Bundesländer und Regionen bzw. die Raumordnung aufzuwerten und die horizontale und vertikale Koordination im Rahmen der Energiewende zu befördern.

Literatur

Akademie für Raumforschung und Landesplanung (ARL), & Leibniz-Forum für Raumwissenschaften (Hrsg.) (2011). *Raumordnerische Aspekte zu den Gesetzesentwürfen für eine Energiewende.* (Positionspapier aus der ARL, 88) Hannover: Selbstverlag.

Akademie für Raumforschung und Landesplanung (ARL), & Leibniz-Forum für Raumwissenschaften (Hrsg.) (2013). *ARL-Empfehlungen zum Netzausbau für die Energiewende.* (Positionspapier aus der ARL, 93) Hannover: Selbstverlag.

Akademie für Raumforschung und Landesplanung (ARL), & Leibniz-Forum für Raumwissenschaften (Hrsg.) (2015). *Leitbilder und Handlungsstrategien der Raumentwicklung in Deutschland. Stellungnahme zum zweiten Entwurf der MKRO (2015).* (Positionspapier aus der ARL, 103) Hannover: Selbstverlag.

Beckmann, K. J., Gailing, L., Hülz, M., Kemming, H., Leibenath, M., Libbe, J., & Stefansky, A. (2013). *Räumliche Implikationen der Energiewende. Positionspapier.* (Difu-Paper) Berlin: Selbstverlag.

Beirat für Raumentwicklung beim Bundesministerium für Verkehr und digitale Infrastruktur (Hrsg.) (2015). Empfehlungen und Stellungnahmen des Beirats für Raumentwicklung aus der 18. Legislaturperiode. Energiewende und Raumentwicklung auf regionaler Ebene durch den Bund. Berlin: Selbstverlag.

Bruns, E., Futterlieb, M., Wenzel, B., Ohlhorst, D., Wegner, N., Grüner, A.-M., & Sailer, F. (2016): Instrumente für eine verbesserte räumliche Steuerung der Stromerzeugung aus erneuerbaren Energien. Berlin & Würzburg. http://stiftung-umweltenergierecht.de/wp-content/uploads/2016/09/stiftung_umweltenergierecht_endbericht_irsee_2017.pdf, Zugegriffen: 02.03.2017.

Bundesinstitut für Bau-, Stadt- und Raumforschung (BBSR) im Bundesamt für Bauwesen und Raumordnung (BBR) (Hrsg.) (2012). Raumordnungsbericht 2011. Bonn. http://www.bbsr.bund.de/BBSR/DE/Veroeffentlichungen/Sonderveroeffentlichungen/2012/DL_ROB2011.pdf?__blob=publicationFile&v=2, Zugegriffen: 07.03.2017.

Bundesministerium für Verkehr, Bau und Stadtentwicklung (BMVBS) (Hrsg.) (2011). Strategische Einbindung Regenerativer Energien in Regionale Energiekonzepte – Folgen und Handlungsempfehlungen aus Sicht der Raumordnung. (BMVBS-Online-Publikation, 22/2011) Berlin.

Bundesministerium für Wirtschaft und Energie (BMWi) (Hrsg.) (2016). Energie der Zukunft. Fünfter Monitoring-Bericht zur Energiewende. Berichtsjahr 2015. Berlin. https://www.bmwi.de/BMWi/Redaktion/PDF/Publikationen/fuenfter-monitoring-bericht-energie-der-zukunft,property=pdf,bereich=bmwi2012,sprache=de,rwb=true.pdf, Zugegriffen: 19.12.2016.

Bundesverband der Energie- und Klimaschutzagenturen Deutschlands (eaD) e. V. (Hrsg.) (2017). Energie- und Klimaschutzagenturen in Deutschland: Nah dran, unabhängig, zielorientiert. http://energieagenturen.de/. Zugegriffen: 19.12.2016.

Deutscher Bundestag, 18. Wahlperiode (2016a). Entwurf eines Gesetzes zur Einführung von Ausschreibungen für Strom aus erneuerbaren Energien und zu weiteren Änderungen des Rechts der erneuerbaren Energien (Erneuerbare-Energien-Gesetz – EEG 2016) vom 21.06.2016. Drucksache 18/8860, Berlin.

Deutscher Bundestag, 18. Wahlperiode (2016b). Entwurf eines Gesetzes zur Weiterentwicklung des Strommarktes (Strommarktgesetz) vom 20.01.2016. Drucksache 18/7317, Berlin.

Dieckhoff, C. (2009). Modelle und Szenarien. Die wissenschaftliche Praxis der Energiesystemanalyse. In D. Möst, W. Fichntner & A. Grunwald (Hrsg.), *Energiesystemanalyse. Tagungsband des Workshops „Energiesystemanalyse" vom 27. November 2008 am KIT Zentrum Energie, Karlsruhe* (S. 49–60). Karlsruhe: Universitätsverlag.

Dross, M., & Bovet, J. (2014). Einfluss und Bedeutung der europäischen Stromnetzplanung für den nationalen Ausbau der Energienetze. *Zeitschrift für Neues Energierecht (ZNER)* 5, 430–436.

Durner, W. (2009). Das neue Raumordnungsgesetz. In: *Natur und Recht (NuR)* 31 (6), 373–380. DOI: 10.1007/s10357-009-1677-3.

Eising, R., & Lenschow, A. (2007). Europäische Union. In A. Benz (Hrsg.), *Handbuch Governance. Theoretische Grundlagen und emjpirische Anwendungsfelder* (S. 325–338). Wiesbaden: VS Verlag für Sozialwissenschaften.

Erbguth, W. (2011). Perspektiven der Raumordnung in Europa. In: *Raumforschung und Raumordnung* 69 (6), 359–365. DOI: 10.1007/s13147-011-0125-z.

Erbguth, W. (2013). Kraftwerkssteuerung durch räumliche Gesamtplanung. In: *Neue Zeitschrift für Verwaltungsrecht (NVwZ) – Extra* (15), 1–9.

Europäische Kommission (2016). Vorschlag für eine Verordnung des Europäischen Parlaments und des Rates über das Governance-System der Energieunion zur Änderung der Richtlinie 94/22/EG, der Richtlinie 98/70/EG, der Richtlinie 2009/31/EG, der Verordnung (EG) Nr. 663/2009, der Verordnung (EG) Nr. 715/2009, der Richtlinie 2009/73/EG, der Richtlinie 2009/119/EG des Rates, der Richtlinie 2010/31/EU, der Richtlinie 2012/27/EU, der Richtlinie 2013/30/EU und der Richtlinie (EU) 2015/652 des Rates und zur Aufhebung der Verordnung (EU) Nr. 525/2013. COM(2016) 759 final vom 30.11.2016. http://eur-lex.europa.eu/resource.html?uri=cellar:f9f04518-b7dc-11e6-9e3c-01aa75ed71a1.0020.02/DOC_1&format=PDF. Zugegriffen: 07.03.2017.

Europäische Kommission (Hrsg.) (2017a). Vorschlag für eine Richtlinie des Europäischen Parlaments und des Rates mit gemeinsamen Vorschriften für den Elektrizitätsbinnenmarkt (Neufassung). COM(2016) 864 final. Brüssel http://ec.europa.eu/transparency/regdoc/rep/1/2016/DE/COM-2016-864-F1-DE-MAIN-PART-1.PDF, Zugegriffen: 07.03.2017.

Europäische Kommission (Hrsg.) (2017b). Vorschlag für eine Richtlinie des Europäischen Parlaments und des Rates zur Förderung der Nutzung von Energie aus erneuerbaren Quellen (Neufassung). COM (2016) 767 final. Brüssel, https://ec.europa.eu/transparency/regdoc/rep/1/2016/DE/COM-2016-767-F1-DE-MAIN-PART-1.PDF Zugegriffen: 07.03.2017.

Europäischer Rat (2014). Vermerk. Betr.: Tagung des Europäischen Rates (23./24. Oktober 2014). Schlussfolgerungen zum Rahmen für die Klima- und Energiepolitik bis 2030. Brüssel, https://www.consilium.europa.eu/uedocs/cms_Data/docs/pressdata/de/ec/145377.pdf. Zugegriffen: 07.03.2017.

Feld, L. P., Fuest, C., Haucap, J., Schweitzer, H., Wieland, V., & Wigger, B. U. (2014). Neustart in der Energiepolitik jetzt! Stiftung Marktwirtschaft (Schriftenreihe/Stiftung Marktwirtschaft – Frankfurter Institut, 58), Berlin.

Friends of the Supergrid (FOSG) (Hrsg.) (2016). Roadmap to the Supergrid Technologies. Update Report. Brüssel.

Fromme, J. (2016). Energiesystemtransformation – räumliche Politik und Stromnetzplanung. *Raumforschung Raumordnung* 74 (3), 229–242. DOI: 10.1007/s13147-016-0402-y.

Fürstenwerth, D., Bock, N., Tersteegen, B., & Pape, C. (2013): Kostenoptimaler Ausbau der Erneuerbaren Energien in Deutschland. Ein Vergleich möglicher Strategien für den Ausbau von Wind- und Solarenergie in Deutschland bis 2033. Studie, AGORA Energiewende. http://www.agora-energiewende.de/fileadmin/downloads/presse/Pk_Opti mierungsstudie/Agora_Studie_Kostenoptimaler_Ausbau_der_EE_Web_optimiert. pdf. Zugegriffen: 05.05.2014.

Gatz, S. (2012). Die Standortplanung für Windkraftanlagen als Gegenstand der Raumordnung und Flächennutzungsplanung. Umwelt- und Planungsrecht in Praxis und Wissenschaft. Bundesverwaltungsgericht. Martin-Luther-Universität Halle-Wittenberg, Juristischer Bereich & Umweltbundesamt (UBA). Halle (Saale), 2012. https://blogs.urz.uni-halle.de/uppw/files/2012/01/gatz_thesen_windkraft.pdf. Zugegriffen: 06.05.2017.

Gerhardt, N., Sandau, F., Scholz, A., Hahn, H., Schumacher, P., Sager, C. et al. (2015). Interaktion EE-Strom, Wärme und Verkehr. Analyse der Interaktion zwischen den Sektoren Strom, Wärme/Kälte und Verkehr in Deutschland in Hinblick auf steigende Anteile fluktuierender Erneuerbarer Energien im Strombereich unter Berücksichtigung der europäischen Entwicklung. Ableitung von optimalen strukturellen Entwicklungspfaden für den Verkehrs- und Wärmesektor. Endbericht. Kassel, Heidelberg & Würzburg. http://www.energiesystemtechnik.iwes.fraunhofer.de/content/dam/iwes-neu/energiesystemtechnik/de/Dokumente/Veroeffentlichungen/2015/Interaktion_EE Strom_Waerme_Verkehr_Endbericht.pdf. Zugegriffen: 20.10.2015.

Hage, G. & Schuster, L. (2018). Daher weht der Wind! Beleuchtung der Diskussionsprozesse ausgewählter Windkraftplanungen in Baden-Württemberg. In O. Kühne & F. Weber (Hrsg.), *Bausteine der Energiewende* (S. 681–700). Wiesbaden: Springer VS.

Hook, S. (2018). ‚Energiewende': Von internationalen Klimaabkommen bis hin zum deutschen Erneuerbaren-Energien-Gesetz. In O. Kühne & F. Weber (Hrsg.), *Bausteine der Energiewende* (S. 21–54). Wiesbaden: Springer VS.

Hermes, G. (2014). Planungsrechtliche Sicherung einer Energiebedarfsplanung – ein Reformvorschlag. *Zeitschrift für Umweltrecht (ZUR)* (5), 259–269.

Hessisches Ministerium für Umwelt, Klimaschutz, Landwirtschaft und Verbraucherschutz (2017). Integrierter Klimaschutzplan Hessen 2025. Wiesbaden

Kindler, L. & Lau, M. (2011). Der Beitrag der Raumordnung zur Intensivierung der Windenergienutzung an Land. *Neue Zeitschrift für Verwaltungsrecht (NVwZ)*, 1414–1419

Kistner, P. (2014). Das Konzept des SuperGrids im Lichte der Verordnung zu Leitlinien für die transeuropäische Energieinfrastruktur (TEN-E-VO). In: *EnWZ – Zeitschrift für das gesamte Recht der Energiewirtschaft*, 405–410.

Klagge, B. (2013). Governance-Prozesse für erneuerbare Energien – Akteure, Koordinations- und Steuerungsstrukturen. In: B. Klagge & C. Arbach (Hrsg.), *Governance-Prozesse für erneuerbare Energien*. (Arbeitsberichte der ARL, Bd. 5, S. 7–16), Hannover: Selbstverlag.

Köck, W. (2012). Pläne. In W. Hoffmann-Riem, E. Schmidt-Aßmann & A. Voßkuhle (Hrsg.), *Grundlagen des Verwaltungsrechts. Informationsordnung, Verwaltungshandeln, Handlungsformen*, Bd. 2, 2. Aufl. (S. 1389–1455) München: Beck.

Köck, W. (2016). Die Bedarfsplanung im Infrastrukturrecht – Möglichkeiten der Stärkung des Umweltschutzes bei der Bedarfsfeststellung. In: *Zeitschrift für Umweltrecht (ZUR)* (11), 579–590.

König, C. (2013). *Engpassmanagement in der deutschen und europäischen Elektrizitätsversorgung*. 1. Aufl. Baden-Baden: Nomos.

Landesamt für Natur, Umwelt und Verbraucherschutz Nordrhein-Westfalen (LANUV) (Hrsg.) (2013). Potenzialstudie Erneuerbare Energien NRW. Teil 1 – Windenergie. Aktualisierte Fasung Januar 2013. GEO-NET Umweltconsulting GmbH; Planungsgruppe Umwelt; DataKustik GmbH. (LANUV-Fachbericht 40), Recklinghausen. http://www.lanuv.nrw.de/veroeffentlichungen/fachberichte/fabe40/fabe40-I.pdf. Zugegriffen: 14. 03. 2014.

Löschel, A., Erdmann, G., Staiß, F., & Ziesing, H.-J. (2016). Stellungnahme zum fünften Monitoring-Bericht der Bundesregierung für das Berichtsjahr 2015. Expertenkommission zum Monitoring-Prozess „Energie der Zukunft". Berlin, Münster, Stuttgart. https://www.bmwi.de/BMWi/Redaktion/PDF/Publikationen/fuenfter-monitoring-bericht-energie-der-zukunft-stellungnahme,property=pdf,bereich=bmwi2012,sprache=de,rwb=true.pdf. Zugegriffen: 19. 12. 2016.

Mandel, K. (2018). Warum plant Ihr eigentlich noch? – Die Energiewende in der Region Heilbronn-Franken. In O. Kühne & F. Weber (Hrsg.), *Bausteine der Energiewende* (S. 701–713). Wiesbaden: Springer VS.

Mayntz, R. (2008). Von der Steuerungstheorie zu Global Governance. In G. F. Schuppert & M. Zürn (Hrsg.), *Governance in einer sich wandelnden Welt* (S. 43–60). Wiesbaden: VS Verlag für Sozialwissenschaften (Politische Vierteljahresschrift 41).

Ministerium für Klimaschutz, Umwelt, Landwirtschaft, Natur- und Verbraucherschutz des Landes Nordrhein-Westfalen (2015). Klimaschutzplan Nordrhein-Westfalen. Klimaschutz und Klimafolgenanpassung. Düsseldorf. https://www.klimaschutz.nrw.de/fileadmin/Dateien/Download-Dokumente/Sonstiges/NRW_BR_Klimabericht_web_januar.pdf. Zugegriffen: 10. 01. 2017.

Monopolkommission (2015). Sondergutachten 71. Energie 2015: Ein wettbewerbliches Marktdesign für die Energiewende. Sondergutachten der Monopolkommission gemäß § 62 Abs. 1 EnWG: Nomos Baden-Baden.

Raschke, J., & Tils, R. (2013). *Politische Strategie. Eine Grundlegung*. Wiesbaden: VS Verlag für Sozialwissenschaften.

Rave, T. (2016). Der Ausbau Erneuerbarer Energien im Föderalismus und Mehrebenensystem. Neoklassische und neoinstitutionalistische Perspektiven. Studie im Rahmen des Forschungsprojektes „ENERGIO – Die Energiewende im Spannungsfeld zwischen Regionalisierung und Zentralisierung", gefördert im Rahmen der Fördermaßnahme „Umwelt- und gesellschaftsverträgliche Transformation des Energiesystems" des Bundesministeriums für Bildung und Forschung (2013–2016), Förderkennzeichen: 01UN1220. München: ifo Institut (ifo Forschungsberichte 75).

Runkel, P. (2010). § 17 ROG. In W. Spannowsky, P. Runkel & K. Goppel: Raumordnungsgesetz (ROG). Kommentar. München: Beck.

Sachverständigenrat für Umweltfragen (SRU) (2013). Den Strommarkt der Zukunft gestalten. Sondergutachten. Berlin. http://www.umweltrat.de/SharedDocs/Downloads/DE/02_Sondergutachten/2013_11_SG_Strommarkt_der_Zukunft_gestalten.pdf?__blob=publicationFile. Zugegriffen: 06.04.2017.

Schink, A. (2012). Stellungnahme zur Vorbereitung der Anhörung zum Gesetzentwurf der Landesregierung, Gesetz zur Förderung des Klimaschutzes in Nordrhein-Westfalen (Landtag Nordrhein-Westfalen (Hrsg.): Lt-Drucks. 15/2953). Düsseldorf.

Schmidtchen, M. (2014). *Klimagerechte Energieversorgung im Raumordnungsrecht*. Tübingen: Mohr Siebeck.

Schmitt, T. (2015). *Die Bedarfsplanung von Infrastrukturen als Regulierungsinstrument*. Tübingen: Mohr Siebeck.

Sielker, F., Kurze, K. & Göler, D. (2018). Governance der EU Energie(außen)politik und ihr Beitrag zur Energiewende. In O. Kühne & F. Weber (Hrsg.), *Bausteine der Energiewende* (S. 249–269). Wiesbaden: Springer VS.

Spannowsky, W. (2012). Konkretisierung der Grundsätze der Raumordnung durch die Bundesraumordnung. Endfassung. Bundesinstitut für Bau-, Stadt- und Raumforschung (BBSR) im Bundesamt für Bauwesen und Raumordnung (BBR) (Hrsg.). Bonn. http://www.bbsr.bund.de/BBSR/DE/FP/ReFo/Raumordnung/2010/Grundsaetze/Download_Handbuch.pdf?__blob=publicationFile&v=2, Zugegriffen: 19.03.2014.

Staatskanzlei Nordrhein-Westfalen (2015). Bericht über den Kabinettbeschluss vom 28.04.2015 zur Änderung des LEP-Entwurfs. Düsseldorf.

Städtetag Nordrhein-Westfalen, Landkreistag Nordrhein-Westfalen, Städte- und Gemeindebund Nordrhein-Westfalen, & VKU Landesgruppe Nordrhein-Westfalen (2014). Stellungnahme zu dem Entwurf des Landesentwicklungsplans Nordrhein-Westfalen – LEP NRW 2013 vom 28.02.2014.

Wickel, M. (2009). Potenziale der Raumordnung zur Steuerung regenerativer Energien. In: *RaumPlanung* 144/145, 126–130.

Jörg Fromme ist promovierter Raumplaner und arbeitet als wissenschaftlicher Angestellter am Fachgebiet Ver- und Entsorgungssysteme in der Raumplanung der Fakultät Raumplanung an der TU Dortmund. Er absolvierte unterschiedliche Stationen der Forschung, der Planung und des Consultings. Sein Forschungsinteresse gilt vor allem der Schnittstelle zwischen räumlicher Planung und Energiepolitik.

Ewigkeitskosten nach dem Ausstieg aus der Steinkohleförderung in Deutschland

Christoph Hartmann

Abstract

Der Ausstieg aus dem Steinkohlenbergbau in Deutschland war der erste Teil einer Energiewende weg von der konventionellen Energiegewinnung durch Kohle und Kernenergie hin zu der durch erneuerbare Energien. Der Ausstieg war bzw. ist mit einigen eher kurz- und mittel Herausforderungen, u. a. dem sogenannten Strukturwandel, also bspw. der Schaffung von Ersatzarbeitsplätzen der Nachfolgenutzung von Bergbauflächen verbunden. Gleichzeitig müssen allerdings auch langfristige bewältigt werden. Zu diesen zählen die Ewigkeitskosten mit der untertägigen Wasserhaltung. Um in der Lage zu sein, Steinkohle abzubauen, muss in Deutschland das Grundwasser im Untertageabbau abgepumpt werden. Nachdem eine Abbaustätte aufgegeben wurde, kann aus abbautechnischen Gründen die untertägige Wasserhaltung aufgegeben werden. Diesem steht allerdings die Befürchtung entgegen, dass ein Ansteigen des Wassers, das dann die aufgegebenen Stätten flutet, das Grundwasser verschmutzen würde. Über die Frage, wie eine optimierte untertägige Wasserhaltung, die eine ewige Dauer haben muss, ausgestaltet wird, ist eine Debatte zwischen dem Bergbauunternehmen und der Stiftung auf der einen Seite sowie Teilen der politischen Parteien und Bürgerinitiativen auf der anderen Seite entbrannt.

Keywords

Steinkohle, RAG-Stiftung, Grubenwasser, Ewigkeitskosten.

1 Problemstellung

Im Jahr 2007 beschlossen die Bundesregierung, die Landesregierungen der Länder Nordrhein-Westfalen und des Saarlandes, das Bergbauunternehmen RAG und die Industriegewerkschaft Bergbau, Chemie und Energie (IGBCE) als die relevanten Stakeholder die subventionierte Steinkohlenförderung in Deutschland zum Ende des Jahres 2018 sozialverträglich zu beenden. Hierzu wurden mit den kohlepolitischen

Verträgen in der Folgezeit die erforderlichen Vereinbarungen getroffen und Rahmenbedingungen geschaffen. Neben dem Steinkohlefinanzierungsgesetz wurden u. a. die Rahmenvereinbarung – Sozialverträgliche Beendigung des subventionierten Steinkohlebergbaus in Deutschland von 2007 –, das Eckpunktepapier kohlepolitischer Verständigung von Bund, Land Nordrhein-Westfalen (NRW) und Saarland, RAG und IGBCE vom 7. Februar 2007, der Erblastenvertrag im Rahmen der sozialverträglichen Beendigung des subventionierten Steinkohlebergbaus in Deutschland von 2007 und die Richtlinien zur Gewährung von Anpassungsgeld an Arbeitnehmer(innen) des Steinkohlebergbaus vom 12. Dezember 2008 beschlossen.

Während es im Saarland aufgrund von Erderschütterungen im Umfeld des Steinkohleabbaus zwischen Juni 2007 und Mai 2008, insbesondere durch das Ereignis am 24. Februar 2008, das mit einer Magnitude von 4,1 das heftigste auf den Steinkohlebergbau zurückzuführende Beben in der Geschichte des Deutschen Steinkohlebergbaus war (vgl. RAG-Stiftung 2008, S. 19), zu einem frühzeitigen Ende zum 30.06.2012 kam (vgl. Landesamt für Geologie und Bergbau 2008, vgl. Georgi 2012), wird in Nordrhein-Westfalen bis 2018 weiter gefördert werden.

Der Ausstieg aus der Steinkohle warf einige Herausforderungen für die Zukunft auf: diese waren unter anderem die Altersregelung für die Mitarbeiter(innen), die am Tage der Einstellung des Bergbaus noch nicht das Renteneintrittsalter erreicht hatten (im Saarland) oder erreicht haben werden (in NRW), die untertätige Wasserhaltung, die Regelung von Bergschäden, die Poldermaßnahmen und die Grundwasserreinigung ehemaliger Kokereiflächen. Diese Lasten müssen zumindest teilweise über das Ende des Bergbaus übernommen werden. Dazu wurde das Konstrukt der RAG-Stiftung geschaffen. Gleichzeitig existiert ein Trade-Off zwischen dem sparsamen Mitteleinsatz im Kontext der Bergbaualtlastenbeseitigung und der politisch wünschenswerten gründlicheren und dafür teureren Beseitigung derselben. Dieses zeigt sich nicht zuletzt in dem in der 15. Wahlperiode des Saarländischen Landtages (2012–2017) eingesetzten Untersuchungsausschuss Grubenwasser (vgl. Landtag des Saarlandes 2015a).[1]

Im Folgenden soll daher zunächst der Kohlekompromiss von 2007 dargestellt werden, der die Grundlagen des Ausstieges aus dem subventionierten Steinkohlebergbau bildet. Im anschließenden Kapitel erfolgt die Beschreibung der Altlastenproblematik mit Ewigkeitscharakter mit Schwerpunkt Grubenwasser. Das Ende des Bergbaus an der Saar und die Einsetzung des Untersuchungsausschusses ‚Grubenwasser' werden im Kapitel 4 erörtert. Hierauf folgt die Darstellung der spezifischen Wasserhaltungssituation an der Saar, bevor der Artikel mit einem Fazit endet.

---

1   Der Autor war von November 2009 bis Januar 2012 Minister für Wirtschaft und Wissenschaft im Saarland und musste daher als ‚Betroffener' vor dem Untersuchungsausschuss als Zeuge aussagen.

2 Der Kohlekompromiss von 2007

Der „Kohlekompromiss" (Reichert und Voßwinkel 2010, S. 9) wurde 2007 nach zähem Ringen der unterschiedlichen Interessengruppen erreicht und im „Eckpunktepapier" (Eckpunkte einer kohlepolitischen Verständigung von Bund, Land Nordrhein-Westfalen (NRW) und Saarland, RAG und IG BCE vom 7. Februar 2007) festgehalten. Diese Vereinbarung stand unter dem Vorbehalt der Revision durch den Deutschen Bundestag (sog. Revisionsklausel), nach der der „Deutsche Bundestag 2012 nochmals überprüft, ob der Steinkohlebergbau auch über 2018 hinaus weiter gefördert werden soll" (Reichert und Voßwinkel 2010, S. 9).

Die damalige Bundesregierung brachte mit Datum vom 17.02.2011 einen Gesetzentwurf zur Änderung des Steinkohlefinanzierungsgesetzes ein, nachdem die Revisionsklausel gestrichen werden sollte (vgl. Deutscher Bundestag 2011a). Dieser wurde am 14.04.2011 vom Deutschen Bundestag mit Mehrheit verabschiedet (vgl. Deutscher Bundestag 2011b). Damit wurde das endgültige Ende des subventionierten Steinkohlebergbaus in Deutschland besiegelt.

Die Rahmenvereinbarung wurde zwischen dem Bund, den betroffenen Bundesländern und der RAG AG geschlossen. In dieser wurden u. a. neben den Grundlagen des Auslaufprozesses (gemeinsame Bereitstellung der notwendigen Finanzierungshilfen für die laufende Steinkohleproduktion bis 2019, der Eigenbeitrag der RAG zur Finanzierung des Steinkohlebergbaus und die Finanzierung der Ewigkeitslasten nach dem Auslaufen des Steinkohlebergbaus durch die RAG-Stiftung, vgl. Rahmenvereinbarung 2008, Ziffer 1) auch die genauen Finanzierungshilfen von Bund, NRW und Saarland (vgl. Rahmenvereinbarung 2008, Ziffer 2) und die Rahmenbedingungen des Erblastenvertrages (vgl. Rahmenvereinbarung 2008, Ziffer 3) geregelt.

Die Finanzierungshilfen werden geleistet für (vgl. Rahmenvereinbarung 2008, Ziffer 1 lit. a)

1) die laufende Steinkohleproduktion als sog. Absatzbeihilfen,
2) die Stilllegung der Steinkohleproduktion selbst als sog. Stilllegungsbeihilfen und
3) die Altlasten des Steinkohlebergbaus der RAG AG, soweit letztere „nicht durch den Erblastenvertrag erfasst werden." (Rahmenvereinbarung 2008, Ziffer 1 lit. c).

Die RAG-Stiftung wurde am 26. Juni 2007 zur Erfüllung der Verpflichtungen aus dem Kohlekompromiss von der RAG AG gegründet. Sie

> „soll als Eigentümerin des Konzerns in Umsetzung der beschlossenen Eckpunkte die Beendigung des subventionierten Steinkohlenbergbaus der RAG AG herbeiführen. Hierfür haben die beteiligten Parteien der öffentlichen Hand die Finanzierung der Abwicklung des aktiven Bergbaus der RAG AG einschließlich der Altlasten und die Gewährleistung der Finanzierung der Ewigkeitslasten des Unternehmens zugesagt. Damit stellen sich die Stiftung und die RAG AG ihren Verpflichtungen für die Bergbaureviere an Ruhr und Saar.

Weitere Aufgabe der Stiftung ist es, den Beteiligungskonzern der RAG AG aus dem Haftungsverbund zur RAG AG zu lösen und ihn in ihrer Verantwortung an den Kapitalmarkt zu bringen. Dazu wird sie den Weg eines Börsenganges des integrierten Beteiligungskonzerns verfolgen. Solange sie Eigentümerin ist, wird sie ihren Einfluss auf den Beteiligungskonzern mit dem Ziel einer optimalen wirtschaftlichen Entwicklung und unter Beachtung der Interessen der Mitarbeiter und der Arbeitsplätze wahrnehmen.

Die Stiftung wird durch den Erlös aus der Kapitalisierung des Beteiligungsbereiches die Finanzierung der Verpflichtungen des Bergbaus der RAG AG aus den Ewigkeitslasten dauerhaft übernehmen." (Satzung der RAG-Stiftung 2008, Präambel).

Die Stiftung „wurde Eigentümerin sowohl der zuvor aus der RAG AG ausgegliederten Evonik Industries AG (ehemals RAG Beteiligungs-AG), in der die nicht auf den Steinkohlebergbau bezogenen Geschäftsfelder Chemie, Energie und Immobilien (,Weißer Bereich') gebündelt sind, als auch der verbliebenen RAG AG mit der Steinkohleförderung (,Schwarzer Bereich')." (Reichert und Voßwinkel 2010, S. 10). Ihre Aufgabe war, als damals „alleinige Eigentümerin der RAG AG zum einen den sozialverträglichen Ausstieg aus dem subventionierten Steinkohlebergbau in Deutschland herbeizuführen (§ 2 lit. a RAG-Stiftungssatzung). Zum anderen [sollte] sie die Evonik Industries AG möglichst gewinnbringend [...] verwerten (§ 2 lit. b i. V. m. § 3 Abs. 3 RAG-Stiftungssatzung)." (Reichert und Voßwinkel 2010, S. 10). Ursprünglich war mittelfristig ein „Börsengang der Evonik Industries AG angestrebt, wobei mindestens 25,01 % der Anteile dauerhaft im Eigentum der RAG-Stiftung verbleiben" (Reichert und Voßwinkel 2010, S. 10) sollten. Im Jahr 2008 wurden 25,01 % der Anteile an CVC Capital Partners veräußert (vgl. RAG-Stiftung 2008, S. 18). Der Börsengang der weiteren 50 % scheiterte allerdings dreimal und wurde erst 2013 durch Verkauf an institutionelle Investoren gestartet (vgl. Mohr 2013). Mit dem Erlös aus der Veräußerung der Evonik-Anteile und anderen Erträgen sollte ein Kapitalstock gebildet werden, um die Ewigkeitslasten des Steinkohlenbergbaus dauerhaft ohne staatliche Mittel zu finanzieren (vgl. RAG-Stiftungssatzung § 3 Abs. 4 und 5 und § 2 lit. a). Die RAG-Stiftung ist verpflichtet, „den Reinerlös aus der Verwertung der Evonik AG ein[zu]setzen" (Erblastenvertrag § 2 Abs. 2), um ab 2019 die Ewigkeitslasten zu tragen.

Der Fall, dass die Erlöse aus der Verwertung der Evonik AG nicht ausreichen, um die Ewigkeitslasten zu schultern, wird im Erblastenvertrag geregelt. Die ist „ausschließlicher Zweck und Gegenstand" (Erblastenvertrag § 1 Abs. 1). Er regelt u. a. die dauerhafte Finanzierung der Grubenwasserhaltung und von Bergschäden in Form bergbaubedingter Absenkungen der Erdoberfläche. Ab dem Jahr 2019 sollen die Aufwendungen nicht mehr von der RAG AG und aus Beihilfen der öffentlichen Hand getragen, sondern aus dem Vermögen und den Erträgen der RAG-Stiftung finanziert werden. Sollte die Stiftung nach 2018 teilweise oder gänzlich nicht in der Lage sein, die bestehenden Zahlungsverpflichtungen zur Begleichung der Ewigkeitslasten zu erfüllen, müssen die nötigen Finanzmittel zur Deckung der entstandenen Lücke von den Ländern Nordrhein-Westfalen und Saarland zur Verfügung gestellt werden (vgl. Erblastenvertrag § 3 Abs. 1 und Abs. 2). In diesem Falle übernimmt der Bund ein Drittel der zu leistenden Beiträge (vgl. Erblastenvertrag § 3 Abs. 5 und SteinkohleFinG § 4 Abs. 3).

Das unterstützende KPMG-Gutachten von 2006 (vgl. KPMG-Gutachten zur Bewertung der Stillsetzungskosten, Alt- und Ewigkeitslasten des Steinkohlebergbaus der RAG Aktiengesellschaft Essen vom 23.11.2006) vollzog Modellrechnungen, um die Kosten der Grubenwasserhaltung zu kalkulieren. Die Beteiligten gingen davon aus, dass das Stiftungsvermögen und dessen Erträge zur Finanzierung der Ewigkeitslasten ausreichen (vgl. u. a. Ernst 2017a).

3 Grundsätzliche Darstellung der Altlastenproblematik mit Ewigkeitscharakter mit Schwerpunkt Grubenwasser

Das Ende des Steinkohlebergbaus schuf eine Reihe von Herausforderungen für das Bergbauunternehmen und die Politik. Letztere war und ist insofern in der Mitverantwortung, da sie durch ihre ursprünglichen Entscheidungen zur Subventionierung des untertägigen Abbaus die Rahmenbedingungen entscheidend mitverantwortete.

Insbesondere zwei Aufgaben waren und sind neben dem grundsätzlichen Strukturwandel mit der Nachfolgenutzung von Flächen zu bewerkstelligen: zunächst waren die arbeitsmarktpolitischen resp. beruflichen Folgen für den einzelnen Bergbaubeschäftigten zu klären. U. a. dank Vorruhestandsregelungen und der Verlängerung der Anpassungsgeldrichtlinien konnten diese Herausforderungen sozialverträglich bewältigt werden. Sozialverträglich heißt in diesem Zusammenhang, dass kein Mitarbeiter des Bergbauunternehmens betriebsbedingt gekündigt werden muss(te) (vgl. Gesamtverband der Steinkohle 2012 und RAG 2015).

Die zweite Aufgabe besteht in der Beseitigung der Altlasten des Steinkohlenbergbaus der RAG AG, die Ewigkeitscharakter haben – den so genannten „Ewigkeitslasten" (Rahmenvereinbarung 2007, Ziffer 1 lit. d). Zu diesen zählen die Grubenwasserhaltung, die Poldermaßnahmen und die Grundwasserreinigung ehemaliger Kokereiflächen. Diese Lasten werden ab dem Jahr 2019 aus dem Vermögen und den Erträgen der RAG-Stiftung bezahlt.

Nach den Vorgaben des Erblastenvertrages hatte die RAG-Stiftung die RAG AG zu veranlassen, ein Gesamtkonzept mit dem Ziel der langfristigen Optimierung der Grubenwasserhaltung zu entwickeln und den Wirtschaftsministerien der Revierländer zuzuleiten. Die RAG AG hatte den saarländischen Bergbehörden Ende September 2011 erste Überlegungen für die künftige Ausgestaltung der Wasserhaltung im Saarland vorgestellt, die von der schrittweisen Abschaltung aller Wasserhaltungen und einem Anstieg des Grubenwassers im saarländischen Steinkohlenrevier ausgingen. Der Anstieg sollte so ausgestaltet werden, dass das ansteigende Grundwasser in der Nähe des Standortes Ensdorf in die Saar fließen sollte. Bei vollständiger Umsetzung dieser Überlegungen wäre der Rahmen der Optimierungsannahmen und des Grundmodells des KPMG-Gutachtens verlassen worden. Die Vorlage eines Wasserhaltungskonzeptes für die saarländische Lagerstätte erfolgte im März und Juli 2014.

Der Erblastenvertrag zwischen der RAG-Stiftung und den Revierländern von 2007 sowie das dazugehörige KPMG-Gutachten von 2006 gingen vom Grundmodell einer dauerhaften und optimierten Grubenwasserhaltung der RAG AG in Nordrhein-Westfalen und im Saarland aus. Hierdurch sollten mögliche negative Auswirkungen einer Einstellung der Pumpmaßnahmen vermieden bzw. minimiert werden, so z. B. der beschleunigte Austritt von Methangas an der Tagesoberfläche, die Gefahr von Tagesbrüchen durch abgehende Schachtfüllsäulen, Bergschäden durch Hebungen an der Tagesoberfläche und Verunreinigungen von Trinkwasservorkommen. Ein Ansteigen des Grubenwasserniveaus nach Aufgabe des Saarbergbaus um durchschnittlich rd. 500 Meter wurde jedoch als unkritisch und wirtschaftlich sinnvoll erachtet, da sich die Pumpkosten bei geringerer Förderhöhe reduzieren, mögliche Nebeneffekte jedoch als überschaubar eingestuft wurden. Bis dato wurde das KPMG-Gutachten nicht aktualisiert.

4 Das Ende des Bergbaus an der Saar und die Einsetzung des Untersuchungsausschusses ‚Grubenwasser'

Seit dem Ende des Jahres 2000 traten in der saarländischen Bergbauregion um Lebach, Nalbach und Saarwellingen bergbaubedingte Erderschütterungen auf. Alleine im Jahr 2005 wurden 59 Erschütterungen mit einer Stärke von 1,9 bis 3,7 auf der Richterskala registriert. (vgl. Bundesgerichtshof 2008). „Im Februar und März 2006 wurden bei weiteren bergbaubedingten Erschütterungen Schwingungsgeschwindigkeiten von 71,28 mm/sek., 61,16 mm/sek. und 56,56 mm/sek. gemessen." (Bundesgerichtshof 2008).

Die Akzeptanz des Bergbaus war in der Region durch schon vor diesem Ereignis regelmäßig stattfindende Erderschütterungen stark gesunken (vgl. z. B. Koch 2002 und SPD-Saar 2006). Demonstrationen gegen den Bergbau fanden bei jedem stärkeren Ereignis auf dem Marktplatz in Saarwellingen statt.

Am 23. Februar 2008 kam es im Feld Primsmulde unter den saarländischen Orten Lebach, Nalbach und Saarwellingen zu einem bergbaubedingten Erschütterungsereignis der Stärke 4,1. Die Bundesanstalt für Geowissenschaften und Rohstoffe beschrieb die Vorkommnisse folgendermaßen: „Am 23. Februar 2008 hat sich im saarländischen Bergbaugebiet ein Erdbeben mit einer Magnitude (ML) von 4,1 ereignet. Bei dem Ereignis wurden zahlreiche Gebäude beschädigt. Es gab zwar keine ernsthaft Verletzten, aber die Verunsicherung der von dem Erdbeben betroffenen Bevölkerung war sehr groß." (Bundesanstalt für Geowissenschaften und Rohstoffe 2008).

Der Konzernbericht der RAG-Stiftung 2008 sprach von „einer heftigen Erschütterung, wie sie zuvor im deutschen Steinkohlenbergbau in dieser Stärke noch nicht aufgetreten war. Es kam zu Schäden an Gebäuden im weiten Umkreis. RAG reagierte mit einem sofortigen Abbaustopp aller Betriebe des Bergwerks Saar. Die Bergbehörde ordnete einen unbefristeten Abbaustopp für die Betriebe an der Saar an, da Gefahren für Leib und Leben der Bevölkerung drohten. Die umgehend eingeleiteten gutachterlichen Untersuchungen kamen zu dem Ergebnis, dass bei einem weiteren Abbau des Flözes Schwalbach im Feld Primsmulde und den benachbarten Baufeldern weitere starke Erschütterungen nicht ausgeschlossen werden können. Der Abbau müsste daher aufgegeben und der Betriebsteil zum 1. Mai 2008 endgültig stillgelegt werden." (RAG-Stiftung 2008, S. 19).

Am 09. Juni 2008 beschloss der Aufsichtsrat der RAG eine neue Bergbauplanung, die u. a. die Stilllegung des Bergwerks Saar zum 01. Juli 2012, zwei Jahre früher als ursprünglich geplant, beinhaltete. Die Revision der Bergbauplanung der RAG AG sah als Restabbau an der Saar noch die Vorhaben im Flöz Grangeleisen des Nordfeldes bei Schwalbach-Hülzweiler (bis 2010) und im Flöz Wahlschied des Feldes Dilsburg-Ost bei Saarwellingen-Reisbach (bis 2012) vor (vgl. RAG-Stiftung 2008, S. 19–21).

Am 24.09.2010 beantragte die RAG AG im Rahmen ihres Rückzugskonzeptes für das Saarrevier beim Bergamt Saarbrücken im Rahmen eines Sonderbetriebsplanes, nach Auslauf der Steinkohlengewinnung im Streb 20.5-Ost im Flöz Grangeleisen Mitte Mai 2010 das Nordfeld abzudämmen. Die Abschaltung und eventuelle Demontage der Wasserhaltungspumpen sollte dabei in Abhängigkeit des zufließenden Wassers erfolgen.

Der vorbezeichnete Sonderbetriebsplan wurde vom Bergamt gemäß den §§ 55 und 56 Bundesberggesetz am 17.05.2010 u. a. mit der Nebenbestimmung zugelassen, dass die Dämme entsprechend § 161 der Bergpolizeiverordnung des Oberbergamts für das Saarland und das Land Rheinland-Pfalz für die Steinkohlenbergwerke errichtet und kontrolliert werden sollten.

Das Ende des Bergbaus hat, wie schon zuvor dargelegt, eine ewige Wasserhaltung zur Folge. Die Änderung der Wasserhaltungsplanung der RAG gegenüber dem KPMG-Gutachten und den bis dato getätigten Äußerungen führten zu Unsicherheit und Nachfragen in der Bevölkerung. In der Folge der Revision der Grubenwasserhaltung im Saarland wurde daher auf Initiative der Fraktion von Bündnis 90/Die Grünen im saarländischen Landtag am 18. März 2015 ein Untersuchungsausschuss ‚Grubenwasser' eingerichtet, der die Hintergründe hierzu analysieren und politisch bewerten sollte (vgl. Landtag des Saarlandes 2015b).

5   Die spezifische Wasserhaltungssituation an der Saar

Vor diesem Untersuchungsausschuss mussten u. a. die 2016 amtierende Ministerpräsidentin Annegret Kramp-Karrenbauer und die Wirtschaftsministerin Anke Rehlinger sowie der ehemalige Ministerpräsident Peter Müller und die ehemaligen Wirtschaftsminister Heiko Maas und der Autor sowie die ehemalige Umweltministerin

Simone Peter aussagen. Übereinstimmend erklärten die Zeugen, dass zum Zeitpunkt der Entscheidungen für den Kohlekompromiss in den Jahren 2007 und 2008 alle Beteiligten von einer Grundwasserhaltung gemäß KPMG-Gutachten ausgingen (vgl. Schleuning 2016 und Ernst 2017a).

Ende September 2011 hatte das Bergbauunternehmen den Bergbehörden im Saarland erste Überlegungen für ihre Planungen zur künftigen Ausgestaltung der Wasserhaltung vorgestellt, die von der schrittweisen Abschaltung aller Wasserhaltungen und einem Anstieg des Grubenwassers im saarländischen Steinkohlenrevier ausgingen. Diese unternehmensseitigen Überlegungen mündeten aber zunächst noch nicht in ein Grubenwasserhaltungskonzept gemäß Erblastenvertrag.

Im März 2014 kam die RAG den Anforderungen des Erblastenvertrages nach und legte dem Ministerium für Wirtschaft, Arbeit, Energie und Verkehr des Saarlandes (MAEV) das Konzept zur langfristigen Optimierung der Grubenwasserhaltung im Saarrevier vor. Das Konzept enthielt Erläuterungen zur Technik der Grubenwasserhaltung, Hinweise zum KPMG-Gutachten aus dem Jahr 2006, Angaben zur Entwicklung der Grubenwasserhaltung an der Saar von 2006 bis 2013, das eigentliche langfristige Grubenwasserkonzept gemäß Erblastenvertrag und ein kaufmännisches Bewertungsmodell der Grubenwasserhaltung. Es sah in einem ersten Schritt vor, den Grubenwasserspiegel am Standort Reden zunächst um rund 280 Meter ansteigen zu lassen und dadurch einen Wasserübertritt zum Standort Duhamel zu ermöglichen. In einem zweiten Schritt sollten dann auch die weiteren kleineren Wasserhaltungen eingestellt werden. Der Wasseranstieg sollte bis etwa 2035 andauern. Im Endzustand würden die Grubenwässer am Standort Ensdorf und eventuell auch am Standort Luisenthal drucklos in die Saar eingeleitet (vgl. Abb. 1).

Die erste Phase des Grubenwasserkonzepts der RAG AG würde sich im Rahmen der Optimierungsannahmen und des Grundmodells des KPMG-Gutachtens bewegen, während sich die zweite Phase von den Optimierungsannahmen und dem Grundmodell des KPMG-Gutachtens abweichen würde.

Das Bergbauunternehmen kündigte im Mai 2014 mit Blick auf die Diskussion über den in der Vergangenheit erfolgten untertägigen Einsatz von Reststoffen sowie PCB-haltigen Hydraulikölen im Saarrevier an, sein Wasserhaltungskonzept zu ergänzen. Das Wirtschaftsministerium übermittelte der RAG AG im Juni 2014 erste Anmerkungen und Nachfragen zum Grubenwasserhaltungskonzept. Im Juli 2014 übersandte die RAG AG dem MWAEV die erbetenen Erläuterungen und Ergänzungen zum Konzept. Die abschließende Stellungnahme der Landesregierung zum Grubenwasserhaltungskonzept vom Dezember 2014 benannte und bewertete mögliche negative Auswirkungen einer Einstellung der Pumpmaßnahmen und führte auch mögliche Maßnahmen zur Risikovermeidung bzw. Risikominimierung auf. In wie weit diese Bemerkungen Einfluss auf die Entscheidung des Unternehmens bzw. der Bergbehörden nahmen, blieb im Untersuchungsausschuss unbeantwortet.

Unter anderem wurde im Untersuchungsausschuss auch die Frage erörtert, ob es eine Vergleichbarkeit des Abdämmens und des Grubenwasseranstiegs im Nord-

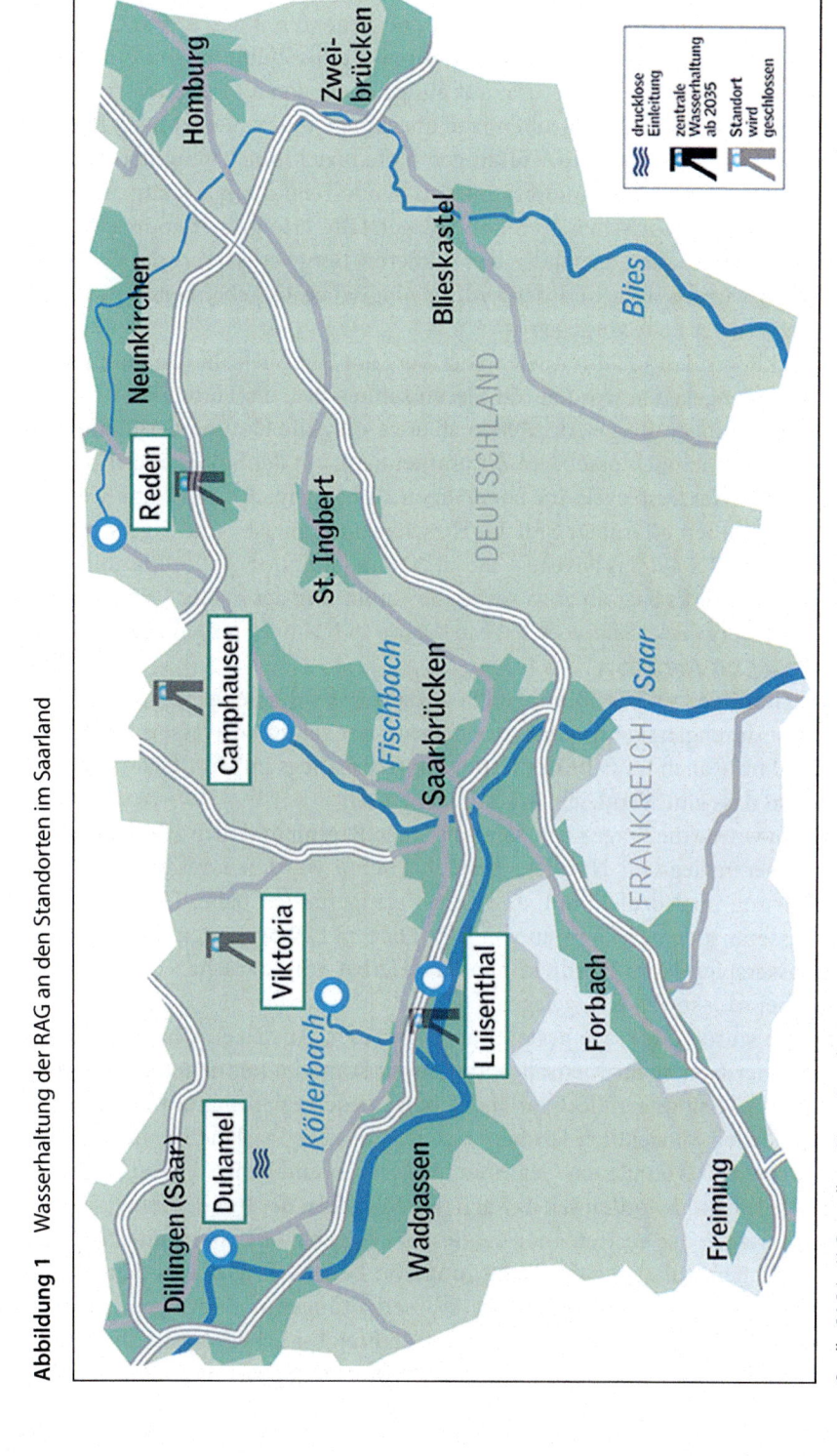

Ewigkeitskosten nach dem Ausstieg aus der Steinkohleförderung in Deutschland 323

Abbildung 1 Wasserhaltung der RAG an den Standorten im Saarland

Quelle: RAG (o. J.), Darstellung Dieter Duneka.

feld mit früheren Flutungen und Teilflutungen im Saarbergbau gab. In den entsprechenden Zeugenaussagen wurde deutlich, dass es beginnend mit den ersten Grubenschließungen im Saarbergbau ab den 1950er Jahren jeweils Teilflutungen einzelner Bergwerksfelder erfolgten. Es wurde u. a. auf einige ehemaligen Gruben verwiesen, wo das Wasser seitdem ehemalige Grubenbaue überflutete und von dort nach Reden fließe. Auch im Großraum Saarlouis/Völklingen hätten nach Einstellung der Abbauaktivitäten seit Mitte des 20. Jahrhunderts entsprechende Teilflutungen stattgefunden. Mit der Flutung der französischen Steinkohlenlagerstätte erfolge seit 2006 zwangsläufig auch die Flutung der Lagerstätte des früheren Bergwerks Warndt. Die Flutungsmodalitäten würden aufgrund der hydrogeologischen Gegebenheiten zwangsläufig von französischer Seite vorgegeben.

In den zurückliegenden 30 Jahren seien vom Bergamt eine Vielzahl von Flutungen bzw. Teilflutungen zugelassen worden. Zu diesen zählten u. a. die Flutung der Unterwerksbaue des ehemaligen Bergwerks Reden ab etwa 1985, die Flutung der Baufelder Maybach, 1.6 und 1.7 (abgeschlossen) im Zusammenhang mit der Stilllegung ab 2000, die Anhebung des Wasserspiegels im ehemaligen Abbaubereich der Grube Camphausen sowie der früheren Gruben Brefeld, Hirschbach, Franziska und Jägersfreude vom Niveau −650 m NN auf das Niveau −480 m NN im Jahr 2002, die Teilflutung des Nordfeldes des Bergwerks Saar ab 2010 sowie die Teilflutung der Felder Primsmulde und Dilsburg des Bergwerks Saar vom Niveau −1 400 m NN bis zum Niveau −400 m NN von März 2013 bis April 2015.

Bei diesen Flutungen und Teilflutungen liege der Grubenwasserspiegel der betroffenen Felder fast durchgängig unterhalb des Niveaus der zentralen Wasserhaltungen. Dieses Merkmal träfe auch im Falle des Grubenwasseranstiegs im Nordfeld des Bergwerks Saar zu, so dass eine Vergleichbarkeit gegeben sei.

Des Weiteren wurde die Frage nach dem zeitlichen Beginn und dem Höhenniveau des Grubenwasseranstiegs im Nordfeld gestellt. Hierzu wurde ausgesagt, dass die Abnahmebefahrung im Nordfeld am 30. 07. 2010 stattgefunden habe. Danach habe der Grubenwasseranstieg beim Niveau von rd. −1 000 m NN begonnen. Das Niveau des Grubenwasserspiegels im Nordfeld habe im Herbst 2016 zwischen der 14. und 16. Sohle, also bei rd. −500 m NN, gelegen.

Insbesondere wurde die Frage gestellt, ob es bei dem Ansteigen des Grundwasserspiegels zu einer Gefahr für Mensch und Umwelt kommen könne und ob bei zurückliegenden Entscheidungen der saarländischen Landesregierung und ihrer nachgeordneten Behörden hinsichtlich Grubenwasserhaltung im Saarland die mit einem Grubenwasseranstieg verbundenen Gefahren für Mensch und Umwelt in ausreichendem Maße berücksichtigt worden seien. Nach den Vorgaben des Bundesberggesetzes, so die Zeugenaussagen der Vertreter der Landesregierung bzw. der Bergamtes, sei bei der bergbehördlichen Zulassung der Stilllegung von Bergwerken, der Abdämmung von Abbaufeldern oder der Einstellung von Wasserhaltungen u. a. zwingend sicherzustellen, dass die erforderliche Vorsorge gegen Gefahren für Leben, Gesundheit und zum Schutz von Sachgütern, Beschäftigter und Dritter im Betrieb getroffen würde, der Schutz der Oberfläche im Interesse der persönlichen Sicherheit und des öffentlichen Verkehrs gewährleistet sei, die anfallenden Abfälle ordnungsgemäß verwendet oder beseitigt würden, die erforderliche Vorsorge zur Wiedernutzbarmachung der Oberfläche in dem nach den Umständen gebotenen Ausmaß getroffen würde und gemeinschädliche Einwirkungen der Aufsuchung oder Gewinnung nicht zu erwarten seien.

Die Landesregierung ging ihrerseits davon aus, dass die in der Vergangenheit ergangenen Zulassungen der Bergämter nach Recht und Gesetz erfolgt seien und die erforderlichen Maßnahmen zur Gefahrenabwehr unter und über Tage sowie zum Schutz von Mensch und Umwelt in ausreichendem Maße getroffen worden seien. Eine endgültige Entscheidung über diese politisch strittige Frage könne nur von einem zuständigen Gericht getroffen werden.

Für die politische Bewertung war des Weiteren von Relevanz, in welchen Verfahren Flutungen während des aktiven Bergbaus genehmigt wurden. Hier ist die Rechtslage vor und nach Inkrafttreten des Bundesberggesetzes zum 01.01.1982 zu unterscheiden. Bis 1981 war im Saarrevier das Allgemeine Berggesetz für die Preußischen Staaten von 1865 für die bergbehördliche Zulassung der Stilllegung von Bergwerken, der Abdämmung von Abbaufeldern oder der Einstellung von Wasserhaltungen einschlägig. Entsprechende Zulassungen erfolgten im Rahmen von Betriebsplanverfahren, Sonderbetriebsplanverfahren oder Betriebsplanverfahren für erforderliche Abschlussarbeiten. Die seit 1982 auf der Grundlage des Bundesberggesetzes ergangenen bergbehördlichen Zulassungen der Stilllegung von Bergwerken, der Abdämmung von Abbaufeldern oder der Einstellung von Wasserhaltungen im Saarrevier erfolgten entweder als Sonderbetriebsplanzulassungen oder als Abschlussbetriebsplanzulassungen. Der Sonderbetriebsplan füllt dabei grundsätzlich einen vorhandenen Hauptbetriebsplan aus und bezieht sich z. B. auf alle Arbeiten, die im Rahmen einer Teilflutung erforderlich werden. Das Abschlussbetriebsplanverfahren zielt dagegen auf die endgültige Einstellung eines Bergbaubetriebes und damit die Beendigung der Bergaufsicht ab.

Folgende bergrechtlichen Flutungszulassungen wurden durch Aussagen und Unterlagen im Untersuchungsausschuss zur Kenntnis gegeben, die im Saarrevier im Zeitraum 2006 bis 2013 mit Beteiligung der RAG stattgefunden haben: Die Teilflutung des Produktionsstandortes Warndt des Bergwerks Saar der RAG AG, Raum Großrosseln wurde durch die Flutung des französischen Teils der Lagerstätte durch die Houillères du Bassin de Lorraine ab dem Jahr 2006 in Abstimmung mit den saarländischen Berg- und Umweltbehörden gemäß Saar-Vertrag von 1956 durchgeführt. Der Abschlussbetriebsplan für den Untertagebetrieb des Produktionsstandortes Warndt (inkl. Aufgabe der eigenen Wasserhaltung und Bau eines untertägigen Hochdruckdamms) wurde von der RAG AG am 21.03.2006 beantragt und vom Bergamt am 09.11.2006 genehmigt. In diesem Zusammenhang wurden zehn verschiedene Sonderbetriebsplanzulassungen des Bergamtes erteilt, Dritte wurden nicht beteiligt.

Die Teilflutung des Nordfeldes des Bergwerks Saar der RAG AG im Raum Hülzweiler wurde am 29.04.2010 von dem Bergbauunternehmen beantragt. Die Sonderbetriebsplanzulassung des Bergamtes datiert vom 17.05.2010, also kaum 3 Wochen später. Dritte wurden auch bei dieser Genehmigung nicht beteiligt.

Die Teilflutung der Felder Primsmulde und Dilsburg des Bergwerks Saar der RAG AG bis auf eine Höhe von −400 m NN im Raum Nalbach, Lebach, Saarwellingen und Heusweiler wurde am 16.11.2012 von der RAG AG beantragt. Das Bergamt erteilte die Sonderbetriebsplanzulassung am 19.02.2013. Hier wurden das Oberbergamt und das Landesamt für Umwelt- und Arbeitsschutz beteiligt und das Wirtschaftsministerium sowie die Staatskanzlei in Kenntnis gesetzt.

Dass es bei bisherigen Teilflutungen nicht zu einer Beteiligung Dritter kam, bei der letzten allerdings schon und sogar die politische Ebene, d.h. Staatssekretär bzw. Minister vorher informiert wurde, zeigt die Besonderheit der Flutung nach 2013. Eine politische Bewertung dieses formal besonderen Vorgehens soll an dieser Stelle nicht erfolgen.

6   Fazit

Der Ausstieg aus der subventionierten Steinkohleförderung in Deutschland war und ist ein für die Betroffenen schmerzvoller Prozess: Mitarbeiter des Unternehmens mussten in Vorruhestand, andere wurden umgeschult, einige mussten von der Saar nach Ibbenbüren. Zulieferer verloren Aufträge, eine jahrhundertealte Kultur verlor ihre Existenzberechtigung. Die durch die bergbaubedingten Erschütterungen geschädigten Eigentümer von Häusern kämpften jahrelang um Entschädigung. Nachdem diese Herausforderungen zum großen Teil gemeistert sind, bleibt als Zukunftsaufgabe die Grundwasserhaltung. Im Untersuchungsausschuss des Saarländischen Landtages wurde der Trade-Off noch einmal deutlich: auf der einen Seite die vollständige, ewige Wasserhaltung, die mit erheblichen Kosten verbunden ist, auf der anderen Seite die optimierte Wasserhaltung, die zu geringeren Kosten auf Seiten der Stiftung führt. Die Entscheidungen der Bergbehörden als Genehmigungsbehörden werden in diesem Kontext die Zukunft bestimmen. Der Untersuchungsausschuss endete ohne Abschlussbericht. Eine Aufklärung sei nur teilweise möglich gewesen, so Abgeordnete mehrerer Parteien. Während die Vertreter der Regierungsparteien CDU und SPD der Meinung waren, dass es keine politische Einflussnahme auf die Behörden bei der Genehmigung der Teilflutung auf minus 400 Meter gegeben habe und es festgestellt worden sei, dass der Anstieg des Grubenwassers das Grundwasser nicht gefährde, sahen die Grünen das anders und wollten den Untersuchungsausschuss in der nächsten Legislaturperiode wieder aufleben lassen (vgl. Ernst 2017b). Das Scheitern der Grünen an der 5%-Hürde bei der Landtagswahl 2017 macht dieses Vorhaben allerdings unmöglich.

Unbestreitbar ist allerdings, dass zum ersten Mal in der Geschichte des saarländischen Steinkohlebergbaus bei der Genehmigung einer Teilflutung eine Beteiligung Dritter stattgefunden hat und die politische Ebene zumindest vorher informiert wurde (und somit zumindest theoretisch die Chance gehabt hätte, Einfluss auszuüben, wenn sie es denn gewollt hätte. Ob dieser Einfluss stattgefunden hat, muss angesichts der Aussagen im Untersuchungsausschuss bezweifelt werden). Allen Beteiligten war somit bewusst, dass es sich bei der Teilflutung nach 2013 um eine besondere Maßnahme gehandelt hat.

Gleichzeitig wurden von Seiten des zuständigen Wirtschaftsministeriums Bedenken gegen Teile des Grubenwasserhaltungskonzeptes der RAG deutlich. In wie weit diese Bedenken durch Änderungen der Planungen der RAG bzw. im Genehmigungsprozess der Bergbehörden Rechnung getragen wurden, ist im Untersuchungsausschuss nicht geklärt worden.

Ein weiterer Anstieg des Grubenwassers auf eine Höhe von 320 Metern ist von Seiten der RAG zwar beantragt, Stand März 2017 von Seiten der Bergbehörden aber noch nicht genehmigt (vgl. Ernst 2017b). Während im Saarland damit nicht nur das Ende des Steinkohlebergbaus erfolgt und die Entscheidungen zur Grundwasserhaltung fast gänzlich erfolgt sind, steht Nordrhein-Westfalen dieses noch bevor. Die Bergbaubehörden dort werden daher mit großer Aufmerksamkeit die Entwicklung an der Saar verfolgt haben, um daraus die richtigen Schlüsse für ihre Genehmigungen zu ziehen.

Zusammenfassend lässt sich festhalten, dass der erste Teil der Energiewende – der Ausstieg aus der Steinkohleförderung in Deutschland und damit perspektivisch auch der Abkehr der konventionellen Stromerzeugung (allgemein auch Hook 2018; Kühne und Weber 2018; Sielker et al. 2018 in diesem Band) – zehn Jahre nach dem Beschluss noch immer Herausforderungen stellt. Die Einzigartigkeit und die Komplexität des Vorhabens werden auch in den nächsten Jahren weiteren Diskussionsbedarf hervorbringen. Der Untersuchungsausschuss im saarländischen Landtag sollte in diesem Kontext die untertägige Wasserhaltung untersuchen. Aber auch dieser Untersuchungsausschuss hat nicht alle Fragen beantworten können. Er hat allerdings exemplarisch – nicht nur für das Saarland – die Komplexität des Themas beleuchtet, die unterschiedlichen Interessen der Stakeholder dargestellt und die in der Zukunft – teilweise auf ewige Zeiten – zu lösenden Herausforderungen erörtert. Insofern gehen die Erkenntnisse über das saarländische Bergbaugebiet hinaus und werden in den nächsten Jahren in dieser oder ähnlicher Form das Abbaugebiet in Nordrhein-Westfalen nach dem endgültigen Ende des Steinkohlebergbaus im Jahr 2018 betreffen.

Literatur

Anpassungsgeldrichtlinie (2008). Richtlinien zur Gewährung von Anpassungsgeld an Arbeitnehmer und Arbeitnehmerinnen des Steinkohlebergbaus vom 12. Dezember 2008. Jurion. https://www.jurion.de/gesetze/skanpgeldrl/. Zugegriffen: 12.06.2017.

Bundesanstalt für Geowissenschaften und Rohstoffe (2008). Erdbeben im saarländischen Bergbaugebiet. http://www.bgr.bund.de/DE/Themen/Erdbeben-Gefaehrdungsanalysen/Seismologie/Seismologie/Erdbebenauswertung/Besondere_Erdbeben/Ausgewaehlte_Erdbeben/saarland.html. Zugegriffen: 10.03.2017.

Bundesgerichtshof (2008). Urteil Az. V ZR 28/08 vom 19. September 2008. Dejure.org. https://dejure.org/2008,434. Zugegriffen: 07.07.2017.

Deutscher Bundestag (2011a). Gesetzentwurf der Bundesregierung – Entwurf eines Gesetzes zur Änderung des Steinkohlefinanzierungsgesetzes Drucksache 17/4805. Deutscher Bundestag. http://dip21.bundestag.de/dip21/btd/17/048/1704805.pdf. Zugegriffen: 28.02.2017.

Deutscher Bundestag (2011b). Die Beschlüsse des Bundestages am 14. April. Deutscher Bundestag. https://www.bundestag.de/dokumente/textarchiv/2011/34132100_kw15_angenommen_abgelehnt/205212. Zugegriffen: 28.02.2017.

Eckpunktepapier (2007). Eckpunkte einer kohlepolitischen Verständigung von Bund, Land Nordrhein-Westfalen (NRW) und Saarland, RAG und IG BCE vom 7. Februar 2007.

Erblastenvertrag (2007). Erblastenvertrag im Rahmen der sozialverträglichen Beendigung des subventionierten Steinkohlebergbaus in Deutschland von 2007.

Ernst, N. (2017a). Ex-MP Peter Müller widerspricht RAG. Saarbrücker Zeitung vom 22.02.2017. http://www.saarbruecker-zeitung.de/politik/themen/Saarbruecken;art2825,6386233. Zugegriffen: 19.03.2017.

Ernst, N. (2017b). U-Ausschuss Grubenwasser endet im Streit. Saarbrücker Zeitung vom 07.03.2017. http://mobil.saarbruecker-zeitung.de/saarland/saarbruecken/Saarbruecken-City-Saarbruecken-Abschlussberichte-Grundwasser-Streitereien;art446398,6397565. Zugegriffen: 19.03.2017.

Georgi, O. (2012), Ein entkerntes Land. Frankfurter Allgemeine Zeitung vom 01.07.2012. http://www.faz.net/aktuell/politik/inland/ende-des-bergbaus-im-saarland-ein-entkerntes-land-11806060.html. Zugegriffen: 03.02.2017.

Gesamtverband der Steinkohle (2012). Sozialverträgliche Gestaltung des Anpassungsprozesses. GVSt. http://www.gvst.de/site/steinkohle/Sozialvertraegliche_Gestaltung.htm. Zugegriffen: 06.01.2017.

Hook, S. (2018). ‚Energiewende': Von internationalen Klimaabkommen bis hin zum deutschen Erneuerbaren-Energien-Gesetz. In O. Kühne & F. Weber (Hrsg.), *Bausteine der Energiewende* (S. 21–54). Wiesbaden: Springer VS.

Juris (2007). Gesetz zur Finanzierung der Beendigung des subventionierten Steinkohlenbergbaus zum Jahr 2018 (Steinkohlefinanzierungsgesetz). Juris GmbH. https://www.gesetze-im-internet.de/bundesrecht/steinkohlefing/gesamt.pdf. Zugegriffen: 22.01.2017.

Koch, Tonia (2002), Der lange Abschied von der Kohle an der Saar. Deutschlandfunk. http://www.deutschlandfunk.de/der-lange-abschied-von-der-kohle-an-der-saar.724.de.html?dram:article_id=97335. Zugegriffen: 06.07.2017

KPMG-Gutachten (2006). KPMG-Gutachten zur Bewertung der Stillsetzungskosten, Alt- und Ewigkeitslasten des Steinkohlebergbaus der RAG Aktiengesellschaft Essen vom 23.11.2006.

Kühne, O., & Weber, F. (2018). Bausteine der Energiewende – Einführung, Übersicht und Ausblick. In O. Kühne & F. Weber (Hrsg.), *Bausteine der Energiewende* (S. 3–19). Wiesbaden: Springer VS.

Landesamt für Geologie und Bergbau (2008). Erdbebenereignisse lokal. http://www.lgb-rlp.de/fachthemen-des-amtes/landeserdbebendienst-rheinland-pfalz/erdbebenereignisse-lokal.html?tx_lgberdbeben_pi1%5Bcontroller%5D=Erdbeben. Zugegriffen: 21.02.2017.

Landtag des Saarlandes (2015a). Zusammensetzung. Landtag des Saarlandes. https://www.landtag-saar.de/Drucksache/S015_1623.pdf. Zugegriffen: 07.01.2017.

Landtag des Saarlandes (2015b). 35. Sitzung, S. 2961–2975. Landtag des Saarlandes. https://www.landtag-saar.de/Plenarprotokoll/PlPr15_035.pdf. Zugegriffen: 10.03.2017.

Mohr, D. (2013). Evonik ist der wertvollste Börsenneuling seit Infineon. Frankfurter Allgemeine Zeitung vom 25.04.2013. http://www.faz.net/aktuell/politik/inland/ende-des-bergbaus-im-saarland-ein-entkerntes-land-11806060.html. Zugegriffen: 06.01.2017.

RAG (o.J.), Wassermanagement für die Zukunft. RAG. http://www.rag.de/ewigkeitsaufgaben/wasserhaltung/. Zugegriffen: 09.07.2017.

RAG (2015). Konzernpräsentation. RAG. https://www.rag.de/fileadmin/rag_facelift/user_upload/DOKUMENTE-DWNLD/RAG-KONZERNPRAESENTATION/20160419_RAG-KONZERNPRAESENTATION-2016_2_.pdf. Zugegriffen: 06.01.2017.

RAG-Stiftung (2008). Konzernabschluss zum 31.Dezember 2008 und zusammengefasster Lagebericht für den RAG-Stiftung-Konzern und die RAG-Stiftung für das Geschäftsjahr 2008. RAG. http://www.rag-stiftung.de/fileadmin/user_upload/rag-stiftung.de/Dokumente/konzernabschluesse/Konzernabschluss_RAG-Stiftung_2008.pdf. Zugegriffen: 19.03.2017.

Reichert, G., & Voßwinkel, J.S. (2010). Schnelles Ende der Steinkohleförderung? Vorschlag der Kommission KOM(2010) 372 vom 20. Juli 2010 für eine Verordnung des Rates über staatliche Beihilfen zur Erleichterung der Stilllegung nicht wettbewerbsfähiger Steinkohlebergwerke. CEP Centrum für Europäische Politik. http://www.cep.eu/Studien/cepStandpunkt_Steinkohle/cepStandpunkt_Steinkohle.pdf. Zugegriffen: 25.01.2017.

Schleuning, J. (2016). Ex-Minister waren ahnungslos vom 07.09.2016, Saarbrücker Zeitung. http://www.saarbruecker-zeitung.de/saarland/saarbruecken/saarbruecken/Saarbruecken-Bergbaukonzerne-Jamaikakoalition-Pumpen-Umweltminister;art446398,6243941. Zugegriffen: 19.03.2017.

Sielker, F., Kurze, K., & Göler, D. (2018). Governance der EU Energie(außen)politik und ihr Beitrag zur Energiewende. In O. Kühne & F. Weber (Hrsg.), *Bausteine der Energiewende* (S. 249–269). Wiesbaden: Springer VS.

SPD-Saar (2006). Bergbau im Saarland braucht wieder mehr gesellschaftliche Akzeptanz – SPD fordert umfassende Änderungen des Bergschadens- und Bergzulassungsrechts zu Gunsten der Betroffenen. SPD Ensdorf. http://www.spd-ensdorf.de/uploads/media/HM_Akzeptanz_Bergbau_01.pdf. Zugegriffen: 16.07.2017.

Steinkohlefinanzierungsgesetz (2008). Gesetz zur Finanzierung der Beendigung des subventionierten Steinkohlebergbaus zum Jahr 2018 (Steinkohlefinanzierungsgesetz – SteinkohleFinG) vom 20. Dezember 2007, BGBl. I, S. 3086.

Rahmenvereinbarung (2007). Rahmenvereinbarung – Sozialverträgliche Beendigung des subventionierten Steinkohlebergbaus in Deutschland von 2007.

Christoph Hartmann, geb. 1972, absolvierte nach dem Abitur eine Lehre als Bankkaufmann. Anschließend studierte er Betriebswirtschaftslehre in Wien, München und Saarbrücken. Nach dem Abschluss als Diplom-Kaufmann wurde er im Fach Informationswissenschaft zum Doktor der Philosophie promoviert. Während des Studiums war er unternehmerisch tätig. 2002 bis 2004 Mitglied des Deutschen Bundestages, 2004–2012 Mitglied des Saarländischen Landtages, von 2009 bis 2012 Minister für Wirtschaft und Wissenschaft war ein Schwerpunkt seiner Arbeit die Steinkohlepolitik. So verantwortete Hartmann 2003 einen Antrag seiner Fraktion im Deutschen Bundestag und war als Wirtschaftsminister des Saarlandes für den Bereich zuständig. Des Weiteren war er Vertreter des Ministerpräsidenten im Kuratorium der Stiftung der RAG. Heute ist er Professor für Allgemeine Betriebswirtschaftslehre, insbesondere Finanzplanung und -management an der ISEC-HdW in Luxemburg und Finanzdirektor einer mittelständischen Luxemburger Unternehmensgruppe.

Energiewende und Naturschutz – Eine Schicksalsfrage auch für Rotmilane

Christoph Moning

Abstract

Der Ausbau der Nutzung erneuerbarer Energien hat in den letzten Jahrzehnten zu flächenhaften Wirkungen geführt, die in der Folge Seitens des Naturschutz in erster Linie durch planrechtliche Instrumente beantwortet wurden. Diese fanden in der Folge in erster Linie eine juristische Aplikation, deren Konsequenzen in Teilen nicht dem Grundsatz planerischer Ausgewogenheit gerecht werden. Der Artikel fast die wesentlichen Entwicklungen im Konfliktfeld des Ausbaus erneuerbarer Energien mit dem Naturschutz zusammen. Anhand der Beispielfelder Windenergie, Biomasse, Fotovoltaik und Wasserkraft werden Auswirkungen zusammenfassend skizziert und den Leser in die Lage versetzt, die in Teilen fehlenden gesamtgesellschaftlichen Abwägungsprozesse nachzuvollziehen. Abschließend werden die sich aus der Gesamtsituation ergebenden Erfordernisse für den Naturschutz perspektivisch dargestellt und Lösungsansätze skizziert.

Keywords

Energiewende, Naturschutz, Artenschutz

1 Einleitung

Die umfassenden Veränderungen in der Generierung erneuerbarer Energien haben in den letzten Jahren eine sehr große Flächenwirksamkeit entfaltet und haben in der Folge wachsenden Einfluss auf viele Lebensräume der freien Landschaft gewonnen, so dass neue oder sich verstärkende Konfliktfelder mit dem Naturschutz entstanden sind. Diese sind in ihrer Abhandlung geprägt von rechtlich besonders relevanten Aspekten des Artenschutzes, die von der Kollision von Vögeln mit Windenergieanlagen, über den großflächigen Anbau von Biomasse bis hin zu Aspekten der Wasserkraftnutzung reichen. Der Naturschutz gewann im Zusammenhang mit dem Ausbau der

Nutzung erneuerbarer Energien insbesondere bei planrechtlichen Aspekten an Bedeutung und so entstanden zahlreiche Richtlinien, Abhandlungen und Arbeitshilfen zu Teilaspekten planrechtlicher Fragen.

Dieser Artikel vermittelt hierzu einen Überblick, indem er die Entwicklung der letzten Jahrzehnte zusammenfast, die Wechselwirkungen zwischen Naturschutz und erneuerbaren Energien mit einem Schwerpunkt auf den Artenschutz charakterisiert und anhand von drei Beispielfeldern – Windenergie, Freiflächen-Photovoltaik-Anlagen, Wasserkraft und Energieholznutzung – die Folgen und die planerischen und konzeptionellen Perspektiven für den Umgang von erneuerbaren Energien mit dem Naturschutz skizziert. Abschließend reißt der Artikel in einem Fazit die Erfordernisse an, denen sich Naturschutz im Zusammenhang mit erneuerbaren Energien stellen muss.

2 Energiewende und Naturschutz

2.1 Eine reine Frage des Artenschutzes?

Das Bewusstsein über tiefgreifende Umweltprobleme wie die Atomkatastrophe von Fukushima 2011 und die wachsende Erkenntnis der Vielgestaltigkeit und Erheblichkeit der Folgen des Klimawandels haben in der Gesellschaft zu einem Meinungsbild geführt, dass energiepolitische Entscheidungen hervorgerufen hat, die beispielsweise den Ausstieg aus der Kernkraft auf dem Gebiet der Bundesrepublik Deutschland umfassen (z. B. Haunss et al. 2013). Die damit einhergehende Schließung der Lücke bei der Deckung des nicht schrumpfenden Energiebedarfs wurde zunächst überwiegend marktwirtschaftlich geprägten Mechanismen überlassen, welche die Wahl der neu auszubauenden Energieträger durch Förderungen im Rahmen des Gesetzes für den Ausbau erneuerbarer Energien (letzte Änderung 22.12.2016) vornehmlich privatwirtschaftlichen Akteuren überließ. Realisiert wurde in der Folge v.a. ein Ausbau der Windenergie an Land und in den Offshore-Bereichen der ausschließlichen Wirtschaftszone von Nord- und Ostsee sowie der Biomasse und in einem geringeren Anteil der Photovoltaik und der Geothermie (BMWi 2017). Im Gegensatz zu den auf Maßstabsebene des Bundesgebietes bislang eher lokalen bis regionalen Wirkungen der Kernenergie und der Kohlegewinnung entfalten die Energiegewinnungsformen der Erneuerbaren Energien nahezu flächendeckende Wirkungen v.a. im ländlichen Raum (vgl. auch Eichenauer et al. 2018; Faller 2018; Hartmann 2018; Kühne 2018; Weber 2018 in diesem Band). Als Beispiele seien genannt, dass in dem Flächenland Bayern rund ein Drittel des jährlichen Gesamt-Holzeinschlags direkt in die energetische Nutzung wandert (Bayerisches Landesamt für Statistik 2013) oder dass die Anbaufläche mit Energiemais 2015 24 % der Gesamt-Bundes-Anbaufläche entsprach (Statistisches Bundesamt 2017), während der Grünlandanteil 2003 bis 2010 um 4,8 % abnahm (BfN 2014). Innerhalb der EU wird neben Frankreich der größte Teil des

Silomaises in Deutschland angebaut (DMK 2017). Zugleich verfolgt der amtliche und private Naturschutz Strategien für Biodiversität und Naturschutz wie die Waldstrategie 2020 (BMELV 2011) oder die Nationale Strategie zur biologischen Vielfalt (BMUB 2007), um dem Verlust von Ressourcen und biologischer Vielfalt konzeptionell entgegen zu treten. In der Folge ergeben sich wesentliche Konfliktpotenziale zwischen Naturschutz und der Etablierung der Nutzung erneuerbarer Energien.

Auch, weil bei vielen Akteuren des Naturschutzes eine breite Befürwortung des Ausbaus der erneuerbaren Energien vorherrscht, hat sich die praktische Austragung des Konfliktes zwischen dem Ausbau der erneuerbaren Energien und dem Naturschutz weniger in politisch formulierten Strategien als vielmehr im Rahmen planungsrechtlicher Genehmigungsverfahren, im Besonderen im Kontext mit dem speziellen Artenschutz, manifestiert (hierzu auch Dorda 2018 in diesem Band). Dies führt zu einer Ungleichbehandlung in der Begegnung der Konflikte des Ausbaus der erneuerbaren Energien mit dem Artenschutz. Beispielsweise führt die im Hinblick auf die Belange des Naturschutzrechtes überwiegend nicht genehmigungspflichtige und intensiv betriebene Land- und Forstwirtschaft, in der die Biomasseproduktion stattfindet, zu einem Rückgang bei bestimmten, z. T. auch gemeinschaftsrechtlich geschützten Arten, wie bei den bestandsgefährdeten auf Freiflächen brütenden Vogelarten (Wahl et al. 2015).

In diese Situation wirkt der Druck beispielsweise durch den Anbau von Energiemais auf die verfügbare Fläche zusätzlich negativ für diese Arten. Seit 2010 betrug die jährliche Steigerung der Pachtpreise je nach Bundesland zwischen 2 und 13 % und die Pachtvertragslänge sank von 10 auf 3 Jahre. Der Anteil der Maisanbaufläche stieg v. a. zu Ungunsten von Stilllegungen. Das Flächenverhältnis zwischen Ökolandbau-Flächen und Maisanbauflächen hat seit 2003 kontinuierlich abgenommen (Flade 2012). Die Abnahme eines Großteils der Bestände der auf landwirtschaftlichen Flächen brütenden Vogelarten ist signifikant (BfN 2015). Verfahrensrechtlich existieren derzeit kaum Instrumente, diesem Dilemma zu begegnen.

Gleichzeitig entstehen verfahrensrechtliche Konflikte zwischen genehmigungspflichtigen Verfahren im Zusammenhang mit erneuerbaren Energien und dem speziellen Artenschutz. Letzterer verlangt im Rahmen der planrechtlichen Genehmigung die Prüfung erheblicher Wirkungen dieser Verfahren auf Individuen und Populationen gemeinschaftsrechtlich geschützter Arten (§ 44 BNatSchG). Wird bei einer sogenannten speziellen artenschutzrechtlichen Prüfung festgestellt, dass es zu nicht vermeidbaren erheblichen Wirkungen kommt, greifen bei typischen Verfahren im Zusammenhang mit erneuerbaren Energien (z. B. Windenergie) die Voraussetzungen zur Erteilung einer Ausnahme nach § 45 BNatSchG oft nicht, da dem Einzelfahrfahren weder das überwiegende öffentliche Interesse noch die Alternativlosigkeit des Verfahrens attestiert werden können. In der Folge bleibt der Betrieb einer Einzelanlage in vielen Fällen versagt, während beispielsweise die deutlich flächenwirksamere Biomasseproduktion keinen wesentlichen artenschutzrechtlich verursachten Einschränkungen unterliegt. Hier mündete ein mangelnder gesamtgesellschaftlicher

Diskussionsprozess in der Situation, dass Teilwirkungen des Ausbaus erneuerbarer Energien deutlich strengeren Prüfungen unterliegen als andere. Auf Populationsebene wirksame Energienutzungen wie der Biomasseanbau werden größtenteils nicht so gestaltet, dass die Bestandsabnahmen verhindert werden. Exemplarisch sei weiterhin an dieser Stelle gegenübergestellt, dass an Gebäuden oder durch Hauskatzen jährlich etliche Millionen Vögel umkommen oder in Deutschland Jahr für Jahr etwa Millionen Vögel im Rahmen der Jagdausübung getötet werden (Hirschfeld und Heyd 2005) während die Schlagopferdatei zu Vögeln und Fledermäusen, die in Deutschland und Europa an Windenergieanlagen getötet wurden, in Deutschland und Europa (Brandenburg 2014) >3 250 Vogel- und ca. 3 200 Fledermausindividuen aufzählt. Auch wenn die Dunkelziffer der Schlagopfer an Windenergieanlagen deutlich höher liegt und unbenommen der unterschiedlichen Betroffenheit der einzelnen Arten, so verdeutlichen diese Zahlen doch, dass die Frage nach erheblichen Wirkungen nicht allein am Einzelverfahren festgemacht werden sollte, sondern einer Gesamtbetrachtung bedarf.

Nimmt man mit der Windenergie einen Teilbereich des Ausbaus der erneuerbaren Energien, der besonders mit dem speziellen Artenschutz konfrontiert ist, so gelingt es auch hier nicht in allen Fällen, populationswirksame Abnahmen zu verhindern. Für einzelne Arten wie beispielsweise den Abendsegler (*Nyctalus noctula* – eine Fledermausart) sind überregionale Wirkungen auf Populationen wahrscheinlich (Zahn et al. 2014). Offensichtlich ist, dass der spezielle Artenschutz im Falle des einzelnen immissionsschutzrechtlichen Verfahrens greift, aber Instrumente fehlen, dennoch entstehende, erst durch die Summationswirkung aller Anlagen entstehende signifikante Wirkungen auf Bundesebene zu kompensieren.

2.2 Erneuerbare Energien und Naturschutz – Das Richtige an der richtigen Stelle tun: Beispiele

In der Übersicht lässt sich für das Konfliktfeld Naturschutz und erneuerbare Energien der Lösungs-Leitsatz formulieren: Das richtige an der richtigen Stelle tun. Da die Mannigfaltigkeit der sich ergebenden Problemlagen eine umfassende Darstellung an dieser Stelle nicht erlaubt, sind im Folgenden exemplarisch Aspekte zur Wind-, Solar-, Wasser- und Holzenergienutzung herausgegriffen.

2.2.1 Windenergie – Agieren statt reagieren

Windenergienutzung weist das Potenzial auf, erhebliche Wirkungen insbesondere auf die Artengruppen Vögel und Fledermäuse auszulösen (vgl. Dorda 2018 in diesem Band). Zu den Auswirkungen, der Beurteilung dieser Wirkungen und dem Umgang mit möglichen Schutz- und Vermeidungsmaßnahmen existieren mittlerweile umfassende Abhandlungen und Richtlinien (z. B. Grünkorn et al. 2016, LAG VSW 2015, TU

Berlin et al. 2015 sowie Winderlasse der Länder). Charakteristisch für das Wirkungsgefüge zwischen der Planung von Windenergieanlagen und artenschutzrechtlichen Belangen ist, dass Windenergieanlagen in den Planungen regelmäßig in den Konflikt mit artenschutzrechtlichen Aspekten, insbesondere dem Tötungsverbot nach § 44 Absatz 1, Satz 1 BNatSchG geraten. Da das Tötungsverbot Individuen-bezogen zu beurteilen ist, geraten Windenergieprojekte in diesen Verbotstatbestand, so dass für den Bau der Anlage(n) eine Ausnahme nach § 45 Abs. 7 BNatSchG zu beantragen wäre. Als Teil der Ausnahmevoraussetzungen erfüllen insbesondere wenige oder Einzelanlagen oft nicht die Kriterien der zwingenden Gründe des überwiegenden öffentlichen Interesses und der Alternativlosigkeit des Vorhabens. In der Folge hat der Artenschutz eine projektverhindernde Wirkung an dieser Stelle, so dass regelmäßig viel Energie in Planungen investiert wird, die ein hohes Risiko des planrechtlichen Scheiterns aufweisen.

Dies hat Ursachen in der Wahl der Flächen, die in vielen Fällen durch die Erwerbbarkeit oder das Eigentum geeigneter Flächen determiniert ist. Teilflächennutzungsplänen für Windenergie kommt hierbei eine potenziell tragend lenkende Rolle in der Zuweisung von Flächen für Windenergie zu. Da umfangreiche Erfassungen, wie sie die Winderlasse der Länder für Einzelverfahren vorschreiben, auf sehr großen Flächen wie etwa Landkreisen im Rahmen der Aufstellung von Teilflächennutzungsplänen Windenergie nicht möglich sind, beschränken sich die Datengrundlagen für die Aufstellung solcher Teilflächennutzungspläne regelmäßig auf Aspekte des Emissionsrechts wie beispielsweise Lärm, Schlagschatten, usw. die in der Folge Abstände zu besiedelten Bereichen bestimmen sowie auf die in den Winderlassen der Länder bestimmten Ausschlussflächen, wie beispielsweise Nationalparke, Naturschutzgebiete oder Natura 2000-Gebiete.

Hier kann durch Übersichtskartierungen im Rahmen der Aufstellung von Teilflächennutzungsplänen Windenergie eine Risikoanalyse durchgeführt werden, die drei Flächenkategorien ausweist:

1) Flächen mit hoher Wahrscheinlichkeit, dass keine Artenschutzbelange betroffen sind
2) Flächen, bei denen Artenschutzbelange möglicherweise betroffen sind
3) Flächen, bei denen Artenschutzbelange möglicherweise erheblich betroffen sind.

Auf diese Weise entsteht eine Kulisse, die potenziellen Investoren erlaubt, ihr unternehmerisches Risiko hinsichtlich des Artenschutzes abzuschätzen. Dies setzt jedoch vorausschauende Planungsbereitschaft seitens der Kommunen voraus, die oftmals aus politischen Gründen nicht überall gegeben ist.

Das Ergebnis von Kartierungen von Vögeln und Fledermäusen hat für die typische Dauer des Betriebs von Windenergieanlagen oftmals begrenzte Aussagekraft. In der Folge wurde in Regionen mit besonders starker artenschutzrechtlicher Betroffenheit Sonderregelungen definiert. Als Beispiel sei die Ausweisung von Dichtezentren von

Rotmilanen in Baden-Württemberg genannt. Dichtezentren sind Gebiete mit hoher Siedlungsdichte zum Schutz der Quellpopulationen des Rotmilans im Land Baden-Württemberg, also Bereiche, in denen einer fixen Definition folgend vergleichsweise viele Rotmilane vorkommen (Ministerium für ländlichen Raum und Verbraucherschutz Baden-Württemberg 2015).

Dichtezentren sind nicht generell für den Windenergieausbau auszuschließen. Vielmehr können Konzentrationszonen für Windenergieanlagen in Dichtezentren selbst innerhalb des empfohlenen Mindestabstands (1 km-Radius) um einen Rotmilanhorst ausgewiesen werden, wenn die Raumnutzungsanalyse im Einzelfall ergibt, dass kein signifikant erhöhtes Tötungsrisiko für den Rotmilan besteht. Ist durch die Planung von Windenergiestandorten dagegen ein signifikant erhöhtes Tötungsrisiko für den Rotmilan zu erwarten, ist zum Schutz der Population im Land innerhalb eines Dichtezentrums eine Planung in die artenschutzrechtliche Ausnahmelage nicht möglich. Auch Vermeidungsmaßnahmen sind in Dichtezentren – anders als außerhalb von Dichtezentren – nur möglich, wenn die vorgesehene Konzentrationszone außerhalb des empfohlenen Mindestabstands von 1 km um den Rotmilanhorst liegt.

Diese Vorgehensweise scheint adäquat, um Investoren vor Unwägbarkeiten im Bereich des Artenschutzes zu schützen. Auch Habitat-Eignungsanalysen können wichtige Impulse für die unkritische Flächenauswahl liefern. Langfristig bleibt abzuwarten, ob durch technische Lösungen wie Kollisionsvermeidungssysteme (z. B. DTBird 2017) ein Kollisionsrisiko soweit vermieden werden kann, dass Verbotstatbestände nach § 44 BNatSchG Abs. 1, Satz 1 in der Mehrheit der Fälle nicht mehr einschlägig werden können.

2.2.2 Solarpark auf nassen Füßen – Mut zu neuen Wegen

Immer wieder kommen Einzelprojekte aufgrund mangelnder Verfügbarkeit von Schutzmaßnahmen und Ausgleichsflächen ins Stocken. Ein solches Beispiel bietet ein Solarpark im bayerischen Schwaben, der im Bereich einer ehemaligen Abbaufläche errichtet wurde. Voruntersuchungen legten größere und isolierte Vorkommen der europarechtlich geschützten Arten Laubfrosch, Gelbbauchunke und Kreuzkröte offen, so dass durch die Errichtung des Solarparks erhebliche Wirkungen auf die Vertreter dieser Arten zu erwarten waren. Da der Flächenerwerb angrenzend ausgeschlossen war und die Voraussetzungen für die Erteilung einer Ausnahme nach § 45 BNatSchG nicht gegeben waren, drohte das Projekt zu scheitern. Kenntnisreichen Planungen ist es zu verdanken, dass trotz der Skepsis zuständiger Naturschutzbehörden der Versuch unternommen wurde, den Ausgleich auf der Fläche selbst zu realisieren. Dabei wurden flache Gewässer unter den Solarpanelen eingerichtet (Abb. 1). Das Ergebnis war ein Anwachsen der betroffenen Populationen, die auch dadurch gesichert wird, dass aus betrieblichen Gründen eine Offenhaltung der Flächen erfolgen muss. Die Energieausbeute der Paneele ist durch den kühlenden Effekt des Wassers sogar höher als er ohne die Maßnahme wäre. Dieses Beispiel verdeutlicht,

Abbildung 1 Realisierung eines Ausgleichs für Amphibien auf der Betriebsfläche eines Solarparks im bayerischen Schwaben

Foto: R. Utzel

dass es erforderlich ist, im Rahmen der Energiewende neue Wege zu beschreiten, die eine Vereinigung von Naturschutz- und Nutzungsinteressen beinhalten.

Im Falle eines Solarparks bleibt festzuhalten, dass gezeigt werden konnte, dass ein Abstand von mehr als 80 cm der Module zum Boden eine Vegetationsentwicklung erlaubt. In jedem Falle ist bei der Errichtung von Solarpanelen zu prüfen, ob es durch Abzäunung und Kulissenwirkungen zu Habitatverlusten oder Habitatzerschneidungen für größere Tierarten oder im Offenland brütende Vogelarten kommen kann. Hier bieten verschiedene Veröffentlichungen bereits geeignete Anhaltspunkte (z. B. Agentur für Erneuerbare Energien 2010, Herden et al. 2009). Voraussetzung für eine gelungene Berücksichtigung der Aspekte des Artenschutzes und eine Abarbeitung der naturschutzrechtlichen Eingriffe ist ein qualifizierter Grünordnungsplan auf

Grundlage des angepassten Landschaftsplans mit Beteiligung der Naturschutzverbände und der Öffentlichkeit oder ein Umweltbericht mit hohen Mindeststandards (ARGE Monitoring PV-Anlagen 2007), der nach Abstimmung mit den Naturschutzbehörden ggf. auch eine spezielle artenschutzrechtliche Prüfung beinhalten sollte.

2.2.3 Wasserkraft und Artenschutz – eine zielführende Abwägung der Optionen

Ein Großteil der mitteleuropäischen Flusssysteme unterliegt massiven Eingriffen in die Gewässerstruktur und Abflussdynamik. Gemäß Bundesministerium für Umwelt, Naturschutz und Reaktorsicherheit (BMU 2010) wurde beispielsweise 2010 bei 79 % der heimischen Fließgewässer ein mäßiger, unbefriedigender oder schlechter ökologischer Zustand ermittelt. Die Strukturarmut, die mangelnde Gewässerdynamik und die in weiten Teilen fehlende Durchgängigkeit der Gewässer sowie zunehmende Eutrophierungs- und Sedimentationsprozesse durch unmittelbar an Gewässer angrenzende intensive landwirtschaftliche Nutzung (v. a. Gewässer zweiter und dritter Ordnung) haben zur Gefährdung heimischer Fischbestände geführt. Die Rote Liste gefährdeter Fische weist einen Großteil der einheimischen Fische und Neunaugen als gefährdet aus (Bless et al 1994). Unter den ausgestorbenen und vom Aussterben bedrohten Fischarten finden sich überwiegend wandernde Fischarten und Arten, die kiesig-sandige Substrate als Eiablagesubstrate bevorzugen, also Arten, die durch die Regulierung der Flüsse und die damit einhergehende energetische Nutzung besonders betroffen sind.

Viele der für die gefährdeten Arten wirksamen Barrieren betreffen eine Wasserkraftnutzung mit weniger als 100 kW Leistung. Beispielsweise machen in Bayern Kleinstwasserkraftwerke mit weniger als 100 kW Leistung mehr als 80 % der Anlagen aus. Zugleich produzieren sie nur 3 % der Strommenge, die durch Wasserkraft erzeugt wird (BayLfU 2013). Noch immer ist rund ein Viertel der Wasserkraftanlagen in Bayern ohne Fischaufstiegsanlagen und noch immer sind bei der Festlegung des Mindestabflusses, der in vielen Verträgen mit viele Jahrzehnte andauernden Laufzeiten festgelegt ist, gewässerökologische und wirtschaftliche Belange gleichrangig. Immerhin lieferte die Finanzierung von Fischaufstiegsanlagen durch die EEG-Förderung und die Umsetzungspflicht der Wasserrahmenrichtlinie der Realisierung von durchgängigen Kraftwerksanlagen erheblichen Vorschub.

Grundsätzlich ist zu bedenken, dass viele wasserbauliche Eingriffe in Fließgewässer permanente Lösungen verlangen, um Eintiefungen mit korrespondierenden Grundwasserspiegeln und Hochwassergefährdung zu vermeiden. Stromgewinnung dient in solchen Situationen auch der Finanzierung der Aufrechterhaltung dieser wasserbaulichen Maßnahmen. Dies betrifft insbesondere die großen Anlagen aus den großen Flusssystemen. Im Rahmen der Förderung durch das Erneuerbare-Energien-Gesetz ist die Einspeisevergütung jedoch für die großen Anlagen (>50 MW) in jüngerer Vergangenheit so gering gewesen, dass die Gestehungskosten nicht gedeckt werden konnten. In der Folge kam es nicht nur zu unsinnigen Drosslungen leistungsstarker Kraftwerke, sondern auch zu einem Investitionsaufschub bei Maßnahmen zur Verbesserung der Gewässerdurchgängigkeit. Langfristig ist zu befürchten, dass es zu Stilllegungen solcher Anlagen kommt, wobei gleichzeitig die Stauanlagen aus oben genannten Gründen unterhalten werden müssen. In der Folge muss Strom mit potenziell erheblichen Umweltauswirkungen an anderer Stelle produziert werden.

Gerade in den großen Flusssystemen ist die Abflussdynamik und die Gewässerstruktur oft so verändert, dass für die Fischfauna eher die Steigerung der Lebensraumattraktivität im Vordergrund steht als die vollständige Durchwanderbarkeit des Gewässers. Hier kann die Umsetzung der EU-Wasserrahmenrichtlinie einen wichtigen Beitrag zur Lebensraumschaffung gefährdeter Fischarten leisten.

2.2.4 Energieholznutzung und Nachhaltigkeit?

Holz ist ein naheliegender Energieträger im Kontext regenerativer Energien. Jedoch wirft die zunehmende Energie-Holznutzung neue Problemlagen auf. Tabelle 1 zeigt den Verbleib von oberirdischen Vorratsanteilen von Biomasse und Stickstoff in durchschnittlichen (kolline Lage – Hügellandstufe: 150–800 m NN) Mischwaldbeständen Mitteleuropas je nach Bewirtschaftungsszenario. Darin wird deutlich, dass im Rahmen der bis dato üblichen Stammholzernte eine Nährstoffnachhaltigkeit i. d. R. gewährleistet ist. Dahingegen birgt eine Vollbaumnutzung die Gefahr, dass die Nährstoffnachhaltigkeit nicht gewährleistet ist. Stammholznutzung in Kombination mit einem stärkeren Nutzungsdruck durch Selbstwerber (Brennholznutzung) birgt die Gefahr des Verlustes erheblicher Lebensraumanteile bestandsgefährdeter Flechten-, Pilz- und Tierarten, wie beispielsweise von vielen hundert holzbesiedelnden (xylobionten) Käferarten.

Tabelle 1 Verteilung der oberirdischen Vorratsanteile der Biomasse und des Stickstoffs in mitteleuropäischen Mischwäldern (nach Pretsch et al. 2014) sowie Entnahme dieser Vorratsteile unter verschiedenen Nutzungsszenarien

Baumteile	Oberirdischer Vorratsanteil		Verbleib je nach Art der Nutzung		
	Biomasse	Stickstoff	Stammholzernte	Vollbaumnutzung	Stammholznutzung & Brennholzselbstwerber
Blätter	4 %	27 %	+	–	+
Äste	12 %	23 %	+	–	+
Rinde	7 %	15 %	–	–	–
Holz	77 %	36 %	–	–	–
Totholz	Je nach Ausprägung		+–	+–	–

Quelle: Eigene Darstellung.

Eine starke Biomassenutzung kann langfristig zu Ertragsminderung sowie Humus- und Nährstoffverarmung führen, die zwar die Chance der De-Eutrophierung eröffnet, aber langfristig neuer Konzepte der Nährstoffrückführung wie Kalkung oder Ascherückführung bedarf, die insgesamt das Konzept der nachhaltigen Forstwirtschaft in Frage stellen.

3 Fazit

Im Hinblick auf den Naturschutz haben im bisherigen Verlauf der Energiewende im wesentlichen Teilaspekte des Artenschutzes praktische Wirkung in der Abwägung der Interessen entfalten können. Ein ausgewogenes Konzept, dass die Interessen des Naturschutzes instrumentell berücksichtigt, ist in weiten Teilen noch nicht realisiert. Allein das juristische Gewicht des speziellen Artenschutzes, das durch Gegner(innen) von Planungsvorhaben im Bereich der erneuerbaren Energien stellvertretend für andere Interessen gebraucht und stellenweise missbraucht wird, vermag die abgewogene Erhaltung von Ressourcen und der gesamten Bandbreite der Biodiversität in der Realisierung der Energiewende nicht alleinig vertreten. Ein unausgewogener oder schwacher gesellschaftlicher Aushandlungsprozess droht im Hinblick auf den Naturschutz schließlich in einer unausgewogenen Realisierung der Energiewende zu münden, in der der Naturschutz wesentliche Werte einschließlich gesellschaftlicher Akzeptanz zu verlieren droht. Aus dieser Feststellung ergeben sich für den Naturschutz Forderungen hinsichtlich der weiteren Vorgehensweise im Rahmen der Energiewende:

Es muss eine deutlich stärkere, fachlich begleitete, gesellschaftliche und politische Diskussion geführt werden, die die Risiken der Energieträger gegeneinander abwägt und Optionen der Energieeinsparung mitberücksichtigt.

Die Belange des Artenschutzes müssen sachlich richtig angewandt werden und dürfen nicht für politische Absichten missbraucht werden.

Summarischen Effekte (Bsp. Rotmilan > 300 Schlagopfer/Jahr, Brandenburg 2014) müssen evaluiert werden. Für Summationseffekte müssen Instrumente der Kompensation auf Bundes- oder Länderebene implementiert werden (Belastungsgrenzen definieren und Ausgleichsflächenkonzepte umsetzen). D. h. es bedarf zusätzlicher Kompensationsinstrumente als Ausgleich für Summationseffekte.

Vorrangflächen (für Energienutzung) und Entwicklungsräume (für Artenschutz) müssen stärker auf raumplanerischer Ebene definiert und verpflichtend festgelegt werden.

Für eine angemessene Beurteilung der Wirkung erneuerbarer Energien besteht weiterer Forschungsbedarf (z. B. Beurteilung eines signifikanten Kollisionsrisikos mit Windenergieanlagen).

Der Biomasseanbau muss auf den Prüfstand, z. B. ist eine stärkere Förderung biogener Reststoffe, Spätschnittgut, Biomasse aus der Landschaftspflege, Blühmischungen usw. zu fordern.

Ausgleichsoptionen auf Betriebsgelände sollten stärkere Berücksichtigung finden (z. B. Solarenergie oder Energiefreileitungen).

Der amtliche Naturschutz muss personell und fachlich deutlich stärker unterstützt werden, um eine angemessene Qualität und Vergleichbarkeit von Genehmigungen zu erzielen.

In der vor allem planrechtlich gesteuerten Austragung des Konfliktes zwischen Naturschutz und dem Ausbau der Nutzung erneuerbarer Energien wird die Berücksichtigung der Belange des Naturschutzes oft als hinderlich empfunden. Dies mündete bereits in Versuchen, die planrechtlichen Abläufe zu verschlanken, bislang ohne nennenswerten Erfolg. Lösende Wirkung könnten hier Abläufe entfalten, die eine Kompensation von Umwelteingriffen auf übergeordneter Ebene und nicht ausschließlich auf Ebene des Einzelverfahrens realisieren. Dies würde aber voraussetzen, dass die Frage der Erheblichkeit der Wirkung auf Individuen und lokale Populationen mit übergeordneten Kompensationsmaßnahmen beantwortet werden dürfte, was bislang nicht der Fall ist. Gesucht werden also Rechts- und Kompensationsinstrumente, die auf Basis umfassend zu erfassender und zu bewertender Bestandsdaten Kompensationen auf ebene biogeografischer Populationen zulassen.

Literatur

Agentur für Erneuerbare Energien (2010). *Solarparks – Chancen für die Biodiversität, Erfahrungsbericht zur biologischen Vielfalt in und um Photovoltaik-Freiflächenanlagen.* Renews Spezial 45, https://www.unendlich-viel-energie.de/media/file/146.45_Renews _Spezial_Biodiverstitaet-in-Solarparks_online.pdf. Zugegriffen: 09. 07. 2017.

ARGE Monitoring PV-Anlagen (2007). *Leitfaden zur Berücksichtigung von Umweltbelangen bei der Planung von PV-Freiflächenanlagen.* Leitfaden im Auftrag des Bundesministeriums für Umwelt, Naturschutz und Reaktorsicherheit, http://www.bauberufe. eu/images/doks/pv_leitfaden.pdf. Zugegriffen: 09. 07. 2017.

Bayerisches Landesamt für Statistik (2013). *Energiebilanz 2013.* München.

Bless, R., Lelek, A., & Waterstraat, A. (1994). Rote Liste und Artenverzeichnis der in Deutschland in Binnengewässern vorkommenden Rundmäuler und Fische (Cyclostomata & Pisces). *Schriftenreihe für Landschaftspflege und Naturschutz 42,* 137–156.

BMELV (Bundesministerium für Ernährung, Landwirtschaft und Verbraucherschutz) (2011). *Waldstrategie 2020.* Bonn, http://www.bmel.de/SharedDocs/Downloads/Bro schueren/Waldstrategie2020.pdf?__blob=publicationFile. Zugegriffen: 09. 07. 2017.

BMU (Bundesministerium für Umwelt, Naturschutz und Reaktorsicherheit) (2010). *Die Wasserrahmenrichtlinie – Auf dem Weg zu guten Gewässern.* Berlin, https://www.um weltbundesamt.de/sites/default/files/medien/publikation/long/4012.pdf. Zugegriffen: 09. 07. 2017.

BMUB (Bundesministerium für Umwelt, Naturschutz, Bau und Reaktorsicherheit) (2007): *Nationale Strategie zur biologischen Vielfalt.* Berlin, http://www.bmub.bund.de/fileadmin/Daten_BMU/Pools/Broschueren/nationale_strategie_biologische_vielfalt_2015_bf.pdf. Zugegriffen: 09.07.2017.

BMWi (Bundesministerium für Wirtschaft und Energie) (2017). *Die Energiewende: unsere Erfolgsgeschichte.* Berlin, https://www.bmwi.de/Redaktion/DE/Publikationen/Energie/energiewende-beileger.pdf?__blob=publicationFile&v=25. Zugegriffen: 09.07.2017.

Brandenburg, S. V. (2014). *Schlagopferdatei zu Vögeln und Fledermäusen in Deutschland und Europa.*

Bundesamt für Naturschutz (2014). *BfN Grünland-Report: Alles im Grünen Bereich?* Bonn, https://www.bfn.de/fileadmin/MDB/documents/presse/2014/PK_Gruenlandpapier_30.06.2014_final_layout_barrierefrei.pdf. Zugegriffen: 09.07.2017.

Bundesamt für Naturschutz (2015). *Artenschutz-Report 2015. Tiere und Pflanzen in Deutschland.* Bonn, https://www.bfn.de/fileadmin/BfN/presse/2015/Dokumente/Artenschutzreport_Download.pdf. Zugegriffen: 09.07.2017.

DMK (Deutsches Maiskommitee) (2017). Anbaufläche Silomais. http://www.maiskomitee.de/web/public/Fakten.aspx/Statistik/Deutschland/Anbaufl%C3%A4che_Silomais. Zugegriffen: 17.06.2017.

Dorda, D. (2018). Windkraft und Naturschutz. In O. Kühne & F. Weber (Hrsg.), *Bausteine der Energiewende* (S. 749–772). Wiesbaden: Springer VS.

DTBird (2107). *Bird Monitoring & Reduction of Collision Risk with Wind Turbines.* Madrid: Selbstverlag.

Eichenauer, E., Reusswig, F., Meyer-Ohlendorf, L., & Lass, W. (2018). Bürgerinitiativen gegen Windkraftanlagen und der Aufschwung rechtspopulistischer Bewegungen. In O. Kühne & F. Weber (Hrsg.), *Bausteine der Energiewende* (S. 633–651). Wiesbaden: Springer VS.

Faller, F. (2018). Die Energiewende als Praktik. In O. Kühne & F. Weber (Hrsg.), *Bausteine der Energiewende* (S. 231–246). Wiesbaden: Springer VS.

Flade, M. (2012). Von der Energiewende zum Biodiversitäts-Desaster – zur Lage des Vogelschutzes in Deutschland. *Vogelwelt 133* (2012), 149–158.

Grünkorn, T., von Rönn, J., Blew, J., Nehls, G., Weitekamp, S., & Timmermann, H. (2016). *Ermittlung der Kollisionsraten von (Greif-)Vögeln und Schaffung planungsbezogener Grundlagen für die Prognose und Bewertung des Kollisionsrisikos durch Windenergieanlagen (PROGRESS): Verbundprojekt: F&E-Vorhaben Windenergie, Abschlussbericht 2016.* BioConsult SH.

Hartmann, C. (2018). Ewigkeitskosten nach dem Ausstieg aus der Steinkohleförderung in Deutschland. In O. Kühne & F. Weber (Hrsg.), *Bausteine der Energiewende* (S. 315–330). Wiesbaden: Springer VS.

Haunss, S., Dietz, M., & Nullmeier, F. (2013). Der Ausstieg aus der Atomenergie – Diskursnetzwerkanalyse als Beitrag zur Erklärung einer radikalen Politikwende. *Zeitschrift für Diskursforschung 3/2013,* 288–314.

Herden, C., Rasmus, J., & Gharadjedaghi, B. (2009). *Naturschutzfachliche Bewertungsmethoden von Freilandphotovoltaikanlagen*. BfN-Skripten 247, Bonn.

Hirschfeld, A., & Heyd, A. (2005). Jagdbedingte Mortalität von Zugvögeln in Europa: Streckenzahlen und Forderungen aus Sicht des Vogel-und Tierschutzes. *Berichte zum Vogelschutz, 42*, 47–74.

Kühne, O. (2018). ‚Neue Landschaftskonflikte' – Überlegungen zu den physischen Manifestationen der Energiewende auf der Grundlage der Konflikttheorie Ralf Dahrendorfs. In O. Kühne & F. Weber (Hrsg.), *Bausteine der Energiewende* (S. 163–186). Wiesbaden: Springer VS.

LAG VSW (2015). *Abstandsempfehlungen für Windenergieanlagen zu bedeutsamen Vogellebensräumen sowie Brutplätzen ausgewählter Vogelarten in der Überarbeitung vom 15. April 2015*. Länderarbeitsgemeinschaften der Vogelschutzwarten (LAG VSW), Fachbehörden der Länder. Neschwitz.

Ministerium für ländlichen Raum und Verbraucherschutz Baden-Württemberg (2015). Hinweise zur Bewertung und Vermeidung von Beeinträchtigungen von Vogelarten bei Bauleitplanung und Genehmigung für Windenergieanlagen. LUBW Landesanstalt für Umwelt, Messungen und Naturschutz Baden-Württemberg, Karlsruhe.

Pretzsch, H., Block, J., Dieler, J., Gauer, J., Göttlein, A., Moshammer, R., & Wunn, U. (2014). Nährstoffentzüge durch die Holz-und Biomassenutzung in Wäldern. Teil 1: Schätzfunktionen für Biomasse und Nährelemente und ihre Anwendung in Szenariorechnungen. *Allgemeine Forst und Jagdzeitung* 185 (11/12), 261–285.

Statistisches Bundesamt (2017). Feldfrüchte und Grünland. https://www.destatis.de/DE/ZahlenFakten/Wirtschaftsbereiche/LandForstwirtschaftFischerei/FeldfruechteGruenland/Tabellen/AckerlandHauptfruchtgruppenFruchtarten.html;jsessionid=033E4E58E9AFF0587F4083204AD3383D.cae3. Zugegriffen: 17. 06. 2017.

TU Berlin, FA Wind, & WWu Münster (2015). *Vermeidungsmaßnahmen bei der Planung und Genehmigung von Windenergieanlagen – Bundesweiter Katalog von Maßnahmen zur Verhinderung des Eintrittes von artenschutzrechtlichen Verbotstatbeständen nach § 44 BNatSchG*. Fachagentur Windenergie an Land. Berlin: Selbstverlag.

Wahl, J., Dröschmeister, R., Gerlach, B., Grüneberg, C., Langgemach, T., Trautmann, S., & Sudfeldt, C. (2015). *Vögel in Deutschland – 2014*. DDA, BfN, LAG VSW, Münster: Selbstverlag.

Weber, F. (2018). Von der Theorie zur Praxis – Konflikte denken mit Chantal Mouffe. In O. Kühne & F. Weber (Hrsg.), *Bausteine der Energiewende* (S. 187–206). Wiesbaden: Springer VS.

Zahn, A., Lustig, A., & Hammer M (2014). Potenzielle Auswirkungen von Windenergieanlagen auf Fledermauspopulationen. *Anliegen Natur* 36 (1), 21–35.

Christoph Moning lehrt an der Fakultät Landschaftsarchitektur der Hochschule Weihenstephan-Triesdorf im Lehrgebiet Tierökologie/Zoologie. In seiner Lehre und praktischen Tätigkeit entwickelte er innerhalb des Themenfeldes Zoologie – Naturschutz – Landschaftsökologie – Methoden der Landschaftsplanung einen Schwerpunkt im Bereich Anwendung des speziellen Artenschutzes in der Landschaftsplanung. Dazu zählt beispielsweise die Wirkungsbeurteilung von Ausgleichsmaßnahmen im Rahmen von Genehmigungsplanungen genauso wie die Gestaltung von Pflegemaßnahmen für den maximalen Erfolg für die jeweiligen Zielarten. Er entwickelte praxistaugliche ökologische Schwellenwerte im Bereich der nachhaltigen Forstwirtschaft ebenso wie Methodenstandards zur Ermittlung von Erhaltungszuständen gemeinschaftsrechtlich geschützter Vogelarten.

Die Energiewende als Basis für eine zukunftsorientierte Regionalentwicklung in ländlichen Räumen

Hans-Jörg Domhardt, Swantje Grotheer und Julia Wohland

Abstract

Der demografische Wandel stellt den rheinland-pfälzischen Rhein-Hunsrück-Kreis vor die Herausforderung eines zukunftsgerechten und nachhaltigen Handelns. Die Tragfähigkeitsprobleme bei der Bereitstellung der Daseinsvorsorge sind in vielen Bereichen erkennbar. Fraglich ist vor allem, wie die technische und soziale Infrastruktur zukünftig aufrechterhalten werden kann und wie eine zukunftsorientierte Regionalentwicklung im ländlichen Raum aussehen kann. Die Neugestaltung und Anpassung der Daseinsvorsorge an die Herausforderungen des demografischen Wandels ist ohne finanziellen Rückhalt nicht zu bewältigen. Daher sollen die sich aus Energieeinsparung, Energieeffizienz und erneuerbaren Energien (EEE) ergebenden Wertschöpfungspotentiale im Landkreis hierfür genutzt werden. Im Rahmen des Projektes ‚ZukunftsiDeeen' im Rhein-Hunsrück-Kreis wurden Ansätze diskutiert, die es ermöglichen, diese Verknüpfung zu erreichen. Dies wird in diesem Praxisbericht zudem an einzelnen Beispielen erläutert.

Keywords

Daseinsvorsorge, erneuerbare Energien, Nahwärmenutzung, Partizipationsprozess, Solidarpakt, regionale Wertschöpfung, Windenergie, interkommunale Kooperation

1 Einleitung und thematischer Hintergrund

„Mit der Energiewende sind in Deutschland wesentliche Rahmenbedingungen für Raumentwicklung auf örtlicher wie auch auf überörtlicher Ebene in Fluss geraten. Denn damit sind materiell-technische, rechtliche und soziale Veränderungsprozesse angestoßen worden." (Prinzensing 2016). Die sich hieraus ergebenden räumlichen Ausprägungen sind in den jeweiligen Raumkategorien sehr unterschiedlich. In den ländlichen Räumen werden diese wegen der großen Flächenpotenziale sehr viel eher sichtbar, zudem treten dort auch Nutzungskonflikte stärker hervor.

Neben diesen Chancen und Risiken durch die Energiewende werden in ländlichen Räumen auch die Herausforderungen, die sich aus dem demografischen Wandel ergeben, auf kommunaler Ebene immer deutlicher sichtbar. Eine zentrale Herausforderung, die sich aus der Alterung der Bevölkerung aber auch aus dem Bevölkerungsrückgang ergibt, ist die Frage des Umgangs mit Tragfähigkeitsproblemen von Einrichtungen der Daseinsvorsorge. Dazu zählen Einrichtungen und Dienstleistungen der technischen Infrastruktur (z. B. Energie- und Wasserversorgung, Abfall- und Abwasserentsorgung, öffentlicher Nah- und Fernverkehr) sowie der sozialen Infrastruktur (z. B. Kulturangebote, Gesundheitsdienste und Altenpflege, Kinderbetreuung und Bildungswesen, Rettungsdienste, Katastrophen- und Brandschutz). (Bundesministerium für Verkehr, Bau und Stadtentwicklung 2011) Doch nicht nur Einrichtungen der öffentlichen Daseinsvorsorge sind für eine Versorgung der Bevölkerung wichtig und stehen vor Tragfähigkeitsproblemen aufgrund des demografischen Wandels, sondern auch private Dienstleistungen wie z. B. Lebensmitteleinzelhandel, sonstige Einzelhandelsgeschäfte, Gasthöfe etc. Die Sicherung der Daseinsvorsorge meint die „flächendeckende Versorgung mit bestimmten […] Gütern und Dienstleistungen zu allgemein tragbaren […] Preisen und in zumutbaren Entfernungen" (Bundesministerium für Verkehr, Bau und Stadtentwicklung 2011) auch vor dem Hintergrund des demografischen Wandels und somit der Schrumpfung und Alterung der Bevölkerung insbesondere in ländlichen Räumen und einhergehenden Tragfähigkeitsproblemen sowie geänderter Nachfrage. Eng verknüpft ist die Daseinsvorsorge mit dem Postulat der gleichwertigen Lebensverhältnisse nach Art. 72 Abs. 2 Grundgesetz, das auch im Raumordnungsgesetz verankert ist. Die Sicherung der Daseinsvorsorge stellt ein wesentliches Ziel dar, um ländliche Räume langfristige Entwicklungspotenziale zu sichern sowie Leben, Wohnen und Arbeiten auch zukünftig zu ermöglichen.

Rheinland-Pfalz ist als Bundesland in weiten Teilen ländlich strukturiert und die Sicherung der Daseinsvorsorge im Zuge des demografischen Wandels stellt eine zentrale Zielsetzung der Landesentwicklung dar. Das Landesentwicklungsprogramm IV (LEP IV) aus dem Jahr 2008 sieht für ländliche Räume wesentliche Herausforderungen, wozu insbesondere folgende gehören:

- auch zukünftig sozial verträgliche und gerechte Standards der Daseinsvorsorge zu sichern,
- den Zugang und die Erreichbarkeit öffentlicher Einrichtungen zu sichern,
- innovative Konzepte der Kostenreduzierung zu fördern sowie
- das zentralörtliche System flexibel zu handhaben und ggf. anzupassen.

Auch die Gestaltung der Energiewende ist für die Landesregierung wichtig. „Neben der Energieeinsparung und einer rationellen und energieeffizienten Energieverwendung bilden der weitere Ausbau erneuerbarer Energien und die Stärkung der eigenen

Energieversorgung die vier wichtigen Pfeiler der rheinland-pfälzischen Energiepolitik." (Ministerium für Wirtschaft, Klimaschutz, Energie und Landesplanung 2014).

Der rheinland-pfälzische Rhein-Hunsrück-Kreis setzt sehr stark auf die Energiewende, Energieeffizienz und -einsparung sowie den Einsatz von erneuerbaren Energien, um den Landkreis zukunftsfähig zu gestalten und dadurch auch die Daseinsvorsorge zu sichern. Aufbauend auf der Darstellung der durch den demographischen Wandel bedingten Herausforderungen bei der Daseinsvorsorge und der räumlichen Ausprägungen der Energiewende im Rhein-Hunsrück-Kreis werden dort Projekte dargestellt und es wird aufgezeigt, wie diese zur zukünftigen Sicherung der Daseinsvorsorge beitragen können. Ebenso sollen zusammenfassend die Chancen für eine zukunftsfähige Regionalentwicklung durch die Energiewende aufgezeigt werden.

2 Der Rhein-Hunsrück-Kreis: Ausgangssituation und Herausforderungen im Bereich der Daseinsvorsorge

Der Rhein-Hunsrück-Kreis liegt in Rheinland-Pfalz und erstreckt sich westlich des Rheins im Bereich des Welterbes Mittelrheintal zwischen den Städten Oberwesel und Boppard bis in den Hunsrück sowie den Soonwald im Süden des Landkreises. Mit einer Fläche von 991 km² gehört er zu den größeren Landkreisen in Rheinland-Pfalz. Im Jahr 2015 betrug die Bevölkerungszahl des Landkreises 102 529 Einwohner(innen) (Statistisches Landesamt Rheinland-Pfalz 2017a). Der Landkreis umfasst sechs Verbandsgemeinden (mit insgesamt 136 Ortsgemeinden, 75 % davon haben weniger als 500 Einwohner(innen)) und die Stadt Boppard als verbandsfreie Gemeinde (siehe Abb. 1). Der Landkreis ist raumstrukturell zum größten Teil sehr ländlich geprägt, insbesondere die zentralen und westlichen Teile des Landkreises weisen eine geringere Bevölkerungsdichte und zum Teil auch erhebliche wirtschaftsstrukturelle Schwächen auf.

Der demografische Wandel hat den Rhein-Hunsrück-Kreis erreicht: Die vom Statistischen Landesamt Rheinland-Pfalz prognostizierte Bevölkerungszahl für das Jahr 2035 liegt bei 91 478 Einwohnern und Einwohnerinnen (EW). Für die Daseinsvorsorge von Bedeutung ist neben dem Bevölkerungsrückgang bedingt durch einen negativen natürlichen Saldo seit dem Jahr 1993 und Abwanderung (von 2005 bis 2012 negativer Wanderungssaldo, seit 2013 wieder positiv), insbesondere auch die Alterung der Bevölkerung, also der wachsende Anteil der über 65-Jährigen, um 4 %, bei gleichzeitiger Abnahme der unter 20-Jährigen um 19 % in den letzten 10 Jahren (2005 bis 2015). Das Statistische Landesamt prognostiziert für das Jahr 2035 einen Anteil der Über 65-Jährigen von knapp 35 % (siehe Abb. 2, Statistisches Landesamt Rheinland-Pfalz 2017a).

Die aus dem demografischen Wandel entstehenden Tragfähigkeitsprobleme bei der Bereitstellung der Daseinsvorsorge im Rhein-Hunsrück-Kreis sind bereits in un-

Abbildung 1 Der Rhein-Hunsrück-Kreis: Lage in Rheinland-Pfalz und Gemeindestruktur

Entwurf: Eigene Darstellung, Kaiserslautern 2017; Quelle: Bundesamt für Kartographie und Geodäsie 2011

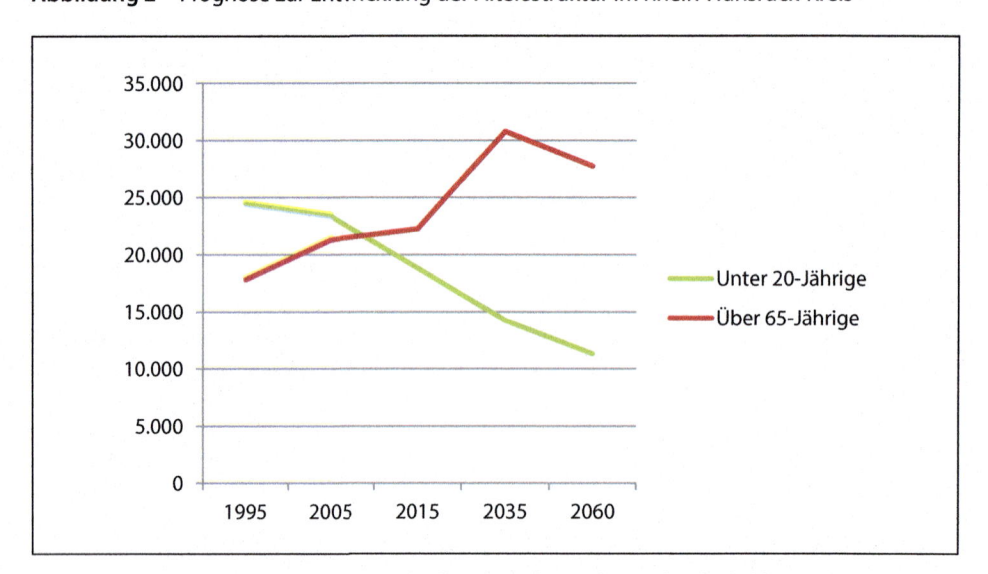

Abbildung 2 Prognose zur Entwicklung der Altersstruktur im Rhein-Hunsrück-Kreis

Entwurf: Eigene Darstellung, Kaiserslautern 2017; Quelle: Statistisches Landesamt Rheinland-Pfalz 2017a

terschiedlichen Bereichen, wie beispielsweise schulische und medizinische Versorgung, Einzelhandel und Mobilität erkennbar. Bereits im Jahr 2015 kamen im Kreis über 4 000 Einwohner(innen) auf eine Apotheke, über 1 500 auf einen Allgemeinarzt. Gleichzeitig nahm die Zahl der Schüler(innen) in den letzten zehn Jahren um 18 % ab. Daher ist fraglich, ob und vor allem wie die technische und soziale Infrastruktur, die medizinische Versorgung etc. zukünftig, auch vor dem Hintergrund unterschiedlicher finanzieller Spielräume der Kommunen, aufrechterhalten werden kann (Statistisches Landesamt Rheinland-Pfalz 2017a).

Die Neugestaltung der Daseinsvorsorge – im Sinne einer Anpassung an die sich aus der Alterung und dem Bevölkerungsrückgang ergebenden Veränderungen in Angebot und Nachfrage nach unterschiedlichen Leistungen – ist ohne finanziellen Rückhalt nicht zu bewältigen. Daher sollen die sich aus Energieeinsparung, Energieeffizienz und erneuerbaren Energien ergebenden Wertschöpfungspotentiale hierfür im Landkreis flächendeckend genutzt werden.

3   Ausprägung der Energiewende im Rhein-Hunsrück-Kreis

Der Rhein-Hunsrück-Kreis besitzt besondere Stärken im Bereich des Klimaschutzes und der erneuerbaren Energien. Der Landkreis gilt in diesem Bereich europaweit als Vorbild (Verleihung Europäischer Solarpreis 2011) und verfügt noch über erhebliche Ausbaupotentiale. Mit rund 150 Windkraftanlagen (WKA) auf kommunalem Eigentum ist der Kreis seit Jahresanfang 2012 bilanzieller Exporteur von erneuerbarem Strom. Zum Ende des Jahres 2015 befanden sich insgesamt 252 Windenergieanlagen im Landkreis am Netz (Rhein-Hunsrück-Kreis o. J.). Darüber hinaus gibt es im Kreis einige weitere zukunftsweisende Projekte im Bereich Energie, etwa 2 000 Photovoltaikanlagen in Bürgerhand, zahlreiche Nahwärmeverbünde und die Nutzung von Baum- und Strauchschnitt als Heizmittel.

Nach dem integrierten Klimaschutzkonzept des Landkreises vom September 2011 (Rhein-Hunsrück-Kreis 2011) können die jährlichen Energiebezugskosten in Höhe von rund 292 Millionen Euro überwiegend in regionale Wertschöpfung und Auftragsvolumen für das heimische Handwerk umgewandelt werden. Insbesondere profitieren viele (Orts-)Gemeinden im Rhein-Hunsrück-Kreis direkt durch Pachteinnahmen (insbesondere für Windkraftanlagen), die nicht unerhebliche Mittel in die kommunalen Kassen bringen.

Allerdings zeigen sich hierbei auch Probleme und zukünftige Risiken. So profitieren nicht alle (Orts-)Gemeinden von diesen (Pacht-)Einnahmen aus erneuerbaren Energien, da sie nicht als Standorte für entsprechende Anlagen (in erster Linie Windkraftanlagen) auf Grund ungeeigneter Rahmenbedingungen (Windhöffigkeit, Nähe zu Siedlungen, fachrechtliche Schutzgebietsausweisungen, etc.) in Frage kommen. Dies führt häufig zu ungleichen Mittelzuflüssen, die als ungerecht empfunden werden. Derzeitig werden nur vereinzelt sogenannte Solidarpakte zwischen den (Orts-)

Gemeinden abgeschlossen, die einen Ausgleich (Beteiligung aller Ortsgemeinden einer Verbandsgemeinde an den Pachteinnahmen) ermöglichen[1].

4 Das Projekt ‚ZukunftsiDeeen' im Rhein-Hunsrück Kreis

4.1 Zielsetzung des Projekts ‚ZukunftsiDeeen'

Ziel des Projekts ‚ZukunftsiDeeen' (= innovative Daseinsvorsorge durch Energieeinsparung, Energieeffizienz und Erneuerbare Energien nachhaltig gestalten) war es, gemeinsam mit den Bürger(inne)n des Rhein-Hunsrück-Kreises neue Lösungsansätze einer gezielten Daseinsvorsorge zu entwickeln und zu etablieren (allgemein zu Fragen der Governance auch Gailing 2018 in diesem Band). Im Rahmen des Projektes wurden in einem breit angelegten Partizipationsprozess integrative Ansätze entwickelt, die es ermöglichen, die Themenfelder Daseinsvorsorge und Wertschöpfung aus der regenerativen Energieerzeugung miteinander zu verknüpfen.

Das Projekt ‚ZukunftsiDeeen' wurde vom Bundesministerium für Bildung und Forschung (BMBF) im Rahmen von ‚Zukunftsprojekt Erde' – eine Initiative des BMBF im Wissenschaftsjahr 2012 – sowie vom Rahmenprogramm ‚Forschung für Nachhaltige Entwicklung' (FONA) gefördert.

Der Prozess der ‚ZukunftsiDeeen' wurde von zwei wissenschaftlichen Institutionen begleitet. Während der Themenbereich Daseinsvorsorge federführend durch das Steinbeis Beratungszentrum Regional- und Kommunalentwicklung, c/o Technische Universität Kaiserslautern, Lehrstuhl Regionalentwicklung und Raumordnung unter Leitung von Univ.-Prof. Dr. habil. Gabi Troeger-Weiß sowie apl. Prof. Dr. Hans-Jörg Domhardt betreut wurde, erfolgte die Betreuung des Themenbereiches Wertschöpfung aus der regenerativen Energieerzeugung durch das Institut für angewandtes Stoffstrommanagement (IfaS) der Fachhochschule Trier, Umwelt-Campus Birkenfeld unter Leitung von Prof. Dr. Peter Heck.

Das Ziel der inhaltlichen Aufteilung der Prozessbegleitung bestand darin, weitere Entwicklungsmöglichkeiten und Verknüpfungen zwischen den Themenbereichen Daseinsvorsorge auf der einen und Klimaschutz auf der anderen Seite aufzuzeigen.

Beide Institutionen der wissenschaftlichen Begleitung übernahmen in enger Abstimmung untereinander folgende Aufgabenbereiche:

---

1 In Rheinland-Pfalz steht der Status ‚Ortsgemeinde' für eine rechtlich eigenständige Gemeinde, die einer Verbandsgemeinde als Verwaltungseinheit angehört. Verbandsgemeinden in Rheinland-Pfalz sind Verwaltungseinheiten in der Rechtsform von Gebietskörperschaften, die aus benachbarten Gemeinden des gleichen Landkreises gebildet werden. Sie haben als Gemeindeverbände die gleiche Rechtsstellung wie Gemeinden und Landkreise und dienen der Stärkung der Verwaltungskraft der verbandsangehörigen Gemeinden (Ortsgemeinden), ohne dass diese ihre politische Selbständigkeit aufgeben.

- Begleitung des Dialogs mit den Bürger(inne)n im Landkreis,
- Vertiefende Analysen zu verschiedenen Themenfeldern wie Demographie, Wertschöpfungs- und Beschäftigungseffekten,
- Entwicklung innovativer Finanzierungs- und Beteiligungsmodelle,
- Ausarbeitung und Begleitung von Leitprojekten bis hin zur Umsetzung.

4.2 Vorgehensweise: Breit angelegter Partizipationsprozess

Der gesamte Projektablauf umfasste knapp zehn Monate (August 2012 bis Juni 2013) und war geprägt durch eine Abfolge unterschiedlicher Veranstaltungen für und mit verschiedenen Zielgruppen:

- Projektauftakt mit einer Auftaktveranstaltung am 31. 8. 2012,
- sieben Zukunftswerkstätten (September bis Dezember 2012),
- fünf Werkstattgespräche (Februar bis April 2013),
- sowie die Abschlussveranstaltung am 11. 6. 2013.

Zur Steuerung des Gesamtprozesses wurde eine Lenkungsgruppe eingerichtet, der neben Vertretern des Rhein-Hunsrück-Kreises auch Vertreter der beiden wissenschaftlichen Begleitungen sowie einzelne Vertreter aus den Verbandsgemeinden bzw. der Stadt Boppard angehörten. Die Lenkungsgruppe hatte die Aufgabe, den Gesamtprozess zu steuern und die jeweiligen Veranstaltungen inhaltlich und organisatorisch vorzubereiten.

Zur Information der und Kommunikation mit den Bürger(inne)n wurden neben den Veranstaltungen im Projekt ‚ZukunftsiDeeen' unterschiedliche Medien genutzt:

- Pressearbeit: Um regelmäßige Informationen der Bürger(innen) über das Projekt sicherzustellen, wurde eine Medienpartnerschaft mit der Lokalzeitung ‚Rhein-Hunsrück-Zeitung' gebildet. So berichtete die Presse zum Projektauftakt ausführlich und im Laufe des weiteren Prozesses kontinuierlich im Vorfeld und im Nachgang der Veranstaltungen.
- Interaktive Online-Plattform: Zum Projektauftakt wurde die Online-Plattform www.zukunftsideeen.de eingerichtet. Diese diente in erster Linie der kontinuierlichen Information interessierter Bürger(innen) über das Projekt, der Anmeldung zu Veranstaltungen etc. Auf der Homepage stand jedoch auch die aktive Beteiligung der Bürger(innen) mit im Fokus. Hierzu gab es drei verschiedene Möglichkeiten:
    - Einen Kontakt-Button, über den per Mail Ideen, Anregungen und Fragen zum Projekt an die Administratoren gesendet werden konnten,
    - monatlich wechselnde Umfragen zu den Projektthemen, an denen sich jeder per Mausklick beteiligen konnte,

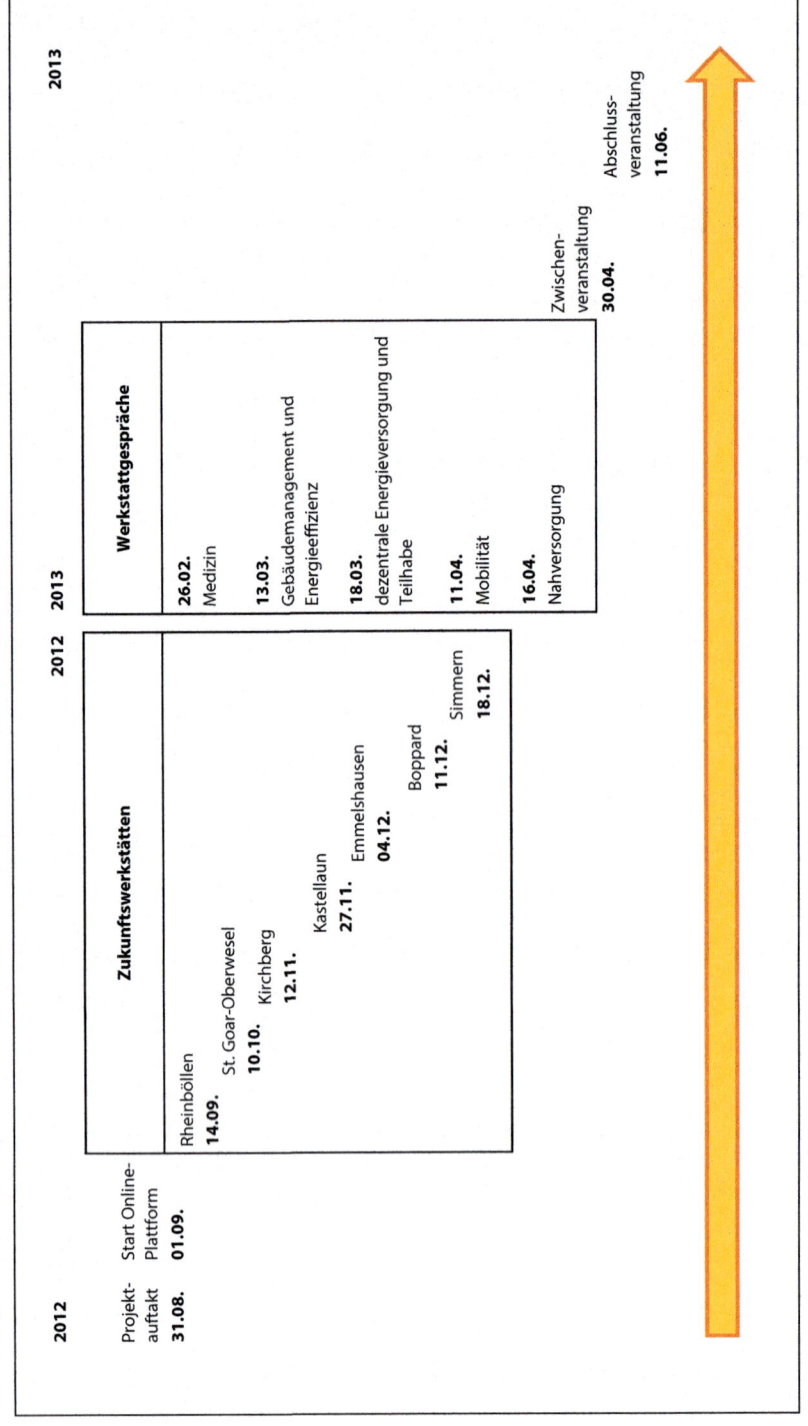

Abbildung 3 Ablauf des gesamten Projektes ‚ZukunftsiDeeen'

2012   2012   2013   2013

Projekt-
auftakt
31.08.

Start Online-
Plattform
01.09.

Zukunftswerkstätten

Rheinböllen
14.09.
St. Goar-Oberwesel
10.10. Kirchberg
12.11.
Kastellaun
27.11. Emmelshausen
04.12.
Boppard
11.12. Simmern
18.12.

Werkstattgespräche

26.02.
Medizin

13.03.
Gebäudemanagement und
Energieeffizienz

18.03.
dezentrale Energieversorgung und
Teilhabe

11.04.
Mobilität

16.04.
Nahversorgung

Zwischen-
veranstaltung
30.04.

Abschluss-
veranstaltung
11.06.

Quelle: Lehrstuhl Regionalentwicklung und Raumordnung, Kaiserslautern 2013

- regelmäßig wechselnde konkrete Fragestellungen zu den Themen erneuerbare Energien und Daseinsvorsorge und deren zukünftige Entwicklung, zu denen die Bürger(innen) ihre Meinung und Vorschläge per Formular einsenden konnten. Zu jedem Wechsel der Fragestellung wurde die anonymisierte Auswertung der vorhergehenden auf der Homepage veröffentlicht.
- Zukunftswerkstätten: Ein wesentliches Element des partizipativen Prozesses waren die Zukunftswerkstätten, welche in den sechs Verbandsgemeinden des Rhein-Hunsrück-Kreises sowie in der Stadt Boppard durchgeführt wurden. Es galt hierbei vor allem, die Ideen und Vorschläge aus der Bevölkerung zu erhalten und zu diskutieren.

  Zu Beginn jeder Zukunftswerkstatt stellten die wissenschaftlichen Projektpartner den Hintergrund des Projektes ‚ZukunftsiDeeen' vor. Einleitend wurden den Teilnehmern mögliche Schlagzeilen der Rhein-Hunsrück-Zeitung aus der Zukunft präsentiert. Ziel war es, die Teilnehmer(innen) für die Themen zu sensibilisieren, um im Anschluss mit ihnen die gemeindespezifischen Problembereiche zu erarbeiten sowie in Kleingruppen über Handlungsmöglichkeiten zu diskutieren.

  Im Anschluss an die intensiven Gespräche der Werkstattteilnehmer(innen) untereinander gab es eine abschließende Diskussion im Plenum, eine Zusammenfassung der jeweiligen Ergebnisse sowie einen Ausblick auf das weitere Vorgehen im Projekt.

  In den sieben Zukunftswerkstätten wurden von ca. 400 Bürger(inne)n mehr als 600 inhaltliche Vorschläge erarbeitet. Die Zukunftswerkstätten bildeten somit das zentrale Element des Partizipationsprozesses während des gesamten Projektes. Aus der Bandbreite der inhaltlichen Vorschläge wurden nach einer Systematisierung und inhaltlichen Strukturierung wesentliche Ideen herausgefiltert, welche die Grundlage für die Werkstattgespräche bildeten.
- Werkstattgespräche als vertiefende ‚Ideenschmieden': Ziel der Werkstattgespräche war es, die Themenbereiche mit den meisten Ideen und Vorschlägen aus den Zukunftswerkstätten mit lokalen Experten und Entscheidungsträgern weiter zu vertiefen, um konkrete Projekte auf den Weg bringen zu können. Dazu wurden mit fast 40 Experten und Entscheidungsträgern insgesamt fünf Werkstattgespräche mit wissenschaftlicher Begleitung durchgeführt.

  Im Einzelnen waren dies Experten aus folgenden Bereichen:
  - Medizinische Versorgung: Hausärzte, Apotheker, Vertreter der Kliniken und der Bezirksärztekammer, Pflegefachkräfte;
  - Gebäudemanagement und Energieeffizienz: Dorfplaner, Energieberater, Architekten und Handwerker;
  - Dezentrale Energieversorgung und Teilhabe: Energieversorger, Vertreter von Banken und Energiegenossenschaften;
  - Mobilität: Vertreter des Landesbetriebs Mobilität und der Rhein-Mosel-Verkehrsgesellschaft, Experten für E-Mobilität und CarSharing, Verantwortliche für Bürgerbusse;

- Nahversorgung: Vereinsvorsitzende, Supermarktleiter, Ortsbürgermeister, Betreiber von Dorfläden.

Als Ergebnisse wurden in den jeweiligen Themenbereichen verschiedene Aufgabenfelder identifiziert, die nach dem Abschluss des Projektes ‚ZukunftsiDeeen‘ vorrangig umgesetzt werden sollten.

4.3 Projektabschluss und Strukturbildung im Rhein-Hunsrück-Kreis

Ein wesentliches Ergebnis dieses Projektes ist die Etablierung des so genannten ‚Zukunftsrates Rhein-Hunsrück‘ als neues Gremium auf der Ebene des Landkreises, das sich zukünftig der Umsetzung von den im Projekt ‚ZukunftsiDeeen‘ entwickelten kommunalen Projektvorschlägen annehmen wird und somit die Verknüpfung von Daseinsvorsorge und erneuerbaren Energien im Landkreis vorantreiben soll. Außerdem werden in jeder Verbandsgemeinde und der Stadt Boppard zusammen mit den Bürger(inne)n ‚Arbeitsplattformen‘ in unterschiedlicher Ausprägung – je nach kommunaler Vorstellung – eingerichtet, die eng mit dem Zukunftsrat auf Landkreisebene zusammenarbeiten und lokal Projekte anstoßen sollen.

Der Zukunftsrat soll für die Umsetzung ausgewählter Leuchtturmprojekte sorgen und diese weiterentwickeln sowie geeignete Aktivitäten und Prozesse der Daseinsvorsorge im Rhein-Hunsrück-Kreis fördern. Er soll sich als Zusammenschluss von lokalen Experten und Schlüsselakteuren verstehen, die sich aktiv und kritisch-kommentierend in die Politik einbringen.

Ziele des ‚Zukunftsrats Rhein-Hunsrück‘ sind:

- er soll sich für die nachhaltige Sicherung der Daseinsvorsorge einsetzen,
- er soll hierfür die Kooperation von sozialen, ökonomischen und ökologischen Aktivitäten und Projekten auf Kreisebene fördern,
- er soll die Bürgerbeteiligung an Entscheidungsprozessen fördern sowie Informationen, Diskussionsforen und fachliche Unterstützung bieten,
- er soll wissenschaftliche, technische, kulturelle und sonstige fachliche Kompetenzen im Rhein-Hunsrück-Kreis mobilisieren und vernetzen,
- er soll die Kreativität, Innovationsbereitschaft und Zivilcourage bei der Umsetzung zukunftsfähiger Projekte fördern,
- er soll seine Projekte und seine Beratungsergebnisse öffentlich präsentieren und dadurch Transparenz schaffen,
- er soll die (Projekt-)Erfahrungen für andere ländlich strukturierte Regionen zur Verfügung stellen.

Durch den Zukunftsrat und den in den Verbandsgemeinden geschaffenen Arbeitsplattformen hat die Beteiligung eine Institutionalisierung erfahren. So ist gewährleistet, dass im Landkreis weiter nachhaltig an den Themen Daseinsvorsorge und erneuerbare Energien – auch an deren Verknüpfung – gearbeitet wird.

Der ‚Zukunftsrat Rhein-Hunsrück' hat sich am 4. Dezember 2013 zu seiner konstituierenden Sitzung getroffen. Bei der Zusammensetzung dieses Gremiums wurden neue Wege gegangen. Anders als bei sonstigen Ausschüssen und Beiräten üblich, ist der Zukunftsrat nicht nur durch Vertreter der im Kreistag vertretenen politischen Parteien besetzt, sondern mehrheitlich mit Bürger(inne)n, die sich im ‚ZukunftsiDeeen'-Prozess als Experten für die Themen der Daseinsvorsorge besonders hervorgetan haben. Der Zukunftsrat hat insgesamt 14 Mitglieder, neben dem Landrat (Vorsitz) sind es fünf Mitglieder des Kreistages, ein Vertreter des Regionalrats Wirtschaft (Wirtschaftsförderungseinrichtung) sowie sieben Bürger(inne)n aus dem Projekt ‚ZukunftsiDeeen'.

Das Projekt ‚ZukunftsiDeeen' stellt eine wichtige Phase in der laufenden Arbeit des Rhein-Hunsrück-Kreises zur Bewältigung der Folgen des demografischen Wandels dar. Im Fokus der zukünftigen Aufgabenfelder steht vor allem die Sicherstellung der Daseinsvorsorge in den Städten und Gemeinden des Landkreises. Hierzu wurden vielfältige neue Ideen mit konkreten Projektvorschlägen und Maßnahmen entwickelt und in einem offenen und partizipativen Prozess diskutiert.

Hierbei wurden auch die Möglichkeiten der Verknüpfung dieser Aufgabenbereiche mit den finanziellen Möglichkeiten der Wertschöpfung aus den Aktivitäten in dem Bereich der erneuerbaren Energien im Rhein-Hunsrück-Kreis ausgelotet und entsprechende Ansatzpunkte herausgearbeitet. Dies war ein wichtiger Bestandteil des Projektes, da die Herausforderungen in der Daseinsvorsorge nur mit entsprechenden finanziellen Mitteln zu bewältigen sind. Da sich die Haushaltslage in den Kommunen des Kreises sehr unterschiedlich darstellt, galt es alternative Finanzierungsmöglichkeiten, wie die Erlöse aus erneuerbaren Energien sie beispielsweise bieten können, zu untersuchen.

Inhaltlich soll durch die Einbeziehung der auch zukünftig zu erwartenden Wertschöpfung aus dem Ausbau der erneuerbaren Energien einerseits ein hoher Anteil dieser Wertschöpfung in der Region bzw. im Landkreis gehalten werden, andererseits soll versucht werden, die erforderlichen Kosten einer zukünftigen Daseinsvorsorge im Landkreis durch solche Einnahmen abzudecken. Mit Hilfe der im Projekt erarbeiteten Systematik zur Verknüpfung der beiden Bereiche Daseinsvorsorge und erneuerbare Energien (vgl. hierzu Abb. 4) können künftig systematisch Schnittstellen identifiziert und so Maßnahmen der Daseinsvorsorge schneller, rentabler und nachhaltiger umgesetzt werden, etwa ein dringend benötigter Seniorenbus als E-Mobil, ein vom nahen Windrad mit Strom versorgter Kindergarten, ein mobiler Ärztedienst, der aus dem aus Einnahmen aus der erneuerbaren Energie gespeisten Gesundheitsfonds finanziert wird. Möglichweise eröffnet die Verknüpfung „klassischer" Daseinsvorsorgeprojekte mit erneuerbaren Energien den Projekten auch weitere und andere Fördermöglichkeiten.

Abbildung 4 Schematische Übersicht zu den Möglichkeiten der Verknüpfung von Daseinsvorsorge und erneuerbaren Energien (EE)

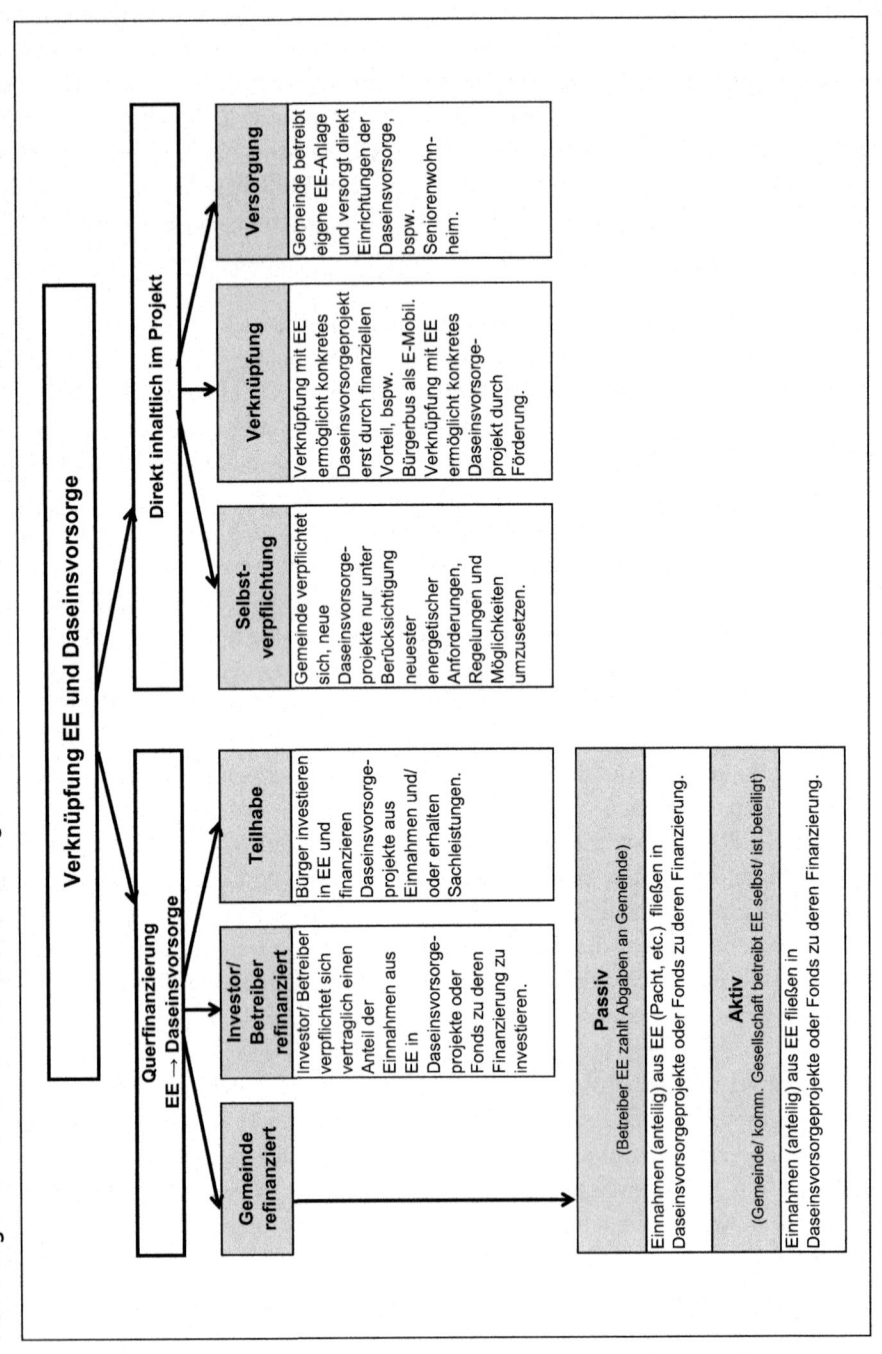

Verknüpfung EE und Daseinsvorsorge

Querfinanzierung EE → Daseinsvorsorge

- **Gemeinde refinanziert**
- **Investor/Betreiber refinanziert**: Investor/Betreiber verpflichtet sich vertraglich einen Anteil der Einnahmen aus EE in Daseinsvorsorgeprojekte oder Fonds zu deren Finanzierung zu investieren.
- **Teilhabe**: Bürger investieren in EE und finanzieren Daseinsvorsorgeprojekte aus Einnahmen und/oder erhalten Sachleistungen.

Direkt inhaltlich im Projekt

- **Selbstverpflichtung**: Gemeinde verpflichtet sich, neue Daseinsvorsorgeprojekte nur unter Berücksichtigung neuester energetischer Anforderungen, Regelungen und Möglichkeiten umzusetzen.
- **Verknüpfung**: Verknüpfung mit EE ermöglicht konkretes Daseinsvorsorgeprojekt erst durch finanziellen Vorteil, bspw. Bürgerbus als E-Mobil. Verknüpfung mit EE ermöglicht konkretes Daseinsvorsorgeprojekt durch Förderung.
- **Versorgung**: Gemeinde betreibt eigene EE-Anlage und versorgt direkt Einrichtungen der Daseinsvorsorge, bspw. Seniorenwohnheim.

Passiv (Betreiber EE zahlt Abgaben an Gemeinde)
Einnahmen (anteilig) aus EE (Pacht, etc.) fließen in Daseinsvorsorgeprojekte oder Fonds zu deren Finanzierung.

Aktiv (Gemeinde/komm. Gesellschaft betreibt EE selbst/ ist beteiligt)
Einnahmen (anteilig) aus EE fließen in Daseinsvorsorgeprojekte oder Fonds zu deren Finanzierung.

Quelle: Lehrstuhl Regionalentwicklung und Raumordnung, Kaiserslautern 2013

5 Energiewende – Projektbeispiele um Wertschöpfung zu generieren und Daseinsvorsorge zu sichern

Die Potenziale, die sich aus der Energieeinsparung, Energieeffizienz und erneuerbaren Energien im Rhein-Hunsrück-Kreis ergeben, sollen direkt im Landkreis genutzt werden, unter anderem zur Begegnung des demografischen Wandels und zur Sicherung der Daseinsvorsorge. Wichtig ist dafür, im Landkreis die Akzeptanz und Teilhabe der Bürger(innen), die Wertschöpfung in der Region zu erhöhen und lokale Investoren zu fördern (allgemein auch Eichenauer et al. 2018; Roßmeier et al. 2018; Sontheim und Weber 2018 in diesem Band). Für eine zukunftsorientierte Regionalentwicklung sollen somit die Themen Energie und Daseinsvorsorge verknüpft werden, um bspw. Pachteinnahmen aus den Windkraftanlagen direkt für die Menschen vor Ort wieder zu investieren.

5.1 Daseinsvorsorge durch erneuerbare Energien in der Ortsgemeinde Mastershausen

Die Ortsgemeinde Mastershausen hatte im Jahr 2015 983 Einwohner(innen). Von 2004 bis 2014 war die Bevölkerungsentwicklung leicht rückläufig (von 1 145 Einwohner(innen) auf 972), 2015 war das erste Jahr mit einer wieder positiven Entwicklung gegenüber dem Vorjahr. Die natürliche Bevölkerungsentwicklung ist seit dem Jahr 2004 negativ, während Wanderungsbewegungen von 2004 bis 2014 negativ waren und seit 2015 positiv sind. Vor allem der Anteil der Bevölkerungsgruppe der unter 20-Jährigen nahm in den letzten 10 Jahren ab (2005 bis 2015), während der Anteil der 20 bis unter 65-Jährigen zunahm und die 65-Jährigen und älter gleich geblieben sind. (Statistisches Landesamt Rheinland-Pfalz 2017b)

Die Ortsgemeinde nutzt ihre Pachteinnahmen aus dem Wind- und Solarpark (14 WKA und eine 2 MW-Freiflächen-PV-Anlage) für Projekte zur Sicherung der Daseinsvorsorge. Die Pachteinnahmen betragen rund 300 000 € im Jahr zuzüglich einem prozentualen Erfolgsanteil und einer Einmalzahlung von 630 000 € im Jahr 2010. Zu den Projekten zur Sicherung der Daseinsvorsorge zählen unter anderem:

- „Umbau der alten Schule zu Seniorenheim mit Begegnungscafé 1 500 000 €
- Vitalisierungsprogramm für Altbauten im Ortskern 50 000 € pro Jahr
- Vereinsförderung jährlich 15 000 € für insgesamt 10 Vereine
- Neubau Jugendraum 60 000 €
- DSL-Anbindung, Eigenanteil 101 000 €". (Uhle 2016a)

Diese Projekte verknüpfen erneuerbare Energien und Daseinsvorsorge mittels Querfinanzierung, d. h. die Gemeinde kann aus den passiv erzielten Abgaben die Projekte finanziell ermöglichen.

5.2 Nahwärmeverbünde – Kooperation und Wertschöpfung in der Region generieren

Nahwärme ist im Gegensatz zu Fernwärme die Wärmeübertragung durch ein Netz zu Heizzwecken über eine relativ kurze Distanz. Im Unterschied zur Fernwärme wird die Nahwärme in kleinen, dezentralen Einheiten organisiert und kann bei relativ niedrigen Temperaturen übertragen werden. Dies spielt zukünftig für die Nutzung erneuerbarer Energien eine wichtige Rolle. Durch die kleinen, dezentralen Anlagen beträgt die Leistung der Anlagen in der Regel nur etwa zwischen 50 Kilowatt und einigen Megawatt, was für kleinere Wohngebiete oder Gemeinden ausreichend ist, die solche Nahwärmenetze verstärkt nutzen (Bundesverband Geothermie 2017).

Die Wärmenetze bestehen aus einem Wärmeerzeuger, Wärmeleitungen zum Transport und den Wärmeverbrauchern (ParaDigma 2016). Der Vorteil dieser Wärmenetze besteht hauptsächlich darin, dass durch die kurzen Distanzen bei der Übertragung durch die Rohre nur wenig Wärme verloren geht. Voraussetzung ist, dass die Wärmeverbraucher das System unterstützen und entsprechende Wärmeleitungen verlegen.

Nahwärme kann aus verschiedenen Energieträgern erzeugt werden, u. a. Biogas, Holz (Hackschnitzel, Pellets, Scheitholz), sonstige halmartige Biomasse (Stroh, Grünschnitt) oder Strom. Je nachdem muss die Anlage entsprechend konzipiert und gebaut werden. Welcher dieser Energieträger sinnvoll ist, ist im Wesentlichen von der Lage der Gemeinde und den vorhandenen Ressourcen abhängig. Ebenso spielt die Ortsstruktur eine wichtige Rolle, also Anzahl und Lage der Gebäude sowie die Bebauungsdichte, da hier die Leitungen verlegt werden müssen. Aufgrund der unterschiedlichen Voraussetzungen ist jedes Nahwärmeprojekt einzigartig. Bereits bestehende Projekte können nur dann als Vorbild genommen werden, wenn Siedlungsstruktur und Biomassepotential vergleichbar sind (Rhein-Hunsrück-Kreis 2015).

Zur Nutzung der Nahwärme, wird meist ein Nahwärmeverbund eingerichtet. Bei einem Nahwärmeverbund beziehen mehrere Liegenschaften die Wärme von einer gemeinsamen externen Quelle (St. Gallisch-Appenzellische Kraftwerke AG 2017). Diese Wärme wird dann zu den einzelnen Liegenschaften überführt, indem sie in kleinräumige Nahwärmenetze eingespeist wird (Bundesministerium für Verkehr, Bau und Stadtentwicklung 2011). Ein Nahwärmeverbund kann bspw. innerhalb einer Gemeinde oder als interkommunale Kooperation entstehen. Als Umsetzungsformen eignen sich beispielsweise eine Gesellschaft bürgerlichen Rechts, eine Genossenschaft oder die Realisierung mit einem regionalen Partner.

Ein Leitfaden für die Entstehung eines Nahwärmeverbundes im Rhein-Hunsrück-Kreis sieht fünf Phasen vor (Rhein-Hunsrück-Kreis 2015, S. 5 ff.):

- Initialphase: Hierbei werden die Schwerpunkte anhand von Potential- und Bedarfsanalyse erfasst, sowie die Bürger(innen) zur Beteiligung aufgerufen.

- Vorplanung und Gründung: In dieser Phase werden Besichtigungsfahrten unternommen, Machbarkeitsstudien und technische Konzepte entworfen. Ebenso werden Vorverträge aufgesetzt und die Finanzierung und Förderung geplant.
- Detailplanung und Bau: In dieser Phase werden Verträge und Finanzierung gesichert und die Vergabe des Projektes geklärt.
- Betrieb und Optimierung: In der vierten Phase geht es um die Personalschulung und die Optimierung des bisherigen Systems. Ebenso werden weitere Gebäude angeschlossen.
- Weiterentwicklung: In der letzten Phase geht es um das Netzwerk allgemein und die Wissensvermittlung des Projektes.

Dabei ist zu beachten, dass die Phasen zur Umsetzung und Entwicklung eines Nahwärmeverbundes nicht getrennt voneinander zu betrachten, sondern als fließender Prozess zu sehen sind, der lediglich als Leitfaden inhaltlich gegliedert ist.

Insgesamt waren im September 2016 13 Biomasse-Nahwärmeverbünde im Rhein-Hunsrück-Kreis in Betrieb, weitere waren in Planung bzw. haben Interesse bekundet. (Uhle 2016a). Einige Beispiele werden nachfolgend dargestellt.

- Interkommunale Nahwärmeverbünde von öffentlichen Gebäudekomplexen: Im Rhein-Hunsrück-Kreis wurden öffentliche Gebäudekomplexe zu Nahwärmeverbünden zusammengeschlossen. Dazu zählen beispielsweise Kreisschulen, Gebäude der Verbandsgemeinden und der Stadt, die mit Baum- und Strauchschnitt beheizt werden. Dafür gibt es 120 Sammelplätze und einen zentralen Aufbereitungsplatz, wo die stoffliche Aufbereitung des Brennmaterials erfolgt. Das Material setzt sich aus ca. 50 % hochwertigen Komposts und ca. 50 % Brennstoff zusammen. Die thermische Verwertung erfolgt dann in Heizzentralen mit einer Brennleistung von 500 bis 850 kW.

    Derzeit gibt es im Rhein-Hunsrück-Kreis drei Nahwärmeverbünde, in denen bspw. 22 Schulgebäude, acht Sporthallen, zwei Hallen- und ein Freibad, ein Mensagebäude, eine Bibliothek und eine Stadthalle zusammengeschlossen sind (Uhle 2016b).
- Interkommunaler Nahwärmeverbund der Gemeinden Neuerkirch und Külz: Die räumlich sehr nah beieinander liegenden Nachbargemeinden (vgl. Abbildung 5: Interkommunaler Nahwärmeverbund Neuerkirch und Külz) Neuerkirch (282 Einwohner(innen)) und Külz (484 Einwohner(innen)) der Verbandsgemeinde Simmern/Hunsrück haben sich im Jahr 2015 zu einem gemeinsamen Nahwärmeverbund zusammengeschlossen.

    Der Nahwärmeverbund Neuerkirch-Külz ist die momentan größte solarthermisch unterstützte Nahwärmeversorgung in Rheinland-Pfalz. An das Netz sind 142 überwiegend private Haushalte angeschlossen, wodurch rund 6 km Leitungen verlegt wurden. Die Bereitschaft der Bürger(innen), sich an dem Projekt zu beteiligen, war dabei sehr groß und für den Erfolg sehr bedeutsam. Eine Aufstockung

Abbildung 5 Interkommunaler Nahwärmeverbund Neuerkirch und Külz

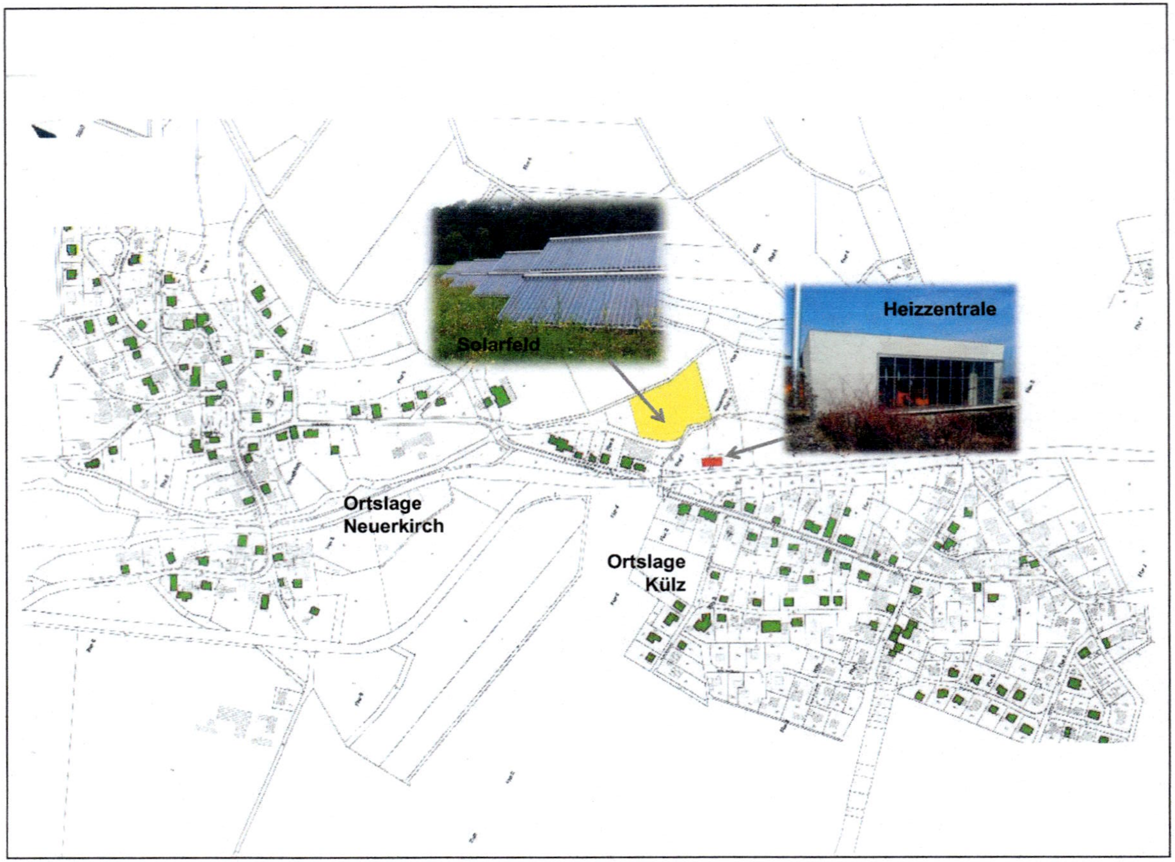

Quelle: Verbandsgemeindeverwaltung Simmern/Hunsrück 2015, S. 37

der Haushalte, die an das Nahwärmenetz angeschlossen sind, ist weiterhin durch den Ausbau der Rohrleitungen möglich. Errichtet wurde die Anlage in den Jahren 2015/2016 mit einer Bauzeit von eineinhalb Jahren und konnte im Frühjahr 2016 in Betrieb genommen werden. Die Investitionskosten lagen bei rund 4,5 Millionen Euro und wurden durch die Kreditanstalt für Wiederaufbau (KfW) gefördert (Verbandsgemeindeverwaltung Simmern/Hunsrück 2015, S. 37).

Die Nahwärmeanlage nutzt als Energieträger Holzhackschnitzel und Solarthermie und produziert jährlich somit eine Wärmemenge von rund 3,1 Millionen kWh. Die Holzhackschnitzel und Sonnenstrahlung sind als Ressourcen in der Region verfügbar. Die Holzhackschnitzel werden in zwei Kesseln verarbeitet und erzeugen eine Wärmeleistung von 1 200 kW. Die restliche Wärmeerzeugung erfolgt über eine Solarkollektorfläche mit einer Größe von rund 1 400 m². Durch den Betrieb der Anlage werden so über 400 000 Liter Heizöl eingespart und mehr als 1 200 Tonnen CO_2 (Verbandsgemeindeverwaltung Simmern/Hunsrück 2017).

5.3 Solidarpakte als Instrumente der interkommunalen Kooperation und zum interkommunalen Ausgleich

In einigen Verbandsgemeinden des Rhein-Hunsrück-Kreises wurden im Zuge der sich durch die Energiewende vollziehenden landschaftlichen und finanziellen Veränderungen so genannte Solidarpakte geschlossen.

Solidarpakte stellen Instrumente dar, die einen „gerechten Vorteils- und Lastenausgleich bei der Errichtung und beim Betrieb von Anlagen zur Energieerzeugung mit erneuerbaren Energien (Windkraft, Fotovoltaik, Biomasse)" (Verbandsgemeinde Rheinböllen 2009) zum Ziel haben. Hintergrund ist die Tatsache, dass die teilweise erheblichen Pachteinnahmen von Anlagen aus erneuerbaren Energien – sofern diese auf gemeindeeigenen Grundstücken errichtet wurden – den Ortsgemeinden zufließen, diese aber gleichzeitig, vor allem bei größeren Anlagen, über die Grenzen der Ortsgemeinde hinaus Auswirkungen entfalten.

Der Vorreiter bei den Solidarpakten ist die Verbandsgemeinde Rheinböllen, die im Jahr 2009 ihren Solidarpakt als Vertrag zwischen allen zwölf Ortsgemeinden und der Verbandsgemeinde Rheinböllen abgeschlossen hat. Dieser Vertrag regelt die Verteilung der Erlöse[2], die den Ortsgemeinden aus Anlagen der erneuerbaren Energien (Windkraft, Fotovoltaik, Biomasse) zufließen. Der Vertrag zielt auf jene Anlagen ab, die eine hohe Raumbedeutsamkeit haben und mit ihrem Eingriff in das Landschaftsbild und der Notwendigkeit des Anschlusses an überörtliche Netze eine über die Gemarkung der jeweiligen Ortsgemeinde hinausgehende Wirkung entfalten. Grund-

---

[2] § 1 des Solidarpakts bestimmt Erlöse als die erhaltenen Leistungen abzüglich der erforderlichen Aufwendungen.

sätzliches Ziel der Verbandsgemeinde Rheinböllen ist es, wenige effiziente Anlagen zu errichten und über den Solidarpakt zu einem fairen Ausgleich zwischen den Ortsgemeinden zu kommen.

Als Beispiel wie im Einzelnen die Regelungen für die Verteilung der Erlöse aussehen, wird nachfolgend die vertragliche Vereinbarung des Solidarpakts für die Verteilung der Erlöse aus Windkraftanlagen dargestellt (§ 2 des Solidarpakts):

- Die Ortsgemeinde, auf deren Eigentum bzw. Gemarkungsfläche eine Windkraftanlage aufgestellt ist, behält von den Erlösen je Anlage und Jahr einen Grundbetrag von 18 000 Euro.
- Darüberhinausgehende Erlöse behält zu 50 % ebenfalls diese Ortsgemeinde.
- Die weiterhin verbleibenden Erlöse werden unter den vertragsbeteiligten Ortsgemeinden folgendermaßen verteilt:
  - Zur Hälfte jeder Ortsgemeinde mit dem gleichen Betrag und
  - die andere Hälfte im Verhältnis der Zahl der Einwohner(innen) mit Hauptwohnsitz (Stichtag 30.06. des Vorjahres).
- Einmalige Zahlungen für die Errichtung einer Windkraftanlage bleiben von diesen Regelungen bis zu einer Höhe von 10 000 Euro ausgenommen.

Es wurde zusätzlich ein Vertrag mit dem Land Rheinland-Pfalz geschlossen, der die anteilige Einzahlung von Erlösen aus Windenergieanlagen in den Solidarpakt regelt, die auf Staatsforstgrundstücken in der Verbandsgemeinde errichtet wurden.

Die Solidarpakte haben einen wesentlichen Beitrag dazu geleistet, dass über Standortfragen von Anlagen zur Produktion von erneuerbaren Energien – in der Verbandsgemeinde Rheinböllen vor allem in Bezug auf Windenergieanlagen – sachorientierter entschieden werden kann. Der finanzielle Ausgleich zwischen den Ortsgemeinden und die aus den Pachteinnahmen ermöglichten Projekte (u. a. zur Sicherungen der Daseinsvorsorge) leisten zusätzlich einen Beitrag zur Akzeptanz von Windenergieanalagen in der Bevölkerung.

5.4 Tourismusmagnet Hängeseilbrücke Geierlay – Generierung und Bindung von Wertschöpfung in der Region

Die Hängeseilbrücke Geierlay wurde auf Initiative der Gemeinde Mörsdorf realisiert. Mörsdorf konnte das Projekt nur aufgrund von Einnahmen aus der Windenergie verwirklichen. Windkraftanlagen wurden seit 2011 im Gemeindegebiet erbaut, z. T. auch auf gemeindeeigenen Flächen, wodurch die Gemeinde Pachteinnahmen erzielt. Die Hängeseilbrücke soll die Wertschöpfung im Ort und in der Region erhöhen sowie die Attraktivität steigern und dadurch auch einen Beitrag zur Sicherung der Daseinsvorsorge leisten (zu Tourismus und erneuerbare Energien auch Aschenbrand und Grebe 2018 in diesem Band).

Die Hängeseilbrücke Geierlay war zur Zeit der Umsetzung die längste Hängeseilbrücke Deutschlands mit einer Länge von 360 m und einer Höhe von 100 m (Gemeinde Mörsdorf 2017). Die Gemeinde Mörsdorf ist ländlich geprägt. Sie hat seit Jahrzehnten rückläufige Einwohnerzahlen (momentan rund 600 Einwohner(innen)) und eine alternde Bevölkerungsstruktur. In den letzten 10 Jahren (2005 bis 2015) ist der Anteil der unter 20-Jährigen um knapp sechs Prozentpunkte zurückgegangen, der Anteil der 20- bis 65-Jährigen ist gestiegen und die der über 65-Jährigen ist ebenfalls leicht gestiegen. (Statistisches Landesamt Rheinland-Pfalz 2017c)

Entstehung und Finanzierung der Geierlay
Die Idee zum Bau der Brücke entstand 2006 im Rahmen eines Bürger(innen)-Workshops. Im Jahr 2010 wurde sie wieder aufgegriffen und mithilfe einer Machbarkeitsstudie als realisierbar angesehen. (Gemeinde Mörsdorf 2017)

Für den Bau der Brücke entstanden Kosten in Höhe von rund 1,2 Mio. Euro. Die Finanzierung erfolgte durch Förderungen des Landes Rheinland-Pfalz, der Europäischen Union sowie finanzielle Unterstützungen der umliegenden Gemeinden sowie der Verbandsgemeinde Kastellaun. Auch Mörsdorf selbst trug einen Teil der Kosten. (SWR Fernsehen 2016). Die Gemeinde war nur aufgrund ihrer Pachteinnahmen aus der Windenergie dazu finanziell in der Lage (ca. 205 000 € im Jahr 2016, zzgl. 1 850 € aus dem Solidarpakt der ehemaligen Verbandsgemeinde Treis-Karden). (Uhle 2016a)

Den jährlichen Unterhalt von ca. 14 000 Euro trägt ebenfalls die Gemeinde Mörsdorf. Eintritt kostet die Brücke nicht, da sonst die Förderung zurückbezahlt werden müsste, jedoch hat die Gemeinde weitere Einnahmen durch Parkgebühren.

Die Brücke wurde am 3. Oktober 2015 offiziell eröffnet, bereits nach einem Jahr wurden 340 000 Besucher registriert. (SWR Fernsehen 2016) Dies waren fast doppelt so viele Besucher, wie die Machbarkeitsstudie prognostizierte.

Tourismus und Marketing: Wertschöpfung in der Region generieren
Um dem anfallenden Tourismus gerecht zu werden, wurde in Mörsdorf ein Besucherzentrum errichtet. Von dort ist die Brücke 1,8 km entfernt. Weiterhin werden verschiedene Wanderwege rund um die Geierlay angeboten. Entlang eines Rundweges befinden sich Informationen zum Thema Energiewende, gefördert durch die „ABO Wind Energie". Hier wird die Entwicklung und Bedeutung der erneuerbaren Energien in Mörsdorf und für die Region aufgezeigt.

Fremdenverkehrs- und Gastronomiebetriebe sowie Nahversorgungseinrichtungen können von den Besucherströmen profitieren. Durch Marketingmaßnahmen soll die Brücke und die Region noch weiter bekannt gemacht werden.

Zukünftige Entwicklung: Daseinsvorsorge sichern
Zukünftig kann auch die Daseinsvorsorge von der Entwicklung profitieren. Bspw. können Nahversorgungseinrichtungen, wie Bäcker erhalten bleiben oder ein Dorf-

laden entstehen. Auch der Erhalt der Grundschule kann durch gestiegene Attraktivität für junge Familien ermöglicht werden.

Abzuwarten bleibt, ob die Besucherzahl in diesem Maße gehalten werden kann. Derzeit kann das sich aus der Brücke ergebende Potenzial noch nicht vollständig genutzt werden. Zukünftig wird es von Bedeutung sein, die Potentiale, die sich durch den Tourismus ergeben, zu heben, um die Attraktivität des Ortes zu steigern, die Wertschöpfung vor Ort zu halten und die Daseinsvorsorge zu sichern, um so die angestoßene Entwicklung auch zukunftsorientiert zu nutzen. Dies alles wird nur durch Einnahmen aus der Windenergie ermöglicht.

6 Chancen für eine zukunftsorientierte Regionalentwicklung in ländlichen Räumen durch die Energiewende

Wie in diesem Beitrag dargelegt wurde, haben die verschiedenen energiebezogenen Projekte im Rhein-Hunsrück-Kreis Beiträge zur Generierung der regionalen Wertschöpfung geleistet und damit auch geholfen, die zukünftigen Herausforderungen an die Sicherung der Daseinsvorsorge in diesem ländlichen Raum zu bewältigen. Zudem konnten mit dem Projekt ‚ZukunftsiDeeen' gleichermaßen neue Akzente und Maßstäbe für kommunale Klimaschutzmaßnahmen durch Förderung der Potenziale für erneuerbaren Energien im Gebiet des Landkreises und Maßnahmen der Daseinsvorsorge gesetzt werden. Diese sind insbesondere geprägt durch eine verbesserte Wahrnehmung von Querschnittsaufgaben sowie eine optimierte Abstimmung und Vorbereitung konkreter Projekte, welche demografische Entwicklungen und Trends einerseits in die Planungs- und Entscheidungsphasen mit einbeziehen, andererseits auch potenzielle Auswirkungen auf demografische Entwicklungen (z. B. Zuzug aufgrund attraktiver, zukunftsfähiger Arbeitsplatzangebote) berücksichtigen.

Das Projekt ‚ZukunftsiDeeen' zeigt, dass sich neue Kooperationsfelder in der Kommunal- und Regionalentwicklung erschließen lassen. Die Entwicklung und Umsetzung von Konzepten und Projekten zur Energieeinsparung, Energieeffizienz sowie erneuerbarer Energien in den Kommunen des Rhein-Hunsrück-Kreises ermöglicht ebenso den Aufbau von regionalen Wertschöpfungsketten, die für eine Gestaltung öffentlicher Daseinsvorsorge hilfreich sind und bereits in einigen konkreten Projekte genutzt werden. Es werden somit einerseits kommunale und regionale Strategien für die Daseinsvorsorge gestärkt und andererseits eine größere Unabhängigkeit von großräumigen, zentralisierten Energieversorgungssystemen erreicht (Letzteres beispielsweise durch die Errichtung von Nahwärmenetzen).

Durch den partizipativen Ansatz, welcher insbesondere Bürger(innen), jedoch auch politische und wirtschaftliche Schlüsselakteure des Kreises integrierte, wurden mit dem Projekt ‚ZukunftsiDeeen' Akteure unterschiedlicher Bereiche angesprochen und für die Entwicklung des Landkreises aktiviert. Die Entwicklung und Konkretisierung von Projektideen und -ansätzen brachte neue kommunale Modelle und Ansätze einer auf alternativen Energieversorgungskonzepten und einer Klimaschutzstrategie basierenden bzw. darauf abgestimmten Daseinsvorsorgesicherung hervor. Diese Modelle und Ansätze sind nicht nur von unterschiedlichen Akteuren im Rhein-Hunsrück-Kreis verwertbar, sondern erwartungsgemäß auch für andere Kommunen nutzbar.

Das Projekt ‚ZukunftsiDeeen' kann als Leitprojekt für solche integrierten, interdisziplinären Konzeptionen im räumlichen Umgriff eines Landkreises angesehen werden, was letztendlich beispielgebend für andere Gebietskörperschaften in ländlichen Räumen mit ähnlichen raumstrukturellen Rahmenbedingungen sein kann.

Literatur

Aschenbrand, E. & Grebe, C. (2018). Erneuerbare Energie und „intakte Landschaft" Landschaft: Wie Naturtourismus und Energiewende zusammenpassen. In O. Kühne & F. Weber (Hrsg.), *Bausteine der Energiewende* (S. 523–538). Wiesbaden: Springer VS.

Bundesamt für Kartographie und Geodäsie (2011). Verwaltungsgrenzen Deutschland (De, Länder, Rgbz, Kreise). https://www.arcgis.com/home/item.html?id=ae25571c60d94ce5b7fcbf74e27c00e0. Zugegriffen: 07. März 2017.

Bundesministerium für Verkehr, Bau und Stadtentwicklung (Hrsg.) (2011): Regionalstrategie Daseinsvorsorge – Denkanstöße für die Praxis. http://www.bbsr.bund.de/BBSR/DE/Veroeffentlichungen/BMVBS/Sonderveroeffentlichungen/2011/DL_RegionalstrategieDaseinsvorsorge.pdf;jsessionid=8ED863AB60D18FAC7892553C726A6AAE.live11293?__blob=publicationFile&v=2. Zugegriffen: 29. Juni 2017.

Bundesministerium für Verkehr, Bau und Stadtentwicklung (Hrsg.) (2011). Erneuerbare Energien: Zukunftsaufgabe Regionalplanung. http://www.bbsr.bund.de/BBSR/DE/Veroeffentlichungen/BMVBS/Sonderveroeffentlichungen/2011/DL_ErneuerbareEnergien.pdf?__blob=publicationFile&v=2. Zugegriffen: 02. März 2017.

Bundesverband Geothermie (2017). Nahwärme-Netze. http://www.geothermie.de/wissenswelt/glossar-lexikon/n/nahwaerme-netz.html. Zugegriffen: 09. Februar 2017.

Eichenauer, E., Reusswig, F., Meyer-Ohlendorf, L. & Lass, W. (2018). Bürgerinitiativen gegen Windkraftanlagen und der Aufschwung rechtspopulistischer Bewegungen. In O. Kühne & F. Weber (Hrsg.), *Bausteine der Energiewende* (S. 633–651). Wiesbaden: Springer VS.

Gailing, L. (2018). Die räumliche Governance der Energiewende: Eine Systematisierung der relevanten Governance-Formen. In O. Kühne & F. Weber (Hrsg.), *Bausteine der Energiewende* (S. 75–90). Wiesbaden: Springer VS.

Gemeinde Mörsdorf (2017). Geierlay. Deutschlands schönste Hängeseilbrücke – Mitten im Hunsrück. http://www.geierlay.de/haengeseilbruecke/bauentstehung. Zugegriffen: 19. Januar 2017.

Prinzensing, G. (2016). Räumliche Wirkungen und regionale Folgen einer „Politik der Energiewende", Raumforschung und Raumordnung (2016) 74: S. 175–177

Ministerium für Wirtschaft, Klimaschutz, Energie und Landesplanung (Hrsg.) (2014): Teilfortschreibung LEP IV – Erneuerbare Energien. – Textfassung der Verordnung – Wesentliche Themen aus dem Anhörungsverfahren. https://mdi.rlp.de/fileadmin/isim/Unsere_Themen/Landesplanung_Abteilung_7/Landesplanung/1._Teilfortschreibung_LEP_IV_-_Erneuerbare_Energien.pdf. Zugegriffen: 29. Juni 2017.

ParaDigma (2016). Grundlagenwissen Wärmenetz, Teil 1: Nahwärme und Nahwärmenetze. http://blog.paradigma.de/grundlagenwissen-waermenetz-teil-1-nahwaerme-und-nahwaermenetz/. Zugegriffen: 09. Februar 2017.

Rhein-Hunsrück-Kreis (Hrsg.) (o. J.). Zusammenstellung zur Grobschätzung der regionalen Wertschöpfung. http://www.kreis-sim.de/media/custom/2052_113_1.PDF?1481282629. Zugegriffen: 01. März 2017.

Rhein-Hunsrück-Kreis (Hrsg.) (2011). Integriertes Klimaschutzkonzept. http://www.kreis-sim.de/media/custom/2052_142_1.PDF?1360058295. Zugegriffen: 01. März 2017.

Rhein-Hunsrück-Kreis (Hrsg.) (2015). Leitfaden Bürgernahwärmenetz im Rhein-Hunsrück-Kreis. http://www.kreis-sim.de/media/custom/2052_962_1.PDF?1429086118. Zugegriffen: 09. Februar 2017.

Roßmeier, A., Weber, F. & Kühne, O. (2018). Wandel und gesellschaftliche Resonanz – Diskurse um Landschaft und Partizipation beim Windkraftausbau. In O. Kühne & F. Weber (Hrsg.), *Bausteine der Energiewende* (S. 653–679). Wiesbaden: Springer VS.

Sontheim, T. & Weber, F. (2018). Erdverkabelung und Partizipation als mögliche Lösungswege zur weiteren Ausgestaltung des Stromnetzausbaus? Eine Analyse anhand zweier Fallstudien. In O. Kühne & F. Weber (Hrsg.), *Bausteine der Energiewende* (S. 609–630). Wiesbaden: Springer VS.

St. Gallisch-Appenzellische Kraftwerke AG (2017). Wärmeverbunde. http://www.sak.ch/desktopdefault.aspx/tabid-794/admin-1/. Zugegriffen: 02. März 2017.

Statistisches Landesamt Rheinland-Pfalz (2017a). Mein Kreis, meine kreisfreie Stadt. Rhein-Hunsrück-Kreis. http://infothek.statistik.rlp.de/MeineHeimat/content.aspx?id=101&l=1&g=07140&tp=262143. Zugegriffen: 08. März 2017.

Statistisches Landesamt Rheinland-Pfalz (2017b). Mein Dorf, meine Stadt. Mastershausen. http://www.infothek.statistik.rlp.de/MeineHeimat/detailInfo.aspx?topic=14335&ID=3537&key=0714003204&l=3. Zugegriffen: 28.Februar 2017.

Statistisches Landesamt Rheinland-Pfalz (2017c). Mein Dorf, meine Stadt. Mörsdorf. http://www.infothek.statistik.rlp.de/MeineHeimat/detailInfo.aspx?topic=14335&ID=3537&key=0714003503&l=3. Zugegriffen: 19. Januar 2017.

SWR Fernsehen (2016). Ein Jahr Geierlay – die wichtigsten Fakten. http://www.swr.de/landesschau-aktuell/rp/geierlay-haengeseilbruecke-bruecke-hunsrueck-moersdorf-sosberg/-/id=1682/did=18026278/nid=1682/yhagar/. Zugegriffen: 19. Januar 2017.

Uhle, F.-M. (2016a). Mehrwert durch erneuerbare Energien kommunizieren am Beispiel des Rhein-Hunsrück-Kreises. Vortrag 9. Kommunale Klimakonferenz „Schnittstellen erkennen – Synergien nutzen". https://www.klimaschutz.de/sites/default/files/article/forum-1_uhle_rheinhunsrueckkreis_0.pdf. Zugegriffen: 07. März 2017.

Uhle, F.-M. (2016b). Was wir tun können – Der Ausbau erneuerbarer Energien in der Praxis im Rhein-Hunsrück-Kreis. Vortrag Fachkonferenz Klimawandel im Hunsrück. https://www.energieagentur.rlp.de/fileadmin/user_upload/Regionalbueros/Mittelrhein/16_09_06_-_Fachkonferenz_Klimawandel_im_Hunsrueck_-_Vortrag_Uhle.pdf. Zugegriffen: 07. März 2017.

Verbandsgemeinde Rheinböllen (2009). Solidarpakt „Gemeinsam mit erneuerbarer Energie Zukunft gestalten" vom 27. Mai 2009. http://www.rheinboellen.de/seite/108118/solidarpakt.html. Zugegriffen: 01. März 2017.

Verbandsgemeindeverwaltung Simmern/Hunsrück (Hrsg.) (2015). Simmerner Energie Infomappe. Impulsgeber für Gemeinden. Ausgabe 3. Stand: Dezember 2015. http://www.simmern.de/media/f1446df6-41f2-4ee2-877c-269c947fce90/wKXU0Q/02%20Leben%20bei%20uns/Gesellschaft/Verbandsgemeinde%20Entwicklung/Innovationsteam%20Energie/Downloads/simmerner-energie-infomappe_ausgabe3_dez2015.pdf?download=true. Zugegriffen: 09. Februar 2017.

Verbandsgemeindeverwaltung Simmern/Hunsrück (2017). Nahwärmeverbund Neuerkirch-Külz. http://www.simmern.de/rathaus/vg-werke/energieversorgung/nahwaermeverbund-neuerkirch-kuelz. Zugegriffen: 09. Februar 2017.

Weber, F. (2018). Von der Theorie zur Praxis – Konflikte denken mit Chantal Mouffe. In O. Kühne & F. Weber (Hrsg.), *Bausteine der Energiewende* (S. 187–206). Wiesbaden: Springer VS.

Hans-Jörg Domhardt studierte Raumplanung an der Abteilung Raumplanung der Universität Dortmund und promovierte dort im Jahre 1986 zum Thema der Vorranggebiete in der Raumordnung. Seit 1988 ist er an der TU Kaiserslautern in Forschung und Lehre tätig, wobei seine Themenschwerpunkte in der Regionalentwicklung und Regionalplanung liegen. Insbesondere führte er für Institutionen auf Bundes- und Landesebene Forschungen zur Weiterentwicklung der Strategien und Instrumente der Landes- und Regionalplanung durch. Seit 2008 ist er akademischer Direktor und seit 2010 apl. Professor am Lehrstuhl für Regionalentwicklung und Raumordnung im Fachbereich Raum-und Umweltplanung der TU Kaiserslautern.

Swantje Grotheer studierte Raum- und Umweltplanung an der TU Kaiserslautern und promovierte dort am Lehrstuhl Regionalentwicklung und Raumordnung im Jahre 2011 zum Thema der Umsetzung des Konzepts der Europäischen Metropolregionen in Deutschland. Seit 2011 ist sie Wissenschaftliche Mitarbeiterin am Lehrstuhl Regionalentwicklung und Raumordnung und seit 2016 zusätzlich Studienmanagerin im Fachbereich Raum- und Umweltplanung der TU Kaiserslautern.

Julia Wohland studierte Raum- und Umweltplanung an der TU Kaiserslautern und TU Wien. Von 2011 bis 2014 war sie Projektmanagerin bei der Entwicklungsagentur Rheinland-Pfalz e. V. in den Bereichen Regionalentwicklung, Europa und Wissensmanagement. Seit 2014 ist sie am Lehrstuhl Regionalentwicklung und Raumordnung der TU Kaiserslautern als wissenschaftliche Mitarbeiterin tätig mit den Themenschwerpunkten Raumordnung und Regionalentwicklung, Demografischer Wandel und Sicherung der Daseinsvorsorge.

Die Energiewende und ihr Einzug in saarländische Lehrwerke für Gymnasien: eine Erfolgsgeschichte?

Dominique Fontaine

Abstract

Mit der voranschreitenden Industrialisierung und der Entwicklung neuer Transportmöglichkeiten wurde nicht nur etwa der Grundstein für globale Wirtschaftsverflechtungen gelegt, sondern auch der Anstoß für höhere Emissionen und den damit verbundenen Klimawandel gegeben. Diesem Umstand wird in den letzten Jahrzehnten zunehmend mit wissenschaftlichen wie auch politischen Bemühungen zur Eindämmung des anthropogen verursachten Treibhauseffektes begegnet. In diesen Kontext ist auch die Energiewende einzuordnen, die mit ihrer Umstellung hin zu regenerativen Energiesystemen auf ein nachhaltiges und ressourcenschonendes Energiemanagement abzielt. Doch wie ist eine umfassende Aufklärungsarbeit anzulegen, die zu Kritikfähigkeit erzieht und die Bürger(innen) letztlich befähigt, verantwortungsvolle Entscheidungen mit zu treffen? Neben der Sensibilisierungskampagnen der Politik und der Medien im Allgemeinen kommt den Bildungsinstitutionen, allen voran das schulische Bildungssystem, eine übergeordnete Bedeutung zu. Welche Inhalte werden wann und wie thematisiert und problematisiert? Mit welchen Frage- und Problemstellungen müssen sich Schüler(innen) auseinandersetzen, um schließlich am gesellschaftlichen Diskurs um das Thema ‚Energiewende' teilnehmen zu können?

Keywords

Energiewende, Nachhaltigkeit, Sozialkonstruktivismus, Landschaftsästhetik

1 Einführende Gedanken zur Energiewende

„Stehen Sie auf. Wir haben einen Planeten zu retten." – so lauten die Worte Volker Quaschnings[1], Professor für Regenerative Energiesysteme der HTW Berlin. Mit Blick auf den voranschreitenden Klimawandel und die daran gekoppelten negativen *global*

---

1 Zitat online abrufbar unter: http://www.die-klimaschutz-baustelle.de/klimawandel_zitate_aktuell.html, Stand: 13. 4. 17)

warming effects scheint ein akuter Handlungsbedarf in aller Deutlichkeit angezeigt. Neue Bedürfnisse generieren neue Denkweisen – so soll die Energiewende einen schonenderen Umgang mit den irdischen Ressourcen anstreben und gleichzeitig Emissionen reduzieren, die den Klimawandel beschleunigen und akzentuieren (vgl. hierzu auch Brunnengräber 2018; Kühne und Weber 2018 in diesem Band). Im Sinne der Nachhaltigkeit soll dem Prinzip ‚Global denken – lokal handeln' Rechnung getragen werden. Doch wie wird die breite Bevölkerung in die Problematik eingeführt und zur Implementierung nachhaltiger Handlungsmuster animiert? Die Anfänge liegen zweifelsohne in einer gewissenhaften Aufklärungsarbeit durch Wissenschaft, Politik und Bildung, die neben informativem durchaus auch appellativen Charakter hat. Ekardt (2014, S. 126) stellt in diesem Sinne fest: „Das Energie- und Klimaproblem ist wegen seiner verheerenden ökonomischen, friedenspolitischen und existenziellen Bedrohungen ein Problem, für das sich Menschen schon aus purem Eigeninteresse, etwa an den wirtschaftlichen Vorteilen einer echten Energiewende oder an einer Vermeidung großer Katastrophen, interessieren müssten."

Ein Umdenken und Akquirieren neuer Handlungsweisen scheint für die gegenwärtigen, jedoch insbesondere auch für die nachkommenden Generationen von essentieller Notwendigkeit (in allgemeinerem Kontext auch Hartmann 2018; Sielker et al. 2018 in diesem Band). Dem Bildungsapparat obliegt hierbei eine besondere Aufgabe: er soll die Jugend von heute zu mündigen und kritikfähigen Verantwortungsträgern von morgen machen. An dieser Stelle knüpft der vorliegende Artikel an: Er zeigt am Beispiel des Saarlandes auf, inwiefern Lerninhalte zum Thema der Energiewende bereits Einzug in die gymnasialen Lehrwerke gehalten haben – und wird damit einhergehend die Frage beantworten, inwiefern bereits erste Schritte in Richtung einer flächendeckenden Sensibilisierung geleistet wurden. Die Relevanz, insbesondere saarländische Gymnasiallehrwerke auf ihren Gehalt zur Energiewende hin zu untersuchen, ergibt sich aus dem Umstand, dass ich als Praktikerin eines saarländischen Gymnasiums in stetem Bezug zu aktuellen Lehrwerken und den entsprechenden Lehrplänen stehe und diese somit mit Aktualitätsbezug untersuchen kann. Der Bildungsauftrag sieht vor, die Schülerinnen und Schüler zu mündigen Bürger(inne)n zu erziehen – eine Idee, die sich u. a. bei Dahrendorf und seiner Vorstellung von einem ‚Bürgerrecht auf Bildung' wiederfindet (vgl. Kühne 2017, S. 96 sowie grundlegend Kühne 2018 in diesem Band). Dies inkludiert selbsterklärend auch den insbesondere kritischen Umgang mit zeitgenössischen Themen, die von globalem Belang sind und Polemik hervorrufen. Hierfür statuieren der Klimawandel und die Diskussion um die Energiewende ein exzellentes Exempel.

2 Die Energiewende aus sozialkonstruktivistischer Perspektive

2.1 Energiewende als landschaftliche Neustrukturierung?

Laut der deutschen Bundesregierung[2] steht der Begriff der ‚Energiewende' „für den Aufbruch in das Zeitalter der erneuerbaren Energien und der Energieeffizienz". Doch welche landschaftlichen Umstrukturierungen und damit verbundenen Schwierigkeiten bedingt dieser Wechsel zu regenerativen Energieträgern? Der aktuelle Wissenschaftsdiskurs wird durch die Annahme, Landschaft sei vor allem ein soziales Konstrukt, gestützt. Subjektive Denkweisen, individuelles Ästhetikempfinden und Emotionen spielen in diesem komplexen Konstruktionsvorgang eine übergeordnete Rolle (hierzu auch Jenal 2018; Linke 2018; Schweiger et al. 2018 in diesem Band). Kühne (2013, S. 109) unterstreicht dies, indem er formuliert: „Landschaft ist also nicht ein Objekt, sondern entsteht dadurch, dass Menschen gemäß sozialer Konventionen Objekte zueinander in Bezug setzen und so Landschaft in Räume hinein schauen."

Primär im Vordergrund steht hierbei die Annahme, dass sich Landschaft als solche aus konstitutiven Bestandteilen, die wahrgenommen und subjektiv bewertet werden, mosaikartig zusammensetzt und nicht etwa „einfach vorhanden" ist (vgl. Kühne und Weber 2016, S. 17) Von Haaren (2004, S. 248) betont in diesem Zusammenhang die Prozesshaftigkeit in der landschaftlichen Konstruktion, die in untrennbarem Verhältnis zum menschlichen Individuum steht: „Das Landschaftserleben ist ein Vorgang, der sich im Menschen vollzieht. Das Erlebnis ist Ergebnis eines Prozesses. Erleben ist etwas Subjektives, das durch objektive Gegebenheiten beeinflusst wird. Es setzt den erlebnisbereiten Menschen voraus. Eine vom Menschen unabhängige Beurteilung des landschaftlichen Erlebniswertes ist nicht möglich."

Das Erleben von Landschaft spielt sich demnach vor einem individuellen soziokulturellen Hintergrund ab und ist damit stets auch subjektiv. Im Zusammenhang mit der Energiewende ergibt sich daraus die logische Konsequenz, dass die Umgestaltung von Landschaft – beispielsweise durch Windparks oder Wasserkraftwerke – unterschiedliche Erlebnisse evozieren kann. Während sich ein Betrachter möglicherweise beim Lesen der Landschaft auf die positive Reduktion des ökologischen Fußabdrucks stützen wird und damit den Nutzen der landschaftlichen Umgestaltung erkennt, so wird sich ein zweiter Beobachter eventuell am Bruch mit vertrauten Landschaftsbildern stören und der neu modellierten Kulturlandschaft wenig ästhetischen Gehalt zuschreiben können. Die Relevanz, Landschaft vor dem Hintergrund der Energiewende (neu) zu diskutieren, unterstreichen u. a. Kühne et al. (2017, S. 1): „Die Frage nach der ästhetischen Deutung dessen, was wir ‚Landschaft' nennen, hat durch den

---

2 Die Bundesregierung (2017), online unter: https://www.bundesregierung.de/Webs/Breg/DE/Themen/Energiewende/EnergieLexikon/_function/glossar_catalog.html?nn=754402&lv2=754360&id=GlossarEntry772160 (Stand: 21.05.17)

Ausbau regenerativer Energien, den Bau von Infrastrukturgroßprojekten, aber auch durch den Trend der Reurbanisierung eine neue Aktualität erhalten."

Inwiefern die Energiewende einen neuen landschaftsästhetischen Diskurs angestoßen hat, soll im Nachfolgenden erörtert werden. Eine dezidiertere Auseinandersetzung mit unterschiedlichen Landschaftsverständnissen würde an dieser Stelle zu weit führen, weshalb sich hierzu ein Verweis auf Kühne (2013) sinnvoll erweist.

2.2 Die Energiewende zwischen Notwendigkeit und Akzeptanzproblemen – eine landschaftsästhetische Diskussion?

Weiss (2013, S. 44) eröffnet seinen Artikel „*Das Klima retten – aber nicht vor der eigenen Tür?*" mit den Worten: „Die Politik sieht sich bei ihrem vor allem aus Gründen des Klimaschutzes forcierten Ausbau erneuerbarer Energien durch vielerorts aufflackernden Widerstand deutlich eingeschränkt, zumal sich nahezu alle Arten von Kraftwerken, aber auch neue Stromleitungstrassen im Fokus von Kritikern wiederfinden."

Dass die Energiewende einen entscheidenden Beitrag zur Nachhaltigkeit leistet und im Zeitalter der Globalisierung nicht mehr wegzudenken ist, ist wissenschaftlich belegt und unumstritten: „Globalisierung und Liberalisierung sind mit einer starken internationalen Nachhaltigkeitspolitik verbunden.", so der Wissenschaftliche Beirat der Bundesregierung Globale Umweltveränderungen (2003, S. 107). Was jedoch regelmäßigen Anlass zu angeregten Diskussionen liefert, ist insbesondere die Tatsache, dass beispielsweise durch die Installation von Windkraftanlagen bestehende ‚Landschaftsbilder' alternieren – und, so Kritiker(innen) – gewissermaßen zerstört werden. Unter Berücksichtigung des sozialkonstruktivistischen Ansatzes wird deutlich, dass Landschaft unterschiedlich rezipiert und bewertet wird. In diesem Zusammenhang werden die Kategorien des Ästhetischen wirksam, denn sie erleichtern die Attribuierung ästhetischer Merkmale. So wird ein betrachtetes Objekt – im Falle der Energiewende die Landschaft – in eine der nachstehenden Kategorien eingeordnet: „schön – pittoresk – erhaben – hässlich" (vgl. Kühne 2012, S. 121; hierzu auch Linke 2018 in diesem Band). Ausgehend vom Schönen – häufig gleichzusetzen mit dem Vertrauten, Heimatlichen – wird Landschaft beurteilt. Weicht ein ‚Landschaftsbild' von dem bisher gesellschaftlich akzeptierten und sozial erwünschten ab, so stellt dies folglich einen Bruch mit dem ‚Schönen' dar und wird entsprechend negativ konnotiert. Dieser Erklärungsansatz ist beispielsweise Bürgerinitiativen zugrunde zu legen, die mit einer Zerstörung der Landschaft argumentieren. Jedoch ist das Erfahren und Erleben von Landschaft ein immerwährender Prozess, ähnlich dem des Lernprozesses: Im Laufe der Zeit werden Erfahrungen und Erlebnisse kumuliert, Landschaft immer weiter dekodiert. In der Konsequenz bedeutet dies, dass die Adaption an neue landschaftliche Gestaltungsmaximen durchaus Zeit in Anspruch nehmen muss, sodass schlussendlich eine neue Lesart dieser Landschaft auch zu einer Akzeptanz ebendieser führen kann. Wie komplex und vielschichtig das Dekodieren und Akzeptieren einer neuartig gestalteten Landschaft letztlich zu sein scheint, greifen Leibenath und Otto (2013, S. 212) auf und konstatieren mit Blick auf die Energiewende: „So stellt sich beispielsweise die Frage, ob diese technischen Einrichtungen Ausdruck einer nachhaltigen und ressourcenschonenden Politik sind und somit als ‚normale' Landschaftsbestandteile zu betrachten sind, oder ob es sich vielmehr um störende technisch-industrielle Artefakte handelt, die aus Sicht des Natur- und Landschaftsschutzes abzulehnen sind".

Die landschaftliche Umgestaltung, die der Energiewende geschuldet ist, ruft zweifelsfrei eine Polemik auf den politischen wie gesellschaftlichen Plan (vgl. u. a. Weber und Jenal 2016b). Wenngleich der Nachhaltigkeitsgedanke in weiten Teilen der Bevölkerung durchaus befürwortet wird, so ergibt sich doch insbesondere seit der Jahrtausendwende und dem zunehmenden Ausbau alternativer Energiesysteme ein nicht zu vernachlässigender Widerstand (vgl. Weber et al. 2017, S. 216). Bestehende Landschaft wird überformt und erscheint zunächst fremd und ungewohnt – ein Umstand, der die soziale Akzeptanz auf den Prüfstand stellt. Inwiefern der Ausbau von ressourcenschonenden Energiesystemen eine Bedrohung im Sinne eines Heimatverlustes bedeuten kann, zeigen nachstehende Ausführungen.

2.3 Energiewende – Landschaftswandel – Heimatverlust?

Davon ausgehend, dass die Energiewende mit ihrem Fokus auf regenerative Energien einen Landschaftswandel unweigerlich anstößt, stellt sich automatisch die Frage nach der neuen Perzeption von Landschaft. Kann eine veränderte Landschaft als ‚schön' empfunden werden? Stellt sie lediglich einen Bruch zum Vertrauten und Gewohnten dar oder beinhaltet sie auch Potenzial für neue Gestaltungsmaximen? Die Postmoderne – die ihrerseits zwar einige moderne Denkweisen überwunden hat und sich laut Kühne (2012, S. 78) als eine „neue Emergenz- ebene" begreift – erkennt Landschaft als sozial konstruiert und damit als dynamisch an. Indem sie die Bedürfnisse einer Gesellschaft (cf. Kulturlandschaft) reflektiert, kann sie niemals statisch sein, sondern muss sich neuen Denkweisen sukzessive und stetig anpassen. Im Blickwinkel der Bemühungen um Nachhaltigkeit scheint die Energiewende mit all ihren landschaftlichen Konsequenzen wie etwa Windparks eine unvermeidliche Adaptation. Nichtsdestotrotz werden Ausschnitte der Landschaft empfindlich umstrukturiert, was zunächst einmal eine markante Ruptur im gewohnten Landschaftsbild bedeutet. Da Landschaft jedoch auch stets Spiegel von Heimat und Vertrautem ist, scheint es wenig überraschend, dass die Implementierung nachhaltigkeitsbewusster Energiesysteme bisweilen auf starke Ablehnung trifft. Fest steht: Lokale Identität geht untrennbar mit Heimatempfinden einher. Wird ein historischer Zustand von Landschaft erhalten oder gar simuliert, so werden Identität und Heimatgefühl konserviert und bestärkt. (vgl. Fontaine 2016, S. 187)

Im Umkehrschluss bedeutet jedweder ‚Eingriff' in Landschaft – sei es die Errichtung eines Windparks oder eines Gezeitenkraftwerks – eine Gefährdung lokaler Identität und dem damit verbundenen Heimatgefühl. Konkret formuliert: Wer jahrzehntelang einen Ausblick über weite Felder von seinem Haus aus gewohnt war, wird sich an einem neu installierten Windpark optisch wie eventuell auch akustisch stören und das neu generierte Landschaftsbild womöglich als ‚hässlich' werten. Bedacht werden sollte in diesem Zusammenhang der Umstand, dass die Akzeptanz neuer Strukturen in aller Regel eine gewisse Zeit beansprucht – bis eben eine Gewöhnung eintritt, die Neues assimiliert und als gegeben und damit vertraut (im Sinne von ‚schön') ansieht.

3   Darstellung der Energiewende in saarländischen Schulbüchern

3.1   Grundgedanken des Lehrplans Erdkunde für saarländische Gymnasien

Ausgehend von der Grundidee, dass die Energiewende eine gewisse Handlungskompetenz sowie die Fähigkeit, die Wandelbarkeit von Landschaft zu reflektieren und nicht etwa als Gefahr zu stigmatisieren, bedingt, die ihrerseits auf fachkompetenten Kenntnissen über den Klimawandel und ökologischen Fußabdruck basiert, scheint es unerlässlich, den Blick auf die Bildungsinstitution Schule zu richten. Um die zukünftigen Generationen mit einer kritikfähigen politischen Urteilskraft auszustatten, obliegt es dem Bildungswesen, frühzeitig eine konsequente Aufklärungs- und Sensibilisierungsarbeit zu leisten. Hierbei spielen die eingeführten Lehrwerke selbsterklärend eine übergeordnete Rolle, da sich folgende Fragestellungen ergeben: Wie breit und tief wird das Thema der Energiewende diskutiert? Welche Facetten der Problematik werden angerissen? Erzielen die Lehrwerke eine Mehrperspektivität? Erklärtes Ziel laut der Bildungsstandards und des saarländischen Lehrplans ist das Erziehen mündiger Bürger(innen), die über eine „raumbezogene Handlungskompetenz" verfügen (vgl. Ministerium für Bildung und Kultur 2014, S. 6), eine essentielle Basis im Hinblick auf den Nachhaltigkeitsgedanken. Inwiefern die saarländischen Lehrwerke an Gymnasien diesem konkreten Bildungsauftrag gerecht werden, wird im Nachstehenden näher auseinandergesetzt und analysiert.

Giest (2016, S. 264) konstatiert, dass Energie ein aktuell bedeutsamer Bestandteil von Unterricht ist: „Gerade in Zeiten der Energiewende, d. h. der Abkehr von die Umwelt belastenden und gefährdenden Energieformen (…) und Atom- bzw. Kernenergie (…) werden erneuerbare Energien interessant. Sie sind aktuelles Thema der Politik aber reichen auch bis in jede Familie (…)."

Giests Feststellung untermauert die gesellschaftliche Relevanz der Thematik ‚Energiewende' und begründet damit auch ihre Daseinsgrundberechtigung im schulischen Kontext. Brühne (2009, S. 39) sieht zu Beginn des 21. Jahrhunderts allerdings noch einen immensen Handlungsbedarf im Fachbereich Erdkunde, denn er attestiert der Geographie eine Vernachlässigung der Problematik der erneuerbaren Energien im Vergleich zu Themen wie beispielsweise der Globalisierung. Gleichzeitig betont er (2009, S. 34), dass die Problematisierung der Thematik insbesondere im schulischen Kontext von überragender Bedeutung ist: „Die gegenwärtige und zukünftige Stellung des Themas Erneuerbare Energie kann insbesondere für junge Menschen kaum bedeutender sein, da ihre zukünftige Lebenssituation eng an den Ausbau von Erneuerbaren Energien gekoppelt sein wird. Die Konfrontation mit dem Thema bietet den Schülern nicht nur die Möglichkeit, ihre lebenspraktischen Bedürfnisse und Interessen zu reflektieren. Darüber hinaus werden sie gezielt angeleitet, eine umweltverträgliche Verantwortung für ihr individuelles Tun und Handeln zu übernehmen."

Das Kondensat aus Brühnes Überlegungen scheint wiederum die vom saarländischen Lehrplan eingeforderte „raumbezogene Handlungskompetenz" zu sein (vgl. Ministerium für Bildung und Kultur, 2014, S. 6). Der Kompetenzbegriff sieht neben der Anhäufung kognitiver Lerninhalte insbesondere eine kritische, problemorientierte und kontextualisierte Herangehensweise vor. Das nächste Kapitel soll einen Überblick über die inhaltliche und didaktische Aufstellung der saarländischen Gymnasiallehrwerke im Bereich Erdkunde geben.

3.2 Gegenüberstellung saarländischer Schulbücher: Themenschwerpunkte zur Energiewende

Die Energiewende hat spätestens seit der medialen Fokussierung des Klimawandels, insbesondere als Reaktion auf die Fukushima-Katastrophe (vgl. Weber und Kühne 2016), eine breitere öffentliche Zuwendung erfahren und ist zu einem Politikum des 21. Jahrhunderts herangewachsen. So wird der „Diskurs des Energienetzausbaus" laut Kühne und Weber (2015, S. 113) insbesondere über Internetvideos in den Lebensalltag der breiten Gesellschaftsschicht integriert. Um an dieser bewegten gesellschaftlichen Debatte teilnehmen zu können, sind basale Fachkenntnisse z. B. über Vor- und Nachteile einzelner Energieträger und die Implikationen für die Nachhaltigkeit von Nöten. Der erste Ansatz dieser Aufklärungsarbeit ist zweifelsohne im Bildungswesen zu suchen. Flämig und de Maizière (2016, S. 138) betonen die Notwendigkeit einer breit aufgestellten Sensibilisierungsarbeit einmal mehr wenn sie formulieren: „Die Illusion des allmächtigen Menschen, dem nichts passieren kann, ist mittlerweile auch in der angewandten Wissenschaft als eine lebensgefährliche Programmierung erkannt worden; die zwingend notwendige Umorientierung muss nicht nur als mediale oder kommunikative, sondern auch als didaktische, kulturelle und ethische Herausforderung begriffen werden."

Die Thematik der Energiewende wird im saarländischen Erdkundeunterricht insbesondere vor dem Hintergrund des Strukturwandels und dem immer stärker werdenden Nachhaltigkeitsbestreben beleuchtet. Um den Schülerinnen und Schülern die Problematik eingängig vor Augen zu führen, wird die Energiewende anhand konkreter Raumbeispiele behandelt, so zum Beispiel anhand des Ruhrgebiets in der gymnasialen Oberstufe (insbesondere Klassenstufen 10 und 11). Bei der optimalen Initiierung des Lernprozesses ist darauf zu achten, dass eine logische Lernprogression vonstatten geht: in diesem Sinne wird das Ruhrgebiet zunächst im Kontext der Montanindustrie betrachtet, wobei ein besonderes Augenmerk auf Standortfaktoren, Vor- und Nachteile des Bergbaus und schließlich auf den Strukturwandel gelegt wird. Den Lernenden soll also einerseits die Bedeutung des Ruhrgebietes als (Alt)Industriestandort bewusst werden sowie die Kausalität zwischen einer sukzessiven Schließung von Bergwerken/Zechen und einer nachhaltig orientierten Energiewende, die sich von fossilen Energieträgern weitgehend abkehrt, andererseits. Neben klassischen Informationstexten und fotografischem Material zur Illustration der Ausgangssituation und der aktuellen (z. B. kulturelle Nutzung der Zeche Zollverein) spielen diskontinuierliche Texte (wie z. B. Diagramme und Statistiken) eine übergeordnete Rolle in der Strukturierung eines problematisierenden Unterrichts. Ziel ist es, die Lernenden zu befähigen, die Energiewende in ihrer Notwendigkeit zu begreifen und darüberhinaus in diesem Zusammenhang kontinuierliches wie auch diskontinuierliches Textmaterial eigenständig und kritisch zu analysieren und schließlich zu interpretieren. Auf diese Art und Weise soll erwirkt werden, dass die Heranwachsenden sich kompetent in den zeitgenössischen medialen Diskurs um die Energiewende einbringen können und somit zukünftige politische Entscheidungen mit beeinflussen können. Anhand von Gruppendiskussionen und Rollenspielen kann überprüft werden, inwiefern die Lerninhalte verstanden und verinnerlicht wurden.

Tabelle 1 gibt einen Überblick über Themenschwerpunkte saarländischer Gymnasiallehrwerke mit Blick auf die Energiewende (und Nachhaltigkeit).

Bei Betrachtung der Lehrwerksinhalte fällt auf, dass die Energiewende vor allem im Zusammenhang mit der Notwendigkeit eines ressourcenschonenden Umgangs erwähnt wird. Sie wird folglich als logische und notwendige Konsequenz aus dem anthropogen verursachten Treibhauseffekt begriffen und erhält hierdurch auch ihre Rechtfertigung. Orientieren sich die Themenfelder der Unterstufe noch hauptsächlich an basalen Fragestellungen wie der Funktionsweise diverser Kraftwerke oder dem Wassermangel mit all seinen Konsequenzen, so sensibilisieren die Themen der Mittel- und Oberstufe hinsichtlich ökonomischer Belange. So wird beispielsweise der Energieverbrauch Deutschlands näher beleuchtet, um – von statistischen Daten ausgehend – eine Bewertung der gegenwärtigen Situation sowie auch Prognosen vornehmen zu können. Eine Problematik, die insbesondere mit Blick auf die eigene Forschungstradition essentiell erscheint, wird hingegen weitgehend ausgeklammert: Das Thema ‚Landschaft' oder gar ‚Landschaftsästhetik' wird in den saarländischen Gymnasiallehrwerken kaum berücksichtigt. Zwei Ausnahmen seien im Wesentlichen zu nennen: Das Oberstufenlehrwerk sieht eine Auseinandersetzung mit dem Strukturwandel vor, wobei der Fokus eher einseitig auf einer Inwertsetzung und kulturellen Inszenierung von Altindustriestandorten (z. B. Zeche Zollverein) liegt statt auf einer kritischen Betrachtung der Kulturlandschaft. Rudimentär klingt die Frage nach ‚Raum' lediglich in der Oberstufe an, wenn die Schüler(innen) eine Bewertung der

Tabelle 1

Schulbuch	Klassenstufe	Inhalte*

Diercke Erdkunde 5	5	• Die Alpen – ein Wasserschloss
		  – Energie aus Wasser
		  – Wie funktioniert ein Speicherkraftwerk?
		  – Wie funktioniert ein Laufkraftwerk?

Diercke Erdkunde 7	7	• Die trockenheiße Zone – in den Wüsten Nordafrikas und der Arabischen Halbinsel
		  – Wassermangel und Wasserüberschuss
		  – Dubai – der Umgang mit dem Wasser
		• Die kalte Zone – in der Tundra und Taiga Eurasiens
		  – Rohstoffvorkommen – Stützen der Wirtschaft

Diercke Erdkunde 8	8	• Möglichkeiten zur Entwicklung – Unsere Konsumgewohnheiten auf dem Prüfstand (Agenda 21, Gütesiegel und Kennzeichen für nachhaltigen Konsum)
Diercke Erdkunde Einführungsphase	10	• Energieverbrauch global • Energieträger in Deutschland • Energieträger und Nachhaltigkeit • Energiewende in Deutschland • Klimaschwankungen und Klimawandel • Folgen des Klimawandels • Tatsachen, Meinungen und Prognosen zum Klimawandel

Fundamente	11	• Landwirtschaft
		  – Ausblick: Zukunftsfragen der Landwirtschaft (Fallbeispiel: Nachwachsende Rohstoffe – Biokraftstoffe)
		• Ressourcen und ihre Nutzung
		  – Nachhaltiger Umgang mit Rohstoffen
		  – Metallische Rohstoffe, Energierohstoffe (Energieträger und ihre Verwendung, Energiereserven und Energieverbrauch, Fallbeispiel Norwegen: Nachhaltige Nutzung von Energieressourcen), Ressource Wasser (Fallbeispiel: Das Sanxia-Projekt – Wasser als Energieressource; Lösungsansätze einer nachhaltigen Wassernutzung)
		• Industrie und Dienstleistungen
		  – Strukturwandel der Industrie und seine räumliche Wirkung
		  – Industrie und Umwelt: Fallbeispiel: Aluminiumproduktion – Nachhaltigkeit durch Recycling; Fallbeispiel: Umweltschutz durch Emissionshandel?

* Die Formulierungen der Inhaltsspalte sind im Wortlaut den jeweiligen Inhaltsverzeichnissen bzw. Kapitelüberschriften entnommen.
Eigene Darstellung.

Energiewende unter Berücksichtigung der ‚Vier Raumkonzepte' vornehmen sollen. In diesem Sinne wäre eine Sensibilisierung hinsichtlich der Differenzierung zwischen der Grundidee, dass Landschaft schlichtweg ‚vorhanden' oder ‚gegeben' sei und der soziokonstruktivistischen Perspektive nicht nur wertvoll, sondern mit Blick auf den aktuellen Wissenschaftsdiskurs der Geographie unerlässlich.

3.3 Arbeitsaufträge zum Thema ‚Energiewende' in saarländischen Gymnasiallehrwerken

Tabelle 2 bietet überblicksartig eine Auswahl möglicher Arbeitsaufträge zum Thema Energiewende und Nachhaltigkeit in den einzelnen Klassenstufen.

Deutlich wird: Der Fokus liegt auf einer problemorientierten Herangehensweise. Neben der Aktivierung von Vorwissen und der Aneignung neuen Wissens steht also eine konfliktbasierte Auseinandersetzung mit der Thematik vordergründig. Didaktischen Prinzipien wie der Erzeugung einer Mehrperspektivität sowie einer Handlungsorientierung (etwa durch Lernen mit mehreren Sinnen und Perspektivwechsel) wird in den saarländischen Gymnasiallehrwerken Rechnung getragen.

4 Ausblick und Desiderata

Neben dem bereits vorgestellten Materialangebot der saarländischen Lehrwerke empfiehlt sich ein zusätzlicher Blick auf ein erweiterndes bzw. vertiefendes Lehrangebot. So stellt beispielsweise Greenpeace online einen kostenlosen Reader[3] für Lehrpersonen zur Verfügung, der – ausgehend von der Betrachtung der Fukushima-Problematik – Szenarien, die im Rollenspiel aufgearbeitet werden sollen sowie zahlreiche diskontinuierliche Texte bietet. Zusätzlich werden den Schülerinnen und Schülern Handlungsperspektiven aufgezeigt, was wiederum ganz im Sinne der raumbezogenen Handlungskompetenz steht, die der Lehrplan einfordert.

Ergänzend zu einem problemorientierten Unterricht, der sich an den vorgestellten Aufgabenstellungen orientiert, gibt es die Möglichkeit zu Unterrichtsgängen bzw. Kurzexkursionen, die sich erwiesenermaßen positiv auf den Lernzuwachs auswirken können (auch Könen et al. 2018 in diesem Band). Haubrich (2006, S. 134) schreibt Exkursionen folgende positiven Eigenschaften zu: „Motivation, Fachlichkeit, Handlungsorientierung, Lernpotenziale". Aktuell wird z. B. im saarländischen Tholey eine interaktive Führung mit begleitendem Film- und Textmaterial angeboten, die den Fokus auf die Implementierung regenerativer Energien legt und zugleich Handlungsperspektiven für ein nachhaltiges Verhalten im Alltag aufzeigt. Dieses regionale Beispiel für einen didaktischen Einsatzort des Themas Klimaschutz und Energiewende findet sich innerhalb des Schaumbergturms. Dort steht Interessierten die interaktive Führung „CoZwo und Co[4]" zur Verfügung, die neben Informationstafeln auch Videoelemente sowie Quizfragen beinhaltet. Die Ausstellung eignet sich für eine Kurzexkursion, da sie kognitiv erworbene Wissensstrukturen mit affektiven Komponen-

---

3 Online-Link: http://www.schule-der-zukunft.nrw.de/fileadmin/user_upload/Schule-der-Zukunft/Materialsammlung/Unterrichtsmaterialien/110531_greenpeace_Bildungsmaterial_Download.pdf (Stand: 17. 05. 17)

4 Zusätzliche Informationen unter: https://www.urlaub.saarland/Media/Attraktionen/Schaumbergturm (Stand: 17. 05. 17)

Tabelle 2

Schulbuch	Klassenstufe	Arbeitsauftrag*
Diercke Erdkunde 5	5	• Notiere, wofür du im Alltag Wasser brauchst. • Benenne die Alpenstaaten, die einen großen Teil ihres Energiebedarfs aus Wasserkraft decken. • Erkunde, woher das Trink- und Nutzwasser deiner Heimatgemeinde kommt. • Erläutere, wie Speicher- und Laufkraftwerke funktionieren.
Diercke Erdkunde 7	7	• Klassifiziere die Bodenschätze der Region Norilsk. • Bewertet den Nickelabbau in Norilsk. Bereitet dafür in Partnerarbeit ein Streitgespräch vor zwischen einem Vater, der bleiben will, und seiner Tochter, die wegziehen will. • Beurteile die Bedeutung Russlands für die Befriedigung des Rohstoffbedarfs auf der Erde.
Diercke Erdkunde 8	8	• Auf der Internetseite www.agenda21-treffpunkt.de findest du viele aktuelle Informationen zur nachhaltigen Entwicklung. Stelle eines der Themen in der Klasse vor. • Bewerte dein Einkaufsverhalten.
Diercke Erdkunde Einführungsphase	10	• Beschreiben Sie die Entwicklung des globalen Energieverbrauchs seit 1860. • Stellen Sie die regionale Verteilung des Energieverbrauchs weltweit dar. Fertigen Sie dazu eine einfache Kartenskizze an. • Formulieren Sie Thesen zur Entwicklung der zukünftigen globalen Energiewirtschaft. • Analysieren und bewerten Sie Ihr eigenes Verhalten bei der Energienutzung. • Unterscheiden Sie tabellarisch fossile und regenerative Energieträger. • Erstellen Sie eine Mindmap über regenerative Energien. • Analysieren Sie die Heizungs- und Stromabrechnungen Ihrer Familie und schreiben Sie die Verbrauchsdaten in einer Tabelle auf. Vergleichen und beurteilen Sie anschließend den Energieverbrauch Ihrer Familie mit dem der Familien Ihrer Mitschülerinnen und Mitschüler. • Erläutern und bewerten Sie das Potenzial an verschiedenen Energieträgern in Deutschland. • Untersuchen Sie, wie die Nutzung der Braunkohle subjektiv unterschiedlich wahrgenommen und medial unterschiedlich vermittelt wird. • Diskutieren Sie die Nutzung des fossilen Energieträgers Braunkohle unter Berücksichtigung des Nachhaltigkeitsdreiecks. • Analysieren Sie die Entwicklungen bei der Nutzung der Windenergie unter der Realraum-Betrachtung. • Diskutieren Sie die Nutzung des regenerativen Energieträgers Wind unter Berücksichtigung der drei Dimensionen der Nachhaltigkeit. • Erstellen Sie eine Übersicht über Maßnahmen und Ziele der Energiewende in Deutschland. • Erörtern Sie Maßnahmen, wie Sie persönlich zur Energiewende beitragen können. • Beurteilen Sie die Umsetzung der Energiewende. Berücksichtigen Sie bei Ihrer Analyse auch die „Vier Raumkonzepte".
Fundamente	11	• Erarbeiten Sie sich die wichtigsten Informationen zum Thema „Biosprit". • Stellen Sie die Folgeprobleme der wachsenden Produktion von Biokraftstoffen dar. • Untersuchen Sie die Erdölpolitik Norwegens hinsichtlich der Dimensionen des Nachhaltigkeitsdreiecks. • Stellen Sie die Vor- und Nachteile der Energiegewinnung durch Wasserkraft am Beispiel von Großprojekten wie dem Sanxia-Projekt gegenüber. • Erörtern Sie die Dimensionen der Nachhaltigkeit am Beispiel des Sanxia-Projektes. • Diskutieren Sie die Lösungsansätze zur nachhaltigen Wassernutzung. • Beschreiben Sie den Produktionsprozess bei der Herstellung von Aluminium und nennen Sie mögliche negative ökologische Auswirkungen. • Diskutieren Sie abschließend die Nachhaltigkeit des Werkstoffes Aluminium. • Diskutieren Sie mit Ihren Mitschülerinnen und Mitschülern die auf der Klimakonferenz in Bali erzielten Ergebnisse zum Klimaschutz.

* Die Formulierungen der Arbeitsaufträge sind im Wortlaut den jeweiligen Lehrwerken entnommen.
Eigene Darstellung

ten bereichern kann. Konkret bedeutet dies, dass der entdeckende Charakter eines solchen Unterrichtsganges zu einer Erhöhung der persönlichen Verbindlichkeit führen kann, da erlernte Inhalte nun in einen direkt erfahrbaren und damit greifbaren Kontext gebettet werden.

5 Fazit

Bilder von schmelzenden Polkappen und aussterbenden Eisbären sind nur ein mosaikartiger Ausschnitt dessen, was gegenwärtig zum Thema Klimawandel medial aufgearbeitet wird. Dass der anthropogen bedingte Temperaturanstieg jegliches Leben auf der Erde empfindlich beeinflusst, scheint mittlerweile wissenschaftlich unumstritten. Gleichzeitig wird das Streben nach einem umweltbewussteren Umgang mit sämtlichen lebensnotwendigen Ressourcen präsenter denn je. Die Energiewende greift den Nachhaltigkeitsgedanken auf, bedingt allerdings durch ein Umrüsten auf regenerative Energiesysteme unweigerlich einen Landschaftswandel. Wenngleich die saarländischen Lehrwerke dem sozialkonstruktivistischen Ansatz (noch) kaum Bedeutung zumessen, so ist doch – dem aktuellen Wissenschaftsdiskurs zufolge – Landschaft als ein Ergebnis sozialer Prozesse und Handlungen zu begreifen. Dieser theoretischen Perspektive folgend ist Landschaft niemals statisch, sondern stets dynamisch zu begreifen. Vor diesem Hintergrund scheint es nur logisch, dass landschaftliche Überprägungen Prozesscharakter besitzen und ebenso die soziale Akzeptanz einer neugestalteten Landschaft Zeit bedingt. Um den Nutzen und die Notwendigkeit der Energiewende hinreichend begreifen zu können, ist eine fachliche Auseinandersetzung mit den in den Tabellen aufgeführten Themenschwerpunkten sinnvoll und unerlässlich zugleich. Die derzeit eingeführten saarländischen Lehrwerke an Gymnasien erlauben eine handlungs- und problemorientierte Herangehensweise an die Thematik und generieren zudem Kompetenzen – ein erklärtes Ziel des Lehrplans. Wünschenswert wäre eine künftige Integration landschaftlicher Konzepte sowie landschaftsästhetischer Problemstellungen, um eine Harmonisierung zur gegenwärtigen Wissenschaftsdiskussion zu erzielen.

Literatur

Brühne, T. (2009). *Erneuerbare Energien als Herausforderung für die Geographiedidaktik. Perspektiven der Integration in Theorie und Praxis.* Wiesbaden: Verlag für Sozialwissenschaften.
Brunnengräber, A. (2018). Klimaskeptiker im Aufwind. Wie aus einem Rand- ein breiteres Gesellschaftsphänomen wird. In O. Kühne & F. Weber (Hrsg.), *Bausteine der Energiewende* (S. 271–292). Wiesbaden: Springer VS.
Bständig, V. et al. (2011). *Diercke Erdkunde 5 Saarland.* Braunschweig: Westermann.

Bubel, R. et al. (2013). *Diercke Erdkunde 8 Saarland*. Braunschweig: Westermann.
Bubel, R. et al. (2016). *Diercke Erdkunde. Einführungsphase Saarland*. Braunschweig: Westermann.
Ekardt, F. (2014). *Jahrhundertaufgabe Energiewende. Ein Handbuch*. Berlin: Links Verlag.
Ernst, M. et al. (2012). *Diercke Erdkunde 7 Saarland*. Braunschweig: Westermann.
Flämig, D., & de Maizière, L. (2016). *Weiter denken. Von der Energiewende zur Nachhaltigkeitsgesellschaft. Plädoyer für eine bürgernahe Versöhnung von Ökologie, Ökonomie und Sozialstaat*. Berlin & Heidelberg: Springer Vieweg.
Fontaine, D. (2016). *Simulierte Landschaften in der Postmoderne. Reflexionen und Befunde zu Disneyland, Wolfersheim und GTA V*. Wiesbaden: Springer VS.
Giest, H. (2016). *Zur Didaktik des Sachunterrichts. Aktuelle Probleme, Fragen und Antworten*. Berlin: Lehmanns Media Verlag.
Hartmann, C. (2018). Ewigkeitskosten nach dem Ausstieg aus der Steinkohleförderung in Deutschland. In O. Kühne & F. Weber (Hrsg.), *Bausteine der Energiewende* (S. 315–330). Wiesbaden: Springer VS.
Haubrich, H. (Hrsg.) (2006). *Geographie unterrichten lernen. Die neue Didaktik der Geographie konkret*. München: Oldenbourg.
Jenal, C. (2018). Ikonologie des Protests – Der Stromnetzausbau im Darstellungsmodus seiner Kritiker(innen). In O. Kühne & F. Weber (Hrsg.), *Bausteine der Energiewende* (S. 469–487). Wiesbaden: Springer VS.
Könen, D., Gryl, I., & Pokraka, J. (2018). Zwischen ‚Windwahn', Interessenvertretung und Verantwortung: Bürger*innenbeteiligung am Beispiel Windkraft im Spiegel von Neocartography und Spatial Citizenship. In O. Kühne & F. Weber (Hrsg.), *Bausteine der Energiewende* (S. 207–230). Wiesbaden: Springer VS.
Kreus, A., & von der Ruhren, N. (Hrsg.) (2008). *Fundamente. Geographie Oberstufe*. Stuttgart:Klett.
Kühne, O. (2012). *Stadt-Landschaft-Hybridität. Ästhetische Bezüge im postmodernen Los Angeles mit seinen modernen Persistenzen*. Wiesbaden: Springer VS.
Kühne, O. (2013). Landschaftsästhetik und regenerative Energien – Grundüberlegungen zu De- und Re- Sensualisierungen und inversen Landschaften. In: Gailing, L., Leibenath, M. (Hg.) (2013): *Neue Energielandschaften – Neue Perspektiven der Landschaftsforschung*. Wiesbaden: Springer VS.
Kühne, O. (2013). *Landschaftstheorie und Landschaftspraxis – eine Einführung aus sozialkonstruktivistischer Perspektive*. Wiesbaden: Springer VS.
Kühne, O. (2018). „Neue Landschaftskonflikte" – Überlegungen zu den physischen Manifestationen der Energiewende auf der Grundlage der Konflikttheorie Ralf Dahrendorfs. In O. Kühne & F. Weber (Hrsg.), *Bausteine der Energiewende* (S. 163–186). Wiesbaden: Springer VS.
Kühne, O., & Weber, F. (2015). Der Energienetzausbau in Internetvideos – eine quantitativ ausgerichtete diskurstheoretisch orientierte Analyse. In S. Kost & A. Schönwald (Hrsg.), *Landschaftswandel – Wandel von Machtstrukturen* (S. 113–126). Wiesbaden: Springer VS.

Kühne, O., & Weber, F. (2016). Landschaft im Wandel. *ARL-Nachrichten 46 (3-4)*, 16–20.

Kühne, O. & Weber, F. (2018). Bausteine der Energiewende – Einführung, Übersicht und Ausblick. In O. Kühne & F. Weber (Hrsg.), *Bausteine der Energiewende* (S. 3–19). Wiesbaden: Springer VS.

Kühne, O., Megerle, H., & Weber, F. (2017). Landschaft – Landschaftswandel – Landschaftsästhetik: Einführung – Überblick – Ausblick. In O. Kühne, H. Megerle & F. Weber (Hrsg.), *Landschaftsästhetik und Landschaftswandel* (S. 1–22). Wiesbaden: Springer VS.

Kühne, O. (2017). *Zur Aktualität von Ralf Dahrendorf. Einführung in sein Werk*. Wiesbaden: Springer VS.

Leibenath, M., & Otto, A. (2013). Windräder in Wolfhagen – eine Fallstudie zur diskursiven Konstituierung von Landschaften. In M. Leibenath, S. Heiland, H. Kilper & S. Tzschaschel (Hrsg.), *Wie werden Landschaften gemacht? Sozialwissenschaftliche Perspektiven auf die Konstituierung von Kulturlandschaften* (S. 205–236). Bielefeld: Transcript.

Linke, S. (2018). Ästhetik der neuen Energielandschaften – oder: „Was Schönheit ist, das weiß ich nicht". In O. Kühne & F. Weber (Hrsg.), *Bausteine der Energiewende* (S. 409–429). Wiesbaden: Springer VS.

Ministerium für Bildung und Kultur Saarland (2014). *Lehrplan Erdkunde Gymnasium*. Saarbrücken.

Sielker, F., Kurze, K., & Göler, D. (2018). Governance der EU Energie(außen)politik und ihr Beitrag zur Energiewende. In O. Kühne & F. Weber (Hrsg.), *Bausteine der Energiewende* (S. 249–269). Wiesbaden: Springer VS.

Schweiger, S., Kamlage, J.-H., & Engler, S. (2018). Ästhetik und Akzeptanz. Welche Geschichten könnten Energielandschaften erzählen? In O. Kühne & F. Weber (Hrsg.), *Bausteine der Energiewende* (S. 431–445). Wiesbaden: Springer VS.

Von Haaren, C. (Hrsg.) (2004). *Landschaftsplanung*. Stuttgart: Eugen Ulmer.

Weber, F., & Kühne, O. (2016). Räume unter Strom. Eine diskurstheoretische Analyse zu Aushandlungsprozessen im Zuge des Stromnetzausbaus. *Raumforschung und Raumordnung 74 (4)*, 323–338. doi:10.1007/s13147-016-0417-4

Weber, F., & Jenal, C. (2016). Windkraft in Naturparken. Konflikte am Beispiel der Naturparke Soonwald-Nahe und Rhein-Westerwald. *Naturschutz und Landschaftsplanung 48 (12)*, 377–382.

Weber, F., Roßmeier, A., Jenal, C. & Kühne, O. (2017). Landschaftswandel als Konflikt. Ein Vergleich von Argumentationsmustern beim Windkraft- und beim Stromnetzausbau aus diskurstheoretischer Perspektive. In O. Kühne, H. Megerle & F. Weber (Hrsg.), *Landschaftsästhetik und Landschaftswandel* (S. 215–244). Wiesbaden: Springer VS.

Weiss, G. (2013). Das Klima retten – aber nicht vor der eigenen Tür? Konflikte um Anlagen zur regenerativen Energieerzeugung in Deutschland. *Geographische Rundschau 65 (1)*, 44–49.

Wissenschaftlicher Beirat der Bundesregierung Globale Umweltveränderungen (2003). *Welt im Wandel: Energiewende zur Nachhaltigkeit*. Berlin & Heidelberg: Springer.

Dominique Fontaine studierte an der Université de Lorraine und der Universität des Saarlandes Geographie und Französisch und schloss dieses Studium im Januar 2016 mit zwei Staatsexamen und einer bilingualen Zusatzqualifikation für das Lehramt an Gymnasien ab. In ihrer Promotion an der Universität des Saarlandes setzte sie sich mit dem Themenbereich der Simulation von Landschaft in der Postmoderne auseinander. Sie unterrichtet am Robert-Schuman-Gymnasium in Saarlouis.

Energiewende im Quartier – Ein Ansatz im Reallabor

Geraldine Quénéhervé, Jeannine Tischler und Volker Hochschild

Abstract

Zu Beginn des 21. Jahrhunderts lebten erstmalig mehr als 50 % der Menschen in Städten, welche zwischen 60 und 80 % der weltweit benötigten Energie verbrauchen. Die Transformation der Städte hin zu nachhaltigen Gesellschaften mit nachhaltigen Energiesystemen wird aber nicht nur durch die gebaute Umwelt, Technologien und Politik geprägt, sondern v. a. durch Systeminnovationen. Diese Transformation wird im ‚Energielabor Tübingen'-Projekt mit einem Fokus auf die Energiewende auf Quartiersebene für die Stadt Tübingen untersucht. Dies wird in sogenannten Realexperimenten durchgeführt, d. h. Experimente unter teilweise kontrollierten Bedingungen mit dem Ziel, neues Wissen zu erhalten. Ziel des Energielabors ist es, gemeinsam mit den Bürger(inne)n die Energiewende in Tübingen voranzutreiben, neue Maßnahmen zu erproben und zu beforschen. Wo dabei die Herausforderungen liegen und wie es zur Veränderung des Alltagshandelns der Bürger(innen) und dadurch zu einer praktischen Umsetzung einer nachhaltigen Energiewende kommt, um die Quartiere damit in Bewegung zu bringen, sind unsere zentralen Fragen.

Keywords

Nachhaltigkeit; Energiewende; Transformation; Quartiersforschung; Reallabor; Realexperiment; Energiesuffizienz

1 Energiewende und nachhaltige Entwicklung in der Stadt

Seit der ersten Dekade des 21. Jahrhunderts leben erstmalig mehr als 50 Prozent der Menschen in Städten. In Deutschland lebten 2015 von 82 Millionen Einwohnern 62 Millionen in Städten, was einen Verstädterungsgrad von 75 % ausmacht, Tendenz steigend (United Nations Human Settlements Programme (UN-HABITAT) 2016, S. 199). Der Anstieg von Treibhausgasen wird als einer der maßgeblichen Gründe für die Erderwärmung angesehen. Die meisten Emissionen entstehen dort, wo sich die Produktion und der Verbrauch von Ressourcen konzentrieren. Städte beschleunigen den Klimawandel durch ihre hohe Dichte an Treibhausgas emittierenden städtischen Bereichen wie Industrie, Verkehr, Wohnen und Abfall. Flächenmäßig bedecken urbanisierte Zentren lediglich zwei Prozent der Erdoberfläche, dabei verbrauchen sie jedoch zwischen 60 und 80 Prozent der weltweit benötigten Energie und produzieren über 70 Prozent aller Treibhausgase (UN-HABITAT 2016, S. 15).

Die Transformation fossiler und nuklearer Energiesysteme in nachhaltige Energiesysteme, die ökologischen, ökonomischen und sozialen Anforderungen gleichermaßen genügen, ist deshalb eine der großen gesellschaftlichen Herausforderungen zu Beginn des neuen Jahrhunderts. Wesentliche Gründe für eine Energiewende sind daher die Risikovorsorge, der Klimaschutz (Eindämmung klimaschädlicher Treibhausgasemissionen), die Verteuerung knapper fossiler Ressourcen sowie eine Wertschöpfung vor Ort (Wissenschaftlicher Beirat der Bundesregierung Globale Umweltveränderungen (WBGU) 2011, S. 126; vgl. auch Hook 2018; Kühne und Weber 2018 in diesem Band). Die Energiewende betrifft die Bereiche Verkehr, Wärme und Strom, auf letzteren geht dieser Beitrag im Besonderen ein. Notwendig für eine nachhaltig wirksame Wende ist ein sparsamer Umgang mit Energie, der Ausstieg aus der Kernkraft sowie die Abkehr von fossilen Energieträgern und der zunehmende Einsatz regionaler, erneuerbarer Energieträger (Wind, Wasser, Sonne, Biomasse). Vor diesem Hintergrund hat die Bundesregierung hohe Klimaschutzziele formuliert und beabsichtigt, bis zum Jahr 2020 Treibhausgasemissionen um 40 Prozent gegenüber dem Jahr 1990 zu reduzieren. 2022 soll das letzte Kernkraftwerk vom Netz gehen und bis 2025 soll der Anteil der erneuerbaren Energien am Bruttostromverbrach 40–45 Prozent betragen (Bundesministerium für Umwelt, Naturschutz, Bau und Reaktorsicherheit (BMUB) 2014, S. 11).

Die Abkehr von den ‚alten' Energieträgern zeigt einen Paradigmenwechsel an. Wir beginnen eine Periode massiver Veränderungen, welche die grundlegenden Bedingungen für das städtische Leben verändern werden. Diese Transformation der Städte wird aber nicht nur durch die gebaute Umwelt, Technologien und Politik geprägt, sondern v. a. auch durch das Zusammenspiel der Dynamiken sozialer und kultureller Entwicklungen (Ryan 2013, S. 194). Dieser sozio-kulturelle Wandel wird durch soziale Innovationen der Bürger(innen) und deren Beteiligung gestaltet und als Systeminnovation bezeichnet (Geels et al. 2004, S. 3). Systeminnovation wird durch Resilienz – die Fähigkeit, Störungen abzufedern und sich umzustellen, während die Veränderung durchlaufen wird – gestärkt, dabei ist sie multidisziplinär, dynamisch und systemisch (vgl. Evans 2011). Resilienz in Bezug zur nachhaltigen Entwicklung des Systems Stadt bedeutet, dass Städte flexibler, robuster und intelligenter gestaltet werden sollen (Flander et al. 2014, S. 285). Flexibilität des Systems Stadt heißt, alternative Wege zum Umgang mit der Situation zu finden, Robustheit bedeutet, dass Störungen widerstanden wird und Intelligenz zeigt sich, aus überstandenen Krisen gelernt zu haben (Schulz 2013, S. 2).

Umgesetzt wird die Energiewende vor allem lokal, d. h. ohne Städte und Gemeinden wird die Energiewende nicht realisierbar sein. Kommunen und Bürger(innen) bestimmen daher maßgeblich die Geschwindigkeit und die Reichweite dieser Wende. Mit dem Förderformat des ‚Reallabors' (siehe Kapitel 4.1) sollen Wissenschaftler(innen), Kommunen, Bürger(innen) und Unternehmen gemeinsam nachhaltige Veränderungen in Städten anstoßen und entwickeln (Parodi et al. 2016, S. 16).

Der Begriff der Nachhaltigkeit wurde für urbane Räume Mitte der 1990er Jahre geprägt (Haughton und Hunter 1994; Meulen und Erkelens 1996), nachfolgend zur Agenda 21-Vereinbarung der UN-Konferenz für Umwelt und Entwicklung in Rio de Janeiro 1992. Die Agenda 21 wurde in der nationalen Nachhaltigkeitsstrategie der Bundesregierung „Perspektiven für Deutschland" (2002) verankert und als politische Leitlinie im Bereich nachhaltiges bzw. ökologisches Bauen festgelegt. Forschungen und politische Vorgaben für nachhaltigen Gebäudebau und entsprechende Sanierungsmaßnahmen für Altbauten (Graubner und Hüske 2003) oder im Kontext der Gesamtstadt (Alisch 2001) waren der ursprüngliche Fokus. Es gab einige Pioniere aus der Bürgerschaft, welche den Gedanken der Nachhaltigkeit frühzeitig auf Quartiere übertrugen (Baubeginn je 1998), wie das Quartier Vauban in Freiburg und das Französische Viertel in Tübingen. Ende der 2000er Jahre folgte dann die Konzentration politischer Vorgaben auf das Quartier, wie z. B. der 2009 ausgelobte Bundeswettbewerb „Energetische Sanierung in Großwohnsiedlungen". Der Ansatz von Nachhaltigkeit in Quartieren wurde dementsprechend auch von der Forschung aufgegriffen und erörtert (Deffner und Meisel 2013; Drilling und Schnur 2012).

Ziel des Projekts ‚Energielabor Tübingen' ist es, gemeinsam mit den Bürger(inne)n die Energiewende in Tübingen voranzutreiben, neue Maßnahmen zu erproben und zu beforschen. Wo dabei die Herausforderungen liegen und wie es zur Veränderung des Alltagshandelns der Bürger(innen) und dadurch zu einer praktischen Umsetzung einer nachhaltigen Energiewende kommt, um die Quartiere damit in Bewegung zu bringen, sind unsere zentralen Fragen. Der vorliegende Beitrag geht verstärkt auf die Transformation des Systems Stadt mit dem Fokus auf die Energiewende ein. Dabei werden sogenannte Realexperimente auf Quartiersebene vorgestellt, d. h. Experimente unter teilweise kontrollierten Bedingungen mit dem Ziel, neues Wissen zu erhalten. Im Folgekapitel wird daher die Transformation der Energiewende erläutert, darauf folgt ein Überblick, wie eine Energiewende im Quartier aussehen kann. In Kapitel 4 wird die transformative Wissenschaft mit den Ansätzen Reallabor und Realexperimenten theoretisch diskutiert sowie in Beispielen belegt.

2 Transformation der Energiewende

Nur eine Umstrukturierung des globalen Energiesystems in Richtung Klimaverträglichkeit und Nachhaltigkeit kann die großen Klimaschutzziele des 21. Jahrhunderts verwirklichen. Es gibt mehrere Strategien zur Transformation von nicht-nachhaltigen in nachhaltige Energiesysteme. Kern dieser Strategien bilden die Komplexe Energieeffizienz, Energiekonsistenz sowie Energiesuffizienz. Von Winterfeld (2007, S. 47) hat die letzteren mit Adjektiven belegt, die Autorin umschreibt Effizienz mit „besser", Konsistenz mit „anders" und Suffizienz mit „weniger". Nur zusammen gedacht gewährleisten diese drei Strategien Veränderungen im Sinne der Nachhaltigkeit.

Bei der Energiekonsistenz geht es nicht darum, die Mengen an Energie- oder Stoffeinsatz zu verändern, vielmehr wird die Frage nach der Qualität der eingesetzten Güter gestellt. Das Ziel sind Stoffströme, die den biogeochemischen Kreisläufen und der Verarbeitungskapazität der Ökosysteme angepasst sind. Beispiele hierfür sind Kreislaufsysteme, in denen durch Wiederverwertung oder nachwachsende Rohstoffe möglichst keine neuen Ressourcen benötigt werden. Die Energiekonsistenz, hier v. a. der Ausbau erneuerbarer Energien, trägt zu einer nachhaltigen Energiewende bei, indem der Ausstoß von Treibhausgasen reduziert wird.

Energieeffizienz, also der effizientere Einsatz von bisherigen Maßnahmen, verlangt in manchen Bereichen Erweiterungen, in anderen Einschränkungen. Unterschiedliche Bereiche, wie der Strom- und Wärmemarkt, der Verkehrssektor und die industrielle Produktion sind betroffen. Diese ziehen unterschiedliche Kompetenzbereiche ein: physikalisch-technisches Wissen, angepasste Verhaltensweisen und innovative politische Instrumente. Die Bundesregierung hat sich ebenfalls Effizienzziele gesteckt. Diese Ziele verlangen, dass bis 2020 der Bruttostromverbrauch um 10 Prozent sowie der Verbrauch an Energierohstoffen (Primärenergie) und der Wärmebedarf der Gebäude um 20 Prozent gegenüber 2008 abgesenkt werden (Bundesministerium für Wirtschaft und Energie (BMWi) 2014, S. 8). Durch die Senkung des Energierohstoffbedarfs leistet Energieeffizienz Versorgungssicherheit und Importunabhängigkeit, ebenso macht sie die Volkswirtschaft resistenter gegenüber Energiekrisen und Preisschocks und leistet somit einen wesentlichen Beitrag zum Klima- und Ressourcenschutz. Energieeffizienz trägt in verschiedenen Handlungsfeldern zu mehr sozialer Gerechtigkeit bei, zum Beispiel durch geringere Energiekosten für sozial schwache Haushalte oder einer lokalen Wertschöpfungskette. Auch Komfortsteigerungen, mehr Lebensqualität und Gesundheit können mit Energieeffizienz einhergehen (Pehnt 2010, S. 13 f.).

Energiekonsistenz und -effizienz werden jedoch nicht ausreichen, um den Ressourcenverbrauch und die Beeinflussung der Natur auf ein nachhaltiges Maß zu beschränken. Die durch ihren Einsatz erzielten Einspargewinne und Potenziale werden durch die Zunahme von individuellem Wohlstand, einer steigenden Anzahl von Konsumenten und immer billiger werdenden Waren buchstäblich aufgefressen. Somit steigt der weltweite Verbrauch an Ressourcen und Energie trotz der vorhandenen technischen Optionen weiter an (Rebound-Effekt) (Brischke et al. 2015, S. 32 f.; Gröne 2016, S. 5 f.; Stengel 2011, S. 131 ff.). Hier setzt die Suffizienzstrategie an, welche sich primär an den Handlungs- und Lebensweisen des Individuums orientiert, indem sie auf eine von innen gesteuerte und vor allem freiwillige Veränderung des Konsums, Technikgebrauchs oder des Lebensstils zielt, hin zu einem genügsamen und umweltverträglichen Verbrauch von Energie und Materie. Suffizienz fordert den notwendigen Verzicht auf das nicht Notwendige, eine Reflektion des persönlichen Bedarfs – Wie viel ist genug für ein ‚gutes Leben'? – und nicht, wie oft assoziiert, Mangel und Entsagung (Brischke et al. 2016, S. 5 f.; Stengel 2011, S. 129 ff.). Paech (2013, S. 20 f.) deutet die Suffizienzstrategie sogar als Befreiungsschlag und vor allem als Selbstschutz vor Konsumüberflutung.

Brischke et al. (2016, S. 12) definieren Energiesuffizienz neben Energiekonsistenz und Energieeffizienz als „eine Strategie zur Transformation der derzeitigen, nicht-nachhaltigen in nachhaltige Energiesysteme" mit dem Ziel, die aufgewendete Menge an technisch bereitgestellter Energie durch Veränderungen des Techniknutzens und weiterer Nutzenaspekte auf ein nachhaltiges Maß zu begrenzen oder zu reduzieren. Laut Gröne (2016, S. 59) bietet Energiesuffizienz verschiedene Potenziale, um in der Alltagswelt der Gesellschaft den Übergang zu einer zukunftsfähigen Lebensweise mitzugestalten, da ihr Ansatzpunkt im Wesentlichen bei sozialen Veränderungen liegt. Es geht darum, „Strukturen zu verändern, nicht den Menschen" (Schneidewind 2017, S. 99). Energiesuffizienz kann einen wichtigen Beitrag zur Energiewende leisten, so Brischke et al. (2016, S. 98 f.), ihre Untersuchungen kommen zu dem Ergebnis, „dass sowohl die Schaffung von Suffizienz flankierenden Infrastrukturen und Dienstleistungen als auch der Abbau von Treibern des Energieverbrauchs auf der Makro-Ebene Schlüsselfaktoren für eine erfolgreiche Umsetzung einer Energiesuffizienzstrategie und für das Gelingen der Energiewende insgesamt darstellen".

3 Energiewende im Quartier

Das Quartier wird über seinen räumlichen Kontext, der als Lebensraum für seine Bewohner(innen) fungiert, definiert. Es ist ein Raum mit einem sozialen Bezugssystem, im Gegensatz dazu ist der ‚Stadtteil' ein technisch-administrativer Begriff, der eine klar abgegrenzte Verwaltungseinheit bezeichnet. Ein Quartier kann jedoch nicht eindeutig definiert werden; eine praxistaugliche Abgrenzung bietet Schnur (2014, S. 43): „Ein Quartier ist ein kontextuell eingebetteter, durch externe und interne Handlungen sozial konstruierter, jedoch unscharf konturierter Mittelpunkt-Ort alltäglicher Lebenswelten und individueller sozialer Sphären, deren Schnittmengen sich im räumlich-identifikatorischen Zusammenhang eines überschaubaren Wohnumfelds abbilden."

In Quartieren können nationale und lokale Nachhaltigkeitsziele umgesetzt werden. In sozialen Räumen, in denen Menschen leben und arbeiten, können nachhaltige Entwicklungsstrategien eingeleitet und verstetigt werden. Zieldimensionen für nachhaltige Quartiere sind nach Breuer (2013, S. 7): (i) Ökologische Verträglichkeit, (ii) soziale Gebrauchsfähigkeit, (iii) Ökonomische Tragfähigkeit, (iv) Strukturziele und (v) Prozessziele.

Viele Klimaschutzmaßnahmen sind auf das einzelne Gebäude bezogen, wie die Dämmung der Fassaden und der Fensteraustausch. Zusätzliche Potenziale lassen sich generieren, wenn man sich von einem gebäudebezogenen Ansatz löst und das Quartier im Ganzen betrachtet (Neitzel 2013, S. 195). Der Paradigmenwechsel vom Gebäude zum Quartier ist in den letzten Jahren ein großes Thema geworden. Heterogene Formen der Energieerzeugung und -verteilung und damit einhergehend dezentrale Versorgungsstrukturen nehmen gegenüber zentralistischen Strukturen zu (Maron 2012, S. 41). Quartierslösungen können daher für die Energiewende eine wichtige Stellung einnehmen. Sie ermöglichen es, angepasste und integrierende Maßnahmen spezifisch umzusetzen. Quartierskonzepte suchen realistische Lösungen, welche im besten Fall von den zuständigen Akteuren mit den Bewohner(inne)n zusammen erarbeitet werden. Diese Verknüpfung im Zusammenspiel mit wichtigen Quartiersthemen kann zu einer gelingenden Umsetzung beitragen. Wichtig ist dabei jedoch, dass die Quartierskonzepte einem gesamtstädtischen „Energie-Rahmenplan" folgen, welcher von der Kommune getragen werden muss (Erhorn-Kluttig et al. 2011, S. 263).

Die Stadtquartiere von morgen sind zum größten Teil schon gebaut. Ein Quartier im Bestand befindet sich in einer permanenten Entwicklung und unterliegt ständigen Veränderungen (Breuer 2013, S. 3). Auf einer wissenschaftlichen Ebene erfordern diese komplexen Entwicklungen eine multiperspektivische Betrachtung mit disziplinübergreifenden Analysen und Erklärungsansätzen. Eine solche transdisziplinäre Quartiersforschung gliedert sich nach Pfaffenbach und Zimmer-Hegmann (2013, S. 229 f.) in drei Ebenen: (i) die Wissenschaftliche, (ii) die Ebene von Institutionen und Organisationen und (iii) die Handlungsebene der Bewohner(innen). Dieser Ansatz wird im folgenden Kapitel aufgegriffen und ergänzt.

4 Wissenschaft sucht Praxis

Das hier vorgestellte Reallabor-Projekt ‚Energielabor Tübingen – Potenziale, Partizipation, Perspektiven' widmet sich von 2016 bis 2018 den Fragen der Energiewende und deren nachhaltigen Verankerung in der Stadtgesellschaft und verzahnt dabei Wissenschaft, Praxispartner(innen) und die Bürgerschaft (vgl. Abb. 1). Im folgenden Teilkapitel werden einzelne, methodische Elemente der Reallaborforschung vertieft. Daran anschließend werden empirische Studien, Realexperimente genannt, welche im Energielabor durchgeführt werden, vorgestellt.

Abbildung 1 Energielabor Tübingen: Ein Reallabor-Forschungsprojekt

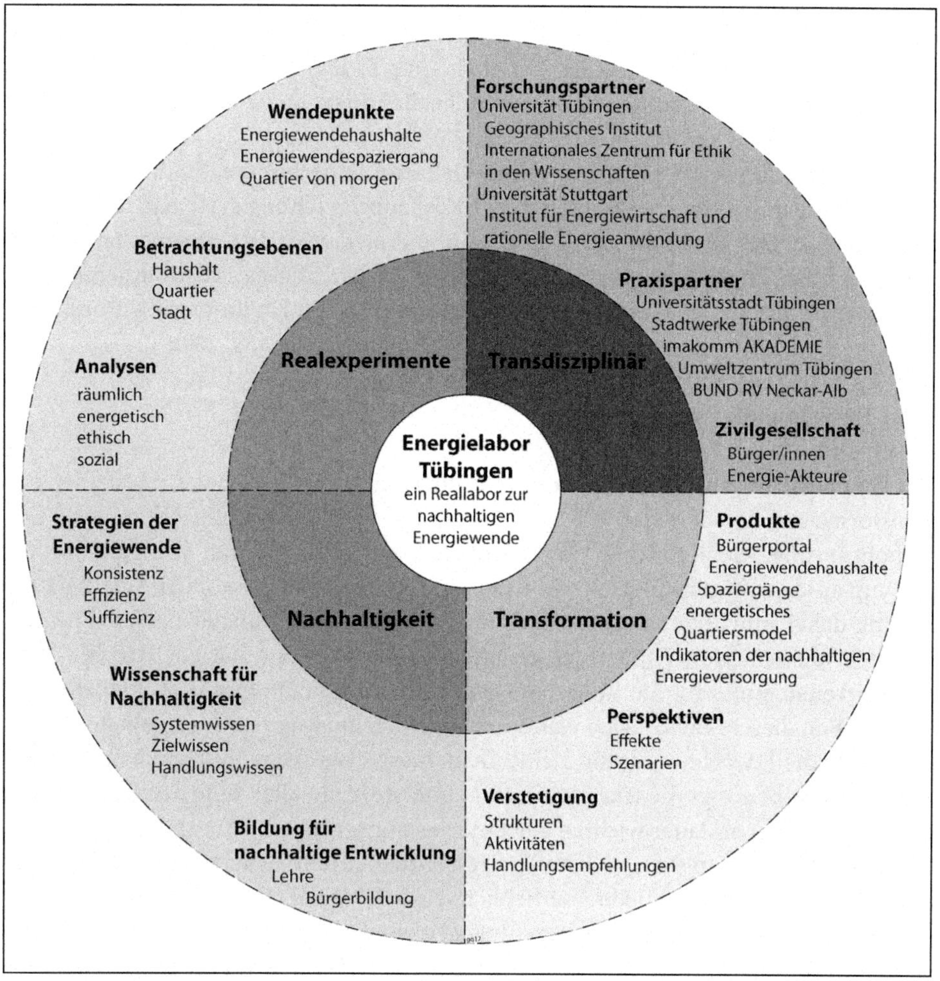

Wendepunkte
Energiewendehaushalte
Energiewendespaziergang
Quartier von morgen

Forschungspartner
Universität Tübingen
Geographisches Institut
Internationales Zentrum für Ethik
in den Wissenschaften
Universität Stuttgart
Institut für Energiewirtschaft und
rationelle Energieanwendung

Betrachtungsebenen
Haushalt
Quartier
Stadt

Praxispartner
Universitätsstadt Tübingen
Stadtwerke Tübingen
imakomm AKADEMIE
Umweltzentrum Tübingen
BUND RV Neckar-Alb

Analysen
räumlich
energetisch
ethisch
sozial

Realexperimente   **Transdisziplinär**

Zivilgesellschaft
Bürger/innen
Energie-Akteure

Energielabor Tübingen
ein Reallabor zur nachhaltigen Energiewende

Strategien der Energiewende
Konsistenz
Effizienz
Suffizienz

Produkte
Bürgerportal
Energiewendehaushalte
Spaziergänge
energetisches
Quartiersmodel
Indikatoren der nachhaltigen
Energieversorgung

Nachhaltigkeit   **Transformation**

Wissenschaft für Nachhaltigkeit
Systemwissen
Zielwissen
Handlungswissen

Perspektiven
Effekte
Szenarien

Versteigung
Strukturen
Aktivitäten
Handlungsempfehlungen

Bildung für nachhaltige Entwicklung
Lehre
Bürgerbildung

Quelle: Eigene Darstellung

4.1 Reallaborforschung

Laut WBGU (2016, S. 20) werden Städte „sinnbildlich zu ‚Reallaboren' für transformative Lösungen, denn es gibt keine Blaupausen für nachhaltige Stadtentwicklung". Das Ministerium für Wissenschaft, Forschung und Kunst Baden-Württemberg hat 2015 und 2016 je sieben Reallabore („BaWü-Labs") für je drei Jahre mit finanziellen Mitteln ausgestattet. Die Reallabore zeichnen sich durch eine Weiterentwicklung bestehender Forschungsansätze aus: Zentrale Elemente finden sich im Leitbild Nachhaltiger Entwicklung, in der Transdisziplinarität wissenschaftlicher Prozesse sowie in der transformativen Forschung, welche Forschung und Praxis einbezieht und im Co-Design und in Co-Produktion forscht. In Reallaboren wird kontextspezifisches, sozial robustes Wissen mittels Realexperimenten generiert und damit soziale Innovationskraft vor Ort befördert (Flander et al. 2014, S. 285). Das Verständnis des Konzeptes ‚Reallabor' wird anhand von zentralen Begriffen in Parodi et al. (2016) dargestellt.

In urbanen Räumen existieren schon vielfache Experimente, Stadtumbau- und andere Modellprojekte. Diese sollen in der Reallaborforschung systematisch aufgearbeitet werden. Des Weiteren sollen ausgewählte Projekte vor Ort wissenschaftlich begleitet und bei ihren Anpassungen unterstützt werden. Dieses situationsgebundene Lernen wird durch die Entwicklung von Ziel- und Transformationswissen und eine kontinuierliche Selbstreflexion unterstützt (Flander et al. 2014, S. 285).

4.1.1 Transformative Wissenschaft

Die Verstädterung im 21. Jahrhundert, als eines der zentralen Handlungsfelder der Transformation, gliedert der WBGU (2016, S. 163) in fünf wichtige Komplexe: Dekarbonisierung, Mobilität und Verkehr, baulich-räumliche Gestalt von Städten, Anpassung an den Klimawandel sowie Bekämpfung sozio-ökonomischer Disparitäten. Wichtig dabei sind Akteure und Maßnahmen, welche eine transformative Wirkung entfalten können. Dabei spielt der gestaltende Staat mit erweiterten Partizipationsmöglichkeiten eine zentrale Rolle (vgl. allgemein auch Gailing 2018; Leibenath und Lintz 2018 in diesem Band). Der Wandel zu einer nachhaltigeren Gesellschaft und insbesondere die Energiewende sind eine Gemeinschaftsaufgabe. Ein solch anspruchsvoller Prozess benötigt die Akzeptanz und Unterstützung aller Teile der Gesellschaft. Für den Erfolg ist es daher wichtig, alle Bevölkerungsgruppen aktiv zu beteiligen und entsprechende Bildungs- und Beteiligungsansätze zu entwickeln. Lokale Gegebenheiten unterscheiden sich jedoch erheblich, eine universelle Antwort kann es daher nicht geben. Urbane Akteure können hingegen voneinander lernen.

Forschung kann diese Prozesse unterstützen, indem sie erarbeitet, auf welche Ziele sich eine Gesellschaft hin entwickeln soll und wie diese Prozesse zu gestalten sind (Burger 2005, S. 50). Die schweizerischen Akademien der Wissenschaft (CASS 1997) haben diese Wissensdimensionen der Nachhaltigkeitsforschung in System-, Ziel- und Handlungswissen gefasst. Systemwissen als Wissen über die aktuelle Lage. Zielwissen als Wissen über was sein oder was nicht sein soll und Handlungswissen als Wissen darüber, wie die Transformation zu gestalten ist. Eine sinnvolle Partizipation zwischen Wissenschaft und urbanen Akteuren benötigt daher sowohl eine neue Wissenschaftsauffassung als auch neue Konzepte der Co-Produktion sozial robusten Wissens. Letzteres bezeichnet ein Wissen, „das sowohl im wissenschaftlichen Diskurs anschlussfähig ist als auch in Transformationsprozessen handelnden Akteuren eine Orientierung gibt" (Wuppertal Institut 2016, S. 20).

4.1.2 Partizipationsverständnisse im Reallabor

„Eine nachhaltige Entwicklung ist als gesellschaftlicher Lern-, Verständigungs- und Gestaltungsprozess zu verstehen, der erst durch die Beteiligung möglichst vieler Menschen mit Ideen und Visionen gefüllt werden kann und der daher ohne gesellschaftliche Partizipation gar nicht vorstellbar ist" (Michelsen und Rieckmann 2014, S. 370). Partizipation ist somit ein zentraler Baustein auf dem Weg zu einer nachhaltigen Entwicklung. Wie in Kapitel 2 bereits dargestellt, erfordert eine Energiewende neben technologischen Innovationen auch ein Umsteuern in vielen einzelnen Handlungsbereichen, veränderte soziale Praktiken und an Suffizienz ausgerichtete Handlungsweisen. Laut Reinermann und Hackfort (2015, S. 110) braucht es für eine erfolgreiche Energiewende „partizipative Kommunikationsformate, die verstärkt Individuen und auch zivilgesellschaftliche Organisationen, deren implizite und explizite Wissensbestände und Kompetenzen in die Gestaltung der Energiewende mit einbeziehen." Die Energiewende vor Ort als ‚Gemeinschaftswerk' ist gekennzeichnet durch neue Handlungsmöglichkeiten auf der einen, und durch neue Verantwortlichkeiten für Verwaltung, Gesellschaft, Wirtschaft und Bürger(innen) auf der anderen Seite. Bürger(innen) können als Energiekonsument(inn)en und -produzent(inn)en – sogenannte Prosument(inn)en – und Energieinvestor(inn)en, oder als sozio-politische Akteure Einfluss auf die Energiewende nehmen und somit aktive und verantwortungsvolle Mitgestalter(innen) der Energiewende werden (Müller et al. 2016, S. 16 ff.).

Transdisziplinäre Forschung hat den Anspruch, komplexe realweltliche Probleme zu lösen, welche nur dann annähernd verstanden werden können, wenn die Wissensbestände verschiedener Disziplinen und lokaler Akteure kombiniert werden, d. h. sie sollte partizipativ angelegt sein (Brinkmann et al. 2015, S. 4 ff.). Zentraler Forschungsmodus im Rahmen von Reallaboren ist die transdisziplinäre Kooperation, hier spielt die Teilhabe und Teilnahme an Projektarbeit, Forschung und gesellschaftlichen Gestaltungsprozessen eine wichtige Rolle. Bürgerschaft und/oder Zivilgesellschaft sollen als starke Partner und Entscheider von Beginn an in die Arbeiten miteinbezogen werden, d. h. Wissenschaft und Gesellschaft werden in direkter Art und Weise miteinander verknüpft. Die Reallabore stellen die dafür notwendigen Vernetzungs- und Kooperationsstrukturen bereit (Schäpke et al. 2017, S. 3 ff.).

Um die Intensität von Partizipation in den unterschiedlichen Projektphasen transdisziplinärer Forschung bzw. von Reallaboren zu beschreiben, werden in Anlehnung an die von Arnstein (1969) entwickelte „Ladder of citizen participation" fünf verschiedene Stufen genutzt, die sich daran orientieren, ob und wie viel Mitspracherecht Praxisakteure in den verschiedenen Forschungsphasen haben und von wem abschließende Entscheidungen getroffen werden (vgl. Abb. 2; Brinkmann et al. 2015, S. 11; Stauffacher et al. 2008, S. 410). Bei der Umsetzung bestimmter Partizipationsformate können auch mehrere Stufen gleichzeitig vorliegen. Bei den Beteiligungsformen Information, Konsultation und Kooperation handelt es sich laut Brinkmann et al. (2015, S. 11) um rein symbolische Partizipationsformen. Echte Partizipation dagegen findet nur im Rahmen der letzten zwei Formen, Kollaboration und Empowerment, statt. Parodi et al. (2016, S. 13 f.) erklären, dass Reallabore dem transdisziplinären Anspruch an Zusammenarbeit erst auf Höhe der Stufe der Kooperation gerecht werden. Laut Schäpke et al. (2017, S. 23) sind solche intensiven Formen des Einbezugs von Praxisakteuren und besonders deren Empowerment in der Praxis transdisziplinärer Forschung aber eher selten.

Als Grundlage für weitere Analysen und Partizipationsmaßnahmen des Energielabors dienen die vom 22. 06. bis zum 24. 07. 2016 durchgeführten Haushaltsbefragungen in den fünf ausgewählten Projektquartieren des Energielabors: WHO (Zentrum), Lustnau (Zentrum), Hegelstraße, Hartmeyerstraße und Herrenberger Straße (s. Abb. 3). Bei der Quartiersauswahl stand dabei im Vordergrund, dass das breite Spektrum der Tübinger Haushalte möglichst umfassend wiedergegeben wird. Kriterien für die Wahl waren dabei nicht nur die verschiedenen Baualtersklassen und unterschiedliche Gebäudekategorien, sondern auch die Art der baulichen Nutzung (Wohngebiet, Mischgebiet). Außerdem sollten sowohl private Eigentümer, als auch Mieter bei der Befragung berücksichtigt werden. Anhand von face-to-face-Befragungen mit einem standardisierten digitalen Fragebogen auf Tablets, welcher gemeinsam von den Praxispartner(inne)n und Wissenschaftler(inne)n erstellt wurde, wurden 359 Haushalte befragt. Ziel der 30-minütigen Befragung aus offenen und geschlossenen Fragen war es, ein Stimmungsbild der Quartiersbewohner(innen) zu bekommen, um herauszufinden, wie diese der Energiewende gegenüber eingestellt sind, welche Anforderungen sie an diese haben und welche Konsequenzen sich dadurch für die Umsetzung der Energiewende in Tübingen ergeben.

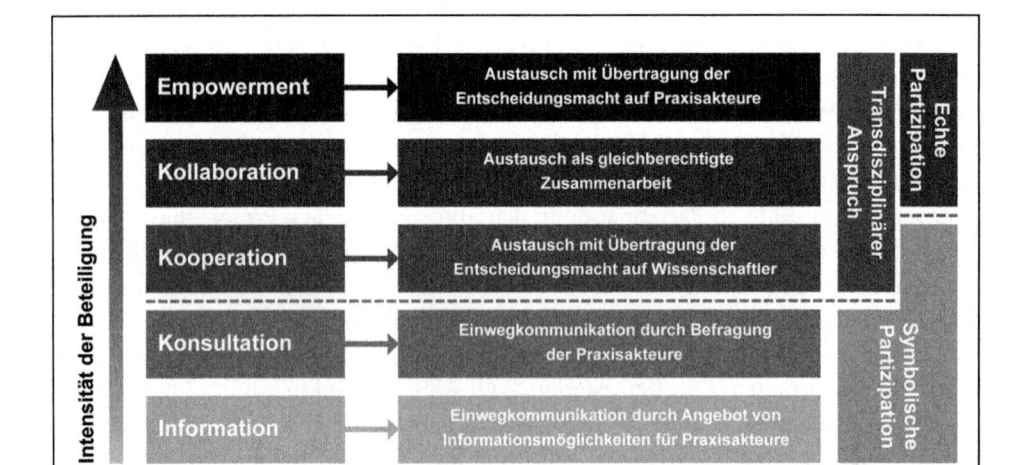

Abbildung 2   Fünf-Stufen-Modell der Intensität von Partizipation

Quelle: Eigene Darstellung in Anlehnung an Brinkmann et al. 2015; Parodi et al. 2016; Stauffacher et al. 2008

Die Auswertung der Befragungen zeichnet ein positives Bild von der Haltung der Quartiersbewohner(innen) gegenüber der Energiewende. Mehr als 90 % der Befragten geben an, dass die Energiewende eine gute und notwendige Sache ist und sie den Ausbau der erneuerbaren Energien und die Abkehr von herkömmlichen Energieträgern wie Kohle, Gas und Kernkraft befürworten. Rund 87 % der Befragten denken, dass sie selbst verpflichtet sind, sich für die Energiewende zu engagieren und sehen den Einsatz für die Energiewende als eine kollektive Pflicht, die jede(n) Bürger(in) betrifft. Bei der Frage nach dem tatsächlichen Engagement gibt nur rund die Hälfte der Befragten an, bisher einen persönlichen Beitrag zur Energiewende zu leisten. Die meistgenannten Maßnahmen in Bezug auf das eigene Engagement betreffen v. a. die

Abbildung 3 Überblick über die 5 Fokusquartiere in Tübingen

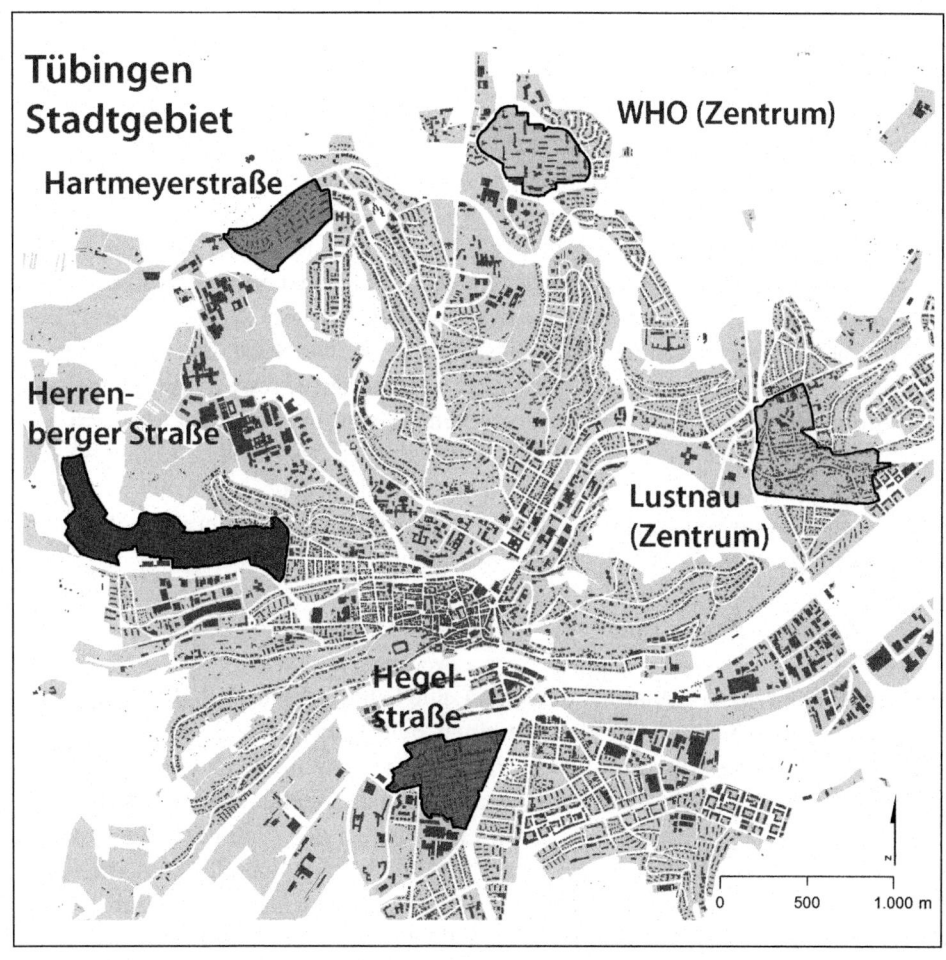

Quelle: Eigene Darstellung

Senkung des privaten Energieverbrauchs, wie z. B. die Anschaffung energieeffizienter Geräte und der Umstieg auf alternative Verkehrsmittel (ÖPNV und Fahrrad). Bei der Mehrheit der Befragten steht dabei primär der persönliche Nutzen als Motivation an erster Stelle. Weitere häufig genannte Motive sind Umweltschutz, Zukunftssicherung und Nachhaltigkeit.

Bei der Frage, was den Haushalten dabei helfen würde, sich (mehr) für die Energiewende vor Ort zu engagieren, gab die Mehrzahl der Befragten vor allem „konkrete Ideen" und „finanzielle Anreize" an. Auf Basis der Befragungsergebnisse werden die Realexperimente (s. Folgekapitel) im Energielabor gestaltet, indem konkrete Mitmach- und Beteiligungsangebote für die Umsetzung der lokalen und persönlichen Energiewende konzipiert wurden.

4.2 Realexperimente

Experimente sind in vielen Wissenschaften ein zentraler Weg, um zu Wissen zu gelangen. In Reallaboren wird transformative Forschung betrieben, indem „Forscher Interventionen im Sinne von ‚Realexperimenten' durchführen, um über soziale Dynamiken und Prozesse zu lernen" (Schneidewind 2014, S. 3). Reallabore eröffnen laut Meyer-Soylu et al. (2016, S. 32) sogenannte „Experimentierräume" für Realexperimente. Wagner und Grunwald (2015, S. 26) bezeichnen sie als „Rahmen für Experimente", um vom „Wissen zum Handeln zu kommen". Realexperimente können somit als Kern des Reallabor-Ansatzes bezeichnet werden. Groß et al. (2005, S. 11 ff.) definieren sie als „Experimentierprozesse, […] die in der Gesellschaft stattfinden [und dabei] in soziale, ökologische und technische Gestaltungsprozesse eingebettet [sind]". Es geht um Wissensanwendung von erprobtem Wissen in neuen Umgebungen, wodurch weiteres Wissen erzeugt wird. Da der Begriff des „Realexperiments" laut Parodi et al. (2016, S. 15 f.) in der Öffentlichkeit oft als negativ angesehen wird, sprechen sie stattdessen von „transdisziplinären Experimenten". Im Energielabor werden die Realexperimente als „Wendepunkte" bezeichnet.

4.2.1 Energiewendehaushalte

Verbraucher(innen) und Haushalte nehmen eine Schlüsselrolle im Klimaschutz und bei der Energiewende vor Ort ein. Um einen Beitrag zur Energiewende zu leisten, sind v. a. suffiziente Alltagsroutinen, Handlungsweisen und Lebensstile der Bürger(innen) notwendig. Bei den Energiewendehaushalten stehen das Alltagsverhalten, die eingeübten Handlungsroutinen und Gewohnheiten der Tübinger Bürger(innen), sowie die Rahmenbedingungen und Angebote zur lokalen Energiewende im Fokus. Es soll gemeinsam mit den Haushalten der Frage nachgegangen werden, ob es möglich ist, ohne Einbuße der eigenen Lebensqualität (Stichwort ‚gutes Leben') im Alltag einen Beitrag zum Klimaschutz oder zur Energiewende zu leisten.

Ob und wie dieser Spagat in Tübingen gelingen kann, soll anhand von Experimenten von den teilnehmenden Haushalten in ihrem Alltag erprobt werden. Der fünf Monate dauernde Feldversuch wird dabei durch den Einsatz qualitativer Methoden analysiert, d. h. die Veränderungen im Alltagshandeln der Haushalte werden erfasst und Prozesse, die diese Veränderungen ermöglichen oder blockieren, beschrieben. Mit Hilfe von Fragebögen und leitfadengestützten Interviews sollen Routinen, Gewohnheiten, Hemmnisse und Treiber für ein energiewendeförderliches Verhalten der betreffenden Haushalte in vier zentralen Handlungsbereichen (Wohnen, Konsum, Ernährung, Mobilität) identifiziert werden. In diesem Zusammenhang sollen auch die jeweiligen individuellen Kriterien der Energiewendehaushalte für ein ‚gutes Leben' identifiziert werden.

Für den Feldversuch kommen Experimente in Betracht, die eine Veränderung von Handlungsroutinen und Alltagspraktiken der Haushaltsmitglieder erfordern und vor allem an räumliche Strukturen und Angebote vor Ort gebunden sind. Bei allen Experimenten geht es darum, anhand einer vorangestellten Bestandsaufnahme und der darauf folgenden Umstellung der Gewohnheiten für einen beschränkten Zeitraum (in der Regel mindestens vier Wochen) bisherige Routinen und Abhängigkeiten bewusst zu machen, damit neue Routinen aufgegriffen werden können. Im Folgenden werden zwei Handlungsfelder (Ernährung und Konsum) näher erläutert und daraus je ein Experiment exemplarisch vorgestellt.

Unser heutiges Essverhalten ist gekennzeichnet durch den Konsum von stark verarbeiteten, aufwändig verpackten und teilweise weit transportierten Erzeugnissen und Produkten (von Koerber 2014, S. 261). Durch einen hohen Anteil an regionalem und saisonalem Obst und Gemüse kann man im Handlungsbereich Ernährung deutlich zur Energiewende vor Ort beitragen (Waskow 2013, S. 4). Ziel des Experiments ‚Der regionale Monat' ist daher, über einen Zeitraum von vier Wochen überwiegend regionale, saisonale und wenn möglich auch biologisch angebaute Lebensmittel zu konsumieren. D. h. alle Lebensmittel die neu gekauft werden, sollten aus der Region (Umkreis von 50 km) kommen, also dort gewachsen oder produziert worden sein. Der erste Baustein des Experiments besteht aus einer Bestandsaufnahme, welche die bisherigen Konsumgewohnheiten im Bereich Ernährung genauer betrachtet. Im zweiten Baustein geht es dann um das konkrete Ausprobieren und Dokumentieren.

Konsumenten können durch ihr Verhalten erheblich dazu beitragen, Ressourcen zu schonen und Umweltbelastungen zu verringern. Gemeinschaftliche Formen des Konsums, wie Car-Sharing oder lokale Tauschnetzwerke haben in den letzten Jahren immer mehr an Bedeutung gewonnen. Solche Sharing-Konzepte stellen eine Alternative zur Neuanschaffung dar. Vor allem ihr Beitrag zu Ressourcenschonung und Abfallvermeidung ist aus einer Umweltschutzperspektive wichtig, denn durch die gemeinsame und intensivere Nutzung von Produkten können Ressourcenverbräuche verringert werden, ebenso wie durch das Reparieren und Weiterverkaufen von gebrauchten Produkten (BMUB 2015, S. 60). Das Experiment ‚Neue Konsummuster' stellt die Frage nach möglichen Alternativen zur Neuanschaffung eines Produktes und der dazu vorhandenen Angebotssituation in Tübingen. Anhand einer ‚Nichteinkaufsliste', welche alle Alternativen zum Neukauf eines Produktes auflistet, sollen die Haushalte über einen Zeitraum von mind. acht Wochen ausprobieren und dokumentieren, wie gut ihnen die Nutzung solcher Alternativen gelingt und wo dabei die Schwierigkeiten liegen.

Allen Experimenten liegt zugrunde, dass es vordergründig um das Ausprobieren geht und man auch scheitern darf. Wichtig ist, dass die gemachten Erfahrungen und auch die Gründe für den Erfolg oder das Scheitern anhand der bereitgestellten Materialien dokumentiert werden. Die zeitliche Begrenzung der Experimente erhöht die Chance, dass neue Wege zu mehr Suffizienz überhaupt ausprobiert werden und so eventuell bisherige Handlungsmuster neugestaltet werden. Neben der Sensibilisierung der Energiewendehaushalte für eine CO_2-sparende und ressourcenschonende Lebensweise und der Motivation zu eigenem Engagement sollen insbesondere auch strukturelle Chancen und Hemmnisse für die Umsetzung der Energiewende in Tübingen identifiziert werden.

4.2.2 Quartier von morgen

Die Energiewende wird im Rahmen des Energielabors dann als ‚nachhaltig' bezeichnet, wenn sie technische und soziale Transformationen integriert; der Wendepunkt beleuchtet daher besonders diese zwei Aspekte. Wichtiger Ankerpunkt ist die Analyse auf Quartiersebene, welche Perspektiven und Szenarien für künftige Quartiersentwicklungen aufzeigen soll (Schneidewind 2014, S. 4). Dabei verknüpft der Wendepunkt die Forderung nach Analysen für Quartiere im Bestand sowie die Hinwendung zu lokalen Energie- und Wärmelösungen. Dazu werden vier verschiedene Teilbereiche (vgl. Abb. 4) näher beleuchtet.

Der Bereich A ‚Lokale Stromnachfrage und -erzeugung' ist die Basis für die weiteren Bausteine des Wendepunktes. Die Potenziale der Stromgewinnung lokal im Quartier, dessen Erzeugung also, sowie den aktuellen Verbrauch soll besser verstanden werden. Dazu werden die räumlichen, theoretischen Energiepotenziale ermittelt, welche dann mit den technischen Potenzialen verrechnet werden. Die daraus berechnete mögliche Stromerzeugung aus Erneuerbare-Energien-Anlagen im Quartier soll schließlich mit dem in Bereich B ermittelten Stromverbrauch im Quartier bilanziert werden. Dazu werden lokale Verbrauchswerte ermittelt, diese stammen aus den an Ortsnetztrafostationen, also von aggregierten Haushalten, ausgelesenen Daten. Im Bereich C geht es vor allem um den Nutzen und die Bedeutung der Betrachtung von Quartieren, wenn diese keinen Inselnetz-Charakter aufweisen, sondern in das bestehende Stromnetz integriert sind. Unter dem Begriff Mehrfachnutzung bzw. multifunktionale Flächennutzung (Bereich D) wird verstanden, dass vielfältige Nutzungsbedürfnisse im selben Raum befriedigt werden können. Mehrfachnutzungen können einen Beitrag zur nachhaltigen Stadtentwicklung leisten, indem Nutzer den Raum selber interpretieren, auf neue Weise nutzen und durch innovative Ideen neue An-

Energiewende im Quartier – Ein Ansatz im Reallabor

Abbildung 4 Die einzelnen Bereiche des Wendepunkts ‚Quartier von morgen', verortet in den drei Komplexen Konsistenz, Effizienz und Suffizienz der Strategie zur Transformation in nachhaltige Energiesysteme

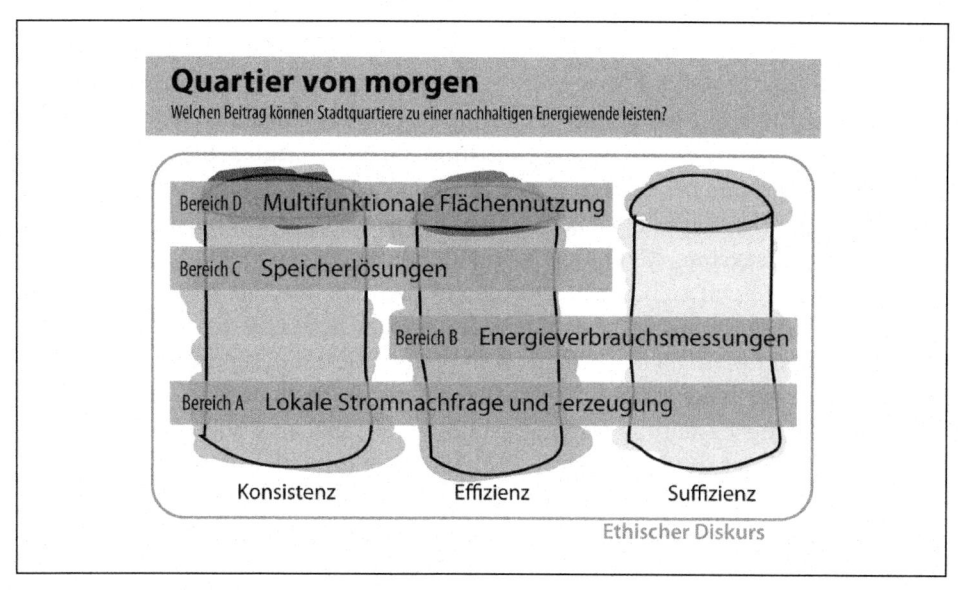

Quartier von morgen
Welchen Beitrag können Stadtquartiere zu einer nachhaltigen Energiewende leisten?

- Bereich D: Multifunktionale Flächennutzung
- Bereich C: Speicherlösungen
- Bereich B: Energieverbrauchsmessungen
- Bereich A: Lokale Stromnachfrage und -erzeugung

Konsistenz — Effizienz — Suffizienz

Ethischer Diskurs

Quelle: Eigene Darstellung

gebote erschaffen können. Im Projekt sollen hierbei sowohl öffentliche als auch private Räume in den Quartieren auf ihr multifunktionales Potenzial für die Energieerzeugung, -speicherung und -verteilung hin untersucht werden.

Vor diesem Hintergrund wird abschließend analysiert, wie autark Tübinger Stadtquartiere in ihrer Stromerzeugung und -nutzung sein können und sein sollen. Weiter wird erforscht, was eine mögliche Energieautarkie für Bewohner(innen), Nutzer(innen) und Versorger(innen) bedeutet. Letztlich sollen Erkenntnisse darüber gewonnen werden, inwiefern das ‚Quartier von morgen' zu einer nachhaltigen Energiewende in Tübingen beitragen kann.

5 Fazit

Die Transformation zu einer nachhaltigen Energiewende kann nur gelingen, wenn die Verzahnung von politischen Vorgaben und Innovationen der systemischen Infrastruktur gegeben ist. Zentral für die Umsetzung vor Ort ist eine Kombination der drei Strategien Energiekonsistenz, -effizienz und -suffizienz. Vor allem die Suffizienzstrategie findet bisher kaum Beachtung in entsprechenden politischen Regelwerken und in der Diskussion um die Energiewende. Dabei sind besonders die Strukturen und Rahmenbedingungen vor Ort ausschlaggebend für die Umsetzung von suffizienten Lebensstilen und Wirtschaftsweisen. Hier muss ebenfalls die Forschung verstärkt ansetzen und Möglichkeiten aufzeigen, wie die Suffizienzstrategie zur Lösung der bekannten globalen Herausforderungen beitragen kann.

Mit neuen technischen Entwicklungen und klimapolitischen Vorgaben wird es möglich sein, den Energieverbrauch der Städte drastisch zu verringern. Datenbasiertes Wissen macht Städte berechenbar: Kenntnisse zu Bewegungsströmen, Energieverbrauch, Infrastrukturauslastung und Nutzungsverhalten ermöglichen eine wesentlich bessere Steuerung des Systems Stadt. Stadtquartiere sind komplexe Systeme, bei denen die Einbeziehung und Verflechtung von erneuerbaren Energien, Umgebungsenergien, Abfallrecycling, Mobilität und smarten Energiekomponenten (Netze, Energiespeicher) im Gesamten betrachtet werden müssen, um die Flexibilität der Energieversorgung und -verbräuche zu ermitteln und anzupassen. Quartiere als dezentrale Systeme können innerhalb einer Stadt als Experimentierraum dienen, ‚smarte Quartiere' werden so zu zentralen Schlüsselstellen auf dem Weg zu nachhaltigen Städten.

Wichtig für die Gestaltung der Energiewende ist dabei aber auch eine verstärkte Rückkopplung neuer wissenschaftlicher Erkenntnisse mit den Lebenswelten, Bedürfnissen und Fähigkeiten der Menschen vor Ort (theoretisch einordnend auch Berr 2018; Büscher und Sumpf 2018 sowie perspektivisch Fontaine 2018 in diesem Band). Hierfür ist das Forschungsformat des Reallabors durch die Einbindung von Zivilgesellschaft und Bürger(inne)n besonders gut geeignet. Echte Partizipation und die Einbindung der verschiedensten Akteure in die Erarbeitung von Strategien und Maßnahmen für Probleme und Belange auf städtischer Ebene sind große Herausforderungen, mit denen sich Reallabore konfrontiert sehen. Diese Forschung auf Augenhöhe gilt es noch auszuloten.

Die Ergebnisse der Quartiersbefragungen haben gezeigt, dass Tübingen ein guter Nährboden für die zukünftige Entwicklung und Umsetzung der Energiewende darstellt. Trotz eines breit gefächerten Angebots zum Thema und einer vielfältigen Akteurslandschaft steckt noch viel soziales Potenzial in der Tübinger Bürgerschaft, welches vielleicht auch durch angepasste und geänderte strukturelle Rahmenbedingungen aktiviert werden kann. Wesentliche Erkenntnisse hierfür kann das Projekt Energielabor Tübingen liefern.

Literatur

Alisch, M. (2001). Stadtteilmanagement: Voraussetzungen und Chance für die soziale Stadt. 2. Aufl. Wiesbaden: Verlag für Sozialwissenschaften.

Arnstein, S. R. (1969). A Ladder Of Citizen Participation. *Journal of the American Institute of Planners* 35(4), 216–224.

Berr, K. (2018). Ethische Aspekte der Energiewende. In O. Kühne & F. Weber (Hrsg.), *Bausteine der Energiewende* (S. 57–74). Wiesbaden: Springer VS.

Breuer, B. (2013). Ziele nachhaltiger Stadtquartiersentwicklung: Querauswertung städtebaulicher Forschungsfelder für die Ableitung übergreifender Ziele nachhaltiger Stadtquartiere. http://www.bbsr.bund.de/BBSR/DE/Veroeffentlichungen/AnalysenKompakt/2013/DL_9_2013.pdf?__blob=publicationFile&v=2. Zugegriffen: 27. 04. 2017.

Brinkmann, C., Bergmann, M., Huang-Lachmann, J., Rödder, S., & Schuck-Zöller, S. (2015). Zur Integration von Wissenschaft und Praxis als Forschungsmodus. http://www.climate-service-center.de/imperia/md/content/csc/report_23.pdf. Zugegriffen: 20. 04. 2017.

Brischke, L.-A., Leuser, L., Duscha, M., Thomas, S., Thema, J., Spitzner, M., Kopatz, M., Baedecker, C., Lahusen, M., Ekardt, F., & Beeh, M. (2016). Energiesuffizienz – Strategien und Instrumente für eine technische, systemische und kulturelle Transformation zur nachhaltigen Begrenzung des Energiebedarfs im Konsumfeld Bauen und Wohnen. https://www.ifeu.de/energie/pdf/Energiesuffizienz_Endbericht_161222.pdf. Zugegriffen: 12. 04. 2017.

Brischke, L.-A., Thomas, S., Spitzner, M., Thema, J., Ekardt, F., Kopatz, M., & Duscha, M. (2015). Energiesuffizienz. https://energiesuffizienz.files.wordpress.com/2015/05/energiesuffizienz_rahmenanalyse_endfassung.pdf. Zugegriffen: 12. 04. 2017.

BMUB (2014). Aktionsprogramm Klimaschutz 2020. http://www.bmub.bund.de/fileadmin/Daten_BMU/Download_PDF/Aktionsprogramm_Klimaschutz/aktionsprogramm_klimaschutz_2020_broschuere_bf.pdf. Zugegriffen: 27. 04. 2017.

BMUB (2015). Umweltbewusstsein in Deutschland 2014. Ergebnisse einer repräsentativen Bevölkerungsumfrage. Bundesministerium für Umwelt, Naturschutz, Bau und Reaktorsicherheit (Hrsg.). https://www.bmub.bund.de/fileadmin/Daten_BMU/Pools/Broschueren/umweltbewusstsein_in_d_2014_bf.pdf. Zugegriffen: 25. 07. 2017.

BMWi (2014). Mehr aus Energie machen: Nationaler Aktionsplan Energieeffizienz. Berlin. https://www.bmwi.de/Redaktion/DE/Publikationen/Energie/nationaler-aktionsplan-energieeffizienz-nape.pdf?__blob=publicationFile&v=6. Zugegriffen: 27. 04. 2017.

Bundesregierung (2002). Perspektiven für Deutschland: Unsere Strategie für eine nachhaltige Entwicklung. http://www.bundesregierung.de/Content/DE/_Anlagen/Nachhaltigkeit-wiederhergestellt/perspektiven-fuer-deutschland-langfassung.pdf?__blob=publicationFile. Zugegriffen: 27. 04. 2017.

Burger, P. (2005). Die Crux mit dem Zielwissen: Erkenntnisziele in transdisziplinärer Nachhaltigkeitsforschung und deren methodologische Implikationen. *Technikfolgenabschätzung – Theorie und Praxis* 14(2), 50–56.

Büscher, C. & Sumpf, P. (2018). Vertrauen, Risiko und komplexe Systeme: das Beispiel zukünftiger Energieversorgung. In O. Kühne & F. Weber (Hrsg.), *Bausteine der Energiewende* (S. 129–161). Wiesbaden: Springer VS.

CASS (1997). Research on Sustainability and Global Change: Visions in Science Policy by Swiss Researchers. https://naturwissenschaften.ch/uuid/11743771-792b-52e6-9ab7-1f3fca220f3e?r=20170322160841_1490148686_8f642f62-1845-5ff2-9aac-d494e02ebe2d. Zugegriffen: 26. 04. 2017.

Deffner, V., & Meisel, U. (Hrsg.) (2013). „StadtQuartiere": Sozialwissenschaftliche, ökonomische und städtebaulich-architektonische Perspektiven. Essen: Klartext Verlag.

Drilling, M., & Schnur, O. (Hrsg.) (2012). Nachhaltige Quartiersentwicklung: Positionen, Praxisbeispiele und Perspektiven. Wiesbaden: VS Verlag für Sozialwissenschaften.

Erhorn-Kluttig, H., Jank, R., Schrempf, L., Dütz, A., Rumpel, F., Schrade, J., ..., & Schmidt, D. (2011). Energetische Quartiersplanung: Methoden – Technologien – Praxisbeispiele. Stuttgart: Fraunhofer IRB Verlag.

Evans, J. P. (2011). Resilience, ecology and adaptation in the experimental city. *Transactions of the Institute of British Geographers* 36(2), 223–237.

Flander, K. de, Hahne, U., Kegler, H., Lang, D., Lucas, R., Schneidewind, U., ... & Wiek, A. (2014). Resilience and Real-life Laboratories as Key Concepts for Urban Transition Research. *GAIA – Ecological Perspectives for Science and Society* 23(3), 284–286.

Fontaine, D. (2018). Die Energiewende und ihr Einzug in saarländische Lehrwerke für Gymnasien: eine Erfolgsgeschichte? In O. Kühne & F. Weber (Hrsg.), *Bausteine der Energiewende* (S. 369–383). Wiesbaden: Springer VS.

Gailing, L. (2018). Die räumliche Governance der Energiewende: Eine Systematisierung der relevanten Governance-Formen. In O. Kühne & F. Weber (Hrsg.), *Bausteine der Energiewende* (S. 75–90). Wiesbaden: Springer VS.

Geels, F. W., Elzen, B., & Green, K. (2004). General introduction: system innovation and transitions to sustainability. In B. Elzen, F. W. Geels, & K. Green (Hrsg.). *System Innovation and the Transition to Sustainability. Theory, Evidence and Policy* (S. 1–18). Cheltenham, Northampton: Edward Elgar Publishing Limited.

Graubner, C.-A., & Hüske, K. (2003). Nachhaltigkeit im Bauwesen: Grundlagen, Instrumente, Beispiele. Berlin: Ernst.

Gröne, M.-C. (2016). Energiesuffizienz als Strategie zur Förderung nachhaltiger Stadtentwicklung: Akteure und Maßnahmen auf kommunaler Ebene am Beispiel der Stadt Wuppertal. http://nbn-resolving.de/urn:nbn:de:bsz:wup4-opus-63932. Zugegriffen: 26.04.2017.

Groß, M., Hoffmann-Riem, H., & Krohn, W. (2005). Realexperimente: Ökologische Gestaltungsprozesse in der Wissensgesellschaft. Bielefeld: transcript-Verlag.

Haughton, G., & Hunter, C. (1994). Sustainable Cities. London: Routledge.

Hook, S. (2018). ‚Energiewende': Von internationalen Klimaabkommen bis hin zum deutschen Erneuerbaren-Energien-Gesetz. In O. Kühne & F. Weber (Hrsg.), *Bausteine der Energiewende* (S. 21–54). Wiesbaden: Springer VS.

Kühne, O. & Weber, F. (2018). Bausteine der Energiewende – Einführung, Übersicht und Ausblick. In O. Kühne & F. Weber (Hrsg.), *Bausteine der Energiewende* (S. 3–19). Wiesbaden: Springer VS.

Leibenath, M. & Lintz, G. (2018). Streifzug mit Michel Foucault durch die Landschaften der Energiewende: Zwischen Government, Governance und Gouvernementalität. In O. Kühne & F. Weber (Hrsg.), *Bausteine der Energiewende* (S. 91–107). Wiesbaden: Springer VS.

Maron, B. (2012). Entwicklung und Verteilung von Energiegenossenschaften in Deutschland. *Ökologisches Wirtschaften* 27(1), 41–45.

Meulen, George G. van der, & Erkelens, P. A. (Hrsg.) (1996). Urban habitat: The environment of tomorrow: Focusing on infrastructural and environmental limitations. Eindhoven: Technische Universiteit Eindhoven.

Meyer-Soylu, S., Parodi, O., Trenks, H., & Seebacher, A. (2016). Das Reallabor als Partizipationskontinuum: Erfahrungen aus dem Quartier Zukunft und Reallabor 131 in Karlsruhe. *Technikfolgenabschätzung – Theorie und Praxis* 25(3), 31–40.

Michelsen, G., & Rieckmann, M. (2014). Nachhaltigkeitskommunikation. In H. Heinrichs & G. Michelsen (Hrsg.). *Nachhaltigkeitswissenschaften* (S. 369–381). Berlin, Heidelberg: Springer.

Müller, R., Hildebrand, J., Rubik, F., Rode, D., Söldner, S., & Bietz, S. (2016). Der Weg zum Klimabürger: Kommunale Unterstützungsmöglichkeiten, Strategien und Methoden. https://www.ioew.de/fileadmin/user_upload/BILDER_und_Downloaddateien/Publikationen/2016/Klima-Citoyen_Wegweiser_Klimabuerger.pdf. Zugegriffen: 13.04.2017.

Neitzel, M. (2013). Gebaute Quartiere: Beziehungen zwischen wohnungswirtschaftlichen und städtebaulichen Zugängen. In V. Deffner & U. Meisel (Hrsg.). *„StadtQuartiere". Sozialwissenschaftliche, ökonomische und städtebaulich-architektonische Perspektiven* (S. 179–196). Essen: Klartext Verlag.

Paech, N. (2013). Lob der Reduktion: Maßvolle Lebensstile. *Politische Ökologie* 135, 16–22.

Parodi, O., Beecroft, R., Albiez, M., Quint, A., Seebacher, A., Tamm, K., & Waitz, C. (2016). Von „Aktionsforschung" bis „Zielkonflikte". Schlüsselbegriffe der Reallaborforschung. *Technikfolgenabschätzung – Theorie und Praxis* 25(3), 9–18.

Pehnt, M. (2010). Energieeffizienz – Definitionen, Indikatoren, Wirkungen. In M. Pehnt (Hrsg.). *Energieeffizienz: Ein Lehr- und Handbuch* (S. 1–34). Berlin, Heidelberg: Springer.

Pfaffenbach, C., & Zimmer-Hegmann, R. (2013). Quartiere in der Stadt im Spannungsfeld von sozialen Interessen, wissenschaftlichen Ansprüchen und planungspolitischer Praxis. In V. Deffner & U. Meisel (Hrsg.). *„StadtQuartiere". Sozialwissenschaftliche, ökonomische und städtebaulich-architektonische Perspektiven* (S. 227–234). Essen: Klartext Verlag.

Reinermann, J.-L., & Hackfort, S. K. (2015). Formen partitzipativer Kommunikation für die Energiewende. In H.-J. Wagner & C. Sager (Hrsg.), *Energie und Nachhaltigkeit: Vol. 19. Wettbewerb Energieeffiziente Stadt. Band 5: Kommunikation und Partizipation* (S. 109–117). Berlin: LIT Verlag.

Ryan, C. (2013). Eco-Acupuncture: designing and facilitating pathways for urban transformation, for a resilient low-carbon future. *Journal of Cleaner Production* 50, 189–199.

Schäpke, N., Stelzer, F., Bergmann, M., Singer-Brodowski, M., Wanner, M., Caniglia, G., & Lang, D. J. (2017). Reallabore im Kontext transformativer Forschung: Ansatzpunkte zur Konzeption und Einbettung in den internationalen Forschungsstand. http://nbn-resolving.de/urn:nbn:de:bsz:wup4-opus-66299. Zugegriffen: 27.04.2017.

Schneidewind, U. (2014). Urbane Reallabore – ein Blick in die aktuelle Forschungswerkstatt. *pnd online* III, 1–7.

Schneidewind, U. (2017). Einfacher gut leben: Suffizienz und Postwachstum. *Politische Ökologie* 148, 98–103.

Schnur, O. (2014). Quartiersforschung im Überblick: Konzepte, Definitionen und aktuelle Perspektiven. In O. Schnur (Hrsg.). *Quartiersforschung. Zwischen Theorie und Praxis* (2. Aufl.) (S. 21–56). Wiesbaden: Springer VS.

Schulz, S. B. (2013). Resilienz als Paradigma der Stadtentwicklung – Nutzen und Chancen für Städte in Deutschland und der Welt. Stiftung neue verantwortung, *Policy Brief* 08/13, 1–20.

Stauffacher, M., Flüeler, T., Krütli, P., & Scholz, R. W. (2008). Analytic and Dynamic Approach to Collaboration: A Transdisciplinary Case Study on Sustainable Landscape Development in a Swiss Prealpine Region. *Systemic Practice and Action Research* 21(6), 409–422.

Stengel, O. (2011). Suffizienz: Die Konsumgesellschaft in der ökologischen Krise. München: oekom verlag.

UN-HABITAT (2016). Urbanization and Development: Emerging Futures: World Cities Report 2016. Nairobi, UN-HABITAT.

von Koerber, K. (2014). Fünf Dimensionen der Nachhaltigen Ernährung und weiterentwickelte Grundsätze – Ein Update. *Ernährung im Fokus* 9-10, 260–266.

Wagner, F., & Grunwald, A. (2015). Reallabore als Forschungs- und Transformationsinstrument. *GAIA – Ecological Perspectives for Science and Society* 24(1), 26–31.

Winterfeld, U. von (2007). Keine Nachhaltigkeit ohne Suffizienz: Fünf Thesen und Folgerungen. *vorgänge* 3, 46–54.

WBGU (2011). Welt im Wandel: Gesellschaftsvertrag für eine Große Transformation. 2. Aufl. Berlin: WBGU.

WBGU (2016). Der Umzug der Menschheit: Die transformative Kraft der Städte. 2. Aufl. Berlin: WBGU.

Wuppertal Institut (Hrsg.) (2016). Wissen als transformative Energie: Zur Verknüpfung von Modellen und Experimenten in der Gebäude-Energiewende. München: oekom verlag.

Geraldine Quénéhervé studierte Geographie, Soziologie, Städtebau, GIS und Geologie in Tübingen, Stuttgart und Adelaide (Australien). Zu ihren aktuellen Forschungsschwerpunkten, welche sie mit Methoden der Geoinformatik bearbeitet, zählen die Themenbereiche nachhaltige Quartiersentwicklungen, multifunktionale Flächennutzungen und erneuerbare Energien.

Jeannine Tischler ist wissenschaftliche Mitarbeiterin im Reallabor ‚Energielabor Tübingen' an der Eberhard Karls Universität Tübingen. Ihre Forschungsschwerpunkte: Nachhaltige Entwicklung und Transdisziplinäre Wissenschaft.

Volker Hochschild ist seit 2004 Professor für Physische Geographie mit Schwerpunkt GIS am Geographischen Institut der Universität Tübingen. Er ist Sprecher des DGPF-Arbeitskreises: Auswertung von Fernerkundungsdaten. Sein Forschungsschwerpunkt ist die Geoinformatik mit Anwendungen der Fernerkundung und GIS für physischgeographische und urbane Fragestellungen.

Energiekonflikte: Ästhetik, Planung, Steuerung und praktischer Umgang

Ästhetik der neuen Energielandschaften – oder: "Was Schönheit ist, das weiß ich nicht"

Simone Linke

Abstract

Neue Energielandschaften erzeugen neue Landschaftskonstruktionen, die in Teilen der Gesellschaft nicht akzeptiert werden. Es lässt sich vermuten, dass die Konstruktionen dieser neuen Landschaften häufig wenige Gemeinsamkeiten mit den positiv besetzten stereotypen Landschaftskonstruktionen haben und dass die idealtypischen Elemente der neuen Energielandschaften derzeit noch nicht in den Konstruktionen der stereotypen Landschaften vorkommen. Diese Diskrepanz kann zu Akzeptanzproblemen führen. Der Betrag behandelt die Frage, wie die Landschaften der Energiewende im Vergleich zu den stereotypen Landschaften ästhetisch konstruiert werden. Anhand einer Analyse von zwei Internet-Bildersuchen zu den Begriffen Landschaft und Energielandschaft wird die Aussage bestätigt, dass der Unterschied zwischen stereotypen Landschaften und neuen Energielandschaften (derzeit noch) groß ist. Während die Ergebnisse der Bildersuche Landschaft meist mit als positiv bezeichneten Elementen darstellt sind, sind es bei der Bildersuche Landschaft häufig als störend oder hässlich bezeichnete Elemente. Daraus lässt sich ableiten, warum diese Landschaften in Teilen der Gesellschaft nicht akzeptiert werden. Die Akzeptanzprobleme ergeben sich demnach aus der Folge der ästhetischen alltagsweltlichen Konstruktion stereotyper Landschaftsbilder, da sich diese stark diskrepant zur Konstruktion der neuen Energielandschaften verhalten.

Keywords

Ästhetik, Landschaft, Konstruktion, Internet-Bildersuche, Energielandschaft, Schönheit, Hässlichkeit, Erhabenheit, Akzeptanz, stereotype Landschaften

1 Die Landschaften der Energiewende – Was Schönheit ist, das weiß ich nicht

„Was Schönheit ist, das weiß ich nicht". Dieses Geständnis des Künstlers Albrecht Dürer mag im ersten Moment verwundern. Jedoch relativiert er diese Aussage, in dem er hinzufügt, dass er durchaus weiß, was für ihn schön ist. Ebenso wisse er, dass die Vorstellung von Schönheit individuell ist und ein anderer Mensch unter anderen Umständen anders empfinden kann (Bonnet 2017, S. 1018). Dürers gemalte Landschaftsbilder wurden wohl nicht nur für ihn als ‚schön' bezeichnet, sondern entsprachen mehr oder weniger den damaligen gängigen Verständnis von als schön bezeichneten Landschaften. Obwohl es auch in der heutigen Zeit unmöglich ist, den Begriff Schönheit eindeutig und übergeordnet zu fassen, können bestimmte gängige Muster ausgemacht werden, die ästhetische Konstruktionen (der durchschnittlichen Gesellschaft) beschreiben. Auch der Beschluss der Forcierung der Energiewende im Jahr 2011 kann in diesen Zusammenhang gestellt werden. Denn die physisch-materiellen Auswirkungen der Energiewende (vgl. Gailing 2013, S. 208) haben einen ausgeprägten immateriellen Charakter: Da diese als Energielandschaften[1] bezeichneten Räume nicht nur gesehen, sondern *sozial konstruiert* werden (siehe nächstes Kapitel), unterliegen sie auch den ästhetischen Zuschreibungen der Bevölkerung. Diese Zuschreibungen können positiv wie auch negativ besetzt sein. Während beispielsweise der Ausbau der erneuerbaren Energien im Zuge der Energiewende laut einer repräsentativen Umfrage von TNS Emnid von 93 % der Befragten befürwortet wird (Agentur für Erneuerbare Energien 2015), werden konkrete Planungen jedoch immer noch stark kritisiert (vgl. u.a. Bernhardt 2013; Kühne und Weber 2016; Leibenath und Otto 2014; auch Eichenauer et al. 2018; Leibenath und Lintz 2018; Roßmeier et al. 2018 in diesem Band). Verändern sich die physischen Bestandteile einer Landschaft, wird dies von den Betrachtenden häufig als Verlust empfunden, vor allem, wenn es sich um eine technische, funktionale Veränderung handelt (Kost 2013, S. 124). Kaum eine technische Entwicklung einer Landschaft wird als ‚schön' bezeichnet. Zu diesem Ergebnis kommt auch (Kühne 2018): In einer Untersuchung der landschaftlichen Präferenzen im Saarland bewerteten 45,1 % der 431 befragten Personen ein Foto mit einer Windkraftanlage als ‚hässlich'. Neben den Zuschreibungen ‚modern' (40,4 %), ‚nichtssagend' (7,6 %) und ‚interessant' (6,1 %) wurde das Bild in nur 0,9 % der Fälle als ‚schön' bezeichnet. Diese Zuschreibungen spielen eine große Rolle im Hinblick auf die Akzeptanz dieser konstruierten Räume. Während ‚modern' oder ‚interessant' nicht gleich einen Hinweis darauf geben, ob diese Räume, denen diese Begriffe zugeordnet werden, akzeptiert werden, ist es bei ‚hässlich' oder ‚schön' eindeutiger.

Die Energielandschaften erzeugen neue Landschaftskonstruktionen, die derzeit in Teilen der Gesellschaft nur wenig akzeptiert werden. Diese Konstruktionen haben

---

[1] In diesem Beitrag bezeichnen Energielandschaften Raumkonstruktionen, die durch die Auswirkungen der Energiewende geprägt sind.

wenige Gemeinsamkeiten mit positiv besetzten stereotypen Landschaftskonstruktionen (vgl. Kühne 2006a, 2008b). Es lässt sich vermuten, dass die idealtypischen Elemente der Energielandschaften derzeit noch nicht in den Konstruktionen der stereotypen Landschaften vorkommen und diese Diskrepanz zu einem Akzeptanzproblem führt. In diesem Zusammenhang stellt sich die Frage, wie die Landschaften der Energiewende ästhetisch konstruiert werden. Denn die ästhetische Konstruktion kann ein Hinweis dafür sein, ob diese Landschaften auch akzeptiert werden. Um sich diesen Fragen anzunähern, erfolgt zunächst eine Auseinandersetzung mit dem Begriff Landschaft sowie der Konstruktion, Ästhetik und Akzeptanz von Energielandschaften. Anschließend werden mithilfe einer Internetsuche Bilder zu Landschaft und Energielandschaft analysiert. Diese Suche gibt Aufschluss darüber, wie diese beiden Begriffe ästhetisch konstruiert werden und inwiefern sich die beiden Bildersuchen unterscheiden.

2 Landschaften als Alltags- und Wissenschaftsräume

Der Begriff Landschaft ist so vielseitig konstruiert und wird so unterschiedlich gebraucht, dass dieses Wort vor jedem wissenschaftlichen Sprachgebrauch geklärt werden muss (vgl. Schenk 2017). Vorab sei gesagt, dass der folgende Beitrag eine sozialkonstruktivistische Perspektive verfolgt. Aus dieser Sichtweise ist eine Landschaft kein Gegenstand. Sie ist eine Konstruktion, die aus einem sehr komplexen Vorgang der persönlichen Interpretation hervorgeht (Kühne 2013c, S. 19). Zudem wird nicht von einem engen, sondern von einen erweitertem Landschaftsbegriff ausgegangen (vgl. auch Hofmeister und Kühne 2015; Hokema 2009, S. 239). Der enge Landschaftsbegriff bezieht sich auf die Konstruktion sogenannter Naturräume und kultivierter Naturräume (mit der vorindustriellen bäuerlichen Naturlandschaft als Ideallandschaft), der erweiterte Begriff auf die Konstruktion von unbebauter sowie auch bebauter Räume, die durchaus auch als naturfern bezeichnete Räume konstruiert werden können (Hokema 2009). Wie auch bei Hokema (2009) wird der Landschaftsbegriff als Gegenstand einer ästhetischen Auseinandersetzung gebraucht; andere Zusammenhänge, beispielsweise zur Ökologie und Politik, werden hier vernachlässigt. Darüber hinaus wird davon ausgegangen, dass es in der heutigen Zeit keine Naturlandschaften, sondern nur noch Kulturlandschaften gibt. Kulturlandschaften binden den Menschen und sein Handeln mit ein und es gibt weltweit keine Räume mehr, in die der Mensch nicht eingebunden ist, sei es direkt oder indirekt. Der Mensch ist keine ‚Störgröße', sondern Bestandteil einer Landschaft (vgl. Schenk 2008). Auch aus sozialkonstruktivistischer Perspektive kann es keine Naturlandschaften geben. Spanier betont in diesem Zusammenhang: „Der Mensch kann, weil er ein Kulturwesen ist, Natur auch nur kulturell wahrnehmen" (2001, S. 81). Seine Schlussfolgerung ist demnach: „Es gibt keinen Gegensatz zwischen Kulturlandschaft und Naturlandschaft. Es gibt nur Kulturlandschaft" (ebd., S. 81).

Energielandschaften sind im Zusammenhang dieses Beitrages, wie bereits erwähnt, die physisch-materiellen Auswirkungen der Energiewende auf Landschaften (Gailing 2013, S. 208) – und sie sind Kulturlandschaften. Wird also in diesem Beitrag von Landschaften und Energielandschaften gesprochen, ist von einem erweiterten Landschaftsbegriff und von Kulturlandschaften die Rede. Darüber hinaus betrachtet dieser Beitrag Landschaften als eine alltagsweltliche Konstruktion. Landschaft ist demnach nicht nur ein wissenschaftlicher Begriff, sondern auch laut Schütz eine Konstruktion, die im „Sozialfeld von den Handelnden gebildet werden" (1972, S. 7). Da Alltag und Wissenschaft eng miteinander verbunden sind, stellt dies keinen Widerspruch dar (vgl. Lehr 2002; Lippuner 2005; Micheel 2012). Der Schwerpunkt der durchgeführten Google-Bildersuche liegt auf den Begriffen Landschaft und Energielandschaft, die in der Alltagssprache ganz selbstverständlich gebraucht werden. Sie stellen eine „selbstverständliche Wirklichkeit" her und werden „im täglichen Umgang ständig und in der Regel nicht hinterfragt verwendet" (Micheel 2012, S. 110; hierzu auch Weber 2015, 2016).

3 Ästhetik und Konstruktion von Landschaften

Die ästhetische Konstruktion der Energielandschaften steht in Abhängigkeit zur ästhetischen Konstruktion von stereotypen Landschaften. Aus diesem Grund wird der folgende Abschnitt der Ästhetik und der Konstruktion von Landschaften gewidmet, um daraus die ästhetischen Zuschreibungen abzuleiten.

3.1 Ästhetik und Akzeptanz von Landschaften und Energielandschaften

Wird etwas als ‚ästhetisch' bezeichnet, ist es, alltagssprachlich verwendet, meist positiv konnotiert. Ästhetik ist jedoch mehr als nur das positiv besetzte „Schöne". Die Entwicklung der Ästhetik in der Philosophie zeigt, wie sich die Ästhetik von der Schönheitslehre zu einem ästhetischen Dreiklang entwickelt hat. Bis zum 18. Jahrhundert war auch in der Philosophie hauptsächlich von der Schönheit die Rede. Sie galt als Synonym für Ordnung, Reinheit, Vollständigkeit und sogar Wahrheit (vgl. Schneider 2005). Mitte des 18. Jahrhunderts kam durch Edmund Burke ein neuer Aspekt hinzu: die Erhabenheit. Im Gegensatz zu den kleinen und angenehmen Objekten des Schönen handelt das Erhabene von den großen und schrecklichen Objekten (Kühne 2013c, S. 141). Nicht nur in der Philosophie, auch gesellschaftlich, erhielt das Erhabene eine neue Bedeutung: „Die Vernunft wandelt die Angst vor der Natur in Erhabenheit um" (Bartels 1989, S. 299). Im 19. Jahrhundert wurde durch Karl Rosenkranz dann auch die Hässlichkeit Teil der ästhetischen Philosophie. Für ihn war die Hässlichkeit ein ebenso wichtiger Teil der Ästhetik wie die Schönheit und die Erhabenheit und zeigte sich als Inkorrektes, Defizitäres und Formloses (Schneider 2005,

S. 98–99). Seiner Meinung nach gab es auch bei Pflanzen oder Tieren Hässlichkeit (Schneider 2005, S. 21). Die verschiedenen Kategorien der Ästhetik sind seitdem fest in der Philosophie verankert. Seel spricht Ende des 20. Jahrhunderts vom ästhetischen Dreipol der Schönheit, der Hässlichkeit und der Erhabenheit: „Im Dreieck dieser Pole haben die Urteile der Korrespondenz eine polar-konträre Verfassung, die für Abstufungen aller Art offen ist" (Seel 1996, S. 132–133). Seine Überlegungen zur Ästhetik beschreibt er an Natur[2] und führt dazu weiter aus: „Natur kann nicht nur mehr oder weniger schön oder erhaben oder häßlich [sic!] erscheinen, sie kann […] in ihrer Häßlichkeit [sic!] erhaben oder in ihrer Erhabenheit schön sein" (1996, S. 133). Diese ästhetische Konstruktion von Natur wurde auch schon von Croce (1930) und Vischer (1922) behandelt.

Die Geschichte der Ästhetik in der Philosophie zeigt also, wie sich die Ästhetik im Laufe der Zeit zu einem ästhetischen Dreipol entwickelt hat[3]. Abgeleitet von diesen drei Grundpositionen der ästhetischen Philosophie können nun verschiedene Kategorien der konstruierten Landschaften den Kategorien der Ästhetik zugeschrieben werden: Die schöne Landschaft als angenehme Landschaft, malerische Szenerie; die erhabene Landschaft als unendliches, beeindruckendes, gewaltiges Erlebnis und die hässliche Landschaft als defizitäre Landschaft, mit ‚störenden' Elementen bzw. Fehlen von stereotypen landschaftlichen Elementen (nach Hokema 2013; angelehnt an Linke 2017a, S. 29–31; Rosenkranz 1996 [1853]; Schöbel 2012).

Im Kontext der als hässlich bezeichneten Landschaften sind auch anästhetisch bezeichnete Landschaften[4] anzusprechen (vgl. Linke 2017a, 2017b). ‚Monokulturen', die von Thomas Sieverts bezeichneten Räume der Zwischenstadt (vgl. Sieverts 2001) und auch Stadtlandhybride (vgl. Kühne 2012; Kühne et al. 2017; Weber 2017) werden von außenstehenden Betrachtenden[5] zum Teil als anästhetische Räume konstruiert bzw. „entziehen [sie] sich einer ‚einfachen' ästhetischen Bezugnahme" (Kühne et al. 2017, S. 178). Es ist jedoch auch möglich, dass eine als anästhetisch bezeichnete Landschaft als eine als hässlich (oder sogar eine als schön) bezeichnete Landschaft konstruiert wird, je nach Adaptionsniveau des Individuums. Wird z. B. eine Photovoltaik-Freiflächenanlage von Anwohnerinnen und Anwohnern mit dem Verlust der bekannten und wertgeschätzten Umgebung in Verbindung gebracht, wird diesem Raum unter Umständen ‚Hässlichkeit' zugeschrieben. Wird es als eine Art der Monokultur (kaum) wahrgenommen und ruft keine persönlichen Ängste hervor, geht die Konstruktion in die Richtung eines anästhetischen Raumes (vgl. Linke 2017a). Aus

---

2   Seel bezeichnet diejenigen Räume als Natur, die „ohne *beständiges* Zutun des Menschen" (1996, Hervorh. i. O.) entstehen. In seiner Ansicht ist Natur demnach eher gleichzusetzen mit Landschaften im Sinne eines *engen* Verständnisses.
3   Kühne (2012, S. 50) erweitert diese ästhetische Dreipolung noch um das Konzept des Pittoresken, dass sich zwischen dem Schönen und dem Erhabenen ansiedelt
4   Die Anästhetik thematisiert die Empfindungslosigkeit, Welsch (1993, S. 10)
5   Bewohnerinnen und Bewohner von sog. Zwischenstädten oder Stadtlandhybriden „finden hier durchaus Orte und Situationen positiver ästhetischer Wahrnehmungen", Kazig (2016, S. 227)

postmoderner[6] Perspektive ist jedoch zu hinterfragen, ob es eine absolute Empfindungslosigkeit überhaupt (noch) gibt oder ob nicht alles ästhetisiert wird. Auch eine absolute Zuordnung der anderen Kategorien ist aus postmoderner Sicht nicht zu erwarten. Konstruierte Landschaften sind nie eindeutig und Landschaftsästhetik ist nie allgemeingültig. Denn auch wenn sich die durchschnittliche Gesellschaft bei der Zuschreibung der ästhetischen Kategorien einer Landschaft in großen Teilen einig sein würde, ist dennoch zu bemerken, dass die individuelle Konstruktion subjektiv geprägt ist und nie identisch sein wird (vgl. Bruns und Kühne 2013).

Daraus lässt sich nun ableiten, dass eine Landschaft dann ästhetisch ist, wenn sie die Betrachtenden emotional berührt (Hasse 1997, S. 14–15) bzw. wenn sie emotional mit der Landschaft verbunden sind (Kazig 2016; vgl. auch die Konstruktion heimatlicher Normallandschaft von Kühne 2013c). Neben dem Schönen gibt es zwei weitere Kategorien (und zahlreiche Unterkategorien): die Erhabenheit und die Hässlichkeit. Die emotionale Besetzung der Kategorien ist allerdings unterschiedlich: Das Schöne ist meist positiv besetzt und auch das Erhabene erhält seit dem 18. Jahrhundert (vgl. Hammerschmidt und Wilke 1990) und vor allem mit der Postmodernisierung (vgl. Kühne 2012) eine immer positivere Besetzung. Das Hässliche ist bislang meist negativ konnotiert (näheres dazu siehe Kapitel 3.2). Laut Liessmann kann jedoch auch das Hässliche bei einer gewissen Distanz „ästhetisch genossen werden", wenn also die persönliche Betroffenheit nicht gegeben ist (2009, S. 72). Er stellt die These auf, dass nicht die reine Form einer ästhetischen Kategorie, sondern gerade die unterschiedlichen und sogar die sich widersprechenden Kategorien einen positiven Reiz ausüben und eine besondere ästhetische Qualität bieten (Liessmann 2009, S. 33–34).[7]

Wird eine Landschaft ästhetisch positiv konstruiert, wird sie häufig auch akzeptiert. Laut Fink wird Akzeptanz als eine wohlmeinende Haltung eines Subjekts gegenüber einem Objekt bestimmt (2013, S. 30) und ist das Ergebnis einer Auseinandersetzung (ebd., S. 27–28). Demnach ist Akzeptanz ein Prozess, in dem Informationen verarbeitet werden müssen (Akzeptanzkontext). Diese Informationen werden individuell und subjektiv ausgewertet (es wird die persönliche soziale Wirklichkeit konstruiert), d. h. es werden die „eigenen Perspektiven und Bedürfnisse" in den Prozess miteingebracht (Sting 2004, S. 139). Am Ende des Prozesses ist das Akzeptanzsubjekt entweder zufrieden oder, bei fehlender Akzeptanz, unzufrieden mit dem Objekt bzw. dem System. Verschiedene Veränderungen können den Prozess erneut in Gang setzen und ein anderes Ergebnis hervorrufen: die Weiterentwicklung des Objektes/ des Systems (hier: der Landschaften), der persönlichen Bedürfnisse, der eigenen Perspektiven oder auch geänderte auszuwertende Informationen. Die persönlichen Be-

---

6 Stark vereinfacht die Postmodernisierung mit einem Wertewandel von Eindeutigkeit und Rationalisierung zu Individualisierung, Mehrdeutigkeit und Vielfalt beschrieben werden. Mehr dazu u. a. Bauman (1995); Inglehart (1998); Kühne (2012); Lyotard (1986); Welsch (2008)
7 Diese Entwicklung entspricht den Grundgedanken der Postmodernisierung: das Eindeutige weicht der Mehrdeutigkeit, der Pluralisierung.

wertungen von Landschaften sind daher revidierbar (vgl. Corner 1999), Akzeptanzprozesse können immer wieder neu in Gang gebracht werden.

Diese sich wiederholenden und veränderten Kreisläufe sind nicht neu, auch in der Vergangenheit wurden die Menschen mit weitreichenden landschaftlichen Veränderungen konfrontiert: Die Windmühlen im hölzernen Zeitalter dürften zunächst auch beängstigend gewirkt haben, bevor sich letztendlich als romantisches Landschaftselement in die Malerei Einzug gehalten haben (Beispiel: ‚Ebene mit Windmühlen' von Jan Brueghel der Ältere). Es ist häufig der Fall, dass Veränderungen zunächst kritisch betrachtet bzw. abgelehnt wird, bevor sie akzeptiert und vielleicht sogar idealisiert werden können (Plenk 2015; Schweiger et al. 2018). Ein weiterer Aspekt, der das Akzeptanzverhalten beeinflusst, ist die Postmodernisierung der Gesellschaft. Eines der Merkmale dieser Entwicklung ist die Ästhetisierung. Dadurch steigt auch der ästhetische Anspruch an Landschaften. Diese sind nicht mehr nur Funktions- oder Erholungsräume, sondern sollen nun auch ästhetische und erlebnisorientierte Bedürfnisse befriedigen (vgl. u. a. Burckhardt und Ritter 2008; Kühne 2012; Kühne et al. 2017). Die Anforderungen der Betrachtenden an vorgefundene Landschaften sind demnach gestiegen. Diese beiden Überlegungen, die Angst vor Veränderungen sowie die Postmodernisierung liefern Erklärungsansätze für die heutige Akzeptanzproblematik. Bevor nun in diesem Zusammenhang die Frage gestellt werden kann, wie Energielandschaften ästhetisch konstruiert werden, muss zunächst genauer auf die allgemeine Konstruktion von Landschaften eingegangen werden.

3.2 Konstruktion von Landschaften: stereotype Landschaften und Energielandschaften

Wie bereits erwähnt, verfolgt dieser Beitrag eine sozialkonstruktivistische Perspektive. Aus dieser Ansicht heraus ist Landschaft kein eindeutig definierbarer, physisch-materieller Raum. Landschaft ist ein sozial und kulturell erzeugtes Konstrukt (vgl. u. a. Cosgrove 1998; Kühne 2006b; 2008b; Kühne 2013c, S. 31; Leibenath et al. 2013). Dabei werden materielle Objekte wie Bäume oder Wiesen nicht negiert (Kühne 2013b, S. 109). Sie werden „als Symbole, nach ihrem symbolischen Gehalt betrachtet, und diese Symbole als konkrete, materielle ‚Verkörperungen' von Sozialem, also z. B. von Ideen, sozialen Beziehungen, Gewohnheiten, Lebensstilen usf. interpretiert. Dabei wird das Soziale also aus seinen physischen Verkörperungen durch Interpretation erschlossen" (Hard 1995, S. 52). Demnach konstruieren sich Menschen ‚ihre' Landschaft individuell. Es gibt jedoch nicht nur ‚eine Landschaft' pro Person, denn Landschaften sind auch hier nicht gleich Landschaften: Es gibt idealtypische bzw. stereotype Landschaften, die wir konstruieren, wenn wir der Begriff Landschaft vernehmen und vorgefundene Landschaften, die wir konstruieren, wenn wir uns ‚in der Landschaft' aufhalten. Diese beiden Konstruktionsmuster unterscheiden sich meist stark, vor allem auch in ihrer ästhetischen Besetzung. Während die Konstruktion einer stereotyp schönen Landschaft positiv besetzt ist, ist die einer vorgefundenen Landschaft weniger eindeutig. Je nachdem, welche Elemente eine Landschaft aufweist und wie die Bewertung diese Elemente ausfällt, kann die Besetzung auch negativ sein.

Um herauszufinden, wie Energielandschaften ästhetisch konstruiert werden, müssen zunächst stereotype Landschaften in ihrer Konstruktion betrachtet werden. Hard stellte bereits 1970 fest, dass die allgemeine Vorstellung von Landschaften meist mit positiv besetzten Begriffen verbunden ist. Auch Kühne kommt zu diesem Ergebnis. Im Jahre 2006 untersuchte er die gesellschaftliche Konstruktion von Landschaften am Beispiel des Saarlandes. Im Fokus stehen Wahrnehmungen und Interpretationen von Landschaften in der gesellschaftlichen Postmodernisierung. Kühne entwickelt einen Stereotypizitätsindex, der die stereotype Landschaftsvorstellung der durchschnittlichen saarländischen Bevölkerung aufzeigt. Demnach „gehören zu einer stereotypen Landschaft (mindestens, die Aufzählung ist nicht abschließend): Wälder, Wiesen, Bäche, Dörfer, Bauernhöfe, Düfte, Atmosphäre (im Sinne von Stimmung), Gebirge, Wolken und Landstraßen" (Kühne 2006b, S. 154–155; vgl. auch Kühne et al. 2013). Diese stereotypen Landschaften werden von den Befragten weitgehend auch als schön bezeichnet (ebd., S. 158). In einer anderen Studie kommt auch Micheel zu einem ähnlichen Ergebnis. Hier werden Landschaften meist mit folgenden Begriffen beschrieben wird: „Grün", „große Bäume", „Wald", „Hügel", „Ruhe", „Schönheit", „Harmonie" (Micheel 2012, S. 113). An einigen positiv besetzten Begriffen lässt sich feststellen, dass sie nicht nur Zuschreibungen des Schönen, sondern auch des Erhabenen aufweisen: beispielsweise „Gebirge" oder auch „große Bäume". Die Erhabenheit erhält im Zuge der Postmodernisierung eine positivere Besetzung (vgl. Kühne 2012). Die Hässlichkeit hingegen ist weiterhin negativ besetzt. Den als hässlich bezeichneten Landschaften fehlen entweder stereotype landschaftliche Elemente oder sie beinhalten als störend bezeichnete Elemente.[8] Auch hier nennt Kühne einige Elemente, die zunächst nicht zu typischen Bestandteilen von stereotypen Landschaften gezählt werden, wie z. B. ‚Regenschauer', ‚kleinere Städte', ‚Großstädte', ‚einzelne Menschen', ‚Gruppen von Menschen', ‚Industriebetriebe', ‚Windräder', ‚Autobahnen' und ‚Autos' (2006b, S. 155). Auch Lärm (Micheel 2012, S. 113), Neubaugebiete, Hochhäuser, große Strukturen oder Straßenbau (Kook 2009, S. 163) werden in anderen Untersuchungen aufgeführt. Je mehr dieser Elemente eine Landschaft aufweist, desto weniger wird diese als ‚schön' bezeichnet (Hokema 2013, S. 252) und desto unzufriedener wird man mit der Landschaft. Diese Unzufriedenheit endet oft darin, dass die Landschaft nicht akzeptiert wird. Im Gegensatz dazu ist eine Landschaft als gedankliches Bild (stereotype Landschaft) positiv besetzt und würde – als vorgefundene Landschaft – auch akzeptiert werden. Die akzeptierte Ästhetik wird demnach nur auf die positiv besetz-

---

8 Die Zuschreibungen „stereotypes landschaftliches Element" bzw. „störendes Element" sind jedoch wandelbar. Die gesellschaftliche Postmodernisierung liefert Hinweise, die eine positivere Besetzung der mit Hässlichkeit in Verbindung gebrachten Begriffe vermuten lassen, vgl. Linke (2017a).

ten Kategorien der Schönheit und Erhabenheit reduziert (vgl. Hasse 1997, S. 159–163). Die Konstruktionen der vorgefundenen Landschaften entsprechen aber nur selten den reinen stereotypen Landschaftsbildern und haben deswegen des Öfteren ein Akzeptanzproblem. Dieser Zustand ist jedoch nicht statisch. Denn wie bereits erwähnt, kann eine Änderung des Akzeptanzkontextes dazu führen, dass der Prozess des Akzeptierens erneut beginnt und zu einem anderen Resultat führt. Es ist beispielsweise vorstellbar, dass die teilweise als störend bezeichneten Windräder in folgendem Szenario sich zu akzeptierten und vielleicht sogar zu stereotypen Elementen der Landschaftskonstruktionen weiterentwickeln: Zum einen durch die immer positivere Besetzung der Ästhetik der Erhabenheit (passive Änderung des Akzeptanzkontextes) und zum anderen durch eine finanzielle Beteiligung der Anwohnerinnen und Anwohner an dem Windpark (Kühne 2013a) (aktive Änderung des Akzeptanzkontextes). Die passive Änderung des Akzeptanzkontextes ist in diesem Beispiel durch die Postmodernisierung herbeigeführt. Die Pluralisierung der Werte kann zu einer ‚aufgeschlossenen' Gesellschaft führen, die offen und vielseitig genug sind, um auch die derzeit von Teilen der Bevölkerung[9] als hässlich bezeichneten Elemente zu akzeptieren bzw. sie positiv zu besetzen (vgl. Linke 2017a; 2017b). Die mögliche positive Konstruktion von Energielandschaften entspricht jedoch (noch) nicht der heutigen Konstruktion. Wie Energielandschaften heute ästhetisch konstruiert werden, soll im folgenden Kapitel anhand einer Internet-Bildersuche untersucht werden.

4 Ästhetik der Energielandschaften – die Internet-Bildersuche

Die Internet-Bildersuche kann als Methode verwendet werden, Landschaftskonstruktionen zu ermitteln. Die Bildersuche ergänzt die oben genannten Befragungen um eine visuelle Komponente und berücksichtigt die derzeit ausgeprägte gesellschaftliche Informationsaneignung über das Internet. Auch Bilder müssen als eine Art Sprache verstanden werden. Sie sind nicht nur Zeichen, sie müssen laut Mitchell als „Schauspieler auf der Bühne der Geschichte" (1990, S. 18) verstanden werden und haben demnach auch immer einen historischen oder aktuellen Bezug.

Für die Internet-Bildersuche wurden die Begriffe Landschaft und Energielandschaft von Deutschland[10] aus für die Google-Bildersuche (ohne weitere Suchfunktionen) verwendet. Zuvor wurden alle gespeicherten Einstellungen, die die Internetsuche betreffen, gelöscht. Am 07.09.2016 wurde der Begriff ‚Landschaft' und am 10.01.2017 der Begriff ‚Energielandschaft' in die Google-Bildersuche eingegeben. Betrachtet wurden jeweils die ersten 100 Bilder der Internetsuche. Die Ergebnisse der

---

9 Hier sei angemerkt, dass es durchaus soziodemographische Unterschiede in der ästhetischen Konstruktion von Energielandschaften gibt: Vor allem für Jugendliche gehören Windkraftanlagen zum Teil zur heimatlichen Normallandschaft und werden daher nicht explizit als hässlich bezeichnet, vgl. Kost (2017); Weber et al. (2017).
10 Genauer Standort: Landau an der Isar, Niederbayern.

Bildersuche geben Hinweise, was sich die durchschnittlichen Informationssuchenden im Internet unter den eingegebenen Begriffen vorstellen bzw. wie diese Begriffe inhaltlich konstruiert werden. Das Unternehmen Google erstellt eine priorisierende Reihenfolge der Bilder zu den gesuchten Begriffen, indem die Bedeutung der Bilder untersucht wird (u. a. durch die Besucherzahlen). Diese Informationen werden mit Hilfe von Algorithmen verarbeitet. Die hierarchische Rangfolge ist laut dem Unternehmen nicht käuflich (vgl. google.de).[11] Das Unternehmen Google betreibt die weltweit größte und meist genutzte Suchmaschine[12] (statista 2017a), aus diesem Grund wurde dieser Anbieter für die Internet-Bildersuche verwendet.

Zur Auswertung der Ergebnisse werden Elemente der qualitativen Inhaltsanalyse herangezogen (Atteslander 2010, S. 195–215). Die Bilder werden auf verschiedenen Begriffe hin untersucht, u. a. die von bereits genannten Autorinnen und Autoren als entweder *stereotype* oder *störende* Elemente aufgezählt wurden. Zudem werden die Ergebnisse der beiden Bildersuchen miteinander verglichen.

4.1 Bildersuche: Landschaft

Die Bilder der Suche ‚Landschaft' zeigen zu fast 90 % romantisierte und idyllisch anmutende Landschaften. Sie weisen eine sehr hohe Farbsättigung auf, was darauf schließen lässt, dass sie nachträglich bearbeitet sind. Diese zum Teil sehr inszeniert wirkende Darstellung entspricht nur selten dem Eindruck einer vorgefundenen Landschaft. Dominante Farben sind sehr kräftige Blau- und Grüntöne (95 bzw. 88 % der Bilder). Auf 13 % der Bilder stechen satte Gelb-, Orange- oder Rottöne ins Auge, die für Sonnenauf- oder -untergänge, Blumenwiesen oder landwirtschaftliche Ackerflächen verwendet werden. Die Bilder lassen sich hauptsächlich der ästhetischen Kategorie der Schönheit (angenehme, malerische Landschaft) zuordnen, aber auch der Kategorie der Erhabenheit. Hier zeigen beispielsweise Gebirge beeindruckende, gewaltige Landschaften. Nur drei Bilder zeigen einen grauen Himmel und einer blass wirkenden Landschaft. Auf keinem der einhundert Bilder sind als hässlich oder störend bezeichnete Elemente oder Motive zu finden. Diese Kategorie hat in der idealtypischen Vorstellung von Landschaften keinen Platz. Es wird auf den Bildern fast ausschließlich eine als schön oder erhaben bezeichnete Landschaft dargestellt. Micheel erwähnt auch die Ruhe als eine Zuschreibung der stereotypen Landschaft (2012, S. 113). Das bestätigt sich auch in der Bildersuche. Verschiedene Elemente weisen darauf hin, dass es sich um eine *ruhige* Landschaft handelt: die Wasseroberflächen sind meist spiegelglatt und still, die Äste der Bäume scheinen bewegungslos

---

11 Im nachfolgenden Text wird zur Vereinfachung angenommen, dass die Darstellung des Unternehmens Google der Wahrnehmung der durchschnittlichen Gesellschaft entspricht. Natürlich vorkommende Abweichungen können nicht berücksichtigt werden.
12 in Deutschland sogar mit einem Marktanteil von über 94 %, statista (2017b).

zu sein und auch darüber hinaus sind keine Geräuschquellen auf den Bildern zu erkennen. Diese *ruhige* Wirkung der Bilder bestärkt den überwiegend positiven Gesamteindruck der Bilder. Darüber hinaus soll die Abwesenheit von Menschen und Bauwerken (fälschlicherweise) das Gefühl vermitteln, die Landschaft wäre eine Naturlandschaft – also von Menschen unbeeinflusst.

Die Motive der Bilder sind einander sehr ähnlich. Auf jedem der 100 Bilder ist der Himmel zu sehen. Meist wird der Himmel in einem strahlenden Blau dargestellt, oft mit Sonne und ein paar weißen Wolken. Darüber hinaus sind häufige Elemente beispielsweise Bäume oder Wälder, weite Wiesenlandschaften, Berge oder Seen. Der Bildaufbau ist häufig derselbe: der obere Teil (meist ein bis zwei Drittel) zeigt den strahlenden Himmel, der untere Teil Vegetation, Geländebewegungen, Gewässer oder ähnliches. Im Gegensatz zu den bei Befragungen erwähnten Elementen einer stereotypen Landschaft sind in der Bildersuche Dörfer, Bauernhöfe und Landstraßen nur selten vorhanden. Auch wurden nur auf vereinzelten Bildern Menschen oder Tiere dargestellt. Auffällig ist auch, dass die Energiewende nicht thematisiert wird. Kein Bild der Suche zeigt Elemente einer Energielandschaft. Erst auf dem 254. und dann wieder auf dem 283. Bild werden Windräder dargestellt (siehe Abb. 1).

4.2 Bildersuche: Energielandschaft

Die Bildersuche zu ‚Energielandschaft' unterscheidet sich sehr stark zu der Bildersuche ‚Landschaft'. Die Suche Landschaft zeigt meist übereinstimmende Motive, auch der Bildaufbau war häufig ähnlich. Die Suche Energielandschaft liefert sehr heterogene Bilder. Zum Teil zeigen sie Landschaften aus der Ferne oder Draufsichten und Vogelperspektiven von Landschaften. Aber es gibt auch Bilder, die Details und Nahaufnahmen zeigen, beispielsweise von Windkraft- oder Photovoltaikanlagen. Auch sind es nicht ausschließlich Landschaften im Sinne von Fotografien wie bei der Suche Landschaft. Diese (bearbeiteten oder unbearbeiteten) Fotos von Landschaften machen nur knapp zwei Drittel der Bilder aus. Die anderen Landschaftsabbildungen sind entweder grafische Darstellungen, Pläne oder Zeichnungen von Landschaften. Insgesamt zeigen 92 % der Bilder Landschaften, die restlichen 8 % der Bilder, zeigen entweder Logos, Diagramme oder abstrahierte Pläne, die Landschaft zwar andeuten, sie jedoch nicht zeigen. Nur 14 % der Bilder wirken nachträglich bearbeitet, d. h. sie weisen eine hohe Farbsättigung auf bzw. wirken inszeniert. Im Gegensatz dazu waren es 90 % der Bilder bei der Suche Landschaft. Nicht alle dieser bearbeiteten Bilder der Suche Energielandschaft sollen eine romantisierte und idealisierte Landschaft zeigen, wie es in er Suche Landschaft der Fall war. Jedoch sollen alle dieser 14 Bilder durch die nachträgliche Bearbeitung zumindest optisch positiv ästhetischer wirken (als ohne Bearbeitung). Von den 14 % der idealisierten Bilder zeigen sieben Bilder erneuerbare Energiesysteme (sieben Bilder mit Windkraftanlagen, zwei davon zeigen zusätzlich Photovoltaik-Freiflächenanlagen). Ein Bild zeigt Strommasten, ein anderes sogar ein Braunkohlekraftwerk. Fünf der 14 bearbeiteten Bilder zeigen keine technischen Energieerzeuger, sondern Landschaften ohne sichtbare Bauwerke. Von diesen fünf Bildern weisen vier davon eine sehr starke Farbsättigung auf und wirken romantisiert und idealisiert. Das einzige Bild ohne nachträglich bearbeitete Farbsättigung zeigt eine Herde von Schafen. Dieses Bild zeigt trotz blasser Farben eine idealisierte Form der Landnutzung: die extensive Schafbeweidung.

Die Elemente der einzelnen Bilder zeigen zum Teil Ähnlichkeit zur Suche Landschaft: Über zwei Drittel der Bilder zeigen Wald, große Bäume oder Wiesen; fast ein Viertel zeigt Hügel oder Berge. Jedoch haben sie doch eine andere Wirkung. Vorherrschende intensive Farben lassen sich in der Suche Energielandschaften weniger eindeutig ausmachen. Dominierten in der Suche Landschaft vor allem leuchtende Blau- und Grüntöne, ist in dieser Suche auffällig, dass die Farben zunächst vorhanden sind (die Farbe Blau in 84 % der Bilder, die Farbe Grün sogar in 89 %), jedoch sind die Farben weitaus weniger intensiv und gehen häufig in ein blasses Grau über. Die intensivsten Farben sind auf Logos, grafischen Darstellungen, Plänen oder Zeichnungen von Landschaften zu finden. Das Fehlen von intensiven Farben bei der Landschaftsdarstellung ist auch auf das Fehlen der Sonne zurückzuführen. Während bei der Suche Landschaft fast alle Bilder die Sonne oder zumindest die Anwesenheit der Sonne darstellen, sind es hier weniger als zwei Drittel der Bilder. Viele der Fotos wurden demnach an einem wolkenverhangenen Tag aufgenommen, die Bilder wirken somit häufig *trist*.

Die Dominanz der Elemente, die auf erneuerbare Energien hindeuten, ist deutlich (siehe Abb. 1): Windkraftanlagen sind auf 67 % der Bilder zu finden, Photovoltaik-Freiflächenanlagen auf 32 % und es zeigen auch vier Bilder eine Biogasanlage. Wie bereits angemerkt wurde, werden jedoch nur sieben Bilder, die erneuerbare Energien darstellen, in einer idealisierten Form dargestellt. Die restlichen Bilder zeigen diese Motive eher nüchtern und versuchen nicht, die Betrachtenden emotional zu berühren. Auffallend ist, dass die Suche Energielandschaft deutlich mehr Elemente zeigt, die von Teilen der Bevölkerung als störend bzw. hässlich bezeichnet werden, wie die Suche Landschaft. Beispielsweise die (erwarteten) Windräder auf 67 % der Bilder. Des Weiteren finden sich auf zehn Bildern einzelne Personen und auf acht Bildern sogar kleine bis größere Gruppen von Menschen. Straßen sind auf 48 % der Bilder zu erkennen, Industriebetriebe (auch Kraftwerke und größere Anlagen) auf 17 %, Strommasten auf 5 % und Autos auf 3 % der Bilder. Ein Bild zeigt eine Kleinstadt und ein Bild eine angedeutete Großstadt mit Hochhäusern. Grundsätzlich ist festzustellen, dass auf 95 % der Bilder Bauwerke zu finden sind. Die Bilder haben häufig auch keine ruhige Wirkung, da viele potentielle Geräuschquellen auf den Bildern zu sehen sind (Menschengruppen, Straßen, Industriebetriebe).

Ästhetik der neuen Energielandschaften

Abbildung 1 Vorkommen der als störend bezeichneten Elemente der Bildersuchen im Vergleich

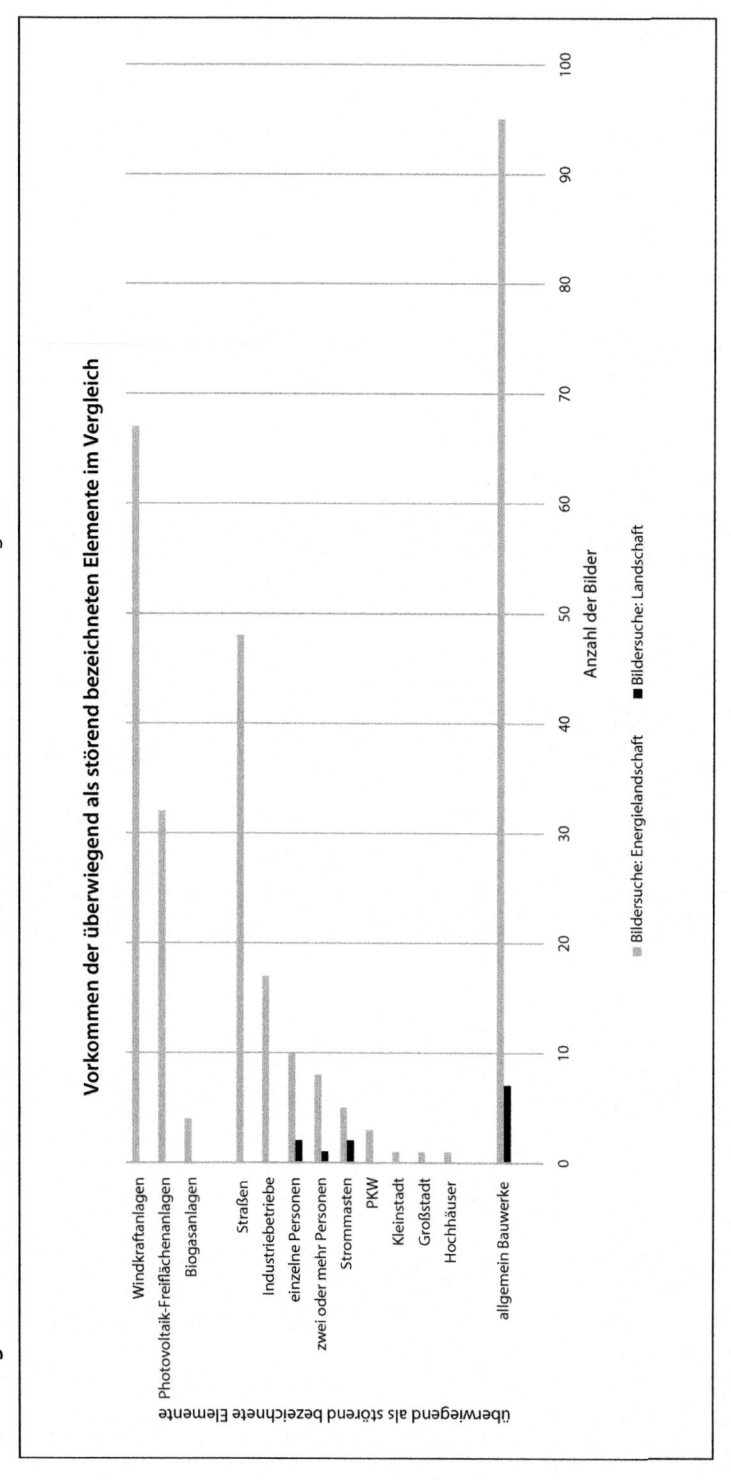

Vorkommen der überwiegend als störend bezeichneten Elemente im Vergleich

überwiegend als störend bezeichnete Elemente:
- Windkraftanlagen
- Photovoltaik-Freiflächenanlagen
- Biogasanlagen
- Straßen
- Industriebetriebe
- einzelne Personen
- zwei oder mehr Personen
- Strommasten
- PKW
- Kleinstadt
- Großstadt
- Hochhäuser
- allgemein Bauwerke

Anzahl der Bilder

■ Bildersuche: Energielandschaft   ■ Bildersuche: Landschaft

Quelle: Eigene Darstellung auf Basis der Google-Bildersuche-Auswertung.

4.3 Ergebnis der Bildersuche Landschaft und Energielandschaft

Im Gegensatz zur Bildersuche Energielandschaft zeigt die Bildersuche Landschaft deutlich, wie die idealtypische Landschaftskonstruktion aussieht: eine hügelige Wiesenlandschaft mit einem Wald im Hintergrund unter einem sonnigen, blauen Himmel mit ein paar weißen Wolken. Gegebenenfalls können auch Gewässer oder Gebirge vorkommen. ‚Hässliche' bzw. ‚störende' Elemente finden hier keinen Platz. Diese Stereotypen zeigen eine idealisierte Konstruktion, die mit den vorgefundenen Landschaften jedoch häufig nichts zu tun haben. Noch weniger Ähnlichkeit haben sie mit den Energielandschaften, was die zweite Suche zeigt. Die Suche Energielandschaft wird geradezu von Elementen dominiert, die von großen Teilen der Gesellschaft als störend bezeichnet werden – und das nicht nur wegen der Windräder.

Während bei der Suche Landschaft die Abwesenheit von Menschen und Bauwerken das Gefühl einer von Menschenhand unberührter Landschaft erzeugen, ist bei der Suche Energielandschaft das Gegenteil der Fall, wie Abbildung 1 zeigt. Die neuen Landschaften der Energiewende stellen hier ein Produkt der Technisierung der Gesellschaft dar. Die positiv emotionalisierten Darstellungen von Landschaften stehen im Gegensatz zu den als nüchtern zu bezeichnenden Energielandschaften. Neben der inhaltlichen Darstellung der beiden Bildersuchen ist auch die visuelle Darstellung eine ganz andere. Die Bilder der Suche Landschaft scheinen sehr bemüht zu sein, durch intensive, leuchtende Farben eine ästhetisch positive Konstruktion zu erzeugen. Die Bilder der Suche Energielandschaft hingegen zeigen meist blasse Farben und viele Grautöne. Die Energielandschaften als technisches Produkt der Menschen zeigen somit kaum eine positiv ästhetische Komponente.

Mit den Ergebnissen der Bildersuche lässt sich auch die Akzeptanzproblematik verdeutlichen: Betrachtende konstruieren eine Energielandschaft und gleichen sie mit ihrer Vorstellung von einer als ideal bezeichneten Landschaft ab (siehe Suche Landschaft). Diese beiden Konstruktionen liegen jedoch (noch) zu weit auseinander – nicht nur in der Internet-Bildersuche. Das hat zur Folge, dass Betrachtende häufig mit dem System Energielandschaften unzufrieden sind und Probleme haben, diese neuen Räume zu akzeptieren. Das positive Verhältnis zu dieser speziellen Landschaft als eine alltägliche und selbstverständliche Erfahrung wird dadurch instabil.

5 Fazit und Ausblick – was Schönheit ist, das ist wandelbar

Es gibt keine einheitlich schön oder hässlich konstruierten Landschaften, wie auch schon Dürer feststellte. Jede Person konstruiert diese ästhetischen Zuschreibungen individuell in Abhängigkeit von vielen verschiedenen Faktoren (Sozialisation, Zeitstil usw.). Allerdings gibt es derzeit ästhetische Konstruktionen von Energielandschaften, die große Teile der Gesellschaft mittragen und die etwas darüber aussagen, ob diese Räume akzeptiert werden.

Die Ergebnisse der Internet-Bildersuche deuten darauf hin, dass sich die stereotypen Landschaftskonstruktionen durch die Energiewende bislang nicht verändert haben: auf keinem der ersten 100 Bilder (sogar erst auf dem Bild Nr. 254 und 283) ist ein Hinweis auf regenerative Energiesysteme zu erkennen. Die Diskrepanz zwischen stereotypen Landschaften und Energielandschaften ist deutlich vorhanden. Stereotype Landschaften und Energielandschaften sind zwei sehr unterschiedliche Konstruktionen, wie die Internet-Bildersuche zeigt. Zur Konstruktion stereotyper Landschaften werden als schön und erhaben bezeichnete Elemente herangezogen, die ästhetisch positiv besetzt sind. Demnach werden die Kategorien Schönheit und mittlerweile auch die Erhabenheit akzeptiert. Zur Konstruktion von Energielandschaften werden sehr viele Elemente verwendet, die häufig als störend oder hässlich bezeichnet werden – Elemente, die bislang in einer stereotyp konstruierten Landschaft kaum vorkommen, wie u. a. aus den Ergebnissen der Befragungen von Hokema, Kook, Kühne und Micheel zu entnehmen ist. Diese ästhetische Kategorie der Hässlichkeit wird derzeit hauptsächlich negativ konnotiert und abgelehnt. Die Akzeptanzproblematik ist demnach die Folge der ästhetischen alltagsweltlichen Konstruktion von stereotypen Landschaftsbildern und Energielandschaftsbildern.

Laut Kühne gibt es neben der Konstruktion von stereotypen Landschaften auch noch die Konstruktion der heimatlichen Normallandschaft. Diese lebensweltliche, akzeptierte Landschaftskonstruktion muss weniger ästhetisch positiv besetzt sein, als dass sie vor allen Dingen vertraut sein muss. Die Akzeptanz dieser Landschaften entsteht im Kinder- und Jugendalter (Kühne 2008a). Die heimatliche Normallandschaft kann von Außenstehenden demnach auch als hässlich bezeichnet werden, trotzdem wird sie von den Anwohnenden akzeptiert. Doch Energielandschaften müssen mehr leisten, sie dürfen nicht nur in Form dieser heimatlichen Normallandschaft durch nachfolgende Generationen akzeptiert werden. Sie müssen langfristig gesehen die Konstruktion von stereotypen Landschaften verändern. Die Elemente der Energiewende müssen als stereotype Elemente manifestiert werden, dann wird auch die Akzeptanz dieser neuen Landschaften gesamtgesellschaftlich gestärkt.

Ein wichtiger Schritt für die Akzeptanz – also der wohlmeinenden Haltung (Finck 2013, S. 30) – gegenüber Energielandschaften ist Aufklärung. Ein fundiertes Wissen über die Folgen des Klimawandels und die Dringlichkeit der Energiewende kann Ablehnung verhindern (vgl. auch Brunnengräber 2018; Fontaine 2018; Hook 2018; Stemmer und Kaußen 2018 in diesem Band). Wenn sich der Akzeptanzkontext im Zusammenhang mit der Energiewende verändert, wird der Akzeptanzprozess neu in Gang gebracht. Die auszuwertenden, subjektiven Informationen können dann positiv besetzt werden. Den Aussagen mancher Personen, dass beispielsweise Windräder eine Landschaft ‚zerstören' (Fassl 2013, S. 10), muss entgegengesetzt werden, dass regenerative Energien eine zukunftsfähige Alternative zu fossilen Brennstoffen sind und dass sie notwendig sind, um weiteren Klimaauswirkungen entgegenzutreten. In diesem Zusammenhang können Medien, z. B. das Internet, dazu beitragen, dieses Wissen zu verbreiten und darüber hinaus Diskussionen über die (mittlerweile positiv besetzte) Erhabenheit z. B. von Windkraftanlagen oder Photovoltaik-Freiflächenanlagen anregen. Denn umso positiver landschaftliche Elemente der Energiewende besetzt werden, desto wahrscheinlicher ist es, dass diese Elemente von der durchschnittlichen Bevölkerung in Zukunft als Bestandteile von positiv besetzten stereotypen Landschaftskonstruktionen aufgenommen werden.

Literatur

Agentur für Erneuerbare Energien. (2015). Die deutsche Bevölkerung will mehr Erneuerbare Energien: Repräsentative Akzeptanzumfrage zeigt hohe Zustimmung für weiteren Ausbau. https://www.unendlich-viel-energie.de/die-deutsche-bevoelkerung-will-mehr-erneuerbare-energien. Zugegriffen 17. 01. 2017.

Atteslander, P. (2010). *Methoden der empirischen Sozialforschung* (ESV basics, 13. Aufl.). Berlin: Erich Schmidt Verlag.

Bartels, K. (1989). Über das Technisch-Erhabene. In C. Pries (Hrsg.), *Das Erhabene. Zwischen Grenzerfahrung und Größenwahn* (S. 295–316). Weinheim: VCH Acta Humaniora.

Bauman, Z. (1995). *Ansichten der Postmoderne* (Argument-Sonderband, Bd. 239). Hamburg: Argument Verlag.

Bernhardt, J. (Engels, A., Hrsg.). (2013). Windenergienutzung in Deutschland. Historische Entwicklung, politische Rahmenbedingungen, ausgewählte Akteure und Konflikte, University of Hamburg/KlimaCampus. Global Transformations Towards A Low Carbon Society: 8. https://www.wiso.uni-hamburg.de/fileadmin/sowi/soziologie/institut/Engels/WPS_No8.pdf. Zugegriffen 17. 01. 2017.

Bonnet, A.-M. (2017). Schönheit. In L. Kühnhardt & T. Mayer (Hrsg.), *Bonner Enzyklopädie der Globalität* (1. Auflage, S. 1009–1019).

Brunngräber, A. (2018). Klimaskeptiker im Aufwand. Wie aus einem Rand- ein breiteres Gesellschaftsphänomen wird. In O. Kühne & F. Weber (Hrsg.), *Bausteine der Energiewende* (S. 271–292). Wiesbaden: Springer VS.

Bruns, D. & Kühne, O. (Hrsg.). (2013). *Landschaften: Theorie, Praxis und internationale Bezüge* (Institut Norddeutsche Kulturlandschaft, Lübeck, H. 5). Schwerin: Oceano.

Burckhardt, L. & Ritter, M. (2008). *Warum ist Landschaft schön? Die Spaziergangswissenschaft* (2. Aufl). Kassel: Schmitz.

Corner, J. (1999). Introduction. Recovering Landscape as a Critical Cultural Practice. In J. Corner & A. Balfour (Hrsg.), *Recovering landscape. Essays in contemporary landscape architecture* (S. 1–29). New York, NY: Princeton Architectural Press.

Cosgrove, D. E. (1998). *Social formation and symbolic landscape* (Originally Croom Helm historical geography series). Madison, Wis.: University of Wisconsin Press.

Edelman.ergo GmbH. (2015). *Edelman Trust Barometer 2015. Die Deutschen haben Angst vor Innovationen – Vertrauen in Wirtschaft, NGOs und Medien schwindet.* Frankfurt. http://www.edelman.de/de/news-pressemitteilungen/edelman-trust-barometer-2015-die-deutschen-haben-angst-vor-innovationen-vertrauen-in-wirtschaft-ngos-und-medien-schwindet.

Eichenauer, E., Reusswig, F., Meyer-Ohlendorf, L. & Lass, W. (2018). Bürgerinitiativen gegen Windkraftanlagen und der Aufschwung rechtspopulistischer Bewegungen. In O. Kühne & F. Weber (Hrsg.), *Bausteine der Energiewende* (S. 633–651). Wiesbaden: Springer VS.

Fassl, P. (2013). Photovoltaik – Windkraft – Biogasanlagen. Zur Frage einer kulturlandwirtschaftlichen Bewertung, Bezirksheimatpflege Schwaben. https://www.bezirk-schwaben.de/heimatpflege/fileadmin/user_upload/heimatpflege/dokumente/Photovoltaik/Fassl-Vortrag_am_10_7_2013-Photovoltaik-Windkraft-Biogasanlagen.pdf. Zugegriffen 14.12.2014.

Finck, S. (2013). *Moralische Selbstverpflichtung. Zur Rolle der Akzeptanz in Moral und Moralphilosophie.* Dissertation, Universität Rostock. Rostock. http://rosdok.uni-rostock.de/file/rosdok_disshab_0000001291/rosdok_derivate_0000023820/Dissertation_Finck_2015.pdf. Zugegriffen 14.08.2016.

Fontaine, D. (2018). Die Energiewende und ihr Einzug in saarländische Lehrwerke für Gymnasien: eine Erfolgsgeschichte? In O. Kühne & F. Weber (Hrsg.), *Bausteine der Energiewende* (S. 369–383). Wiesbaden: Springer VS.

Gailing, L. (2013). Die Landschaften der Energiewende. Themen und Konsequenzen für die sozialwissenschaftliche Landschaftsforschung. In L. Gailing & M. Leibenath (Hrsg.), *Neue Energielandschaften. Neue Perspektiven der Landschaftsforschung* (RaumFragen, S. 207–215). Wiesbaden: Springer Gabler.

google.de. Unsere zehn Grundsätze. http://www.google.de/about/company/philosophy/. Zugegriffen 07.07.2014.

Hammerschmidt, V. & Wilke, J. (1990). *Die Entdeckung der Landschaft. Englische Gärten des 18. Jahrhunderts.* Stuttgart: Dt. Verl.-anst.

Hard, G. (1970). *Die „Landschaft" der Sprache und die „Landschaft" der Geographen. Semantische und forschungslogische Studien zu einigen zentralen Denkfiguren in der deutschen geographischen Literatur* (Colloquium geographicum, Bd. 11). Bonn: F. Dümmler.

Hard, G. (1995). *Spuren und Spurenleser. Zur Theorie und Ästhetik des Spurenlesens in der Vegetation und anderswo* (Osnabrücker Studien zur Geographie, Bd. 16). Osnabrück: Rasch.

Hasse, J. (1997). *Mediale Räume* (Wahrnehmungsgeographische Studien zur Regionalentwicklung, Bd. 16). Oldenburg: BIS Bibliotheks- und Informationssystem der Univ. Oldenburg.

Hofmeister, S. & Kühne, O. (Hrsg.). (2015). *StadtLandschaften. Die neue Hybridität von Stadt und Land* (Hybride Metropolen, 1. Aufl. 2016). Wiesbaden: Springer Fachmedien Wiesbaden GmbH.

Hokema, D. (2009). Die Landschaft der Regionalentwicklung: Wie flexibel ist der Landschaftsbegriff? *Raumforschung und Raumordnung 67* (3), 239–249. http://dx.doi.org/10.1007/BF03183009.

Hokema, D. (2013). *Landschaft im Wandel? Zeitgenössische Landschaftsbegriffe in Wissenschaft, Planung und Alltag* (RaumFragen – Stadt – Region – Landschaft, Bd. 7). Wiesbaden: Springer (Techn. Univ., Diss. – Berlin, 2012).

Hook, S. (2018). ‚Energiewende': Von internationalen Klimaabkommen bis hin zum deutschen Erneuerbaren-Energien-Gesetz. In O. Kühne & F. Weber (Hrsg.), *Bausteine der Energiewende* (S. 21–54). Wiesbaden: Springer VS.

Inglehart, R. (1998). *Modernisierung und Postmodernisierung. Kultureller, wirtschaftlicher und politischer Wandel in 43 Gesellschaften*. Frankfurt/Main [u. a.]: Campus-Verlag.

Kazig, R. (2016). Die Bedeutung von Alltagsästhetik im Kontext der Polarisierung und Hybridisierung von Städten. In F. Weber & O. Kühne (Hrsg.), *Fraktale Metropolen. Stadtentwicklung zwischen Devianz, Polarisierung und Hybridisierung* (Hybride Metropolen, S. 215–229). Wiesbaden: Springer VS.

Kook, K. (2009). *Landschaft als soziale Konstruktion. Raumwahrnehmung und Imagination am Kaiserstuhl*. Dissertation, Albert-Ludwigs-Universität Freiburg im Breisgau. Freiburg im Breisgau. https://www.freidok.uni-freiburg.de/fedora/objects/freidok:7117/datastreams/FILE1/content. Zugegriffen 23. 08. 2016.

Kost, S. (2013). Transformation von Landschaft durch (regenerative) Energieträger. In L. Gailing & M. Leibenath (Hrsg.), *Neue Energielandschaften. Neue Perspektiven der Landschaftsforschung* (RaumFragen, S. 121–136). Wiesbaden: Springer Gabler.

Kost, S. (2017). Raumbilder und Raumwahrnehmung von Jugendlichen. In O. Kühne, H. Megerle & F. Weber (Hrsg.), *Landschaftsästhetik und Landschaftswandel* (RaumFragen, S. 69–85). Wiesbaden: Springer Fachmedien Wiesbaden.

Kühne, O. (2006a). Auf dem Weg zum Bliesgauer Weltbürger? – Die Gesellschaft im Bliesgau im Zeitalter der Globalisierung. In D. Dorda, O. Kühne & V. Wild (Hrsg.), *Der Bliesgau – Natur und Landschaft im südöstlichen Bliesgau* (S. 215–224). Wiesbaden: Institut für Landeskunde im Saarland.

Kühne, O. (2006b). *Landschaft in der Postmoderne. Das Beispiel des Saarlandes*. Wiesbaden: Deutscher Universitäts-Verlag.

Kühne, O. (2008a). Die Sozialisation von Landschaft. Sozialkonstruktivistische Überlegungen, empirische Befunde und Konsequenzen für den Umgang mit dem Thema Landschaft in Geographie und räumlicher Planung. *Geographische Zeitschrift 94* (4), 189–206.

Kühne, O. (2008b). *Distinktion, Macht, Landschaft. Zur sozialen Definition von Landschaft*. Wiesbaden: Springer VS.

Kühne, O. (2012). *Stadt – Landschaft – Hybridität. Ästhetische Bezüge im postmodernen Los Angeles mit seinen modernen Persistenzen* (RaumFragen Stadt – Region – Landschaft). Wiesbaden: VS Verlag für Sozialwissenschaften.

Kühne, O. (2013a). Landschaft – ein emotionales Konstrukt. Das ästhetische Erleben von Landschaften zu Zeiten der regenerativen Energiegewinnung. In Deutsche Gesellschaft für Gartenkunst und Landschaftskultur (Hrsg.), *Energielandschaften. Geschichte und Zukunft der Landnutzung* (DGGL-Jahrbuch, Bd. 2013, S. 17–20). München: Callwey.

Kühne, O. (2013b). Landschaftsästhetik und regenerative Energien. Grundüberlegungen zu De- und Re-Sensualisierungen und inversen Landschaften. In L. Gailing & M. Leibenath (Hrsg.), *Neue Energielandschaften. Neue Perspektiven der Landschaftsforschung* (RaumFragen, S. 101–120). Wiesbaden: Springer Gabler.

Kühne, O. (2013c). *Landschaftstheorie und Landschaftspraxis. Eine Einführung aus sozialkonstruktivistischer Perspektive* (RaumFragen – Stadt – Region – Landschaft). Wiesbaden: Springer Fachmedien.

Kühne, O. (2018). *Landschaft und Wandel. Zur Veränderlichkeit von Wahrnehmungen.* Wiesbaden: Springer VS.

Kühne, O. & Weber, F. (2016). Zur sozialen Akzeptanz der Energiewende. *UmweltWirtschaftsForum 24* (2-3), 207–213. doi:10.1007/s00550-016-0415-6

Kühne, O., Weber, F. & Weber, F. (2013). Wiesen, Berge, blauer Himmel. Aktuelle Landschaftskonstruktionen am Beispiel des Tourismusmarketings des Salzburger Landes aus diskurstheoretischer Perspektive. *Geographische Zeitschrift 101* (1), 36–54.

Kühne, O., Schönwald, A. & Weber, F. (2017). Die Ästhetik von Stadtlandhybriden. URF-SURBS (Urbanizing former suburbs) in Südkalifornien und im Großraum Paris. In O. Kühne, H. Megerle & F. Weber (Hrsg.), *Landschaftsästhetik und Landschaftswandel* (RaumFragen, S. 177–197). Wiesbaden: Springer Fachmedien Wiesbaden.

Lehr, A. (2002). *Sprachbezogenes Wissen in der Lebenswelt des Alltags* (Reihe Germanistische Linguistik, Bd. 236). Berlin: De Gruyter.

Leibenath, M. & Lintz, G. (2018). Streifzug mit Michel Foucault durch die Landschaften der Energiewende: Zwischen Government, Governance und Gouvernementalität. In O. Kühne & F. Weber (Hrsg.), *Bausteine der Energiewende* (S. 91–107). Wiesbaden: Springer VS.

Leibenath, M. & Otto, A. (2014). Competing Wind Energy Discourses, Contested Landscapes. *Landscape Online*, 1–18. http://citeseerx.ist.psu.edu/viewdoc/download?doi=10.1.1.680.8899&rep=rep1&type=pdf. Zugegriffen 17.01.2017.

Leibenath, M., Heiland, S., Kilper, H. & Tzschaschel, S. (Hrsg.). (2013). *Wie werden Landschaften gemacht? Sozialwissenschaftliche Perspektiven auf die Konstituierung von Kulturlandschaften* (Kultur- und Medientheorie). Bielefeld: transcript Verlag.

Liessmann, K. P. (2009). *Ästhetische Empfindungen. Eine Einführung* (UTB Philosophie, Bd. 3133). Wien: Facultas.

Linke, S. (2017a). Ästhetik, Werte und Landschaft. Eine Betrachtung zwischen philosophischen Grundlagen und aktueller Praxis der Landschaftsforschung. In O. Kühne, H. Megerle & F. Weber (Hrsg.), *Landschaftsästhetik und Landschaftswandel* (RaumFragen, S. 23–40). Wiesbaden: Springer Fachmedien Wiesbaden.

Linke, S. (2017b). Neue Landschaften und ästhetische Akzeptanzprobleme. In O. Kühne, H. Megerle & F. Weber (Hrsg.), *Landschaftsästhetik und Landschaftswandel* (Raum-Fragen, S. 87–104). Wiesbaden: Springer Fachmedien Wiesbaden.

Lippuner, R. (2005). *Raum, Systeme, Praktiken. Zum Verhältnis von Alltag, Wissenschaft und Geographie* (Geographie, Bd. 2). Stuttgart: Steiner.

Lyotard, J.-F. (1986). *Das postmoderne Wissen. Ein Bericht* (Edition Passagen, Bd. 7). Graz: Böhlau.

Micheel, M. (2012). Alltagsweltliche Konstruktionen von Kulturlandschaft. *Raumforschung und Raumordnung 70* (2), 107–117. doi:10.1007/s13147-011-0143-x

Mitchell, W. J. T. (1990). Was ist ein Bild? In V. Bohn (Hrsg.), *Bildlichkeit. Internationale Beiträge zur Poetik* (Edition Suhrkamp, S. 17–68). Frankfurt am Main: Suhrkamp.

Rosenkranz, K. (1996 [1853]). *Ästhetik des Hässlichen* (2. Aufl.). Leipzig: Reclam. (Originalarbeit erschienen 1853).

Roßmeier, A., Weber, F. & Kühne, O. (2018). Wandel und gesellschaftliche Resonanz – Diskurse um Landschaft und Partizipation beim Windkraftausbau. In O. Kühne & F. Weber (Hrsg.), *Bausteine der Energiewende* (S. 653–679). Wiesbaden: Springer VS.

Schenk, W. (2008) Aktuelle Verständnisse von Kulturlandschaft in der deutschen Raumplanung. Ein Zwischenbericht. In Bundesamt für Bauwesen und Raumordnung (Hrsg.), *Informationen zur Raumentwicklung. Raumordnungsplanung und Kulturlandschaft* (S. 271–278).

Schenk, W. (2017). Landschaft. In L. Kühnhardt & T. Mayer (Hrsg.), *Bonner Enzyklopädie der Globalität* (1. Auflage, S. 671–684).

Schneider, N. (2005). *Geschichte der Ästhetik von der Aufklärung bis zur Postmoderne* (Universal-Bibliothek, 4. Aufl.). Stuttgart: Reclam.

Schöbel, S. (2012). *Windenergie und Landschaftsästhetik. Zur landschaftsgerechten Anordnung von Windfarmen*. Berlin: Jovis.

Schütz, A. (1972). *Gesammelte Aufsätze. Band 1: Das Problem der sozialen Wirklichkeit*. Dordrecht: Springer Netherlands.

Schweiger, S., Kamlage, J.-H. & Engler, S. (2018). Ästhetik und Akzeptanz. Welche Geschichten könnten Energielandschaften erzählen? In O. Kühne & F. Weber (Hrsg.), *Bausteine der Energiewende* (S. 431–445). Wiesbaden: Springer VS.

Seel, M. (1996). *Eine Ästhetik der Natur* (Bd. 1231, 1. Aufl.). Frankfurt am Main: Suhrkamp.

Sieverts, T. (2001). *Zwischenstadt. Zwischen Ort und Welt, Raum und Zeit, Stadt und Land* (Bauwelt-Fundamente, Bd. 118). Gütersloh: Birkhäuser.

Spanier, H. (2001). Natur und Kultur. In Bayerische Akademie für Naturschutz und Landschaftspflege (Hrsg.), *Wir und die Natur – Naturverständnis im Strom der Zeit. Festschrift zum 25jährigen Bestehen der Bayerischen Akademie für Naturschutz und Landschaftspflege* (Berichte der ANL, Bd. 25, S. 69–86). Laufen: Bayerische Akademie für Naturschutz und Landschaftspflege.

statista (statista, Hrsg.). (2017a). Marktanteile der meistgenutzten Suchmaschinen auf dem Desktop nach Page Views weltweit in ausgewählten Monaten von April 2013 bis Februar 2017. https://de.statista.com/statistik/daten/studie/225953/umfrage/die-weltweit-meistgenutzten-suchmaschinen/. Zugegriffen 08.03.2017.

statista. (2017b). Statistiken zum Thema Suchmaschinen und Nutzung von Suchmaschinen. https://de.statista.com/themen/111/suchmaschinen/.

Stemmer, B. & Kaußen, L. (2018). Partizipative Methoden der Landschafts(bild)bewertung – Was soll das bringen? In O. Kühne & F. Weber (Hrsg.), *Bausteine der Energiewende* (S. 489–507). Wiesbaden: Springer VS.

Sting, S. (2004). Aneignungsprozesse im Kontext von Peergroup-Geselligkeit. In U. Deinet & C. Reutlinger (Hrsg.), *„Aneignung" als Bildungskonzept der Sozialpädagogik. Beiträge zur Pädagogik des Kindes- und Jugendalters in Zeiten entgrenzter Lernorte* (S. 139–147). Wiesbaden: VS Verlag für Sozialwissenschaften.

Weber, F. (2015). Diskurs – Macht – Landschaft. Potenziale der Diskurs- und Hegemonietheorie von Ernesto Laclau und Chantal Mouffe für die Landschaftsforschung. In S. Kost & A. Schönwald (Hrsg.), *Landschaftswandel – Wandel von Machtstrukturen* (RaumFragen, S. 97–112). Wiesbaden: Springer VS.

Weber, F. (2016). The Potential of Discourse Theory for Landscape Research. Dissertations of Cultural Landscape Commission 31. http://www.krajobraz.kulturowy.us.edu.pl/publikacje.artykuly/31/6.weber.pdf. Zugegriffen 07.03.2017.

Weber, F. (2017). Landschaftsreflexionen am Golf von Neapel. Déformation professionnelle, Meer-Stadtlandhybride und Atmosphäre. In O. Kühne, H. Megerle & F. Weber (Hrsg.), *Landschaftsästhetik und Landschaftswandel* (RaumFragen, S. 199–214). Wiesbaden: Springer Fachmedien Wiesbaden.

Weber, F., Roßmeier, A., Jenal, C. & Kühne, O. (2017). Landschaftswandel als Konflikt. Ein Vergleich von Argumentationsmustern beim Windkraft- und beim Stromnetzausbau aus diskurstheoretischer Perspektive. In O. Kühne, H. Megerle & F. Weber (Hrsg.), *Landschaftsästhetik und Landschaftswandel* (RaumFragen, S. 215–244). Wiesbaden: Springer Fachmedien Wiesbaden.

Welsch, W. (1993). *Ästhetisches Denken* (3. Aufl.). Stuttgart: Reclam.

Welsch, W. (2008). *Unsere postmoderne Moderne* (7. Aufl.). Berlin: Akademie Verlag.

Simone Linke studierte Landschaftsarchitektur an der Fachhochschule Weihenstephan und absolvierte anschließend den Masterstudiengang Urban Design an der Technischen Universität Berlin. Neben ihrer Beschäftigung in einem Stadt- und Ortsentwicklungsbüro arbeitet sie als wissenschaftliche Mitarbeiterin an der Technischen Universität München. Sie geht der Frage nach, wie sich der gesellschaftliche Wertewandel mit den räumlichen Entwicklungen in Landschaften und ländlich bezeichneten Räumen in Verbindung setzen lässt und welche Herausforderungen und Chancen sich dadurch ergeben.

Ästhetik und Akzeptanz

Welche Geschichten könnten Energielandschaften erzählen?

Stefan Schweiger, Jan-Hendrik Kamlage und Steven Engler

Abstract

Materiell neu oder umgestaltete Landschaften erfordern von Lai(inn)en und fachlich geschulten Betrachter(inne)n veränderte mentale Konzeptionen. Die Konzeptionen von Energielandschaften in der Energiewende unterliegen dabei unterschiedlichen Bewertungen zwischen negativen, stark ablehnenden Wahrnehmungen und aus Vernunftgründen ertragenden Haltungen. Dabei liefern die Landschaften selbst Passformen, in denen sich die menschgemachten Anlagen Teil einer Umgebung einfügen könnten, in denen sich Menschen heimisch fühlen. Dazu braucht es bei Planern Wissen um regionale Narrative und mögliche Korrespondenzen mit Architektur und Landschaften. In unserem Beitrag arbeiten wir die Potenziale regional eingebundener Energieinfrastrukturen heraus und liefern Beispiele und Anregungen aus den Bereichen Brauchtum, Breitensport, Werbung und Kunst.

Keywords

Landschaftskonzepte, Erneuerbare Energien, Architektur, Narrative, Energielandschaften, Energiewende

1 Einleitung

‚Monstertrassen' (Wille 2017) zerschneiden und Windräder ‚verspargeln' die Landschaften (Kulke 2015), Solarkollektoren ‚verspiegeln' Ackerflächen (Rabensaat 2016) und Maismonokulturen mit mannshohen Pflanzen ‚vermaisen' (Ehrenstein 2012) die neu entstehenden ‚Energielandschaften' (Demuth et al. 2013; Hinkelbein 2010; Jessel 2011; Peters 2010; Tischer 2011; Gailing und Leibenath 2013; hierzu auch Becker und Naumann 2018 in diesem Band). Diese kursorischen Diskursfragmente verdeutlichen aktuelle Entwicklungen des Widerstandes und des Protests, die sich an den Veränderungen der Landschaften durch die Energiewende festmachen lassen. An vielen Orten entstanden Bürgerinitiativen und Koalitionen aus Bürgermeister(inne)n, Gemeinderät(inn)en, Landrät(inn)en¹, Landesparlamentarier(inne)n, Bundestagsabgeordneten und lokalen Medien, die gegen diese Veränderungen protestieren (Neukirch 2013; Weber et al. 2017; Weber und Kühne 2016; Hoeft et al. 2017; Marg et al. 2013). Um Protest und Widerstand gegen den Ausbau der Erneuerbaren und die damit verbundenen Infrastrukturen abzumildern und die Akzeptanz zu erhöhen, hat die Bundesregierung beispielsweise die gesetzlich vorgeschriebenen Abstände zur Wohnbebauung der Anlagen erhöht, die Möglichkeit geschaffen, die Stromkabel im Netzausbau unterirdisch zu verlegen und die Betroffenen und organisierten Interessen vor Ort stärker in die formellen und informellen Planungsprozesse einzubeziehen (Kamlage et al. 2015). In den letzten Jahren geraten zunehmend die Möglichkeiten, Anlagen und Infrastrukturen akzeptanzfördernd zu gestalten, in den Blick, um gesellschaftlichen Protest und Widerstand zu begegnen.

Die öffentlichen Widerstände und Konflikte um die Gestaltung der Energielandschaften bilden den Ausgangspunkt für unsere Betrachtung, in der wir zunächst den theoretischen Zusammenhang zwischen Akzeptanz und Akzeptabilität klären. Anschließend arbeiten wir die Möglichkeiten und Bedingungen der Akzeptanzbildung durch das Design der Anlagen und Infrastrukturen sowie die Einbettung in lokale und überlokale diskursive Erzählstrukturen heraus. Dabei vertreten wir die These, dass bei der architektonischen Gestaltung der Energiewende ein Anschluss an Narrative mit lokal verstehbarem Bezug unter einer stärkeren partizipativen Einbindung der Bevölkerung die Chancen erhöht, Energielandschaften zu schaffen, die nicht nur toleriert, sondern positiv angenommen werden (vgl. auch Linke 2018 in diesem Band).

2 Akzeptanz und Akzeptabilität

Mit dem Begriff der Akzeptanz werden in der empirischen Sozialforschung alle bestimmbaren, individuellen Motive der Menschen bezeichnet, Entscheidungen, Maßnahmen, Meinungen und Prozesse akzeptieren und annehmen zu können. Akzeptieren kann dabei aktives Einwilligen, schlichtes Hinnehmen oder lediglich Billigen oder Tolerieren bedeuten. Die Motive der Akzeptanz sind dabei kontingent und variieren zwischen Angst vor Sanktionen über Desinteresse, Vertrauen in die Richtigkeit des Handelns bis hin zum Abwägen von rationalen Argumenten.

Doris Lucke (1995, S. 104) entwickelt den Akzeptanzbegriff im Sinne des Machtbegriffs von Max Weber (1980, S. 28) als „die Chance, für bestimmte Meinungen, Maßnahmen, Vorschläge und Entscheidungen bei einer identifizierbaren Personengruppe ausdrückliche oder stillschweigende Zustimmung zu finden und unter an-

---

1 In der ‚Hamelner Erklärung' beispielsweise haben sich 17 Regionen und Landkreise aus Niedersachsen, Bayern, Hessen und Nordrhein-Westfalen zusammengeschlossen. Sie fordern eine neue Planung des Südlinkkorridors, die transparent und nachvollziehbar ist (Landkreisbündnis Suedlink 2017).

gebbaren Bedingungen aussichtsreich auf deren Einverständnis rechnen zu können". Damit grenzt sie den Begriff auf eine aktive Haltung und Position ein und schließt einfache passive Hinnahme aus. Mit der Einführung des Begriffes der Akzeptabilität entwickelt sich hingegen ein stärker normativ geprägter Ansatz der Forschung, der ein aktives Einverständnis adressiert, das auf rational nachvollzogenen Gründen und Argumenten fußt und die Begründungsqualität und den öffentlichen Vernunftgebrauch in den Mittelpunkt rückt.

Die empirische Akzeptanzforschung kommt zu dem Schluss, dass Akzeptanz und Nichtakzeptanz einen stark generischen Charakter haben. Je nach Ort, Situation, Kultur, Risiko und Technik liegen unterschiedliche Motive und Gründe für die (Nicht-) Akzeptanz politischer Entscheidungen und Veränderungen im Lebensumfeld der Menschen vor. Die Gründe dafür sind divergierende materielle, ideelle oder ideologische Interessen und Wahrnehmungen sowie die subjektiv wahrgenommene Fairness und Gerechtigkeit (Schweizer-Ries et al. 2010) der Planungs- und Entscheidungsverfahren und/oder die Kommunikation der Veränderungen (Hildebrand et al. 2012). Folglich beschreibt die Akzeptanzforschung Widerstand und Nichtakzeptanz als vielschichtiges Phänomen, das von Zeit und Ort stark abhängig ist und je nach Akzeptanzsituation sich sozial neu in verschiedenen Kulturräumen konstruiert (Grunwald 2005; zum Begriff des Kulturraums vgl. Lüsebrink 2003, S. 308 ff.). Unser Beitrag beschäftigt sich mit dem Feld der Akzeptanzbildung mit Blick auf die ästhetischen Gesichtspunkte der neu entstandenen Energielandschaften. Dabei nehmen wir die in der Bevölkerung vorliegenden unterschiedlichen ästhetischen Vorstellungen und Bewertungen auf, um abwehrende Wahrnehmungen der Landschaft in einen konstruktiven Lösungsprozess einzubinden. Dabei rekurrieren wir auf „die im Alltagsbewusstsein verbreitete, nach der Ästhetik die Lehre vom Schönen und ästhetisch gleichbedeutend mit schön" (Hirdina 2006, S. 30) ist und nicht auf der „Bedeutung des Adjektivs ästhetisch" als „sinnlich und mit Erkenntnis verbunden, d. h. mit einem Wahrheitsanspruch" (ebd.) verbunden ist. Protest, Widerstand und fehlende Akzeptanz der Energielandschaften entfaltet sich demnach nicht an einem philosophischen Diskurs über Ästhetik, sondern über die Artikulation eines subjektiven Empfindens.

3 Erzählte Landschaften

Die Vermittlung der sozialen Welt erfolgt über Sprache und Kommunikation. Öffentliche, über Medien vermittelte Konflikte über Energielandschaften sind Ausdruck von konkurrierenden Wahrheitskonstruktionen und unterschiedlichen Bedeutungs- und Sinnstrukturen der Diskursteilnehmenden. Erzählungen sind eine Form der Vermittlung und immer auch Deutungsangebot mehr oder minder komplexer Diskurse. Unter Bezug auf Jürgen Link wird Diskurs hier als „ein institutionalisiertes Spezialwissen einschließlich der entsprechenden ritualisierten Redeformen, Handlungsweisen und Machteffekte" (Link 1988, S. 48) verstanden. Diese Diskurse werden durch interne und externe Prozeduren „kontrolliert, selektiert, organisiert und kanalisiert" (Foucault 1974, S. 7). Die sozialwissenschaftliche Erzählforschung mit ihrem spezifischen Instrumentarium ist dabei ein Werkzeug diskursanalytischer Forschung (Arnold 2012, S. 17), das es sowohl ermöglicht, Sinn zu rekonstruieren als auch transformativ wirksam zu sein (Schneidewind und Singer-Brodowski 2014 krit. hierzu: Strohschneider 2014). Die transformative Wirkung entfaltet sich potentiell durch die Lockerung interner und externer Prozeduren der Ausschlussmechanismen des Diskurses. Dies vollzieht sich durch Komplexitätsreduktion, der Möglichkeit Diskursstränge zu verbinden und der Chance der Etablierung von Gegenerzählungen, die den ‚Tatsachensinn' durch ‚Möglichkeitssinn' (Musil 1978, S. 16) ergänzen.

Narrationen verleihen materiellen und nicht-materiellen Diskursen Sinn, Bedeutung und Wert und versetzen die Rezipient(inn)en in die Lage, Urteile bilden zu können und sich selbst mit dem Geschehen in einer Rollenzuschreibung in Beziehung zu setzen. Dies bedeutet, dass der Sinn der Energielandschaften sich nicht rein funktional erschöpft. Er ist Teil ästhetischer Erfahrung in der Lebenswelt der Menschen. Dies führt zu einer Bedeutungszuschreibung, die z. B. in touristischen Wertschöpfungsprozessen, symbolischer Gemeinschaftsproduktion oder aber auch reinem künstlerischen Ausdruck liegen kann. Dies erzeugt einen Mehrwert, der über Fragen der Energieversorgung hinausgeht und steigert so die Akzeptabilität, nicht nur erzählerisch-emotional, sondern auch argumentativ-rational.

Aktantiell, also in einer erzählanalytisch fassbaren Rolle, können Bürger(innen) als Opponent(inn)en oder Adjuvant(inn)en (Greimas 1971, S. 163–164) innerhalb der Energiewende-Erzählung auftauchen. Hinsichtlich einer ästhetischen Bewertung kann der Opponent, also derjenige, der die neuen Energielandschaften nicht akzeptieren möchte, weil sie ihm einfach nichtzusagen, auch als Adjuvant gerahmt werden. Eine solche Verschiebung der Rollenzuweisung innerhalb der Erzählung der Energiewende kann zur Folge haben, dass aus einer lediglich zu ertragenden Politik eine demokratisch gestaltbare Wende wird.

Landschaftskonstruktionen und Bewertungen sind sowohl in ontologische als auch öffentliche Narrationen eingebettet. Die Anhäufung als attraktiv empfundener topographischer Elemente werden als Bühne genutzt, um gemeinschaftsstiftende Symbole zu präsentieren, seien diese religiös, wie Wegekreuze oder Kapellen, oder national, wie die Befreiungshalle auf dem Michelsberg oberhalb der Stadt Kelheim. Im Zusammenspiel von Natur und Architektur wird Landschaft innerhalb von religiösen und nationalen Großerzählungen, aber auch von regionalen Erzählungen zur Heimat und zum Zuhause (Marg 2017). Landschaftssagen und nationale Mythen (Ritter 2010, S. 77) drücken diesen Zusammenhang aus. Landschaften lassen sich daher „nicht als objektiver und physisch definierter Gegenstand", sondern als von „gesellschaftlichen (Seh-)Konventionen bestimmter" (Hokema 2013, S. 32) und massenmedial vermittelter Raum verstehen (hierzu auch Kühne 2013). Über einen erzählerischen Konnex wird Landschaft zum inkorporierten Narrativ (Hoppe 2008, S. 75–76; Raymond 1993, S. 260–275.). Ein Angriff auf so eine verfestigte und identitätsstiftende Erzählung wird von manchen Betroffenen als Angriff *ad personam* empfunden. Windkraftanlagen und Strommasten werden innerhalb solch einer Narration als Eindringlinge in eine als harmonisch konstruierte Welt gesehen. Ziel des Widerstands ist die Wiederherstellung der Harmonie durch die Vertreibung der Eindringlinge. Das Design von Stromtrassen, Windkraft-und anderen Anlagen kann jedoch auch als Adjuvant, also unterstützende Kraft gesehen werden, um „kollektive Identitäten [zu] prägen" (Borries und Recklies 2015, S. 145).

4 Neue archetektonische Erzählungen der Energielandschaften

Vorauseilende Konfliktvermeidung ist in die Gestaltung der Windkraft-, Solaranlagen und Strommasten eingeflossen und zeigt sich als *Chamäleon-Strategie*: Ziel der Architekt(inn)en und deren Auftraggeber(innen) war es offensichtlich, Anlagen und Infrastrukturen unsichtbar zu machen. Neben der Invisibilisierung ‚ökologischer Implikationen' (Kühne 2012, S. 171) versuchen Planer(innen) und Archtekt(inn)en, dies auch für die ökologischen Explikationen umzusetzen: Bei Windkraftanlagen wird beispielsweise versucht, sie durch sich abschwächende Grüntöne, die in einem himmelgrau enden, vor der Landschaft verschwinden zu lassen.

Untersuchungen zeigen eine stetig steigende Akzeptanz (Kress und Landwehr 2012, S. 22) für die Energiewende und trotzdem kann Design und Gestaltung der Anlagen weitergedacht werden, ohne den Fehler zu begehen, die Welt „nach Objekten anstatt nach Problemen einzuteilen" (Burckhardt 2004). Nicht das Objekt ist das Problem, sondern seine fehlende Einbindung. Dabei hilft nicht die Suche nach der ‚guten Form', sondern nach der lokal und regional anschlussfähigen Form. Diese Anschlüsse können ‚konservativ-phobisch' oder ‚progressiv-obsessiv' (Greimas 1971, S. 168) ausgeprägt sein. Dies bedeutet im Sinne eines ‚Soziodesigns' (Burckhardt 2004), das entweder eine als attraktiv empfundene regionale Erzählung architektonisch fest- oder fortgeschrieben oder eine neue begonnen wird. Erfolgreiche Erzählungen über Energieerzeugung funktionieren über Narrative, die sich von der rein funktionalen Sichtweise ablösen und so erzählerischen Mehrwert produzieren. Im Kernkraftnarrativ beispielsweise wurden alle Rollen zunächst positiv besetzt. Es war eine offene Erzählung, aber so gefestigt, dass diese eine hohe Widerstandsfähigkeit gegen innere Widersprüche aufwies. So war der Comic-Held *Captain Atom* keineswegs an Krebs erkrankt, sondern bekam durch radioaktive Strahlung Superkräfte (Wells und Dallas 2012, S. 30–31). Die militärische Bedeutung der Atomforschung und -industrie, aber auch der Nachweis naturwissenschaftlicher Leistungskraft und Progressivität eines Nationalstaates kräftigte die jeweilige ‚nationale Erzählung' (Münkler 1994; Münkler 2009; Berger 2002, S. 56–58.). Die neuen Energielandschaften hingegen greifen die nationale Erzählung an, indem sie das Landschaftsbild in der Wahrnehmung vieler negativ beeinflussen (Gipe 1995, S. 252). Erzählungen über Erneuerbare Energien sind arm an positiv konnotierten assoziativen und narrativen Abzweigungen. Kernkraftnarrative blieben hingegen anschlussfähig bis zum Durchbruch der Gegenerzählungen der Umwelt- und Friedensbewegung, die vor allem durch „diskursive Ereignisse" (Jäger 2004, S. 162) – wie zum Beispiel das Reaktorunglück von Tschernobyl im Jahr 1986 – an „Territorialmacht" (Hartmann 1991, S. 24) im Wettbewerb um die Deutungshoheit des Diskurses gewannen. Aus einer Erzählung, die Omnipotenz zum Inhalt hatte, wurde eine Erzählung der omnipräsenten Gefahr.

Bislang transformierte die Energiewende Landschaften in „Nicht-Orte" (Augé 2011, S. 84–85) bzw. „Nicht-Landschaften", die bereits durch das Auswahlverfahren „nach Außen abgewertet, nach Innen mechanisch und nach Einzelinteressen zusammengestellt" (Schöbel 2010, S. 63) sind, die – selbst wenn sie toleriert oder gar gemocht werden – keine Eigenart haben, uniform wie geschichtslos sind und weder eine neue Erzählung beginnen noch bestehende weitererzählen. Sie ergeben sich der bloßen Funktionalität der Umwandlung von Bewegungsenergie in Strom. Dabei eröffnen die dezentrale Organisation der Energiegewinnung und damit verbunden energieautarke Gemeinden neue Möglichkeiten, ein Verhältnis zur Umgebung zu schaffen und neue Bedeutung zu generieren. Dafür gibt es historische Beispiele: Die ersten Windmühlen Ende des 12. Jahrhunderts wurden *commoner's mills* genannt, da sie nicht, wie Wassermühlen, nur an Flüssen platziert werden konnten, die der jeweilige Grundherr kontrollierte (Rifkin 2014, S. 56). Heute findet die Lossagung von großen Energiekonzernen statt, aber im Design findet sich diese Befreiung nicht wieder; weder auf der kanarischen Insel El Hierro, noch im österreichischen Burgenland, nicht in Schönau im Schwarzwald und ebenfalls nicht in Treuenbrietzen in Brandenburg. Dies sind allesamt Orte, die sich autark mit Energie versorgen. Die Rekommunalisierung der Energie könnte auch im Design deutlich werden: Der bayerische Sprossenmaibaum könnte hier Vorbild sein, der regionale Vereine, Kleinindustrien und -gewerbe, aber auch regionale Ereignisse wie Feste oder überstandenes Ungemach auf Sprossen bis hinauf zur Spitze Geltung verschafft. Seit der Liberalisierung des Strommarktes im Jahre 1998 können energieautarke Kommunen Gewinne mit dem erzeugten Strom generieren. Mit diesen Erträgen können Schulen und Kindergärten ausgestattet oder aber auch die lokale Wirtschaft unterstützt werden. Solche positiven Auswirkungen der Windkraft für Kommunen könnten ebenfalls auf Maibaumsprossen kundgetan werden, denn warum sollte nicht für eine Windkraftanlage dasselbe gelten wie für einen bayerischen Maibaum: „Lässt sich in einer Gemeinde berechtigter Heimatstolz weniger aufdringlich zum Ausdruck bringen als mit einem himmelhohen Maibaum?" (Meinl und Schweiggert 1991, S. 37). Mit solch einer Gestaltung pflegt sich das Design der Energielandschaft in eine phobisch-konservative Erzählung ein: *Erstens* übermittelt die Windkraftanlage auf diese Weise ihre beruhigende Wirkung auf die kommunale Haushaltslage, *zweitens* bekommen die Institutionen der Region eine exponierte Plattform, um performativ wirken zu können und *drittens* behält die Landschaft auf diese Weise das Konstrukt einer tragenden Säule für ein Heimatgefühl. Dies kann allerdings auch nur dann funktionieren, wenn die Kosten der Einrichtung genauso gerecht verteilt werden wie der Nutzen. Leuchttürme mit ihren markant roten Streifen beispielsweise werden heute nicht nur als Landmarken erhalten, sondern auch als Restaurants und Hotels genutzt. An diese architektonisch vermittelte Landschaftserzählung könnte die Gestaltung von Windkraftanlagen anschließen. Freilich haben Windparks eine wesentlich größere Ausdehnung, sodass sie nicht als Landmarke interpretiert werden können, aber ein Anschluss an bekannte (Identifikations-)Farben kann dazu führen, dass der Windpark zu *unserem* Windpark wird, so wie in Bergbaugebieten Abraumhalden ebenfalls mit Possessivpronomen bedacht werden. Weitergehend kann auch an Herrscherdynastien erinnert werden oder aber auch narrativ-architektonisch an die jeweilige Mythen- und Sagenwelt Anschluss gesucht werden. Seien dies die Hohenzollern südlich von Tübingen, die Sage von *Nappian und Naucke* im Mansfelder Land (Bahn 2013; Blümel 1891; Freydank 1955; Quasdorff 1950; Spangenberg 1572, Kap. 239)[2] oder die Samsonfiguren der Steiermark (Thüler 1997, S. 171). Entscheidender jedoch ist, dass die Betroffenen ihre Ideen einbringen und Einfluss nehmen können, wie sich ihr lebensweltlicher Nahraum verändern sollte. Diese Vorschläge sollen zeigen, wie solche erzählerischen Anschlüsse gefunden werden können; klar ist jedoch auch, dass das Design nicht alle Vorbehalte auszuräumen vermag und enge Grenzen hat. Die Frage nach dem Design wurde den Bürger(inne)n jedoch noch nicht zur Diskussion gestellt. Das Aussehen der Anlagen gilt als gesetzt und wird im Diskurs nahezu ausschließlich von den politischen Gegner(inne)n der Energiewende thematisiert.

Windkraft-, Solaranlagen und Strommasten sollten sich in ästhetischer Hinsicht nicht nur anpassen. Es können auch neue regionale Narrative gesponnen werden und so im Bereich des Tourismus neue Möglichkeiten für Wertschöpfungsketten legen. Im niederbayerischen Abensberg hat der Künstler Friedensreich Hundertwasser einen Turm geformt, der sich so gar nicht harmonisch in die niederbayerische Kleinstadt einfügen will. Der Turm zieht viele Touristen an, die dann auch die von Hundertwasser gestaltete Brauerei besichtigen (Fischer und Weber 2015, S. 87). Als Einzelprojekte sind solche Gestaltungsmöglichkeiten auch für Windkraftanlagen denkbar und wurden auch schon in ähnlicher Form umgesetzt: Zur Expo 2000 gestaltete der Pariser Künstler Patrick Raynaud Windkraftanlagen an der Autobahn A7. Die angebrachten Leuchtelemente zeigen an, wieviel Strom die Anlage gerade produziert, welche Windstärke herrscht und wie hoch das Leistungspotential der Anlage ist. Auch Strommasten, die große gesellschaftliche Konfliktpotentiale bergen (Molinengo und Danelzik 2016), können künstlerisch gestaltet werden. Der britische Netzbetreiber *National*

---

2 Die zahlreichen, aber nicht vollständigen Quellenangaben zeigen an, wie die Sage immer wieder auf der Folie von sich transformierenden politischen Gegebenheiten neu interpretiert wurde und sich daher auch für eine Neuinterpretation von Energielandschaften eignet, um an gefestigte lokale und regionale Erzählungen anzuknüpfen. Bei Blümel stand die deutsche Nation im Vordergrund, bei Quasdorff die sozialistische Revolution und bei dem Journalisten Bahn, die ‚Erlebnisgesellschaft' (Schulze 2005). In der Stadtgestaltung der stark von Abwanderung betroffenen Lutherstadt Eisleben transportierte im Jahre 2013 hingegen eine Straßengalerie die Sage von Nappian und Naucke in der Erzählstruktur ‚*From rags to riches*' (Vom Tellerwäscher zum Millionär).

Grid richtete im Jahr 2011 einen Designwettbewerb für Strommasten aus und baute daraufhin in Nottinghamshire sechs Strommasten zu Testzwecken (Rhein-Energie-Blog 2015). Bis heute setzt sich die Diskussion um das Design fort (z. B. Collier 2016), führt jedoch kaum zu Umsetzungen.

In den Narrationen der Windkraft ist die Anlage kaum Adjuvant zu einem anderen Zweck, der außerhalb der Stromerzeugung liegt. Strom ist im Alltag eine Selbstverständlichkeit, unsichtbar, scheinbar unbegrenzt, und so eine *tabula rasa* für alle möglichen Erzählungen und gleichzeitig deshalb so blass. Die Energiewende inszeniert sich durch eine vernünftige bis vernünftelnde Argumentation, verpasst es aber Emotionen narrativ zu vermitteln. Stattdessen werden argumentativ diskursverändernde Erzählungen oft eingefordert. Die Einforderung selbst konterkariert jedoch die Glaubwürdigkeit und damit die erzählerische Legitimation des Narrativs. Um den Klimawandel und die Mittel, die ihn einzudämmen im Stande wären, muss man nicht nur wissen, sondern man muss auch daran glauben können (Žižek 2009, S. 309). Aktiv positionierte Erzählungen, die einer ersichtlichen Motivation der Persuasion und Akzeptanzbeschaffung dienen, finden nur schwer Anklang.

Es sind jedoch auch andere Möglichkeiten vorstellbar, an die die Augen der Menschen gewohnt sind: An bundesdeutschen Autobahnen weisen hohe Betonstelen auf Schnellrestaurants und Spielotheken hin, während wenige hundert Meter entfernt Windkraftanlagen betongrau bleiben. Die Kosten, welche die Windkraftanlagen in Aufbau und Unterhalt verursachen, könnten durch das Anbringen von Werbetafeln gemindert werden. Das kann dann zwar auch bedeuten, dass sich Auto- und Energiekonzerne des ‚*green-washing*' (Bowen 2014) verdächtig machen, jedoch verpflichten solche Vorgänge die Konzerne auch auf diskursive Weise. Zudem gibt es Regionen in Deutschland, welche ihr regionales Narrativ von der dort angesiedelten Industrie beziehen. Ob dies VW in Wolfsburg, Carl-Zeiss in Jena oder AUDI in Ingolstadt ist: Es existieren so Anknüpfungspunkte, die darauf verweisen, dass die Energiewende ein ‚Gemeinschaftswerk' (Töpfer und Kleiner 2011; Kleiner 2013, S. 78) sein soll. Diese Verbundenheit sollte sich nicht nur in Geschichte, Ökonomie, Kunst und Kultur zeigen, sondern kann auch an identitätsstiftende Sport-Erzählungen anschließen. So leuchtete die Allianz-Arena zu erfolgreicheren Zeiten des TSV 1860 München bei Heimspielen blau und bei Heimspielen des FC Bayern München rot. Ähnliches ist auch für in der Nähe von Stadien gelegene Windkraftanlagen vorstellbar. Zwischen Dortmund und Gelsenkirchen liegen nur 30 Autominuten; dort farblich klarzustellen, wer letzter Derbygewinner (Schnittker 2011) war, könnte allzu leicht zu Vandalismus führen, ist jedoch auch eine Möglichkeit, Windkraft an regionale Erzählungen anzupassen, quasi als neue Form eines Pokals. Hier folgt dann die Form der Funktion, die Funktion jedoch wird von der Mittelbarkeit der Stromerzeugung zur Unmittelbarkeit von Information verschoben. Die Stromerzeugung wird so zum Nebenstrang einer anderen Erzählung, wie Atomstrom nur ein Nebenstrang der *Captain Atom*-Superheldenerzählung war.

5 Fazit und Ausblick

Das Design der Energielandschaften ist mehr als die Gestaltung des Nützlichen und die Form muss dabei nicht immer der Funktion folgen. Die Akzeptanzbildung von Landschaftsveränderungen ist vielmehr Teil von öffentlichen Diskursen und Erzählstrukturen sowie etablierten ästhetischen Vorstellungen (vgl. auch Kühne 2018 sowie Weber 2018 in diesem Band). Die Welt mag sich durch Wissenschaft und technischen Fortschritt im Sinne Webers entzaubern (Weber 1973, S. 582–613, vgl. hierzu auch Winckelmann 1980, S. 12–53 sowie Radkau 2005), aber die Menschen leben nicht in einer Welt, in der Vernunft nur die Rationalität eines *homo oeconomicus* ist. Der emotionale Bezug des Subjekts zu seiner als angestammt empfundenen Lebenswelt aus der nicht nur Forderungen erwachsen, sondern auch Verantwortung gegenüber der alltäglichen Umwelt entspringen kann, ist nicht zwingend irrational. Sowohl die literarischen (z. B. Zeh 2016) als auch die im Interdiskurs[3] verbreiteten Erzählungen über die Energielandschaften, sind geprägt von ökonomisch-materiellen Interessen der Akteure. Dabei werden nicht nur die ästhetischen Bedürfnisse der Menschen vernachlässigt, sondern auch Energielandschaften in einen Kontext gestellt, der als Voraussetzung der Toleranz kollektive oder individuelle Entschädigungen bedingt. Dabei werden die Energielandschaften a priori als negativ gerahmt.

Unsere Beispiele zeigen nur einen kleinen Ausschnitt des Möglichen. Deutlich wird jedoch, dass es narrative Anschlüsse für die Gestaltung der Energielandschaften gibt. Welche Anschlüsse an welchem Ort positive Resonanz hervorrufen, kann jedoch nur mit den Menschen vor Ort erarbeitet werden, in einem fairen, inklusiven und partizipativen Prozess. Aber von Seiten der Architekt(inn)en braucht es dazu fachlichen Input über den Kostenaufwand, der technischen Machbarkeit und der Beeinträchtigung der Interessen Dritter. Im Optimalfall können positive externe Effekte auftreten: Es könnten Studierende an Kunsthochschulen profitieren. *Urban Knitting*[4] oder ein Kurs für Graffitikunst in Jugendzentren kann zur Integration benachteiligter Jugendlicher beitragen. Die Möglichkeiten, die sich hier für Landschaftsarchitekt(inn)en ergeben, sind bei weitem nicht erschöpfend behandelt und es bleibt Hoffnung, dass die Kreativität der Architekt(inn)en auch bei den nützlichen Dingen des Alltags ihren Ausdruck finden wird. Objekte als auch abstrakte Begriffe

---

3 Link unterscheidet zwischen naturwissenschaftlichen, humanwissenschaftlichen und interdiskursiv dominierten Spezialdiskursen (z. B. Theologie und Philosophie). Aus diesen Spezialdiskursen „sammelt sich nun in den Redeformen mit totalisierendem und integrierendem Charakter (z. B. Journalismus, z. B. Populärwissenschaft und Populärphilosophie) ein stark selektives kulturelles Allgemein-Wissen, dessen Gesamtheit hier Interdiskurs genannt wird. Der Interdiskurs ist nicht wie die Spezialdiskurse explizit geregelt und systematisiert, ihm werden keine Definitionen abgefordert, keine Widerspruchsfreiheit usw. bildlich haben wir den Interdiskurs als ‚fluktuierendes Gewimmel' zu kennzeichnen gesucht." (Link 1986: S. 5–6 f.).

4 Darunter versteht man eine Form von Street Art, bei welcher der öffentliche Raum mit Strickwaren ausgeschmückt wird.

können als Aktanten einer Erzählung interpretiert werden (Latour und Akrich 1992, S. 259) und innerhalb des politischen Aushandlungsprozesses (Latour 2001) Wirkmächtigkeit entfalten.

Der Diskurs wird anhand von Narrationen gedeutet und falls es für Erneuerbare Energien kein attraktives Deutungsangebot gibt, dann wird die Windkraftanlage Opponent bleiben und von den Aktanten *NIMBY, BANANA, NIMFYE* und *NIMFOS*[5] weiter bekämpft werden. Der Versuch, Windkraftanlagen durch grauen Beton vor einem grauen Himmel verschwinden zu lassen, erscheint uns als fehlgeschlagen. Wir sehen sie ja doch. Es ist an der Zeit, Energielandschaften für das 21. Jahrhundert zu entwickeln. Es besteht eine sich noch zu langsam füllende Leerstelle sozial-ökologischer Forschung, während gleichzeitig die Bebauung in schnellen Schritten voranschreitet. In Deutschland stehen bereits über 25 000 Windkraftanlagen und getrieben von rational begründeter Notwendigkeit wird das Nützliche kaum gestaltet. Das anstehende Re-Powering ist ein *window of opportunity*. Es könnte genutzt werden.

Literatur

Arnold, M. (2012). Erzählen. Die ethisch-politische Funktion narrativer Diskurse. In M. Arnold, G. G. Dressel & G. W. Viehöver (Hrsg.), *Erzählungen im Öffentlichen* (S. 17–64). Wiesbaden: Springer VS.

Augé, M. (2011). *Nicht-Orte*. München: Beck'sche Reihe.

Bahn, W. (2013). Auch Nappian und Neucke kommen. http://www.mz-web.de/eisleben/fest umzug-zur-eisleber-wiese-auch-nappian-und-neucke-kommen,20640972,24293566.html. Zugegriffen: 30. 03. 2017.

Becker, S. & Naumann, M. (2018). Energiekonflikte erkennen und nutzen. In O. Kühne & F. Weber (Hrsg.), *Bausteine der Energiewende* (S. 509–522). Wiesbaden: Springer VS.

Berger, S. (2002). Geschichten von der Nation. Einige vergleichende Thesen zur deutschen, englischen, französischen und italienischen Nationalgeschichtsschreibung seit 1800. In C. Conrad & S. Conrad (Hrsg.): *Die Nation schreiben. Geschichtswissenschaft im internationalen Vergleich* (S. 49–77). Göttingen: Vandenhoeck & Ruprecht.

Blümel, E. (1891). *Naucke u. Nappian. Bergmännisches Volksstück*. Eisleben: Winkler.

Borries, F. von, & Recklies, M. (2015). Design als Intervention. Über experimentelle Forschung. *Kursbuch 184*, 145–156.

Bowen, F. (2014). *After Greenwashing. Symbolic Corporate Environmentalism and Society*. Cambridge: University Press.

Burckhardt, L. (2004). Design ist unsichtbar. http://www.lucius-burckhardt.org/Deutsch/Texte/Lucius_Burckhardt.html. Zugegriffen: 13. 05. 2017.

---

5   NIMBY = Not In My Backyard; BANANA = Build Absolutely Nothing Anywhere Near Anybody; NIMFYE = Not In My Front Yard Either; NIMFOS = Not In My Field Of Sight.

Collier, A. (2016). Powering People, empowering nature – the 6th European grid conference. http://www.birdlife.org/europe-and-central-asia/news/powering-people-empowering-nature-%E2%80%93-6th-european-grid-conference. Zugegriffen: 24. 03. 2017.
Demuth, B., Heiland, S., Wiersbinski, N., & Hildebrandt, C. (Hrsg.) (2013). *Energielandschaften – Kulturlandschaften der Zukunft? Energiewende – Fluch oder Segen für unsere Landschaften. Ergebnisse des Workshops vom 18. – 21. 06. 2012 an der Internationalen Naturschutzakademie Insel Vilm (INA) des Bundesamtes für Naturschutz*. Bonn: Bundesamt für Naturschutz.
Ehrenstein, C. (2012). *Warum Deutschlands Landschaften vermaisen*. https://www.welt.de/print/die_welt/politik/article108384388/Warum-Deutschlands-Landschaften-vermaisen.html. Zugegriffen: 08. 06. 2017.
Fischer, C. & Weber, F. (2015). „Ein Bier wie seine Heimat – ursprünglich, ehrlich und charaktervoll". Eine Untersuchung der Vermarktung ‚fränkischer' Biere aus diskurstheoretischer Perspektive. In: O. Kühne & F. Weber (Hrsg.): *Bausteine der Regionalentwicklung* (S. 73–93). Wiesbaden: Springer VS.
Foucault, M. (1974). *Die Ordnung des Diskurses. Inauguralvorlesung am Collège des France – 2. Dezember 1970*. Frankfurt a. M., Berlin & Wien: Ullstein-Verlag.
Freydank, H. (1955). *Nappian und Neucke, die beiden sagenhaften Gründer des Mansfelder Bergbaus*. Halle/Saale: o. V.
Gailing, L., & Leibenath, M. (Hrsg.). (2013). *Neue Energielandschaften – Neue Perspektiven der Landschaftsforschung*. Wiesbaden: Springer VS.
Gipe, Paul P. (1995). *Wind Energy comes of Age*. New York: John Wiley & Sons.
Greimas, A. J. (1971). *Strukturale Semantik. Methodologische Untersuchungen*. Braunschweig: Friedr. Vieweg + Sohn.
Grunwald, A. (2005). Zur Rolle von Akzeptanz und Akzeptabilität von Technik bei der Bewältigung von Technikkonflikten. *Technikfolgenabschätzung 14*, 54–60.
Hartmann, A. (1991). Über die Kulturanalyse des Diskurses – eine Erkundung. *Zeitschrift für Volkskunde 87*, 19–28.
Hildebrand, J., Rau, I., & Schweizer-Ries, P. (2012). Die Bedeutung dezentraler Beteiligungsprozesse für die Akzeptanz des Ausbaus erneuerbarer Energien. Eine umweltpsychologische Betrachtung. *Information zur Raumentwicklung 9*, 491–502.
Hinkelbein, O. (2010). Offshore Windkraft – eine aufkommende transnationale Energielandschaft in Zeiten des Klimawandels. *West-Ost-Report. International Forum for Science and Research 01*, 48–59.
Hirdina, K. (2006). Ästhetik/Ästhetisch. In A. Trebeß (Hrsg.), *Metzler Lexikon. Ästhetik. Kunst, Medien, Design und Alltag* (S. 29–34). Stuttgart & Weimar: Metzler.
Hoeft, C., Messinger-Zimmer, S., & Zilles, J. (Hrsg.). (2017). *Bürgerproteste in Zeiten der Energiewende. Lokale Konflikte um Windkraft, Stromtrassen und Fracking*. Bielefeld: Transcript.
Hokema, D. (2013). *Landschaft im Wandel? Zeitgenössische Landschaftsbegriffe in Wissenschaft, Planung und Alltag*. Wiesbaden: Springer VS.

Hoppe, A. (2008). Erfassung historischer Kulturlandschaft und ihrer Elemente in Niedersachsen. In H. Küster (Hrsg.), *Kulturlandschaft* (S. 75–82). Frankfurt a. M.: Peter Lang.

Jäger, S. (2004). *Kritische Diskursanalyse. Eine Einführung.* Münster: Unrast Verlag.

Jessel, B. (2011). Energiewende – demokratisch und naturverträglich. *Garten + Landschaft* 121, 28–30.

Kamlage J.-H., Nanz, P., & Björn Fleischer, (2015). Bürgerbeteiligung und Energiewende: Dialogorientierte Bürgerbeteiligung im Netzausbau. In H.-C. Binswanger, F. Ekardt, A. Grothe, W.-D. Hasenclever, I. Hauchler, M. Jänicke, K. Kollmann, N. V. Michaelis, H. G. Nutzinger, H. Rogall & G. Scherhorn (Hrsg), *Jahrbuch 2014/2015 Nachhaltige Ökonomie. Im Brennpunkt: Die Energiewende als gesellschaftlicher Transformationsprozess.* Marburg: Metropolis.

Kleiner, M. (2013). Die Ethikkommission „Sichere Energieversorgung". In K. Töpfer, D. Volkert, & U. Mans (Hrsg.), *Verändern durch Wissen. Chancen und Herausforderungen demokratischer Beteiligung: Von Stuttgart 21 bis zur Energiewende* (S. 77–85). München: oekom.

Kress, M. & Landwehr, I. (2012). Akzeptanz Erneuerbarer Energien in EE-Regionen. Ergebnisse einer telefonischen Bevölkerungsbefragung in ausgewählten Landkreisen und Gemeinden. Diskussionspapier des IÖW 66/12. Potsdam: Institut für ökologische Wirtschaftsforschung (IÖW). https://www.ioew.de/fileadmin/_migrated/tx_ukioew db/IOEW_DP_66_Akzeptanz_Erneuerbarer_Energien.pdf. Zugegriffen: 10. 03. 2017.

Kühne, O. (2012). *Stadt – Landschaft – Hybridität. Ästhetische Bezüge im postmodernen Los Angeles mit seinen modernen Persistenzen.* Wiesbaden: Springer VS.

Kühne, O. (2013). *Landschaftstheorie und Landschaftspraxis. Eine Einführung aus sozialkonstruktivistischer Perspektive.* Wiesbaden: Springer VS.

Kühne, O. (2018). ‚Neue Landschaftskonflikte' – Überlegungen zu den physischen Manifestationen der Energiewende auf der Grundlage der Konflikttheorie Ralf Dahrendorfs. In O. Kühne & F. Weber (Hrsg.), *Bausteine der Energiewende* (S. 169–186). Wiesbaden: Springer VS.

Kulke, U. (2015). Windkraft-Branche will jetzt die Wälder verspargeln. https://www.welt.de/politik/deutschland/article144313452/Windkraft-Branche-will-jetzt-die-Waelder-verspargeln.html. Zugegriffen: 08. 06. 2017.

Landkreisbündnis Suedlink (2017): Hamelner Erklärung. http://hamelner-erklaerung.de. Zugegriffen: 24. 07. 2017.

Latour, B., & Akrich, M. (1992). A summary of Convinient Vocabulary for the semiotics of Human an Nonhuman Assemblies. In W. E. Bijker & J. Law (Hrsg.), *Shaping Technology/Building Society. Studies in Sociotechnical Change* (S. 259–264). Cambridge: MIT Press.

Latour, B. (2001). *Das Parlament der Dinge: Für eine politische Ökologie.* Frankfurt a. M.: Suhrkamp.

Link, J. (1986). Noch einmal: Diskurs. Interdiskurs. Macht. *kultuRRevolution* 11, 4–7.

Link, J. (1988). Über Kollektivsymbolik im politischen Diskurs und ihren Anteil an totalitären Tendenzen. *kultuRRevolution* 17/18, 47–53.

Linke, S. (2018). Ästhetik der neuen Energielandschaften – oder: „Was Schönheit ist, das weiß ich nicht". In O. Kühne & F. Weber (Hrsg.), *Bausteine der Energiewende* (S. 409–429). Wiesbaden: Springer VS.

Lucke, D. (1995). *Akzeptanz. Legitimität in der „Abstimmungsgesellschaft"*. Opladen: Leske und Budrich.

Lüsebrink, H.-J. (2003). Kulturraumstudien und Interkulturelle Kommunikation. In A. Nünning, & V. Nünning, (Hrsg.), *Konzepte der Kulturwissenschaften. Theoretische Grundlagen – Ansätze – Perspektiven* (S. 307–328). Stuttgart: Metzler Verlag.

Marg, S. (2017). Heimat. Die Reaktivierung eines Kampfbegriffs. In C. Hoeft, S. Messinger-Zimmer & J. Zilles (Hrsg.), *Bürgerproteste in Zeiten der Energiewende. Lokale Konflikte um Windkraft, Stromtrassen und Fracking* (S. 221–234). Bielefeld: transcript.

Marg, S., Hermann, C., Hambauer, V., & Becké, A. B. (2013). „Wenn man was für die Natur machen will, stellt man da keine Masten hin". Bürgerproteste gegen Bauprojekte im Zuge der Energiewende. In F. Walter, S. Marg, L. Geiges, & F. Butzlaff (Hrsg.), *Die neue Macht der Bürger. Was motiviert die Protestbewegungen? BP-Gesellschaftsstudie* (S. 94–138). Reinbek bei Hamburg: Rowohlt.

Meinl, H., & Schweiggert, A. (1991). *Der Maibaum. Geschichte und Geschichten um ein beliebtes Brauchtum*. Dachau: Verlagsanstalt Bayerland.

Molinengo, G., & Danelzik, M. (2016). *Bürgerbeteiligung zur Stromtrasse „Ostbayernring". Analyse des Beteiligungsdesigns und Evaluation*. Dortmund: Bande. http://www.demoenergie.de/wp-content/uploads/2016/03/B%C3%BCrgerbeteiligung-zur-Stromtrasse-Ostbayernring-Analyse-des-Beteiligungsdesigns-und-Evaluation.compressed.pdf. Zugegriffen: 28.07.2017.

Münkler, H. (1994). Politische Mythen und nationale Identität. In W. Frindte & H. Pätzolt (Hrsg.), *Mythen der Deutschen* (S. 21–27). Opladen: Leske und Budrich.

Münkler, H. (2009). *Die Deutschen und ihre Mythen*. Berlin: Rowohlth.

Musil, R. (1978). *Der Mann ohne Eigenschaften*. Hrsg. v. Adolf Frisé. Reinbek Hamburg: Rowohlt.

Nanz, P. & Leggewie, C. (2016). *Die Konsultative. Mehr Demokratie durch Bürgerbeteiligung*. Berlin: Wagenbach.

Neukirch, M. (2013). Ausbau der Stromnetze – Konflikte und Perspektiven der deutschen Energiewende. Extension of Power Grids – A Contested Area in the German Energy. *Gaia 22*, 138–139.

Peters, J. (2010). Erneuerbare Energien – Flächenbedarfe und Landschaftswirkungen. In B. Demuth, S. Heiland, N. Wiersbinsk, & C. Hildebrandt (Hrsg.), *Landschaften in Deutschland 2030 – Der große Wandel* (S. 72–84). Bonn: Bundesamt für Naturschutz.

Quasdorff, E. (1950). *Dem Bergmann die Welt! Eine Feierstunde mit Vorspruch, Theater, Gesang und Reigen zum 750jährigen Bestehen des Mansfelder Bergbaus*. Eisleben: o.V.

Rabensaat, R. (2016). Energiewende zwischen Ärger und Erfolg. Streit um Windmühlen. http://www.pnn.de/campus/1092937/. Zugegriffen: 08.06.2017.

Radkau, J. (2005). *Max Weber. Die Leidenschaft des Denkens*. München: Carl Hanser.

Raymond, P. (1993). *Von der Landschaft im Kopf zur Landschaft aus Sprache.* Tübingen: Niemeyer.

Rhein-Energie-Blog (2015). Streit um hässliche Strommasten? Nicht mit diesem Designermast. http://blog.rheinenergie.com/index.php/detailseite-themaaktuell/streit-um-haessliche-stromtrassen-nicht-mit-diesem-designer-mast.html. Zugegriffen: 24.03.2017.

Rifkin, J. (2014). *Die Null-Grenzkosten-Gesellschaft. Das Internet der Dinge, Kollaboratives Gemeingut und der Rückzug des Kapitalismus.* Frankfurt: Campus.

Ritter, H. (2010). *Notizhefte.* Berlin: Berlin-Verlag.

Schneidewind, Uwe/Singer-Brodowski (2014). *Transformative Wissenschaft. Klimawandel im deutschen Wissenschafts- und Hochschulsystem.* Metropolis Marburg.

Schnittker, G. (2011). *Revier-Derby. Schalke 04 – Borussia Dortmund. Die Geschichte einer Rivalität.* Göttingen: Die Werkstatt.

Schöbel, S. (2010). Die Eleganz des Windrads. Der Sinn der Landschaft. *Der Architekt 1,* 60–65.

Schulze, G. (2005). *Die Erlebnisgesellschaft. Kultursoziologie der Gegenwart.* Frankfurt: Campus.

Schweizer-Ries, P. Zoellner, J., & Rau, I. (2010). Akzeptanz neuer Netze: Die Psychologie der Energiewende. In N. Boenigk, M. Franken & K. Simons (Hrsg.), *Kraftwerke für Jedermann: Chancen und Herausforderungen einer dezentralen erneuerbaren Energieversorgung. Sammelband Dezentralität* (S. 60–63). Reinheim: LokayDruck.

Spangenberg, C. (1572). *Mansfeldische Chronica.* o. V.

Thüler, M. (1997). *Feste im Alpenraum: Schweiz, Österreich, Deutschland, Italien, Frankreich.* Zürich: Ex Libris.

Tischer, S. (2011). Energielandschaften als neue Kulturlandschaften. *Garten + Landschaft 12,* 19–22.

Töpfer, K., & Kleiner, M. (Hrsg.) (2011). Deutschlands Energiewende – Ein Gemeinschaftswerk für die Zukunft. vorgelegt von der Ethik-Kommission. Sichere Energieversorgung. Berlin. https://www.nachhaltigkeitsrat.de/fileadmin/_migrated/media/2011-05-30-abschlussbericht-ethikkommission_property_publicationFile.pdf. Zugegriffen: 10.03.2017.

Weber, F. & Kühne, O. (2016). Räume unter Strom. Eine diskurstheoretische Analyse zu Aushandlungsprozessen im Zuge des Stromnetzausbaus. *Raumforschung und Raumordnung 74* (4), 323–338. doi:10.1007/s13147-016-0417-4.

Weber, F., Roßmeier, A., Jenal, C., & Kühne, O. (2017). Landschaftswandel als Konflikt. Ein Vergleich von Argumentationsmustern beim Windkraft- und beim Stromnetzausbau aus diskurstheoretischer Perspektive. In O. Kühne, H. Megerle, & F. Weber (Hrsg.), *Landschaftsästhetik und Landschaftswandel* (S. 215–244). Wiesbaden: Springer VS.

Weber, M. (1973). *Gesammelte Aufsätze zur Wissenschaftslehre.* Tübingen: Mohr.

Weber, M. (1980). *Wirtschaft und Gesellschaft. Grundriß der verstehenden Soziologie.* 1. Halbband. Tübingen: Mohr Siebeck.

Weber, F. (2018). Von der Theorie zur Praxis – Konflikte denken mit Chantal Mouffe. In O. Kühne & F. Weber (Hrsg.), *Bausteine der Energiewende* (S. 187–206). Wiesbaden: Springer VS.

Wells, J., & Dallas, K. (2012). *American Comic Book Chronicles 1960–1964*. Raleigh: Two-Morrows Publishing.

Wille, J. (2017). Der Kampf der Bürger gegen die Monstertrassen. http://www.fr.de/wirtschaft/energie/energiewende-der-kampf-der-buerger-gegen-die-monstertrassen-a-959214. Zugegriffen: 08.06.2017.

Winckelmann, J. (1980). Die Herkunft von Max Webers Entzauberungs-Konzeption. *Kölner Zeitschrift für Soziologie und Sozialpsychologie* 32, 12–53.

Zeh, J. (2016). *Unterleuten*. München: Random House.

Žižek, S. (2009). *Auf verlorenem Posten*. Frankfurt am Main: Suhrkamp.

Stefan Schweiger ist wissenschaftlicher Mitarbeiter am Kulturwissenschaftlichen Institut Essen (KWI) und koordiniert das Projekt ‚Virtuelles Institut Transformation – Energiewende NRW', einem Verbund aus zehn nordrhein-westfälischen Forschungsinstituten, die sich mit den sozio-ökonomischen und soziokulturellen Implikationen der Energiewende auf NRW befassen. Er promoviert zum Thema ‚Narrative der Energiewende'.

Jan-Hendrik Kamlage ist Leiter des Forschungsbereichs ‚PartizipationsKultur' am Kulturwissenschaftlichen Institut Essen (KWI).

Steven Engler ist wissenschaftlicher Mitarbeiter am Kulturwissenschaftlichen Institut Essen (KWI) und leitet das Projekt ‚Virtuelles Institut Transformation – Energiewende NRW', einem Verbund aus zehn nordrhein-westfälischen Forschungsinstituten, die sich mit den sozio-ökonomischen Implikationen der Energiewende auf NRW befassen.

Aspekte der Qualität

Spezielle Szenarien und Bewertungsverfahren
zur Entscheidung über die Realisierung von Anlagen
für die Gewinnung erneuerbarer Energie

Marcus Steierwald und Wolfgang Weimer-Jehle

Abstract

Kriterienauswahl und Bewertungsverfahren sind Grundbestandteile von Entscheidungen. Dies gilt im Besonderen dort, wo komplexe Zusammenhänge vermittelt werden sollen, wie sie sich beispielsweise bei Planung und Umsetzung großtechnischer Bauten für erneuerbare Energien (EE) in Landschaften regelmäßig stellen. Auf der Basis einer Darstellung der Zusammenhänge unter dem Aspekt der ‚Landschaftsqualität' stellen die Verfasser zwei Verfahren zur Lösung dieses Problems vor, würdigen diese kritisch und formulieren aufgabenspezifischen Forschungsbedarf.

Keywords

Planung und Bewertung, hybride Szenarien, formalisierte Bewertung

1 Kriterienkatalog als Werkzeugkasten: Zum Umgang mit Qualität in Entscheidungen

Ein in der Planung beliebter Witz geht so: Tochter, Vater und Onkel wandern. Die Tochter zeigt auf die Landschaft und seufzt: „Hier muss ich eine Windkraftanlage bauen" und erläutert ihr Problem mit Eingriff, Bauhöhen und Bürgerprotesten. Der Onkel sagt: „Du wirst mal eine gute Ingenieurin!". Es entgegnet der Vater: „Nein, Du redest zu viel".

Mit dem Ausbau der erneuerbaren Energien kam eine Fülle neuer Entscheidungsaufgaben auf Planung und Politik zu (vgl. auch Hook 2018 sowie Kühne und Weber 2018 in diesem Band). Dabei stellte sich insbesondere bei den Windkraftanlagen das bis dato nicht bekannte Problem, dass gänzlich neue technische Anlagen sichtbar in die Landschaft ‚gestellt' werden, ohne dass den Entscheidenden Prozeduren und Bewertungsverfahren zur Fundierung zur Verfügung stehen, mit denen sie Konsequenzen und Wirkungen dieser Einbauten abschätzen können. Dieses Problem wurde durch die Konzentration der Beteiligten auf technische Sachfragen verschärft – Akzeptanzfragen wurden selten formuliert.

Tatsächlich sind unter den Planungsfachleuten viele Ingenieure, bei denen Austausch in Wort und Schrift, Darstellung und Diskussion nicht auf den Stundenplänen der Ausbildung standen. Viele Ingenieure sind im Sinne des Wortes sprachlos (Duddeck und Mittelstraß 1999)[1]. Bei Aufgabenstellungen, die wesentlich mit dem Erzeugen von Zahlen-Daten zu lösen sind, ist das nicht von Belang – Statik, Mengennachweise, Verkehrsdaten etc. bedürfen selten eines ausführlichen und wortreichen Textteils. Überall dort aber, wo es der Vermittlung und Begründung bedarf, ist schon aus Gründen der Transparenz eine Erläuterung geboten. Umso mehr gilt dies für Aufgaben, die auf die Bestimmung von Qualitätsaussagen zielen, denn Qualitäten sind selten quantitativ bestimmbar, sie können allerdings in quantitative Aussagen überführt werden. Die einfachste Methode hierzu ist der Markt: die quantifizierte Wertzumessung eines Marktakteurs spiegelt sich im eigentlichen Angebot oder Nachfrage und dem Preis.

Wir unterscheiden also Kriterien bezüglich ihrer Deutung als Qualität oder Zahl (Quantität) und ihrer Umrechenbarkeit in Geld-Einheiten (siehe Tabelle 1). Bei den Methoden der Technikfolgenabschätzung (TA) gehört die Aufstellung solcher Kriteriensätze zum Basis-Handwerkzeug der Betrachtungen.

Diese Einordnung der Kriterien dient nicht nur der Handhabbarkeit, sondern auch zur Sicherung des mit ihnen in Praxi arbeitenden Diskurses. Dabei pflegt in Alltagsentscheidungen wie in der Lebensplanung die Handhabbarkeit in Richtung auf die non-monetären qualitativen Kriterien hin abzunehmen, während die Bedeutung der mit ihnen verbundenen Zielsetzungen zunimmt: Niemand (so ist zu hoffen) beurteilt die Bedeutung seines Ehepartners nach dem Geldwert, den dieser auf einem Sklavenmarkt erzielt hätte, und nur wenige (so ist zu vermuten) würden ihr Konto nach der Schönheit der Geldscheine werten[2].

Kern der Bewertung ist die Akzeptabilität der Entscheidungsfolgen, deren Imagination wir als gegeben annehmen, als Exposé oder Prospekt vor Augen stellen oder in Szenarien entwickeln. Dies erläutern wir nun im Detail.

Es ist also Absicht der Verfasser, Entscheider(inne)n Werkzeuge an die Hand zu geben, mit denen im Zustand des Nichtwissens (Dose 2004) Prozeduren erzeugbar

---

1   Siehe zum grundsätzlichen Phänomen Duddeck und Mittelstraß 1999. Vgl. auch die Buchbesprechung „Dem Ingeniör fällt das Sprechen schwör", Frankfurter Allgemeine Sonntagszeitung, 18. 07. 2004, Nr. 29/Seite 60 via faz.net/archiv.
2   Es wurden seit den 1970er Jahren umfangreiche ökonomische Forschungen zum Geldwert von Menschenleben und Gesundheit unternommen. Im Bundesverkehrswegeplan dienen diese Kostenansätze zur Bestimmung der Dringlichkeitsreihung von Baumaßnahmen, die geeignet sind, die Anzahl tödlicher Unfälle zu reduzieren. Dazu Gehrung 2000.

Tabelle 1 Kriterien der systemanalytischen TA

Geldwert-Bezug	Größen-Bezug	bevorzugte Einheit(en)	Beispiele
monetär	quantitativ	€/Stück	Stundenlohn, Stückkosten
non-monetär	quantitativ	(physikal.) Größe/Menge	Wellenlänge Anzahl Menschen
monetär	qualitativ	Tendenzen Richtungen	Kundeninteresse Kurs-Entwicklung
non-monetär	qualitativ	Punkte, Sterne, Noten	Landschaftsbild, Anmutung, Emotion

Vorlesung sysTA, Marcus Steierwald 1997, 2017

sind, mit denen Handlungsfolgen aufgezeigt und Auswirkungen, konkret im Kontext erneuerbarer Energien, sichtbar gemacht werden können.

2 Bewertung

2.1 Bewertung und Kriterien-Transformation

Nach unserem Verständnis ist Bewertung eine Wertzumessung für einen definierbaren Zustand in einem bestimmten Umfeld unter der Vorgabe von Prämissen bzw. Zielvorgaben. Der Zustand wird quasi an den Zielvorgaben gespiegelt und das so gewonnene Bild in der Bewertung einem Zielerfüllungsgrad zugeordnet. Vereinfacht ausgedrückt heißt das: die Wertzumessung zu einer Sachinformation erfolgt durch die bewertende Person, wobei die Zuweisung von Wertgesichtspunkten also durch diese Person gefiltert wird. Dazu muss die Sachinformation wahrgenommen werden, es muss also ein Sachmodell erzeugt werden. Und die Begründung, die zu einer Wertung beiträgt, muss sich aus dem Wertsystem dieser Person ergeben. Die Begründung erfolgt durch die Zuordnung des Wertsystems zu einem Zielgerüst. Der Wertträger wird dann daraufhin überprüft, inwieweit die vorhandenen Kriterien das Zielgerüst über Zielerfüllungswerte erfüllen (ausführlich dargestellt bei Nehring und Steierwald 2000).

Um nun in einem gemeinsamen Bewertungsschema mit qualitativen Kriterien vergleichbar zu werden, müssen quantitative Kriterien in qualitative Kriterien umgerechnet werden – bzw. umgekehrt. Das eine Verfahren besteht im Wesentlichen in einer Transformation des quantitativen Kriteriums zu einem qualitativen mit der Wertskala ‚Punkte'. Dies geschieht in Form einer Untersuchung der Zielerfüllung in einem zugehörigen Ziel-Kontext und der Übersetzung dieser Zielerfüllung in Wert-

Punkte. Das andere Verfahren übersetzt Qualitäten in Zahlengrößen. Dies geschieht im unten beschriebenen Verfahren durch die Entwicklung von Szenarien und der Zuordnung der so erzeugten Zustände zu den sie beschreibenden Größen.

2.2 Beispiel zur Transformation

Ein einfaches Beispiel: Im Laufe einer Autofahrt fahren Sie über Land mit einem Fahrer, der je nach Verkehrsstärke mit unterschiedlichen Geschwindigkeiten fährt. In Bezug auf die Zielvorstellung ‚zügig und sicher' würden Sie bei stockendem Verkehr vermutlich andere Wert-Punkte vergeben als bei angenehmer Reisegeschwindigkeit oder bei Raserei. Tabellarisch unter Voraussetzung einer Skala von −5 bis +5 Punkten könnte das dann folgendermaßen aussehen (Tabelle 2).

Diese Transformation ist selbstredend abhängig von den gewählten bzw. für die Untersuchung wesentlichen Ziel-Kontexten. Auch würde die Wert-Zumessung je nach Zeitverfügbarkeit (eilig oder nicht) variieren und bei eher ängstlicheren Naturen anders ausfallen als bei Menschen mit risikofreudigem Naturell. So es die Aufgabenstellung nicht anders angibt, würden wir zur Erzeugung eines objektiven ‚Normalmodells' mit einem modellhaften ‚Durchschnittsmenschen' und einer dem Fahrtzweck angemessenen Zeitverfügbarkeit arbeiten.

Das Grunddilemma der Bewertung freilich kann auch dies nicht auflösen. Auf der einen Seite stehen die scheinbar einfachen Verfahren, die sich auf wenige, präzise, haptische und quantitative Kriterien zurückziehen und somit das Bild des Entscheidungsgegenstandes auf wenige Ausschnitte reduzieren. Auf der anderen Seite findet man die scheinbar umfassenden Verfahren, die die Anzahl der Kriterien merklich zugunsten qualitativer, argumentativer Beiträge erhöhen und somit das Bild des Ent-

Tabelle 2 Beispiel für eine Transformation

Geschwindigkeit km/h	Annehmlichkeit	Wert-Punkte (−5 ... +5)
10 ... 25	viel zu langsam, aber sehr sicher	−1
25 ... 50	zu langsam, aber sicher	+2
50 ... 80	angemessen, sicher	+5
80 ... 100	rasch, noch sicher	+3
100 ... 120	schnell, gerade noch sicher	±0
120 ... 140	sehr schnell, aber gefahrvoll	−3
> 140	äußerst schnell, aber gefährlich	−5

Quelle: Vorlesung sysTA, Marcus Steierwald 2007 ff.

scheidungsgegenstandes verwischen und dem einzelnen Kriterium seine Bedeutung nehmen.

Für die Planung bleiben als besondere Aufgaben die Festlegung der Grenzen der Systembetrachtung (und dies sowohl kriteriell als auch räumlich) und die Auswahl der Kriterien mit den Entscheider(inne)n, zumindest dort, wo ein freies Verfahren zugelassen ist.

3 Landschaftsqualität als Kriterium

3.1 Grundlagen

Die ‚Spuren', die erneuerbare Energien in der Umgebung vieler Menschen hinterlassen, sind technische Nova. Seitens der Betreiber wird bei Konzeption, Planung und Bauausführung von Anlagen erneuerbarer Energien der Bewahrung von öffentlichen, qualitativen Gütern (Landschafts- und Denkmalpflege, Akzeptanz, regionale Identifikation etc.) selten Vorrang eingeräumt – das ist auch nur in Grenzen ihr Unternehmenszweck. Die Konfrontation mit den Erwartungen der Bevölkerung ist dann unausweichlich. Zahlreiche Aktivitäten belegen dies. Es werden Bürgerinitiativen gegründet und Proteste geführt (dazu auch Becker und Naumann 2018; Eichenauer et al. 2018; Roßmeier et al. 2018; Sontheim und Weber 2018 in diesem Band) – und all dies von Menschen, die dem Einsatz von Energie-Alternativen zumeist nicht grundsätzlich ablehnend gegenüberstehen.

Ein Ansatzpunkt für eine Erklärung dieses Phänomens liegt eventuell in der mangelhaften Rücksichtnahme von Entscheidern auf das eingeschränkte Vorstellungsvermögen, aber auch auf das große Traditionsbewusstsein der Betroffenen: Selten haben wir außerhalb wissenschaftlicher Aktivitäten den Versuch wahrgenommen, bereits in der Planungsphase die Folgen von Einbauten darzustellen und zu bewerten.

Wir kommen nicht umhin, einerseits das Verständnis für das Qualitätsbewusstsein zu verbessern – und diese Qualitäten zu benennen, andererseits den Entscheidungsgang profunder zu gestalten, indem zumindest die Imagination bezüglich des Vorhabens für die Beteiligten realitätstreuer möglich wird.

Qualitäten werden bei Vorhaben erneuerbarer Energien auf vielfältige Weise tangiert. Bei Landschaft (wenn definiert als Zone des Erlebens) sind es die Anmutungsqualität und Traditionalität bzw. (wenn definiert als historischer oder natürlicher Raum) die Intensitäten ihrer historischen Bezüge oder die Reichhaltigkeit ihrer Bio-Diversität, um nur ein paar Beispiele zu nennen. Die mehrfache Tangierung ist dabei eher die Regel als die Ausnahme. Jüngstes Beispiel hierfür ist das Vorhaben, nahe der Vogelherd-Höhle (schwäbische Alb)[3] Windräder aufzustellen, wogegen sich eine

---

[3] Siehe den Artikel von Thomas Steibadler aus der Südwestpresse vom 4. 2. 2017 (www.swp.de) bzw. von Julie-Sabine Geiger im Reutlinger Generalanzeiger (www.gea.de) vom 11. 3. 2017.

Koalition aus Wandervereinen, Historikern, Denkmalschützern und Diversitätsforschern formierte. Hierbei erleben wir immer wieder den Versuch, Qualitäten ob ihrer scheinbar geringeren Fassbarkeit mindere Bedeutung zuzumessen – als seien die benennbaren Erlös-Erwartungen der EE-Betreiber deswegen wichtiger als die Wertschätzung des Landschaftsbildes durch die Besucher, weil sie in Zahlen ausgedrückt werden können. Hier wird übersehen, dass – wie oben ausgeführt – diese Zahlen lediglich Spiegel einer obskuren, nämlich verborgenen Wertzumessung sind.

3.2 Versuche

Tatsächlich kommen Wissenschaftler wie Werner Nohl (2001, S. 39 und 185), Hansjörg Küster (2013, S. 342 ff.) und Rolf-Peter Sieferle (1997, S. 113 f.) zu ähnlichen Schlüssen: Landschaftsqualität und -ästhetik sind Kriterien, die wesentlich von der Differenz des Wahrgenommenen zu tradierten Landschaftsbildern des 19. Jahrhunderts bestimmt werden. Ein Bildvergleich, Heinrich Deiters ideale Landschaft im Werratal (Abbildung 1) gegen das rezente Bild eines Ackers bei Sindelfingen (Abbildung 2) zeigt diesen Hinweis: Ästhetik ist eine Ableitung der harmonischen Vielfalt.

Auch ein rezentes Projekt[4] des Instituts für Landschaft und Umwelt (HWU Nürtingen-Geislingen) bezieht sich auf den Ansatz von Werner Nohl bei der Beurteilung der landschaftsverändernden Wirkung von Einbauten, die infolge der sog. Energiewende notwendig werden: „Ästhetik ist ein vieldimensionales Konzept. Es lassen sich […] Erlebnismodi wie das Schöne, das Erhabene, das Interessante, das Nüchterne identifizieren" (Nohl 2015, S. 138).

Für die Windkraft wird im Nürtinger Projekt die Frage gestellt, ob den quantitativen Kriterien der Nabenhöhe, der Rotationsgeschwindigkeit und der optischen Wahrnehmungsreize in Aussagen zur Veränderung einer ästhetischen Landschaftsqualität transformiert werden können und was dies für die prognostische Beurteilung derartiger Einbauten bedeutet (vgl. Nohl 2015, S. 161).

Allen Erhebungen gemein ist die experimentelle Exposition: Die Laborbedingungen schließen gerade das aus, was untersucht werden soll, nämlich den unmittelbaren und unverstellten Eindruck. Kritisch ist also anzumerken, dass alle diese Untersuchungen mit Surrogaten arbeiteten: mit Fotos und Filmen.

---

4 Projekttitel: Entwicklung eines Bewertungsmodells zum Landschaftsbild beim Stromnetzausbau. Forschungsauftrag des Bundesamtes für Naturschutz 2015–17. Projektbeschreibung unter: https://www.natur-und-erneuerbare.de/projektdatenbank/projekte/landschaftsbild-und-stromnetze/ abgerufen 30.07.2017.

Aspekte der Qualität 453

Abbildung 1   Heinrich Deiters (1840–1916): Ideale Landschaft, Werratal (Ausschnitt)

Quelle: © Marcus Steierwald 2017

Abbildung 2   Agrarische Nutzlandschaft bei Sindelfingen

Quelle: © Marcus Steierwald 2009

4 Qualität und Quantität

Das besondere Interesse der Verfasser gilt seit vielen Jahren der Handhabbar-Machung der vorgenannten Überlegungen für Entscheidungen und das weitere Arbeiten. Wir benötigen also Prozeduren, mit denen Ziele und Kriterien so benannt bzw. erklärt werden können, dass sie den Menschen, die an der Entscheidung mitwirken deutlicher werden. Für diese Ausführungen haben wir zwei zentrale Methoden ausgewählt, die sich u. E. durch eine hohe Praktikabilität auszeichnen: Hybride Szenarien und das formalisierte Verfahren der Kurzbewertung.

4.1 Szenario-Methodik[5]

Die Notwendigkeit der Verknüpfung von qualitativer und quantitativer Analyse zeigt sich im Kontext der Energiewende nicht nur in den in Kapitel 3 beschriebenen Bewertungsverfahren. Ein anderes methodisches Feld, das für die Energiewende von großer orientierender Bedeutung ist, ist das Feld der Energieszenarien. Diese sollen mögliche Transformationspfade für die Energiewende aufzeigen und für sie zeigt sich, wie nachfolgend beschrieben, dass ein umfassendes Systemverständnis nur möglich ist, wenn auch die gesellschaftliche Einbettung des ‚Energiesystems' in den Blick genommen wird. Da dies nicht ohne Würdigung auch der qualitativen Aspekte der einbettenden Gesellschaft möglich ist wiederholt sich im Bereich der Energieszenarien die methodische Herausforderung, die in Kapitel 3 schon für den Bereich der Bewertungsverfahren deutlich wurde.

4.1.1 Szenarien als planungsunterstützendes Konzept

Seit der Begriff der Szenarien als eine Darstellung möglicher Zukünfte durch Herman Kahn in den 1950er Jahren in die moderne Zukunftsforschung eingeführt wurde, entwickelte er sich nach und nach zum dominanten Paradigma in diesem Feld (Trutnevyte et al. 2015). Sei es für die Entwicklung und Formulierung von gemeinschaftlichen Visionen in Stakeholderszenarien, zum Machbarkeitsnachweis einer bestimmten Zielvorstellung in normativen Szenarien, zum Klärung der Spannweite des Möglichen in explorativen Szenarien oder zur Artikulierung bestehender Zukunftshoffnungen und -sorgen durch Kommunikationsszenarien – Szenarien wurden in Wirtschaft, Politik, Wissenschaft und Zivilgesellschaft zu einem zentralen Instrument, um Zukunftsoffenheit und Zukunftsgestaltbarkeit auszudrücken und zu analysieren (Kosow und Gaßner 2008).

Szenarien sind keine Prognosen. Sie sollen die Zukunft nicht vorhersagen, sondern sie anerkennen vielmehr deren Offenheit und finden ihre Rolle darin, beim Um-

---

5 Verfasser von Abschnitt 4.1 ist Wolfgang Weimer-Jehle.

gang mit dieser Offenheit zu helfen. Das wird auch deutlich, wenn man betrachtet, welche Funktionen Szenarien in der Planung erfüllen. Hier sind zwei Hauptfunktionen zu unterscheiden:

- Zukunft als Gestaltungsobjekt:
  Zukunftsoffenheit kann in Planungsprozessen darin bestehen, dass dem Handeln mehrere Optionen offenstehen und Szenarien die Aufgabe übernehmen, der Eigenart und den Begleiterscheinungen dieser Optionen Gestalt zu verleihen und dadurch eine aufgeklärte Entscheidung zu erleichtern. Beispiel wäre die Planung einer Umgehungsstraße, für die mehrere Routenverläufe denkbar sind.
- Zukunft als Unsicherheitsobjekt:
  Planungen können mit Zukunftsoffenheit auch in der Form konfrontiert sein, dass das Planungsumfeld unkontrollierbar vom Planer verschiedene Entwicklungen nehmen könnte und dadurch bestimmte Planungen unterstützen oder umgekehrt auch zum Planungsversagen führen könnte. Ein Beispiel wäre die strategische Unternehmensplanung, in der Strategien vor dem Hintergrund der Unsicherheit vieler äußerer Einflussfaktoren entwickelt werden müssen. Szenarien für die unsicheren Umfeldentwicklungen können hier als ‚Stresstests' für die Strategieperformance eingesetzt werden (Fink et al. 2002, S. 157 ff).

4.1.2 Die Rolle von qualitativen Faktoren in Planungsszenarien

Die Gegenstandsgrößen in den Szenarien, über deren alternativen Zukünfte man sich informieren oder die man diskutieren will, sind in vielen Themenbereichen, in denen Szenarien in der Planung eingesetzt werden, überwiegend quantitativer Natur. Welchen Flächenverbrauch haben verschiedene Routenoptionen für die Umgehungsstraße? Um wie viel Prozent gehen die Übernachtungen in einer Ferienregion wohl zurück, wenn man einen Windpark hierhin oder dorthin stellen würde? Wie viel Umsatzsteigerung ist anzunehmen, wenn das Unternehmen diese oder jene Produktstrategie gegenüber dem Mitbewerber einnimmt? Der quantitative Fokus auf die Ergebnisgrößen von Planungsszenarien legt es nahe, diese Ergebnisgrößen auch durch quantitative Einflussfaktoren und quantitative Zusammenhänge konstruieren zu wollen – was denn auch sonst?

Mit dieser Haltung stehen aber die sich häufenden Erfahrungen in der Zukunftsforschung in Konflikt – im Bereich der Prognostik ebenso wie im Bereich der Szenarioanalysen – dass der Impuls, die Analyse quantitativ zu gestalten, nicht selten das Ausklammern wichtiger nicht-quantitativer Einflussfaktoren erzwingt und die Akkuratesse einer Analyse durch diese Ausklammerung bei so manchen Aufgabenstellungen mehr verliert als sie durch die Vorzüge der geschlossen quantitativen Behandlung gewinnt. Diese Einsicht gewann man durch ex-post Analysen von gescheiterten Prognosen schon vor Jahrzehnten (Godet 1983). Sie drückt sich im Bereich der Szenarioforschung insbesondere bei wissenschaftlichen Szenarien zu den Themen Umwelt, Klima und Energie in einem wachsenden Interesse aus, qualitative und quantitative Szenarioelemente durch sogenannte hybride Szenarien zu verbinden (z. B. Alcamo 2008). Hybride Szenarien als ein möglicher Zugang zur Einbindung qualitativer Faktoren in quantitative Analysen werden in den folgenden Abschnitten näher beleuchtet.

4.1.3 Das Fallbeispiel ‚Hybride Szenarien'

Hybride Szenarien können als Beispiel dafür gelten, wie qualitative und quantitative Einflussfaktoren in einer Analyse integriert werden können. Es spricht Bände, dass sich ausgerechnet in einem so folgenschweren und so sehr von mathematisch-naturwissenschaftlichen Traditionen geprägten Forschungsgebiet wie der Klimaforschung als erstes die Erkenntnis durchsetzte, dass die Problemanalyse auch den Blick auf die eher qualitativ fassbaren Ursachen der anthropogenen Klimaveränderung erfordert: Klimafolgen sind die Konsequenz von Klimaveränderungen, diese die Folge von Klimagasemissionen, und deren weiterer Verlauf eine Folge von technisch-ökonomisch-demographischen Entwicklungen und diese wiederum unter anderem eine Folge von nur qualitativ kategorisierbaren sozio-politisch-kulturellen Antriebskräften. Man entschloss sich daher, den quantitativen Klimarechnungen sogenannte ‚Storylines' voranzustellen, die unterschiedliche Entwicklungen in diesen grundsätzlichen Bereichen darstellten und die als verbindendes Glied zu den Klimarechnungen die Emissionen abschätzten, die aus den jeweils in den Storylines repräsentierten Welterzählungen resultieren dürften (Nakicenovic und Swart 2000). Diese Storylines schlossen dazu neben quantitativen Merkmalen wie Wirtschafts- und Bevölkerungsentwicklungen auch qualitative Themen wie z. B. Autarkiebestrebungen, die Bedeutung lokaler Identitäten, soziale Gerechtigkeit und das Spannungsverhältnis zwischen regional/lokalen und globalen Ordnungsparadigmen mit ein.

Dieser ‚Story and Simulation'-Ansatz wurde in der Folgezeit auch in anderen Bereichen der Mensch-Umwelt-Szenarienforschung angewendet (Alcamo 2008) und erfreut sich seit ungefähr zehn Jahren auch im Bereich der Energieszenarien zunehmender Beachtung (z. B. Mander et al. 2008, Shell 2013, O'Mahony 2014, Trutnevyte et al. 2014, Ruth et al. 2015). Hier werden Szenarien traditionell mit Hilfe von mathematischen Energiemodellen konstruiert, mit denen Vorstellungen über die technischen, wirtschaftlichen und sozialen Entwicklungen in zukünftige Energiebilanzen umgesetzt werden. Doch die Fragen, welche Technologien eine Gesellschaft mit welcher Entschlossenheit in der Zukunft weiterentwickeln wird, welche Humanressourcen sie dafür in Menge und Qualität zur Verfügung haben wird, welche strukturellen Veränderungen ihre Wirtschaft durchlaufen wird, welche Technologien in 10 oder 20 Jahren von der Bevölkerung akzeptiert werden und welche nicht und welche Energienutzungskulturen sich entwickeln werden, das sind Fragen bei denen die quantitative Abschätzungen unvermeidbar auf dem Boden von qualitativen Narrativen über die gesellschaftliche Zukunft stehen. Auch hier wird wie im Fall der Klimaszenarien die Analyse transparenter und konsistenter, wenn dieser Bezug zu den unvermeidbaren Hintergrundnarrativen durch ‚Kontextszenarien' (Weimer-Jehle et al. 2016) explizit gemacht wird, auch wenn dies eine Durchmischung von qualitativer und quantitativer Analyse bedeutet. Denn dies nicht explizit zu tun, würde das Problem nur scheinbar aus der Welt schaffen – die Vermengung qualitativer und quantitativer Erwägungen erfolgte dann dennoch, aber unsichtbar und unkontrolliert, quasi ‚unterhalb der Wasseroberfläche' im Kopf der Analytiker. Abbildung 3 zeigt den prinzipiellen Verlauf einer hybriden Energieszenarien-Konstruktion.

Zunächst werden die wichtigsten gesellschaftlichen Rahmenannahmen aufgelistet, die das quantitative Energiemodell als Input benötigt. In Abbildung 3 sind dies Ölpreis, Bevölkerungsentwicklung, Planungsrecht für Energieinfrastrukturen etc. Für jeden dieser Faktoren, die zum Teil qualitativer Natur sind, werden alternative Zukünfte für den Szenarienzeitraum definiert (für das Planungsrecht z. B. a) keine Reformen, b) Reformen mit dem Ziel der Planungsbeschleunigung, c) Reformen mit dem Ziel verstärkter Partizipation. Für jede dieser alternativen Zukünfte werden dann die Konsequenzen für die Inputgrößen des Energiemodells benannt. Aus der

Abbildung 3 Ablauf einer hybriden Energieszenarien-Konstruktion.

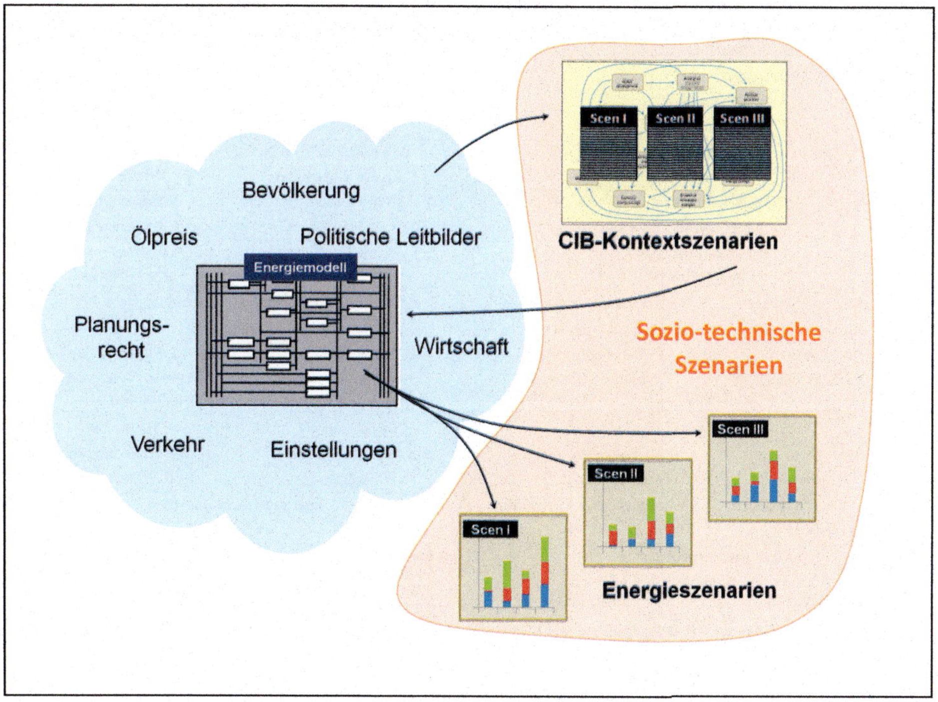

Quelle: Eigene Darstellung verändert nach Weimer-Jehle, Prehofer und Vögele (2013).

Vielzahl der Kombinationsmöglichkeiten der alternativen Zukünfte wird eine Anzahl von ‚Kontextszenarien' bestimmt, die die Vielfalt der möglichen Entwicklungen ebenso repräsentieren wie die Interdependenzen zwischen den Faktorentwicklungen. Die Bestimmung der Kontextszenarien kann wie im Story-and-Simulation-Ansatz diskussionsbasiert in Szenarioworkshops erfolgen oder formalisiert-systematisch durch algorithmische Szenariotechniken wie in Abbildung 3 durch die Cross-Impact-Balance (CIB)-Technik. Für jedes der Kontextszenarien wird nun ein spezifischer Input-Datensatz für das Energiemodell bestimmt, worauf dieses den ‚energetischen Fingerabdruck' jedes Kontextszenarios, also die quantitativen Ergebnisgrößen wie Primärenergieverbräuche oder Klimagasemissionen bestimmt. Beides zusammen – Kontextszenario plus Modellresultate – bilden ein hybrides ‚sozio-technisches' Energieszenario.

Tabelle 3 zeigt ein typisches Beispiel für ein Tableau von Kontextszenarien, wie es sich aus dem Prinzip-Ablauf von Abbildung 3 ergibt. Abbildung 4 zeigt Modellergebnisse für die Kontextszenarien aus Tabelle 3. Es ist leicht zu erkennen, dass verschie-

Tabelle 3 Beispiel für ein Tableau aus qualitativen Kontextszenarien für eine Energiemodellanalyse für die deutsche Energiewende bis 2050.

Revolution von oben	Konsens in günstigem Umfeld	"It's the economy, stupid"	Stürmische Gewässer voraus
A. Globale Entwicklung: A1 Konvergenz und Prosperität		A. Globale Entwicklung: A2 Divergenz	A. Globale Entwicklung: A3 Konfrontation
B. Ölpreis: B2 Mittlerer Anstieg		B. Ölpreis: B1 Stabil	B. Ölpreis: B3 Starker Anstieg
C. Bevölkerung: C2 Stark abnehmend		C. Bevölkerung: C1 Schwach abnehmend	C. Bevölkerung: C2 Stark abnehmend
D. Wirtschaftswachstum: D2 Mittel		D. Wirtschaftswachstum: D3 Stark	D. Wirtschaftswachstum: D1 Schwach
E. Politische Prioritäten: E1 Energiewende		E. Politische Prioritäten: E3 Wirtschaft	E. Politische Prioritäten: E2 Sicherheit
F. Akzeptanz Energiewende: F1 Skeptik	F. Akzeptanz Energiewende: F2 Zustimmung	F. Akzeptanz Energiewende: F1 Skeptik	
G. Planungsrecht: G2 Leitbild Geschwindigkeit	G. Planungsrecht: G3 Leitbild Partizipation	G. Planungsrecht: G1 Inkohärent	G. Planungsrecht: G2 Leitbild Geschwindigkeit
H. Infrastrukturausbau: H2 Schnell		H. Infrastrukturausbau: H1 Langsam	H. Infrastrukturausbau: H2 Schnell
I. Wachstum Erneuerbare: I2 Mittel	I. Wachstum Erneuerbare: I3 Schnell	I. Wachstum Erneuerbare: I1 Langsam	I. Wachstum Erneuerbare: I2 Mittel
J. Energieeffizienz Haushalte: J1 Gering	J. Energieeffizienz Haushalte: J2 Stark	J. Energieeffizienz Haushalte: J1 Gering	
K. Energieeffizienz Industrie: K2 Stark		K. Energieeffizienz Industrie: K1 Gering	K. Energieeffizienz Industrie: K2 Stark
L. Mobilität: L1 Persistente Strukturen	L. Mobilität: L3 Downscaling und E-Pkw	L. Mobilität: L1 Persistente Strukturen	L. Mobilität: L2 Downscaling
M. Klimawechsel: M1 Stark		M. Klimawechsel: M2 Moderat	

Quelle: Eigene Darstellung verändert nach Weimer-Jehle et al. (2016).

Aspekte der Qualität

Abbildung 4 Quantitative Energie- und Emissionsbilanz der qualitativen Kontextszenarien für Deutschland 2050

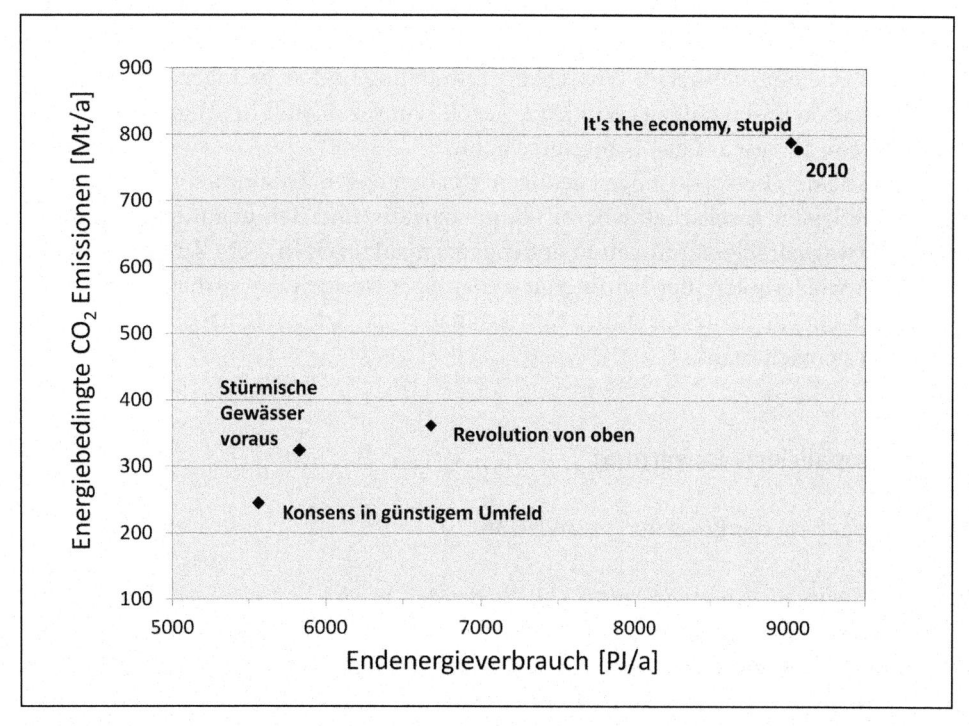

[Diagramm: Energiebedingte CO_2 Emissionen [Mt/a] vs. Endenergieverbrauch [PJ/a]
- It's the economy, stupid / 2010 (ca. 9000 PJ/a, 780–800 Mt/a)
- Stürmische Gewässer voraus (ca. 5500 PJ/a, ca. 320 Mt/a)
- Revolution von oben (ca. 6700 PJ/a, ca. 360 Mt/a)
- Konsens in günstigem Umfeld (ca. 5500 PJ/a, ca. 240 Mt/a)]

Quelle: Eigene Darstellung verändert nach Weimer-Jehle et al. (2016).

dene qualitative Entwicklungen im gesellschaftlichen Rahmen zu sehr unterschiedlichen quantitativen Modell-Resultaten führen.

So gelingt es z. B. im Kontextszenario ‚Revolution von oben' nicht, die Bevölkerung beim Projekt ‚Energiewende' mitzunehmen. Das von einer von der Notwendigkeit der Energieziele überzeugten Regierung einseitig auf Geschwindigkeit optimierte Planungsrecht verursacht zahlreiche lokale, aber medial breit wahrgenommene Konflikte und in der Folge eine verbreitete Skepsis in der Bevölkerung gegenüber der Energiewende. Viele Bereiche der Energiewende, die nicht top-down gesteuert werden können sondern der Mitwirkung der Bevölkerung bedürfen, bleiben daraufhin zum Schaden des Gesamterfolgs in ihrer Entwicklung zurück.

Aber auch der relativ gute quantitative Erfolg des Kontextszenarios ‚Stürmische Gewässer voraus' erscheint weniger attraktiv sobald man die gesellschaftliche Hintergründe für diesen ‚Erfolg' in den Blick nimmt: Ein konfliktreiches internationales Panorama nährt die Sorgen um die Energieträgerimporte und führt zu einer Umdefinition der Energiewende von einem ökologischen zu einem Autarkie-Projekt. Gleichzeitig führt die bedrohliche Kulisse aber auch zu dem gesellschaftlichen Konsens, dass Individualrechte gegenüber Kollektivbedürfnissen zurückzustehen haben, und viele ‚Not-in-my-backyard'-Konflikte, die zuvor die Energiewende gebremst hatten, werden entschärft. Dass die CO_2-Reduktionen zum Teil aber nicht nur der Wandlung der Energiestrukturen, sondern auch dem Umstand geschuldet sind, dass die Krise zu einer schwachen Wirtschaftsentwicklung und zu geringer Fruchtbarkeit und Migration und damit zu geringeren Bevölkerungszahlen führt, macht dieses Szenario zu einer fragwürdigen Erfolgsgeschichte.

Diese beiden Beispiele mögen genügen, um den engen Zusammenhang zwischen dem unterlegten gesellschaftlichen Zukunftsnarrativ und den quantitativen Folgen für die erwartbaren zukünftigen Energiebilanzen aufzuzeigen – ein Zusammenhang, um es zu wiederholen, der bei Energieszenarien unvermeidbar vorhanden ist, aber erst durch eine explizite qualitative Kontextanalyse explizit, systematisierbar und diskutierbar gemacht wird.

4.2 Formalisierte Bewertung[6]

4.2.1 Vorgehen: das Bewertungspanel GKB

Bei der ‚Gruppen-Kurzbewertung' (G)KB handelt es sich um ein formalisiertes Bewertungsverfahren, das mit qualitativen bzw. transformierten Kriterien arbeitet und für spontane Orientierungsvoten in Entscheidergruppen sehr gut geeignet ist. Die GKB verläuft in acht Schritten und bedient sich des in der Abbildung 5 gezeigten Formulars:

a) Formulierung der Fragestellung,
b) Auswahl der alternativen Antworten (Möglichkeiten),
c) Auswahl der Ziele, denen die Fragestellung dient
d) und der Wertigkeit (Rang),
e) Festlegung der Zielkriterien und Einheiten,
f) Ausfüllen der Zielwerte für die Alternativen,
g) Berechnung der Bewertung und
h) Interpretation (z. B. anhand des Vergleiches mit einer idealen Lösung)

Das Verfahren eignet sich nicht ohne weitere Erläuterung für detailliert zu begründende Expertisen, wohl aber für die Gewinnung von Hinweisen, in welchen Themenbereichen der Fragestellung eine vertiefende Untersuchung geboten bzw. erfolgversprechend ist. Innerhalb eines Diskussionsprozesses unter Fachleuten angewandt, ergeben sich recht schnell Ergebnisse, wobei eine rasche Durchführung das ‚Überraschungsmoment' des Verfahrens zu sichern hilft, um Manipulationen vorzubeugen.

---

6 Verfasser von Abschnitt 4.2 ist Marcus Steierwald.

Abbildung 5 Formular zur Gruppenkurzbewertung

GKB-Verfahren nach Steierwald: Tabellenform									
Fragestellung:			Alternative 1		Alternative 2		Alternative n	
A	B	C	D	E=BxD	F	G=BxF	H	I=BxH
Ziel	Wert	Kriterium						
		Summe						
Ideal =ΣB x Max(C)		Prozent (Ideal)						

© Marcus Steierwald 1996ff., 2016

Spalten D, F, H enthalten die auf das Ziel bezogenen Kriterienwerte für jede Alternative.

Unter Gruppenmitgliedern mit hoher Gefühlsbindung (Familien) angewandt – so die persönliche Erfahrung – vermag es ein Instrument der Streitbeilegung zu sein.

4.2.2 Beispiel und Einsatz

In der Abbildung 6 wird die Methode durch ein Einfachst-Beispiel erläutert. Es werden hier die Zielwertigkeiten 1 … 5 verwandt – Ziele mit der Wertigkeit ‚0' sind unerheblich und darum nicht einbezogen. Als Kriterienwerte werden 0 … 5 Punkte verwendet, wobei 5 Punkte die weitestgehende Erfüllung des angestrebten Ziels bezeichnet. Im gezeigten Beispiel ist zudem mit der Alternative ‚Daheimbleiben' ein Extremum in die Reihe der Alternativen aufgenommen, an dem sich die Bedeutung der anderen Alternativen spiegeln lässt; in Fragen der Umsetzung bzw. der Nicht-Umsetzung eines Vorhabens wäre dieses Extremum die Null-Option, d. h. der Verzicht auf die Umsetzung.

Die Fokussierung auf ad-hoc-Nutzerinteressen findet im Beispiel u. a. durch die Interpretation der finanziellen Nachhaltigkeit als ‚Restverfügbarkeit' statt, also als Geldbetrag, der der Familie nach Realisierung der gewählten Alternative noch verbleiben würde. Auch wird auf einfache Weise die relative Eignung der best-bewerteten Alternative deutlich: sie ist im Beispiel nur gut zwei-drittel-optimal (69,5 %).

Der Charme des Verfahrens besteht neben der raschen Erzeugung von Voten auch in der Nutzung von Intuition als wissenschaftliche Ressource, d. h. der spontanen Expertise von Kundigen, die im Verfahren nicht gezwungen werden, ihre Erkenntnisse zu begründen oder zu verteidigen. Diese intuitive Expertise ist u. W. noch wenig

Abbildung 6   Einfachstbeispiel zum GKB-Verfahren

GKB-Verfahren nach Steierwald			Alternative 1		Alternative 2		Extremum	
Fragestellung: **Wohin in den Urlaub ?**			Pension Resi		Grandhotel Plumps		Daheimbleiben	
A Ziel	B Wert	C Kriterium	D	E=BxD	F	G=BxF	H	I=BxH
Finanzielle NH 1	4	Preiswertigkeit	3	12	4	16	5	20
Finanzielle NH 2	5	Restverfügbarkeit	3	15	0	0	5	25
(1)Erleben bereichern	3	vorh. Kurse/ Veranstalt.	0	0	5	15	0	0
(2)Erleben bereichern	5	Wellness -Angebot	1	5	5	25	1	5
Soziale Bedeutung	2	Strunz- Eignung	2	4	5	10	0	0
		Summe		36		66		50
Idealwert: 95		Prozent		37,9		69,5		52,6

© Marcus Steierwald 1996ff.

Quelle: Eigene Darstellung.

erforscht, aber zweifellos vorhanden. Jüngst berichtete mir ein wissenschaftlich versierter Kunsthändler, er könne die Zuordnung eines Gemäldes in einer Sekunde des Betrachtens überprüfen – schlicht aus dem Grunde einer reichen Erfahrung in diesen Dingen – und seine Trefferquote erweise sich stets als sehr hoch. Diese Fähigkeit der intuitiven Ressource bezeichne ich als ‚qualitativ', da es sich seltenst um exakt quantitative Aussagen handelt, sondern um Arbeitsbereiche, ähnlich der Physikerin von nebenan, die die Wellenlänge des wohltuenden, gelben Lichts einer Lampe auf ‚ungefähr 550 bis 600 Nanometer' schätzt.

Das Verfahren wird in unserem Zusammenhang hier erwähnt, weil es die Aussicht bietet, das intuitive Wissen einer großen Anzahl von Menschen für die Zuordnung von Qualitäten zu quantitativen Fakten zu nutzen.

Wir legen so viel Wert auf diese Aussage, weil sie Ausgangspunkt einer weiteren Betrachtung ist: das (G)KB-Verfahren eignet sich auch zur Gewinnung von Zwischenergebnissen bei minder komplexen Gutachten und Untersuchungen. Es ist von besonderem Interesse, die Zuordnung von charakterisierenden Kriterien der Erneuerbaren Energien im Planungsprozess zur Erlebnisqualität und/oder Akzeptanz einer größeren Anzahl von Menschen zu erforschen. Es kann sich ergeben, dass den Kriterien (z.B. Nabenhöhe und Drehgeschwindigkeit beim Windrad, Dammhöhe und

Flächengröße beim Wasserspeicher, oder die beanspruchte Dachfläche von Photovoltaik-Anlagen/Wärmekollektoren bzw. deren Farbdifferenz zur Dachfarbe) je eigene Grenzwerte der Störung bzw. Inakzeptanz zugeordnet werden können.

5 Kritische Betrachtung

5.1 Hybride Szenarien

So sehr die Sache in vielen Themenbereichen für einen systematischen Einbezug qualitativen Wissens in Energie- und Planungsszenarien spricht, so wenig sollte man die damit verbundenen Schwierigkeiten unterschätzen. Diese beginnen schon damit, dass beim Versuch, hybride Szenarien zu erstellen, unterschiedliche Wissenskulturen aufeinandertreffen, oft mit wenig Verständnis für einander. „If you can't count it, it doesn't count", ruft es von der einen Seite. „Better to be vaguely right than precisely wrong", kommt es von der anderen Seite zurück, Carveth Read zitierend (Read 1920, S. 351). Auf der praktischen Seite liegt eine der technischen Hauptschwierigkeiten darin, die qualitativen Aussagen der Storylines in die quantitative Sprache der Modelle zu übertragen (Alcamo 2008). Trotz zahlreicher methodischer Vorschläge gibt es für dieses Problem noch keine wirklich befriedigende Lösung. Ein leicht zu übersehender, aber sehr wirkungsmächtiger Problemkreis liegt in der methodologischen Konfiguration von qualitativer und quantitativer Analyse: Wer übernimmt welche Aufgaben auf der Schnittstelle, wer arbeitet wem zu und wie bestimmt sich die Referenz, wenn beides nicht zueinanderpasst. Dies berührt die projektinternen Machtverhältnisse und die Frage, wie diese ergebnisdienlich gestaltet werden können (Kosow 2016).

Trotz dieser Probleme kann aber kein Zweifel bestehen, dass der Aufstieg der hybriden Szenarioansätze in den letzten beiden Jahrzehnten aus gutem Grund erfolgte und eine reale Schwäche konventioneller Szenarioansätze adressiert. Gerade dass dieser Aufstieg trotz der umfangreichen Problemlagen erfolgte, kann als Beleg für seine Notwendigkeit gedeutet werden. Es wäre angesichts seiner Schwierigkeiten ja nur allzu leicht begründbar gewesen, den Ansatz fallenzulassen – wenn denn der Rückfall zur alten Praxis eine überzeugende Alternative gewesen wäre.

5.2 Grenzen der GKB

Wie geschildert lebt das Verfahren von der intuitiven Expertise der Beteiligten einerseits und andererseits von einer gewissen Unbedarftheit in Bezug auf das Verfahren selbst. Gerade in heftig umstrittenen Entscheidungen der EE-Planung könnte dies beim wiederholten Einsatz des Verfahrens ein gravierender Nachteil sein. Manipulationen könnten für erfahrene Beteiligte einfach sein und dies insbesondere dann, wenn ein gemeinsames Bewertungstableau auf der Basis einer quasi diktatorischen Erwartung an Kompromissfähigkeit erzeugt werden soll: Wer seine Zielvorstellungen in den Vordergrund rücken will, wird diese überbewerten – wer die Vorstellungen anderer torpedieren will, wird deren Kriterien in ihrer Bedeutung vermindern durch eine Forderung nach Hinzunahme weiterer Kriterien. Im Zusammenhang mit einem Projekt[7] zur Bewertung von Trinkgefäßen im Einsatz für Mensen und Großküchen zeigte sich dies wiederholt: In der Absicht, in der öffentlichen Wahrnehmung möglichst alle Kriterien berücksichtigt zu haben, listeten die Akteure eine derartige Vielzahl von Zielen und Kriterien auf, dass die Gesamt-Aussage letztendlich diffus wurde.

Diese Manipulationsmöglichkeiten betreffen freilich alle Methoden der Entscheidungsfindung mit hohem Anteil an spontaner verbaler Kommunikation. Für sie alle gilt: Moderation ist gefordert! Und dies nicht als Hobby und nicht als kostengünstige Behelfe, sondern als ausgebildete Expertise.

6   Forschungsbedarf

6.1   Forschung zu Szenarien

Um der breiteren Anwendung von hybriden Szenarien, oder allgemein der Kombination von qualitativen und quantitativen Daten in Szenarioanalysen den Weg zu bereiten, ist noch Forschung zu leisten, die sich den zuvor beschriebenen Problemen annehmen sollte. Dazu zählt eine Verbesserung des ‚Quanti-Quali-Übergangs' ebenso wie die Entwicklung von Verfahren, die eine größere ‚Tiefenwirkung' des qualitativen Szenarioteils bei der anschließenden quantitativen Modellierung ermöglichen: Angesichts der hohen Datenmengen in vielen Modellen beschränkt sich bisher die Anpassung der Modell-Inputdaten an die Storylines oft nur auf wenige zentrale Parameter, obwohl an sich auch ein Großteil der ‚Hintergrunddaten', womöglich sogar die Architektur des Modells Storyline-sensitiv wäre.

Schließlich besteht weiterer Forschungsbedarf auch bei der Frage der fallspezifisch besten Organisation der Zusammenarbeit zwischen quantitativer und qualitativer Analyse mit den damit verbundenen interdisziplinären Machtfragen. Eine systematische Evaluation und ein dadurch ermöglichtes effizienteres Lernen aus der Vielfalt und Vielgestaltigkeit der bisherigen Anwendungspraxis könnte da ein erster Schritt sein.

---

7   Das Kaffeebecherproblem. Als Skriptum zur Vorlesung und Publikationshinweis zum Fachartikel voraussichtlich ab Dezember 2017 bei Marcus Steierwald verfügbar.

6.2 Forschung zur Bewertung

Die unter 3.2 geschilderte Schwäche vorausgegangener Arbeiten infolge einer labormäßigen Methode und das in der Kritik benannte Manko der GKB könnten wir mit Hilfe einer größer dimensionierten Untersuchung beheben. Die zentrale Frage lautet: wie schaffen wir eine originäre Vorstellung des Entscheidungsgegenstandes und nutzen diese in einer moderierten Atmosphäre zur Entscheidungsfindung?

Tatsächlich ist der Anblick von technischen Anlagen zur EE-Erzeugung nicht mehr nur über visionäre Bilder vermittelbar. Tausende Anlagen sind mittlerweile allein in Deutschland gebaut und in Betrieb – über fünfhundert in Baden-Württemberg. Es ist also durchaus möglich, in einem Feldversuch die Testpersonen unterschiedlichen Landschaftsbildern auszusetzen und die Kommentare auszuwerten. In einem zweiten Schritt kann die GKB eingesetzt werden: was war in der Landschaftsbetrachtung als Ziel und Kriterium wichtig und wie sind damit verschiedene Alternativen zu bewerten – insbesondere als Mit- und als Ohne-Fall?

Eine solche Reihenuntersuchung in Form von ‚Landschaftskaffeefahrten' wäre ohne Belang, würde sie auf die Implikationen mit Entscheidungssituationen verzichten. Eine ideale Ergänzung wäre also eine Reihe von moderierten Foren und/oder zur Beantwortung der letztlich politischen, zentralen Frage: Welche Wertzumessung verbinden Personen mit Landschaftsqualität und wieviel davon sind Bürger für den weiteren Ausbau erneuerbarer Energien zu opfern bereit?

Fürs erste hoffen die Verfasser, mit ihren Arbeiten und den hier vorgestellten Methoden für die Entscheidungen und weiteren Aufgaben eine Entscheidungshilfe anbieten zu können, mit der Ziele und Kriterien aufbereitet werden können, und mit diesen Methoden nicht zuletzt dazu beizutragen, das Procedere transparenter zu gestalten.

Und so könnte dann der Onkel im Eingangswitz sagen: „hier kann ich dir helfen, es gibt da ein paar kluge Ideen, Szenarien und Bewertungsverfahren, mit denen du zu guten ersten Ergebnissen kommen kannst!" – und dann wäre es kein Witz mehr, hoffen wir.

Literatur

Alcamo, J. (2008). *Environmental Futures – The Practice of Environmental Scenario Analysis*. Amsterdam: Elsevier.

Becker, U. (2016). Das Nutzen-Kosten-Verhältnis in der Bundesverkehrswegeplanung. *Zeitschrift für Verkehrswissenschaften* 87 (1), 5–16.

Becker, S., & Naumann, M. (2018). Energiekonflikte erkennen und nutzen. In O. Kühne & F. Weber (Hrsg.), *Bausteine der Energiewende* (S. 509–522). Wiesbaden: Springer VS.

Fink, A., Schlake, O., & Siebe, A. (2002). *Erfolg durch Szenario-Management*. Frankfurt & New York: Campus.

Dose, N. (2004). Politisch-administrativer Umgang mit Nichtwissen. In Böschen, St. et al. (Hrsg.), *Handeln trotz Nichtwissen* (S. 121–137). Frankfurt: Campus.

Duddeck, N., & Mittelstraß, J. (Hrsg.). (1999). *Die Sprachlosigkeit der Ingenieure*. Opladen: Leske & Budrich.

Eichenauer, E., Reusswig, F., Meyer-Ohlendorf, L., & Lass, W. (2018). Bürgerinitiativen gegen Windkraftanlagen und der Aufschwung rechtspopulistischer Bewegungen. In O. Kühne & F. Weber (Hrsg.), *Bausteine der Energiewende* (S. 633–651). Wiesbaden: Springer VS.

Gehrung, P. (2000). Ziele der BVWP und Bewertung. In S. Martens & J. Brenner (Hrsg.), *Bewertungsverfahren im Verkehrswesen – Rechenstift gegen Argumente*. Arbeitsbericht 182 (S. 3–18). Stuttgart: TA-Akademie.

Godet, M. (1983). Reducing the blunders in forecasting. *Futures 15*, 181–192.

Hook, S. (2018). ‚Energiewende': Von internationalen Klimaabkommen bis hin zum deutschen Erneuerbaren-Energien-Gesetz. In O. Kühne & F. Weber (Hrsg.), *Bausteine der Energiewende* (S. 21–54). Wiesbaden: Springer VS.

Kosow, H., & Gaßner, R. (2008). *Methoden der Zukunfts- und Szenarioanalyse Überblick, Bewertung und Auswahlkriterien*. Berlin: IZT WerkstattBericht Nr. 103.

Kosow, H. (2016). *The best of both worlds? An exploratory study on forms and effects of new qualitative-quantitative scenario methodologies*. Stuttgart: Dissertation, Universität Stuttgart.

Kühne, O. & Weber, F. (2018). Bausteine der Energiewende – Einführung, Übersicht und Ausblick. In O. Kühne & F. Weber (Hrsg.), *Bausteine der Energiewende* (S. 3–19). Wiesbaden: Springer VS.

Küster, H. (2013). *Geschichte der Landschaft in Mitteleuropa*. München: C. H. Beck.

Mander, S. L., Bows, A., Anderson, K. L., Shackley, S., Agnolucci, P., & Ekins, P. (2008). The Tyndall decarbonisation scenarios – part I: development of a backcasting methodology with stakeholder participation. *Energy Policy 36*, 3754–3763.

Martens, S., & Brenner, J. (Hrsg.). (2000). *Bewertungsverfahren im Verkehrswesen – Rechenstift gegen Argumente*. Arbeitsbericht 182. Stuttgart: TA-Akademie.

Nakicenovic, N., & Swart, R. (Hrsg.). (2000). *Special Report on Emissions Scenarios*. Cambridge (UK): Cambridge University Press.

Nehring, M., & Steierwald, M. (2000). Bewertung verkehrlicher Infrastruktur Standortbestimmung und Ableitung einer Situativen Bewertung. In S. Martens & J. Brenner (Hrsg.), *Bewertungsverfahren im Verkehrswesen – Rechenstift gegen Argumente*. Arbeitsbericht 182 (S. 75–99). Stuttgart: TA-Akademie.

Nohl, W. (2001). *Landschaftsplanung – Ästhetische und rekreative Aspekte*. Berlin: Patzer.

Nohl, W. (2015). *Landschaftsästhetik heute – auf dem Wege zu einer Landschaftsästhetik des guten Lebens*. München: oekom.

O'Mahony, T. (2014). Integrated scenarios for energy: a methodology for the short term. *Futures 55*, 41–57.

Read, C. (1920). *Logic – Deductive and inductive*. London: Simpkin (4. Auflage).

Roßmeier, A., Weber, F. & Kühne, O. (2018). Wandel und gesellschaftliche Resonanz – Diskurse um Landschaft und Partizipation beim Windkraftausbau. In O. Kühne & F. Weber (Hrsg.), *Bausteine der Energiewende* (S. 653–679). Wiesbaden: Springer VS.

Ruth, M., Özgün, O., Wachsmuth, J., & Gößling-Reisemann, S. (2015). Dynamics of energy transitions under changing socioeconomic, technological and climate conditions in Northwest Germany. *Ecol Econ* 111, 29–47.

Shell (2013). *New lens scenarios.* Den Haag (Niederlande): Royal Dutch Shell. http://www.shell.com/content/dam/royaldutchshell/documents/corporate/scenarios-newdoc.pdf. Zugegriffen: 29.07.2017.

Sieferle, R.-P. (1997). *Rückblick auf die Natur. Eine Geschichte des Menschen und seiner Umwelt.* München: Luchterhand.

Sieferle, R.-P., & Breuninger, H. (Hrsg.). (1999). *Naturbilder – Wahrnehmungen von Natur und Umwelt in der Geschichte.* Frankfurt: campus.

Sontheim, T. & Weber, F. (2018). Erdverkabelung und Partizipation als mögliche Lösungswege zur weiteren Ausgestaltung des Stromnetzausbaus? Eine Analyse anhand zweier Fallstudien. In O. Kühne & F. Weber (Hrsg.), *Bausteine der Energiewende* (S. 609–630). Wiesbaden: Springer VS.

Steierwald, M., & Martens, S. (2005). *Beitrag der TA zur Stadtverkehrsplanung.* In G. Steierwald, H.-D. Künne & W. Vogt (Hrsg.), *Stadtverkehrsplanung.* Heidelberg: Springer.

Steierwald, M., & Nehring, M. (2000). Bewertung – ein vernachlässigter Aspekt nachhaltiger Mobilität. *TA-Datenbank-Nachrichten* 9 (4), 80–89.

Trutnevyte, E., Barton, J., O'Grady, A., Ogunkunle, D., Pudjianto, D., & Robertson, E. (2014). Linking a storyline with multiple models – a cross-scale study of the UK power system transition. *Technol Forecast Soc Change* 89, 26–42.

Trutnevyte, E., McDowall, W., Tomei, J., & Keppo, I. (2015). Energy scenario choices: Insights from a retrospective review of UK energy futures. *Renewable and Sustainable Energy Reviews* 55, 326–337.

Weimer-Jehle, W., Prehofer, S., & Vögele, S. (2013). Kontextszenarien – Ein Konzept zur Behandlung von Kontextunsicherheit und Kontextkomplexität bei der Entwicklung von Energieszenarien. *TATuP* 22, 27–36.

Weimer-Jehle, W., Buchgeister, J., Hauser, W., Kosow, H., Naegler, T., Poganietz, W., Pregger, T., Prehofer, S., von Recklinghausen, A., Schippl, J., & Vögele, S. (2016). Context scenarios and their usage for the construction of socio-technical energy scenarios. *Energy* 111, 956–970.

Marcus Steierwald hat Bauingenieurwesen mit dem Schwerpunkt Planung studiert und auf dem Gebiet der Verkehrs- und Stadtplanung promoviert. Seit 1994 beschäftigt er sich im Rahmen der angewandten, systemanalytischen Technikfolgenabschätzung mit den Möglichkeiten der Praktikabilität von neueren Diskurs- und Bewertungsverfahren auf der Basis interdisziplinärer Ansätze. An der TA-Akademie in

Stuttgart war er für den Themenbereich Verkehr und Raumstruktur verantwortlich. Seit 2004 arbeitet er an der Universität Tübingen im Fachbereich Geowissenschaften in Forschung und Lehre mit dem Schwerpunkt einer Verbesserung der Handhabbarkeit und der Entwicklung von neuen, teilweise diskursiven Planungsmethoden.

Wolfgang Weimer-Jehle ist Physiker und forscht auf den Gebieten Energie + Gesellschaft, Szenariomethodik und Methodenforschung zur qualitativen Systemanalyse. Ein Schwerpunkt dabei ist die Methodenforschung zur Cross-Impact-Bilanzanalyse (CIB), die von Weimer-Jehle entwickelt wurde. Weimer-Jehle promovierte 1989 auf dem Gebiet der Synergetik, arbeitete 1990–92 als Sicherheitsanalytiker in einem Ingenieurberatungsunternehmen und 1992–2003 als Projektleiter und Themenbereichssprecher Energie an der Akademie für Technikfolgenabschätzung. Seit 2004 forscht er an der Universität Stuttgart, seit 2012 am Zentrum für interdisziplinäre Risiko- und Innovationsforschung, wo er auch Sprecher des Themenbereichs Methodenentwicklung ist.

Ikonologie des Protests –
Der Stromnetzausbau im Darstellungsmodus seiner Kritiker(innen)

Corinna Jenal

Abstract

Auch wenn die in Deutschland angestrebte Energiewende in der Bevölkerung nach wie vor große Zustimmung findet, stoßen Maßnahmen der konkreten Umsetzung vor Ort auf immer stärker werdende lokale Proteste. Im Zuge dieser Entwicklung entstand eine umfangreiche Forschungsliteratur, die sich insbesondere mit Akzeptanz- und Partizipationsfragen, Akteuren und ihren Argumentationsmustern beschäftigten, wohingegen visuelle Kommunikationsformen der Bürgerinitiativen gegen den Stromnetzausbau bisher weitestgehend unbeachtet blieben. Dabei stellt sich die Frage des Warums – sind visuelle Kommunikationsformen doch eine der zentralen Kommunikationselemente der Kritiker(innen). Der vorliegende Artikel fragt daher danach, ob und wie Protestbewegungen über die distribuierten Bilder ein Set an visuellen Mustern und Codes entwickeln, die nicht nur eine expressive Form der Selbstdarstellung der Akteure abbilden, sondern zugleich auch auf einer emotionalen und damit weitgehend unbewussten Ebene ästhetische Kriterien sozialer Wahrnehmung – hier der physischen Repräsentanten des Stromnetzausbaus – zu regulieren beabsichtigen.

Keywords

Stromnetzausbau, Protestbewegungen, Protestkommunikation, Landschaft

1 Einleitung

Auch wenn der endgültige Ausstieg aus der Kernenergie und die eingeleitete Energiewende allgemein in der Bevölkerung große Zustimmung finden und hohe Akzeptanzwerte erzielen können (siehe dazu u. a. Agentur für Erneuerbare Energien 2015; BMUB und UBA 2017), stößt die konkrete physische Umsetzung – etwa in Form von Windenergieanlagen, Solarparks und Stromnetzausbau – auf regionaler und lokaler Ebene auf eine zunehmende Gegnerschaft, die sich in zahlreichen Bürgerinitiativen

(BI) und Netzwerken manifestiert und die immer stärker gegen die Umsetzung geplanter Vorhaben vor Ort vorgehen, diese verzögern oder gar scheitern lassen (siehe dazu eingehender u. a. auch Bauer 2015; Eichenauer et al. 2018; Hildebrand und Rau 2012; Kühne und Weber 2018; Riegel und Brandt 2015; Sontheim und Weber 2018; Stegert und Klagge 2015; Weber, Jenal et al. 2016; Weber und Kühne 2016).

Die Erforschung der Proteste in Bezug auf Großinfrastrukturprojekte hat nicht zuletzt auch vor dem Hintergrund der bestehenden Möglichkeit ihrer Verzögerung oder gar ihres Scheiterns aufgrund fehlender gesellschaftlicher Akzeptanz in jüngster Zeit an Bedeutung gewonnen (vgl. auch Becker und Naumann 2018; Langer 2018; Leibenath und Lintz 2018; Mandel 2018; Stemmer und Kaußen 2018 in diesem Band), konzentriert sich jedoch ein Großteil der bestehenden Literatur etwa auf die vorherrschenden Motivlagen bei den Gegner(inne)n, die Bedingungen der Entstehung von Initiativen, ihrer Protestformen und Argumentationslinien oder Beteiligungsverfahren (vgl. u. v. Hoeft et al. 2017; Hübner und Hahn 2013; Kamlage et al. 2014; Kühne et al. 2016; Marg et al. 2013; Weber, Kühne et al. 2016). Systematische Erhebungen zu ihren visuellen Kommunikationsformen, visuellen Kommunikationsmustern und der ihnen zugrundeliegenden Codes blieben hingegen bisher weitgehend unbeachtet. Dabei sind visuelle Kommunikationsformen für die lokalen Protestbewegungen gegen physische Manifestationen der Energiewende in Bezug auf die Verbreitung ästhetischer, emotionaler und normativer Zuschreibungen der geplanten Vorhaben zentrale Elemente ihrer Kommunikation: von der Erstellung eigener BI-Logos über ausführliche Fotodokumentationen der durchgeführten Veranstaltungen und Aktionen bis hin zu Fotomontagen der ‚heimatlichen Normallandschaft' (Kühne 2008), welche die Folgen der physischen Veränderungen durch die Planungsvorhaben mit Hilfe verschiedener Darstellungstechniken gemäß der eigenen Deutung und Zuschreibungen inszenieren, (re)produzieren und über ihre eigenen Plattformen distribuieren.

Entsprechend wird im vorliegenden Beitrag die Frage verfolgt, ob und wie Protestbewegungen – hier bezogen auf den Aus- und Umbau der Übertragungsnetze – im Laufe ihrer Formierung unter Anwendung der von ihnen generierten und über die Websites der Bürgerinitiativen (BI) distribuierten Bilder ein Set an visuellen Mustern und Codes entwickeln, die nicht nur eine expressive Form der Selbstdarstellung der Akteure abbilden, sondern zugleich auch auf einer emotionalen und damit weitgehend unbewussten Ebene ästhetische Kriterien sozialer Wahrnehmung – hier der physischen Repräsentanten des Stromnetzausbaus – zu regulieren beabsichtigen. Denn aufgrund der in der Regel unbewussten Verarbeitung visueller Informationen in sozialer Wahrnehmung und ihrer vermehrt emotionalen als kognitiven Steuerung sind „[v]isuelle Codes […] dadurch besonders verhaltenswirksam" (Fahlenbrach 2002, S. 43) und stellen damit ein wichtiges Kommunikationselement der Protestbewegungen dar, welches es näher zu beleuchten gilt.

Bevor eine systematische Auseinandersetzung mit den visuellen Darstellungsmodi des Stromnetzausbaus auf den Startseiten von Websites bzw. *facebook*-Profilen der Bürgerinitiativen erfolgt, wird zunächst kurz der theoretische Hintergrund der

Betrachtung skizziert (Kapitel 2) und das methodische Vorgehen beschrieben (Kapitel 3). In Kapitel 4. werden daran anschließend die Auswertungsergebnisse vorgestellt und schließlich in einem Fazit (Kapitel 5) eine Zusammenfassung der Ergebnisse und ein kurzer Ausblick geboten.

2 Allgemeine Vorbemerkungen

Den Ausgangspunkt der Untersuchung bildet eine sozialkonstruktivistische Perspektive, in deren Kontext – nicht nur sprachliche, sondern auch visuelle – Zeichen bzw. Zeichensysteme bei der Konstruktion von gesellschaftlicher Wirklichkeit eine zentrale Funktion zukommt, und deren zentralen Aussagen kurz skizziert werden (Kapitel 2.1). Anschließend wird sich der Frage zugewandt, was Protest eigentlich ist und was ihn von anderen gesellschaftlichen Interaktionsformen unterscheidet sowie welche Funktion visuelle Protestkommunikation in diesem Kontext einnimmt (Kapitel 2.2).

2.1 (Visuelle) Zeichen und Zeichensysteme als Medien und Mediation von Wirklichkeitskonstruktionen

Die Wahrnehmung von Alltagswelt vollzieht sich aus sozialkonstruktivistischer Perspektive auf Grundlage eines komplexen Typisierungsprozesses, der auf sozial vermittelte Vorräte von Werten, Regeln und Handlungsmaximen zurückgreift, um beispielsweise bestimmten sozialen Situationen, Handlungsweisen oder eben physischen Manifestationen Deutungen und Zuschreibungen zuzuordnen. Die Wirklichkeit der Alltagswelt wird vor diesem Hintergrund als eine Wirklichkeitsordnung erfahren, deren Phänomene nach Mustern vorarrangiert sind, und „die unabhängig davon zu sein scheinen, wie ich sie erfahre, und die sich gewissermaßen über meine Erfahrung von ihnen legen" (Berger und Luckmann 2012 [1969], S. 24). Auch wenn der Mensch sich „der Welt als einer Vielfalt von Wirklichkeiten bewusst" (Berger und Luckmann 2012 [1969], S. 24) ist, gibt es unter den vielen Wirklichkeiten eine, die sich als *die* Wirklichkeit darstellt und somit eine Vorrangigkeit als ‚oberste Wirklichkeit' einnimmt (Berger und Luckmann 2012 [1969], S. 24). In Bezugnahme zu dieser maßgeblich gewordenen ‚obersten Wirklichkeit' wird es dem Individuum möglich, Alltagswelt routinisiert zu konstruieren und sein Verhalten darin zu regulieren. In der Regel wird die Wirklichkeit der Alltagswelt als ‚Wirklichkeit' hingenommen und bedarf „[ü]ber ihre einfache Präsenz hinaus […] keiner zusätzlichen Verifizierung" (Berger und Luckmann 2012 [1969], S. 26; Hervorheb. i. O.). Dabei birgt sie problematische wie unproblematische Wirklichkeitsaspekte gleichermaßen in sich: Problematische Aspekte – wie bspw. Landschaftswandel durch physische Manifestationen der Energiewende – werden jedoch erst dann zu einem Problem, wenn sie die Routinewirklichkeit der Alltagswelt ‚zerstören', damit über die Grenzen der Alltagswirklichkeit hinausgeht und auf völlig andere Wirklichkeiten verweist (vgl. dazu auch Berger und Luckmann 2012 [1969]).

Der Wirklichkeitscharakter der Alltagswelt resultiert in erster Linie aus in Zeichen und Zeichensysteme geronnenen Objektivationen, wobei Objektivationen die Vergegenständlichung von subjektiven Zuschreibungen und Deutungen als etwas objektiv Gegebenes darstellen und Ergebnisse von sozialen und gesellschaftlichen Interaktionsprozessen sind. Die wichtigste Klasse derartiger Objektivationen stellen sprachliche aber eben auch visuelle Zeichen und Zeichensysteme dar, (vgl. dazu Loenhoff 2015). Denn Zeichen und Zeichensysteme, die im alltäglichen Leben gebraucht werden, versorgen das Individuum mit der Ordnung, in der diese Objektivationen „Sinn haben und in der die Alltagswelt mir sinnhaft erscheint" (Berger und Luckmann 2012 [1969], S. 24). Ausgangspunkte einer Sinnbildung, also ob Individuen etwas sinnhaft erscheint oder eben unsinnig, stellen in sozialen Systemen (systeminterne) Differenzbildungen dar (Luhmann 1984), gemäß derer „[j]ede Informationsverarbeitung [...] auf einer (ausschließlich als systemintern zu verstehenden) Unterscheidung (Distinktion) und einer Bezeichnung (Indikation) [basiert]" (Staubmann 1997, S. 227). Damit einher geht auch jeweils eine Zuordnung: So ist bspw. die Unterscheidung schön/hässlich „keine Unterscheidung der Welt an sich [...], sondern eine eines beobachtenden Systems" (Staubmann 1997, S. 227) – bspw. die eines Betrachters eines Windrades. Auf Grundlage systeminterner Kriterien vollzieht der Betrachter eine Strukturierung von Welt, indem er das Windrades entsprechend den möglichen Differenzen – oder anders gesprochen – den binären Codes schön/hässlich, überflüssig/notwendig etc. zuordnet und entsprechend mit Sinn füllt. Dementsprechend lässt sich mit Staubmann (1997, S. 227) festhalten, „daß Sinn ein Prozessieren von Informationen nach Maßgabe von Differenzen ermöglicht, von Differenzen, die nicht in der Welt vorgegeben sind, sondern autopoietisch aus Sinn selbst produziert werden."

Übertragen auf Landschaft hat dies zur Konsequenz, dass auch Landschaft „kein Gegenstand [ist], der Eigenschaften hat, vielmehr eine Form der Ordnung und Grenzziehung [darstellt], die nicht im Wesen von Dingen begründet werden kann, sondern auf die Prozesse des Ordnens und die Ordner (Beobachter) verweist" (Miggelbrink 2002, S. 338). Dabei lässt sich die ‚lebensweltliche Landschaft' der Lai(in)en „in die Konstrukte der heimatlichen Normallandschaft und stereotyper Landschaft [gliedern]" (Kühne 2013, S. 206; auch Linke 2018 in diesem Band): Während heimatliche Normallandschaft „im Kindes- und Jugendalter in unmittelbarer Konfrontation mit den als heimatliche Landschaft konstruierten physischen Objekten, unter Vermittlung von Eltern, Lehrern, Gleichaltrigen etc. [entsteht]" (Kühne 2013, S. 206), wird diese im weiteren Laufe des Lebens durch „die Sozialisation stereotyper Landschaften durch Sekundärinformationen" (Kühne 2013, S. 206) ergänzt. Auch wenn beide Formen im weiteren Verlauf des Lebens Veränderungen durch ihre Intensivierung, Modifikation oder Hinterfragung erfahren können, unterscheiden sie sich in Bezug auf die an sie gerichteten (systeminternen) Erwartungen: Während heimatliche Normallandschaft ‚vertraut' sein muss und weniger ästhetische Qualitäten im Fokus stehen, unterliegen stereotype Landschaften eben dieser „gesellschaftslandschaftlicher Beurteilung" (Kühne 2013, S. 207) und werden gemäß der jeweils systeminternen Differenzbildung wie etwa ‚schön'/‚hässlich' zugeordnet.

2.2 Protest und die Funktionen visueller Protestkommunikation

Wird sich dem sozialen Phänomen des Protestes zugewandt, dann kann in einer ersten Annäherung – auch wenn es keine allgemeingültige Definition dessen gibt, was Protest eigentlich ist und was ihn von anderen gesellschaftlichen Interaktionsformen unterscheidet – Protest zunächst als ein Kommunikationsverfahren betrachtet werden, welches sich durch bestimmte Merkmale kennzeichnen lässt (Gherairi 2015, S. 66–77): a) Artikulation eines politisch gesellschaftlichen Anliegens; b) Dissens zu einer bis zu diesem Zeitpunkt allgemein akzeptierten Entscheidung/Meinung; c) „Performanz einer kommunikativ-persuasiven Zeigehandlung (Protesttechnik) im öffentlichen Raum" (Gherairi 2015, S. 67); sowie d) Adressatenbezug, mit dem Ziel, „die öffentliche Meinung zu beeinflussen, um so die entscheidungs- und/oder handlungsmächtige Instanz von der Notwendigkeit einer Entscheidungs- bzw. Handlungsänderung hinsichtlich des artikulierten Anliegens zu überzeugen" (Gherairi 2015, S. 66). Dabei trägt nach Rucht (2001) Protest immer auch eine ‚doppelte Signatur' in sich: als Protest gegen oder für etwas (Rucht 2001, S. 9).

Kennzeichnend für Protest ist des Weiteren, dass es bei dem zentralen Anliegen des Protestes häufig „nicht um die Umsetzung oder angestrebte Durchsetzung eines direkten eigenen Vorteils oder von (ausschließlichen) Eigeninteressen [handelt]. Im Gegenteil: Protest ist gerade dadurch charakterisiert, dass sich die Protestierenden aus ihrer Perspektive als Anwalt für ein höheres Gut bzw. das Gemeinwohl einsetzen" (Gherairi 2015, S. 66), so dass in der subjektiven Wahrnehmung der Protestierenden häufig ein gesellschaftliches Interesse ihres Engagement konstruiert wird. Dabei erfolgt die Protestkommunikation selbst „zwar *in* der Gesellschaft, [...] aber so, *als ob es von außen wäre*. Sie äußert sich aus Verantwortung *für* die Gesellschaft, aber *gegen* sie" (Luhmann 1996, S. 204; Hervorheb. i. O.).

Zentral ist dabei die strukturelle Kopplung von Protestbewegungen an mediale Kommunikationsformen und -formate wie Websites oder *facebook*-Profile, denn „[...] die Endform der öffentlichen Meinung scheint nunmehr die Darstellung von Konflikten zu sein [...]. Dem trägt auch die Planung der Proteste Rechnung. Der Protest inszeniert ‚Pseudo-Ereignisse' [...], das heißt: Ereignisse, die von vornherein für Berichterstattung inszeniert sind und gar nicht stattfinden würden, wenn es die Massenmedien nicht gäbe" (Luhmann 1996, S. 212). Die Funktion visueller Protestkommunikation wird dabei nicht nur in der Artikulation des spezifischen Anliegens, sondern auch in Bezug auf die Ausbildung kollektiver Identitäten und Werthaltungen in Bezug auf ästhetische Muster und den damit verbundenen emotionalen wie normativen Zuschreibungen bzw. Differenzbildungen im Mittelpunkt.

2.3 Bilder und ihre ‚Doppelnatur'

In Bezug auf die praktische Anwendung auf die Bildpraxis wird in der vorliegenden Untersuchung ein semiotischer Ansatz verfolgt, in dem das Bild selbst als ein Zeichen, oder auch als eine Kombination von Zeichen angesehen werden kann (Lobinger 2012). Diese können bilden bestimmte visuelle Muster – also sich regelmäßig wiederholende Strukturen – und Codes herausgebildet und kommuniziert werden. Denn die Besonderheit bildlicher oder auch wahrnehmungsnaher Zeichen – insbesondere von Fotografien – ist eine gewisse Doppelnatur, die in einer „die Gleichzeitigkeit von Anschaulichkeit und Unbestimmtheit" (Lobinger 2012, S. 55) zum Ausdruck kommt: „Auf *abbildlicher* Ebene kommt gegenständlichen Bildern eine anschauliche Evidenz zu, mit der sie sich auf die dargestellte Szene beziehen. Auf *sinnbildlicher* Ebene weisen sie ein hohes Maß an semantischer Unbestimmtheit und Vieldeutigkeit auf [...]" (Michel 2006, S. 46; Hervorheb. i. O.).

Der Ansatz der visuellen Semiotik, der im Anschluss an den semiotischen Bildbegriff auch der vorliegenden Analyse zu Grunde liegt, geht dagegen geht nicht nur der Frage nach, was oder wie die Bilder unter Umständen in einer sich regelmäßig wiederholende Struktur (Muster) darstellen, sondern auch, ob sie darüber hinaus implizit bestimmte Ideen, Werte oder Codes transportieren. So fragt sie nach van Leeuwen (2013) – auf den Arbeiten von Roland Barthes (1915–1980) aufbauend – nach zwei fundamentalen Aspekten: „the question of representation (what do images represent and how?) and the question of the ‚hidden meanings' of images (what ideas and values do the people, places and things represented in the images stand for?)" (van Leeuwen 2013, S. 92; siehe dazu auch Breckner 2010) und schlägt dementsprechend das duale Konzept der Bedeutungsebenen vor: „Die erste Ebene, die auch die Ebene der *Denotation* genannt wird, besteht aus dem Dargestellten (Wer oder was wird in dem Bild gezeigt?). Die zweite Ebene ist die Ebene der *Konnotationen,* also der Ideen und Werte, die kommuniziert werden (Welche Ideen und Werte werden durch das Gezeigte und seine Darstellungsweise ausgedrückt?)" (Lobinger 2012, S. 247; Hervorheb. i. O.).

3 Methodisches Vorgehen

Auf Grundlage einer schlagwortbasierten Internetrecherche[1] wurden im April 2017 von 123[2] online aktiven Bürgerinitiativen die Abbildungen auf den Startseiten der Homepages bzw. die Header und Profilbilder der *facebook*-Auftritte gesichert, so dass auf dieser Recherchegrundlage eine Quelldatenbank von n = 374 Abbildungen zusammengetragen werden konnte[3]. Diese wurden zunächst quantitativ in verschiedene Kategorien (Logos, Aktionen, Poster/Aufsteller im Ort, stereotyp ‚schöne' Landschaften (siehe dazu Kühne 2008, 2013), Stromtrassen/-masten, Demonstrationen, BI-Mitglieder, Infoveranstaltungen/-stände, Fotomontagen, Erdkabel/Konverter, Grafiken und Sonstiges) klassifiziert. In einem nächsten Schritt erfolgte dann eine Zuordnung der gebildeten Kategorien auf Grundlage ihrer kommunikativen Funktionen, d.h. ob es sich bei den gezeigten Abbildungen *primär* um die Darstellung persuasiver, also der Überzeugung bzw. der Gewinnung für das Anliegen dienende Zeigehandlungen im öffentlichen Raum handelt, oder ob etwa die explizite Strukturierung landschaftsbezogener ästhetischer Muster im Zentrum steht.

Auf Grundlage dieser Zuordnungen wird nun in einem dritten Analyseschritt im Einzelnen qualitativ untersucht, ob und inwiefern sich in den einzelnen Kategorien Sets von visuellen Mustern und Codes herausarbeiten lassen, die – wie eingangs bereits angeführt – zwar auch eine expressive Form der Selbstdarstellung der Akteure darstellen, welche zugleich aber auch auf einer emotionalen und somit weitgehend unbewussten Ebene ästhetische Kriterien sozialer Wahrnehmung prägen.

---

1 Schlagworte der Internetrecherche: Bürgerinitiative*/Interessengemeinschaft* (*in Verbindung mit): Suedlink, 380 kV, Stromtrasse, Gleichstromtrasse, Monstertrasse, Monsterstromtrasse, Strommonstertrasse, Höchstspannung, Höchststromleitungen, Riesenmasten, Megamasten, Trassenwahn, Trassengegner, Aktion, Aktionsbündnis, Protest, Freileitung, Erdkabel, Amprion, Tennet, 50Hertz, TransNetBW.
2 Insgesamt konnten im März 2017 zunächst 131 Webauftritte von Bürgerinitiativen gegen den Stromnetzausbau ermittelt werden, jedoch waren davon zum Zeitpunkt der Abbildungs-Datensicherung acht Websites bereits nicht mehr abrufbar.
3 Die Bürgerinitiativen und dazugehörigen Webadressen wurden in einer Tabelle zusammengetragen und mit den Nummern BI 1–BI 131 systematisiert; die dazugehörigen Abbildungen der jeweiligen Startseite bzw. des jeweiligen *facebook*-Profils wurden nach Reihenfolge ihres Erscheinens jeweils nummeriert und durch Unterstriche der jeweiligen BI zugeordnet. Die zugrundeliegende Systematisierung kann auf Nachfrage zur Verfügung gestellt werden.

4 Auswertungsergebnisse

4.1 Allgemeiner Überblick

In einer ersten quantitativen Klassifizierung der Daten nehmen Logos mit fast einem Viertel (24,3 %; siehe dazu Abbildung 1) eine prominente Stellung im Kontext visueller Kommunikation von Bürgerinitiativen ein. Dies dokumentiert das deutliche Bestreben der BIs, visuelle Elemente zu generieren, die sowohl der Erzeugung einer kollektiven Identität als auch der Einordnung und Strukturierung des vertretenen Anliegens nach außen dienen. Dazu wird – wie in Kapitel 4.4 noch eingehender auszuführen sein wird – graphisch darauf abgezielt, diese Aspekte in einem Piktogramm zu vereinen und durch den perpetuierten Einsatz im öffentlichen Raum vom visuellen Diskurs in den sprachlichen zu überführen und zentral zu verankern. Des Weiteren nutzen Bürgerinitiativen eigene Websites bzw. *facebook*-Profile wie zu erwarten für die Dokumentation der BI-Aktivitäten wie etwa choreographierter Aktionen (Trassenläufe, Aktionstage, etc.; 11,8 %), lokaler Poster bzw. Aufsteller in den jeweiligen Gemeinden vor Ort (11,0 %) und Demonstrationen (10,2 %) zu etwa gleichen Teilen. In etwas geringer Intensität erfolgt die Darstellung von BI Mitgliedern (7,0 %) oder Infoveranstaltungen/-ständen (5,1 %; siehe Abbildung 1). Aber auch das Zitieren stereotyp ‚schöner' Landschaften (10,7 %) und die Fokussierung in der Darstellung auf ausgewählte physische Objekte wie etwa Stromtrassen oder -masten (10,2 %) – auch in Form bearbeiteter Bilddateien (4,8 %) – sind Bestandteile visueller Kommunikation seitens der Bürgerinitiativen.

Werden diese Kategorien gemäß ihrer jeweilig *vorrangigen* kommunikativen Funktion zugeordnet, lässt sich ein deutlicher Fokus auf persuasiven Zeigehandlungen, also in Bezug auf Überzeugung bzw. ‚Überredung' angelegte Protestinszenierungen bzgl. der vertretenen Positionen im öffentlichen Raum, identifizieren (44,9 %; siehe dazu Abbildung 2). Davon gefolgt zielen mit rund einem Viertel (25,7 %) der Abbildungen auf die explizite Strukturierung und Anordnung landschaftsbezogener ästhetischer Muster und Zuordnungen gemäß eigener systeminternen Codes, die strukturieren, welche physischen Objekte auch in der Zusammenschau zu einer Landschaft ‚dazugehören' und welche aus dieser Zusammenschau zu exkludieren sind und eben nicht als ‚Teil' von Landschaft konstruiert werden (dürfen). Des Weiteren lassen sich Logos als eine Verschneidung gleich mehrerer kommunikativen Aspekte interpretieren: Zum einen können die entwickelten Logos der Bürgerinitiativen nicht nur als identitätsstiftende visuelle Kommunikationszeichen mit hohem Wiedererkennungswert im öffentlichen Raum betrachtet werden (‚Protestmarke'), sondern zum anderen auch als eine Verschneidung der Aspekte persuasiver Zeigehandlung und Strukturierung ästhetischer Muster – und damit eigener Kategorie – betrachtet werden, indem sie Kernelemente des Widerstands graphisch aufgreifen, durch ihren wiederkehrenden Gebrauch im öffentlichen Raum verstetigen, und so die Öffentlichkeit bzw. entsprechenden Verantwortlichen für Ihr Protestanliegen zu überzeugen und

Ikonologie des Protests

Abbildung 1 Quantitative Auswertung der Bilddatensätze auf den BI-Startseiten bzw. *facebook*-Profilen und -Headern (n = 374).

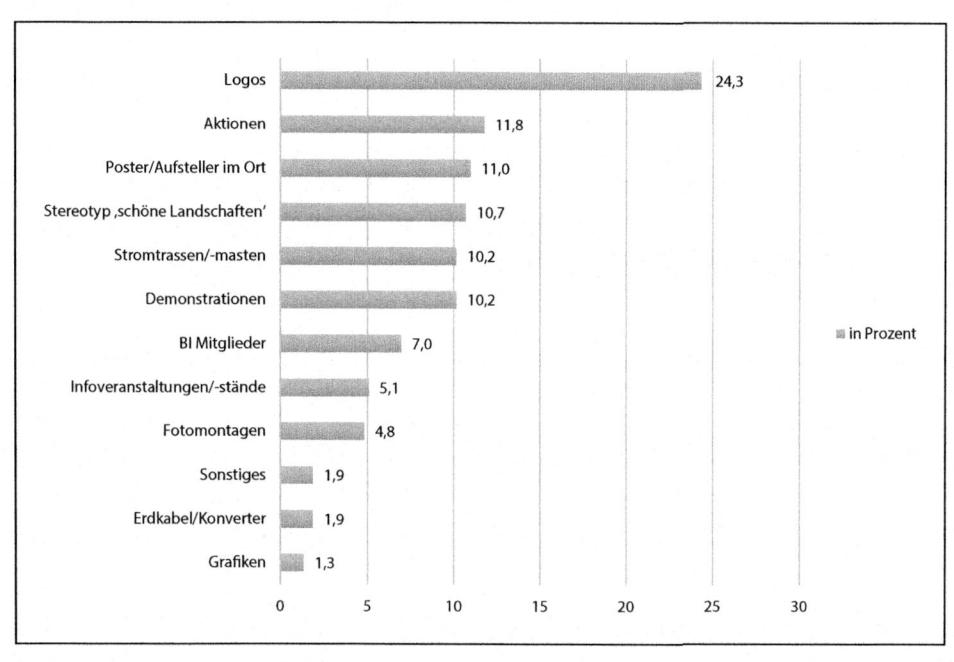

Kategorie	in Prozent
Logos	24,3
Aktionen	11,8
Poster/Aufsteller im Ort	11,0
Stereotyp ‚schöne Landschaften'	10,7
Stromtrassen/-masten	10,2
Demonstrationen	10,2
BI Mitglieder	7,0
Infoveranstaltungen/-stände	5,1
Fotomontagen	4,8
Sonstiges	1,9
Erdkabel/Konverter	1,9
Grafiken	1,3

Quelle: Eigene Erhebung und Darstellung.

Abbildung 2 Zuordnung der Kategorien gemäß ihrer kommunikativen Funktion (n = 374).

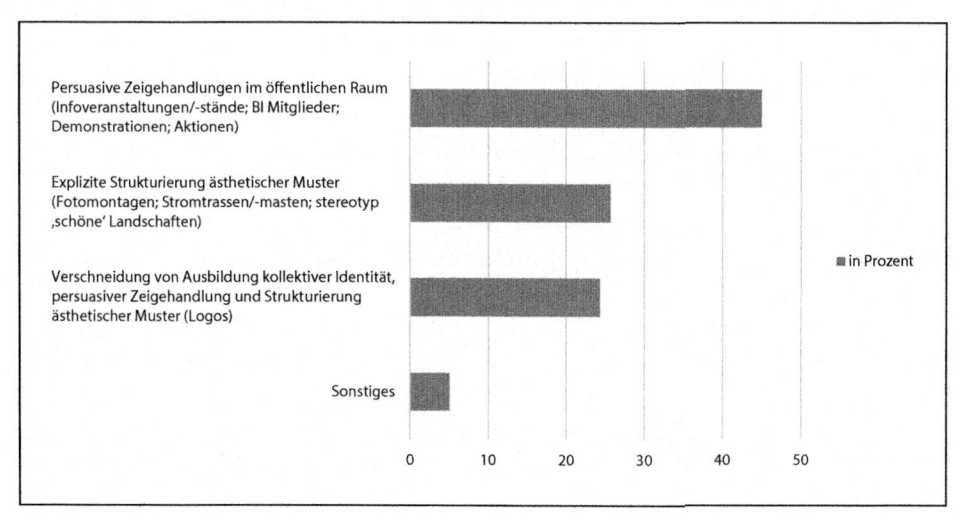

Kategorie	in Prozent
Persuasive Zeigehandlungen im öffentlichen Raum (Infoveranstaltungen/-stände; BI Mitglieder; Demonstrationen; Aktionen)	~45
Explizite Strukturierung ästhetischer Muster (Fotomontagen; Stromtrassen/-masten; stereotyp ‚schöne' Landschaften)	~25
Verschneidung von Ausbildung kollektiver Identität, persuasiver Zeigehandlung und Strukturierung ästhetischer Muster (Logos)	~25
Sonstiges	~5

Quelle: Eigene Erhebung und Darstellung.

gewinnen suchen. Zugleich strukturieren die analysierten Logos auch landschaftsbezogene ästhetische Muster und ordnen sie gemäß systemintern gültigen Differenzbildungen zu, indem sie die Interpretation jener physischen Objekte integrieren, die aus Sicht der Gegner(innen) im Kontext einer als ‚schön' empfundenen Landschaft als ausgeschlossen gekennzeichnet (i. d. R. durch Verbotszeichen, rote Kreuzlinien o. ä.) oder eben ausdrücklich als ‚Inventar' einer als ‚schön' rezipierten Landschaft zitiert werden (bspw. Bäume, Felder, Hügel, etc.). Damit einher geht die Bestrebung, subjektive Zuschreibungen und Deutungen als objektiv gegeben zu verankern und die unterliegenden systemeigenen Codes in der gesellschaftlichen wie individuellen Konstruktionen von Landschaft zu verankern und (prä)formieren.

Im Folgenden soll anhand ausgewählter Beispiele aus den jeweiligen Kategorien entsprechend ihrer kommunikativen Funktion in einer qualitativen Analyse eingehender untersucht und dargestellt werden. Im Zentrum steht dabei die Frage, wie Bürgerinitiativen den Stromnetzausbau und seine physischen Manifestationen mittels verschiedener Darstellungstechniken bzw. Sets an visuellen Mustern oder Codes gemäß der eigenen Deutung und Zuschreibungen strukturieren, inszenieren, (re)produzieren und so ästhetische Kriterien sozialer Wahrnehmung prägen und regulieren.

4.2 Persuasive Zeigehandlungen im öffentlichen Raum

Ein zentrales Muster im Kontext persuasiver Zeigehandlungen seitens der Bürgerinitiativen gegen den Stromnetzausbau ist die öffentlichkeitswirksame Protestartikulation und -inszenierung im öffentlichen Raum an exponierten Standorten wie etwa Ortskernen oder anderen physischen Objekten mit prägnanter vertikaler Erstreckung (z. B. Brücken, Türme; Abbildung 3 oben/unten Mitte/rechts), häufig unter Verwendung leuchtender Signalfarben, die sich vom Umgebungskolorit deutlich absetzen (Abbildung 3 oben/unten Mitte, oben rechts). Während bei personal gestützten Protestartikulationen wie Demonstrationen, Aktionen oder Infoveranstaltungen bei Außenperspektiven die Menge der engagierten Protestierenden oder auch interessierten Bürger(innen) im Zentrum stehen (Abbildung 3 oben Mitte; unten links), liegt der Fokus bei Binnenperspektiven oder apersonalen Protestformen wie Aufstellern/Plakate vornehmlich auf den transportierten Botschaften (Abbildung 3 oben rechts, unten Mitte und rechts).

Die bestimmenden Codes der wiederkehrenden Muster jedoch zielen auf die wahrgenommene Kontextualisierung des Protestanliegens in der Differenzbildung als Eintreten bzw. ‚Kämpfen' (seitens der BIs) für ein gesellschaftliches Interesse bzw. Gemeinwohl als deren legitime Vertreter und ‚Verteidiger' die Gegner(innen) aus ihrer Perspektive fungieren gegenüber eines Nicht-Eintretens bzw. Nicht-Kämpfens (seitens der Verantwortlichen wie des Staates, der Energieanbieter, Netzbetreiber). Des Weiteren lässt sich auch die Zuordnung der ‚Beschützer' als Antipode zu den

Abbildung 3 Beispiele persuasiver Zeigehandlungen im öffentlichen Raum

Quellen: oben (von links nach rechts): BI 65_01, BI 11_05, BI 01_08; unten (von links nach rechts): BI 36_16, BI 36_04, BI 110_02.

‚Auslieferern' identifizieren: ‚Gegenstände' des Schutzes sind häufig als ‚höhere' Güter konzipierte Aspekte wie bspw. Landschaft, Heimat, Natur, Kinder, etc. (siehe beispielhaft Abbildung 3 unten Mitte), welche nicht für sich selbst eintreten können, sondern die Protektion Dritter – hier der Bürgerinitiativen als ‚Beschützer' – bedürfen und welche anderenfalls die Gefahr der Auslieferung etwa durch Staat, Energieanbieter und Netzbetreiber laufen. Im Zentrum der Zeigehandlungen steht auch die Zuordnung eines Wahrnehmens von gesellschaftlicher Verantwortung durch Aktion und Information (seitens der BIs; Abbildung 3 oben/unten Mitte/links) gegenüber einer Unterlassung (seitens des Staates, der Energieanbieter, Netzbetreiber). Auch die den Bürgerinitiativen unterliegenden systeminterne Zuordnung des Wahren/Unwahren findet Anwendung: Indem gegenläufige Standpunkte als ‚Lüge' etikettiert werden, wird die eigene vertretene Position als die einzig ‚Wahre' strukturiert, womit die eigene Position ethisch-moralisch über andere bestehende Einschätzungen zum Stromnetzausbau gestellt wird (siehe beispielhaft Abbildung 3 unten rechts; Plakat mit der Aufschrift „*JEDE LÜGE / KOMMT ANS / LICHT / BAYERN / BRAUCHT DIE / LEITUNG NICHT*").

Dabei wird durch das Herausgreifen und die Problematisierung einzelner Aspekte in der Protestkommunikation eine gewisse Vereinfachung herbeigeführt, welche angesichts der durchaus sehr anspruchsvollen und komplexen Zusammenhänge im Kontext der eingeleiteten Energiewende für die lokal Betroffenen eine gewisse Handlungsorientierung bietet, da das Durchbrechen der Routinewirklichkeit ihrer Alltagswelt durch die Veränderung der physischen Grundlagen von Landschaft häufig als problematisch empfunden wird und durchaus weiterer Orientierungshilfe bedarf. Kritisches Widerspiegeln oder gar Einbetten der eigenen vertretenen Position angesichts weiterer bestehenden Perspektiven jedoch lässt sich zumindest für den Bereich der visuellen Protestkommunikation nicht nachweisen.

Im Zusammenhang mit persuasiven Zeigehandlungen im öffentlichen Raum wird auch deutlich – wie in Kapitel 4.3 und 4.4 noch weiter auszuführen sein wird –, dass andere physische Manifestationen gesellschaftlicher Bedarfe, die ebenso prägnant den Raum überprägen, durchaus sozial akzeptiert sein können oder zumindest nicht als in der Landschaft ‚problematisch' konstruiert werden, sondern – gerade im Gegenteil – gar als ‚Litfaßsäule' für den raumbezogenen Protest herangezogen werden (Abbildung 3 oben/unten rechts: ein ehemaliger Wasserturm und eine Fahrbahnbrücke).

4.3 Explizite Strukturierung landschaftsbezogener ästhetischer Muster

Eine weitere zentrale Funktion visueller Protestkommunikation beinhaltet die explizite Strukturierung landschaftsbezogener ästhetischer Muster gemäß der eigenen Systemlogiken (zu alternativen Deutungen siehe Linke 2018; Schweiger et al. 2018 in diesem Band). Zum einen werden stereotyp ‚schöne' Landschaften der Region zitiert und als Bewertungsmaßstab herangezogen (Abbildung 4 unten; siehe dazu auch die Textzeile in Abbildung 4 unten links: *„Wir machen uns stark für einen hochspannungsfreien Schurwald"*). Zum anderen erfolgt über Strommasten bzw. -trassen die Inszenierung des jeweiligen ‚Gegenstückes' als Differenz zu einer als ‚schön' gefassten Landschaft (Abbildung 4 Mitte), nämlich als eines durch ‚Monstertrassen' induzierten ‚Albtraumes' (siehe dazu Abbildung 4 oben) – mitunter auch prononciert durch die Erstellung von Fotomontagen, welche Stromleitungsanlagen überdimensioniert und disproportional über oder in bestehende Wohnbebauung hineinmontieren (Abbildung 4 oben).

Ein weiteres perpetuiertes Muster der visuellen Kommunikation besteht darin, dass Strommasten oder -trassen als nicht zu einer Landschaft zugehörig, sondern vielmehr als Landschaft und Heimat ‚zerstörender Albtraum' konstruiert werden. Dabei dürfte das Problem weniger in der Betrachtung von Stromtrassen oder den -masten als Teil einer *gesellschaftlichen* Normallandschaft liegen (so ist ein Landschaftsarrangement wie in Abbildung 4 oben rechts dargestellt für weite Teile der Republik als durchaus gängig und gilt vielerorts als völlig unproblematisch), vielmehr ist es der Wandel der routinisiert konstruierten *heimatlichen* Normallandschaft, die durch das ‚Hereinbrechen' anderer Wirklichkeiten – wie bspw. Aspekte im Kontext der Energiewende zur Energieerzeugung und -transportes, welche bei der Konstruktion der Alltagswelt in der Regel eine untergeordnete bis überhaupt keine Rolle spielen – ‚bedroht' wird.

Abbildung 4   Strukturierung landschaftsbezogener ästhetischer Muster

Quellen: oben (von links nach rechts): BI 15_04, BI 42_01, BI 59_01; Mitte: BI 90_01; unten (von links nach rechts): BI 01_05, BI 95_01, BI 65_03.

Die den Abbildungen unterliegenden Codes grenzen hierbei die landschaftsbezogene Strukturierung des ‚Schönen'/des ‚Hässlichen' (Kühne 2008, 2013; Linke 2017), und dessen, was landschaftlich gewollt/was abgelehnt werden soll, gegeneinander ab – häufig auch in der direkten Gegenüberstellung (siehe beispielhaft Abbildung 4 Mitte). Dabei wird ein landschaftliches ‚Ideal' sozial konstruiert, welches auf ein bestimmtes Set an physischen Objekten konzentriert ist (Wiese, Wald, Bäume, Wege, See, dörfliche Siedlung etc.) und in welchem bestimmte Objekte – wie eben Energieversorgungsleitungen, obwohl sie bereits in weiten Teilen des Landes seit mehreren Jahrzehnten etabliert sind und einen elementaren Bestandteil industrialisierter Zivilisationen bilden – nicht integriert, sondern ausgeschlossen werden. Stattdessen werden regelrechte ästhetische Demarkationslinien gezeichnet, die bestimmte landschaftliche Arrangements gemäß den systeminternen Logiken den ästhetischen Differenzbildungen einordnet und strukturiert (Abbildung 4 Mitte). Alternativdeutungen, welche von der so gesetzten ‚Norm' abweichende physische Objekte in die Zusammenschau von Landschaft integrieren, unterliegen einer sozialen Exklusion. Das eigene generierte Landschaftsideal und -verständnis wird absolut gesetzt, gegen alternative Deutungen abgegrenzt und somit die soziale Schließung eines sozial akzeptierten Landschaftsbildes gemäß eigener Deutung verfolgt.

4.4 Logos als Verschneidung von Identität, Zeigehandlungen und ästhetischer Strukturierung

Logos lassen sich wie bereits eingangs angeführt als eine Verknüpfung gleich mehrerer kommunikativer Aspekte verstehen, wobei eine eindeutige Zuordnung primärer Kommunikationsfunktionen schwerlich zu vollziehen ist: Denn zum einen fungieren sie als Piktogramm, welches der Bewegung und dem Protest im Laufe der Formierung ein identitätsstiftendes Ikon zuweist, zum anderen zielt es sowohl auf eine anliegenbezogene Persuasion als auch auf die Strukturierung landschaftsbezogener Wahrnehmung durch die graphische Verarbeitung der Ablehnung von Stromtrassen/-masten durch die Bürgerinitiativen.

Entsprechend lassen sich auch hier bestimmte Muster und Differenzbildungen aus den beiden vorangegangenen Kategorien wiederfinden: Etwa die Einordnung und explizite Kennzeichnung, welche physischen Objekte aus Sicht der Gegner(innen) im Kontext von Landschaft auszuschließen sind (Strommasten/-trassen i. d. R. gemarkt mit Verbotszeichen, rote Kreuzlinien o. ä.; siehe dazu beispielhaft Abbildung 5) und welche hingegen Akzeptanz erfahren – will heißen nicht entsprechend etikettiert werden, wie etwa Berge oder monokulturell bestellte Kulturlandschaft (siehe dazu beispielhaft Abbildung 5 unten links, Mitte). Durch den Einsatz ISO-genormter Verbotszeichen werden die physischen Manifestationen der Energiewende hingegen mit bereits in der Gesellschaft sozialisierten Piktogrammelementen des kreisrunden Verbotszeichens mit roten Querbalken auf weißem Grund versehen, die das zur eigenen Sicherheit zu Unterlassende signalisieren. Die Stromtrassen bzw. -masten übertreffen in den zugrunde gelegten Maßen alle übrigen Bildelemente deutlich und ragen noch über den angelegten Rahmen (Verbotszeichen) hinaus und sollen so nochmals ihre relevante physische Erstreckung abbilden (siehe dazu Abbildung 5 oben; unten rechts).

In Teilen werden in den Darstellungen die Masten zur dämonischen Überhöhung verfremdet, indem sie etwa – wie in Abbildung 5 oben rechts zu sehen – zu einer einäugigen Kreatur mit Tentakeln und boshaftem Lachen mit gefletschten Zähnen hin modifiziert werden, welche die gequälte und sich übergebende Erde malträtiert.

In Bezug auf die angewandten Codes lassen sich auch hier die bereits in den vorangegangenen Kapiteln 4.2 und 4.3 angeführten identifizieren wie etwa die Zuweisung physischer Elemente zur Landschaft dazugehörig oder eben ausschließend; der Schutz der aktuellen physischen Grundlagen als das zu Erstrebende vs. das Preisgeben bzw. Ausliefern dergleichen als das Gefährliche, das boshaft Verwerfliche.

Abbildung 5 Bürgerinitiativ-Logos

Quellen: oben (von links nach rechts): BI 60_01, BI 33_01, BI 94_01; unten (von links nach rechts): BI 39_01, BI 128_02, BI 129_01.

5 Fazit

Die Analyse hat gezeigt, dass Bürgerinitiativen über ihre betriebenen Websites und *facebook*-Profile ein Set an visuellen Mustern und Differenzbildungen gemäß eigener Logiken entwickeln, die nicht nur der Selbstdarstellung der Akteure dienen, sondern zugleich auch ästhetische, emotionale und kognitive Schemata zur sozialen Wahrnehmung von Energieleitungsanlagen herausbilden und zu regulieren beabsichtigen. Dabei werden diese gemäß eigener – also aus Perspektive der Bürgerinitiativen – Deutungen und Zuschreibungen inszeniert und (re)produziert, womit das durch die Initiativen vertretene Landschaftsverständnis absolut gesetzt, alternative Deutungen dagegen zurückgewiesen und ausgegrenzt werden, und so eine soziale Schließung des eigenen Landschaftsverständnisses erzeugt wird.

Trotz der durchaus ambivalenten und komplexen Zusammenhänge im Kontext der eingeleiteten Energiewende und ihrer räumlich wirksamen Konsequenzen, prävalieren in der Darstellung des Stromnetzausbaus seitens der Bürgerinitiativen gemäß der systemeigenen Differenzbildungen. Diese werden – zumindest in der visuellen Darstellungsform nicht erkennbar – keiner kritischen Reflexion unterzogen oder gar für andere Systemlogiken in Bezug auf den Stromnetzausbau geöffnet. Auch wenn durch diese Entkomplexisierung von Welt das dargebotene Kriterienset sozialer Wahrnehmung in der Fülle der zu verarbeitenden Informationen und Aspekte um den Stromnetzausbau bei gleichzeitiger ‚Bedrohung' der routinisierten Konstruktion von eigener Alltagswelt durchaus eine Handlungsorientierung darstellen kann, sollte in diesem Kontext ebenso in Erinnerung gerufen werden, dass Landschaften gerade in ihren physischen Grundlagen ein Ergebnis einer stetigen anthropogenen Anpassung darstellen und auch in ihren Deutungen und Zuschreibungen einer stetigen Transformation unterliegen, so dass sowohl Landschaftswandel infolge geänderter oder komplexer werdenden gesellschaftlicher Bedarfe als auch Veränderungen in Bezug auf ihre Deutungen und Zuschreibungen nach wie vor vielmehr den ‚Normalfall' als den Ausnahmefall darstellt. Daher sollte dieser Aspekt verstärkt adressiert werden, um auch die Chance auf gesellschaftliche (Weiter-)Entwicklung wahren zu können.

Literatur

Agentur für Erneuerbare Energien. (2015). Die deutsche Bevölkerung will mehr Erneuerbare Energien: Repräsentative Akzeptanzumfrage zeigt hohe Zustimmung für weiteren Ausbau. http://www.unendlich-viel-energie.de/die-deutsche-bevoelkerung-will-mehr-erneuerbare-energien. Zugegriffen 09.03.2016.

Bauer, C. (2015). Stiftung von Legitimation oder Partizipationsverflechtungsfalle. Welche Folgen hat die Öffentlichkeitsbeteiligung beim Stromnetzausbau? *der moderne Staat – dms: Zeitschrift für Public Policy, Recht und Management 8* (2), 273–293.

Becker, S. & Naumann, M. (2018). Energiekonflikte erkennen und nutzen. In O. Kühne & F. Weber (Hrsg.), *Bausteine der Energiewende* (S. 509–522). Wiesbaden: Springer VS.

Berger, P. L. & Luckmann, T. (2012 [1969]). *Die gesellschaftliche Konstruktion der Wirklichkeit. Eine Theorie der Wissenssoziologie.* Frankfurt (Main): Fischer Taschenbuch Verlag.

BMUB & UBA (Hrsg.). (2017). *Umweltbewusstsein in Deutschland 2016. Ergebnisse einer repräsentativen Bevölkerungsumfrage.* Berlin: Selbstverlag.

Breckner, R. (2010). *Sozialtheorie des Bildes. Zur interpretativen Analyse von Bildern und Fotografien.* Bielefeld: Transcript.

Eichenauer, E., Reusswig, F., Meyer-Ohlendorf, L. & Lass, W. (2018). Bürgerinitiativen gegen Windkraftanlagen und der Aufschwung rechtspopulistischer Bewegungen. In O. Kühne & F. Weber (Hrsg.), *Bausteine der Energiewende* (S. 633–651). Wiesbaden: Springer VS.

Fahlenbrach, K. (2002). *Protest-Inszenierungen. Visuelle Kommunikation und kollektive Identitäten in Protestbewegungen.* Wiesbaden: Westdeutscher Verlag.

Gherairi, J. (2015). *Persuasion durch Protest. Protest als Form erfolgsorientierter, strategischer Kommunikation.* Wiesbaden: Springer VS.

Hildebrand, J. & Rau, I. (2012). Die Akzeptanz des Netzausbaus. Ergebnisse einer umweltpsychologischen Studie. *EMF-Spektrum* (2), 4–7.

Hoeft, C., Messinger-Zimmer, S. & Zilles, J. (Hrsg.). (2017). *Bürgerproteste in Zeiten der Energiewende. Lokale Konflikte um Windkraft, Stromtrassen und Fracking.* Bielefeld: Transcript.

Hübner, G. & Hahn, C. (2013). *Akzeptanz des Stromnetzausbaus in Schleswig-Holstein. Abschlussbericht zum Forschungsprojekt.* Halle.

Kamlage, J.-H., Nanz, P. & Fleischer, B. (2014). Dialogorientierte Bürgerbeteiligung im Netzausbau. In H. Rogall, H.-C. Binswanger, F. Ekardt, A. Grothe, W.-D. Hasenclever, I. Hauchler et al. (Hrsg.), *Im Brennpunkt: Die Energiewende als gesellschaftlicher Transformationprozess* (Jahrbuch Nachhaltige Ökonomie, Bd. 4, S. 195–216). Marburg: Metropolis Verlag.

Kühne, O. (2008). *Distinktion – Macht – Landschaft. Zur sozialen Definition von Landschaft.* Wiesbaden: VS Verlag für Sozialwissenschaften.

Kühne, O. (2013). *Landschaftstheorie und Landschaftspraxis. Eine Einführung aus sozialkonstruktivistischer Perspektive.* Wiesbaden: Springer VS.

Kühne, O. & Weber, F. (2018). Bausteine der Energiewende – Einführung, Übersicht und Ausblick. In O. Kühne & F. Weber (Hrsg.), *Bausteine der Energiewende* (S. 3–19). Wiesbaden: Springer VS.

Kühne, O., Weber, F. & Jenal, C. (2016). Der Stromnetzausbau in Deutschland: Formen und Argumente des Widerstands. *Geographie aktuell und Schule 38* (222), 4–14.

Langer, K. (2018). Frühzeitige Planungskommunikation – ein Schlüssel zur Konfliktbewältigung bei der Energiewende? In O. Kühne & F. Weber (Hrsg.), *Bausteine der Energiewende* (S. 539–556). Wiesbaden: Springer VS.

Leibenath, M. & Lintz, G. (2018). Streifzug mit Michel Foucault durch die Landschaften der Energiewende: Zwischen Government, Governance und Gouvernementalität. In O. Kühne & F. Weber (Hrsg.), *Bausteine der Energiewende* (S. 91–107). Wiesbaden: Springer VS.

Linke, S. (2017). Neue Landschaften und ästhetische Akzeptanzprobleme. In O. Kühne, H. Megerle & F. Weber (Hrsg.), *Landschaftsästhetik und Landschaftswandel* (S. 87–104). Wiesbaden: Springer VS.

Linke, S. (2018). Ästhetik der neuen Energielandschaften – oder: „Was Schönheit ist, das weiß ich nicht". In O. Kühne & F. Weber (Hrsg.), *Bausteine der Energiewende* (S. 409–429). Wiesbaden: Springer VS.

Lobinger, K. (2012). *Visuelle Kommunikationsforschung. Medienbilder als Herausforderung für die Kommunikations- und Medienwissenschaft.* Wiesbaden: VS Verlag für Sozialwissenschaften.

Loenhoff, J. (2015). Die Objektivität des Sozialen. In B. Pörksen (Hrsg.), *Schlüsselwerke des Konstruktivismus* (S. 131–147). Wiesbaden: VS Verlag für Sozialwissenschaften.

Luhmann, N. (1984). *Soziale Systeme. Grundriß einer allgemeinen Theorie.* Frankfurt (Main).

Luhmann, N. (1996). Protestbewegungen (1995). In K.-U. Hellmann (Hrsg.), *Protest. Systemtheorie und soziale Bewegungen* (S. 201–215). Frankfurt am Main: Suhrkamp.

Mandel, K. (2018). Warum plant Ihr eigentlich noch? – Die Energiewende in der Region Heilbronn-Franken. In O. Kühne & F. Weber (Hrsg.), *Bausteine der Energiewende* (S. 701–713). Wiesbaden: Springer VS.

Marg, S., Hermann, C., Hambauer, V. & Becké, A. B. (2013). „Wenn man was für die Natur machen will, stellt man da keine Masten hin". Bürgerproteste gegen Bauprojekte im Zuge der Energiewende. In F. Walter, S. Marg, L. Geiges & F. Butzlaff (Hrsg.), *Die neue*

Macht der Bürger. Was motiviert die Protestbewegungen? BP-Gesellschaftsstudie (S. 94–138). Reinbek bei Hamburg: Rowohlt.

Michel, B. (2006). *Bild und Habitus. Sinnbildungsprozesse bei der Rezeption von Fotografien*. Wiesbaden: VS Verlag für Sozialwissenschaften/GWV Fachverlage GmbH Wiesbaden.

Miggelbrink, J. (2002). Konstruktivismus? ‚Use with caution'. Zum Raum als Medium der Konstruktion gesellschaftlicher Wirklichkeit. *Erdkunde 56* (4), 337–350.

Riegel, C. & Brandt, T. (2015). Eile mit Weile – Aktuelle Entwicklungen beim Netzausbau. *ARL-Nachrichten 45* (2), 10–16.

Rucht, D. (2001). Protest und Protestereignisanalyse: Einleitende Bemerkungen. In D. Rucht (Hrsg.), *Protest in der Bundesrepublik. Strukturen und Entwicklungen* (S. 7–26). Frankfurt am Main: Campus-Verlag.

Schweiger, S., Kamlage, J.-H. & Engler, S. (2018). Ästhetik und Akzeptanz. Welche Geschichten könnten Energielandschaften erzählen? In O. Kühne & F. Weber (Hrsg.), *Bausteine der Energiewende* (S. 431–445). Wiesbaden: Springer VS.

Sontheim, T. & Weber, F. (2018). Erdverkabelung und Partizipation als mögliche Lösungswege zur weiteren Ausgestaltung des Stromnetzausbaus? Eine Analyse anhand zweier Fallstudien. In O. Kühne & F. Weber (Hrsg.), *Bausteine der Energiewende* (S. 609–630). Wiesbaden: Springer VS.

Staubmann, H. (1997). Kapitel 10: Sozialsysteme als selbstreferentielle Systeme: Niklas Luhmann. In J. Morel (Hrsg.), *Soziologische Theorie. Abriss der Ansätze ihrer Hauptvertreter* (5., überarb. und erw. Aufl., S. 218–239). München: Oldenbourg.

Stegert, P. & Klagge, B. (2015). Akzeptanzsteigerung durch Bürgerbeteiligung beim Übertragungsnetzausbau? Theoretische Überlegungen und empirische Befunde. *Geographische Zeitschrift 103* (3), 171–190.

Stemmer, B. & Kaußen, L. (2018). Partizipative Methoden der Landschafts(bild)bewertung – Was soll das bringen? In O. Kühne & F. Weber (Hrsg.), *Bausteine der Energiewende* (S. 489–507). Wiesbaden: Springer VS.

van Leeuwen, T. (2013). Semiotics and Iconography. In T. van Leeuwen (Hrsg.), *Handbook of Visual Analysis* (S. 92–118). London: Sage.

Weber, F. & Kühne, O. (2016). Räume unter Strom. Eine diskurstheoretische Analyse zu Aushandlungsprozessen im Zuge des Stromnetzausbaus. *Raumforschung und Raumordnung 74* (4), 323–338. doi:10.1007/s13147-016-0417-4

Weber, F., Kühne, O., Jenal, C., Sanio, T., Langer, K. & Igel, M. (2016). Analyse des öffentlichen Diskurses zu gesundheitlichen Auswirkungen von Hochspannungsleitungen – Handlungsempfehlungen für die strahlenschutzbezogene Kommunikation beim Stromnetzausbau. Ressortforschungsbericht. https://doris.bfs.de/jspui/bitstream/urn:nbn:de:0221-2016050414038/3/BfS_2016_3614S80008.pdf. Zugegriffen 12.07.2017.

Weber, F., Jenal, C. & Kühne, O. (2016). Der Stromnetzausbau als konfliktträchtiges Terrain. The German power grid extension as a terrain of conflict. *UMID – Umwelt und Mensch-Informationsdienst* (1), 50–56. http://www.umweltbundesamt.de/sites/default/files/medien/378/publikationen/umid_01_2016_internet.pdf. Zugegriffen 20.03.2017.

Corinna Jenal studierte Germanistik, Politikwissenschaften und Philosophie an der Universität Trier und absolvierte an der Universität des Saarlandes am Stiftungslehrstuhl Nachhaltige Entwicklung das ‚Nachhaltigkeitszertifikat'. An der Universität des Saarlandes und der Hochschule Weihenstephan-Triesdorf arbeitete sie an verschiedenen Forschungsprojekten mit, unter anderem an Studien zum demographischen Wandel in Industrieunternehmen im Saarland, zum öffentlichen Diskurs zu gesundheitlichen Auswirkungen von Hochspannungsleitungen sowie zu Fragen der sozialen Akzeptanz der Gewinnung mineralischer Rohstoffe. Seit Oktober 2016 ist sie als wissenschaftliche Mitarbeiterin im Forschungsbereich Geographie der Eberhard Karls Universität Tübingen beschäftigt.

Partizipative Methoden der Landschafts(bild)bewertung – Was soll das bringen?

Boris Stemmer und Lucas Kaußen

Abstract

Partizipative Methoden zum Thema Landschaft sind bei Entscheidungsprozessen im Zuge der Energiewende für die Öffentlichkeit von großer Bedeutung. Im der aktuellen Planungspraxis spielen sie aber allenfalls eine untergeordnete Rolle. Dies hat zum Teil sehr unterschiedliche Beobachtungen zur Folge, die allesamt dazu führen, dass die Landschaftsplanung Gefahr läuft, in ihrem Kerngeschäft ‚Landschaft' den lebensweltlichen Bezug der Öffentlichkeit zur Landschaft aus den Augen zu verlieren. Dementsprechend sind die Beobachtungen Symptome einer Fehlentwicklung des landschaftsplanerischen Umgangs mit den Erneuerbaren Energien. Die Lösung liegt vor allem in einem grundsätzlichen Umdenken der bisherigen Herangehensweisen. Energielandschaften müssen entworfen und gestaltet werden, Gerechtigkeitsdiskussionen geführt und Landschaftsargumenten mehr Bedeutung zugemessen werden.

Keywords

Energiewende, Landschaft, Landschaftsbild, Partizipation

1 Einleitung

Im Rahmen des Ausbaus der erneuerbaren Energien wird die Entwicklung von Herangehensweisen zur Bewertung des Handlungsgegenstandes Landschaft weiter vorangetrieben. Die Website „Natur und Erneuerbare"[1], die die Projekte des Bundesamts für Naturschutz im Bereich der erneuerbaren Energien zusammenfasst, weist unter dem „Naturschutzbelang Landschaftsbild" auf insgesamt 15 Projekte hin, die

---

1 https://www.natur-und-erneuerbare.de/ 16.05.2017

sich in unterschiedlicher Weise mit dem „Landschaftsbild" auseinandersetzen. Darunter sind auch einige Vorhaben mit einem ausdrücklichen Schwerpunkt in diesem Bereich.

Im Gegensatz dazu kann mit Blick auf die aktuellen Entwicklungen in der Praxis der Eindruck entstehen, dass die Auseinandersetzung mit dem Handlungsgegenstand Landschaft in einer Sackgasse steckt. Landschaftsplanung und -architektur scheinen gerade bei ihrer Kernkompetenz Landschaft ('nomen est omen') vor den Herausforderungen der Energiewende zu kapitulieren. Besonders deutlich wird diese Hilflosigkeit durch die aktuell in den Bundesländern geltenden Regelungen zur finanziellen Kompensation von Eingriffen in das Landschaftsbild (Schmidt et al. 2016, S. 13). Diese Monetisierung ist nicht nachvollziehbar, führt aber vor allem dazu, dass die Auseinandersetzung mit dem Eingriffsraum erheblich „begrenzt" ist (Roth und Bruns 2017, S. 6), bzw. nicht mehr stattfindet. Damit schlagen Eingriffe in das Landschaftsbild in der Praxis lediglich als Geldwert zu buche, dessen Höhe aber stärker vom Bundesland, in dem der Eingriff stattfindet, als vom konkreten Standort abhängt (siehe Schmidt et al. 2016, S. 13). Eine tatsächliche Standortentscheidung kann so nicht unterstützt werden, vielmehr wird diese weiter in Richtung der sogenannten ‚harten', überwiegend ökologisch-technischen Kriterien verlagert. Der Nachvollziehbarkeit und damit letztlich der Akzeptanz für die Standortentscheidung innerhalb der Öffentlichkeit ist dies in besonderem Maß abträglich. Unter den wenigen verbliebenen lebensweltlich nachvollziehbaren Kriterien bleibt z. B. der Lärmschutz (TA-Lärm Sechste Allgemeine Verwaltungsvorschrift zum Bundes-Immissionsschutzgesetz (Technische Anleitung zum Schutz gegen Lärm – TA Lärm) 1998), während viele weitere der genutzten Kriterien der Öffentlichkeit kaum Anknüpfungspunkte bieten (Ipsen 2006; Kühne 2009; Bruns und Kühne 2013; Stemmer 2016b; Weber und Jenal 2016). Dass hinter dieser Entwicklung konkrete gesetzliche Anforderungen des Umwelt- und Naturschutzes stehen, ist den Autoren durchaus bekannt, dennoch lässt sich aus der Vernachlässigung des Themas Landschaft ein erhebliches Konfliktpotential ableiten (z. B. Reusswig et al. 2016, S. 22; vgl. auch Eichenauer et al. 2018; Könen et al. 2018; Kühne 2018; Weber 2018 in diesem Band).

Gerade im Kontext der neuen ambitionierten Klimaschutzziele des Pariser Abkommens (Begrenzung der Erderwärmung auf 1,5 °C gegenüber dem vorindustriellen Zeitalter; Vereinte Nationen, 2015) ist eine weitere Erhöhung des Drucks auf die verbliebenen, bisher insbesondere von Windenergieanlagen (WEA) freigehaltenen Flächen zu erwarten (z. B. dargestellt bei Quaschning 2016; siehe auch Hook 2018 in diesem Band). Dementsprechend wird zukünftig eine Diskussion um die ‚weichen', also einer Abwägung zugänglichen Kriterien, nicht mehr stattfinden brauchen, weil das anerkannte öffentliche Interesse der Energiewende diese regelmäßig überwiegt. Für die Beantwortung der Standortfragen werden also keine Landschaftsplaner mehr benötigt. GIS-Experten und Technokraten können schneller und ebenso gut Antworten darauf finden. Mithin ist der Anspruch an der § 1 BNatSchG Nr. 3 f., wonach Natur und Landschaft so zu schützen sind, dass „die Vielfalt, Eigenart und Schönheit sowie der Erholungswert von Natur und Landschaft auf Dauer gesichert sind" (Gesetz über Naturschutz und Landschaftspflege (Bundesnaturschutzgesetz) 2009), damit aber praktisch aufgegeben.

Paradox ist dies gerade, weil an die Landschaft aus einer Vielzahl von Lebensbereichen immer höhere Ansprüche gestellt werden. Die vielfältige Bedeutung der Landschaft wird z. B. eindrücklich im „Naturkapital Deutschland" (Naturkapital Deutschland – TEEB DE 2016) dargestellt. Mit Blick auf das Wohlbefinden des Menschen ist hierzu festzuhalten, dass nicht nur der gute Zustand der Umweltmedien hierzu beiträgt, sondern auch sogenannte ‚kulturelle Leistungen' einen wichtigen Teil einnehmen (Groot und Hein 2007, S. 18). Diese kulturellen Leistungen sind z. B. „physische und erlebnisbasierte Erfahrungen/Erholung, kognitive und emotionale Interaktion, spirituelle und symbolische Bedeutung und andere kulturelle Leistung" (Naturkapital Deutschland – TEEB DE 2016, S. 30). Gerade diese werden jedoch nur über die ‚Landschaft' als bewusstseinsinterne Konstruktion zugänglich und ergeben sich erst durch die Wahrnehmung eines Raums als Landschaft durch die Öffentlichkeit und durch Zuweisung von Bedeutungen (Kühne 2009), was in der Europäischen Landschaftskonvention treffend beschrieben wird „‚Landscape' means an area, as perceived by people, whose character is the result of the action and interaction of natural and/or human factors" (Council of Europe 2000). Eine theoretische Herleitung unterschiedlicher Landschaftsbegriffe leistet die Konvention freilich nicht, weitere Informationen dazu finden sich z. B. bei Kühne (2013, S. 181 ff).

Der Zugang zum Thema Landschaft besteht für die überwiegende Mehrheit der Öffentlichkeit in einer emotional-ästhetischen Dimension (Ipsen 2006). Diese basiert im Wesentlichen auf gesellschaftlichen und in der Postmoderne zunehmend persönlichen, individuellen Werthaltungen (Kühne 2006). Sie korrespondiert damit mit der zu beobachtenden Diversifizierung der Lebensstile und ist für den Landschaftsplaner mit objektbezogenen Herangehensweisen nicht fassbar (hierzu auch Linke 2018 in diesem Band). Objektbezogenen Herangehensweisen liegt ein grundsätzlich positivistisches Verständnis der Landschaftswahrnehmung zugrunde, die die Subjekt-Objektbeziehungen als linearen Prozess vom Objekt zum wahrnehmenden Subjekt versteht. Wahrnehmungstheorien dieser Art gelten seit Jahrzehnten als veraltet. Es muss also bei der Landschaftsbewertung eine Auseinandersetzung mit dem wahrnehmenden Subjekt stattfinden (Stemmer 2016a).

Dies entbindet jedoch den Planer, der ja meist kein Sozialwissenschaftler oder Psychologe ist, keinesfalls davon, sich mit dem Handlungsgegenstand auseinander zu setzen. Im Gegenteil gilt es nun noch in größerem Maße, sich damit zu beschäftigen und Lösungen zu finden. Damit kann aber auch nicht gemeint sein, den Massengeschmack als kleinsten gemeinsamen Nenner zum Maßstab der Landschaftsanalyse zu erheben, sondern planerische Kreativität dazu zu nutzen, Landschaften zu schaffen und zu erhalten, die den Menschen weiterhin lebensweltliche Anknüpfungspunkte bieten.

2 Grenzen aktueller Mitwirkungsansätze vor dem Hintergrund einer konstruktivistischen Landschaftstheorie

In vielerlei Hinsicht wird vor diesem Hintergrund die Mitwirkung der Öffentlichkeit eine besondere Bedeutung zur Lösung der oben dargestellten Probleme zugeschrieben (vgl. auch Kühne 2018 in diesem Band), wenngleich der Handlungsgegenstand Landschaft derzeit zumindest in der Praxis kaum Entscheidungsrelevanz aufweist. Nach einigen Jahrzehnten der Beteiligungseuphorie hält in der Disziplin aber Ernüchterung Einzug. Hierzu tragen nicht zuletzt auch erstaunlich doppeldeutige Beteiligungsergebnisse wie z. B. des mit unzähligen Fehlern belasteten Beteiligungsprozesses zum Bahngroßprojekt Stuttgart 21 bei. Dieses Beispiel, wenngleich nicht der Landschaftsplanung zuzuordnen, zeigt wesentliche Züge des oben beschriebenen Verlusts des lebensweltlichen Bezugs: Während die Befürworter mit Effizienzsteigerung und Zeitersparnis argumentierten, redeten die Gegner nicht über „die materielle Dimension des Parks als großstädtischem Klimafaktor [...], der nach industriegesellschaftlicher Logik berechnet und erfasst werden könnte. Es sind die Bilder, die Erinnerungen, die emotionalen Projektionen, die kulturellen Aufladungen dieses Stückes innerstädtischer Natur, die es für die Projektgegner so wertvoll und unersetzlich werden lassen." (Göschel 2013, S. 155–156) (Weitere Beispiele für ähnliche Problemlagen finden sich z. B. bei Kühne und Meyer (2015) in Bezug auf die Definition von Grenzen und Territorien allgemein und bei Kühne (2015, S. 64) speziell für das Beispiel des Regionalen Entwicklungskonzepts Bliesgau)

Wenn lebensweltlichen Kriterien wie diese für Standortentscheidungen beim Ausbau der erneuerbaren Energien in der Praxis marginalisiert werden, stellt sich zwangsläufig die Frage, warum überhaupt weiter Methoden zur Bewertung von Landschaften entwickelt werden und warum die Öffentlichkeit an der Erfassung und Bewertung von Landschaften mitwirken sollte. Was vor dem Hintergrund des Wissens über die Landschaft zweifelsfrei richtig ist, nämlich diese Mitwirkung, könnte vor dem Hintergrund der oben dargestellten Rahmenbedingungen doch nur noch zu mehr Verdruss und weiter sinkendem Interesse führen. Wenn es um die Energiewende geht, werden in diesem Kontext gleich mehrere problematische Phänomene der Mitwirkungskultur in besonderer Weise beobachtbar. Im Folgenden werden vier der besonders bedeutsamen Phänomene skizziert.

2.1 Beobachtung 1: Wo es nichts zu entscheiden gibt, braucht es keine Mitwirkungsangebote

Bei der oben dargestellten Ausgangssituation geraten aktuelle Mitwirkungsansätze an systemische Grenzen: Welche Ergebnisse soll eine öffentliche Mitwirkung erbringen, wenn letztendlich gar keine Entscheidungsspielräume mehr gegeben sind? Eine Diskussion der einen oder anderen Herangehensweise („Gruppendiskussion oder doch lieber Exkursion?") ist unter dem Vorzeichen der absehbaren Bedeutungslosigkeit erst recht obsolet. Arnstein's ‚Ladder of Participation' (Arnstein 1969, S. 217) endet im Bereich ‚Nonparticipation' oder genauer genommen bei ‚Therapy'. Dies beschreibt besonders treffend, dass den ‚Mitwirkenden', die nun keine mehr sind, weil sie nichts bewirken können, nichts weiter erklärt werden kann, als dass es eben nichts zum Mitwirken, geschweige denn zum Entscheiden gibt. Dies kann, etwas positiver, als ein Aufklären über die tatsächlichen Zwänge, in denen sich die Planung befindet, beschrieben werden, als ein Werben um Verständnis oder sogar als ‚Umweltbildungsmaßnahme'. Es ändert aber nichts daran, dass ein Einfluss auf Entscheidungen durch Mitwirkung nicht oder nur marginal möglich ist.

Eine Forderung nach Beteiligungsprozessen der Bevölkerung wird unterschiedlich aufgefasst und schafft eine große Diskrepanz zwischen bürgerlichem Engagement, Wissenshunger und tatsächlichen Beteiligungsangeboten in Planungsprozessen (Bock und Selle 2013). Roth (2013) beschreibt die Möglichkeiten zur Einbindung in projektbezogenen Beteiligungsmöglichkeiten als stetig zunehmend, gleichzeitig seien Beteiligungsprozesse aber eine „Treppe ins nichts", da politisch motivierte Ziele, rechtliche Vorgaben und allgemeine Ressourcenknappheit einer tatsächlichen Umsetzung von Beteiligungsergebnissen im Wege stehen. Politische Entscheidungen werden selten durch das Engagement der Bevölkerung gekippt (Ausnahme z. B. beim Thema Erdkabel, vgl. Weber und Kühne 2016), da die Beteiligungsmöglichkeiten von vorne herein klein sind und in vielen Prozessen gegen Null gehen.

Wie oben dargestellt, werden sich die Planungsprozesse unter den verschärften Rahmenbedingungen noch weiter in eine ‚Alternativlosigkeit', entwickeln. ‚Weiche' Kriterien, mit denen sich ein Mitwirkungsformat überhaupt auseinandersetzen kann, also Kriterien ‚zweiter Klasse', zu denen auch alle Fragen um den Handlungsgegenstand Landschaft zählen, werden immer mehr an Bedeutung verlieren und damit ausgerechnet der Teil, zu dem die Öffentlichkeit einen besonderen Beitrag leisten kann. Dies bedeutet aber auch und das ist noch wesentlich wichtiger, dass es hier um den Teil geht, über den die Öffentlichkeit einen lebensweltlichen Zugang zur Landschaft und somit auch zu den Anlagen zur Gewinnung der erneuerbaren Energien aufbaut. Dementsprechend steht die Beobachtung in direktem Zusammenhang mit den Beobachtungen 3 und 4. Denn die Tatsache, dass es offenbar bei der Energiewende nichts zu entscheiden gibt, bedingt die beiden Beobachtungen, so wird die Energiewende in der Regel negativ wahrgenommen (3) und wegen der Bedeutungslosigkeit der Landschaftsargumente diese maskiert (4).

2.2 Beobachtung 2: Es beteiligen sich immer die ‚üblichen Verdächtigen'

Die bereits angesprochene Ernüchterung über die öffentliche Mitwirkung bei Entscheidungen hat aber auch einen bemerkenswerten weiteren Grund, denn selbst, wenn es etwas zu entscheiden gäbe, müsste immer die Frage gestellt werden, wer letztendlich entscheidet. Diese zunächst banale Frage reicht bis zu den Grundprinzipen des Staates, nämlich, in welchem Verhältnis direkte und repräsentative Demokratie zueinander stehen sollen. Bisher stehen als Elemente einer direkten Demokratie auf der kommunalen Ebene Bürgerbegehren und Bürgerentscheide und auf der Länderebene Volksentscheide zur Verfügung. Für eine direkte Entscheidung der Bürger(innen) im Rahmen eines Mitwirkungsprozesses in der kommunalen Landschafts- oder Flächennutzungsplanung besteht daher keine Rechtsgrundlage. Planungsbezogene Entscheidungen werden daher immer durch die politischen Vertretungen, also einen Teil der repräsentativen Demokratie, getroffen.

Dies erscheint vor dem Hintergrund der sich aktuell für fast alle Arten von Mitwirkungsprozessen abzeichnenden Situation, dass bestimmte Gruppe, namentlich gut ausgebildet mehr als 50 Jahre alte Männer (Ingenieure, Lehrer usw.), den Ton angeben (Reusswig et al. 2016, S. 13–14), als besonders wichtig und als Glücksfall. Diese Gruppe verfügt regelmäßig über die notwendigen Ressourcen, die eine Einflussnahme begünstigen: Zeit, Netzwerke, Geld, Bildung. Aus diesem Grund sind ihre Interessen bereits in der repräsentativen Demokratie regelmäßig deutlich überrepräsentiert. Darüber hinaus sind diese Personen regelmäßig in sogenannten ‚Bürgerinitiativen', organisiert. Diese Gruppen besetzen in der Regel ein Thema mit einer extremen Position und versuchen, durch das organisierte Vorgehen Einfluss geltend zu machen. Häufig entsteht der Eindruck, dass die Gruppen vermeintlich eine schweigende Mehrheit vertreten. Erstaunlicherweise wird diesen Gruppen in Mitwirkungsprozessen häufig eine besondere Aufmerksamkeit zuteil. Diese ist jedoch in der Regel nicht gerechtfertigt. Bürgerinitiativen sind zum einen regelmäßig wenig kompromissbereit und zum anderen häufig nicht so sehr Spiegel des Meinungsbildes wie angenommen. In Anbetracht dieser Tatsachen bestehen erhebliche Zweifel in Bezug auf die immer wieder beschworene gesellschaftliche Gerechtigkeit, die durch Mitwirkungsprozesse entstehen würde. So muss die ernüchternde Erkenntnis Einzug halten, dass sie dies in vielen Fällen gerade nicht tun, sondern einen Beitrag zur Aufrechterhaltung und sogar Verstärkung von Generationenungerechtigkeit, Geschlechterungerechtigkeit und sozialen Ungerechtigkeit im Allgemeinen leisten. Die Heilsversprechung der Beteiligungseuphorie ist dementsprechend nicht eingetreten, vielmehr haben die Mächtigen die Chance genutzt, ihre Macht und im Speziellen die Deutungshoheit über Landschaft auszubauen. Umso paradoxer erscheint es vor diesem Hintergrund, dass Bürgerinitiativen trotz (oder vielleicht gerade wegen) ihrer häufig extremen Positionierung regelmäßig mehr Glaubwürdigkeit zugesprochen wird als Vertreter(inne)n von Verwaltung, Planung und Begutachtung.

2.3 Beobachtung 3: Die erneuerbaren Energien werden grundsätzlich negativ wahrgenommen

Dass die erneuerbaren Energien überwiegend negativ wahrgenommen werden, liegt vor allem an der großen Präsenz im Raum. Erstaunlich ist, dass die allgemeine Zustimmung zur Energiewende immer noch recht hoch ist (Küchler-Krischun et al. 2015, S. 13). Man kann daher die vielfach zu beobachtende projektbezogene Ablehnung auch als typisches NIMBY-Phänomen („Not In My BackYard') brandmarken. Interessanter scheinen andere Teilbeobachtungen: Zum einen entsteht der Eindruck einer Abwehrschlacht gegenüber einer Invasion der Windräder (oder aller anderer leicht wahrnehmbarer Veränderungen der Nutzungen, z. B. Hochspannungsfreileitungen, Bahntrassen usw.), was auch nicht zuletzt an der Präsenz der Bürgerinitiativen liegt, die sich im Wesentlichen im ablehnenden Lager wiederfinden und die eine besonders große Glaubwürdigkeit besitzen (Beobachtung 2) (Weber et al. 2017, S. 223). Zum anderen werden andere schwerwiegende und flächige Landschaftsveränderungen und Umweltprobleme kaum in einem vergleichbaren Maße diskutiert z. B. Siedlungs- und Verkehrsflächenentwicklung (Schmidt et al. 2014), Stickoxidbelastung, Nitratbelastung des Grundwassers, die allein mit Blick auf die menschliche Gesundheit viel konkretere und schwerwiegendere Folgen haben werden als es bei der Energiewende bisher erkennbar wäre. Diese Veränderungen sind weniger konkret räumlich fassbar und vor allem sind sie zunächst in der Landschaft für die Öffentlichkeit nicht wahrnehmbar. Darüber hinaus sind andere Landschaftswandelprozesse selten so eindeutig auf eine Ursache zurückführbar.

Dies zeigt aber auch, dass über die besondere Beziehung der Öffentlichkeit zu einer Landschaft, die auf den Wünschen, Vorstellungen und Bedürfnissen der Menschen beruht, und bei anderen Handlungsgegenständen kaum in dem Maße vorhanden ist, leicht ein sehr emotional geführter Diskurs entstehen kann. Die grundsätzlichen Vorteile einer Versorgung mit einer regenerativen Energiequelle werden im öffentlichen Diskurs zwar nicht grundsätzlich, aber in Bezug auf die einzelnen Vorhaben in erheblichem Maß ausgeblendet (z. B. Unabhängigkeit von u. U. unsicheren Ländern, Abmildern des Klimawandels, Reduktion lokaler Emissionen usw.).

2.4 Beobachtung 4: Argumente werden maskiert

Die eigentlichen Argumente, weil sie in der Regel ‚weiche' Kriterien betreffen (Beobachtung 1), werden als Folge der systematischen Missachtung auf der Entscheidungsseite maskiert und so versucht, die Argumentation auf sogenannte ‚harte' Kriterien zu verlagern. Das bedeutet, dass sich hinter dem eigentlich geäußerten Argument (vorzugsweise ein ‚hartes' Kriterium, z. B. das Vorkommen einer bestimmten Art) ein anderes Argument verbirgt. Hier spielen z. B. ein befürchteter Wertverlust der eigenen Immobilie, die Hoffnung selber das eigene Land an den Betreiber zu verpachten usw. eine Rolle. Aber auch Bedenken, die weniger egoistisch sind, werden notwendigerweise maskiert, z. B. landschaftsästhetische und -historische Argumente.

Neben dem Maskieren der Argumente kommt es außerdem zu einer Verwendung von schweinwissenschaftlichen Argumenten. Ein besonders beliebtes Beispiele ist das „Windturbine Syndrom" (Pierpont 2009). Diese verbreiten sich gänzlich im Sinne von ‚Fake-News' rasant vor allem über die weitreichenden Netzwerke von Bürgerinitiativen. Die Verbreitung dieser durch das Internet spielt bei Planungsprozessen mittlerweile eine große Rolle. Nachrichten werden weniger häufig hinterfragt und in eine Richtung hin ausgelegt, die die eigene Argumentation unterstützen. Soziale Netzwerke dienen dazu als Versammlungsort von Gleichgesinnten, in denen solche ‚News' verbreitet werden und die Meinungsbildung beeinflussen. Menschen in sozialen Netzwerken umgeben sich vornehmlich nur noch mit Menschen, die die eigene Meinung teilen und nicht hinterfragen (Filterblase). Damit werden kritische Diskussionen und ein Austausch unterschiedlicher Meinungen im Keim erstickt und durch eine Bestätigung der eigenen Meinung verstärkt. „In der Wissenschaft heißt der Fehler, der sich in unser Denken dadurch einschleicht: Bestätigungsfehler. […] In diesen Netzwerken – man kann auch sagen: Echokammern – entstehen dann Narrative, also Erzählungen, die keinen Widerspruch mehr erfahren" (Nordheim 2016).

Hierin wird offensichtlich, in welchen Machtstrukturen der Diskurs um die erneuerbaren Energien stattfindet. Die Deutungshoheit über das Thema Landschaft liegt bei ‚Expert(inn)en', die in der Lage sind, die Argumente in gültige und weniger gültige zu unterteilen. Zur Unterscheidung dient ein scheinbares wissenschaftliches Maß der Belegbarkeit. Lebensweltliche Argumente im Kontext des Erlebens und Wahrnehmens von Natur und Landschaft unterliegen dabei regelmäßig naturwissenschaftlich ‚rationalen' Argumenten. Hierbei wird außer Acht gelassen, dass sich beide dahinterstehenden Herangehensweisen grundsätzlich unterschiedlichen Wissensbereichen zuzuordnen sind, von denen weder der eine noch der andere einen höheren Wahrheitsgehalt aufweisen. Tatsächlich besteht diesbezüglich keine Vergleichbarkeit.

3 Das Ende der Mitwirkung bei landschaftsbezogenen Entscheidungen?

Zusammenfassend lässt sich feststellen, dass aktuelle Ansätze der Mitwirkung der Öffentlichkeit bei landschaftsbezogenen Entscheidungen im Rahmen der Energiewende nicht besonders erfolgversprechend erscheinen. Dies hat mehrere Gründe, die oben bereits ausführlich dargestellt wurden. Knapp auf den Punkt gebracht geht es darum, dass:

- beteiligt wird, obwohl es nichts zu entscheiden gibt,
- sich immer nur die Gleichen beteiligen und gehört werden (von einem Gerechtigkeitsgewinn kann nicht die Rede sein),

- erneuerbare Energien vor allem durch die genannten Kreise der Beteiligten als negativ stigmatisiert werden,
- durch die Rahmenbedingungen der Planung die Argumentation nicht ehrlich geführt werden kann, weil bekannt ist, dass eine Vielzahl lebensweltlich relevanter Argumente im Entscheidungsprozess nicht gelten werden.

Vor dem Hintergrund dieser Analyse stellt sich die Frage, ob die Mitwirkung der Öffentlichkeit bei landschaftsbezogenen Entscheidungen insbesondere im Rahmen der Energiewende noch eine Rolle spielen kann. Eng damit verbunden ist, wie einleitend dargestellt, die Frage, welche Rolle Landschaftsarchitekt(inn)en in diesem Kontext einnehmen sollen. Die Antworten müssen differenziert ausfallen und schließen die Entwicklung neuer Herangehensweisen durch die Landschaftsplanung sowie die Änderung der Rahmenbedingungen, innerhalb derer Planungsentscheidungen getroffen werden und damit explizit der rechtlichen Grundlagen, ein (siehe auch Büscher und Sumpf 2018; Langer 2018 in diesem Band).

4 Neue Herangehensweisen im Umgang mit dem Handlungsgegenstand Landschaft im Rahmen der Energiewende

Um den oben dargestellten Herausforderungen begegnen zu können, werden im folgenden Thesen formuliert, die dazu dienen eine Entwicklung der Partizipation bei landschaftsbezogenen Entscheidungen zu skizzieren. Dabei geht es nicht nur um den Mitwirkungsprozess selbst, sondern notwendigerweise auch um die Rahmenbedingungen der Planung.

4.1 These 1: Windkraftplanung als Entwurfsaufgabe macht Mitwirkung möglich

Die Planung von Windkraftanlagen dient hier mithin als Beispiel für alle anderen Veränderungen der Erscheinung des Raums. Der aktuelle oben dargestellte Umgang mit dem Handlungsgegenstand Landschaft zeigt die Schwäche der Landschaftsplanung diesbezüglich. Die generelle Festlegung auf Ausgleichszahlung kann dem Anspruch der Disziplin nicht genügen und wird darüber hinaus auch den gesellschaftlichen Ansprüchen daran nicht gerecht.

Auf der Hand liegt deswegen, dass die Gestaltung von Windparks eine Gestaltungsaufgabe der Landschaftsarchitektur werden muss und nicht allein eine Frage des Umwelt- und Naturschutzes oder einer stark verrechtlichten Planung (zu Planung auch Hage und Schuster 2018; Mandel 2018 in diesem Band). Zahlreiche Beispiele aus Europäischen Nachbarländern, aber auch aktuelle Wettbewerbe und studentische Arbeiten (z. B. Feddes 2010; Schöbel-Rutschmann 2012; Scottish Natural Heritage 2014; Evangelische Akademie Abt Jerusalem 2015; Arbeitskreis Ästhetische Energielandschaften 2016) zeigen, dass dies durchaus möglich ist. Landschaften mit diesen Anlagen werden so nicht etwa aus dem kollektiven Gedächtnis entfernt oder als entwertet wahrgenommen, sondern erhalten durch diese Gestaltung einen mitunter neuen Sinn, was vor allem dem Neugestaltungsanspruch des § 15 Abs. 2 BNatSchG entsprechen kann, mindestens aber im Vergleich zur aktuellen Praxis den Vorteil bietet, dass Mittel, die bei den Eingriffen für den Ausgleich von Landschaftsbildschäden aufgewendet werden müssen, vor allem den Menschen zugutekommen, die davon betroffen sind. D. h. es besteht dann ein räumlich funktionaler Zusammenhang zwischen dem Eingriff und der ‚Neugestaltung'. Im Übrigen liegen in der Umsetzung von Maßnahmen vor Ort auch in besonderem Maße Möglichkeiten, den Menschen in diesem Punkt wieder mehr Mitbestimmungsmöglichkeiten einzuräumen als dies bei der Planung sonst möglich ist. Insbesondere würde diese Diskussion von den verhärteten Fronten von Bürgerinitiativen und Verwaltungen wegführen können und zumindest die Chancen für einen konstruktiven Diskurs deutlich erhöhen.

4.2 These 2: Man muss nichts fragen, was man auch auf anderem Wege herausfinden kann

Beteiligungsmöglichkeiten der Bevölkerung sind, wie oben beschrieben, von vorne herein klein und in vielen Prozessen gehen diese gegen Null.

Warum also noch die Bevölkerung Fragen? Wollen Landschaftsarchitekt(inn)en doch der Bevölkerung durch Beteiligungsprozesse eine Möglichkeit geben, mitzuentscheiden, besteht die große Gefahr, sie durch das geringe tatsächliche Mitspracherecht zu verprellen. Die Frage in Planungsprozessen lautet für den Planer in erster Linie also: Was kann gefragt werden, ohne die Bevölkerung zu überfordern und eventuell zu hohe Erwartungen zu wecken? Noch davor muss aber geklärt werden, ob überhaupt gefragt werden muss, denn was auch auf anderem Wege herausgefunden werden kann, muss nicht für Bürger(innen) und Planer(innen) aufwändig erfragt werden.

Lohnenswert sind hierbei Ansätze, die eine Erforschung der Öffentlichkeit auf indirektem Wege zulassen, z. B. die Analyse von Daten aus sozialen Netzwerken (z. B. Dunkel 2016). Durch die Integration von geographischen Informationen werden Nutzeranalysen möglich, die zuvor nur aufwändig mit durch Umfragen erhobenen Daten durchgeführt werden konnten. Social-Media-Daten umfassen eine Vielzahl an Informationen. Neben Fotografien und Textbeiträgen der Nutzer(innen) können auch raumbezogene Daten wie Standorte und zurückgelegte Wege (einschließlich der Aktivitäten) analysiert werden. So können Daten aus den sozialen Medien genutzt werden, um Verhaltensmuster der Öffentlichkeit in Bezug auf ‚Landschaft' zu analysieren und in die Planungs- und Entscheidungsprozesse einfließen zu lassen.

Eine Analyse des photo-sharing-Dienstes FlickR (Elmer et al. 2016) zeigt beispielsweise auf, welche Örtlichkeiten (Points of Interest) deutschlandweit am häufigsten fotografiert und in dem sozialen Netzwerk geteilt werden, in welcher Kalenderwoche die meisten Fotografien entstehen und in welchem Verhältnis die Anzahl der Fotografien zur Einwohnerzahl der Region stehen. Frias-Martinez et al. (2012) zeigen Möglichkeiten auf, wie anhand von Twitter-Nachrichten die Nutzung der Stadt und Landschaft zur Arbeitszeit, in der Freizeit (z. B. am Wochenende) und in der Nacht analysiert werden kann. Dunkel (2016) untersucht Bilder im sozialen Netzwerk FlickR und zeigt für die Ergebnisse neue Darstellungsmöglichkeiten auf.

Direkte Beteiligungsprozesse könnten im Vergleich zu den oben skizzierten Möglichkeiten zukünftig eine weniger wichtige Rolle spielen. Auch ein weiteres Phänomen bei mit der Energiewende verbundenen Beteiligungsprozessen könnte zumindest abgemildert werden: Landschaften verändern sich als soziale Konstruktion bereits durch die Befürchtung von Veränderungen. Steht diese Befürchtung einmal im Raum, können zuverlässige Informationen zur Landschaftsbewertung von der Öffentlichkeit nicht mehr ohne weiteres erfasst werden.

4.3 These 3: Die beteiligen, die sich nicht ohnehin schon am meisten Gehör verschaffen (können)

Bürgerinitiativen bilden sich bundesweit aus einer recht homogenen sozialen Gruppe. Gut ausgebildete, gut situierte Herren kämpfen für das Recht der Öffentlichkeit, in Planungsprozesse einzugreifen (Reusswig et al. 2016, S. 13–14). Planer(innen) und Politiker(innen) sind kaum in der Lage, Bürgerinitiativen mit fachlich fundierten Begründungen umzustimmen bzw. auf konstruktive Weise in den Planungsprozess einzubinden. Vielfach lehnen die Mitglieder und insbesondere die Anführer dieser Gruppen sowohl die Erneuerbaren Energien im Allgemeinen als auch die konkreten Projekte vor Ort ab (Reusswig et al. 2016, S. 12). Bürgerinitiativen und ähnliche Gruppen sind daher trotz ihrer großen Präsenz keine dankbare Zielgruppe für Mitwirkungsprozesse. Vielmehr sollte sich die Planung darauf konzentrieren, benachteiligte Gruppen aktiv einzubinden. Hierfür muss der Planer seine eigene ‚Komfortzone' verlassen. Die Formate der Mitwirkung sind auf die jeweiligen Zielgruppen abgestimmt anzugehen. Hierfür braucht es die Zusammenarbeit mit anderen Wissenschaftsbereichen namentlich der Soziologie und der Umweltpsychologie. Die soziologische Freiraumplanung hat hierzu bereits vor Jahrzehnten etliche Vorschläge gemacht, die sich auch auf die aktuellen Fragestellungen übertragen lassen (z. B. Healey 1993; Bischoff et al. 2007).

4.4 These 4: Landschafts-Argumente stärken

Eine Landschaft, die nicht genutzt wird, kann vielfältige Funktionen nicht erfüllen, z. B. ergibt sich eine tatsächliche Gesundheitswirkung nur, wenn die Menschen eine Landschaft auch aufsuchen möchten. Im Gegensatz zu vielen ‚harten' Argumente, haben die als ‚weich' herabgewürdigt lebensweltlichen Argumente hierauf einen Einfluss. Was hilft es, wenn alle Vögel und Fledermäuse in Frieden leben können, Boden, Wasser, Luft etc. in einem guten Zustand sind, die Menschen aber der Landschaft, die sie lieben und mit der sie sich identifizieren, beraubt sind, wenn die Menschen nichts mehr mit der Landschaft verbinden?

Letztendlich entziehen sich so Landschaftsplanung und Naturschutz langfristig ihre eigene Existenzgrundlage, die der Rückhalt und die Unterstützung innerhalb der Gesellschaft sind. Entfernt sich die Disziplin von dieser Gesellschaft so weit, dass der Sinn von Argumenten, Zielen und Maßnahmen nicht mehr nachvollziehbar ist, ja als ungerecht empfunden werden, so wird der Landschaftsplanung und dem Naturschutz auch die gesellschaftliche Relevanz noch mehr als ohnehin schon abhandenkommen (allgemein Kühne 2018 in diesem Band).

Die menschlichen Bedürfnisse und Ansprüche an die Landschaft müssen wieder in den Vordergrund des Handelns der Landschaftsplanung gerückt werden und eben nicht die „eines für die Schönheiten der natürlich gewachsenen Landschaft aufgeschlossenen Durchschnittsbetrachters" (Gassner 1995, S. 40), der zwar als juristischen Konstruktion, nicht aber als lebensweltlichen Bezugspunkt existiert. Hierfür kann eine tatsächlich entwicklungsorientierte Landschaftsplanung eine gute Ausgangsbasis bieten. Unter Mitwirkung der Öffentlichkeit kann im Rahmen dieser eine Entwicklungsperspektive für Landschaften erarbeitet werden, die durch die Verwendung von Ausgleichzahlungen (These 2) umgesetzt werden kann. Hierfür muss die Landschaftsplanung aber weg von einer naturwissenschaftlich-schützenden Haltung („Opas Landschaftsplanung", Hübler 1988) zu einer großräumig-entwerferischen Herangehensweise entwickelt werden. Im Zentrum des Plans würden fortan Landschaftserleben und Erholung, in deren Fahrwasser andere Ziele und Maßnahmen deutlich leichter realisiert werden können, stehen.

5 Ausblick – Rahmenbedingungen sind veränderbar

Gesetze dienen der Umsetzung gesellschaftlicher Zielvorstellungen, bildet ein Gesetz diese nicht mehr ab, so ist es veränderbar. In der Landschaftsplanung hat sich ein Duktus durchgesetzt, der Gesetze generell als ‚Ultima Ratio' betrachtet, über die nicht hinaus gedacht wird. Dabei wäre es gerade die Aufgabe der Planer(innen), nicht einfach nur umzusetzen, sondern – und dies betrifft vor allem die forschenden Planer(innen) –, eventuelle Fehlentwicklungen aufzudecken und die Politik auf diese hinzuweisen sowie an der Verbesserung der Umstände zu arbeiten. In der Disziplin ist spätesten seit den 80er Jahren des letzten Jahrhunderts eine ökologisch-kulturkritische Landschaftssicht dominant (Körner 2006, S. 89). Diese kommt in der aktuellen Gesetzgebung und Rechtsprechung in hervorragender Weise zum Ausdruck und gipfelt in der dargestellten Vernachlässigung des Handlungsgegenstandes Landschaft im Rahmen der Energiewende sowie auch in anderen landschaftsplanerischen Tätigkeitsfeldern. Gerade so verliert die Planung aber wie in These 4 dargestellt den Bezug zur Gesellschaft und letztendlich langfristig auch die gesellschaftliche Akzeptanz. Landschaftsargumente müssen wieder gestärkt werden. Hierbei kann das BNatSchG in seiner bestehenden Form über die Begriffe Vielfalt, Eigenart, Schönheit und Erholungswert allein schon wegen deren Unschärfe und Unverständlichkeit (für Planer wie Öffentlichkeit) kaum einen Beitrag leisten. Diese Strukturen gilt es aufzubrechen und im Rahmen der gesetzlichen Regelungen die Landschaft und damit den Menschen wieder in den Vordergrund zu rücken. Ähnlich wie es z. B. auch im Rahmen der Novellierung der UVP-Richtlinie (Bunge 2011, S. 71) geschehen ist. Ein wichtiger Schritt in diese Richtung ist auch (immer noch) die Ratifizierung der Europäischen Landschaftskonvention. Gute Argumente hierfür sind schon seit Jahren bekannt (z. B. Bruns 2007). Die Umsetzung der Konvention, die Stärkung der Landschaftsplanung mit einem besonderen Fokus auf dem Erleben und Wahrnehmen von Natur und Landschaft sowie der Erholung und nicht zuletzt die gleichrangige Behandlung von naturwissenschaftlichen und gesellschaftswissenschaftlichen Argumenten sind der Schlüssel dazu, dass die Landschaftsplanung nicht weiter marginalisiert wird bzw. sich selbst marginalisiert.

In diesem Zuge muss die Gestaltung von Landschaften und insbesondere von Energielandschaften wie in These 1 herausgearbeitet eine Entwurfsaufgabe sein und kein Abarbeiten von statistischen Kriterien wie zu Zeiten der längst überwunden geglaubten Entwicklungsplanung. So können die oben angesprochenen Landschaftsargumente letztendlich auch Eingang in die Planung finden, denn tatsächlich sind diese nicht immer rational sondern häufig auch emotional-ästhetisch begründet. Auf diesem Weg kann es gelingen, die Energiewende so zu gestalten, dass sie auch auf der Projektebene den Rückhalt in der Gesellschaft behält. Die Landschaftsplanung ist hierfür aber nur von Bedeutung, wenn bestehende Kompetenzen genutzt werden und überhaupt die Möglichkeit gegeben wird, tatsächlich gestaltend Einfluss zu nehmen. Diese Möglichkeiten zur Einflussnahme müssen dafür die in These 2 und 3 dargestellten Ansprüche erfüllen. Beides muss dabei Hand in Hand gehen. Es ist zu klären, was Planer mit den eigenen Fachkompetenzen selber leisten können. Darin braucht die Öffentlichkeit nicht eingebunden werden, nicht weil sie damit inhaltlich überfordert wäre, wohl aber zeitlich-organisatorisch. Dies ist dann die Lücke in die selbsternannte Vertreter der Öffentlichkeit stoßen und die immer gleichen Positionen contra Energiewende, Windkraft usw. in die Prozesse einbringen. Das hat mit einer ehrlichen Öffentlichkeitsbeteiligung auf beiden Seiten nichts mehr zu tun. Auf der einen Seite steht häufig der Versuch alle Einflussnahme abzublocken auf der anderen Seite agieren Netzwerke aus Profi-Protestlern, denen am jeweiligen Einzelfall nichts gelegen ist.

Letztendlich muss der Versuch unternommen werden auf neuen Wegen anderen als diesen, also denen, die sich sonst kaum Gehör verschaffen können, eine Möglichkeit zu geben sich in, die dann in Anzahl und Umfang auf das sinnvolle Maß reduzierte, Beteiligungsprozesse einzubringen. Im Übrigen sind hier nicht immer gesellschaftliche Randgruppen gemeint, sondern auch Teile der vermeintlichen Mitte der Gesellschaft, die regelmäßig unterrepräsentiert sind: junge Familien, Frauen, Jugendliche und junge Erwachsenen. So ist die Frage des richtigen Mitwirkungskonzepts eine Frage der Generation- und Geschlechtergerechtigkeit. Hierbei wird den neuen Medien eine wichtige Rolle zugeschrieben, ob die Planer es schaffen werden sich diese zu Eigen zu machen wird sich noch zeigen. In Bezug auf die These 3 ist jedoch eine besondere Bedeutung der neuen Medien bereits jetzt erkennbar. Man muss die dort preisgegebenen Landschaftsinformationen im Sinne des ‚Social Media Harvesting' nun noch zu ernten lernen (van Lammeren et al. 2017).

Literatur

Arbeitskreis Ästhetische Energielandschaften (2016). *Baukultur für Energielandschaften: Zur Landschaftsgestaltung durch Windenergienutzung.* Braunschweig.

Arnstein, S. R. (1969). A Ladder of Citizen Participation. *Journal of the American Institute of Planners 35,* 4, 216–224.

Bischoff, A., Selle, K., & Sinning, H. (2007). *Informieren, Beteiligen, Kooperieren: Kommunikation in Planungsprozessen. Eine Übersicht zu Formen, Verfahren und Methoden* (Völlig überarb. und erw. Neuaufl., unveränd. Nachdr.). *Kommunikation im Planungsprozess: Vol. 1.* Dortmund: Rohn.

Bock, S., Selle, K. (2013). Über Bürgerbeteiligung hinaus: Stadtentwicklung als Gemeinschaftsaufgabe? Analysen und Konzepte. *Raumforsch Raumordnung 71,* 6, 511–512.

Bruns, D. (2007). Die Europäische Landschaftskonvention. Anknüpfungspunkt und Impuls für eine moderne Landschaftspolitik. In S. Körner & I. Marschall (Hrsg.), *BfN-Skripten: Vol. 244. Die Zukunft der Kulturlandschaft. Verwilderndes Land – wuchernde Stadt?* (S. 189–204).

Bruns, D., & Kühne, O. (2013). Landschaft im Diskurs – konstruktivistische Landschaftstheorie als Perspektive für künftigen Umgang mit Landschaft. *Naturschutz und Landschaftsplanung 45,* 3, 83–88.

Bundesministerium für Umwelt, Naturschutz und Reaktorsicherheit (1998). Sechste Allgemeine Verwaltungsvorschrift zum Bundes-Immissionsschutzgesetz (Technische Anleitung zum Schutz gegen Lärm – TA Lärm).

Bunge, T. (2011). Entwicklungen auf EU-Ebene: Novellierung der UVP-Richtlinie. *UVP-Report 25,* 2+3, 66–75.

Büscher, C. & Sumpf, P. (2018). Vertrauen, Risiko und komplexe Systeme: das Beispiel zukünftiger Energieversorgung. In O. Kühne & F. Weber (Hrsg.), *Bausteine der Energiewende* (S. 129–161). Wiesbaden: Springer VS.

Council of Europe (2000). European Landscape Convention.
Deutscher Bundestag (2009). Gesetz über Naturschutz und Landschaftspflege (Bundesnaturschutzgesetz).
Dunkel, A. (2016). *Assessing the perceived environment through crowdsourced spatial photo content for application to the fields of landscape and urban planning* (Dissertation). Technische Universität Dresden, Dresden.
Eichenauer, E., Reusswig, F., Meyer-Ohlendorf, L. & Lass, W. (2018). Bürgerinitiativen gegen Windkraftanlagen und der Aufschwung rechtspopulistischer Bewegungen. In O. Kühne & F. Weber (Hrsg.), *Bausteine der Energiewende* (S. 633–651). Wiesbaden: Springer VS.
Elmer, C., Reitz, M., Schäfer, M., Strotz, P. & Tack, A. (2016). Flickr-Analyse: So sehen wir deutschen am liebsten. http://www.spiegel.de/reise/deutschland/flickr-analyse-deutschland-dein-fotoalbum-a-1070744.html. Zugegriffen: 30.06.2017.
Evangelische Akademie Abt Jerusalem (2015). Windkraft am Grünen Band: Entwurfsstudien zum Landschaftsraum Helmstedt-Marienborn bis Hessen-Mattierzoll. Ein Projekt der Evangelischen Akademie Abt Jerusalem in Braunschweig und der Leibniz Universität Hannover, Institut für Freiraumentwicklung. Braunschweig. http://www.thzbs.de/uploads/tx_rtgfiles/12_11_15_broschuere_kleiner.pdf. Zugegriffen: 30.06.2017.
Feddes, Y. (2010). Een choreografie voor 1000 molens. https://www.google.de/url?sa=t&rct=j&q=&esrc=s&source=web&cd=1&ved=0ahUKEwirjLLSkJnQAhWLjSwKHQjGARQQFggdMAA&url=https%3A%2F%2Fwww.collegevanrijksadviseurs.nl%2Fbinaries%2Fcollege-van-rijksadviseurs%2Fdocumenten%2Fpublicatie%2F2011%2F06%2F10%2Feen-choreografie-voor-1000-molens%2FEen%2Bchoreografie%2Bvoor%2B1000%2Bmolens.pdf&usg=AFQjCNGf2g_LGTXBd9zU7Q9BynmdczywcA&sig2=wnZOQDV1C_l5eQB16_Ol-A&cad=rjt. Zugegriffen: 30.06.2017.
Frias-Martinez, V., Soto, V., Hohwald, H., Frias-Martinez, E. (2012). Characterizing Urban Landscapes Using Geolocated Tweets. *International Conference on Privacy, Security, Risk and Trust (PASSAT), 2012 and 2012 International Conference on Social Computing (SocialCom) 3–5 Sept. 2012, Amsterdam, Netherlands; [including workshops]. Piscataway, NJ: IEEE*, 239–248.
Gassner, E. (1995). *Das Recht der Landschaft: Gesamtdarstellung für Bund und Länder.* Radebeul: Neumann.
Göschel, A. (2013). „Stuttgart 21": Ein postmoderner Kulturkonflikt. In F. Brettschneider & W. Schuster (Hrsg.), *Stuttgart 21. Ein Großprojekt zwischen Protest und Akzeptanz* (S. 149–172). Wiesbaden: Springer VS.
Groot, R. de, & Hein, L. (2007). Concept and valuation of landscape functions at different scales. In Ü. Mander, H. Wiggering, & K. Helming (Hrsg.), *Multifunctional Land Use. Meeting Future Demands for landscape Goods and Services* (S. 15–36). Berlin Heidelberg: Springer.
Hage, G. & Schuster, L. (2018). Daher weht der Wind! Beleuchtung der Diskussionsprozesse ausgewählter Windkraftplanungen in Baden-Württemberg. In O. Kühne & F. Weber (Hrsg.), *Bausteine der Energiewende* (S. 681–700). Wiesbaden: Springer VS.

Healey, P. (1993). Planning Through Debate: The Communitative Turn in Planning Theory. In F. Fischer & J. Forester (Hrsg.), *The argumentative turn in policy analysis and planning*. Durham NC: Duke University Press.

Hook, S. (2018). ‚Energiewende': Von internationalen Klimaabkommen bis hin zum deutschen Erneuerbaren-Energien-Gesetz. In O. Kühne & F. Weber (Hrsg.), *Bausteine der Energiewende* (S. 21–54). Wiesbaden: Springer VS.

Hübler, K.-H. (1988). Ein Plädoyer gegen „Opas Landschaftsplanung". *Garten + Landschaft* 2, 47–49.

Ipsen, D. (2006). *Ort und Landschaft*. Wiesbaden: VS Verlag für Sozialwissenschaften.

Könen, D., Gryl, I. & Pokraka, J. (2018). Zwischen ‚Windwahn', Interessenvertretung und Verantwortung: Bürger*innenbeteiligung am Beispiel Windkraft im Spiegel von Neocartography und Spatial Citizenship. In O. Kühne & F. Weber (Hrsg.), *Bausteine der Energiewende* (S. 207–230). Wiesbaden: Springer VS.

Körner, S. (2006). Der Traum vom Goldenen Zeitalter als Ressource der Erholung: Die Entwicklung der ersten Landschaftsbildanalyse. In U. Eisel & S. Körner (Hrsg.), *Arbeitsberichte des Fachbereichs Architektur, Stadtplanung, Landschaftsplanung Vol. 163. Die Verwissenschaftlichung kultureller Qualität. Tagung „Die Verwissenschaftlichung Kultureller Qualität im Naturschutz und in der Landschaftsplanung" vom 04.–07.10. 2004 in der Internationalen Naturschutzakademie, Insel Vilm* (S. 66–91). Kassel: Univ. Kassel.

Küchler-Krischun, J., Nürnberg, M., Schell, C., Erdamnn, K.-H., & Mues, A. W. (2015). *Naturbewusstsein 2015. Bevölkerungsumfrage zu Natur und biologischer Vielfalt*, 13.

Kühne, O. (2006). *Landschaft in der Postmoderne. Das Beispiel des Saarlandes*. Wiesbaden: Dt. Univ.-Verl.

Kühne, O. (2009). Grundzüge einer konstruktivistischen Landschaftstheorie und ihre Konsequenzen für die räumliche Planung. *Raumforschung und Raumordnung 67*, 5-6, 395–404. doi:10.1007/BF03185714

Kühne, O. (2013). *Landschaftstheorie und Landschaftspraxis. Eine Einführung aus sozialkonstruktivistischer Perspektive*. Wiesbaden: Springer VS.

Kühne, O. (2015). Weltanschauungen in regionalentwickelndem Handeln – die Beispiele liberaler und konservativer Ideensysteme. In O. Kühne & F. Weber (Hrsg.), *RaumFragen: Stadt – Region – Landschaft. Bausteine der Regionalentwicklung* (S. 55–69). Wiesbaden: Springer Fachmedien Wiesbaden.

Kühne, O. (2018). ‚Neue Landschaftskonflikte' – Überlegungen zu den physischen Manifestationen der Energiewende auf der Grundlage der Konflikttheorie Ralf Dahrendorfs. In O. Kühne & F. Weber (Hrsg.), *Bausteine der Energiewende* (S. 163–186). Wiesbaden: Springer VS.

Kühne, O., & Meyer, W. (2015). Gerechte Grenzen? Zur territorialen Steuerung von Nachhaltigkeit. In O. Kühne & F. Weber (Hrsg.), *RaumFragen: Stadt – Region – Landschaft. Bausteine der Regionalentwicklung* (S. 25–40). Wiesbaden: Springer Fachmedien Wiesbaden.

Kühne, O., & Weber, F. (Hrsg.). (2015). *RaumFragen: Stadt – Region – Landschaft. Bausteine der Regionalentwicklung* (Aufl. 2015). Wiesbaden: Springer Fachmedien Wiesbaden.

Kühne, O., Weber, F.,& Megerle, H. (Hrsg.). (2016). *RaumFragen. Landschaftsästhetik und Landschaftswandel*. Springer.

Lammeren, R. van, Theile, S., Stemmer, B. & Bruns, D. (2017). Social Media: The New Resource. In A. van den Brink & D. Bruns (Hrsg.), *Research in Landscape Architecture. Methods and methodology* (S. 136–160). Routledge.

Langer, K. (2018). Frühzeitige Planungskommunikation – ein Schlüssel zur Konfliktbewältigung bei der Energiewende? In O. Kühne & F. Weber (Hrsg.), *Bausteine der Energiewende* (S. 539–556). Wiesbaden: Springer VS.

Linke, S. (2018). Ästhetik der neuen Energielandschaften – oder: „Was Schönheit ist, das weiß ich nicht". In O. Kühne & F. Weber (Hrsg.), *Bausteine der Energiewende* (S. 409–429). Wiesbaden: Springer VS.

Machill, M., Beiler, M., Krüger, U. (2014). Das neue Gesicht der Öffentlichkeit. Wie Facebook und andere soziale Netzwerke die Meinungsbildung verändern. Düsseldorf: Landesanstalt für Medien Nordrhein-Westfalen (LfM-Materialien, 31). http://lfmpublikationen.lfm-nrw.de/index.php?view=product_detail&product_id=343. Zugegriffen: 30.06.2017.

Mandel, K. (2018). Warum plant Ihr eigentlich noch? – Die Energiewende in der Region Heilbronn-Franken. In O. Kühne & F. Weber (Hrsg.), *Bausteine der Energiewende* (S. 701–713). Wiesbaden: Springer VS.

Naturkapital Deutschland – TEEB DE. (2016). *Ökosystemleistungen in ländlichen Räumen: Grundlage für menschliches Wohlergehen und nachhaltige wirtschaftliche Entwicklung*. Hannover, Leipzig.

Nordheim, G. (2016). „Poppers Traum in Gefahr". Interview geführt von Philip Faigle und Sascha Venohr. http://www.zeit.de/kultur/2016-09/amoklauf-muenchen-tweets-reaktionen-oeffentlichkeit?wt_zmc=sm.ext.zonaudev.mail.ref.zeitde.dskshare.link.x&utm_medium=sm&utm_source=mail_zonaudev_ext&utm_campaign=mail_referrer&utm_content=zeitde_dskshare_link_x. Zugegriffen: 30.06.2017.

Pierpont, N. (2009). *Wind turbine syndrome: A report on a natural experiment*. Santa Fe: K-Selected Books.

Quaschning, V. (2016). Sektorkopplung durch die Energiewende: Anforderungen an den Ausbau erneuerbarer Energien zum Erreichen der Pariser Klimaschutzziele unter Berücksichtigung der Sektorkopplung. Retrieved from Hochschule für Technik und Wirtschaft Berlin (htw). http://pvspeicher.htw-berlin.de/wp-content/uploads/2016/05/HTW-2016-Sektorkopplungsstudie.pdf. Zugegriffen: 30.06.2017.

Reusswig, F., Heger, I., Eichenauer, E., Franzke, J., Ludewig, T., Fahrenkrug, K. & Braun, F. (2016). Energie Konflikte: Akzeptanzkriterien und Gerechtigkeitsvorstellungen in der Energiewende. Kernergebnisse und Handlungsempfehlungen eines interdisziplinären Forschungsprojektes. doi:10.13140/RG.2.2.30920.72968

Roth, M., & Bruns, E. (2017). Landschaftsbildbewertungsmethoden im Kontext der Eingriffsregelung Stand und Perspektiven. *Natur und Landschaft 92*, 1, 2–8.

Roth, R. (2013). Wieso ist Partizipation notwendig für die Zukunftsfähigkeit der Kommunen? In A. Klein, R. Sprengel, J. Neuling (Hrsg), Jahrbuch Engagementpolitik 2013: Staat und Zivilgesellschaft (S. 49–54). Schwalbach: Wochenschau.

Schmidt, C., Hofmann, M., & Dunkel, A. (2014). Den Landschaftswandel gestalten. Potentiale der Landschafts- und Raumplanung zur modellhaften Entwicklung und Gestaltung von Kulturlandschaften vor dem Hintergrund aktueller Transformationsprozesse. Band 1: Bundesweite Übersichten. https://tu-dresden.de/bu/architektur/ila/lp/forschung/forschungsprojekte/abgeschlossene-forschungsprojekte/Landschaftswandel-gestalten. Zugegriffen: 30.06.2017.

Schmidt, C., von Gagern, M., & Hage, G. (2016). *FuE „Landschaftsbild und Energiewende": Landschaftsästhetik und Windenergieanlagen. Zwischenstand*.

Schöbel-Rutschmann, S. (2012). *Windenergie und Landschaftsästhetik: Zur landschaftsgerechten Anordnung von Windfarmen*. Berlin: jovis.

Scottish Natural Heritage (2014). Siting and Designing Wind Farms in the Landscape. http://www.snh.org.uk/pdfs/strategy/renewables/Guidance_Siting_Designing_wind_farms.pdf. Zugegriffen: 30.06.2017.

Stemmer, B. (2016a). *Kooperative Landschaftsbewertung in der räumlichen Planung: Sozialkonstruktivistische Analyse der Landschaftswahrnehmung der Öffentlichkeit*. Dissertation an der Universität Kassel unter dem Titel: Neue Landschaftliche Leitbilder – Landschaftsbewertung durch Web-GIS-basierte Kommunikationstechnik. Kassel: Springer VS.

Stemmer, B. (2016b). Kooperative Landschaftsbewertung in der räumlichen Planung – Planbare Schönheit? In O. Kühne, F. Weber, & H. Megerle (Hrsg.), *RaumFragen. Landschaftsästhetik und Landschaftswandel* (S. 283–302). Wiesbaden: Springer Fachmedien.

Vereinte Nationen. (2015). Übereinkommen von Paris. http://www.bmub.bund.de/filead min/Daten_BMU/Download_PDF/Klimaschutz/paris_abkommen_bf.pdf. Zugegriffen 30.06.2017.

Weber, F. (2018). Von der Theorie zur Praxis – Konflikte denken mit Chantal Mouffe. In O. Kühne & F. Weber (Hrsg.), *Bausteine der Energiewende* (S. 187–206). Wiesbaden: Springer VS.

Weber, F., & Kühne, O. (2016). Räume unter Strom. *Raumforschung und Raumordnung, 74*, 4, 323–338. doi:10.1007/s13147-016-0417-4

Weber, F., Roßmeier, A., Jenal, C., &Kühne, O. (2017). Landschaftswandel als Konflikt: Ein Vergleich von Argumentationsmustern beim Windkraft- und beim Stromnetzausbau aus diskurstheoretischer Perspektive. In O. Kühne, F. Weber, &H. Megerle (Hrsg.), *RaumFragen. Landschaftsästhetik und Landschaftswandel* (S. 215–244). Wiesbaden: Springer Fachmedien.

Boris Stemmer leitet das Fachgebiet Landschaftsplanung und Erholungsvorsorge an der Hochschule Ostwestfalen-Lippe. Zuvor war er in Rottenburg a. N. als Landschaftsplaner tätig. Er promovierte mit einer Arbeit über Methoden der kooperativen Landschaftsbewertung an der Universität Kassel. Aktuelle Forschungsschwerpunkte liegen in kooperativen Planungsmethoden, bei denen Landschaftsplanung, Sozialwissenschaften und Psychologie miteinander verbunden werden, darüber hinaus bei in der landschafts- und gesellschaftsverträglichen Umsetzung der Energiewende sowie Landschaft als Quelle von Wohlbefinden, Glück und Gesundheit.

Lucas Kaußen absolvierte 2014 das Studium der Landschaftsarchitektur und Umweltplanung an der Hochschule Ostwestfalen-Lippe als *Master of Science*. Anschließend in einem Büro für Landschaftsplanung in der freien Wirtschaft tätig, arbeitet er seit August 2016 als wissenschaftlicher Mitarbeiter an der Hochschule Ostwestfalen-Lippe. Zunächst mit Lehr- und Forschungsaufgaben des Fachgebietes *Landschaftsökologie und Naturschutz* betraut, liegt das heutige Tätigkeitsfeld von Lucas Kaußen im Fachgebiet der *Landschaftsplanung und Erholungsvorsorge* unter der Leitung von Prof. Dr. Boris Stemmer. Seit 2017 arbeit er, betreut von Prof. Dr. Dr. Olaf Kühne von der Eberhard Karls Universität Tübingen, an seiner Dissertation.

Energiekonflikte erkennen und nutzen

Sören Becker und Matthias Naumann

Abstract

Die regionale und lokale Umsetzung der bundespolitischen Beschlüsse zur Energiewende ist mit erheblichen Auseinandersetzungen verbunden. In vielen, vor allem ländlich geprägten Orten formieren sich Proteste gegen Anlagen erneuerbarer Energieträger oder gegen den Ausbau von Netzen. Die große Anzahl und die Heftigkeit von energiepolitischen Konflikten wirft zwei Fragen auf. Erstens, wie die kleinräumlichen und sehr heterogenen Konflikte in ihren verallgemeinerbaren Mustern und Ausprägungen verstanden werden können. Zweitens stellt sich die Frage, wie energiepolitische Konflikte für die Gestaltung der künftigen Energieversorgung produktiv gewendet und genutzt werden können. Der Beitrag liefert auf Grundlage der internationalen Literatur sowie von Ergebnissen des Forschungsprojekts *Lösung von lokalen energiepolitischen Konflikten und Verwirklichung von Gemeinwohlzielen durch neue Organisationsformen im Energiebereich (EnerLOG)* erste Vorschläge, wie Konflikte erkannt, verstanden und genutzt werden können. Lokale energiepolitische Konflikte bieten, so unsere zentrale Aussage, nicht nur einen Zugang für das wissenschaftliche Verständnis von lokalen Energiewenden, sondern auch eine Gelegenheit für die Aushandlung unterschiedlicher Vorstellungen einer nachhaltigen Regional- und Infrastrukturentwicklung.

Keywords

Energiewende, erneuerbare Energien, Konflikte, Energiegeographie, Regionalentwicklung, ländliche Räume, Bundesrepublik

1 Einleitung: Herausforderung Energiekonflikte

„Mittlerweile spaltet ihr Kampf den gesamten Ort: Es gebe Paare, die wegen der Windmühlen zeitweise nicht mehr miteinander reden […]. Lokalpolitiker würden beschimpft. Mancher habe Angst, dass ihm die Autoreifen zerstochen werden, aus

Rache für sein Engagement. Ob nun für oder gegen die Windkraft." (Grefe und Schirmer 2017, S. 28).

Das obige Zitat verdeutlicht die Vehemenz, mit der aktuelle Auseinandersetzungen um die Umsetzung der Energiewende geführt werden. Energiekonflikte sind jedoch kein neues Thema. Die Entwicklung von Energieinfrastrukturen ist immer wieder mit Konflikten verbunden. Die Nutzung von natürlichen Ressourcen als Energieträger, die Eigentumsform von Energieversorgern, der Bau von Kraftwerken, Wiederaufbereitungsanlagen, Endlagerstätten oder der Ausbau von Netzen stoßen immer wieder auf erhebliche Proteste. Fragen der Energieversorgung sind also kontinuierlich umkämpft und Ausdruck gesellschaftlicher Kräfteverhältnisse. Was sich jedoch ändert, sind die Anlässe, Gegenstände und Ausprägungen von energiepolitischen Konflikten (vgl. auch Eichenauer et al. 2018; Kühne 2018 in diesem Band).

Aktuell führen Bestrebungen einer Transformation des fossilistisch-nuklearen Energiesystems zu einer Vielzahl an zumeist kleinräumlichen Konflikten. In der Bundesrepublik wird dies an der lokalen und regionalen Umsetzung der bundespolitischen Beschlüsse zur Energiewende manifest. Auch wenn die allgemeinen Ziele der Energiewende nach wie vor eine große Zustimmung erfahren, trifft vor allem die Errichtung von Windkraftanlagen, aber auch von Solar- und Biogasanlagen oder von neuen Übertragungsnetzen auf zahlreiche Widerstände. Dieses Phänomen ist keineswegs auf Deutschland beschränkt. So stellt Martin Pasqualetti ungeachtet einer grundsätzlichen Zustimmung zu einer Transformation des Energiesystems fest: „The social barriers to renewable energy have been underappreciated and underexamined" (2011, S. 219). Häufig ist es also weniger die generelle Frage der Nutzung erneuerbarer Energien, sondern deren konkrete Lokalisierung und daraus folgende Implikationen, die den Gegenstand von Konflikten darstellen. Mittlerweile gibt es zahlreiche auf Deutschland bezogene wie auch internationale Arbeiten, die sich Protesten gegen lokale und regionale Projekte der Energiewende widmen. Diese Arbeiten behandeln vor allem Proteste gegen Windkraft (Devine-Wright 2011; Reusswig et al. 2016; Wheeler 2016), aber auch Geothermie- und Solarenergieanlagen (Pasqualetti 2011; Yenneti et al. 2016; Kunze und Hertel 2017) oder gegen die Erweiterung von Netzen (Neukirch 2016; Weber und Kühne 2016; hierzu auch Sontheim und Weber 2018 in diesem Band). Diese Konflikte bedeuten für die Regionalentwicklung und -planung insgesamt erhebliche Herausforderungen (für das Beispiel Windkraft in der Bundesrepublik siehe Overwien und Groenewald 2015; Wirth und Leibenath 2016; siehe auch bspw. Hage und Schuster 2018; Mandel 2018 in diesem Band). Um diesen Konflikten zu begegnen, werden Transparenz, Akzeptanz und politische Partizipation, aber auch Fragen nach der finanziellen Beteiligung von Bürger(inne)n damit zu zentralen Herausforderungen der Energiewende in der Bundesrepublik wie auch darüber hinaus. So bilden beispielsweise Akzeptanz und Beteiligung in der „Energiestrategie 2030 des Landes Brandenburg" einen Teil des Zielvierecks für das Leitszenario der künftigen Energieversorgung (Ministerium für Wirtschaft und Europaangelegenheiten des Landes Brandenburg 2012, S. 3).

An dieser Stelle setzte das Forschungsprojekt *Lösung von lokalen energiepolitischen Konflikten und Verwirklichung von Gemeinwohlzielen durch neue Organisationsformen im Energiebereich (EnerLOG)* an, das von 2013 bis 2016 durchgeführt wurde[1]. EnerLOG untersuchte Beispiele für lokale energiepolitische Konflikte in unterschiedlichen Kontexten und entwickelte Kriterien für die Analyse energiepolitischer Konflikte sowie Anhaltspunkte für deren Lösung. Ein besonderer Fokus lag dabei auf neuen Organisationsformen im Energiesektor, wie neugegründeten Energiegenossenschaften, Stadtwerken und Bioenergiedörfern. Auf der Grundlage der Projektergebnisse (siehe hierzu ausführlich Becker und Naumann 2016) stellt der folgende Beitrag zum einen das entwickelte Werkzeug für die Analyse lokaler energiepolitischer Konflikte vor (Kapitel 2), um daran anschließend dafür zu plädieren, Energiekonflikte nicht als Hindernis, sondern als eine Gelegenheit für eine konstruktive Aushandlung der künftigen Energieversorgung zu betrachten (Kapitel 3). Am Ende des Beitrags stehen einige weitergehende Fragen für die Untersuchung energiepolitischer Konflikte und den Umgang mit ihnen.

2 Zur Analyse energiepolitischer Konflikte

Die große Anzahl an lokalen Konflikten wirft die Frage auf, ob es trotz des vielfach sehr kleinräumlichen Charakters verallgemeinerbare Muster und Ausprägungen gibt. Die Erklärung, dass Proteste beispielsweise gegen Windkraftanlagen allein auf eine „NIMBY (Not in my Backyard)"-Haltung zurückgehen, wird in der Literatur als zu kurz gegriffen kritisiert (Bell et al. 2005; Reusswig et al. 2016). Overwien und Groenewald fassen aus Einwendungen der Öffentlichkeit in Brandenburg gegen Pläne zur Windenergienutzung die Themenfelder Energiepolitik, Gesundheits- und Brandgefahren sowie Umweltbelange zusammen (2015, S. 613), Weber und Kühne führen als weitere Gründe für die Ablehnung von neuen Netzen auch fehlendes Vertrauen in die neue Technik (2016, S. 333) an. Es ist also zu unterscheiden, aus welcher Motivation heraus und in welcher Konstellation von Akteuren ein Projekt der Energiewende zu einem Konflikt wird.

Ausgangspunkt dieses Kapitels ist es daher, dass eine mögliche Lösung energiepolitischer Konflikte zunächst ein detailliertes und differenziertes Verständnis von diesen Auseinandersetzungen erfordert. Es ist zu klären, wer an den Konflikten beteiligt ist, um welche Gegenstände die Konflikte geführt werden und in welchen Arenen

---

[1] Das Projekt wurde vom Bundesministerium für Bildung und Forschung im Rahmen des Programms „Umwelt- und gesellschaftsverträgliche Transformation des Energiesystems" gefördert (Förderkennzeichen: 01UN1207B). Beteiligte waren das Leibniz-Institut für Raumbezogene Sozialforschung (Koordination), die ZukunftsAgentur Brandenburg, das Europa-Sekretariat von Local Governments for Sustainability (ICLEI) sowie die beiden Brandenburger Kommunen Hohen Neuendorf und Schipkau. Ausführliche Informationen zum Projekt und seinen Ergebnissen gibt es unter https://www.zab-energie.de/de/Projekt-EnerLOG

sie ausgetragen werden. Hierfür stellen wir ein Analysewerkzeug vor, das für das Projekt *EnerLOG* entwickelt wurde (Becker et al. 2016) und auf unterschiedliche energiepolitische Konflikte angewendet werden kann. Das Analysewerkzeug soll es ermöglichen, Energiekonflikte besser zu erkennen, ihre Hintergründe einordnen und ihre jeweiligen Konstellationen durchschauen zu können. Dies kann dazu beitragen, die lokalen Auseinandersetzungen um die bundesdeutsche Energiewende zu systematisieren und Vorschläge für deren konstruktive Wendung zu entwickeln. Im Folgenden fassen wir zunächst die Typen, Konstellationen und Dimensionen energiepolitischer Konflikte zusammen (2.1) und diskutieren daran anschließend die Geographie dieser Konflikte (2.2).

2.1 Typen, Konstellationen und Dimensionen energiepolitischer Konflikte

Um die Unterschiede wie auch Gemeinsamkeiten von lokalen energiepolitischen Konflikten zu erfassen, stellen wir im Folgenden eine Typologie von Konflikten, wiederkehrende Konstellationen in Konflikten und zentrale Dimensionen von Konflikten vor. Diese drei Zugänge können für sich allein oder in Kombination miteinander dazu beitragen, energiepolitische Konflikte zu verstehen und in ihrer Unterschiedlichkeit miteinander vergleichbar zu machen.

Die Anlässe und Gegenstände von energiepolitischen Konflikten können stark variieren. Im „EnerLOG"-Analysewerkzeug haben wir einige allgemeine, häufig wiederkehrende Typen von Konflikten identifiziert. Hierzu zählen:

- *Verteilungskonflikte* betreffen die Beteiligung an finanziellen Erträgen aus der Errichtung von Anlagen sowie die Nutzung des erzeugten Stroms bzw. der erzeugten Wärme. Dabei geht es nicht nur um die direkten Erträge, die mit den Anlagen erwirtschaftet werden, sondern auch um Steuerzahlungen in den Kommunen oder auch vergünstigte Strom- oder Wärmepreise für Anwohner(innen).
- *Verfahrenskonflikte* umfassen Planungs- und Entscheidungsverfahren, den Zugang zu Informationen und Beteiligungsmöglichkeiten sowie die Transparenz und den Zeitpunkt von Entscheidungen. Auseinandersetzungen um Verfahren berühren ganz zentral die Frage, wann, wie und mit wem Planungen kommuniziert werden; bzw. wer wann an Entscheidungsprozessen beteiligt wird.
- *Standort- bzw. Landnutzungskonflikte* behandeln die Nutzungen von Flächen für die Energieversorgung sowie deren Konsequenzen für Landschaftsbilder, Geruchs- und Lärmbelästigung. Die Verschattung durch Windräder, blinkende Radarlichter etc. stehen für Auswirkungen von Energieinfrastrukturen, die besonders stark umstritten sind.
- *Identitätskonflikte* verhandeln das übergreifende Leitbild der Entwicklung von Gemeinden oder Regionen, z. B. ob sich eine Region als „Energie-", „Gesundheits-" oder „Tourismusregion" versteht. Es geht dabei darum, welche Rolle die

Energiewirtschaft in der Selbst- oder Fremdwahrnehmung von Kommunen und Regionen einnehmen soll.
- *Energieträgerkonflikte bzw. technologische Konflikte* haben die grundsätzliche Frage der Nutzung von bzw. des Verzichts auf bestimmte Energieträger oder Technologien der Energieversorgung zum Thema. Diese Konflikte umfassen auch die Frage einer generellen Zustimmung oder Ablehnung der Energiewende insgesamt (Becker et al. 2016, S. 47 f.)

Diese Konflikttypen treten häufig in Kombination und miteinander verschränkt auf, Verteilungs- und Verfahrensfragen können sich etwa gegenseitig überlagern und verstärken. Eine besondere Herausforderung besteht darin, dass in energiepolitischen Konflikten häufig auch Themen verhandelt werden, die keinen unmittelbaren Bezug zu Energiefragen haben – bis hin zu persönlichen Verletzungen. So hängen die Vorstellungen von Natur und Ruralität, die eine wesentliche Rolle in energiepolitischen Konflikten spielen, auch von persönlichen Erfahrungen und sozialen Kontexten ab (Wheeler 2016, S. 128).

Fragen der Energieversorgung können damit zu einem „Ventil" werden, an dem über Energiethemen weit hinausgehende Probleme zum Ausdruck kommen. Energiepolitische Konflikte, gerade in einem kleinräumlichen Kontext, haben damit immer eine Vorgeschichte. Andererseits können Energiekonflikte aber auch Auswirkungen auf andere Handlungsfelder haben. Auseinandersetzungen um Windkraftanlagen können ganze Dörfer „spalten", eine erfolgreiche Energiegenossenschaft kann aber auch zivilgesellschaftliches Engagement in anderen Bereichen einer Kommune befördern.

Energiepolitischen Konflikte lassen sich nicht nur hinsichtlich ihrer Gegenstände, sondern auch hinsichtlich der auftretenden Akteurskonstellationen, in denen die Konflikte ausgetragen werden, klassifizieren. Häufig wiederkehrende Konstellationen von Konflikten können umfassen:

- Anwohner(innen) und Grundstückseigentümer(innen), die von Erträgen aus Anlagen profitieren vs. Anwohner, die keine Begünstigungen erhalten;
- Lokale Anwohner(innen) vs. überregionale Investor(inn)en;
- „Alteingesessene" vs. „neu zugezogene" Anwohner(innen);
- Soziale Bewegungen vs. kommunale Verwaltungen bzw. überregionale Energieversorger;
- Neu gegründete Unternehmen vs. bereits bestehende Versorger und Netzbetreiber;
- Kommunen vs. Kommunalaufsicht;
- Mieter(innen) vs. Hauseigentümer(innen) (Becker und Naumann 2016, S. 13).

Diese Zusammenstellung ist weder vollständig noch schließt sie die Überlagerung von verschiedenen Konstellationen aus. Darüber hinaus sind Konflikte häufig nicht nur durch zwei einander gegenüberstehende Parteien gekennzeichnet. Neukirch (2006) identifiziert bei Protesten gegen Netzerweiterungen drei Gruppen von „challengern", die mit unterschiedlichen Interessen und Ressourcen Planungen zum Netzausbau herausfordern. Weber und Kühne (2016, S. 336) differenzieren bei den Gegner(inne)n des Netzausbaus „extreme" Positionen, die eine Umsetzung vor besondere Herausforderungen stellen. Fast (2015) unterscheidet zwischen Diskursen eines „impatient support" und „idealistic support" sowie zwischen „qualified" bzw. „absolute opposition"-Diskursen. Zusätzlich zu den Pro- und Antagonisten energiepolitischer Vorstellungen gibt es eine weitere größere, teils indifferente Gruppe, die zu überzeugen das Ziel der jeweiligen Konfliktparteien ist. Im Projekt *EnerLOG* wurden drei Typen von Akteuren identifiziert, die sich in energiepolitischen Konflikten immer wieder feststellen lassen. Hierzu zählen:

- *Enthusiast(inn)en* sind die im positiven Sinne „Verrückten", die energiepolitische Projekte, die Errichtung eines Windparks, die Gründung einer Energiegenossenschaft oder eines Stadtwerks etc., mit großem Engagement vorantreiben.
- Die *schweigende Mehrheit* ist teilweise interessiert, in ihrer Haltung aber noch nicht gefestigt und schwankend.
- *Grundsatzkritiker(innen)* sind die Gegner(innen) von Projekten, die diese, wie etwa die Energiewende, insgesamt ablehnen (Becker und Naumann 2016, S. 13).

Diese Rollen von Akteuren sind dabei nicht als statisch zu verstehen, sondern können sich im Laufe von Konflikten immer wieder verändern. Darüber hinaus ist es wichtig, wo die Konflikte ausgetragen werden. „Arenen" von energiepolitischen Konflikten können kommunale Gremien, öffentliche Veranstaltungen, aber auch Online-Foren und soziale Netzwerke sein.

Schließlich können bei der Analyse lokaler energiepolitischer Konflikte vier Dimensionen betrachtet werden (Becker et al. 2016, s. 45 f.). Diese Dimensionen gehen über die Fragen von Typen energiepolitischer Konflikte und den darin beteiligten Akteurskonstellationen hinaus. Sie bieten ein allgemeines Analyseraster für Konflikte, in dem auch auf deren räumliche und zeitliche Einbettung verwiesen wird. Erstens bildet die materielle Dimension den konkreten Gegenstand eines Konfliktes ab, etwa ein auszubauendes Stromnetz oder eine geplante Biogasanlage. Die Akteursdimension fokussiert zweitens auf die am Konflikt beteiligten Akteure, deren Interessen, Ressourcen und Strategien wie auch darauf, wer sich in welchen Konstellationen durchsetzen kann. Die räumliche Dimension fragt drittens nach dem Standort, um den es in einem Konflikt geht, wie sich der Konflikt räumlich ausbreitet und wie er sich auf weitere räumliche Maßstabsebenen auswirkt bzw. von diesen beeinflusst wird, aber auch, wie räumliche Bedingungen auf den Konflikt wirken. Viertens bezieht sich die zeitliche Dimension auf die Entwicklungsgeschichte und den Verlauf eines Konflikts, wie zum Beispiel Entwicklungspfade und Wendepunkte. Wie bereits bei den oben vorgestellten Typen und Konstellationen von Konflikten sind die vier

Dimensionen weniger in Abgrenzung zueinander, als in ihren wechselseitigen Bezügen zu betrachten. Auf die räumliche Dimension geht der nächste Abschnitt am Beispiel der Geographie energiepolitischer Konflikte etwas genauer ein.

2.2 Lokal oder überregional, ländlich oder städtisch? Zur Geographie energiepolitischer Konflikte

Energiepolitische Konflikte können auf unterschiedlichen räumlichen Maßstabsebenen *(scales)* und in heterogenen regionalen Kontexten ausgetragen werden. Hinsichtlich der Betrachtung der räumlichen Maßstabsebenen sind energiepolitische Konflikte häufig lokale Auseinandersetzungen, da es, wie in 2.1 gezeigt, um die Errichtung und Planung von Anlagen und Netzen in einer Gemeinde bzw. einem Ortsteil geht. Auf der anderen Seite ist die lokale Energieversorgung maßgeblich durch Vorgaben von Landkreisen, Planungsregionen, Bundesländern, dem Bund und auch der Europäischen Union geprägt. Beispiele sind hierfür die Vergütungsregelungen für die Nutzung erneuerbarer Energieträger des Erneuerbare-Energien-Gesetzes oder auch die Anforderungen an Energiegenossenschaften, die das Kapitalanlagegesetzbuch vorgibt. Lokale Energieversorger stehen ebenfalls im Wettbewerb mit überregional tätigen Versorgungsunternehmen, wie z. B. EnBW, E.ON, RWE oder Vattenfall. Letztlich sind lokale Konflikte gleichsam auch global bzw. „glokal" (Robertson 1995; Swyngewdouw 1997), da die Transformation der lokalen Energieversorgung auch als eine Maßnahme zum globalen Klimaschutz verstanden wird. Soziale Bewegungen, wie etwa für Klimagerechtigkeit, aber auch Initiativen von Windkraftgegner(inne)n, können sich ebenfalls regional, bundesweit und international vernetzen und auf unterschiedlichen räumlichen Ebenen aktiv werden.

Unterschiedliche räumliche Kontexte sind gleichsam prägend für energiepolitische Konflikte und geprägt von diesen Auseinandersetzungen. Da die Realisierung der Energiewende vor allem im ländlichen Kontext angesiedelt ist (Gailing und Röhring 2015), können die Auseinandersetzungen darum einerseits als ländliche Konflikte verstanden werden. So stellt Wheeler (2016, S. 118 f.) Konflikte um Windkraft in den Kontext unterschiedlicher Vorstellungen von Ruralität. Andererseits können diese Konflikte in ländlichen Räumen durchaus auch von städtischen Akteuren geprägt sein. Strom und Wärme, die mit in ländlichen Räumen lokalisierten Anlagen produziert werden, dienen häufig der Energieversorgung von Städten. Die Erträge aus Anlagen und Netzen fließen in vielen Fällen von den ländlichen Standorten ab. So beschreiben Zografos und Martinez-Alier (2009) am Beispiel Katalonien, wie externe Investor(inn)en von Windkraftanlagen profitieren, mit deren Auswirkungen lokale Anwohner(innen) konfrontiert sind. Alexander Dunlap verwendet hierfür Begriffe wie „green grabbing" (2017, S. 18) oder „Greening Inequality" (S. 31). Kelly-Reif und Wing (2016) plädieren dafür „urban-rural exploitation" als eine wichtige Herausforderung von Umweltgerechtigkeit stärker zu berücksichtigen.

Für Proteste gegen Anlagen und die Rolle, die die jeweiligen räumlichen Kontexte dabei spielen können, gibt es unterschiedliche Erklärungsansätze (Becker und Naumann 2016, S. 9). Eine Erklärung würde energiepolitische Konflikte als Ausdruck allgemeiner regionaler Benachteiligungen peripherisierter Räume verstehen. Bestehende wirtschaftliche, demographische und infrastrukturelle Probleme erfahren durch die Errichtung neuer Anlagen eine Zuspitzung. Bridge et al. sprechen von „new geographies of winner and losers that low-carbon transition faces opposition from" (2013, S. 337). Dunlap beschreibt für eine Fallstudie aus Mexiko, wie die Ansiedlung von Windkraftanlagen eine Inwertsetzung von Land verstärkt, in deren Folge die Immobilienpreise stiegen (2017, S. 29). Erste empirische Untersuchungen zu regionalen Strukturproblemen und Protesten gegen Windkraftanlagen in Mecklenburg-Vorpommern können hingegen weder diesen Zusammenhang noch eine Häufung von Protesten in eher prosperierenden Räumen bestätigen (Buzek 2016). Auch wenn ein eindeutiger Zusammenhang zwischen der Akzeptanz der Energiewende und regionaler Benachteiligung bzw. Prosperität derzeit noch umstritten ist, so sind Transformationen des Energiesystems immer als ein räumlich ungleicher Prozess zu verstehen (Balta-Ozkan et al. 2015), der verschiedene räumliche Maßstabsebenen und räumliche Kategorien betrifft. Energiewenden sind räumlich differenziert und tragen selbst zu neuen räumlichen Disparitäten bei.

Vor dem Hintergrund unterschiedlicher Typen, Konstellationen sowie Dimensionen und räumlicher Kontexte von energiepolitischen Konflikten fragt das folgende Kapitel danach, wie diese Konflikte dennoch für eine konstruktive Diskussion und die Gestaltung der zukünftigen Energieversorgung beitragen können.

3 Energiekonflikte nutzen?!

Energiekonflikte, so die zentrale Aussage dieses Beitrags, sind nicht nur kräftezehrende Auseinandersetzungen. Lokale energiepolitische Konflikte können auch eine Gelegenheit bieten, Bestehendes in Frage zu stellen und neue Wege in der Energieversorgung zu beschreiten. Im Folgenden stellen wir einige Punkte vor, die dazu beitragen können, Energiekonflikte produktiv zu nutzen.

Erstens gilt es die in 2.1 dargestellte Klassifizierung unterschiedlicher Akteure bei einer Kommunikationsstrategie in Energiekonflikten zu berücksichtigen. Während die Enthusiasten von Energiewende-Projekten organisatorische und personelle Unterstützung benötigen, muss die schweigende Mehrheit mit Argumenten überzeugt werden. Dabei ist eine Differenzierung notwendig, welche Einwände ausgeräumt werden können und wo fundamentale Vorbehalte von Grundsatzkritiker(inne)n beginnen. Die umfassende Ablehnung von Grundsatzkritiker(inne)n ist deutlich zu machen und zu isolieren (Becker und Naumann 2016, S. 21f.).

Zweitens können die Arenen, in denen Energiekonflikte ausgetragen werden, bewusst gewählt und gestaltet werden. Das kann die Öffnung bislang „geschlossener"

Arenen, wie Ausschüsse und Gemeinderatssitzungen, umfassen oder die Schaffung neuer Arenen. Vorstellbar sind aber auch unkonventionelle Formate, wie etwa Feste oder sonstige Treffpunkte, die einen persönlichen Kontakt zwischen allen Beteiligten herstellen. Im baden-württembergischen Ingersheim, einer im Rahmen des „EnerLOG"-Projektes untersuchten Kommune, errichtete die Energiegenossenschaft auf der Baustelle des geplanten Windrads eine temporäre Imbissbude. Damit wurde für „Gespräche auf Augenhöhe" (zitiert in Becker und Naumann 2016, S. 21) ein neuer Ort geschaffen. Reusswig et al. (2016) beschreiben für einen Konflikt um Windkraftanlagen, wie mit einem Runden Tisch eine Arena für die Aushandlung des Konfliktes geschaffen wurde. Wirth und Leibenath (2016) argumentieren, dass die Regionalplanung grundsätzliche Konflikte nicht zu lösen vermag, durchaus aber zur Transparenz von Verfahren beitragen, also neue Arenen schaffen kann. Neue Organisationsformen in der Energieversorgung können dabei ein Weg sein, neue Arenen für die Aushandlung energiepolitischer Vorstellungen zu schaffen. Bioenergiedörfer, Energiegenossenschaften, Rekommunalisierungen und neu gegründete Stadtwerke sind dabei keine komplett neuen Organisationsformen, sondern können mitunter auf eine lange Geschichte zurückblicken. Aufgrund der Energiewende erfahren sie aber eine neue Dynamik. Die Gründung neuer Organisationen der Energieversorgung kann dabei sowohl unterschiedliche Ansprüche und Interessen transparent machen, als auch selbst zu einem Anlass für energiepolitische Konflikte werden (Becker und Naumann 2016, S. 23 f.). Zudem ist eine ausgebaute Bürger(innen)beteiligung kein Garant für die Akzeptanz von Projekten, wie etwa dem Netzausbau (Stegert und Klagge 2015; allgemeiner auch Langer 2018 in diesem Band).

Drittens ist zu berücksichtigen, dass Konflikte keinen linearen Verlauf aufweisen, sondern Wendungen nehmen können, in denen sich der Grund des Konfliktes wie auch die beteiligten Akteure und deren Rollen verändern. Konflikte lassen sich in „heiße" und „kalte" Phasen unterteilen. Anstehende Wahlen oder das Auslaufen von Konzessionsverträgen bieten Gelegenheiten, energiepolitische Themen zur Sprache zu bringen oder Weichenstellungen vorzunehmen. Demgegenüber sind langfristige Prüfungen- oder Genehmigungsabläufe Phasen, die weniger ereignisreich sein können. Diese unterschiedlichen Zeiträume zu planen und zu nutzen, ist eine Herausforderung für einen produktiven Umgang mit Energiekonflikten. Darüber hinaus können sich die Rollen der am Konflikt beteiligten Akteure verändern. Aus Aktivist(inn)en außerparlamentarischer Bewegungen können Geschäftsführer(innen) von Versorgungsunternehmen werden, aus Nischenanbietern marktbestimmende Unternehmen – und vice versa (Becker und Naumann 2016, S. 32 f.). Reusswig et al. verweisen darauf, dass es keine „born protesters" gibt und die Karrieren von Aktivist(inn)en in Protesten berücksichtigt werden müssen (2016, S. 226). Auch Wheeler (2016, S. 126 f.) verweist darauf, dass sich die Einstellungen von am Konflikt Beteiligten ändern können. Dennoch wird es nie gelingen, alle Skeptiker(innen) und Gegner(innen) eines Projektes zu überzeugen. Ebenso lassen sich nicht immer Konflikte vollständig und zur Zufriedenheit aller lösen. Gefundene Lösungen können neue

Konflikte auslösen. Gerade bei der Suche nach pragmatischen Lösungen ist es aber wichtig, die Zeit nach dem Konflikt mitzudenken.

Insgesamt stellen Konflikte eine „Repolitisierung" des Energiesektors dar. Die Energieversorgung wird damit von einem Bereich technischer, juristischer und betriebswirtschaftlicher Experten zu einem Feld der Auseinandersetzung, in dem nicht nur über Technologien und Standorte, sondern auch über eine grundsätzliche Transformation des Energiesystems (und darüber hinaus) verhandelt wird. Diese Auseinandersetzungen können zäh, lähmend und verletzend sein, sie können aber dazu beitragen, die Energie- und Infrastrukturversorgung nachhaltiger zu gestalten. Dennoch stellen diese Ausführungen kein „Universalrezept" dar, mit dem lokalen energiepolitischen Konflikten begegnet werden kann, sondern sind als Anregungen zu verstehen, die wiederum neue Fragen aufwerfen, die im folgenden Abschnitt dargestellt werden.

4   Fazit und Ausblick

Die grundlegende Aussage des Beitrags ist ein Plädoyer für einen differenzierten, pragmatischen und produktiven Umgang mit energiepolitischen Konflikten (hierzu auch Kühne 2018; Weber 2018 in diesem Band). Wenn Energiekonflikte in ihrer Unterschiedlichkeit sowie in ihren gemeinsamen Ausprägungen erkannt werden können, besteht auch die Gelegenheit, diese Konflikte produktiv zu nutzen. Dieser Zugang vermag es weder Energiekonflikte zu vermeiden noch diese restlos aufzulösen. Ebenso kann die Frage, warum es zur Energiewende insgesamt eine allgemeine Zustimmung gibt, deren lokale Umsetzung jedoch auf heftige Proteste trifft, nicht befriedigend beantwortet werden. Stattdessen wirft die differenzierte Betrachtung von Konflikten und der Versuch eines produktiven Umgangs mit ihnen zahlreiche neue Fragen auf, die im Folgenden dargestellt werden.

Erstens sind weitere Untersuchungen notwendig, die unterschiedliche räumliche, aber auch zeitliche Kontexte von energiepolitischen Konflikten ebenso berücksichtigen wie das Zusammenwirken unterschiedlicher räumlicher Maßstabsebenen. Dies schließt die Betrachtung internationaler Beispiele aus dem Globalen Süden ein wie auch der Historizität von Energiekonflikten, die keineswegs ein neues Phänomen darstellen. Die Ko-Evolution von Infrastruktur- und Regionalentwicklung wie auch der urbane bzw. rurale Charakter von Energiekonflikten ist immer wieder neu zu bestimmen.

Dies erfordert zweitens eine Einbettung energiepolitischer Konflikte in andere lokale und regionale Auseinandersetzungen. So waren und sind ländliche Räume auch Orte von Protesten gegen Kreisreformen, gegen den Abbau infrastruktureller Dienstleistungen wie Schulen, Arztpraxen etc., aber auch von rassistischen Mobilisierungen gegen die Unterbringung von Geflüchteten. Darüber hinaus ist zu berücksichtigen, dass infrastrukturelle Transformationen nicht nur im Energiesektor stattfinden. Die

Abwasserentsorgung, die Telekommunikation oder auch der Verkehrssektor befinden sich ebenfalls in sehr unterschiedlich ausgeprägten Wandlungsprozessen. Diese unterschiedlichen Transformationen und Auseinandersetzungen sind auf mögliche Überlagerungen zu prüfen.

Drittens sind Energiekonflikte in Bezug zu übergeordneten Leitbilder in der Energieversorgung und darüber hinaus zu setzen. Am Beispiel der Auseinandersetzung um lokale und regionale Energiewenden ist zu fragen, was allgemeine, bislang konzeptionell wie empirisch noch nicht genauer bestimmte, Begriffe wie Energiegerechtigkeit (Jenkins et al. 2016) oder Energiedemokratie (Becker und Naumann 2017) umfassen können. Wie können Fragen der Energieversorgung mit Fragen räumlicher Gerechtigkeit verbunden werden (Bouzarovski und Simcock 2017; Yennetti et al. 2016), den „Urban Commons" (Harvey 2013), „Just Landscapes" (Olwig 2007) oder einem „Right to the Countryside" (Barraclough 2013)? Energiekonflikte können einen Fokus bieten, diese konzeptionellen Zugänge auf einen konkreten Gegenstand zu beziehen.

Damit bietet die Betrachtung von lokalen energiepolitischen Konflikten einerseits die Gelegenheit, Energiewenden mit ihren Schwierigkeiten und in ihrer Widersprüchlichkeit besser zu verstehen, um eine nachhaltige Transformation des Energiesystems zu befördern. Andererseits können Energiekonflikte, wie die oben angeführten Punkte illustrieren, in theoretisch-konzeptioneller wie auch in empirischer Hinsicht wertvolle Beiträge für die Forschung zur Infrastruktur- und Raumentwicklung liefern. Energiekonflikte sind reichlich vorhanden, es gilt also, sie produktiv zu nutzen!

Literatur

Balta-Ozkan, N., Watson, T., & Mocca, E. (2015). Spatially uneven development and low carbon transitions: Insights from urban and regional planning. *Energy Policy* 85, 500–510.

Barraclough, L. (2013). Is There Also a Right to the Countryside? *Antipode* 45, 1047–1049.

Becker, S., & Naumann, M. (2016). *Energiekonflikte nutzen. Wie die Energiewende vor Ort gelingen kann*. Erkner: Leibniz-Institut für Raumbezogene Sozialforschung.

Becker, S., & Naumann, M. (2017). Energy Democracy: mapping the debate on energy alternatives. *Geography Compass* 11 online first.

Becker, S., Bues, A., & Naumann, M. (2016). Zur Analyse lokaler energiepolitischer Konflikte. Skizze eines Analysewerkzeugs. *Raumforschung und Raumordnung* 74, 39–49.

Bell, D., Gray, T., & Haggett, C. (2005). The ‚Social Gap' in Wind Farm Siting Decisions: Explanations and Policy Responses. *Environmental Politics* 14, 460–477.

Bouzarovski, S., & Simcock, N. (2017). Spatializing energy justice. *Energy Policy*, online first.

Bridge, G., Bouzarovski, S., Bradshaw, M., & Eyre, N. (2013). Geographies of energy transition: Space, place and the low-carbon economy. *Energy Policy* 53, 331–440.

Buzek, R. (2016). *Proteste gegen Windkraftanlagen in Mecklenburg-Vorpommern: zwischen Ländlichkeit und Impulsen der Regionalentwicklung*. Bachelorarbeit am Geographischen Institut der Technischen Universität Dresden.

Devine-Wright, P. (2011). Place attachment and public acceptance of renewable energy: A tidal energy case study. *Journal of Environmental Psychology* 31, 336–343.

Dunlap, A. (2017). ‚The town is surrounded': From Climate Concerns to Life under Wind Turbines in La Ventosa, Mexico. *Human Geography* 10, 16–36.

Eichenauer, E., Reusswig, F., Meyer-Ohlendorf, L. & Lass, W. (2018). Bürgerinitiativen gegen Windkraftanlagen und der Aufschwung rechtspopulistischer Bewegungen. In O. Kühne & F. Weber (Hrsg.), *Bausteine der Energiewende* (S. 633–651). Wiesbaden: Springer VS.

Fast, S. (2015). Qualified, absolute, idealistic, impatient: dimensions of host community responses to wind energy projects. *Environment and Planning A* 47, 1540–1557.

Gailing, L., & Röhring, A. (2015). Was ist dezentral an der Energiewende? Infrastrukturen erneuerbarer Energien als Herausforderungen und Chancen für ländliche Räume. *Raumforschung und Raumordnung* 73, 31–43.

Grefe, C., & Schirmer, S. (2017). Der Kampf um die Windmühlen. *Die Zeit* 8/2017, 28.

Hage, G. & Schuster, L. (2018). Daher weht der Wind! Beleuchtung der Diskussionsprozesse ausgewählter Windkraftplanungen in Baden-Württemberg. In O. Kühne & F. Weber (Hrsg.), *Bausteine der Energiewende* (S. 681–700). Wiesbaden: Springer VS.

Jenkins, K., McCauley, D., Heffron, R., & Stephan, H. (2016). Energy Justice: A conceptual review. *Energy Research & Social Science* 11, 174–182.

Kelly-Reif, K., & Wing, S. (2016). Urban-rural exploitation: An underappreciated dimension of environmental injustice. *Journal of Rural Studies* 47, 350–358.

Kühne, O. (2018). ‚Neue Landschaftskonflikte' – Überlegungen zu den physischen Manifestationen der Energiewende auf der Grundlage der Konflikttheorie Ralf Dahrendorfs. In O. Kühne & F. Weber (Hrsg.), *Bausteine der Energiewende* (S. 163–186). Wiesbaden: Springer VS.

Kunze, C., & Hertel, M. (2017). Contested deep geothermal energy in Germany – The emergence of an environmental protest movement. *Energy Research & Social Science* 27, 174–180.

Langer, K. (2018). Frühzeitige Planungskommunikation – ein Schlüssel zur Konfliktbewältigung bei der Energiewende? In O. Kühne & F. Weber (Hrsg.), *Bausteine der Energiewende* (S. 539–556). Wiesbaden: Springer VS.

Mandel, K. (2018). Warum plant Ihr eigentlich noch? – Die Energiewende in der Region Heilbronn-Franken. In O. Kühne & F. Weber (Hrsg.), *Bausteine der Energiewende* (S. 701–713). Wiesbaden: Springer VS.

Ministerium für Wirtschaft und Europaangelegenheiten des Landes Brandenburg (2012): Energiestrategie 2030 des Landes Brandenburg. Potsdam: Ministerium für Wirtschaft und Europaangelegenheiten des Landes Brandenburg.

Neukirch, M. (2016). Protests against German electricity grid extension as a new social movement? A journey into the areas of conflict. *Energy, Sustainability and Society* 6, 4.

Olwig, K. R. (2007). The practice of landscape ‚conventions' and the just landscape: the case of the European Landscape Convention. *Landscape Research* 32, 579–594.

Overwien, P., & Groenewald, U. (2015). Viel Wind um den Wind. Aktuelle Herausforderungen für die Regionalplanung in Brandenburg. *Informationen zur Raumentwicklung* 6/2015, 603–618.

Pasqualetti, M. (2011). Social Barriers to Renewable Energy Landscapes. *The Geographical Review* 101, 201–223.

Reusswig, F., Braun, F., Heger, I., Ludewig, T., Eichenauer, E., & Lass, W. (2016). Against the wind: Local opposition to the German Energiewende. *Utilities Policy* 41, 214–227.

Robertson, R. (1995). Glocalization: Time-space and homogeneity-heterogeneity. In M. Featherstone, S. Lash & R. Robertson (Hrsg.) *Global Modernities* (S. 25–44), London: Sage.

Sontheim, T. & Weber, F. (2018). Erdverkabelung und Partizipation als mögliche Lösungswege zur weiteren Ausgestaltung des Stromnetzausbaus? Eine Analyse anhand zweier Fallstudien. In O. Kühne & F. Weber (Hrsg.), *Bausteine der Energiewende* (S. 609–630). Wiesbaden: Springer VS.

Stegert, P., & Klagge, B. (2015). Akzeptanzsteigerung durch Bürgerbeteiligung beim Übertragungsnetzausbau? Theoretische Überlegungen und empirische Befunde. *Geographische Zeitschrift* 103, 171–190.

Swyngedouw, E. (1997). Neither Global Nor Local: ‚Glocalization' and the Politics of Scale. In K. Cox (Hrsg.), *Spaces of Globalization: Reasserting the Power of the Local* (S. 137–166). New York/London: Guilford/Longman.

Weber, F. (2018). Von der Theorie zur Praxis – Konflikte denken mit Chantal Mouffe. In O. Kühne & F. Weber (Hrsg.), *Bausteine der Energiewende* (S. 187–206). Wiesbaden: Springer VS.

Weber, F., & Kühne, O. (2016). Räume unter Strom. Eine diskurstheoretische Analyse zu Aushandlungsprozessen im Zuge des Stromnetzausbaus. *Raumforschung und Raumordnung* 74, 323–338.

Wheeler, R. (2016). Reconciling Windfarms with Rural Place Identity: Exploring Residents' Attitudes to Existing Sites. *Sociologia Ruralis* 57, 110–132.

Wirth, P., & Leibenath, M. (2016). Die Rolle der Regionalplanung im Umgang mit Windenergiekonflikten in Deutschland und Perspektiven für die raumbezogene Forschung. *Raumforschung und Raumordnung*, online first.

Yenneti, K., Day, R., & Golubchikov, O. (2016). Spatial justice and the land politics of renewables: dispossessing vulnerable communities through solar energy megaprojects. *Geoforum* 76, 90–99.

Zografos, C., & Martinez-Alier, J. (2009). The politics of landscape value: A case study of wind farm conflict in rural Catalonia. *Environment and Planning A* 41, 1726–1744.

Sören Becker ist wissenschaftlicher Mitarbeiter am Geographischen Institut der Universität Bonn sowie am Integrative Institute on Transformations of Human-Environment Systems (IRI THESys) der Humboldt-Universität zu Berlin. Er promovierte zu „Energy transition, ownership and the city: explaining remunicipalisation processes in Hamburg and Berlin" am Institut für Geographie der Universität Hamburg. Seine Forschungsschwerpunkte sind Geographische Energieforschung, Urban Governance und Smart Cities.

Matthias Naumann, promovierter Geograph, vertritt derzeit die Professur „Didaktik der Geographie" an der Technischen Universität Dresden. Zuvor lehrte und forschte er an der Brandenburgischen Technischen Universität Cottbus-Senftenberg, der Berlin-Brandenburgischen Akademie der Wissenschaften, der Freien Universität Berlin, dem Leibniz-Institut für Raumbezogene Sozialforschung (IRS) und der Universität Hamburg. Seine Forschungsschwerpunkte umfassen Stadt- und Regionalentwicklung, Energie- und Wasserinfrastrukturen sowie Kritische Geographie.

Erneuerbare Energie und ‚intakte' Landschaft: Wie Naturtourismus und Energiewende zusammenpassen

Erik Aschenbrand und Christina Grebe

Abstract

Zerstören Windkraftanlagen Landschaft und gefährden dadurch die Tourismuswirtschaft? Auswirkungen der Energiewende stehen im Mittelpunkt zahlreicher Konflikte: insbesondere Planungen für Windkraftanlagen geben vielerorts Anlass zur Kritik. Der Ausdruck der ‚Verspargelung der Landschaft' wird hier regelmäßig vorgebracht und fasst als politisches Schlagwort und Kampfbegriff die Kritik an landschaftlichen Auswirkungen der Windenergie zusammen. Ästhetische und emotionale Argumente gegen landschaftliche Veränderungen finden in der raumbezogenen Planung jedoch wenig Berücksichtigung. Gegner(innen) von Windkraftanlagen bemühen stattdessen in mehreren Fällen den Tourismus als Gegenargument. Demnach bedrohten Windkraftanlagen die landschaftliche Attraktivität und damit die Tourismuswirtschaft der jeweils betroffenen Regionen. Vor dem Hintergrund eines sozialkonstruktivistischen Verständnisses von Landschaft kombinieren wir Ergebnisse aus zwei empirischen Studien zum Thema Tourismus und Windkraftanlagen. Wir finden dabei keinen Beleg für eine Gefährdung des Tourismus durch Windkraftanlagen.

Keywords

Tourismus, Energiewende, Windkraftanlagen, Landschaft

1 Einleitung

Landschaftsveränderungen durch Windkraftanlagen werden besonders im lokalen Kontext medial stark diskutiert (vgl. Weber und Jenal 2016). Dabei wird gelegentlich das Argument vorgebracht, Windkraftanlagen kollidierten mit tourismuswirtschaftlichen Interessen (hierzu auch Roßmeier et al. 2018 in diesem Band). Exemplarisch sei hier auf einen Artikel aus der *Westfalenpost*, einer regionalen Tageszeitung aus Südwestfalen verwiesen. Die *Westfalenpost* titelte am 04. April 2017: „CDU will deutlich weniger Windkraftanalgen im Hochsauerland" (Eickhoff 2017). Politiker der CDU werden im betreffenden Artikel mit der Forderung zitiert, dass „touristische Bereiche von Windkraft ausgespart bleiben, darunter prominente Wanderwege, Seen und Kurgebiete. Auch so genannter Erholungswald soll im Gegensatz zu Wirtschaftswäldern geschont werden, damit darin nicht groß dimensionierte Fundamente für Windkraftanlagen errichtet werden" (Eickhoff 2017). Die CDU-Politiker mahnen im Interview: „Wir müssen aufpassen, dass aus dem Land der tausend Berge nicht das Land der tausend Windräder wird" (Eickhoff 2017). Die zitierten Politiker betonen gleichzeitig, dass sie nicht grundsätzlich gegen Windkraft eingestellt seien. Im nächsten Absatz werden sie jedoch folgendermaßen zitiert: „jede Stimme für Rot-Grün ist eine Stimme für mehr Windenergie im Sauerland" (Eickhoff 2017). Die Bedrohung der Tourismuswirtschaft wird hier nicht belegt oder argumentativ fundiert, sie wird vielmehr vorausgesetzt. Dieser angeführte Artikel soll stellvertretend für den Tenor vieler Berichte aus deutschen Medien stehen. Die Gefährdung des Tourismus durch Windkraftanlagen ist auch zum Gegenstand diverser wissenschaftlicher Arbeiten geworden. So fragen z. B. Stuhrmann (2008), Schödl (2013), Steinhoff et al. (2012) und Ziesemer und Schmücker (2014) nach den Auswirkungen von Windkraftanlagen auf den Tourismus. Keiner der Autor(inn)en kann dabei eine eindeutig negative Auswirkung feststellen. Auch Gerichte haben sich bereits in zahlreichen Fällen mit den landschaftsästhetischen Auswirkungen der Windkraft befasst. Wie Franke und Eissing (2013) aufzeigen, wurden dabei mehrfach Genehmigungen für Windkraftanlagen mit Verweis auf landschaftsästhetische Beeinträchtigungen verwehrt. In diesem Beitrag werden die Ergebnisse von zwei empirischen Untersuchungen zusammengeführt und vor dem Hintergrund einer sozialkonstruktivistischen Landschaftstheorie (Cosgrove und Daniels 1988; Kühne 2008, 2013) ausgewertet. Dabei geht der Artikel folgenden Fragen nach: Wie wird Landschaft allgemein von der Tourismusindustrie inszeniert und wie eignen sich Tourist(inn)en Landschaft auf naturbezogenen Reisen, wie etwa Wander- oder Fahrradreisen, an? Was bedeutet die touristische Landschaftsaneignung für die Wahrnehmung von Windkraftanlagen im Zuge der Energiewende (vgl. auch Domhardt et al. 2018; Kühne und Weber 2018 in diesem Band)? Schließlich folgt die Darstellung von Ergebnissen einer Befragung von Wanderern und Wanderinnen im nordhessischen Mittelgebirge.

2   Methodik

Die Darstellung von Landschaft im Tourismusmarketing wird auf Basis einer Analyse der Werbung vier deutscher Reiseveranstalter herausgearbeitet. Insgesamt 214 Reisebeschreibungen der vier Veranstalter wurden mit qualitativen und quantitativen Methoden diskursanalytisch untersucht. Hierzu wurde auf die Diskurstheorie von Laclau und Mouffe (1985) zurückgegriffen, die u. a. bereits von Glasze und Mattissek (2009), Leibenath und Otto (2012) und Weber (2013, 2015, 2016) für raumbezogene

Fragestellungen operationalisiert wurde (hierzu auch Weber 2018 in diesem Band). Dieses Vorgehen verfolgt das Ziel, den touristischen Umgang mit Landschaft grundsätzlich darzustellen und darauf aufbauend die Bedeutung von Windkraftanalgen einordnen zu können. Zu diesem Zweck soll auch die Aneignung von Landschaft durch Tourist(inn)en allgemein thematisiert werden, bevor, darauf aufbauend, die Akzeptanz von Windkraftanlagen im Speziellen thematisiert wird. Die Aneignung von Landschaft auf Reisen ist normalerweise schwierig zu untersuchen, da das Reiseerlebnis, das kommerzielle Veranstalter verkaufen, nur zahlenden Kunden zugänglich ist. Aus diesem Grund stellen z. B. Zuev und Picard (2015) die Reiseerlebnisse von Pauschalreisenden auf Grundlage von Interviews nach Ende der Reise dar. Bei einer derartigen Vorgehensweise muss jedoch mit Verzerrungen gerechnet werden, da Reiseanekdoten häufig auch der Selbstdarstellung dienen (Schäfer 2015) und alle unmittelbaren Reaktionen der Reiseteilnehmer notwendigerweise unerfasst bleiben (vgl. Girtler 1989). Der besondere Zugang zum Feld dieser Arbeit besteht darin, dass der Autor Erik Aschenbrand als Reiseleiter bei verschiedenen deutschen Reiseveranstaltern arbeitete und somit den touristischen Umgang mit Landschaft zwischen März 2014 und Mai 2016 auf insgesamt 14 jeweils ein- bis zweiwöchigen Reisen mittels teilnehmender Beobachtungen erheben konnte. Die Methode der teilnehmenden Beobachtung wurde im Anschluss an Girtler (1989, 2004) und Misoch (2015) mit ero-epischen Gesprächen (Girtler) bzw. ethnographischen Interviews (Misoch) kombiniert.

Aufbauend auf diesen grundsätzlichen Perspektiven zum touristischen Umgang mit Landschaft werden die Einstellungen von Wanderern zu Windkraftanlagen dargestellt. Diese wurden in einer standardisierten Befragung von 257 Wanderern zwischen September 2014 und September 2015 in Nordhessen erhoben. Die Befragung ist mittels eines 21 Fragen umfassenden Fragebogens von der Autorin Christina Grebe persönlich durchgeführt worden, unter anderem an stark frequentierten Wanderwegen oder zentralen Wanderparkplätzen. Die Verteilung der Fragebögen erfolgte persönlich an vorbeikommende Wanderer oder Wandergruppen, diese füllten den Fragebogen vor Ort aus.

3 Theorie: Sozialkonstruktivistische Perspektive auf Landschaft und Grundsätzliches zum Thema Erholung

Aus sozialkonstruktivistischer Perspektive wird Landschaft nicht als ein vom Beobachter unabhängiges Objekt verstanden, sondern als eine Art und Weise, eine räumliche Konstellation von Objekten wahrzunehmen (Cosgrove und Daniels 1988). Der Begriff ‚Landschaft' bezeichnet demnach einen „Trick unserer Wahrnehmung, der es ermöglicht, heterogene Dinge zu einem Bild zusammenzufassen und andere auszuschließen" (Burckhardt 2006, S. 82). Landschaft kann folglich als soziales Konstrukt bezeichnet werden (Kühne 2006, 2008; Kühne und Weber 2016a). Die soziale

Konstruktion von Landschaft vollzieht sich in Diskursen, in denen Standpunkte in Bezug auf Landschaft artikuliert werden (Kühne 2013). Die Werbung von Reiseveranstaltern kann in diesem Sinne als Diskurs über Landschaft verstanden werden, in dem bestimmte Orte unter Bezugnahme auf einige Objekte als (schöne) Landschaft beschrieben werden und andere Orte bzw. Objekte keine Erwähnung finden. Laclau und Mouffe (1985) verstehen den Diskurs als Versuch der Fixierung von Bedeutung. Reiseveranstalter versuchen also, bestimmte werbewirksame Deutungen zu fixieren und zu verankern. Den Grundsätzen der Diskurstheorie von Laclau und Mouffe folgend, wird Landschaft als instabiles Ergebnis diskursiver Identifizierungs- und Grenzziehungsprozesse analysierbar, dessen Artikulation (durch Reiseveranstalter) ebenso Interessen zugrunde liegen, wie der Artikulation politischer Standpunkte in anderen Diskursen. Nach Olaf Kühne (2013) lassen sich zum Zweck der Analyse vier Dimensionen von Landschaft unterscheiden:

1) Die gesellschaftliche Landschaft bezeichnet sämtliches Wissen und Vorstellungen über Landschaft, die in einer Gesellschaft vorhanden sind. Sie setzt sich zusammen aus den teilgesellschaftlichen Landschaften verschiedener Milieus.
2) Die individuell aktualisierte gesellschaftliche Landschaft bezeichnet individuelles Wissen und Vorstellungen über Landschaft.
3) Der externe Raum bezeichnet die Objekte des physischen Raumes bzw. die Deutung von Objektkonstellationen als Raum.
4) Die angeeignete physische Landschaft bezeichnet diejenigen Objekte des externen Raums, die zur Konstruktion von Landschaft herangezogen werden.

Diese zusammenfassende Darstellung der vier Dimensionen von Landschaft dient im Folgenden als analytischer Rahmen der Untersuchung. Im Anschluss an die vier Dimensionen von Landschaft kann unter dem Begriff der ‚landschaftsbezogenen Erholung' eine Form der Aneignung von Landschaft verstanden werden. Auf Grundlage der individuell aktualisierten Landschaft werden bestimmte räumliche Konstellationen nicht nur als Landschaft wahrgenommen, ihnen wird auch eine spezielle Eignung, beispielsweise zum Wandern oder Radfahren zugesprochen. Derartige Verknüpfungen, etwa von Berglandschaft und Wandern (vgl. Amirou 2012) sind als Ergebnis kulturgeschichtlicher Entwicklungen zu begreifen, die in den gesellschaftslandschaftlichen Vorstellungen verankert sind und von dort durch einen Sozialisierungsprozess in die individuellen landschaftlichen Vorstellungen übernommen werden. Erholung ist abhängig von verschiedenen Konvergenzen, wie subjektives Empfinden, Wahrnehmen, Ansprache von Sinnesreizen, aber auch von persönlichen (Kindheits-)Erfahrungen und damit zusammenhängenden Erinnerungen. All diese Faktoren beeinflussen den Prozess der individuellen Aneignung von Landschaft. Jede Form der landschaftsbezogenen Erholung ist folglich an subjektive Empfindungen gebunden, die wiederum auf Grundlage erlernter Vorstellungen von Landschaft aktualisiert werden. Unter Erholung wird eine Regenerierung der physischen und psychischen Kräfte verstanden (Walz und Berger 2004, S. 3). Opaschowski (2008) erörtert das Verhältnis von Erwerbsarbeit, Freizeit und Erholung; diese könnten nur miteinander existieren (Opaschowski 2008). Auch Otto Friedrich Bollnow thematisiert das Verhältnis von Arbeit und Erholung und bezieht sich im Kontext der Erholung explizit auf das Wandern und die Natur. Für ihn bedeutet das Wandern und die damit verbundene Hinwendung zu Landschaft eine Rückkehr zur Ursprünglichkeit (Bollnow 1994). Bollnow betont die Zweckentbundenheit des Wanderns und versteht die beim Wandern verbrachte Zeit nicht nur als Erholung für eine davor und danach stattfindende Arbeit, sondern als eigenständigen und wertigen Bestandteil menschlichen Lebens: „Die beglückend erfahrene Rückkehr zum Ursprung kann nicht bedeuten, dass der Mensch in diesem Ursprungsstadium verharren sollte und dass alle weitere Entwicklung nur als Abfall von seinem ursprünglichen Wesen zu verstehen sei. […] Worauf es ankommt, ist die Polarität zwischen den beiden Möglichkeiten und innerhalb dieser Polarität das oft verkannte Recht der Muße zu sehen, die eben nicht nur Entspannung und Erholung ist, sondern Wesenserfüllung des Menschen" (Bollnow 1994, S. 121–122).

Im Kontext der Erholungsqualitäten von Landschaft wird häufig auf die ‚Intaktheit' von Landschaft (vgl. Fassl 2014; LUBW o. J.) beziehungsweise auf ‚gute Orte' (Gebhard und Kistemann 2016) verwiesen. Ob eine Landschaft ‚intakt' oder ‚zerstört' ist, ob es sich also um einen ‚guten Ort' handelt, oder nicht, lässt sich aus sozialkonstruktivistischer Perspektive nicht anhand physischer Konstellationen beweisen oder widerlegen, sondern ist als soziale Zuschreibung und Beurteilung zu verstehen (vgl. Kühne 2013). Demnach kann dieselbe Konstellation von Objekten in Abhängigkeit unterschiedlicher individuell aktualisierter Vorstellungen von Landschaft einerseits als ‚intakte Natur' und andererseits als ‚zerstörte Landschaft' wahrgenommen werden (vgl. Aschenbrand et al. 2017). Besonders innerhalb gesellschaftlicher Milieus sind jedoch meist kompatible Vorstellungen über die Merkmale verbreitet, die aus einer Konstellation von Objekten ‚intakte Landschaft' ‚machen', sodass ‚Landschaft' auch hinsichtlich ihres Erholungswertes übereinstimmend beurteilt wird (Aschenbrand 2017).

4 Ergebnisse

4.1 Tourismuswerbung und Windkraftanlagen: eine seltene Paarung

Welche Bedeutung hat nun Landschaft für die Tourismuswirtschaft? Die Diskursanalyse der Werbung von Reiseveranstaltern zeigt, dass Landschaft ein zentrales Motiv in der Bildsprache und auch in der Gestaltung von Werbetexten ist. Landschaft ist alltagssprachlich etwa gleichbedeutend mit ‚schöner Natur', wie Dorothea Hokema (2013) zeigen konnte. In diesem Sinne ist der Begriff Landschaft von großem Wert für die Tourismuswirtschaft, da er geeignet ist, eine Wertschätzung für räumliche Konstellationen auszudrücken. Da Reiseziele das hauptsächliche Verkaufsargument für Reisen sind, zielt die Tourismuswerbung vor allem darauf, Reiseziele begehrenswert zu machen. Hierbei greift sie auf verbreitete und daher für viele Kunden anschlussfähige stereotype Vorstellungen von Landschaft zurück. Derartige Landschaftsstereotype sind z. B. der paradiesische Strand, die erhabene Landschaft des Hochgebirges besonders im Kontrast mit lieblichen Almen und malerischen Bergdörfern oder die Vorstellung vom saftig grünen tropischen Regenwald, der von einer unübersehbaren Fülle bunter Tiere bewohnt wird (Aschenbrand 2017).

Reiseveranstalter, Destinationsmarketing und Reisemagazine verwenden vergleichbare Darstellungen von Landschaft. All diese Medien nutzen positiv konnotierte landschaftliche Vorstellungen, um ihre jeweiligen Produkte zu bewerben. Die Landschaftsbeschreibungen der Tourismuswerbung lassen sich daher als Diskurs über Landschaft verstehen. Dieser Diskurs verfestigt die alltagssprachlich gegebene Verbindung von Landschaft mit Natürlichkeit und Schönheit und trägt damit zur Stabilisierung dieses Landschaftsverständnisses bei. Unter dem Begriff Kulturlandschaft wird Tradition in Form alter Gebäude, Gebräuche und Landnutzungen idealisiert (Burckhardt 2006). Dass der Begriff Kulturlandschaft notwendig wird, um Nichtnatürliches zu integrieren, kann als Beleg für die Verknüpfung von Landschaft mit Natürlichkeit gewertet werden. Landschaft wird in der Tourismuswerbung implizit von ‚Stadt' abgegrenzt und Stadt wird wiederum mit Kultur gleichgesetzt. Dies folgt der allgemeinen Logik des Marketings, wonach Produkte mit einer möglichst eindeutigen und für den Kunden leicht verständlichen Bedeutung belegt werden sollen. Im Tourismusmarketing werden also Methoden, die ursprünglich zur Bewerbung von Konsumgütern entwickelt wurden, auf ganze Regionen angewendet. Das Gebot der Werbung lautet, leicht verständliche Eindeutigkeit zu schaffen. Bezogen auf komplexe Gebilde wie Tourismusdestinationen, führt dies zwangsläufig zu einer drastischen Komplexitätsreduktion in der Kommunikation und damit zu einer Stereotypisierung (Aschenbrand 2017). Wenn Bilder eine leicht verständliche Botschaft zum Kunden transportieren sollen, bietet es sich an, auf bekannte Motive zurückzugreifen. Reiseveranstalter übernehmen folglich Landschaftsmotive z. B. aus der Kunst und verfestigen bestehende Landschaftsstereotype, wie etwa die Konstrastierung von Lieblichem und Erhabenem (Kühne et al. 2013). Die Tourismuswerbung inszeniert Landschaft daher generell in stereotyper und auf eine Aussage hin zugespitzter Form. Dabei werden alle Objekte ausgeblendet, die als alltäglich oder gar negativ gelesen werden könnten. Diese diskursiven Marginalisierungen sind im Kontext von Windkraftanlagen und Energiewende besonders relevant.

Windkraftanlagen ebenso wie Stromleitungen oder andere Infrastruktur, die mit der Energiewende in Zusammenhang stehen, werden von den Landschaftsbeschreibungen und -darstellungen der Tourismuswerbung marginalisiert (vgl. hierzu auch Weber et al. 2017). Windkraftanlagen sind aktuell weder auf den Bildern von Reiseveranstaltern häufig zu sehen, noch werden sie in Werbetexten beschrieben. Eine Ausnahme bilden historische Windmühlen, die in einigen Regionen zum Gegen-

Abbildung 1 Nur historische Formen der Windkraftnutzung finden derzeit Eingang in die Tourismuswerbung

Bildquellen: Links Instituto de Turismo de España (2017), rechts Florian Weber.

stand stereotyper landschaftlicher Vorstellungen wurden, etwa in Holland oder der spanischen Region La Mancha. Grundlage der touristischen Verwertung von Windmühlen bildet deren vorangegangene künstlerische Inszenierung. So wurde die Windmühle zum Sujet niederländischer Landschaftsmaler wie Jacob van Ruisdael. Miguel de Cervantes hat mit Don Quijotes Kampf gegen Windmühlen die selbigen zur touristischen Attraktion gemacht und die Erhaltung einiger historischer Exemplare für den Tourismus erwirkt. Dieses Privileg hatten moderne Windkraftanlagen bisher kaum.

Die Tourismuswerbung marginalisiert jedoch nicht nur moderne Windkraftanlagen, sondern jegliche Form von moderner Infrastruktur. Noch grundsätzlicher lässt sich formulieren, dass alles Alltägliche aus der Tourismuswerbung verbannt wird. Tourismuswerbung stellt weder Verkehrsinfrastruktur, wie Straßen oder gar Autobahnen, noch Fabriken, Industriegebiete oder Kraftwerke dar (Aschenbrand 2017; Kühne et al. 2013). Sie marginalisiert alles, was nicht zum paradiesischen Bild einer Destination passt. Im Kontext von Fernreisen werden politische, ökologische, wirtschaftliche oder humanitäre Krisen marginalisiert. Ein zentrales touristisches Landschaftsstereotyp betrifft die einsame Aneignung von Landschaft – von Urry (2002 [1990]) als *romantic gaze* beschrieben. Demnach findet die Aneignung von als Landschaft konstruierten Räumen in der Vorstellung von Tourist(inn)en idealerweise allein statt. Konsequenterweise marginalisiert die Tourismuswerbung folglich auch Tourist(inn)en und schließt mit ihnen alle Anzeichen für Tourismus von ihren Bildmotiven aus.

Die Diskursanalyse der Tourismuswerbung liefert also keine Hinweise auf eine problematische Beziehung von Tourismus und Windkraftanlagen. Vielmehr weist sie auf die Wirkmächtigkeit stereotyper Landschaftsvorstellungen hin. Stereotype Vorstellungen von Landschaft können jedoch problematisch werden, wenn sie etwa unhinterfragt zum Maßstab für Entscheidungen der Raumentwicklung genommen werden, denn die Werbung idealisiert auftragsgemäß stets das angebotene Produkt. Die Tourismuswerbung zielt also auf die Veränderung der Wahrnehmung einer Region, die jedoch niemals nur Tourismusdestination ist, sondern gleichzeitig immer auch Wirtschaftsraum für andere Branchen und Heimat für deren Bewohner(innen). Verschiedene Funktionen werden aber von der Werbung zugunsten eines vereinfachten stereotypen Bildes ausgeblendet. Tourismuswerbung vermag insofern auch regionale Selbstverständnisse und Vorstellungen von Heimat zu prägen. Das landschaftliche Ideal der Tourismuswerbung kann dann eine grundsätzliche Veränderungsskepsis begünstigen.

4.2 Touristische Aneignung von Landschaft

Das (landschaftliche) Erlebnis auf einer Reise kann entlang der oben dargestellten vier Dimensionen von Landschaft als Aneignung von Landschaft beschrieben werden. Tourist(inn)en konstruieren dabei Landschaft, indem sie beim Betrachten von Objekten des physischen Raumes bestimmten Objektkonstellationen Bedeutungen zuweisen. Tourist(inn)en sehen beispielsweise eine Wiese, Wald und eine Hütte vor dahinter aufragenden Bergen und deuten diese Konstellation von Objekten als Almlandschaft. In außertouristischen Praktiken (Fernsehen, Literatur, Werbung etc.) erlangen Menschen Kenntnis von Typisierungen, sie lernen, was eine Almlandschaft ausmacht (Kühne 2013). Im Prozess der Aneignung von Landschaft wenden Tourist(inn)en diese erlernten Typisierungen auf Objektkonstellationen an. Sie subsumieren bei der Aneignung die wahrgenommenen Objekte unter die Typisierung ‚Almlandschaft' (vgl. Schütz und Luckmann 2003 [1975]). Während einer Reise sehen Tourist(inn)en jedoch nicht nur Objekte, die den oben beschriebenen stereotypen Vorstellungen von Landschaft entsprechen. Wie jeder Reisende verbringen auch die Reisegäste von Pauschalreisen auf der Reise viel Zeit mit Alltäglichem. Dies sind zum Beispiel Busfahrten, auf denen die Tourist(inn)en Straßen und Verkehrsgeschehen miterleben oder Aufenthaltszeit in Hotels, wo die Gäste den üblichen Standard sanitärer Einrichtungen sehen. Dazu kommt ein Gefühl für die Risikosituation einer Tourismusdestination. So werden die südeuropäischen Länder als grundsätzlich durch die Finanzkrise und allgemeine wirtschaftliche Probleme bedroht wahrgenommen während z. B. Island aus der Sicht vieler Tourist(inn)en grundsätzlich durch Naturgewalten bedroht sei. Diese Faktoren werden als Determinanten des alltäglichen Lebens der Einwohner wahrgenommen und mit der eigenen Heimat verglichen. So entsteht eine Bewertung des Landes, die unabhängig von der Bewertung des Landes als Reiseziel ist. Auf diese Weise vergewissern sich viele Tourist(inn)en auf Reisen darüber, wie gut (wie viel besser als im Reiseland) es zu Hause sei, obwohl ihnen das Land (die Sehenswürdigkeiten) sehr gut gefällt (Aschenbrand 2017). In Räumen, die als stereotyp schöne Landschaften angesehen werden, wird in der Regel jeder Gegenstand, der nicht zum angewendeten Stereotyp passt, ausgeblendet oder als störend empfunden (Burckhardt 2006). Beispielsweise könnten Strommasten an einem Ort als störend empfunden werden, der ansonsten als unberührte Landschaft konstruiert wird (vgl. Weber 2017). Das gleiche gilt für Windkraftanlagen. Zusätzliche Straßen oder eine Fabrik würden die Konstruktion desselben Ortes als unberührte Landschaft von Beginn an verhindern. Tourist(inn)en sind also ohnehin ständig bewusst und unbewusst damit beschäftigt, Objekte zu Landschaft zusammenzuschauen und beispielsweise abzuwägen, ob es lohnenswert sei, ein Foto zu schießen. Lohnenswert ist ein Foto aus touristischer Sicht tendenziell dann, wenn es gelingt, den Bildausschnitt so zu wählen, dass alles ‚Hässliche' oder ‚Ungewollte' ausgeblendet werden kann. Diese Praxis des Ausblendens betrifft auch alle Anzeichen des Massentourismus, wie etwa Parkplätze, Reisebusse, Absperrungen und nicht zuletzt Tourist(inn)en selbst (Aschenbrand 2017; Schäfer 2015). Damit reproduzieren Tourist(inn)en regelmäßig die Katalogbilder der Reiseveranstalter, die Landschaft ebenfalls frei von ‚störenden' Dingen zeigen. Da Windkraftanlagen bislang nicht Teil stereotyper Landschaftsvorstellungen sind, werden sie im Kontext touristischer Landschaftswahrnehmung vielfach ebenfalls als störend wahrgenommen und von Tourist(inn)en in der Regel nicht fotografisch festgehalten. Windkraftanlagen stellen für Tourist(inn)en jedoch keine neue Qualität der Störung des Landschaftserlebnisses dar. Sie sind eine Störung unter vielen anderen. Aufgrund der beschriebenen Orientierung an aktuell verankerten stereotypen Landschaftsvorstellungen würde es verwundern, wenn eine Mehrheit der Tourist(inn)en Windkraftanlagen aus ästhetischen Gesichtspunkten positiv bewertete, was aber grundsätzlich – die Wandelbarkeit sozialer Wirklichkeit berücksichtigend – denkbar wäre (Kühne 2018). Es erscheint vielmehr selbstverständlich, dass sie als Veränderung von Landschaft und als Störung wahrgenommen werden. Aber sie werden bspw. von Wander- und Rad-Tourist(inn)en deutlich weniger abgelehnt und als weniger störend empfunden, als beispielsweise eine viel befahrene Straße oder eine Fabrikanlage. Dieses Ergebnis bestätigt auch Schödl (2013): sie bescheinigt Windkraftanlagen im Urlaub ein „relativ geringes Störpotential" (Schödl 2013, S. 134). So werden Windkraftanlagen von Wander-Tourist(inn)en immer wieder auch als Symbol des Fortschritts interpretiert und positiv gewertet (hierzu auch Kühne und Weber 2016b). Dies mag eine Auswirkung kognitiv verarbeiteter Informationen und einer daraus resultierenden positiven Einstellung zur Energiewende sein. Die Beobachtung der Landschaftsaneignung von Wander- und Rad-Tourist(inn)en auf Pauschalreisen zeigt also deutlich, dass Windkraftanlagen das Landschaftserlebnis der Tourist(inn)en in der Regel nicht so stark stören, dass daraus eine negative Deutung des touristischen Erlebnisses oder eine Verringerung der Wiederbesuchswahrscheinlichkeit resultieren würde.

4.3 Landschaft und Windkraftanlagen

Fraglich ist, welche Positionen Wander-Tourist(inn)en außerhalb der bislang betrachteten organisierten Wanderreisen zu Windkraftanlagen entlang ihrer individuell gewählten Wanderroute haben und ob sie das Erholungspotential von Landschaft durch Windkraftanlagen gefährdet sehen. Zu den Ausgangsbedingungen der im Folgenden dargestellten Ergebnisse einer Befragung (vgl. Kapitel 2) gehört, dass a) zunehmend unterschiedliche Ansprüche im Kontext von Erholung an die Landschaft gestellt werden, die auf das engste mit einem subjektiven Wahrnehmen, mit Erwartungen und Bedürfnissen des Betrachters und Nutzers einer Landschaft verknüpft (Fischer-Hüfle 1997) sind sowie b), dass allgemein die Bedeutung von Freizeit und Erholung zunimmt (Starick 2015) und c) eine Zunahme von Windkraftanlagen in Räumen zu verzeichnen ist, die auch eine Bedeutung für die landschaftsbezogene Erholung haben. Einzelne Ergebnisse der Befragung von Wanderern aus der Mittelgebirgsdestination Nordhessen werden nachfolgend dargestellt. Ein Fokus liegt hierbei auf der Frage, welche Objekte des physischen Raumes aus Sicht der Befragten eine zur Erholung geeignete Landschaft konstituieren und welche spezifischen Einstellungen die Befragten in diesem Kontext zu Windkraftanlagen haben.

Die Erholungsqualität von Landschaft hängt aus Sicht der Befragten eng mit zugeschriebener ‚Natürlichkeit' zusammen. Nach ihren landschaftlichen Präferenzen gefragt, konnten die Teilnehmer der Umfrage aus einer Liste von Landschaftselementen wählen. Die Mehrheit der befragten Personen gab hierbei an, dass sie als natürlich empfundene und üblicherweise mit einer Mittelgebirgsdestination verbundene Elemente, wie Bäume (11 % der Antworten), Berge/Hügel (12 %), Wälder (13 %), Wasser (12 %) oder Wiesen (11 %) bevorzugen. Technische oder bauliche Ausstattungselemente wie z. B. Autobahnen wurden dagegen kaum genannt. Das gleiche gilt für Objekte der Energieinfrastruktur, wie Freileitungen, Photovoltaik-Anlagen oder Windkraftanlagen; es entfielen weniger als 1 % der Antworten auf die genannten Objekte. Dieses Ergebnis verdeutlicht zunächst die Bedeutung von ‚Natürlichkeit' als landschaftliches Ideal. Windkraftanlagen sind demnach, wie auch andere technische Infrastruktur, für die Mehrheit der Befragten nicht Teil ihres landschaftlichen Idealbildes. Fraglich ist jedoch, inwiefern sich eine Mehrheit der Befragten durch Windkraftanlagen gestört fühlt. Die spezifische Einstellung der Wanderer zu Windkraftanlagen wurde ebenfalls erhoben. Hierbei zeigt sich, dass nur ein geringer Teil der Befragten sich von Windkraftanlagen ‚stark gestört' fühlt (8 % der Antworten). Ein etwas größerer Anteil der Befragten wählte die schwächere Form der Ablehnung und gab an, Windkraftanlagen ‚störend' zu finden (20 % der Antworten). Die Mehrheit der Befragten zeigt eine neutrale bis positive Einstellung gegenüber Windkraftanlagen und empfindet sie entweder als Landschaftsveränderung, ohne dass damit notwendigerweise eine Störung einhergehen würde (30 % der Antworten) oder ist der Meinung, es ließe sich über die landschaftliche Störung hinwegsehen (27 % der Antworten). Etwas mehr als ein Zehntel der Befragten ist sich sicher, Windkraftanlagen verursachten keine landschaftliche Störung (12 % der Antworten) und eine kleine Minderheit empfindet Windkraftanlagen als Bereicherung der Landschaft (3 % der Antworten). Hier wird deutlich, dass eine erhebliche Anzahl der Befragten Windkraftanlagen zwar als Veränderung ansieht, aber der Meinung ist, man könne über diese Veränderung hinwegsehen. Plakativ ließe sich also aus Sicht einer Mehrheit der Befragten sagen: ‚Windkraftanlagen sind nicht unbedingt schön, aber notwendig und auch nicht besonders störend'. Diese Ergebnisse bestätigen für den deutschen Mittelgebirgsraum, was Ziesemer und Schmücker (2014) für Schleswig-Holstein beschreiben. Ziesemer und Schmücker befassten sich ebenfalls mit der Frage, ob Windräder Tourist(inn)en auffallen und stören und damit die Wiederbesuchsabsicht einer Destination womöglich verringern. Laut Ziesemer und Schmücker nimmt eine Mehrheit der Tourist(inn)en Windkraftanlagen bewusst wahr und bemerkt insofern eine Veränderung der Landschaft. Jedoch fühlt sich nur eine Minderheit der Tourist(inn)en durch Windkraftanlagen gestört und auf die Wiederbesuchswahrscheinlichkeit haben Windkraftanlagen keinen messbaren Einfluss. Darüber hinaus beschreiben Ziesemer und Schmücker (2014), dass Tourist(inn)en Bauwerke, die nicht der Erzeugung von erneuerbarer Energie dienen, wie etwa Hochhäuser oder Industrieanlagen, deutlich häufiger als negative Beeinträchtigung des Landschaftserlebnisses wahrnehmen als Windkraftanlagen: „Keiner der Teilnehmer würde aufgrund wahrgenommener EE-Bauwerke nicht wieder nach Schleswig-Holstein reisen. Wesentlich größeren Abschreckungsfaktor haben Non-EE Bauwerke wie z. B. Hochhäuser" (Ziesemer und Schmücker 2014, S. 9). Die Aussagen Ziesemers und Schmückers bestätigen auch Steinhoff et al. (2012) mit den Ergebnissen ihrer Besucherbefragung zur Akzeptanz von Windkraftanlagen in der Eifel: 91 % der Befragten würde im Falle des Ausbaues von Windkraftanlagen auf einen Besuch in der Eifel nicht verzichten und wiederkommen. Lediglich eine kleine Minderheit kann sich folglich vorstellen, aufgrund eines Ausbaus von Windkraftanlagen, eine Destination nicht mehr zu besuchen.

5 Synthese

Landschaft wird in der Tourismuswerbung vor allem als ‚natürlich' und ‚schön' dargestellt. Vor dem Hintergrund dieses Werbediskurses erscheinen Infrastrukturen, wie Stromleitungen oder Windkraftanlagen zunächst problematisch (hierzu auch Jenal 2018; Linke 2018; Schweiger et al. 2018 in diesem Band). Jedoch offenbart die teilnehmende Beobachtung von Tourist(inn)en auf naturbezogenen Pauschalreisen deren differenzierten Umgang mit Objekten, die nicht stereotypen Vorstellungen des Reiseziels und seiner Sehenswürdigkeiten entsprechen. Tourist(inn)en sind schlichtweg daran gewöhnt, auf einer Reise nicht nur stereotype Landschaftserwartungen erfüllt zu bekommen und begreifen daher Windkraftanlagen, wie auch Straßen oder sonstige technische Infrastruktur als normale Bestandteile der Alltagswelt des Reiseziels. Im Gegensatz zu Einheimischen, welche die Veränderungsprozesse der physischen Grundlagen ihrer heimatlichen Normallandschaft miterleben und auf dieser Grundlage Vergleiche zwischen heute und früher anstellen können, verfolgen Tourist(inn)en in den seltensten Fällen derartige Veränderungen in ihrem Reiseziel (vgl. Kianicka et al. 2006). Daher bleiben die gegebenen physischen Grundlagen von Landschaft von Tourist(inn)en in der Regel unhinterfragt. Folglich ergeben sich aus der Analyse der Tourismuswerbung, wie auch aus der teilnehmenden Beobachtung keine Hinweise auf eine problematische Beziehung von Windkraftanlagen und touristischen Ansprüchen an Landschaft. Auch die hier ausgewertete Umfrage unter Wanderern liefert, wie auch frühere Studien zum Thema, keinen Grund zur Annahme, Windkraft und naturbezogener Tourismus stünden im Widerspruch zueinander. Lediglich eine Minderheit der Befragten empfindet Windkraftanlagen den betrachteten Umfrageergebnissen zufolge als störend. Ein deutlicher Einfluss auf die Wiederbesuchswahrscheinlichkeit konnte bislang nicht festgestellt werden. Zusammenfassend lässt sich formulieren, dass wir keine stichhaltigen Argumente finden, die aufgrund einer tourismusbezogenen Raumentwicklung für die Ablehnung von Windkraftanalagen sprächen.

Wie kann sich also die touristische Regionalentwicklung zu Windkraftanlagen positionieren? Zunächst erscheint es wenig sinnvoll, die Landschaftsmotive der Tourismuswerbung als Maßstab für räumliche Planung heranzuziehen, denn die Werbung stellt die Reiseziele meist in stark idealisierter Form dar. Auch erscheint es wenig sinnvoll, Windkraftanlagen oder andere technische Infrastrukturen nur deshalb in die Werbung integrieren zu wollen, um damit etwaigen Enttäuschungen seitens der Tourist(inn)en bei der Aneignung von Landschaft vorzubeugen. Damit soll nicht gesagt sein, Windkraftanlagen gehörten aus der Werbung verbannt. Wenn die Macher der Werbung der Meinung sind, dass Windkraftanlagen in ihrer Zielgruppe als ansprechend empfunden werden, dann spricht nichts dagegen, sie abzubilden. Werden sie jedoch als störend empfunden, spricht aus Sicht des Marketingmanagements nichts dafür, mit ihnen zu werben, denn ebenso wenig würde man versuchen, Straßen oder andere Tourist(inn)en zu idealisieren, nur, weil sie nun mal ‚da' sind, also Teil des externen Raumes sind. Ein solches Vorgehen widerspräche der üblichen Vorgehensweise (erfolgreicher) Werbung, deren Strategie schlicht darin besteht, Nicht-Begehrenswertes aus ihren Darstellungen auszuschließen.

Literatur

Amirou, R. (2012). *L'imaginaire touristique*. Paris: CNRS.

Aschenbrand, E. (2017). *Die Landschaft des Tourismus. Wie Landschaft von Reiseveranstaltern inszeniert und von Touristen konsumiert wird*. Wiesbaden: Springer VS.

Aschenbrand, E., Kühne, O. & Weber, F. (2017). Rohstoffgewinnung in Deutschland: Auseinandersetzungen und Konflikte. Eine Analyse aus sozialkonstruktivistischer Perspektive. *UmweltWirtschaftsForum*, online first. doi:10.1007/s00550-017-0438-7

Bollnow, O. F. (1994). *Mensch und Raum* (7. Aufl.). Stuttgart: Kohlhammer.

Burckhardt, L. (2006). *Warum ist Landschaft schön? Die Spaziergangswissenschaft.* Kassel: Martin Schmitz Verlag.

Cosgrove, D. & Daniels, S. (Hrsg.). (1988). *The Iconography of Landscape. Essays on the Symbolic Representatin, Design and Use of Past Environments.* Cambridge: Cambridge University Press.

Domhardt, H.-J., Grotheer, S. & Wohland, J. (2018). Die Energiewende als Basis für eine zukunftsorientierte Regionalentwicklung in ländlichen Räumen. In O. Kühne & F. Weber (Hrsg.), *Bausteine der Energiewende* (S. 345–368). Wiesbaden: Springer VS.

Eickhoff, O. (2017, 4. April). CDU will deutlich weniger Windkraftanlagen im Hochsauerland. *Westfalenpost.* https://www.wp.de/staedte/meschede-und-umland/cdu-will-deutlich-weniger-windkraftanlagen-im-hochsauerland-id210146887.html. Zugegriffen 19.04.2017.

Fassl, P. (2014). Photovoltaik – Windkraft – Biogasanlagen. Zur Frage einer kulturlandwirtschaftlichen Bewertung. In Bund Heimat und Umwelt in Deutschland (BHU) (Hrsg.), *Energielandschaften gestalten. Leitlinien und Beispiele für Bürgerpartizipation* (S. 59–81). Bonn: Selbstverlag.

Fischer-Hüfle, P. (1997). Vielfalt, Eigenart und Schönheit der Landschaft aus Sicht eines Juristen. *Natur und Landschaft*, S. 239–245.

Franke, N. & Eissing, H. (2013). Vielfalt, Eigenart und Schönheit des Landschaftsbilds einklagen – über eine ästhetische Konstruktion gerichtlich entscheiden: Das Beispiel erneuerbare Energien. In L. Gailing & M. Leibenath (Hrsg.), *Neue Energielandschaften – Neue Perspektiven der Landschaftsforschung* (S. 137–142). Wiesbaden: Springer VS.

Gebhard, U. & Kistemann, T. (2016). Therapeutische Landschaften: Gesundheit, Nachhaltigkeit, „gutes Leben". In U. Gebhard & T. Kistemann (Hrsg.), *Landschaft, Identität und Gesundheit. Zum Konzept der Therapeutischen Landschaften* (S. 1–17). Wiesbaden: Springer VS.

Girtler, R. (1989). Die „teilnehmende unstrukturierte Beobachtung" – ihr Vorteil bei der Erforschung des sozialen Handelns und des in ihm enthaltenen Sinns. In R. Aster, H. Merkens & M. Repp (Hrsg.), *Teilnehmende Beobachtung. Werkstattberichte und methodologische Reflexionen* (Campus-Forschung, Bd. 632, S. 103–113). Frankfurt (Main): Campus Verlag.

Girtler, R. (2004). *10 Gebote der Feldforschung*. Wien: LIT Verlag.

Glasze, G. & Mattissek, A. (Hrsg.). (2009). *Handbuch Diskurs und Raum. Theorien und Methoden für die Humangeographie sowie die sozial- und kulturwissenschaftliche Raumforschung*. Bielefeld: Transcript.

Hokema, D. (2013). *Landschaft im Wandel? Zeitgenössische Landschaftsbegriffe in Wissenschaft, Planung und Alltag*. Wiesbaden: Springer VS.

Instituto de Turismo de España. (2017). Culture and Gastronomy In La Mancha. http://www.spain.info/de_DE/actividades/detalle.html?id=A0000006710000013617. Zugegriffen 20.07.2017.

Jenal, C. (2018). Ikonologie des Protests – Der Stromnetzausbau im Darstellungsmodus seiner Kritiker(innen). In O. Kühne & F. Weber (Hrsg.), *Bausteine der Energiewende* (S. 469–487). Wiesbaden: Springer VS.

Kianicka, S., Buchecker, M., Hunziker, M. & Müller-Böker, U. (2006). Locals' and Tourists' Sense of Place. A Case Study of a Swiss Alpine Village. *Mountain Research and Development 26* (1), 55–63. doi:10.1659/0276-4741(2006)026[0055:LATSOP]2.0.CO;2

Kühne, O. (2006). Landschaft und ihre Konstruktion. Theoretische Überlegungen und empirische Befunde. *Naturschutz und Landschaftsplanung 38* (5), 146–152.

Kühne, O. (2008). *Distinktion – Macht – Landschaft. Zur sozialen Definition von Landschaft*. Wiesbaden: VS Verlag für Sozialwissenschaften.

Kühne, O. (2013). *Landschaftstheorie und Landschaftspraxis. Eine Einführung aus sozialkonstruktivistischer Perspektive*. Wiesbaden: Springer VS.

Kühne, O. (2018). *Landschaft und Wandel. Zur Veränderlichkeit von Wahrnehmungen*. Wiesbaden: Springer VS.

Kühne, O. & Weber, F. (2016a). Landschaft – eine Annäherung aus sozialkonstruktivistischer Perspektive. In Bund Heimat und Umwelt in Deutschland (BHU) (Hrsg.), *Konventionen zur Kulturlandschaft. Dokumentation des Workshops „Konventionen zur Kulturlandschaft – Wie können Konventionen in Europa das Landschaftsthema stärken" am 1. und 2. Juni 2015 in Aschaffenburg* (S. 7–14). Bonn: Selbstverlag.

Kühne, O. & Weber, F. (2016b). Landschaft im Wandel. *ARL-Nachrichten 46* (3-4), 16–20.

Kühne, O. & Weber, F. (2018). Bausteine der Energiewende – Einführung, Übersicht und Ausblick. In O. Kühne & F. Weber (Hrsg.), *Bausteine der Energiewende* (S. 3–19). Wiesbaden: Springer VS.

Kühne, O., Weber, F. & Weber, F. (2013). Wiesen, Berge, blauer Himmel. Aktuelle Landschaftskonstruktionen am Beispiel des Tourismusmarketings des Salzburger Landes aus diskurstheoretischer Perspektive. *Geographische Zeitschrift 101* (1), 36–54.

Laclau, E. & Mouffe, C. (1985). *Hegemony and Socialist Strategy. Towards a Radical Democratic Politics*. London: Verso.

Leibenath, M. & Otto, A. (2012). Diskursive Konstituierung von Kulturlandschaft am Beispiel politischer Windenergiediskurse in Deutschland. *Raumforschung und Raumordnung 70* (2), 119–131.

Linke, S. (2018). Ästhetik der neuen Energielandschaften – oder: „Was Schönheit ist, das weiß ich nicht". In O. Kühne & F. Weber (Hrsg.), *Bausteine der Energiewende* (S. 409–429). Wiesbaden: Springer VS.

LUBW. (o. J.). Vorteile des Landschaftsplans, Landesanstalt für Umwelt, Messungen und Naturschutz Baden-Württemberg. http://www4.lubw.baden-wuerttemberg.de/servlet/is/42942/. Zugegriffen 18.05.2017.

Misoch, S. (2015). *Qualitative Interviews*. Berlin: de Gruyter.

Opaschowski, H. W. (2008). *Einführung in die Freizeitwissenschaft* (Lehrbuch, 5. Aufl.). Wiesbaden: VS Verl. für Sozialwiss.

Roßmeier, A., Weber, F. & Kühne, O. (2018). Wandel und gesellschaftliche Resonanz – Diskurse um Landschaft und Partizipation beim Windkraftausbau. In O. Kühne & F. Weber (Hrsg.), *Bausteine der Energiewende* (S. 653–679). Wiesbaden: Springer VS.

Schäfer, R. (2015). *Tourismus und Authentizität. Zur gesellschaftlichen Organisation von Außeralltäglichkeit*. Bielefeld: Transcript.

Schödl, D. (2013). Windkraft und Tourismus – planerische Erfassung der Konfliktbereiche. In H. Job & M. Mayer (Hrsg.), *Tourismus und Regionalentwicklung in Bayern* (S. 125–141). Hannover: ARL.

Schütz, A. & Luckmann, T. (2003 [1975]). *Strukturen der Lebenswelt*. Konstanz: UTB.

Schweiger, S., Kamlage, J.-H. & Engler, S. (2018). Ästhetik und Akzeptanz. Welche Geschichten könnten Energielandschaften erzählen? In O. Kühne & F. Weber (Hrsg.), *Bausteine der Energiewende* (S. 431–445). Wiesbaden: Springer VS.

Starick, A. (2015). *Kulturelle Werte von Landschaft als Gegenstand der Landschaftsplanung*. Dresden: TU Dresden.

Steinhoff, J., Gehlen, C., Hengsberg, K. & Glass, P. (2012). Besucherbefragung zur Akzeptanz von Windkrafanlagen in der Eifel, Institut für Regionalmanagement. http://www.klimatour-eifel.de/cache/dl-Bericht-Besucherbefragung-zur-Akzeptanz-von-Windkr-8cb0f28bf407036837f939c61bf01104.pdf. Zugegriffen 20.07.2017.

Stuhrmann, S. (2008). *Windenergie versus Tourismus – ein Widerspruch? Windenergienutzung und ihre Auswirkungen auf den Tourismus in der Uckermark*. Saarbrücken: VDM Verlag.

Urry, J. (2002 [1990]). *The Tourist Gaze* (2. Aufl.). London: SAGE Publications.

Walz, U. & Berger, A. (2004). *Analyse der Analyse der Auswirkungen des Landschaftswandels auf die Erholungseignung*. Leibniz-Institut für ökologische Raumentwicklung e.V. http://www2.ioer.de/recherche/pdf/2004_walz_berger_agit.pdf. Zugegriffen 11.01.2015.

Weber, F. (2013). *Soziale Stadt – Politique de la Ville – Politische Logiken. (Re-)Produktion kultureller Differenzierungen in quartiersbezogenen Stadtpolitiken in Deutschland und Frankreich*. Wiesbaden: Springer VS.

Weber, F. (2015). Diskurs – Macht – Landschaft. Potenziale der Diskurs- und Hegemonietheorie von Ernesto Laclau und Chantal Mouffe für die Landschaftsforschung. In S. Kost & A. Schönwald (Hrsg.), *Landschaftswandel – Wandel von Machtstrukturen* (S. 97–112). Wiesbaden: Springer VS.

Weber, F. (2016). The Potential of Discourse Theory for Landscape Research. *Dissertations of Cultural Landscape Commission 31*, 87–102. http://www.krajobraz.kulturowy.us.edu.pl/publikacje.artykuly/31/6.weber.pdf. Zugegriffen 14.07.2016.

Weber, F. (2017). Landschaftsreflexionen am Golf von Neapel. *Déformation professionnelle*, Meer-Stadtlandhybride und Atmosphäre. In O. Kühne, H. Megerle & F. Weber (Hrsg.), *Landschaftsästhetik und Landschaftswandel* (S. 199–214). Wiesbaden: Springer VS.

Weber, F. (2018). Von der Theorie zur Praxis – Konflikte denken mit Chantal Mouffe. In O. Kühne & F. Weber (Hrsg.), *Bausteine der Energiewende* (S. 187–206). Wiesbaden: Springer VS.

Weber, F. & Jenal, C. (2016). Windkraft in Naturparken. Konflikte am Beispiel der Naturparke Soonwald-Nahe und Rhein-Westerwald. *Naturschutz und Landschaftsplanung 48* (12), 377–382.

Weber, F., Roßmeier, A., Jenal, C. & Kühne, O. (2017). Landschaftswandel als Konflikt. Ein Vergleich von Argumentationsmustern beim Windkraft- und beim Stromnetzausbau aus diskurstheoretischer Perspektive. In O. Kühne, H. Megerle & F. Weber (Hrsg.), *Landschaftsästhetik und Landschaftswandel* (S. 215–244). Wiesbaden: Springer VS.

Ziesemer, K. & Schmücker, D. (2014). Einflussanalyse Erneuerbare Energien und Tourismus in Schleswig-Holstein. Kurzfassung der Ergebnisse, NIT Institut für Tourismus- und Bäderforschung in Nordeuropa GmbH. https://www.wind-energie.de/sites/default/files/attachments/region/schleswig-holstein/20140722-ee-tourismus-sh-kurzfassung.pdf. Zugegriffen 22.02.2017.

Zuev, D. & Picard, D. (2015). Reconstructing the Antarctic tourist interaction ritual chain. Visual sociological perspective. *The Polar Journal 5* (1), 146–169. doi:10.1080/2154896X.2015.1025495

Erik Aschenbrand studierte Geographie in Marburg und Passau. Seit dem Jahr 2012 arbeitete er als Reiseleiter für deutsche Wander- und Radreiseveranstalter. Von 2015 bis 2016 war Erik Aschenbrand in der Verwaltung des Nationalparks Bayerischer Wald im Bereich Tourismus und Regionalentwicklung beschäftigt. Seit Oktober 2016 ist er als wissenschaftlicher Mitarbeiter am Lehrstuhl für Stadt- und Regionalentwicklung an der Eberhard Karls Universität Tübingen tätig, wo er 2017 mit einer Arbeit über die Inszenierung und den Konsum von Landschaft in der Tourismuswirtschaft promoviert wurde.

Christina Grebe studierte bis 2009 Landschaftsplanung in Kassel. Seit Beendigung des Studiums war sie als freie Mitarbeiterin in Planungsbüros, als Lehrbeauftragte an der Universität Kassel sowie als wissenschaftliche Mitarbeiterin in Forschungsprojekten an der Universität Kassel unter anderem bei KLIMZUG Nordhessen tätig. Hieraus entwickelte sich die Fragestellung für die Promotion, die sich mit den Auswirkungen von Erneuerbarer Energien auf den Erholungswert von Mittelgebirgslandschaften (am Beispiel von Nordhessen) beschäftigt.

Frühzeitige Planungskommunikation – ein Schlüssel zur Konfliktbewältigung bei der Energiewende?

Kerstin Langer

Abstract

Der Beitrag geht der Frage nach, ob und wie Konflikte rund um Großprojekte der Energiewende durch eine frühzeitige Planungskommunikation zu bewältigen sind. Dabei wird besonderes Augenmerk auf die Konzipierungsphase der Öffentlichkeitsbeteiligung gelegt und die mit der Planungskommunikation verbundenen Herausforderungen werden – Partizipationsdilemma, Akzeptanzdilemma, Erwartungsmanagement, Frage der Beteiligungsintensität und der angemessenen Formate – dargestellt. Für die verschiedenen Herausforderungen werden überblicksartig Entscheidungsschritte und Handlungsalternativen aufgezeigt.

Keywords

Öffentlichkeitsbeteiligung, Kontextanalyse, Beteiligungsscoping, Erwartungsmanagement, Beteiligungsformate, hybride Verfahren

1 Konfliktursachen bei Großprojekten

Kaum ein Großprojekt, das nicht auf nationaler, regionaler und lokaler Ebene auf Proteste stößt. Ob Umgehungsstraße, Bahnprojekt, Erweiterung von Flughäfen, Gewerbegebietsentwicklungen oder Schutzgebietsausweisungen – die Liste ließe sich beinahe beliebig fortsetzen. Bei vielen dieser Vorhaben fordern sowohl Interessengruppen als auch nicht organisierte Bürger(innen) Mitsprache. Dies trifft auch auf Infrastruktureinrichtungen zur Energiegewinnung aus erneuerbaren Ressourcen zu: Windparks, Solarfelder, Geothermiekraftwerke, Pumpspeicherkraftwerke oder der Netzausbau. Diese Vorhaben erscheinen nicht nur als Strategien, die den Atomausstieg ermöglichen und somit doch eigentlich zu befürworten wären, sondern implizieren auch Eingriffe in Natur und Landschaft, in das Wohnumfeld oder gar in die Eigentumsrechte. Gleichzeitig bedeuten sie nicht nur eine Besinnung auf regionale Energieautarkie, sondern werden im Falle des Netzausbaus von Energiekonzernen als national agierende Vorhabenträger projektiert.

Die lokal aufkeimenden Proteste mit dem NIMBY-Phänomen (Not In My Backyard) zu erklären, greift jedoch zu kurz, auch wenn die tatsächliche oder empfundene Betroffenheit ein starker Motor in Protestbewegungen ist (vgl. Eichenauer et al. 2018; Könen et al. 2018; Schweiger et al. 2018 in diesem Band). Zu groß und vielfältig ist der Informations-, Diskussions- und auch Gestaltungsbedarf von Planungen, die in Natur und Umwelt und somit in die Lebenswelt des Menschen eingreifen, als dass dieser Protest nur als reine Planungsabwehr gedeutet werden könnte.

Die Ursachen für diese Proteste sind komplexer und werden unter anderem gesehen in (in Anlehnung an Renn und Webler 1994, S. 13 ff.):

- der mangelnden Transparenz in der Planungskommunikation der Vorhabenträger: Vorgelagerte Entscheidungsschritte, die auf anderen politischen und räumlichen Entscheidungsebenen getroffen wurden, sind nicht mehr nachvollziehbar. Mangelnde Lai(inn)enverständlichkeit der Planungs- und Verfahrensinformationen erschweren dann zusätzlich die Nachvollziehbarkeit. In zunehmend dichter besiedelten Räumen wird die ungleiche Verteilung von Risiken und Nutzen als Verletzung des Fairnessprinzips empfunden, zumal die Notwendigkeit bestimmter Eingriffe nicht nachvollzogen werden kann.
- mangelndem Vertrauen in zentrale Akteure, seien es die Vorhabenträger wie z. B. Übertragungsnetzbetreiber, aber auch Politiker(innen): Bürger(innen) fühlen sich in ihrem Alltagshandeln immer mehr durch Expert(inn)enurteile und institutionelle Eingriffe eingeengt, so dass alles, was von außen als aufgezwungen wahrgenommen wird, abgewehrt wird (Kühne 2018; Stemmer und Kaußen 2018 in diesem Band).
- der Art der bisherigen Kommunikation: v. a. informationsbasierte Kommunikationsstrategien erscheinen dann eher als reines Projektmarketing denn als offenes Dialogangebot. Häufig ist der Widerstand auch ein Protest gegen die Art, wie Entscheidungen zustande gekommen sind. Das bedeutet im Umkehrschluss, dass der Prozess der Entscheidungsfindung ebenso wichtig ist wie die Entscheidungen selbst.
- einem Expert(inn)endilemma: auch Fachleute sind nicht immer einer Meinung, das bedeutet, das Sachwissen besitzt keine integrative Kraft, so dass sich Betroffene von Planungsvorhaben mit wissenschaftlicher Unsicherheit konfrontiert sehen.
- einer unterschiedlichen Wahrnehmung und Einschätzung von Risiken und Planungsfolgen von Expert(inn)en und der Bevölkerung. Im Zuge des Netzausbaus wird dies zum Beispiel deutlich an der unterschiedlichen Einschätzung der Risiken elektrischer und magnetischer Felder (Weber et al. 2016, S. 58 ff.).

Die durch Stuttgart 21 mit hoher medialer Aufmerksamkeit verfolgte Kritik an Planungsprozessen für infrastrukturelle Großvorhaben führte im Nachgang zu einer Reihe von Leitfäden, wie die Öffentlichkeitsbeteiligung verbessert werden könnte (siehe z. B. RWE AG 2012; Staatsministerium Baden-Württemberg 2014; Bundesministerium für Verkehr und digitale Infrastruktur 2014).

Als Folge der bundesweit geführten Debatten, wie derartige Konflikte künftig vermieden werden können, wurde am 7. Juni 2013 das „Gesetz zur Verbesserung der Öffentlichkeitsbeteiligung und Vereinheitlichung von Planfeststellungsverfahren" in Kraft gesetzt. Darin ist die Einführung einer frühzeitigen Öffentlichkeitsbeteiligung für alle umweltrelevanten Großvorhaben vorgesehen.

Nach dem neuen Absatz 3 des § 25 VwVfG soll die Behörde darauf hinwirken, dass der Träger bei der Planung von Vorhaben, die nicht nur unwesentliche Auswirkungen auf die Belange einer größeren Zahl von Dritten haben können, die betroffene Öffentlichkeit frühzeitig über die Ziele des Vorhabens, die Mittel, es zu verwirklichen, und die voraussichtlichen Auswirkungen des Vorhabens unterrichtet. Die Öffentlichkeit soll möglichst bereits vor Stellung des Antrages beteiligt werden[1].

In Baden-Württemberg ging man noch einen Schritt weiter und erließ 2014 eine „Verwaltungsvorschrift zur Intensivierung der Öffentlichkeitsbeteiligung in Planungs- und Zulassungsverfahren", die sich an die Landesbehörden richtet und in seiner Verbindlichkeit bundesweit einmalig ist. Begleitend hierzu wurde ein empfehlender „Leitfaden für eine neue Planungskultur" vom Staatsministerium Baden-Württemberg herausgegeben mit dem Ziel, Bürgerinitiativen, Wirtschaft, aber auch einzelnen Bürger(inne)n Handwerkszeug zu geben, um sich aktiv in Planungsvorhaben einzubringen (Staatsministerium Baden-Württemberg 2014, S. 3 f.).

Da alle Arten von Beteiligungsprozessen, wenn sie professionell gestaltet und durchgeführt werden, bei allen beteiligten Akteuren einen zeitlichen und bei den Vorhabenträgern auch nicht unerheblichen finanziellen Aufwand an Ressourcen binden, möchte dieser Beitrag den Fokus auf die Herausforderungen des Verfahrensbeginns legen und der Fragestellung nachgehen, ob ein frühzeitiger Beginn einer Planungskommunikation dazu beitragen kann, die Konflikte bei Großvorhaben der Energiewende zu bewältigen. Gleichzeitig soll eine Hilfestellung gegeben werden, wie die damit erforderlichen Konzipierungsentscheidungen für ein angemessenes Verfahrensdesign angegangen werden können.

---

[1] https://www.bundesanzeiger-verlag.de/gesetze/nachrichten/detail/artikel/aenderungen-im-plan feststellungsrecht-6933.html, Zugegriffen: 13. Mai 2017.

2 Herausforderungen für die Projektierung von Verfahren zur frühzeitigen Öffentlichkeitsbeteiligung

2.1 Partizipationsdilemma oder: vom richtigen Zeitpunkt

Immer wieder wird betont, wie wichtig es ist, die Öffentlichkeitsbeteiligung frühzeitig zu starten. Doch wann ist frühzeitig rechtzeitig genug? Das sogenannte ‚Partizipationsdilemma' bedeutet: je früher ein Beteiligungsangebot angesetzt wird, um so größer ist noch der Handlungs- und Gestaltungsspielraum. Jedoch wird die Betroffenheit von Interessensvertreter(inne)n oder Anwohner(inne)n bzw. der Bürgerschaft zu diesem Zeitpunkt im Planungsverfahren noch nicht unmittelbar erkennbar, so dass die Motivation zur aktiven Teilnahme eher gering ausfällt. Wenn aber Korridore und Trassen festgelegt sind, wird die Betroffenheit offensichtlicher und kann Bürger(innen) zum Protest mobilisieren, die sich bis zu diesem Zeitpunkt nicht oder kaum mit den Handlungsoptionen der Energiewende auseinandergesetzt haben. Die Handlungsspielräume für das Planungsvorhaben sind dann bereits geringer. Im Hinblick auf die Verfahrensgestaltung stellen sich dabei zwei Herausforderungen: zu einem frühen Zeitpunkt liegen Planungsunterlagen noch nicht in so detailliertem Maße vor und Vorhabenträger wie z. B. Übertragungsnetzbetreiber wollen nicht ‚unvorbereitet' in die Diskussion starten. Darüber hinaus ist zu einem frühen Zeitpunkt der Beteiligtenkreis diffuser, da es sich noch um einen größeren Untersuchungsraum handelt, der z. B. bei einer Korridorfindung für den Netzausbau deutlich weiter gefasst ist als bei einer Diskussion von Trassenvarianten. Insofern würde sich eine Einladung an einen sehr breit gefassten Kreis der Bürgerschaft richten.

Trotz bestehender Kommunikationsbemühungen seitens der Übertragungsnetzbetreiber werden bisherige Beteiligungs- und Dialogverfahren disjunkt eingeschätzt (Weber et al. 2016; Weber und Kühne 2016). Während nationalstaatliche Sprecher(innen) sowie Übertragungsnetzbetreiber stets die zentrale Rolle frühzeitiger und fundierter Informations- und Dialogveranstaltungen für Bürger(innen) betonen und diese in ihren jeweiligen Dialogverfahren umzusetzen streben, sehen sich vom Stromnetzausbau Betroffene nach wie vor in ihren Interessen nicht ausreichend berücksichtigt.

Bock und Reimann (2017, S. 2) versuchen die „Frühzeitigkeit" zu fassen mit dem Moment, „sobald erste Informationen vorliegen, die für die Öffentlichkeit relevant sind". Nun ist schwer eindeutig festzustellen, ab wann relevante Informationen vorliegen, aber der Umkehrschluss macht es deutlicher: Ein „Projekt-Outing" (ebd., S. 2) durch Dritte muss auf alle Fälle vermieden werden, da es Vertrauen in die Vorhabenträger von Anfang an zerstören würde, welches dann auch nur äußerst schwer wieder zu gewinnen wäre. Dies wäre ein Indiz dafür, so früh wie möglich mit der Öffentlichkeitsbeteiligung zu beginnen, auch wenn sich aus verfahrenspraktischer Sicht die oben genannten Probleme stellen.

2.2 Zentrale Rahmenbedingungen erfassen: Kontextanalyse und Beteiligungsscoping

Kein Untersuchungsraum gleicht dem anderen, in naturräumlicher wie sozialer oder politischer Hinsicht. Immer wieder treten besondere Rahmenbedingungen zutage, die zum Zeitpunkt des Verfahrensdesigns sorgfältig analysiert werden sollten. Eine Kontextanalyse (dazu Tabelle 1) kann Indizien dafür liefern, mit welcher Intensität die Öffentlichkeitsbeteiligung angegangen werden soll, wie eine Verfahrensarchitektur mit unterschiedlichen Bausteinen einer Öffentlichkeitsbeteiligung zu unterschiedlichen Zeitpunkten gestaltet werden könnte, auf welche Akteur(inn)e(n) zugegangen werden sollte und ganz wesentlich: welche Zielsetzung eines Verfahrens realistisch ist.

Die Kontextanalyse kann zum Beispiel durch die Analyse von Pressespiegeln und Leserbriefen sowie durch Internetrecherchen über die bisherige Thematisierung in der Region, den Webauftritt aktiver Bürgerinitiativen vor Ort erfolgen (Dokumentenanalyse).

Sehr wesentlich werden darüber hinaus bilaterale Gespräche mit Schlüsselakteur(inn)en vor Ort dazu beitragen, ein Gespür für die Rahmenbedingungen einer Öffentlichkeitsbeteiligung zu erlangen: Mandatsträger(innen) (Landrät(inn)e(n), Bürgermeister(innen), Vertreter(innen) von Vereinen und Verbänden, Übertragungsnetzbetreibern, Sprecher(innen) von Bürgerinitiativen etc.

Diese bereits vielerorts praktizierte Sondierung kann künftig einem ‚Beteiligungsscoping' vorgeschaltet werden (Staatsministerium Baden-Württemberg 2014, S. 38 ff.). Im Unterschied zum Umweltscoping, in dem der Untersuchungsrahmen für Umwelt-Fachgutachten festgelegt wird, geht es beim Beteiligungsscoping um den Meinungsaustausch zu den Fragen, ob eine informelle und damit zusätzliche Bürgerbeteiligung erforderlich ist und welche Methoden und Formate hierzu eingesetzt werden könnten (ebd., S. 39). Zur konkreten Gestaltung dieses Scopingbausteins gibt es keine vorgegebenen Verfahren. Denkbar wäre z. B. die Einberufung einer sogenannten ‚Spurgruppe', wie sie bereits bei früheren konfliktbehafteten Planungen im Vorfeld von Mediationsverfahren eingesetzt wurde. Diese Spurgruppe hat zur Aufgaben, den Umfang, das Verfahren und die Beteiligten im Einvernehmen festzulegen. Sie verhandelt stets nur das Verfahren, nicht aber die Inhalte des Verfahrens selbst[2]. Sie sollte deswegen heterogen zusammengesetzt sein und kann folgende Personen umfassen: Vertreter(innen) aus Politik, Vereinen, Verbänden, aber auch Bürger(innen), die sich für die Planungen interessieren. Neben den Verfahrensfragen wird es darüber hinaus wichtig sein, zu diesem Zeitpunkt das Mandat, d. h. die genaue Zielsetzung und Themenstellung der Öffentlichkeitsbeteiligung, zu vereinbaren.

---

2 https://beteiligungsportal.baden-wuerttemberg.de/de/informieren/service/glossar/. Zugegriffen: 15.06.2017.

Tabelle 1 Kontextanalyse

Dimensionen des Kontextes	Zu prüfende Elemente/Optionen
Historischer Kontext ('Vorgeschichte')	• Welche raumwirksamen Projekte wurden in der Gegend in den letzten Jahren durchgeführt? • Kam es dabei zu Konflikten, zwischen welchen Akteur(inn)en und worüber? • Gibt es daraus entstanden Themen, die die Akteur(inn)en weiter beschäftigen und somit aktuelle Planungsdiskussionen beeinflussen?
Politischer, ökonomischer und sozialer Kontext	• Welche politische Kultur der Meinungsbildung herrscht vor (zum Beispiel wie funktioniert Meinungsbildung in der Region, wie wird das Instrument der Enteignung gehandhabt)? • Welche politische 'Großwetterlage' herrscht vor? Gibt es ein gutes Klima oder eingespielte Routinen der Zusammenarbeit zwischen zentralen Akteur(inn)en? • Stehen Kommunalwahlen an? • Gibt es Konflikte mit angrenzenden Politikfeldern, zum Beispiel dem Naturschutz?
Räumlicher Kontext	• Auf welcher räumlichen Ebene befindet sich der Planungsstand und damit Diskussionsrahmen: geht es um den Netzausbau allgemein, Korridorfindungen oder die Diskussion um Trassenvarianten? • Welche Nutzungskonflikte haben sich bislang manifestiert?
Akteurinnen und Akteure vor Ort	• Welche Akteur(inn)en können bei dem Projekt eine Rolle spielen und wie groß sind deren voraussichtlichen Einflussmöglichkeiten? • Haben Bürgerinitiativen bereits gegen das Vorhaben mobilisiert? Welche Themen stehen dabei im Vordergrund?
Zielsetzung des informellen Verfahrens	Was ist das konkrete Ziel des Verfahrens: • Informationsaustausch und Meinungsbildung • Ausgleich verschiedener Interessen • Konfliktlösung • Erarbeitung einer tragfähigen Planungsgrundlage • Verbesserung der Kooperation zwischen zentralen Akteur(inn)en?
Rahmenbedingungen des informellen Verfahrens	• Gab es schon öffentliche Termine zu dem Thema? Wie sind diese 'gelaufen'? • Gibt es ein politisches Commitment, wie die Ergebnisse des informellen Verfahrens in nachgelagerten formalen Planungs- und Genehmigungsverfahren berücksichtigt werden? • Gibt es im Rahmen des informellen Verfahrens Verhandlungsspielräume, können Alternativen offen diskutiert werden? • Wie groß ist der Beteiligungsprozess angelegt (sind beispielsweise mehrere Termine/Veranstaltungen geplant)? • Welcher Zeitplan wird für das informelle und für das formale Planungsverfahren avisiert? • Welche Informationskanäle gibt es in der Region? • Hat sich bereits etwas für das Projekt etabliert (zum Beispiel Newsletter, Homepage, Bürgertelefon, Bürgerbüro)?

Quelle: Eigene Zusammenstellung in Anlehnung an Hostmann et al. (2005, S. 12 ff.).

Ergebnis dieses Scopings ist ein ‚Beteiligungsfahrplan', der einerseits einen Grundpfeiler für die folgende Beteiligungsphase darstellt, andererseits könnte die Spurgruppe den folgenden Prozess auch qualitätssichernd begleiten und im Bedarfsfall nachsteuern, wenn unvorhergesehene Probleme im Beteiligungsprozess auftreten.

Zentraler Ausgangspunkt dieses Scopings sollte eine Zielklärung sein, die die Erwartungen der unterschiedlichen Akteure an das Verfahren offenlegt (siehe Abbildung 1).

Ausgehend vom vorrangigen Ziel eines informellen Verfahrens sollte geklärt werden, wer in welcher Intensität eingebunden werden kann und soll. Die Erwartungen, die verschiedene Akteursgruppen an ein informelles Verfahren knüpfen, werden vermutlich sehr unterschiedlich sein. Um so wichtiger ist es, diese zu Beginn offen zu legen und sich auch vor Augen zu führen, woran man ein gutes Beteiligungsergebnis messen möchte. Nur mit einer Klärung dieser vermutlich unterschiedlichen Erwartungen und Zielsetzungen zu Beginn einer Öffentlichkeitsphase können Missverständnisse vermieden und das Verfahrensdesign ziel- und ergebnisorientiert und damit effizient konzipiert werden.

Startet ein Beteiligungsverfahren zu dem Zeitpunkt, an dem das ‚Ob' einer Trasse oder eines Korridors für den Netzausbau bereits entschieden ist und geht es im Verfahren selber dann um das ‚Wie' der Ausgestaltung, kann es auch passieren, dass sich die Gegner(innen) einer Maßnahme, z. B. Vertreter(innen) von Bürgerinitiativen, in den Verfahren strategisch verhalten. Das heißt, sie steigen in das Verfahren ein, um zunächst möglichst viele planungsrelevante Informationen zu erhalten und um zu einem späteren Zeitpunkt öffentlichkeitswirksam wieder auszusteigen und das gewonnene Argumentationsmaterial für eine Klage gegen das Projektvorhaben einzusetzen (Kubicek 2014, S. 48 ff.).

Ist zum Zeitpunkt einer verstärkten Öffentlichkeitsbeteiligung die Planung bereits vorangeschritten, muss somit auch der Erwartungshorizont dessen, was ein Beteiligungsverfahren leisten kann, dem Rechnung tragen. Hat sich ein Konflikt in der Region bereits manifestiert und verhärtet, so ist bei einem fortgeschrittenen Planungsstand mit eingeschränkten Handlungsspielräumen kaum mit einer konsensualen Empfehlung zu rechnen. Allenfalls kann nach einer Versachlichung der Diskussion und einer Verständigung über die wesentlichen Argumentationen ein Konsens über den Dissens erreicht werden sowie Transparenz über planungsrelevante Informationen und Genehmigungsschritte.

Abbildung 1 Zielklärung und Erwartungsmanagement als Ausgangspunkt des Verfahrensdesigns

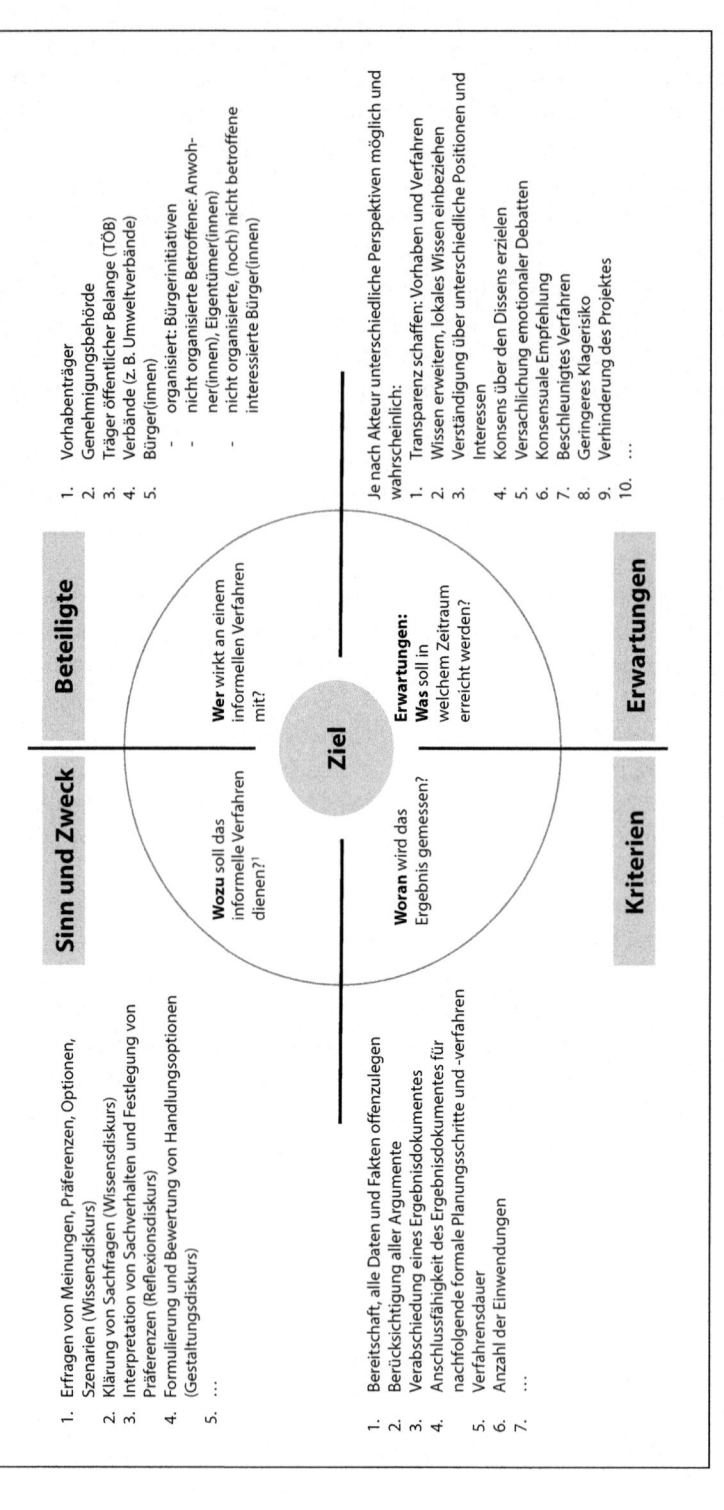

Sinn und Zweck

Wozu soll das informelle Verfahren dienen?

1. Erfragen von Meinungen, Präferenzen, Optionen, Szenarien (Wissensdiskurs)
2. Klärung von Sachfragen (Wissensdiskurs)
3. Interpretation von Sachverhalten und Festlegung von Präferenzen (Reflexionsdiskurs)
4. Formulierung und Bewertung von Handlungsoptionen (Gestaltungsdiskurs)
5. …

Beteiligte

Wer wirkt an einem informellen Verfahren mit?

1. Vorhabenträger
2. Genehmigungsbehörde
3. Träger öffentlicher Belange (TÖB)
4. Verbände (z. B. Umweltverbände)
5. Bürger(innen)
   - organisiert: Bürgerinitiativen
   - nicht organisierte Betroffene: Anwohner(innen), Eigentümer(innen)
   - nicht organisierte, (noch) nicht betroffene interessierte Bürger(innen)

Ziel

Erwartungen: Was soll in welchem Zeitraum erreicht werden?

Je nach Akteur unterschiedliche Perspektiven möglich und wahrscheinlich:
1. Transparenz schaffen: Vorhaben und Verfahren
2. Wissen erweitern, lokales Wissen einbeziehen
3. Verständigung über unterschiedliche Positionen und Interessen
4. Konsens über den Dissens erzielen
5. Versachlichung emotionaler Debatten
6. Konsensuale Empfehlung
7. Beschleunigtes Verfahren
8. Geringeres Klagerisiko
9. Verhinderung des Projektes
10. …

Kriterien

Woran wird das Ergebnis gemessen?

1. Bereitschaft, alle Daten und Fakten offenzulegen
2. Berücksichtigung aller Argumente
3. Verabschiedung eines Ergebnisdokumentes
4. Anschlussfähigkeit des Ergebnisdokumentes für nachfolgende formale Planungsschritte und -verfahren
5. Verfahrensdauer
6. Anzahl der Einwendungen
7. …

Erwartungen

Quelle: eigene Darstellung auf Grundlage von Coverdale Team Management Deutschland GmbH 2013 (berücksichtigt), Beschreibung der Diskurstypen nach Benighaus und Renn 2016, S. 93

2.3 Akzeptanzdilemma oder: von der angemessenen Intensität der Beteiligung

Vor dem Start eines Beteiligungsverfahrens stellen sich die möglichen Beteiligten deswegen die legitime Frage, welche Kosten-Nutzen-Bilanz sie aus einer Durchführung und Teilnahme ziehen können und welches Risiko eine Nicht-Beteiligung mit sich bringen könnte. Diese Fragen können sich sowohl Vorhabenträger als auch mögliche Betroffene oder Gegner(innen) eines Vorhabens stellen, auch wenn sich Kosten und Nutzen für sie jeweils unterschiedlich definiert werden, so auch die Risiken eines Nicht-Angebotes an Beteiligung oder einer Nicht-Teilnahme an einem angebotenen Verfahren.

Aus Sicht des Vorhabenträgers steckt hinter den Beteiligungsanstrengungen und dem damit verbundenen Ressourcenaufwand auch die Motivation, Akzeptanz für das wie auch immer im Detail auszugestaltende Vorhaben zu erlangen. Doch gilt es neben dem Partizipationsdilemma auch das Akzeptanzdilemma zu bedenken. „Wer Akzeptanz will, darf sie nicht wollen." (Röglin 1985, S. 68 in Burkart 2002). Akzeptanz könne laut Burkart nur „in einem Klima der Glaubwürdigkeit" entstehen, „und Glaubwürdigkeit wiederum erwächst aus Transparenz" (ebd. S. 316). Somit stellt sich die Frage, in welchem Verfahren und in welcher Intensität eine Öffentlichkeitsbeteiligung erfolgen muss, um diese Transparenz herzustellen und damit Glaubwürdigkeit als Vorhabenträger, aber auch des Verfahrens selbst zu erlangen.

Im Allgemeinen wird Partizipation in drei Intensitätsstufen eingeteilt:

Stufe 1 – Information: Die Öffentlichkeit wird über Planungen oder Entscheidungen informiert, ohne dass diese darauf Einfluss nehmen könnte.

Stufe 2 – Konsultation: Die Öffentlichkeit kann zu Planungsvorhaben (zum Beispiel Korridore, Trassenvarianten) Stellung nehmen, ihre Meinung äußern und Empfehlungen aussprechen.

Stufe 3 – Kooperation: Sie stellt die verbindlichste Stufe dar. Die Öffentlichkeit gestaltet die Planungsvorhaben aktiv mit, indem beispielsweise Bewertungskriterien von Bürger(inne)n sowie Vertreter(inne)n von Vereinen und Verbänden in Korridor- und Trassenbewertungen einfließen.

Diese drei Intensitätsstufen Information, Konsultation und Kooperation weisen jeweils spezifische Vor- und Nachteile auf und bringen unterschiedliche methodische Umsetzungsmöglichkeiten, bezogen auf das Vorhaben der Energiewende mit sich (siehe Tabelle 2).

Verfahrensgestalter(innen) und -berater(innen) sollten alle drei Stufen mit ihren jeweiligen Vor- und Nachteilen vor Augen haben, wenn sie einen Beteiligungsfahrplan z. B. im Rahmen des oben genannten Beteiligungsscopings konzipieren.

Tabelle 2 Vorteile, Nachteile und Methodenbeispiele für die verschiedenen Intensitätsstufen

	Vorteile	Nachteile	Methodenbeispiele
Information	• Öffentlichkeit kann in ihrer gesamten Breite angesprochen werden • zielgruppenorientierte Aufbereitung von Informationen möglich (für Schüler(innen), Lehrer(innen), Mandatsträger(innen), Vereine, Verbände) • Kreis der Beteiligten ist unbeschränkt • Möglichkeit des Vorhabenträgers, frühzeitig zu informieren und ggf. auch zu reagieren, wenn unerwartete Konflikte oder Widerstände artikuliert werden	• Keine Rückmeldungen der Öffentlichkeit • Kein Meinungsaustausch • Kein Dialog • Kein Einblick in die regional unterschiedlichen Befürchtungen, Ängste und Kritikpunkte an der Energiewende	• Projekt-Faltblätter • Broschüren • Infomappen (für Veranstaltungen, für spezielle Zielgruppen wie Mandatsträgerinnen und Mandatsträger, Presse) • Allgemeine Informationen im Internet • Internet-Projektseite (Fach- Verfahrensthemen, häufig gestellte Fragen) • Newsletter zum aktuellen Stand der Projektentwicklung • (Wander-)Ausstellung • Pressemitteilungen/Pressekonferenz für regionale Medien • Beileger oder Anzeigen in Zeitungen • Eigentümer(innen)-Rundbrief • Bürger(innen)versammlung/-informationsabend • Bürger(innen)telefon/Hotline und E-Mail-Postfach für Bürger(innen)anfragen • Filme • Comics • Energiekoffer • Interaktive Planspiele
Konsultation	• Öffentlichkeit kann in ihrer gesamten Breite angesprochen werden • Kreis der Beteiligten ist unbeschränkt • Chance, die Meinungen vieler Menschen und Interessengruppen zu erfassen • Diskussionen in der Öffentlichkeit können angeregt werden • Beteiligung fokussiert auf einen vorgelegten Entwurf • Beteiligung ist zeitlich auf eine bestimmte Phase im Planungs- und Umsetzungsprozess konzentriert	• Vorgelegter Entwurf kann Widerstand erzeugen, wenn die Öffentlichkeit bei seiner Entwicklung nicht eingebunden war • Reaktiv, nicht interaktiv, wenig Gelegenheit zu Dialog oder Meinungsannäherung • Bearbeitung divergierender Stellungnahmen kann daher schwierig sein • Nachfragen bei unklaren Stellungnahmen kann aufwändig sein • Stellungnahmen könnten eine weitgehende Überarbeitung des Entwurfs erfordern und damit Planungsprozesse verlängern	• Regionalkonferenzen • Bürger(innen)versammlung/- informationsabend • Planungsgespräche/Workshops zur Trassenplanung mit Anrainerkommunen • Eigentümerforen • Naturschutz-Workshops mit Fachleuten aus Nichtregierungsorganisationen und Behörden • Planungsbegleitende Runde Tische/Projektbeiräte • Planungsbegleitende informelle Verfahren wie World Café, Bürgerforen, Planungszellen • Stakeholder-Gespräche • Ortstermine • Internet-Forum

	Vorteile	Nachteile	Methodenbeispiele
Kooperation	• Interaktiv, Öffentlichkeit kann Planung von Anfang an mitgestalten • Gemeinsame Problemanalyse, Definition von Handlungsoptionen möglich • Intensive Zusammenarbeit vor allem mit Interessengruppen ist möglich, damit ein kontinuierlicher Meinungs- und Wissensaustausch und der Aufbau einer Vertrauensbasis • Alternativen und Verhandlungsspielräume vorhanden • Chance, mögliche Konflikte zu bereinigen, gemeinsam ein konsensuales Ergebnis zu erarbeiten und Interessenausgleich zu finden	• Aufwändiger, da nur möglich, wenn frühzeitiger Start, d.h. zeit- und kostenintensiver Prozess • Planungsprozess muss unter Umständen mehrere Phasen durchlaufen • Kreis der Beteiligten ist oft eingeschränkt, um arbeitsfähige Gruppen zu haben • Demokratische Legitimation der Entscheidungsfindung kann aufgrund des eingeschränkten Teilnehmer(innen)-Kreises in Frage gestellt werden, da diese aufgrund ihrer Interessensbetroffenheit und nicht als gewählte Vertreter(innen) des Volkes bestimmt sind	• Konsensus-Konferenz • Runder Tisch • Mediation • Hybride Verfahren

Quelle: Eigene Darstellung auf Grundlage von sohertz et al. (2015) (berücksichtigt) und Bundesministerium für Land- und Forstwirtschaft, Umwelt und Wasserwirtschaft und Bundeskanzleramt (2011) (stark verändert).

So kann es in einer Region ausreichen, frühzeitig und umfassend über die geplanten Vorhaben zu informieren, während es in anderen Teilen des Landes bereits zu massiven Widerständen gegen Projekte der Energiewende gekommen ist, so dass rein informative Bausteine zur Planungskommunikation nicht genügen. Treffen Vorhaben auf sehr großes öffentliches Interesse, so kann es auch erforderlich sein, auf mehreren Stufen zu agieren. Konsultations- und Kooperationsverfahren können dann nicht hinter verschlossenen Türen stattfinden, sondern bedürfen ebenso der Transparenz und müssen von Öffentlichkeitsarbeit begleitet werden, sollen sie als legitim und glaubwürdig wahrgenommen werden.

Ein zu Beginn eines Vorhabens zu erarbeitendes Beteiligungskonzept sollte somit immer mehrere Stufen der Öffentlichkeitsbeteiligung ‚bespielen' oder zumindest im Visier haben, um im weiteren Prozessverlauf gegebenenfalls auch nachsteuern zu können.

2.4 Wahl angemessener Beteiligungsformate

Ist die Entscheidung für ein konsultatives oder kooperatives Verfahren gefallen, so gibt es bei der Wahl der angemessenen Formate für die Öffentlichkeitsbeteiligung eine Vielzahl an Verfahren und Methoden, auf die zurückgegriffen werden kann. Verfahrensvorschriften wurden hierzu bewusst nicht erlassen, um die bereits mehrfach betonten kontext-, ziel- und akteursangepassten Formate zu finden.

Jedes dieser Beteiligungsformate weist spezifische Stärken und Schwächen auf, die es bei der Entscheidung für einen Typus zu berücksichtigen gilt und die im nachfolgenden nur exemplarisch für einige gängige Formate dargestellt werden (siehe Tabelle 3).

Neben diesen klar voneinander abgegrenzten Formaten gibt es auch den Ansatz, verschiedene Verfahren miteinander zu kombinieren und somit die Stärken einzelner Formate zu nutzen und gleichzeitig deren Schwächen zu begegnen. Beispielhaft dafür sei das idealtypische Modell des kooperativen Diskurses genannt (Renn und Webler 1994). In einem Drei-Stufen-Modell werden einzelne Planungsschritte von unterschiedlichen Akteursgruppen vollzogen: die Definition von Bewertungskriterien für Planungsoptionen durch Interessensgruppen (beispielsweise am Runden Tisch), die Folgenabschätzung unterschiedlicher Optionen durch die Expert(inn)en (zum Beispiel mittels Gruppendelphi) und schließlich die Bewertung der Optionen und Empfehlungen durch die Bürger(innen) (beispielsweise im Rahmen von Planungszellen) (Langer et al. 2016, S. 20).

Die Kunst einer kontextangemessenen Konzeptionierung liegt darin, die Stärken und Schwächen der jeweiligen Formate geschickt zu ergebnisorientierten Prozessdesigns zu verbinden.

Interessanterweise erfährt in diesem Zusammenhang das Modell der bereits in den 1970er Jahren entwickelten Planungszelle Aufmerksamkeit. Bock und Reimann (2017, S. 5) heben hervor, dass in den von ihnen untersuchten Großprojekten, in denen per Zufallsauswahl rekrutierte Bürger(innen) in die Beteiligungsprozesse involviert waren, deren Mitwirkung „als Gewinn für den gesamten Prozess wahrgenommen" wurde, da sie dazu beitragen – neben ihrem lokalen Wissen – die „Bürgermeinung auszudifferenzieren und damit fundamentale Positionen aufzubrechen". Ein weiterer großer Vorteil der Zufallsauswahl besteht darin, dass es Verfahrensgestalter(inne)n zwar auch damit nicht gelingt, einen repräsentativen Ausschnitt der Bevölkerung zu beteiligen, die Erfahrungen mit einer Vielzahl solcher Verfahren aber gezeigt hat, dass sich eine wesentlich heterogenere Gruppe beteiligt als es mit anderen Einladungsverfahren und üblichen Beteiligungsaufrufen der Fall ist. Gerade ansonsten eher beteiligungsfernere Schichten der Gesellschaft entschließen sich hier zu einer Teilnahme, d. h. die Geschlechterverteilung ist wesentlich ausgewogener und es beteiligen sich auch „Mindermächtige" wie Hausfrauen, Rentner(innen) oder Arbeitslose.

3   Fazit

Frühzeitige Planungskommunikation bietet die Chance, mögliche Konflikte zu antizipieren oder zumindest in einem Stadium zu erkennen, in dem die Handlungsspielräume noch weiter sind, um hierfür Lösungsansätze – sowohl inhaltlicher als auch verfahrensmäßiger Art – zu erarbeiten.

Eine Kontextanalyse sowie die Klärung von Erwartungen im Vorfeld liefern wichtige Anhaltspunkte, die im Rahmen eines Beteiligungsscoping derart eingespeist werden können, dass ein situativ angemessenes Verfahren mit zentralen Beteiligten entwickelt werden kann.

Planungskommunikation, auf welcher Partizipationsstufe und in welcher Intensität auch immer, wird nie ein Garant für mehr Akzeptanz zu den verschiedenen Vorhaben der Energiewende werden, doch eine ziel-, kontext- und akteursangepasste Konzeption sowie ein professionelles Kommunikations- und Beteiligungsmanagement in der Durchführung und Dokumentation verbessern die Chancen auf eine Verständigung bei widerstreitenden Interessenslagen. Planungskommunikation schafft keine Akzeptanz, aber sie stellt Bedingungen her, unter denen Konflikte konstruktiver bearbeitet werden können und somit auch Akzeptanz entstehen kann.

Verfahrensvorschriften für die informelle Beteiligung gibt es derzeit nicht und sie wären auch nicht zielführend, da noch mehr Erfahrungen mit unterschiedlichen Verfahrenskonzeptionen gesammelt werden sollten. Ihr Fehlen erhöht aber auf Seiten der Vorhabenträger die Unsicherheit, wie und in welcher Intensität die frühzeitige Planungskommunikation am besten gestaltet werden könnte. Erste Erfahrungswerte mit der erweiterten und frühzeitigen Öffentlichkeitsbeteiligung liegen vor (Bock und Reimann 2017) und zeigen aber auch auf, dass die in Fülle publizierten Leitfäden nicht ausreichen, gute Verfahren zu gestalten. Sie müssen vielmehr durch Weiterbildungs- und Schulungsangebote zu Kommunikation und Beteiligung für Genehmigungsbehörden auf Landes- und Bundesebene ergänzt werden.

Tabelle 3 Merkmale, Stärken und Schwächen exemplarischer Beteiligungsformate

Beteiligungsformat	Bürgerversammlung/Bürgerinformationsveranstaltung	Runder Tisch/Mediation	Planungszelle	World Café
Teilnahmespektrum	Alle interessierten Bürger(innen), organisierte wie nicht-organisierte	Organisierte Interessensgruppen, z. B. Umweltverbände, Bürgerinitiativen	Per Zufallsauswahl gewählte Bürger(innen) der Zivilgesellschaft	i. d. R. alle interessierten Bürger(innen), organisierte wie nicht-organisierte
Merkmale	Informationsveranstaltungen mit der Gelegenheit zur Diskussion Dienen dazu, öffentlich wichtige Angelegenheiten einer Kommune zu erörtern Als Auftakt und damit zur Motivation der Bürger(innen) zur Mitwirkung an weiteren Aktivitäten einsetzbar	Organisierte Interessensgruppen Delegationsprinzip Allparteiliche Moderation Intensive Vor- und Nachbereitung der Sitzungen	Heterogenes Teilnahmespektrum Diskussion v. a. in Kleingruppen in ständig wechselnder Besetzung Bürger(innen) arbeiten wie „Planungsschöffen" Bürger(innen) erhalten Aufwandsentschädigung für Teilnahme	Diskussion in Kleingruppen in ständig wechselnder TN-Zusammensetzung
Einbindung von Expertisen	i. d. R. Expert(inn)eninput zu Beginn der Veranstaltung durch Präsentationen	Expert(inn)en werden als Sachverständige hinzugezogen, ggf. vom Runden Tisch beauftragt Intensive Auseinandersetzung mit Gutachten möglich	Expert(inn)eninput durch Sachverständige, Gutachter(innen), aber auch Vereine und Verbände Voraussetzung: laienverständliche Aufbereitung komplexer Sachinhalte	i. d. R. Expert(inn)eninput zu Beginn der Veranstaltung durch Präsentationen
Einsatzmöglichkeiten	Zur (regelmäßigen) Information über Angelegenheiten in der Kommune Bei geringem Konfliktpotenzial	Bei latenten oder offenen Konflikten Zur Bündelung und Verhandlung von Interessen	Zur Technikfolgenabschätzung wie auch zu konkreten Standortfragen	Zur Beteiligung großer Gruppen Wissensaustausch, Meinungsbild, Ideen für Entwicklungsprozesse Stadtteil-, Ortsentwicklung, größere Projektvorhaben
Vorrangige Maßstabsebene	Auf lokaler/kommunaler Ebene	Auf allen räumlichen Maßstabsebenen einsetzbar	Auf allen räumlichen Maßstabsebenen einsetzbar	Auf allen räumlichen Maßstabsebenen einsetzbar

Frühzeitige Planungskommunikation

Beteiligungsformat	Bürgerversammlung/Bürgerinformationsveranstaltung	Runder Tisch/Mediation	Planungszelle	World Café
Ergebnisqualität	i. d. R. Bürgeranträge/Prüfaufträge an die Verwaltung	Ergebnis: selbstverpflichtendes Ergebnisdokument der Beteiligten	Ergebnis: Bürgergutachten	Einfache Version: Fotoprotokoll Aufwändiger: Auswertung aller Gruppendiskussionen und Zusammenfassung im Protokoll
Dauer	1 Abend, ca. 3 Stunden	i. d. R. mehrmalige Treffen über längeren Zeitraum	Ursprüngliches Konzept: 4 Tage	halber Tag
Anzahl der Teilnehmenden	bis 500, je nach Größe des Stadtteils/der Kommune	Max. 30 TN	25 TN/Planungszelle aber beliebig multiplizierbar, z. B. 4 Planungszellen mit insgesamt 100 Teilnehmern	12–100 TN
Stärken	Alle werden auf den gleichen Informationsstand gebracht Aktuelle und umfassende Information über Planungsvorhaben Bei den Bürger(inne)n bekannt → hohe Mobilisierung ‚Stimmungsbarometer', Bürger(innen) können Anträge stellen	Hohe Verbindlichkeit Intensive inhaltliche Diskussion Verhandeln nach dem Harvard-Prinzip Möglichkeiten der Konfliktlösung (Mediation)	Heterogene Zusammensetzung der Teilnehmenden Vielfältige Diskussionsrunden durch permanentes Mischen der TN-Zusammensetzung der Kleingruppe Alltags- und Erfahrungswissen fließt in Planungsprozesse ein Starke Sachorientierung der Diskussion, Überwindung des NIMBY-Phänomens Transparente Planungs- und Entscheidungsprozesse	Förderung von Innovationen, Sensibilisierung Vielfältige Diskussionsrunden durch permanentes Mischen der TN-Zusammensetzung der Kleingruppe Knüpfung sozialer Kontakte durch interaktives Format Hoher Grad an Involvierung aller Beteiligten
Schwächen	Nur wenige und immer dieselben kommen zu Wort Stimmung kann schnell ‚kippen' nur Information und Diskussion	Keine Breitenwirkung in der Bürgerschaft	Interessensvertreter können nur als Expert(inn)en teilnehmen, nicht als Bürger(innen)-Gutachter(innen)	Herausforderung, Diskussionsstränge wieder zusammen zu führen

Quelle: Eigene Darstellung

Bei der Vielfalt an Planungsvorhaben zur Energiewende und den teilweise schon ritualisierten Widerstandsformen gegen manche Projekte ist es umso wichtiger, frühzeitig im Verfahren mit der Planungskommunikation zu beginnen, mit unterschiedlichen Formaten der Beteiligung diese informellen Prozesse zu gestalten und die darin gewonnenen Erfahrungen systematisch auszuwerten (hierzu auch Becker und Naumann 2018; Mandel 2018; Stemmer und Kaußen 2018 in diesem Band).

Die Evaluation von good- und bad-practice-Beispielen ist daher notwendig, um den gemeinsamen Lernprozess in diesem konfliktträchtigen Feld der raumbezogenen Planung konstruktiv voranzutreiben.

Literatur

50hertz et al. (2015). Information und Dialog beim Netzausbau – Positionspapier – Januar 2015. http://www.staedtetag.de/imperia/md/content/dst/presse/2015/positionspapier_netzausbau_20150114.pdf. Zugegriffen: 14. Mai 2017.

Becker, S. & Naumann, M. (2018). Energiekonflikte erkennen und nutzen. In O. Kühne & F. Weber (Hrsg.), *Bausteine der Energiewende* (S. 509–522). Wiesbaden: Springer VS.

Benighaus, C. Wachinger G., & Renn, O. (Hrsg.). (2016). *Bürgerbeteiligung. Konzepte und Lösungswege für die Praxis*. Frankfurt (Main): Wolfgang Metzner Verlag.

Benighaus, C., & Renn, O. (2016). Teil A Grundlagen. In Benighaus, C. Wachinger G., & Renn, O. (Hrsg.), *Bürgerbeteiligung. Konzepte und Lösungswege für die Praxis*. (S. 17–102). Frankfurt (Main): Wolfgang Metzner Verlag.

Bock, S., & Reimann, B. (2017). Das 3x3 einer guten Öffentlichkeitsbeteiligung bei Großprojekten. eNewsletter Wegweiser Bürgergesellschaft 04/2017 vom 26.04.2017. Bonn: Stiftung Mitarbeit. wegweiser.bürgergesellschaft.de. http://www.netzwerk-buergerbeteiligung.de/fileadmin/Inhalte/PDF-Dokumente/newsletter_beitraege/1_2017/nbb_beitrag_reimann_bock_170406.pdf. Zugegriffen: 14. Mai 2017.

Bundesministerium für Land- und Forstwirtschaft, Umwelt und Wasserwirtschaft; Bundeskanzleramt (Hrsg.). (2011). Praxisleitfaden zu den Standards der Öffentlichkeitsbeteiligung. Erstellt von Kerstin Arbter. Version 2011. Wien. http://www.partizipation.at/fileadmin/media_data/Downloads/Standards_OeB/praxisleitfaden_2011_72dpi_web.pdf. Zugegriffen: 14. Mai 2017.

Bundesministerium für Verkehr und digitale Infrastruktur (2014). Handbuch für eine gute Bürgerbeteiligung. Planung von Großvorhaben im Verkehrssektor. https://www.bmvi.de/SharedDocs/DE/Anlage/VerkehrUndMobilitaet/handbuch-buergerbeteiligung.pdf?__blob=publicationFile. Zugegriffen: 13. Mai 2017.

Burkart, R. (2002). Verständigungsorientierte Public Relations-Kampagnen. Eine kommunikationswissenschaftlich fundierte Strategie für Kampagnenarbeit. In U. Röttger (Hrsg.), *PR-Kampagnen. Über die Inszenierung von Öffentlichkeit* (S. 303–318). 2. überarb. und erg. Aufl. Wiesbaden: Westdeutscher Verlag.

Coverdale Team Management GmbH (2013). Zusammenarbeit in Teams – Cooperating in Teams. München: Trainingsunterlagen des Unternehmens Coverdale.

Deutscher Städtetag (2013). Beteiligungskultur in der integrierten Stadtentwicklung. Arbeitspapier der Arbeitsgruppe Bürgerbeteiligung des Deutschen Städtetages. http://www.staedtetag.de/imperia/md/content/dst/veroeffentlichungen/mat/mat_beteiligungskultur_2013_web.pdf. Zugegriffen: 14. Mai 2017.

Eichenauer, E., Reusswig, F., Meyer-Ohlendorf, L. & Lass, W. (2018). Bürgerinitiativen gegen Windkraftanlagen und der Aufschwung rechtspopulistischer Bewegungen. In O. Kühne & F. Weber (Hrsg.), *Bausteine der Energiewende* (S. 633–651). Wiesbaden: Springer VS.

Hostmann, M., Buchecker, M., Ejderyan, O., Geiser, U., Junker, B., Schweizer, S., Truffer B. & Zaugg, Stern M. (2005). Wasserbauprojekte gemeinsam planen. Handbuch für die Partizipation und Entscheidungsfindung bei Wasserbauprojekten. Eawag, WSL, LCH-EPFL, VAW-ETHZ. http://www.rivermanagement.ch/entscheidung/docs/handbuch_entscheidung.pdf. Zugegriffen: 14. Mai 2017.

Könen, D., Gryl, I. & Pokraka, J. (2018). Zwischen ‚Windwahn', Interessenvertretung und Verantwortung: Bürger*innenbeteiligung am Beispiel Windkraft im Spiegel von Neocartography und Spatial Citizenship. In O. Kühne & F. Weber (Hrsg.), *Bausteine der Energiewende* (S. 207–230). Wiesbaden: Springer VS.

Kubicek, H. (2014). Vorbild für umfassende und transparente Information. Wissenschaftliche Evaluation des Modellprojekts Bürgerdialog A33 Nord. Erstellt im Auftrag der Bertelsmann Stiftung. Bielefeld: Hans Gieselmann Druck und Medienhaus.

Kühne, O. (2018). ‚Neue Landschaftskonflikte' – Überlegungen zu den physischen Manifestationen der Energiewende auf der Grundlage der Konflikttheorie Ralf Dahrendorfs. In O. Kühne & F. Weber (Hrsg.), *Bausteine der Energiewende* (S. 163–186). Wiesbaden: Springer VS.

Langer, K., Kühne, O., Weber, F., Jenal, C., Sanio, T., & Igel, M. (2016). Analyse des öffentlichen Diskurses zu gesundheitlichen Auswirkungen von Hochspannungsleitungen – Handlungsempfehlungen für die strahlenschutzbezogene Kommunikation beim Stromnetzausbau. Werkzeugkasten. Salzgitter: Handreichung, die per Mail beim Bundesamt für Strahlenschutz angefragt werden kann.

Mandel, K. (2018). Warum plant Ihr eigentlich noch? – Die Energiewende in der Region Heilbronn-Franken. In O. Kühne & F. Weber (Hrsg.), *Bausteine der Energiewende* (S. 701–713). Wiesbaden: Springer VS.

Renn, O.; Webler, T. (1994). Konfliktbewältigung durch Kooperation in der Umweltpolitik. Theoretische Grundlagen und Handlungsvorschläge. http://elib.uni-stuttgart.de/opus/volltexte/2010/5432/pdf/ren55.pdf. Zugegriffen: 14. Mai 2017.

Röglin, C. (1985): Verdient Vertrauen, wer um Vertrauen wirbt? – Gedanken zu einem neuen Konzept der Öffentlichkeitsarbeit. *gdi-impuls, 3.Jg., Nr.1,* 61–68.

Röttger, U. (Hrsg.).(2002). PR-Kampagnen. Über die Inszenierung von Öffentlichkeit. 2. überarb. und erg. Aufl. Wiesbaden: Westdeutscher Verlag.

RWE Aktiengesellschaft (2014). Akzeptanz für Großprojekte. Eine Standortbestimmung über Chancen und Grenzen der Bürgerbeteiligung in Deutschland. https://www.rwe.com/web/cms/mediablob/de/1716208/data/1701408/4/rwe/verantwortung/verantwortungsvolle-unternehmensfuehrung/akzeptanzstudie/Akzeptanzstudie-als-PDF-herunterladen.pdf. Zugegriffen: 13. Mai 2017.

Schweiger, S., Kamlage, J.-H. & Engler, S. (2018). Ästhetik und Akzeptanz. Welche Geschichten könnten Energielandschaften erzählen? In O. Kühne & F. Weber (Hrsg.), *Bausteine der Energiewende* (S. 431–445). Wiesbaden: Springer VS.

Staatsministerium Baden-Württemberg, Stabsstelle für Zivilgesellschaft und Bürgerbeteiligung (2014). Leitfaden für eine neue Planungskultur. https://beteiligungsportal.baden-wuerttemberg.de/fileadmin/redaktion/beteiligungsportal/StM/140717_Planungsleitfaden.pdf, Zugegriffen: 13. Mai 2017.

Stemmer, B. & Kaußen, L. (2018). Partizipative Methoden der Landschafts(bild)bewertung – Was soll das bringen? In O. Kühne & F. Weber (Hrsg.), *Bausteine der Energiewende* (S. 489–507). Wiesbaden: Springer VS.

Weber, F., & Kühne, O. (2016). Räume unter Strom. Eine diskurstheoretische Analyse zu Aushandlungsprozessen im Zuge des Stromnetzausbaus. *Raumforschung und Raumordnung* 74(4), 323–338.

Weber, F., Kühne, O., Jenal, C., Sanio, T., Langer, K., & Igel, M. (2016). Analyse des öffentlichen Diskurses zu gesundheitlichen Auswirkungen von Hochspannungsleitungen – Handlungsempfehlungen für die strahlenschutzbezogene Kommunikation beim Stromnetzausbau. Ressortforschungsbericht. https://doris.bfs.de/jspui/bitstream/urn:nbn:de:0221-2016050414038/3/BfS_2016_3614S80008.pdf. Zugegriffen 01.02.2017.

Kerstin Langer, geb. 1969, studierte Landespflege an der TU München. Sie ist seit über 20 Jahren als Beraterin, Moderatorin und Trainerin für Beteiligungsverfahren der raumbezogener Planung auf kommunaler und regionaler Ebene tätig. 2013–2016 war sie Professorin für Kommunikation und Partizipation in der Landschaftsarchitektur an der Hochschule für angewandte Wissenschaften in Weihenstephan/Triesdorf bevor sie 2016 in die öffentliche Verwaltung (Stadtplanung/Grünplanung) der Stadt München wechselte. Hier koordiniert sie die Öffentlichkeitsbeteiligung zur langfristigen Freiraumentwicklung Münchens.

GIS – Das richtige Programm für die Energiewende

Mark Vetter

Abstract

Geographische Informationssysteme (GIS) sind die zentralen Werkzeuge für die Arbeit mit Geodaten. Zunehmend werden GIS aber auch für Simulationen, Zukunftsprojektionen und fiktive Visualisierungen im Raum verwendet. GIS ist die ideale Software für die IT-gestützte Standortsuche von Energieinfrastrukturen (EIS), das Planungs-, Simulations- und Visualisierungstool für jede Anlage, die im Zusammenhang mit der Energieproduktion steht. Im Beitrag werden die Anwendungsmöglichkeiten von GIS in der Energiewende für drei Aspekte genauer beleuchtet: 1. Wie lässt sich GIS für die Suche des optimalen Standortes für EIS einsetzen? 2. Wie kann GIS angewandt werden, um die Sichtbarkeit von EIS in der Landschaft zu analysieren? 3. Wie lässt sich die regionale Klimasimulation mit einem GIS kombinieren, um Eintrittswahrscheinlichkeiten von Witterungszuständen in der Zukunft zu modellieren? Abschließend wird ein Ausblick gegeben, wie der zukünftige Umgang mit EIS aussehen könnte: Die Verschmelzung von BIM (Building Information Modelling) und GIS ermöglicht die Verwendung eines integralen Werkzeuges für die Planung, den Bau und den Betrieb zukünftiger Bauvorhaben der Energiewende.

Keywords

GIS, Geovisualisierung, Sichtbarkeitsanalyse, BIM, Standortsuche, regionale Klimamodellierung

1 Einführung und Zielstellung

Geographische Informationssysteme (GIS) haben sich seit gut zwei Jahrzehnten als zentrales Instrument für die Erfassung, Verarbeitung, Analyse, und Präsentation von Geodaten (Bartelme 2005) etabliert. Darüber hinaus ist GIS ein Instrument zur Modellierung und Simulation von Geodaten – dies auch unter Berücksichtigung von Planungsvorgaben im Einklang mit den gesetzlichen Vorgaben (Carsjens und Ligtenberg 2007; Hiremath et al. 2007). Wenn es um ein räumlich relevantes und wirksames Phänomen wie die Planung bzw. Auswirkung der Energiewende handelt, dann ist die Verwendung eines GIS sehr ratsam (Domínguez und Amador 2007). Da auch die Konstruktionswerkzeuge von eher industriellen Anlagen (wie z. B. ein Windrad) in der Vergangenheit vor allem in (verschwisterten) CAD-Systemen o. ä. verwendet wurden, in Zukunft zunehmend mit dem GIS verschmelzen, wie dies bei aktuellen Entwicklungen im Zusammenhang mit BIM (Building Information Modelling) der Fall ist (Irizarry et al. 2013; Rafiee et al. 2014), ist diese Technologie für die vorliegende Fragestellung von besonderer Relevanz. Ferner kann für die Beteiligung der Bevölkerung (Partizipation) ein GIS die richtige Software für die Bearbeitung von planungsrelevanten Veränderungen sein, da deren Folgen sofort mit der lokalen (‚betroffenen') Bevölkerung visualisiert, betrachtet, diskutiert und evaluiert werden kann (McCall 2003).

In diesem Beitrag sollen – unterteilt nach verschiedenen Anwendungsszenarien – Sinnhaftigkeit, Potentiale und Grenzen der GIS-Nutzung thematisiert werden. Als Anwendungsszenarien – ohne Anspruch auf Vollständigkeit – werden folgende Settings behandelt: 1.) Standortwahl für Produktionsorte bzw. Leitungstrassen von Energie, 2.) Analyse der Sichtbarkeit von EIS-Standorten, 3.) Veränderungen des standortspezifischen Energieangebotes im Rahmen des Klimawandels.

2 Anwendungen von GIS in der Energiewende

2.1 Standortwahl für Produktionsstandorte bzw. Leitungstrassen von Energie und Begleitung des Genehmigungsverfahrens

Bevor es zur Aufstellung eines Windrades kommt, müssen eine Reihe von verschiedenen Planungs- und Genehmigungsphasen durchlaufen werden (Schwarz 2016, hierzu Abbildung 1).

An erster Stelle steht die Bestimmung des Anlagenstandortes. Warum ein GIS zur Prüfung, Modellierung und Bewertung bei der Standortplanung im Zuge der Energiewende von Bedeutung ist, wird im Folgenden dargestellt. Was kann insbesondere über ein GIS gelöst werden, was nicht durch eine andere Software möglich ist? Worin liegen die besonderen Potenziale?

Die klassische räumliche Fragestellung mit einem GIS ist die Suche nach dem optimalen Standort. Hierzu sollten die Rauminformationen in verschiedenen Schichten (Layer) vorliegen. Die Layer sind hier zum Beispiel geologischer Untergrund (in Bezug zur Standfestigkeit, Permeabilität etc.) und meteorologische Variabilität (gegenwärtige Niederschlagsverfügbarkeit, Temperaturgunst, Frostereignisse, zukünftiges Windenergiedargebot etc.). Auch andere, humangeographische Themen („Layer") sind von Relevanz: Bevölkerungsentwicklung, Siedlungsentwicklung, wirtschaftliche Fragestellungen, Planungsvorgaben etc.

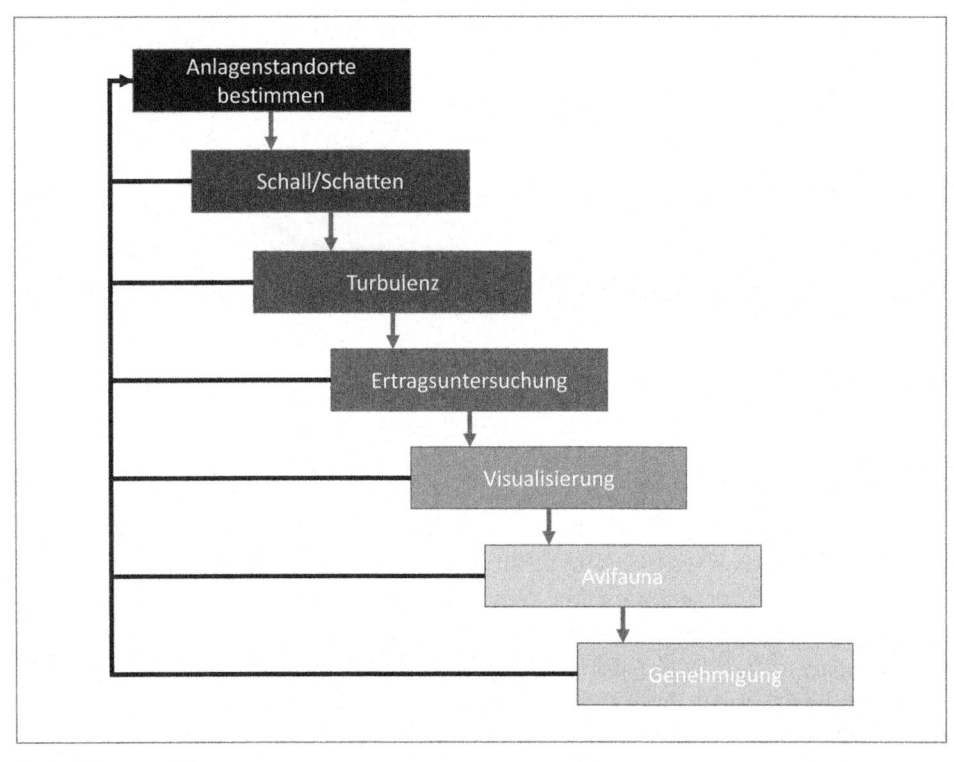

Abbildung 1 Workflow im Genehmigungsverfahren an Windparkstandorten

```
Anlagenstandorte bestimmen
  → Schall/Schatten
    → Turbulenz
      → Ertragsuntersuchung
        → Visualisierung
          → Avifauna
            → Genehmigung
```

Quelle: Schwarz 2016, S. 14

In der Regel kann eine Analyse bezüglich der Negativ- oder Positivflächen durchgeführt werden. Für die Suche nach dem richtigen Standort über Negativflächen wird solange ‚gesucht', bis alle Flächen, die als nicht geeignet betrachtet werden (negativ), aus der Gesamtbetrachtung herausgefallen sind. Bei den übrig gebliebenen Flächen wird nun abgewogen, welche Fläche für den entsprechenden Zweck als optimal angesehen werden kann. Diese Vorgehensweise wird zum Beispiel häufig bei Naturschutzbelangen berücksichtigt. Bestimmte Flächen, die für den Naturschutz wertvoll sind, können für Baumaßnahmen nicht verwendet werden.

Bei der Suche über Positivflächen werden alle Fläche, die geeignet sind für eine weitere Auswahl markiert. Im zweiten Schritt wird entschieden, welcher Standort in diesen Positivflächen in Frage kommt. Hier kann als Beispiel das Vorhandensein einer bestimmten Ressource wie Grundwasser, fruchtbarer Boden etc. ausschlaggebend sein (Abbildung 1). Sollte diese Ressource nicht vorhanden sein, kann keine positive Standortauswahl stattfinden (siehe hierzu auch Mandel 2018 in diesem Band).

Abbildung 2 Das schraffierte Kästchen als optimal ausgewählte Standortfläche

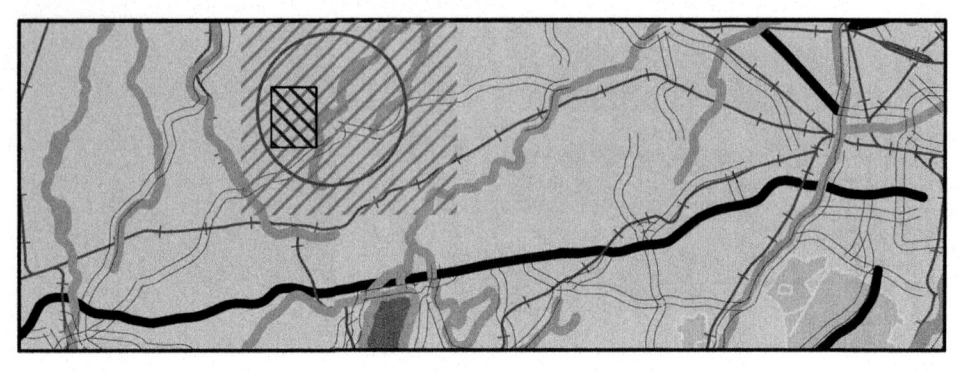

Quelle: eigene Darstellung

Geoinformationstechnisch kann die Suche nach der richtigen Fläche durch Abstandsmessungen von georeferenzierten Vektordaten, durch Pufferbildung, durch Überschneidung bzw. Überlappung durch räumliche Analysen im GIS umgesetzt werden.

Eine andere Umsetzung ist die pixelbasierte Analyse. In diesem Fall müssen die Geodaten im Rasterformat vorliegen bzw. konvertiert werden. Nun kann den einzelnen Rasterzellen entsprechende Wertigkeiten zugewiesen werden, die wiederum zur Kalkulation des besten Standortes, bzw. der besten Trassenführung verwendet werden können. Hierbei können auch sog. Methoden der Map-Algebra angewandt werden (Abbildung 3).

Abbildung 3 Mögliche Anwendung der Map-Algebra zur Standortsuche für ein Windrad

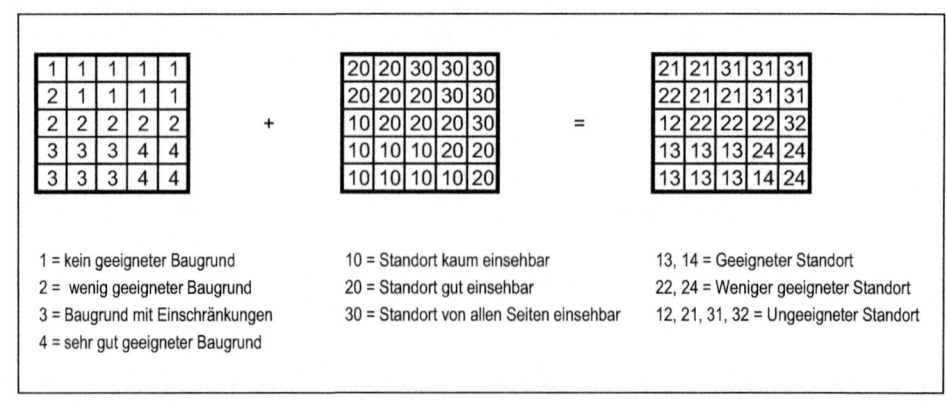

1 = kein geeigneter Baugrund
2 = wenig geeigneter Baugrund
3 = Baugrund mit Einschränkungen
4 = sehr gut geeigneter Baugrund

10 = Standort kaum einsehbar
20 = Standort gut einsehbar
30 = Standort von allen Seiten einsehbar

13, 14 = Geeigneter Standort
22, 24 = Weniger geeigneter Standort
12, 21, 31, 32 = Ungeeigneter Standort

Quelle: eigene Darstellung

In der Regel gibt es als Ergebnis nicht nur eine geeignete Fläche, sondern mehrere. Somit muss in einem weiteren Schritt eine Evaluation aller möglicherweise in Frage kommenden Flächen vorgenommen werden, um letztlich die Fläche zu ermitteln, die besonders geeignet ist. Hier spielen Distanzen zu verschiedenen Geoobjekten eine besondere Rolle (besiedelte Gebiete, Naturschutzgebiete, Verkehrs- oder Versorgungsnetzanbindung etc.). Zur Bewertung verschiedener Standorte hinsichtlich der Eignung bei einer schon ausgewählten Fläche kann eine Kombination der Geodatenstruktur der Eingangsdaten nützlich sein. D.h. bis zur Auswahl einer (größeren) geeigneten Fläche findet eine Analyse auf Basis von Vektordaten statt. Darauf aufbauend erfolgt auf dieser ausgewählten Fläche eine Bewertung zur Abwägung hinsichtlich der Standorteignung auf Basis von Rasterdaten. Hierzu muss der Zelle ein entsprechender Wert als Attribut zugewiesen werden. Als Beispiel könnte man die Stabilität eines Standortes für ein Windrad aufgrund des geologischen Untergrundes auf einer Skala bewerten und den Zellen entsprechende Wertigkeiten zuweisen. Eine finale Auswahl erfolgt somit hinsichtlich des Zellenwertes (Abbildung 3).

Ist die Auswahl eines Standortes erfolgt, können/müssen weitere Schritte erfolgen. Auch hier ist ein GIS sehr hilfreich. Nicht nur bei der Standortfestlegung, sondern auch in den weiteren Phasen (siehe Abbildung 1) sind Geodaten (Daten mit Attributinformationen bezogen auf einen georeferenzierten Standort) notwendig. In der Regel muss ein Projektierer hierzu Daten von Behörden (i.d.R. Landes- bzw. Gemeindekatasterämter) einkaufen. Thematisch geht es hierbei um Daten zur Infrastruktur und zu Naturschutzgebieten. In erster Linie Vogel- und Wasserschutzgebiete. Die lokalen Reliefverhältnisse werden über digitale Geländemodelle bereitgestellt. Ferner sind noch Landschaftsmodelle zur Ableitung der lokalen Oberflächenbeschaffenheit, bzw. zur Rauigkeit gefragt.

Vorteil des Einsatzes eines GIS ist auch die Abbildung des gesamten Ablaufes innerhalb eines Projektes, von der Standortplanung, über die Machbarkeits- bzw. Impact-Studie bis hin zur Durchführung und zum regelhaften Betrieb, inkl. Überwachung und Sicherstellung des dauerhaften Betriebes. Hierauf wird weiter unten eingegangen (Abschnitt 3). Allerdings wird im gesamten Genehmigungsverfahren schon das Thema Sichtachsenanalyse/Visualisierung angesprochen. Dies soll im nächsten Abschnitt nun näher behandelt werden.

2.2 Analyse der Sichtbarkeit von Energieinfrastrukturen in der Landschaft

Egal ob es um eine Hochleitungstrasse geht oder um die Aufstellung eines Windrades: beide Baumaßnahmen werden einen sichtbaren Einfluss auf das „Landschaftsbild" haben. Dass der Begriff „Landschaftsbild" in diesem Zusammenhang recht subjektiv bewertet werden kann, sollte hier unbedingt Berücksichtigung finden (Kühne 2013). GI-Systeme haben dadurch, dass in der Regel die Reliefsituation im Untersuchungsgebiet bekannt ist und als Daten eingelesen werden können, die Möglichkeit, Sichtbarkeiten von bestimmten Objekten zu bestimmten Standorten oder von bestimmten Standorten zu bestimmten Objekten zu berechnen. Man spricht von sogenannten Sichtbarkeitsanalysen.

Als Voraussetzung wird die Augenhöhe (ah_v) der/des Betrachterin/Betrachters und die Reliefverhältnisse (absoluter oder relativer Höhenwert zur/m Betrachter/in) im System benötigt (Abbildung 4). Die Augenhöhe kann naturgemäß in der Bevölkerung variieren, aber nimmt man Kinder aus der Betrachtung heraus, ist bei Erwachsenen von einer Augenhöhe zwischen 1,62 m (weiblich) und 1,75 m (männlich) auszugehen (Schmidtke und Jastrzebska-Fraczek 2013). Die Reliefverhältnisse lassen sich gut über ein DGM (Digitales Geländemodell) abbilden. Dieses Modell zu den Reliefverhältnissen gibt in der Regel pixelbasiert die absolute Höhe im Gelände, d. h. in der Landschaft am Pixel wider. Der Algorithmus im GIS (siehe Abbildung 4) kalkuliert nun für jeden Punkt auf der Geländeoberfläche, ob dieser von einem bestimmten Betrachtungspunkt sichtbar ist oder nicht (sichtbar/nicht sichtbar). Das Ergebnis können Karten sein, die die Gebiete in einer bestimmten (z. B. hellgrau) Farbe markieren, von denen die Sichtbarkeit eines bestimmten Objektes gegeben ist und Bereiche, in denen das Objekt nicht sichtbar ist (in dunkelgrauer Farbe). Als Beispiel ist hier aus einer anderen Studie, im Rahmen einer Aufgabenstellung aus der Ur- und Frühgeschichte auf der Halbinsel Krim, aufgeführt (Abbildung 5), welches Blickfeld mutmaßlich ein Neandertaler von einem bestimmten Höhlenstandpunkt aus hat (Vetter und Barnikel 2012).

Diese Visualisierung kann natürlich auch bezüglich der sichtbaren Flächen ausgewertet werden und somit können verschiedene Standorte (in diesem Beispiel Fundstellen) miteinander verglichen werden. Die folgende Graphik (Abbildung 6)

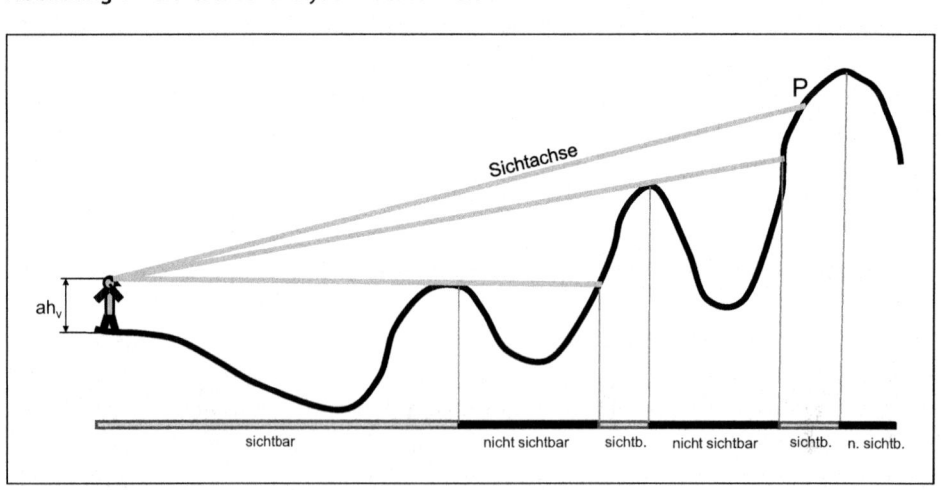

Abbildung 4 Sichtachsenanalyse mit einem GIS

Quelle: Eigene Darstellung

GIS – Das richtige Programm für die Energiewende 563

Abbildung 5 Was konnte der Neandertaler von seinem Höhlenstandort aus sehen?

Quelle: Vetter und Barnikel 2012

Abbildung 6 Flächengrößen der Sichtbarkeit in Bezug zu verschiedenen Standorten

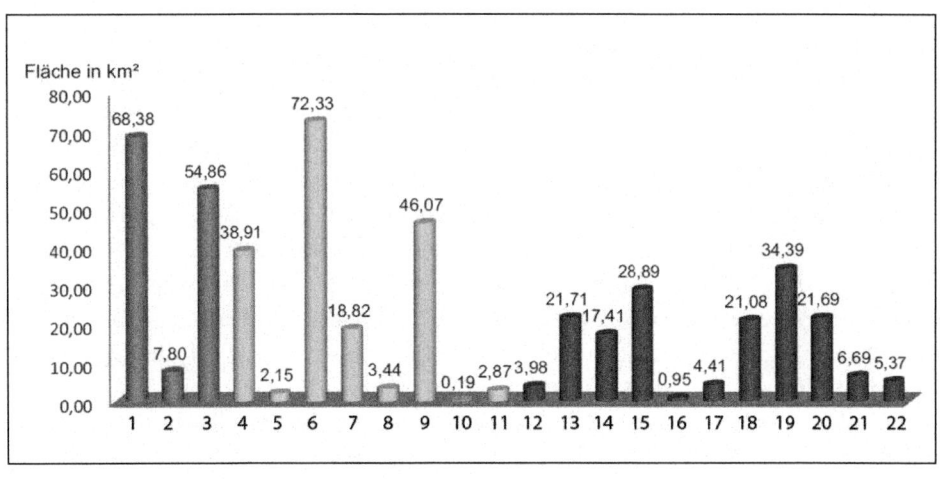

Quelle: Vetter und Barnikel 2012

verdeutlicht, welcher Flächenwert das sichtbare Gebiet an einer Fundstelle im Vergleich zu anderen Fundstellen einnimmt.

Das Beispiel der Sichtbedingungen der Ureuropäer ist nur exemplarisch für diese Art von Untersuchungen zu verstehen. Anstelle eines Höhlenstandortes kann auch ein Windradstandort oder eine Hochleitungstrasse genommen werden.

2.3 Veränderungen des standortspezifischen Energieangebotes im Rahmen des Klimawandels

Der Klimawandel wird Einfluss auf alle natürlichen Systeme haben. Somit auch auf das zukünftige Angebot an regenerativen Energiequellen (Sonnenschein, Wind usw.) an natürlichen Standorten. Über Methoden der regionalen Klimamodellierung kann man Simulationen für das zukünftige Energiedargebot an konkreten Standorten großmaßstäbig berechnen (Cradden et al. 2012; Hueging et al. 2013; Pryor et al. 2005). Die Auflösung regionaler Klimamodelle liegt im Bereich von Rasterzellengrößen mit einer Kantenlänge von 10 km. In den letzten Jahren haben sich vor allem sogenannte Ensembles (Kombination verschiedener Klimasimulationsmodelle) für die Simulation des regionalen Klimas etabliert (Pryor und Barthelmie 2010; Rasmussen et al. 2011).

Die Auswertungen verschiedener Studien zur zukünftigen Windentwicklung in Europa weisen für die Zukunft keine eindeutigen Ergebnisse auf, die auf eine Zu- oder Abnahme des jetzigen Windangebotes hindeuten (Pryor und Barthelmie 2010). Allerdings wird in einigen Studien von einer Zunahme an Extremereignissen ausgegangen (Haugen und Iversen 2008; Rasmussen et al. 2011). Auch diese Informationen sind für Anlagenbetreiber bei der Standortsuche von Relevanz.

Allerdings muss darauf hingewiesen werden, dass jede Zukunftsmodellierung mit Unsicherheiten behaftet ist. Dies gilt besonders für die regionale Klimamodellierung (Balog et al. 2016). In der Regel sind in den Modellergebnissen die Eintrittswahrscheinlichkeiten von Witterungszuständen regional bzw. standortbezogen unterschiedlich. Der Projektierer benötigt Informationen über die Höhe der Unsicherheit bei den Simulationen, damit die finanziellen Risiken für den Investor besser abzuschätzen sind.

Die Einschätzung der Standorteignung lässt sich mit einer kartographischen Abbildung (Geovisualisierung) interpretieren. Die Darstellung der Unsicherheiten in einer Karte lässt sich mit unterschiedlicher Einfärbung der Pixel umsetzen (Pang et al. 1997; Potter et al. 2009). Speziell für die Visualisierung dieser Phänomene im Rahmen der regionalen Klimamodellierung wurde dieser Ansatz für die Region von Norddeutschland angewandt (Adams 2015a).

Die Basis dieser Visualisierung ist die Berechnung der pixelbasierten Eintrittswahrscheinlichkeit als Ergebnis der regionalen Klimamodellierung. Die Simulationsergebnisse liegen für jedes Pixel und für verschiedene Witterungsparameter in Klimadatenbanken vor (z. B. DKRZ 2017). Die Rauminformation zu den Rasterzellen ist in dieser Datenbasis als Datenbankeintrag hinterlegt. Dies können beispielsweise die Koordinaten der Eckpunkte der Rasterzelle sein. Somit handelt es sich bei diesen Klimadatenbanken nicht um ein GIS. Eine nachgeschaltete Prozessierung der Daten in einem GIS muss erfolgen, damit diese im richtigen geodätischen Referenzsystem korrekt in einer Karte projiziert werden kann. In dem GIS besteht die Möglichkeit, geostatistische oder auch nur deskriptiv statistische Verfahren anzuwenden. Zu den geostatistischen Verfahren gehört die räumliche Interpolation, eine Methode, die es ermöglicht, punktuelle Daten auf eine Fläche zu beziehen. Die statistischen Unsicherheiten bei der Eintrittswahrscheinlichkeit von Witterungszuständen in Bezug zur Rasterzelle muss ebenso in dem GIS hinterlegt werden (als Attributwert für jedes Pixel). Diese Attributinformation kann dann in unterschiedliche Graustufenwerte der Kreissignatur im Kontrast zur Hintergrundfarbe der Rasterzelle in der Karte abgebildet werden (Abbildung 7, Adams 2015a). Je stärker der Kontrast, d. h. je größer der Grautonunterschied, umso geringer die Standardabweichung und damit umso geringer die Unsicherheit. Umso höher die Standardabweichung, umso höher ist auch die statistische Unsicherheit, aber umso geringer der Kontrast in der Rasterzelle.

Abbildung 7 Die Unsicherheit für die Eintrittswahrscheinlichkeit von Windereignissen für eine bestimmte Rasterzelle wurde in unterschiedlichen Grautönen wiedergegeben

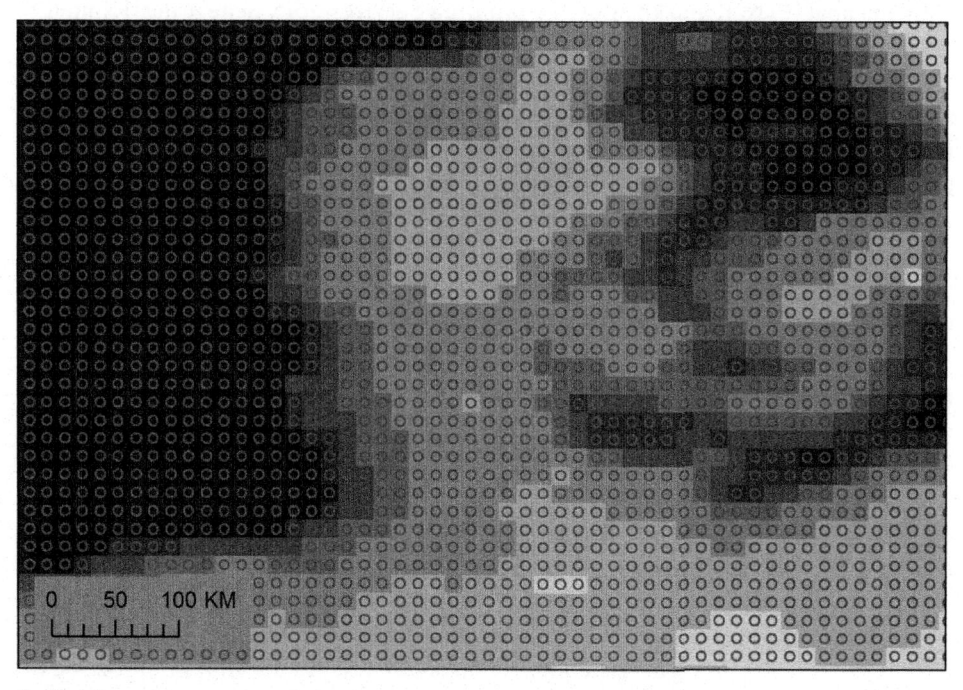

Quelle: Adams 2015a

Die Darstellung lässt sich über die Layout-Einstellungen im GIS automatisiert visualisieren. Grundlage ist die Bereitstellung der georeferenzierten Geodaten im GIS. Das Beispiel ist auch als Web-GIS-Anwendung zu betrachten (Adams 2015b).

3 Schlussfolgerung und Ausblick

Die zuvor vorgestellten beispielhaften Anwendungsszenarien von GIS in Energieinfrastrukturen (EIS) zur Standortsuche, Sichtachsenanalyse und regionalen Klimasimulation lassen sich auch in einem Projekt kombinieren. Die verbindende Software ist hier das GIS. Somit ist GIS als integrales Werkzeug für die gesamte Prozesskette von der Planung, über den Bau und den Betrieb von Energieinfrastrukturen zu sehen (hierzu allgemeiner auch Stemmer und Kaußen 2018 in diesem Band). Diese Entwicklung für EIS-Projekte wäre auch im Einklang mit einem allgemeinen gegenwärtigen Trend im Bauingenieurwesen. Diese Entwicklung läuft unter der Abkürzung BIM. Was meint genau BIM? „Building Information Modeling (BIM) ist eine Planungsmethode im Bauwesen, die die Erzeugung und die Verwaltung von digitalen virtuellen Darstellungen der physikalischen und funktionalen Eigenschaften eines Bauwerks beinhaltet. Die Bauwerksmodelle stellen dabei eine Informationsdatenbank rund um das Bauwerk dar, um eine verlässliche Quelle für Entscheidungen während des gesamten Lebenszyklus zu bieten; von der ersten Vorplanung bis zum Rückbau." (National Institute of Building Services 2017, Seite 3 des Kapitels 3 ‚Terms and Definitons').

Die Lehre aus Großbauprojekten wie dem Flughafen BER oder Stuttgart 21 sollte sein, dass bei allen zukünftigen Bauvorhaben das sog. ‚digitale Bauen' bzw. BIM angewandt werden sollte. Bei Stuttgart 21 beispielsweise setzt man nur in wenigen Teilprojekten auf BIM (Deutsche Bahn 2016). Eine Berücksichtigung von BIM für das übergreifende, das gesamte Vorhaben betreffend, erfolgt nicht. Möglicherweise wäre dann der Zeit- und Kostenplan nicht aus dem Ruder gelaufen, hätte man von Anfang bis Ende auf BIM gesetzt (Bullinger 2016). Auch in Projekten im kleineren Maßstab, wie die Errichtung von EIS, sollte in Zukunft auf BIM gesetzt werden.

BIM ist nicht nur eine Softwarelösung, sondern eine Methode, bzw. ein Planungsprozess. Daher sollte man das BIM-Konzept um Methoden der Simulation oder/und des Managements erweitern. Bei der Verschmelzung von GIS und BIM lassen sich die o.g. Ziele von BIM noch erweitern: Zum Beispiel können mit einem GIS auch die umliegenden Gemeinden, physisch-geographische Besonderheiten oder aber auch Auswirkungen vom Klimawandel oder Hochwasser für ein Planungsobjekt berücksichtigt werden. Auch demographische Entwicklungen oder planungsrelevante Fragestellungen (z.B. Flächennutzungsplanung) können Berücksichtigung finden. Dies kann demnach auch für Bauten für die Energiewirtschaft verwendet werden. Die Idee ist, die in den vorhergehenden Teilkapiteln beschriebenen Einzelprozesse in einem gemeinsamen Planungs- und Realisierungsprozess zu integrieren. Noch stehen die Technik, die Bauträger und die Administration diesbezüglich am Anfang. In Zukunft wird dies der favorisierte Weg für die Planung, den Betrieb und die Durchführung von Bauprojekten sein. Allerdings darf man nicht vergessen, dass es schwierig ist (und zunächst bleibt?), landschaftsästhetische Fragen, die u. U. sehr subjektiv bewertet sein können, informationstechnisch abzubilden. Hier besteht noch Forschungsbedarf.

Kaum eine andere Software ist synergetisch für die verschiedenen Prozesse im Sinne der digitalen Nachhaltigkeit (bezogen auf Daten und wiederkehrende Prozesse) besser geeignet als ein GIS. Im Rahmen der Energiewende und auch im Rahmen anderer, raumbeeinflussender Projekte wird eines klar: Die Notwendigkeit der Berücksichtigung unterschiedlichster komplexer raumwirksamer Strukturen und Prozesse wird in der Zukunft zunehmen. Insbesondere unter Berücksichtigung von Simulations- und Visualisierungsanwendungen. Keine andere, raumrelevante Software, außer ein GIS, bietet bessere Voraussetzungen, um diese Herausforderungen in der Zukunft zu bewältigen.

Literatur

Adams, S. (2015a). *Development of an online mapping application to assess wind speeds in the 21st century using regional climate model simulations.* Master Thesis. Karlsruhe.

Adams, S. (2015b). RCM-modelled Wind Speeds over Northern Europe from 2070–2100. https://service10.eggits.net/arcgis/rest/services/MasterarbeitSYAD/windspdMos_Merc/ImageServer.

Balog, I., Ruti, P. M., Tobin, I., Armenio, V. & Vautard, R. (2016). A numerical approach for planning offshore wind farms from regional to local scales over the Mediterranean. *Renewable Energy 85*, 395–405. doi:10.1016/j.renene.2015.06.038

Bartelme, N. (2005). *Geoinformatik. Modelle, Strukturen, Funktionen* (4., vollst. überarb. Aufl.). Berlin [u. a.]: Springer.

Bullinger, H.-J. (2016). So lassen sich teure Baukatastrophen vermeiden. Architektur im digitalen Zeitalter. http://www.manager-magazin.de/unternehmen/artikel/architektur-so-lassen-sich-teure-baukatastrophen-vermeiden-a-1081614-4.html.

Carsjens, G. J. & Ligtenberg, A. (2007). A GIS-based support tool for sustainable spatial planning in metropolitan areas. *Landscape and Urban Planning 80* (1-2), 72–83. doi:10.1016/j.landurbplan.2006.06.004

Cradden, L. C., Harrison, G. P. & Chick, J. P. (2012). Will climate change impact on wind power development in the UK? *Climatic Change 115* (3-4), 837–852. doi:10.1007/s10584-012-0486-5

Deutsche Bahn. (2016). BIM: Digitales Bauen im Bahnprojekt. http://www.bahnprojekt-stuttgart-ulm.de/no_cache/projekt/aktuell/archiv-suche/news-archiv-detail/news/1113-bim-digitales-bauen-im-bahnprojekt/newsParameter/detail/News/.

DKRZ. (2017). Deutsches Klimarechenzentrum. https://www.dkrz.de/.

Domínguez, J. & Amador, J. (2007). Geographical information systems applied in the field of renewable energy sources. *Computers & Industrial Engineering 52* (3), 322–326. doi:10.1016/j.cie.2006.12.008

Haugen, J. E. & Iversen, T. (2008). Response in extremes of daily precipitation and wind from a downscaled multi-model ensemble of anthropogenic global climate change scenarios. *Tellus A 60* (3), 411–426. doi://10.1111/j.1600-0870.2008.00315.x.

Hiremath, R. B., Shikha, S. & Ravindranath, N. H. (2007). Decentralized energy planning; modeling and application—a review. *Renewable and Sustainable Energy Reviews 11* (5), 729–752. doi:10.1016/j.rser.2005.07.005

Hueging, H., Haas, R., Born, K., Jacob, D. & Pinto, J. G. (2013). Regional Changes in Wind Energy Potential over Europe Using Regional Climate Model Ensemble Projections. *Journal of Applied Meteorology and Climatology 52* (4), 903–917. doi:10.1175/JAMC-D-12-086.1

Irizarry, J., Karan, E. P. & Jalaei, F. (2013). Integrating BIM and GIS to improve the visual monitoring of construction supply chain management. *Automation in Construction 31*, 241–254. doi:10.1016/j.autcon.2012.12.005

Kühne, O. (2013). *Landschaftstheorie und Landschaftspraxis. Eine Einführung aus sozialkonstruktivistischer Perspektive* (RaumFragen – Stadt – Region – Landschaft). Wiesbaden: Springer VS.

Mandel, K. (2018). Warum plant Ihr eigentlich noch? – Die Energiewende in der Region Heilbronn-Franken. In O. Kühne & F. Weber (Hrsg.), *Bausteine der Energiewende* (S. 701–713). Wiesbaden: Springer VS.

McCall, M. K. (2003). Seeking good governance in participatory-GIS. A review of processes and governance dimensions in applying GIS to participatory spatial planning. *Habitat International 27* (4), 549–573. doi:10.1016/S0197-3975(03)00005-5

National Institute of Building Services. (2017). National BIM Standard-United States® Version 3 | National BIM Standard – United States. https://www.nationalbimstandard.org/nbims-us. Zugegriffen 25. 06. 2017.

Pang, A. T., Wittenbrink, C. M. & Lodha, S. K. (1997). Approaches to uncertainty visualization. *The Visual Computer 13* (8), 370–390. doi:10.1007/s003710050111

Potter, K., Wilson, A., Bremer, P.-T., Williams, D., Doutriaux, C., Pas, V. & Johnson, C. R. (2009). Ensemble-Vis: A Framework for the Statistical Visualization of Ensemble Data. In Y. Saygin (Hrsg.), *IEEE International Conference on Data Mining workshops, 2009. ICDMW '09; 6 Dec. 2009, Miami, Florida, USA* (S. 233–240). Piscataway, NJ: IEEE.

Pryor, S. C. & Barthelmie, R. J. (2010). Climate change impacts on wind energy. A review. *Renewable and Sustainable Energy Reviews 14* (1), 430–437. doi:10.1016/j.rser.2009.07.028

Pryor, S. C., Barthelmie, R. J. & Kjellström, E. (2005). Potential climate change impact on wind energy resources in northern Europe. Analyses using a regional climate model. *Climate Dynamics 25* (7-8), 815–835. doi:10.1007/s00382-005-0072-x

Rafiee, A., Dias, E., Fruijtier, S. & Scholten, H. (2014). From BIM to Geo-analysis. View Coverage and Shadow Analysis by BIM/GIS Integration. *Procedia Environmental Sciences 22*, 397–402. doi:10.1016/j.proenv.2014.11.037

Rasmussen, D. J., Holloway, T. & Nemet, G. F. (2011). Opportunities and challenges in assessing climate change impacts on wind energy—a critical comparison of wind speed projections in California. *Environmental Research Letters 6* (2), 24008. http://iopscience.iop.org/article/10.1088/1748-9326/6/2/024008/pdf.

Schmidtke, H. & Jastrzebska-Fraczek, I. (2013). *Ergonomie: Daten zur Systemgestaltung und Begriffsbestimmungen:* Carl Hanser Verlag GmbH & Company KG.

Schwarz, F. (2016). *Potenzial- und Workflowanalyse von Methoden zur Optimierung der GIS gestützten Planung von Windenergieprojekten. am Beispiel der Altus AG.* Karlsruhe (Master Arbeit an der HS Anhalt).

Stemmer, B. & Kaußen, L. (2018). Partizipative Methoden der Landschafts(bild)bewertung – Was soll das bringen? In O. Kühne & F. Weber (Hrsg.), *Bausteine der Energiewende* (S. 489–507). Wiesbaden: Springer VS.

Vetter, M. & Barnikel, F. (2012). GIS-gestützte Rekonstruktion der Lebensbedingungen von Ureuropäern. In J. Strobl, T. Blaschke & G. Griesebner (Hrsg.), *Angewandte Geoinformatik 2012. Beiträge zum 24. AGIT-Symposium Salzburg* (S. 24–34). Berlin: Wichmann.

Mark Vetter ist physischer Geograph und seit 2013 Professor für Kartographie und Geovisualisierung an der Fakultät für Informationsmanagement und Medien der Hochschule Karlsruhe – Technik und Wirtschaft. Seit 1994 beschäftigt er sich mit GIS in Forschung und Lehre. Er ist seit 2014 Mitglied im Vorstand der Deutschen Gesellschaft für Kartographie und Hauptschriftleiter der Kartographischen Nachrichten – Journal for Cartography and Geographic Information. Seine Forschungsschwerpunkte liegen im Bereich der Geovisualisierung (z. B. performante Visualisierung und Prozesssimulation im modernen Bauen), Integration von Open Source Lösungen im Zusammenhang mit GIS, BIM und CAD in einem System, GIS-gestützte Bewertung von Ecosystem Services in Landschaften und Geovisualisierung rekonstruierter Geländeoberflächen. Ferner arbeitet er mit limnologischen Modellen, um Auswirkungen des Klimawandels auf Seen zu ermitteln.

Unter Strom: praktische Herausforderungen

Schwefelhexafluorid:
Ein Gas zwischen technischer Exzellenz und Rekord-GWP

Jörg Bausch

Abstract

In den vergangenen Jahren ist das technische Gas Schwefelhexafluorid (SF_6) immer wieder Gegenstand von Diskussionen des Klimaschutzes und der technischen Notwendigkeit für den Betrieb von Schaltanlagen gewesen und wird dies wohl auch noch für längere Zeit bleiben. Das Gas, welches sich aus einem Schwefelatom und sechs Fluoratomen zusammensetzt, wird seit Ende der 1960er Jahre in Schaltanlagen der Mittel- und Hochspannung eingesetzt. So günstig dessen Eigenschaften im technischen Einsatz auch sind, so klimaschädlich ist es beim Entweichen in die Atmosphäre. SF_6 ist das Klimagas mit dem größten bekannten Treibhauspotenzial, es weist ein CO_2-Äquivalent (GWP) von 23 900 und eine atmosphärische Lebensdauer von ca. 3 200 Jahren auf. Neben nur wenig verbliebenen Anwendungen in Industrie, Militär und Medizin kommt es heute hauptsächlich bei der elektrischen Energieversorgung als Isolier- und Lichtbogenlöschgas in Schaltanlagen von Übertragungs- und Verteilnetzen zum Einsatz. Grund genug die technische Notwendigkeit, mögliche Alternativen und Konsequenzen drohender Verbote zu diskutieren. In diesem Artikel werden zunächst die Grundlagen moderner SF_6-Hochspannungsschaltanlagen vorgestellt, die Klimabelastung durch entweichendes SF_6 evaluiert, ein Überblick über den Stand der Forschung gegeben und mögliche Konsequenzen eines Verbotes von Schwefelhexafluorid in der Energieversorgung diskutiert.

Keywords

Schwefelhexafluorid, Klimaschutz, Energieversorgung, Forschungsstand, Schaltanlagen, Umspannwerke

1 Einleitung

Klimaschutz und die damit verbundene Reduzierung des Ausstoßes von CO_2 und anderen klimaschädlichen Gasen sind unter anderem Treiber der Energiewende. Beim Begriff Energiewende wird meist die Erzeugung elektrischer Energie aus erneuerbaren Quellen mit idealerweise neutraler CO_2-Bilanz verstanden. Hierzu gehört insbesondere die Stromerzeugung aus Windkraft und Photovoltaik. Erzeugte Leistung, Standort und Netztopologie sind dabei entscheidende Faktoren wie die elektrische Energie, ob als Wechsel- oder Gleichstrom, und über welche Wege sie vom Ort der Erzeugung zum Verbraucher gelangt (vgl. allgemein Hook 2018; Kühne und Weber 2018 in diesem Band). Über den Einfluss und die Abhängigkeiten dieser Faktoren ist in der breiten Öffentlichkeit meist nur wenig bekannt. So wird der Strom zwischen dem Ort der Erzeugung und des Verbrauchs mehrfach umgespannt und auf unterschiedliche Spannungsebenen transformiert und transportiert, bis er dann industriegerecht oder für die private Nutzung zur Verfügung steht. Technisch sind dies etablierte Verfahren, die schon seit vielen Jahrzehnten zur Anwendung kommen und heute so gut beherrscht werden, dass der Verbraucher davon nichts bemerkt. Diese hohe Zuverlässigkeit ist auch ein Grund dafür, dass man im Allgemeinen auch wenig über diesen Vorgang weiß oder gar keine Vorstellung davon hat, welche hochtechnisierten Analgen hierfür notwendig sind.

Auf dem Weg von der Stromerzeugung zum Verbraucher passiert der Strom dabei Umspannwerke der Mittel-, Hoch- und Höchstspannungsebenen, denn nicht überall, wo der Wind besonders stark weht und die Sonneneinstrahlung besonders hoch ist, sind auch die Abnehmer und Industriezentren (vgl. hierzu auch Weber und Kühne 2016 sowie Fromme 2018; Kühne und Weber 2018 in diesem Band). Zwischen dem Ort der Erzeugung und dem Ort des Bedarfs liegen häufig bis zu mehreren hundert Kilometern. Man denke dabei nur an die Offshore-Erzeugung vor den deutschen Küsten und den geplanten Stromtrassenausbau um den offshore erzeugten Strom in die südlichen Bundesländer zu transportieren. Der Strom wandert dabei zwischen verschiedenen Spannungsebenen und im Falle von Hochspannungsgleichstromübertragungssystemen sogar zwischen Gleich- und Wechselstrom. Die unterschiedlichen Wechselspannungsebenen sind dabei über Transformatoren gekoppelt, die dem Strom einen Wechsel der Spannungsebene ermöglichen. Die Wirkungsgrade der Transformatoren müssen nach der am 1. Juli 2015 in Kraft getretenen EU-Verordnung (EUVer548 2014) über 99 % aufweisen. Selbst die Übertragungsleitungen zeichnen sich durch hohe Wirkungsgrade und geringe Verluste aus. Das Versorgungsnetz ist von Anfang an auf hohe Effizienz, geringe Verluste und höchste Verfügbarkeit n-1 (Schwab 2015) ausgelegt. Diese Effizienz, kombiniert mit erneuerbarer Stromerzeugung ist ein Schritt in Richtung klimaneutrale Stromerzeugung.

Dennoch gibt es im Netzverbund unterschiedlicher Spannungsebenen elektrische Betriebsmittel[1], die wegen ihrer technischen Beschaffenheit immer wieder in der Kritik stehen und den Klimaschutzgedanken der Energiewende scheinbar eintrüben.

---

1 Die Übertragungsleitungen selbst, werden in diesem Artikel nicht weiter betrachtet, da sie bis auf wenige Ausnahmen entweder mit Luft (Freileitungen) oder Feststoffen (Kabel) isoliert sind und damit keinen direkten klimaschädlichen Beitrag durch Emissionen leisten. Die wenigen Ausnahmen betreffen nur eine geringe Kilometeranzahl von gasisolierten Leitungen (GIL), die in der Regel mit einem Gemisch aus SF_6 und N_2 gefüllt sind.

Diesen Betriebsmitteln ist gemein, dass sie zum Betrieb ein technisches Gas benötigen, welches als *das* Treibhausgas mit dem größten bislang gefundenen Treibhauspotenzial bekannt ist – es handelt sich dabei um Schwefelhexafluorid (SF_6). Seit ein paar Jahren findet man vermehrt Veröffentlichungen, Pressemitteilungen, Regulierungen und neuerdings auch Produkte und Installationen, die mit SF_6-freien Technologien aufwarten. Grund genug, einen tieferen Blick auf mögliche Alternativen und Entwicklungen zu werfen.

2   Die Technologie von Schwefelhexafluorid in Schaltanlagen

Aktuell wird SF_6 weltweit in elektrischen Betriebsmitteln der Mittelspannungs- und Hochspannungsebenen eingesetzt. Hierzu gehören Leistungsschalter, gasisolierte Schaltanlagen, Strom- und Spannungswandler und gasisolierte Leitungen der Spannungsebenen von ca. 11 kV bis über 550 kV. Das Gas dient als Isolationsmedium und als Löschmittel zur Löschung von Schaltlichtbögen. Seine nahezu einzigartigen chemischen Eigenschaften machen es für diese Art der Anwendung ideal. Chemisch besteht das Molekül aus einem Schwefel- und sechs Fluoratomen mit einer molaren Masse[2] von 146,06 g/mol und ist damit fünfmal schwerer als Luft (28,949 g/mol vgl. Möller 2011, S. 173). Bei Raumtemperatur ist es gasförmig mit einem Siedepunkt von −64°C. Zudem ist es farb- und geruchlos, thermisch beständig bis 500°C, chemisch sehr stabil (inert), in reiner Form ungiftig und nicht brennbar. Es lässt sich gefahrlos und sicher transportieren. Aus elektrischer Sicht bietet es eine hohe Durchschlagfestigkeit, ist stark elektronegativ und kann zum Löschen von Lichtbögen beim Schalten großer Ströme eingesetzt werden (Koch 2014, S. 71 ff.; BGI 753 2008). Diese für den Betrieb von Mittel- und Hochspannungsschaltanlagen vorteilhaften chemischen Eigenschaften gehen einher mit einem Treibhauspotenzial (GWP) von 23 900 bei einer atmosphärischen Lebensdauer von 3 200 Jahren (IPCC 2007, S. 33). SF_6 nimmt damit allerdings den Spitzenplatz der klimaschädlichen Gase ein. Neben dem Einsatz in elektrischen Betriebsmitteln gibt es nur noch wenige Anwendungen, wie beispielsweise bei der Aluminium- und Magnesiumproduktion oder bei der Produktion optischer Glasfasern (Dt. Bundestag 2016, Tabelle S. 4), bei denen SF_6 zum Einsatz kommt.

Gasisolierte Schaltanlagen bestehen aus unterschiedlichen Druckbehältern, die in modularer Technik entsprechend den Erfordernissen der Schaltanlage zusammengesetzt sind. Die Druckbehälter sind meist in Aluminiumgusstechnik ausgeführt, in denen die stromführenden Teile von komprimiertem SF_6-Gas umströmt sind. Dabei kann jeder Druckbehälter einen eigenen Gasraum bilden (Koch 2014, S. 50 ff.). Je

---

2   Die molare Masse oder auch Molmasse ist eine Stoffkonstante, hier für die Gase SF_6 und Luft, welche die Masse (meist in g/mol) für eine definierte Anzahl an Molekülen/Teilchen (1 mol ~ $6,022 \cdot 10^{23}$) angibt.

nach Betriebsspannung ist hierzu mehr oder weniger SF_6 bei unterschiedlichen Betriebsdrücken nötig. Im Betrieb, bei Service und Wartung von elektrischen Betriebsmitteln befindet sich das SF_6 in einem geschlossenen Kreislauf, in dessen Rahmen es nach der Benutzung fachgerecht und klimaschonend entsorgt bzw. wiederaufbereitet werden kann (Brett et al 2012). Wegen der hohen dielektrischen Festigkeit von SF_6 ist es zudem möglich, die gasisolierten Schaltanlagen sehr kompakt zu bauen, so dass auch größere Arrangements und Umspannwerke sehr platzsparend dimensioniert werden können. So können gegenüber luftisolierten Umspannwerken typischerweise zwischen 60 % und 70 % des Platzes eingespart werden (Koch 2014, S. 105). Weiterhin ist die Klimabilanz beim Einsatz von gasisolierten Mittelspannungsschaltanlagen mit SF_6 nach einer Evaluierung der ZVEI aus dem Jahre 2003 (Solvay et al. 2003) um ca. 20 % günstiger gegenüber derer von Freiluftanlagen. Die Gründe hierfür resultieren aus der Gesamtbetrachtung des Energieversorgungssystems. So spielen vor allem die durch die platzsparendere Bauweise und die dadurch entstehenden topologischen Vorteile die größte Rolle. Durch geringere Entfernungen und den Einsatz weniger Betriebsmittel reduzieren sich beispielsweise Leitungsverluste und tragen so zu einer Wirkungsgradsteigerung des Gesamtsystems bei.

Sollte es zu einer Störung kommen, bei der ein Druckbehälter einer gasisolierten Schaltanlage birst, wird das SF_6 und evtl. vorhandene Zersetzungsprodukte in die Atmosphäre entweichen und sich mit der Umgebungsluft vermischen. Da SF_6 selbst das größte bekannte Treibhauspotenzial besitzt, sind die Zerfallsprodukte, die durch die Lichtbogeneinwirkung entstehen, weniger potent. Wie Untersuchungen zeigen (Janssen et al. 2013; Schichler 2015), ist die Fehlerrate bei gasisolierten Schaltanlagen jedoch äußerst gering und hat sich seit der Erstinbetriebnahme in den späten 1960er Jahren noch deutlich verbessert. Durchschnittlich kommt es bei einem Schaltfeld in gasisolierter Technik ca. alle 330 Betriebsjahre zu einem erheblichen Fehler (Janssen et al. 2013). Hierbei kann auch SF_6-Gas entweichen, jedoch nur die Menge die im betroffenen Gasraum eingefüllt ist.

Neben der Isolation dient SF_6 auch als Löschmittel beim Schalten von hohen Strömen und Spannungen. Bei der Unterbrechung hoher Spannungen bei gleichzeitig hohen Strömen bilden sich an den Kontakten der Mittel- und Hochspannungsschalter Lichtbögen aus, die den elektrischen Strom in Form von entstehendem Plasma leiten können. Mit Hilfe des Schalters wird das SF_6 zusätzlich komprimiert und zum Löschen über den Lichtbogen geführt. Dabei nimmt das SF_6 einen großen Teil der Energie auf und ermöglicht so die Unterbrechung des Stromflusses und das Ausschalten des Stromes (Koch 2014). Beim Schalten werden große Energiemengen frei, die im Rahmen des Schaltvorgangs beherrscht werden müssen. Wegen seiner chemischen Stabilität ist SF_6 für diesen Vorgang besonders gut geeignet. Es rekombiniert nach der Lichtbogeneinwirkung fast wieder vollständig zu SF_6 und steht somit bei weiteren Schalthandlungen mit den gleichen Eigenschaften zur Verfügung.

Um für den Betrieb einer Schaltanlage eine Zulassung zu erhalten, sind normgerechte Typ- und Stückprüfungen erforderlich, wie sie von zertifizierten Prüfinstituten durchgeführt werden. Hierzu gehören unter anderem der Dichtigkeitstest (vgl. IEC 62271-1, 2007, Cl.6.8) und erforderliche Berstprüfungen, bei denen die Druckbehälter zerstört werden. Um unnötige Expositionen von SF_6 zu vermeiden, werden diese Arten von Prüfungen bei gleicher Aussagekraft mit Wasser, Sauerstoff oder Helium durchgeführt. Dennoch gibt es Tests (z. B. ‚Fragmentation Test' vgl. IEC 62271-200 2011), bei denen es nach Anforderung und Ausführung zum Entweichen von SF_6 kommen kann. Im Betrieb kann SF_6 auf Grund von Undichtigkeiten entweichen. Hier gibt es von normativer Seite Obergrenzen, die je nach Normungsgebiet variieren können. Typischerweise können heute Leckraten von < 0,1 %/a erreicht werden, wie z. B. aus einer Kommentierung der T&D Europe[3] zur EU-F-Gasverordnung (TD-Europe 2013) hervorgeht.

In Anbetracht des doch hohen Treibhauspotenzials, der Klimaschädlichkeit und der möglichen Exposition von SF_6 liegt es scheinbar nahe, dieses durch alternative Gase oder auch andere technische Lösungen zu ersetzen. Und so gibt es bereits Lösungen, die gänzlich auf die Verwendung von SF_6 verzichten. Diese sind aber nicht auf alle Anwendungsfälle skalierbar, so dass eine technische Lücke bestehen bleibt – doch dazu später mehr. Bei all diesen Betrachtungen möge stets daran gedacht werden, dass SF_6 erst beim Entweichen seine klimaschädliche Wirkung entfalten kann – so lange es sich in einem geschlossenen Kreislauf befindet, ist es nicht klimaschädlich. Einzig der Verlust durch Undichtigkeiten führt bei Normalbetrieb zu einer klimarelevanten Exposition des Gases.

3 SF_6-isolierte Anlagen in Verteil- und Übertragungsnetzen und alternative Technologien

Anwendungsbereiche der SF_6-befüllten Anlagen, ob in Freiluft- oder gasisolierter Technik sind in erster Linie die Übertragungsnetze und die höheren Spannungsebenen der Verteilnetze. Hier kommen bis auf einen vernachlässigbaren Teil nur Leistungsschalter zum Einsatz, die SF_6 zur Unterbrechung, also zum Abschalten des Stromes, verwenden. Im Falle von gasisolierten Schaltanlagen (GIS) ist in diesem Anwendungsbereich SF_6 auch das am häufigsten eingesetzte Isolationsmedium, ob in reiner Form oder auch gemischt (z. B. mit N_2). In den oberen Spannungsebenen der Verteilnetze ab ca. 10 kV findet man ebenfalls SF_6 betriebene Anlagen. Eine Eigenrecherche, bei der unterschiedliche Produkte verschiedener Hersteller evaluiert wurden, ergab, dass die verfügbaren Technologien vom Anwendungsfall abhängen. Unterschieden wurden dabei Technologien zur Isolation und zur Stromunterbrechung. So stehen zur Isolation Luft, Feststoffe und SF_6 oder auch Mischungen von SF_6 mit anderen Gasen zur Verfügung.

---

[3] European Association of the Electricity Transmission and Distribution Equipment and Services Industry.

Zum Schalten und Unterbrechen von Strömen gibt es bei Hochspannungsschaltanlagen und besonders für Höchstspannungsanwendungen nahezu ausschließlich SF_6 als Schaltmedium. Vereinzelt gibt es seit kurzem alternative Lösungen zu SF_6-betriebenen Hochspannungsschaltanlagen. So gibt es in Europa einen Hersteller (Siemens 2016), der bis 145 kV ein Hochspannungsschalter mit Vakuumtechnologie zur Stromunterbrechung anbietet und zur Isolation technische Luft einsetzt, zwei weitere europäische Hersteller, die bereits Pilotanlagen installiert haben, setzen bis 170 kV Mischgase aus Fluornitril[4] bzw. Fluorketon[5] und CO_2 bzw. O_2 (ABBGIS 2015; G3Tech 2016) ein. Weiter findet man bis 72,5 kV bei einem europäischen Hersteller (ABBCO2 2015) auch CO_2 als Löschgas für einen Freiluftschalter. Bei geringeren Spannungen der Verteilnetze findet man Vakuumschaltröhren und in der Niederspannungsebene luftisolierte Schalter mit geeigneter Lichtbogenführung.

Es zeigt sich in den Produktportfolios verschiedener Hersteller von Hoch- und Höchstspannungsschaltanlagen, dass SF_6 und Luft nahezu die einzigen eingesetzten Isolationsmedien sind und zum Schalten ab 220 kV nur SF_6 basierte Technologien verfügbar sind. In den Niederspannungsnetzen (400 V) werden Anlagen mit Luft- und Feststoffisolierungen eingesetzt. SF_6-Technologien sind in diesem Bereich nicht zu finden.

In der Verteilnetzstudie (Dena 2012) werden in Deutschland vier Versorgungsnetztypen unterschieden, diese sind das Niederspannungsnetz mit 400 V, das Mittelspannungsnetz mit 10 kV und 20 kV, das Hochspannungsnetz mit 110 kV und das Höchstspannungsnetz mit 220 kV und 380 kV, welches als Übertragungsnetz bezeichnet wird, die übrigen bilden das Verteilnetz. Diese Netze sind an verschiedenen Punkten über Transformatoren miteinander verbunden. In Summe gibt es danach, und über alle Spannungsebenen verteilt, ungefähr eine halbe Million (505 300) Umspannwerke. Von diesen wiederum verbinden nur ca. 800 die Höchst- mit der Hochspannungsebene und ca. 4 500 die Hochspannungs- mit der Mittelspannungsebene. Damit sind zahlenmäßig nur ca. 1 Promille der Umspannwerke auf SF_6-Technologien angewiesen. Für diese Spannungsebenen sind derzeit noch keine SF_6-freien Technologien verfügbar. Weitere ca. 9 Promille der Umspannwerke verbinden die Hoch- mit der Mittelspannungsebene. Und hier gibt es, wie bereits erwähnt, erste Alternativen zu den SF_6-Schaltanlagen. Insgesamt sind in Deutschland nach deren Anzahl nur ca. 1 % aller Umspannwerke in Spannungsebenen verbaut, in denen auch SF_6 verwendet wird. Nach deren Anzahl verbinden 99 % Prozent der Umspannwerke Spannungsebenen für die bereits SF_6-freie Anlagen verfügbar sind.

---

4 Bei Fluornitril handelt es sich um eine gasförmige chemische Verbindung (C_4F_7N) bestehend aus Fluor, Kohlenstoff und Stickstoff, die wegen ihrer, im Vergleich zu SF_6 etwa doppelt so hohen dielektrischen Festigkeit (Isolationsfähigkeit) als Alternative in Schaltanlagen eingesetzt wird. Der GWP liegt bei 2 100 (3M 2015a).
5 Bei Fluorketon handelt es sich um eine flüssige chemische Verbindung aus Fluor, Kohlenstoff und Sauerstoff ($C_5F_{10}O$), die wegen ihrer hohen dielektrischen Festigkeit (Isolationsfähigkeit) alternativ zu SF_6 in Schaltanlagen eingesetzt wird und dabei einen GWP < 1 erreicht (3M 2015b).

Seit einigen Jahren mehren sich Veröffentlichungen und Berichte zu SF_6-freien Technologien in der Hochspannungstechnik. Doch bislang konnte noch keine klare Alternative zur bestehenden SF_6-Technologie gefunden werden. Die Suche nach technologischen Alternativen zu SF_6 gestaltet sich schwierig und geht bis in die 1980er Jahre zurück (Franck 2015). Nachdem jahrelang ein direkter Ersatz im Fokus der Suche nach SF_6-Alternativen stand und diese bislang erfolglos blieb, konzentriert sich die Forschung aktuell auf eine ‚effiziente Methode' bei der Suche nach geeigneten Gasgemischen, die in ihrer Kombination Synergien bilden können (Franck et al. 2013); C5-Fluorketon beispielsweise, ein vielversprechender nahezu klimaneutraler Kandidat, der mit zusätzlichen Hilfsgasen wie z. B. Stickstoff, CO_2 oder Sauerstoff gemischt wird; oder Fluornitril, das mit Hilfsgasen im Bereich von einem GWP in der Größenordnung von 380 auch weit unterhalb von SF_6 liegt (Gautschi 2015, S. 11) und in reiner Form zudem noch eine höhere Durchschlagsfestigkeit aufweist. Im Falle des Fluorketons erweist sich das Gas im Pilotbetrieb einerseits als vielversprechende Alternative zu SF_6 (Müller et al. 2016) und zeigt andererseits bei Einwirkung von Teilentladungen[6] gemischt mit Stickstoff über einem simulierten Zeitraum von 50 Jahren deutliche Zersetzungen (Hammer et al. 2015, S. 16 ff). Die Zersetzungsprodukte wiederum sind selbst recht starke Klimagase und so entsteht neben anderen auch Hexafluorethan[7], dass einen GWP von 12 200 aufweist oder Oktafluorpropan[8] mit einem GWP von 8 830. Das Fluornitril hingegen zeigt gemischt mit CO_2 unter Einwirkung von Teilentladungen keine sichtbare Zersetzung (Hammer et al. 2015, S. 22), besitzt aber einen höheren GWP als die Fluorketon-Alternative. Aber genau wie bei einer Füllung mit SF_6 kann ein Schalt- bzw. Isoliergas erst dann seine klimaschädliche oder auch toxische Wirkung entfalten, wenn es in die Atmosphäre gelangt. Bereits installierte Pilotanlagen (vgl. (Mann et al. 2015) und (Müller et al. 2016)) werden schon bald zeigen, ob auch bei höheren Spannungen die vorgeschlagenen Alternativen die bislang eingesetzte SF_6-Technologie ersetzen können.

4 20 Jahre Regulierungen und Verordnungen zum Umgang mit SF_6

Wegen des einzigartigen Treibhauspotenzials wurde SF_6 bereits 1997 neben weiteren fünf fluorierten klimaschädlichen Gasen erstmals im Kyoto-Protokoll reguliert. Daraufhin folgte ein Verbot von SF_6 als Füllgas in Kühlschränken, Turnschuhen und Reifen. Weiterhin gab es Einschränkungen für die Verwendung des Gases als Oxidationsschutz bei der Magnesiumverarbeitung. Im Rahmen der EU-F-Gas-Verordnung

---

6 Teilentladungen sind Entladungen, die auf Inhomogenitäten der Isolation zurückzuführen sind und sich in unvollständigen Durchschlägen zeigen.
7 Ungiftiges und farbloses technisches Gas C_2F_6 aus der Gruppe der Flourkohlenwasserstoffe.
8 Ungiftiges und farbloses technisches Gas C_3F_8 aus der Gruppe der Flourkohlenwasserstoffe.

842/2006 wurde SF_6 für den Betrieb in elektrischen Betriebsmittel zunächst nicht eingeschränkt. Gleichwohl hatten sich noch im selben Jahr Hersteller und Betreiber von SF_6-gefüllten Anlagen in einer freiwilligen Erklärung dazu verpflichtet, den Ausstoß von SF_6 auf ein Minimum zu reduzieren (ZVEI 2005). Im Jahr 2014 gab es eine Revision der EU-F-Gas-Verordnung (EUVer517 2014), in der der Betrieb von SF_6-gefüllten Schaltanlagen weitestgehend erlaubt bleibt. 2015 erfolgte dann vom BMUB und UBA eine öffentliche Ausschreibung, in dessen Rahmen Konzepte zur SF_6-freien Übertragung und Verteilung elektrischer Energie erarbeitet werden sollen. Ergebnisse werden im Jahr 2018 erwartet – der Zuschlag zur Ausarbeitung ging an ECOFYS.

5   Trotz des GWP-Rekords verursacht Schwefelhexafluorid den geringsten Treibhaus-Beitrag

Seit die Vereinten Nationen mit der Aufzeichnung klimarelevanter Emissionen begonnen haben, steht eine umfangreiche Datenbank mit Emissionsdaten unterschiedlicher klimaschädlicher Gase zur Verfügung. Sie gibt Auskunft über die Entwicklung klimaschädlicher Gase aller sich verpflichteten Länder; die Daten reichen dabei bis ins Jahr 1990 zurück. Hierin finden sich verschiedene Gas-Kategorien, unter anderem SF_6. Eine Eigenrecherche (UNData 2015), bei der die Klimagasemissionen für die 28 EU-Staaten (EU) und Deutschland ausgewertet wurden, ergab ein recht deutliches Bild. So trugen im Jahr 2012 innerhalb der EU die SF_6-Emissionen mit einem CO_2-Äquivalent von 6,5 Mt entsprechend 270 t[9] reinem SF_6 bei. Der Anteil an SF_6-Emissionen entspricht bei einem EU weiten Gesamtausstoß von 4 247 Mt CO_2-Äquivalenten 0,15 % aller klimarelevanten Emissionen, also 1,5 Promille. Deutschland verursachte mit 936 Mt CO_2-Äquivalenten Emissionen im selben Jahr 22 % der EU Gesamtemissionen – dabei entfielen 4 Promille des Emissionsbeitrags auf SF_6 und verursachten im Jahr 2012 damit ca. die Hälfte aller SF_6-Emissionen innerhalb der EU.

Ein Blick auf die Entwicklung der SF_6-Emissionen in Deutschland (UNData 2015) seit deren Erfassung im Jahr 1990 durch die UN zeigt vier unterschiedliche Phasen. So stiegen in den ersten fünf Jahren der Aufzeichnungen bis 1995 die Emissionen von 4,3 Mt CO_2-Äquivalent mit 8,3 % pro Jahr um rund 50 % an und erreichten in diesem Jahr auch ihr bisheriges Maximum von 6,5 Mt CO_2-Äquivalent. In den Folgejahren bis 2002 hat sich der Trend jedoch umgekehrt, die Emissionen konnten bei einer jährlichen Reduzierung von 10 % wieder mehr als halbiert werden. Zwischen 2003 bis 2009 stagnierte die Emissionsmenge und erreichte in 2009 mit rund 2,9 Mt ihr bisheriges Minimum. Seit dem Jahr 2009 ist jedoch wieder ein, wenn auch mit geringer Steigung (3 % pro Jahr), nach oben gerichteter Trend erkennbar. Ein Großteil der

---

9   Entsprechend dem SF_6 SAR GWP Wert von 23 900, entspricht 282t bei Verwendung des AR4 GWP Wertes von 22 800.

Emissionen entfällt dabei auf die Entsorgung von SF_6-befüllten Schallschutzscheiben (Dt. Bundestag 2016, S. 4, 8). Dies führte in 2014 zu einer Gesamtemission von 3,4 Mt CO_2-Äquivalent. Davon entfielen 0,4 Mt, entsprechend 11,5 % auf die Elektroindustrie. Betrachtet man diesen Beitrag der Elektroindustrie in Relation zum Gesamtausstoß an Klimagasen, so ergibt sich ein Anteil von gerade einmal 0,4 Promille. Und der durch Undichtigkeiten verursachte Beitrag dürfte noch weit unter diesem Wert liegen. In Solvay et al. (2003, S. 19) kommt eine Schätzung zu einem GWP-Beitrag durch SF_6-isolierte Schaltanlagen der Mittelspannungen von 0,5 Promille für Deutschland und deren gesamten Lebensdauer. Ob sich daraus ein erhöhter Handlungsbedarf ableiten ließe? Auch seitens der Bundesregierung wurde im Juli 2016 auf Grund einer kleinen Anfrage (Dt. Bundestag 2016) kein akuter Handlungsbedarf für den Bereich Elektroindustrie und Apparatebau gesehen. Trotz der angestiegenen Abgabe von SF_6 an Verwender in der Elektroindustrie sieht die Bundesregierung die Selbstverpflichtung der Elektroindustrie als eingehalten an. Ein erheblicher Teil der in Deutschland eingekauften SF_6-Menge wird in Freiluft- und gasisolierte Schaltanlagen verfüllt und geht in den globalen Export.

Nach einer Projektion des Umweltbundesamtes (Gschrey 2011, S. 53) wird sich, bei unveränderten Bedingungen, bis 2050 das SF_6-Emissionsniveau konstant auf einem Niveau von 0,6 Mt CO_2-Äquivalent pro Jahr halten. Werden zusätzlich Maßnahmen zur weiteren Reduzierung der Emissionen von Schaltanlagen ergriffen, ließe sich dieser Wert auf 0,07 Mt CO_2-Äquivalent bis 2050 reduzieren.

6 Moderate Umweltbelastung durch den Betrieb von Schaltanlagen

Wagt man Vergleiche mit Bereichen des täglichen Lebens, so zeigen sich die SF_6-Emissionen in einem anderen Licht. Angefangen bei der Lebensmittelproduktion und hier mit einem Produkt, dass in seiner Kategorie – der Fleischproduktion – die schlechteste Klimabilanz aufweist, ist mit 39–52 kg CO_2-Äquivalent pro Kilogramm das Lammfleisch (vgl. Ripoll-Boscha et al. 2013; Hamerschlag 2011). Legt man den GWP am unteren Ende der Spanne mit 40 kg CO_2-Äquivalent pro Kilogramm Fleisch zu Grunde, so trüge ein Lamm mit einem Schlachtgewicht von 20 kg mit 800 kg CO_2-Äquivalent zum CO_2 Ausstoß bei. Laut Angaben des Statistischen Bundesamtes (Statista 2015) wurden in Deutschland im Jahr 2015 17 057 t Lammfleisch produziert, was rund 850 Tausend Lämmern und einem CO_2-Äquivalent von rund 0,7 Mt entspräche. Vergleicht man diese Zahl mit den 0,4 Mt CO_2-Äquivalent der SF_6-Emissionen, die im gleichen Jahr durch die gesamte Elektroindustrie verursacht wurden, relativiert sich der Klimabeitrag durch die Produktion, den Betrieb und die Entsorgung von Schaltanlagen doch deutlich. ‚Klimakiller' scheint bei diesem Vergleich nicht das richtige Attribut zu sein, bei dem die Emissionen der Schaltanlagen weniger als 60 % derer der Lammfleischproduktion ausmachen. Um noch beim Beispiel Lammfleisch zu bleiben; der CO_2-Beitrag eines Lamms entspricht in etwa dem einer Autofahrt von 4500 km mit einem Mittelklassewagen[10], also zehnmal die Strecke Berlin-Nürnberg.

7 Große SF_6-Mengen in gasisolierten Schaltanlagen bedingen keinen hohen Klimabeitrag

Vergleicht man die SF_6-Mengen von Freiluftschaltanlagen mit denen gasisolierter Schaltanlagen, so kommt man leicht zu dem Ergebnis, dass gasisolierte Schaltanlagen bei gleicher Funktionalität deutlich mehr SF_6 als freiluftisolierte Schaltanlagen beinhalten. Somit könnte man auch direkt zu dem Schluss gelangen, dass der Einsatz von Freiluftschaltanlagen gegenüber den gasisolierten Schaltanlagen zu bevorzugen ist. Daraus lässt sich jedoch keine allgemeine Gesetzmäßigkeit ableiten. In (Koch 2014, S. 103–106) wird auf eine Studie der ZVEI verwiesen, die am Beispiel der Stadt Würzburg zeigt, dass die Klimabilanz von gasisolierten Schaltanlagen über den gesamten Lebenszyklus trotz des Einsatzes größerer SF_6-Mengen in Summe und beim Ausschöpfen aller technologischen Vorteile sogar positiver zu bewerten ist als die vergleichbarer Freiluftanlagen. Dabei bilden die platzsparendere Bauweise gasisolierter Schaltanlagen und die sich damit ergebenden topologischen Möglichkeiten bei der Konzeption des Versorgungsnetzes die größten Vorteile. So können im Beispiel wegen des geringeren Platzbedarfs Umspannwerke mit gasisolierter Technologie näher an die Verbrauchzentren herangebaut werden, was zu kürzeren Distanzen zwischen den Schaltanlagen führt. Dadurch können Umspannwerke (im Beispiel ist dies eines von vier) eingespart, Entfernungen reduziert und damit über die gesamte Lebensdauer der Anlagen geringere Leitungsverluste realisiert werden. Das Beispiel zeigt, dass bei Ausschöpfung der technologischen Vorteile gasisolierter Schaltanlagen trotz größerer SF_6-Mengen die gesamte Klimabilanz positiver sein kann.

8 Fazit

Ohne Zweifel, Schwefelhexafluorid ist das Klimagas mit dem größten bekannten Treibhauspotenzial. Genau wegen seiner einzigartigen chemischen Eigenschaften, die auch zu diesem Rekordwert führen, hat es sich bei der Anwendung in Schaltanlagen als vorteilhaft erwiesen. Aber muss alleine deswegen sein Einsatz für alle Anwendungen verboten werden? Wie die Ausführungen zeigen, scheinen die Vorteile beim Einsatz in Schaltanlagen, die sich durch das Treibhauspotenzial ergebenden Nachteile zu überwiegen. Gerade bei der Energieversorgung wird es wegen seiner einzigartigen chemischen Eigenschaften auch eingesetzt und ist bewährt. Und trotz seines klimaschädlichen Potenzials ist sein Gesamtbeitrag aus diesem Indus-

---

10 Der CO_2-Ausstoß eines Mittelklassewagens sei mit 180g/km angenommen.

triezweig von 0,4 Promille zu den Treibhausgasemissionen gering. Die Emissionswerte legen den Schluss nahe, dass in der Elektroindustrie mit SF_6 so umgegangen wird, dass Emissionen so gut als möglich vermieden werden. Aus der Antwort der Bundesregierung zum Emissionsanstieg von SF_6 (Dt. Bundestag 2016, S. 2) geht hervor, dass die Maßnahmen zur Emissionsminderung der Elektro-Industrie als ausreichend bewertet werden und nicht davon auszugehen ist, dass die Selbstverpflichtung nicht eingehalten wird. Ob in Zukunft technische Alternativen, die eine äquivalente Zuverlässigkeit und technische Performance bieten, zur Verfügung stehen, wird sich zeigen. Wegen des relativ geringen Klimabeitrags der von elektrischen Schaltanlagen durch SF_6-Emissionen ausgeht, besteht jedoch kein akuter Handlungsbedarf. Schon heute sind SF_6-freie Technologien für die unteren Spannungsebenen verfügbar und auch für 110 kV-Anwendungen gibt es bereits erste Alternativen. Erst wenn technologische Alternativen verfügbar sind, die auch in den Höchstspannungsebenen eine äquivalente Performanz bieten, macht eine Abkehr von der SF_6-Technologie Sinn. Dennoch, selbst bei vollständigem Verzicht auf SF_6 in der elektrischen Energieversorgung, ist das Potenzial zur Klimagasreduktion mit 0,4 Mt CO_2-Äquivalent gering. Es bleibt zu erörtern, ob die Vorteile einer seit Jahrzehnten bewährten und zuverlässigen Technologie trotz der Verwendung des klimaschädlichsten Gases nicht deren Nachteile überwiegen. Es geht bei dieser Diskussion nicht zuletzt um die Sicherheit und Stabilität der elektrischen Energieversorgung.

Literatur

3M (2015a). 3M™ Novec™ 4710 Dielectric Fluid.
3M (2015b). 3M™ Novec™ 5110 Dielectric Fluid.
ABBCO2 (2015). ABB Broshure. 2015. High voltage CO2 circuit breaker type LTA Enhancing eco-efficiency. https://library.e.abb.com/public/929e0d91615171fdc1257ddb00372 5fb/LTA%20Enhancing%20eco-efficiency.pdf. Zugegriffen: 13. Mai 2017.
ABBGIS (2015). ABB Flyer. 2015. High-voltage gas-insulated switchgear (GIS) Pilot technology with eco-efficient gas mixture. https://library.e.abb.com/public/dafcd554 83bd4f3ebea21c52fe08c0dd/ECO_Technology_1HC0114819AA_En.pdf. Zugegriffen: 18. Mai 2017.
BGI 753 (2008). Berufsgenossenschaft Elektro Textil Feinmechanik (Hrsg.) BGI 753 (2008): BG-Information. SF6-Anlagen und -Betriebsmittel. http://publikationen.dg uv.de/dguv/udt_dguv_main.aspx?FDOCUID=23578. Zugegriffen: 25. Mai 2017.
Brett, A., Duncan, R., Marenghi, M. & Kiener, M. (2012). Innovatives SF6-Recycling. ABB Technik 1.12. 2012. https://library.e.abb.com/public/482f5ca30bee422ec12579fb00 2eeb70/22-25%201m218_DE_72dpi.pdf. Zugegriffen: 13. Mai 2017.
Dena (2012) (Hrsg.). dena-Verteilnetzstudie. 2012. https://shop.dena.de/fileadmin/de nashop/media/Downloads_Dateien/esd/9100_dena-Verteilnetzstudie_Abschlussbe richt.pdf. Zugegriffen: 13. Mai 2017.

Dt. Bundestag (2016). Deutscher Bundestag. 18. Wahlperiode, Drucksache 18/9227 vom 20.07.2016. Antwort der Bundesregierung. Neuer Emissionsanstieg bei Super-Klimagasen Schwefelhexafluorid und Stickstofftrifluorid. http://dipbt.bundestag.de/doc/btd/18/092/1809227.pdf. Zugegriffen: 25. Mai 2017.

EUVer517 (2014). VERORDNUNG (EU) Nr. 517/2014 DES EUROPÄISCHEN PARLAMENTS UND DES RATES vom 16. April 2014 über fluorierte Treibhausgase und zur Aufhebung der Verordnung (EG) Nr. 842/2006. Amtsblatt der Europäischen Union vom 20. Mai 2014.

EUVer548 (2014). Verordnung (EU) Nr. 548/2014 der Kommission vom 21.05.2014 zur Umsetzung der Richtlinie 2009/125/EG des Europäischen Parlaments und des Rates hinsichtlich Kleinleistungs-, Mittelleistungs- und Großleistungstransformatoren.

Franck, C. M., Dahl, D. A., Rabie, M., Haefliger, P. & Koch, M. (2013). An Efficient Procedure to Identify and Quantify New Molecules for Insulating Gas Mixtures. Contrib. Plasma Phys. 54, No. 1, 3–13 (2014). DOI 10.1002/ctpp.201300030

Franck, C. F. (2015). Auf der Suche nach alternativen Isoliergasen: Grundlagen, Methodik, Stand der Forschung (Übersichtsvortrag). Fachvortrag. GIS-Anwenderforum. TU-Darmstadt. 06.10.2015.

Fromme, J. (2018). Transformation des Stromversorgungssystems zwischen Planung und Steuerung. In O. Kühne & F. Weber (Hrsg.), *Bausteine der Energiewende* (S. 293–314). Wiesbaden: Springer VS.

G3Tech (2016). GE Grid Solutions. 2016. g^3 – Technology, The Alternative to SF6 for High Voltage Applications. http://www.gegridsolutions.com/products/brochures/AlstomEnergy/itr/164696_182570_Grid-ACS-L3-g3-1001-2016_08-EN_lo.pdf. Zugegriffen: 25. Mai 2017.

Gautschi, D. (2015). Einsatz ökologischer Gase in Hochspannungsschaltanlagen, Fachvortrag. GIS-Anwenderforum. TU-Darmstadt. 06. Oktober 2015.

Gschrey, B. & Schwarz, W. (2011). Projektionen zu den Emissionen von HFKW, FKW und SF6 für Deutschland bis zum Jahr 2050. Öko-Recherche. Frankfurt am Main. 2011. http://www.uba.de/uba-info-medien/4226.html. Zugegriffen: 13. Mai 2017.

Hammer T., Ise M., Kishimoto T. & Kessler F. (2015). Lebensdauer von Isoliergasen mit niedrigem Treibhauspotenzial: Gaszersetzung durch Teilentladung. Fachvortrag. GIS-Anwenderforum. TU-Darmstadt. 06. Oktober 2015.

Hook, S. (2018). ‚Energiewende': Von internationalen Klimaabkommen bis hin zum deutschen Erneuerbaren-Energien-Gesetz. In O. Kühne & F. Weber (Hrsg.), *Bausteine der Energiewende* (S. 21–54). Wiesbaden: Springer VS.

IEC 62271-1 (2007). High-voltage switchgear and controlgear – Part 1: Common specifications. 2007. ISBN 2-8318-9323-2. INTERNATIONAL ELECTROTECHNICAL COMMISSION.

IEC 62271-200 (2011). High-voltage switchgear and controlgear – Part 200: AC metal-enclosed switchgear and controlgear for rated voltages above 1 kV and up to and including 52 kV. 2011. ISBN 978-2-88912-743-6. INTERNATIONAL ELECTROTECHNICAL COMMISSION.

IPCC (2007). Solomon, S., D. Qin, M. Manning, Z. Chen, M. Marquis, K. B. Averyt, M. Tignor and H. L. Miller (eds.). IPCC 2007: Climate Change (2007): The Physical Science Basis. Contribution of Working Group I to the Fourth Assessment. Report of the Intergovernmental Panel on Climate Change. Cambridge University Press. Cambridge. United Kingdom and New York. NY. USA. 996 pp.

Janssen, A., Makareinis, D. & Sölver, C.-E. (2013). International Surveys on Circuit-Breaker Reliability. published in: IEEE Transactions on Power Delivery (Volume: 29, Issue: 2, April 2014). Paper no. TPWRD-00360-2013.

Koch, H. J. (2014). Koch, H. J. (Hrsg.). 2014. Gas Insulated Substations. Wiley-IEEE Press.

Kühne, O. & Weber, F. (2018). Bausteine der Energiewende – Einführung, Übersicht und Ausblick. In O. Kühne & F. Weber (Hrsg.), *Bausteine der Energiewende* (S. 3–19). Wiesbaden: Springer VS.

Mann, M., Diggelmann, T. & Müller, P. (2015). Ein Beitrag zur Evaluierung alternativer Isoliergase in GIS Innovation in der GIS-Technologie. Fachvortrag. GIS-Anwenderforum. TU-Darmstadt. 06. Oktober 2015.

Möller, D. (2011). Luft – Chemie, Physik, Biologie, Reinhaltung, Recht. 2011. Berlin, Boston: De Gruyter. from http://www.degruyter.com/view/product/14321. Zugegriffen: 28. Mai 2017.

Müller, P., Diggelmann, T., Hyrenbach, M., Mann, M., Tehlar, D., Hengstler, J., Zache, S. & Neuhold, S. (2016). Betriebserfahrung der ersten 170-kV- und 24-kV-GIS mit alternativem Isolationsmedium basierend auf Ketonen. Hochspannungs-Symposium. Stuttgart. 01. März 2016. http://fkh.ch/wp-content/uploads/2017/06/2016_MuellerP_Neu holdS_et_al_HochspannungssymposiumStuttgart_2016_GIS_mit_Keton-Isolation. pdf. Zugegriffen: 13. Mai 2017.

Ripoll-Boscha, R., de Boerb, I. J. M., Bernuésa, A. & Vellingac, T. V. (2013). Accounting for multi-functionality of sheep farming in the carbon footprint of lamb: A comparison of three contrasting Mediterranean systems, Agricultural Systems. Volume 116. March 2013. pg. 60–68. doi.org/10.1016/j.agsy.2012.11.002

Schichler, U. & Neumann, C. (2015). Lebensdauer von gasisolierten Schaltanlagen basierend auf der Analyse von Betriebserfahrungen und CIGRE-Umfragen. Fachvortrag. GIS-Anwenderforum. TU-Darmstadt. 06. Oktober 2015.

Hamerschlag, K. & Venkat, K. (2011). Meat Eaters Guide. http://static.ewg.org/reports/ 2011/meateaters/pdf/methodology_ewg_meat_eaters_guide_to_health_and_climate_ 2011.pdf. Zugegriffen: 28. April 2017.

Schwab, A. J. (2015). Elektroenergiesysteme – Erzeugung, Übertragung und Verteilung elektrischer Energie, 4., neu bearbeitete und erweiterte Auflage, Springer Vieweg.

SOLVAY et al. (2003). SF6-GIS-Technologie in der Energieverteilung – Mittelspannung. Life Cycle Assessment study commissioned by ABB, AREVA T&D, EnBW Regional, e.on Hanse, RWE, Siemens and Solvay Fluor und Derivate. Solvay: Hannover/Germany, from http://www.tdeurope.eu/data/file/LCA-GIS-MV-Summary-1-2003.pdf.

Siemens (2016). Siemens AG, 8VN1 blue GIS up to 145 kV. https://www.energy.siemens.com/br/pool/hq/power-transmission/high-voltage-products/gas-insulated/8vn1/8VN1-blue-GIS_flyer_en.pdf. Zugegriffen: 15. April 2017.

Statista (2015). https://de.statista.com/statistik/daten/studie/385191/umfrage/produktion-von-lammfleisch-in-deutschland/. Zugegriffen: 28. April 2017.

TDEurope (2013). T&D Europe. Propositions of modifications regarding the 3rd draft of Council dated 26 June 2013. http://www.tdeurope.eu/data/file/T&D%20Europe%20final%20contribution%20on%203rd%20Council%20draft%20on%20F-gas%20regulation.pdf. Zugegriffen: 28. Mai 2017.

UNData (2015) – United Nations, Framework Convention on Climate Change, http://di.unfccc.int/global_map. Zugegriffen: 15. Mai 2017.

ZVEI (2005). ZVEI – Zentralverband Elektrotechnik- und Elektronikindustrie e. V. 2005. Freiwillige Selbstverpflichtung der SF_6-Produzenten, Hersteller und Betreiber von elektrischen Betriebsmitteln > 1kV zur elektrischen Energieübertragung und -verteilung in der Bundesrepublik Deutschland zu SF6 als Isolier- und Löschgas. http://vik.de/tl_files/downloads/public/sf6/SV-SF6.pdf. Zugegriffen: 28. Mai 2017.

Jörg Bausch wurde zum Oktober 2016 als Professor für Elektrische Maschinen und Anlagen an die Fakultät Maschinenbau und Verfahrenstechnik der Hochschule Offenburg berufen. Seine akademische Laufbahn begann er an der Universität Karlsruhe, wo er im Fach Elektrotechnik sein Ingenieursdiplom erhielt und zum Thema Datenübertragung auf Energieverteilnetzen am Institut für Industrielle Informationstechnik promovierte. Neben Tätigkeiten beim Fraunhofer Institut für Systemtechnik und Innovationsforschung in Karlsruhe wechselte er 2006 zur Siemens AG, wo er bis zur seiner Berufung verschiedene Positionen, unter anderem im Produktmanagement für gasisolierte Hochspannungsschaltanlagen und Verteiltransformatoren innehatte.

Von der Schwierigkeit, nicht nur im Kopf umzuparken – Ein Selbstversuch zur Elektromobilität

Peter Radgen

Abstract

Ausgelöst nicht zuletzt durch den Dieselskandal und getrieben von der Dekarbonisierung in allen Sektoren der Industrie, gilt es auch den persönlichen energetischen und ökologischen Fußabdruck zu reduzieren. Neben dem Wohnen kommt insbesondere der persönlichen Mobilität ein großes Gewicht im ökologischen Fußabdruck zu. Für Pendler(innen) gilt es deshalb Wege zu finden, um die tägliche Entfernung zwischen Wohnung und Arbeitsplatz umweltfreundlich und effizient zu überbrücken. Auch der Autor muss sich mit dieser Frage auseinandersetzen. So entstand dieser persönliche Erfahrungsbericht.

Das Fazit dieses Beitrages ist leider etwas ernüchternd, denn es verdeutlich die aktuell vorhandenen Hemmnisse und Schwierigkeiten, die einem Durchbruch der Elektromobilität im Wege stehen. Den vermutlich wichtigsten Beitrag für den zukünftigen Erfolg der Elektromobilität, welch Ironie der Geschichte, verdanken wir wohl dem Abgasbetrug bei Dieselfahrzeugen. Das Fazit ist deshalb positiv, die Elektromobilität wird kommen, vielleicht später als geplant und nicht als Lösung für alle Anforderungen. Zudem erleichtert sie den Einstieg neuer Akteure, wie nicht zuletzt das Beispiel Tesla anschaulich zeigt.

Keywords

Elektromobilität, Reichweiten, Ladeinfrastruktur, Elektroauto, Verbrauchsangaben, Benutzerkomfort, Autotest, Autokosten, Energieeinsparung, Emissionsminderung, Alltagstauglichkeit

1 Einleitung

Die Energiewende und das Ziel der Bundesregierung Deutschland langfristig zu dekarbonisieren, mit einem sehr anspruchsvollen Kohlendioxid (CO_2) Minderungsziel von mindestens 80 % bis zum Jahr 2050, fordert Maßnahmen in allen Sektoren (allgemein auch Hook 2018; Kühne und Weber 2018 in diesem Band). Während die Dekarbonisierung im Stromsektor durch den deutlichen Anstieg der Anteile Erneuerbaren Stromes deutlich vorangeschritten ist und im Jahr 2015 mit 31,5 Prozent einen nennenswerten Anteil erreicht hat, gibt es im Bereich des Brennstoffeinsatzes in den Sektoren Industrie, Haushalte und Verkehr noch einen erheblichen Nachholbedarf. Nach Angaben der Arbeitsgemeinschaft Energiebilanzen (AGEB 2016), betrug der Anteil erneuerbarer Energie im Bereich der Industrie 14,5 %, bei den Haushalten 19,3 % und im Verkehrssektor lediglich 4,6 %, wobei der erneuerbare Strom überwiegend im Bereich des Schienenverkehrs verbraucht wird, Abbildung 1. Was liegt also näher als die emissionsbehafteten Brenn- und Treibstoffe im Verkehrssektor durch Erneuerbaren Strom zu ersetzen, um die Emissionsminderungsziele erreichen zu können.

Die Elektromobilität, als Sektorkopplungstechnologie für den Bereich Verkehr, ermöglicht es mithilfe erneuerbaren Stroms den Verkehrssektor zu dekarbonisieren, sofern der Anteil Erneuerbarer Energien im Stromsektors weiter kontinuierlich ansteigt. Zu berücksichtigen ist, dass derzeit am Markt nur Lösungen für den Bereich der individuellen Mobilität praxisreif sind. Für den Schwerlastverkehr oder den Flugverkehr dürften eher CO_2 neutrale Treibstoffe machbare Alternativen sein. Zu akzeptieren ist dabei, dass in einer Übergangszeit, bedingt durch den derzeitigen Anteil erneuerbarer Energien am Strommix, die Elektromobilität kurzfristig zu einem Anstieg der Emissionen führen kann.

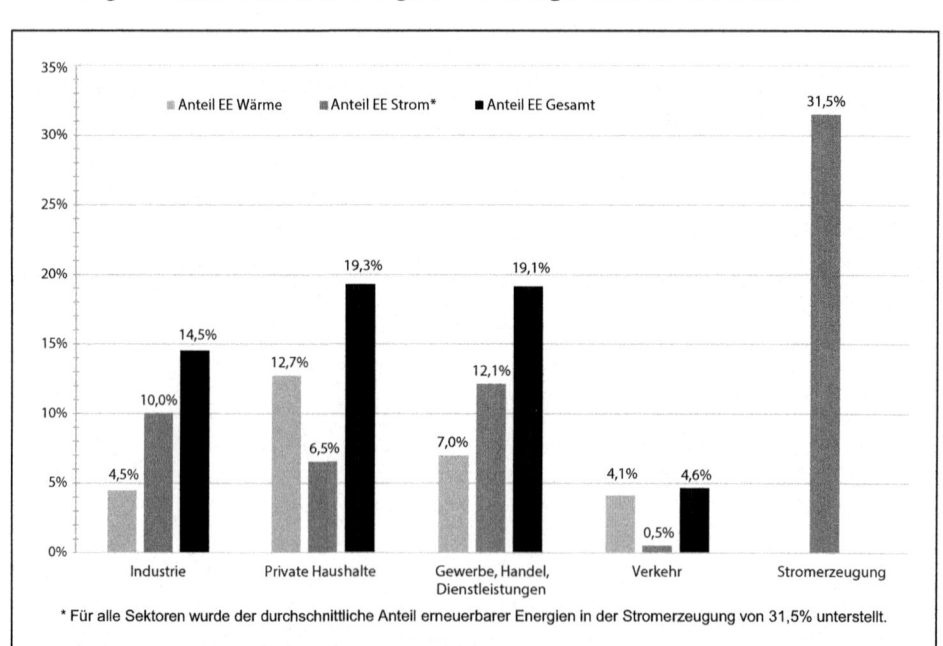

Abbildung 1 Anteil Erneuerbarer Energie am Endenergieverbrauch nach Sektor

* Für alle Sektoren wurde der durchschnittliche Anteil erneuerbarer Energien in der Stromerzeugung von 31,5% unterstellt.

Quelle: Eigene Darstellung nach AGEB 2016

Was es bedeutet, wenn man politischen Vorgaben in das praktische Leben umsetzen möchte, beschreibt dieser Beitrag anhand persönlicher Erfahrungen. Bestehen die schönen Ideen, politischen Vorstellungen und die real verfügbaren Produkte den Alltagstest?

1.1 Elektroautos – Wer kauft und nutzt Sie?

Sind Käufer von Elektroautos unverbesserliche Aktivisten, die viel Geld für ein Auto ausgeben, das sich nur für den Kurzstreckenverkehr eignet, weil die Reichweite bis zum nächsten Ladevorgang nur gering ist? Oder sind Sie die Vorreiter, die ‚early adopter', die einer neuen Technologie zum Durchbruch verhelfen. Eine Studie des DLR (2015) hat dies in einer umfangreichen Analyse untersucht.

Nach dieser Studie sind die privaten Nutzer von Elektrofahrzeugen überwiegend Männer mit hoher Bildung und entsprechendem Einkommen. Mit einem Durchschnittsalter von 51 Jahren ist es dabei noch höher als das Alter von Käufern von Neuwagen mit konventionellem Antrieb. Neben dem Elektrofahrzeug verfügen diese Haushalte typischerweise über ein weiteres Fahrzeug mit konventionellem Antrieb und zum Laden steht sowohl am Wohnort als auch häufig am Arbeitsplatz eine Lademöglichkeit zur Verfügung.

Auch der Autor dieser Zeilen, der sich mit der Anschaffung eines Elektroautos beschäftigt, erfüllt fast alle dieser genannten Kriterien und ist somit prädestiniert, eine entsprechende Anschaffung zu tätigen.

1.2 Auslöser des Tests und reale Herausforderungen

Auslöser der Überlegungen über die Anschaffung eines Elektroautos nachzudenken, war ein Werkstattbesuch mit dem zurzeit genutzten Fahrzeug. Wegen zwei unverschuldeter Unfälle, die zu Beschädigungen am bisher genutzten Fahrzeug geführt hatten, musste das Fahrzeug in die Werkstatt. Obwohl nur ein Blechschaden zu verzeichnen war, bei dem die Tür sichtbar eingedrückt wurde und bei der die Nutzbarkeit des Fahrzeugs in keiner Weise einschränkt wurde, sind in der Werkstatt weitere nicht unfallbedingte Mängel entdeckt worden, die ein erfolgreiches Bestehen der bald anstehenden TÜV-Prüfung zumindest mit einer gewissen Portion Unsicherheit versehen.

Angesichts des Abgasskandals bei den Dieselfahrzeugen sollte es dann schon ein sauberes Neufahrzeug sein. Was liegt also näher, als diese Gelegenheit zu nutzen und ein Elektroauto zu kaufen. Zu berücksichtigen waren dabei die Randbedingungen der Fahrzeugnutzung und es stellte sich die Frage, ob Elektrofahrzeuge bereits einen solchen technischen Stand erreicht haben, dass sie im normalen Alltagsbetrieb eines Berufspendlers genutzt werden können.

Eine noch bessere Alternative wäre natürlich der Umstieg auf die öffentlichen Verkehrsmittel gewesen. Als schnellste Verbindung mit öffentlichen Verkehrsmitteln (S-Bahn; Zug, S-Bahn) von der Haustür an den Arbeitsplatz wirft der DB Navigator eine Verbindungszeit von einer Stunde und 41 Minuten aus, typische Reisezeiten liegen aber eher um zwei Stunden. Bezieht man die Fußwege vom Wohnort zur Haltestelle und von der Haltestelle zum Arbeitsplatz mit ein, so ergeben sich Reisezeiten mit öffentlichen Verkehrsmitteln von mehr als 2 Stunden und 20 Minuten für eine einfache Strecke.

Nutzt man Google Maps für den Direktvergleich, so ergeben sich typische Reisezeiten mit dem Auto von 45 bis 70 Minuten mit dem PKW je nach Verkehrssituation, mit einem großen Anteil an Autobahnfahrt über die A8. Selbst im ungünstigsten Fall erfordert die Nutzung öffentlicher Verkehrsmittel also den doppelten Zeitaufwand gegenüber der Nutzung des Autos. Erwartungsgemäß führt dies schnell zu der Erkenntnis, dass die Nutzung des Autos für den täglichen Weg zum Arbeitsplatz relativ alternativlos ist.

Wenn es dann aber schon die Fahrt mit dem Auto sein muss, besteht das Bestreben, ein umweltfreundliches Auto für den Weg zur Arbeit zu nutzen. Mit einer täglichen Pendeldistanz von 64,3 Kilometern (einfache Strecke), davon 54,4 km (85 %) auf der Autobahn, ist ein Elektroauto erforderlich, das über eine ausreichende Reichweitendistanz verfügt, um diese anspruchsvolle Pendelstrecke zu meistern. Der typische Fahrbetrieb, auf einer Strecke mit hohem Autobahnanteil und damit deutlich höheren Durchschnittsgeschwindigkeiten als im reinen Stadtverkehr, lässt einen deutlichen höheren Verbrauch und damit kürzerer Reichweiten mit einer Batterieladung erwarten. Zudem sollte das Elektroauto die Gesamtstrecke eines Tages von 128,6 km ohne erforderliches Nachladen bewältigen.

Die Schwierigkeiten und persönlichen Erfahrungen bei dem Versuch (vgl. allgemeiner auch Büscher und Sumpf 2018 in diesem Band), vom Dieselfahrzeug auf die Elektromobilität umzusteigen, waren eigentlich nicht für die Publikation vorgesehen. In der Diskussion mit den Herausgebern dieses Buches entstand jedoch die Idee, meine ganz persönlichen Erfahrungen mit der Energiewende im Mobilitätsbereich für diesen Beitrag aufzubereiten und zu publizieren, den gerade diese praktischen Erfahrungen zeigen deutlich auf, an welchen Stellen nachgebessert werden muss, damit die Energiewende für alle gelingen kann. Dazu ist es nicht ausreichend, dass eine Nischennutzung erfolgreich gemeistert wird, sondern es muss eine breite Anwendung durch eine große Anzahl von Nutzern möglich und sinnvoll sein.

2 Das Angebot von Elektrofahrzeugen

Obwohl inzwischen viele Hersteller reine Elektrofahrzeuge im Angebot haben, bleiben die Verkaufszahlen dieser Fahrzeuge weiter sehr niedrig. Nach den ersten Feldversuchen zur Elektromobilität, die häufig gemeinsam von Automobilherstellern und Energieversorgern durchgeführt wurden, konnte die Elektromobilität sich bisher nicht durchsetzen.

In den Jahren 2009 bis 2011 wurden durch das Bundesverkehrsministerium mit rund 150 Millionen Euro 220 Projekte zur Elektromobilität gefördert. Mit 130 Millionen Euro entfiel der größte Teil der Fördersumme auf das Programm ‚Elektromobilität in Modellregionen', mit dem in acht Regionen Deutschlands der Einsatz von Elektrofahrzeugen im Alltag unter Aspekten der Anwenderfreundlichkeit, Umweltauswirkungen und Praxistauglichkeit getestet werden sollte. Über 1 000 Ladestationen wurden errichtet und es wurden mit ca. 2 400 Elektrofahrzeugen mehr als eine Millionen Testkilometer zurückgelegt. Auch wenn sich in den letzten Jahren einiges getan hat und das Angebot deutlich gestiegen ist, so kann von einem Ankommen der Elektromobilität im Alltag noch nicht gesprochen werden.

Am 12. Juni 2015 trat das Elektromobilitätsgesetz (EmoG) in Kraft, durch das elektrisch betriebenen Fahrzeugen besondere Privilegien eingeräumt werden können, z. B. die Zuweisung besonderer Parkplätze an Ladestationen im öffentlichen Raum, der Erlass von Parkgebühren oder die Ausnahme von bestimmten Zufahrtsbeschränkungen. Ergänzend hat die Bundesregierung am 18. Mai 2016 ein Förderpaket aus finanzieller Förderung zum Kauf von Elektrofahrzeugen, Mitteln für den Ausbau der Ladeinfrastruktur, stärkere Berücksichtigung bei öffentlichen Beschaffungen und zusätzlichen steuerlichen Maßnahmen beschlossen (BMWi 2016). Damit sollen zusätzliche Kaufanreize für Elektroautos geschaffen werden, damit die geplante Zahl von einer Million Elektroautos bis zum Jahr 2020 erreicht wird.

Das Förderprogramm beinhaltet einen Umweltbonus für ein reines Batterieelektrofahrzeug in Höhe von 2 000 Euro und eine zusätzliche Rabattierung des Kaufpreises durch den Hersteller in gleicher Höhe vom Nettolistenpreis des Basismodells, wobei der Netto-Listenpreis des Basismodells 60 000 Euro nicht überschreiten darf (BAFA 2017a). Insgesamt stehen Fördergelder für ca. 300 000 Elektrofahrzeuge zur Verfügung. Vom 18. Mai 2016, dem Inkrafttreten der Förderung, bis zum 31. März 2017 wurden Fördergelder für 8 655 reine Elektrofahrzeuge bewilligt, zudem weitere Fördergelder für 6690 Plug-In Hybride und 3 Brennstoffzellenfahrzeuge.

Anfang des Jahres 2017 gab es 58 verschiedene Elektroautomodelle auf dem deutschen Markt, davon 33 Modelle deutscher Hersteller sowie 25 Modelle ausländischer Hersteller. Dabei führen BMW und Renault die Liste mit den beliebtesten Elektrofahrzeugen in Deutschland an (Tabelle 1).

Der BMW i3 ist sicher das auffälligste und bekannteste Elektrofahrzeug, wurde es doch speziell für die Anforderungen der Elektromobilität entwickelt. Grund genug also, eine Probefahrt mit diesem Fahrzeug zu unternehmen. Allerdings verlief

Tabelle 1 Rangliste der geförderten Elektrofahrzeuge (BAFA 2017b)

Rang	Hersteller	Anzahl	Rang	Hersteller	Anzahl	Rang	Hersteller	Anzahl
1	BMW	4 183	5	Mitsubishi	1 204	8	Tesla	439
2	Renault	2 574	6	Nissan	685	9	Kia	413
3	Audi	2 096	7	Mercedes-Benz	651	10	Hyundai	335
4	Volkswagen	1 531						

die Probefahrt nicht so glatt wie erhofft, so dass aus dieser Probefahrt eines Elektroautos der Test einer ganzen Reihe von Fahrzeugen wurde, in der Hoffnung ein geeignetes Elektrofahrzeug für den täglichen Weg zur Arbeit zu finden. Tabelle 2 fasst die Fahrzeuge, den Testzeitraum und die zum Zeitpunkt der Probefahrten herrschenden Temperaturen zusammen. In allen Fällen wurden die Fahrzeuge mit voller Batterie beim Autohändler übernommen.

Niedrige Außentemperaturen führen bei Elektrofahrzeugen zu einem deutlichen Zusatzverbrauch für die Temperierung des Fahrzeuges und ggf. die Vorkonditionierung der Batterie. Der steigende Verbrauch für die Nebenaggregate führt zu einer deutlichen Verkürzung der erzielbaren Reichweite. Die in den Prospekten der Hersteller angegebenen Verbräuche berücksichtigen dieses jedoch nicht, maßgeblich für die Reichweitenangaben sind allein die sich aus den Laborwerten ergebenden Daten.

Grundlage für die Ermittlung des Kraftstoffverbrauches von Pkw im Rahmen der Fahrzeug-Typgenehmigung ist die Messung auf akkreditierten Abgasprüfständen im „Neuen Europäischen Fahrzyklus" (NEFZ), der viele Schlupflöcher für die Hersteller bei der Ermittlung des Energieverbrauchs für Kraftfahrzeuge zulässt. Dies gilt dabei sowohl für Benzin und Dieselfahrzeuge als auch für Elektro- und Hybridfahrzeuge.

Tabelle 3 fasst die technischen Daten der getesteten Fahrzeuge zusammen. In den letzten Monaten haben eine Reihe der getesteten Fahrzeuge ein Reichweitenupdate

Tabelle 2 Testtage und am Fahrzeug gemessene Außentemperaturen

Fahrzeug	Testtage	Außentemperatur
BMW-i3 94AH	29.11.2016–30.11.2016	−5°C
Kia-SOUL	10.01.2017–11.01.2017	0°C
VW-Golf	11.01.2017–12.01.2017	5°C
Hyundai Ionic	31.01.2017–01.02.2017	4°C
Renault ZOE	13.03.2017–14.03.2017	0°C

Tabelle 3 Technische Daten der getesteten Fahrzeuge nach Herstellerangaben (Stand 03/2017)

Fahrzeug	Batteriekapazität	Verbrauchsangabe	Listenpreis einfachste Ausstattung	Fahrzeugleergewicht	Maximale Zuladung	Sitzplätze	Batterie Anpassungen
	[kWh]	[kWh$_{el}$/100 km]	[Euro]	[kg]	[kg]	[Anzahl]	
BMW-i3 94AH	27,2	13,1	36 150	1 320	350	4	Auch mit 18,8 kWh verfügbar
Kia-SOUL	27	14,7	28 890	1 565	395	5	Seit 04/2017 mit 30 kWh
VW-Golf	24,2	12,7	35 900	1 615	408	5	Seit 04/2017 mit 35,8 kWh
Huyundai Ionic	28	11,5	33 300	1495	330	5	
Renault ZOE	41	14,6	32 190	1 555	411	5	auch mit 22 kWh verfügbar

erhalten. Durch Verbesserungen an der Batterie können inzwischen größere Leistungsdichten bei den Batterien erreicht werden, so dass bei gleichem Bauraum eine höhere Speicherkapazität in die vorhandenen Fahrzeuge integriert werden kann. Hier ist mit weiteren Verbesserungen in der Zukunft zu rechnen. Zudem steigen die Fahrzeugpreise trotz größerer Batterien nicht im gleichen Maße, da der Preis für die Batterien derzeit deutlich fällt. Der Listenpreis der Fahrzeuge in der jeweils einfachsten Ausstattung lag Anfang 2017 zwischen 28 890 und 36 159 Euro, wobei der Endpreis durch Zusatzausstattungen typischerweise deutlich ansteigt. Da auch die Basisausstattung unterschiedlich ausfällt, ist ein direkter Vergleich häufig nicht möglich.

In den nächsten Abschnitten werden die Erfahrungen mit den getesteten Fahrzeugen beschrieben.

2.1 BMW i3 – der Stylische

Der BMW i3, als modernstes und innovativstes Elektroauto beworben, war das erste Testobjekt. Das sportlich wirkende Fahrzeug, beworben mit einer Reichweite von 200 km, erschien geeignet, die Herausforderungen meistern zu können.

Der BMW i3 wird zurzeit mit zwei unterschiedlichen Batteriegrößen (94 und 60 Ah) und zusätzlich mit oder ohne Range Extender angeboten. Die in der BMW Werbung herausgestrichene Zahl von 94 Ah Stunden Batteriegröße erweist sich beim näheren Hinschauen jedoch als Nebelkerze. Während alle anderen Fahrzeughersteller die Kapazität der Batterie in Kilowattstunden (kWh) angehen, und damit meist deutlich kleinere Zahlenwerte vorweisen, gibt BMW dies Zahl zwar an, stellt sie aber nicht in den Vordergrund. Umgerechnet mit der Batteriespannung ergeben sich Batteriekapazitäten von 18,8 bzw. 27,2 kWh. Damit hat der BMW i3 in der 94 Ah Version zwar eine große Batterie, die übrigen Hersteller haben hier aber meist gleichgezogen bzw. BMW sogar überholt.

Beim Probesitzen im Fahrzeug dann die Überraschung. Das Fahrzeug verfügt nur über vier Sitzplätze, und der Kofferraum fällt wegen des Elektroantriebes im hinteren Teil des Fahrzeuges auch deutlich kleiner aus als erwartet. Immerhin können auch große Personen auf den hinteren Sitzen platznehmen, ohne sich den Kopf anzustoßen. Gewarnt seien zudem Kleinspediteure und IKEA Möbelkäufer, denn am i3 kann kein Dachgepäckträger montiert werden. Dies ist bei der Karbonkarosserie leider nicht vorgesehen.

Nach kurzer Einweisung geht es los. Noch liegen die Temperaturen knapp über Null Grad. Auf dem Display steht eine Reichweite von 150 km bei voller Batterie, die niedrige Außentemperatur ist also bereits in die Reihweite eingepreist.

Der i3 fährt sich angenehm und beschleunigt, wie von einem Elektrofahrzeug zu erwarten, zügig und ohne schalten. Angenehm ist, dass das Fahrzeug nach Einlegen der Fahrstufe nicht gleich losrollt wie ein normales Automatikfahrzeug, sondern erst beim Betätigen des Gaspedals. Anstatt zu bremsen kann man einfach den Fuß vom Gas nehmen und die Rekuperation der Bewegungsenergie beginnt. Damit kann das Fahrzeug allein durch die Rekuperation bis zum Stillstand abgebremst werden, was bei einem vorausschauenden Fahren die Bremsen fast überflüssig macht. Angemerkt sei zudem, dass das Fahrzeug mit einer Wärmepumpe für den Heizbetrieb sowie elektrischen Sitzheizungen ausgerüstet war, die BMW als Sonderausstattung zum Listenpreis von 660 Euro bzw. 330 Euro verkauft. Nach flotter und weitgehend staufreier Fahrt wurde die Wohnung erreicht und die auf dem Display des Fahrzeuges angezeigte Restreichweite bei einer Batterie auf Betriebstemperatur betrug 80 km. Entsprechend sollte die Restreichweite ausreichend sein, um die zweite Teilstrecke ohne vorheriges Nachladen zu bewältigen.

Am nächsten Morgen, nach einer kalten Nacht mit Temperaturen unter −5°C, dann aber die Ernüchterung. Die angezeigte Restreichweite beträgt nun nicht mehr 80 km, sondern nur noch 60 km. Der Versuch, die Rückfahrt ohne Nachladen anzutreten, erschien dann doch zu gewagt, also muss das Fahrzeug zuerst an die Steckdose. Das Laden des Fahrzeuges an einer normalen Haushaltssteckdose verläuft problemlos. Nach etwa eineinhalb Stunden Ladezeit steht die Reichweitenanzeige wieder oberhalb der 80 km Marke und die Fahrt kann losgehen. Mit 18 km Restreichweite auf dem Display ging die Rückfahrt zu Ende.

Sicher waren die Rahmenbedingungen mit den niedrigen Außentemperaturen für ein Elektrofahrzeug nicht optimal, aber ungewöhnlich kalt war es für einen Wintertag auch nicht. Nicht wegen der großen Batterie, sondern wegen des relativ sparsamen Verbrauchs des Fahrzeuges von ca. 15 kWh/100 km, konnte der i3 die Anforderungen an die Reichweite fast erfüllen.

2.2 KIA Soul – der Günstige

Nachdem schon das teuerste Fahrzeug im persönlichen Test bei der Reichweite nicht überzeugen konnte, sollte nun das günstigste Fahrzeug im Test zeigen, wozu es im Stande ist. Mit einer Batteriekapazität von 27 kWh verfügt das Fahrzeug über nahezu die gleiche Batteriegröße wie der i3, wird aber mit einem höheren Verbrauch von 14,7 kWh/100km im NEFZ Testzyklus angegeben. Unter guten Bedingungen sollte die Batteriekapazität des Kia Soul für eine Reichweite von 200 km ausreichen.

Das Raumangebot auf den hinteren Sitzplätzen des Kia Soul ermöglicht auch einer größeren Person das Sitzen, ohne den Kopf einzuziehen. Allerdings sorgt der sich ergebende spitze Winkel zwischen Ober- und Unterschenkel aufgrund der niedrigen Sitzhöhe auf den hinteren Plätzen nicht für einen hohen Fahrkomfort für die Langstrecke, aber dies war beim i3 auch nicht anders. Als zusätzliche Besonderheit wartet der Kia Soul damit auf, dass der Vordersitz so dicht über dem Bodenblech platziert ist, dass die auf den hinteren Plätzen sitzenden Personen die Füße kaum unter den Vordersitz schieben können. Das kantige Design des Fahrzeuges konnte zudem Ehefrau und Töchter nicht überzeugen, die fanden den BMW i3 schöner und bequemer.

Dafür ist der Kia Soul bereits in der Basisausstattung schon nahezu vollausgestattet. So ist im Basispreis bereits das Radio mit Navigationsgerät enthalten und auch die für ein Elektroauto elementare Schnellladefunktion ist enthalten, für die beim BMW i3 zusätzlich 990 Euro fällig werden.

Bei Abfahrt gibt sich der KIA sehr konservativ. Mit einer Reichweitenangabe von 137 km vor dem Start erwartet man schon gar nicht mehr, ohne Nachladen zurückzukommen. Umso überraschender dann das Ergebnis nach der ersten Teilstrecke. Bei der Restreichweitenanzeige nach der ersten Teilstrecke stehen immer noch 60 km auf dem Display. Dies erlaubt zwar nicht die sichere Rückkehr an den Ausgangsort, aber man weiß wenigstens schon vorher, dass man Nachladen muss.

Auch der Kia wurde wieder an der Haushaltssteckdose geladen, nach 2 Stunden und 24 Minuten war die Reichweitenanzeige auf 99 km (75%) angestiegen. Genug, um das Fahrzeug beruhigt über Nacht abzustellen. Am nächsten Morgen, bei Temperaturen um 0°C der kritische Blick auf die Reichweitenanzeige. Mit einer Restreichweite von 96 km konnte beruhigt die zweite Etappe angetreten werden. Beim Eintreffen am Zielort auf dem Display die Anzeige von 16 km als Restreichweite, die einen normalen Benutzer eher an eine tägliche Zitterpartie denn an eine sichere und zuverlässige Ankunft denken lässt.

2.3 VW-Golf – der Klassische

Der VW-Golf, noch getestet in der Version vor dem Batterieupdate, sollte unter günstigen Bedingungen eigentlich die tägliche Pendelstrecke ohne Nachladen bewältigen können. Der Golf in der Ausführung als Elektrofahrzeug unterscheidet sich weder von außen noch von innen von den Ausführungen mit Benzin oder Dieselmotor. Gleiche Kofferraumgrößen und Dachlasten, 5 Sitzplätze und die ausreichenden Platzverhältnisse auch für größere Personen auf den vorderen und hinteren Plätzen. Nur beim Preis unterscheidet sich der E-Golf von seinen klassisch angetriebenen Brüdern deutlich, müssen doch mehr als 15 000 Euro zusätzlich für den E-Golf auf den Tisch gelegt werden. Rein ökonomisch betrachtet dürfte es also fast unmöglich sein, die Mehrkosten durch geringere Betriebskosten wieder einzusparen.

Beim Start zeigt die Reichweitenanzeige eine mögliche Distanz von 170 km an. Bei starken Wind und Außentemperaturen um 5°C geht es auf die erste Teilstrecke. Bei der Ankunft am Zielort dann die Überraschung. Nach ca. 65 km Fahrstrecke stehen nun nicht wie zu erwarten ca. 100 km als Restreichweite auf dem Display, sondern auf der Anzeige leuchten 40 Restkilometer auf. Statt den 12,7 kWh/100 km gibt die Verbrauchsanzeige einen Wert von 20 kWh/100 km an.

Bei solch unsicherer Voraussage der Restreichweite geht man besser keine Risiken ein, also kommt der Golf die ganze Nacht über an die Steckdose. Beim ersten Anschließen des Stromkabels dann Fehlanzeige beim Laden. Nach Entfernen des Kabels und erneuter Verbindung klappt es dann problemlos.

Die lange Ladezeit über Nacht hat auch an der normalen Steckdose ausgereicht, die Batterie des Golfs wieder vollständig aufzuladen. Die Reichweitenanzeige lacht einen wieder mit einem Wert von 170 km an. Ob es auf der zweiten Etappe besser laufen wird? Bereits nach den ersten Kilometer beschleicht einen bereits das Gefühl, dass auch auf dem Rückweg die Reichweitenanzeige sich schneller dreht als der Kilometerzähler des Fahrzeuges. Bei Ankunft nach der zweiten Etappe die Bestätigung der Erfahrungen von der ersten Etappe. Auch jetzt stehen wieder lediglich 40 Restkilometer auf der Anzeige. Vielleicht ist dies auch bedingt durch die schwache Rekuperation. Nimmt man den Fuß vom Gas, so verzögert der E-Golf recht langsam, und so muss man häufiger noch zusätzlich die Fußbremse einsetzen. Ich empfand es zudem als unangenehm, dass das Fahrzeug vergleichbar einem Fahrzeug mit Automatikgetriebe ohne Betätigung des Gaspedals losfährt. So muss man an jeder Ampel stets den Fuß auf das Bremspedal stellen. Dies mag hilfreich beim Einparken sein, im normalen Betrieb ist es eher störend.

Immerhin hat VW inzwischen ein Batterieupgrade für den E-Golf durchgeführt und dadurch die Kapazität der Batterie von 24,2 auf 35,8 kWh gesteigert, eine Vergrößerung um 48%, und das bei nur geringfügig erhöhtem Kaufpreis. Beim während der Probefahrt ermittelten Verbrauch von 20 kWh/100km reicht das immerhin für ca. 60 zusätzliche Kilometer und katapultiert den Golf damit in der Rangliste der E-Fahrzeuge mit der größten Batterie noch vor den BMW i3. Ein etwas günstigerer Kaufpreis zusammen mit einem korrigierten Reichweitenrechner würden das Fahrzeug deutlich attraktiver machen.

2.4 Hyundai Ionic – der Sportliche

Der Hyundai Ionic kommt schnittig in drei Ausführungen auf den Markt, Als Hybrid, Plugin Hybrid und als reines Elektrofahrzeug, wobei die Plugin Hybrid Variante noch nicht am Markt (03/2017) verfügbar ist. Auf den ersten Blick handelt es sich um ein sportliches Fahrzeug, dessen Hinterkante deutlich nach unten gezogen ist. Was schnittig aussieht, ist aber nicht praktisch, führt dies doch dazu, dass der Kofferraum recht klein ausfällt. Durch die kleine Heckscheibe ermöglicht der Innenspiegel nur einen sehr eingeschränkten Blick nach hinten.

Auf den vorderen Sitzen ist das Platzangebot ausreichend, dafür wird es auf den hinteren Sitzen umso enger. Durch die abfallende Fahrzeuglinie schrumpft der Abstand zwischen Sitzoberkante und Dachunterkante so zusammen, dass man als größerer Mensch nur noch mit eingezogenem Kopf platznehmen kann. Ein aufrechtes Sitzen ist nicht mehr möglich. Nach hinten passen also nur die Kinder.

Selbst im kleinsten Modell von Hyundai, dem i10, hat man dagegen auf den Rücksitzen ausreichend Kopffreiheit.

Batteriemäßig liegt der Hyundai in der Kapazität mit dem E-Golf in der getesteten Version praktisch gleichauf. So verwundert es auch nicht, dass der Ionic beim Start auf die erste Teilstrecke eine Restreichweite von 170 km anzeigt. Auch die Außentemperaturen mit Werten um 4°C lassen ähnliche Reichweiten erwarten. Nach Ende der ersten Teilstrecke steht die Restreichweite bei 75 km. Auch beim Ionic ist die Reichweitenberechnung also eher zu optimistisch, liegt aber nicht ganz so weit daneben wie beim E-Golf.

Auch wenn die Restreichweite für den Rückweg reichen sollte, so war dies doch mit zu großer Unsicherheit versehen, also muss auch der Ionic an die Steckdose, bevor es zurückgehen kann. Nach einem problemlosen Ladevorgang von 4,5 Stunden an der Steckdose steht die Restreichweite wieder auf einem beruhigenden Wert von 130 km. Am Ende der zweiten Teilstrecke zeigt das Display 60 km, diesmal also eine gute Übereinstimmung zwischen der angezeigten Reichweite und der tatsächlich erzielten Reichweite.

Bei einem zusätzlichen Abstecher, bei dem die Restreichweitenanzeige unter 50 km fällt, dann eine Überraschung. Das Fahrzeug beschleunigt selbst bei vollständig gedrücktem Gaspedal nicht mehr über 110 km/h. Was aus Spargründen bei geringer Restbatteriekapazität sinnvoll ist, überrascht den neuen Fahrer, wird dieses Abregeln doch nicht von einer entsprechenden Information auf dem Display begleitet.

2.5 Renault ZOE – der Ausdauernde

Nachdem die ersten Versuche, ein Elektrofahrzeug zu finden, dass im realen Betrieb zu allen Jahreszeiten eine sichere Reichweite von mindestens 200 km erzielt, erfolglos geblieben waren, kam eine neue Ankündigung von Renault gerade zum richtigen

Zeitpunkt. Die Werbung für das Batterieupgrade für das Elektrofahrzeug ZOE. Mit einer Batteriekapazität von 41 kWh kann der ZOE als erstes Elektrofahrzeug diese Anforderung erfüllen. Die Reichweitenangabe im NEFZ mit 400 km ist wie üblich auch hier viel zu optimistisch für den normalen Alltagsbetrieb.

Der ZOE verfügt als Kleinwagen nicht über allzu bequeme Sitze. Während man auf den vorderen Plätzen noch recht vernünftig sitzen kann, muss man auch im ZOE auf den hinteren Plätzen den Kopf etwas einziehen, wenn auch weniger als beim Ionic. Die hinteren Kopfstützen sind für größere Personen jedoch viel zu niedrig. Störend wirkt beim Renault ZOE wie beim Kia Soul, dass der Abstand zwischen Vordersitz und Bodenblech sehr klein ist. So bekommt man seine Schuhspitzen nur schwer unter den Vordersitz, was den Sitzkomfort zusätzlich einschränkt.

Nach dem Ausprobieren aller Sitzplätze geht es bei einer Außentemperatur von ca. 10 °C auf die erste Teilstrecke. Die Restreichweite beim Start von 260 km lässt hoffen, dass mit dem ZOE zum ersten Mal seit Beginn des Tests die Gesamtstrecke ohne Nachladen bewältigt werden kann. Bei Ankunft nach der ersten Teilstrecke aufatmen, es stehen immer noch 150 km auf der Reichweitenanzeige. Allerdings ist auch beim ZOE die Restreichweite zu optimistisch berechnet, lief doch die Reichweitenanzeige fast doppelt so schnell rückwärts wie der Kilometerzähler vorwärts.

Nach kalter Nacht mit Temperaturen um 0 °C ist die Reichweitenanzeige geringfügig auf 145 km abgesunken, genug aber um die zweite Teilstrecke ohne vorheriges Nachladen anzutreten. Nach der zweiten Teilstrecke stehen beim ZOE noch beruhigende 59 km Restreichweite auf dem Display. Alles in allem bleibt aber ein stolzer Verbrauch von ca. 21 kWh/100 km während der Testfahrt, also etwa ein Drittel höher als nach NEFZ angegeben.

Zudem wird beim ZOE im Ecomodus die Höchstgeschwindigkeit bei 95 km/h abgeregelt. Wozu das gut sein soll, versteht man als Nutzer nicht so recht. Im Stadtverkehr fährt man sowieso immer langsamer und auf der Autobahn ist man mit 95 km/h ein Verkehrshindernis für alle Lastwagen, so dass man den Ecomodus eigentlich nie gebrauchen kann.

Eine weitere Besonderheit bei Renault ist die Möglichkeit, die Batterie für das Fahrzeug zu mieten anstatt sie zu kaufen. Mietet man die Batterie, so reduzieren sich die Anschaffungskosten deutlich, allerdings muss man dann jeden Monat einen entsprechend hohen Betrag für die Batteriemiete zahlen. Unverständlich bleibt dabei lediglich, warum die Garantie auf die Batterie beim Mieten besser ausfällt als beim Kaufen. Mietet man die Batterie, so garantiert Renault während der Laufzeit des Vertrages eine Kapazität von 75 % der ursprünglichen Nennleistung, kauft man die Batterie jedoch, so wird nur eine Garantie für eine Kapazität von 66 % der Nennkapazität gewährt.

2.6 Opel Ampera – der Geisterhafte

Der Opel Ampera geistert bereits seit 2016 durch die einschlägigen Autopublikationen und Automessen. Die angekündigten technischen Details für den Ampera lasse dabei alle Interessenten aufhorchen, soll er doch mit einer Batteriekapazität von 60 kWh eine NEFZ Reichweite von 520 km (realistischerweise also 260 km im Alltagsbetrieb) ermöglichen. Auch die gute Ausstattung des Fahrzeugs und ein angekündigter Preis unter 40 000 Euro könnten den Ampera zum ersten alltagstauglichen Elektrofahrzeug auf dem Markt machen. Nach dem großen Werberummel durch Opel in 2016 wurde es jedoch erst mal wieder richtig still, und das Fahrzeug stand selbst im Frühjahr 2017 noch nicht für Probefahrten bei den Händlern zur Verfügung. Da nützt es auch nichts, wenn erste Fahrzeuge bereits von Motorjournalisten getestet werden, der potentielle Käufer ihn aber nicht Probefahren kann. Ende April 2017 findet sich dann überraschenderweise eine Email von Opel im Postfach, dass der Ampera jetzt bestellt werden könnte. Nun müsste der Ampera also für Probefahrten bei den Händlern stehen. Bei den kontaktierten ausgewählten E-Agenten von Opel aber Fehlanzeige. Nicht vor Juni 2017 seien Probefahrten möglich und die Auslieferung beginne erst Anfang 2018, also etwas zeitgleich mit dem Start des Model 3 von Tesla. Bis dahin dürften auch die übrigen Fahrzeughersteller die Reichweiten Ihrer Elektrofahrzeuge noch einmal vergrößert haben und was gestern noch etwas Besonderes schien, dürfte morgen schon Standard sein.

3 Umweltbilanz und Wirtschaftlichkeit von Elektrofahrzeugen

Nachdem die derzeit verfügbaren Elektrofahrzeuge schon nicht durch Reichweite oder niedrige Anschaffungskosten punkten können, bleibt die Frage, ob sie wenigstens bei den Betriebskosten oder den Emissionen deutliche Vorteile gegenüber Fahrzeugen mit konventionellen Antrieben aufweisen.

Je nach genutztem Elektrofahrzeug wurde im Test ein Verbrauch zwischen 15 und 20 kWh/100 km ermittelt. Am einfachsten lässt sich ein Direktvergleich jedoch für ein Fahrzeug durchführen, das sowohl mit klassischen Antrieben als auch mit Elektroantrieb am Markt angeboten wird.

Verglichen werden soll hier deshalb der E-Golf (100 kW) mit der Benzinausführung (1,0 TSI, 63 kW) und der der Dieselausführung (1,6 TDI, 85 kW), jeweils in der einfachsten Ausstattungsvariante.

Wie zu erwarten, ist der Diesel mit einem Verbrauch von 4,1 Liter (40,2 kWh/100 km) gegenüber dem Benziner mit 4,8 l/100 km (42,1 kWh/100 km) effizienter. Beide kommen aber nicht an die guten Werte des Elektrofahrzeuges mit 12,7 kWh/100 km heran. Nicht berücksichtigt wurden hierbei jedoch die Verluste in den Vorketten bei der Bereitstellung der Energie. Entsprechend des Treibstoffverbrauchs ergeben sich spezifische CO_2-Emissionen für den Benziner von 111,8 gCO_2/100 km und für den

Diesel von 106,6 gCO_2/100 km. Die Berechnung der CO_2-Emissionen für das Elektrofahrzeug ist stark abhängig vom unterstellten Strommix, mit dem das Fahrzeug geladen wird. Für den Strommix in Deutschland im Jahr 2015 gibt das Umweltbundesamt (UBA 2016) einen Emissionsfaktor von 535 gCO_2/kWh Strom an. Demgegenüber würde die alleinige Nutzung von Erneuerbarem Strom zu einem Emissionsfaktor von 0 gCO_2/kWh führen. Auch hier wurden die Emissionen der Vorketten nicht berücksichtigt. Die spezifischen Emissionen des E-Golf betragen für den Strommix 68 gCO_2/100 km und für einen Strommix vollständig aus erneuerbaren Energien von 0 gCO_2/100 km. Im Vergleich zu den konventionellen Varianten kann der spezifische CO_2 Ausstoß somit um 40 % reduziert werden, wobei die Minderung mit dem fortschreitenden Ausbau der erneuerbaren Stromerzeugung weiter zunehmen wird. Der verstärkte Einsatz der Elektromobiltät führt somit zur Dekarbonisierung des Verkehrssektors.

Für die Wirtschaftlichkeitsbetrachtung sind die Anschaffungs- und Betriebskosten der Fahrzeuge gegenüberzustellen. Für die Berechnungen wurde unterstellt, dass das Fahrzeug acht Jahre genutzt wird und jährlich eine Fahrstrecke von 30 000 km zurückgelegt wird. Zur Vereinfachung wurden bei den Betriebskosten nur Steuer, Versicherung und Benzin, Diesel bzw. Stromkosten berücksichtigt. Die Kosten für Reparaturen und Wartungen wurden nicht berücksichtigt. Unberücksichtigt blieb auch der Restwert der Fahrzeuge am Ende der 8-jährigen Nutzungsdauer sowie die Diskontierung der Betriebskosten.

Die Anschaffungskosten für den Benziner in der einfachsten Ausführung ohne Sonderzubehör betragen 17 580 Euro, das Dieselfahrzeug ist mit 22 500 Euro bereits 28 % teurer. Der E-Golf mit einem Listenpreis von 35 900 Euro ist bereits mehr als doppelt so teuer wie der Golf mit Ottomotor, wobei der staatliche Kaufzuschuss in Höhe von 2 000 Euro unberücksichtigt geblieben ist. Ebenfalls nicht berücksichtigt wurden die Kosten für die Installation einer Ladestation für das Elektroauto im heimischen Haushalt, die je nach Situation vor Ort in etwa in der gleichen Größenordnung wie der Kaufzuschuss liegen dürften. Die weitverbreitete Annahme unter den Nutzern ist, dass sich die Anschaffung eines Dieselfahrzeuges ab einer Fahrleistung von ca. 20 000 km gegenüber dem Benziner rechnet. Ob das noch vom E-Golf übertroffen werden kann?

Die Versicherungsprämien für den Golf bei der HUK Coburg für den öffentlichen Dienst in der Schadensfreiheitsklasse 2 unterscheiden sich für die drei Varianten des Golfs zum Teil deutlich. Dies gilt insbesondere für die Vollkaskoversicherung, da hier der deutlich höhere Anschaffungspreis des E-Golfs prämientreibend wirkt. Auf der anderen Seite fällt der Beitrag für die Haftpflichtversicherung für den E-Golf am niedrigsten aus. Die ermittelten jährlichen Versicherungsbeträge betragen für den Benziner (HP 391 €, VK 476 €), den Diesel (HP 375 €, VK 476 €) und den E-Golf (HP 367 €, VK 585 €). Mit Versicherungskosten von 952 Euro und Mehrkosten gegenüber dem Dieselfahrzeug in Höhe von 100 Euro pro Jahr bildet der E-Golf hier das wirtschaftliche Schlusslicht.

Bei der Kraftfahrzeugsteuer sieht das Bild für den Elektroantrieb günstiger aus, da die Bundesregierung zur Förderung von Elektrofahrzeugen Steuervergünstigungen beschlossen hat. So sind Elektrofahrzeuge für 10 Jahre von der Kraftfahrzeugsteuer befreit, während für den Benziner 46 € und für das Dieselfahrzeug sogar 174 € Kfz-Steuer pro Jahr gezahlt werden müssen.

Für den Verbrauch von Benzin, Diesel und Strom wurden die Verbrauchskennwerte nach NEFZ zugrunde gelegt. Die Energiepreise wurden für Benzin mit 1,38 Euro pro Liter, für Diesel mit 1,15 Euro pro Liter und für Strom mit 0,29 Euro/kWh angenommen. Wie erwartet, schneidet der E-Golf bei den Energiekosten deutlich besser ab als das Dieselfahrzeug und das Fahrzeug mit Ottomotor ab.

Tabelle 4 stellt die wesentlichen Kostenpositionen für die drei Varianten des VW Golf gegenüber. Trotz deutlich niedrigerer Energiekosten kann der E-Golf im Wirtschaftlichkeitsvergleich nicht überzeugen. Mit Gesamtkosten von 52 356 Euro fallen die Mehrkosten von 28 % während der Nutzungszeit für das umweltfreundliche Elektrofahrzeug deutlich ins Gewicht. Überraschenderweise zeigt sich sogar, dass selbst bei der unterstellten hohen jährlichen Fahrleistung von 30 000 km/a, das Dieselfahrzeug höhere Kosten als das Benzinfahrzeug verursacht. Der Rückgang des Anteils von Fahrzeugen mit Dieselmotor lässt sich somit nicht nur mit dem Dieselskandal, sondern auch mit der abnehmenden Wirtschaftlichkeit des Dieselantriebes erklären.

Man kann mit diesen Zahlen nun etwas herumspielen, um Vergleiche mit anderen Technologien zu ziehen. So kann man die Mehrkosten für das Elektroauto in Bezug setzen mit der Minderung der CO_2-Emissionen. Die drei Fahrzeugvarianten verursachen über die Nutzungsdauer CO_2-Emissionen von 26,84 tCO_2 (Benziner), 25,58 tCO_2 (Diesel) bzw. 16,31 tCO_2 (Elektro). In Verbindung mit den Mehrkosten für das Elektrofahrzeug berechnen sich daraus CO_2-Vermeidungskosten gegenüber den treibstoffbasierten Varianten von über 1000 Euro pro Tonne Kohlendioxid. Selbst wenn man einen Einsatz von Strom aus erneuerbaren Energie unterstellt, betragen die Kosten für die CO_2 Vermeidung 421 Euro (Benziner) bzw. 404 Euro pro Tonne CO_2. Die Dekarbonisierung des Transportsektors durch Umstellung auf Elektrofahr-

Tabelle 4 Kostenvergleich bei einer Nutzungsdauer von 8 Jahren und einer Gesamtlaufleistung von 240 000 km

	VW Golf 1,0 TSI	VW Golf 1,6 TDI	VW E-Golf
Kosten Anschaffung	17 850 €	22 500 €	35 900 €
Kosten Treibstoff	15 898 €	11 316 €	8 839 €
Kosten Versicherung	6 938 €	6 812 €	7 617 €
Kosten Steuer	368 €	1 392 €	0 €
Kosten Gesamt	41 054 €	42 020 €	52 356 €

zeuge stellt demnach eine sehr teure Option zur Minderung der CO_2 Emissionen dar. Derzeit beträgt der Wert der CO_2 Zertifikate lediglich ca. 4,50 Euro/Tonne CO_2 (8. Mai 2017). Die Kosten der CO_2 Minderung liegen also beim hundertfachen des am Markt bezahlten Preises für 1 Tonne CO_2. Bei diesen Überlegungen sind sowohl die Vorketten für die Treibstoffbereitstellung als auch für die Herstellung des Fahrzeuges (Graue Energie) nicht berücksichtigt worden. Auch wenn diese ganzheitliche Betrachtung sinnvoll ist, so wird diese Betrachtungsweise häufig missbraucht, da die Ergebnisse stark von getroffenen Annahmen abhängen, diese jedoch meist nicht mit dem Ergebnis kommuniziert werden.

Die Bunderegierung hat sich zum Ziel gesetzt, bis zum Jahr 2020 eine Million Elektroautos auf den Straßen zu haben. Multipliziert man dies mit der CO_2-Minderung pro Fahrzeug, so ergeben sich Emissionsminderungen in der Größenordnung von ca. 1,3 Millionen Tonnen CO_2 pro Jahr. Allein das Braunkohlekraftwerk Jänschwalde in Brandenburg emittierte im Jahr 2015 23,3 Millionen Tonnen CO_2 (EPRT-E 2017]). Würde man alle 55,6 Millionen in Deutschland zugelassenen Kraftfahrzeuge (Stand Januar 2017) durch Elektrofahrzeuge ersetzen, so könnten CO_2-Emissionen von 3,36 t CO_2 pro Fahrzeug und Jahr bei Nutzung erneuerbarem Strom bzw. von 1,32 t CO_2 pro Fahrzeug und Jahr beim aktuellen Strommix eingespart werden. Würden alle zugelassenen Fahrzeuge beim heutigen Strommix ersetzt, so ergibt sich maximal eine Emissionsminderung um 73,2 Mio. Tonnen CO_2. Die Zusatzkosten für den Umstieg würden sich bei den derzeitigen Preisen auf einen Betrag von 63,8 Milliarden Euro belaufen.

Außer Acht gelassen wurden in der aktuellen Betrachtung die Verbesserungen bei einer Reihe weiterer Luftschadstoffe wie z. B. der Stickoxide und die mögliche positive Wirkung der Elektromobilität auf die Stabilität der Stromversorgung bei hohen Anteilen Erneuerbarer Energien.

4 Nachladen, eine Herausforderung

Da die Batteriekapazität der Fahrzeuge bisher nur für eine begrenzte Reichweite ausreicht, die bei ungünstigen Wetterbedingungen und hohen Anteilen von Autobahnfahrten noch nicht einmal für die Hälfte der täglichen persönlichen Fahrleistung ausreichend ist, muss man die Alternative prüfen, ob Möglichkeiten zum Nachladen des Fahrzeugs am Arbeitsort vorhanden sind. Durch das Pilotprojekt ‚LivingLab BW e mobil' im Rahmen der Initiative Schaufenster Elektromobilität ist die Region Stuttgart mit einem relativ dichten Netz an öffentlichen Ladesäulen versorgt. Hauptanbieter der Ladeinfrastruktur im Raum Stuttgart ist die EnBW, aber auch andere Anbieter wie z. B. Aldi bieten an einigen Stellen öffentliche Ladesäulen an.

Am einfachsten und sinnvollsten wäre das Laden direkt am Arbeitsplatz. Bisher galt, dass das kostenlose oder verbilligte Aufladen von Elektrofahrzeugen im Betrieb des Arbeitgebers einen lohnsteuerpflichtigen Sachbezug auslöst. Immerhin hat der

Gesetzgeber durch Anpassungen im Einkommensteuergesetz (§ 3 Nr. 46 EStG) sichergestellt, dass ab 2017 vom Arbeitgeber gewährte Vorteile für das elektrische Aufladen eines privaten Elektrofahrzeugs steuerfrei bleiben.

Sofern der private Arbeitgeber mitspielt, kann man also sein Fahrzeug ggf. am Arbeitsplatz nachladen, ohne dass es einer aufwendigen Erfassung und Verrechnung der Nutzung geben muss. Etwas schwieriger wird es jedoch für Beamte, denn nach § 71 des Bundesbeamtengesetzes (BBG) ist Beamten die Annahme von Belohnungen, Geschenken und sonstigen Vorteilen verboten. Die kostenfreie oder vergünstigte Bereitstellung von Strom zum Laden des Elektrofahrzeuges würde einen solchen Vorteil darstellen. Dies gilt natürlich in gleicherweise auch für Angestellte im öffentlichen Dienst.

Bleibt also nur die Nutzung von öffentlichen Ladesäulen. Abbildung 2 zeigt die Verfügbarkeit von Ladesäulen in Stuttgart Vaihingen. In einem Umkreis von 1 km um den Zielort befinden sich 7 Ladesäulen der EnBW, die nächste in einer Entfernung von 550 m.

Zu Fuß benötigt man für diese Strecke ca. 7 Minuten. Muss man das Fahrzeug täglich nachladen, so ergibt sich ein zusätzlicher täglicher Zeitaufwand von 15–25 Minu-

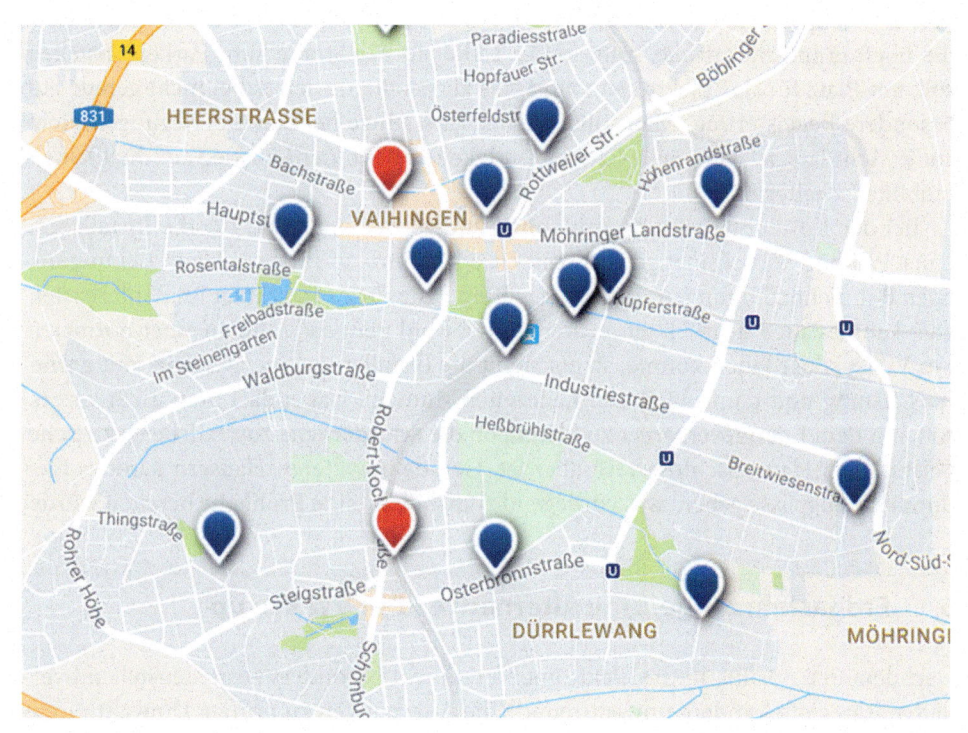

Abbildung 2   Verfügbare Ladesäulen der EnBW in Stuttgart Vaihingen

Quelle: EnBW, 2017

ten für den Fußweg zur Ladesäule und die Zeit für den Anschluss des Fahrzeuges und die Aktivierung der Ladesäule. Bei einer bisherigen Gesamtfahrzeit von 45 Minuten (ohne größere Staus), verlängert sich der zeitliche Aufwand für den Arbeitsweg um mehr als 33 %. Da das Fahrzeug zudem nicht während des ganzen Arbeitstages an der Ladesäule geparkt werden kann, muss man für den Rückweg zur Ladesäule die Arbeitszeit unterbrechen, um das Fahrzeug umzuparken, sobald der Ladevorgang abgeschlossen ist.

Um die Ladesäulen der EnBW zu nutzen benötigt, man eine Ladekarte zum Monatspreis von 7,90 €/Monat. Dazu kommen zeitlich abhängige Kosten in Höhe von 1,20 €/h bei der 1–2 phasigen Ladung mit Typ 2 Stecker mit maximal 7,4 kW. Sollte man wirklich mit 7,4 kW laden, würde diese zeitliche Komponente einem Arbeitspreis von 16 ct/kWh entsprechen, ein deutlich günstigerer Tarif als an der heimischen Steckdose. Die nächste und günstigste Ladestation wäre bei der örtlichen Aldi Filiale. Hier kann bisher noch kostenlos geladen werden. Offiziell ist das Laden nur während dem Einkauf gestattet. Derzeit scheint das aber großzügig behandelt zu werden, steht doch meist kein Fahrzeug an der Ladesäule. Obwohl die Möglichkeiten zum Nachladen des Fahrzeuges umfangreich sind, so sind diese Optionen doch mit erheblichem zusätzlichen Aufwand und einer zusätzlichen Koordination verbunden.

Am Wohnort stehen bisher noch keine öffentlichen Ladesäulen zur Verfügung. Allerdings könnte eine Wallbox zum Laden installiert werden. Am Haus befindet sich ein Stellplatz, der derzeit von der Ehefrau genutzt wird. Die Möglichkeit, dass die Ehefrau in Zukunft das Auto in der Nähe auf der Straße zum Parken abstellen soll, um Platz für das Elektroauto am Haus zu schaffen, stieß dabei nicht gerade auf besondere Begeisterung. Man sollte auch solche Dinge bei den Überlegungen nicht außer Acht lassen, denn an solchen Kleinigkeiten kann der Umstieg auf die Elektromobilität scheitern.

Bei der Kostenbetrachtung sollte man zudem den Aufwand für die Installation einer Wallbox berücksichtigen, die mit ca. 2000 Euro zu Buche schlägt. Bei ungünstigen Rahmenbedingungen (Kabellänge; Kein Platz für Zusatzzähler im Zählerkasten etc.) kann es auch deutlich teurer werden. Obwohl man das Auto an einer normalen 230 V Steckdose laden könnte, so erscheint die Installation einer Wallbox mit größerer Leistung und damit kürzeren Ladezeiten sinnvoll. Dabei darf man nicht vergessen, mit dem Energieversorger zu klären, ob die erforderliche zusätzliche elektrische Leistung am Hausanschluss verfügbar ist. Gerade bei älteren Häusern kann es hier durchaus Engpässe geben, was vorliegend zum Glück keine Probleme bereiten würde.

5 Erdgasfahrzeuge, eine Alternative? Der VW Eco up

Nachdem der Ausflug in die Elektromobilität nicht besonders zufriedenstellend verlaufen war, galt es andere umweltfreundliche Alternativen zu prüfen. Umweltfreundlich sind dabei insbesondere Fahrzeuge mit Erdgasmotor (CNG). Auch die Erdgasmobilität wird durch reduzierte Steuern auf den Treibstoff gefördert, und unlängst wurde die Vergünstigung für weitere zehn Jahre fortgeschrieben.

Getestet wurde der VW Eco up für kombinierten Betrieb mit Erdgas und Benzin. Das Fahrzeug verfügt über einen Erdgastank von 12 kg und zusätzlich über einen Benzintank von 10 Litern, was beides nicht besonders groß ist, trotz des sparsamen Verbrauchs des Kleinwagens. Bei einem kombinierten Verbrauch nach NEFZ verbraucht der VW Eco up 2,9 kg Erdgas/100km bzw. 4,5 Liter Benzin/100 km. Damit ergibt sich theoretisch eine Reichweite von 413 km mit Erdgas und von 222 km mit Benzin. Real wurde bei der Testfahrt ein Erdgasverbrauch von ca. 3,4 kg/100 km ermittelt. Damit schrumpft die reine Reichweite mit Erdgas auf 352 km. Man kommt mit dem Erdgas-Fahrzeug also risikolos über die Gesamtstrecke und hat zusätzlich die Sicherheit des Benzinvorrats. Alle zwei Tage muss man trotzdem an die Tankstelle um den Gastank wieder aufzufüllen. Im Vergleich mit der Reichweite des zur Zeit genutzten Diesel-Fahrzeuges von 1000 km entspricht das immer noch einem dreimal so häufigen Tanken, und gelegentlich muss man gleichzeitig Erdgas und Benzin tanken. Ein wesentlicher Lichtblick für den Einsatz ist vorliegend die Nähe einer Erdgastankstelle zum Arbeitsplatz, die sich in weniger als 400 m Entfernung befindet. Die gleiche Tankstelle wird derzeit bereits mit dem Dieselfahrzeug genutzt. Große Umwege zum Tanken sind für das Erdgasfahrzeug damit nicht erforderlich.

Die Doppelung des Treibstoffvorrats hat beim VW eco up jedoch seinen Preis, der beim Listenpreis von 12 950 Euro für die einfachste Ausstattung deutlich wird. Für diesen Preis ist beim Eco up jedoch noch nicht einmal eine Klimaanlage enthalten, man muss also tiefer in die Tasche greifen, um ein alltagstaugliche Auto zu erhalten. Trotz seiner 68 PS bleibt die Beschleunigung und das Fahren auf Steigungsstrecken deutlich hinter der Leistung aller getesteten Elektrofahrzeuge zurück. Kein Wunder, dass auch die Erdgasfahrzeuge in einer Nische festhängen und im Jahr 2015 insgesamt nur 5 285 Erdgasfahrzeuge aber bereits 12 363 Elektroautos [KBA, 2016] zugelassen wurden.

6 Wohin steuert die Mobilität?

Der Diesel in Bedrängnis, die Erdgasfahrzeuge in der Nische und die Elektrofahrzeuge noch auf dem Weg zur Alltagstauglichkeit. Derzeit ist die Wahl für ein neues Fahrzeug nicht gerade einfach. Wer warten kann, sollte also besser warten, denn die Entwicklung bei den Elektrofahrzeugen schreitet schnell voran. Im Jahr 2018 sollten der Opel Ampera und das Model 3 von Tesla am Markt verfügbar sein und so hofft der Autor darauf, dass mit der erfolgreichen TÜV-Prüfung des derzeitigen Fahrzeuges genügend Zeit gewonnen werden kann, bis die Elektrofahrzeuge auch für den mittleren Entfernungsbereich eine geeignete Alternative darstellen. Vielleicht kommen auch, wie u. a. durch VW angekündigt, attraktivere Erdgasfahrzeuge auf den Markt, die in Bezug auf Reichweite und Preis ansprechend genug sind. Gemessen an den Preisen von Elektrofahrzeugen lässt sich mit Erdgasfahrzeugen eine Emissionsminderung zu deutlich niedrigeren Kosten erreichen. Wird zudem Biogas statt Erdgas eingesetzt, so kann auch mit Erdgasfahrzeugen eine vollständige Dekarbonisierung des Verkehrssektors erreicht werden.

Nicht zu vernachlässigen sind auch die Entwicklungen im Bereich des autonomen Fahrens, der Traum jedes Pendlers. Nicht nur im Zug, sondern auch im Auto auf dem Weg zur Arbeit lesen oder arbeiten zu können, wäre für Pendler ein noch wichtigerer Aspekt als die Umweltfreundlichkeit, aber bis diese Entwicklungen serienreif sind, wird es wohl noch etliche Jahre dauern. Einen entsprechenden Test gibt es dann vor der Anschaffung des übernächsten Autos.

Danksagung

Mein besonderer Dank geht an die Autohäuser BMW Zentrum Stuttgart, KIA Autohaus von der Weppen, Stuttgart Vaihingen, Volkswagen Automobile Stuttgart Vaihingen, Hyundai Autohaus Schreiber, Karlsruhe und Renault Autohaus von der Weppen, Stuttgart Vaihingen, die die Probefahrten ermöglicht haben. Zum Zeitpunkt der Probefahrten war keine Veröffentlichung über die Erfahrungen zur Elektromobilität geplant und die Autohäuser hatten kein Wissen und keinen Einfluss auf diese Veröffentlichung.

Literatur

AGEB (2016). Endenergieverbrauch 2015 nach Sektoren und Energieträgern. Auswertungstabellen zur Energiebilanz 1990 bis 2015. Berlin. Arbeitsgemeinsaft Energiebilanzen.

BAFA (2017a). Elektromobilität (Umweltbonus). www.bafa.de/DE/Energie/Energieeffizienz/Elektromobilitaet/elektromobilitaet_node.html, Zugegriffen: 29.04.2017.

BAFA (2017b). Elektromobilität (Umweltbonus). Zwischenbilanz zum Antragstand vom 31. März 2017. Bundesamt für Wirtschaft und Ausfuhrkontrolle. www.bafa.de/SharedDocs/Downloads/DE/Energie/emob_zwischenbilanz.pdf. Zugegriffen: 29.04.2017

BMWi (2016). Elektromobilität Baustein einer nachhaltigen klima- und umweltverträglichen Mobilität. Berlin: Bundesministerium für Wirtschaft und Energie (BMWi).

Büscher, C. & Sumpf, P. (2018). Vertrauen, Risiko und komplexe Systeme: das Beispiel zukünftiger Energieversorgung. In O. Kühne & F. Weber (Hrsg.), *Bausteine der Energiewende* (S. 129–161). Wiesbaden: Springer VS.

DLR (2015). Frenzel, I; Jarass, J.; Trommer, S.; Lenz, B.: Erstnutzer von Elektrofahrzeugen in Deutschland. Nutzerprofile, Anschaffung Fahrzeugnutzung. Berlin: DLR Institut für Verkehrsforschung.

Hook, S. (2018). ‚Energiewende': Von internationalen Klimaabkommen bis hin zum deutschen Erneuerbaren-Energien-Gesetz. In O. Kühne & F. Weber (Hrsg.), *Bausteine der Energiewende* (S. 21–54). Wiesbaden: Springer VS.

KBA (2017). Jahresbilanz des Fahrzeugbestandes am 1. Januar 2017. www.kba.de/DE/Statistik/Fahrzeuge/Bestand/b_jahresbilanz.html?nn=644526. Zugegriffen: 29. April 2017.

KBA (2016). Neuzulassungen von Pkw in den Jahren 2006 bis 2015 nach ausgewählten Kraftstoffarten. www.kba.de/DE/Statistik/Fahrzeuge/Neuzulassungen/Umwelt/n_umwelt_z.html?nn=652326. Zugegriffen: 29. April 2017.

Kühne, O. & Weber, F. (2018). Bausteine der Energiewende – Einführung, Übersicht und Ausblick. In O. Kühne & F. Weber (Hrsg.), *Bausteine der Energiewende* (S. 3–19). Wiesbaden: Springer VS.

UBA(2016). Entwicklung der spezifischen Kohlendioxid-Emissionen des deutschen Strommix in den Jahren 1990 bis 2015. Climate Change 26/2016, Dessau, Umweltbundeamt. www.umweltbundesamt.de/sites/default/files/medien/378/publikationen/climate_change_26_2016_entwicklung_der_spezifischen_kohlendioxid-emissionen_des_deutschen_strommix.pdf Zugegriffen: 05. Mai 2017.

EPRT (2017). Europäische Schadstoff-Freisetzungs- und Verbringungsregister (E-PRTR). Kraftwerk Jänschwalde. https://www.thru.de/search/?c=search&a=detail&betriebId=41391&kalendarjahr=2015&view=betriebe&L=0. Zugegriffen: 05. Mai 2017.

EnBW (2017). Die EnBW-Ladestationen. www.enbw.com/privatkunden/energie-und-zukunft/e-mobilitaet/ladestationen/index.html, Zugegriffen: 13. Mai 2017.

Peter Radgen ist Inhaber des Lehrstuhls für Energieeffizienz am Institut für Energiewirtschaft und Rationelle Energieanwendung (IER) der Universität Stuttgart und Leiter der Graduierten- und Forschungsschule Effiziente Energienutzung Stuttgart (GREES). Er studierte Maschinenbau in Karlsruhe und Lyon (Frankreich) und promovierte an der Universität Duisburg. Seit seinem Studium beschäftigt er sich mit Fragen der rationellen Energieanwendung, der Energiespeicherung und der emissionsarmen Stromerzeugung. Nach beruflichen Stationen bei der Fraunhofer Gesellschaft, dem Energieversorger E.ON und dem Bundesamt für Energie (Schweiz) folgte er dem Ruf an die Universität Stuttgart.

Erdverkabelung und Partizipation als mögliche Lösungswege zur weiteren Ausgestaltung des Stromnetzausbaus?

Eine Analyse anhand zweier Fallstudien[1]

Tobias Sontheim und Florian Weber

Abstract

Die ‚Energiewende' in Deutschland befindet sich aktuell inmitten der Umsetzungsphase. Mit einer veränderten Struktur der Energieerzeugung geht auch eine angepasste Struktur in den Übertragungs- und Verteilernetzen einher – ein verstärkter Stromnetzausbau ist die Folge. Im Zusammenhang mit zahlreichen Protesten entlang der avisierten Trassenkorridore deutet sich derzeit eine Umsetzung der Stromtrassen mittels Erdverkabelung in Verbindung mit noch umfänglicherer Partizipation als ein möglicher Lösungsweg an, den Stromnetzausbau umzusetzen. Innerhalb des vorliegenden Artikels erfolgt ein subjektzentrierter Zugriff auf die Alltagswelten betroffener Bürger(innen), um individuellen Komponenten von Akzeptanz vor dem Hintergrund unterschiedlicher Zielsetzungen und Erwartungen nachzugehen. Anhand zweier Fallstudien wird deutlich, dass Erdverkabelung in Verbindung mit einer verstärkten Partizipation die Akzeptanz gegenüber dem Netzausbau erhöhen *kann*, aber vor dem Hintergrund teilweise genereller Ablehnung nicht zwingend *muss*.

Keywords

Bürgerinitiativen, Stromnetzausbau, Erdkabel, Akzeptanz, Partizipation, Energiewende, qualitative Sozialforschung

---

[1] Die Ergebnisse des Artikels wurden innerhalb der Bachelorarbeit ‚*Wahrnehmung von Akzeptanz und Partizipationsmöglichkeiten im Rahmen neuerer Entwicklungen des Stromnetzausbaus – eine Analyse anhand zweier regionaler Fallstudien*' von Tobias Sontheim in Weiterführung der Studie Weber et al. (2016) generiert und werden hier zusammenfassend vorgestellt.

1 Stromnetzausbau in Deutschland

Vor dem Hintergrund der Eindrücke der Reaktorkatastrophe von Fukushima beschloss die deutsche Bundesregierung am 30. Juni 2011 den Ausstieg aus der Kernkraft bis zum Jahr 2022 (Deutscher Bundestag 2012) – mit weitreichenden zusätzlichen Auswirkungen auf die räumliche Struktur des bisherigen Energieversorgungssystems (u. a. Beckmann et al. 2013; Gailing und Leibenath 2013; Weber und Kühne 2016). Durch das Erneuerbare-Energien-Gesetz (EEG) vorangetrieben und legitimiert (EEG 2017), erfolgt die umfassende Umstrukturierung der deutschen Energieversorgung, gerade mit einem starken Zuwachs der Windkraft in hohem Maße in Norddeutschland. Veränderte Formen der Energieerzeugung befördern auch eine veränderte räumliche Struktur der Höchstspannungsnetze zur großräumigen Stromübertragung und -verteilung (Bundesnetzagentur 2017; Riegel und Brandt 2015; Weber et al. 2017). Es besteht ein enger funktionaler Zusammenhang zwischen Stromerzeugung und -verbrauch, Übertragungs- und Verteilernetzen (Gailing und Röhring 2015). Als Gründe für den weiteren Ausbau der Übertragungsnetze werden unter anderem die unzureichende Kapazität bestehender Leitungen sowie die ungenügende Verknüpfung relevanter Regionen angeführt (Weber et al. 2016). Dies betrifft in besonderer Weise die Stromübertragung aus dem windreichen Norden in den industriereichen Süden. Trotz allgemein großer Zustimmung zur Energiewende durch die Bevölkerung (Agentur für Erneuerbare Energien 2016; BMUB und UBA 2017) werden konkrete Leitungsbauvorhaben zum Teil heftig kritisiert und von Protesten ansässiger Bürger(innen) begleitet (Neukirch 2014; Weber et al. 2016). Die ‚Energiewende' – als ‚soziotechnisches System' (Ropohl 2009) verstanden – verbindet naturwissenschaftliche Aspekte infrastruktureller Anforderungen und technischer Machbarkeiten mit sozialen Komponenten des Konsumentenverhaltens, politischen Zielsetzungen und der Akzeptanz gegenüber konkreten Infrastrukturprojekten (allgemein auch Gailing 2018 in diesem Band; Schweizer und Renn 2013). Dieses breite Themenspektrum erhöht die Heterogenität beteiligter Akteure, wodurch die Komplexität innerhalb der Umsetzung konkreter Maßnahmen stark zunimmt und vermehrte Unsicherheiten entstehen (Ropohl 2009), was Konfliktpotentiale fördert (Bauman 2000; vgl. auch Becker und Naumann 2018; Eichenauer et al. 2018; Kühne 2018; Leibenath und Lintz 2018; Weber 2018 in diesem Band). Dies äußert sich in begrenzter Akzeptanz gegenüber konkreten Leitungsausbauvorhaben (Hirschfeld und Heidrich 2013) und zahlreichen Protesten entlang der Trassenkorridore (Weber et al. 2016). Die Konfliktfelder des Stromnetzausbaus bewegen sich hierbei zwischen Technik, Raum/Landschaft, Natur, Gesundheit/Strahlung, Ökonomie und Beteiligung (Weber et al. 2016). Die frühzeitige Beteiligung und Miteinbindung der Bevölkerung im Rahmen des Netzausbaus wird aus der Perspektive zahlreicher wissenschaftlicher Veröffentlichungen den Planer(inne)n immer wieder nahegelegt (Hübner und Hahn 2013; Kamlage et al. 2014; Stegert und Klagge 2015; Weber et al. 2016).

Ein möglicher Lösungsweg, den Konflikten zu begegnen, stellt aktuell eine streckenweise oder auf ganzer Strecke durchgeführte Erdverkabelung dar, da eine Ausführung als Freileitung auch bei einer Variation der Mastentypen auf Kritik aus der Bevölkerung stößt (Forschungsgruppe UmweltPsychologie 2010). Auch die bayerische Staatsregierung stimmte im Juli 2015 zu, zwei HGÜ-Trassen in Form einer Erdverkabelung, denen zwischenzeitlich gänzlich ablehnend gegenübergestanden worden war, zu akzeptieren (Bayerische Staatsregierung 2015; Kühne et al. 2016). Der vorliegende Beitrag geht vor diesem Hintergrund der Frage nach, ob die Umsetzung der Stromtrassen durch eine Erdverkabelung eine erhoffte Konfliktregelung (hierzu allgemein auch Aschenbrand et al. 2017; Kühne 2017) auslösen und befördern kann. Der Fokus liegt hierbei auf den Auswirkungen durchgeführter Bürger(innen)beteiligungsversuche (hierzu auch Langer 2018; Stemmer und Kaußen 2018 in diesem Band) auf das Akzeptanzverhalten der jeweiligen Bürgerinitiativen vor dem Hintergrund unterschiedlicher Zielsetzungen. Hierzu werden einleitend in Kapitel 2 die grundlegenden theoretischen Zugänge zum Thema kurz dargestellt und darauf aufbauend in Kapitel 3 die Methodik der Arbeit kurz umrissen. In Kapitel 4 werden die zentralen Ergebnisse der beiden innerhalb der Arbeit analysierten Fallstudien aus Niedersachsen und Bayern anhand der Argumentationsstrukturen und Akzeptanztendenzen gegliedert aufgeführt und am Ende in einen ‚Argumentationspfad' überführt. Das Fazit schließt den Artikel in Kapitel 5 mit einer kurzen Zusammenfassung und einem Ausblick auf zukünftige Herausforderungen.

2 Perspektiven auf die Thematik

2.1 Sozialkonstruktivistischer Hintergrund

Eine sozialkonstruktivistische Perspektive auf den Stromnetzausbau ermöglicht es, den *subjektiven* Wahrnehmungsmustern ausgewählter Mitglieder von Bürgerinitiativen und somit der sozialen Entstehung von Akzeptanz beziehungsweise Nicht-Akzeptanz sowie den unterschiedlichen Deutungsweisen des Stromnetzausbaus nachzuspüren. Dies geschieht mit einem Blick auf menschliche Wirklichkeitsverständnisse als soziale Konstruktionen aufgrund im sozialen Miteinander entstehender und alltäglicher Handlungsmuster und -routinen (Berger und Luckmann 1966). ‚Soziale Wirklichkeiten' werden mittels unterschiedlicher Handlungsweisen basierend auf gesellschaftlichen Werten, Normen und Konventionen verfestigt (auch Kühne 2008, 2013). Der Austausch darüber, was akzeptiert oder abgelehnt wird, erfolgt hierbei vornehmlich durch Sprache (Weber 2015), also argumentativ. Dies führt zu einem Verständnis der Wirklichkeit, welches eine Vielzahl nebeneinander existierender Meinungen, Sichtweisen und Wirklichkeitsverständnisse zulässt. Weichen Muster von den gewohnten Routinen deutlich ab, trägt dies zur Verunsicherung alltäglicher Lebenswelten bei und kann Konflikte hervorrufen (Bauman 2000). Visuell präsente Strommasten widersprechen tendenziell den routinierten Wahrnehmungsmustern betroffener Bürger(innen), was zu Konflikten und der Problematisierung geplanter neuer Baumaßnahmen führen kann beziehungsweise führt (allgemein Kühne 2013; Weber et al. 2016). Da es dem Menschen durch Sozialisation möglich wird, die „Wechselwirkung mit der Umwelt in produktiver Weise zu gestalten, wobei die individuellen Bedürfnisse und Interessen von zentraler Bedeutung sind" (Nissen 1998, S. 32), können beispielsweise Bürgerinitiativen den Netzausbau als ‚nicht notwendig', ‚gesundheitszerstörend' und ‚landschaftsverschandelnd', und Netzausbaubefürworter(innen) denselben ‚Gegenstand' als notwendige Folge des kollektiv getragenen Ausstieges aus der Kernenergie erachten und somit gesellschaftlich konstruieren (Weber et al. 2016). Diese entgegengesetzten ‚sozialen Wirklichkeiten' prallen aufeinander und lösen gegenseitiges Unverständnis aus. Die Störung gewohnter Wahrnehmungsmuster, die unterschiedlichen Rahmungen des Stromnetzausbaus sowie die unterschiedlichen Ebenen der Begründungszusammenhänge (Hirschfeld und Heidrich 2013) erschweren die Kommunikation und den Austausch der Positionen – ein Umstand, der aber nicht einfach hingenommen werden soll. Die Partizipation von Bürger(innen) an Planungsprozessen wird durchgehend als notwendig anerkannt, soll der Stromnetzausbau umgesetzt werden können (Bauer 2015; Hirschfeld und Heidrich 2013; Schweizer und Renn 2013; Walk et al. 2015; vgl. Weber et al. 2016). Es stellte sich vor diesem Hintergrund zunächst die Frage, was Partizipation in diesem Zusammenhang bedeutet und welche wesentlichen Formen unterschieden werden können.

2.2 Partizipation

Immer mehr Bürger(innen) richten „gesteigerte Partizipationserwartungen an immer kritischer beäugte Regierungsinstitutionen" (Michelsen und Walter 2013, S. 7–8), womit eine Ausdehnung der Legitimitätsgrundlagen auf die Basis erfolgt (Lucke 1995). Die Folge sind veränderte Formen gesamtgesellschaftlicher Steuerung. Im Kontext der Energiewende ist „mit Öffentlichkeitsbeteiligung […] oftmals die Erwartung verbunden, die Akzeptanz der Bevölkerung für Infrastrukturmaßnahmen, wie sie mit der Energiewende einhergehen, zu steigern" (Schweizer und Renn 2013, S. 1). Mit Partizipationsmaßnahmen wird also eine Reihe positiver Effekte assoziiert: sie soll „die Legitimation der Entscheidung herstellen, die Entscheidungsabläufe transparent machen und die Güte der Entscheidung insgesamt verbessern helfen" (Schweizer und Renn 2013, S. 1). Partizipation ist jedoch als ein in seiner Konsistenz abgestufter Begriff zu verstehen. Nach Arbter et al. (2005, S. 9) können drei grundsätzliche ‚Stufen der Beteiligung' unterschieden werden: Information, Konsultation und Kooperation (siehe Abbildung 1).

Auf der ersten Stufe der Partizipation erfolgt die Information der Bürger(innen) durch den Planungsträger. Für Bürger(innen) besteht hierbei keine direkte Möglichkeit, sich zu dem Sachverhalt zu äußern. Auf der zweiten Stufe entsteht für die Zivil-

Erdverkabelung und Partizipation 613

Abbildung 1 Stufen der Partizipation in Anlehnung an Arbter et al. 2005 und Lüttringhaus 2000

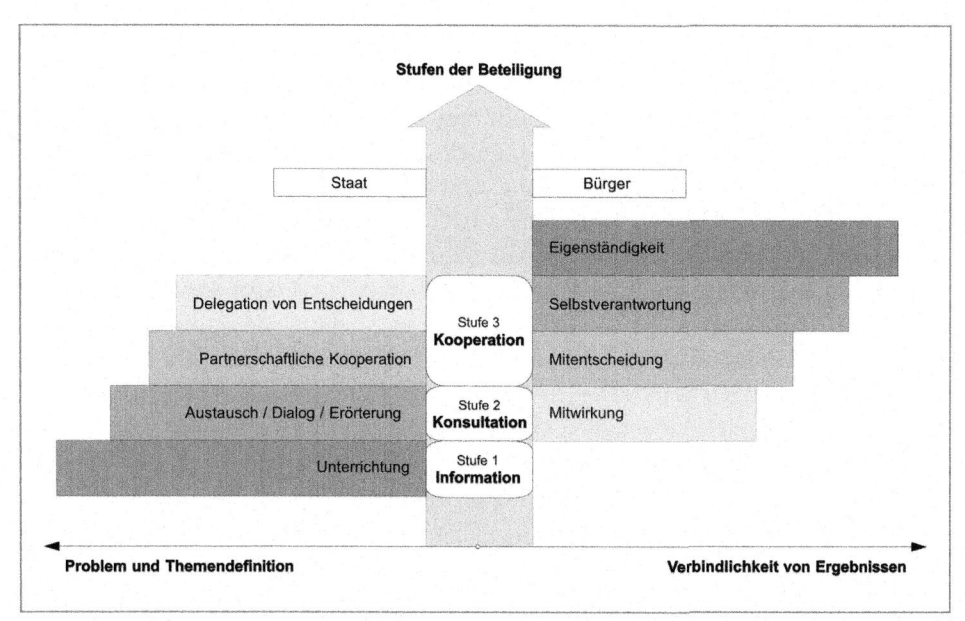

```
                        Stufen der Beteiligung
                               ↑

              Staat                        Bürger

                                    Eigenständigkeit
   Delegation von Entscheidungen    Selbstverantwortung
                            Stufe 3
                          Kooperation
   Partnerschaftliche Kooperation   Mitentscheidung

   Austausch / Dialog / Erörterung  Stufe 2
                          Konsultation  Mitwirkung

               Unterrichtung       Stufe 1
                                 Information

◄ Problem und Themendefinition              Verbindlichkeit von Ergebnissen ►
```

Quelle: Eigene Darstellung.

gesellschaft die Chance, Stellungnahmen zum Projekt abzugeben und sich zu dem Sachverhalt zu äußern. Die Mitwirkung der Bürgerschaft an der Planung geschieht in einem Austausch mit den Planungsträgern, wobei die Verbindlichkeit der Ergebnisse stark variieren kann. Auf der dritten Stufe als verbindlichste Form der Partizipation erhalten die Bürger(innen) die Möglichkeit, selbstverantwortlich Aufgaben zu übernehmen und eigenständig Lösungsvorschläge zu erarbeiten sowie über deren Inhalte mitzuentscheiden. Dies kann von einem Mitentscheidungsrecht der Bürger(innen) bis zu einer selbstverantwortlichen Übernahme von Entscheidungen reichen. Partizipationsverfahren auf der ersten Stufe, welche die Information der Betroffenen über das Planungsvorhaben vorsehen, werden vor dem Hintergrund der zahlreichen Konflikte vielfach als nicht ausreichend kritisiert (Hirschfeld und Heidrich 2013; Langer et al. 2016; Schweizer und Renn 2013; Weber et al. 2016). Die Partizipationsbemühungen sollten sich vermehrt auch auf die zweite und dritte Stufe der Beteiligung erstrecken und eine zeitlich abgestimmte Abfolge der Partizipation berücksichtigen (Neugebauer und Stöglehner 2014). Die Hoffnung, die vielfach mit Partizipation verbunden ist, besteht darin, die ‚Akzeptanz' einer Entscheidung zu fördern oder herzustellen. Doch wie ist der Begriff Akzeptanz zu verstehen und wie entsteht vermeintliche Akzeptanz?

2.3 Akzeptanz

Akzeptanz beschreibt keine den Personen, Dingen oder Situationen immanente Eigenschaft. „Sie ist weder das unverwechselbare Attribut beliebter Menschen oder prominenter Zeitgenossen noch das Kennzeichen selbstverständlich benutzter technischer Geräte und anderer Gegenstände des täglichen Gerbrauchs" (Lucke 1995, S. 393). Das Akzeptanzphänomen, als gesellschaftlicher Prozess verstanden, beschreibt „das durch Themen, Probleme und andere potentielle Akzeptanzobjekte bei angebbaren Akzeptanzsubjekten in bestimmten Kontexten in unterschiedlichem Maße aktualisierbare und faktisch aktualisierte Einstellungs- und variable Handlungspotential" (Lucke 1995, S. 395). Nach Lucke (1995) ergeben sich somit drei wesentliche Komponenten, die durch ihre Wechselwirkung den Akzeptanzbegriff bilden: Akzeptanzsubjekt, Akzeptanzobjekt und Akzeptanzkontext. Da diese Strukturen in einem stetigen Wandel begriffen sind, lassen sich einzelne Akzeptanzphänomene nur in konkreten Einzelfällen einem bestimmten Objekt, Subjekt oder einem soziokulturellen Kontext zuordnen. Die Wertvorstellungen eines Individuums gegenüber einem bestimmten Objekt sind sozial erlernt und werden somit von „sozio-kulturellen Bekenntnisgemeinschaften und den (technik-, wissenschafts-, politik-, rechts-, oder alltagsrelevanten) Milieuumfeldern bestimmt" (Lucke 1995, S. 90). Themen, die heute in einer breiten Öffentlichkeit verhandelt werden, wären „unter den Bedingungen weniger weit fortgeschrittener Individualisierung und Demokratisierung auch ohne Abstimmung und derartiger Rückversicherung noch „von selbst verständlich" und meist fraglos akzeptiert" (Lucke 1995, S. 17) worden – so auch der Ausbau des Höchstspannungsübertragungsnetzes. Da auch oder vor allem innerhalb der Energiewende ein vermehrtes Hinterfragen der Maßnahmen stattfindet, erkennt Bauer (2015) in den formellen Freiheitsgraden aktueller energiepolitischer Gesetzgebungen den Versuch, durch die „Einführung zahlreicher Partizipationsmöglichkeiten für unterschiedliche Interessensträger auf den unterschiedlichen Planungs- und Zulassungsstufen die allgemeine Akzeptanz zu verbessern." Bürgerinitiativen als Akzeptanzsubjekte handeln gegenüber dem Stromnetzausbau als Akzeptanzobjekt aufgrund ‚sozialer Konstruktionen' (Berger und Luckmann 1966), die innerhalb des jeweiligen soziokulturellen Kontextes erlernt sind. Deren Argumentationsweisen und Zielen gilt es entsprechend im Hinblick auf deren Bewertung von Beteiligung sowie potenzielle Akzeptanz nachzuspüren.

3 Methodik

Um Wahrnehmung und Akzeptanz einer Erdverkabelung aus Sicht von Bürger(innen) in den Fokus zu rücken, wurden explorativ Interviews mit Mitgliedern zweier Bürgerinitiativen geführt. Aufgrund der bereits konkreten Fragestellung erfolgten die Interviews problemzentriert und leitfadengestützt (Mayring 2002). Die Aus-

Tabelle 1 Übersicht über die geführten Gespräche (Ip = Interviewpartner).

	Bürgerinitiative	Involviertheit	Länge	Kürzel
Fallbeispiel 1	Jeinsen – Höchstspannungsleitungen unter die Erde	aktiv	00:17:04	Ip03
		weniger aktiv	00:11:04	Ip04
Fallbeispiel 2	Trassenwahn 17.01	aktiv	01:50:01	Ip01
		weniger aktiv	00:27:20	Ip02

Quelle: Eigene Darstellung

wertung erfolgte in Anschluss (hierzu Weber 2013) an die qualitative Inhaltsanalyse nach Mayring (2000, 2003, 2007). Bezüglich der Argumentationsstrukturen wurde ein durch Selektionskriterien auf die Fragestellung angepasstes Kategoriensystem aus dem erhobenen Material entwickelt. Aufgrund der tendenziell polaren Verteilung von Bürgerinitiativen im Norden, die den Stromnetzausbau eher akzeptieren und eine Erdverkabelung fordern, und Bürgerinitiativen im Süden Deutschlands, die den Stromnetzausbau tendenziell generell ablehnen (Weber et al. 2016), erfolgte die Auswahl der Bürgerinitiativen ‚Jeinsen – Höchstspannungsleitungen unter die Erde' aus Niedersachsen und der Bürgerinitiative ‚Trassenwahn 1701' aus Bayern mit je zwei interviewten Mitgliedern (siehe Tabelle 1, systematisiert als Ip01 bis Ip04). Alle Interviews wurden im Mai 2016 geführt. Es wurde darauf geachtet, je ein sehr aktives und ein weniger aktives Mitglied zu befragen, um Unterschiede in der Argumentation zu erfassen sowie die Vergleichbarkeit der Gespräche zu gewährleisten. In die Auswertung fließen einführend jeweils auch Inhalte der Websites[2] der beiden Initiativen ein.

Jeinsen in Niedersachen hat derzeit eine Einwohnerzahl von knapp 1 300 Bürger(inne)n (Stand 2016[3]) und liegt etwa 18 Kilometer von Hannover entfernt. Die Initiative ‚Jeinsen – Höchstspannungsleitungen unter die Erde' besteht seit Anfang 2014 und setzt sich seitdem für eine „menschen- und umweltverträgliche" Umsetzung der Stromtrassen in Form einer Erdverkabelung ein (Bürgerinitiative ‚Jeinsen' 2016, o. S.). Durch die Analyse dieser Bürgerinitiative sollen zentrale Argumentationsmuster für eine Erdverkabelung erfasst und Akzeptanztendenzen analysiert werden. Begleitend wird die Wirksamkeit von Partizipationsmaßnahmen vor dem Hintergrund der Zustimmung zu Erdkabeln erfasst.

Die Bürgerinitiative ‚Trassenwahn 17.01' gründete sich Anfang 2014 in Burgthann in der Oberpfalz (Bayern), etwa 30 Kilometer südöstlich von Nürnberg, und spricht sich seitdem generell gegen den Stromnetzausbau aus (Bürgerinitiative ‚Trassenwahn

---

2 www.bi-jeinsen-pro-erdkabel.de sowie www.trassenwahn1701.de.
3 http://www.pattensen.de/Default.aspx?tabid=1691.

17.01' 2016). Die Gemeinde hat derzeit 11 500 Einwohner(innen) (Stand 2016[4]). Die Auswahl dieser Initiative erfolgt, um die Akzeptanztendenzen vor dem Hintergrund der generellen Ablehnung des Netzausbaus zu untersuchen sowie Argumente gegen eine Erdverkabelung zu erfassen. Es stellte sich außerdem die Frage, welche Wirkung derzeitige Partizipationsmaßnahmen im Rahmen des Netzausbaus entfalten können, wenn die Notwendigkeit des Netzausbaus grundsätzlich angezweifelt wird.

4 Ergebnisse der Fallstudien

Im Folgenden werden zunächst pro Fallstudie zentrale Argumentationsmuster der Websites der Bürgerinitiativen dargestellt, um einen einführenden Eindruck von den Zielsetzungen und Argumentationsmustern zu erhalten, bevor zentrale Ergebnisse der qualitativen Interviews erläutert werden. Aus den beiden Fallstudien lässt sich in einem abschließenden Vergleich ein Argumentationspfad synthetisieren, der den Ablauf der Argumentationsmuster sowie die Konflikte einer Partizipation im Verlauf visuell darstellt.

4.1 Bürgerinitiative ‚Jeinsen – Höchstspannungsleitungen unter die Erde'

4.1.1 Ziele und Argumentationsweisen innerhalb der Website der Initiative

Die Startseite der Bürgerinitiative ‚Jeinsen – Höchstspannungsleitungen unter die Erde' illustriert plakativ die Zielsetzung der Bürgerinitiative: „Wir sagen ja zum geplanten Netzausbau, nein zu riesigen Strommasten. Die Alternative: die Verlegung der Stromkabel unter die Erde, denn Erdkabel beeinträchtigen Mensch, Natur und Umwelt deutlich weniger" (Bürgerinitiative ‚Jeinsen' 2016, o. S.). Als Begründung des Widerstandes wird angeführt: „die Angst der Jeinsener Bürger vor gesundheitlichen Beeinträchtigungen durch diese neue Höchstspannungsleitung steht an erster Stelle" (Bürgerinitiative ‚Jeinsen' 2016, o. S.). Die Unsicherheit der Bürger(innen) bezüglich der gesundheitlichen Folgen der Stromtrassen wird durch die Formulierung der Befürchtungen als Fragen noch einmal verdeutlicht: „Bedeutet die neue Höchstspannungsleitung eine massive Erhöhung des Elektrosmogs (elektrische und magnetische Felder) und somit ein unkalkulierbar erhöhtes Gesundheitsrisiko, z. B. durch die Abgabe von Schadstoffen (Aerosolen, Ozon) in Windrichtung? Kann die neue Höchstspannungsleitung Leukämie oder Lungenkrebs hervorrufen? Werden unsere Kinder und Enkel noch gesund aufwachsen können?" (Bürgerinitiative ‚Jeinsen' 2016, o. S.). Gesundheitlich bedingte Argumentationsmuster werden von ökonomischen

---

[4] http://www.burgthann.de/gemeinde/schnellinfos/grossgemeinde-und-ortsteile.html?type=1.

Befürchtungen begleitet und bilden somit die ersten erkennbaren Zeichen einer inhaltlich-argumentativen Auseinandersetzung der Bürger(innen) mit dem Stromnetzausbau. Die generelle Notwendigkeit des Stromnetzausbaus wird hier nicht infrage gestellt. Dafür findet eine kritische Auseinandersetzung mit Umsetzungsvarianten und deren möglichen Folgen für die betroffenen Bürger(innen) statt.

4.1.2 Argumentationsmuster innerhalb der Interviews

Die Argumentationsmuster für eine Erdverkabelung stehen in den geführten Interviews in enger Relation mit der Wahrnehmung von Freileitungen, die für die Bürgerinitiative ‚Jeinsen – Höchstspannungsleitungen unter die Erde' „überhaupt nicht in Frage" kämen (Ip04). Als ausschlaggebende Aspekte werden „vor allem gesundheitliche Beeinträchtigungen" (Ip03) genannt. „Wenn es in der Erde ist, ist es nicht so schädlich" (Ip04). Einen weiteren Ankerpunkt der Argumentation bilden die visuellen Beeinträchtigungen durch Freileitungsmasten, die die „Landschaft verschandeln" (Ip03) würden und vor allem in Erholungsgebieten einen ‚störenden' Einfluss entfalten könnten. Außerdem sei Erdverkabelung „sicherlich umweltfreundlicher als Freileitungen" (Ip03). Die Kenntnis bereits vorhandener Erdkabeltrassen im In- und Ausland in Verbindung mit dem Wissen um technische Fortschritte in diesem Bereich untermauern argumentativ die technisch-ökonomischen Machbarkeiten der Umsetzung einer Erdverkabelung. Als zukünftig relevantes und bisher wenig behandeltes Konfliktfeld deuten sich in den Gesprächen landwirtschaftliche Interessen an. Dieser Aspekt wurde bisher wenig diskutiert, wodurch keine tiefergehende Bearbeitung möglicher Herausforderungen erfolgt. Die ‚Grabearbeiten' sollten lediglich in dem Sinne verlaufen, „dass die Landwirte damit hinterher auch zufrieden sind" (Ip03).

4.1.3 Partizipation und Akzeptanz

Beide Gespräche mit der Initiative ‚Jeinsen – Höchstspannungsleitungen unter die Erde' bestätigen, die Bürger(innen) seien durch einen „Artikel aus der Zeitung" (Ip03) auf Planungen aufmerksam geworden und hätten „festgestellt, dass die [HGÜ-Leitung Suedlink] hier bei uns durchführt" (Ip04). Anfangs wäre „überhaupt nur informiert" worden, woraufhin „die Bürgerinitiativen [...] sich ja jetzt erst gebildet" (Ip03) hätten. In der darauffolgenden Zeit seien „etwa zwölf, vierzehn entsprechende Gespräche" mit Bundestagsabgeordneten geführt und die jeweiligen Zielvorstellungen begründet worden, woraufhin man durch die Bundestagsabgeordneten „massive Unterstützung bekommen" (Ip03) habe. Die Initiative zeigt sich mit dem „Koalitionsbeschluss Vorrang für Erdkabel" (Ip03) insgesamt sehr zufrieden. Die Erwartungen der Bürger(innen) wurden hinsichtlich der anfänglichen Einschätzungen deutlich übertroffen, zumal ein wesentliches Hindernis für eine Partizipation die Komplexität der Thematik für Bürger(innen) war. Die Planungen seien für ‚Lai(inn)en' schwer verständlich und die Befragte wünschte sich, „dass man klarlegt, warum eine bestimmte

Trassenführung sein muss und eine andere nicht geht und zwar mit Argumenten, die man auch versteht" (Ip04). Neben der mangelnden Transparenz am Anfang der Planungen wird gleichzeitig der hohe Zeitaufwand einer Partizipation kritisiert, deren Voraussetzung es sei, „sehr viel Zeit zu investieren", erst dann sei „eine Bürgerbeteiligung möglich" (Ip04). Ziel dieser Bürgerinitiative sei es immer noch, die Stromtrassen „unter der Erde und nicht über der Erde" (Ip04) umzusetzen. Allerdings lassen erste Tendenzen einer Infragestellung der energiewirtschaftlichen Sinnhaftigkeit des Netzausbaus Überlegungen entstehen, „ob man nicht ein bisschen stationärer den Strom erzeugen" (Ip04) könne, wodurch die Argumentationsmuster wieder an einen Punkt gelangen, an dem sich auch bayerische Bürgerinitiativen befinden. Diese Zweifel ändern allerdings nichts an der Forderung der Initiative, Erdverkabelung als ‚kleineres Übel' hinnehmen zu wollen. Die Interviewpartner(innen) geben sich gegenüber der Zukunft eher skeptisch und betonen, dass aktive Personen jetzt „nicht aufgeben, nicht lockerlassen dürfen" (Ip04) und „dass wir das Ganze beobachten" (Ip03), man verbleibe „in Hab-Acht-Stellung" (Ip04). Die Andeutung weiterer Proteste erfolgt vor dem Hintergrund der „Möglichkeit, dass an bestimmten Stellen Freileitungen gebaut werden können, auch wenn es nur als Ausnahme formuliert worden ist" (Ip03). Zukünftige Akzeptanztendenzen scheinen hier wesentlich von der ‚Transparenz' der Kommunikation und der Verbindlichkeit von Zusagen abhängig (hierzu auch Langer 2018 in diesem Band). Trotz der für die Bürgerinitiative sehr positiven Entwicklungen überwiegt das Misstrauen gegenüber den Verantwortlichen, so dass sie es sich als eine Art ‚Wächter des Gemeinwohls', in Alarmbereitschaft verharrend, bezüglich neuer Konfliktpotentiale ‚wachsam' vorbehalten, den Widerstand bei Bedarf neu zu formieren und wiederaufleben zu lassen. Anhand des Fallbeispiels zeigt sich, dass trotz der Forderung der Initiative, eine Erdverkabelung umzusetzen, hier lediglich die Grundlage einer Akzeptanz des Netzausbaus geschaffen werden kann, um darauf aufbauend weitere Schritte einer Umsetzung mit den Bürger(inne)n gemeinsam diskutieren zu können. Die zeitliche Wandelbarkeit von Akzeptanz wird anhand der Zweifel des weniger aktiv in die Thematik verstrickten Mitglieds, aber auch durch das weitere Engagement des aktiven Mitglieds, noch einmal deutlich. In beiden Fällen würde dies den anhaltenden Miteinbezug von Betroffenen und Beteiligten in die weiteren Planungen und eine transparente und verständliche Kommunikation bedeuten, um die Prozesse möglichst effizient zu gestalten. Partizipation kann in den Gesprächen mit der Bürgerinitiative ‚Jeinsen – Höchstspannungsleitungen unter die Erde' als ‚begleitende Maßnahme' nachgezeichnet werden, die auch eingefordert wird.

Doch wie gestaltet sich die Kommunikation und die Beteiligung einer Initiative, die den Stromnetzausbau tendenziell generell ablehnt?

4.2 Bürgerinitiative ‚Trassenwahn 17.01'

4.2.1 Ziele und Argumentationsweisen innerhalb der Website der Initiative

Die Startseite der Website der Bürgerinitiative ‚Trassenwahn 17.01' zeigt ein Bild von Bürger(innen) in Protestkleidung mit dem Schriftzug: „Wenn Unrecht zu Recht wird, wird Widerstand zur Pflicht!" (Bürgerinitiative ‚Trassenwahn 17.01' 2016, o. S.). Diese Botschaft wird von der Bildunterschrift gerahmt: „Wir, die Bürgerinitiative Trassenwahn 17.01, *kämpfen* im Interesse betroffener Bürger des Landkreises Neumarkt *gegen die sinnlose Zerstörung unserer Heimat durch die derzeitig geplante Gleichstromtrasse Süd-Ost!*" (Bürgerinitiative ‚Trassenwahn 17.01' 2016, o. S.). Die Zielsetzung der Initiative wird in einem ‚scharfen Ton' formuliert und lediglich durch die Einschränkung abgemildert: „Wir sind allerdings keinesfalls Gegner der geplanten Energie-Wende für regenerative Energien, welche in Deutschland per Gesetz verabschiedet wurde!" (Bürgerinitiative ‚Trassenwahn 17.01' 2016, o. S.). Die versorgungstechnische Notwendigkeit des Stromnetzausbaus wird vehement abgelehnt, jedoch eingeräumt, nicht gegen die Energiewende generell zu sein. Auch hier werden als zentrale Argumente gesundheitliche Befürchtungen vorgebracht: „Es liegen bisher keine fundierten Langzeitstudien über gesundheitliche Veränderungen durch entsprechende Stromleitungen in dieser Ausführung vor! Wir sind nicht bereit für derartige ‚Versuchszwecke' derartiger Untersuchungen genutzt zu werden!" (Bürgerinitiative ‚Trassenwahn 17.01' 2016, o. S.). Es folgen landschaftsästhetische Argumente: „Die Streckenführung führt zu einer totalen Zerstörung unseres geprägten Landschaftsbildes!" (Bürgerinitiative ‚Trassenwahn 17.01' 2016, o. S.). Natur- und umweltrelevante Argumentationsweisen (re)produzieren „die nachhaltige Zerstörung von Flora und Fauna" und die Zerstörung von „Nist- und Brutplätzen von Schwarzstörchen" (Bürgerinitiative ‚Trassenwahn 17.01' 2016, o. S.). Als ökonomische Befürchtungen ergeben sich „die Abwanderung von jungen Leuten aus den betroffenen Bereichen", womit „das Entwicklungspotential [...] [der] Regionen zum Erliegen kommt" (Bürgerinitiative ‚Trassenwahn 17.01' 2016, o. S.). Es besteht die Angst, dass eine „gigantische Vernichtung von Immobilienwerten erfolgt und damit zur Vernichtung von Bürgervermögen führ[t]" (Bürgerinitiative ‚Trassenwahn 17.01' 2016, o. S.). Insgesamt seien derzeitige Planungen bezüglich des Stromnetzausbaus „absolut nicht in Einklang mit der von der Bundesregierung geplanten Energie-Wende für regenerative Energien zu bringen" (Bürgerinitiative ‚Trassenwahn 17.01' 2016, o. S.). Ferner werden weitere Forderungen erhoben: „[d]as auf den Prüfstand stellen der generellen Notwendigkeit dieser umstrittenen Stromtrasse Ost-Süd" und „bei fundierter festgestellter Notwendigkeit dieser Stromtrasse, eine generelle Neuplanung und Gestaltung der Trassen, unter Einbezug der Bürgerinnen und Bürger aller betroffener Gemeinden!" (Bürgerinitiative ‚Trassenwahn 17.01' 2016, o. S.). Sollte die energiewirtschaftliche Notwendigkeit zweifelsfrei festgestellt werden, akzeptierten die Bürger(innen) „keinesfalls die Ausführung derartiger Leitungen in der geplanten Technik als ‚Freileitungen mit Mega-Masten'", sondern kämpften „mit allen Mitteln für eine bürger- und umweltverträgliche Erdverkabelung" (Bürgerinitiative ‚Trassenwahn 17.01' 2016, o. S.). Auch hier scheint eine Erdverkabelung unter bestimmten Umständen eine Lösungsmöglichkeit für die Bürger(innen) darzustellen. Inwieweit dies der Fall sein könnte, wird im Anschluss mithilfe der Gespräche beleuchtet.

4.2.2 Argumentationsmuster innerhalb der Interviews

Innerhalb der bayrischen Fallstudie wird auf die grundlegende Bedarfsfrage rekurriert. Durch den Zubau von Gaskraftwerken, Wind- und Solarenergie sei die Energieversorgung „ja eigentlich jetzt schon damit gedeckt, man bräuchte überhaupt keine HGÜ-Leitungen nach Bayern dazu für die Versorgungssicherheit" (Ip01). Den ‚zentralen' Strukturen eines Stromnetzausbaus stehe eine ‚dezentral' und regional gestaltete Energiewende gegenüber. „Hier geht es nicht um die Energiewende, hier geht es um den europäischen Stromhandel mit Atom- und Kohlestrom" (Ip01), wird kritisiert, wobei ein dezentral-regionaler Ansatz der Ausgestaltung „der Ansatz wäre, die Energiewende auch real zu schaffen" (Ip02). Die Bürger(innen) sehen sich der Politik im Bündnis mit den Übertragungsnetzbetreibern gegenübergestellt und gründen ihre Annahmen auf die simple Logik: „Politiker wollen wiedergewählt werden, Netzbetreiber wollen Geld verdienen" (Ip02). Um das Szenario einer dezentralen und regionalen Energiewende in Form einer „kommunal gesteuerten Energieversorgung" (Ip02) zu ermöglichen, erscheint dem Befragten als wesentlicher Baustein die Entwicklung von Speichertechnologien. Im Umkehrschluss werde durch eine zentral gesteuerte Energieversorgung mittels großer Nord-Süd-Trassen „Speichertechnologie nicht weiter vorangetrieben" (Ip01). Die Energiewende erscheint aufgrund der einseitigen Vereinnahmung der Wertschöpfungsprozesse durch die Netzbetreiber „skurril und suspekt" und „letztendlich zahlt dann wieder der Bürger den Netzausbau" (Ip02). Auch hier wird eine Erdverkabelung in enger Relation mit den Auswirkungen von Freileitungen gesehen. Wegen der gesundheitlichen Gefährdung durch „elektromagnetische Felder" und „ionisierende Partikel" (Ip02), die mit einer Freileitung verknüpft sind, scheint eine Umsetzung der Trassen mittels Erdkabel „aus gesundheitlichen Aspekten sicherlich zu begrüßen" zu sein (Ip01). Die technisch-ökonomischen Aspekte einer Erdverkabelung werden hingegen durchgehend kritisch bewertet. Für die Umsetzung der Leitungen in Form einer Erdverkabelung gebe es „ein bestimmtes Budget", das zu gering kalkuliert nicht ausreiche, womit der „überwiegende Teil [...] weiter Freileitung sein" (Ip01) würde. Hinsichtlich der visuellen Auswirkungen wird Erdverkabelung auch hier als weniger störend empfunden als Freileitungen. Jedoch bleibe bei einer Erdverkabelung „die Schneise im Wald auch erhalten" (Ip01). Da viele „Äcker oder Waldflächen von den [unterirdischen] Leitungen betroffen" sein würden, spreche sich der Bauernverband derzeit außerdem „eindeutig für Freileitungen aus" (Ip01), was neue Konfliktpotentiale vermuten lässt.

4.2.3 Partizipation und Akzeptanz

Hinsichtlich der anfänglichen Impulse, eine Bürgerinitiative zu gründen, erläutert einer der Befragten, „dass solchen Organisationen dann auch wirklich nur – zumindest zuerst – Personen beitreten, die das dann direkt betrifft" (Ip02). Auch im Fall der Initiative ‚Trassenwahn 17.01' seien die Betroffenen lediglich unzureichend über das Vorhaben informiert worden. Die Bürger(innen) hätten von dem Vorhaben durch die „Regionalzeitung" (Ip01) erfahren. Aufgebracht durch die „Überrumpelung der Netzbetreiber" (Ip02) hätten die Mitglieder der Initiative selbstständig hinterfragt, „was hinter dieser Höchstspannungsübertragungsleitung steckt" (Ip01). Versuche der Politik und des Netzbetreibers, im Nachhinein „irgendwie Bürgernähe vielleicht zu zeigen" (Ip02), blieben begrenzt. Zu Beginn hätten die Befragten „noch geglaubt, dass der Bürger hier etwas bewirken kann, dass der Bürger sich hier auch durchsetzen kann" (Ip01). Die Bürger(innen) seien lediglich „immer wieder auf die Konsultationsmöglichkeiten im Netzentwicklungsplan hingewiesen" worden (Ip01). Eine geringe Verbindlichkeit von Ergebnissen und eine mangelnde Transparenz von Veranstaltungen werden kritisiert. Der bayerische ‚Energiedialog' wurde zwar durch die Bürgerinitiative begleitet, was jedoch als „Pseudobürgerveranstaltung" und „Bürgerberuhigungsmaßnahmen" (Ip01) wahrgenommen wurde. Erfahrungen wie diese lassen Partizipation für die Befragten sinnlos erscheinen, womit Beteiligung generell infrage gestellt wird. Wenn solche Veranstaltungen angeboten würden, „dann setzt man aber auch die Ergebnisse ernsthaft um" (Ip01). Es wird eine direkte Mitsprache und eine Verlagerung der Legitimationsgrundlagen in den kommunalen Kontext gewünscht. Oberstes Ziel dieser Bürgerinitiative bleibt die „Verhinderung der unnötigen Stromtrasse" (Ip02). Es gehe um das „Prinzip an sich […] und da haben wir verloren, es haben sich die zentralen Strukturen durchgesetzt" (Ip01). Die Bürgerinitiative könne „weder Freileitung noch Erdverkabelung gut heißen" (Ip02). Erdverkabelung wird vor diesem Hintergrund als ‚Akzeptanzbeschaffungsmaßnahme' konstruiert und weitestgehend negativ bewertet. Innerhalb der Bürgerinitiative gebe es Mitglieder, „welche mit Erdverkabelung zufrieden" seien und deswegen auch ein bisschen „stiller geworden sind" (Ip01). Dies betreffe jedoch „nicht die Mehrheit der BI und nicht die Mehrheit der hier betroffenen Bürger" (Ip01). Aktive Mitglieder „verfechten das Ganze umso vehementer" (Ip01) und haben das Ziel, „nach wie vor diese Trasse zu verhindern" (Ip02). Einer der Befragten sieht die Möglichkeit der Erdverkabelung im Zuge einer dezentralen und regionalen Energieversorgung und einem damit verbundenen Netzausbau: „wenn Erdverkabelung für uns, dann nur im Verteilerstrombereich" (Ip01). Würden diese weiterhin avisierten „zentralen Strukturen" geschaffen, wäre dies aus Sicht der Bürgerinitiative „erst der Anfang. Dann wird es weitergehen" (Ip01): Bezüglich zukünftiger Aktivitäten deuten die Befragten deshalb an, es werde „nach wie vor zu Protesten kommen" (Ip02). Die unterschiedliche Involviertheit der befragten Personen bewirkt in dieser Fallstudie keinen Unterschied in der Abstufung der Argumentation um die potentielle Akzeptierbarkeit einer Erdverkabelung. Die Sinnhaftigkeit des Stromnetzausbaus bleibt generell angezweifelt. Angebotene Partizipationsmöglichkeiten werden als am Bürgerwillen vorbeigehend gerahmt und haben nicht zu einer Akzeptanz der Trassenvorhaben bei den interviewten Mitgliedern der Bürgerinitiative geführt.

4.3 Zusammenfassender Vergleich

Wie lassen sich die Ergebnisse der beiden Fallstudien nun einordnen? Den Ausgangs- und Ankerpunkt der Diskussion um den Netzausbau bildet die ‚Energiewende' (siehe hierzu Abbildung 2[5]), die den ‚Akzeptanzkontext' konturiert (allgemein Lucke 1995). Während die Bürgerinitiative ‚Jeinsen – Höchstspannungsleitungen unter die Erde' Notwendigkeiten eines Stromnetzausbaus mit großen Nord-Süd-Trassen akzeptiert, votiert die Initiative ‚Trassenwahn 17.01' für eine dezentrale und regionale Energieversorgung. Auch wenn die Energiewende insgesamt als ‚dezentral' umgesetzt gelten kann, werden argumentativ aus Sicht der Befragten ‚zentrale' und ‚dezentrale' Energiewende einander gegenüber gestellt – also aus subjektorientierter Perspektive. Das zentrale Argument zur Umsetzung des Stromnetzausbaus auf einer überregionalen Ebene besteht in der Gewährleistung der Versorgungssicherheit, das von der Bürgerinitiative ‚Jeinsen – Höchstspannungsleitungen unter die Erde' auch weitestgehend akzeptiert wird. Innerhalb der Argumentation für eine ‚dezentrale' und damit ‚regional-kommunale' Ausgestaltung der ‚Energiewende' sehen Befragte der Initiative ‚Trassenwahn 17.01' die Weiterentwicklung von Speichertechnologien als ausschlaggebenden Aspekt an, um die Versorgungssicherheit auch langfristig garantieren zu können.

Wenn die Frage der Gewährleistung der Versorgungssicherheit geklärt ist, erfolgt die Auseinandersetzung mit der Dimensionierung jeweils benötigter Netzinfrastruktur. Bürger(innen) sehen die Möglichkeiten, neue Stromleitungen zu errichten oder bereits bestehende Bestandsleitungen zu optimieren. Sollte der Zubau von Leitungen unumgänglich sein und zweifelsfrei nachgewiesen werden, kann anschließend die Frage konkreter Umsetzungsvarianten geklärt werden: die nach derzeitigem technischen Stand mögliche Umsetzung durch Freileitungen oder Erdverkabelung. Während innerhalb der bayerischen Bürgerinitiative lediglich Erdverkabelung im Verteilnetz regional eine Option darstellt, plädieren die Bürger(innen) innerhalb der niedersächsischen Fallstudie für eine Umsetzung der Stromtrassen durch eine Erdverkabelung im Übertragungsnetzbereich. Freileitungen werden in beiden Fallstudien vehement abgelehnt.

---

5 Grafisch werden zentrale Argumentationsmuster, deren Ablauf sowie aus Sicht der Bürgerinitiativen alternative Wege aufgezeigt, um den Netzausbau innerhalb der Energiewende auszugestalten. Der schwarz gestrichelte Weg stellt den bisher eingeschlagenen Pfad der Planungen bezüglich des Stromnetzausbaus dar.

Erdverkabelung und Partizipation

Abbildung 2 Zusammenfassung der zentralen Ergebnisse der empirischen Studie als ein Prozess in der kausalen Abfolge der Diskutierbarkeit notweniger Schritte und Alternativen aus Sicht der befragten Personen

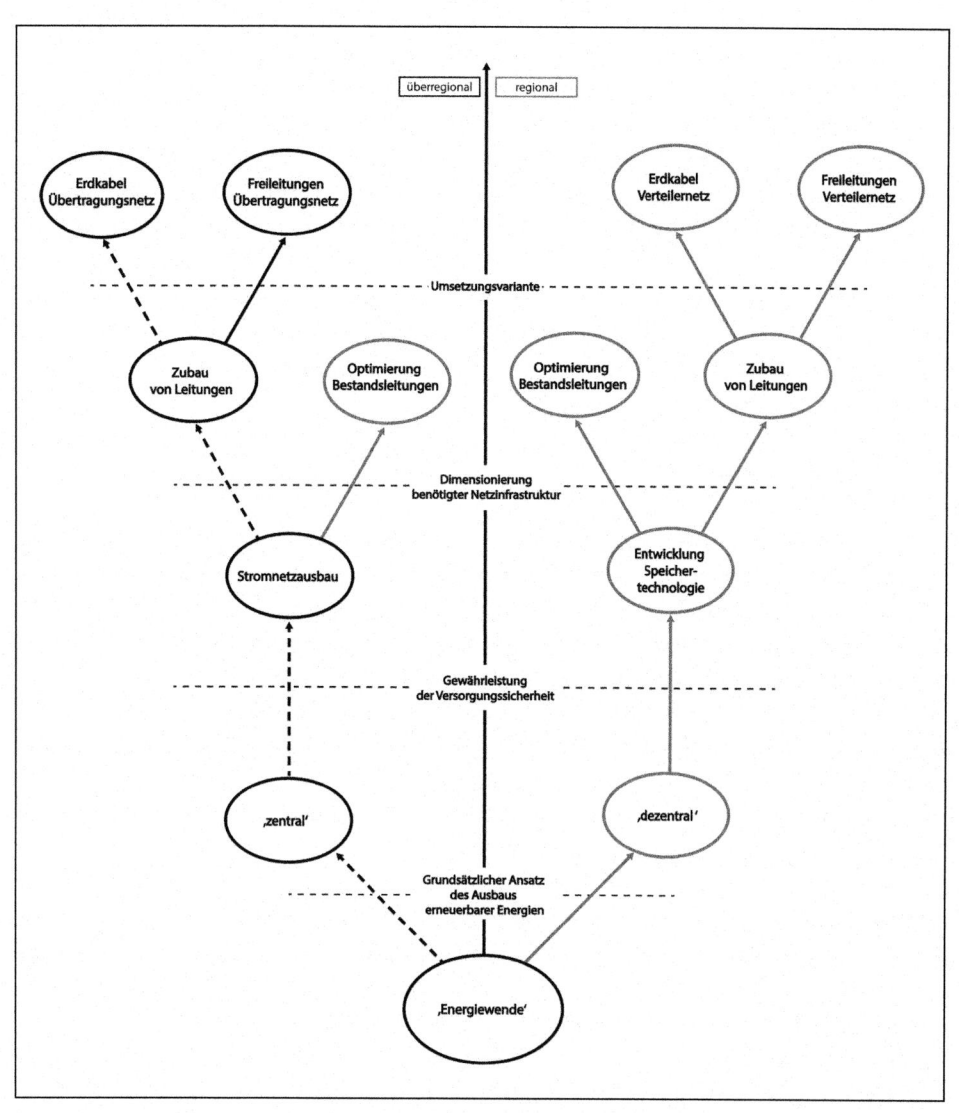

Quelle: Eigene Darstellung

Die herausgestellte Argumentationsabfolge kann eine gewisse Struktur für die Abstimmung der Partizipationsmaßnahmen (Lucke 1995; Michelsen und Walter 2013) mit dem Prozess des Stromnetzausbaus bieten. In beiden Fallstudien fordern die Bürger(innen) eine umfangreichere Einbindung, da bisherige Partizipationsmöglichkeiten von allen Befragten als unzureichend empfunden werden. Zur Herausforderung wird aber bereits der Ausgangspunkt: Wie sich zeigt (Abbildung 2), beginnen sich die unterschiedlichen ‚Argumentationszusammenhänge' schon in der Diskussion um den grundsätzlichen Zugang zum Ausbau erneuerbarer Energien und des Stromnetzes herauszubilden. Wird die Notwendigkeit neuer Trassen im Übertragungsnetz anerkannt, kann über Wege der Umsetzung gerungen werden, beispielsweise zugunsten von Erdverkabelungen. Wird hingegen der überregionale Netzausbau im Übertragungsnetz als nicht erforderlich abgelehnt, können auch weitreichende Partizipationsmöglichkeiten schwerlich zu gemeinsamen Ergebnissen und noch weniger zur Akzeptanz des Netzausbaus führen.

5   Fazit und Ausblick

Erdkabel und ausführliche Partizipation als Schlüssel zum Gelingen des Stromnetzausbaus im Zuge der Energiewende? Anhand der beiden untersuchten niedersächsischen und bayerischen Fallstudien wurde deutlich, dass Partizipation die Akzeptanz des Stromnetzausbaus mittels einer Umsetzung in Form von Erdverkabelungen befördern *kann,* aber nicht *muss*, wenn der Netzausbau als in Gänze nicht erforderlich zurückgewiesen wird. Der ‚Kontext', vor dem eine Partizipation durchgeführt wird, spielt für die spätere subjektive Wahrnehmung des Stromnetzausbaus als ‚Akzeptanzobjekt' (Lucke 1995) und dementsprechend für den Grad an ‚subjektiv gebundener Akzeptanz' (Lucke 1995) innerhalb der Entwicklung zu einer „Selbstgestaltungsgesellschaft" (Michelsen und Walter 2013) eine wichtige Rolle, soll die ‚Güte der Entscheidungen' innerhalb der Umsetzung energiepolitischer Maßnahmen verbessert werden (Schweizer und Renn 2013). Unterschiedlich ‚sozial konstruierte Wirklichkeiten' der Bürger(innen) (Berger und Luckmann 1966) zeigen sich in den divergent begründeten generellen Ansätzen einer Ausgestaltung der Energiewende – entweder mit Stromnetzausbau oder dezentral-regional –, die alltagsweltlich hohe Wirksamkeit erlangen (vgl. Weber 2015). Sie fördern somit auch die unterschiedlich festgestellten Verhaltensweisen der Bürger(innen) gegenüber Erdverkabelungen und Partizipationsveranstaltungen. Diese teilgesellschaftlich durchaus verfestigten Wert- und Normvorstellungen (vgl. Kühne 2008, 2013) bezüglich der Energiewende und des Stromnetzausbaus kollidieren mit andersartigen Vorstellungen einer Umsetzung, wodurch die Unsicherheiten bezüglich der Konsequenzen des Vorhabens zur konfliktären Auseinandersetzung mit den Planungen führen kann (vgl. Bauman 2000). Ausschlaggebend ist außerdem, *wie* das Thema ‚transportiert' wird. Aufgrund der anfänglichen Kommunikation des Ausbaus der Übertragungsnetze eher in Form von Information (Stufe 1) der Bürger(innen) bezüglich der Vorhaben (vgl. Arbter et al. 2005), die entweder als ‚Überrumpelungstaktik' oder ‚bloße Information' wahrgenommen wurde, haben Bürger(innen) begonnen, Interessen (Nissen 1998) gegenüber der Politik und den Übertragungsnetzbetreibern zu begründen (Hirschfeld und Heidrich 2013), ein eigenes Bild vom Stromnetzausbau zu entwerfen und mit Argumenten zu belegen. Die formellen Freiheitsgrade bezüglich einer umfangreichen Miteinbindung in die Planungen (Bauer 2015) wurden aus Sicht der Bürger(innen) nicht ausreichend oder zu spät genutzt.

Das Streben beider Initiativen nach einer tieferen Beteiligung (Stufen 2 und 3) untermauert, dass die ‚bloße' Information über das Vorhaben bei aktiver Betroffenheit als nicht ausreichend empfunden wird (vgl. Weber et al. 2016; hierzu auch Roßmeier et al. 2018 in diesem Band). Negative (Vor)Prägungen färben auch die Wahrnehmung zukünftiger Partizipationsveranstaltungen. Es liegt also nahe, diese von Anfang an auf die zeitliche Abfolge eines gesamtgesellschaftlichen Projektes wie der Energiewende abzustimmen (vgl. Neugebauer und Stöglehner 2014) und so zu gestalten, dass sie von den Partizipierenden nicht als ‚leere Floskeln' innerhalb der Planungsabläufe wahrgenommen werden. Die teilweise generelle Ablehnung der energiewirtschaftlichen und politischen Notwendigkeit des Netzausbaus kann aktuell als eine der zentralen Herausforderungen des Stromnetzausbaus aufgefasst werden. Sind hingegen erste Tendenzen einsetzender Zustimmung, unter anderem mittels der Aussicht auf Erdverkabelungen, erkennbar, kann die Grundlage für eine weiterreichende Akzeptanz beziehungsweise zumindest ‚Hinnahme' des Netzausbaus geschaffen werden. Erste Zweifel an der generellen Notwendigkeit des Stromnetzausbaus trotz anfänglicher Forderung einer Erdverkabelung und das fortlaufende Engagement trotz Befriedung verdeutlichen die zeitliche Wandelbarkeit des Akzeptanzkontextes, der Akzeptanzobjekte sowie des Akzeptanzsubjektes selbst (Lucke 1995). Dieser ‚Wandel von Akzeptanz' fordert innerhalb der derzeitigen gesellschaftlichen Entwicklungen Deutschlands (vgl. Lucke 1995; vgl. Michelsen und Walter 2013) mehr denn je die anhaltende Auseinandersetzung mit zivilgesellschaftlichen Widerständen, da subjektiv gebundene Akzeptanz nicht als stabil und vor allem nicht mehr als selbstverständlich erwartet werden kann. Eine regelmäßige Einbindung von Bürger(inne)n in die gesamte Projektlaufzeit erscheint daher sinnvoll, ist aber gleichzeitig nicht ohne Herausforderungen umzusetzen. Auch wenn eine Erdverkabelung positiv wahrgenommen wird, vermindert dies – soweit feststellbar – nicht zwingend die Aktivitäten innerhalb von Initiativen, sondern transformiert diese vielmehr in eine Art ‚Wächterinstitution'.

Vor dem Hintergrund des unterschiedlichen Agierens der Bürgerinitiativen ergeben sich zahlreiche weitere Fragen. Wie werden sich Bürgerinitiativen künftig verhalten, die den Netzausbau generell ablehnen? Innerhalb der bayrischen Fallstudie scheinen zwar einige Mitglieder durch eine Erdverkabelung ‚befriedbar', doch verteidigen andere Bürger(innen) umso vehementer eine ‚dezentral und regional organisierte Energiewende'. Hier stellt sich die Frage, wie eine Konfliktregelung aussehen könnte. Auch innerhalb der Umsetzung einer Erdverkabelung deuten sich unter anderem aufgrund landwirtschaftlicher Debatten neue Konfliktpotentiale an. Wie wird die konkrete Umsetzung des Netzausbaus hiervon betroffen sein?

Literatur

Agentur für Erneuerbare Energien. (2016). Repräsentative Umfrage: Weiterhin Rückenwind für Erneuerbare Energien. https://www.unendlich-viel-energie.de/presse/pressemitteilungen/repraesentative-umfrage-weiterhin-rueckenwind-fuer-erneuerbare-energien. Zugegriffen 08.05.2017.

Arbter, K., Handler, M., Purker, E., Tappeiner, G. & Trattnigg, R. (Bundesministerium für Land- und Forstwirtschaft, Umwelt und Wasserwirtschaft & Österreichische Gesellschaft für Umwelt und Technik, Hrsg.). (2005). Das Handbuch Öffentlichkeitsbeteiligung. Die Zukunft gemeinsam gestalten. http://www.oegut.at/downloads/pdf/part_hb-oeff-beteiligung.pdf. Zugegriffen 28.06.2017.

Aschenbrand, E., Kühne, O. & Weber, F. (2017). Rohstoffgewinnung in Deutschland: Auseinandersetzungen und Konflikte. Eine Analyse aus sozialkonstruktivistischer Perspektive. *UmweltWirtschaftsForum,* online first. doi:10.1007/s00550-017-0438-7

Bauer, C. (2015). Stiftung von Legitimation oder Partizipationsverflechtungsfalle. Welche Folgen hat die Öffentlichkeitsbeteiligung beim Stromnetzausbau? *der moderne Staat – dms: Zeitschrift für Public Policy, Recht und Management 8* (2), 273–293.

Bauman, Z. (2000). *Die Krise der Politik. Fluch und Chance einer neuen Öffentlichkeit.* Hamburg: Hamburger Edition.

Bayerische Staatsregierung. (2015). Bayerns Energieministerin Ilse Aigner zum heutigen Beschluss des Bundeskabinetts zu Erdkabeln. Pressemitteilung. http://www.bayern.de/bayerns-energieministerin-ilse-aigner-zum-heutigen-beschluss-des-bundeskabinetts-zu-erdkabeln. Zugegriffen 03.07.2017.

Becker, S. & Naumann, M. (2018). Energiekonflikte erkennen und nutzen. In O. Kühne & F. Weber (Hrsg.), *Bausteine der Energiewende* (S. 509–522). Wiesbaden: Springer VS.

Beckmann, K. J., Gailing, L., Hülz, M., Kemming, H., Leibenath, M., Libbe, J. & Stefansky, A. (2013). Räumliche Implikationen der Energiewende. Positionspapier. Difu-Papers. https://shop.arl-net.de/media/direct/pdf/_difu-paper-positionspapier-r11.pdf. Zugegriffen 28.06.2017.

Berger, P. L. & Luckmann, T. (1966). *The Social Construction of Reality. A Treatise in the Sociology of Knowledge.* New York: Anchor books.

BMUB & UBA (Hrsg.). (2017). *Umweltbewusstsein in Deutschland 2016. Ergebnisse einer repräsentativen Bevölkerungsumfrage.* Berlin: Selbstverlag.

Bundesnetzagentur. (2017). Fragen & Antworten zum Netzausbau. https://www.netzausbau.de/SharedDocs/Downloads/DE/Publikationen/FAQ.pdf?__blob=publicationFile. Zugegriffen 19.05.2017.

Bürgerinitiative ‚Jeinsen'. (2016). Herzlich Willkommen auf der Homepage der Bürgerinitiative Jeinsen – Höchstspannungsleitungen unter die Erde. www.bi-jeinsen-pro-erdkabel.de. Zugegriffen 02. 05. 2016.

Bürgerinitiative ‚Trassenwahn 17.01'. (2016). Startseite. http://www.trassenwahn1701.de/. Zugegriffen 03. 05. 2017.

Deutscher Bundestag. (2012). Der Einstieg zum Ausstieg aus der Atomenergie. https://www.bundestag.de/dokumente/textarchiv/2012/38640342_kw16_kalender_atomaustieg/208324. Zugegriffen 28. 06. 2017.

EEG. (2017). Gesetz für den Ausbau erneuerbarer Energien (Erneuerbare-Energien-Gesetz – EEG 2017). http://www.gesetze-im-internet.de/eeg_2014/BJNR106610014.html. Zugegriffen 24. 05. 2017.

Eichenauer, E., Reusswig, F., Meyer-Ohlendorf, L. & Lass, W. (2018). Bürgerinitiativen gegen Windkraftanlagen und der Aufschwung rechtspopulistischer Bewegungen. In O. Kühne & F. Weber (Hrsg.), *Bausteine der Energiewende* (S. 633–651). Wiesbaden: Springer VS.

Forschungsgruppe UmweltPsychologie. (2010). Abschlussbericht. „Umweltpsychologische Untersuchung der Akzeptanz von Maßnahmen zur Netzintegration Erneuerbarer Energien in der Region Wahle-Mecklar (Niedersachsen und Hessen)". http://www.forum-netzintegration.de/uploads/media/Abschlussbericht_Akzeptanz_Netzausbau_Juni2010.pdf. Zugegriffen 04. 07. 2017.

Gailing, L. (2018). Die räumliche Governance der Energiewende: Eine Systematisierung der relevanten Governance-Formen. In O. Kühne & F. Weber (Hrsg.), *Bausteine der Energiewende* (S. 75–90). Wiesbaden: Springer VS.

Gailing, L. & Leibenath, M. (Hrsg.). (2013). *Neue Energielandschaften – Neue Perspektiven der Landschaftsforschung*. Wiesbaden: Springer VS.

Gailing, L. & Röhring, A. (2015). Was ist dezentral an der Energiewende? Infrastrukturen erneuerbarer Energien als Herausforderungen und Chancen für ländliche Räume. *Raumforschung und Raumordnung 73* (1), 31–43.

Hirschfeld, M. & Heidrich, B. (2013). Die Bedeutung regionaler Governance-Prozesse für den Ausbau des Höchstspannungsnetzes. *Arbeitsberichte der ARL* (5), 94–113. http://www.econstor.eu/bitstream/10419/87641/1/771015879.pdf. Zugegriffen 22. 12. 2014.

Hübner, G. & Hahn, C. (2013). *Akzeptanz des Stromnetzausbaus in Schleswig-Holstein. Abschlussbericht zum Forschungsprojekt*. Halle.

Kamlage, J.-H., Nanz, P. & Fleischer, B. (2014). Dialogorientierte Bürgerbeteiligung im Netzausbau. In H. Rogall, H.-C. Binswanger, F. Ekardt, A. Grothe, W.-D. Hasenclever, I. Hauchler et al. (Hrsg.), *Im Brennpunkt: Die Energiewende als gesellschaftlicher Transformationprozess* (Jahrbuch Nachhaltige Ökonomie, Bd. 4, S. 195–216). Marburg: Metropolis Verlag.

Kühne, O. (2008). *Distinktion – Macht – Landschaft. Zur sozialen Definition von Landschaft*. Wiesbaden: VS Verlag für Sozialwissenschaften.

Kühne, O. (2013). *Landschaftstheorie und Landschaftspraxis. Eine Einführung aus sozialkonstruktivistischer Perspektive*. Wiesbaden: Springer VS.

Kühne, O. (2017). *Zur Aktualität von Ralf Dahrendorf. Einführung in sein Werk* (Aktuelle und klassische Sozial- und Kulturwissenschaftler|innen). Wiesbaden: Springer VS.

Kühne, O. (2018). ‚Neue Landschaftskonflikte' – Überlegungen zu den physischen Manifestationen der Energiewende auf der Grundlage der Konflikttheorie Ralf Dahrendorfs. In O. Kühne & F. Weber (Hrsg.), *Bausteine der Energiewende* (S. 163–186). Wiesbaden: Springer VS.

Kühne, O., Weber, F. & Jenal, C. (2016). Der Stromnetzausbau in Deutschland: Formen und Argumente des Widerstands. *Geographie aktuell und Schule 38* (222), 4–14.

Langer, K. (2018). Frühzeitige Planungskommunikation – ein Schlüssel zur Konfliktbewältigung bei der Energiewende? In O. Kühne & F. Weber (Hrsg.), *Bausteine der Energiewende* (S. 539–556). Wiesbaden: Springer VS.

Langer, K., Kühne, O., Weber, F., Jenal, C., Sanio, T. & Igel, M. (2016). *Analyse des öffentlichen Diskurses zu gesundheitlichen Auswirkungen von Hochspannungsleitungen – Handlungsempfehlungen für die strahlenschutzbezogene Kommunikation beim Stromnetzausbau. Werkzeugkasten.* Salzgitter: Handreichung, die per Mail beim Bundesamt für Strahlenschutz angefragt werden kann.

Leibenath, M. & Lintz, G. (2018). Streifzug mit Michel Foucault durch die Landschaften der Energiewende: Zwischen Government, Governance und Gouvernementalität. In O. Kühne & F. Weber (Hrsg.), *Bausteine der Energiewende* (S. 91–107). Wiesbaden: Springer VS.

Lucke, D. (1995). *Akzeptanz. Legitimität in der „Abstimmungsgesellschaft".* Opladen: Leske + Budrich.

Lüttringhaus, M. (2000). *Stadtentwicklung und Partizipation.* Bonn: Stiftung Mitarbeit.

Mayring, P. (2000). Qualitative Inhaltsanalyse. *FQS – Forum Qualitative Sozialforschung 1* (2). 28 Absätze. http://www.qualitative-research.net/index.php/fqs/article/view/1089/2383. Zugegriffen 28. 01. 2016.

Mayring, P. (2002). *Einführung in die qualitative Sozialforschung. Eine Anleitung zu qualitativem Denken* (5. Aufl.). Weinheim: Beltz.

Mayring, P. (2003). *Qualitative Inhaltsanalyse: Grundlagen und Techniken.* Weinheim: Beltz.

Mayring, P. (2007). Qualitative Inhaltsanalyse. In U. Flick, E. v. Kardorff & I. Steinke (Hrsg.), *Qualitative Forschung. Ein Handbuch* (S. 468–475). Reinbek bei Hamburg: Rowohlt.

Michelsen, D. & Walter, F. (2013). *Unpolitische Demokratie. Zur Krise der Repräsentation* (Edition Suhrkamp, Bd. 2668, 1. Aufl.). Berlin: Suhrkamp.

Neugebauer, G. & Stöglehner, G. (2014). Bürgerbeteiligung an der Energiewende – Beispiele aus Österreich. In Bund Heimat und Umwelt in Deutschland (BHU) (Hrsg.), *Energielandschaften gestalten. Leitlinien und Beispiele für Bürgerpartizipation* (S. 131–139). Bonn: Selbstverlag.

Neukirch, M. (2014). Konflikte um den Ausbau der Stromnetze. Status und Entwicklung heterogener Protestkonstellationen. SOI Discussion Paper 2014-01. http://www.uni-stuttgart.de/soz/oi/publikationen/soi_2014_1_Neukirch_Konflikte_um_den_Ausbau_der_Stromnetze.pdf. Zugegriffen 09.05.2016.

Nissen, U. (1998). *Kindheit, Geschlecht und Raum. Sozialisationstheoretische Zusammenhänge geschlechtsspezifischer Raumaneignung*. Weinheim: Beltz Juventa.

Riegel, C. & Brandt, T. (2015). Eile mit Weile – Aktuelle Entwicklungen beim Netzausbau. *ARL-Nachrichten 45* (2), 10–16.

Ropohl, G. (2009). *Allgemeine Technologie. Eine Systemtheorie der Technik*. Karlsruhe: Universitätsverlag Karlsruhe.

Roßmeier, A., Weber, F. & Kühne, O. (2018). Wandel und gesellschaftliche Resonanz – Diskurse um Landschaft und Partizipation beim Windkraftausbau. In O. Kühne & F. Weber (Hrsg.), *Bausteine der Energiewende* (S. 653–679). Wiesbaden: Springer VS.

Schweizer, P.-J. & Renn, O. (2013). Partizipation in Technikkontroversen: Panakeia für die Energiewende. *Technikfolgenabschätzung – Theorie und Praxis 22* (2), 42–47.

Stegert, P. & Klagge, B. (2015). Akzeptanzsteigerung durch Bürgerbeteiligung beim Übertragungsnetzausbau? Theoretische Überlegungen und empirische Befunde. *Geographische Zeitschrift 103* (3), 171–190.

Stemmer, B. & Kaußen, L. (2018). Partizipative Methoden der Landschafts(bild)bewertung – Was soll das bringen? In O. Kühne & F. Weber (Hrsg.), *Bausteine der Energiewende* (S. 489–507). Wiesbaden: Springer VS.

Walk, H., Müller, M. & Rucht, D. (2015). PROMETHEUS. Menschen in sozialen Transformationen am Beispiel der Energiewende. Eine Literaturstudie im Auftrag der 100 prozent erneuerbar stiftung. http://www.soziale-energiewende.de/wp-content/uploads/2016/02/Prometheus_2015.pdf.

Weber, F. (2013). *Naturparke als Manager einer nachhaltigen Regionalentwicklung. Probleme, Potenziale und Lösungsansätze*. Wiesbaden: Springer VS.

Weber, F. (2015). Diskurs – Macht – Landschaft. Potenziale der Diskurs- und Hegemonietheorie von Ernesto Laclau und Chantal Mouffe für die Landschaftsforschung. In S. Kost & A. Schönwald (Hrsg.), *Landschaftswandel – Wandel von Machtstrukturen* (S. 97–112). Wiesbaden: Springer VS.

Weber, F. (2018). Von der Theorie zur Praxis – Konflikte denken mit Chantal Mouffe. In O. Kühne & F. Weber (Hrsg.), *Bausteine der Energiewende* (S. 187–206). Wiesbaden: Springer VS.

Weber, F. & Kühne, O. (2016). Räume unter Strom. Eine diskurstheoretische Analyse zu Aushandlungsprozessen im Zuge des Stromnetzausbaus. *Raumforschung und Raumordnung 74* (4), 323–338. doi:10.1007/s13147-016-0417-4

Weber, F., Kühne, O., Jenal, C., Sanio, T., Langer, K. & Igel, M. (2016). Analyse des öffentlichen Diskurses zu gesundheitlichen Auswirkungen von Hochspannungsleitungen – Handlungsempfehlungen für die strahlenschutzbezogene Kommunikation beim Stromnetzausbau. Ressortforschungsbericht. https://doris.bfs.de/jspui/bitstream/urn:nbn:de:0221-2016050414038/3/BfS_2016_3614S80008.pdf. Zugegriffen 12.07.2017.

Weber, F., Roßmeier, A., Jenal, C. & Kühne, O. (2017). Landschaftswandel als Konflikt. Ein Vergleich von Argumentationsmustern beim Windkraft- und beim Stromnetzausbau aus diskurstheoretischer Perspektive. In O. Kühne, H. Megerle & F. Weber (Hrsg.), *Landschaftsästhetik und Landschaftswandel* (S. 215–244). Wiesbaden: Springer VS.

Tobias Sontheim studierte Landschaftsarchitektur mit Schwerpunkt Stadtplanung an der Hochschule Weihenstephan/Triesdorf in Freising und studiert derzeit im Master Humangeographie an der Eberhard Karls Universität Tübingen. Er arbeitete von 2015 bis 2016 als studentische Hilfskraft für Prof. Dr. Dr. Olaf Kühne zu den Themen Stromnetzausbau und Landschaftsbildanalysen. Weiterhin war er von 2015 bis 2016 bei Prof. Kerstin Langer als studentische Hilfskraft zum Thema Partizipation in der Planung tätig. Seit 2016 arbeitet er als wissenschaftliche Hilfskraft in der Arbeitsgruppe Stadt- und Regionalentwicklung an der Eberhard Karls Universität Tübingen.

Florian Weber studierte Geographie, Betriebswirtschaftslehre, Soziologie und Publizistik an der Johannes Gutenberg-Universität Mainz. An der Friedrich-Alexander-Universität Erlangen-Nürnberg promovierte er zu einem Vergleich deutsch-französischer quartiersbezogener Stadtpolitiken aus diskurstheoretischer Perspektive. Von 2012 bis 2013 war Florian Weber als Projektmanager in der Regionalentwicklung in Würzburg beschäftigt. Anschließend arbeitete er an der TU Kaiserslautern innerhalb der grenzüberschreitenden Zusammenarbeit im Rahmen der Universität der Großregion und als wissenschaftlicher Mitarbeiter und Projektkoordinator an der Hochschule Weihenstephan-Triesdorf. Seit Oktober 2016 ist er als Akademischer Rat an der Eberhard Karls Universität Tübingen tätig. Seine Forschungsschwerpunkte liegen in der Diskurs- und Landschaftsforschung, erneuerbaren Energien sowie quartiersbezogenen Stadtpolitiken und Stadtentwicklungsprozessen im internationalen Vergleich.

# Der Ausbau der Windenergie: planerische Grundlagen, Herausforderungen und Potenziale

Bürgerinitiativen gegen Windkraftanlagen und der Aufschwung rechtspopulistischer Bewegungen

Eva Eichenauer, Fritz Reusswig, Lutz Meyer-Ohlendorf und Wiebke Lass

Abstract

Trotz allgemein hoher Zustimmung zur Energiewende mehren sich die Proteste gegen ihre Umsetzungsprojekte, allen voran gegen Windkraftanlagen. Parallel dazu hat sich in den letzten Jahren mit der *Alternative für Deutschland* (AfD) eine Partei im politischen System Deutschlands etabliert, die nicht nur durch ihre rechtspopulistischen Haltungen in Bezug auf die Flüchtlingsdebatte auffällt, sondern sich auch offen gegen die Energiewende und den weiteren Ausbau von erneuerbaren Energien, in hohem Maße Windkraftanlagen, positioniert. Eine eigene bundesweit durchgeführte Repräsentativbefragung im Dezember 2016 hat ergeben, dass rund 44 % derjenigen, die die Energiewende ablehnen, der AfD im Falle einer Bundestagswahl ihre Stimme geben würden. Zwar zeigen sich bei genauerer Betrachtung der Argumente von Bürgerinitiativen und dem Programm der AfD nur wenige inhaltliche Überschneidungen. Parallelen werden jedoch sichtbar, wenn man die Vorgehensweisen und Argumente auf ihren populistischen Gehalt hin überprüft.

Keywords

Energiewende, Populismus, Rechtspopulismus, Bürgerinitiativen, Proteste gegen Windkraftanlagen, Demokratisierung

1 Einleitung

Zunehmend mehren sich die Proteste gegen Bauprojekte der Energiewende, allen voran gegen Windkraftanlagen. Nicht nur quantitativ erlangen die Proteste, zumeist angeführt von lokalen Bürgerinitiativen, an Gewicht. Die Proteste professionalisieren sich zunehmend und die lokalen Initiativen vernetzen sich in überregionalen, teils sogar bundesweiten Zusammenschlüssen. Parallel dazu hat sich in den letzten Jahren mit der AfD *(Alternative für Deutschland)* eine Partei im politischen System etabliert, die nicht nur durch ihre rechtspopulistischen Haltungen in Bezug auf die Flüchtlingsdebatte auffällt, sondern sich auch offen gegen Klimaschutz und Energiewende sowie den weiteren Ausbau von erneuerbaren Energien positioniert (vgl. auch Brunnengräber 2018 in diesem Band). Zu kurz greift allerdings die Vermutung, die AfD als ‚natürliche Verbündete' oder politischen Arm der Anti-Windkraftinitiativen zu sehen. Eine detaillierte Analyse der Schnittmengen und Differenzen ist nötig.

Der überwiegende Teil der Forschungen zu Konflikten in der Energiewende fokussiert auf Fragen der Akzeptanz lokaler Projekte und die optimierte Ausgestaltung der Beteiligungsverfahren (z. B. Heinrichs 2013, Renn et al. 2014, Richter et al. 2016). Demokratisierungsaspekte mit Bezug zur Energiewende wurden bislang vor allem mit Bezug auf Besitzverhältnisse und finanzielle Teilhabe, wie z. B. in Form von Genossenschaften (z. B. Kunze und Becker 2015; Radtke 2013; Walk 2014) behandelt, oder auch vor dem Hintergrund der Finanzierbarkeit der Energiewende, sozialer Gerechtigkeit und Energiearmut (z. B. Tews 2014; Kopatz et al. 2013) diskutiert. Noch selten werden Energiekonflikte aus demokratietheoretischer Sicht erörtert (z. B. Eichenauer 2018; Marg et al. 2013). Analysen rechtspopulistischer und rechtsradikaler Bewegungen beziehen sich zwar durchaus und auch explizit auf Umwelt-, Natur- und Heimatschutz (siehe z. B. die Beiträge in Heinrich et al. 2015; Heinrich-Böll-Stiftung et al. 2012), ein direkter Bezug zur Energiewende fehlt jedoch bisher. Ein erster Schritt zur Schließung dieser Lücke soll hier getan werden.

Der vorliegende Artikel basiert auf den Ergebnissen eines interdisziplinären Forschungsvorhabens zur Akzeptanz von erneuerbaren Energien im lokalen Kontext.[1] Die methodische Grundlage der hier vorgelegten Ergebnisse bilden qualitative und quantitative Befragungen mit unterschiedlichen Zielgruppen. So wurden qualitative, leitfadengestützte Interviews mit Aktivist*innen in windkraftkritischen Bürgerinitiativen geführt, deren Fokus auf den persönlichen Beweggründen dafür lag, sich gegen die geplanten Windkraftanlagen vor Ort zu engagieren. Parallel dazu wurden quantitative Onlinebefragungen unter Windkraftkritiker*innen in Brandenburg durchgeführt (Eichenauer 2016). Weiterhin stand von Januar 2015 bis Ende 2016 auf der Webseite des Forschungsprojektes eine Onlinebefragung für alle Interessierten zur Beantwortung bereit, die vor allem von Windkraftkritiker*innen beworben und ausgefüllt wurde. Sie wird im Folgenden als ‚Kritiker*innenumfrage' bezeichnet (n = 311). Da diese Erhebungen ausschließlich auf der Selbstselektion der Teilnehmenden basieren, können sie keine Repräsentativität beanspruchen. Dennoch liefern sie wichtige Anhaltspunkte für die Analyse der Meinungsbilder aktiver und organisierter Windkraft- bzw. Energiewendekritiker*innen. Weiterhin wurde Ende 2015 eine repräsentative Onlinebefragung in Baden-Württemberg, Brandenburg und Schleswig-

---

1 Die Arbeit entstand im Rahmen des Projekts „Energiekonflikte – Akzeptanzkriterien und Gerechtigkeitsvorstellungen in der Energiewende" (2013–2017), gefördert im Rahmen des Förderschwerpunkts ‚Umwelt- und Gesellschaftsverträgliche Transformation des Energiesystems' des Bundesministeriums für Bildung und Forschung (Förderkennzeichen: 01UN1217). Weitere Informationen zum Projekt unter www.energiekonflikte.de

Holstein durchgeführt (n = ca. 680 pro Bundesland). Ein Jahr später, im Dezember 2016, wurde die Umfrage mit leicht abgewandeltem Schwerpunkt bundesweit wiederholt (n = 2 000). Die beiden Erhebungen werden hier als Repräsentativbefragungen bezeichnet.

Wir möchten im Folgenden zunächst aufzeigen, warum Menschen gegen lokale Windkraftprojekte protestieren, obwohl das politische Vorhaben ‚Energiewende' insgesamt hohe Akzeptanzwerte aufweist. Wir untersuchen in einem zweiten Schritt inhaltliche Differenzen und Schnittmengen zwischen nicht in Initiativen bzw. Organisationen aktiven Windkraftskeptiker*innen, Windkraftkritiker*innen, die in lokalen Windkraftinitiativen aktiv sind und der AfD. Abschließend werden Ähnlichkeiten und Differenzen zwischen der rechtspopulistischen AfD und Bürgerinitiativen gegen Windkraftanlagen herausgestellt.

2 Gründe und Ursachen für lokale Proteste

Der Ausbau der erneuerbaren Energien und eine Ertüchtigung des Stromnetzes sind zwei Herzstücke der deutschen Energiewende. Im Jahr 2000 belief sich der Anteil erneuerbarer Energien am Bruttostromverbrauch auf 6 %, 2016 sind es bereits 32,3 % (BMWi 2016). Der Windenergie kommt dabei der Löwenanteil zu. Ende 2016 waren in Deutschland rd. 27 270 Windkraftanlagen (WKA) mit zusammen fast 46 GW elektrischer Leistung installiert (Luers et al. 2016, S. 2). Dies sind 13,5 % der gesamten Stromerzeugung (BMWi 2016). Lütkehus et al. (2013) erwarten in ihrer Potenzialstudie, dass Windkraft an Land diese Führungsrolle innerhalb der erneuerbaren Energien beibehält. In ihrem Szenario für das Jahr 2050 gehen sie von 51 GW installierter Leistung aus, die 21,8 % des derzeitigen Bruttostromverbrauchs decken könnten (Lütkehus et al. 2013, S. 6). Auch wenn erneuerbare Energie im Grundsatz ‚unendlich' ist: die dafür benötigte Fläche sowie die Akzeptanz der Bevölkerung sind es nicht. Die allgemeine Zustimmung sowohl zur Energiewende als auch zu einzelnen Technologien ist bundesweit noch immer hoch, wenn auch deutlich abhängig vom jeweiligen Erhebungskontext und der Formulierung der Fragen. Einige Befragungen sehen durchaus rückläufige Tendenzen in der allgemeinen Zustimmung zur Energiewende (BMUB und BfN 2015; Marg 2015). Andere hingegen, unter anderem unsere repräsentativen Befragungen, zeigen Zustimmungswerte von rund 90 % (Abb.1; vgl. auch AEE 2017; AEE 2015).

Diese Umfragen, die auf *allgemeine* Einstellungen zur Energiewende abzielen, lassen jedoch kaum Rückschlüsse auf die Akzeptanz von konkreten Projekten vor Ort zu (Batel und Devine-Wright 2015, Eichenauer, 2018). Denn dieser generellen Zustimmung ungeachtet erfahren konkrete Ausbauvorhaben vor Ort immer wieder teilweise heftigen Widerstand und die Proteste haben das Potenzial, den Ausbau erneuerbarer Energien empfindlich zu verlangsamen (Hübner 2012; Renn und Marshall 2016; Reusswig et al. 2016a; Weber und Kühne 2016; Weber et al. 2017; Wolsink 2007).

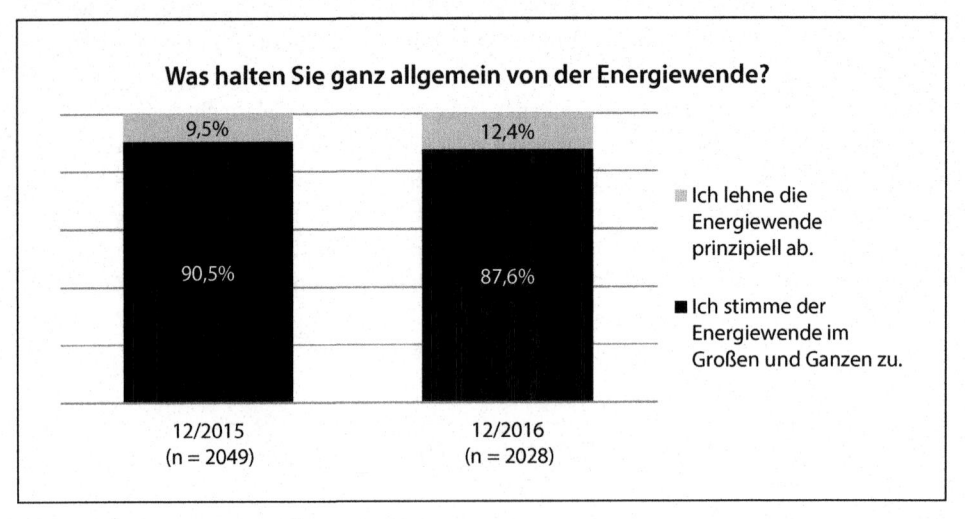

Abbildung 1 Allgemeine Zustimmung zur Energiewende

Was halten Sie ganz allgemein von der Energiewende?

	12/2015 (n = 2049)	12/2016 (n = 2028)
Ich lehne die Energiewende prinzipiell ab.	9,5%	12,4%
Ich stimme der Energiewende im Großen und Ganzen zu.	90,5%	87,6%

Quelle: Eigene Erhebung und Darstellung

In Wissenschaft und Alltagswissen wird häufig das sog. NIMBY-Syndrom[2] als Erklärungsfigur herangezogen. Damit einher geht oft die moralische Abwertung der Person, sie würde nur aus rein egoistischen Motiven heraus (Schutz des Eigentums oder der eigenen Gesundheit) handeln, und daher ein dem Gemeinwohl (Klimaschutz, Energiewendeziele) zuträgliches Vorhaben ablehnen (Devine-Wright 2011; Marg 2015). Diese Erklärung ist nicht nur wissenschaftlich nicht haltbar (Wolsink 2007), sie weist zudem auch die Verantwortung für Probleme in der Umsetzung allein den Kritiker*innen zu (Hübner 2012) und geht an der komplexen Realität des Anti-Windkraft-Protests vorbei. Bei der Ablehnung konkreter Windkraftprojekte spielt nicht immer das Eigeninteresse die Hauptrolle: Naturschutz, Landschaftsbild und Heimatgefühl stellen Argumentationskomplexe dar, die sich teilweise zwar schwer fassen lassen, denen aber z. T. erhebliches Mobilisierungspotenzial zukommt und die durchaus auf Gemeinwohlaspekte verweisen. Mangelnde Gemeinwohlorientierung ist aus Sicht der Kritiker*innen eher das, was man der (lokalen) Politik vorwerfen muss. Sie verstehen sich daher meist als „am Wohlergehen ihrer Kommune interessierte AktivbürgerInnen" (Marg 2017, S. 215) und halten die NIMBY-Kennzeichnung für einen unsachlichen Diffamierungsversuch.

Unsere Befragungen zeigen, dass vermeintliche NIMBY-Argumente auch, aber nicht ausschließlich als Gründe für die Ablehnung von Windkraftanlagen angegeben werden. Zu den Hauptgründen zählen die Angst vor möglichen Gesundheitsschäden, eine nicht ausreichende Berücksichtigung von Natur- und Landschaftsschutz, eine

---

[2] NIMBY = Not In My Backyard, auch als Sankt-Florians-Prinzip bekannt.

generelle Kritik an der Umsetzung der Energiewende, die in ihrer jetzigen Form keinen Beitrag zum Klimaschutz leistet oder Anlagen fördert, die ansonsten möglicherweise gar nicht wirtschaftlich betrieben werden können sowie die Angst vor einem möglichen Wertverlust des eigenen Grundstückes (hierzu auch Linke 2018; Roßmeier et al. 2018; Sontheim und Weber 2018 in diesem Band).

Bei genauerer Betrachtung der Ergebnisse zeigen sich deutliche Unterschiede in der Haltung derjenigen der Repräsentativbefragung, die Windkraftanlagen eher skeptisch gegenüber stehen, welche meist nicht in Bürgerinitiativen organisiert sind (dunkler Balken) und den Teilnehmenden der Kritiker*innenbefragung (heller Balken), die zum Großteil selbst in Bürgerinitiativen aktiv sind, oder sich zumindest in deren näherem Umfeld bewegen (Abb. 2). So fällt beispielsweise auf, dass rund 60 % der aktiven Kritiker*innen unter keinen Umständen dem Bau von Windkraftanlagen in der Umgebung zustimmen würden, in der Repräsentativbefragung hingegen nur 5 %. Engagieren sich Menschen also erst einmal aktiv gegen ein Projekt, sind sie für Verbesserungen des Projektdesigns oder mehr Beteiligungsangebote kaum mehr zu erreichen. Dagegen sind kritische, aber noch nicht aktiv gewordene Menschen sehr wohl offen dafür, ihre Haltung unter bestimmten Umständen zu überdenken.

Bei Fragen der politischen und wirtschaftlichen Beteiligung zeigen sich ebenfalls deutliche Unterschiede. Beispielsweise würden weniger als 1 % der Aktivist*innen im Falle einer finanziellen Beteiligung (persönlich oder der Gemeinde) zustimmen, in der Repräsentativerhebung waren es immerhin 48 %. Dies zeigt die ambivalente Rolle, die angebotene finanzielle Beteiligung – oft als Allheilmittel bei Energiekonflikten

Abbildung 2 Geäußerte Kriterien für die Akzeptabilität einer Windkraftanlage aus der Repräsentativbefragung und der Kritiker*innenbefragung

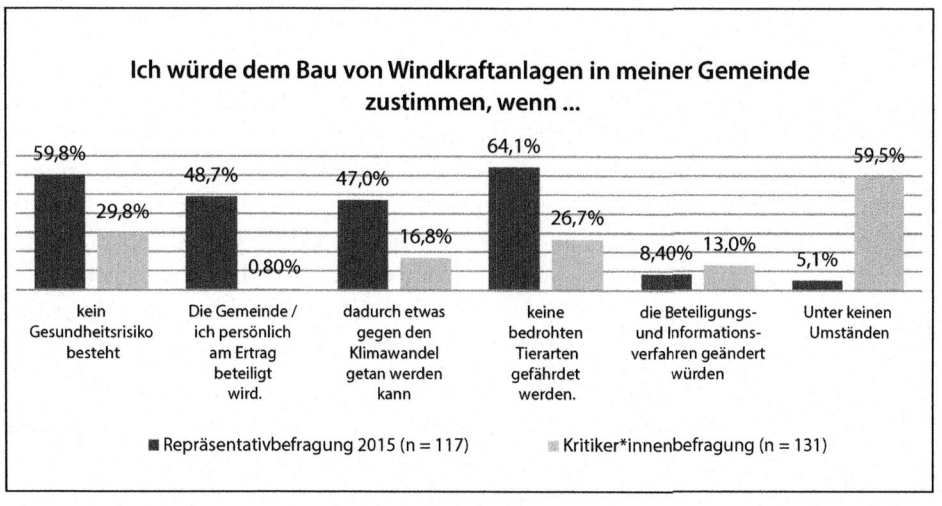

Ich würde dem Bau von Windkraftanlagen in meiner Gemeinde zustimmen, wenn …

Kriterium	Repräsentativbefragung 2015 (n = 117)	Kritiker*innenbefragung (n = 131)
kein Gesundheitsrisiko besteht	59,8%	29,8%
Die Gemeinde / ich persönlich am Ertrag beteiligt wird.	48,7%	0,80%
dadurch etwas gegen den Klimawandel getan werden kann	47,0%	16,8%
keine bedrohten Tierarten gefährdet werden.	64,1%	26,7%
die Beteiligungs- und Informationsverfahren geändert würden	8,40%	13,0%
Unter keinen Umständen	5,1%	59,5%

Quelle: Eichenauer (i. E.)

Abbildung 3 Geäußerte Ablehnungsgründe für Windkraftanlagen in der Gemeinde aus der Repräsentativbefragung und der Kritiker*innenbefragung

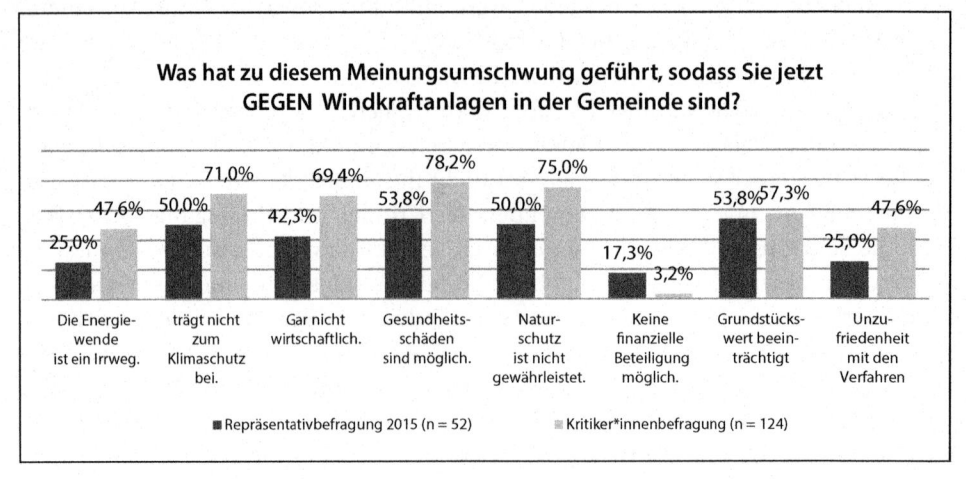

Was hat zu diesem Meinungsumschwung geführt, sodass Sie jetzt GEGEN Windkraftanlagen in der Gemeinde sind?

Grund	Repräsentativbefragung 2015 (n = 52)	Kritiker*innenbefragung (n = 124)
Die Energiewende ist ein Irrweg.	25,0%	47,6%
trägt nicht zum Klimaschutz bei.	50,0%	71,0%
Gar nicht wirtschaftlich.	42,3%	69,4%
Gesundheitsschäden sind möglich.	53,8%	78,2%
Naturschutz ist nicht gewährleistet.	50,0%	75,0%
Keine finanzielle Beteiligung möglich.	17,3%	3,2%
Grundstückswert beeinträchtigt	53,8%	57,3%
Unzufriedenheit mit den Verfahren	25,0%	47,6%

Quelle: Eichenauer (i. E.)

angepriesen – im Konfliktverlauf spielen kann (vgl. Devine-Wright 2011, Reusswig et al. 2016a). Während sie für die nicht aktiven Windkraftskeptiker*innen durchaus eine Maßnahme darstellt, die zu einem Meinungsumschwung ins Positive führen kann, wird mehr finanzielle Beteiligung von den aktiven Kritiker*innen von Windkraftanlagen nicht akzeptiert. Finanzielle Anreize können sogar als Bestechungsversuch wahrgenommen werden. In unseren Interviews wurden sie teilweise als ‚sittenwidrig' oder zumindest ‚moralisch kritisch' empfunden (vgl. auch Bell et al. 2005), insbesondere dann, wenn diese Option erst im Verlauf eines bereits bestehenden Konflikts angeboten wird. Negative Erfahrungen im Verlauf des Verfahrens sowie mangelndes Vertrauen in die Akteur*innen und Institutionen tragen entscheidend zur Ablehnung dieser Option bei (vgl. Eichenauer 2016; Eichenauer 2018; Kopp 2017; Marg 2017; Reusswig et al. 2016a).

Das unterschiedliche Antwortprofil bei den Ablehnungs- bzw. Akzeptanzgründen für Windkraftanlagen zeigt: es bestehen deutliche Unterschiede zwischen aktiven Projektkritiker*innen einerseits und nicht organisierten Projektskeptiker*innen andererseits. Im nächsten Schritt soll analysiert werden, welche inhaltlichen Differenzen und Schnittmengen es zwischen diesen beiden Gruppen und der rechtspopulistischen AfD gibt.

3 Rechtspopulistische und windkraftkritische Bewegungen – Differenzen und Schnittmengen

3.1 Die AfD – eine Partei für Windkraftgegner*innen?

In der bundesweiten repräsentativen Bevölkerungsbefragung vom Dezember 2016 wurde auch um die Angabe der Parteipräferenz im Falle einer Bundestagswahl („Sonntagsfrage") gebeten (vgl. Abb. 4). Während dieses Ergebnis ungefähr ein Bild der Parteienlandschaft zum damaligen Zeitpunkt wiedergibt[3], zeigt sich bei denjenigen, die die Energiewende – aus welchen Gründen auch immer – ablehnen, ein gänzlich anderes Bild (Abb. 5, links). Hier ist die AfD mit 44,2 % der Stimmen mit Abstand die stärkste Partei. Der weit überdurchschnittliche AfD-Anteil ist in jedem Fall auffällig und gibt aus zwei Gründen Anlass zur Besorgnis: Erstens kann der AfD

Abbildung 4 Parteipräferenzen (bundesweite Repräsentativbefragung, Dez 2016)

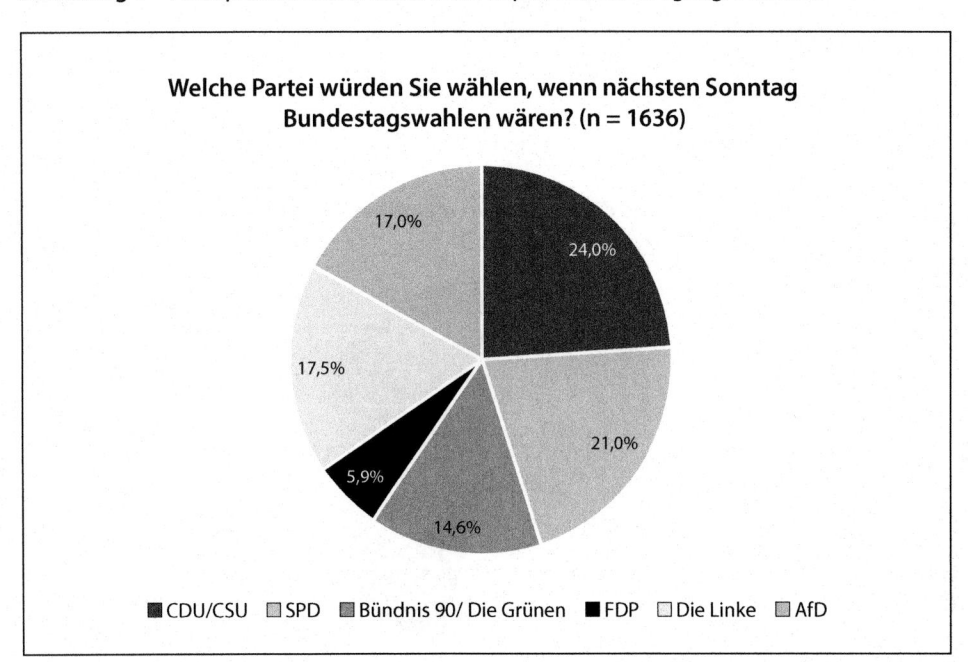

Welche Partei würden Sie wählen, wenn nächsten Sonntag Bundestagswahlen wären? (n = 1636)

- CDU/CSU: 24,0%
- SPD: 21,0%
- Bündnis 90/ Die Grünen: 14,6%
- FDP: 5,9%
- Die Linke: 17,5%
- AfD: 17,0%

Quelle: Eigene Erhebung und Darstellung

---

[3] Vgl. Infratest Dimap, 18.11.2016: Union: 32 %, SPD: 23 %, Linke: 9 %, Grüne: 13 %, FDP: 6 %, AfD: 12 %, Sonstige: 5 %. Der leichte Bias hin zu SPD, Linkspartei und Grünen in unserer Befragung mag unter anderem dem zuvor bekannten Thema unserer Befragung geschuldet sein. Aber auch Wahlforschungsergebnisse, die keinem (vermuteten) thematischen Bias unterliegen, können rd. 5 % Schwankungsbreite aufweisen (Nestler 2016).

Abbildung 5 Parteipräferenzen von Windkraft-Ablehnenden und Energiewende-Kritiker*innen (bundesweite Repräsentativbefragung, Dez 2016)

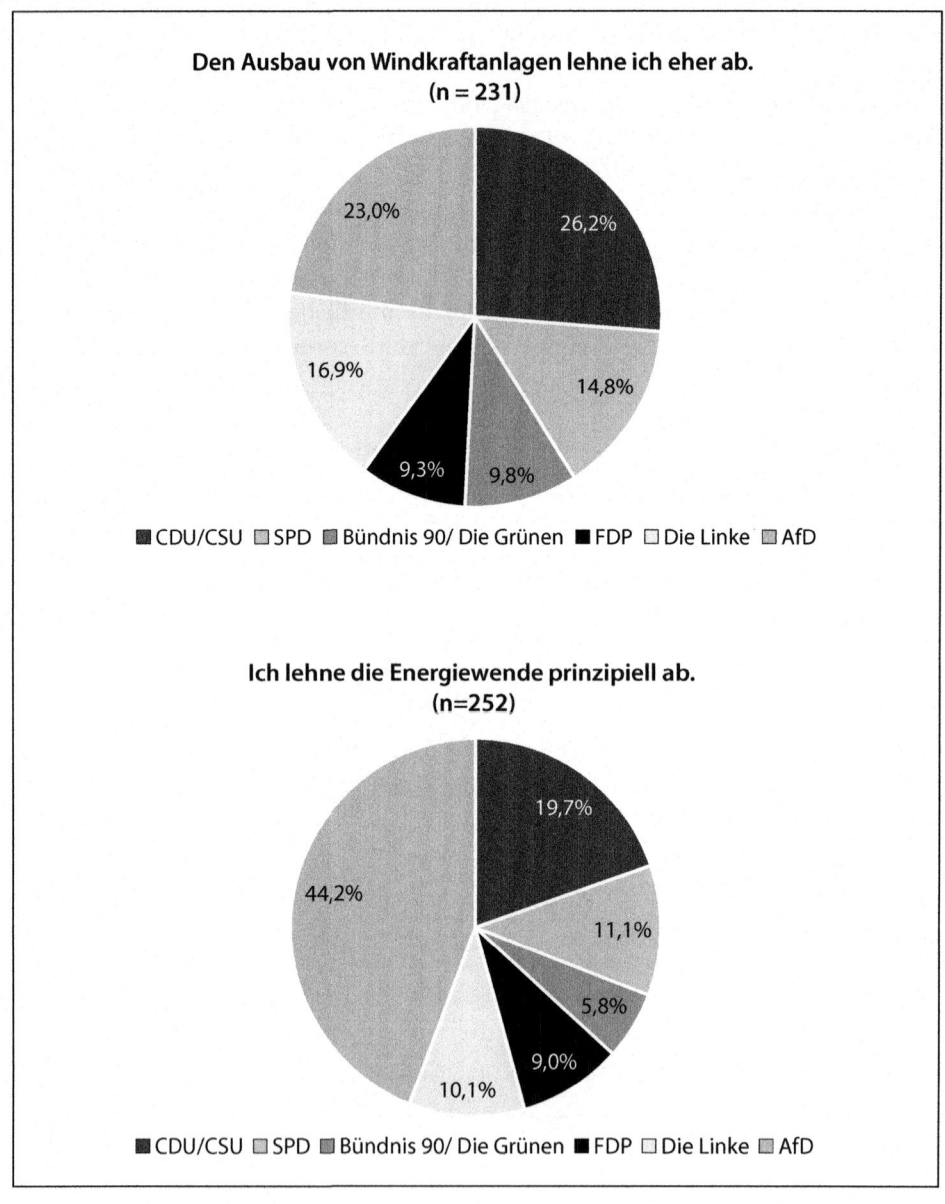

Den Ausbau von Windkraftanlagen lehne ich eher ab.
(n = 231)

- CDU/CSU: 26,2%
- SPD: 14,8%
- Bündnis 90/ Die Grünen: 9,8%
- FDP: 9,3%
- Die Linke: 16,9%
- AfD: 23,0%

■ CDU/CSU □ SPD ■ Bündnis 90/ Die Grünen ■ FDP □ Die Linke ■ AfD

Ich lehne die Energiewende prinzipiell ab.
(n=252)

- CDU/CSU: 19,7%
- SPD: 11,1%
- Bündnis 90/ Die Grünen: 5,8%
- FDP: 9,0%
- Die Linke: 10,1%
- AfD: 44,2%

■ CDU/CSU □ SPD ■ Bündnis 90/ Die Grünen ■ FDP □ Die Linke ■ AfD

Quelle: Eigene Erhebung und Darstellung

durch die wachsende Kritik an der Energiewende ein zunehmendes Wählerpotenzial erwachsen. Zweitens könnte eine erstarkte AfD ihr politisches Gewicht in Bund und Ländern dazu nutzen, um die Energiewende in Deutschland zu stoppen.

Einerseits könnte man die AfD damit als die ‚natürliche Verbündete' der Protestgruppen gegen Windkraftanlagen betrachten. Unsere Analysen legen aber ein differenziertes Urteil nahe. Während einige Aktivist*innen genau diesen Schluss ziehen und zunehmend die Nähe der AfD suchen, distanzieren sich andere vehement von der Partei. Auch unsere Repräsentativbefragung untermauert zunächst eine Ablehnung dieser These. Zwar ist die AfD bei Personen, die Windkraftanlagen in der Gemeinde ablehnen, immer noch im Vergleich zur Gesamterhebung überrepräsentiert, jedoch weit weniger stark als bei den Personen, die der Energiewende insgesamt ablehnend gegenüberstehen (Abb. 5).

Es zeigen sich also zunächst widersprüchliche Ergebnisse: Einerseits lehnen Personen, die der lokalen Errichtung von Windkraftanlagen zunächst skeptisch gegenüber stehen, nicht automatisch auch die Energiewende in Gänze ab. Andererseits stehen viele der in Bürgerinitiativen aktiven Windkraftkritiker*innen zunehmend auch dem Gesamtkonzept der Energiewende kritisch bis ablehnend gegenüber, wie auch unsere Einzelfalluntersuchungen in den Bürgerinitiativen zeigen (vgl. Reusswig et al. 2016b). Wo also liegen die Differenzen, aber auch die Schnittmengen zwischen Protesten gegen lokale Windkraftprojekte und der AfD?

3.2 Inhaltliche Schnittmengen zwischen AfD und Windkraftkritiker*innen?

Betrachtet man die Argumente des AfD-Grundsatzprogramms zum Punkt Energie- und Klimapolitik etwas genauer und vergleicht das Gewicht dieser mit der Haltung von aktiven Windkraftkritiker*innen einerseits und nicht organisierten Windkraftskeptiker*innen andererseits, dann ergibt sich folgendes Bild[4] (Abb. 6):

Die Kritik an bestehenden Genehmigungs- und Beteiligungsverfahren spielt für viele Aktivist*innen vor Ort eine wichtige Rolle (vgl. Eichenauer 2016; Eichenauer 2018, Reusswig et al. 2016b). Die AfD hingegen scheint an einer Verbesserung der Genehmigungsverfahren und der Ausweitung der Bürgerbeteiligung nicht interessiert – und dies trotz ihrer generellen Forderung nach mehr direkter Demokratie (vgl. AfD 2016). Wenn im Parteiprogramm das Thema ‚mehr Bürgerbeteiligung' aufgerufen wird, dann nicht im Sinne einer ergebnisoffenen Beteiligung, sondern im Kern als eine ‚Verhinderungsplanung' zum Zwecke eines Stopps der Energiewende. Ökonomische Beteiligung spielt sowohl für die aktiven Windkraftkritiker*innen

---

[4] Die Gewichte der Argumente des AfD-Programms wurden durch Auszählung der entsprechenden Textpassagen ermittelt. Die Argument-Gewichte der aktiven Windkraftkritiker*innen basieren auf einer qualitativen Abschätzung der von uns geführten Interviews zusätzlich zur Auszählung der Kritiker*innenumfrage. Die Abschätzung für nicht-organisierte WKA-Ablehnende basiert auf den Repräsentativerhebungen.

Abbildung 6

	nicht-organisierte WKA-Ablehnende	aktive WKA-Kritiker*innen	AfD-Grundsatzprogramm
Unzureichende Beteiligungsverfahren	gering	hoch	gering
Mangelnde ökonomische Beteiligung	hoch	gering	gering
Gesundheitsgefahr	hoch	hoch	gering
Wertverlust des eigenen Grundstücks	hoch	mittel	gering
mangelnder Naturschutz	hoch	hoch	mittel
Mangelnder Beitrag zum Klimaschutz	hoch	hoch	gering
Es gibt keinen Klimawandel	hoch	mittel	hoch
Kritik am Design der Energiewende	gering	mittel	hoch

als auch für die AfD eine untergeordnete Rolle. Aktive Projektkritiker*innen sehen darin letztlich eine Art Bestechungsversuch (vgl. Kap. 2), die AfD muss ökonomische Beteiligung als akzeptanzfördernde Maßnahme für eine grundsätzlich abzulehnende Energiepolitik ablehnen. Die für lokale Protestgruppen und auch nicht aktive Windkraftskeptiker*innen besonders wichtigen Punkte möglicher Auswirkungen, wie menschliche Gesundheit und Naturschutz, sowie ein möglicher Wertverlust von Grundstücken werden im AfD-Programm nicht angesprochen. Lediglich Natur- und Umweltschutz spielt als Argument gegen den Ausbau erneuerbarer Energien eine Rolle: Im Kapitel zu Natur- und Umweltschutz wird Windkraft zwar ausdrücklich als naturschädigend erwähnt, aber die Bedeutung in der Partei bleibt deutlich hinter dem argumentativen Gewicht zurück, das dieser Punkt in den Bürgerinitiativen besitzt (vgl. Kap. 2).

Wird nun der Komplex übergeordneter Energie- und Klimapolitik in den Blick genommen, verschiebt sich das Bild. Die AfD ist (bisher) die einzige etablierte Partei in Deutschland, die den anthropogenen Klimawandel leugnet und jegliche Klimapolitik abschaffen möchte. Sie wendet sich zudem gegen die Energiewende, weil sie den Atomausstieg für einen Ausdruck der Technikfeindlichkeit hält und insbesondere das Förderinstrument des EEG für systemfremd (markt- wie netzinkompatibel) hält (allgemein auch Büscher und Sumpf 2018; Hook 2018; Kühne und Weber 2018 in diesem Band). Wie die Energiewende insgesamt soll dieses Instrument nicht reformiert, sondern gänzlich abgeschafft werden. Die deutsche Stromerzeugung soll wieder auf den alten ‚Stand der Technik' gebracht werden – einschließlich einer Laufzeitverlängerung für Kernkraftwerke und einer Erleichterung des Fracking (AfD 2016).

Diese Positionen werden durchaus auch bei den aktiven Kritiker*innen der Windkraft, die wir befragt haben, vertreten. Die Ergebnisse der Kritiker*innenumfrage bestätigen dies: 44,2 % der Befragten denken, dass der Klimawandel *nicht* vorwiegend durch menschlichen Emissionen bedingt ist. Auch die Haltung zur Energiewende ist sehr kritisch. Immerhin lehnen rund 48 % der Kritiker*innen den Bau von Windkraftanlagen ab, weil sie der Meinung sind, die Energiewende sei ein Irrweg (Abb. 3). Allerdings zeigt sich in den Interviews auch, dass es nicht unbedingt darum geht, die Energiewende insgesamt zu stoppen oder gar rückgängig zu machen. Die häufigen Hinweise auf den ausbleibenden Rückgang der Treibhausgasemissionen durch den Ausbau erneuerbarer Energien, ebenso wie die immer wieder in Diskussionen und Interviews erwähnte Speicherproblematik, sind ernstgemeinte Kritikpunkte an der Umsetzung der Energiewende und der Stringenz der aktuellen Energiepolitik, die eine verbesserte Umsetzung, nicht aber deren Abschaffung – wie die AfD – fordern. Noch sehr viel moderater zeigen sich diejenigen aus unseren repräsentativen Befragungen, die Windkraft vor Ort ablehnen, aber nicht aktiv sind. Hier denken lediglich 24,1 % (2015) bzw. 19,6 % (2016), der Klimawandel hänge *nicht* vorwiegend mit menschlichen Emissionen zusammen. Auch hat der überwiegende Teil dieser Gruppe kaum etwas gegen die Energiewende im Allgemeinen. Hier fällt die Ablehnung der Energiewende insgesamt eher moderat aus: rund 3/4 von ihnen befürworten die Energiewende im Grundsatz (76,3 % in 2015 bzw. 70,1 % in 2016), haben aber verschiedene Einwände gegen das lokale Projekt vor Ort – unter anderem mangelnder Klimaschutz.

Insgesamt lässt sich also feststellen, dass es nur wenige inhaltliche Überschneidungen zwischen der Programmatik der AfD und den Positionen und Anliegen sowohl aktiver Kritiker*innen als auch nicht organisierten Ablehnenden lokaler Windkraftprojekte gibt. Auch zeigt sich aktuell, dass die parlamentarische Arbeit der AfD energiepolitische Themen eher randständig behandelt. Unseren Beobachtungen ebenso wie den Aussagen von Vertreter*innen von Energieagenturen einzelner Bundesländer zufolge spitzen sich jedoch einzelne Konflikte um Windkraftanlagen deutlich zu – bis hin zu bisher unbekannten Phänomenen wie zerstochenen Autoreifen und Drohbriefen oder offenen Verleumdungen im Internet. Der Ton der Auseinandersetzung wird spürbar rauer und zunehmend, so wird uns berichtet, spielen örtliche AfD-Funktionäre eine Rolle. Wo also, wenn nicht im Inhaltlichen sind die Schnittmengen zu suchen?

4   Populismus zwischen Anti-Windkraftprotesten und AfD

Europaweit etablieren sich derzeit rechtspopulistische Parteien. Auch in Deutschland gründete sich im Jahr 2013 mit der *Alternative für Deutschland* (AfD) eine solche. Wie schon der Parteiname nahelegt, wendet sich die AfD gegen die scheinbare Alternativlosigkeit der Politik, die sich vom ‚wirklichen Volk' entfernt hat und von einer abgehobenen Elite als weitgehend technokratisches Projekt primär aus Eigeninteresse und unter ‚Kungelei' mit Lobbygruppen und ‚Experten' betrieben wird. Anhand des Populismusbegriffs sollen im Folgenden strukturelle Ähnlichkeiten zwischen windkraftkritischen Bürgerinitiativen und der AfD herausgearbeitet werden. Dazu bedarf es einer kurzen Schärfung des oftmals stark überdehnten Begriffs, der im Laufe des 20. Jahrhunderts für eine Vielzahl heterogener politischer Bewegungen verwendet wurde (Mény und Surel 2002; Taggart 2000) und um sich von den oft stark kontextabhängigen und pejorativen Verwendungen abzugrenzen, die vielfach dazu gebraucht werden, um missliebige politische Positionen zu diskreditieren. Folgende Merkmale können aber als relativ stabile Kennzeichen verschiedener populistischer Parteien und Bewegungen gelten (vgl. Müller 2016; Priester 2012, 2015):

- *Moralisierung, Personalisierung und Polarisierung der Politik.* Besonders kritisch wird die vorgebliche Alternativlosigkeit politischer Entscheidungen gesehen, denen sich der Populismus als ‚wahre' Vertretung des Volkes – meist in der Rolle des vielfach geschmähten Außenseiters – als wahre Alternative entgegenstellt.
- *Anti-Elitarismus und Kritik des politischen und wirtschaftlichen Establishments.* Eliten und Establishment werden als abgehoben, ja als korrupt gekennzeichnet. Ihnen wird folglich auch die Berechtigung abgesprochen, ‚das Volk' oder die Mehrheit zu repräsentieren.
- *Common sense und Anti-Intellektualismus.* Spezialisiertes Expertenwissen wird als tendenziell elitär und interessegeleitet abgelehnt. Diesem wird der ‚gesunde Menschenverstand' als sowohl sachadaquat wie demokratisch gegenüber gestellt.

Zwar hat das voranstehende Kapitel deutlich gemacht, dass es durchaus inhaltliche Differenzen zwischen Windkraftkritiker*innen und der energiepolitischen Ausrichtung der AfD gibt, es zeigen sich allerdings auch mindestens drei Aspekte struktureller Ähnlichkeit, die auf gemeinsame populistische Elemente zurückgreifen.

Erstens wird sowohl bei der AfD als auch bei aktiven Windkraftkritiker*innen eine Protesthaltung gegen die politisch und medial kommunizierte Alternativlosigkeit der Energiewende deutlich. Gerade die Tatsache, dass die Energiewende 2011 von einer CDU/FDP-Koalition beschlossen und danach von einer CDU/SPD-Koalition fortgeführt wurde, prädestiniert das politische Projekt Energiewende zu einem Paradebeispiel für die monierte vorgebliche Alternativlosigkeit politischer Entscheidungen im herrschenden System. Das trifft sich mit der Wahrnehmung vieler Projektgegner*innen vor Ort, die die lokale Umsetzung der Energiewende oft als *„übergestülpt'* und ‚*durchgedrückt*'" (Marg 2017, S. 210) wahrnehmen. Eine Aktivistin in Brandenburg drückt es so aus:

> „Ich hab […] das Gefühl, dass dieses Thema ‚Windrad' sich jetzt so verselbstständigt hat, dass alle nur noch mitlaufen. [Jeder] Angst hat, […] irgendwo auch noch den Verstand einzuschalten und zu sagen, wir ziehen hier die Notbremse."

Zweitens wird die Energiewende zunehmend als Projekt abgehobener urbaner Eliten wahrgenommen, die für die Probleme, die Stärken und die Schönheit des ländlichen Raums kein Sensorium haben. Lokale Politik, die sich für die Projekte einsetzt, gilt häufig als korrupt, weil sie zuletzt finanzielle Interessen, die ‚oben' und von ‚außen' kommen, ohne Rücksicht auf Mensch und Natur durchsetzen will. Bürgerentscheide werden missachtet, Informationen zurückgehalten. Das sieht auch die AfD als ein Grundübel von Politik und Staat in Deutschland heute an:

> „Heimlicher Souverän ist eine kleine, machtvolle politische Führungsgruppe innerhalb der Parteien. Sie hat die Fehlentwicklungen der letzten Jahrzehnte zu verantworten. Es hat sich eine politische Klasse von Berufspolitikern herausgebildet, deren vordringliches Interesse ihrer Macht, ihrem Status und ihrem materiellen Wohlergehen gilt." (AfD 2016, S. 8)

Aus Sicht der Bürgerinitiativen gegen Windkraft oder Stromtrassen verraten projektunterstützende oder auch nur durchsetzende Politik und Verwaltung zuletzt das Gemeinwohl, als dessen einzig legitime Vertretung häufig die BI gilt (Hoeft et al. 2017, S. 249). Entsprechend schließt die oben zitierte Aktivistin:

> „Also wir, wir können eigentlich gar nicht anders, als zu sagen: Nee, also jetzt is hier mal Schluss. […] Wer übernimmt denn dann die Verantwortung? Und wer will uns helfen, wenn's brennt?" (Interview mit einer Aktivistin einer Bürgerinitiative in Brandenburg).

Drittens wird zunehmend die wissenschaftliche Expertise zum Thema Energiewende und Klimawandel in Zweifel gezogen. Die Energiewende impliziert einen komplexen sozio-technischen Transformationsprozess, dessen Begründung und Umsetzung auf schwer verständlicher interdisziplinärer wissenschaftlicher Expertise ruht. Bei der Umsetzung vor Ort müssen im Zuge von Genehmigungsverfahren vielfältige Unterlagen und Gutachten eingereicht werden, etwa zum Arten- und Naturschutz oder der Windhöffigkeit, deren Bewertung vielfältiges Fachwissen erfordert. Damit wird Wissenschaft und Expertise sowohl zu einem zentralen Konfliktgegenstand als auch zu einer Ressource. Die AfD spricht der klimawissenschaftlichen Gemeinschaft Expertise auf ihrem Fachgebiet ab. Aus Sicht der Windkraftkritiker*innen sind es insbesondere die von den beantragenden Unternehmen beizubringenden Gutachten, die auf vehemente Kritik stoßen:

„[W]enn ein Ingenieurbüro einen Teilflächennutzungsplan macht, der vom [Projektierer] beauftragt wurde, dann kann man net davon ausgehen, dass da die Sachen objektiv dargestellt werden. Und wenn [der Projektierer] ein Vogelgutachten in Auftrag gibt, dann leidet da von vorn herein auch schon einmal die Glaubwürdigkeit [...]" (Interview mit einem Aktivisten einer Bürgerinitiative in Baden-Württemberg).

5 Populismus von rechts als Gefahr für die Energiewende?

Der vorliegende Beitrag hat strukturelle Ähnlichkeiten, aber auch inhaltliche Differenzen der AfD und Antiwindkraftprotesten aufgezeigt. Es sollte deutlich geworden sein, dass es ein grobes Missverständnis wäre, Windkraftprotest mit Rechtspopulismus gleichzusetzen. Die Ausrichtung und das Agieren der Bürgerinitiativen ist immer lokal besonders, abhängig von den dort agierenden Personen und dem weiteren Kontext. Vermehrte Einzelfallanalysen sind unabdingbar (wie z. B. von Reusswig et al. 2016a). Eine differenzierte, nicht-diffamierende Betrachtung ist unbedingt erforderlich, um es nicht dem Populismus gleich zu tun und mit Tabus und Vorwürfen, die Teilnahme an den bitter nötigen rationalen Diskursen vorzeitig zu verstellen. Ein solcher diskursiver Abriegelungsversuch spielte zudem nur populistisch argumentierenden, nicht selten anti-demokratischen Kräften in die Hände (vgl. Müller 2016). Es kommt aus unserer Sicht vielmehr darauf an, den demokratischen Charakter der Energiewende zu stärken, zu dem eben auch Minderheitsmeinungen wie deren Ablehnung gehören (vgl. Reusswig et al. 2016b).

Dennoch lassen sich bestimmte Tendenzen erkennen ohne in grobe Pauschalisierungen zu verfallen. Wir haben gezeigt, dass energiepolitische Inhalte hinter strukturell-populistischen Aspekten zurückstehen. Besonders hieraus können rechtspopulistische Gruppierungen wie die AfD ihre Anhängerschaft erweitern. Einwände und Kritik, die nicht selten durchaus berechtigt sind, werden in Beteiligungsverfahren bzw. bei den Vorhabenträgern oft nicht ernst genommen – nicht zuletzt aus formalen Gründen (Weber und Jenal 2016). Es entsteht das Gefühl, dass Projekte ‚durchgewunken' werden, anstatt kritisch auf ihre Rechtmäßigkeit und die reale Belastungssituation geprüft zu werden. Die vielfach kritisierte Gutachtenpraxis sei nur ein Beispiel, welches den aktiven Bürger*innen ein Gefühl der Machtlosigkeit und des ‚Nicht-vertreten-werdens' vermittelt (siehe auch Eichenauer i. E.). Die Glaubwürdigkeit der bürokratischen und rechtsstaatlichen Verfahren wird hier auf lokaler Ebene aufs Spiel gesetzt und bietet ein Einfallstor für weiterreichende wissenschaftsskeptische Argumentationen, bis hin zur Infragestellung der Auswirkungen menschverursachter Emissionen auf das globale Klima.

Es besteht die Gefahr, dass einerseits die AfD hier Zuspruch gewinnt, was zum einen dramatische Auswirkungen auf das politische Gefüge und die Themensetzung auch jenseits der Energie- und Klimapolitik hätte. Zum anderen laufen die Bürgerinitiativen, oft getrieben von Ohnmachtsgefühl und Enttäuschung, Gefahr, durch eine

Annäherung an die AfD möglichen Rückhalt zu verlieren und ihre teils durchaus nachvollziehbare Gegenargumentation durch populistische, teils kontrafaktische Behauptungen zu schwächen. Der richtige Weg kann hier nur sein, die lokale Opposition mit ihren Kritikpunkten an der Umsetzung der Energiewende, aber auch der Umsetzung der rechtsstaatlichen und demokratischen Verfahren ernst zu nehmen.

Literatur

AEE (Agentur für Erneuerbare Energien) (2017). Repräsentative Umfrage: 95 Prozent der Deutschen wollen mehr Erneuerbare Energien. https://www.unendlich-viel-energie.de/akzeptanzumfrage2017. Zugegriffen: 05.10.2017.

AEE (Agentur für Erneuerbare Energien) (2015). Akzeptanz für Erneuerbare weiterhin hoch. *Renews Kompakt 27.* www.unendlich-viel-energie.de/media/file/416.AEE_RenewsKompakt_Akzeptanzumfrage2015.pdf. Zugegriffen: 12. Juli 2017.

AfD (Alternative für Deutschland) (2016). Programm für Deutschland. Das Grundsatzprogramm der Alternative für Deutschland. Beschlossen auf dem Bundesparteitag in Stuttgart am 30.04./01.05.2016.

Batel, S. & Devine-Wright, P. (2015). A critical and empirical analysis of the national-local ‚gap' in public responses to large-scale energy infrastructures. *Journal of Environmental Planning and Management* (58) 6, 1076–1095.

Bell, D., Gray, T. & Haggett, C. (2005). The „social gap" in wind farm siting decisions: Explanations and policy responses. Environmental Politics 14, 460–477.

BMUB & BfN (Bundesministerium für Umwelt, Naturschutz, Bau und Reaktorsicherheit/Bundesamt für Naturschutz) (Hrsg.) (2015). *Naturbewusstsein 2015 – Bevölkerungsumfrage zu Natur und biologischer Vielfalt.* Berlin/Bonn: BMUB/BfN.

BMWi (Bundesministerium für Wirtschaft und Energie) (2016). *Dossier Erneuerbare Energien.* http://www.bmwi.de/Redaktion/DE/Dossier/erneuerbare-energien.html. Zugegriffen: 03. Juli 2017.

Brunnengräber, A. (2018). Klimaskeptiker im Aufwind. Wie aus einem Rand- ein breiteres Gesellschaftsphänomen wird. In O. Kühne & F. Weber (Hrsg.), *Bausteine der Energiewende* (S. 271–292). Wiesbaden: Springer VS.

Büscher, C. & Sumpf, P. (2018). Vertrauen, Risiko und komplexe Systeme: das Beispiel zukünftiger Energieversorgung. In O. Kühne & F. Weber (Hrsg.), *Bausteine der Energiewende* (S. 129–161). Wiesbaden: Springer VS.

Devine-Wright, P. (2011). Introduction. In Devine-Wright (Hrsg.), *Renewable Energy and the Public. From NIMBY to Participation.* (S. xxi–xxix). London/Washington, D.C.: Earthscan.

Eichenauer, Eva (2018): Energiekonflikte. *Proteste gegen Windkraftanlagen als Spiegel demokratischer Defizite.* In N. Kersting & J. Radtke (Hrsg.), in Vorbereitung. Springer VS.

Eichenauer, E. (2016). *Im Gegenwind – Lokaler Widerstand gegen den Bau von Windkraftanlagen in Brandenburg. Ergebnisse einer Onlinebefragung*. Arbeitspapier Energiekonflikte. DOI: 10.13140/RG.2.2.29464.39685

Heinrich, G., K.-D. Kaiser & Wiersbinski, N. (Hrsg.) (2015). Naturschutz und Rechtsradikalismus. Gegenwärtige Entwicklungen, Probleme, Abgrenzungen und Steuerungsmöglichkeiten. *BfN-Skripten* 394. Berlin/Bonn: BfN.

Heinrich-Böll-Stiftung, Heinrich-Böll-Stiftung Mecklenburg-Vorpommern, Evangelische Akademie Mecklenburg-Vorpommern, Arbeitsstelle Politische Bildung Universität Rostock (Hrsg.) (2012). Braune Ökologen. Hintergründe und Strukturen am Beispiel Mecklenburg-Vorpommerns. *Schriften zu Demokratie* Bd. 26. Berlin: Heinrich-Böll-Stiftung.

Heinrichs, H. (2013). Dezentral und partizipativ? Möglichkeiten und Grenzen von Bürgerbeteiligung zur Umsetzung der Energiewende. in B. Hennig, & J. Radtke (Hrsg.). *Die deutsche „Energiewende" nach Fukushima: Der wissenschaftliche Diskurs zwischen Atomausstieg und Wachstumsdebatte*. (S. 119–138). Marburg: Metropolis Verlag.

Hoeft, C., Messinger-Zimmer, S. & Zilles, J. (2017). Bürgerproteste in Zeiten der Energiewende. Ein Fazit in neun Thesen. In C. Hoeft, S. Messinger-Zimmer, J. Zilles (Hrsg.). *Bürgerproteste in Zeiten der Energiewende. Lokale Konflikte um Windkraft, Stromtrassen und Fracking* (S. 235–254). Bielefeld: transcript.

Hook, S. (2018). ‚Energiewende': Von internationalen Klimaabkommen bis hin zum deutschen Erneuerbaren-Energien-Gesetz. In O. Kühne & F. Weber (Hrsg.), *Bausteine der Energiewende* (S. 21–54). Wiesbaden: Springer VS.

Hübner, G. (2012). Die Akzeptanz von erneuerbaren Energien. Einstellungen und Wirkungen. In F. Eckhardt., U. Kuckartz, U. Schneidewind, M. Vogel (Hrsg.). *Erneuerbare Energien. Ambivalenzen, Governance, Rechtsfragen* (S. 117–137). Marburg: Metropolis-Verlag.

Kopatz, M. et al. (2013). *Energiewende. Aber fair! Wie sich die Energiezukunft tragfähig gestalten lässt*. München: oekom Verlag.

Kunze, K. & Becker, S. (2015). *Wege in die Energiedemokratie. Emanzipatorische Energiewenden in Europa*. Stuttgart: ibidem Verlag.

Kühne, O. & Weber, F. (2018). Bausteine der Energiewende – Einführung, Übersicht und Ausblick. In O. Kühne & F. Weber (Hrsg.), *Bausteine der Energiewende* (S. 3–19). Wiesbaden: Springer VS.

Kopp, J. (2017). „Eigentlich füllen wir nur ein Verantwortungsvakuum aus." Die Konflikte aus Perspektive der Bürgerinitiativen. In C. Hoeft, S. Messinger-Zimmer, J. Zilles (Hrsg.), *Bürgerproteste in Zeiten der Energiewende. Lokale Konflikte um Windkraft, Stromtrassen und Fracking* (S. 123–135). Bielefeld: transcript.

Linke, S. (2018). Ästhetik der neuen Energielandschaften – oder: „Was Schönheit ist, das weiß ich nicht". In O. Kühne & F. Weber (Hrsg.), *Bausteine der Energiewende* (S. 409–429). Wiesbaden: Springer VS.

Lüers, S., Wallasch, A.-K. & Vogelsang, K. (2016). *Status des Windenergieausbaus an Land in Deutschland.* Varel: Deutsche Windguard GmbH.

Lütkehus, I., Salecker, H. & Adlunger, K. (2013). *Potenzial der Windenergie an Land. Studie zur Ermittlung des bundesweiten Flächen- und Leistungspotenzials der Windenergienutzung an Land.* Dessau-Roßlau: Umweltbundesamt.

Marg, S. (2017). „Ich kann einfach nicht mehr vertrauen." Demokratie- und Legitimationsvorstellungen. In C. Hoeft, S. Messinger-Zimmer, J. Zilles (Hrsg.), *Bürgerproteste in Zeiten der Energiewende. Lokale Konflikte um Windkraft, Stromtrassen und Fracking* (S. 207–220). Bielefeld: transcript.

Marg, S. (2015). Alles BANANAs? Böll THEMA (1) 2015, 25–26.

Marg, S., Hermann, C., Hambauer, V. & Becké, A. B. (2013). „Wenn man was für die Natur machen will, dann stellt man da keine Masten hin" – Bürgerproteste gegen Bauprojekte im Zuge der Energiewende. In S. Marg, l. Geiges, F. Butzlaff, F. Walter (Hrsg.), *Die neue Macht der Bürger. Was motiviert die Protestbewegungen? BP-Gesellschaftsstudie* (S. 94–138). Reinbek: Rowohlt.

Meny, Y. & Surel, Y. (2002). The Constitutive Ambiguity of Populism. In Y. Meny & Y. Surel (Hrsg.), *Democracies and the Populist Challenge.* (S. 1–21). Houndsmill: Palgrave Macmillan.

Müller, J.-W. (2016). *Was ist Populismus? Ein Essay.* Berlin: Suhrkamp.

Nestler, C. (2016). Die Alternative für Deutschland (AfD) im Wahljahr 2016. Stiftungsverbund der Heinrich-Böll-Stiftungen. *Policy Paper No. 16.* Düsseldorf: HBS.

Priester, K. (2012). Wesensmerkmale des Populismus. In: Aus Politik und Zeitgeschichte 62 (5-6), 3–9.

Priester, K. (2015). „Erkenne die Lagen!" Über die rechtspopulistische Versuchung des bundesdeutschen Konservatismus. In: INDES 3, 84–92.

Radtke, J. (2013). Bürgerenergie in Deutschland – ein Modell für Partizipation? In J. Radtke & B. Hennig (Hrsg.), *Die deutsche „Energiewende" nach Fukushima. Der wissenschaftliche Diskurs zwischen Atomausstieg und Wachstumsdebatte* (S. 139–183). Weimar (Lahn): Metropolis.

Renn, O., Köck, W., Schweizer, P.-J., Bovet, J., Benighaus, C., Scheel, O., Schröter, R. (2013). Öffentlichkeitsbeteiligung bei Planungsvorhaben der Energiewende. Policy Brief 01/2014. Helmholtz Allianz ENERGY TRANS. https://www.energy-trans.de/downloads/ENERGY-TRANS-Policy%20Brief-Oeffentlichkeitsbeteiligung%20bei%20Planungsvorhaben%20oder%20Energiewende.pdf. Zugegriffen: 17.07.2017.

Renn, O. & Marshall, J. P. (2016). Coal, nuclear and renewable energy policies in Germany: From the 1950s to the „Energiewende". *Energy Policy* (2016). https://doi.org/10.1016/j.enpol.2016.05.004

Reusswig, F., Braun, F., Heger, I., Ludewig, T., Eichenauer, E. & Lass, W. (2016a). Against the Wind? Local opposition to the German ‚Energiewende'. *Utilities Policy* (2016). DOI: 10.1016/j.jup.2016.02.006

Reusswig F., Braun, F., Eichenauer, E., Fahrenkrug, K., Franzke, J., Heger, I., Ludewig, T., Melzer, M., Ott, K., & Scheepmaker, T. (2016b). *Energiekonflikte. Akzeptanzkriterien und Gerechtigkeitsvorstellungen in der Energiewende. Kernergebnisse und Handlungsempfehlungen eines interdisziplinären Forschungsprojektes.* DOI: 10.13140/RG.2.2.30 920.72968

Richter, I., Danielzik, M., Molinengo, G., Nanz, P. & Rost, D. (2016): Bürgerbeteiligung in der Energiewende. Zehn Thesen zur gegenwärtigen Etablierung, zu Herausforderungen und geeigneten Gestaltungsansätzen. *IASS Working Paper.* Potsdam: Selbstverlag.

Roßmeier, A., Weber, F. & Kühne, O. (2018). Wandel und gesellschaftliche Resonanz – Diskurse um Landschaft und Partizipation beim Windkraftausbau. In O. Kühne & F. Weber (Hrsg.), *Bausteine der Energiewende* (S. 653–679). Wiesbaden: Springer VS.

Sontheim, T. & Weber, F. (2018). Erdverkabelung und Partizipation als mögliche Lösungswege zur weiteren Ausgestaltung des Stromnetzausbaus? Eine Analyse anhand zweier Fallstudien. In O. Kühne & F. Weber (Hrsg.), *Bausteine der Energiewende* (S. 609–630). Wiesbaden: Springer VS.

Taggart, P. (2000). *Populism.* Buckingham: Open University Press.

Tews, K. (2014). Vom politischen Schlagwort zur handlungsleitenden Definition. In A. Brunnengräber, M. R. Di Nucci, und L. Mez (Hrsg.), *Im Hürdenlauf zur Energiewende. Von Transformationen, Reformen und Innovationen; zum 70. Geburtstag von Lutz Mez* (S. 441–449). Wiesbaden: VS Verlag.

Walk, H. (2014). Energiegenossenschaften: neue Akteure einer nachhaltigen und demokratischen Energiewende? In A. Brunnengräber, M. R. Di Nucci, und L. Mez (Hrsg.), *Im Hürdenlauf zur Energiewende. Von Transformationen, Reformen und Innovationen; zum 70. Geburtstag von Lutz Mez* (S. 451–464). Wiesbaden: VS Verlag.

Weber, F. (2018). Von der Theorie zur Praxis – Konflikte denken mit Chantal Mouffe. In O. Kühne & F. Weber (Hrsg.), *Bausteine der Energiewende* (S. 187–206). Wiesbaden: Springer VS.

Weber, F. & Jenal, C. (2016). Windkraft in Naturparken. Konflikte am Beispiel der Naturparke Soonwald-Nahe und Rhein-Westerwald. *Naturschutz und Landschaftsplanung* 48 (12), 377–382.

Weber, F. & Kühne, O. (2016). Räume unter Strom. Eine diskurstheoretische Analyse zu Aushandlungsprozessen im Zuge des Stromnetzausbaus. *Raumforschung und Raumordnung* 74 (4), 323–338. doi:10.1007/s13147-016-0417-4

Weber, F., Roßmeier, A., Jenal, C. & Kühne, O. (2017). Landschaftswandel als Konflikt. Ein Vergleich von Argumentationsmustern beim Windkraft- und beim Stromnetzausbau aus diskurstheoretischer Perspektive. In O. Kühne, H. Megerle & F. Weber (Hrsg.), *Landschaftsästhetik und Landschaftswandel* (S. 215–244). Wiesbaden: Springer VS.

Wolsink, M. (2007). Planning of renewables schemes: Deliberative and fair decision-making on landscape issues instead of reproachful accusation of non-cooperation. *Energy Policy* 35, 2692–2704.

Eva Eichenauer studierte Soziologie und Südostasienwissenschaften in Potsdam, Berlin und Georgetown/Malaysia. Seit 2014 ist wissenschaftliche Mitarbeiterin am Potsdam-Institut für Klimafolgenforschung (PIK). Hier beschäftigt sie sich vor allem mit der Umsetzung der Energiewende auf lokaler Ebene und nachhaltigen Lebensstilen. Weitere Forschungsschwerpunkte sind Demokratisierungsprozesse und nachhaltige Transformation in Europa und Insel-Südostasien. Außerdem hat sie ein Faible für feministische Theorie und (post-)koloniale Identitäten.

Fritz Reusswig studierte Soziologie und Philosophie an der J. W. Goethe-Universität Frankfurt/Main. Promotion 1992 in Frankfurt mit einer Arbeit über Hegel. Habilitation 2008 an der Universität Potsdam (Consuming Nature. Modern Lifestyles and Their Environment). Nach Tätigkeit am Frankfurter Institut für sozial-ökologische Forschung (ISOE) seit 1995 wissenschaftlicher Mitarbeiter am Potsdam-Institut für Klimafolgenforschung (PIK), stellvertretender Leiter des Forschungsfelds IV (Transdisziplinäre Konzepte und Methoden). Lehrbeauftragter für Umweltsoziologie an der Humboldt-Universität zu Berlin. Arbeitsschwerpunkte: Klimaneutrale Konsum- und Lebensstile, Klimaschutz und Klimaanpassung in Kommunen und Regionen, sozialwissenschaftliche Energiewendeforschung.

Lutz Meyer-Ohlendorf studierte Geographie und Ethnologie an der Universität zu Köln und arbeitete nach seinem Studium zunächst im Auftrag des Deutschen Instituts für Entwicklungspolitik zu Fragen der Klimaanpassung in Städten Sub-Sahara Afrikas. Als wissenschaftlicher Mitarbeiter am Potsdam Institut für Klimafolgenforschung (PIK) beschäftigt er sich vor allem mit dem Thema nachhaltiger Entwicklung, Klimaanpassung sowie Fragen des Klimaschutz in Städten und Megastädten des Globalen Südens. Im November 2016 promovierte er erfolgreich zum Thema Lebensstile und ihr Einfluss auf den Klimawandel in Hyderabad, Indien.

Wiebke Lass hat Volkswirtschaftslehre an der *Philipps-Universität Marburg* studiert. Nach ihrem Studium arbeitete sie am dortigen Institut für Finanzwissenschaft sowie für den *Wissenschaftlichen Beirat „Globale Umweltveränderungen" der Bundesregierung* (WBGU). Mitbegründerin der GSF *(Gesellschaft für sozio:ökonomische Forschung)*. Langjährige Projekt- und Gutachtentätigkeit sowie Lehrtätigkeit in den Bereichen Nachhaltige Entwicklung, Klimapolitik. Als wissenschaftliche Mitarbeiterin am *Potsdam Institut für Klimafolgenforschung* (PIK) mit Fokus auf Klimaschutz- und Anpassungskonzepte. Weitere Forschungsfelder: Gender, *Gobal Governance*, zukunftsfähige Ökonomik, Transdisziplinarität. Going Smart and Climate Neutral in Berlin.

Wandel und gesellschaftliche Resonanz – Diskurse um Landschaft und Partizipation beim Windkraftausbau

Albert Roßmeier, Florian Weber und Olaf Kühne

Abstract

Als Reaktion auf den Reaktorunfall in Fukushima (Japan) beschloss die schwarz-gelbe Bundesregierung 2011 den Ausstieg aus der Kernkraftnutzung bis 2022. In diesem Zuge wurde – auf Grundlage des Erneuerbare-Energien-Gesetzes (EEG) aus dem Jahr 2000 – die Energiewende und damit der bundesweite Ausbau von Windkraftanlagen politisch weiter vorangetrieben. Die physisch-materielle Welt erfährt im Zuge des Zuwachses erneuerbarer Energien vielschichtige Wandlungsprozesse, die vermehrt auf gesellschaftliche Resonanz stoßen und unterschiedliche Konfliktfelder aufspannen. Im Kontext der Windkraftnutzung haben sich zahlreiche ablehnende, aber auch befürwortende Bürgerinitiativen formiert, die ein breites Spektrum miteinander verknüpfter Argumentationsmuster und -logiken aufweisen. Im vorliegenden Beitrag werden sowohl die Ablehnungsseite als auch die Befürwortungsseite des Windkraftausbaus fokussiert und herausgearbeitet, wie die beiden Positionen auf unterschiedliche Konfliktfelder Bezug nehmen, diese miteinander in Beziehung setzen und letztlich diskursiv verankern.

Keywords

Diskursanalyse, Energiewende, Windkraftausbau, Bürgerinitiativen, Konflikt, Landschaft, Partizipation

1 Die Energiewende in Deutschland und ihre gesellschaftliche Resonanz

Seit den 1990er Jahren wird in der Bundesrepublik Deutschland der Ausbau erneuerbarer Energien politisch gefördert. Einen bedeutenden Schritt in der energiepolitischen Entwicklung stellt dabei die Verabschiedung des Erneuerbare-Energien-Gesetzes (EEG) im Jahr 2000 dar: der Anteil der regenerativen Energien an der Bruttostromerzeugung in Deutschland stieg in der Folge von rund 6 auf 32 Prozent im Jahr 2016 an (BMWi 2017; hierzu auch Kühne und Weber 2018 in diesem Band).

Einschneidend ist hierbei gerade die Reaktorkatastrophe vom März 2011 im Kernkraftwerk Fukushima Daiichi in Japan, die nicht nur in Deutschland dem Umbau hin zur Erzeugung erneuerbarer Energien den Weg weiter ebnete. Denn als Folge des nuklearen Unfalls mit dem Austritt großer Mengen radioaktiven Materials wuchs der Ausbau der erneuerbaren Energien in Deutschland zu einem Kernthema politischen Agierens heran. Unter der schwarz-gelben Regierung wurde der Ausstieg aus der Kernkraftnutzung bis zum Jahr 2022 beschlossen. Damit einhergehend wurden von der Bundesregierung konkrete Ziele zur regenerativen Energienutzung festgesetzt: 40 bis 45 Prozent erneuerbare Energien sollen bis zum Jahr 2025 zur Bruttostromerzeugung beitragen, bis zum Jahr 2035 etwa 55 bis 60 Prozent – der kontinuierliche Ausbau der regenerativen Energien soll dabei insbesondere in Koppelung mit dem Ausbau der Übertragungsnetze realisiert werden (BMWi 2017; Neukirch 2014; Riegel und Brandt 2015; Weber et al. 2016; Weber et al. 2017). Vor allem Windkraft und Photovoltaik stellen in Kombination mit der Nutzung von Biomasse, Wasserkraft und Geothermie die tragenden Säulen der Energiewende Deutschlands dar (einführend auch Hook 2018 in diesem Band).

Doch sind innerhalb der Umsetzung der energiepolitischen Ziele, mit denen Erwartungen an eine risikoärmere und klimafreundlichere Energieerzeugung verbunden sind, nicht nur technische Aspekte zentral, zunehmend gewinnen gesellschaftliche und räumliche Gesichtspunkte an Relevanz. Die räumlichen Auswirkungen konkreter Planungen der Energiewende erhalten vermehrt gesellschaftliche Resonanz in der Form von unterschiedlichsten Widerstandsbewegungen (Eichenauer et al. 2018; Hoeft et al. 2017; Marg et al. 2013). Protest und Konflikt wachsen immer mehr zu Attributen des politisch forcierten Windkraftausbaus heran und zeugen von der Notwendigkeit intensiver und vielschichtiger wissenschaftlicher Aufarbeitung. Insbesondere diskurstheoretische Annäherungen an die Thematik der Energiewende und deren gesellschaftliche sowie politische Konsequenzen, die das Potenzial bieten, Verfestigungen spezifischer Deutungsmuster, aber auch Hinweise auf Umbrüche zu analysieren, sind bisher nur begrenzt vorhanden (Leibenath und Otto 2012, 2013, 2014; Lennon und Scott 2015; Otto und Leibenath 2013; Weber et al. 2017; Weber 2018; Weber und Kühne 2016). ‚Diskurse' werden hierbei als temporäre Verfestigungen spezifischer Bedeutungen gefasst (Laclau und Mouffe 2015 [engl. Orig. 1985]). Bestimmte Positionen können zeitweise so hohe Wirkmächtigkeit erlangen und auf diese Weise ‚hegemonial' werden, womit andere Deutungsmuster ins ‚Außen des Diskurses' rücken. Gleichzeitig besteht keine ‚natürliche Ordnung', mit der sich begründen ließe, warum die eine Position ‚wahr und richtig' sei und andere auszuschließen seien. Der Zugang ist damit anti-essentialistisch ausgerichtet: „Wir versuchen mit allen Formen des Essentialismus zu brechen" (Laclau und Mouffe 2015 [engl. Orig. 1985], S. 25). Umbrüche, so genannte ‚Dislokationen' sind immer möglich (Laclau 1990, 2007). Gerade ‚Landschaft' erlangt in Zeiten sich wandelnder Aushandlungsprozesse und Mitbestimmungsmöglichkeiten zunehmende Bedeutung und drängt damit auf die Untersuchung der Konstitution bestimmter Deutungen und der

Wirkmächtigkeit spezifischer Argumentationsmuster (zu Landschaftsdeutungen siehe auch Kühne 2018b). Denn entsprechende Analysen bieten das Potenzial, nachzuvollziehen, wie bestimmte Argumente an Bedeutung gewinnen, weitgehend übergreifend geteilt werden und andere verdrängen können. Folglich kann ein solches Verständnis die Grundlage dafür bilden, Problemlagen bei Kommunikationsstrategien und Dialogprozessen in Richtung einer bestimmten Position nachzuvollziehen und einzuordnen sowie alternative Deutungsmuster aufzufächern – damit also die Sichtweise auf die Existenz unterschiedlichster, paralleler (Be)Wertungsmöglichkeiten von beispielsweise ‚Landschaft' zu lenken.

In bisherigen Untersuchungen wurde vorwiegend auf die Protestseite im Zuge der Planung von Windkraftanlagen geblickt. Der vorliegende Beitrag setzt vor diesem Hintergrund an einer Gegenüberstellung von Argumentationsmustern der Ablehnungs- und der Befürwortungsseite an und stellt Teilergebnisse einer vom Bundesamt für Naturschutz geförderten Studie zur Landschaftsentwicklung im Zuge der Energiewende vor (Schmidt et al. 2017b, 2017a). Grundlagen bilden 280 Bürgerinitiativen – 270 ablehnende und zehn befürwortende Bewegungen –, die im Kontext des Windkraftausbaus mittels einer *Google*-Recherche untersucht wurden[1]. Die Websites und Facebook-Profile der Bewegungen wurden quantitativ und qualitativ ausgewertet (systematisiert als BI-001 bis BI-280[2]) und ergänzend Interviews mit elf Vertreter(inne)n von zehn Initiativen[3] geführt (IP01 bis IP11). Die Analyse zielte dabei auf die Identifizierung und Herausarbeitung übergreifender Muster in der Argumentation und den Diskursen der Gruppierungen sowie auf die Abbildung hegemonial verankerter Positionen und subdiskursiver Stimmen ab (Weber 2013).

Im Folgenden werden sowohl die Ablehnungs- als auch die Befürwortungsseite im Windkraftdiskurs beleuchtet, mit besonderem Blick auf die Bandbreite der kommunizierten Argumentationsmuster und -logiken – konkret mit Hilfe einer Gegenüberstellung ausgewählter narrativer Muster (Glasze et al. 2009; Weber 2013) aus den Websites der Initiativen sowie den geführten Interviewbefragungen. Zum Abschluss des Beitrages werden die gewonnenen Erkenntnisse resümiert und zentrale Zusammenhänge aufgezeigt. Darüber hinaus erfolgt ein Ausblick auf die Konsequenzen für die partizipative Ausgestaltung der Energiewende in Deutschland und wie sich die herausgebildeten ‚Konfliktgruppen' (vgl. Dahrendorf 1972) annähern könn(t)en (siehe hierzu auch im Band Kühne 2018a).

---

1   Hierbei wurden Bürgerinitiativen erfasst, die über eine Website oder ein *Facebook*-Profil öffentlich kommunizieren. Der Fokus liegt auf Initiativen ohne konkret monetäres Ziel, also tendenziell ohne Berücksichtigung institutionalisierter Bürger(innen)-Wind-Vorhaben auf befürwortender Seite, die sich entsprechend auch nicht als Bürgerinitiativen gegründet haben.
2   Die Liste aller ermittelten Bürgerinitiativen für und gegen den Ausbau von Windkraft kann auf Anfrage per Mail zur Verfügung gestellt werden.
3   Interviewanfragen an Bürgerinitiativen, die für den Windkraftausbau argumentieren, verliefen erfolglos.

2 Zentrale Argumentationsmuster der Ablehnungsseite des Windkraftausbaus

Zunächst wird ein Überblick über alle induktiv erfassten und systematisierten Argumentationsmuster der Bürgerinitiativen gegeben, die sich *gegen* den Windkraftausbau und in Teilen auch die Energiewende aussprechen. Von Interesse ist hierbei, wie die unterschiedlichen Argumentationsstränge diskursiv miteinander verwoben werden und sich in der Folge regelmäßig auftretender Narrationen verfestigen und hegemonial werden, das heißt andere, alternative Deutungsmuster in den Hintergrund drängen (Glasze und Mattissek 2009, hierzu; Laclau und Mouffe 2015 [engl. Orig. 1985]; Torfing 1999; Weber 2015, 2018).

2.1 ‚Landschaft' – ‚Landschaftsbild' – ‚Landschaftswandel'

Das Engagement der Bürgerinitiativen, die sich gegen den Windkraftausbau – im lokalen oder überregionalen Kontext – aussprechen, formt sich insbesondere anhand einer subjektiv wahrgenommenen Unvereinbarkeit der Windkraftnutzung mit ihren Vorstellungen von ‚Landschaften'. ‚Landschaft' ist in den Aushandlungsprozessen der Bürgerinitiativen übergreifend vergleichbar als ‚Charakteristikum' definiert, das in der Folge von physischen Veränderungen beeinträchtigt bzw. entwertet und mehr noch zerstört würde: „Windkraftanlagen können sich nicht in eine Landschaft einfügen, sie beherrschen diese" (BI-204). Denn an ‚Landschaft' bzw. „die physischen Grundlagen der heimatlichen Normallandschaft wird die Erwartung der Stabilität gerichtet" (Kühne 2018a, S. 8) – Wandlungsprozesse werden in diesem Zusammenhang häufig negativ bewertet bis negiert und als ‚bedrohlich' empfunden: „Also viele sind ja froh, wenn es so bleibt wie es ist, um es auf den Punkt zu bringen" (IP09, vgl. ausführlich Textbox 1). Die diskursiv (re)produzierten und so verankerten Bezüge reichen von den Ängsten drohender Entwertung und ‚Verstellung' bis zu weitreichenden Zerstörungen von ‚Kulturlandschaften', landschaftlichen oder kulturellen Denkmälern und der „schöne[n] Landschaft" (BI-279) ‚an sich'. Hier wird ein weit verbreitetes essentialistisches Verständnis von Landschaft deutlich, in dem ‚Schönheit' als Ausdruck des ‚Wesens' von Landschaft verstanden wird, das sich durch gegenseitige Prägung von Kultur und Natur über die Jahrhunderte gebildet habe (genaueres zu diesem Landschaftsverständnis siehe Kühne 2018c).

Erkennbar in den narrativen Mustern der Websites der ablehnenden Initiativen und der Interviews wird, dass sich Windkraftanlagen diskursiv im Außen von ‚naturnahen, schönen und wertvollen Landschaften' verorten – sie werden übergreifend vergleichbar als „Fremdkörper" (IP08) konstruiert bzw. in die Metapher „Spargel" (IP08) eingekleidet. Begrifflichkeiten wie ‚Verschandelung', ‚Überprägung', ‚Maßstabsverlust' und ‚Verlust des Erholungswertes' entwickeln sich innerhalb des Diskurses zu regelmäßig (re)produzierten Momenten (Laclau und Mouffe 2015 [engl. Orig.

Textbox 1 Narrative Muster der Argumentationen um emotional-ästhetische Aspekte von ‚Landschaft'

Zitat aus der Website der Bürgerinitiative „Gegenwind im Oderbruch" (BI-086):
„Die im Oderbruch geplanten Windgeneratoren zerstören nicht nur das charakteristische Landschaftsbild, das bisher von Deichen, Dörfern, Kirchen, Schlössern geprägt wurde, sondern bergen auch Gefahren für Mensch und Tier."

Zitat aus dem Interview mit der Bürgerinitiative! Gegenwind Bad Orb! (IP03):
„Naja, also jetzt erstmal lokal gesehen aus den eben schon breit genannten Gründen, kann es nicht sein, dass man dafür großflächig die Landschaft hier in den Mittelgebirgen, ich rede mal jetzt nur von den Mittelgebirgen, zerstört. Das sind riesige Industriebauten, die gebaut werden. Die Leute, die es betrifft, sind in aller Regel Leute, die hier im Vogelsberg, im Spessart, was weiß ich, nahe der Rhön oder im Hunsrück, die vielleicht nicht so erfahren sind, ja. Die kriegen dann diese riesigen Anlagen dahin gestellt und können nur noch den Kopf schütteln und es sind in aller Regel auch Leute, die sich nicht so zu wehren wissen, wie was weiß ich, ich sage mal jetzt in Anführungszeichen, ‚erfahrenere' oder ‚gebildetere' Städter. Ja, das sind halt Leute, die mehr auf dem Land groß geworden sind, in ihrer ländlichen Umgebung, aber da wohnen immer mehr und mehr Leute, die aus der Stadt kommen, die sagen: wir wohnen hier, um uns, um in einer gesunden Landschaft zu leben. Und da muss man nicht ganz Deutschland mit Windkraftanlagen zunageln. Also das Landschaftsbild, die Zerstörung unserer Mittelgebirge, das ist, tritt mehr und mehr neben den vorhin genannten Gründen in den Vordergrund bei unseren Aktivitäten."

Zitat aus dem Interview mit der Bürgerinitiative „Für Transparenz und Gerechtigkeit" (IP11):
„Allein, wenn Sie bei Würzburg über die Höhe fahren und dann weiter noch, da wird es Ihnen schwindelig. Da ist von einer Landschaft, wo der Mensch leben möchte, nichts mehr da."

Zitat aus der Website der Bürgerinitiative „Gegen den Windpark Zollstock-Springstein" (BI-037):
„Windkraftanlagen zerstören unser natürliches und wunderschönes Landschaftsbild. Sie führen zu einer Industrialisierung der Landschaft. Für 1 Windrad muss eine Fläche von mindestens 1 Hektar Wald gerodet werden. Die Zuwegung und der Bau von Rampen für den Schwerlastverkehr machen zusätzliche Rodung in erheblichem Maße notwendig. Das Betonfundament versiegelt den Boden vollständig und er verliert sämtliche Bodenfunktionen."

1985]) und stellen Negativszenarien einer ‚zukünftigen Landschaft' dar – denn Landschaftswandel als Normalfall ist nicht verankert. So werden Landschaften und vor allem ‚Waldlandschaften' (hierzu auch Kress 2018 in diesem Band) von den Initiativen übergreifend vergleichbar in einer Weise konstruiert, die nicht vereinbar ist mit der Erzeugung regenerativen Stroms und deren mehrdimensionalen Auswirkungen: „Im Wald erwarte ich Ruhe" (IP08) betont eine Bürgerinitiative. Eine andere Protestbewegung führt an: „Also wir haben bei uns Wälder, die sehen aus wie eine Autobahn und das hat nix mehr mit Wald zu tun an dieser Stelle. Ein immenser Eingriff ins Landschaftsbild" (IP06). Damit zeigt sich letztlich auch der selektive Charakter der Konzeption von ‚Landschaft', die den Initiativen vermehrt zugrunde liegt, denn es findet eine Differenzierung von ‚schutzwürdigen' und bereits ‚belasteten' bzw. ‚überformten, nicht schutzwürdigen Landschaften' statt, welche die Aushandlungen um den Windkraftausbau deutlich konturiert (vgl. Otto und Leibenath 2013). Bemerkenswert ist das Bemühen um eine ‚offiziöse' Sprache, in das Elemente des Expertenjargons, wie etwa ‚Landschaftsbild' integriert werden, um so den eigenen Argumenten einen ‚offizielleren' Anspruch zu verleihen (vgl. Burckhardt 2004; Kühne 2008).

Letztlich sind die Beziehungssetzungen in den Diskursen um die Ablehnung des Windkraftausbaus besonders auffällig: analog zu den textlichen Ausführungen der Initiativen werden auch innerhalb der „artikulatorischen Akte" (Nonhoff 2006, S. 185) der Vertreter(innen) der Bürgerinitiativen ‚Landschaft' und andere Argumentationsmuster diskursiv miteinander verknüpft und in Äquivalenzketten aneinander gereiht – so beispielsweise die Felder ‚Landschaft', ‚Heimat' und ‚Natur- und Artenschutz', die damit die Position einer Ablehnung von Windkraftanlagen stützen (vergleichbar beim Stromnetzausbau Kühne und Weber 2017; Weber und Kühne 2016).

2.2 ‚Heimat' und ‚Heimatverlust'

In den Aushandlungsprozessen der Bürgerinitiativen, die sich gegen den Ausbau von Windkraft und in Teilen auch der Energiewende formieren, ist das Konfliktfeld ‚Landschaft' eng verknüpft mit Diskursen um das emotionale Konstrukt ‚Heimat' – denn ‚Landschaft' wird innerhalb der Gesellschaft zur sozialen Verankerung im Raum herangezogen (Kühne 2006; Kühne et al. 2016; Kühne 2018b; Kühne und Spellerberg 2010). „Vernichtung ihrer Heimat" (BI-086) und von „Lebensraum" (BI-252) drohten. Darüber hinaus gründen kulturelle und regionale Identität auf der subjektiven Konstruktion von ‚Heimat', woraus im Falle einer gefühlten ‚Zerstörung von Landschaft und Heimat' auch der „Verlust unserer Identität" (BI-051) folgt. Dementsprechend werden Windkraftanlagen übergreifend vergleichbar mit ‚Heimat-' und ‚Identitätsverlust' verknüpft – markant sichtbar auf der Website einer bayerischen Bürgerinitiative: „wir vernichten etwas ganz Wichtiges: unsere Heimat und Landschaft" (BI-073). In der Folge des Windkraftausbaus schwinde letztlich die ‚Ursprünglichkeit' und ‚Natürlichkeit' von ‚Landschaft' und es würden „alle Grenzen des guten Geschmacks überschritten" (IP09) – eine weitere Bürgerinitiative konstatiert: „das ist keine Heimat mehr" (IP11).

So zeichnen die Argumentationsmuster um das Konstrukt der ‚Heimat' deutlich die Emotionalität der Herangehensweisen nach. Eine Bürgerinitiative aus Schleswig-Holstein konstatiert: „Das Thema Landschaft spielt hier bei sehr vielen eine Rolle, es gibt hier eine große Erdverbundenheit, eine Heimatverbundenheit, gerade auch unsere Mitglieder, das muss man ganz deutlich sagen" (IP09). Und in der Folge wird Veränderungen der heimatlichen Normallandschaft (Kühne 2006, 2008, 2018c) – insbesondere durch physische Manifestationen einer wirtschaftenden Gesellschaft – häufig mit Verlustängsten begegnet: „Der Windpark entwertet unsere Kulturlandschaft. Windkraftanlagen sind monumentale, völlig landschaftsfremde Bauwerke und vernichten die bisherige landschaftliche Charakteristik. Wir definieren unsere heimatliche Umgebung und lokale Identität aber auch über das charakteristische Erscheinungsbild unserer Landschaft und verstehen die Baumaßnahme als Zerstörung unserer Heimat" (BI-051). So treten im Diskurs um den Verlust der ‚Heimat' auch Aspekte von Generationengerechtigkeit unter Bezugnahme auf ein ‚landschaftliches Erbe' in den Vordergrund.

2.3 Gesundheitliche Bedenken

Neben emotional-ästhetischen Argumentationsmustern um die Felder ‚Landschaft' und ‚Heimat' finden sich in den Aushandlungsprozessen auch Aspekte gesundheitlicher Auswirkungen der Anlagen: „Die Windkraft bringt uns keinen Nutzen – sie schadet uns an vielen Ecken und Kanten. Sie schadet dem Landschaftsbild, sie schadet dem Naturschutz, dem Artenschutz, dem Umweltschutz. Sie schadet der Gesundheit der Bevölkerung – aber was bringt sie für einen Nutzen" (IP04)? Insbesondere werden innerhalb spezifischer Regelmäßigkeiten Bedenken bezüglich der Lärmbelastungen durch Windkraftanlagen vorgebracht. Aufgrund – aus Sicht der Initiativen – unzureichenden Schutzes stünden weite Teile der Bevölkerung im Umfeld von Windkraftanlagen unter erheblicher gesundheitlicher Belastung: „[Die] TA-Lärm ist ja total überaltet, man misst da nicht runter bis auf unter 8 Hz, da hört man ja auf, das wird rausgemessen. Dort beginnt der Infraschallbereich, der niederfrequente Schall, und der Infraschall ist ja noch aggressiver bei 5 Hz" (IP11). Die rotierenden Flügel der Anlagen verursachten Schallemissionen, die je nach Frequenzbereich unterschiedlich auf den Organismus einwirkten. Die hörbaren Emissionen der Anlagen führten – den untersuchten Bürgerinitiativen zufolge – zu dauerhaften akustischen und damit auch psychischen Belastungen – die Lebensqualität der Anwohner leide darunter. Doch insbesondere die Emissionen im nichthörbaren Frequenzspektrum, der sogenannte Infraschall, wird – unter Anführung medizinischer Studien – in diskursiver Regelmäßigkeit als gesundheitsschädlich reproduziert. „Die seelisch-körperlich negative Wirkung von Windkraftanlagen wurde in vielen Studien über den Anfangsverdacht hinaus vielfach nachgewiesen. Symptome wie Schlafstörung, Depression, Konzentrationsstörung, Kopfschmerz, Gleichgewichtsstörung, Tinnitus treten verstärkt im Umfeld von Windkraftanlagen auf. Betroffenen Anwohnern bleibt nur die Möglichkeit, wegzuziehen. Betreiber und Politik unterschätzen den Effekt auf die Gesundheit oder ignorieren diesen fahrlässig" (BI-237).

Mit hoher emotionaler Betroffenheit wird von „Folter, Enteignung, Vertreibung, Krankheit und Tod" (BI-073) gesprochen. Damit rücken Windkraftanlagen nicht nur in das Außen des Diskurses von ‚naturnahen und schönen Landschaften', sondern stehen auch dem Verständnis von einem ‚zukunftsfähigen, gesunden Lebensumfeld' diametral entgegen. Es erfolgt eine moralische Aufladung (vgl. Kühne 2018a).

2.4 Einschränkung von Lebensqualität

Darüber hinaus rekurrieren die Bürgerinitiativen auf den Verlust einer zugeschriebenen Erholungsfunktion von „Naturlandschaft[en]" (BI-273) – und damit letztlich von Lebensqualität. „Windenergie entwertet Landschaften und das drastisch und auch den Erholungswert einer Landschaft" (IP01), beklagt eine Bürgerinitiative. Hierzu auch eine rheinland-pfälzische Initiative: „Also Erholungswert durch Windkraftanlagen, ich wüsste nicht, wo das wie gehen soll, das ist ein Widerspruch in sich. […] Wald ist für mich ein Naherholungsgebiet und wenn kein Wald mehr da ist oder der Wald eben durch Autobahnen im Grunde genommen durchzogen ist, da ein ständiges Gebrumme im Hintergrund ist, dann ist das kein Naherholungsgebiet mehr, dann ist das ein Industriegebiet. Das heißt, mir geht einfach Naherholungsfläche definitiv verloren durch den Bau von Windkraftanlagen de facto" (IP06). Akustische und optische Reize von Windkraftanlagen werden als „Zerstörung privater Lebensqualität" (BI-234) erachtet und Windkraftnutzung vermehrt abgelehnt. Konkret wird in Bezug auf optische Nebeneffekte der Windkraftnutzung der Schlagschatten der rotierenden Flügel kritisiert.

2.5 Natur- und Artenschutz

Auch Natur- und Artenschutz werden zu Argumenten, die gegen den Bau von Windkraftanlagen vorgebracht werden. In den Aushandlungsprozessen wird insbesondere die Kollision – und damit Tötung – von (streng geschützten) Vogelarten mit den rotierenden Flügelblättern von Windkraftanlagen als wichtige Motivation angeführt. Dabei fürchten die Initiativen der Ablehnungsseite konkret um die Lebensbedingungen des Rotmilans und verschiedener Fledermausarten sowie um die Existenz bestimmter Pflanzen- und Waldbestände. So wird die Energiewende aufgrund der umfassenden baulichen Maßnahmen – dem Bau von Zufahrtswegen, der Bodenversiegelung sowie großflächiger Rodungen – übergreifend vergleichbar als unverhältnismäßig gedeutet. Denn dem Ausbau der Windkraft wird letztlich ein Zielkonflikt mit den Maßnahmen zum Naturschutz vorgeworfen – die Energiewende stehe dem Naturschutz diametral gegenüber. Und in Folge der Errichtung von Anlagen in Natur- und Wasserschutz- sowie Waldgebieten und auch dem Einsatz unterschiedlicher chemischer (Bau-)Stoffe in den Anlagen selbst, sehen die Bürgerbewegungen ein Maß der ‚Naturzerstörung' bzw. ‚Naturgefährdung' erreicht, welches sich nicht mit den – ohnehin angezweifelten – positiven Effekten der Erzeugung erneuerbarer Energien rechtfertigen lässt. Darüber hinaus finden sich auch Bedenken bezüglich möglicher Stör- bzw. Unfälle an Windkraftanlagen. Konkret wird hierbei die Gefahr von Bränden an den Naben der Anlagen betont oder auch die Möglichkeit der Grundwasserverunreinigung in Folge des Austritts von Öl aus den Anlagen.

Diskursive Verknüpfungen bestehen auch zum Feld ökonomischer Belange, worin die Energiewende in den Argumentationen der Bürgerinitiativen vermehrt zum spekulativen Projekt einer „Windkraftlobby" (BI-011) avanciere, der es „egal" sei, „was das nun für die Umwelt" bedeute (BI-272).

Die Argumentation um die natur- und artenschutzfachlichen Aspekte ist in auffälliger Weise an die emotional-ästhetischen Zugänge zu ‚Landschaft' geknüpft: Rekurse auf die Belange des Natur- und Artenschutzes finden sich in übergreifender Vergleichbarkeit diskursiv an Bedenken um den Wandel ‚heimatlicher Landschaft' gebunden. Denn letztlich verlören ‚Landschaften' im Zuge des Ausbaus von Windkraftanlagen nicht nur ihre Bedeutung als Lebensraum für Flora und Fauna, sondern auch ihren ästhetischen Wert – womit die unterschiedlichen Zugänge und Ansprüche an ‚Landschaft' deutlich werden. So wird ‚Landschaft' in den Aushandlungsprozessen einerseits als ökologisch wertvolles Gebiet und andererseits als ästhetisch ansprechender und emotional bedeutsamer Raum (re)produziert.

2.6 Werte von Immobilien und Grundstücken sowie sektorale Einbußen

Im Zuge der Energiewende und des Ausbaus von Windkraft erscheinen in den Diskursen der Ablehnungsseite auch ökonomische Aspekte regelmäßig und so diskursiv verankert: die ablehnenden Bürgerbewegungen betonen übergreifend vergleichbare Bedenken in Bezug auf finanzielle Verluste und Einbußen – Bürgerschaft als auch Kommunen betreffend. So formulieren die Initiativen Sorgen um Einbrüche der Verkehrswerte von Immobilien und Grundstücken, die sich im Zuge des Ausbaus von Windkraftanlagen ergäben. Denn in der Folge einer gefühlten ‚Entwertung' von Kulturdenkmälern, der ‚Störung landschaftlicher Natürlichkeit' bzw. vermeintlicher Ursprünglichkeit als Grundlage des Erholungswertes von ‚Landschaft' und einer „vollkommene[n] Industrialisierung des ländlichen Raumes" (IP05) komme es zur Unverkäuflichkeit von Immobilien und Grundstücken. Vor diesem Hintergrund fordern die Protestbewegungen – nicht nur aus der Argumentation um ökonomische Aspekte heraus – einen größeren Abstand zu Wohnbebauungen und/oder einen „Ausgleich des Wertverlustes von Grundstücken und Wohnbebauungen beim Bau des Windparks" (BI-002). Auf den Websites der Initiativen ist letztlich die Rede von einer „Enteignung des Immobilienvermögens" (BI-168). In der Folge wird der Windkraftausbau übergreifend vergleichbar als „Verbrechen" (BI-073) moralisch aufgeladen.

Darüber hinaus bestehen in den Aushandlungsprozessen der ablehnenden Bürgerinitiativen auch Diskurse um sektorale Einbußen in der Folge des Ausbaus von Windkraftanlagen. Übergreifend vergleichbar kommunizieren die Initiativen Bedenken bezüglich sinkender Besucher- und Urlauberzahlen in touristisch erschlossenen bzw. ‚attraktiven' Räumen, da sich die Tourist(inn)en „eben nicht mehr mit dem Landschaftsbild identifizieren können" (IP06). Hierbei lassen sich auch deutlich emotionale Herangehensweisen erkennen, beispielsweise auf der Website einer bayerischen Bürgerinitiative: „Womit werden wir künftig für Tourismus werben? Abenteuerurlaub unter Windkraftanlagen für Menschen, die das Risiko lieben?" (BI-073). Windkraftanlagen driften in das Außen von ‚freizeit- und erholungsorientierten Landschaften', denn sie degradieren diese vermehrt zu „Industriebetriebe[n]" (BI-073).

Des Weiteren sehen die Bürgerinitiativen auch finanzielle Nachteile des Windkraftausbaus auf kommunaler Ebene. Innerhalb der Aushandlungen der Ablehnungsseite werden Zweifel an der Wirtschaftlichkeit des Betriebs von Windkraftanlagen regelmäßig (re)produziert – insbesondere im süddeutschen Raum seien „Windräder nicht effizient" (BI-073). Ferner „klagen laufend etliche Gemeinden über Verluste in der Gemeindekasse, da versprochene Gewerbesteuereinnahmen im Endeffekt nicht fließen und man auf anderen Kosten in diesem Zusammenhang sitzen bleibt" (BI-272). Mehr noch werden die finanziellen Chancen bzw. Risiken – laut den Initiativen – „durch die Verantwortlichen häufig nicht betrachtet, da das schnelle Geld durch angeblich hohe und garantierte Pachtzahlungen winkt. Diese Fahrlässigkeit führt zu einem immensen wirtschaftlichen Schaden für die Gemeinden, für die letztlich alle Bürgerinnen und Bürger aufkommen müssen" (BI-234). Damit ist der Ausbau der Windkraft in den Diskursen der Bewegungen in spezifischer Regelmäßigkeit als finanzieller Schaden auf privater und kommunaler Ebene verankert.

2.7 Profitorientiertheit in den Ausbauplanungen

Im Zuge der Kritik an ökonomischen Gesichtspunkten der Energiewende und des bundesweiten Ausbaus von Windkraftanlagen kommunizieren die ablehnenden Bürgerinitiativen in übergreifender Regelmäßigkeit auch Zweifel an der Motivation der Planungsverantwortlichen hin zu einer Erzeugung erneuerbarer Energien. Die Windkraftgegner(innen) postulieren vermehrt ökonomische Interessen der Verantwortlichen als maßgebliche Triebfeder im Ausbau der erneuerbaren Energien – Zielsetzungen des Systems der ‚Wirtschaft' – und eine Vernachlässigung der Belange

‚der Öffentlichkeit' und des Naturschutzes. So werden die Planungsverantwortlichen übergreifend als eine kleine Gruppe von Vorteilsträger(inne)n angesehen – die „Gewinner aus der Energiewende" (BI-168; IP04) –, die einer großen Gruppierung von Benachteiligten gegenüberstehen. Gemäß der Argumentation von Bürgerinitiativen gehe es im Umbau zu erneuerbaren Energien letztlich darum, „viel Geld rauszuholen" (IP05), „es geht um Milliarden" (IP11). Denn es gäbe eine „Windkraftlobby [...], die dahintersteckt und die Sachen antreibt, aber das Ziel aus den Augen verloren wird" (IP07). So finden sich sowohl innerhalb emotionaler Sprachweisen auf den Websites der Initiativen als auch innerhalb der Interviewbefragung vermehrt moralisch aufgeladene Begrifflichkeiten wie ‚Windkraft-Mafia', ‚Öko-Kartell' oder auch „Goldgräberstimmung" (bspw. IP05).

2.8 Prozessbeteiligung und Mitbestimmung

In den Aushandlungsprozessen der Ablehnungsseite von Windkraft wird regelmäßig auch Kritik an den lokalen Beteiligungsverfahren geübt. Hierbei werden eine gefühlte Intransparenz von top down-Planungen und ein mangelnder Informationsfluss kritisiert. Zudem werden eminente Zweifel an Partizipationsveranstaltungen als reine Beschwichtigungsinstrumente beziehungsweise das Gefühl einer aktiv betriebenen Exklusion aus den Planungsprozessen geäußert. Dabei fordern die Widerstandsbewegungen konkret „Transparenz und akzeptieren keine Interessenverknüpfungen zwischen Stadtverwaltern und Politikern, die vorrangig finanzielle Vorteile für wenige gegen die Lebensbedingungen vieler [...] Bürgerinnen und Bürger durchsetzen wollen" (BI-273). So bestehen übergreifend vergleichbar Wünsche nach einer ‚offeneren' Informationspolitik und ‚breiteren' Möglichkeiten der Beteiligung in allen Stufen des Planungsprozesses. Regelmäßig kritisieren viele Bewegungen, dass in den Windkraftprojekten „relativ viel hinter den Kulissen passiert und die Öffentlichkeit im Grunde genommen erst informiert wird, wenn dann schon Verträge abgeschlossen sind" (BI-234). Dabei treffen – systemtheoretisch gedacht – unterschiedliche Systemlogiken aufeinander (Kneer und Nassehi 1997; Luhmann 1984, 1986). Hierbei werden insbesondere Partizipationsveranstaltungen kritisiert, die einer bloßen Information bzw. Beeinflussung der Anwesenden dienten und weniger das Ziel einer Mitbestimmung der Bürgerschaft verfolgten. Entsprechend fordern die Protestbewegungen einen „konstruktiven Dialog und [...] echte Bürgerbeteiligung" (BI-205), denn in den Planungsprozessen spüre man vermehrt „Bürgerferne statt Bürgernähe" (BI-279). Darüber hinaus werden auch die zeitlichen Rahmenbedingungen der Mitbestimmungsmöglichkeiten sowie die Interessen kommunalpolitischer Vertreter(innen) kritisiert. Die Protestbewegungen sprechen hierbei von ‚bewusster Täuschung' und kritisieren eine unzureichende Beantwortung offener Fragen. Ungerechtigkeitsempfinden und Ängste um gezielte Falschinformation erfahren eine emotionale Rahmung.

2.9 Zweifel an der Sinnhaftigkeit der Windkraftnutzung

Weiter bestehen nicht nur Vorwürfe einer Profitorientiertheit der Verantwortlichen, sondern auch Zweifel am Ausbau der Anlagen selbst bzw. an der Sinnhaftigkeit der Energiewende und der Windkraftnutzung. Die Speichermöglichkeiten des Stroms erneuerbarer Energien wie Solar- und Windkraft, aber auch die Kritik an der mangelnden Grundlastfähigkeit dieser Energieerzeugung führt zu Zweifelsbekundungen. Windkraft wird in der Folge nicht als möglicher Ersatz konventioneller Energieträger angesehen und driftet in das Außen des Diskurses um eine zukunftsfähige Energieerzeugung. So seien „Windräder nicht effizient" (BI-073) und viele Anlagen liefen „unter der Rentabilitätsgrenze" (IP07), zögen damit einen finanziellen Verlust für Privatpersonen und Kommunen nach sich. Letztlich werden Kohle- und Gaskraftwerke als präferierte Methode der Energieerzeugung kommuniziert – Quellen, welche die Windkraft nie ersetzen könne, denn damit „kann man überhaupt keine Energieversorgung sicher stellen" (IP08). In Teilen wird auch der Klimawandel als ‚Erfindung' gerahmt beziehungsweise die Auswirkungen werden als weniger dramatisch angesehen oder hinterfragt (bspw. IP11; zudem Brunnengräber 2018 in diesem Band), womit bezweifelt wird, zwingend rein auf erneuerbare Energien setzen zu müssen.

2.10 Kritik an der politischen Führung der Energiewende

Als ein letztes Argumentationsmuster in den Diskursen der ablehnenden Bürgerinitiativen konnte eine Kritik an der politischen Führung bezogen auf die Energiewende herausgearbeitet werden. Die Protestbewegungen nehmen hierbei Bezug auf die energiepolitischen Bestrebungen in der Bundesrepublik, die mit den Leitlinien eines generationengerechten Umgangs mit Landschaft und dem Erhalt des gedeuteten Erholungswertes von Naturräumen konfligieren würden – das gesellschaftliche Teilsystem ‚Politik' wird kritisiert. Dabei wird übergreifend vergleichbar die politische Rahmung der Energiewende abgelehnt, die einen überdimensionierten und zu schnellen Ausbau der Windkraft anstrebe, denn „der Versuch der Bundesregierung autark zu werden mit Windrädern ist lächerlich […]. Es müssten andere Methoden, die Alternativen, die man ja hat, die sollte man mehr fördern" (IP11). Unterstützend wirke zudem eine kritisch beäugte Kooperation ‚der Politik' mit dem System der ‚Wirtschaft': Die Bürgerinitiativen sehen die Politik zunehmend beeinflusst durch die Windkraftindustrie. „Es ist so, dass die Regierung sich nicht traut, hier gegen die Industrie einen Rückzieher zu machen" (IP11) und der Windkraftausbau weiter politisch forciert werde. Damit ist die Kritik an der politisch beförderten Energiewende diskursiv an unterschiedliche ökonomische Aspekte geknüpft. Darüber hinaus führe die Subventionierung von Windkraftanlagen zu einem konfliktträchtigen Ausbau der Anlagen in windschwachen Räumen, denn die Anlagen befänden sich vermehrt auch in unrentablen Gebieten. Ferner sei die Bürgerschaft auch von der EEG-Umlage zunehmend belastet und trage letztlich im Zuge politischer Zielsetzungen „einen immensen wirtschaftlichen Schaden" (BI-234), was im umfassenden Bedürfnis nach „eine[r] vernünftigere[n] Energiepolitik" (IP05) letztlich zu „Politverdrossenheit" (IP02) führe.

3 Das Spektrum der Argumentationsmuster der Befürwortungsseite von Windkraft

Nach der Darstellung der argumentativen Muster ablehnender Bürgerinitiativen wird nun ein Überblick über die Bandbreite der systematisierten Argumentationslogiken der Befürwortungsseite im Diskurs um die Energiewende und den Ausbau von Windkraft gegeben. Auffallend ist hierbei, dass zentrale Konfliktfelder der Ablehnungsseite wie Naturschutz, ‚Landschaft und Heimat', Gesundheit sowie ökonomische Aspekte auch an die diskursiven Setzungen der befürwortenden Bürgerinitiativen anschlussfähig sind und dort allerdings eine gänzlich andere Rahmung erfahren. Die Bewegungen, die sich für eine Energiewende und den lokalen sowie überregionalen Ausbau von Windkraftanlagen aussprechen, nehmen damit ebenfalls Bezug auf die erwähnten Gesichtspunkte, die damit nach Laclau (2007) ‚flottieren', also an unterschiedliche Seiten anschlussfähig werden. Mit einer differenzierten Betrachtung des Spektrums der Konfliktfelder der Befürwortungsseite können letztlich einerseits die Parallelität unterschiedlicher Diskursstränge innerhalb der Gesellschaft aufgezeigt und andererseits die diametralen Konstruktionen bzw. Deutungen erhellt werden.

3.1 ‚Landschaft', ‚Landschaftsbild' sowie ‚Landschaftswandel'

Auch innerhalb der Positionierungen von Bürgerinitiativen, die sich *für* den weiteren Ausbau von Windkraftanlagen einsetzen, erweisen sich emotional-ästhetische Aspekte von ‚Landschaft' als zentral verankert. Hierbei werden unterschiedliche Zugänge deutlich und Teile der erfassten Initiativen betonen in besonderem Maße die Subjektivität von landschaftlicher Ästhetik. In der Folge negieren diese Bewegungen eine Differenzierung von Räumen in ‚Landschaften' und ‚Nicht-Landschaften' bzw. ‚schöne, wertvolle' und ‚hässliche, verbaute Landschaften' (vgl. Otto und Leibenath 2013), die in den Deutungen der Ablehnungsseite dominiert. Demnach wird ‚Landschaft' innerhalb regelmäßig auftretender Narrationen eine Verträglichkeit gegenüber physischen Veränderungen bzw. der Implementierung von physischen Objekten zugeschrieben (siehe ausführlich hierzu Textbox 2) – denn ‚Landschaft' selbst ist innerhalb der befürwortenden Diskurse übergreifend vergleichbar als subjektive Konfiguration bzw. individuelle Kombination physischer Objekte konstruiert und verfestigt. Landschaftswandel wird damit weitgehend als ‚*Weiterentwicklung*' und ‚*Neuinterpretation*' definiert, weniger als ‚*Zerstörung*' und ‚*Entwertung*'.

Textbox 2 Narrative Muster der Argumentationen um emotional-ästhetische Aspekte von ‚Landschaft'

Zitat aus der Website der Bürgerinitiative „Bürgerwind Bayerwald" (BI-076):
„Wir sind Befürworter von Einzelanlagen, denn diese lassen sich sehr gut in die Struktur unserer Kulturlandschaft integrieren […]. Windenergieanlagen erfordern eine sehr sorgfältige Standortwahl, in Frage kommen landwirtschaftliche Nutzflächen mit ausreichendem Windpotential und einer bereits bestehenden Infrastruktur."

„Wie Natur und Landschaft letztendlich wahrgenommen werden, ist immer subjektiv. Es wird bestimmt vom wahrnehmenden Menschen. Dessen Wahrnehmung erfolgt individuell unterschiedlich und wird u.a. beeinflusst durch dessen Prägung, Ethik, Erziehung sowie Erfahrungen und Verhalten. […] Zudem wird die Art der Wahrnehmung durch das individuelle Wertesystem bestimmt."

Zitat aus der Website der Bürgerinitiative „Zukunft Rheingau" (BI-152):
„Windkraftanlagen verändern unbestritten die Landschaft. Ob diese Anlagen als schön oder hässlich empfunden werden, ist sehr subjektiv."

Zitat aus der Website der Bürgerinitiative „Pro Wind Landkreis Günzburg" (BI-075):
„Windkraftanlagen verändern das gewohnte Landschaftsbild. Je nach bestehendem Orts- und Landschaftsbild sowie Sehgewohnheiten der Bürger können Windkraftanlagen sowohl tagsüber als auch nachts (Positionslichter) als Störung wahrgenommen oder zumindest als solche befürchtet werden. Durch sorgfältige Standortwahl, technische Vorkehrungen und realitätsnahe Visualisierung lassen sich Auswirkungen vorher einschätzen und minimieren. Ob sie verkraftbar sind, ist dann dem Projektdialog vorbehalten."

Zitat aus der Website der Bürgerinitiative „Pro Windkraft Niedernhausen" (2015):
„Windräder sind sichtbar und stellen deutliche Eingriffe in das Landschaftsbild dar. Da Windkraftanlagen erst seit vergleichsweise kurzer Zeit aufgestellt werden, ist ihr Anblick für Bürger manchmal störend und noch gewöhnungsbedürftig. Die Energiewende und ein Umstieg auf erneuerbare Energien kann in Deutschland aber nur gelingen, wenn wir die Windkraft intensiv nutzen."

Zitate aus der Website der Bürgerinitiative „Bürgerwind Blauen! (BI-049):
„Tatsächlich geht es immer nur um die vermeintliche Störung des Landschaftsbildes, doch die Energiewende ist keine Schönheitskonkurrenz! Schluss mit den vorgeschobenen Artenschutzgefährdungen, mit den abstrusen Bedenken des Wasserschutzes oder des ohnehin allgegenwärtigen Infraschalls!"

In den narrativen Mustern der untersuchten Bürgerinitiativen wird deutlich, dass innerhalb der Befürwortungsseite unterschiedliche Herangehensweisen an bzw. Konstruktionen von ‚Landschaft' bestehen, doch sind ‚Windkraftanlagen' und ‚Landschaft' hierbei diskursiv anschlussfähig. Insbesondere werden Windkraftanlagen als vereinbar mit ‚zukunftsfähigen und zeitgenössischen Kulturlandschaften' eingeschätzt: „Die Kulturlandschaft kann in einer modernen Industriegesellschaft keine Naturlandschaft sein. Dies gilt umso mehr, je dichter die Landschaft besiedelt ist" (BI-076). So werden die physischen Manifestationen der Energiewende auch als subjektiv zu bewertende Veränderungen verstanden und die Anlagen können damit im Laufe der Zeit als ‚normal' und nicht mehr als ‚störend' innerhalb der Gesellschaft empfunden werden – laut den befürwortenden Initiativen (auch Kühne 2018b). Darüber hinaus wird im Hinblick auf die Deutungen ablehnender Bürgerinitiativen die Variabilität der Verknüpfungen augenscheinlich, denn ‚Landschaft' wird hierbei in konträrer Weise konstruiert und gedeutet. ‚Landschaft' wird zum flottierenden Signifikanten (Laclau 2007)

3.2 Heimat und Heimatverlust

In den Aushandlungsprozessen der Bürgerinitiativen, die sich *für* den weiteren Ausbau der Windkraft aussprechen, finden sich in Teilen auch Bezugnahmen auf das emotionale Konstrukt ‚Heimat'. Analog zu den Argumentationslogiken der Ablehnungsseite besteht hierbei eine enge Verknüpfung zum diskursiven Feld ‚Landschaft', wobei ‚Heimat' als mit Windkraftanlagen vereinbar konstruiert wird. In den Argumentationsmustern der befürwortenden Initiativen lässt sich übergreifend vergleichbar die emotionale Aufgeladenheit des Konstruktes ‚Heimat' erkennen: „Nur gemeinsam können wir die Energiewende schaffen, die Heimat […] und das dörfliche Zusammenleben pflegen und stärken" (BI-076). So tritt letztlich auch eine gefühlte Verantwortlichkeit im Sinne einer Generationengerechtigkeit im Umgang mit der physisch-materiellen Welt auf: „Es geht um eine lebenswerte Zukunft für uns Menschen, um unsere Gesundheit, um den endgültigen Ausstieg aus der Atomenergie" (BI-049). Damit wird im Diskurs der Befürwortungsseite ‚Windkraft' mit den Feldern ‚Heimat' und ‚Gesundheit' verknüpft, wobei ‚Atomkraft' sowie ‚Kohlekraft' in das diskursive Außen abrücken.

Darüber hinaus werden auf Befürwortungsseite im Hinblick auf ‚Heimat' auch Argumentationsmuster der Ablehnungsseite aufgegriffen: Argumentiert wird, dass den Bedenken und Ängsten um die physisch-materiellen Wandlungsprozesse von ‚Landschaft' und dem gefühlten ‚Heimatverlust' mit umfassenderen Partizipationsmöglichkeiten begegnet werden solle. „Die Bürger müssen mehr integriert werden, da sie meistens das Gefühl haben, nicht gefragt zu werden, wenn sich ihre Heimat durch die Errichtung von Windenergieanlagen verändert. Die Menschen sollten mehr an Windprojekten in ihrem Umfeld beteiligt werden […], dann wäre es auch gut möglich, dass sich damit auch ihr ästhetisches Empfinden gegenüber den Anlagen ändert" (BI-076).

3.3 Gesundheitliche Aspekte

Neben den Konfliktfeldern ‚Landschaft' und ‚Heimat' rekurrieren die untersuchten Bürgerinitiativen auch auf gesundheitliche Aspekte im Kontext der Windkraftnutzung. Hierbei werden ebenfalls Argumentationslogiken und spezifische Deutungen ablehnender Protestbewegungen aufgegriffen: Die Schädlichkeit der Schallemissionen von Windkraftanlagen und deren akustische Wahrnehmbarkeit – unterstrichen durch Bezugnahme auf entsprechenden Studien und individuelle Erfahrungen – wird in den Aushandlungsprozessen der befürwortenden Initiativen übergreifend vergleichbar verneint. Konkret prononciert eine Bürgerinitiative, „dass Infraschall unterhalb der Wahrnehmbarkeitsschwelle, also Schall unter 20 Hz und einem Schalldruckpegel von weniger als 130 dB, für den menschlichen Organismus keinerlei negative Auswirkungen hat. […] [Denn] der von Windenergie-Anlagen erzeugte Infraschall [erreicht] selbst im Nahbereich (Abstand von ca. 200 m) bei weitem nicht diese Werte und ist somit völlig harmlos" (BI-075).

Darüber hinaus werden in regelmäßig auftretenden Narrationen auch die Risiken konventioneller Energieerzeugung hervorgehoben und damit der Umbau zur Windkraftnutzung als unumgänglich kommuniziert. Hierbei zeigt sich, dass in den Diskursen der Befürwortungsseite Windkraftanlagen in einer Äquivalenzkette diskursiv mit den Eigenschaften ‚sauberer', ‚sicherer' und ‚zukunftsfähiger' Energieerzeugung verknüpft sind: „Die Windenergie muss jedoch gerade in Süddeutschland weiter ausgebaut werden, um gefährliche Atomkraftwerke und klimagefährdende [sic!] Kohlekraftwerke zu ersetzen. […] Zusammen mit der Solarenergie stellt die Windkraft die wichtigste Säule bei der Nutzung der regenerativen Energien zur Stromerzeugung dar" (BI-048; vgl. auch BI-046). Damit lässt sich letztlich auch die Wandelbarkeit von – selbst weitgehend hegemonialen – Diskursen aufzeigen, da die Kernkraftnutzung in ihren frühen Jahren vermehrt als zukunftsweisend und fortschrittlich kommuniziert wurde (Gleitsmann 2011), was sich vor dem Hintergrund des Reaktorunfalls in Fukushima noch einmal verstärkt veränderte.

Durch die Regelmäßigkeit der aufgezeigten Argumentationsmuster, reproduziert in den Aushandlungen verschiedener Bürgerinitiativen, werden diese zu verfestigten Momenten innerhalb des befürwortenden Windenergie-Diskurses – sie werden dort hegemonial. Damit zeigt sich letztlich, dass sich die verfestigten Positionen der Ablehnungs- und Befürwortungsseite diametral gegenüberstehen. Denn in den Argumentationen der Befürwortungsseite sind – konträr zum Diskurs um die Schädlichkeit der Windkraftnutzung – Windkraftanlagen anschlussfähig an eine ‚lebenswerte, gesunde Zukunft' – insbesondere vor dem Hintergrund einer betonten Notwendigkeit hin zur Erzeugung erneuerbarer Energien.

3.4 Lebensqualität

In den Aushandlungsprozessen der Bürgerinitiativen, die sich gegen einen Zubau von Windkraftanlagen aussprechen, finden sich, wie gezeigt, übergreifend vergleichbar Verlustängste um eine zugeschriebene Erholungsfunktion von Landschaft und einer daraus abgeleiteten Lebensqualität, die in der Folge einer vermehrten Nutzung der Windkraft zu schwinden drohe. Diese Bedenken der Gegnerschaft werden von Teilen der befürwortenden Initiativen aufgegriffen und relativiert. Dabei rekurrieren die Bewegungen auf die subjektive Wahrnehmung und darauf, dass es eine gewisse Verträglichkeit der ästhetischen Komponente von ‚Landschaft' gegenüber anthropogenen Eingriffen und der Implementierung physisch-materieller Elemente gäbe – sie erwarten eine wachsende Gewöhnung an die physischen Ausprägungen der Energiewende (zur Veränderlichkeit landschaftlicher Deutungen siehe auch Kühne 2018b).

Letztlich werden auch die Argumentationsmuster der ablehnenden Bürgerinitiativen um den Schattenwurf von Windkraftanlagen und einen daraus resultierenden, gefühlten Verlust von Lebensqualität aufgegriffen. Hierzu eine bayerische Bürgerinitiative: „Durch ausreichenden Abstand zu Siedlungen (600–800m) werden die meisten Probleme gelöst. In München steht eine Anlage auf dem Müllberg. In der knappen halben Stunde, in der die Anlage Anwohner belästigen würde, wird sie abgeschaltet. […] In der Frühphase der Windkraft wurden reflektierende Lacke bei den Rotoren verwendet. Mit matten Schutzanstrichen gibt es keine belästigenden Blendeffekte mehr" (BI-074).

3.5 Natur- und Artenschutz

Natur- und artenschutzfachliche Aspekte der Gegner(innen) werden ebenfalls auf Befürwortungsseite der Windkraft aufgegriffen und eher kognitiv und weniger emotional umgedeutet. Die befürwortenden Initiativen rekurrieren auf die Kritikpunkte, negieren bzw. relativieren diese oder betonen deren Irrelevanz. Es bestünde nur ein geringes Kollisionsrisiko von Vögeln mit den Rotorblättern der Anlagen und in der Folge auch eine gewisse Vereinbarkeit der Windkraftnutzung mit Tier- und Pflanzenhabitaten: „Die bisherigen Untersuchungen zeigen ein sehr geringes Risiko für möglicherweise gefährdete Vogelgruppen. Es gibt kein einheitliches Bild, so hat sich z. B. der seltene Kaiseradler in der Parndorfer Heide bei Wien erst angesiedelt, als dort ein großer Windpark stand" (BI-074). Innerhalb derselben Logik argumentiert auch eine hessische Bürgerinitiative: „Die Wahrscheinlichkeit, dass Vögel mit Windkraftanlagen kollidieren, kann überwiegend als sehr gering angesehen werden" (BI-151).

Dazu findet sich in den Aushandlungsprozessen der Bürgerinitiativen auch eine Relativierung im Vergleich mit anderen Tötungsursachen von Vögeln: „In Deutschland leben 150 bis 200 Millionen Vögel. Die höchste Schätzzahl möglicherweise getöteter Vögel beträgt 100 000. Sowohl im Straßenverkehr als auch an Gebäuden kommt eine vielfache Zahl von Vögeln ums Leben (zwischen 20 und 30 Millionen)" (BI-074).

3.6 Ökonomische Chancen

In Windkraft werden darüber hinaus ökonomische Chancen und Potentiale im kommunalen und regionalen Gefüge gesehen. Denn „Windenergie schafft auch in der Region Arbeitsplätze und sorgt für kommunale Wertschöpfung. […] Das Geld bleibt nicht nur in der Region, sondern auch bei den Bürgern der Region, Kapitalströme werden von Konzernen zu den Bürgern umgeleitet, Bürgerbeteiligung schafft ein Wir-Gefühl und macht aus bloßen Betroffenen aktive Mitunternehmer" (BI-075). Ergänzend betont eine bayerische Bürgerinitiative den wirtschaftlichen und letztlich auch gesellschaftlichen Mehrwert auf Bundesebene: „Die Hersteller von Windkraftanlagen sind solide Industriebetriebe geworden mit ca. 101 000 Arbeitsplätzen in Deutschland. Verglichen mit dem Unternehmen der konventionellen Energiewirtschaft dominieren hier noch mittelständische Strukturen" (BI-074).

Zudem betonen die Initiativen auch die Vorteile der ‚Onshore'-Windkraftnutzung, für die im Vergleich zur Windkraft auf See geringere Investitionskosten aufgewendet werden müssten und ein geringerer Ausbau von Hochspannungsleitungen und -netzen notwendig sei – denn diese seien ‚volkswirtschaftlich unsinnig und für den Endkunden teuer' (BI-152). Doch nicht nur finanzielle Aspekte spielen in die Argumentationen der Befürwortungsseite mit hinein, auch gefühlte Vorteile einer dezentralen Neustrukturierung der Energiewirtschaft stehen im Zentrum der Aushandlungen um den ökonomischen Mehrwert der regionalen Windkraftnutzung: „Bei Onshore-Anlagen wird gerade im südlichen Teil von Deutschland der Strom dort erzeugt, wo er gebraucht wird" (ebd.). So zeigt sich, dass sich die Argumentationslogiken in den Aushandlungsprozessen der unterschiedlich ansetzenden Bürgerinitiativen einander diametral gegenüberstehen und der Ausbau bzw. die Nutzung der Windkraft in den jeweiligen Diskursen unterschiedlich gerahmt wird.

Die befürwortenden Initiativen argumentieren gegen einen von den Gegner(innen) befürchteten Wertverlust von Grundstücken und Immobilien, die sich im unmittelbaren Umfeld geplanter bzw. neu gebauter Anlagen befinden: „Immobilienwerte sind keine objektive Größe, sondern das Ergebnis einer Vielzahl von Faktoren, deren positive und negative Würdigung von subjektiven Interessenslagen der möglichen Käufer abhängen. Jede Straße, jede Infrastruktureinrichtung, jedes Bauvorhaben in der Nachbarschaft und selbst Entwicklungen in Nachbargemeinden lösen solche Effekte aus. Unsere Rechtsordnung sorgt daher durch objektive Kriterien (z. B. Schutz vor unzumutbaren Emissionen) für den notwendigen Interessensausgleich" (BI-075).

Als weiterer Aspekt unter den ökonomischen Gesichtspunkten werden Einbußen im Tourismussektor relativiert. In den Aushandlungsprozessen der Befürwortungsseite finden sich regelmäßig Argumentationen um eine potenzielle Bereicherung touristisch attraktiver Räume durch die Implementierung erneuerbarer Energieträger – hierbei liegt ein Konzept von ‚Landschaft' zugrunde, welches an ‚Windkraft' und andere Formen regenerativer Energieerzeugung anschlussfähig ist (zu Landschaft und Tourismus siehe auch Aschenbrand 2017; Aschenbrand und Grebe 2018 in diesem Band). So werden zwar in Teilen die physischen Folgen der Energiewende auch als potenzielle Beeinträchtigung der ästhetischen Komponente von ‚Landschaft' kommuniziert, doch in der Folge des Verständnisses einer subjektiven Wahrnehmung relativiert: „Windkraftanlagen verändern unbestritten die Landschaft. […] An den deutschen Küsten stehen am Land sehr viele Anlagen. Der Fremdenverkehr wurde davon offensichtlich nicht berührt" (BI-152).

3.7 Sinnhaftigkeit bzw. Notwendigkeit von Windkraft

Neben Argumentationen um die Verträglichkeit und die Potenziale der Windkraftnutzung betonen die Initiativen der Befürwortungsseite auch die Sinnhaftigkeit des Ausbaus der Windkraft und des Wandelns hin zur regenerativen Energieerzeugung – allgemein und auch innerhalb Deutschlands. Hierbei argumentieren diese anhand einer gefühlten ‚Dringlichkeit' der Energiewende und der Kombination unterschiedlicher, erneuerbarer Energieträger. Untermauernd werden die Risiken konventioneller Energiegewinnung hervorgehoben und damit der Umbau zur Windkraftnutzung als unumgänglich konstruiert – Atom- und Kohlestrom geraten in das Außen des Energiewende-Diskurses und sind folglich hieran nicht (mehr) anschlussfähig. Damit stehen Windkraftanlagen in den Aushandlungen der Befürwortungsseite überwiegend vergleichbar „für eine neue, nachhaltige [Form der] Energiewirtschaft, die frei von elementaren Gefahren ist, die den Klimawandel zu vermeiden hilft und die Abhängigkeit von Energie exportierenden Staaten mindert" (BI-076).

3.8 Partizipation und Mitbestimmung

Insbesondere in Bezug auf die physisch-materiellen Wandlungsprozesse der Energiewende in der ‚heimatlichen Normallandschaft' (Kühne 2006) betonen die Bürgerinitiativen, die sich für den weiteren Zubau der Windkraft formieren, die Notwendigkeit umfangreicher Partizipationsmöglichkeiten. „Für uns ist es wichtig, dass alle Informationen offen, transparent und vertrauensbasiert sind" (BI-075; vgl. auch BI-076), führt eine bayerische Initiative an, denn die „Energiewende erfordert Bereitschaft zur Veränderung" (BI-075). Letztlich erhoffen sich die Bewegungen durch umfassende Beteiligungsverfahren eine gewisse Akzeptanzsteigerung in Bezug auf den Ausbau von Windkraft und den räumlichen Wandel. Damit liegt die Chance der Energiewende – den befürwortenden Initiativen nach – in der partizipativen Ausgestaltung der zukünftigen Energieversorgung und deren Manifestation im Raum: „Bei der Nutzung der Windkraft soll eine Beteiligung der Landkreisbürger vorrangig sein und nicht die Interessen der Großinvestoren und Stromkonzerne" (BI-075).

3.9 Kommunalpolitik, Energiepolitik und politische Führung der Energiewende

Auf Befürwortungsseite wird ebenfalls Kritik an der Umsetzung der Energiewende geübt – hier allerdings, indem argumentiert wird, diese würde unzureichend befördert. Die Initiativen untermauern die Kritik an der politischen Führung unter anderem unter Rekurs auf die „elementaren Gefahren" (BI-076) des Klimawandels. Dabei kommt es in regelmäßig auftretenden Narrationen auch zur sprachlichen Emotionalisierung innerhalb der Aushandlungsprozesse um den Ausstieg aus der Kernkraftnutzung und dem Ende der Kohleverstromung. Darüber hinaus bestehen Zweifel an der kommunalpolitischen Motivation hin zu einer Energiewende und der Nutzung erneuerbarer Energien: „Die Gemeinden agieren überwiegend nicht zielorientiert an der Energiewende, sondern missbrauchen die ihnen überlassene Planungshoheit häufig für kurzsichtige, rein egoistische Ziele" (BI-049).

Ferner treten auch Positionen auf, die konkrete rechtliche Regelungen kritisieren – wie beispielsweise die ‚10H-Regelung' der bayerischen Staatsregierung. Mit dieser Bestimmung vom 21.11.2014 soll „ein angemessener Interessenausgleich zwischen den Anforderungen der Energiewende und den zu berücksichtigenden Interessen der örtlichen Wohnbevölkerung geschaffen werden" (STMI o. J., S. 1) – doch innerhalb der Befürwortungsseite wird übergreifend vergleichbar der restriktive Charakter der Regelung (re)produziert (bspw. BI-074). Denn hohe und ‚effiziente' Windräder wären aufgrund der hohen Abstandsforderungen zu Wohnbebauung kaum noch zu implementieren.

Weiter zeigen sich im Diskurs um den Windkraftausbau auch Aspekte der Energieversorgung als wesentlich – die befürwortenden Initiativen kritisieren eine politisch produzierte Abhängigkeit der bundesweiten Energieproduktion von „Rohstoffimporten und von multinationalen Konzernen" (BI-048). Folglich wird die Windkraftnutzung als Alternative zu zentralisierter Energieerzeugung gedeutet und ist diskursiv mit Argumentationen um regionale Wertschöpfungsmöglichkeiten verknüpft: „Wir sehen in einem Unternehmen, das aus der Region kommt, mehr vertragliche Sicherheit auch über den Tag hinaus und eine regionale Teilhabe an einer der zukunftsfähigen Industrien [...]. Wir unterstützen damit eine Entwicklung, die eine dezentrale Energiestruktur möglich macht, an Stelle der Monopolunternehmen in der Atomzeit" (BI-046).

4   Gegenüberstellung und Fazit

Mit dem weiter fortschreitenden Ausbau von Windkraft – forciert durch die Politik, umgesetzt durch Wirtschaft und Bürger(innen)-Gesellschaft – gehen vielfältige räumliche Wandlungsprozesse einher. Wie in der Darlegung des breiten Spektrums der Konfliktfelder deutlich wurde, vollzieht sich die Energiewende nicht nur physisch-räumlich, sondern bewirkt auch gesellschaftliche Resonanz. Innerhalb einer sozialkonstruktivistischen und hier dezidiert poststrukturalistisch-diskurstheoretischen Perspektive rücken gesellschaftliche Aushandlungsprozesse und verfestigte Deutungsmuster ins Zentrum des Forschungsinteresses. In diesem Sinne ist davon auszugehen, dass Bedeutungen nie endgültig fixiert sein können, sie unterliegen steten Wandlungsprozessen und erfahren permanente Adaptierung, wobei temporär gewisse Positionen scheinbar fest verankert und ‚natürlich' wirken. Damit sind letztlich auch „[d]ie kulturellen und ästhetischen Werte dieser neuen Landschaften [Räume, in denen erneuerbare Energien erzeugt werden] in der postmodernen Gesellschaft stark umstritten" (Linke 2017, S. 287; auch Linke 2018 in diesem Band). Auf der einen Seite – insbesondere vertreten durch die Bürgerinitiativen, die sich *gegen* den Windkraftausbau aussprechen – bestehen Diskurse um die ‚Zerstörung und Entwertung von Landschaft', Gesundheit, Natur etc. Auf der anderen Seite – vertreten durch die *befürwortenden* Initiativen – finden sich auch ästhetisierende Diskurse um die Erhabenheit von Windkraftanlagen und relativierende Positionierungen zu gesundheitlichen Befürchtungen, ökonomischen Einbußen oder ‚Umweltzerstörung'. Damit zeigt sich letztlich, dass die bürgerschaftlichen Konfliktfelder sowohl an Argumentationsmuster der Befürwortung als auch der Ablehnung anschlussfähig sind und damit nach Laclau (2007) ‚flottieren'. Denn die Signifikanten werden in den Diskursen von den unterschiedlichen Seiten aufgegriffen, gedeutet und umgedeutet – womit sich alternative Deutungsmuster und Lesarten abzeichnen, die um Durchsetzung und damit Hegemonie ringen.

Grundlegend stellen Bürgerinitiativen mit ihren Zielsetzungen und verankerten Positionierungen einen Teil der Frage dar, inwiefern gesamtgesellschaftliche Konflikte um die Energiewende und konkretisiert um den Windkraftausbau eine Regelung erfahren können (hierzu auch Becker und Naumann 2016, 2018; Dahrendorf 1972; Kühne 2017). Denn in der Logik Ralf Dahrendorfs können sich Konflikte verhärten und „mutieren zu Grundsatzfragen […]. Anstatt also pragmatisch Konflikte zu regeln […], werden lokale – und durchaus rational regelbare Konflikte – zur moralischen Fragen, ob ‚das Recht auf Heimat' oder ‚das Überleben der Menschheit' moralisch überlegen sei […]" (Kühne 2017, S. 69). Die Bürgerinitiativen lassen sich letztlich im Sinne Dahrendorfs als formierte Konfliktgruppe beschreiben, der Politik und Planung gegenüberstehen. Die Konflikte haben sich hierbei manifestiert und werden mehr oder weniger intensiv ausgetragen, insbesondere erfahren sie aber die Aufladung mit moralischem Gehalt (Aschenbrand et al. 2017; Kühne 2017). Dahrendorf plädiert letztlich für eine Anerkennung von Dissens als Normalzustand und damit eine Regelung von Konflikten – wobei diese in der Folge nicht aufgelöst werden bzw. verschwinden, doch wird „ihre potenzielle Destruktivität [...] für einen gesellschaftlichen Fortschritt mobilisiert" (Kühne 2017, S. 41). Dabei zielt der Umgang mit dem Konflikt darauf ab, das jeweilige Gegenüber nicht als illegitimen ‚Feind', sondern als legitimen ‚Gegner' zu betrachten, mit dem um Fortentwicklung ‚gerungen' wird (vgl. entsprechend argumentierend auch Mouffe 2007, 2010, 2014; Weber 2018). So wäre es von Interesse, inwiefern sich die Umstände des bürgerschaftlichen Protestes im Feld der Energiewende von Ansätzen der Konfliktregelung beeinflussen ließen.

Einer Regelung der Konflikte um die Energiewende wird jedoch durch mehrere Faktoren grundlegend erschwert: Zum einen ist der Staat sowohl Konfliktpartei als auch hat er die Funktion einer ‚neutralen Instanz' inne – eine Mischung von Interessen, die von Bürgerinitiativen gegen Windkraft angegriffen wird. Zum anderen neigen die Konfliktparteien zu einer starken Moralisierung des Konfliktes, die eine sachliche Auseinandersetzung mit Argument und Gegenargument, aber auch die prinzipielle Anerkennung der anderen Position als berechtigt erschwert. Hinzu kommt, dass der Rechtsrahmen, in dem der Prozess der Energiewende vollzogen wird, eine geringe Eindeutigkeit aufweist. Die im Bundesnaturschutzgesetz als zu schützende ‚Schönheit' der Landschaft lässt sich beispielsweise – wie gezeigt – mit und ohne Windkraftanlagen denken (vgl. auch Kühne 2018a). Eine weitere Auseinandersetzung erscheint geboten.

Literatur

Aschenbrand, E. (2017). *Die Landschaft des Tourismus. Wie Landschaft von Reiseveranstaltern inszeniert und von Touristen konsumiert wird.* Wiesbaden: Springer VS.

Aschenbrand, E. & Grebe, C. (2018). Erneuerbare Energie und ‚intakte Landschaft' Landschaft: Wie Naturtourismus und Energiewende zusammenpassen. In O. Kühne & F. Weber (Hrsg.), *Bausteine der Energiewende* (S. 523–538). Wiesbaden: Springer VS.

Aschenbrand, E., Kühne, O. & Weber, F. (2017). Rohstoffgewinnung in Deutschland: Auseinandersetzungen und Konflikte. Eine Analyse aus sozialkonstruktivistischer Perspektive. *UmweltWirtschaftsForum,* online first. doi:10.1007/s00550-017-0438-7

Becker, S. & Naumann, M. (2016). Energiekonflikte nutzen. Wie die Energiewende vor Ort gelingen kann. http://transformation-des-energiesystems.de/sites/default/files/EnerLOG_Broschuere_Energiekonflikte_nutzen.pdf. Zugegriffen 01.02.2017.

Becker, S. & Naumann, M. (2018). Energiekonflikte erkennen und nutzen. In O. Kühne & F. Weber (Hrsg.), *Bausteine der Energiewende* (S. 509–522). Wiesbaden: Springer VS.

BMWi. (2017). Erneuerbare Energien. http://www.bmwi.de/Redaktion/DE/Dossier/erneuerbare-energien.html. Zugegriffen 24.01.2017.

Brunnengräber, A. (2018). Klimaskeptiker im Aufwand. Wie aus einem Rand- ein breiteres Gesellschaftsphänomen wird. In O. Kühne & F. Weber (Hrsg.), *Bausteine der Energiewende* (S. 271–292). Wiesbaden: Springer VS.

Burckhardt, L. (2004). *Wer plant die Planung? Architektur, Politik und Mensch*. Berlin: Martin Schmitz Verlag.

Bürgerinitiative ‚Pro Windkraft Niedernhausen'. (2015). Start. https://www.prowindkraft-niedernhausen.de/. Zugegriffen 15. 02. 2017.

Dahrendorf, R. (1972). *Konflikt und Freiheit. Auf dem Weg zur Dienstklassengesellschaft*. München: Piper.

Eichenauer, E., Reusswig, F., Meyer-Ohlendorf, L. & Lass, W. (2018). Bürgerinitiativen gegen Windkraftanlagen und der Aufschwung rechtspopulistischer Bewegungen. In O. Kühne & F. Weber (Hrsg.), *Bausteine der Energiewende* (S. 633–651). Wiesbaden: Springer VS.

Glasze, G. & Mattissek, A. (2009). Die Hegemonie- und Diskurstheorie von Laclau und Mouffe. In G. Glasze & A. Mattissek (Hrsg.), *Handbuch Diskurs und Raum. Theorien und Methoden für die Humangeographie sowie die sozial- und kulturwissenschaftliche Raumforschung* (S. 153–179). Bielefeld: Transcript.

Glasze, G., Husseini, S. & Mose, J. (2009). Kodierende Verfahren in der Diskursforschung. In G. Glasze & A. Mattissek (Hrsg.), *Handbuch Diskurs und Raum. Theorien und Methoden für die Humangeographie sowie die sozial- und kulturwissenschaftliche Raumforschung* (S. 293–314). Bielefeld: Transcript.

Gleitsmann, R.-J. (2011). Der Vision atomtechnischer Verheißungen gefolgt. Von der Euphorie zu ersten Protesten - die zivile Nutzung der Kernkraft in Deutschland seit den 1950er Jahren. *Journal of New Frontiers in Spatial Concepts* (3), 17–26. http://ejournal.uvka.de/spatialconcepts/wp-content/uploads/2011/04/spatialconcepts_article_1232.pdf. Zugegriffen 07. 03. 2016.

Hoeft, C., Messinger-Zimmer, S. & Zilles, J. (Hrsg.). (2017). *Bürgerproteste in Zeiten der Energiewende. Lokale Konflikte um Windkraft, Stromtrassen und Fracking*. Bielefeld: Transcript.

Hook, S. (2018). ‚Energiewende': Von internationalen Klimaabkommen bis hin zum deutschen Erneuerbaren-Energien-Gesetz. In O. Kühne & F. Weber (Hrsg.), *Bausteine der Energiewende* (S. 21–54). Wiesbaden: Springer VS.

Kneer, G. & Nassehi, A. (1997). *Niklas Luhmanns Theorie sozialer Systeme. Eine Einführung*. München: Fink.

Kress, A. (2018). Wie die Energiewende den Wald neu entdeckt hat. In O. Kühne & F. Weber (Hrsg.), *Bausteine der Energiewende* (S. 715–747). Wiesbaden: Springer VS.

Kühne, O. (2006). *Landschaft in der Postmoderne. Das Beispiel des Saarlandes*. Wiesbaden: DUV.

Kühne, O. (2008). *Distinktion – Macht – Landschaft. Zur sozialen Definition von Landschaft*. Wiesbaden: VS Verlag für Sozialwissenschaften.

Kühne, O. (2017). *Zur Aktualität von Ralf Dahrendorf. Einführung in sein Werk* (Aktuelle und klassische Sozial- und Kulturwissenschaftler|innen). Wiesbaden: Springer VS.

Kühne, O. (2018a). ‚Neue Landschaftskonflikte' – Überlegungen zu den physischen Manifestationen der Energiewende auf der Grundlage der Konflikttheorie Ralf Dahrendorfs. In O. Kühne & F. Weber (Hrsg.), *Bausteine der Energiewende* (S. 163–186). Wiesbaden: Springer VS.

Kühne, O. (2018b). *Landschaft und Wandel. Zur Veränderlichkeit von Wahrnehmungen.* Wiesbaden: Springer VS.

Kühne, O. (2018c). *Landschaftstheorie und Landschaftspraxis. Eine Einführung aus sozialkonstruktivistischer Perspektive.* Wiesbaden: Springer VS (Zweite Auflage).

Kühne, O. & Spellerberg, A. (2010). *Heimat und Heimatbewusstsein in Zeiten erhöhter Flexibilitätsanforderungen. Empirische Untersuchungen im Saarland.* Wiesbaden: VS Verlag für Sozialwissenschaften.

Kühne, O. & Weber, F. (2017). Conflicts and negotiation processes in the course of power grid extension in Germany. *Landscape Research online first*, 1–13. http://www.tandfonline.com/doi/full/10.1080/01426397.2017.1300639. Zugegriffen 30. 03. 2017.

Kühne, O. & Weber, F. (2018). Bausteine der Energiewende – Einführung, Übersicht und Ausblick. In O. Kühne & F. Weber (Hrsg.), *Bausteine der Energiewende* (S. 3–19). Wiesbaden: Springer VS.

Kühne, O., Jenal, C. & Weber, F. (2016). Die soziale Definition von Heimat. In Bund Heimat und Umwelt in Deutschland (BHU) (Hrsg.), *Heimat – Vergangenheit verstehen, Zukunft gestalten. Dokumentation der zwei Veranstaltungen „Workshop zur Vermittlung des römischen Kulturerbes" (17. November 2016, Bonn) und „Heimat neu finden" (23. bis 24. November 2016, Bensberg)* (S. 21–27). Bonn: Selbstverlag.

Laclau, E. (1990). *New Reflections on the Revolution of our Time* (Phronesis). London: Verso.

Laclau, E. (2007). *On Populist Reason.* London: Verso.

Laclau, E. & Mouffe, C. (2015 [engl. Orig. 1985]. *Hegemonie und radikale Demokratie. Zur Dekonstruktion des Marxismus* (5., überarbeitete Auflage). Wien: Passagen Verlag.

Leibenath, M. & Otto, A. (2012). Diskursive Konstituierung von Kulturlandschaft am Beispiel politischer Windenergiediskurse in Deutschland. *Raumforschung und Raumordnung 70* (2), 119–131.

Leibenath, M. & Otto, A. (2013). Windräder in Wolfhagen – eine Fallstudie zur diskursiven Konstituierung von Landschaften. In M. Leibenath, S. Heiland, H. Kilper & S. Tzschaschel (Hrsg.), *Wie werden Landschaften gemacht? Sozialwissenschaftliche Perspektiven auf die Konstituierung von Kulturlandschaften* (S. 205–236). Bielefeld: Transcript.

Leibenath, M. & Otto, A. (2014). Competing Wind Energy Discourses, Contested Landscapes. *Landscape Online* (38), 1–18.

Lennon, M. & Scott, M. (2015). Opportunity or Threat: Dissecting Tensions in a Post-Carbon Rural Transition. *Sociologia Ruralis* (online), 1–23. http://onlinelibrary.wiley.com/doi/10.1111/soru.12106/epdf. Zugegriffen 28. 11. 2016.

Linke, S. (2017). Räumliche Wandlungsprozesse in ländlich bezeichneten Regionen im Kontext des gesellschaftlichen Wertewandels. In P. Droege & J. Knieling (Hrsg.), *Regenerative Räume. Leitbilder und Praktiken nachhaltiger Raumentwicklung* (S. 281–294). München: oekom.

Linke, S. (2018). Ästhetik der neuen Energielandschaften – oder: „Was Schönheit ist, das weiß ich nicht". In O. Kühne & F. Weber (Hrsg.), *Bausteine der Energiewende* (S. 409–429). Wiesbaden: Springer VS.

Luhmann, N. (1984). *Soziale Systeme. Grundriß einer allgemeinen Theorie*. Frankfurt (Main).

Luhmann, N. (1986). *Ökologische Kommunikation. Kann die moderne Gesellschaft sich auf ökologische Gefährdungen einstellen?* Opladen: Westdeutscher Verlag.

Marg, S., Hermann, C., Hambauer, V. & Becké, A. B. (2013). „Wenn man was für die Natur machen will, stellt man da keine Masten hin". Bürgerproteste gegen Bauprojekte im Zuge der Energiewende. In F. Walter, S. Marg, L. Geiges & F. Butzlaff (Hrsg.), *Die neue Macht der Bürger. Was motiviert die Protestbewegungen? BP-Gesellschaftsstudie* (S. 94–138). Reinbek bei Hamburg: Rowohlt.

Mouffe, C. (2007). *Über das Politische. Wider die kosmopolitische Illusion*. Frankfurt (Main): Suhrkamp.

Mouffe, C. (2010). *Das demokratische Paradox*. Wien: Turia + Kant.

Mouffe, C. (2014). *Agonistik. Die Welt politisch denken* (Bd. 2677). Berlin: Suhrkamp.

Neukirch, M. (2014). Konflikte um den Ausbau der Stromnetze. Status und Entwicklung heterogener Protestkonstellationen. SOI Discussion Paper 2014-01. http://www.uni-stuttgart.de/soz/oi/publikationen/soi_2014_1_Neukirch_Konflikte_um_den_Ausbau_der_Stromnetze.pdf. Zugegriffen 09.05.2016.

Nonhoff, M. (2006). *Politischer Diskurs und Hegemonie. Das Projekt „Soziale Marktwirtschaft"*. Bielefeld: Transcript.

Otto, A. & Leibenath, M. (2013). Windenergielandschaften als Konfliktfeld. Landschaftskonzepte, Argumentationsmuster und Diskurskoalitionen. In L. Gailing & M. Leibenath (Hrsg.), *Neue Energielandschaften – Neue Perspektiven der Landschaftsforschung* (S. 65–75). Wiesbaden: Springer VS.

Riegel, C. & Brandt, T. (2015). Eile mit Weile – Aktuelle Entwicklungen beim Netzausbau. *ARL-Nachrichten 45* (2), 10–16.

Schmidt, C., Hage, G., Hoppenstedt, A., Bruns, D., Kühne, O., Schuster, L., Münderlein, D., Bernstein, F., Weber, F., Roßmeier, A., Lachor, M. & Gagern, M. von. (2017a). *Landschaftsbild & Energiewende. Band 1: Grundlagen*. Bonn-Bad Godesberg: Bundesamt für Naturschutz (bisher noch nicht öffentlich zugänglich).

Schmidt, C., Hage, G., Hoppenstedt, A., Bruns, D., Kühne, O., Schuster, L., Münderlein, D., Bernstein, F., Weber, F., Roßmeier, A., Lachor, M. & Gagern, M. von. (2017b). *Landschaftsbild & Energiewende. Band 2: Handlungsempfehlungen*. Bonn-Bad Godesberg: Bundesamt für Naturschutz (bisher noch nicht öffentlich zugänglich).

STMI. (o. J.). Ersthinweise bzw. häufige Fragen zur bayerischen 10-H Regelung. https://www.stmi.bayern.de/assets/stmi/buw/baurechtundtechnik/ersthinweise_zum_inkrafttreten_der10_h-regelung.pdf. Zugegriffen 13.02.2017.

Torfing, J. (1999). *New theories of discourse: Laclau, Mouffe and Žižek*. Oxford: Wiley.

Weber, F. (2013). *Soziale Stadt – Politique de la Ville – Politische Logiken. (Re-)Produktion kultureller Differenzierungen in quartiersbezogenen Stadtpolitiken in Deutschland und Frankreich*. Wiesbaden: Springer VS.

Weber, F. (2015). Diskurs – Macht – Landschaft. Potenziale der Diskurs- und Hegemonietheorie von Ernesto Laclau und Chantal Mouffe für die Landschaftsforschung. In S. Kost & A. Schönwald (Hrsg.), *Landschaftswandel – Wandel von Machtstrukturen* (S. 97–112). Wiesbaden: Springer VS.

Weber, F. (2018). Von der Theorie zur Praxis – Konflikte denken mit Chantal Mouffe. In O. Kühne & F. Weber (Hrsg.), *Bausteine der Energiewende* (S. 187–206). Wiesbaden: Springer VS.

Weber, F. & Kühne, O. (2016). Räume unter Strom. Eine diskurstheoretische Analyse zu Aushandlungsprozessen im Zuge des Stromnetzausbaus. *Raumforschung und Raumordnung 74* (4), 323–338. doi:10.1007/s13147-016-0417-4

Weber, F., Kühne, O., Jenal, C., Sanio, T., Langer, K. & Igel, M. (2016). Analyse des öffentlichen Diskurses zu gesundheitlichen Auswirkungen von Hochspannungsleitungen – Handlungsempfehlungen für die strahlenschutzbezogene Kommunikation beim Stromnetzausbau. Ressortforschungsbericht. https://doris.bfs.de/jspui/bitstream/urn:nbn:de:0221-2016050414038/3/BfS_2016_3614S80008.pdf. Zugegriffen 12.07.2017.

Weber, F., Roßmeier, A., Jenal, C. & Kühne, O. (2017). Landschaftswandel als Konflikt. Ein Vergleich von Argumentationsmustern beim Windkraft- und beim Stromnetzausbau aus diskurstheoretischer Perspektive. In O. Kühne, H. Megerle & F. Weber (Hrsg.), *Landschaftsästhetik und Landschaftswandel* (S. 215–244). Wiesbaden: Springer VS.

Danksagung

Das diesem Artikel zu Grunde liegende Forschungsvorhaben wurde im Auftrag des Bundesamtes für Naturschutz durchgeführt. Die Verantwortung für den Inhalt dieser Veröffentlichung liegt bei den Autoren. Wir danken dem Bundesamt herzlich für die Unterstützung.

Unser besonderer Dank gilt auch unseren am Projekt beteiligten Kolleginnen und Kollegen Diedrich Bruns, Gottfried Hage, Adrian Hoppenstedt, Catrin Schmidt, Maxim von Gagern, Daniel Münderlein, Lena Schuster, Jakob Hüppauff und Tobias Sontheim sowie Kathrin Ammermann und Claudia Hildebrandt vom Bundesamt für Naturschutz.

Albert Roßmeier studierte Landschaftsarchitektur mit Schwerpunkt Stadtplanung an der Hochschule Weihenstephan-Triesdorf, anschließend Geographie und Soziologie an der Ludwig-Maximilians-Universität München. Seit Wintersemester 2016/2017 belegt er den Masterstudiengang ‚Global Studies' an der Eberhard Karls Universität Tübingen. An der Hochschule Weihenstephan-Triesdorf war er von Winter 2015 bis Winter 2016 als wissenschaftlicher Mitarbeiter in einem vom Bundesamt für Naturschutz geförderten Vorhaben zum Landschaftswandel im Zuge der Energiewende beschäftigt. Seitdem ist er als wissenschaftliche Hilfskraft an der Eberhard Karls Universität Tübingen im Forschungsbereich Stadt- und Regionalentwicklung tätig und arbeitet hier in verschiedenen Forschungsprojekten, unter anderem zur Akzeptanz des Windkraftausbaus, mit.

Florian Weber studierte Geographie, Betriebswirtschaftslehre, Soziologie und Publizistik an der Johannes Gutenberg-Universität Mainz. An der Friedrich-Alexander-Universität Erlangen-Nürnberg promovierte er zu einem Vergleich deutsch-französischer quartiersbezogener Stadtpolitiken aus diskurstheoretischer Perspektive. Von 2012 bis 2013 war Florian Weber als Projektmanager in der Regionalentwicklung in Würzburg beschäftigt. Anschließend arbeitete er an der TU Kaiserslautern innerhalb der grenzüberschreitenden Zusammenarbeit im Rahmen der Universität der Großregion und als wissenschaftlicher Mitarbeiter und Projektkoordinator an der Hochschule Weihenstephan-Triesdorf. Seit Oktober 2016 ist er als Akademischer Rat an der Eberhard Karls Universität Tübingen tätig. Seine Forschungsschwerpunkte liegen in der Diskurs- und Landschaftsforschung, erneuerbaren Energien sowie quartiersbezogenen Stadtpolitiken und Stadtentwicklungsprozessen im internationalen Vergleich.

Olaf Kühne studierte Geographie, Neuere Geschichte, Volkswirtschaftslehre und Geologie an der Universität des Saarlandes und promovierte in Geographie und Soziologie an der Universität des Saarlandes und der Fernuniversität Hagen. Nach Tätigkeiten in verschiedenen saarländischen Landesbehörden und an der Universität des Saarlandes war er zwischen 2013 und 2016 Professor für Ländliche Entwicklung/Regionalmanagement an der Hochschule Weihenstephan-Triesdorf und außerplanmäßiger Professor für Geographie an der Universität des Saarlandes in Saarbrücken. Seit Oktober 2016 forscht und lehrt er als Professor für Stadt- und Regionalentwicklung an der Eberhard Karls Universität Tübingen. Seine Forschungsschwerpunkte umfassen Landschafts- und Diskurstheorie, soziale Akzeptanz von Landschaftsveränderungen, Nachhaltige Entwicklung, Transformationsprozesse in Ostmittel- und Osteuropa, Regionalentwicklung sowie Stadt- und Landschaftsökologie.

Daher weht der Wind!
Beleuchtung der Diskussionsprozesse ausgewählter Windkraftplanungen in Baden-Württemberg

Gottfried Hage und Lena Schuster

Abstract

Der Wechsel der Landesregierung Baden-Württembergs von der CDU zu einer Koalition aus Grünen und SPD im Jahr 2011 und die daran anschließende Änderung des Landesplanungsgesetzes führten zu einer Verlagerung der Windenergiesteuerung von der regionalen auf die kommunale Ebene. Vor diesem Hintergrund wurden in den vergangenen Jahren zahlreiche kommunale und regionale Planungsverfahren zur Steuerung der Windenergienutzung aufgenommen. Der vorliegende Beitrag skizziert anhand ausgewählter Beispiele im Zuge der Planung geführte Diskussionsprozesse zu den Themen Artenschutz, Landschaft und menschliche Gesundheit. Betrachtet werden sowohl die regionale als auch die kommunale Ebene. Als Ergebnis der beleuchteten Aushandlungsprozesse kann festgestellt werden, dass unter den Gesichtspunkten der Raum- und Landschaftsplanung eine landes- und regionalplanerische Steuerung unter stärkerer Einbeziehung der Kommunen und der Öffentlichkeit zu bevorzugen ist. Unter den gegebenen gesetzlichen Rahmenbedingungen in Baden-Württemberg hat sich jedoch eine interkommunale Zusammenarbeit und die Entwicklung eines interkommunalen Teilflächennutzungsplanes Windenergie für eine raum- und landschaftsverträglich Windenergiesteuerung bewährt.

Keywords

Windenergie, Flächennutzungsplanung, Regionalplanung, Baden-Württemberg, Landschaft, Artenschutz, Gesundheit

1 Rahmenbedingungen der Steuerung und Gestaltung der Windenergie in Baden-Württemberg

Über viele Jahre hinweg befand sich Baden-Württemberg bei dem Ausbau der Windenergienutzung im Vergleich mit anderen Bundesländern auf den hinteren Rängen. Zeitgleich zur energiepolitischen Kehrtwende der Bundesregierung im Jahr 2011 unter dem Eindruck von Fukushima kam es auch in Baden-Württemberg zu einem Wechsel der Regierung und damit einer grundlegenden Veränderung der energiepolitischen Herangehensweise. Der Koalitionsvertrag für die Regierungszeit 2011–2016 zwischen Bündnis '90/Die Grünen und der SPD sah eine deutliche Richtungsänderung bei der Förderung der erneuerbaren Energien, insbesondere der bis dahin unpopulären Windenergie, vor. „Wir werden die von früheren Landesregierungen betriebene Blockade beim Ausbau der Windenergie beenden. Stattdessen werden wir der Windkraft im Land den Weg bahnen. Wir wollen bis 2020 mindestens 10 Prozent unseres Stroms aus heimischer Windkraft decken" (Bündnis 90/Die Grünen und SPD Baden-Württemberg 2011, S. 33). Um dieses Ziel zu forcieren, wurde zum 31.12.2012 das Landesplanungsgesetz Baden-Württemberg geändert.

Bis zur Änderung des Landesplanungsgesetzes waren die Regionalverbände verpflichtet, flächendeckende Vorrang- und Ausschlussgebiete für Standorte regional bedeutsamer Windkraftanlagen festzulegen (vgl. hierzu auch Mandel 2018 in diesem Band). Mit der Änderung des Landesplanungsgesetzes wurden die raumordnerischen Aussagen der Regionalpläne zur Nutzung der Windenergie in Form von Vorranggebieten mit Ausschlusswirkung aufgehoben, ohne dass stattdessen eine raumordnerische Vorgabe im Landesentwicklungsplan erfolgte. Als Konsequenz daraus wurde die Steuerung der Windenergie im Wesentlichen auf die kommunale Planungsebene verlagert. Folglich mussten sowohl die Regionalverbände als auch die kommunalen Planungsträger ihre Vorgehensweise zur Nutzung der Windenergie anpassen.

Die Regionalverbände haben durch die Aufhebung der bisherigen regionalplanerischen Aussagen zur Steuerung der Windenergie die Aufgabe erhalten, Vorranggebiete für die Windenergie neu auszuweisen. Deren Ausweisung ist jedoch nicht mehr mit einer Ausschlusswirkung für die nicht ausgewiesenen Regionsgebiete verbunden. Diesen Verlust direkter Steuerungsmöglichkeiten versuchen die Regionen mit Mitteln einer informellen Abstimmung (z.B. Runde Tische) oder der Übernahme von Planungsleistungen für die Kommunen auszugleichen. Dabei darf sich die Regionalplanung jedoch nicht ausschließlich auf die Übernahme kommunaler Planungsaussagen beschränken, denn dadurch würde die Regionalplanung letztendlich überflüssig werden. Dagegen kann eine bestimmende Regionalplanung kommunale Gestaltungsmöglichkeiten auch zu sehr behindern und Konflikte verursachen. Die Konsequenz aus der Vorgehensänderung in Baden-Württemberg ist vielfach eine Beschränkung der Regionalplanung auf die Darstellung einfach zu realisierender, konfliktarmer Vorranggebiete sowie ein Nachzeichnen der kommunalen Planungen, ohne eigenen Steuerungsanspruch.

Die Verlagerung der Steuerungsmöglichkeit des Windkraftausbaus auf die kommunale Ebene führte in denjenigen Kommunen, die seit jeher der Windkraft positiv gegenüberstanden (z.B. Bonndorf im Schwarzwald), zu einer regelrechten Aufbruchsstimmung. Demgegenüber konnte jedoch auch bei vielen Kommunen eine große Unsicherheit festgestellt werden. Viele Kommunen schlossen sich deshalb zu interkommunalen Planungsgemeinschaften zusammen, um die räumliche Steuerung der Windenergie gemeinsam anzugehen. Häufig wurden im ersten Schritt Potenzialstudien zur Windenergienutzung erstellt, um die Notwendigkeit einer kommunalen Steuerung auszuloten. Daran anschließend wurde in denjenigen Kommunen, für die aufgrund ausreichender Windhöffigkeit und politischer Interessen ein Steuerungsbedarf vorlag, mit der Aufstellung sachlicher Teilflächennutzungspläne Windkraft begonnen. Im Laufe der Zeit besserte auch die Landesregierung die rechtlichen Anforderungen nach und schränkte dadurch den Gestaltungsspielraum der Kommunen zusehends ein. In Verbindung mit zunächst ungeklärten Zuständigkeiten, der Unerfahrenheit der Planer(innen), Kommunen und Genehmigungsbehörden sowie örtlichen Gegebenheiten wie hochwertigen Landschaften, schlechten Windverhältnissen oder wichtigen Gebieten für den Artenschutz, gestalteten sich viele Planverfahren sehr schleppend oder wurden im Planungsverlauf aufgegeben. In Fällen besonders schwieriger kommunaler Planverfahren wurden die Planungen von der Regionalplanung „überholt", sodass die Kommunen z. T. mit Anpassungsnotwendigkeiten konfrontiert waren, die ihrem Konzept widersprachen oder aufgrund detaillierterer Untersuchungen nicht realisierbar sind.

Nachfolgend sollen am Beispiel ausgewählter Windkraftplanungen in Baden-Württemberg die Diskussionsprozesse beleuchtet werden, die unter den gegebenen gesetzlichen Rahmenbedingungen vermehrt geführt werden, bzw. zu einer Verzögerung oder gar einem Planabbruch beitragen können. Die Beispiele erheben nicht den Anspruch, allgemeingültige Regeln abzubilden.

2 Aushandlungsprozesse zum Ausbau der Windenergie in Baden-Württemberg

Aushandlungsprozesse zum Ausbau der Windenergie können in zwei grundlegende Ebenen gegliedert werden:

- Die grundsätzliche Haltung zur Energiewende (in der Ausprägung von positiv bis negativ) sowie
- die konkrete Einstellung zu einem konkreten Projekt vor Ort (in der Ausprägung von Opposition bis Unterstützung) (FA Wind 2017, S. 14; hierzu auch Roßmeier et al. 2018 in diesem Band).

Nachfolgend werden an Beispielen nur diejenigen Aushandlungsprozesse näher beleuchtet, die sich auf konkrete Planungen beziehen. Im Zentrum der Aufmerksamkeit stehen Planungen auf Ebene der Regional- und Flächennutzungsplanung, geführte Diskussionen auf Bebauungsplan- oder auf Genehmigungsebene sind nicht Teil dieser Auseinandersetzung. Generell zeichnen sich beim Thema Windenergie drei zentrale Themen ab: Artenschutz, Landschaftsbild sowie die Gesundheit des Menschen (vgl. zum Stromnetzausbau auch Sontheim und Weber 2018 in diesem Band).

Für Pläne und Projekte, die in Natur und Landschaft eingreifen, müssen die gesetzlichen Vorgaben nach dem Bundesnaturschutzgesetz beachtet werden. Dies gilt auch für die Planung und Genehmigung von Windenergieanlagen. Hierbei sind insbesondere die Belange des *Gebiets- und Artenschutzes* zu berücksichtigen. Die naturschutzrechtlichen Rahmenbedingungen für den Ausbau der Windenergie in Baden-Württemberg werden im Windenergieerlass Baden-Württemberg vom 09.05.2012 konkretisiert. Diese Rahmenbedingungen werden zudem von mehreren detailliertere Planungshilfen der LUBW zum Thema ‚Windkraft und Naturschutz' ergänzt. Enthalten sind unter anderem sehr klare Anforderungen an den Untersuchungsumfang zur Erfassung von Vogel- und Fledermausarten bei Bauleitplanung und Genehmigung von Windenergieanlagen (vgl. auch Dorda 2018; Moning 2018 in diesem Band). Einerseits führen die Planungshilfen der LUBW dazu, dass landesweit einheitliche Standards bei artenschutzrechtlichen Belangen gelten. Jedoch stellen die stetig zunehmenden artenschutzrechtlichen Anforderungen bei der Planung von Windenergieanlagen sowohl Kommunen als auch Regionalverbände vor Probleme. Diese werden im Kapitel Artenschutz näher beleuchtet.

Neben artenschutzrechtlichen Belangen sind auch mögliche Auswirkungen von Windenergieplanungen auf die Vielfalt, Eigenart und Schönheit der *Landschaft* zu betrachten (§ 1 BNatSchG). Landschaften dienen zur Erholung des Menschen und bilden eine wesentliche Grundlage menschlicher Identifikation mit der Umgebung. Im Vergleich mit anderen Schutzgütern des Naturschutzes werden Veränderungen der Landschaft nicht nur durch Expert(inn)en wahrgenommen und verstanden. Die Betroffenheit der Bevölkerung hinsichtlich landschaftlicher Veränderungen ihrer Umgebung ist deshalb besonders groß und ist demzufolge immer wieder Gegenstand regionaler und kommunaler Debatten (vgl. Kapitel 2.2).

Zusätzlich zu den Belangen des Arten- und Landschaftsschutzes spielen bei Planungen von Windkraftanlagen auch deren mögliche Auswirkungen auf die *Gesundheit des Menschen* eine wichtige Rolle. Neben dem Hörschall und dem Schattenwurf von Windenergieanlagen entstehen durch die Umströmung der rotierenden Flügel tieffrequente Geräusche, genannt Infraschall. Um einer gesundheitlichen Beeinträchtigung der Menschen durch den Windkraftausbau vorzubeugen, sieht der Windenergieerlass Baden-Württemberg Vorsorgeabstände zu Siedlungen und bewohnten Gebäuden vor. Trotzdem werden im Zuge von Planungsverfahren immer wieder Befürchtungen geäußert, dass die menschliche Gesundheit durch die Windkraftanlagen gefährdet sein könnte. Den dazu geführten Diskussionen widmet sich Kapitel 2.3.

2.1 Diskussionsprozesse zum Artenschutz

2.1.1 Regionalplanung

Nach der Änderung des Landesplanungsgesetzes Baden-Württemberg haben die Regionen im Land neue Konzeptionen zur Windenergie erarbeitet. Diese verfolgten in der Regel die Trichtermethodik: es wurden zunächst Gebiete mit hartem Ausschluss identifiziert, besondere Aspekte regionsspezifisch als weiche Kriterien festgelegt und viele Aspekte im Einzelfall geprüft. Hierbei stellte der Artenschutz aufgrund der gesetzlichen Anforderungen und ihrer Interpretation im Naturschutzministerium einerseits und die tatsächlichen Möglichkeiten der Bearbeitung auf der anderen Seite, eine besondere Herausforderung dar. So wurden die Unterlagen eines baden-württembergischen Regionalverbandes im Hinblick auf Artenschutz und FFH-Verträglichkeit vom zuständigen Ministerium mit der Begründung zurückgewiesen, dass die diesbezüglich enthaltene ebenenbezogene Prüfung nicht ausreiche. Im Rahmen der Umweltprüfung hat der Regionalverband alle verfügbaren Unterlagen zum Artenschutz und zur FFH-Verträglichkeit ausgewertet und vor diesem Hintergrund eine Bewertung der Konfliktlage vorgenommen. Das zuständige Ministerium forderte jedoch eine abschließende Bewertung des besonderen Artenschutzes und der FFH-Verträglichkeit sowie einen klaren Ausschluss eines Verstoßes gegen die artenschutzrechtlichen Bestimmungen oder gegen die Erhaltungsziele und den Schutzzweck eines FFH-Gebiets. Anderenfalls sollten vertiefte Untersuchungen bis zur Klärung des Sachverhaltes vorgenommen werden. Gefordert wurden diese Untersuchungen im Hinblick auf die Alternativenprüfung für alle Gebiete; die im Regionalplan enthaltenen Vorranggebiete sowie auch alle zwischenzeitlich ausgeschiedenen Gebiete.

Die Regionalverbände des Landes haben vor diesem Hintergrund ihre Interpretation der Sachlage diskutiert: Laut § 9 Abs. 3 Raumordnungsgesetz (2008) bezieht sich die Umweltprüfung des Regionalplans auf das, was nach gegenwärtigem Wissensstand und allgemein anerkannten Prüfmethoden sowie nach Inhalt und Detaillierungsgrad des Raumordnungsplans in angemessener Weise verlangt werden kann. Anzumerken ist zudem, dass die artenschutzrechtlichen Verbotstatbestände nach § 44 BNatSchG (2010) durch einen Regionalplan nicht ausgelöst, sondern nur planerisch vorbereitet werden.

Regionalpläne bearbeiten ein großes Gebiet auf einer hohen, abstrakten Planungsstufe. Sie entfalten keine unmittelbaren bodenrechtlichen Wirkungen. Deshalb gehen sie verallgemeinernd, typisierend und grobkörnig vor. Parzellenscharfe und einzelfallbezogene Aussagen gehören grundsätzlich auf die nachfolgenden Planungs- und Verwirklichungsebenen. Bei der Ermittlung des planrelevanten Sachverhalts greift der Plangeber nach gegenwärtigem Wissensstand auf vorhandene Erkenntnisse, die Stellungnahmen der Fachbehörden und der Gemeinden sowie die Ergebnisse der Öffentlichkeitsbeteiligung zurück. Darüberhinausgehende Tatsachenermittlungen sind ausnahmsweise erforderlich, wenn sie zur Beurteilung dieser Informationen benötigt werden. Dieser Ermittlungstiefe unterliegt auch die Abschätzung der von dem Regionalplan ausgelösten artenschutzrechtlichen Fragen. Dabei ist zu berücksichtigen, dass sich die Prüfung artenschutzrechtlicher Fragestellungen zunächst auf der Ebene der Erforderlichkeit bewegt. Ein Regionalplan enthält Festlegungen, soweit sie für die Entwicklung und Ordnung der räumlichen Struktur der Region erforderlich sind (Regionalbedeutsamkeit, § 11 Abs. 3 LplG BW 2003). Die Erforderlichkeit fehlt für Festlegungen, die aus rechtlichen oder tatsächlichen Gründen auf unabsehbare Zeit nicht verwirklicht werden können. Stehen einer regionalplanerischen Festlegung dauerhaft nicht ausräumbare artenschutzrechtliche Hindernisse entgegen, ist sie nicht umsetzbar und damit nicht erforderlich. Bei der Einschätzung der Situation bedarf es einer Prognose der artenschutzrechtlichen Lage. Diese Prognose trifft der Plangeber auf Grundlage einer Stellungnahme der Fachbehörde (Naturschutzbehörde). Ihr werden die vorhandenen Kenntnisse zugrunde gelegt. Bei der Einschätzung muss beachtet werden, dass der Regionalplan nur die grundsätzliche Nutzungsart einer Fläche festlegt (u. a. Siedlung, Freiraum, Infrastruktur). Einzelheiten der Art und des Maßes der baulichen Nutzung sind noch nicht absehbar.

Wegen des mittelfristigen Planungszeitraums (15–25 Jahre) steht zudem noch nicht fest, in welchem Zustand sich die Fläche zur Zeit der Auslösung des artenschutzrechtlichen Verbotstatbestandes befindet. Die natürliche Dynamik einer Fläche kann nur aufgrund des Zustandes zur Zeit des Satzungsbeschlusses und der vorhandenen naturräumlichen Qualitäten eingeschätzt, nicht aber für den gesamten Festsetzungszeitraum sicher beurteilt werden.

Detaillierte artenschutzbezogene Untersuchungen und maßnahmengenaue Aussagen sind rechtlich nicht gefordert und fachlich für den Planungszeitraum nicht seriös unterlegbar. Mögliche Vermeidungs-, Minimierungs- und CEF[1]-Maßnahmen lassen sich deshalb allenfalls dem Grunde nach einschätzen. Die fachliche, prognostische Einschätzung der örtlichen Situation auf Grundlage der vorhandenen Daten mittels der allgemein anerkannten Methoden ist originäre Aufgabe der Fachbehörden. Auf dieser Grundlage und den weiteren im Planungsverfahren gewonnenen Erkenntnissen trifft der Plangeber eine eigene Entscheidung über die Erforderlichkeit. Darüber hinaus sind die artenschutzrechtlichen Erkenntnisse Bestandteil der regionalplanerischen Abwägung. Wenn die Hürde der Erforderlichkeit genommen wurde, bilden sie Bestandteil des Abwägungsmaterials. Dort sind sie gemäß ihrem sachlichen Gewicht in die Entscheidung über den Plan einzubeziehen. Das Gebot der planerischen Konfliktbewältigung besagt, dass jeder Bauleitplan die ihm zuzurechnenden Konflikte bewältigen muss (Battis et al. 2016; allgemein zur Thematik auch Dahrendorf 1969). Der Bauleitplan darf der Plandurchführung nur das überlassen, was diese an zusätzlichem Interessensausgleich tatsächlich zu leisten vermag. Bei der Regionalplanung muss beachtet werden, dass im Vollzug des Plans noch mehrere nachfolgende Ebenen vorgesehen sind. Deshalb wird das Gebot der Konfliktbewäl-

---

1 Vorgezogene Ausgleichs- und Ersatzmaßnahme nach § 44 Abs. 5 BNatSchG

tigung um das Gebot der ebenenspezifischen Problembewältigung ergänzt. Auf der jeweiligen Planungsebene müssen die Konflikte behandelt und bewältigt werden, die auf dieser Ebene erkennbar und regelbar sind. Die vollzugsnahen artenschutzrechtlichen Verbotstatbestände bedürfen auf Ebene der Regionalplanung einer ebenenspezifischen Einschätzung, Einordnung, Bearbeitung und Dokumentation. Über die bereits dargelegten Anforderungen hinaus folgen keine weiteren Restriktionen aus dem Gebot der planerischen Konfliktbewältigung für die Regionalplanung.

Auf Grundlage dieser Rahmenbedingungen hat sich in der Planungspraxis ein dreistufiges Vorgehen bewährt. Die artenschutzrechtliche Stellungnahme gibt eine Einschätzung in drei Kategorien:

Kategorie 1 = Festlegung artenschutzrechtlich voraussichtlich unzulässig
Kategorie 2 = Festlegung artenschutzrechtlich voraussichtlich problematisch
Kategorie 3 = Festlegung artenschutzrechtlich voraussichtlich unproblematisch

Bei einer Einstufung in Kategorie 1 trifft der Plangeber eine Entscheidung über die Erforderlichkeit. Die Belange des Artenschutzes werden entsprechend ihres Gewichts in die Abwägung eingestellt, wenn eine Einstufung in Kategorie 2 erfolgt. Erfolgt eine Einstufung in Kategorie 3 spielt der Artenschutz auf der Planungsebene der Regionalplanung keine Rolle.

Auf der regionalen Ebene kann letztlich keine abschließende Beurteilung des Artenschutzes vorgenommen werden. Dies muss in dieser Form auch kommuniziert werden. Hinweise auf die Notwendigkeit von Untersuchungen auf den nachfolgenden Ebenen müssen erfolgen.

Ein entsprechender Lösungsweg wurde, nach Abstimmungen mit dem zuständigen Regierungspräsidium sowie der höheren und den unteren Naturschutzbehörden, auch für das beschriebene Beispiel angewendet. Der Lösungsweg ist rechtlich vertretbar, planungspraktisch handhabbar und führte auch konkret vor Ort zu vernünftigen Ergebnissen. An diesem Fall zeigt sich, dass eine ausschließlich rechtliche Argumentation, die die örtliche Situation, die Planungspraxis und Ebenenspezifik ausblendet, einen auch rechtlich möglichen Lösungsweg blockieren kann. Im vorliegenden Fall wurden die Bedingungen der Planung und des Naturschutzes zusammengeführt, rechtliche Interpretationsspielräume genutzt, um Blockaden zu lösen und zu planerischen Lösungen zu kommen. In der Verwaltungsvorschrift des Wirtschaftsministeriums über die Aufstellung von Regionalplänen und die Verwendung von Planzeichen hat das Land die Möglichkeit der Abschichtung zum 1.7.2017 nun geregelt (Wirtschaftsministerium Baden-Württemberg 2017).

2.1.2 Flächennutzungsplanung

Im mittleren Schwarzwald wurden, nach Änderung des Planungsrechts in Baden-Württemberg und der Aufhebung der Teilregionalpläne Windenergie, die Möglichkeiten der kommunalen Windenergiesteuerung in einer Potenzialstudie beleuchtet. Ein entsprechendes Flächennutzungsplanverfahren wurde anschließend in die Wege geleitet.

Das Flächennutzungsplanverfahren nutzte die Trichtermethodik, um potenziell mögliche Windenergieflächen zu ermitteln. Hierbei wurden die Vorgaben des Windenergieerlasses Baden-Württemberg (2012) berücksichtigt. In Abstimmung mit den Naturschutzbehörden wurden besonders empfindliche Schutzgebiete von der Betrachtung ausgenommen. Parallel zum Planverfahren der Kommunen hatten sich in der Bürgerschaft Interessensgemeinschaften gebildet, die konkrete Windenergiestandorte entwickeln wollten. Die Planverfahren wurden durch öffentliche Informationsveranstaltungen begleitet. Im Rahmen der Diskussion stimmte sich die Standortplanung der Interessensgemeinschaften schrittweise auf die Flächennutzungsplankulisse ab. Auf Flächennutzungsplanebene wurden zum Artenschutz Übersichtskartierungen durchgeführt, um besonders konfliktreiche Standorte zu identifizieren. Sie wurden in Übereinstimmung mit den Standortplanungen der Bürgerwindgemeinschaften zurückgestellt und nicht weitergeführt. Die für das immissionsschutzrechtliche Genehmigungsverfahren einzelner Anlagenstandorte erforderlichen Unterlagen zum Artenschutz wurden der Offenlage des Flächennutzungsplanentwurfes zusätzlich beigefügt. Diese Unterlagen beruhten auf mehrjährigen Untersuchungen zu relevanten Themen des Artenschutzes. Hiermit verfügte die Flächennutzungsplanung nun über eine vertiefte artenschutzrechtliche Begutachtung der Konzentrationsflächen.

Im Ergebnis der Anhörung stellte sich heraus, dass von Seiten der Träger öffentlicher Belange und Nachbarkommunen die Flächennutzungsplanung weitgehend als unproblematisch angesehen wurde, lediglich redaktionelle Änderungen sowie Hinweise zur Genehmigungsebene wurden gegeben. Aus der Bürgerschaft stießen die Planungen jedoch auf massive Gegenwehr. Insbesondere eine fehlerhafte Beurteilung des Artenschutzes wurde kritisiert. Mehrere Bürger(innen) bemängelten anhand von Fotos, dass relevante Horste windenergieempfindlicher Vogelarten in den Planungen nicht berücksichtigt wurden. Zu diesem Zeitpunkt lagen die Standortplanungen bereits zur immissionsschutzrechtlichen Genehmigung vor. Die zuständige Genehmigungsbehörde sah nach einer ersten Prüfung keinen Grund, die Genehmigung für die beiden Windparks nicht zu erteilen. Die Unterlagen, insbesondere auch die Dokumentation der mehrjährigen artenschutzrechtlichen Untersuchungen, erschienen schlüssig und der eingesetzte Biologe war in den Behörden für seine zuverlässige Arbeit bekannt.

Vor dem Hintergrund der von Bürgerseite in das Flächennutzungsplanverfahren eingebrachten Hinweise zu Fortpflanzungsstätten windenergieempfindlicher Vogelarten mussten die betroffenen Kommunen jedoch reagieren. Die potenziellen Fortpflanzungsstätten (mehr als 30 Stück) wurden vor Ort mit dem Biologen der Unteren Naturschutzbehörde, dem Biologen der Anlagenbetreiber sowie zwei neu von den Kommunen engagierten Biologen überprüft. Hierbei stellte sich heraus, dass die Hinweise weitgehend nicht zutrafen. Jedoch ergaben sich andere Unstimmigkeiten der Aussagen der nunmehr vier im Gebiet tätigen Biologen. Vor diesem Hintergrund hat die Untere Naturschutzbehörde zusammen mit dem im FNP Verfahren eingesetzten Landkreiskartierer eine Wertung der Untersuchungsergebnisse vorgenommen. Des Weiteren wurden Überflüge über eine Konzentrationszone von einem ornithologischen Fachbüro überprüft, da die Darstellung des vom Anlagenbetreiber beauftragten Biologen diesbezüglich Fragen aufwarf.

In einer großen Diskussionsrunde mit allen im Gebiet tätigen Biologen, den Juristen und Fachverwaltungen der beteiligten Kommunen, den Anlagenbetreiber mit ihren Juristen und Sachbearbeitern, den Juristen und Fachverwaltungen des Regierungspräsidiums und des Landkreises wurde die Datenlage ausgiebig diskutiert. Eine Genehmigungsfähigkeit der acht geplanten Anlagen wurde abschließend nicht mehr gesehen. Den Anlagebetreibern wurde eine weitere unabhängige Untersuchung auf eigene Kosten vorgeschlagen. Vor diesem Hintergrund wollten die Höhere und Untere Naturschutzbehörde abschließend entscheiden. Die bislang in das Verfahren eingebunden Biologen, Fachverwaltungen und Juristen der staatlichen Stellen und des Anlagenbetreibers haben sich auf ein Leistungsprogramm sowie einen Leistungsanbieter geeinigt. Nach Kenntnis aller Details hat dieser Anbieter seine Bereitschaft der Bearbeitung jedoch zurückgezogen. Die Untersuchungen werden nun von einem durch den Anlagenbetreiber vorgeschlagenen, renommierten Fachbüro durchgeführt. Die Kommunen haben hier bereits ihre Bedenken geäußert. Das Ergebnis dieses Verfahrens ist zum gegenwärtigen Zeitpunkt noch völlig offen.

Angestoßen von einzelnen Bürger(inne)n, die den Artenschutz als ein Instrument der Verhinderung von Windenergieanlagen in ihrer Nachbarschaft ausgemacht haben, wurde ein Wissenschafts- und Methodenstreit von verschiedenen Seiten instrumentalisiert, um Entscheidungen zu lenken oder zu verhindern (allgemein zur Thematik auch Stemmer und Kaußen 2018 in diesem Band). Eine auf der fachlichen und behördlichen Seite eigentlich hinreichend geklärte Situation wurde durch die massive Intervention der Öffentlichkeit wieder geöffnet. Sehr komplizierte fachliche Aspekte wurden genutzt, um eine Entscheidung hinauszuzögern und letztlich zu verhindern. Auch sehr differenziert ausgearbeitete Leitfäden und Erlasse des Landes konnten nicht verhindern, dass im konkreten Fall Unsicherheiten und letztendlich Handlungsunfähigkeit auf allen Seiten entstanden sind.

2.2 Aushandlungen zum Landschaftsbild

2.2.1 Regionalplanung

In der Region Ostwürttemberg wird den Thematiken Landschaft sowie Kulturlandschaft allgemein, aber insbesondere im Hinblick auf den Landschaftswandel durch den Ausbau erneuerbarer Energien, große Aufmerksamkeit geschenkt.

Im Rahmen des F+E-Vorhabens des Bundesamtes für Naturschutz (BfN) und Bundesinstitutes für Bau-, Stadt- und Raumforschung (BBSR) ‚Den Landschaftswandel gestalten! Potentiale der Landschafts- und Raumplanung zur modellhaften Entwicklung und Gestaltung von Kulturlandschaften vor dem Hintergrund aktueller Transformationsprozesse' (Schmidt et al. 2014) wurde die Internetbeteiligungsplattform ‚mitmachen-ostwuerttemberg.de' erarbeitet, welche die Gestaltung des Kulturlandschaftswandels durch die Energiewende im Rahmen der Landschaftsrahmen- und Regionalplanung unterstützen soll. Ein integriertes WebGIS-Tool (Hoppenstedt et al. 2014, S. 23 ff.; hierzu allgemein auch Vetter 2018 in diesem Band) eröffnet die Möglichkeit, neben der generellen Bereitstellung von Informationen für die Öffentlichkeit auch deren Kenntnisse und Meinungen bezüglich bestimmter Themen einzuholen. Die Beteiligung bei der Identifikation besonders wichtiger Räume für die Freizeitgestaltung sowie den Natur-, Kultur- und Erlebniswert ist vor allem für die Steuerung erneuerbarer Energien von besonderer Bedeutung.

In einem Forschungsvorhaben des Landes Baden-Württemberg ‚Den Kulturlandschaftswandel gestalten: Entwicklung und Gestaltung der Kulturlandschaften Baden-Württembergs am Beispiel der Region Ostwürttemberg' (Bachmann et al. in Vorbereitung) wurde das Thema des Landschaftswandels durch die Energiewende weiter vertieft. Die Beteiligungsplattform ‚mitmachen-ostwuerttemberg.de' sowie zwei im Rahmen des Forschungsprojektes durchgeführte Kulturlandschaftswerkstätten mit der interessierten Öffentlichkeit ergänzten sich gegenseitig. Dabei offeriert die Online-Plattform die Möglichkeit, sich im Vorfeld der Kulturlandschaftswerkstätten zu informieren und Beiträge in die Diskussion einzubringen. Begleitet wurden die Kulturlandschaftswerkstätten von drei Expertenworkshops in der Region Ostwürttemberg und einem Arbeitstreffen mit Vertreter(inne)n aller Regierungspräsidien des Landes im Landesdenkmalamt. Die Analyse der Kulturlandschaftsräume stand bei diesen Treffen im Vordergrund. Die Ergebnisse der Expertenworkshops wurden auf einer der zwei öffentlichen Kulturlandschaftswerkstätten vorgestellt und diskutiert.

Die Teilnehmeranzahl der öffentlichen Kulturlandschaftswerkstätten war, trotz der intensiven Bewerbung der Veranstaltung, relativ klein. Hier stellt sich die Frage, wie man mehr Personen aus verschiedenen Bevölkerungsgruppen, besser erreichen und motivieren kann. Die relativ abstrakte regionale Planungsebene stößt bei einigen Personengruppen auf wenig Interesse (zur Problematik auch Langer 2018 in diesem Band). Die Organisation und Durchführung der Expertenworkshops kann dagegen rückblickend als sehr geeignet beurteilt werden. Der Teilnehmerkreis und das Vorgehen (Zusendung der Ergebnisse und der Analysemethodik im Vorfeld der Veranstaltung an die Teilnehmer(innen), Vorstellung der Ergebnisse durch den Planer und Diskussion in der großen Runde) sind für die regionale Planungsebene sehr empfehlenswert.

Die Expertenworkshops, das Arbeitstreffen mit dem Landesamt für Denkmalschutz und die Bürgerwerkstätten haben, trotz geringer Beteiligungszahl auf Seiten der Öffentlichkeit, sehr gute Ergebnisse für weitere Planungsprozesse in der Region Ostwürttemberg gebracht. Bei den verschiedenen Werkstätten haben Bundes-, Landes- und Kommunalpolitiker(innen) die Diskussion miteinander und mit der Öffentlichkeit gesucht und über verschiedene Szenarien der Energiewende in der Region diskutiert. Die Region Ostwürttemberg hat den Ausbau mit bis zu 250 Windenergieanlagen beschlossen und diese Entscheidung wird, so schien es zumindest in den öffentlichen Veranstaltungen, in der Region getragen. Darüber hinaus konnten die Ergebnisse der Expertenworkshops und Kulturlandschaftswerkstätten direkt in die derzeitige Neuaufstellung des Landschaftsrahmenplans Ostwürttemberg einfließen. Nähere Informationen zu den durchgeführten Forschungsvorhaben in der Region Ostwürttemberg finden sich unter Schmidt et al. (2014) sowie auf den Internetseiten der LUBW.

2.2.2 Flächennutzungsplanung

Durch die Änderung des Landesplanungsgesetzes wurde die Planungshoheit zur Steuerung der Windenergie in Baden-Württemberg von der regionalen auf die kommunale Ebene verlegt. Anfang des Jahres 2012 schlossen sich darum 30 Kommunen (Stadt Baden-Baden, Städte und Gemeinden des Landkreises Rastatt sowie weitere angrenzenden Kommunen des Landkreises Calw und des Ortenaukreises) in der Arbeitsgemeinschaft Wind (AG Wind) zusammen, um die Frage der Steuerung und Entwicklung der Windenergie in der Region miteinander anzugehen.

Der Regionalverband Mittlerer Oberrhein sowie alle Fachbehörden wurden frühzeitig in diesen Prozess eingebunden. Vor dem Hintergrund der weitreichenden Wirkungen der Anlagen und der überaus sensiblen Landschaft des Schwarzwaldes und der Vorbergzone kann die Aufgabe der Windenergiesteuerung nur in enger Abstimmung mit den Nachbarkommunen und der Region bewältigt werden. In einem ersten Schritt wurde eine gemeinsame Konzeption ‚Windenergie in der Raumschaft[2] Landkreis Rastatt, Stadtkreis Baden-Baden und angrenzender Kommunen – Studie zur Entwicklung und Steuerung der Windenergie in der Bauleitplanung' (HHP 2012) erarbeitet.

Mit dieser Konzeption dokumentierten die 30 Kommunen die gemeinsam beschlossene Vorgehensweise zur Steuerung der Windenergienutzung in der Raum-

---

2 In diesem Fall: Gebietsabgrenzung des Landkreises Rastatt, des Stadtkreises Baden-Baden sowie angrenzender Kommunen

Abbildung 1 Suchräume für Konzentrationszonen in der Raumschaft Landkreis Rastatt, Stadtkreis Baden-Baden und angrenzenden Kommunen

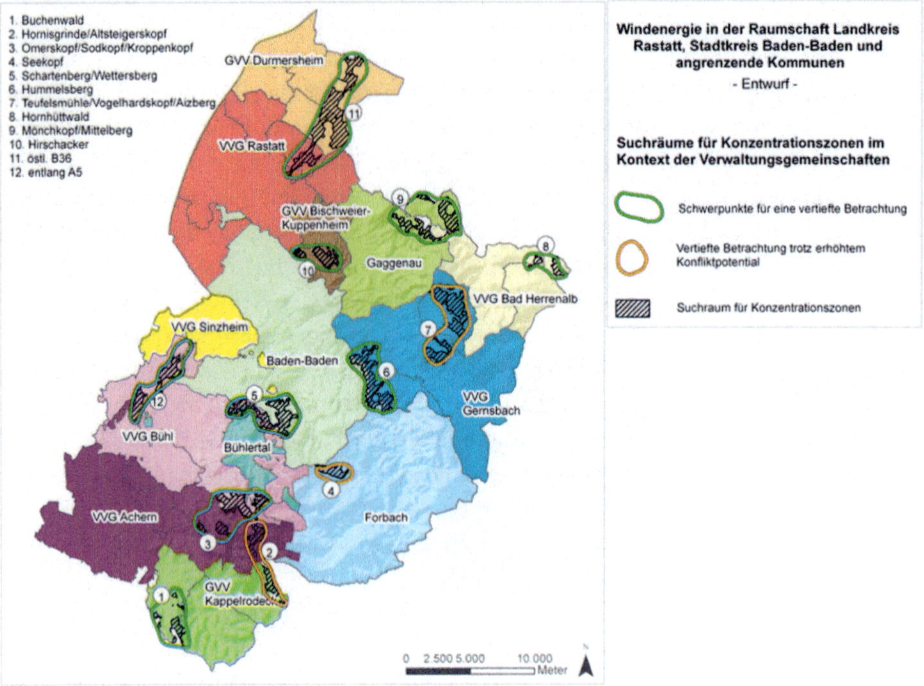

Quelle: HHP 2012

schaft. Ziel war es, die Windkraft in der äußerst sensiblen Landschaft auf geeignete Zonen zu konzentrieren (vgl. Abbildung 1). Es wurden gemeinsame Planungsgrundsätze formuliert, wie sich eine raumverträgliche und insbesondere landschaftsverträgliche Windenergienutzung gestalten lässt. Zu diesen Planungsgrundsätzen gehören die Sicherung von wirtschaftlich sinnvollen Standorten für eine Windenergienutzung mit geringem Konfliktpotenzial, die Konzentration der Anlagen in Windparks zur Vermeidung zahlreicher Einzelanlagen sowie die Vermeidung von Windkraftanlagen in Gebieten mit hoher Empfindlichkeit des Landschaftsbildes. Eine ungesteuerte Entwicklung von Windenergieanlagen soll vermieden werden. Die Verwaltungsräume beschlossen zudem die Erarbeitung sachlicher Teilflächennutzungspläne Windenergie. Geführte Aushandlungsprozesse zum Landschaftsbild auf Flächennutzungsplanebene sollen deshalb am Beispiel der Teilflächennutzungspläne in der Raumschaft des Landkreises Rastatt und des Stadtkreises Baden-Baden näher erläutert werden.

Auch bei der Steuerung der Windenergienutzung bei den sachlichen Teilflächennutzungsplänen Windenergie wurde eine interkommunale Abstimmung angestrebt. So wurden mit den Nachbargemeinden Inhalte und zeitliche Abläufe der jeweiligen

FNP-Verfahren in der Arbeitsgemeinschaft Wind (AG Wind) abgestimmt. Dabei wurde beschlossen, die Flächennutzungspläne jeweils getrennt aufzustellen, gleichzeitig jedoch inhaltlich aufeinander abzustimmen. Dadurch wird gewährleistet, dass die Gemeinden mit dem Flächennutzungsplan (FNP) ihr Gebiet in eigenständiger kommunaler Planungshoheit nach entsprechender fachlicher Prüfung selbst bestimmen.

Die Abstimmung der Planung erfolgte im Wesentlichen durch regelmäßige Treffen der Planer(innen) in der AG Wind, durch die Abstimmung der Planung der direkt benachbarten Kommunen Baden-Baden, Bühl, Bühlertal, Forbach, Gaggenau, Gernsbach und Sinzheim sowie durch einen regelmäßig durchgeführten Runden Tisch aller Kommunen der Region beim Regionalverband Mittlerer Oberrhein (RVMO). Zudem gab es mehrere Gespräche mit dem Regionalverband Mittlerer Oberrhein (RVMO) zur Abstimmung der Regional- und Flächennutzungsplanung.

In den FNP-Verfahren wurden die in der Windstudie ermittelten Schwerpunkträume einer vertieften Betrachtung unterzogen, bevor sie als Konzentrationszonen im FNP der einzelnen Kommunen planungsrechtlich dargestellt werden. Sowohl der Artenschutz als auch der Landschaftsschutz ließen sich in der Gebietskulisse der Raumschaft mit 30 Kommunen fachlich besser bearbeiten als einzeln auf kommunaler Ebene.

Der Schwarzwald ist in der Bundesrepublik Deutschland eine herausragende Landschaft, in der in den letzten 25 Jahren kaum strukturelle Landschaftsveränderungen zu verzeichnen waren. Die flächendeckende Ausweisung als größter Naturpark Deutschlands (Naturpark Südschwarzwald und Naturpark Schwarzwald Mitte-Nord) sowie der hohe Anteil an groß- und kleinflächigen Schutzgebieten (bspw. Natura 2000, Landschaftsschutzgebiete, Nationalpark, Biosphärenreservat etc.) verdeutlichen die bundesdeutsche wie auch landesweite Bedeutung der Kulturlandschaft Schwarzwald. So weist auch der Landesentwicklungsplan 2002 großräumige Bereiche des Schwarzwaldes als unzerschnittene Räume mit hohem Wald- oder Biotopanteil und/oder als Gebiete mit einer überdurchschnittlichen Dichte schutzwürdiger Biotope, Vorkommen landesweit gefährdeter Arten und mit einer besonderen Bedeutung für die Entwicklung eines ökologisch wirksamen Freiraumverbunds aus. Diese Gebietsausweisungen sind im Landesentwicklungsplan mit entsprechenden landesplanerischen Zielen belegt. Hieraus wird deutlich, dass der Schwarzwald im Land Baden-Württemberg eine besondere Bedeutung als Landschaftsraum hat. Er ist in wesentlichen Teilen eine sehr lebendige Kulturlandschaft, die aufgrund der vielfältigen und sich intensivierenden Nutzungen zunehmend unter Druck gerät.

In der hier betrachteten Raumschaft sind insbesondere der Grindenschwarzwald und die in der Raumschaft gelegenen Teile des Nördlichen Talschwarzwaldes entsprechend ausgewiesen. So liegen unter anderem die Suchräume 3 und 5 sowie in Teilen der Suchraum 6 (vgl. Abbildung 1) in diesen landesplanerischen Zielkulissen. Zielkonflikte sind im Regionalplan wie auch in den Teilflächennutzungsplänen zu lösen. Um die vielfältigen und hohen Landschaftsqualitäten zu erhalten, bedarf es neben den vielfältig vorhandenen gesetzlichen Regelungen v. a. Aussagen des Landes sowie auch ein Bekenntnis der Bevölkerung, wie der Kulturlandschaftsraum Schwarzwald in Zukunft aussehen soll und wo entsprechende Grenzen der Nutzungsintensitäten zu setzen sind. Fachlich überwiegt eine Wertung des Schwarzwaldes als herausragende Landschaft des Landes, auch wenn vielfältige Nutzungen wie nun auch die Windenergie an diesen Qualitäten ‚nagen'.

In einem gemeinsamen Gutachten zur Thematik Landschaft (HHP 2014) wurden die verschiedenen sachlichen und instrumentellen Aspekte umfänglich erfasst und geprüft. Eine Gesamtbeurteilung der Thematik Vielfalt, Eigenart und Schönheit, der Betroffenheit der Schutzziele der Landschaftsschutzgebiete sowie der Betroffenheit von regional bedeutsamen Kulturdenkmalen ließen sich aufgrund der Vielschichtigkeit der Landschaft nur unter der Beachtung unterschiedlicher Blickwinkel und -richtungen sowie auch Betrachtungsebenen herausstellen. Eine Berücksichtigung der übergeordneten Zusammenhänge auf Bundes-, Landes- oder Regionsebene kann diese Vorgehensweise jedoch nicht beinhalten. Es sei darauf hingewiesen, dass viele Kommunen in der Region entsprechende Planwerke aufstellen und es deshalb unabhängig voneinander zu einer Vielzahl an Windenergieanlagen kommen kann, die allen aufgezeigten übergeordneten Zielen und Erkenntnissen zum Erhalt hochwertiger Landschaften zuwiderlaufen können.

Über die interkommunale Abstimmung hinaus wurden im bisherigen Verfahren die Öffentlichkeit sowie die Träger öffentlicher Belange und die Behörden frühzeitig beteiligt. In allen Kommunen fanden öffentliche Veranstaltungen zur Thematik statt. Die Pläne wurden schließlich offengelegt. Von Seiten der Genehmigungsbehörden, der Träger öffentlicher Belange und auch der Öffentlichkeit kamen so gut wie keine Bedenken. Eine Stadt wurde zusätzlich von einem Anlagenprojektierer beraten, der die Stadt davon überzeugt hat, in landschaftlich sensiblen und artenschutzrechtlich kritischen Bereichen Flächen auszuweisen. Für diese Bereiche wurden von Seiten der Genehmigungsbehörde zusätzliche Unterlagen und Verfahren gefordert (Landschaftsschutzgebiets Änderungsverfahren und artenschutzrechtliches Ausnahmeverfahren). Die widersprüchliche Haltung innerhalb der Stadt übertrug sich im Zuge der notwendig gewordenen Verfahren auf die Öffentlichkeit. Eine Bürgerinitiative wurde gegründet, viel Öffentlichkeitsarbeit betrieben und Gegengutachten wurden erarbeitet. Insbesondere einige dramatisierende Tele-Visualisierungen schafften es (vgl. allgemeiner Linke 2018; Schweiger 2018 in diesem Band), die Stimmung von einem fertigen, beschlussfähigen Plan in eine völlige Ablehnung von Windenergieanlagen zu überführen. Statt ausgewogene Lösungsansätze zu verfolgen, wurden extreme Wege beschritten, die schließlich die gesamte Planung gefährden und vermutlich zu Fall bringen werden.

Vor dem Hintergrund der landschaftlich sensiblen Situation, den Zielsetzungen des Nationalparks und den Bestrebungen Weltkulturerbe in der Stadt Baden-Baden erscheint diese Wende letztlich fachlich vertretbar. Das Beispiel zeigt jedoch eindrücklich, wie leicht ein gut angelegter interkommunaler Planungs- und Abstimmungsprozess aus der Spur gebracht werden kann.

2.3 Berücksichtigung der menschlichen Gesundheit

2.3.1 Regionalplanung

Der Aspekt der menschlichen Gesundheit in Regionalplänen umfasst insbesondere den Lärm und Schall, visuelle Aspekte sowie die Erholung. Ansatzpunkte für Diskussionen bieten insbesondere die visuellen Aspekte, aber auch der Lärm und Schall. Operationalisiert wird die Berücksichtigung von Lärm und Schall häufig durch Abstände zu Siedlungen und wohngenutzten Gebäuden unter Berücksichtigung der gesetzlich geltenden Grenzwerte. Die Regionalplanung verwendet die Abstände häufig pauschalisiert und orientiert sich an der TA Lärm sowie gerichtlichen Entscheidungen. Durch die Abstraktheit der Planungsebene erfolgt zu diesen Themen kaum eine Diskussion. Anders verhält es sich in landschaftlich sensiblen Bereichen, in denen eine separate Diskussion des Landschaftsbildes nicht stattfindet und in denen lärmbedingte Siedlungsabstände letztlich auch der Berücksichtigung visueller Wirkungen dienen. In landschaftlich sensiblen Bereichen ist offensichtlich, dass diese Abstände nicht ausreichen. Hier kommt es häufiger zu Gegenreaktionen aus der Bevölkerung und von den Kommunen, die insbesondere die Mittel einer Visualisierung nutzen, um ihre Interessen durchzusetzen. Ziel ist hierbei die Aktivierung emotionaler Äußerungen und Bewegungen, die sich dann jedoch häufig erst auf Ebene der kommunalen Planung entladen (vgl. auch Weber et al. 2017).

2.3.2 Flächennutzungsplanung

Die Vorgehensweise auf der Flächennutzungsplanebene ist prinzipiell mit der regionalen Planung vergleichbar, jedoch kommt es zu einer feineren Ausdifferenzierung der Nutzungstypen und Abstände sowie der Ausformungen der einzelnen Themen. In den Diskussionen mit der Öffentlichkeit stellt sich jedoch regelmäßig heraus, dass persönliche Betroffenheiten nicht entsprechend durch die Planung abgebildet werden können. Eine Vielzahl an Einzelaspekten werden bemüht, um die Abstände zwischen zukünftiger Konzentrationszone und dem privaten Haus so groß wie möglich werden zu lassen. So werden beispielsweise Richtlinien und Verordnungen kritisiert, Urteile in Zweifel gezogen oder singuläre wissenschaftliche Untersuchungen zum Lärm, Infraschall sowie zur Sichtverschattung herausgestellt. Auch das Thema einer möglichen Mondverschattung und den damit verbundenen psychischen Belastungen wurde bereits in Planungen aufgebracht. Die häufigste Argumentation bezieht sich jedoch auf die ungleiche Handhabung des Schutzes von Tierarten und des Menschen. In speziellen Fällen gilt beispielsweise ein 1000 Meter Abstand zu Fortpflanzungsstätten des Rotmilans, wohingegen der Abstand zu Wohnsiedlungen nur 700 Meter beträgt.

Da die Gerichtsurteile und Vorgaben des Windenergieerlasses Baden-Württemberg 2012 wenig Spielraum der Beurteilung zulassen, entfalten sich an dieser Thematik häufig grundsätzliche Konflikte, bei denen die generelle Ablehnung der Windenergie deutlich wird. Die Ergebnisse des Forschungsprojektes ‚Energiekonflikte' zeigen sehr eindrücklich die Beweggründe und Hintergründe bei Projekten der Energiewende auf, weshalb an dieser Stelle zur weiteren Vertiefung auf die Studie von Reusswig et al. (2016) verwiesen wird (hierzu auch Becker und Naumann 2018; Eichenauer et al. 2018; Kühne 2018; Weber 2018 in diesem Band).

3 Fazit: Sechs Jahre kommunale Steuerung der Windenergienutzung in Baden-Württemberg

Über lange Jahre war Baden-Württemberg im Vergleich der Bundesländer auf den hinteren Rängen bei der Entwicklung der Windenergie. Mit dem Wechsel der Landesregierung und der Änderung des Landesplanungsgesetzes im Jahr 2011 wurde der Ausbau der Windkraft jedoch stark vorangetrieben. Die aus der Änderung des Landesplanungsgesetzes resultierende Verlagerung der Windenergiesteuerung auf die kommunale Ebene führte dazu, dass eine Diskussion der Windenergienutzung auf der gesamten Landesfläche und in jeder Kommune angeregt wurde. Zudem mussten die Aspekte der Windenergie erneut in den Regionalverbänden diskutiert werden.

Für die Ebene der Regionalplan konnte insbesondere festgestellt werden, dass bei der inhaltlichen und methodischen Ausgestaltung der Regionalplanentwicklung der Schnittstelle zwischen kommunaler und regionaler Planung (Gegenstromprinzip) eine besondere Bedeutung zukommt. Eine reine Übernahme der kommunalen Planungen macht einen Regionalplan überflüssig, während eine bestimmende Regionalplanung kommunale Gestaltungsmöglichkeiten beeinträchtigen kann. Konsequenz der Vorgehensänderungen in Baden-Württemberg ist eine Beschränkung der Regionalplanung v. a. auf einfach zu realisierende Schwerpunkte und/oder ein Nachzeichnen der kommunalen Planungen. Die Regionen versuchen, den Verlust direkter Steuerungsmöglichkeiten mit Mitteln einer informellen Abstimmung (z. B. Angebote Runde Tische) bis hin zur Übernahme von kommunalen Planungsleistungen auszugleichen.

In den Kommunen wurden vielfach zunächst Potentialstudien zur Windenergienutzung erarbeitet, um die Relevanz der Thematik und die Möglichkeiten der kommunalen Steuerung auszuloten. Daran anschließend wurden größtenteils sachliche Teilflächennutzungspläne Windenergie. Hierbei wurden auch die verschiedenen Möglichkeiten interkommunaler Zusammenarbeit genutzt, um die Thematik für größere Teilräume bestmöglich zu lösen.

Eine Vielzahl an Gründen führte zu schleppenden Verfahren. Neben den erst allmählich geklärten Zuständigkeiten und Abstimmungen auf Landesebene, den sich stetig ändernden Vorgaben und Regelungen sowie der Unerfahrenheit der Planer(innen), Kommunen und Genehmigungsbehörden führten auch die örtlichen Gegebenheiten wie schlechte Windverhältnisse, hochwertige Landschaften oder artenschutzrelevante Fragestellungen zu einer Verzögerung der Planverfahren. Die Probleme wirkten sich auch auf die Aufstellung der Regionalpläne aus.

Insgesamt betrachtet führt die geänderte Herangehensweise in Teilen des Landes zu raumordnerisch unbefriedigenden Ergebnissen. Positiv herauszustellen ist die stärkere Auseinandersetzung der Kommunen mit den Themen Klimaschutz und Energie. Die Entwicklung von querschnittsorientierten Gesamtkonzepten wäre jedoch insbesondere in landschaftlich sensiblen Räumen oder in Bereichen mit geringer Windhöffigkeit zielführender als ausschließlich auf Windenergie beschränkte Planungen. In Baden-Württemberg stellt eine interkommunale Zusammenarbeit und die gemeinsame Entwicklung eines sachlichen Teilflächennutzungsplanes Windenergie eine gute Möglichkeit dar, die Windenergie raum- und landschaftsverträglich unter den gegebenen gesetzlichen Rahmenbedingungen zu steuern. Hiermit kann vermieden werden, dass Verwaltungsräume mit großem Aufwand raumordnerisch nicht verträgliche Ausweisungen festlegen.

Eine Befragung der Kommunen und Planer(innen) (Hoppenstedt et al. 2014, S. 15 ff.) bezüglich eines Zusammenwirkens von kommunaler Planung und Projektierung zeigt eine ambivalente Sicht auf. Hinsichtlich der Realisierung und Umsetzung werden Vorteile gesehen, wenn die Projektierung bereits mit dem Flächennutzungsplan zusammen angegangen wird. Einige Beispiele veranschaulichen jedoch, dass wirtschaftliche Interessen der Projektierer und die Konkretheit der Planungen die Bevölkerung überfordern, die Flächennutzungsplanung stark behindert werden kann und in einem Fall sogar zur Beendigung des Planverfahrens geführt hat. Von Seiten der Projektierer werden die Regionalplanungen häufig als umsetzungsrelevanter als die kommunalen Planungen eingeschätzt.

Unter den Gesichtspunkten der Raum- und Landschaftsplanung ist eine landes- und regionalplanerische Steuerung zu bevorzugen. Erfahrungen bei der Aufstellung der sachlichen Teilflächennutzungspläne zeigen jedoch, dass eine Stärkung der Abstimmungs- und Kommunikationsprozesse mit den Kommunen und der Öffentlichkeit bei der Entwicklung von Regionalplänen gewinnbringend ist.

Literatur

Bachmann, J., Hage, G., Rabus, J., Schmidt, C., Dunkel, A., & Schuster, L. (in Vorbereitung). *Den Kulturlandschaftswandel gestalten: Entwicklung und Gestaltung der Kulturlandschaften Baden-Württembergs am Beispiel der Region Ostwürttemberg*. Karlsruhe, Rottenburg, Dresden.

Battis, U., Krautzberger, M., & Löhr, R.-P. (2016). *BauGB Baugesetzbuch Kommentar*. München: C. H. Beck.

Becker, S., & Naumann, M. (2018). Energiekonflikte erkennen und nutzen. In O. Kühne & F. Weber (Hrsg.), *Bausteine der Energiewende* (S. 509–522). Wiesbaden: Springer VS.

Dahrendorf, R. (1969). Sozialer Konflikt. In W. Bernsdorf (Ed.), *Wörterbuch der Soziologie*. Stuttgart: Ferdinand Enke Verlag.

Dorda, D. (2018). Windkraft und Naturschutz. In O. Kühne & F. Weber (Hrsg.), *Bausteine der Energiewende* (S. 749–772). Wiesbaden: Springer VS.

Eichenauer, E., Reusswig, F., Meyer-Ohlendorf, L., & Lass, W. (2018). Bürgerinitiativen gegen Windkraftanlagen und der Aufschwung rechtspopulistischer Bewegungen. In O. Kühne & F. Weber (Hrsg.), *Bausteine der Energiewende* (S. 633–651). Wiesbaden: Springer VS.

FA Wind. (2017). *Ergebnisse der anwendungsorientierten Sozialforschung zu Windenergie und Beteiligung: Auswertung von ausgewählten Forschungsvorhaben der FONA2-Reihe*. Berlin.

HHP. (2012). *Windenergie in der Raumschaft Landkreis Rastatt, Stadtkreis Baden-Baden und angrenzender Kommunen: Studie zur Entwicklung und Steuerung der Windenergie in der Bauleitplanung*. Rottenburg.

Hoppenstedt, A., Hage, G., & Stemmer, B. (2014). *Den Landschaftswandel gestalten! Potentiale der Landschafts- und Raumplanung zur modellhaften Entwicklung und Gestaltung von Kulturlandschaften vor dem Hintergrund aktueller Transformationsprozesse. Band 2: Regionalplanung und Landschaftsrahmenplanung*.

Kühne, O. (2018). ‚Neue Landschaftskonflikte' – Überlegungen zu den physischen Manifestationen der Energiewende auf der Grundlage der Konflikttheorie Ralf Dahrendorfs. In O. Kühne & F. Weber (Hrsg.), *Bausteine der Energiewende* (S. 163–186). Wiesbaden: Springer VS.

Langer, K. (2018). Frühzeitige Planungskommunikation – ein Schlüssel zur Konfliktbewältigung bei der Energiewende? In O. Kühne & F. Weber (Hrsg.), *Bausteine der Energiewende* (S. 539–556). Wiesbaden: Springer VS.

Linke, S. (2018). Ästhetik der neuen Energielandschaften – oder: „Was Schönheit ist, das weiß ich nicht". In O. Kühne & F. Weber (Hrsg.), *Bausteine der Energiewende* (S. 409–429). Wiesbaden: Springer VS.

Mandel, K. (2018). Warum plant Ihr eigentlich noch? – Die Energiewende in der Region Heilbronn-Franken. In O. Kühne & F. Weber (Hrsg.), *Bausteine der Energiewende* (S. 701–713). Wiesbaden: Springer VS.

Moning, C. (2018). Energiewende und Naturschutz – Eine Schicksalsfrage auch für Rotmilane. In O. Kühne & F. Weber (Hrsg.), *Bausteine der Energiewende* (S. 331–344). Wiesbaden: Springer VS.

Reusswig, F., Heger, I., Eichenauer, E., Franzke, J., Ludewig, T., Fahrenkrug, K., Melzer, M., Scheepmaker, T., Ott, K., Braun, F. (2016). *Kernergebnisse und Handlungsempfehlungen eines interdisziplinären Forschungsprojektes: Vorläufiger Projektbericht veröffentlicht im Zuge der Abschlusskonferenz ‚Energiekonflikte' am 07. 07. 2016 in Berlin*.

Roßmeier, A., Weber, F., & Kühne, O. (2018). Wandel und gesellschaftliche Resonanz – Diskurse um Landschaft und Partizipation beim Windkraftausbau. In O. Kühne & F. Weber (Hrsg.), *Bausteine der Energiewende* (S. 653–679). Wiesbaden: Springer VS.

Schmidt, C., Hofmann, M., & Dunkel, A. (2014). *Den Landschaftswandel gestalten! Potentiale der Landschafts- und Raumplanung zur modellhaften Entwicklung und Gestaltung von Kulturlandschaften vor dem Hintergrund aktueller Transformationsprozesse.* Band 1: Bundesweite Übersichten.

Schweiger, S., Kamlage, J.-H., & Engler, S. (2018). Ästhetik und Akzeptanz. Welche Geschichten könnten Energielandschaften erzählen? In O. Kühne & F. Weber (Hrsg.), *Bausteine der Energiewende* (S. 431–445). Wiesbaden: Springer VS.

Sontheim, T., & Weber, F. (2018). Erdverkabelung und Partizipation als mögliche Lösungswege zur weiteren Ausgestaltung des Stromnetzausbaus? Eine Analyse anhand zweier Fallstudien. In O. Kühne & F. Weber (Hrsg.), *Bausteine der Energiewende* (S. 609–630). Wiesbaden: Springer VS.

Stemmer, B., & Kaußen, L. (2018). Partizipative Methoden der Landschafts(bild)bewertung – Was soll das bringen? In O. Kühne & F. Weber (Hrsg.), *Bausteine der Energiewende* (S. 489–507). Wiesbaden: Springer VS.

Verwaltungsvorschrift des Wirtschaftsministeriums über die Aufstellung von Regionalplänen und die Verwendung von Planzeichen (VwV Regionalpläne), Wirtschaftsministerium Baden-Württemberg 2017.

Vetter, M. (2018). GIS – Das richtige Programm für die Energiewende. In O. Kühne & F. Weber (Hrsg.), *Bausteine der Energiewende* (S. 557–569). Wiesbaden: Springer VS.

Weber, F. (2018). Von der Theorie zur Praxis – Konflikte denken mit Chantal Mouffe. In O. Kühne & F. Weber (Hrsg.), *Bausteine der Energiewende* (S. 187–206). Wiesbaden: Springer VS.

Weber, F., Roßmeier, A., Jenal, C., & Kühne, O. (2017). Landschaftswandel als Konflikt. Ein Vergleich von Argumentationsmustern beim Windkraft- und beim Stromnetzausbau aus diskurstheoretischer Perspektive. In O. Kühne, H. Megerle & F. Weber (Hrsg.), *Landschaftsästhetik und Landschaftswandel* (S. 215–244). Wiesbaden: Springer VS.

Gottfried Hage absolvierte nach seiner Ausbildung im Garten- und Landschaftsbau ein Diplomstudium der Fachrichtung Landespflege an der Universität Hannover. Seit dem Jahr 1989 ist er Mitbegründer und geschäftsführender Teilhaber des Planungsbüros Hage+Hoppenstedt Partner in Rottenburg mit den Tätigkeitsschwerpunkten Raum- und Landschaftsplanung auf allen Planungsebenen, Regionalentwicklung, Umweltprüfung sowie zahlreichen Forschungs- und Entwicklungsvorhaben. Gottfried Hage ist darüber hinaus seit 2011 als Dozent der Landschaftsplanung an der Hochschule für Technik Rapperswil (Schweiz) tätig.

Lena Schuster absolvierte ihren Bachelor der Geographie an der Universität Freiburg und ihren Master der Umweltplanung an der Technischen Universität Berlin.

Seit 2016 ist sie im Landschaftsplanungsbüro Hage+Hoppenstedt Partner mit der Bearbeitung von Forschungs- und Entwicklungsvorhaben sowie der Landschaftsplanung betraut. Besondere Kompetenzen besitzt sie insbesondere in den Themenfeldern Klimawandel und Klimaanpassung, (Kultur-)Landschaft, kommunale Landschaftsplanung sowie Fernerkundung und Geoinformation.

Warum plant Ihr eigentlich noch? – Die Energiewende in der Region Heilbronn-Franken

Klaus Mandel

Abstract

Der Beitrag beschreibt die Erfahrungen mit der Teilfortschreibung Windenergie des Regionalplans Heilbronn-Franken in den Jahren 2010 bis 2014. Nach der Änderung des Landesplanungsgesetzes Baden-Württemberg im Jahr 2012 verloren die Regionalverbände die gesetzliche Grundlage zur flächendeckenden Steuerung der Windkraft über Konzentration und Ausschluss. Es bestand die Gefahr, dass Regionalplanung und kommunale Bauleitplanung in Konkurrenz zueinander geraten könnten, was den Menschen nicht mehr zu vermitteln gewesen wäre, zumal die Energiewende sowieso eine der größten gesellschaftspolitischen Herausforderungen darstellt. Der Planungsprozess zeigte deutlich, wie eine grundsätzliche Zustimmung zur Energiewende im Fall von konkreten Planungen in der eigenen Gemeinde umschlägt, sich der Vertrauensverlust gegenüber Politik und Expert(inn)en artikuliert und damit sogar neue Sollbruchstellen zwischen Ländlichem Raum als Standort von Windenergieanlagen und Verdichtungsraum als Energieverbrauchszentren ausbilden. Regionalplanung kann in diesem Kontext Leitlinien für eine Menschen-, Natur- und Landschaft-schützende Planung geben, sie moderiert und koordiniert und geht letztendlich aus einer Entwicklung, die zunächst nach einer Schwächung der Regionalplanung aussah, gestärkt heraus.

Keywords

Regionalplanung, Landesplanungsgesetz Baden-Württemberg, Planungskriterien, Planungsprozess, Moderation, Koordination, Planungskonkurrenz, Akzeptanz, Landschaft

1 Woher kommen wir?

Für die Region Heilbronn-Franken, im Nordosten Baden-Württembergs gelegen, begann die Energiewende bereits im September 2010. Nach einem verlorenen Prozess beim Verwaltungsgericht Stuttgart war das Kapitel Windenergie des Regionalplans für nichtig erklärt worden und an einer erneuten Teilfortschreibung Windenergie führte kein Weg vorbei. Die Diskussionen in der 72-köpfigen Verbandsversammlung, dem Entscheidungsgremium des Regionalverbands, führten zu einem klaren Ergebnis: Mit der neuen Teilfortschreibung sollte nicht nur Rechtssicherheit geschaffen, sondern der Ausbau der Windkraft vorangetrieben werden. Die Arbeit begann also mit der Entwicklung eines Kriteriensets für die Fortschreibung des Regionalplans.

Dies geschah vor dem Hintergrund, dass die Region einen Anteil von 13 % der Landesfläche Baden-Württembergs hat, aber mit 113 Anlagen 28 % der Windkraftanlagen im Land aufwies. Im Main-Tauber-Kreis, der 3 % der Landesfläche umfasst, standen dabei 20 % der landesweiten Anlagen.

Nach einer Teilfortschreibung in den Jahren 2003 bis 2006 existierten 14 Vorranggebiete für regionalbedeutsame Windkraftanlagen mit einer Gesamtfläche von 592 ha.

Bereits hier wird deutlich, dass sich die Diskussionen um die Energiewende beim Regionalverband Heilbronn-Franken, dem Träger der Regionalplanung, auf zwei Punkte fokussierten – oder auch reduzierten? Auf den Strom und auf die Windkraft.

2 Rahmenbedingungen der Energiewende in Heilbronn-Franken

Wenige Tage vor der Nuklearkatastrophe in Fukushima im März 2011 stellte das Wirtschaftsministerium Baden-Württemberg, das innerhalb der schwarz-gelben Koalition von einem FDP-Minister geführt wurde, den Windatlas vor. Der Windatlas kam zum Ergebnis, dass die Hohenloher Ebene für einen großflächigen Ausbau der Windenergie geeignet sei. Das war auch mit entsprechenden Karten für die Windhöffigkeit in 100 m und 140 m über Grund belegt (Ministerium für Umwelt, Klima und Energiewirtschaft Baden-Württemberg 2014, S. 38; vgl. Abb. 1 und 2).

Als die Reaktorkatastrophe eintritt und die Bundesregierung sich bereits Ende Mai auf den Ausstieg aus der Atomenergie einigt, wird der Windatlas zum Zündfunken, der dafür sorgt, dass im Nordosten Baden-Württembergs der Wilde Westen ausbricht. Reihenweise werden Vorverträge für Flächen abgeschlossen, die im Windatlas als windhöffig dargestellt sind, unabhängig von Ausweisungen im Regionalplan, im Flächennutzungsplan oder in Fachplanungen (zu Fragen politischer Steuerung vgl. Gailing 2018; Hage und Schuster 2018; Leibenath und Lintz 2018 in diesem Band). In der digitalen Variante enthält der Windatlas Angaben in farbigen Kacheln, die in der Landschaft Kantenlängen von 50 m entsprechen. Obwohl der Textteil ausdrücklich darauf hinweist, dass die Aussagen des Windatlasses noch keine belastbare Grundlage für ein Windenergieprojekt darstellen und ein qualifiziertes Windgutachten nicht ersetzen, wird der Regionalverband, der zu diesem Zeitpunkt noch für die flächendeckende Steuerung der Windenergie zuständig ist, mit Anfragen überhäuft. Der Pachtvertrag mit einem Windkraftbetreiber wird für den Flurstückseigentümer (vermeintlich) zum ‚Sechser im Lotto'.

Die Energiewende in der Region Heilbronn-Franken

Abbildung 1 und 2

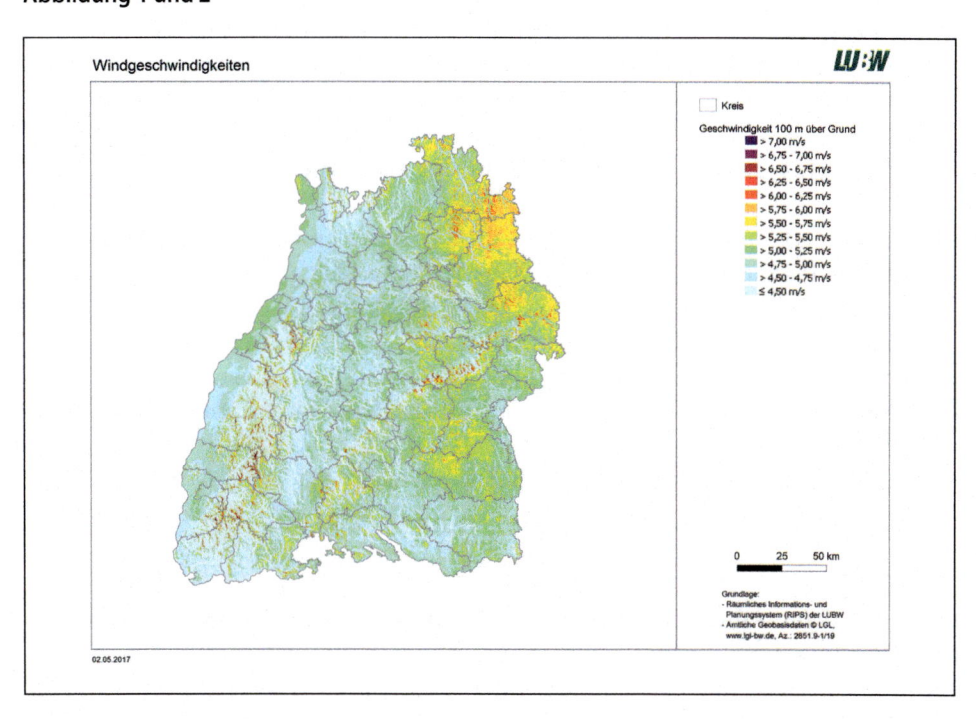

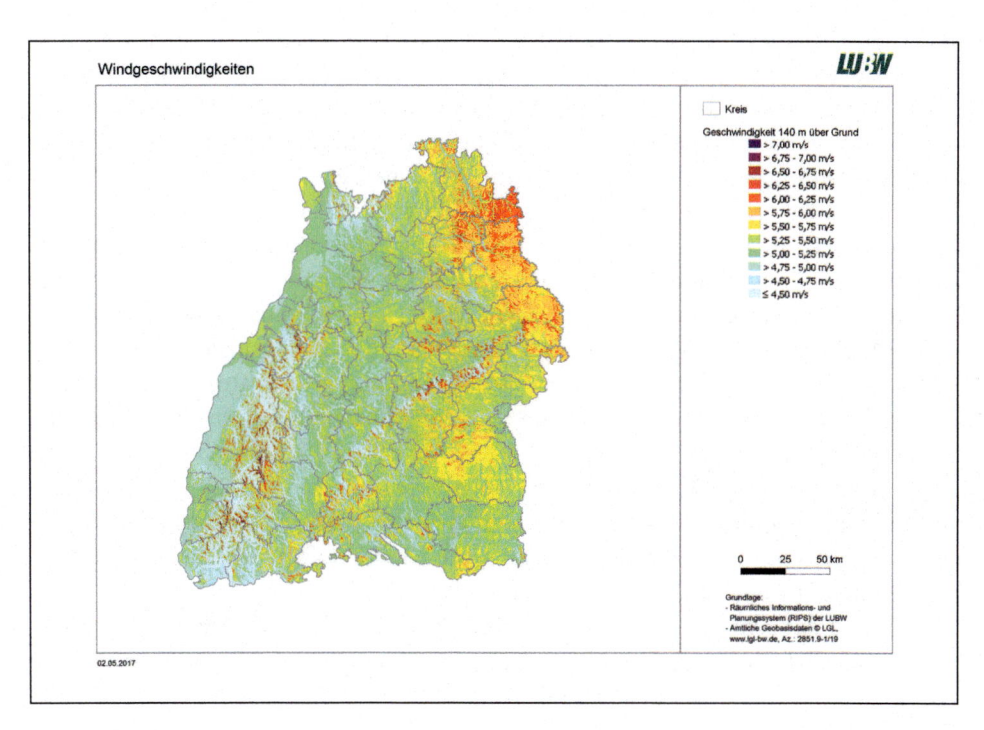

Als Ende März eine grün-rote Koalition die schwarz-gelbe Koalition in Baden-Württemberg ablöst, steht fest, dass der Ausbau Erneuerbarer Energien zu einem vorrangigen Ziel der Kommunal-, Regional-, Landes- und Bundespolitik geworden ist.

3   Energiewende – wie geht das in der Planungspraxis?

Während sich die politischen Ereignisse überschlagen, entwickelt die Verbandsverwaltung ihre Planungskriterien für die Wind-Vorranggebiete, wovon die wichtigsten

- 950 m Abstand zu Wohnbauflächen
- Windhöffigkeit von 5,25 m/s in 100 m und 5,5 m/s in 140 m über Grund
- Mindestgröße der Vorranggebiete 20 ha, worauf drei Anlagen Platz haben sollten
- Freihaltung der Regionalen Grünzüge und
- Freihaltung der Vorranggebiete für Forstwirtschaft

sind.

Neben einem Set von Ausschlusskriterien gibt es auch ein Set mit Rückstellkriterien, mit deren Anwendung vor allem eine Überlastung der Landschaft und damit eine Belastung der Menschen vermieden werden soll. Es geht darum, eine Einkreisung von Ortslagen zu verhindern und zwischen den Vorranggebieten einen Abstand von ca. drei Kilometern zu sichern. Das gesamte Kriterienset ist Ausfluss eines planerischen Zielkonzepts, das in weiten Teilen vom Vorsorgegedanken getragen war. 950 m Abstand von Wohnbauflächen waren zwar mehr als gesetzlich vorgeschrieben, letztlich ging es aber um den Schutz der Menschen und um den Erhalt der Handlungsfähigkeit, sowohl was die Ausgestaltung eines Siedlungskörpers, als auch was die Ausgestaltung eines Vorranggebietes für Windenergieanlagen angeht.

Eine Mindestgröße von 20 ha sollte dazu dienen, die Anlagenstandorte auf die Vorranggebiete zu konzentrieren und damit einen Beitrag zum Landschaftsschutz zu leisten. Die Freihaltung der Regionalen Grünzüge erfolgte vor dem Hintergrund, dass in der Region nur ein Viertel der Fläche als Regionale Grünzüge ausgewiesen ist, und zwar in den Teilen der Region, die einen höheren Siedlungsflächenanteil haben. Die Planer des Verbandes waren davon überzeugt, dass in einer Region, die zu 80 % als Ländlicher Raum ausgewiesen ist, die Energiewende auch außerhalb der Regionalen Grünzüge zu schaffen ist.

Die Teilfortschreibung des Regionalverbands fand quasi – um einen Begriff aus der Eisenbahnersprache zu gebrauchen – unter dem rollenden Rad statt. Nach und nach setzte die grün-rote Landesregierung ihre energiepolitischen Ziele in Gesetze, Erlasse und Hinweise um.

Während das schwarz-gelbe Klimakonzept noch das Ziel hatte, ab 2020 2,5 TWh Windstrom jährlich zu erzeugen, legte Grün-Rot die Latte auf 6 TWh, was 10 % der Bruttostromerzeugung des Landes entsprechen sollte. 6 TWh bedeutete zugleich Fak-

Abbildung 3

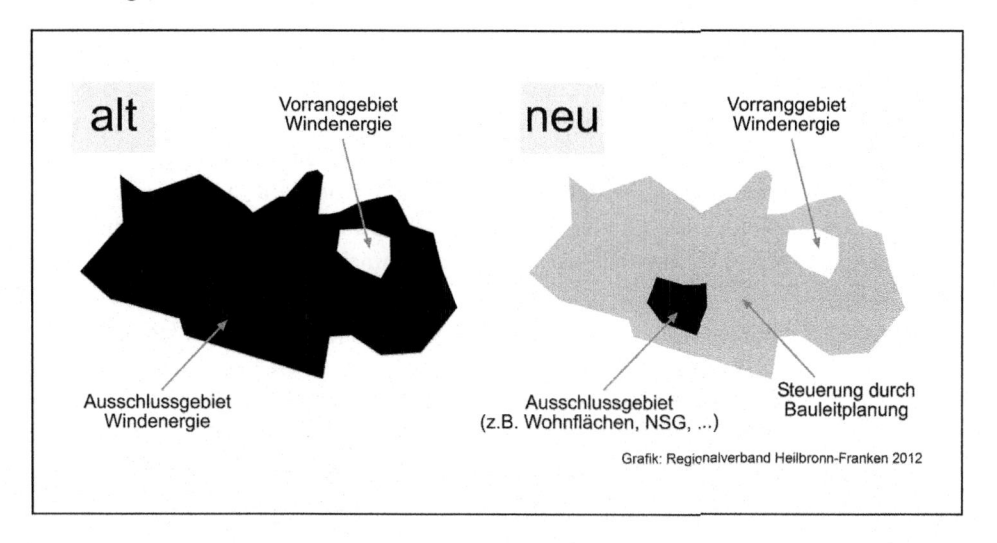

Figure: Vergleich "alt" und "neu" – Vorranggebiet Windenergie, Ausschlussgebiet Windenergie (z.B. Wohnflächen, NSG, ...), Steuerung durch Bauleitplanung. Grafik: Regionalverband Heilbronn-Franken 2012

tor 10 gegenüber den 0,6 TWh Windstrom in 2009, bedeutete die Verzehnfachung des Windstroms in zwölf Jahren.

Für die Regionalverbände war das Gesetz zur Änderung des Landesplanungsgesetzes vom 22. Mai 2012 der vorläufige Tiefpunkt. War der Regionalplanung bisher die flächendeckende Steuerung in einer Schwarz-Weiß-Regelung, also Konzentration und Ausschluss (vgl. Abb. 3) übertragen, bedeutete die Windnovelle eine erhebliche Einschränkung der Kompetenzen. Denn politisches Ziel war es, per Gesetz die Windkapitel in den Regionalplänen aufzuheben. Zukünftig sollte die Regionalplanung nur noch Weißflächen, also Vorranggebiete festlegen können, der Ausschluss entfiel. Damit war der Weg geöffnet, dass auch die Kommunen über die Bauleitplanung Konzentrationszonen für Windkraftanlagen festlegen konnten. Die Regionalverbände waren überzeugt, dass dies der falsche Weg zum richtigen Ziel sei. Mancher vermutete, dass mit den neuen Regelungen eine alte Rechnung beglichen werden sollte, da sich die Mehrzahl der Regionalverbände in der Vergangenheit windkraft-feindlich gezeigt hätte.

‚Schmollecke' und Verweigerung kamen für das Team des Regionalverbands nicht in Betracht, da wir überzeugt waren, mit den vorangegangenen Windkraft-Planungen unsere Kompetenz bewiesen zu haben und die Planungen auch aus innerer Überzeugung verfolgt wurden.

Die Lage wurde aber trotzdem zunehmend unübersichtlicher. Wie konnte es gelingen, Regionalplanung, kommunale Bauleitplanung und immissionsschutzrechtliche Genehmigungsverfahren zu koordinieren und zu synchronisieren, wenn alles gleichzeitig passiert und wenn in einer Region mit 111 Kommunen und 50 Trägern der Flächennutzungsplanung potentiell 50 unterschiedliche Kriteriensets die Grundlage für die Planungen bilden? Denn ein eigenes Kriterienset ist dem Träger der Planung zugestanden, wenn es plausibel ist.

Dass auch der Stand der Technik neue Tatsachen schafft, wurde bei der Windkraftplanung überdeutlich, denn die neuen Windkraftanlagen mit 140 m Nabenhöhe erschlossen zum ersten Mal den Wald als Planungsraum (hierzu auch Kress 2018 in diesem Band). Bei 70 m Nabenhöhe, dem Standard zur Zeit der vorangegangenen Windkraftplanungen, waren Waldgebiete Ausschlussflächen, da beim geringen Höhenabstand zwischen Rotor und Baumkronen aufgrund der Verwirbelungen keine ausreichende ‚Windernte' möglich war und darüber hinaus noch Schäden an den Anlagen drohten.

Ein neues Zeitalter schien mit der Energiewende angebrochen. In Gemeinderäten, in denen man wenige Monate zuvor das Wort Windkraft kaum in den Mund nehmen konnte ohne in arge Bedrängnis zu geraten, wurden jetzt Beschlüsse gefasst, die kommunalen Flächen auf ihre Windhöffigkeit durchzuprüfen und schnellstmöglich zu verpachten. Der Ländliche Raum sah sich als der große Gewinner, eine neue Einnahmequelle war vermeintlich aufgetan. „Jetzt ist die Windkraftplanung da, wo sie hingehört, bei den Kommunen", war oft zu hören. Die Argumente der Regionalplanung, dass der Bau von insgesamt 210 m hohen Windenergieanlagen, die über Dutzende von Kilometern das Landschaftsbild verändern (vgl. Dorda 2018 in diesem Band), auf kommunaler Ebene wohl nicht gut zu steuern sei, wurden mehr oder weniger weggewischt. Peu à peu kam es aber zu lokalen ‚Grenzkonflikten', da in der Südwestdeutschen Schichtstufenlandschaft die bewaldeten Höhenrücken die höchsten Windgeschwindigkeiten aufweisen, auf diesen Höhenrücken aber oftmals auch die Gemarkungsgrenzen verlaufen und aus technischen Gründen bestimmte Abstände zwischen den Windenergieanlagen bzw. den Konzentrationsflächen einzuhalten sind.

Alle diese Entwicklungen – Wegfall der flächendeckenden Steuerung, Konkurrenz mit den Kommunen, Anträge von Investoren – mündeten in die klare Erkenntnis und in ein klares Ziel: Wir wollen als Regionalplanung ein räumliches Gerüst für die Windkraft in Heilbronn-Franken schaffen, und das möglichst schnell, mit funktionierenden, d. h. umsetzbaren Flächen, die wenig Konfliktpotential haben. Langsam deutete sich an, dass der Wegfall des Ausschlusses und der Aufgabe, flächendeckend zu steuern (bzw. steuern zu müssen) der Regionalplanung auch neue Handlungsspielräume eröffnete.

Im Dezember 2011 gab die Verbandsversammlung den Auftrag für das informelle Beteiligungsverfahren, das im April 2012 startete. Bei der Anwendung der Ausschlusskriterien war eine Kulisse mit 138 Potentialflächen und 18 000 ha entstanden. Das Ergebnis war in einer Hinsicht nicht überraschend: da, wo bereits die meisten Anlagen standen, waren auch die größten Potentiale (vgl. Abb. 4).

Die informelle Beteiligung war ein Quell der Erkenntnis: Hinweise auf bzw. Nachweise von windkraftgefährdeten Vogelarten, Richtfunkstrecken, Hubschrauber-Nachttiefflugstrecken der Heeresflieger etc. Die Anzahl der Potentialflächen schmolz kontinuierlich, gerade artenschutzrechtliche Fragen konnten teilweise nur sehr schlep-

Abbildung 4

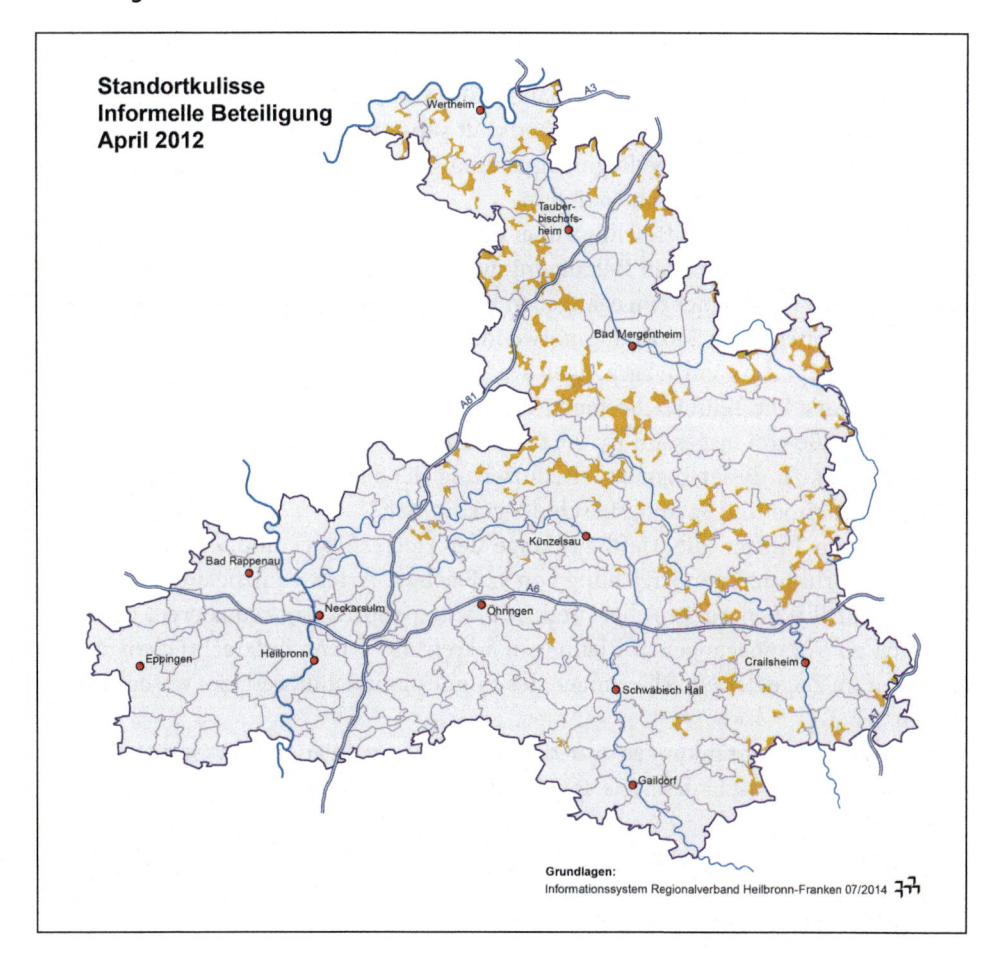

Standortkulisse
Informelle Beteiligung
April 2012

Grundlagen:
Informationssystem Regionalverband Heilbronn-Franken 07/2014

pend geklärt werden, weil die Datenlage im Land nicht gut war. Die Tiefflugstrecken entwickelten sich zum Politikum, das nur auf Bundes-, aber nicht auf regionaler Ebene gelöst werden konnte. Dutzende von Kilometern lange und drei Kilometer breite Tiefflugstrecken als Ausschlussgebiete für die Windkraft? Einige hundert hochqualifizierte Arbeitsplätze beim Heeresflugplatz Niederstetten versus Windkraftausbau?

Die Windkraftplanung war bereits zu diesem Zeitpunkt mit einem außerordentlich hohen Beratungs- und Kommunikationsaufwand verbunden. Der Regionalverband Heilbronn-Franken bewies in diesen Monaten, dass Regionalplanung nicht nur Planung, sondern zu einem erheblichen Teil auch Moderation und Koordination ist, überörtlich und überfachlich im besten Sinne. Das Kriterienset der Regionalplanung diente in vielen Fällen als Richtschnur für die Planungen der Kommunen, die oft zum ersten Mal mit eigenen Windkraft-Planungen befasst waren. Als kommunal verfasster Regionalverband wollten wir die Windkraftplanung mit den Kommunen und nicht in Konkurrenz zu den Kommunen gestalten. Das bedeutete, dass eine Kongruenz zwischen regionalen und kommunalen Flächen angestrebt wurde, was auch vor dem Hintergrund von § 1 Abs. 4 BauGB sinnvoll war. Was die Kommunen stark forderte, war die Verpflichtung, der Windkraft substantiell Raum zu schaffen. Dafür konnte keiner, auch nicht die Regionalplanung, Prozentanteile an der Gemarkungsfläche oder absolute Hektarzahlen liefern.

Im April 2013 folgte der Beschluss über das Beteiligungsverfahren. Aus den 138 Potentialflächen der informellen Beteiligung waren 41 geplante Vorranggebiete geworden. Nach Abarbeitung der eingegangenen Bedenken und Anregungen war klar, dass eine erneute öffentliche Auslegung notwendig wurde, wobei die Zahl der geplanten Vorranggebiete auf 29 zurückgegangen war. Letztlich erfolgte im Juli 2014 der Satzungsbeschluss. Die Teilfortschreibung Windkraft umfasste damit 26 Vorranggebiete mit einer Größe von insgesamt 1 370 ha (vgl. Abb. 5).

Wie war es zu dieser massiven Reduzierung der Flächenkulisse zwischen informeller Beteiligung und Satzungsbeschluss gekommen?

Zum einen führten die Tiefflugbelange der Heeresflieger und weiterer militärischer Infrastrukturen zur Streichung von 52 Flächen. Artenschutzbelange waren der Grund, acht Flächen zu streichen und 23 Flächen spürbar zu reduzieren, denn im Vergleich zu vorangegangenen Planungen waren die artenschutzrechtlichen Anforderungen im Zuge der Novellierungen des Bundesnaturschutzgesetzes wesentlich gestiegen.

Trotz aller Einschränkungen war damit das regionalplanerische Gerüst für den Windkraftausbau geschaffen, das 15 Monate später durch die Genehmigung auch rechtskräftig wurde.

4   Was haben wir gelernt?

Die Energiewende ist ein einschneidender gesellschaftspolitischer Prozess, der ebenso wie der Demografische Wandel alle Teile der Gesellschaft tangiert. Damit war die Teilfortschreibung Windenergie viel mehr als nur eine regionalplanerische Aufgabe. Wie konnte aber aus der Euphorie des Jahres 2011 ab 2014 eine in weiten Teilen ablehnende Haltung werden? Was war passiert, dass statt der erwarteten 500 Stellungnahmen bei der Beteiligung der Öffentlichkeit 1 240 wurden und fast alle, die sich äußerten, die Windkraft ablehnten, obwohl die Energiewende bei repräsentativen Umfragen doch von einer großen Mehrheit getragen wird (vgl. auch Weber und Kühne 2016; Roßmeier et al. 2018 in diesem Band)?

Darauf gibt es keine abschließenden Antworten, so dass die nachfolgenden Ausführungen subjektive Beobachtungen, Deutungen und Erklärungen des Autors sind.

Die Komplexität der Windkraftplanung und der dafür notwendige Zeitraum wurden ganz einfach unterschätzt. Einerseits trifft das für die planerische und fachtech-

Abbildung 5

nische Ebene zu (Artenschutz, Lärm, Denkmalschutz etc.), andererseits rückten Akzeptanzfragen immer mehr in den Mittelpunkt. Das wirkliche oder auch vermutete Auseinanderfallen von Nutzen und Lasten führte fast zu einer neuen Sollbruchstelle zwischen Ländlichem Raum und Verdichtungsraum. „Die in Stuttgart und Heilbronn brauchen den Strom, und uns stellt ihr die Anlagen hin".

Die Frage der Akzeptanz zeigt sich auf mehreren Ebenen. Zunächst in wirtschaftlicher Hinsicht, da schnell bekannt wurde, wieviel Geld mit ‚subventioniertem Windstrom' zu verdienen war, unabhängig davon, ob die Zahlen richtig oder falsch waren. Somit nahm die Frage der ‚Wirtschaftlichkeit' des Windkraftausbaus große Teile abendlicher Diskussionsrunden und Gemeinderatssitzungen ein.

Zugleich entstand auch eine Polarisierung zwischen von Großkonzernen vorangetriebenen Windkraftprojekten einerseits und den von Genossenschaften oder anderen bürgerschaftlichen Formen getragenen Projekten andererseits.

Für viele Menschen scheint die eigene Identität wesentlich von einem Heimatgefühl getragen zu sein, das zu einem großen Teil auf die Landschaft abstellt. Dass der Bau von Windparks zu erheblichen und meist nicht ausgleichbaren Veränderungen der Landschaft bzw. des Landschaftsbildes führt, stellt auch der Windenergieerlass des Landes Baden-Württemberg fest (Ministerium für Umwelt, Klima und Energiewirtschaft, Ministerium für Ländlichen Raum und Verbraucherschutz, Ministerium für Verkehr und Infrastruktur und Ministerium für Finanzen und Wirtschaft 2012, S. 34).

Und damit ergibt sich eine für den Ausbau der Windkraft fatale Wirkungskette, die immer wieder bei Diskussionen zu erleben war: Wir wollen weg von der Kernkraft? *Ja!* Wir wollen zugleich den CO_2 Ausstoß bis 2050 um 90 % reduzieren? *Ja!* Das geht nur über Erneuerbare. *Ja!* Erneuerbare sind nicht zentral, sondern dezentral. *Ja, (aber erste Zweifel, wohin dieser Fakt führt).* Erneuerbare werden deshalb die Landschaft auch hier verändern. *Nein! Hier nicht!*

Es könnte sein, dass diese Abwehrhaltung auch deshalb so massiv ist, weil sich durch den Windkraftausbau Landschaft sehr schnell und grundlegend verändert. Landschaftswandel durch Siedlungsentwicklung, durch den Einsatz von Folien und Folientunneln in der Landschaft oder die Landschaftsveränderung durch Änderung der Fruchtfolgen, Ausweitung des Maisanbaus scheinen subtiler zu wirken. Es wäre eine lohnende Aufgabe, das Landschaftserleben von Kindern in Zeiten des Ausbaus der Windkraft zu begleiten, um zu erfahren, ob diese Windkraftanlagen, ob ‚Energielandschaften' ebenso wie die tradierte Kulturlandschaft zu Heimat werden können und identitätsstiftend wirken.

Gänzlich zum Erliegen kam der verbale Austausch beim Thema Infraschall, wobei auch die Hinzuziehung von Expert(inn)en nicht weiterhalf. Mutmaßungen, Ängste um die eigene Gesundheit, die sich zumeist auf Google-Erkenntnisse stützen, Forderungen nach Abstandsregelungen von mindestens drei Kilometern und vieles mehr machten deutlich, dass nicht nur den Politiker(inne)n, sondern auch den Expert(inn)en nicht mehr geglaubt wird.

Letztlich wurden auch Schadenersatzforderungen für den Wertverlust der eigenen Immobile formuliert: „Sie zerstören mit Ihrer Windkraftplanung das Erbe unserer Kinder".

Die Energiewende hat ein Grundproblem. Sie startete damit, dass die Deutschen wussten, was sie nicht mehr wollen, aber kaum einer wusste, was er will, und was Energiewende für seinen Lebensstil bedeutet. Dazu kommt, dass die Energiewende eine Jahrhundertaufgabe ist, aber die wesentlichen Dinge in wenigen Jahren gestemmt sein sollen, und das ohne Masterplan. Dabei gehen auch die Grundrechenarten verloren, denn kaum einer hat ein Gespür dafür, in welchem Umfang Ersatzneubau in Form von Windkraftanlagen und Photovoltaik-Flächen erfolgen muss, um ein abgeschaltetes Kernkraftwerk zu substituieren.

Wir müssen deshalb aufpassen, dass Windkraftausbau – gerade auch in Baden-Württemberg – angesichts der Größenverhältnisse nicht Symbolpolitik bleibt.

Dass Energiewende auch etwas mit Klimaschutz, mit Nachhaltigkeit, mit Bewahrung der Schöpfung und mit Verantwortung für nachfolgende Generationen zu tun hat, gerät bei hochkochenden emotionalen Diskussionen oftmals in Vergessenheit. Baden-Württemberg produziert 0,2–0,3 % des weltweiten CO_2 Ausstoßes. *Quantité négligeable?* Keinesfalls. Denn wenn in einem reichen demokratischen Land, das in den Schlüsseltechnologien führend ist und in dem in weiten Teilen sozialer Friede herrscht, Energiewende nicht möglich ist, wo dann?

Es darf aber nicht vergessen werden, dass es dazu auch effiziente Organisationsformen braucht. Wenn Regionalplanung nur beim Wind mitwirkt, Freiflächenphotovoltaik von den Kommunen über die Bauleitplanung gesteuert wird und Biogasanlagen in einem von Landwirtschaftsbelangen und immissionsschutzrechtlichen Regelungen bestimmten Regime entstehen, dann muss es nicht verwundern, dass die Gesamtschau, die gegenseitige Integration und die Koordination nicht gelingen.

Wenn darüber hinaus auf Landesebene die Windkraftplanung und damit ein wesentlicher Teil der Energiewende auf drei Ressorts verteilt war, dann war die Chance für effizientes Handeln nicht sehr hoch.

Die Energiewende braucht Verlässlichkeit, eine klare Position, braucht ein Gesicht. Während der Regionalverband von 2011 bis 2013 immer wieder gefragt wurde, warum er in diesen neuen Rahmenbedingungen überhaupt noch plane, da die flächendeckende Steuerung auf die Kommunen übergegangen sei, ergab sich die Antwort ab 2014 von selbst. Die schwindende Akzeptanz in der Bevölkerung wirkte sich auch auf die Arbeit und die Beschlussfassungen in den Gemeinderäten aus und damit wurde das planerische Konzept des Regionalverbands zu einer verlässlichen Orientierung. Vereinzelt wurden Gemeinderatssitzungen auf den Sitzungsfahrplan des Regionalverbands abgestellt, um auf der Grundlage der Beschlüsse des Regionalverbands die weiteren Schritte der eigenen, kommunalen Bauleitplanung festzulegen. Immer öfter waren Stimmen von Gemeinderäten zu hören, die des Streits vor Ort müde wurden: „Es wäre doch besser bei Euch geblieben".

Damit kein Zweifel aufkommt, zur Energiewende gibt es keine Alternative, aber dazu braucht es systemisches Denken und Handeln, auch einen Masterplan (vgl. auch Becker und Naumann 2018; Berr 2018; Büscher und Sumpf 2018 in diesem Band). Vieles wurde bisher nur sektoral angegangen und muss deshalb ständig neu angepasst werden.

Und was die Regionalplanung angeht, wir planen weiter, weil Regionalplanung im recht verstandenen Sinn überörtliche und überfachliche Planung ist, weil sie den Anspruch hat, zu steuern und zu gestalten, weil sie gerade bei der Windkraft bewiesen hat, was sie kann und weil sie sich einer nachhaltigen Raumentwicklung über Einzelinteressen hinweg verpflichtet fühlt.

Literatur

Becker, S. & Naumann, M. (2018). Energiekonflikte erkennen und nutzen. In O. Kühne & F. Weber (Hrsg.), *Bausteine der Energiewende* (S. 509–522). Wiesbaden: Springer VS.

Berr, K. (2018). Ethische Aspekte der Energiewende. In O. Kühne & F. Weber (Hrsg.), *Bausteine der Energiewende* (S. 57–74). Wiesbaden: Springer VS.

Büscher, C. & Sumpf, P. (2018). Vertrauen, Risiko und komplexe Systeme: das Beispiel zukünftiger Energieversorgung. In O. Kühne & F. Weber (Hrsg.), *Bausteine der Energiewende* (S. 129–161). Wiesbaden: Springer VS.

Dorda, D. (2018). Windkraft und Naturschutz. In O. Kühne & F. Weber (Hrsg.), *Bausteine der Energiewende* (S. 749–772). Wiesbaden: Springer VS.

Gailing, L. (2018). Die räumliche Governance der Energiewende: Eine Systematisierung der relevanten Governance-Formen. In O. Kühne & F. Weber (Hrsg.), *Bausteine der Energiewende* (S. 75–90). Wiesbaden: Springer VS.

Gesetz zur Änderung des Landesplanungsgesetzes in der Fassung der Bekanntmachung vom 25. 05. 2012 (GBl. 2012, S. 285).

Hage, G. & Schuster, L. (2018). Daher weht der Wind! Beleuchtung der Diskussionsprozesse ausgewählter Windkraftplanungen in Baden-Württemberg. In O. Kühne & F. Weber (Hrsg.), *Bausteine der Energiewende* (S. 681–700). Wiesbaden: Springer VS.

Kress, A. (2018). Wie die Energiewende den Wald neu entdeckt hat. In O. Kühne & F. Weber (Hrsg.), *Bausteine der Energiewende* (S. 715–747). Wiesbaden: Springer VS.

Leibenath, M. & Lintz, G. (2018). Streifzug mit Michel Foucault durch die Landschaften der Energiewende: Zwischen Government, Governance und Gouvernementalität. In O. Kühne & F. Weber (Hrsg.), *Bausteine der Energiewende* (S. 91–107). Wiesbaden: Springer VS.

Ministerium für Umwelt, Klima und Energiewirtschaft Baden-Württemberg. 2014. Windatlas Baden-Württemberg. 2. Auflage. Resource document. LUBW. https://um.baden-wuerttemberg.de/fileadmin/redaktion/m-um/intern/Dateien/Dokumente/2_Presse_und_Service/Publikationen/Energie/Windatlas.pdf. Zugegriffen: 16. Mai 2017.

Roßmeier, A., Weber, F. & Kühne, O. (2018). Wandel und gesellschaftliche Resonanz – Diskurse um Landschaft und Partizipation beim Windkraftausbau. In O. Kühne & F. Weber (Hrsg.), *Bausteine der Energiewende* (S. 653–679). Wiesbaden: Springer VS.

Weber, F. & Kühne, O. (2016). Räume unter Strom. Eine diskurstheoretische Analyse zu Aushandlungsprozessen im Zuge des Stromnetzausbaus. *Raumforschung und Raumordnung* 74(4), 323–338.

Windenergieerlass Baden-Württemberg. Gemeinsame Verwaltungsvorschrift des Ministeriums für Umwelt, Klima und Energiewirtschaft, des Ministeriums für Ländlichen Raum und Verbraucherschutz, des Ministeriums für Verkehr und Infrastruktur und des Ministeriums für Finanzen und Wirtschaft vom 09. Mai 2012 (Az. 64-4583/404).

Klaus Mandel ist seit 2008 Direktor des Regionalverbands Heilbronn-Franken. Nach Anfangsjahren im Landratsamt Hohenlohekreis arbeitete er von 1993 bis 2008 als Referent beim Raumordnungsverband Rhein-Neckar und Verband Region Rhein-Neckar. Die Öffentlichkeitsarbeit, der Aufbau der Metropolregion Rhein-Neckar und mehrere transnationale Interreg-Projekte bildeten die Ecksteine seines Engagements. Die Tätigkeitsschwerpunkte als Verbandsdirektor ergeben sich aus den großen gesellschaftspolitischen Entwicklungen demografischer Wandel, Energiewende, Reurbanisierung, Erhalt und Ausbau der Infrastruktur sowie Akzeptanz bei Planungsprozessen. Klaus Mandel hatte Lehraufträge der Universitäten Mannheim und Koblenz-Landau. Von 2012 bis 2016 leitete er die Landesarbeitsgemeinschaft Baden-Württemberg der Akademie für Raumforschung und Landesplanung (ARL).

Wie die Energiewende den Wald neu entdeckt hat

Anne Kress

Abstract

Seit 2010 hat sich die Windenergie im Wald in Deutschland rasant entwickelt. Während 2010 jede 18. Windenergieanlage (WEA) in Deutschland auf Waldflächen errichtet wurde, steht vom Zubau 2016 jede vierte WEA im Wald. Ende 2016 befinden sich insgesamt 1 530 WEA mit einer installierten Gesamtleistung von 3 945 MW auf deutschen Waldflächen. Mehr als 90 % davon entfallen auf die Bundesländer Baden-Württemberg, Bayern, Brandenburg, Hessen und Rheinland-Pfalz. Diese rasante Entwicklung ist auf einen wachsenden Flächendruck, die Schaffung der gesetzlichen Rahmenbedingungen sowie auf die technische Weiterentwicklung der Windkraftanlagen selbst zurückzuführen. Mit der zunehmenden Erschließung von Waldflächen ergeben sich zunehmend planerische Herausforderungen, denen gleichzeitig neue Konfliktpotentiale gegenüberstehen. Generell besteht zukünftig ein großes Potential für Windenergieprojekte in deutschen Wäldern. Welche Zukunft die Windenergie in deutschen Wäldern haben wird, wird zum einen von der Marktentwicklung in Deutschland abhängen; zum anderen von der Herangehensweise mit planerischen Herausforderungen und zukünftigen Konfliktpotentialen umzugehen.

Keywords

Windenergie, Wald, Windkraftprojektierung, Energiewende, Genehmigung, Technische Entwicklung, Herausforderung

1 Einleitung

Fast ein Drittel (32 %) der gesamten Landesfläche Deutschlands ist von Wald bedeckt. Die Wald- beziehungsweise Forstwirtschaft ist somit nach der Landwirtschaft (52 %) die zweitgrößte Flächennutzung in Deutschland. Während sich der Flächenanteil im Zeitraum 2002–2012 kaum verändert hat (+0,4 %), erreichte der Holzvorrat im gleichen Zeitraum eine Höhe wie seit Jahrhunderten nicht mehr. Wird der Gesamtvorrat betrachtet, ist Deutschland das holzreichste Land der Europäischen Union (BMEL 2016; Thünen-Institut 2016).

Holz ist der älteste vom Menschen genutzte Energieträger und weist eine lange Geschichte auf. Von der Steinzeit bis in die vorindustrielle Zeit wurde Holz verbreitet zur Energiebereitstellung genutzt. In den letzten zehn Jahren hat die Verwendung von Holz als Energieträger durch die 2008 von der Bundesregierung eingeleitete Energiewende wieder stark zugenommen (Ewald et al. 2017). Der Anteil der erneuerbaren Energien an der Wärmenutzung in Deutschland, die knapp die Hälfte des gesamten Energieverbrauchs ausmacht, betrug im Jahr 2016 13,4 %. Mit einem stabilen Anteil von rund 75 % bleibt hierbei die feste Biomasse (inklusive des biogenen Anteils am Abfall) mit Abstand die wichtigste erneuerbare Wärmequelle und damit auch die wichtigste erneuerbare Energiequelle (Umweltbundesamt 2017). Der Holzanteil beträgt knapp zwei Drittel der gesamten Bioenergie, wobei die Nachfrage nach Holz als Energieträger in den letzten Jahren stetig gestiegen ist (Fachagentur Nachwachsende Rohstoffe e. V. 2014; Agentur für Erneuerbare Energien e. V. 2014). Wird hingegen der Anteil der erneuerbaren Energien am deutschen Bruttostromverbrauch betrachtet (31,7 % im Jahr 2016), ist der erneuerbare Energieträger mit dem deutlich größten Anteil die Windenergie. Werden On- und Offshoreproduktion zusammengefasst, beträgt die Stromproduktion aus Wind innerhalb der erneuerbaren Energieträger 40 %, wobei der Offshoreanteil (6,6 %) nahezu verdoppelt wurde gegenüber dem Vorjahr (Umweltbundesamt 2017).

Während Holz eine Jahrtausende lange energetische Nutzung aufweist, ist die Geschichte der Windenergie in deutschen Wäldern sehr jung. Erst der dynamische Ausbau der Windenergie an Land und die damit verbundene steigende Flächennachfrage führte dazu (vgl. allgemein Kühne und Weber 2018 in diesem Band), dass nach und nach auch die aufwendiger zu erschließenden bewaldeten Flächen in den Fokus rückten. Die meisten Windkraftanlagen (WEA), die heute in Deutschland auf Waldflächen zu finden sind, wurden nach 2009 gebaut. Dies liegt zum einen begründet darin, dass gesetzliche Rahmenbedingungen geschaffen werden mussten, zum anderen aber auch, dass erst der technische Fortschritt der Anlagen zum wirtschaftlichen Betrieb auf Waldstandorten führte.

Diese junge Entwicklung der letzten Jahre wird im Folgenden detailliert betrachtet, wobei sowohl auf die Entwicklung in den einzelnen Bundesländern als auch auf planerische Herausforderungen bei der Projektrealisierung eingegangen wird.

2　Material und Methoden

Für die Erhebung der Entwicklung und der Gesamtsituation der Windkraft in deutschen Wäldern wurden verschiedene Datenquellen verwendet. Diese lassen sich im Wesentlichen in fünf Bereiche untergliedern:

- Die Zubauzahlen von Windenergieanlagen (WEA) wurden für den Zeitraum 2009–2014 den Publikationen der Deutschen WindGuard entnommen (2012, 2013, 2014). Für die Jahre 2015 und 2016 wurden das Anlagenregister der Bundesnetzagentur hinzugezogen, das seit dem 30. September 2014 auf monatlicher Basis geführt wird (BNetzA 2017).
- Die nach Bundesländern differenzierten, im Wald errichteten WEA für den Zeitraum 2009–2016 wurden von der *Fachagentur Windenergie an Land* zur Verfügung gestellt. Die Datenabfrage erfolgte zumeist bei den Landesforstbehörden und/oder den ressortzuständigen Landesministerien. Weiterhin wurden öffentlich zugängliche Anlagendatenbanken der einzelnen Bundesländer und das Anlagenregister der Bundesnetzagentur hinzugezogen. Ein Abgleich erfolgte mit Hilfe von Karten und Satellitenbildern und wenn verfügbar mit digitalem Waldflächenkartenmaterial (FA Wind 2017).
- Die Daten der technischen Konfigurationen der Windkraftanlagen im Gesamtbestand 2012 entstammen einer Analyse des IWES im Auftrag von Agora Energiewende (2013). Die Daten des Zubaus in den Jahren 2012, 2014, 2016 sowie differenziert für die einzelnen Bundesländer im Jahr 2016 wurden den Publikationen der Deutschen WindGuard entnommen (Deutsche WindGuard 2012, 2014, 2016).
- Informationen zur Waldfläche in Deutschland und den einzelnen Bundesländern (Fläche, Anteil, Besitzverhältnisse, Waldzusammensetzung) entstammen der dritten Bundeswaldinventur (BMEL 2016; Thünen-Institut 2016).
- Rechtliche und planerische Vorgaben, die die Windenergie im Wald betreffen, wurden der Landesgesetzgebung, den aktuellen Landesentwicklungsprogrammen bzw. -plänen, teilweise den Flächennutzungsplänen sowie – sofern vorhanden – den Windenergieerlassen und weiterführenden Leitfäden entnommen. Auch die jeweiligen Landeswaldgesetze wurden herangezogen, wenn diese eine explizite Aussage zur Windkraftnutzung in Wäldern treffen.

Zur Analyse des „naturräumlichen Potentials und der gesetzlichen Rahmenbedingungen" wurden zunächst bestehende Studien (Umweltbundesamt 2013; Bundesverband WindEnergie e. V. 2011, 2013a; Einig, Heilmann und Zaspel 2011) zur Potentialabschätzung herangezogen. Die Darstellung der Ist-Situation der Windkraftplanung in deutschen Wäldern erfolgte durch das Verschneiden von Daten der dritten Bundeswaldinventur 2012 (BMEL 2016; Thünen-Institut 2016) mit der derzeitigen Gesetzeslage in den einzelnen Bundesländern.

In der Darstellung der „Technischen Entwicklung von Windkraftanlagen in Deutschland" wurde die Konfiguration des kumulierten Anlagenbestandes (Agora Energiewende 2013) den Durchschnittswerten des Zubaus 2012, 2014 und 2016 sowie des Zubaus 2016 ausgewählter Bundesländer gegenübergestellt (Deutsche Wind-Guard 2016, 2014, 2012). Die Ergebnisse werden in den Kontext zu den Anforderungen bei der Windkraftplanung in Wäldern gesetzt.

Zur Visualisierung der Gesamtsituation des Zubaus von Windkraftanlagen in Deutschland in Relation des Anteils in deutschen Wäldern wurden Daten der Deutschen Windguard (2012, 2013, 2014), der Bundesnetzagentur (BNetzA 2017) und der Fachagentur Windenergie an Land (FA Wind 2017) miteinander verschnitten.

Die Analyse der einzelnen Bundesländern erfolgte auf der Datengrundlage der Fachagentur Windenergie an Land (FA Wind 2017). Zum Vergleich mit der Gesamtsituation des Windenergieausbaus in den einzelnen Bundesländern wurden zusätzlich Daten der Deutschen WindGuard (2012, 2013, 2014) und der Bundesnetzagentur (BNetzA 2017) verwendet. Weiterhin wurden die spezifischen Landesgesetzgebungen, Landesentwicklungsprogramme bzw. -pläne, ggf. die Flächennutzungspläne sowie – sofern vorhanden – Windenergieerlasse und weiterführende Leitfäden herangezogen.

Die planerischen Herausforderungen wurden anhand von Literatur und Erfahrungen aus der Windkraftplanung zusammengetragen.

3 Ergebnisse

3.1 Ausgangssituation und Entwicklung der Windenergie auf Waldflächen

3.1.1 Naturräumliches Potential und gesetzliche Rahmenbedingungen

Bereits 2011 kam das Bundesinstitut für Bau-, Stadt- und Raumforschung (BBSR) zum Ergebnis, dass in fast allen Bundesländern in großem Umfang neue Vorranggebiete ausgewiesen werden müssten, wenn die Landesregierungen der Bundesländer ihre Ausbauziele der erneuerbaren Energien ernsthaft verfolgen würden (Einig, Heilmann und Zaspel 2011). In einer Analyse des Fraunhofer Institut für Windenergie und Energiesystemtechnik (IWES) im Auftrag des Bundesverband WindEnergie e. V. (2011, 2013a) wurden erstmalig Zahlen für das Ausbaupotenzial im Wald in den einzelnen Bundesländern publiziert. Deutschlandweit wird die Fläche „ohne Restriktionen" mit 7,9 % und die des „nutzbaren Waldes ohne Schutzgebiet" mit 4,4 % der Landesfläche angegeben. Wird jedoch die bundeslandspezifische Verteilung betrachtet, wird deutlich, dass in den südlichen Bundesländern Baden-Württemberg, Bayern, Rheinland-Pfalz und Hessen aufgrund der großen Waldflächen (in und außerhalb von Schutzgebieten) die Fläche ohne Restriktionen erheblich reduziert ist. So kommt bereits diese Studie zum Ergebnis, dass in den genannten Bundesländern der Nutzung von Waldflächen für die Windenergie eine besondere Bedeutung zukommt, wenn die Energiestrategie der jeweiligen Bundesländer erfüllt werden soll. Eine weitere Studie zum Potenzial der Windenergienutzung an Land (Umweltbundesamt 2013) fokussiert auf das technisch-ökologische Potential. Waldflächen wurden in dieser Studie nicht explizit ausgeschlossen, sondern vor allem auf intensiv forstwirtschaftlich genutzte Waldgebiete reduziert. Die Potenzialanalyse des Umweltbundesamtes legt bei Waldflächen die Waldfunktionenkartierung der Bundesländer zugrunde, weist jedoch im Gesamtergebnis keine Differenzierung zwischen Wald- und Nichtwaldflächen aus. Deutlich geht aus allen drei Studien hervor, dass bei einem weiteren Ausbau der Windenergie auch Waldflächen in den Fokus der geraten werden.

Die dritte Bundeswaldinventur 2012 zeigt wenig Flächenänderung gegenüber den vorangegangenen Inventuren. Abbildung 1 zeigt die Waldflächen und ihre Anteile relativ zur Landesfläche deutschlandweit und für die einzelnen Bundesländer. Rhein-

Abbildung 1 Waldflächen und ihr prozentualer Anteil in den einzelnen Bundesländern sowie die Landesplanung Windenergie

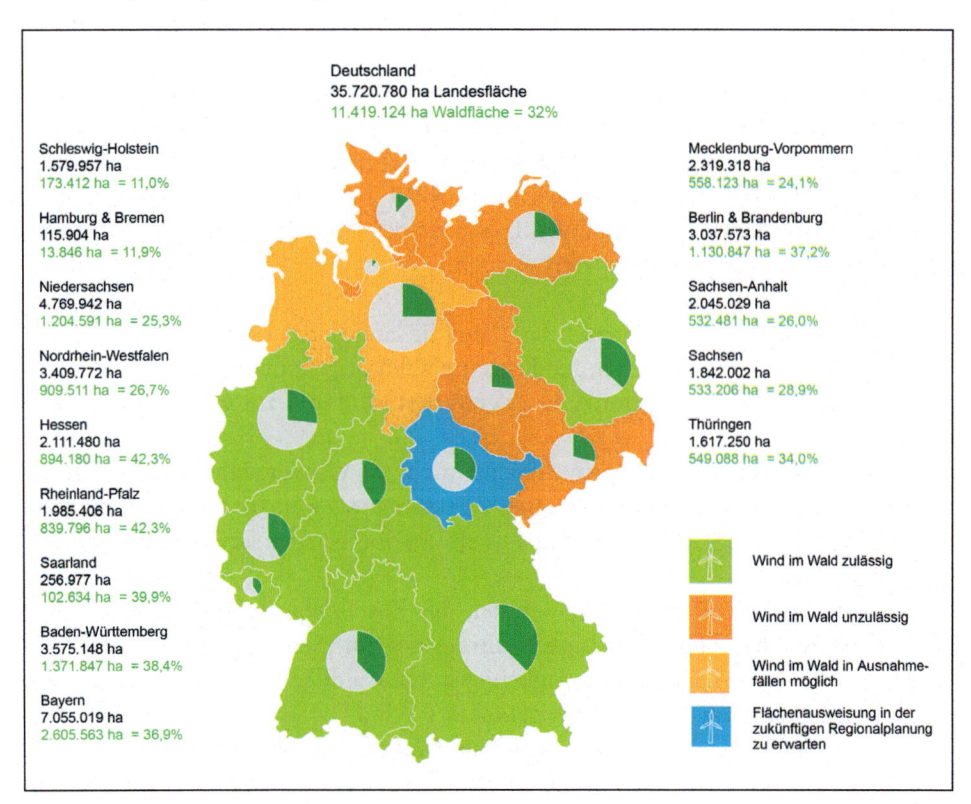

Datenquelle: FA Wind 2017; Thünen-Institut 2016

land-Pfalz und Hessen verfügen mit 42,3 % anteilsmäßig an der Landesfläche über den meisten Wald, gefolgt vom Saarland (39,9 %) und Baden-Württemberg (38,4 %). Werden die absoluten Flächen betrachtet, verfügt Bayern mit insgesamt 2 605 563 ha über die deutlich größte Waldfläche bundesweit. An zweiter Stelle folgt Baden-Württemberg, das mit 1 371 847 ha knapp halb so viel Waldfläche aufweist wie Bayern. Flächenmäßig betrachtet weisen auch Niedersachsen und Nordrhein-Westfalen große Waldflächen auf. Werden diese jedoch in Relation zur jeweiligen Landesfläche gesetzt, nehmen sie weit unter 30 % der Landesfläche ein. Schleswig-Holstein sowie die Stadtstaaten Hamburg und Bremen weisen sowohl anteilsmäßig als auch absolut die geringsten Waldflächen auf. Die Verteilung der Waldflächen in den einzelnen Bundesländern verdeutlicht, dass Waldflächen in den einzelnen Bundesländern eine unterschiedliche Bedeutung für den Windenergieausbau zukommt.

Im Jahr 2016 existierten in zehn Bundesländern Erlasse und/oder Leitfäden, die eine klare Aussage hinsichtlich der Nutzung von Wald für die Windenergie treffen (Baden-Württemberg, Bayern, Brandenburg, Hessen, Mecklenburg-Vorpommern, Niedersachsen, Nordrhein-Westfalen, Rheinland-Pfalz, Schleswig-Holstein, Thüringen). In den übrigen Bundesländern gibt die Landesgesetzgebung (Sachsen-Anhalt), Landesentwicklungspläne (Saarland, Sachsen) oder Flächennutzungspläne (Berlin, Bremen, Hamburg) eine Indikation über die Möglichkeiten der Waldnutzung für die Windenergie.

Wie aus Abbildung 1 ersichtlich ist, ist derzeit in sieben Bundesländern (Baden-Württemberg, Bayern, Brandenburg, Hessen, Nordrhein-Westfalen, Rheinland-Pfalz, Saarland) die Windenergienutzung im Wald zulässig (StMI et al. 2016; UM et al. 2012; UM NRW, MBWSV NRW und Staatskanzlei NRW 2015; MLUL Brandenburg 2011; Landesregierung Saarland 2011; MWKEL et al. 2013; HMLUEV 2012b). Bei den anderen Bundesländern muss differenziert werden:

- Thüringen stellt eine Sonderrolle dar, denn die landesplanerischen Vorgaben werden gegenwärtig überarbeitet, so dass eine zukünftige Nutzung von Waldstandorten für die Windenergienutzung zu erwarten ist (TMIL 2016; Landesregierung Thüringen 2014).
- In Niedersachsen soll Wald grundsätzlich nicht für Windenergie genutzt werden, es besteht jedoch die Möglichkeit einer Genehmigung, wenn das Flächenpotential im Offenland ausgeschöpft ist und es sich um vorbelastete Forstflächen handelt (NMU 2016).
- In Berlin werden WEA nur im Rahmen der Einzelfallprüfung des immissionsschutzrechtlichen Genehmigungsverfahrens geprüft (Senat von Berlin 2015). Es gibt hierbei keinen generellen Ausschluss von Waldflächen, bisher wurde aber auch noch keine WEA im Wald errichtet (FA Wind 2017). In den anderen beiden Stadtstaaten Bremen und Hamburg ist die Nutzung von Wald für die Windenergie auf Flächennutzungsplanebene untersagt (Senat Hamburg 2013; Senat Bremen 2014).

- In Mecklenburg-Vorpommern, Sachsen, Sachsen-Anhalt und Schleswig-Holstein ist eine Errichtung von WEA auf Waldflächen derzeit nicht gestattet, wobei die Ausschlusskriterien nicht einheitlich geregelt sind: In Mecklenburg-Vorpommern ist die Nutzung von Waldflächen ab zehn Hektar für die Windenergie ausgenommen (MEIL 2012), in Sachsen-Anhalt ist seit 2016 die Umwandlung von Wald zur Errichtung von WEA per Landesgesetz untersagt (§ 8 Abs. 1 Satz 3 LWaldG; Landesregierung Sachsen-Anhalt 2016), in Sachsen gibt der Landesentwicklungsplan vor, dass Waldflächen vermieden werden sollen (Freistaat Sachsen 2013) und in Schleswig-Holstein ist die Umwandlung von Wald für WEA mit mehr als 10 m Höhe seit 2016 im Landeswaldgesetz untersagt (§ 9 Abs. 3 LWaldG; Landesregierung Schleswig-Holstein 2016).

3.1.2 Technische Entwicklung

Parallel zu den gesetzlichen Rahmenbedingungen musste für die Erschließung von Waldflächen die technische Entwicklung der WEA, insbesondere der Turmhöhe, voranschreiten. Eine Rotbuche wird bis zu 45 m hoch, eine Fichte oder Tanne kann auch 50 m erreichen und eine Douglasie erreicht problemlos 60 m (BaySF 2012). Ein Waldbestand mit ausgewachsenen Bäumen stellt also ein massives Hindernis für den Wind dar. Der Wind wird abgebremst, was dazu führt, dass über Waldflächen erst in größeren Höhen die gleichen Windgeschwindigkeiten erreicht werden als im Offenland. Zusätzlich entstehen über dem heterogenen Kronendach höhere Turbulenzen als im Offenland, was eine hohe mechanische Belastung für die potentielle WEA bedeutet (Hau 2016). Damit eine WEA im Baumbestand unbeeinflusst von der höheren Geländerauigkeit Energie produzieren kann, muss der Rotor weit genug über die Baumkronen hinausragen, um zum einen von entsprechenden Windgeschwindigkeiten angeströmt zu werden und zum anderen, um unbeeinflusst von den durch die Baumkronen verursachten Turbulenzen produzieren zu können. Während 2012 die durchschnittliche WEA im kumulierten Anlagenbestand 1,36 MW installierte Leistung, eine Nabenhöhe von 76,5 m und einen Rotordurchmesser von 62,4 m aufwies (Agora Energiewende 2013), besaß die durchschnittliche WEA des Zubaus im gleichen Jahr eine Konfiguration von 2,42 MW installierte Leistung, eine Nabenhöhe von 110 m und einen Rotordurchmesser von 88,4 m (Deutsche WindGuard 2012) (vgl. Abbildung 2a und 2b). Dieser daraus ersichtliche Trend zu immer leistungsstärkeren und größeren WEA wird in den Folgejahren noch deutlicher: Im Jahr 2014 besaß die durchschnittliche WEA des Zubaus 2,69 MW, war 116 m hoch und hatte einen Rotordurchmesser von 99 m (Deutsche WindGuard 2014), im Jahr 2016 waren es bereits durchschnittlich 2,85 MW installierte Leistung, 128 m Nabenhöhe und 108 m Rotordurchmesser (vgl. Abbildung 2b)(Deutsche WindGuard 2016).

Hierbei ist jedoch zu beachten, dass es sich um Mittelwerte des gesamten Onshore-Zubaus Deutschlands in einem Jahr handelt. Zur Verdeutlichung der regionalen Unterschiede sind in Abbildung 2c die durchschnittliche Konfiguration der WEA

Abbildung 2 Entwicklung der durchschnittlichen Konfiguration der WEA in Deutschland: Nabenhöhe [m], Rotordurchmesser [m], Nennleistung [MW] und spezifische Flächenleistung [W/m²]. Dem Durchschnitt des kumulierten Anlagenbestands 2012 (a) wird die Anlagenkonfiguration in den Zubaujahren 2012, 2014 und 2016 gegenübergestellt (b). Für das Jahr 2016 sind zusätzlich ausgewählte Bundesländer dargestellt (c)

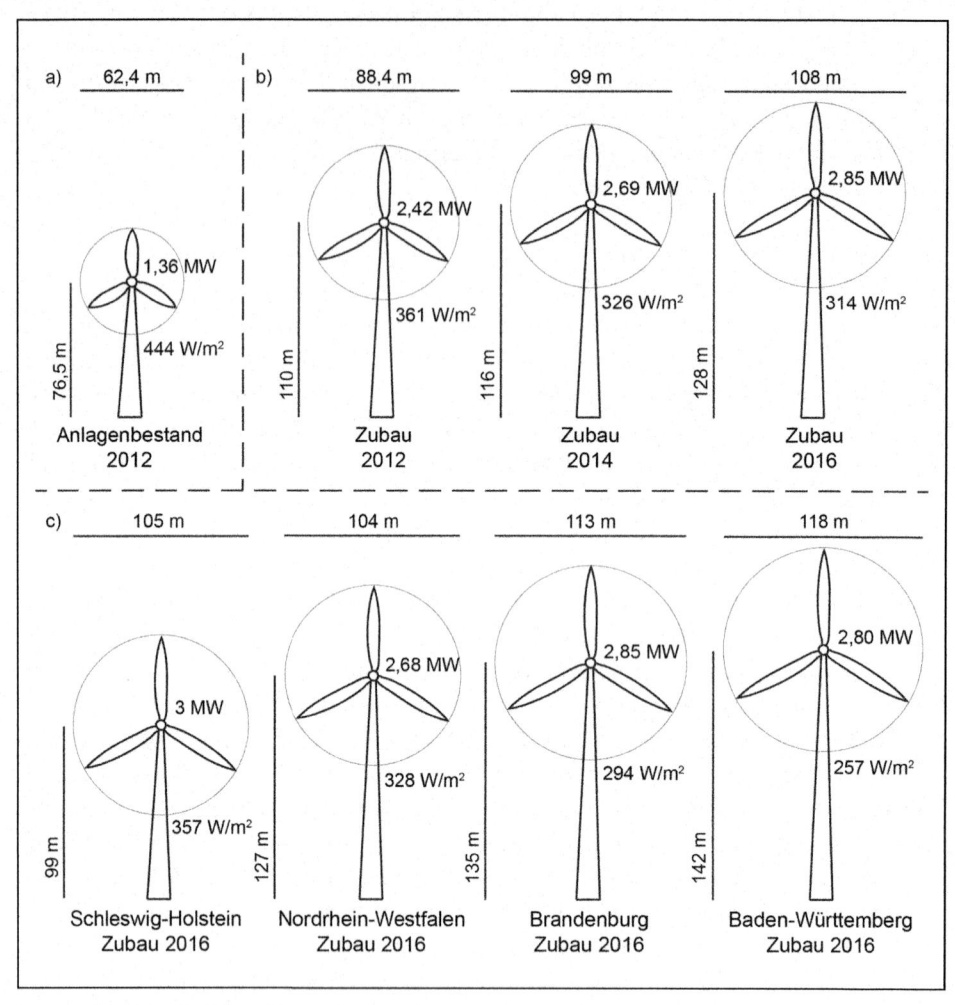

a) 62,4 m — 1,36 MW — 444 W/m² — 76,5 m — Anlagenbestand 2012

b) 88,4 m — 2,42 MW — 361 W/m² — 110 m — Zubau 2012
99 m — 2,69 MW — 326 W/m² — 116 m — Zubau 2014
108 m — 2,85 MW — 314 W/m² — 128 m — Zubau 2016

c) 105 m — 3 MW — 357 W/m² — 99 m — Schleswig-Holstein Zubau 2016
104 m — 2,68 MW — 328 W/m² — 127 m — Nordrhein-Westfalen Zubau 2016
113 m — 2,85 MW — 294 W/m² — 135 m — Brandenburg Zubau 2016
118 m — 2,80 MW — 257 W/m² — 142 m — Baden-Württemberg Zubau 2016

Datenquellen: Agora Energiewende 2013; WindGuard 2012, 2014, 2016

in Baden-Württemberg, Brandenburg, Nordrhein-Westfalen und Schleswig-Holstein für das Jahr 2016 dargestellt. Wird zwischen Stark- und Schwachwindstandorten differenziert, werden Unterschiede in den WEA-Konfigurationen deutlich: Um die hohe Geländerauigkeit windschwächerer Standorte auszugleichen und konstante Windbedingungen zu erzielen, werden relativ gesehen zu Starkwindstandorten höhere Türme errichtet. Um gleichzeitig die niedrigeren mittleren Windgeschwindigkeiten auszugleichen, wird verstärkt auf das Verhältnis zwischen Rotor und Nennleistung gesetzt (vgl. Zubau 2016 Baden-Württemberg). Diese sogenannte spezifische Flächenleistung (installierte Leistung pro m² Rotorfläche) weist somit an Schwachwindstandorten deutlich niedrigere Werte auf als an Starkwindstandorten, auf denen weiterhin WEA mit vergleichsweise hohen Nennleistungen, kleinen Rotordurchmessern und niedrigen Türmen installiert werden (vgl. Zubau 2016 Schleswig-Holstein). Diese Differenzierung ermöglicht auch an Schwachwindstandorten, darunter viele Waldstandorte, einen wirtschaftlichen Energieertrag.

Während seit Mitte der 1990er Jahre die mittlere spezifische Flächenleistung der jährlich neu installierten WEA bei einem ähnlichen Wert lag (~ 400 W/m²), zeichnet sich seit 2011 ein Trend hin zu niedrigeren Werten ab. Dies gilt sowohl für die Binnenbundesländer als auch für die Küstenbundesländer (vgl. auch Deutsche WindGuard 2016). So weisen sowohl die mittleren Werte des Zubaus 2012, 2014 und 2016 einen Wert deutlich unter 400 W/m² auf (mit abnehmender Tendenz), als auch die mittleren Werte des Zubaus 2016 der einzelnen Bundesländer (vgl. Abbildung 2c). Selbst in Schleswig-Holstein, dem Bundesland in dem immer noch die Türme mit der geringsten Nabenhöhe gebaut werden, unterschreitet im Zubau 2016 die spezifische Flächenleistung mit 357 W/m² deutlich die 400 W/m² Schwelle. Den niedrigsten Wert im Zubau 2016 erzielt Baden-Württemberg mit 257 W/m² aber auch Flächenländer wie Bayern, Brandenburg, Hessen, das Saarland und Thüringen erzielten 2016 Werte unter 300 W/m² (vgl. Abbildung 2c und Deutsche WindGuard 2016).

Der Gesamttrend zu größeren und leistungsfähigeren WEA wird sich in den kommenden Jahren fortsetzen, wobei davon auszugehen ist, dass noch stärker zwischen Stark- und Schwachwindanlagen differenziert werden wird (Agentur für Erneuerbare Energien e. V. 2014). Dies bedeutet gleichzeitig, dass die WEA immer besser an die jeweiligen Standortbedingungen angepasst werden, was auch für Waldstandorte einen wirtschaftlicheren Energieertrag bedeuten kann.

3.1.3 Entwicklung von Windkraftanlagen auf Waldstandorten seit 2010

Im betrachteten Zeitraum von 2009–2016 stieg die kumulierte Leistung in Deutschland von etwa 25 800 MW auf knapp 46 000 MW an (vgl. Abbildung 3). Davon befinden sich 2016 rund 3900 MW im Wald, was nahezu dem achtfachen Wert von 2009 entspricht (~ 550 MW). Die Bedeutung von Waldflächen für den Zubau der letzten Jahre wird umso deutlicher, wenn der jährliche Zubau betrachtet wird: Während 2010 nur 5,5 % der neu installierten Leistung (und 5,5 % der WEA) auf Waldflächen statt-

Abbildung 3 Jährlicher Zubau und kumulierter Bestand von Windkraftanlagen auf Waldflächen in Deutschland

[Diagramm mit Werten: 5,5 (2010); 10,4 (2011); 12,6 (2012); 14,1 (2013); 12,5 (2014); 20,0 (2015); 24,9 (2016)]

Legende:
- Kumulierte Leistung auf Waldflächen [MW]
- Kumulierte Leistung im Offenland [MW]
- * bis einschließlich 2009 im Wald installierte Leistung
- Jährlicher Zubau auf Waldflächen [MW]
- Jährlicher Zubau im Offenland [MW]
- 20,0 ● Anteil auf Waldflächen am jährlichen Zubau [%]

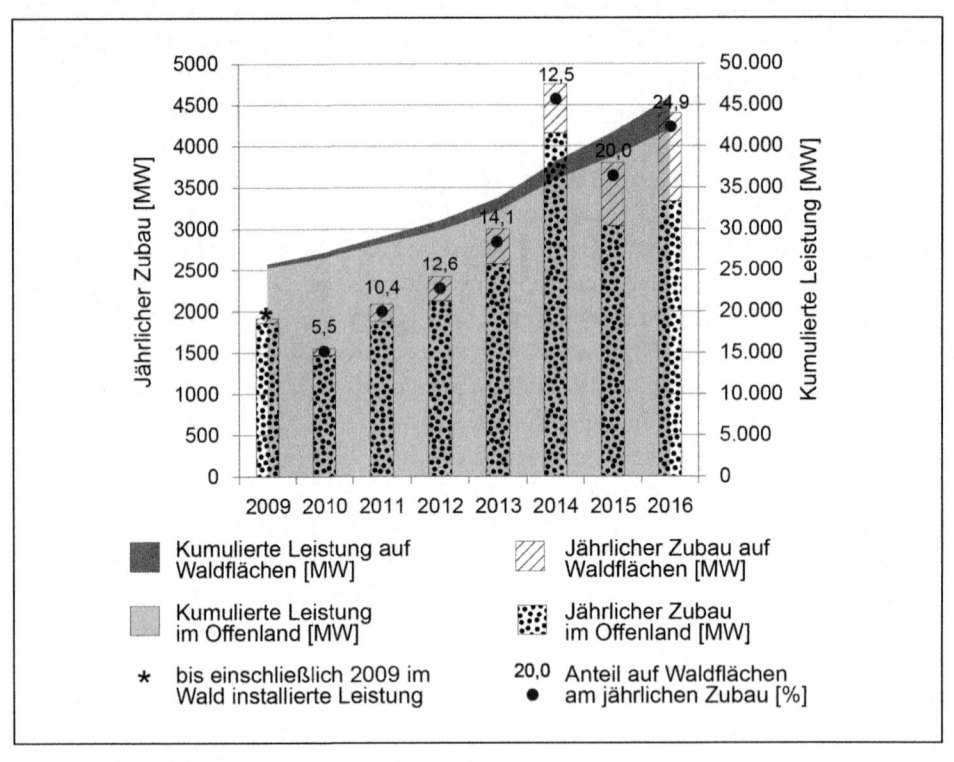

Datenquelle: BNetzA 2017; FA Wind 2017; Deutsche WindGuard 2012, 2013, 2014

fand, verdoppelte sich dieser Wert bereits 2011 und lag 2016 bei einem Anteil von 24,9 % der installierten Leistung (25 % der WEA). Dies heißt, dass aktuell jede vierte neu installierte WEA auf Waldflächen errichtet wird, während es 2010 noch jede 18. WEA war. Eine Ausnahme des stetigen Trends stellt 2014 dar: Aufgrund der EEG Novelle, die zum 01.08.2014 in Kraft trat, wurde in diesem Jahr ein Rekordzubau erzielt, so dass der Anteil der WEA die auf Waldflächen erreichtet wurden (12,5 %) relativ zur gesamten Neuinstallation in diesem Jahr im Vergleich zum Vorjahr nicht anstieg. Insgesamt verdeutlicht die Entwicklung des Zubaus auf Waldflächen seit 2009, relativ zum Gesamtzubau in Deutschland, die rasante Zunahme der Bedeutung von Waldflächen beim Windkraftausbau in Deutschland, wobei regionale Unterschiede zu verzeichnen sind.

Derzeit werden in sieben Bundesländern Windkraftanlagen im Wald errichtet. Während Bayern, Brandenburg und Rheinland-Pfalz seit 2010 kontinuierlich WEA hinzubauen, begann die Entwicklung in Hessen und Nordrhein-Westfalen 2011 und in Baden-Württemberg (von einer WEA 2010 und zwei 2011 abgesehen) sowie dem

Saarland erst 2013 (vgl. Abbildung 4). 80 % der aktuell im Wald stehenden WEA wurden seit 2010 errichtet (FA Wind 2017). Doch auch bereits vor 2010 wurden in einigen Bundesländern Windkraftanlagen im Wald gebaut. Bis einschließlich 2009 sind in Baden-Württemberg 57 WEA (95 MW), in Bayern 13 WEA (21,8 MW), in Brandenburg 76 WEA (148,7 MW), in Hessen 9 WEA (12,9 MW), in Nordrhein-Westfalen 22 WEA (28,2 MW), in Rheinland-Pfalz 100 WEA (197,3 MW) und in Sachsen 29 (50,3 MW) errichtet worden. In Niedersachsen wurden 2012 bisher einmalig 3 WEA (6 MW) im Wald errichtet. Insgesamt stehen Ende 2016 in Deutschland 1530 WEA auf Waldflächen mit einer installierten Gesamtleistung von 3945 MW. Davon befinden sich mehr als ein Viertel in Rheinland-Pfalz (397 WEA mit gesamt 1032,6 MW). Über 90 % aller WEA im Wald (und der installierten Leistung) befinden sich in den fünf Bundesländern Baden-Württemberg, Bayern, Brandenburg, Hessen und Rheinland-Pfalz. Die Entwicklung wird nach Bundesländern individuell betrachtet (vgl. Tabelle 1, Tabelle 2 und Abbildung 4):

Baden-Württemberg besitzt eine ältere und eine jüngere Geschichte der Errichtung von WEA im Wald. Während bis einschließlich 2009 59 WEA (95 MW) errichtet wurden, sind es seit 2010 143 WEA (400 MW), wobei hiervon 41 WEA (115,3 MW) auf das Jahr 2015 und 91 WEA (248,4 MW) auf das Jahr 2016 entfallen. Der Anteil der Waldwindkraftanlagen die seit 2010 errichtet wurden beläuft sich auf 71,8 %. Ende 2016 stehen insgesamt 572 WEA (1041 MW) in Baden-Württemberg, 202 davon (495 MW) auf Waldflächen. Das heißt, es stehen rund ein Drittel aller WEA (35,2 %) beziehungsweise fast die Hälfte der installierten Leistung (47,6 %) im Wald.

Die Landesregierung Baden-Württembergs verfolgt das Ziel bis zum Jahr 2020 mindestens 10 % des Stroms aus Windenergie zu erzeugen. Durch die Änderung des Landesplanungsgesetzes und dem Windenergieerlass, der 2012 veröffentlicht wurde, wurden die nötigen Rahmenbedingungen dafür geschaffen (UM et al. 2012). Auch die 2016 neu gewählte Landesregierung will den Windenergieausbau fortsetzen und hält am Windenergieerlass 2012 fest, nachdem Bann- und Schonwälder für die Windenergie ausgeschlossen sind und weitere geschützte Flächenkategorien (z.B. bestimmte Erholungswälder) besonderen Restriktionen unterliegen (Landesregierung Baden-Württemberg 2015, 2016). Unterstützt werden die Ausbauziele der Landesregierung durch den Landesforst Baden-Württemberg (ForstBW), indem geeignete landeseigene Flächen für Windkraftprojekte verpachtet werden (ForstBW 2017). Im Gegenzug sollen Einnahmen aus der Verpachtung solcher Flächen teilweise an die Standortkommunen und die benachbarten Kommunen fließen (Landesregierung Baden-Württemberg 2016).

Bayern besitzt von allen Bundesländern die größte Waldfläche (vgl. Abbildung 1). Vor 2009 wurden 13 WEA (21,8 MW) im Wald errichtet. Seit 2010 wurden kontinuierlich mehr WEA im Wald gebaut, wobei die Zahl seit 2015 leicht rückläufig ist. Der Anteil der seit 2010 im Wald errichteten WEA beträgt 94,7 %. Insgesamt verfügt Bayern Ende 2016 über 1061 WEA (2 233 MW). Davon stehen 246 WEA (631,8 MW) im Wald, was 23,2 % der Anlagen (28,3 % der installierten Leistung) entspricht. Der Anteil der WEA auf Staatswaldflächen beläuft sich mit 82 WEA (208 MW) auf ein Drittel aller WEA auf Waldflächen (FA Wind 2017).

Während 2011 Bayern „den Anteil der erneuerbaren Energien am Strombedarf auf 50 % innerhalb der nächsten Jahre" steigern wollte und die Windenergie zum Kreis der entscheidenden Energieträger zählte (StMI et al. 2011), soll im aktuellen Energieprogramm die Windenergie bis 2025 nur noch 5–6 % der Bruttostromerzeugung erzielen (StMWi 2015). Mit ein Grund für die Novellierung ist die am 21.11.2014 in Kraft getretene 10-H Abstandsregelung, die besagt, dass der Abstand einer WEA zur Wohnbebauung mindestens das 10-Fache der Gesamthöhe betragen muss (Art. 82 BayBO). Laut aktuellem Bayerischen Windenergieerlass (StMI et al. 2016) und Landeswaldgesetz (BayWaldG 2005) ist die Errichtung von WEA auf Waldflächen grundsätzlich möglich, wobei Naturwaldreservate, Schutzwald (wenn die Schutzfunktion beeinflusst wird), Erholungswälder (wenn die Erholungsfunktion gemindert wird) und Bannwälder (ohne entsprechende Ersatzaufforstung) ausgenommen sind. Die Bayerischen Staatsforsten (BaySF) sehen den Ausbau der Windenergie als einen integralen Bestandteil am Nachhaltigkeitsprinzip, das vor 300 Jahren in der Forstwirtschaft geprägt wurde. Zudem stellt laut BaySF die Windenergie eine Möglichkeit zur Stärkung des ländlichen Raumes dar, der damit auch eine reale Wertschöpfung und -setzung erfährt. Voraussetzung für die Umsetzung von Windenergieprojekten auf Staatswaldflächen ist die Unterstützung der Kommune und der örtlichen Bevölkerung (BaySF 2012, 2017).

Brandenburg verfügt mit über einer Million Hektar Wald, die 37 % der Landesfläche ausmachen, über ein großes Flächenpotential im Wald (vgl. Abbildung 1). 50 % der Waldfläche in BB sind reine Nadelwälder; 59 % sind Privatwald und 33 % Staatswald (Thünen-Institut 2016). Bis einschließlich 2009 wurden bereits 76 WEA (148,7 MW) im Wald errichtet. Seit 2010 kamen weitere 242 WEA (652,7 MW) hinzu, wobei sich der Zubau mit insgesamt 204 WEA (572,3 MW) deutlich auf die Jahre 2014–2016 konzentriert: 2014 wurde jede dritte, 2015 und 2016 jede zweite neue WEA auf Waldflächen installiert (FA Wind 2017). Ende 2016 stehen in Brandenburg 3 630 WEA (6 337 MW) mit 282 WEA (742 MW). Hierbei macht der Anteil auf Waldflächen 7,8 % der Anlagen und 11,7 % der installierten Leistung aus.

Brandenburg gestaltet seit 1996 zusammen mit Berlin den Landesentwicklungsplan Berlin-Brandenburg. Dieser enthält keine Vorgaben hinsichtlich der Windenergieplanung in Brandenburg, sondern delegiert diese an die Regionalplanträger (Senat von Berlin und Landesregierung Brandenburg 2015). Derzeit ist die Windenergienutzung im Wald in vier der fünf Planungsregionen zulässig. Hierbei weisen die Planungsregionen Lausitz-Spreewald (RPG Lausitz-Spreewald 2016) und Havelland-Fläming (RPG Havelland-Fläming 2015) eine deutlich längere Nutzung auf als die Planungsregion Uckermark-Barnim, in der Wald erst seit der Fortschreibung des Regionalplans im Jahr 2016 für die Windkraft genutzt werden kann (RPG Uckermark-Barnim 2016). In der Planungsregion Prignitz-Oberhavel sind Waldflächen zwar nicht als Ausschlussgebiete definiert (RPG Prignitz-Oberhavel 2003), dennoch wurden dort bisher kaum WEA im Wald errichtet (FA Wind 2017). Der aktuelle Regionalplan Oderland-Spree schließt Waldflächen mit einer Schutzzone von 200 m für die Windkraftnutzung aus (RPG Oderland-Spree 2004). Mit der Fortschreibung des Regionalplans, werden voraussichtlich zukünftig auch Waldflächen in die Ausweisung von Windeignungsgebieten miteinbezogen (RPG Oderland-Spree 2017). Rahmenbedingungen und Empfehlungen für die Errichtung von WEA im Wald sind im Windenergieerlass Brandenburg (MLUL Brandenburg 2011) und im Leitfaden zur Windkraftplanung im Wald (MLUL Brandenburg 2014) konkretisiert. Es existieren derzeit keine besonderen Regelungen für die Nutzung von Staatswaldflächen für die Windenergie.

Hessen ist prozentual eines der beiden waldreichsten Bundesländer (vgl. Abb. 1) mit mehr Laub- als Nadelwald und einem Anteil von knapp 40 % Staatswald (Thünen-Institut 2016). Vor 2010 wurden in Hessen lediglich 9 WEA (12,9 MW) im Wald errichtet. Seit 2010 nahm der Zubau von WEA auf Waldflächen stetig und insbesondere in den letzten drei Jahren rapide zu: 2014 ging 60 % des gesamten Zubaus auf Waldflächen in Betrieb, 2015 waren es 75 % und 2016 waren es mit 97 WEA (279,9 MW) sogar 95 % aller Neuanlagen. Zum Jahresende 2016 stehen insgesamt 998 WEA (1 703 MW) in Hessen, davon befinden sich 281 WEA (759 MW) im Wald. Das entspricht einem Anteil von 28,2 % der Anlagen beziehungsweise 44,6 % der installierten Leistung.

Ausschlaggebend für die Entwicklung der letzten Jahre war der Hessische Energiegipfel 2011, dessen Abschlussbericht empfahl, 2 % der Landesfläche und insbesondere Waldstandorte für die Nutzung von Windenergie in der Regionalplanung zu berücksichtigen (Hessischer Energiegipfel 2011). Im Änderungsverfahren 2013 des Landesentwicklungsplans (LEP) wird die entscheidende Rolle von Wald für die Nutzung der Windenergie aufgenommen, wobei forstrechtlich gesicherte Schutz- und Bannwälder explizit davon ausgenommen werden (Landesregierung Hessen 2013). Der Leitfaden zur Berücksichtigung der Naturschutzbelange bei der Planung und Genehmigung von Windkraftanlagen in Hessen (2012b) sieht weiterhin vor, dass alte, laubholzreiche Wälder mit Laubbäumen älter als 140 Jahren gesondert zu prüfen sind. HessenForst ist verantwortlich für die Bereitstellung geeigneter Waldgrundstücke im Landeseigentum (HMLUEV 2012a). Darüber hinaus wurde HessenForst in einem weiteren Erlass 2014 angewiesen „die Möglichkeit der finanziellen Beteiligung der Bürger im Umfeld des Standorts sowie die regionale und kommunale Wertschöpfung besonders zu berücksichtigen" (FA Wind 2017).

Niedersachsen besitzt derzeit drei WEA, die 2012 auf einem schmalem Waldstreifen errichtet wurden (FA Wind 2017).

Nordrhein-Westfalen verfügt über relativ große Waldflächen (vgl. Abbildung 1), etwa zwei Drittel davon befinden sich im Privatbesitz (Thünen-Institut 2016). Ende 2016 stehen in Nordrhein-Westfalen 60 WEA auf Waldflächen, 38 davon (114 MW) wurden seit 2010 errichtet, alleine 17 WEA (51,8 MW) in 2016. Da sich die Gesamtzahl der WEA in Nordrhein-Westfalen auf 3 345 WEA (4 604 MW) beläuft, entspricht der Anteil im Wald nur knapp 2 % der Anlagen und rund 3 % der installierten Leistung.

Die aktuellen Rahmenbedingungen zur Planung und Genehmigung der Windenergienutzung im Wald sind im Windenergieerlass Nordrhein-Westfalen (UM NRW et al. 2015) und im Leitfaden „Windenergie im Wald" (MKULNV 2012) konkretisiert. Besonders wertvolle Waldflächen und Waldflächen < 15 % relativ zum Gemeindegebiet sind von der Windenergienutzung ausgenommen; bei der Ausweisung von Flächen wird empfohlen, sich auf vorbelastete Flächen zu konzentrieren. Der Landesbetrieb Wald und Holz ist bestrebt, die von ihnen verwalteten Flächen in Flächenpools mit anderen Eigentümern einzubringen, damit Standorte möglichst zusammenhängend entwickelt werden können (Wald und Holz NRW 2017).

Rheinland-Pfalz ist prozentual zur Landesfläche eines der beiden waldreichsten Bundesländer (vgl. Abb. 1) und nimmt im Ländervergleich eine Vorreiterrolle in der Windenergienutzung im Wald ein. Bis einschließlich 2009 wurden bereits 100 WEA (197,3 MW) im Wald errichtet. Im Zeitraum 2010–2016 wurde diese Zahl nahezu vervierfacht; seit 2011 bewegt sich der jährliche Zubau auf konstant hohem Niveau. Somit beläuft sich der Anteil der seit 2010 auf Waldflächen gebauten WEA auf 74,8 %. Eine Besonderheit von Rheinland-Pfalz ist, dass fast 85 % aller WEA im Wald auf kommunalen Flächen errichtet wurden (vgl. FA Wind 2017). Ende 2016 stehen in Rheinland-Pfalz 1 612 WEA (3 159 MW), davon befinden sich 397 WEA (1 032,6 MW) im Wald. Das heißt, jede vierte WEA in Rheinland-Pfalz (24,6 %) und 32,7 % der installierten Leistung befinden sich auf Waldflächen. Mehr als ein Viertel aller derzeit in Deutschland im Wald errichteten WEA befinden sich hiermit in Rheinland-Pfalz.

Die Teilfortschreibung des Landesentwicklungsprogramms (LEP IV; MWKEL 2014) sieht vor, dass mindestens 2 % der Landesfläche und davon mindestens 2 % der Waldfläche für die Windenergienutzung bereitgestellt werden sollen. Der Ausbau soll hierbei auf windhöffige Standorte konzentriert werden; strukturreiche, totholz- und biotopbaumreiche sowie zusammenhängende Laubwaldbestände sollen ausgenommen bleiben und die Nutzung auf Nadelwälder und vorbelastete Wälder konzentriert werden. Den verbindlichen Schutz alter Laubholzbestände in der Landesplanung sieht auch der Koalitionsvertrag der aktuellen Landesregierung vor (Landesregierung Rheinland-Pfalz 2016). Die Landesforsten Rheinland-Pfalz entwickeln gemeinsam mit den Kommunen Energieprojekte. Durch sogenannte Solidarpakte wird gewährleistet, dass ökonomisch und ökologisch sinnvolle Standorte beplant werden und angrenzende Nachbarkommunen (die dann auf einen eigenen Standort verzichten) partizipieren. Rheinland-Pfalz unterstützt diese Vorhaben, indem es möglich ist, dass auch Einnahmen auf Staatsforstflächen an Kommunen weitergegeben werden können (MWKEL 2013).

Das *Saarland* verfügt über einen Waldanteil von knapp 40 % (vgl. Abbildung 1). Fast die Hälfte davon ist reiner Laubwald (49 %) und ebenfalls knapp die Hälfte (48,8 %) ist Staatswald (Thünen-Institut 2016). Windenergie im Wald wird seit 2013 realisiert; seither sind 30 WEA (85,7 MW) in Betrieb genommen worden. Insgesamt stehen Ende 2016 152 WEA (310 MW) im Saarland. Dies bedeutet, dass jede fünfte WEA im Wald steht, was 27,6 % der installierten Leistung entspricht.

Im Saarland ist die Errichtung von WEA im Wald erst 2011 durch die Aufhebung der Ausschlusswirkung von Vorranggebieten im Landesentwicklungsplan ermöglicht worden (Landesregierung Saarland 2011). Da der ‚Masterplan für eine nachhaltige Energieversorgung im Saarland' auch die Errichtung von WEA auf Staatsforstflächen vorsah, schrieb SaarForst windhöffige Flächen im Rahmen von Interessensbekundungsverfahren aus (MUEV 2011; SaarForst 2017). Auch wenn bisher nur wenige WEA auf Staatsforstflächen errichtet wurden (vgl. FA Wind 2017), wurden vom Ministerium für Umwelt und Verbraucherschutz eine Installation von 75–150 MW im Staatswald erwartet (MUV 2015). Die im Mai 2017 wiedergewählten Landesregierung sieht allerdings in ihrem Koalitionsvertrag deutliche Einschränkungen für zukünftige Planungen im Staatswald vor: Über die bereits vertraglich gebundenen Flächen hinaus sollen künftig keine weiteren Flächen mehr zur Verfügung gestellt werden (Landesregierung Saarland 2017).

Sachsens WEA im Wald sind alle vor 2009 errichtet worden (29 WEA mit 50,3 MW), zu einer Zeit, als die Landesraumordnung noch keine Einschränkungen diesbezüglich machte. Das aktuelle Raumordnungsrecht schließt die Errichtung von WEA auf Waldflächen faktisch aus (Freistaat Sachsen 2013).

Tabelle 1 Windkraftanlagen (Anzahl und MW) in den Bundesländern mit WEA im Wald: Total, im Wald und prozentualer Anteil im Wald. [Datenquelle: BNetzA 2017; FA Wind 2017; Deutsche WindGuard 2012, 2013, 2014]

	Gesamtbestand zum 31.12.2016		Bestand auf Waldflächen zum 31.12.2016		Anteil auf Waldflächen zum 31.12.2016	
	WEA	[MW]	WEA	[MW]	WEA	[MW]
Baden-Württemberg	572	1 041	202	495	35,3 %	47,6 %
Bayern	1 061	2 233	246	631,8	23,2 %	28,3 %
Brandenburg	3 630	6 337	282	742	7,8 %	11,7 %
Hessen	998	1 703	281	759,4	28,2 %	44,6 %
Niedersachsen	5 857	9 324	3	6	0,1 %	0,1 %
Nordrhein-Westfalen	3 345	4 604	60	142,2*	1,8 %	3,1 %
Rheinland-Pfalz	1 612	3 159	397	1 032,6	24,6 %	32,7 %
Saarland	152	310	30	85,7	19,7 %	27,6 %
Sachsen	880	1 156	29	50,3	3,3 %	4,4 %

* Die Gesamtleistung bezieht sich auf 54 WEA, da für 6 WEA die vor 2009 errichtet wurden keine Leistungswerte ermittelt werden konnte

Tabelle 2 Zubau von Windkraftanlagen nach Jahr und Bundesland: Baden-Württemberg (BW), Bayern (BY), Brandenburg (BB), Hessen (HE), Nordrhein-Westfalen (NW), Rheinland-Pfalz (RP), Saarland (SL) [Datenquelle: FA Wind 2017]

	BW		BY		BB		HE		NW		RP		SL	
	WEA	[MW]	WEA	[MW]	WEA	[MW]	WEA	[MW]	WEA	[MW]	WEA	[MW]	WEA	[MW]
bis 2009	57	95	13	21,8	76	148,7	9	12,9	22	28,2*	100	197,3	0	0,0
2010	1	2,3	5	10,0	20	38,2	2	4,0	0	0,0	12	25,0	0	0,0
2011	2	4,3	17	40,1	4	8,0	13	29,1	3	7,8	50	116,5	0	0,0
2012	0	0,0	23	59,6	8	16,5	10	27,1	7	21,0	50	163,6	0	0,0
2013	7	22,0	34	89,1	6	17,7	46	129,5	6	18,0	45	133,6	5	12,5
2014	3	7,8	58	151,9	50	136,7	48	125,4	4	12,4	52	143,7	5	15,4
2015	41	115,3	47	129,1	75	213,6	56	151,7	1	3,0	43	117,0	11	31,3
2016	91	248,4	49	130,2	79	222,0	97	279,7	17	51,8	45	136,0	9	26,5
seit 2010	71,8% WEA		94,7% WEA		85,5% WEA		96,8% WEA		63,3% WEA		74,8% WEA		100% WEA	

* Die Gesamtleistung bezieht sich auf 16 WEA, da für 6 WEA die vor 2009 errichtet wurden keine Leistungswerte ermittelt werden konnten

Abbildung 4 Bundesländer mit aktivem Zubau von Windkraftanlagen. Der jährliche Zubau ist dargestellt in absoluter Anzahl [WEA], obere Bildhälfte, und in Megawatt [MW], unterer Bildhälfte. Weiterhin stehen in Sachsen 29 WEA und in Niedersachsen 3 WEA auf Waldflächen

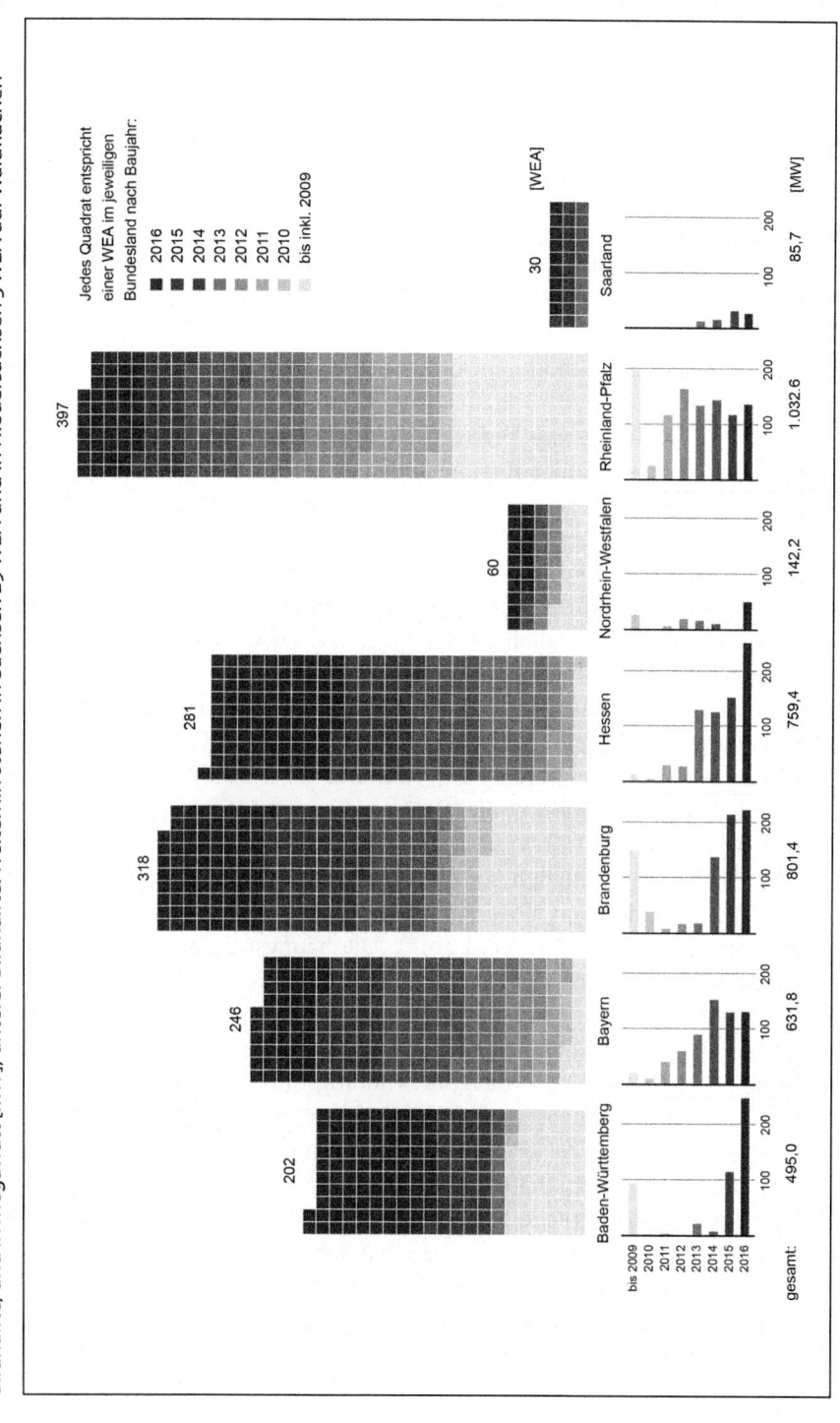

Datenquelle: FA Wind 2017

3.2 Planerische Herausforderungen

Für die Windenergie sind Waldflächen in vielerlei Hinsicht gut geeignet: Ihre Höhenlagen bieten oft geeignete Windverhältnisse, sie sind weniger dicht besiedelt bzw. liegen in ausreichendem Abstand zu Siedlungen und können mit der modernen Anlagentechnik wirtschaftlich erschlossen werden. Um die Wirtschaftlichkeit tatsächlich zu gewährleisten, die Planung auch ökologisch sinnvoll umzusetzen und mit Konfliktfeldern souverän umzugehen, gilt es im Wald allerdings einige Besonderheiten zu beachten (Bundesverband WindEnergie e. V. 2013b; hierzu auch Dorda 2018; Moning 2018 in diesem Band).

3.2.1 Planungs- und Genehmigungsvoraussetzungen

Je nach Bundesland kann eine Verlagerung der abschließenden räumlichen Steuerung der Windenergie von der Regionalplanung auf die Ebene der Bauleitplanung stattfinden (vgl. Zaspel-Heisters 2015). Auch das Genehmigungsverfahren selbst ist im Wald aufwändiger als im Offenland. Neben den Fragen von Immissionsschutz-, Bauplanungs- und Raumordnungsrecht kommen neue Aspekte wie Waldumwandlung und Waldfunktionskartierung hinzu (vgl. Geßner und Genth 2012). Auch der Brandschutz kann eine erhebliche Rolle spielen. Erlasse und Leitfäden geben Entscheidungsträgern in der Raumplanung und in den Gemeinden Entscheidungskriterien vor, „anhand derer bei einer Waldumwandlungsgenehmigung zu prüfen ist, ob die Umwandlung einer Waldfläche zulässig ist und welche Kompensationsmaßnahmen zu ergreifen sind" (Schwarzenberg, Ruß und Sailer 2016). Diese Kriterien sind unterschiedlich umfangreich definiert, die umfangreichsten weisen die Leitfäden Nordrhein-Westfalen (MKULNV 2012) und Brandenburg (MLUL Brandenburg 2014) auf. Während aber der Leitfaden von Brandenburg lediglich empfehlenden Charakter hat, ist der Leitfaden von Nordrhein-Westfalen für die an der Planung beteiligten Behörden verbindlich (FA Wind 2017). Die häufigsten Entscheidungskriterien, die in Erlassen und Leitfäden genannt werden, sind bezogen auf Wertigkeit, Größe und Lage der Waldflächen: Demnach sollen vorbelastete Waldgebiete bevorzugt für die Windenergie genutzt werden, besonders wertvolle Bestände hingegen ausgespart bleiben (BW, BY, HE, NW, RP). Auch die Erholungsfunktion (BW, BY, BB, HE, NW), waldspezifische Artenschutzbelange (BW, HE, NW, RP) und Windhöffigkeit (BW, BB, RP) werden genannt. Weitere Hilfestellung können Waldanteil der öffentlichen Hand, Landschaftsbild, wirtschaftliche Interessen des Waldbesitzers, forstwirtschaftliche Erzeugung und öffentliche Förderung von Waldflächen sowie forstliche Belange benachbarter Waldbesitzer sein (vgl. hierzu Schwarzenberg et al. 2016). Generell bereitet dabei insbesondere die Abgrenzung zwischen der städtebaulichen Eingriffsregelung und den jeweiligen waldrechtlichen Eingriffsregelungen Schwierigkeiten, die landesrechtlich unterschiedlich geregelt und zum Teil schwer verständlich sind (Schrödter 2015).

Die Rodungs- bzw. Waldumwandlungsgenehmigung der Standortfläche einer WEA sowie der zugehörigen Kranstellfläche wird als eine „die Anlage betreffende" behördliche Entscheidung eingestuft und wird daher von der immissionsschutzrechtlichen Genehmigung erfasst. Zur Prüfung gehört hier auch die Feststellung, ob die Anforderungen des Bundeswaldgesetzes sowie des jeweiligen Landeswaldgesetzes erfüllt sind. Anders sieht es bei den Flächen aus, die für die Zuwegung, die Vergrößerung der Kurvenradien oder der Kabeltrasse gerodet werden müssen. Da sich diese Flächen meistens außerhalb des Grundstückes befinden, auf dem die WEA selbst steht und damit nicht unmittelbar der Verwirklichung des Vorhabens dienen, sind diese in der Regel nicht von der Konzentrationswirkung des § 13 des Bundes-Immissionsschutzgesetzes (BImSchG; 2002) erfasst. Es ist daher für diese Flächen eine Rodungs- bzw. Waldumwandlungsgenehmigung bei den nach Landesrecht zuständigen Behörden einzuholen (Geßner und Genth 2012). In den meisten Bundesländern ist dies die untere Forstbehörde (z. B. Brandenburg), sie kann jedoch auch bei den Kreisausschüssen der Landkreise bzw. den Magistraten der kreisfreien Städte liegen (z. B. Hessen) (Schrödter 2015; Bundesverband WindEnergie e. V. 2013b).

Die Waldumwandlungsgenehmigung kann wiederum mit Nebenbedingungen versehen werden, die im Rahmen der immissionsschutzrechtlichen Genehmigung festgelegt werden können. § 9 Abs. 3 Nr. 2 BWaldG (1975) ermöglicht dabei den Ländern eine Lockerung oder Verschärfung bei der Erteilung einer Rodungs- bzw. einer Waldumwandlungsgenehmigung. Die Länder können so weitere Nebenbedingungen individuell festlegen an die eine Waldumwandlung dann gebunden ist. Klassischerweise sind dies Ersatzaufforstungen, weitere Schutz- und Gestaltungsmaßnahmen und finanzieller Ausgleich (vgl. Bundesverband WindEnergie e. V. 2013b; Geßner und Genth 2012).

Im Wald spielt zusätzlich der Brandschutz eine wichtige Rolle. Zwar ist die Eintrittswahrscheinlichkeit von Brandereignissen in einer WEA als gering einzuschätzen, trotzdem sind die Zielvorgaben der Brand- und Katastrophenschutzgesetze der Länder zu beachten, die häufig Maßnahmen des vorbeugenden Brandschutzes enthalten. Bestehen zusätzliche Anforderungen, so werden diese in der Regel durch Nebenbestimmungen zur Anlagengenehmigung festgehalten (vgl. Geßner und Genth 2012).

3.2.2 Wertigkeit von Waldflächen

Aus planerischer Sicht entscheidend ist die Standortwahl. Dabei soll eine hohe Energieerzeugung mit einer möglichst geringen Beeinträchtigung des Naturhaushalts und anderer Waldfunktionen erzielt werden. Während im Offenland eine klassische Weißflächenkartierung eine gute erste Einschätzung liefern kann, gestaltet sich im Wald die Informationslage komplexer. Das Bundesamt für Naturschutz empfiehlt für die Standortwahl im Wald intensiv forstwirtschaftlich genutzte (Fichten- und Kiefern-)Forste (BfN 2011). Aus der Bodennutzungsart geht lediglich hervor, ob es sich um Laub-, Nadel- oder Mischwald handelt. Satellitenbilder und Luftaufnahmen lassen zudem eine erste Einschätzung von Alter- und Zusammensetzung des Bestandes zu, eine Aussage über die Wertigkeit eines Bestandes kann so allerdings nicht abschließend getroffen werden.

Insbesondere Informationen über den naturschutzfachlichen Wert von Waldflächen sind oftmals nur teilweise öffentlich zugänglich. Verfügbar sind Daten über Nationalparke, Naturschutzgebiete, Landschaftsschutzgebiete oder Natura2000-Gebiete (inkl. Managementpläne sofern fertiggestellt). Naturwaldreservate werden in einer Datenbank zentral erfasst und sind ebenfalls öffentlich abrufbar (BLE 2017). Anders sieht es bei der Waldbiotopkartierung aus: Während diese beispielsweise in Sachsen frei zugänglich ist, können in Baden-Württemberg nur Waldbesitzer die Waldbiotopkartierung kostenlos bei ForstBW abrufen. In einigen Bundesländern ist diese gar nicht frei verfügbar. Von großer Bedeutung für die Einschätzung der Wertigkeit eines Bestandes ist die Waldfunktionskartierung, die von den Forstbehörden als Beitrag zur Landesplanung durchgeführt wird. Allerdings gibt es hinsichtlich Verfahren, Aktualität und Verfügbarkeit Unterschiede zwischen den einzelnen Bundesländern, z. T. sogar bereits zwischen den einzelnen Regionen. Bei der Waldfunktionskartierung werden die Flächen hinsichtlich ihrer Nutz-, Schutz- und Erholungsfunktion dargestellt und bewertet. Dabei werden in einem ersten Schritt rechtswirksame Schutzfunktionen (Wasserschutzgebiete, Natur- und Landschaftsschutzgebiete, FFH und SPA-Gebiete) übernommen. In einem weiteren Schritt können weitere Kategorien (z. B. Klima- und Immissionsschutzwald, Sichtschutzwald) hinzugefügt werden. Auch wenn diese letztgenannten Waldfunktionen nicht direkt rechtsbindend sind, können sie für die Beurteilung, ob die Voraussetzungen für eine Waldumwandlung gegeben sind, von erheblicher Bedeutung sein. Zudem gibt es für alle öffentlichen Wälder eine detaillierte Forstbetriebsplanung (Forsteinrichtung), die alle wichtigen Planungsdaten enthält. Auch für größere Privatforstbetriebe existiert oftmals eine Forstbetriebsplanung. Allerdings handelt es sich bei der Forsteinrichtung um ein innerbetriebliches Steuerungsinstrument das i. d. R. nicht öffentlich zugänglich ist. In Einzelfällen werden jedoch Teile veröffentlicht wie beispielsweise die Naturschutzkonzepte der BaySF.

Die Informationslage im Wald ist auch deshalb komplex, da der Bund beim Forstrecht nur einen Rahmen vorgibt und die Umsetzung in Landesforstgesetzen geregelt ist. Es gibt hierbei erhebliche Unterschiede zwischen den einzelnen Bundesländern hinsichtlich Forstorganisation, Waldbewirtschaftung, aber auch Datenerhebung und -verfügbarkeit. Hinzu kommt, dass Begriffe wie beispielsweise ‚Bannwald', in den verschiedenen Bundesländern nicht immer einheitlich definiert sind. Während ein ‚Bannwald' in Baden-Württemberg mit einem Naturwaldreservat gleichgesetzt werden kann (§ 32 Abs. 2 LWaldG BW; 1995) wird in Bayern unter dem gleichen Begriff ein deutlich weiter gefassten Status des Flächenschutzes (Art. 11 BayWG; 2005) verstanden.

Die Frage welche Waldfunktionen für eine Windkraftnutzung geeignet sind, ist darüber hinaus sehr umstritten (Geßner und Genth 2012). Generell gilt, dass eine Umwandlungsgenehmigung versagt werden soll, wenn die Erhaltung des Waldes überwiegend im öffentlichen Interesse liegt, „insbesondere wenn der Wald für die Leistungsfähigkeit des Naturhaushaltes, die forstwirtschaftliche Erzeugung oder die Erholung der Bevölkerung von erheblicher Bedeutung ist" (Bundesverband Wind-Energie e. V. 2013b). Eine enge Zusammenarbeit mit der jeweiligen Landesforstbehörde, die in der Regel auch Flächen vorstrukturiert (FA Wind 2017) ist für eine erfolgreiche Planung auf Staats- und Kommunalwaldflächen unabdingbar.

3.2.3 Umweltverträglichkeitsprüfung und Artenschutz

Grundsätzlich werden auch Windenergieprojekte auf Waldflächen hinsichtlich der Umweltverträglichkeitsprüfung (UVP)-Pflichtigkeit nach § 3 Abs. 1 (i. V. m. Ziff. 1.6. Anlage 1) UVPG (1990) geprüft. Demnach besteht eine zwingende UVP-Pflicht, wenn 20 oder mehr WEA gebaut werden sollen. Bei der Errichtung von 6 bis 19 WEA bedarf es einer allgemeinen Vorprüfung, bei 3 bis 5 WEA einer standortbezogenen Vorprüfung. Als zusätzliches Kriterium kommt bei Waldflächen die Größe der Rodungs- bzw. Waldumwandlungsfläche hinzu. Nach Ziff. 17.2. der Anlage 1 UVPG (1990) tritt ebenfalls eine UVP-Pflicht ein, wenn die Fläche 10 ha oder mehr beträgt. Bei einer Fläche von 5 ha bis weniger als 10 ha ist eine allgemeine Vorprüfung, bei einer Fläche von 1 ha bis weniger als 5 ha eine standortbezogene Vorprüfung durchzuführen. Beträgt die Fläche weniger als 1 ha, so fällt diese nicht in das UVPG. Diese Regelung kann einen zusätzlichen Anreiz schaffen, einen Windparkentwurf den örtlichen Gegebenheiten anzupassen und beispielsweise bestehende Infrastruktur oder Windwurfflächen bestmöglich einzubeziehen, um die zusätzliche Rodungsfläche möglich gering zu halten.

Bei der Genehmigung eines Windenergieprojektes im Wald ist auf dieser Grundlage stets zu prüfen, ob die Zugriffsverbote des § 44 Abs. 1 Nr. 1 und Nr. 2 BNatSchG erfüllt sein können (BNatSchG; 2009). Demnach ist u. a. verboten, wild lebende Tiere der besonders geschützten Arten zu verletzten oder zu töten oder Tiere der streng geschützten Arten und der europäischen Vogelarten während der Fortpflanzungs-, Aufzucht-, Mauser, Überwinterungs- und Wanderungszeiten erheblich zu stören. Letztere liegt dann vor, wenn sich durch die Störung der Erhaltungszustand der lokalen Population einer Art verschlechtert. Diese Regelung basiert auf Artikel 12 Abs. 1 der FFH-Richtlinie (Richtlinie 92/43/EWG), wonach alle absichtlichen Formen u. a. der Tötung von aus der Natur entnommenen Exemplaren von Arten des Anhangs IVa verboten sind, sowie auf der entsprechenden Formulierung in Artikel 5a der EU Vogelschutzrichtlinie (Richtlinie 2009/147/EG). Für die Einzelfallprüfung, die im Rahmen der Artenschutzprüfung durchzuführen ist, liegen inzwischen eine Reihe von Leitfäden und Empfehlungen aus den Bundesländern vor (vgl. Schwarzenberg et al. 2016), in denen beispielsweise Abstände zu den Horst- und Nistplätzen sowie Lebensstätten bestimmter Vogelarten sowie von Wochenstuben, Männchen- und Winterquartiere sowie Jagd- und Flugkorridoren von Fledermausarten festgelegt sind (MLUL Brandenburg 2011). Im jeweiligen Einzelfall können die artenschutzrechtlichen Anforderungen die Umsetzung eines Windenergieprojektes deutlich einschränken (z. B. Abschaltzeiten bei erhöhter Fledermausaktivität) oder sogar vollständig verhindern. Bezüglich der tatsächlichen Auswirkungen von WEA auf waldbewohnende und den Wald nutzende Arten, auf den Naturhaushalt und die biologische Vielfalt ist noch vieles in der Diskussion: Über die Ökologie des Bereichs oberhalb der Baumkronen ist relativ wenig bekannt, daher ist unklar, welcher Abstand zwischen den Rotorspitzen und den Baumkronen empfehlenswert ist. Die Barrierewirkung der WEA beim Zuggeschehen selbst wirft auch aufgrund der schwierigen Nachweislage von Kollisionen im Wald gegenüber dem Offenland noch einige Fragen auf. Weiterhin sind Veränderungen des Mikroklimas im Wald durch die WEA bisher unzureichend dokumentiert (BfN 2011; Geßner und Genth 2012; Grünkorn et al. 2016). Das BfN (2011) empfiehlt in seinem Positionspapier zur Windkraft „ein konsequentes bau- und betriebsbezogenes Monitoring durchzuführen", um neue Kenntnisse hinzuzugewinnen. Einen guten Überblick über den aktuellen Kenntnisstand gibt die vom Bundesministerium für Wirtschaft und Energie beauftragte Studie von Reichenbach et al. (2015).

3.2.4 Windverhältnisse

Neben der naturschutzfachlichen Wertigkeit einer Fläche ist vor allem die Windhöffigkeit ein maßgebliches Kriterium für eine erfolgreiche Planung einer WEA an einem Waldstandort. Aus strömungstechnischer Sicht stellen Waldgebiete zunächst ein Hindernis mit hoher Rauigkeit dar, das zur Abbremsung des Windes führt. Aufgrund der heterogenen Zusammensetzung von Waldflächen lassen sich kaum pauschale Aussagen für den Effekt auf die mittlere Windgeschwindigkeit und die Windverteilung treffen (Hau 2016; MKULNV 2012). Anders als im Offenland können Ertragsdaten, die beispielsweise einem Windpark in einer benachbarten Waldfläche entstammen, nur eingeschränkt auf das Planungsobjekt übertragen werden. Auch Indexwerte der Windverhältnisse einer Region lassen nur bedingt Rückschlüsse auf die tatsächlichen Windverhältnisse zu. Für ein zuverlässiges Windgutachten müssen daher im Wald meistens am Standort selbst Windmessungen durchgeführt werden, was höhere Projektkosten und einen längeren Planungszeitraum zur Folge hat.

3.2.5 Logistik und Zeitplanung

Waldwindkraftprojekte stellen weiterhin komplexere Ansprüche in der Zeitplanung und der Logistik an den Projektierer als Offenlandprojekte. Gibt es einen Rodungszeitraum, muss dieser eingehalten werden und kann ggf. das Projekt verzögern. Die Zuwegung muss mindestens bis zur Lagerfläche fertiggestellt sein, bevor die Anlieferung der WEA beginnt. Können Forstwege genutzt werden, reicht oft eine Verbreiterung um ein bis zwei Meter und ggf. eine zusätzliche Befestigung aus. Müssen neue Zufahrten angelegt werden, ist der Rodungszeitplan einzuhalten. Je nach Gegebenheiten müssen zusätzlich die Kurvenradien und Lichtraumprofile vorhandener

Zuwegung für den Transport vergrößert werden. Ist beispielsweise eine Einzelblattmontage festgelegt worden, kann nicht einfach auf eine Sternmontage umgeschwenkt werden, da die hierfür nötigen Flächen dann nicht gerodet sind. Logistik und Timing sind bei Waldwindparkprojekten vielschichtig und anspruchsvoll. Daher weisen viele Projektierer Waldwindkraftprojekte inzwischen als gesonderte Expertise aus (vgl. hierzu Bundesverband WindEnergie e. V. 2013b).

4 Diskussion

Die höheren Anforderungen bei der Planung, Genehmigung und Umsetzung von Waldwindkraftprojekten bedeuten keinesfalls, dass diese ungeeignet wären. Alleine die Zunahme des Anteils von umgesetzten Windkraftprojekten im Wald am Gesamtzubau der letzten Jahre (2016 immerhin knapp 25 % des deutschlandweiten Zubaus) zeigt deutlich, dass Windkraftprojekte im Wald attraktiv sind.

Waldwindkraftprojekte sind jedoch meistens alleine schon wegen der höheren Türme kostenintensiver als Offenlandprojekte. Hinzu kommen eine aufwändigere Projekt- und Infrastrukturplanung, ein detaillierteres Genehmigungsverfahren und eine unter Umständen intensivere Baubegleitung. Je nach Nebenbestimmungen der Genehmigung (z. B. Gondelmonitoring), kann auch der Betrieb mit höheren Kosten verbunden sein. Um die Planung solcher Projekte zukünftig zu optimieren, ist ein regelmäßiger Austausch zu den bisherigen Erfahrungen in der Anwendbarkeit von Erlassen und Leitfäden wünschenswert. So ist der Landesbetrieb Wald und Holz NRW beispielsweise verpflichtet, mindestens einmal im Jahr an die oberste Forstbehörde (MKULNV) über Erkenntnisse im Zusammenhang mit der Anwendung des Leitfadens zu berichten. In einem solchen Prozess haben Anwender und die genehmigenden Instanzen gleichermaßen eine wichtige Rolle und können erheblich zu einer Aktualisierung und Verbesserung beitragen. Ein Austausch über die (Bundes-)Ländergrenzen hinweg könnte hierbei zusätzlichen Mehrwert generieren.

Aus waldschutz- und naturschutzfachlicher Sicht besteht insbesondere bezüglich der tatsächlichen Auswirkungen von WEA auf waldbewohnende und den Wald nutzende Arten, auf den Naturhaushalt und die biologische Vielfalt noch ein erhöhter Klärungsbedarf. Durch umfassende Bau- und begleitende Betriebsmonitorings können für zukünftige Windkraftprojekte im Wald naturschutzfachliche Erkenntnisse hinzugewonnen werden. Gondel- oder auch Turmmonitorings ermöglichen beispielsweise eine Datenerhebung oberhalb des Kronenraumes und können so zu einem besseren Bild über die Nutzung des Korridors oberhalb der Baumkronen beitragen. Fließen diese Erkenntnisse regelmäßig in die Weiterentwicklung von Windkrafterlassen und Leitfäden ein, könnten neue Projekte stets nach dem aktuellen Stand aus waldschutz- und naturschutzfachlicher Sicht geplant werden.

Für Waldbesitzer sind Windkraftprojekte ein erhebliches Potential zur Ertragssteigerung; für Kommunen in strukturschwachen Gebieten kann ein realisiertes

Projekt im Körperschaftswald die Sanierung des Gemeindehaushaltes bedeuten. Restriktive Abstandsregelungen, wie sie beispielsweise in Bayern mit der 10H-Abstandsregelung von Wohngebäuden existieren, können zusätzlich den Druck für Windkraftvorhaben in Wäldern erhöhen. Es hat jedoch kein anderes Bundesland von der Nutzung der Länderöffnungsklausel nach § 249 Abs. 3 BauGB (2004) Gebrauch gemacht. Einige Bundesländer (z. B. Niedersachsen, Sachsen, Thüringen) sprechen sich sogar explizit gegen pauschale Abstandsregelungen aus und empfehlen stattdessen, dass den jeweiligen landschaftsgebundenen, naturräumlichen und siedlungsstrukturellen Gegebenheiten im Einzelfall Rechnung getragen wird, damit die Windenergienutzung konzentriert und gesteuert werden kann. Es stellt sich die Frage, inwieweit integrative Zonierungskonzepte, wie sie beispielsweise für das Altmühltal, die Frankenhöhe oder die Auerwildgebiete im Schwarzwald vorliegen, nicht auch für größere Waldgebiete zukünftig Anwendung finden könnten, da so eine aus ökonomischer und ökologischer Sicht sinnvollere Umsetzung stattfinden könnte. Von Bedeutung für eine solche standortübergreifende Planung ist ein Konzept, das einen Ausgleich schafft für die Flächeneigentümer, die dann keine WEAs bauen können. Ein Modell wie das des Solidarpakts in Rheinland-Pfalz könnte als Orientierung dienen.

5 Fazit und Ausblick

Die Umsetzung von Windenergieprojekten im Wald ist komplexer als im Offenland und stellt Projektierer und genehmigende Behörden vor zusätzliche Herausforderungen. Dennoch ist in den letzten Jahren der Anteil der Windenergieprojekte im Wald sehr rasant gestiegen. Stand 2010 erst jede 18. neu errichte WEA im Wald, war es beim Zubau 2016 bereits jede vierte. Der Ausbau konzentriert sich hierbei auf sieben Bundesländer: Baden-Württemberg, Bayern, Brandenburg, Hessen, Nordrhein-Westfalen, Rheinland-Pfalz und das Saarland. Rund ein Viertel der gesamten im Wald installierten Leistung befindet sich in Rheinland-Pfalz. In Baden-Württemberg und Brandenburg hat der Zubau im Wald in den letzten zwei, respektive drei Jahren stark zugenommen. In Bayern und Hessen erfolgte ein verstärkter Zubau seit 2013, wobei dieser in Bayern seit 2015 leicht rückläufig ist, in Hessen dagegen 2016 stark zugenommen hat. Die Konzentration des Windkraftausbaus im Wald auf die letzten Jahre hat vor allem drei Gründe: Die Flächenverknappung für Windkraftprojekte im Offenland rückte den aufwändiger zu erschließenden Wald in den Fokus, der Rechtsrahmen für die Erschließung musste auf Landesebene geschaffen werden und der technische Fortschritt der WEA musste soweit voranschreiten, dass auch Waldflächen einen wirtschaftlichen Windertrag liefern können. Die Konzentration des Zubaus in den mitteldeutschen- und süddeutschen Bundesländern liegt vor allem an der bundesweiten Waldverteilung (absolute Fläche und anteilsmäßig) in Relation zum noch vorhandenen Flächenpotential im Offenland.

Bei nahezu einem Drittel Wald bezogen auf die Gesamtfläche Deutschlands besteht generell ein großes Potential für die Realisierung von neuen Waldwindkraftprojekten. Gleichzeitig wird durch das EEG 2017 ein Paradigmenwechsel eingeläutet (vgl. Hook 2018 in diesem Band): Eine jährliche Ausschreibehöchstmenge für die Windenergie setzt faktisch eine Obergrenze für den jährlichen Zubau; die Vergabe erfolgt durch Ausschreibungen. Bereits die erste Ausschreibungsrunde für Windenergie an Land (Mai 2017) zeigte einen intensiven Wettbewerb und lässt vermuten, dass in Zukunft zunehmend die Kostenkalkulation entscheiden wird, welche Projekte realisiert werden. Da Waldwindkraftprojekte kostenintensiver als Offenlandprojekte sind, könnte das ihre Entwickler in Zukunft vor zusätzliche Herausforderungen stellen. Welche Waldwindprojekte in Zukunft realisiert werden, wird zum einen von der Marktentwicklung in Deutschland abhängen, zum anderen aber auch davon, wie mit den planerischen Herausforderungen und zukünftigen Konfliktpotentialen umgegangen werden wird. Denn letztendlich sind neben den politischen Rahmenbedingungen auch Wirtschaftlichkeit und öffentliche Akzeptanz (dazu Eichenauer et al. 2018; Könen, Gryl und Pokraka 2018; Roßmeier, Weber und Kühne 2018; Sontheim und Weber 2018 in diesem Band) entscheidende Erfolgsfaktoren für die die Zukunft der Windenergie in deutschen Wäldern.

Literatur

Agentur für Erneuerbare Energien e. V. (2014). *Holzenergie in Deutschland: Status Quo und Potentiale* (Renews Spezial). Berlin.

Agora Energiewende (2013). *Entwicklung der Windenergie in Deutschland: Eine Beschreibung von aktuellen und zukünftigen Trends und Charakteristika der Einspeisung von Windenergieanlagen.* Kurzstudie. https://www.agora-energiewende.de/fileadmin/Projekte/2012/Agora_Kurzstudie_Entwicklung_der_Windenergie_in_Deutschland_web.pdf. Zugegriffen: 7. Mai 2017.

BauGB (2004). *Baugesetzbuch in der Fassung der Bekanntmachung vom 23. September 2004: BauGB.*

BayBO (2007). *Bayerische Bauordnung (BayBO) in der Fassung der Bekanntmachung vom 14. August 2007: BayBO.*

BaySF (2012). *Die Bayerischen Staatsforsten: Unternehmensportrait.* Regensburg. http://www.baysf.de/fileadmin/user_upload/07-publikationen/Portrait_Bayerische_Staatsforsten.pdf. Zugegriffen: 1. Mai 2017.

BaySF (2017). *Bayerische Staatsforsten: Nachhaltig Wirtschaften.* Regensburg. http://www.baysf.de/de/wald-bewirtschaften/regenerative-energien/wind.html. Zugegriffen: 12. Mai 2017.

BayWaldG (2005). *Waldgesetz für Bayern (BayWaldG): in der Fassung der Bekanntmachung vom 22. Juli 2005.* München. http://www.gesetze-bayern.de/Content/Document/BayWaldG?AspxAutoDetectCookieSupport=1. Zugegriffen: 12. Mai 2017.

BfN (2011). *Windkraft über Wald: Positionspapier*. Berlin. https://www.bfn.de/fileadmin/MDB/documents/themen/erneuerbareenergien/bfn_position_wea_ueber_wald.pdf. Zugegriffen: 30. April 2017.

BLE (2017). Datenbank Naturwaldreservate in Deutschland. https://www.naturwaelder.de/index.php?tpl=home. Zugegriffen: 27. Mai 2017.

BMEL (2016). *Der Wald in Deutschland: Ausgewählte Ergebnisse der dritten Bundeswaldinventur*. Berlin. https://www.bundeswaldinventur.de/fileadmin/SITE_MASTER/content/Dokumente/Downloads/BMEL_Wald_Broschuere.pdf. Zugegriffen: 1. Mai 2017.

BNatSchG (2009). *Gesetz über Naturschutz und Landschaftspflege (Bundesnaturschutzgesetz – BNatSchG): BNatSchG*.

BNetzA (2017). Gemeldete Genehmigungen für Windenergieanlagen an Land. https://www.bundesnetzagentur.de/SharedDocs/Downloads/DE/Sachgebiete/Energie/Unternehmen_Institutionen/ErneuerbareEnergien/Anlagenregister/VOeFF_Anlagenregister/2017_03_Veroeff_AnlReg.xlsx?__blob=publicationFile&v=3. Zugegriffen: 27. Mai 2017.

Bundesregierung (2002). *Gesetz zum Schutz vor schädlichen Umwelteinwirkungen durch Luftverunreinigungen, Geräusche, Erschütterungen und ähnliche Vorgänge (Bundes-Immissionsschutzgesetz – BImSchG): BImSchG*.

Bundesverband WindEnergie e. V. (2011). *Potenzial der Windenergienutzung an Land: Kurzfassung*. Berlin. https://www.wind-energie.de/sites/default/files/download/publication/studie-zum-potenzial-der-windenergienutzung-land/bwe_potenzialstudie_kurzfassung_2012-03.pdf. Zugegriffen: 1. Mai 2017.

Bundesverband WindEnergie e. V. (2013a). *Potenzial der Windenergienutzung an Land: Langfassung*. Berlin: Bundesverband WindEnergie.

Bundesverband WindEnergie e. V. (Hrsg.) (2013b). *Windenergie im Binnenland: Handbuch der Wirtschaftlichkeit und Projektplanung an Binnenlandstandorten*. Berlin: Bundesverband WindEnergie.

BWaldG (1975). *Gesetz zur Erhaltung des Waldes und zur Förderung der Forstwirtschaft (Bundeswaldgesetz)*.

Deutsche WindGuard (2012). *Status des Windenergieausbaus in Deutschland: Zusätzliche Auswertungen und Daten für das Jahr 2012*. Varel. http://www.windguard.de/_Resources/Persistent/8b3511aa74391a517ca880a6898be0a482b4b436/Windenergieausbau-in-Deutschland-2012-12-31-Zusaetzliche-Daten.pdf. Zugegriffen: 7. Mai 2017.

Deutsche WindGuard (2013). *Status des Windenergieausbaus an Land in Deutschland: Zusätzliche Auswertungen und Daten für das Jahr 2013*. Varel. http://www.windguard.de/_Resources/Persistent/f6f5e7aca569902f395b780ad2aa657619a70958/Zusatzauswertung-STATUS-DES-WINDENERGIEAUSBAUS-AN-LAND-IN-DEUTSCHLAND-Jahr-2013.pdf. Zugegriffen: 7. Mai 2017.

Deutsche WindGuard (2014). *Status des Windenergieausbaus an Land in Deutschland: Zusätzliche Auswertungen und Daten für das Jahr 2014*. Varel. http://www.windguard.de/_Resources/Persistent/ce673fd84a433bec200ae1f60e99ff5ecddb65f8/Zusatzauswertung-Status-des-Windenergieausbaus-an-Land-in-Deutschland-Jahr-2014-korr.pdf. Zugegriffen: 7. Mai 2017.

Deutsche WindGuard (2016). *Status des Windenergieausbaus an Land in Deutschland*. Varel. http://www.windguard.de/_Resources/Persistent/2115d8c21604f56bb9efaf62af47504f18df5687/Factsheet-Status-Windenergieausbau-an-Land-2016.pdf. Zugegriffen: 7. Mai 2017.

Dorda, D. (2018). Windkraft und Naturschutz. In O. Kühne & F. Weber (Hrsg.), *Bausteine der Energiewende* (S. 749–772). Wiesbaden: Springer VS.

Eichenauer, E., Reusswig, F., Meyer-Ohlendorf, L., & Lass, W. (2018). Bürgerinitiativen gegen Windkraftanlagen und der Aufschwung rechtspopulistischer Bewegungen. In O. Kühne & F. Weber (Hrsg.), *Bausteine der Energiewende* (S. 633–651). Wiesbaden: Springer VS.

Einig, K., Heilmann, J., & Zaspel, B. (2011). Wie viel Platz die Windkraft braucht. *Neue Energie* (08), 34–37.

Ewald, J., Rothe, A., Hansbauer, M., Schumann, C., Wilnhammer, M., Schönfeld, F., et al. (2017). *Energiewende und Waldbiodiversität*. Bonn: Deutschland/Bundesamt für Naturschutz.

FA Wind (2017). *Entwicklung der Windenergie im Wald – Ausbau, planerische Vorgaben und Empfehlungen für Windenergiestandorte auf Waldflächen in den Bundesländern*. Berlin.

Fachagentur Nachwachsende Rohstoffe e. V. (2014). *Netzwerke in Bioenergieregionen: Politisch-gesellschaftliche Begleitforschung zum Bundeswettbewerb*. Rostock.

ForstBW (2017). *Windkraftanlagen im Wald*. http://www.forstbw.de/produkte-angebote/windkraftanlagen-im-wald/. Zugegriffen: 12. Mai 2017.

Freistaat Sachsen (2013). *Landesentwicklungsplan 2013*. Dresden. http://www.landesentwicklung.sachsen.de/download/Landesentwicklung/LEP_2013.pdf. Zugegriffen: 15. Mai 2017.

Geßner, J., & Genth, M. (2012). Windenergie im Wald? – Besonderheiten des Genehmigungsverfahrens am Beispiel des brandenburgischen Landesrechts: NuR (2012) 34: 161–165. *NuR* (34), 161–165.

Grünkorn, T., Blew, J., Coppack, T., Krüger, Oliver, Nehls, Georg, Potiek, A., Reichenbach, M., et al. (2016). *Ermittlung der Kollisionsraten von (Greif)Vögeln und Schaffung planungsbezogener Grundlagen für die Prognose und Bewertung des Kollisionsrisikos durch Windenergieanlagen (PROGRESS): Schlussbericht zum durch das Bundesministerium für Wirtschaft und Energie (BMWi) im Rahmen des 6. Energieforschungsprogrammes der Bundesregierung geförderten Verbundvorhaben PROGRESS*. Sabrina Weitekamp, Hanna Timmermann. http://bioconsult-sh.de/site/assets/files/1560/1560-1.pdf. Zugegriffen: 29. Mai 2017.

Hau, E. (2016). *Windkraftanlagen: Grundlagen. Technik. Einsatz. Wirtschaftlichkeit.* Berlin, Heidelberg: Springer.
Hessischer Energiegipfel (2011). *Abschlussbericht des Hessischen Energiegipfels vom 10. November 2011.* https://www.energieland.hessen.de/pdf/abschlussbericht_energiegipfel_2011.pdf. Zugegriffen: 23. Mai 2017.
HMLUEV (2012a). *Erlass an den Landesbetrieb Hessen-Forst zur Nutzung von Flächen im Staatswald: Umweltministerin zu Besuch im Windpark „Schelder Wald".* Wiesbaden.
HMLUEV (2012b). *Leitfaden Berücksichtigung der Naturschutzbelange bei der Planung und Genehmigung von Windkraftanlagen (WKA) in Hessen.* Wiesbaden. https://www.energieland.hessen.de/mm/WKA-Leitfaden.pdf. Zugegriffen: 23. Mai 2017.
Hook, S. (2018). ‚Energiewende': Von internationalen Klimaabkommen bis hin zum deutschen Erneuerbaren-Energien-Gesetz. In O. Kühne & F. Weber (Hrsg.), *Bausteine der Energiewende* (S. 21–54). Wiesbaden: Springer VS.
Könen, D., Gryl, I., & Pokraka, J. (2018). Zwischen ‚Windwahn', Interessenvertretung und Verantwortung: Bürger*innenbeteiligung am Beispiel Windkraft im Spiegel von Neocartography und Spatial Citizenship. In O. Kühne & F. Weber (Hrsg.), *Bausteine der Energiewende* (S. 207–230). Wiesbaden: Springer VS.
Kühne, O., & Weber, F. (2018). Bausteine der Energiewende – Einführung, Übersicht und Ausblick. In O. Kühne & F. Weber (Hrsg.), *Bausteine der Energiewende* (S. 3–19). Wiesbaden: Springer VS.
Landesregierung Baden-Württemberg (1995). *Waldgesetz für Baden-Württemberg v. 31. August 1995: LWaldG BW.*
Landesregierung Baden-Württemberg (2015). *Waldgesetz für Baden-Württemberg v. 23. 06. 2015: LWaldG BW.*
Landesregierung Baden-Württemberg (2016). *Baden-Württemberg gestalten: Verlässlich, Nachhaltig, Innovativ.: Koalitionsvertrag zwischen Bündnis 90/Die Grünen Baden-Württemberg und der CDU Baden-Württemberg 2016–2021.* Stuttgart. https://www.baden-wuerttemberg.de/fileadmin/redaktion/dateien/PDF/160509_Koalitionsvertrag_B-W_2016-2021_final.PDF. Zugegriffen: 12. Mai 2017.
Landesregierung Hessen (2013). *Zweite Verordnung über die Änderung des Landesentwicklungsplans Hessen 2000 (Gesetz- und Verordnungsblatt für das Land Hessen 13).* Wiesbaden. https://landesplanung.hessen.de/sites/landesplanung.hessen.de/files/content-downloads/GVBl-10-2013-zweite-Verordnung.pdf. Zugegriffen: 23. Mai 2017.
Landesregierung Rheinland-Pfalz (2016). *Koalitionsvertrag: Sozial gerecht – wirtschaftlich stark – ökologisch verantwortlich Rheinland-Pfalz auf dem Weg ins nächste Jahrzehnt.* https://www.rlp.de/fileadmin/rlp-stk/pdf-Dateien/Koalitionsvertrag_RLP.pdf. Zugegriffen: 14. Mai 2017.

Landesregierung Saarland (2011). *Verordnung über die 1. Änderung des Landesentwicklungsplans, Teilabschnitt „Umwelt (Vorsorge für Flächennutzung, Umweltschutz und Infrastruktur)" betreffend die Aufhebung der landesplanerischen Ausschlusswirkung der Vorranggebiete für Windenergie* (Amtsblatt 2011, S. 342 ff.). Saarbrücken. http://sl.juris.de/cgi-bin/landesrecht.py?d=http://sl.juris.de/sl/LEntwPlanUmwAendV_SL_1_Anlage-G3.htm. Zugegriffen: 15. Mai 2017.

Landesregierung Saarland (2017). *Für die Zukunft unseres Landes. Solide wirtschaften – mutig gestalten – mehr investieren: Koalitionsvertrag für die 16. Legislaturperiode des Landtags des Saarlandes.* https://www.spd-saar.de/wp-content/uploads/2016/08/Koalitionsvertrag_CDU_SPD_2017-2022.pdf. Zugegriffen: 31. Mai 2017.

Landesregierung Sachsen-Anhalt (2016). *Landeswaldgesetz Sachsen-Anhalt v. 25. 02. 2016: LWaldG.*

Landesregierung Schleswig-Holstein (2016). *Waldgesetz für das Land Schleswig-Holstein: LWaldG.*

Landesregierung Thüringen (2014). *Thüringen Gemeinsam Voranbringen – Demokratisch, Sozial, Ökologisch: Koalitionsvertrag zwischen den Parteien Die Linke, SPD, Bündnis 90/Die Grünen für die 6. Wahlperiode des Thüringer Landtag.* https://gruene-thueringen.de/sites/gruene-thueringen.de/files/r2g-koalitionsvertrag-final.pdf. Zugegriffen: 7. Mai 2017.

MEIL (2012). *Anlage 3 der Richtlinie zum Zwecke der Neuaufstellung, Änderung und Ergänzung Regionaler Raumentwicklungsprogramme in Mecklenburg-Vorpommern: Hinweise zur Festlegung von Eignungsgebieten für Windenergieanlagen.* service.mvnet.de/_php/download.php?datei_id=56723. Zugegriffen: 23. Mai 2017.

MKULNV (2012). *Leitfaden Rahmenbedingungen für Windenergieanlagen auf Waldflächen in Nordrhein-Westfalen.* Düsseldorf. http://www.energiewende-naturvertraeglich.de/index.php%3Fid=721&tx_fedownloads_pi2[download]=5451. Zugegriffen: 15. Mai 2017.

MLUL Brandenburg (2011). *Beachtung naturschutzfachlicher Belange bei der Ausweisung von Windeignungsgebieten und bei der Genehmigung von Windenergieanlagen.* Potsdam. http://www.mlul.brandenburg.de/sixcms/media. Zugegriffen: 21. Mai 2017.

MLUL Brandenburg (2014). *Leitfaden des Landes Brandenburg für Planung, Genehmigung und Betrieb von Windkraftanlagen im Wald: unter besonderer Berücksichtigung des Brandschutzes.* Potsdam. http://www.mlul.brandenburg.de/media_fast/4055/lf_wka_wald.pdf. Zugegriffen: 22. Mai 2017.

Moning, C. (2018). Energiewende und Naturschutz – Eine Schicksalsfrage auch für Rotmilane. In O. Kühne & F. Weber (Hrsg.), *Bausteine der Energiewende* (S. 331–344). Wiesbaden: Springer VS.

MUEV (2011). *Neue Energien für den Zukunftsstandort Saarland: Masterplan für eine nachhaltige Energieversorgung im Saarland.* Saarbrücken. http://www.saarland.de/dokumente/thema_energie/Masterplan_Energie_Langfassung_Internet-PDF.pdf. Zugegriffen: 15. Mai 2017.

MUV (2015). *Windenergieanlagen im Staatswald.* Saarbrücken. http://www.saarland.de/dokumente/thema_energie/Windenergieanlagen_im_Staatswaldppt-04-02-2015.pdf. Zugegriffen: 15. Mai 2017.

MWKEL (2013). *Windenergie und Kommunen: Leitfaden für die kommunale Praxis.* Mainz. https://mueef.rlp.de/fileadmin/mulewf/Publikationen/Windenergie_und_Kommunen.pdf. Zugegriffen: 13. Mai 2017.

MWKEL (2014). *Teilfortschreibung LEP IV – Erneuerbare Energien.* https://mdi.rlp.de/fileadmin/isim/Unsere_Themen/Landesplanung_Abteilung_7/Landesplanung/1._Teilfortschreibung_LEP_IV_-_Erneuerbare_Energien.pdf. Zugegriffen: 13. Mai 2017.

MWKEL, FM, MUEEF, & MdI (2013). *Hinweise für die Beurteilung der Zulässigkeit der Errichtung von Windenergieanlagen in Rheinland-Pfalz (Rundschreiben Windenergie).* Mainz. https://mwvlw.rlp.de/fileadmin/mwkel/Rundschreiben_28_05_2013_.pdf. Zugegriffen: 22. Mai 2017.

NMU (2016). *Planung und Genehmigung von Windenergieanlagen an Land (Windenergieerlass)* (7/2016). Nds. MBl. http://www.umwelt.niedersachsen.de/download/96713/Planung_und_Genehmigung_von_Windenergieanlagen_an_Land_in_Niedersachsen_und_Hinweise_fuer_die_Zielsetzung_und_Anwendung_Windenergieerlass_Ministerialblatt_vom_24.02.2016_.pdf. Zugegriffen: 10. Mai 2017.

Reichenbach, M., Brinkmann, Robert, Köppel, Johann., Menke, K. e., Ohlenburg, H., Reers, H., Steinborn, H., et al. (2015). *Bau- und Betriebsmonitoring von Windenergieanlagen im Wald: Abschlussbericht 30. 11. 2015.* Erstellt im Auftrag des Bundesministeriums für Wirtschaft und Energie.. Oldenburg. www.arsu.de/sites/default/files/projekte/wiwa_abschlussbericht_2015.pdf. Zugegriffen: 29. Mai 2017.

Roßmeier, A., Weber, F., & Kühne, O. (2018). Wandel und gesellschaftliche Resonanz – Diskurse um Landschaft und Partizipation beim Windkraftausbau. In O. Kühne & F. Weber (Hrsg.), *Bausteine der Energiewende* (S. 653–679). Wiesbaden: Springer VS.

RPG Havelland-Fläming (2015). *Regionalplan „Havelland-Fläming 2020"* (Amtsblatt für Brandenburg 26/43). Potsdam. http://www.havelland-flaeming.de/media/files/Amt-43_2015_web.pdf. Zugegriffen: 22. Mai 2017.

RPG Lausitz-Spreewald (2016). *Regionalplan „Windenergienutzung" der Regionalen Planungsgemeinschaft Lausitz-Spreewald* (Amtsblatt für Brandenburg 27/14). Potsdam. https://bravors.brandenburg.de/br2/sixcms/media.php/76/Amtsblatt%2024_16.pdf. Zugegriffen: 22. Mai 2017.

RPG Oderland-Spree (2004). *Regionalplan Oderland-Spree Sachlicher Teilregionalplan „Windenergienutzung"* (Amtsblatt für Brandenburg 15/15). Potsdam. http://www.rpg-oderland-spree.de/Oeffentliche_Bekanntmachung_Windplan_%202004.pdf. Zugegriffen: 22. Mai 2017.

RPG Oderland-Spree (2017). *Regionalplan Oderland-Spree Fortschreibung Sachlicher Teilregionalplan „Windenergienutzung": 3. Entwurf.* Beeskow. http://www.rpg-oderland-spree.de/Textteil.pdf. Zugegriffen: 22. Mai 2017.

RPG Prignitz-Oberhavel (2003). *Regionalplan Prignitz – Oberhavel Sachlicher Teilplan „Windenergienutzung"* (Amtsblatt für Brandenburg 14/36). Neuruppin. http://www.prignitz-oberhavel.de/fileadmin/dateien/dokumente/regionalplanung/ReP_Wind/plan_2003_satzung.pdf. Zugegriffen: 22. Mai 2017.

RPG Uckermark-Barnim (2016). *Regionalplan Uckermark-Barnim, Sachlicher Teilplan „Windnutzung, Rohstoffsicherung und -gewinnung"* (Amtsblatt für Brandenburg 27/43). Potsdam. https://bravors.brandenburg.de/br2/sixcms/media.php/76/Amtsblatt%20 43_16.pdf. Zugegriffen: 22. Mai 2017.

SaarForst (2017). *Windenergieanlagen im Staatswald.* Saarbrücken. http://www.saarforst.de/windenergieanlagen-im-staatswald. Zugegriffen: 15. Mai 2017.

Schrödter, W. (2015). Die Planung von Windkraftanlagen in Wäldern unter besonderer Berücksichtigung der waldrechtlichen Eingriffsregelungen. *ZNER* (5), 413–424.

Schwarzenberg, L., Ruß, S., & Sailer, F. (2016). Aktuelle Entwicklungen im Bereich der Windenergieerlasse der Länder. *Würzburger Berichte zum Umweltenergierecht* (19).

Senat Bremen (2014). *Anhang zur Begründung zum Flächennutzungsplan Bremen: Windenergiekonzept Bremen.* Bremen. http://downloads.fnp-bremen.de/20141204/Anhangband_20141204.pdf. Zugegriffen: 23. Mai 2017.

Senat Hamburg (2013). *Einhundertdreiunddreißigste Änderung des Flächennutzungsplans für die Freie und Hansestadt Hamburg v. 17. 12. 2013: Anlage 1.1 „Ausschlussgebiete für Windkraftanlagen in Hamburg"* (HmbGVBl). Hamburg. www.hamburg.de/content blob/2642064/data/f-xx-xx-windenergieanlagen-ausschlussgebiete.pdf. Zugegriffen: 23. Mai 2017.

Senat von Berlin (2015). *Flächennutzungsplanung für Berlin* (FNP-Bericht 2015). Berlin. http://www.stadtentwicklung.berlin.de/planen/fnp/pix/bericht/fnpbericht15.pdf. Zugegriffen: 23. Mai 2017.

Senat von Berlin, & Landesregierung Brandenburg (2015). *Landesentwicklungsplan Berlin-Brandenburg (LEP B-B) v. 27. 05. 2015,* (GVBl. II/15 24). Berlin. https://bravors.brandenburg.de/verordnungen/lepbb_2009. Zugegriffen: 21. Mai 2017.

Sontheim, T., & Weber, F. (2018). Erdverkabelung und Partizipation als mögliche Lösungswege zur weiteren Ausgestaltung des Stromnetzausbaus? Eine Analyse anhand zweier Fallstudien. In O. Kühne & F. Weber (Hrsg.), *Bausteine der Energiewende* (S. 609–630). Wiesbaden: Springer VS.

StMI, StMELF, KM, StMFLH, StMWi, & StMUV (2011). *Hinweise zur Planung und Genehmigung von Windkraftanlagen (WKA): Gemeinsame Bekanntmachung der Bayerischen Staatsministerien des Innern, für Wissenschaft, Forschung und Kunst, der Finanzen, für Wirtschaft, Infrastruktur, Verkehr und Technologie, für Umwelt und Gesundheit sowie für Ernährung, Landwirtschaft und Forsten vom 20. Dezember 2011.* München. https://www.verkuendung-bayern.de/files/allmbl/2012/01/anhang/2129.1-UG-448-A001_PDFA.pdf. Zugegriffen: 31. Mai 2017.

StMI, StMELF, KM, StMFLH, StMWi, & StMUV (2016). *Hinweise zur Planung und Genehmigung von Windenergieanlagen (WEA): (Windenergie-Erlass – BayWEE)*. München. https://www.stmwi.bayern.de/fileadmin/user_upload/stmwivt/Publikationen/2016/Windenergie-Erlass_2016.pdf. Zugegriffen: 12. Mai 2017.

StMWi (2015). *Bayerisches Energieprogramm: Für eine sichere, bezahlbare und umweltverträgliche Energieversorgung*. https://www.stmwi.bayern.de/fileadmin/user_upload/stmwi/Publikationen/2015/2015-21-10-Bayerisches_Energieprogramm.pdf. Zugegriffen: 12. Mai 2017.

Thünen-Institut (2016). Dritte Bundeswaldinventur (2012) – Ergebnisdatenbank: Waldfläche [ha] nach Land und Waldspezifikation. Jahr 2012. https://bwi.info. Zugegriffen: 7. April 2017.

TMIL (2016). *Erlass zur Planung von Vorranggebieten „Windenergie", die zugleich die Wirkung von eignungsgebieten haben (Windenergieerlass)*. Erfurt. https://www.thueringen.de/mam/th9/tmblv/landesentwicklung/windenergie/windenergieerlass_vom_21.6.2016_1_.pdf. Zugegriffen: 7. Mai 2017.

UM, MLR, VM, & MFW (2012). *Windenergieerlass Baden-Württemberg*. Stuttgart. https://wm.baden-wuerttemberg.de/fileadmin/redaktion/m-mvi/intern/Dateien/PDF/Windenergieerlass_120509.pdf. Zugegriffen: 12. Mai 2017.

UM NRW, MBWSV NRW, & Staatskanzlei NRW (2015). *Erlass für die Planung und Genehmigung von Windenergieanlagen und Hinweise für die Zielsetzung und Anwendung (Windenergie-Erlass)*. Düsseldorf. https://www.umwelt.nrw.de/fileadmin/redaktion/PDFs/klima/windenergieerlass.pdf. Zugegriffen: 15. Mai 2017.

Umweltbundesamt (2013). *Potential der Windenergienutzung an Land: Studie zur Ermittlung des bundesweiten Flächen- und Leistungspotential der Windenergie nutzung an Land*. Dessau-Roßlau. https://www.umweltbundesamt.de/sites/default/files/medien/378/publikationen/potenzial_der_windenergie.pdf. Zugegriffen: 1. Mai 2017.

Umweltbundesamt (2017). *Erneuerbare Energien in Deutschland Daten zur Entwicklung im Jahr 2016*. Dessau-Roßlau. https://www.umweltbundesamt.de/sites/default/files/medien/376/publikationen/erneuerbare_energien_in_deutschland_daten_zur_entwicklung_im_jahr_2016.pdf. Zugegriffen: 1. Mai 2017.

UVPG (1990). *Gesetz über die Umweltverträglichkeitsprüfung (UVPG)*.

Wald und Holz NRW (2017). *Windenergie im Wald*. https://www.wald-und-holz.nrw.de/wald-in-nrw/windenergie/. Zugegriffen: 15. Mai 2017.

Zaspel-Heisters, B. (2015). *Steuerung der Windenergie durch die Regionalplanung – gestern, heute, morgen* (BBSR Analysen Kompakt 09). http://www.bbsr.bund.de/BBSR/DE/Veroeffentlichungen/AnalysenKompakt/2015/DL_09_2015.pdf?__blob=publicationFile&v=3. Zugegriffen: 23. Mai 2017.

Danksagung

Dieses Kapitel ist im Rahmen eines halben Forschungsfreisemesters entstanden, das von der Hochschule Weihenstephan-Triesdorf dankenswerter Weise genehmigt worden ist. Ebenfalls danken möchte ich der Fachagentur Windenergie an Land, insbesondere Herrn Jürgen Quentin, für die Bereitstellung von und Beratung zu Originaldaten.

Anne Kress lehrt seit 2013 an der Hochschule Weihenstephan-Triesdorf ‚Windenergie'. Sie beschäftigt sich mit alternativen Vermarktungsmöglichkeiten von Windstrom, Optimierung von Betrieb und Wartung von Windkraftanlagen sowie dem Einsatz neuer Lehrmethoden in den MINT-Fächern.

Windkraft und Naturschutz

Dieter Dorda

Abstract

Das Thema ‚Windkraft und Naturschutz' ist ein vielseitiges und spannendes, aber auch eines mit viel Diskussionspotential. Für die einen ist Windkraft das Nonplusultra, für die anderen ist Windkraft dagegen schon fast eine persönliche Bedrohung. Zum Thema ‚Windkraft' hat sich seit den 2000er Jahren die Anzahl an wissenschaftlichen Publikationen mehr als verzehnfacht. Grund dafür ist eine wohl einmalige Forschungsdichte zu diesem Thema.

Eine hohe Hürde im Genehmigungsverfahren sind die aus dem Bundesnaturschutzgesetz BNatSchG resultierenden artenschutzrechtlichen Verbotstatbestände, welche letztlich aber „händelbar" sind. Problematischer ist es dagegen bei dem mit der Errichtung von Windenergieanlagen (WEA) verbundenen Eingriff in das Landschaftsbild, welcher nach dem BNatSchG ausgeglichen werden muss. Die aktuelle Literatur geht davon aus, dass Beeinträchtigungen des Landschaftsbildes durch WEA praktisch nicht ausgeglichen oder ersetzt werden können. Ersatzgeldzahlungen sind eine Option. Angesichts der Fülle an Bewertungsmodellen wird bundesweit der Ruf nach einer einheitlichen Bundeskompensationsverordnung laut.

Es ist fraglich, ob WEA unbedingt auch in geschlossenen Waldgebieten aufgestellt werden sollen, denn die dazu notwendige Infrastruktur (Baustraßen, Zuwegung) bedeutet immer auch eine Zerschneidung dieses Lebensraumes und durch Zuwanderung nicht waldgebundener Arten eine Verfremdung.

Keywords

Landschaftsplanung als Steuerungs-Instrument, Ausschlussgebiete und Konzentrationszonen, Plan-Vorbehalt, windkraftsensible Arten, Artenschutzrechtliche Verbotstatbestände, Landschaftsbild, Landschaftsbildbewertung, Bundeskompensationsverordnung, Windkraft im Wald

1 Einleitung und Problemaufriss

Der Atomausstieg und die Förderung regenerativer Energien treffen unsere Gesellschaft und sind Ursache für manch hitzig geführte Diskussion. Denn dass das Thema ‚Windkraft' einmal die öffentliche Diskussion so beherrschen wird, war zu Beginn kaum vorstellbar. Als 1992 in Rio de Janeiro sowohl die Klima-Konvention als auch die Biodiversitäts-Konvention verabschiedet wurden, ahnte niemand, wie anspruchsvoll es sein wird, einmal beiden Konventionen gerecht zu werden (vgl. Köppel 2017, S. 36).

‚Windkraft und Naturschutz mögen sich nicht'. Diesen Eindruck bekommt man, setzt man sich mit den Argumenten der Vogelschützer(innen) auseinander, wenn es um deren Vorzeige-Art ‚Rotmilan' geht (vgl. auch Moning 2018 in diesem Band). Da sind die Artenschützer(innen), für die der Betrieb von Windenergie-Anlagen nicht tolerabel ist, finden dadurch doch so viele Vögel den Tod. Und da sind die Bewahrer der Kulturlandschaft für die Windkraft schlicht zu einer ‚Verspargelung der Landschaft' führt und das Landschaftsbild unwiederbringlich verloren geht. Andere – Umweltschützer(innen) – finden bei den mastenartigen Eingriffen in das Landschaftsbild durch WindEnergieAnlagen (WEA) nichts Verwerfliches und verstehen die Aufgeregtheit nicht, angesichts einer doch ungleich höheren, potenziellen Bedrohung des Lebens, z. B durch Atomkraft oder aber auch ganz allgemein durch die Klimaveränderung infolge der Verbrennung fossiler Rohstoffe.

Auf der einen Seite besteht in Deutschland weiterhin eine große Zustimmung zur Energiewende. Auf der anderen Seite bilden neue Bauvorhaben in Teilen den Auslöser für Kritik durch die betroffene Bevölkerung vor Ort (vgl. Weber und Jenal 2016, S. 377 sowie Eichenauer et al. 2018; Könen et al. 2018; Roßmeier et al. 2018; Sontheim und Weber 2018 in diesem Band). Für die einen sind WEA nicht nur kaum wahrnehmbare Veränderungen, sie sind sogar das Nonplusultra, um ökologisch sauber und günstig Strom zu erzeugen. „Denn der Wind schickt ja keine Rechnungen", wie die Befürworter sagen. Für die Anderen sind WEA dagegen fast schon eine persönliche Bedrohung (vgl. Ratzbor 2014, Warscheid 2017).

Eine allumfassende Meinung des Naturschutzes zum Thema ‚Windkraft' gibt es also nicht. Vielmehr gehen die Meinungen der Naturschützer zum Thema ‚Windkraft' weit auseinander und reichen von emotionsloser Zustimmung bis hin zu vorbehaltsloser Ablehnung. Irgendwo dazwischen findet sich die unaufgeregte Masse derer, die die Windkraft (mangels Alternativen) akzeptiert bzw. zumindest mal nicht vorbehaltlos ablehnt. Eigentlich überrascht das, denn in der Summe wäre vom Naturschutz doch mehr Zustimmung als Ablehnung zu erwarten, geht es bei dem Naturschutz doch auch um Nachhaltigkeit und den ökologischen Fußabdruck und damit um die Frage, welche Bürde die vorausgehende Generation der ihr nachfolgenden auferlegt.

Vor dem Hintergrund des Klimawandels ist der Ausbau der Windenergie als Teil der Energiewende sowohl eine vielversprechende als auch herausfordernde Aufgabe (vgl. auch Biehl et al. 2017, S. 63) und das Thema ‚Windkraft und Naturschutz' ist ein vielseitiges und spannendes – aber auch eines mit der ‚Lizenz' zu polarisieren.

Vorliegender Artikel behandelt das Thema aus verschiedenen Blickwinkeln. Es wird Wert darauf gelegt, festzustellen, dass alle Ausführungen ihre Begründung im Gesetz wieder finden. Es handelt sich also um Pflichtaufgaben. Eingangs wird die Landschaftsplanung als Steuerungsinstrument vorgestellt. Über Ausschlussgebiete und Konzentrationszonen nimmt der Artikel Bezug auf die windkraftsensiblen Arten und behandelt die aus dem BNatSchG resultierenden Verbotstatbestände. Wichtig bei dieser Betrachtung sind die Abstandsempfehlungen. Am Beispiel der Artengruppe der Vögel und Fledermäuse werden Algorithmen vorgestellt, die den Betrieb von WEA genehmigungsfähig werden lassen. Der Artikel misst der Betrachtung des Landschaftsbildes eine große Rolle bei. Bemerkenswert ist die Feststellung: auch bei Diskussion der aktuellen Literatur, wonach keine Maßnahmen denkbar sind, die eine (Landschaftsbild-)Störung ausgleichen können.

2 Das Thema ‚Windkraft und Naturschutz' im fachlichen Konsens

Polarisieren, d.h. den Pfad der fachlichen Tugend verlassen, sollte man nicht, insbesondere dann, wenn man einen wissenschaftlichen Anspruch hat. Versucht man das Thema planungsrechtlich zu beleuchten, ist festzustellen, dass dies nur auf einer sachlichen Ebene funktionieren kann – ohne jegliche Wertung und auch ohne jegliches subjektive Empfinden.

Eine fachliche Gliederung, welche im Folgenden auch für den vorliegenden Beitrag herangezogen wird, liefert das Bundesnaturschutzgesetz (BNatSchG) und zwar hier die §§ 8–12, 14, 19 und 44. Im § 44 z.B. werden artenschutzrechtliche Verbotstatbestände angesprochen, § 14 behandelt die Eingriffsregelung, § 19 das Umweltschadensrecht und in den §§ 8–12 wird ganz allgemein das Verhältnis zwischen Naturschutz und Landschaftsplanung abgehandelt. Letzteres soll nachfolgend als Einstieg in das Thema ‚Windkraft und Naturschutz' dienen.

2.1 Die Landschaftsplanung als Steuerungs-Instrument

Die planerische Steuerung der Ansiedlung von Windenergieanlagen im Außenbereich gehört mit zu den komplexesten Materien des Raumordnungs- und Bauplanungsrechts (Blessing 2017, S. 1).

Die Landschaftsplanung (Regionalplanung) ist das Instrument zur Steuerung der Windkraft. Sie gibt vor, wo – im Binnenland – Windkraft-Räder hinkommen können und wo nicht. Im Mittelpunkt der Betrachtung steht dabei eine Beurteilung der *Windhöffigkeit,* also der Bereiche, die grundsätzlich für Windkraft-Räder geeignet sind.

Von einer hohen Windhöffigkeit ist bei Standorten die Rede, welche eine mittlere jährliche Windgeschwindigkeit zwischen 5,8 m/s und 6,0 m/s in 100 Meter Höhe aufweisen. Um z. B. den Kommunen, welche nach der Neuauflage des LEP-Umwelt für die Ausweisung von Windkraft-Standorten zuständig sind, Hinweise zu potentiellen Standorten künftiger WEA-Anlagen zu geben, hat das Ministerium für Umwelt, Energie und Verkehr im Saarland eine Windpotenzial-Studie herausgegeben. Darin werden die windhöffigen Standorte kartiert, aufgeteilt in Windklassen zwischen 5,5 m/s und 6,5 m/s (vgl. AL-Pro 2011).

2.2 Ausschlussgebiete und Konzentrationszonen

Die Flächen, die für die Errichtung von WEA grundsätzlich in Frage kommen, ergeben sich aus den Bereichen, die über ein für die Windenergie-Nutzung mindestens ausreichendes Potential verfügen, abzüglich der Flächen, die für WEA grundsätzlich nicht in Frage kommen; das sind die sog. „Ausschluss- oder Tabu-Flächen" (= Harte Tabuzonen).

Im Saarland z. B. gelten für WEA folgende Ausschlussgebiete:

- Vorranggebiete für Naturschutz und Hochwasserschutz
- Vorranggebiete für Freiraumschutz, Forschung und Entwicklung
- Naturschutzgebiete (NSG)
- Natura-2000-Gebiete
- Kern- und Pflegezonen des Biosphärenreservates Bliesgau
- Geschützte Landschaftsbestandteile (GLB)
- Flächen mit hoher und sehr hoher Bedeutung gemäß Landschaftsprogramm Saar

Ausdrücklich nicht genannt sind im Saarland ‚Waldgebiete', wenngleich hier die Ansichten bundesweit auseinandergehen. Auch die beiden großen Naturschutzverbände BUND und NABU tun sich bei der Einordnung schwer. „Das eine ist das Naturschutz-Herz und das andere ist das Klimaschutz-Herz", benennt z. B. BUND-Landeschef Saar Christoph Hassel die zwei Herzen, die beim Thema Windkraft in seiner Brust schlagen (vgl. Sponholz 2017).

Nach Blessing (2017) sind Waldgebiete grundsätzlich keine harten Tabuzonen. Allerdings geht es hier weniger um Artenschutz. Denn die Errichtung von WEA im Wald bedeutet immer auch eine Störung – infolge des notwendigen Anlegens von Erschließungswegen. Ökologisch betrachtet bedeutet dies: Zerschneidung. Zerschneidungseffekte sind für geschlossene Waldgebiete aber negativ zu sehen, weshalb grundsätzlich zu überlegen ist, ob WEA unbedingt auch in Waldgebieten aufgestellt werden sollen (zum Thema auch Kress 2018 in diesem Band).

Unter Beachtung der Ausschlussgebiete ergeben sich schließlich die sog. *Konzentrationszonen*, welche in einem Flächennutzungsplan als *‚Sondergebiete Windenergie'* dargestellt werden können. Die Kommunen haben dabei die Möglichkeit, einen *Teilflächen-Nutzungsplan ‚Windenergie'* aufzustellen, über den sich die Errichtung von WEA in einer Kommune steuern lässt. Dieser Schritt ist insbesondere vor dem Hintergrund des § 35 Abs. 3 Satz 3 BauGB von Bedeutung, weil sich darüber auch WEA an anderen Stellen ausschließen lassen (sog. ‚Plan-Vorbehalt'). Mit Hilfe des Planvorbehalts kann die Ansiedlung von Windenergieanlagen im Außenbereich gesteuert werden (vgl. Blessing 2017, S. 4).

Die Standortwahl von Windparks (im internationalen Sprachgebrauch: ‚*Macro-Siting*') und die konkrete Verortung der einzelnen Windkrafträder (im internationalen Sprachgebrauch: ‚*Micro-Siting*') können also entscheidend zur Vermeidung negativer Effekte beitragen (vgl. Biehl et al. 2017). Mit der Ausweisung von Konzentrationszonen *(= Macro-Siting)* endet die vorbereitende Planung im Zusammenhang mit der Suche nach geeigneten Standorten für WEA. Spannend, weil planerisch konkret, wird es dann, wenn es um die verbindliche Planung (Verortung = *Micro-Siting*) des Standortes geht.

Aus immissionsschutzrechtlicher Sicht ist die Einhaltung eines Mindestabstandes zu Wohnhäusern zu beachten. In Bayern z. B. gilt die ‚10H-Regel' (Mindestabstand des Zehnfachen der Nabenhöhe). Im Saarland dagegen gibt es keinen festgelegten Mindestabstand. Hier ergibt sich der Abstand aus dem Immissionsschutz, der bei der Genehmigung eine wichtige Rolle spielt und 40 Dezibel (nachts) bzw. 55 Dezibel (tags) nicht überschreiten darf (vgl. Ernst 2017). Aus naturschutzfachlicher Sicht kommen schließlich *Abstandsempfehlungen* für *windkraftsensible* Arten zum Tragen. Je geringer die Überlagerung des Aktionsraumes eines Individuums bzw. Brutpaares mit dem Windpark ist, desto geringer ist auch das Kollisionsrisiko. Daher werden Abstandsempfehlungen meist auf Basis artspezifischer Aktionsradien windkraftsensibler Arten formuliert (vgl. Biehl et al. 2017).

Was bedeutet nun „windkraftsensibel"?

2.3 Windkraftsensible Arten

Theoretisch betroffen sind alle Arten aus allen Artengruppen, die in irgendeiner Weise von WEA beeinträchtigt sind. Dies müssen nicht unbedingt nur fliegende, also vertikal orientierte Artengruppen sein, es können auch horizontal agierende Arten, mit einem großen Raumanspruch wie z. B. Wildkatze, Luchs usw. sein. Bei diesen Arten kommen in erster Linie Zerschneidungseffekte zum Tragen, z. B. durch die Anlage von Zufahrtswegen zu den Windkraft-Standorten, denn die WEA müssen ja auch gewartet werden. Allerdings – so richtig relevant sind eher Arten, die den Luftraum nutzen, also Vögel und Fledermäuse, denn diese kommen beim Betrieb von WEA am ehesten zu Schaden.

2.4 Die artenschutzrechtlichen Belange

Windkraft und Naturschutz treffen sich insbesondere beim § 44 BNatSchG, welcher artenschutzrechtliche Vorgaben macht, im Zusammenhang mit dem Tötungsverbot (§ 44 Abs. 1), dem Störungsverbot (§ 44 Abs. 2) und dem Zugriffsverbot (§ 44 Abs. 3). Die aus dem § 44 BNatSchG resultierenden Vorgaben sind die zentralen Punkte bei der Zulassung von Windkraft-Vorhaben. So stellen im Genehmigungsverfahren die in § 44 BNatSchG geregelten artenschutzrechtlichen Verbote ein regelmäßig auftretendes und oft nur schwer zu lösendes Problem dar (vgl. Blessing 2017). Bei Nichtbeachtung droht ein Verstoß gegen die gesetzlichen Vorgaben und damit ein Planungsschaden. Denn nach der Rechtsprechung handelt es sich bei artenschutzrechtlichen Verboten zugleich auch um bauplanungsrechtliche Belange des Naturschutzes (Blessing 2017, S. 118).

Genauer betrachtet handelt es sich bei dem § 44 um folgendes:

- Tötungs- u. Störungsverbot besonders bzw. streng geschützter Arten,
- Beschädigungs- und Zerstörungsverbot derer Fortpflanzungs- u. Ruhestätten,
- Beschädigungs- und Zerstörungsverbot von besonders geschützten Pflanzen und ihrer Standorte,
- Legalausnahmen für zulässige Eingriffe gem. § 15 BNatSchG und Vorhaben im Sinne des § 18 Abs. 2 Satz 1 BNatSchG, die nach den Vorschriften des BauGB zulässig sind.

Werden WEA geplant, ist gemäß den artenschutzrechtlichen Vorgaben des BNatSchG zu prüfen, ob Verbotstatbestände von besonders und streng geschützten Tier- und Pflanzenarten, insbesondere von Arten des Anhangs IV der FFH-RL bzw. von europäischen Vogelarten (Art. 1 VSCHRL), durch ein Vorhaben bau-, anlage- und betriebsbedingt betroffen sind. Die Beurteilung eines Projektes (das einzelne Windkraftrad vor Ort) wird also im Hinblick auf die Verbotstatbestände des § 44 vorgenommen.

In der Praxis ist eine artenschutzrechtliche Prüfung in Form der Erstellung eines Gutachtens zwingend erforderlich. Dabei sind alle bau-, anlage- u. betriebsbedingten Auswirkungen auf alle rechtlich relevanten Arten und deren Lebensräume zu überprüfen. ‚Rechtlich relevant' heißt: alle europarechtlich geschützten Arten nach Anhang IV der FFH-Richtlinie sowie die europäischen Vogelarten nach Art. 1 der VSCHRL. Mit Erlass einer neuen Bundesartenschutzverordnung BARTSCHVO kommen künftig auch sogenannte ‚Verantwortungsarten' hinzu (§ 54 Abs. 1 Nr. 2 BNatSchG).

Die Verbotstatbestände des § 44 BNatSchG im Einzelnen (vgl. auch Richarz et al. 2013):

- *Tötungsverbot (§ 44 Abs. 1 Nr. 1 BNatSchG):* Zu prüfen sind mögliche Verstöße gegen das Tötungs- und/oder Verletzungsverbot aufgrund der Verunfallung an Ro-

toren. Dabei muss das Vorhaben dahingehend beurteilt werden, ob das Tötungs-, Verletzungsrisiko durch das Vorhaben im Vergleich zum allgemeinen Lebensrisiko signifikant erhöht ist. Ist es das nicht, wird auch nicht gegen das Tötungsverbot verstoßen. Der § 44 Abs. 1 Nr. 1 BNatSchG ist individuen- und nicht etwa populationsbezogen zu beurteilen.
- *Störungsverbot (§ 44 Abs. 1 Nr. 2 BNatSchG):* Demgegenüber ist das Störungsverbot populationsbezogen zu verstehen. Es kann grundsätzlich schon durch eine Scheuchwirkung einer WEA ausgelöst werden. Rechtlich relevant ist allerdings nur eine erhebliche Störung, durch die sich der Erhaltungszustand der lokalen Population einer Art verschlechtert.
- *Zugriffsverbot (§ 44 Abs. 1 Nr. 3 BNatSchG):* Die Fortpflanzungs- und Ruhestätten der besonders geschützten Arten dürfen nicht beschädigt oder zerstört werden. Das Verbot des § 44 Abs. 1 Nr. 3 BNatSchG ist für die Arten des Anhang IV der FFH-RL und die europäischen Vogelarten nicht erfüllt, wenn die standortökologische Funktion der betroffenen Fortpflanzungs- und Ruhestätten im räumlichen Zusammenhang weiterhin erfüllt wird. Die Verbotstatbestände des § 44 BNatSchG sind die zentralen Inhalte einer artenschutzrechtlichen Prüfung.

2.5 Abschichtung

Aber nicht alle Arten von Fledermäusen und Vögel sind gleichermaßen betroffen. Bestimmte Fledermäuse jagen in Bodennähe und kommen dadurch gar nicht in den Einwirkungsbereich der Rotoren (die sich bei WEA der neuesten Generation in einer Höhe von 150 m drehen) und bestimmte Vögel wie z. B. der Rotmilan (für den Deutschland ja eine besondere Verantwortung hat; 2/3 der Weltpopulation des Rotmilans brüten bekanntermaßen in Deutschland) sind stärker von WEA betroffen als andere, z. B. Kleinvögel, die keinen solch großen Aktionsraum haben.

Wichtig ist also eine Abschichtung. Es geht darum, Doppelprüfungen zu vermeiden – z. B. durch den Rückgriff auf bereits durchgeführte Umweltprüfungen. Im Mittelpunkt der Betrachtung steht demzufolge die Frage: Welche Arten aus der Artengruppe der Vögel und Fledermäuse sind windkraftempfindlich und welche nicht. Im Saarland z. B. wo das Landesamt für Umwelt und Arbeitsschutz im Auftrag des Ministeriums für Umwelt und Verbraucherschutz im Jahre 2013 einen Leitfaden zur Bearbeitung artenschutzrechtlicher beim Ausbau der Windenergie herausgegeben hat (Richarz et al. 2013), gelten folgende Vogel- und Fledermausarten als windkraftempfindlich (siehe Tab. 1 und Tab. 2).

Die beiden windraftempfindlichen Artengruppen (Vögel und Fledermäuse) sollen im Folgenden näher betrachtet werden.

Tabelle 1 Liste der windkraftsensiblen Brut- und Rastvogelarten im Saarland

Deutscher Name	Lateinischer Name	Deutscher Name	Lateinischer Name
Brutvögel		**Zug- und Rastvögel**	
Baumfalke	*Falco subbuteo*	Enten	
Bekassine	*Gallinago gallinago*	Gänse	
Graureiher	*Ardea cinerea*	Goldregenpfeifer	*Pluvialis apricaria*
Haselhuhn	*Tetrastes bonasia*	Kiebitz	*Vanellus vanellus*
Kiebitz	*Vanellus vanellus*	Kornweihe	*Circus cyaneus*
Kornweihe	*Circus cyaneus*	Kranich	*Grus grus*
Rohrweihe	*Circus aeruginosus*	Mornellenregenpfeifer	*Charadrius morinellus*
Rotmilan	*Milvus milvus*	Silberreiher	*Casmerodius albus*
Schwarzmilan	*Milvus migrans*	Sumpfohreule	*Asio flammeus*
Schwarzstorch	*Cigonia nigra*		
Uhu	*Bubo bubo*		
Wachtelkönig	*Crex crex*		
Wanderfalke	*Falco peregrinus*		
Weißstorch	*Cigonia cigonia*		
Wiedehopf	*Upupa epops*		
Wiesenweihe	*Cyrgus pygargus*		
Ziegenmelker	*Caprimulgus europaeus*		
Zwerdommel	*Ixobrychis minutus*		

Quelle: Richarz et al. 2013

Tabelle 2 Liste der windkraftempfindlichen Fledermausarten (einschl. Arten mit erhöhter Planungsrelevanz in Wäldern) im Saarland

Art (deutsch, wissenschaftlich)	Erhebliche Wirkfaktoren
Kleinabendsegler *Nyctalus leisleri*	Kollisionsrisiko; Quartierverlust (Wald)
Abendsegler *Nyctalus noctula*	Kollisionsrisiko; Quartierverlust (Wald)
Rauhhautfledermaus *Pipistrellus nathusii*	Kollisionsrisiko; Quartierverlust (Wald)
Zweifarbfledermaus *Vespertillo murinus*	Kollisionsrisiko
Mopsfledermaus *Barbastella barbastellus*	Kollisionsrisiko; Quartierverlust (Wald)
Nordfledermaus *Eptesicus nilsonii*	Kollisionsrisiko
Große Bartfledermaus *Myotis brandtii*	Kollisionsrisiko; Quartierverlust (Wald)
Wasserfledermaus *Myotis daubentonii*	Quartierverlust (Wald)
Großes Mausohr *Myotis myotis*	Quartierverlust (Wald)
Zwergfledermaus *Pipistrellus pipistrellus*	Kollisionsrisiko; Quartierverlust (Wald)
Mückenfledermaus *Pipistrellus pygmaeus*	Kollisionsrisiko; Quartierverlust (Wald)
Breitflügelfledermaus *Eptesicus serotinus*	Kollisionsrisiko
Bechsteinfledermaus *Myotis bechsteinii*	Quartierverlust (Wald)
Kleine Bartfledermaus *Myotis mystacinus*	Kollisionsrisiko; Quartierverlust (Wald)
Fransenfledermaus *Myotis naterreri*	Quartierverlust (Wald)
Braunes Langohr *Plecotus auritus*	Quartierverlust (Wald)
Große Hufeisennase *Rhinolophus ferrumequinum*	Quartierverlust
Wimperfledermaus *Myotis emarginatus*	Quartierverlust

Quelle: Richarz et al. 2013

2.5.1 Vögel

Eine Abprüfung der artenschutzrechtlichen Belange ist Standard. Im Mittelpunkt der Betrachtung steht dabei die Frage: Kommen diese Arten am geplanten Standort vor? Der Untersuchungsumfang wird dabei gewöhnlich in einem Scoping-Termin festgelegt. Dabei muss der Untersuchungsrahmen so umfangreich vorgegeben sein, dass die Verbotstatbestände – insbesondere das Störungs- und Tötungsverbot – abgearbeitet werden können. Wichtig in diesem Zusammenhang ist die Tatsache, dass der Gesetzgeber das Tötungsverbot individuenbezogen sieht (es kommt also auf das einzelne Individuum an und nicht etwa auf die lokale Population, s. o.); dass die Erhebungen dabei nach den gültigen Methodenstandards erfolgen müssen (z. B. Südbeck 2005), ist selbstverständlich.

Bei der Auswertung der im Gelände erhobenen Daten und der Formulierung von Empfehlungen für den Bau bzw. Betrieb der WEA sind in der Folge Aussagen zu treffen zu:

- Abstandsempfehlungen
- Empfehlungen in Bezug auf die Entwicklung des Umfeldes der WEA (in Zusammenhang mit der Nahrungsökologie der betroffenen Arten)

Abstandsempfehlungen
Den Abstandsempfehlungen liegt die Annahme zu Grunde, dass eine Beeinträchtigung betroffener Arten nicht zu erwarten ist, wenn sich die Standorte für die Windenergieanlagen in einem Mindestabstand zu Brutstäten, Flugrouten oder Nahrungshabitaten befinden (Blessing 2017). Die im sog. ‚Helgoländer Papier' (LAG VSW 2015) festgelegten Abstandsempfehlungen von WEA zu dem Vorkommen von windkraftsensiblen Vogelarten sind – so sieht es zumindest einmal die von der ‚Fachagentur Windenergie an Land' in Auftrag gegebene gutachterliche Stellungnahme zur rechtlichen Bedeutung des Helgoländer Papiers – keine Fachkonvention im juristischen Sinne, „welche die sogenannte naturschutzfachliche Einschätzungsprärogative der zuständigen Behörde ersetzen würde". Die Abstandsempfehlungen haben demzufolge lediglich eine Indizwirkung (vgl. auch Schreiber 2017, S. 101).

Indizwirkung bedeutet aber nichts anderes als: Rechtlich ist man zumindest auf einer sicheren Seite, wenn man die Abstandsempfehlungen befolgt. Der naturschutzfachliche Beitrag der LAG VSW wurde von diversen Bundesländern – d. h. den dort zuständigen Vogelschutzwarten – erarbeitet und teilweise auch erweitert (Zusammenstellung in FA Wind 2015). Am Beispiel des Saarlandes soll nachfolgend das Thema aufgearbeitet werden. Nach ‚Leitfaden Saarland' gelten z. B. folgende Abstandsempfehlungen (siehe Tab. 3):

Ausschluss- bzw. Tabu-Bereiche sind Mindestabstände zwischen einem Brutplatz oder Revierzentrum der genannten Art und Prüfbereiche sind Abstandsradien um WEA, innerhalb derer zu prüfen ist, ob Nahrungshabitate der betreffenden Art vorhanden sind. Letztere seien, ebenso wie die zu ihnen führenden Flugkorridore, freizuhalten (FA Wind 2015, S. 18).

Empfehlungen in Bezug auf die Entwicklung des Umfeldes von WEA
Es soll an dieser Stelle nochmals festgehalten werden, „dass die im Helgoländer Papier angegebenen Mindestradien keine Tabuzonen schaffen, sondern im Einzelfall widerleglich, Abstände benennen, deren Unterschreitung die Signifikanz der Erhöhung des Tötungsrisikos indiziert. Es ist ein verbreiteter Fehlschluss, daraus die Unzulässigkeit der Anlage abzuleiten" (Schreiber 2017).

Tabelle 3 Abstandsempfehlungen und Prüfbereiche für kollisionsgefährdete Vogelarten

Art	Abstandsempfehlungen und Prüfbereiche	
	Mindesabstand (WEA zu Brutvorkommen/Rastplätzen	Prüfbereich
Baumfalke	–	3000 m
Bekassine	500 m	1000 m
Graureiher	1000 m	3000 m
Kiebitz	500 m	1000 m
Kornweihe	1000 m	3000 m
Rohrweihe	1000 m	3000 m
Rotmilan	1500 m	4000 m
Schwarzmilan	1000 m	3000 m
Schwarzstorch	3000 m	6000 m
Uhu	1000 m	2000 m
Wachtelkönig	500 m	–
Wanderfalke	1000 m	–
Weißstorch	1000 m	3000 m
Wiedehopf	1000 m	3000 m
Wiesenweihe	1000 m	3000 m
Ziegenmelker	500 m	–
Zwergdommel	1000 m	–

Quelle: Richarz et al. 2013

Werden allerdings diese Abstandsempfehlungen befolgt, ist man zumindest auf einer sicheren Seite. Weil die höchstrichterliche Rechtsprechung des Bundesverwaltungsgerichts die Verwirklichung des § 44 Abs. 1 Nr. 1 BNatSchG aber nur dann annimmt, wenn das Tötungsrisiko geschützter Arten durch ein Vorhaben signifikant erhöht wird (vgl. FA Wind 2015, S. 19) ist es allerdings vor dem Hintergrund des § 44 geboten, das Kollisionsrisiko, soweit es geht, zu minimieren.

Eine Möglichkeit, dies zu erreichen ist, die Vögel aus dem unmittelbaren Umfeld der WEA fernzuhalten. In der Praxis gelingt das, indem das Umfeld der WEA unattraktiv für die Vögel gestaltet wird. Dabei spielen die Nahrungsgewohnheiten der Vögel eine Rolle. So weiß man z.B. vom Rotmilan, dass dieser in hochgrasigen Bereichen nur schlecht Beute machen kann. Auch wird der Vogel von frisch gemähten

Wiesen regelrecht angezogen, weil hier leichter Beute zu machen ist bzw. nicht selten Mahd-Opfer (der Rotmilan ernährt sich ja auch gerne von Aas) abgesammelt werden können. Beim Rotmilan scheint es sogar so, als ob er gezielt Flächen aufsucht, auf denen er Nahrung erwartet, so z. B. bewirtschaftete oder frisch umgebrochene Ackerflächen (vgl. auch Biehl et al. 2017). Bei der Schwesterart ‚Wiesenweihe' ist es darüber hinaus sinnvoll, ganz auf den Anbau z. B. von Wintergerste und Weizen in der unmittelbaren Umgebung von WEA zu verzichten, da die Wiesenweihe generell eine Präferenz für derartige Agrokulturen hat. Etliche Autoren (Zusammenstellung in Biehl et al. 2017) empfehlen, mit der Ernte oder Mahd im Windpark erst dann zu beginnen, wenn bereits andere Flächen im Umland abgeerntet worden sind, damit die Greifvögel auf diese Flächen abgelenkt werden können.

Eine Minderung der Auswirkungen von WEA kann auch mittels einer Anpassung der Anlageneigenschaften erreicht werden. So kann z. B. auch die Farbe der unteren Turmsegmente relevant sein, z. B. für die Wiesenbrüter, die beim Auffliegen die hellen Anlagen nicht als Hindernis wahrnehmen bzw. sogar in Richtung heller Farbstrukturen fliegen (vgl. Biehl et al. 2017, S. 67). Die Literatur im Zusammenhang mit Vermeidungsmaßnahmen bei Planung, Bau und Betrieb von WEA (Zusammenstellung in Biehl et al. 2017) ist gerade in jüngster um viele praxisrelevante Beiträge angewachsen.

In der Praxis verständigt man sich gewöhnlich auf ein Maßnahmenpaket mit folgender Schwerpunktsetzung:

- Unattraktive Gestaltung der Mastfußbereiche/Minimierung von Grenzlinieneffekten
- Anlegen von Nahrungsflächen (Flächen-/Mahdmanagement)
- Anbau geeigneter Feldfruchtarten (mit geringer Attraktivität für jagende Greifvögel)
- Vermeidung von Kollisionen an sonstigen technischen Einrichtungen
- Monitoring (Bestandsdichteuntersuchungen insbesondere von Rot- und Schwarzmilan)
- Verringerung von Störungen durch Vorgaben zur Bauzeit
- Zeitweise Abschaltung der Windräder nach der Feldbearbeitung

Gerade Letzteres (pauschale Abschaltung von WEA nach einer Mahd bzw. nach Bestellung eines Ackers) wird in einer aktuellen Arbeit von Schreiber (2017) kritisiert, weil seiner Meinung nach das damit verbundene Potenzial an Risikominimierung unausgeschöpft bleibt. Schreiber plädiert in dem Zusammenhang für eine fachlich fundierte Ableitung von Abschaltzeiten und macht zur Ermittlung des Kollisionsrisikos einen Methodenvorschlag, der sich an den Parametern ‚Windgeschwindigkeit in Nabenhöhe', ‚Lufttemperatur', ‚Bedeckung', ‚Niederschlag', ‚Zeitfaktor' (hier als ‚Pentadenwert' beschrieben) und ‚Tageszeit' orientiert (näheres siehe Schreiber 2017).

Ob dieser Methodenvorschlag praktikabel ist und als Auflage im Genehmigungsverfahren dienen kann, wird die künftige Genehmigungspraxis zeigen. Ohne den Ergebnissen eines solchen Praxistests vorzugreifen, ist festzustellen, dass ein solcher Methodenvorschlag inhaltlich mit dem bereits in der Praxis verwendeten ‚Abschalt-Algorithmus' bei Fledermäusen verglichen werden kann, von dem nachfolgend die Rede sein soll.

2.5.2 Fledermäuse

Vergleichbar mit der Artengruppe der Vögel ist die Situation bei den Fledermäusen. Allerdings zeigt hier die Praxis, dass nochmals unterschieden werden muss zwischen *kollisionsgefährdeten* Arten und Arten, die (lediglich) einen *Habitatverlust* (Quartierverlust) erleiden.

Habitatverlust
Habitatverlust tritt gewöhnlich bei waldgebundenen Arten auf. Habitatverlust ist aber auch bei Arten des Siedlungsbereiches denkbar, wenngleich hier die Abstandsvorgaben von WEA zu Siedlungsbereichen greifen (i. d. R. 650 m; in Bayern neuerdings sogar das Zehnfache ihrer Höhe, vgl. Kolhoff 2017) und aus diesem Grunde die Fledermaus-Arten des Siedlungsbereiches weniger betroffen sind.

Kollisionsgefährdete Arten
Primär kollisionsgefährdet sind stattdessen die Fledermaus-Arten, die den freien Luftraum nutzen. In Anbetracht der Höhe moderner Anlagen im Binnenland können nur etwa 1/3 der heimischen Fledermausarten von betriebsbedingten Kollisionen so betroffen sein, dass sie in der artenschutzrechtlichen Prüfung vertieft behandelt werden müssen. Hierzu zählen die Arten ‚Kleiner und Großer Abendsegler, Rauhautfledermaus, Zweifarbfledermaus, Mopsfledermaus, Nordfledermaus, Kleine und Große Bartfledermaus, Zwergfledermaus, Mückenfledermaus und Breitflügelfledermaus'. Alle anderen Arten fliegen kaum in solchen Höhen, dass sie in den Gefahrenbereich der Rotoren und somit in ein signifikant erhöhtes Verletzungs- oder Tötungsrisiko geraten (Richarz et al. 2013).

Eine Analyse der Leibnitz-Universität Hannover zufolge sterben jährlich mehr als 200 000 Fledermäuse an den Windenergieanlagen in ganz Deutschland (vgl. Sponholz 2017). Risiken der Verunfallung von Fledermäusen an WEA können also nie ganz ausgeschlossen werden. Ein Restrisiko bleibt. Um z. B. das Risiko der Verunfallung auf unter zwei Tiere/Anlage/Jahr zu beschränken (was als Schwellenwert gesellschaftlicher Konsens ist und demzufolge als Schlagopferzahl als *populationsunschädlich* eingeschätzt wird), geht man in der Praxis dazu über, den Betrieb der WEA auf das Vorkommen und Ökologie der Fledermäuse anzupassen. Dabei orientiert man sich an den neuesten Forschungsergebnissen.

Mit dem F&E-Vorhaben ‚Entwicklung von Methoden zur Untersuchung und Reduktion des Kollisionsrisikos von Fledermäusen an Onshore-WEA' (Brinkmann et al. 2011) wurden eine Fülle von Hintergrund-Informationen in Zusammenhang mit der Artengruppe der Fledermäuse und dem Betrieb von WEA herausgearbeitet.

Eine der Kernaussagen der Studie ist der Vorschlag auf Erstellung eines Algorithmus, der rechnergestützt anlagenspezifische Betriebsalgorithmen

- im Hinblick auf eine Kollisionsminderung
- im Hinblick auf eine Vermeidung unverhältnismäßig langer Stillstände einer WEA (denn jeder Stillstand einer WEA bedeutet ja betriebswirtschaftlich einen Verlust)

herausarbeitet.

Im ersten Betriebsjahr können naturgemäß noch keine anlagenspezifischen Betriebsalgorithmen vorliegen. Um WEA aber dennoch rechtskonform betreiben zu können, einigt man sich in der Praxis auf die Formulierung allgemeingültiger Abschaltzeiträume.

So wird i. d. R. folgendes vorgegeben:

- Abschaltzeitraum zwischen 01.05. – 30.09. ab 10 °C und Windgeschwindigkeiten unter 6 m/s zwischen Sonnenunter- und Sonnenaufgang.
- Gondelmonitoring im ersten Betriebsjahr

Mit den Ergebnissen eines Gondelmonitorings im ersten Betriebsjahr lassen sich schließlich für das zweite Betriebsjahr die Abschaltzeiten anpassen.

Gängige Genehmigungspraxis ist also, dass WEA mit der Festlegung auf einen allgemeinen Abschaltzeitraum (zw. 01.05. und 30.09. ab 10° C und Windgeschwindigkeiten unter 6 m/s zwischen Sonnenunter- und Sonnenaufgang) beantragt werden. Damit wird i. d. R. für das erste Jahr Betriebsjahr eine Genehmigungssicherheit erlangt, denn Anlagen, die erst bei einer höheren Windgeschwindigkeit (> 5–5,5 m/s) anlaufen, bewirken auch nachweislich eine Minderung des Kollisionsrisikos von Fledermäusen.

Gleichzeitig wird für den Verlauf des ersten Betriebsjahres ein Gondelmonitoring vorgeschrieben. Gondelmonitoring heißt, dass in der Gondel eines jeden Windkraftrades ein Fledermausdetektor *(Batdetector)* angebracht wird, der automatisch die Rufe der Fledermäuse aufzeichnet. Mit den Ergebnissen des Gondelmonitorings erhält man Auskünfte darüber, welche Fledermausarten in Gondelhöhe und damit im Bereich der Rotoren fliegen.

Auf Grundlage des Gondelmonitorings wird dann für das zweite Jahr und für die fortfolgenden ein Betriebsalgorithmus (Abschalt-Algorithmus) erstellt. Dieser ist anlagenspezifisch, d. h. die Vorgaben werden speziell für die konkrete Anlage vor Ort anhand der Ergebnisse des Gondelmonitorings erarbeitet. Damit wird gewährleistet, dass die Anlage nicht nur unter Wahrung ökologischer Aspekte genehmigt, sondern auch unter betriebswirtschaftlichen Aspekten, d. h. ökonomisch betrieben werden kann.

Gerade die Betriebsregulierung von WEA in Form von Abschaltungen während bestimmter Risikozeiträume gilt für gefährdete Arten als besonders wirkungsvoll (Biehl et al. 2017, Weber und Köppel 2017). Eine derartige Form einer artenschutzrechtlichen Betriebsoptimierung wird im internationalen Sprachgebrauch auch als „Adaptive Management" beschrieben (vgl. Bulling und Köppel 2017).

3 Weitere Belange des Naturschutzes in Zusammenhang mit der Windkraft

Neben den Belangen des Artenschutzes (§ 44 BNatSchG), deren wichtigsten Effekte – Kollision, Verdrängung, Barriere-Effekte, Habitatveränderungen und -verlust – hier noch einmal kurz genannt werden sollen (vgl. Weber & Köppel 2017), sind zwingend auch die der naturschutzrechtlichen Eingriffsregelung (§ 14 BNatSchG) sowie (falls relevant) die Belange der Verträglichkeit mit den Erhaltungszielen von FFH- und Vogelschutzgebieten zu bewältigen (§ 19 BNatSchG).

3.1 Schäden an bestimmten Arten und natürlichen Lebensräumen

Das Thema „Windkraft" betrifft den Naturschutz insbesondere auch in § 19 BNatSchG und damit auch in Zusammenhang mit dem Umweltschadensgesetz, was hier nur der Vollständigkeit halber erwähnt werden soll. Denn nach dem Umweltschadensgesetz besteht eine Haftungspflicht für Biodiversitätsschäden durch Vorhaben oder Handlungen, welche erhebliche nachteilige Auswirkungen auf die Erreichung oder Beibehaltung des günstigen Erhaltungszustandes von natürlichen Lebensräumen und Arten gem. § 19 Abs. 2 u. 3 BNatSchG haben. Die für Windkraft-Anlagen erforderlichen Untersuchungen treffen also im Zusammenhang mit dem Umweltschadensgesetz auch eine Vorsorge zur Schadensvermeidung.

3.2 Das Thema ‚Windkraft' in Zusammenhang mit der naturschutzrechtlichen Eingriffsregelung

Wie bereits o. a. trifft das Thema ‚Windkraft und Naturschutz' insbesondere auch die Eingriffsregelung, welche in § 14 BNatSchG behandelt wird. Die Eingriffsregelung selbst ist in Bezug auf das Thema ‚Windkraft' nochmals differenziert zu betrachten.

Da ist zum einen der klassische Eingriff in Natur und Landschaft, z. B. infolge des Setzens des Fundamentes bzw. Anlegens einer Zuwegung (welche infolge des notwendigen Einsatzes von Baukränen baubedingt verhältnismäßig breit sein muss, später aber wieder rückgebaut bzw. auf einer notwendigen Mindestbreite gehalten werden kann).

Da es sich bei WEA in der Regel um den Außenbereich handelt, greift das BNatSchG und der Eingriff muss ausgeglichen werden – durch bestimmte landschaftspflegerische Maßnahmen. Am Schluss muss der Ausgleich des Eingriffs dokumentiert sein, z. B. durch eine Eingriffs-Ausgleichs-Bilanz. Dies wird über die Erstellung eines Landschaftspflegerischen Begleitplanes LBP bewerkstelligt. Dies ist ‚landschaftspflegerischer Alltag' und soll deshalb an dieser Stelle nicht weiter thematisiert werden.

Spannend wird es bei dem zweiten ‚Akt' der Eingriffsregelung – der Betrachtung des Landschaftsbildes. Denn nach BNatSchG ist bei Eingriffen in das Landschaftsbild ‚das Landschaftsbild wieder landschaftsgerecht herzustellen'. „Landschaftsgerecht ist eine Neugestaltung dann, wenn der gestaltete Bereich von einem durchschnittlichen, aber für die Belange des Naturschutzes und der Landschaftspflege aufgeschlossenen Betrachter nach Vollendung der Gestaltung nicht als Fremdkörper in der Landschaft empfunden wird" (vgl. BVerwG, Urteil vom 27. 09. 1990 – 4 C 44.87, zit. nach Breuer 2001, S. 242).

Betrachtet man sich nun die Höhe der WEA der neueren Generation mit einer Rotorhöhe von 200 m ist naheliegend, dass diese mastenartigen Anlagen „zu einer erheblichen Beeinträchtigung der Landschaft führen, wenn sie in einer unberührten Außenbereichslandschaft errichtet werden" (vgl. Blessing 2017, S 131). So wird durch den Bau von WEA die Natur- und Kulturlandschaft technisch überprägt. WEA wirken sich durch Geräuschemissionen, Schattenwürfe, nächtliche Befeuerungsmaßnahmen und Lichtreflexe auf die Wahrnehmung des Landschaftsbildes aus. WEA können so zu landschaftsästhetischen Auswirkungen wie Maßstabsverlust, Eigenartsverlust, technischer Überfremdung usw. führen (vgl. Lüdeke et al. 2014).

Gesetzeslage aber ist, dass ein solcher Eingriff in das Landschaftsbild – wenn er denn schon nicht vermeidbar ist – ausgeglichen werden muss. Dies ist mit Problemen verbunden, wie die nachfolgenden Anmerkungen zeigen (Abb. 2). ‚Gehen' würde ein funktionaler Ausgleich. Man stelle sich also vor: eine bestehende mastenartige Anlage (z. B. eine Rundfunk-Antenne) wird rückgebaut, als Ausgleich für das neu zu errichtende Windrad. Oder aber das Windrad wird gleich so aufgestellt, dass es nicht einsehbar ist. Dies ist aber eigentlich nur in der Theorie möglich und entspräche dem Tatbestand der Vermeidung (§ 15 Abs. 1 BNatSchG).

Die Praxis sieht unterdessen anders aus. WEA werden i. d. R. dort aufgestellt, wo die windhöffigen Gebiete sind und die windhöffigen Gebiete liegen nun mal immer exponiert. D. h. die WEA sind fast immer gut und auch vom weiten einsehbar. Dies bewirkt natürlich eine enorme Beeinträchtigung des Landschaftsbildes; diese auszugleichen und damit auch dem gesetzlichen Gebot zu entsprechen (§ 15 Abs. 2 BNatSchG), ist nicht nur problematisch, es stellt sich sogar die Frage, ob das überhaupt möglich ist (Abb. 1a u. b). Nach Blessing (2017) sind keine Maßnahmen denkbar, die eine Störung des Landschaftsbildes ausgleichen können.

Abbildung 1 Bau und Sichtbarkeit von Windkraftanlagen

Fotos: Dieter Dorda 2017.

Abbildung 2 Windkraftanlage als Eingriff in das Landschaftsbild

Foto: Dieter Dorda 2017.

Soweit ein Ausgleich oder Ersatz nicht realisierbar sind, stellen Ersatzgeldzahlungen eine Option dar. Bei Beeinträchtigungen des Landschaftsbildes durch WEA muss – wenn es keine anderweitigen Möglichkeiten gibt – auf diese Alternative zurückgegriffen werden bzw. sie sind „bei Landschaftsbildbeeinträchtigung durch WEA regelmäßig anzunehmen" (vgl. auch Lüdeke et al. 2014 bzw. Lüdeke 2014).

Wie sieht es nun in der Praxis der Landschaftsbildanalyse und -bewertung aus? In der Praxis bedient man sich sog. Landschaftsbildbewertungsverfahren, von denen es alleine in Deutschland mehr als ein Dutzend gibt. Ein gängiges Landschaftsbildbewertungsverfahren ist z. B. das Modell von Nohl (1993). Das Modell von Nohl war eines der ersten Landschaftsbildbewertungsmodelle und wurde zu einer Zeit erstellt, als die WEA noch nicht die Höhe der heutigen hatten. Es gibt aber auch andere Landschaftsbildbewertungsmodelle (Zusammenstellung in Lüdeke et al. 2014).

Es soll und kann an dieser Stelle nicht auf alle bekannten Landschaftsbildbewertungsverfahren eingegangen werden, sondern anhand des Modelles von Nohl, welches stellvertretend für alle Verfahren steht, die den Kompensationsbedarf als Ausgleichsfläche in Hektar definieren, exemplarisch aufgezeigt werden, welche Probleme es bei Erfüllung des Ausgleichgebots in Zusammenhang mit der Anwendung von Landschaftsbildbewertungsverfahren gibt.

Bei dem Verfahren nach Nohl wird bei der Ermittlung des Kompensationsflächenbedarfes in drei ästhetische Wirkzonen unterschieden. Zur Ermittlung des tatsächlichen Einwirkungsbereiches der geplanten WEA wird in der Folge eine Sichtbarkeitsstudie erstellt. Als nächstes werden die Wirkzonen in sog. Landschaftsästhetische Raumeinheiten untergliedert und diese anschließend bewertet. Der Umfang des Kompensationsflächenbedarfs ergibt sich schließlich unter Anwendung einer Formel

$$K = F \times e \times b \times w$$

wobei F = Flächengröße des tatsächlichen Einwirkungsbereiches, e = Erheblichkeitsfaktor, b = Kompensationsflächenfaktor und w = Wahrnehmungskoeffizient. In Aufsummierung der mittels dieser Formel errechneten Kompensationsflächen ergibt sich schließlich ein Gesamt-Kompensationsflächenbedarf (ausgedrückt in ha). D. h. ein mastenartiger Eingriff in das Landschaftsbild durch eine WEA, der in erster Linie vertikal wirkt, wird – wie bei dem Verfahren nach Nohl – in der Fläche, also horizontal ausgeglichen.

Auch wenn es die gängige behördliche Auffassung ist – zumindest ist es gängige Praxis im Genehmigungsverfahren, Landschaftsbildbewertungsmodelle zur Anwendung vorzuschlagen, die den Kompensationsbedarf als Ausgleichsfläche definieren – dass mittels eines solchen Bewertungsmodelles ein Eingriff in das Landschaftsbild ermittelbar und in der Folge auch ausgleichbar ist, bleiben bei sachlicher Betrachtung Zweifel. Diese Zweifel werden in der Literatur geteilt (z. B. Breuer 2001). Denn „berücksichtigt man Rechtsprechung und Kommentierung des Naturschutzgesetzes, liegt es auf der Hand, dass schon wegen der bauhöhenbedingten Dominanz von WEA die Voraussetzungen sowohl für eine landschaftsgerechte Wiederherstellung als auch landschaftsgerechte Neugestaltung praktisch nicht erfüllt werden können" (Breuer 2001, S. 242). Nach Blessing bleibt sogar festzustellen, „dass Beeinträchtigungen des Landschaftsbildes durch Windenergieanlagen kaum ausgeglichen oder ersetzt werden können" (Blessing 2017, S. 132).

Es geht hier ausdrücklich nicht um eine Kritik an den in der Praxis verwendeten Landschaftsbildbewertungsverfahren, die allesamt ihre Berechtigung haben und versuchen, das Landschaftsbild modellhaft zu erschließen. Es geht vielmehr um das Naturschutzrecht im Allgemeinen und um die Frage der grundsätzlichen Ausgleichbarkeit eines Eingriffs in das Landschaftsbild durch WEA.

Die Thematik wird durch die föderale Struktur der Bundesrepublik Deutschland nicht gerade vereinfacht. Denn wenn es schon verschiedene Bewertungsmodelle gibt, dann wollen diese auch angewendet werden. Lüdeke et al. (2014) haben die Modellhaftigkeit von 11 Landschaftsbildbewertungsverfahren anhand eines fiktiven Beispieles getestet und kommen zu dem Ergebnis, dass die getesteten Bewertungsverfahren zu einer großen Spannbreite des ermittelten Kompensationsbedarfes führen. Je nach Modell würden Ersatzgeldzahlungen von wenigen 10 000 Euro bis hin zu einer Mio. Euro fällig. Angesichts einer mittels des Bayerischen Modelles ermittelten niedrigen Ersatzgeldhöhe im Vergleich zu einem höheren Ersatzgeld nach dem Verfahren aus Nordrhein-Westfalen fragen Lüdeke et al. (2014, S. 163 ff.) pointiert, ob denn nun „Nordrhein-Westfalen so viel schöner" ist „als Bayern".

Wertet man also die Argumente der Kritiker an derartigen Landschaftsbildbewertungsverfahren, muss in der Folge die Frage erlaubt sein, ob ein Eingriff in das Landschaftsbild durch ein Windrad überhaupt ausgleichbar ist, denn eigentlich sind die Windräder zu hoch und die Einsehbarkeit zu groß, als dass dieser Eingriff in das Landschaftsbild (der zweifelsohne erheblich ist) aus fachlicher Sicht ausgeglichen werden kann – jedenfalls nicht funktional und ob das Zur-Verfügung-stellen von Fläche (wie z. B. in dem Bewertungsmodell von Nohl gefordert) als Ausgleich im klassischen Sinne steht, sei dahingestellt.

Sind damit Ausgleichsmaßnahmen generell unmöglich? Breuer (2001, S. 242) folgert: „Man wird eigentlich nur eine Ausnahme sehen können: Erhebliche Beeinträchtigungen des Landschaftsbildes können noch am ehesten ausgeglichen werden, wenn im betroffenen Raum vergleichbare Vorbelastungen des Landschaftsbildes vorhanden sind und diese vermindert oder behoben werden können. Ausgleichsmaßnahmen könnten insofern der Abbau störender baulicher Anlagen (d. h. anderer mastenartiger Bauwerke, Siloanlagen, Freileitung u. ä.) sein".

Das beschriebene Ungleichgewicht ist auch der Grund, warum bundesweit der Ruf nach einer ‚Bundeskompensationsverordnung – BkompV' lauter wird und generell an Ersatzgeldzahlungen gedacht wird (vgl. Lüdeke et al. 2014). Nach Blessing (2017, S. 134) wird eine Ersatzzahlung „regelmäßig für die nicht ersetzbaren Beeinträchtigungen des Landschaftsbildes durch Windenergieanlagen zu leisten sein". Allerdings ist hier zu beachten, dass dadurch auch schnell mal die Windenergie verteuert werden kann und in Zusammenwirken mit einem zeitlichen Stillstehen der Windräder (z. B. aus artenschutzrechtlichen Gründen) ggf. eine Anlage betriebswirtschaftlich nicht mehr rentabel betrieben werden kann.

Einen Königsweg gibt es wohl nicht. Es ist mit Sicherheit aber dienlich, die Regionalplanung (Landschaftsplanung) stärker als bislang als verbindliches Steuerungsinstrument zu nutzen. Denn mit Hilfe der Landschaftsplanung lassen sich Ausschlussgebiete definieren (vgl. Kap. 2) und als Ausschlusskriterium taugen nun mal landschaftsästhetisch wertvolle Landschaften, welche in der Folge von WEA frei zu halten wären. Das bedeutet aber, dass speziell bei der Definition von Ausschlusskriterien auch das Landschaftsbild eine noch wichtigere Rolle spielen muss, denn wenn WEA zu einer schwerwiegenden Beeinträchtigung einer Landschaft von herausragender Vielfalt, Eigenart und Schönheit führen, sollte dort keine Genehmigungsplanung betrieben werden (vgl. auch Lüdeke et al. 2014).

4 Wertung der Windkraft aus naturschutzfachlicher Sicht

Bleibt abschließend, das Thema „Windkraft" unter den Augen des Naturschutzes zu werten. Zum Thema ‚Windkraft' hat sich seit den 2000er Jahren die Anzahl an wissenschaftlichen Publikationen international mehr als verzehnfacht. Grund dafür ist eine wohl einmalige Forschungsdichte zu diesem Thema (vgl. auch Weber und Köppel 2017). Mit Sicherheit ist ein Standard im Genehmigungsverfahren erreicht, der sehr hoch ist. Artenschutzrechtlich werden die aus dem Gesetz sich ergebenden Forderungen erfüllt und eingriffstechnisch ist bis auf das Landschaftsbild ein Ausgleich für den Eingriff auch tatsächlich im Sinne der Eingriffs-Regelung ableitbar. Trotz der gestiegenen Anzahl wissenschaftlich fundierter Literatur in Zusammenhang mit der Windkraft verbleiben auch weiterhin Unsicherheiten zu Auswirkungen und Vermeidungsmaßnahmen, die vor der Inbetriebnahme der Anlagen schwer prognostizierbar sind (vgl. Bulling und Köppel 2017).

WEA bewirken einen Eingriff in das Landschaftsbild. Es gibt zwar Bewertungsverfahren, die den Eingriff in das Landschaftsbild bewerten helfen. Letztlich bleibt aber unbeantwortet, ob das aus dem Gesetz resultierende Gebot eines Ausgleichs für den Verlust des Landschaftsbildpotentials fachlich überhaupt machbar ist. Die gegenwärtige Praxis stärkt einen zumindest mal nicht in der Annahme, dass dem so ist und die jüngere Literatur geht davon aus, dass Beeinträchtigungen des Landschaftsbildes durch Windenergieanlagen praktisch nicht ausgeglichen oder ersetzt werden können. Ersatzgeldzahlungen sind eine Option – insbesondere dann, wenn es eine einheitliche Bundeskompensationsverordnung gibt.

Das Thema ‚Landschaftsbild' ist noch stärker als bisher in den Fokus der Vermeidung zu rücken. Eine moderne Landschaftsplanung ist dabei ein wichtiges Steuerungsinstrument. Es geht um die Definition von Ausschlussgebieten, die noch stärker als bisher das Landschaftsbildpotential betrachten sollen. Vielleicht sollte aber auch das Naturschutzgesetz und dort der Passus mit der unbedingten Notwendigkeit des Ausgleichs des Landschaftsbildes umgeschrieben werden, denn wie in vorliegendem Artikel mehrfach darauf hingewiesen wird, ist sich die Literatur darin einig, dass ein solcher Ausgleich eigentlich gar nicht funktioniert (die Unmöglichkeit des Abbaus bestehender Anlagen vorausgesetzt).

Ob WEA auch in geschlossenen Waldgebieten aufgestellt werden sollen, ist fraglich. Es geht hier weniger um artenschutzrechtliche Aspekte als vielmehr um die Tatsache, dass die Errichtung von WEA im Wald immer mit einer Zerschneidung dieses Lebensraumes einhergeht. Zerschneidung bedeutet auch Störung, z. B. durch Wärme, Licht bzw. auch das Einwandern nicht waldgebundener Arten, was für das Ökosystem Wald mit Sicherheit nicht förderlich ist (Abb. 3).

WEA sind und bleiben einsehbar. Will man sich mit der Windkraft arrangieren, muss man wohl oder übel akzeptieren, dass WEA eine (erhebliche) Veränderung des Landschaftsbildes und damit der Umwelt bewirken. Eine richtige oder falsche Einschätzung der Situation gibt es nicht. Was bleibt, ist das subjektive Empfinden. Verbindliche Sichtbarkeitsanalysen können zwar helfen darzulegen, von wo aus, d.h. wie weit WEA einsehbar sind. Angesichts der enormen Höhe der WEA der neueren Generation ist allerdings festzustellen, dass diese Windräder praktisch von überall her einsehbar sind. D.h. letzten Endes wird auch eine obligatorische Visualisierung mit-

Abbildung 3 ,Vorbereiteter' Standort einer Windkraftanlage im Wald mit der notwendigen Infrastruktur, d. h. Erschließungsweg

Foto: Dieter Dorda 2017.

tels moderner Geografischer Informationssysteme mit dem Ziel einer besseren Beurteilung der Einsehbarkeit, an der „Zwei-Klassen-Gesellschaft" – den Befürwortern der Windkraft und deren Gegner – aber kaum etwas ändern können.

Literatur

AL-Pro (2011). Kurzfassung des überarbeiteten Endberichtes zur Windpotenzialstudie im Saarland. Im Auftrag des Saarländischen Ministeriums für Umwelt, Energie und Verkehr. Saarbrücken.

Bauer, J. & Köppel, J. (2017). Auswirkungen der Offshore-Windenergie auf Seevögel, Fische und Benthos. Eine Synopse der aktuellen Fachliteratur. Naturschutz und Landschaftsplanung 49 (2), S. 50–62. Stuttgart: Verlag Eugen Ulmer.

Blessing, M. (2017). Planung und Genehmigung von Windenergieanlagen. Stuttgart: Kohlhammer Verlag.

Bulling, L. & Köppel, J. (2017). Adaptive Management in der Windenergieplanung. Naturschutz und Landschaftsplanung 49 (2), S. 73–79. Stuttgart: Verlag Eugen Ulmer.

Biehl, J., Bulling, L., Gartmann, V., Weber, J., Dahmen, M., Geissler, G. & Köppel, J. (2017). Vermeidungsmaßnahmen bei Planung, Bau und Vertrieb von Windenergieanlagen. Naturschutz und Landschaftsplanung 49 (2), S. 63–72. Stuttgart: Verlag Eugen Ulmer.

Breuer, W. (2001). Ausgleichs- und Ersatzmaßnahmen für Beeinträchtigungen des Landschaftsbildes. Vorschläge für die Bewältigung bei Errichtung von Windkraftanlagen. Naturschutz und Landschaftsplanung 33 (8), S. 237–245. Verlag Eugen Ulmer. Stuttgart.

Brinkmann, R., Behr, O., Niermann, I. & Reich, M. (Hrsg.) (2011). Entwicklung von Methoden zur Untersuchung und Reduktion des Kollisionsrisikos von Fledermäusen an Onshore-Windenergie-Anlagen. Umwelt und Raum Bd. S. Göttingen: Cuviller Verlag.

Dietz, M., Krannich, E. & Weitzel, M. (2015). Arbeitshilfe zur Berücksichtigung des Fledermausschutzes bei der Genehmigung von Windenergie-Anlagen (WEA) in Thüringen. Im Auftrag des Thüringer Ministeriums für Umwelt, Energie und Naturschutz.

Eichenauer, E., Reusswig, F., Meyer-Ohlendorf, L. & Lass, W. (2018). Bürgerinitiativen gegen Windkraftanlagen und der Aufschwung rechtspopulistischer Bewegungen. In O. Kühne & F. Weber (Hrsg.), *Bausteine der Energiewende* (S. 633–651). Wiesbaden: Springer VS.

Ernst, N. (2017). Wann Windräder genehmigt werden. Saarbrücker Zeitung SZ vom 30. März, S. B2.

FA Wind – Fachagentur Wind an Land (2015): Abstandsempfehlungen für Windenergieanlagen zu bedeutsamen Vogellebensräumen sowie Brutplätzen ausgewählter Vogelarten – Gutachterliche Stellungnahme zur rechtlichen Bedeutung des Helgoländer Papiers der Länderarbeitsgemeinschaft der Staatlichen Vogelschutzwarten.

Kolhoff, W. (2017). Deutschland setzt auf Wind. Saarbrücker Zeitung SZ vom 08. Februar, S. A2.

Könen, D., Gryl, I. & Pokraka, J. (2018). Zwischen ‚Windwahn', Interessenvertretung und Verantwortung: Bürger*innenbeteiligung am Beispiel Windkraft im Spiegel von Neocartography und Spatial Citizenship. In O. Kühne & F. Weber (Hrsg.), *Bausteine der Energiewende* (S. 207–230). Wiesbaden: Springer VS.

Köppel, J. (2017). Zu Nebenwirkungen der Windenergie-Nutzung – und dem Umgang mit ihnen. Naturschutz und Landschaftsplanung 49 (2), S. 36. Stuttgart: Verlag Eugen Ulmer.

Kress, A. (2018). Wie die Energiewende den Wald neu entdeckt hat. In O. Kühne & F. Weber (Hrsg.), *Bausteine der Energiewende* (S. 715–747). Wiesbaden: Springer VS.

LAG VSW – Länderarbeitsgemeinschaft der Staatlichen Vogelschutzwarten (2015). Abstandsempfehlungen für Windenergieanlagen zu bedeutsamen Vogellebensräumen sowie Brutplätzen ausgewählter Vogelarten.

Lüdeke, J. (2014). Gesetzlicher Hintergrund zur Eingriffsbewältigung. In: VHW – Bundesverband für Wohnen und Stadtentwicklung e. V.: Veränderungen des Landschafsbildes durch die Nutzung von Windenergie BW141589. Mannheim: VHW – Bundesverband für Wohnen und Stadtentwicklung e. V. (Geschäftsstelle Baden-Württemberg).

Lüdeke, J., Ratzbor, G., Fröhlich, T. & Hölzl, K. (2014). Ist Nordrhein-Westfalen so viel schöner als Bayern? Vergleichende Untersuchung der Kompensationsnotwendigkeiten von Beeinträchtigungen des Landschaftsbildes durch Windenergieanlagen in Deutschland. In: VHW – Bundesverband für Wohnen und Stadtentwicklung e. V.: Veränderungen des Landschafsbildes durch die Nutzung von Windenergie BW141589. Mannheim: VHW – Bundesverband für Wohnen und Stadtentwicklung e. V. (Geschäftsstelle Baden-Württemberg).

Moning, C. (2018). Energiewende und Naturschutz – Eine Schicksalsfrage auch für Rotmilane. In O. Kühne & F. Weber (Hrsg.), *Bausteine der Energiewende* (S. 331–344). Wiesbaden: Springer VS.

Nohl, W. (1993). Beeinträchtigungen des Landschaftsbildes durch mastenartige Eingriffe. Materialien für die naturschutzfachliche Bewertung und Kompensationsermittlung. Im Auftrag des Ministeriums für Umwelt, Raumordnung und Landwirtschaft des Landes Nordrhein-Westfalen.

Ratzbor, G. (2014). Landschaftsbild – was ist das? In: VHW – Bundesverband für Wohnen und Stadtentwicklung e. V.: Veränderungen des Landschafsbildes durch die Nutzung von Windenergie BW141589. Mannheim: VHW – Bundesverband für Wohnen und Stadtentwicklung e. V. (Geschäftsstelle Baden-Württemberg).

Richarz, K., Hormann, M., Braunberger, C., Harbusch, C., Süßmilch, G., Caspari, S., Schneider, C., Monzel, M., Reith, C. & Weyrath, U. (2013). Leitfaden zur Beachtung artenschutzrechtlicher Belange beim Ausbau der Windenergie-Nutzung im Saarland, betreffend die besonderen Artengruppen der Vögel und Fledermäuse – erstellt von: Staatliche Vogelschutzwarte Hessen, Rheinland-Pfalz/Saarland und LUA Saarland, im Auftrag des Ministeriums für Umwelt und Verbraucherschutz Saarland. Saarbrücken.

Roßmeier, A., Weber, F. & Kühne, O. (2018). Wandel und gesellschaftliche Resonanz – Diskurse um Landschaft und Partizipation beim Windkraftausbau. In O. Kühne & F. Weber (Hrsg.), *Bausteine der Energiewende* (S. 653–679). Wiesbaden: Springer VS.

Schreiber, M. (2017). Abschaltzeiten für Windkraftanlagen zur Reduzierung von Vogelkollisionen. Naturschutz und Landschaftsplanung 49 (3), S. 101–109. Stuttgart: Verlag Eugen Ulmer.

Sontheim, T. & Weber, F. (2018). Erdverkabelung und Partizipation als mögliche Lösungswege zur weiteren Ausgestaltung des Stromnetzausbaus? Eine Analyse anhand zweier Fallstudien. In O. Kühne & F. Weber (Hrsg.), *Bausteine der Energiewende* (S. 609–630). Wiesbaden: Springer VS.

Sponholz, K. (2017). Zwickmühle für Naturschützer – Der Windkraft-Ausbau kann für die Tierwelt negative Folgen haben. Saarbrücker Zeitung SZ vom 20. Februar, S. B2.

Südbeck, P., Andretzke, H., Fischer, S., Gedeon, K., Schikore, T., Schröder, K. & Sudfeldt, C. (Hrsg.) (2005). Methodenstandards zur Erfassung der Brutvögel Deutschlands. Radolfzell: Mugler Druck Service.

Warscheid, L. (2017). Wohin dreht der Wind bei der Energie im Saarland. Saarbrücker Zeitung SZ vom 01. Februar, S. A2.

Weber, F. & Jenal, C. (2016). Windkraft in Naturparken. Konflikte am Beispiel der Naturparke Soonwald-Nahe und Rhein-Westerwald. Naturschutz und Landschaftsplanung 48 (12), S. 377–382. Stuttgart: Verlag Eugen Ulmer.

Weber, J. und Köppel, J. (2017) Auswirkungen der Windenergie auf Tierarten. Ein synoptischer Überblick. Naturschutz und Landschaftsplanung 49 (2), S. 37–49. Stuttgart: Verlag Eugen Ulmer.

Dieter Dorda wurde 1959 in Homburg/Saar geboren, wuchs im Bliesgau (Saarland) auf und lebt seit 1996 mit seiner Familie in Gersheim (Saarland). Studium der Geografie und Biologie an der Universität des Saarlandes. Diplom-Arbeit über Pestizide und Schwermetalle beim einheimischen Schwarzwild. Promotion über Heuschreckenzönosen als Bewertungsindikatoren auf submediterranen Kalk- und Sand-Magerrasen des saarländisch-lothringischen Schichtstufenlandes. Autor mehrerer Schriften auf dem Gebiet des Arten- und Biotopschutzes und der Landschaftsökologie. Schwerpunkte: Faunistik, Arten- und Biotopschutz, Landschaftsplanung, Naturwaldreservatsforschung, Biosphärenreservate, Naturschutzfachliche Bewertung. Zehnjährige Tätigkeit als wissenschaftlicher Mitarbeiter in einem Büro für Landschaftsökologie; seit 1998 Umweltschutzbeauftragter der Kreisstadt Homburg und im dortigen Bau- und Umweltamt zentrale Anlaufstelle für Umweltfragen.

Printed by Printforce, the Netherlands